Web 开发视频点播大系

HTML5+CSS3 从入门到精通
（标准版）

未来科技　编著

·北京·

内 容 提 要

《HTML5+CSS3 从入门到精通（标准版）》系统讲解了 HTML5 和 CSS3 的入门和实战技术，通过大量实例对 HTML5 和 CSS3 进行了深入浅出的分析。全书分为两大部分，共 25 章，包括 HTML5 入门、设计 HTML5 文档、构建 HTML5 结构、增强 HTML5 表单和页面功能、HTML5 绘图、使用 SVG、使用 HTML5 多媒体、本地存储、离线应用、多线程处理、文件操作、使用 History、XMLHttpRequest 2、拖放和通知、地理位置、HTML5 其他应用；CSS3 实战入门、文本样式、色彩和渐变样式、背景和边框样式、CSS3 盒模型、CSS3 新布局模型、CSS3 变形和动画、CSS3 媒体查询等。

《HTML5+CSS3 从入门到精通（标准版）》配备了极为丰富的学习资源，其中配套资源：325 节教学视频（可二维码扫描）、素材源程序；附赠的拓展学习资源：习题及面试题库、案例库、工具库、网页模板库、网页配色库、网页素材库、网页案例欣赏库等。

《HTML5+CSS3 从入门到精通（标准版）》适合作为 HTML5 和 CSS3 入门与实战、HTML5 移动开发方面的自学用书，也可作为高校网页设计、网页制作、网站建设、Web 前端开发等专业的教学用书或相关机构的培训教材。

图书在版编目（CIP）数据

HTML5+CSS3从入门到精通：标准版 / 未来科技编著. -- 北京：中国水利水电出版社，2017.8（2022.1重印）
（Web开发视频点播大系）
ISBN 978-7-5170-5416-0

Ⅰ. ①H… Ⅱ. ①未… Ⅲ. ①超文本标记语言—程序设计②网页制作工具 Ⅳ. ①TP312.8②TP393.092.2

中国版本图书馆CIP数据核字(2017)第115033号

书　　名	HTML5+CSS3 从入门到精通（标准版） HTML5+CSS3 CONG RUMEN DAO JINGTONG（BIAOZHUN BAN）
作　　者	未来科技　编著
出版发行	中国水利水电出版社 （北京市海淀区玉渊潭南路1号D座　100038） 网址：www.waterpub.com.cn E-mail：sales@waterpub.com.cn 电话：（010）68367658（营销中心）
经　　售	北京科水图书销售中心（零售） 电话：（010）88383994、63202643、68545874 全国各地新华书店和相关出版物销售网点
排　　版	北京智博尚书文化传媒有限公司
印　　刷	涿州市新华印刷有限公司
规　　格	203mm×260mm　16开本　46.75印张　1319千字
版　　次	2017年8月第1版　2022年1月第7次印刷
印　　数	20001—22000册
定　　价	89.80元

凡购买我社图书，如有缺页、倒页、脱页的，本社营销中心负责调换

版权所有·侵权必究

前 言

Preface

自 2010 年以来，随着 HTML5 的迅猛发展，各大浏览器开发公司，如 Google、微软、苹果、Mozilla 和 Opera 的浏览器开发进度都开始提速，无论是 Mozilla 的 Firefox、Google 的 Chrome、苹果的 Safari，还是微软的 Internet Explorer，以及 Opera 都处于不断地推陈出新的状态当中。互联网经历了 Web 1.0、Web 2.0 之后，也迎来了 HTML5 时代。HTML5 时代最大亮点是富图形和富媒体内容，因此 HTML5+CSS3 奠定了 Web 新应用的基础，让网站更易开发、更易维护、更具用户友好性。

本书内容

本书系统地讲解了 HTML5 和 CSS3 的基础理论和实际应用技术，通过大量实例对 HTML5 和 CSS3 进行深入浅出的分析并着重讲解如何用 HTML5+CSS3 进行 Web 应用和网页布局。全书注重实际操作，使读者在学习技术的同时，掌握 Web 开发和设计的精髓，提高综合应用的能力。

本书分为两大部分，共 25 章，具体结构划分如下。

第一部分：HTML5 部分，包括第 1~16 章。内容有 HTML5 入门、设计 HTML5 文档、构建 HTML5 结构、增强 HTML5 表单和页面功能、HTML5 绘图、使用 SVG、使用 HTML5 多媒体、本地存储、离线应用、多线程处理、文件操作、使用 History、XMLHttpRequest 2、拖放和通知、地理位置、HTML5 其他应用。

第二部分：CSS3 部分，包括第 17~25 章。内容有 CSS3 实战入门、文本样式、色彩和渐变样式、背景和边框样式、CSS3 盒模型、CSS3 新布局模型、CSS3 变形和动画、CSS3 媒体查询等。

本书编写特点

📖 知识系统

本书系统地讲解了 HTML5+CSS3 技术在网页设计中各个方面应用的知识，从为什么要用 HTML5 开始讲解，循序渐进，配合大量实例，帮助读者奠定坚实的理论基础，做到知其所以然。

📖 案例丰富

通过例子学习是最好的学习方式，本书通过"基础知识+中小实例+实战案例"的模式，透彻、详尽地讲述了实际开发中所需的各类知识。

📖 技术新颖

全面、细致地展示 HTML 的基础知识，同时讲解在未来 Web 时代中备受欢迎的 HTML5 的新知识，让读者能够真正学习到 HTML5 最实用、最流行的技术。

📖 贴心提醒

本书根据需要在各章使用了很多"注意""提示"等小栏目，让读者可以在学习过程中更轻松地理解相关知识点及概念，并轻松地掌握个别技术的应用技巧。

本书显著特色

📖 体验好

二维码扫一扫，随时随地看视频。书中几乎每个章节都提供了二维码，读者朋友可以通过手机微信扫一扫,随时随地看相关的教学视频。(若个别手机不能播放,请参考前言中的"本书学习资源列表及获取方式",下载后在电脑上可以一样观看)

📖 资源多

从配套到拓展,资源库一应俱全。本书提供了几乎覆盖全书的配套视频和素材源文件。还提供了拓展的学习资源:习题及面试题库、案例库、工具库、网页模板库、网页配色库、网页素材库、网页案例欣赏库等,拓展视野、贴近实战,学习资源一网打尽!

📖 案例多

案例丰富详尽,边做边学更快捷。跟着大量案例去学习,边学边做,从做中学,学习可以更深入、更高效。

📖 入门易

遵循学习规律,入门实战相结合。编写模式采用"基础知识+中小实例+实战案例"的形式,内容由浅入深,循序渐进,从入门中学习实战应用,从实战应用中激发学习兴趣。

📖 服务快

提供在线服务,随时随地可交流。提供 QQ 群、网站下载等多渠道贴心服务。

本书学习资源列表及获取方式

本书的学习资源十分丰富,全部资源分布如下:

📖 配套资源

(1) 本书的配套同步视频共计 325 节(可用二维码扫描观看或从下述的网站下载)
(2) 本书的素材及源程序共计 412 项

📖 拓展学习资源

(1) 习题及面试题库(共计 1000 题)
(2) 案例库(各类案例 4396 个)
(3) 工具库(HTML 参考手册 11 部、CSS 参考手册 10 部、JavaScript 参考手册 26 部)
(4) 网页模板库(各类模板 1636 个)
(5) 网页素材库(17 大类)
(6) 网页配色库(623 项)
(7) 网页欣赏案例库(共计 508 例)

📖 以上资源的获取及联系方式

(1) 读者朋友可以加入本书微信公众号咨询关于本书的所有问题。

(2) 登录网站 xue.bookln.cn,输入书名,搜索到本书后下载。
(3) 加入本书学习交流专业解答 QQ 群:621135618,获取网盘下载地址和密码。
(4) 读者朋友还可通过电子邮件 weilaitushu@126.com、945694286@qq.com 与我们联系。
(5) 登录中国水利水电出版社的官方网站:www.waterpub.com.cn/softdown/,找到本书后,根据相关提示下载。

本书约定

本书主要面向熟悉 HTML 和 CSS 的 Web 开发人员。初学者也可以从本书获益，读者还应该具备基本的 HTML、CSS、JavaScript 基本知识，我们会用这些知识来创建各种应用方案。

上机练习本书中的示例要用到 Firefox、Chrome、Opera。因此，为了测试所有内容，读者需要安装上述所有类型的最新版本浏览器，因为各种浏览器的实现会稍有差异。

如需针对不同版本的 Internet Explorer 测试示例，可以下载 IETester Windows 版，因为它可同时支持 IE6、IE7 和 IE8。对于非 Windows 用户，可以考虑使用 VirtualBox 或者 VMware 等虚拟机，或者使用 CrossBrowserTesting 和 MogoTest 等服务。

为了给读者提供更多的学习资源，同时弥补本书篇幅有限的遗憾，本书提供了很多参考链接，许多本书无法详细介绍的问题都可以通过这些链接找到答案。因为这些链接地址会因时间而有所变动或调整，所以在此说明，这些链接地址仅供参考，本书无法保证所有的这些地址是长期有效的。

本书所列出的插图可能会与读者实际环境中的操作界面有所差别，这可能是由于操作系统平台、浏览器版本等不同而引起的，在此特别说明，读者应该以实际情况为准。

本书为了帮助读者快速上手。在一般情况下，你都可以在程序和文档中自由使用本书中的示例代码。

本书适用对象

本书适合作为 HTML5 CSS3 实战、HTML5 入门、HTML5 实战、HTML5 移动开发方面的自学用书，也可作为高等院校网页设计、网页制作、网站建设、Web 前端开发等专业的教学用书或相关机构的培训教材。

关于作者

未来科技是由一群热爱 Web 开发的青年骨干教师组成的一个松散组织，主要从事 Web 开发、教学培训、教材开发等业务。该群体编写的同类图书在很多网店上的销量名列前茅，让数十万的读者轻松跨进了 Web 开发的大门，为 Web 开发的普及和应用做出了积极贡献。

参与本书编写的人员有：杨艳、顾克明、李德光、刘坤、吴云、赵德志、马林、刘金、邹仲、谢党华、刘望、彭方强、雷海兰、郭靖、张卫其、班琦、蔡霞英、曾德剑、曾锦华、曾兰香、曾世宏、曾旺新、曾伟、常星、陈娣、陈凤娟、陈凤仪、陈福妹、陈国锋、陈海兰、陈华娟、陈金清、陈马路、陈石明、陈世超、陈世敏、陈文广等。

编　者

目 录

Contents

第1章 HTML5 基础 1
微视频讲解：1 节　示例案例：4 个
- 1.1 HTML5 概述 1
  - 1.1.1 HTML 历史 1
  - 1.1.2 HTML5 诞生 2
  - 1.1.3 HTML5 组织 3
  - 1.1.4 HTML5 构成 4
- 1.2 HTML5 设计理念 4
  - 1.2.1 避免不必要的复杂性 4
  - 1.2.2 支持已有的内容 5
  - 1.2.3 解决现实的问题 6
  - 1.2.4 求真务实 7
  - 1.2.5 平稳退化 9
  - 1.2.6 最终用户优先 10
- 1.3 HTML5 新特性 11
- 1.4 HTML5 API 12
  - 1.4.1 新增的 API 12
  - 1.4.2 修改的 API 13
  - 1.4.3 扩展 Document 14
  - 1.4.4 扩展 HTMLElement 14
  - 1.4.5 其他扩展 15
  - 1.4.6 弃用的 API 15
- 1.5 案例：编写第一个 HTML5 页面 16
  - 1.5.1 搭建测试环境 16
  - 1.5.2 检测浏览器是否支持 16
  - 1.5.3 使用 HTML5 编写页面 17

第2章 设计 HTML5 文档 19
微视频讲解：6 节　示例案例：14 个
- 2.1 HTML5 语法 19
  - 2.1.1 标记变化 19
  - 2.1.2 兼容性 20
  - 2.1.3 案例：设计 HTML5 页面 21
- 2.2 HTML5 元素 22
  - 2.2.1 结构元素 22
  - 2.2.2 功能元素 25
  - 2.2.3 表单元素 27
  - 2.2.4 废除的元素 28
- 2.3 HTML5 属性 28
  - 2.3.1 表单属性 29
  - 2.3.2 链接属性 29
  - 2.3.3 其他属性 29
  - 2.3.4 废除的属性 29
- 2.4 HTML5 全局属性 31
  - 2.4.1 contentEditable 属性 31
  - 2.4.2 contextmenu 属性 32
  - 2.4.3 data-*属性 32
  - 2.4.4 draggable 属性 34
  - 2.4.5 dropzone 属性 34
  - 2.4.6 hidden 属性 34
  - 2.4.7 spellcheck 属性 34
  - 2.4.8 translate 属性 35
- 2.5 HTML5 事件 35
  - 2.5.1 window 事件 35
  - 2.5.2 form 事件 36
  - 2.5.3 mouse 事件 36
  - 2.5.4 media 事件 37
- 2.6 案例：设计 HTML5 页面 37
  - 2.6.1 使用 HTML5 结构化元素 37
  - 2.6.2 使用 CSS 美化 HTML5 文档 40

第3章 构建 HTML5 结构 42
微视频讲解：19 节　示例案例：32 个
- 3.1 设计主体结构 42

3.1.1	定义文章块	42
3.1.2	定义内容块	44
3.1.3	定义导航块	47
3.1.4	定义侧边栏	49
3.1.5	定义主要区域	50

3.2 设计语义结构 ... 51
- 3.2.1 定义标题栏 ... 51
- 3.2.2 定义标题组 ... 52
- 3.2.3 定义脚注栏 ... 53
- 3.2.4 定义联系信息段 ... 54
- 3.2.5 定义时间段 ... 55
- 3.2.6 定义发布日期 ... 55

3.3 设计文档大纲 ... 56
- 3.3.1 HTML4 文档纲要 ... 57
- 3.3.2 HTML5 文档纲要 ... 58
- 3.3.3 HTML5 隐式分节 ... 59
- 3.3.4 HTML5 特殊分节 ... 61
- 3.3.5 HTML5 兼容样式 ... 62

3.4 实战案例 ... 63
- 3.4.1 设计完整的 HTML5 文档结构 ... 63
- 3.4.2 设计博客结构 ... 65
- 3.4.3 设计博客样式 ... 67

第 4 章 增强 HTML5 表单和页面功能 ... 70
  微视频讲解：33 节 示例案例：49 个

4.1 HTML5 input 类型 ... 70
- 4.1.1 email 类型 ... 71
- 4.1.2 url 类型 ... 72
- 4.1.3 number 类型 ... 73
- 4.1.4 range 类型 ... 74
- 4.1.5 日期选择器类型 ... 75
- 4.1.6 search 类型 ... 81
- 4.1.7 tel 类型 ... 82
- 4.1.8 color 类型 ... 83

4.2 HTML5 input 属性 ... 84
- 4.2.1 autocomplete 属性 ... 84
- 4.2.2 autofocus 属性 ... 86
- 4.2.3 form 属性 ... 87
- 4.2.4 表单重写属性 ... 88
- 4.2.5 height 和 width 属性 ... 89
- 4.2.6 list 属性 ... 89
- 4.2.7 min、max 和 step 属性 ... 90
- 4.2.8 multiple 属性 ... 91
- 4.2.9 pattern 属性 ... 92
- 4.2.10 placeholder 属性 ... 92
- 4.2.11 required 属性 ... 93

4.3 新表单控件 ... 94
- 4.3.1 datalist 元素 ... 94
- 4.3.2 keygen 元素 ... 94
- 4.3.3 output 元素 ... 95

4.4 新表单属性 ... 96
- 4.4.1 autocomplete 属性 ... 96
- 4.4.2 novalidate 属性 ... 96
- 4.4.3 显式验证 ... 97

4.5 新增页面元素 ... 98
- 4.5.1 figure 和 figcaption 元素 ... 98
- 4.5.2 details 和 summary 元素 ... 99
- 4.5.3 mark 元素 ... 102
- 4.5.4 progress 元素 ... 103
- 4.5.5 meter 元素 ... 104
- 4.5.6 dialog 元素 ... 105

4.6 完善页面元素 ... 107
- 4.6.1 a 元素 ... 107
- 4.6.2 ol 元素 ... 108
- 4.6.3 dl 元素 ... 108
- 4.6.4 cite 元素 ... 109
- 4.6.5 small 元素 ... 110
- 4.6.6 iframe 元素 ... 110
- 4.6.7 script 元素 ... 110

第 5 章 HTML5 绘图 ... 113
  微视频讲解：37 节 示例案例：48 个

5.1 HTML5 canvas 基础 ... 113
- 5.1.1 在页面中插入 canvas 元素 ... 113
- 5.1.2 绘制图形的基本方法 ... 114
- 5.1.3 使用 canvas ... 115

5.2 绘制图形 ... 117
- 5.2.1 绘制直线 ... 117
- 5.2.2 绘制矩形 ... 119
- 5.2.3 绘制圆形 ... 120

	5.2.4	绘制多边形	121
	5.2.5	绘制曲线	123
	5.2.6	绘制二次方曲线	123
	5.2.7	绘制三次方曲线	125
5.3	设置图形样式		126
	5.3.1	设置线型	126
	5.3.2	绘制线性渐变	130
	5.3.3	绘制径向渐变	131
	5.3.4	绘制图案	132
	5.3.5	设置不透明度	133
	5.3.6	设置阴影	134
5.4	操作图形		135
	5.4.1	保存和恢复 canvas 状态	135
	5.4.2	清除绘图	136
	5.4.3	移动坐标	137
	5.4.4	旋转坐标	139
	5.4.5	缩放图形	141
	5.4.6	变换矩阵	142
	5.4.7	组合图形	144
	5.4.8	裁切路径	147
5.5	绘制文字		148
	5.5.1	绘制填充文字	148
	5.5.2	设置文字属性	149
	5.5.3	绘制轮廓文字	149
	5.5.4	测量宽度	150
5.6	绘制图像		151
	5.6.1	导入图像	152
	5.6.2	变换图像	153
	5.6.3	裁切图像	155
	5.6.4	图像平铺	156
	5.6.5	像素处理	158
5.7	Path2D 对象		159
	5.7.1	Canvas 2D API 新功能	159
	5.7.2	使用 Path2D 对象	160
5.8	实战案例		164
	5.8.1	设计 canvas 动画	164
	5.8.2	保存绘图	167

第 6 章 使用 SVG 170
微视频讲解：20 节　示例案例：49 个

6.1	SVG 基础		170
	6.1.1	SVG 发展历史	170
	6.1.2	SVG 特点	170
	6.1.3	在 HTML 中应用 SVG	171
	6.1.4	案例：设计第一个 SVG 图形	172
6.2	使用 SVG		173
	6.2.1	矩形	173
	6.2.2	圆形	174
	6.2.3	椭圆	175
	6.2.4	多边形	176
	6.2.5	直线	177
	6.2.6	折线	178
	6.2.7	路径	179
	6.2.8	文本	181
	6.2.9	线框样式	182
	6.2.10	SVG 滤镜	185
	6.2.11	模糊效果	186
	6.2.12	阴影效果	187
	6.2.13	线性渐变	189
	6.2.14	放射渐变	190
6.3	实战案例		191
	6.3.1	手绘简笔画	191
	6.3.2	描边动画	193
	6.3.3	设计特效文字	196
	6.3.4	自定义滤镜	199

第 7 章 使用 HTML5 多媒体 207
微视频讲解：9 节　示例案例：13 个

7.1	HTML5 多媒体基础		207
	7.1.1	认识编解码器	207
	7.1.2	浏览器支持	208
	7.1.3	使用 audio 元素	212
	7.1.4	使用 video 元素	213
	7.1.5	设置媒体属性	215
	7.1.6	使用媒体方法	218
	7.1.7	使用媒体事件	219
7.2	实战案例		221
	7.2.1	设计音乐播放器	221
	7.2.2	显示播放进度	222
	7.2.3	查看视频帧画面	224

7.2.4 添加字幕 227

第 8 章 本地存储 232
微视频讲解：20 节　示例案例：25 个

8.1 Web Storage 232
- 8.1.1 Web Storage 基础 232
- 8.1.2 浏览器支持 233
- 8.1.3 使用 Web Storage 235
- 8.1.4 案例：用户登录信息保存和读取 237
- 8.1.5 案例：Web 留言本 238
- 8.1.6 案例：网页计数器 240

8.2 Web SQL 241
- 8.2.1 Web SQL 基础 241
- 8.2.2 使用 Web SQL 242
- 8.2.3 案例：创建本地数据库 244
- 8.2.4 案例：批量读写数据 247
- 8.2.5 案例：本地用户登录 248
- 8.2.6 案例：Web Storage 和 Web SQL 比较应用 251

8.3 indexedDB 257
- 8.3.1 indexedDB 基础 257
- 8.3.2 连接数据库 258
- 8.3.3 更新数据库版本 260
- 8.3.4 创建对象仓库 261
- 8.3.5 创建索引 263
- 8.3.6 使用事务 265
- 8.3.7 保存数据 266
- 8.3.8 获取数据 268
- 8.3.9 检索键值 269
- 8.3.10 检索属性值 272
- 8.3.11 案例：留言本 274
- 8.3.12 案例：电子刊物发布 277

第 9 章 离线应用 287
微视频讲解：6 节　示例案例：11 个

9.1 HTML5 离线应用基础 287
- 9.1.1 认识 HTML5 离线应用 287
- 9.1.2 浏览器支持 289
- 9.1.3 使用 manifest 文件 289
- 9.1.4 使用离线缓存 292

- 9.1.5 监听离线存储 295

9.2 实战案例 297
- 9.2.1 缓存首页 297
- 9.2.2 离线编辑内容 300
- 9.2.3 离线跟踪 304

第 10 章 多线程处理 309
微视频讲解：9 节　示例案例：11 个

10.1 Web Workers 基础 309
- 10.1.1 认识 Web Workers 309
- 10.1.2 浏览器支持 310
- 10.1.3 创建 Web Workers 311
- 10.1.4 Web Workers 通信 312
- 10.1.5 案例：使用 Web Workers 313

10.2 实战案例 316
- 10.2.1 后台运算 316
- 10.2.2 数值过滤 318
- 10.2.3 并发处理 320
- 10.2.4 线程通信 322
- 10.2.5 Fibonacci 数列运算 324
- 10.2.6 多线程绘图 326

第 11 章 文件操作 330
微视频讲解：23 节　示例案例：29 个

11.1 访问文件域 330
11.2 使用 Blob 对象 331
- 11.2.1 在文件域中访问 Blob 对象 ... 331
- 11.2.2 创建 Blob 对象 333
- 11.2.3 截取 Blob 对象 335
- 11.2.4 保存 Blob 对象 336

11.3 使用 FileReader 对象 338
- 11.3.1 读取并显示文件 338
- 11.3.2 监测读取操作 340

11.4 使用缓存对象 342
- 11.4.1 使用 ArrayBuffer 对象 342
- 11.4.2 使用 ArrayBufferView 对象 ... 342
- 11.4.3 使用 DataView 对象 344

11.5 使用 FileSystem 347
- 11.5.1 访问文件系统 347
- 11.5.2 申请配额 348

11.5.3 创建文件 352
11.5.4 写入文件 354
11.5.5 添加数据 355
11.5.6 读取文件 357
11.5.7 复制文件 358
11.5.8 删除文件 360
11.5.9 创建目录 361
11.5.10 读取目录 364
11.5.11 删除目录 366
11.5.12 复制目录 367
11.5.13 移动和重命名目录 368
11.5.14 使用 filesystem:URL 370
11.6 实战案例 372

第 12 章 使用 History 376
微视频讲解：4 节　示例案例：5 个
12.1 History API 基础 376
12.1.1 History API 处理方式 376
12.1.2 浏览器兼容和扩展 377
12.1.3 操作历史记录 377
12.2 实战案例 379
12.2.1 设计无刷新页面导航 379
12.2.2 设计主题宣传网站 382
12.2.3 设计图片画廊 385
12.2.4 设计历史恢复 388

第 13 章 XMLHttpRequest 2 392
微视频讲解：8 节　示例案例：11 个
13.1 XMLHttpRequest 2 基础 392
13.1.1 使用 XMLHttpRequest
对象 392
13.1.2 XMLHttpRequest 老版本
缺陷 393
13.1.3 XMLHttpRequest 2 版本
功能 393
13.1.4 HTTP 请求时限 393
13.1.5 使用 FormData 对象 393
13.1.6 上传文件 394
13.1.7 跨域访问 394
13.1.8 响应数据 394

13.1.9 接收二进制数据 395
13.1.10 显示进度信息 395
13.2 实战案例 396
13.2.1 接收 ArrayBuffer 对象 396
13.2.2 接收 Blob 对象 400
13.2.3 发送字符串 401
13.2.4 发送表单数据 402
13.2.5 发送文件 403
13.2.6 发送 Blob 对象 404
13.2.7 跨域请求 405
13.2.8 设计带进度条的文件上传 406

第 14 章 拖放和通知 410
微视频讲解：11 节　示例案例：16 个
14.1 拖放 API 410
14.1.1 拖放 API 基础 410
14.1.2 使用 DataTransfer 对象 413
14.1.3 案例：删除项目 416
14.1.4 案例：接纳对象 418
14.1.5 案例：拖选照片 420
14.1.6 案例：扔入垃圾桶 422
14.1.7 案例：文件拖拽预览 423
14.2 通知 API 427
14.2.1 通知 API 基础 427
14.2.2 案例：开启桌面通知 429
14.2.3 案例：使用脚本关闭通知 431
14.2.4 案例：显示多条通知 431

第 15 章 地理位置 433
微视频讲解：1 节　示例案例：2 个
15.1 位置信息基础 433
15.1.1 为什么要学习 Geolocation 433
15.1.2 位置信息表示方式 433
15.1.3 位置信息来源 434
15.1.4 IP 定位 434
15.1.5 GPS 定位 434
15.1.6 Wi-Fi 定位 434
15.1.7 手机定位 435
15.1.8 自定义定位 435
15.2 Geolocation API 基础 435

15.2.1	浏览器支持	435
15.2.2	获取当前地理位置	436
15.2.3	监视位置信息	438
15.2.4	停止获取位置信息	438
15.2.5	隐私保护	438
15.2.6	处理位置信息	438
15.2.7	使用 position 对象	439
15.3	**实战案例**	**440**

第 16 章　HTML5 其他应用 ... 443
微视频讲解：17 节　示例案例：32 个

16.1	Page Visibility API	443
16.1.1	Page Visibility 基础	443
16.1.2	案例：设计视频页面	445
16.1.3	案例：设计登录同步	447
16.2	Fullscreen API	448
16.2.1	Fullscreen API 基础	449
16.2.2	案例：设计页面全屏显示	451
16.2.3	案例：设计视频全屏播放	452
16.3	鼠标指针锁定 API	454
16.3.1	鼠标指针锁定 API 基础	454
16.3.2	案例：设计全屏鼠标指针锁定	454
16.4	requestAnimationFrame	458
16.4.1	requestAnimFrame 基础	458
16.4.2	案例：设计进度条	460
16.4.3	案例：设计粒子动画	461
16.4.4	案例：设计旋转的小球	463
16.5	Mutation Observer	464
16.5.1	Mutation Observer 基础	464
16.5.2	案例：观察 DOM 元素变化	466
16.5.3	案例：观察 DOM 属性变化	467
16.6	JavaScript Promise	468
16.6.1	Promise 对象基础	468
16.6.2	创建 promise 对象	474
16.6.3	使用 then()方法	476
16.6.4	队列化异步操作	478
16.6.5	异常处理	479
16.6.6	创建序列	480
16.6.7	并行处理	483

| 16.7 | Beacon API | 485 |

第 17 章　CSS3 基础 ... 487
微视频讲解：1 节　示例案例：1 个

17.1	CSS3 概述	487
17.1.1	CSS 历史	487
17.1.2	CSS3 模块	487
17.1.3	CSS3 特性	489
17.1.4	CSS3 状态	491
17.1.5	浏览器支持	492
17.2	设计 CSS 页面	494

第 18 章　CSS3 选择器 ... 498
微视频讲解：12 节　示例案例：30 个

18.1	选择器概述	498
18.1.1	了解 CSS3 选择器	498
18.1.2	CSS 选择器分类	498
18.2	兄弟选择器	501
18.3	属性选择器	502
18.4	伪类选择器	505
18.5	**实战案例**	**507**
18.5.1	**使用属性选择器**	**507**
18.5.2	**使用动态伪类**	**510**
18.5.3	**使用结构伪类**	**513**
18.5.4	**使用否定伪类**	**519**
18.5.5	**使用状态伪类**	**521**
18.5.6	**使用目标伪类**	**523**
18.5.7	**设计表单样式**	**523**
18.5.8	**设计超链接样式**	**526**
18.5.9	**设计表格样式**	**528**

第 19 章　文本样式 ... 533
微视频讲解：8 节　示例案例：16 个

19.1	CSS3 文本模块基础	533
19.2	**实战案例**	**537**
19.2.1	**定义文本阴影**	**537**
19.2.2	**设计文本特效**	**539**
19.2.3	**设计首页特效**	**545**
19.2.4	**文本溢出**	**547**
19.2.5	**文本换行**	**548**
19.2.6	**动态内容**	**551**

  19.2.7 默认样式 553
  19.2.8 自定义字体 554

第 20 章 色彩和渐变样式 557
  微视频讲解：13 节　示例案例：31 个
 20.1 颜色模式 557
  20.1.1 RGBA 模式 557
  20.1.2 HSL 模式 559
  20.1.3 HSLA 模式 561
  20.1.4 使用 opacity 属性 563
  20.1.5 设置 transparent 值 565
 20.2 渐变背景 566
  20.2.1 WebKit 渐变 566
  20.2.2 Gecko 渐变 572
  20.2.3 IE 渐变 578
  20.2.4 标准渐变 579
 20.3 实战案例 580
  20.3.1 设计按钮 580
  20.3.2 设计纹理 582
  20.3.3 设计栏目 584
  20.3.4 渐变应用 585

第 21 章 背景和边框样式 588
  微视频讲解：13 节　示例案例：28 个
 21.1 设计边框样式 588
  21.1.1 多色边框 588
  21.1.2 边框背景 590
 21.2 设计圆角 594
 21.3 设计倒影 598
 21.4 设计阴影 601
 21.5 设计背景图像 605
  21.5.1 定义坐标 605
  21.5.2 定义裁剪区域 607
  21.5.3 定义大小 609
  21.5.4 定义多背景图像 611
 21.6 实战案例 612
  21.6.1 设计椭圆图形 612
  21.6.2 设计图标 613
  21.6.3 设计边框 615
  21.6.4 设计窗口 616

第 22 章 CSS3 盒模型 621
  微视频讲解：8 节　示例案例：13 个
 22.1 CSS3 盒模型基础 621
  22.1.1 定义显示方式 621
  22.1.2 可控大小 621
  22.1.3 内容溢出 623
  22.1.4 定义轮廓 625
  22.1.5 设置轮廓样式 628
 22.2 实战案例 631
  22.2.1 边界的应用 631
  22.2.2 补白的应用 635
  22.2.3 边框应用 636
  22.2.4 设计模板页 639

第 23 章 CSS3 新布局模型 642
  微视频讲解：20 节　示例案例：25 个
 23.1 多列布局 642
  23.1.1 定义列宽 642
  23.1.2 定义列数 643
  23.1.3 定义列间距 644
  23.1.4 定义列边框 646
  23.1.5 定义跨列显示 647
  23.1.6 定义列高度 648
 23.2 盒布局模型 650
  23.2.1 定义宽度 650
  23.2.2 定义顺序 652
  23.2.3 定义方向 653
  23.2.4 自定义自适应 654
  23.2.5 消除空白 656
  23.2.6 定义对齐方式 659
 23.3 弹性盒布局 660
  23.3.1 定义弹性盒 661
  23.3.2 定义伸缩方向 662
  23.3.3 定义行数 663
  23.3.4 定义对齐方式 664
  23.3.5 定义伸缩项目 667
 23.4 实战案例 670
  23.4.1 设计伸缩菜单 670
  23.4.2 设计伸缩页 671

23.4.3　设计可兼容多列模板............673
23.4.4　设计 HTML5 应用模板.........677

第 24 章　CSS3 变形和动画.....................681
微视频讲解：24 节　示例案例：34 个

24.1　CSS3 变形...............................681
24.1.1　2D 旋转......................681
24.1.2　2D 缩放......................682
24.1.3　2D 移动......................684
24.1.4　2D 倾斜......................684
24.1.5　2D 矩阵......................685
24.1.6　定义变形原点..............686
24.1.7　认识 3D 变形..............688
24.1.8　3D 位移......................688
24.1.9　3D 缩放......................690
24.1.10　3D 旋转....................691

24.2　过渡样式...............................693
24.2.1　定义过渡....................693
24.2.2　定义过渡时间............694
24.2.3　定义延迟....................694
24.2.4　定义效果....................695
24.2.5　触发时机....................696

24.3　关键帧动画...........................698
24.3.1　定义关键帧................698
24.3.2　定义动画名称............700
24.3.3　定义播放时间............700
24.3.4　定义播放方式............700
24.3.5　定义播放延迟............701
24.3.6　定义播放次数............701
24.3.7　定义播放方向............701
24.3.8　定义播放状态............701
24.3.9　定义播放外状态........701

24.4　实战案例...............................702
24.4.1　设计图片特效............703
24.4.2　设计变形对象............704
24.4.3　设计 3D 盒子.............706
24.4.4　设计动态广告............709
24.4.5　设计翻转动画............710
24.4.6　设计运动动画............712
24.4.7　设计折叠面板............713

第 25 章　CSS3 媒体查询..........................715
微视频讲解：5 节　示例案例：9 个

25.1　媒体查询基础.......................715
25.1.1　认识 Media Queries....715
25.1.2　使用@media 规则.......716

25.2　实战案例...............................717
25.2.1　跟踪浏览器窗口变化....717
25.2.2　设计响应式页面........720
25.2.3　设计自适应页面........723
25.2.4　智能隐藏和显示栏目....727
25.2.5　设计自适应手机网页....730

第 1 章 HTML5 基础

2014 年 10 月 28 日，W3C（World Wide Web Consortium，万维网联盟）的 HTML 工作组正式发布了 HTML5 的官方推荐标准。HTML5 是构建 Web 开放平台的核心，它新增了很多支持 Web 应用开发的新特性，以及符合使用习惯的新元素，并重点关注定义清晰的、一致的标准，以确保 Web 应用和内容在不同浏览器中的统一显示和操作。

【学习重点】
- 了解 HTML5 历史。
- 了解 HTML5 设计理念和特性。
- 了解 HTML5 API 变化情况。

1.1 HTML5 概述

从 2010 年开始，HTML5 和 CSS3 就一直是互联网技术中最受关注的两个话题。2010 年 MIX 10 大会上微软的工程师在介绍 IE 9 时，从 Web 技术的角度把互联网的发展分为如下 3 个阶段。

第一阶段，以内容为主的 Web 1.0 网络时代，Web 主流技术是 HTML 和 CSS。

第二阶段，以 Web 2.0 为主的 Ajax 应用，热门技术是 JavaScript、DOM 和异步数据请求。

第三阶段，以 HTML5+CSS3 为主的网络时代，两者相辅相成，使互联网进入一个崭新的发展阶段。

1.1.1 HTML 历史

HTML 最早是从 2.0 版开始的，没有 1.0 版官方规范。HTML Tags 文档可以算作 HTML 的第一个版本，但它却不是一个正式的版本。第一个正式版本 HTML 2.0 也不是出自 W3C 之手，它是由 IETF（Internet Engineering Task Force，因特网工程任务组）制定的。从第三个版本开始，W3C 开始接手并负责后续版本的制定工作。

20 世纪 90 年代 HTML 有过几次快速的发展。从 1997 年到 1999 年，HTML 的版本从 3.2 更新到 4.0，再发展到 4.01。在 HTML4.01 之后，W3C 提出了 XHTML 1.0 概念。虽然听起来完全不同，但 XHTML 1.0 与 HTML4.01 其实是一样的。

唯一不同的就是 XHTML 1.0 要求使用 XML 语法。例如，所有属性都必须使用小写字母；所有元素也必须使用小写字母；所有属性值都必须加引号；所有的标签都必须有结束标签，对于 img 和 br 等孤标签，要使用自结束标签。

到了 2000 年，Web 标准项目（Web Standards Project）的活动开展得如火如荼，开发人员对浏览器里包含的各种专有特性已经忍无可忍了。当时 CSS 有了长足的发展，而且与 XHTML 1.0 的结合也很紧密，CSS+XHTML 1.0 基本上算是最佳实践了。

虽然 HTML4.01 与 XHTML 1.0 没有本质上的不同，但是大部分开发人员接受了 CSS+XHTML 1.0 组合。专业的开发人员能做到元素全部小写，属性全部小写，属性值也全部加引号。由于专业人员起到了模范带头作用，越来越多的人也都开始支持这种语法。

XHTML 1.0 之后是 XHTML 1.1，只是小数点后面的数字加了一个 1，规范本身并没有什么新东西，元素也都相同，属性也都相同。但对 XHTML 1.1 来说，唯一的变化就是必须把文档标记为 XML 文档。

在使用 XHTML 1.0 的时候，还可以把文档标记为 HTML。但是，这样做带来了很多问题。

首先，把文档标记为 XML 后，IE 不能处理。当然，IE 9 及其以上版本是可以处理的。作为全球领先的浏览器，IE 无法处理接收到的 XML 类型的文档。

其次，规范要求以 XML 类型来发送文档，这对于广大用户来说，是一个很痛苦的选择。

接下来，新的版本是 XHTML 2，但是它并没有完成。从理论的角度来说，XHTML 2 实际上是一个非常好的规范。如果所有人都同意使用的话，也一定是一种非常好的格式。只不过这有些不切实际，不可能实现。

首先，XHTML 2 仍然使用 XML 错误处理模型，用户必须保证以 XML 类型发送文档。

其次，XHTML 2 有意不再向后兼容已有的 HTML 的各个版本。XHTML 2 甚至曾经讨论过废除 img 元素，这对每天都在做 Web 开发的人来说确实有点难以接受。从理论上分析，使用 object 元素可能会更好。

因此，无论 XHTML 2 在理论上是多么完美的一种格式，但却从未有机会付诸实践。而之所以难以将其付诸实践，就是因为开发人员永远不会支持它，它不向后兼容。同样，浏览器厂商也不会支持它，浏览器厂商必须要保证向后兼容。

为什么 XHTML 1.1 没有像 XML 那样得到真正广泛的应用？为什么 XHTML 2 从未落到实处？因为它违反了一条设计原理，这就是著名的伯斯塔尔法则"发送时要保守，接收时要开放"。

接收的时候要开放，而这也正是 Web 得以构建的基础。开发浏览器的人必须敞开胸怀，接受所有发送给浏览器的东西，因为它们过去一直都在接收那些不够标准的东西。Web 上的很多文档都不规范，但那正是 Web 发展的动力。从某种角度讲，Web 走的正是一条混沌发展之路，虽然混沌，却非常美丽诱人。在 Web 上，格式不规范的文档随处可见。如果所有人都能够写出精准的 XML，所有文档的格式都十分正确，那当然好了。可是，那是不现实的。

作为专业人士，在发送文档的时候，应该尽量保守一些，尽量采用最佳实践，尽量确保文档格式良好。但从浏览器的角度说，它们必须以开放的姿态去接收任何文档。

XHTML 1.1 和 XHTML 2 都使用 XML 错误处理模型，但这个错误处理模型太苛刻了，它不符合接收时开放这一法则，遇到一个错误就停止解析，怎么能叫开放呢？我们只能说它与伯斯塔尔法则是对立的。

1.1.2　HTML5 诞生

在 20 世纪末期，W3C 琢磨着改良 HTML 语言。于是，在 2004 年 W3C 成员内部的一次研讨会上，当时 Opera 公司的代表伊恩·希克森（Ian Hickson）提出了一个扩展和改进 HTML 的建议。他建议新任务组可以跟 XHTML 2 并行，但是在已有 HTML 的基础上开展工作，目标是对 HTML 进行扩展。

但是 W3C 投票表示反对，因为 HTML 已经死了，XHTML 2 才是未来的方向。然后，Opera、Apple 等浏览器厂商，以及其他一些成员陆续脱离了 W3C，并联合成立了 WHATWG（Web Hypertext Applications Technology Working Group，Web 超文本应用技术工作组），这就为 HTML5 将来的命运埋下了伏笔。

WHATWG 决定完全脱离 W3C，在 HTML 的基础上开展工作，向其中添加一些新东西。这个工作组的成员里有浏览器厂商，因此他们可以保证实现各种新奇、实用的点子。结果，大家不断提出一些好点子，并且逐一做到了浏览器中。

WHATWG 的工作效率很高，不久就初见成效。反观 W3C，在此期间 XHTML 2 却没有什么实质性的进展。这深深触动了 W3C。在 2006 年，蒂姆·伯纳斯-李写了一篇博客反思 HTML 发展历史，"你们知道吗？我们错了。我们错在企图一夜之间就让 Web 跨入 XML 时代。我们的想法太不切实际了。是的，也许我们应该重新组建 HTML 工作组了。"

越来越多的 W3C 成员开始反思，并最终达成一致。于是，在 2007 年 W3C 组建了 HTML5 工作组。

这个工作组面临的第一个问题，毫无疑问就是"我们是从头开始做起呢，还是在2004年成立的那个名为WHATWG的工作组既有成果的基础上开始工作呢？"答案是显而易见的，他们当然希望从已经取得的成果着手，以之为基础展开工作。于是他们又投了一次票，同意在WHATWG工作成果的基础上继续开展工作。

第二个问题就是如何理顺两个工作组之间的关系。W3C这个工作组的编辑应该由谁担任？是不是还让WHATWG的编辑，也就是现在Google的伊恩·希克森来兼任？于是他们又投了一次票，赞成让伊恩·希克森担任W3C HTML5规范的编辑，同时兼任WHATWG的编辑，更有助于新工作组开展工作。

这就是他们投票的结果，也就是我们今天看到的局面——一种格式，两个版本。WHATWG的网站上有这个规范，而W3C的站点上同样也有一份。

WHATWG在不断地迭代。即使目前的HTML5也不能完全涵盖WHATWG正在从事的工作。最准确的理解就是WHATWG正在开发一项简单的HTML或Web技术，因为这才是他们工作的核心目标。然而，同时存在两个这样的工作组，这两个工作组同时开发一个基本相同的规范，这无论如何也容易让人产生误解，误解就可能造成麻烦。

其实这两个工作组的背后各自有各自的流程，因为它们的理念完全不同。在WHATWG内，可以说是一种独裁的工作机制。作为编辑的伊恩·希克森拥有很大的权力，他会听取各方意见，在所有成员各抒己见，充分陈述自己的观点之后，由他最终拍板，批准自己认为正确的意见。而W3C则截然相反，可以说是一种民主的工作机制。所有成员都可以发表意见，而且每个人都有投票表决的权利。这一流程的关键在于投票表决。

从表面上看，WHATWG的工作机制让人难以接受，W3C的工作机制听起来让人很舒服，至少体现了人人平等的精神。但在实践中，WHATWG的工作机制运行得非常好。这主要归功于伊恩·希克森，他在听取各方意见时，始终可以做到丝毫不带个人感情色彩。

从原理上讲，W3C的工作机制很公平，而实际上却非常容易在某些流程或环节上卡壳，造成工作停滞不前，一件事情要达成决议往往需要花费很长时间。那到底哪种工作机制最好呢？其实最好的工作机制就是将二者结合起来，相互取长补短；而事实也是两个规范制定主体在共同制定一份相同的规范。

两个工作组之所以能够同心同德，主要原因是HTML5的设计思想。因为他们从一开始就确定了设计HTML5所要坚持的原则。结果，我们不仅看到了一份规范，也就是W3C站点上公布的那份文档，即HTML5语言规范，还在W3C站点上看到了另一份文档，也就是HTML5设计原理。

1.1.3 HTML5组织

2004年新成立的Web超文本应用技术工作组（WHATWG）创立了HTML5规范，同时开始专门针对Web应用开发新的功能。2006年，W3C介入HTML5开发，并于2008年发布了HTML5的工作草案。2009年，W3C停止了对XHTML 2的更新。2010年HTML5开始解决实际问题。这时各大浏览器厂家开始对旗下产品进行升级，以支持HTML5的新功能。因此，HTML5规范得到了持续的完善。

HTML5开发主要由下面3个组织负责和实施。

- WHATWG：由来自Apple、Mozilla、Google、Opera等浏览器厂商的人组成，成立于2004年。WHATWG开发HTML和Web应用API，同时为各浏览器厂商以及其他有意向的组织提供开放式合作。
- W3C：W3C下辖的HTML工作组，目前负责发布HTML5规范。
- IETF（因特网工程任务组）：这个任务组下辖HTTP等，负责Internet协议的团队。HTML5定义的一种新API（WebSocket API）依赖于新的WebSocket协议，IETF工作组正在开发这个协议。

1.1.4　HTML5 构成

HTML5 是一种开放的 Web 标准，其技术内涵和 API 外延会随着 Web 的发展而不断丰富。目前 HTML5 主要包括下面这些功能。

- Canvas（2D 和 3D）。
- Channel 消息传送。
- Cross-document 消息传送。
- Geolocation。
- MathML。
- Microdata。
- Server-Sent Events。
- Scalable Vector Graphics（SVG）。
- WebSocket API 及协议。
- Web Origin Concept。
- Web Storage。
- Web SQL Database。
- Web Workers。
- XMLHttpRequest Level 2。
- 其他功能。

提示：

> HTML5 发展的速度非常快，因此不用担心浏览器的支持问题。读者可以访问 www.caniuse.com 网站，该网站按照浏览器的版本提供了详尽的 HTML5 功能支持情况。如果通过浏览器访问 www.HTML5test.com，该网站会直接显示用户浏览器对 HTML5 规范的支持情况。另外，还可以使用 Modernizr（JavaScript 库）进行特性检测，它提供了非常先进的 HTML5 和 CSS3 检测功能。建议读者使用 Modernizr 检测当前浏览器是否支持某些特性。

1.2　HTML5 设计理念

HTML5 是一个里程碑式的规范，它为下一代 Web 发展指明了方向。下面我们就来探析 HTML5 的设计理念。这个设计理念相当于共同行动纲领，囊括了诸如兼容性、实用性、互用性之类的概念。即便 W3C 与 WHATWG 之间有多大的分歧，它们也都遵循这个设计理念。

1.2.1　避免不必要的复杂性

例如，使用 HTML4.01 规范时，如果定义 doctype，需要输入如下很长的字符串。

```
<!DOCTYPE html PUBLIC "-//W3C/DTD HTML4.01//EN" "http://www.w3.org/TR/html4/strict.dtd">
```

很少有人记住这行代码，本来它要告诉浏览器的是：这个文档是 XHTML 1.0 的文档。那么在 HTML5 中，省掉不必要的复杂性，doctype 就简化成了如下形式。

```
<!DOCTYPE html>
```

第一次看到这个 doctype 的时候，很难想到这个 doctype 要告诉浏览器什么呢。就说这个文档是 HTML 吗？难道这是有史以来唯一一个 HTML 版本吗？HTML 今后永远不会再有新版本了吗？

实际上这个 doctype 并没有HTML 版本区分的意思。我们先搞清楚为什么文档一开头就要写 doctype。它不是写给浏览器看的。Doctype 是写给验证器看的。也就是说，我之所以要在文档一开头写那行 XHTML

1.0 的 doctype，是为了告诉验证器，让验证器按照该 doctype 来验证我的文档。

浏览器反倒无所谓了。假设写的是 HTML 3.2 文档，文档开头写的是 HTML 3.2 的 doctype。而在文档中某个地方使用了 HTML4.01 中才出现的一个元素。浏览器会怎么处理这种情况？它会因为这个元素出现在比 doctype 声明的 HTML 版本更晚的规范中，就不解释呈现该元素吗？不会，它照样会解释呈现该元素，别忘了伯斯塔尔法则。浏览器在接收的时候必须要开放。因此，它不会检查任何格式类型，而验证器会，验证器才关心格式类型。这才是存在 doctype 的真正原因。

而按照 HTML5 的另一个设计原理，它必须向前向后兼容，兼容未来的 HTML 版本——不管是 HTML6、HTML7，还是其他什么——都要与当前的 HTML 版本，HTML5，兼容。因此，把一个版本号放在 doctype 里面没有多大的意义，即使对验器证也一样。

但是有一种情况下，使用 doctype 会影响到浏览器，这也是了达到某种特殊的目的才使用 doctype。当初微软在引入 CSS 的时候，走在了标准的前头，他们率先在浏览器中支持 CSS，也推出了自己的盒模型。后来标准发布了，但标准中使用了不一样的盒模型。微软想支持标准，但也想向后兼容自己过去推出的编码方式。于是，他们想出了一个非常巧妙的主意。那就是利用 doctype，利用有效的 doctype 来触发标准模式，而不是兼容模型（quiks mode）。这个主意非常巧妙。我们今天也都是这样在做，在我们向文档中加入 doctype 时，就相当于声明了使用标准模式，但这并不是发明 doctype 的本意。这只是为了达到特殊的目的在利用 doctype。

HTML5 规范的本质：不追求理论上的完美。HTML5 所体现的不是给用户一个简短好记的 doctype，好记的 doctype 也无法适应现有的浏览器。因此，不仅理论上看 doctype 简短好记，而且在实践中仍然可以触发标准模式。

还有一个例子，同样可以说明规范是如何省略不必要的复杂性，避免不必要的复杂性的。如果前面的文档使用的是 HTML4.01，假设要指定文档的字符编码。理想的方式，是通过服务器在头部信息中发送字符编码，不过也可以在文档这个级别上指定：

```
<meta http-equiv="Content-Type" content="text/html; charset=utf-8">
```

如果想指定文档使用 UTF-8 编码，只能添加上面一行代码。这是在 HTML4.01 中需要这样做。要是在 XHTML 1.0 指定同样的编码，就得多声明 meta 元素位于一个开始的 XML 标签中。

```
<?xml version="1.0" encoding="UTF-8" ?>
<meta http-equiv="Content-Type" content="text/html; charset=utf-8" />
```

在 HTML5 中，只要输入下面代码即可：

```
<meta charset="utf-8">
```

同样，这样写也是有效的。它不仅适用于最新版本的浏览器，只要是今天还有人在用的浏览器都同样有效。因为在我们把这些 meta 元素输入浏览器时，浏览器会正确解释它。

关于省略不必要的复杂性，或者说避免不必要的复杂性的例子还有不少。但关键是既能避免不必要的复杂性，还不会妨碍在现有浏览器中使用。在 HTML5 中，如果使用 link 元素链接到一个样式表，先定义 rel="stylesheet"，然后再定义 type="text/css"，这样就重复了。对浏览器而言，用不着同时看到这两个属性。浏览器只要看到 rel="stylesheet"就够了，因为它可以猜出来要链接的是一个 CSS 样式表。所以就不用再指定 type 属性了。

同样地，如果使用 script 元素，定义 type="text/javascript"，浏览器差不多就知道是怎么回事了。对 Web 开发而言，谁还使用其他的脚本语言吗？愿意的话，你可以添加一个 type 属性。不过，也可以什么都不写，浏览器自然会假设在使用 JavaScript。

1.2.2 支持已有的内容

支持已有的内容。这一点非常重要，因为很多人都认为 HTML5 很新，它应该代表着未来发展的方向，应该把 Web 推向一个新的发展阶段。当然，我们都会考虑让 Web 的未来发展得更好，但同时也必须要考虑过去。别忘了 W3C 这个工作组中有很多人代表的是浏览器厂商，他们肯定是要考虑支持已有内容的。只要想构建一款浏览器，就必须记住这个原则——必须支持已有的内容。

【示例】 本示例展示了编写同样内容的 4 种不同方式。上面是一个 img 元素，下面是带一个属性的段落元素。4 种写法唯一的不同点就是语法。把其中任何一段代码交给浏览器，浏览器都会生成相同的 DOM 树，没有任何问题。从浏览器的角度看，这 4 种写法没有区别。因而在 HTML5 中，可以随意使用下列任一语法。

```
<img src="foo" alt="bar" />
<p class="foo">Hello world</p>
<img src="foo" alt="bar">
<p class="foo">Hello world</p>
<IMG SRC="foo" ALT="bar">
<P CLASS="foo">Hello world</P>
<img src=foo alt=bar>
<p class=foo>Hello world</p>
```

看到 HTML5 同时允许这些写法，对于那些写了很多年 XHTML 1.0 代码，已经非常适应严格的语法的人来说，是难以适应的。但你必须明白，站在浏览器的角度上，这些写法实际上都是一样的。确实没有什么问题。

但是，HTML5 必须支持已经存在的内容，而已有的内容就是这个样子的。根据伯斯塔尔法则，浏览器没有别的选择。

有人可能会说："这样不行。我觉得语言本身应该提供一种开关，让作者能够表明自己想做什么。"比如说，想使用某种特定的语法，像 XHTML，而不是使用其他语法。我理解这些人的想法。但我不赞成在语言里设置开关。因为我们讨论的只是编码风格或者写作风格，跟哪种语法正确无关。对于像我们这样的专业人士，我认为可以使用 lint 工具（一种软件质量保证工具，或者说是一种更加严格的编译器。它不仅可以像普通编译器那样检查出一般的语法错误，还可以检查出那些虽然完全合乎语法要求，但很可能是潜在的、不易发现的错误），对其他技术我们同样也在使用 lint 工具。

比如说对 JavaScript 使用 lint 工具。JavaScript 同样也是比较混乱、不严谨的例子，但它非常强大，原因恰恰是它混乱、不严谨，而且有很多不同的编码方式。在 JavaScript，你可以在每条语句末尾加上分号，但不是必需的，因为 JavaScript 会自动插入分号。

正因为如此，才有了像 JSlint 这样的工具，在道格拉斯·克劳克福德（Douglas Crockford）的网站 jslint.org，有个网页上写着"JSlint 可能会伤害你的感情。"但这确实是个非常棒的工具，它可以把 JavaScript 代码变得完美无瑕。如果你通过 JSlint 运行 JavaScript，它会提示你的 JavaScript 代码有效，但写法不妥。特别是对于要使用统一的编码风格的团队，JSlint 是非常方便的工具。

我个人认为，不仅团队，就算是你自己写代码，也要坚持一种语法风格。从浏览器解析的角度讲，不存在哪种语法比另一种更好的问题，但我认为，作为专业人士，我们必须能够自信地讲："这就是我的编码风格。"然而，我不认为语言里应该内置这种开关。你可以使用 lint 工具来统一编码风格。现在就来说说 lint 工具。大家可以登录 htmllint.com，在其中运行你的 HTML5 文档，它会帮你检查属性值是否加了引号，元素是否小写，你还可以通过勾选复选框来设置其他检查项。

但这不意味着拒绝粗心大意的标记，做不做清理完全取决于你自己。因为浏览器必须支持已有的内容，HTML5 自然也不能例外。归根结底还是伯斯塔尔法则。我们始终离不开伯斯塔尔法则。

1.2.3 解决现实的问题

HTML5 的另一个设计原理是解决现实的问题。显而易见的是，解决各种问题的格式和规范已经比比皆是了，因此在我看来，这个原理其实是要解决理论问题，而非解决现实的问题。这条设计原理是要从理论上承认人们普遍存在的问题，消除敏感问题。但是在我看来，那些格式和规范要解决的都是理论问题，而非现实问题。这条设计原理才是真正要解决今天的人们所面临的现实的、令人头疼的问题。

【示例】 假设使用 HTML4 或 XHTML 1，页面中已经有了一块内容，我想给整块内容加个链接，怎么办？问题是这块内容里包含一个标题、一个段落，也许还有一张图片。如果我想使它们全部都可以点击，必须使用 3 个链接元素。于是，我得先把光标放在标题（比如说 h2 元素）中，写一个链接标签，然后再选中所有要包含到链接里面来的文本。接着，再把光标放在段落里，写一个链接标签，然后把段落中的文本放在链接里。

```
<h2><a href="#">标题文本</a></h2>
<p><a href="#">段落文本</a></p>
```

在 HTML5 中，我只要简单地把所有内容都包装在一个链接元素中就行了。

```
<a href="#">
    <h2>标题文本</h2>
    <p>段落文本</p>
</a>
```

链接包含的都是块级元素，但现在我可以用一个元素包含它们。我碰到过类似的情形，必须给几个块级元素加上相同的链接，所有都这样写就太好了。因为它解决了一个现实的问题。

这到底解决的是什么问题呢？浏览器不必因此重新写代码来支持这种写法。这种写法其实早就已经存在于浏览器中了，因为早就有人这样写了，当然以前这样写是不合乎规范的。所以说 HTML5 解决现实的问题，其本质还是你都这样写了很多年了吧？现在我们把标准改了，允许你这样写了。

1.2.4 求真务实

求真务实对于 HTML 的含义是：在解决那些令人头痛的问题之前，先看看人们为应对这些问题都想出了哪些办法。集中精力去理解这些民间的解决方案才是当务之急。

HTML5 中新的语义元素就是遵循求真务实原理的反映。新增的元素不算多，谈不上无限的扩展性，但却不失为一件好事。尽管数量屈指可数，但意义却非同一般。这些新元素涉及头部（header）、脚部（footer）、分区（section）、文章（article）等，相信大家都不会觉得陌生。即便你不使用 HTML5，也应该熟悉这些称呼，这些都是大家曾经使用过的类名，如 class="header"/"head"/"heading"，或 class="footer"/"foot"。当然，也可能是 ID，id="header"，id="footer"。

```
<body>
    <div id="header">...</div>
    <div id="navigation">...</div>
    <div id="main">...</div>
    <div id="sidebar">...</div>
    <div id="footer">...</div>
</body>
```

在 HTML5 中，这些元素都可以换掉。说起新增的语义元素，它们的价值之一是可以用 HTML5 新增的元素把这些 div 都替换掉。

```
<body>
    <header>...</header>
    <nav>...</nav>
    <div id="main">...</div>
    <aside>...</aside>
    <footer>...</footer>
</body>
```

当然了，你可以这样做。在文档级别上使用这些元素没有问题。但是，假如新增这些元素的目的仅仅是为了取代原来的 div，就有点多此一举了。

虽然在这个文档中，我们用这些新元素来替换的是 ID，但在我个人看来，将它们作为类的替代品更有价值。因为这些元素在一个页面中不止可以使用一次，而是可以使用多次。没错，你可以为文档添加一个头部（header），再添加一个脚部（footer）；但文档中的每个分区（section）照样也都可以有一个头部和一个脚部。而每个分区里还可以嵌套另一个分区，被嵌套的分区仍然可以有自己的头部和脚部。

这四个新元素——section、article、aside 和 nav，之所以说它们强大，原因在于它们代表了一种新的内容模型，一种 HTML 中前所未有的内容模型——给内容分区。迄今为止，我们一直都在用 div 来组织页面中的内容，但与其他类似的元素一样，div 本身并没有语义。但 section、article、aside 和 nav 实际上是在明确地告诉你——这一块就像文档中的另一个文档一样。位于这些元素中的任何内容，都可以拥有自己的概要、标题、脚部。

其中，最为通用的 section，可以说是与内容最相关的一个。而 article 则是一种特殊的 section。aside 是一种特殊的 section。最后，nav 也是一种特殊的 section。

即便是现在，照样可以使用 div 和类来描述页面中不同的部分：

```
<div class="item">
    <h2>...</h2>
    <div class="meta">...</div>
    <div class="content">
    </div>
    <div class="links">...</div>
</div>
```

其中包含可能是有关内容作者的元数据，而下面会给出一些链接。在 HTML5 中，完全可以说这块内容就是一个文档，通过对内容分区，使用 section、article 或 aside，这一块完全是可以独立存在的。因此，可以使用 header 和 footer。

```
<section class="item">
    <header><h1>...</h1></header>
    <footer class="meta">...</footer>
    <div class="content">
    </div>
    <nav class="links">...</nav>
</section>
```

注意，即便是 footer，也不一定非要出现在下面。这几个元素 header、footer、aside、nav，最重要的是它们的语义，跟位置没有关系。如果阅读 HTML5 规范，就会发现这些元素只跟内容有关。因此，放在 footer 中的内容也可以是署名、文章作者之类的，它只是你使用的一个元素。这个元素并非必须放在文档或者分区的下面。

在 HTML5 中，只要你建立一个新的内容块，不管用 section、article、aside、nav，还是别的元素，都可以在其中使用 H1，而不必担心这个块里的标题在整个页面中应该排在什么级别，H2、H3，都没有问题。因为现在，你可以把每个内容分区想象成一个独立的、能够从页面中拿出来的部分。此时，根据上下文不同，这个独立部分中的 H1，在整个页面中没准会扮演 H2 或 H3 的角色，取决于它在文档中出现的位置。面对这个突如其来的变化，也许有人的脑子会暂时转不过弯来。但这才是 HTML5 中这些新语义标记的真正价值所在。换句话说，现在有了独立的元素了，这些元素中的标题级别可以重新定义。

每个分区和文章都可以拥有自己的 H1 到 H6。从这个意义上讲，H 元素真可谓层层嵌套。但是，在编写内容或者内容管理系统的时候，它们又都是完全独立的内容块。这才是真正的价值所在。

实际上，这个点子并不是 HTML5 工作组想出来的，也不是 W3C 最近才提出来的。蒂姆·伯纳斯-

李在 1991 年的一封邮件中就提到这种想法。他在邮件中解释了对 HTML 的理解,他说:"我认为 H1、H2 这样单调地排下去不好,我希望它成为一种可以嵌套的元素,或者说一个通用的 H 元素,我们可以在其中嵌套不同的层次。"但后来,我们没有看到通用的 H 元素,而是一直在使用 H1 和 H2,那是因为我们一直在支持已有的内容。20 年后的今天,这个理想终于实现了。

1.2.5 平稳退化

渐进增强的另一面就是平稳退化。有关 HTML5 遵循这条原理的例子,就是使用 type 属性增强表单。下面列出了可以为 type 属性指定的新值,有 number、search、range 等。

```
input type="number"
input type="search"
input type="range"
input type="email"
input type="date"
input type="url"
```

最关键的问题在于浏览器在遇到这些新 type 值时会如何处理。现有的浏览器是无法理解这些新 type 值的。但在它们遇到自己不理解的 type 值时,会将 type 的值解释为 text。

无论你写的是 input type="foo",还是 input type="bar",现有的任何浏览器都会把它理解为"text"。因而,从现在开始就可以使用这些新值,而且也可以放心,那些不理解它们的浏览器会把新值看成 type="text",而这真是一个浏览器实践平稳退化原理的好例子。

例如,现在输入了 type="number"。假设你需要一个输入数值的文本框,那么可以把这个 input 的 type 属性设置为 number,然后理解它的浏览器就会呈现一个可爱的小控件,像带小箭头图标的微调控件之类的。而在不理解它的浏览器中,你会看到一个文本框。既然如此,为什么不能说输入 type="number"就会得到一个带小箭头图标的微调控件呢?

当然,你还可以设置最小值和最大值属性,它们同样可以平稳退化。

再看 input type="search"。你也可以考虑一下这种输入框,因为这种输入框在 Safari 中会被呈现为一个系统级的搜索控件,右边还有一个点击即可清除搜索关键词的 X。而在其他浏览器中,你得到的则是一个文本框,就像你写的是 input type="text"一样,也就是你已经非常熟悉的文本框。为什么还不使用 input type="search"呢?它不会有什么副作用。

HTML5 还为输入元素增加了新的属性,如 placeholder(占位符),它表示在文本框中预先放一些文本。占位符就是文本框可以接受的示例内容,一般颜色是灰色的。只要一点击文本框,它就消失了。如果你把已经输入的内容全部删除,然后单击了文本框外部,它又会出现。使用 JavaScript 编写一些代码当然也可以实现这个功能,但 HTML5 只用一个 placeholder 属性就帮我们解决了问题。

当然,对于不支持这个属性的浏览器,还是可以使用 JavaScript 来实现占位符功能。通过 JavaScript 来测试浏览器支不支持该属性也非常简单。如果支持更好;如果不支持,可以让 JavaScript 来模拟这个功能。

下面就来看看这个新的 video 元素,它设计得既简单又实用。一个开始的 video 元素,加一个结束的 video 元素,中间可以放后备内容。注意,是后备内容,不是保证可访问性的内容。下面就是针对不支持 video 元素的浏览器写的代码:

```
<video src="movie.mp4">
    <!-- 后备内容 -->
</video>
```

那么,在后备内容里面放些什么东西呢?你可以放 Flash 影片。这样,HTML5 的视频与 Flash 的视频就可以协同起来了。

因此，无论做什么，不管是构建像 HTML5 这样的格式，还是构建一个网站，亦或一个内容管理系统，明确设计原理都至关重要。

1.3 HTML5 新特性

HTML5 带来了一组新的用户体验，如 Web 的音频和视频不再需要插件，通过 Canvas 可以更灵活地完成图像绘制，而不必考虑屏幕的分辨率，浏览器对可扩展矢量图（SVG）和数学标记语言（MathML）的本地支持，通过引入新的注释信息，以增强对东亚文字呈现（Ruby）的支持，对富 Web 应用信息无障碍新特性的支持等。下面简单介绍 HTML5 特征和优势，以便提高读者自学 HTML5 的动力和目标。

1. 兼容性

考虑到互联网上 HTML 文档已经存在 20 多年，因此支持所有现存 HTML 文档是非常重要的。HTML5 不是颠覆性的革新，它的核心理念就是要保持与过去技术的兼容和过渡。一旦浏览器不支持 HTML5 的某项功能，针对该功能的备选行为就会悄悄运行。

2. 合理性

HTML5 新增加的元素都是对现有网页和用户习惯进行跟踪、分析和概括而推出的。例如，Google 分析了上百万的页面，从中分析出了 DIV 标签的通用 ID 名称，并且发现其重复量很大，如很多开发人员使用<div id="header">来标记页眉区域，为了解决实际问题，HTML5 就添加一个<header>标签。也就是说，HTML5 新增的很多元素、属性或者功能都是根据现实互联网中已经存在的各种应用进行技术精炼，而不是在实验室中进行理想化的虚构新功能。

3. 效率

HTML5 规范是基于用户优先准则编写的，其宗旨是用户即上帝，这意味着在遇到无法解决的冲突时，规范会把用户放到第一位，其次是页面作者，再次是实现者（或浏览器），接着是规范制定者（W3C/WHATWG），最后才考虑理论的纯粹性。因此，HTML5 的绝大部分是实用的，只是有些情况下还不够完美。例如，下面的几种代码写法在 HTML5 中都能被识别。

```
id="proHTML5"
id=proHTML5
ID="proHTML5"
```

当然，上面几种写法比较混乱，不够严谨，但是从用户开发角度考虑，用户不在乎代码怎么写，根据个人书写习惯反而提高了代码编写效率。

4. 安全性

为保证足够安全，HTML5 引入了一种新的基于来源的安全模型，该模型不仅易用，而且对各种不同的 API 都通用。这个安全模型可以不需要借助于任何所谓聪明、有创意却不安全的 hack 就能跨域进行安全对话。

5. 分离

在清晰分离表现与内容方面，HTML5 迈出了很大的步伐。HTML5 在所有可能的地方都努力进行了分离，包括 HTML 和 CSS。实际上，HTML5 规范已经不支持老版本 HTML 的大部分表现功能了。

6. 简化

HTML5 要的就是简单、避免不必要的复杂性。HTML5 的口号是：简单至上，尽可能简化。因此，

HTML5 做了以下改进：
- 以浏览器原生能力替代复杂的 JavaScript 代码。
- 简化的 DOCTYPE。
- 简化的字符集声明。
- 简单而强大的 HTML5 API。

7. 通用性

通用访问的原则可以分成 3 个概念。
- 可访问性：出于对残障用户的考虑，HTML5 与 WAI（Web 可访问性倡议）和 ARIA（可访问的富 Internet 应用）做到了紧密结合，WAI-ARIA 中以屏幕阅读器为基础的元素已经被添加到 HTML 中。
- 媒体中立：如果可能的话，HTML5 的功能在所有不同的设备和平台上应该都能正常运行。
- 支持所有语种：如新的<ruby>元素支持在东亚页面排版中会用到的 Ruby 注释。

8. 无插件

在传统 Web 应用中，很多功能只能通过插件或者复杂的 hack 来实现，但在 HTML5 中提供了对这些功能的原生支持。插件的方式存在很多问题：
- 插件安装可能失败。
- 插件可以被禁用或屏蔽（如 Flash 插件）。
- 插件自身会成为被攻击的对象。
- 因为插件边界、剪裁和透明度问题，插件不容易与 HTML 文档的其他部分集成。

以 HTML5 中的 canvas 元素为例，有很多非常底层的事情以前是没办法做到的，如在 HTML4 的页面中就难画出对角线，而有了 canvas 就可以很轻易地实现了。基于 HTML5 的各类 API 的优秀设计，可以轻松地对它们进行组合应用。例如，从 video 元素中抓取的帧可以显示在 canvas 里面，用户点击 canvas 即可播放这帧对应的视频文件。

最后，用万维网联盟创始人 Tim Berners-Lee 评论来小结，"今天，我们想做的事情已经不再是通过浏览器观看视频或收听音频，或者在一部手机上运行浏览器。我们希望通过不同的设备，在任何地方，都能够共享照片，网上购物，阅读新闻，以及查找信息。虽然大多数用户对 HTML5 和开放 Web 平台（Open Web Platform，OWP）并不熟悉，但是它们正在不断改进用户体验。"

1.4 HTML5 API

HTML5 引入了许多新的 API 和扩展，并对一些现有的 API 进行修改或删除。

1.4.1 新增的 API

HTML5 中引入了大量的 API，为创建 Web 应用提供帮助。这些 API 可以与应用程序中引入的新元素一起使用。
- 媒体（视频和音频）播放和控制 API，提供多种媒体元素，并支持实时文本轨道（如字幕）。
- 表单验证 API，如 setcustomvalidity()方法。
- 用户命令 API。
- 离线应用 API。

- Web 应用注册 API，允许 Web 应用程序登记本身的协议和媒体类型，使用 registerprotocolhandler() 和 registercontenthandler() 方法实现。
- 编辑 API，使用全局属性 contenteditable。
- 拖放 API，使用 draggable 属性。
- 文档 URL API，公开文档 URL，允许脚本进行导航、重定向和重载。
- History API，公开浏览历史，允许脚本更新文档的 URL，帮助用户在应用 Ajax 时，客服 History 定位问题。
- base64 转换 API，使用 atob() 和 btoa() 方法。
- 回调函数管理 API，使用基于 settimeout() 和 setinterval() 定时器设计的回调函数列表。
- 用户提示 API，使用 alert()、confirm()、 prompt()、showModalDialog() 方法。
- 文档打印 API，使用 print() 方法。
- 处理搜索引擎提供商 API，使用 AddSearchProvider() 和 IsSearchProviderInstalled()。
- 定义窗口、导航器和外部接口。
- 微数据 API。
- 即时模式位图图形 API，基于画布元素和 2d 上下文环境。
- 跨文档通信 API，基于 postMessage() 方法、通信通道和广播通道。
- 执行脚本的多线程 API，基于 Worker 和 SharedWorker。
- 客户端数据存储，基于 localStorage 和 sessionStorage。
- 客户端与服务器双向通信 API，基于 WebSocket。
- 服务器到客户端数据推送 API，基于 EventSource。

1.4.2 修改的 API

以下几点是基于 2 级 DOM HTML 的各种使用方式进行修改。

- document.title：增加当文档崩溃时，显示为空白。
- document.domain： 允许设置和改变文档的有效域名。
- document.open()：现在可以清除文档（如果有两个或更少的参数），或者类似 window.open()（如果有 3 个或 4 个参数）。在前一种情况下，在 XML 文档中将抛出异常。
- document.close()、document.write() 和 document.writeln()：在 XML 文档中使用将抛出异常，后两个方法现在支持可变数量的参数，他们可以向文档添加文本流，并仍然被解析，意味着调用文件。
- document.getElementsByName()：现在能够返回所有匹配的元素，并根据参数提供的参数来匹配对应属性的元素。
- elements：返回指定表单元素 HTMLFormElement 包含的所有表单控件 HTMLFormControlsCollection，如 button、fieldset、input、keygen、object、output、select 和 textarea 元素，并新增一个 length 属性，该属性返回包含控件的个数。
- add()：在 HTMLSelectElement 中调用该方法，可以接收一个整数作为第二参数。
- remove()：在 HTMLSelectElement 中调用该方法，如果参数超出边界，则移除集合中的第一个元素。
- a 和 area 元素现在能够串行化它们的 href 属性。
- click()、focus() 和 blur() 方法可以应用到所有元素上面。

1.4.3 扩展 Document

2级 DOM HTML 有一个 HTMLDocument 接口，继承于 Document，在此基础上，HTML5 提供了一些特殊的成员和功能，简单说明如下。

- location、lastModified 和 readyState：提供基本的文档元数据管理。
- dir、head、embeds、plugins、scripts、commands 和一个通用 getter：以方便快速访问文档树中各个部分。
- getItems()：为所有元数据提供一个访问项目的方法。
- cssElementMap：对 CSS 的 element() 方法进行补充。
- currentScript：返回当前正在执行的 script 元素或者 null。
- activeElement 和 hasFocus：确定当前焦点的是哪些元素，以及文档是否具有焦点。
- designMode、execCommand()、queryCommandEnabled()、queryCommandIndeterm()、queryCommandState()、queryCommandSupported()、queryCommandValue()：为编辑 API 定义多个方法。
- 所有的事件处理新增 IDL 属性，另外 onreadystatechange IDL 属性是一个特殊的事件处理程序，只能够应用在 document 对象上。

提示：
现有的脚本修改 HTMLDocument 的属性，应该能够继续工作，因为 window.HTMLDocument 现在返回 Document 接口对象。

1.4.4 扩展 HTMLElement

HTMLElement 接口也在 HTML 范围下获得了几个扩展，说明如下：

- translate、hidden、tabIndex、accessKey、draggable、dropzone、contentEditable、contextMenu、spellcheck 和 style 属性，反映内容的属性。
- dataset：用于处理 data-*属性，采用驼峰命名法访问自定义属性，如 elm.dataset.fooBar = 'test' 设置自定义属性 data-foo-bar 的属性值。
- itemScope、itemType、itemId、itemRef、itemProp、properties 和 itemValue：用于元数据。
- click()、focus() 和 blur()：允许脚本模拟点击和移动焦点。
- accessKeyLabel：为指定元素提供快捷键，Web 开发者可以用 accesskey 属性进行控制。
- isContentEditable：如果元素可编辑，则返回 true，否则返回 false。
- forceSpellCheck()：使用户代理检查元素的拼写。
- commandType、commandLabel、commandIcon、commandHidden、commandDisabled 和 commandChecked：为命令 API 定义的属性。
- 为事件处理添加 IDL 属性。

下面成员以前定义在 HTMLElement 接口上，现在被迁移到 DOM 标准的 Element 接口上，说明如下。

- id：映射到 id 内容属性。
- className：映射到 class 内容属性。
- classList：提供对类名的方便访问，该对象包含多个方法用于操作类，如 contains()、add()、remove() 和 toggle()。
- getElementsByClassName()：返回指定元素中包含特定类名的元素。

1.4.5 其他扩展

在 2 级 DOM HTML 接口新增一些其他功能的扩展，简单说明如下：

- HTMLOptionsCollection 支持 caller、setter，以及 add()、remove() 和 selectedIndex。
- HTMLLinkElement 和 HTMLStyleElement 从 CSSOM 继承 LinkStyle 接口。
- HTMLFormElement 支持 getter，以及 checkValidity()、reportValidity()和 requestAutocomplete() 方法。
- HTMLSelectElement 支持 getter、setter、item()和 namedItem()方法，以及 selectedOptions 和 labels IDL 属性，另外新增加一些成员，用于表单验证 API，如 willValidate、validity、validationMessage、checkValidity()、reportValidity()和 setCustomValidity()。
- HTMLOptionElement 新增 constructor 选项。
- HTMLInputElement 新增成员 files、height、indeterminate、list、valueAsDate、valueAsNumber、width、stepUp()、stepDown()，同时支持表单验证 API 成员、labels，以及文本选择 API：selectionStart、selectionEnd、selectionDirection、setSelectionRange()和 setRangeText()。
- HTMLTextAreaElement 新增成员 textLength，以及表单验证 API 成员、labels 和文本选择 API。
- HTMLButtonElement 新增表单验证 API 成员和 labels。
- HTMLLabelElement 现在可以包含成员控件。
- HTMLFieldSetElement 现在可以包含成员控件、元素以及表单验证 API 成员。
- HTMLAnchorElement 新增成员 relList、text，并继承 URLUtils 接口，新增成员 href、origin、protocol、username、password、host、hostname、port、pathname、search、searchParams 和 hash。
- HTMLLinkElement 和 HTMLAreaElement 也拥有 relList IDL 属性。
- HTMLAreaElement 也继承 URLUtils 接口。
- HTMLImageElement 新增 Image 构造器，以及成员 naturalWidth、naturalHeight 和 complete。
- HTMLObjectElement 新增成员 contentWindow，以及表单验证 API 成员和 caller。
- HTMLMapElement 新增成员 images。
- HTMLTableElement 新增成员 createTBody()和 stopSorting()。
- HTMLTableHeaderCellElement 新增成员 sort()。
- HTMLIFrameElement 新增成员 contentWindow。

此外，在 Element 接口中最新的内容属性也有相应的 IDL 属性，如 HTMLLinkElement 接口反映尺寸大小的 IDL 属性。

1.4.6 弃用的 API

在 HTML5 中，一些 API 已经被移除，或者标记为过时。简单说明如下：

- 所有 IDL 属性反映内容属性，本身是过时的，现在也过时了，如在 HTMLBodyElemen 的 bgcolor。
- 由于元素过时，下列接口被标记为过时：HTMLAppletElement、HTMLFrameSetElement、HTMLFrameElement、HTMLDirectoryElement 和 HTMLFontElement。
- HTMLIsIndexElement 接口完全拆除，由于 HTML 解析器扩展其他元素 isindex 标签。HTMLBaseFontElement 接口也被取消，没有任何效果。
- HTMLDocument 接口移出了成员 anchors 和 applets。

扫一扫,看视频

1.5 案例:编写第一个 HTML5 页面

目前最新主流浏览器都对 HTML5 提供了很好的支持,下面结合一个案例介绍如何正确使用 HTML5。

1.5.1 搭建测试环境

目前,Microsoft 的 IE 系列(IE 9+)浏览器,以及 Mozlilla 的 Firefox 与 Google 的 Chrome 浏览器等都可以很好地支持 HTML5。

本书所有的应用实例,主要测试的浏览器为 Chrome,也可以在 IE 和 Firefox 下测试。如需运行本书中的实例,建议在本地系统中安装最新版的 IE、Firefox 和 Chrome 浏览器,以浏览相应的实例页面效果。

1.5.2 检测浏览器是否支持

安装相应的浏览器之后,为了能进一步了解浏览器支持 HTML 新标签功能的情况,还可以在引入新标签前,通过编写 JavaScript 代码来检测浏览器是否支持该标签。

浏览器在加载 Web 页面时会构造一个文本对象模型(DOM),然后通过该对象模型来表示页面中的各个 HTML 元素,这些元素被表示为不同的 DOM 对象。全部的 DOM 对象都共享一些公共或特殊的属性,如 HTML5 的某些特性,如果在支持该属性的浏览器中打开页面,就可以很快检测出这些 DOM 对象是否支持这些特性。

【示例】 下面以加入画布标记为例,简单地说明检测浏览器的整个过程。在 HTML 页面中插入一段 HTML5 画布标记,当浏览器支持该标记时,将出现一个矩形;反之,则在页面中显示"该浏览器不支持 HTML5 的画布标记!"的提示。

第 1 步,在 Dreamweaver 中新建一个 HTML 页面,保存为 test.html。

第 2 步,输入下面的 HTML5 代码。

```html
<!DOCTYPE HTML>
<html>
<head>
<meta charset="utf-8" />
<title></title>
<style type="text/css">
#myCanvas {
    background:red;
    width:200px;
    height:100px;
}
</style>
</head>
<body>
<canvas id="myCanvas">该浏览器不支持 HTML5 的画布标记!</canvas>
</body>
</html>
```

第 3 步,将页面文件 index.html 在 IE 8 下执行。由于 IE 8 浏览器暂不支持 HTML5 的画布标记,因此将显示如图 1.1 所示的页面效果。但是在 IE 9 浏览器中执行时,由于该版本浏览器支持 HTML5 的画布标记,因此将显示如图 1.2 所示的页面效果。

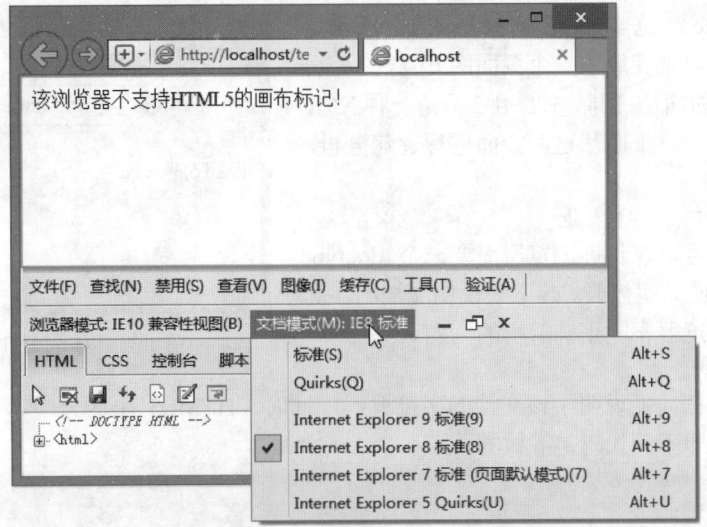

图 1.1 IE 8 不支持 HTML5 的画布标记

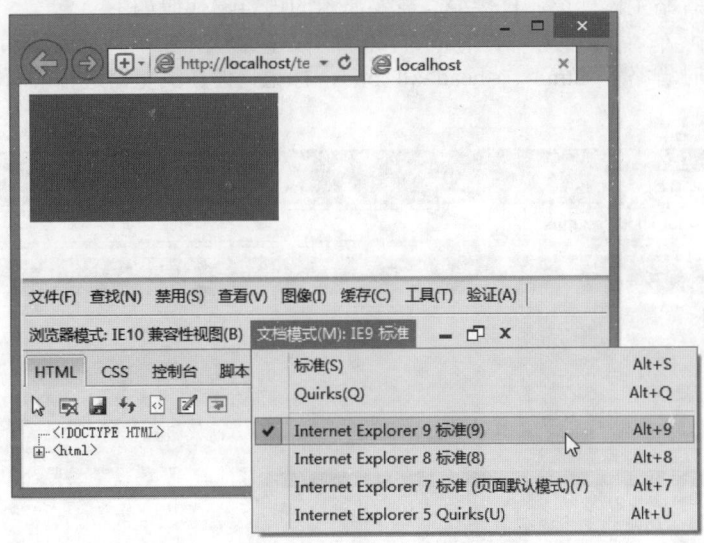

图 1.2 IE 9 支持 HTML5 的画布标记

虽然是同样一个页面,但由于不同的浏览器对 HTML5 标记的支持情况不同,其显示的页面效果也各异。因此,在编写 HTML5 新标记时,有必要先检测浏览器是否支持该标记。

接下来,我们利用 HTML5 结构编写一个简单的程序,从中体会 HTML5 的代码简洁之处。

1.5.3 使用 HTML5 编写页面

HTML5 中不仅增加了很多新的页面标记,而且与 HTML4 相比,整体页面的结构也发生了根本的变化。下面使用 HTML5 新结构来编写一个简单的页面。实现在页面中输出"Hello,World"的字样。

【示例】 在 Dreamweaver 中新建一个 HTML 页面保存为 test.html,加入代码如下所示。

```
<!DOCTYPE HTML>
<meta charset="utf-8">
<title>第一个 HTML5 页面</title>
<p>Hello,World</p>
```

该页面在 Chrome 浏览器中预览效果如图 1.3 所示。

通过短短几行代码就完成了一个页面的开发，这充分说明了 HTML5 语法的简洁；同时，HTML5 不是一种 XML 语言，其语法也很随意，下面从这两方面进行逐句分析。

第一行代码如下：

`<!DOCTYPE HTML>`

不需要包括版本号，仅告诉浏览器需要一个 doctype 来触发标准模式，可谓简明扼要。接下来说明文档的字符编码，否则将出现浏览器不能正确解析的问题。

`<meta charset="utf-8">`

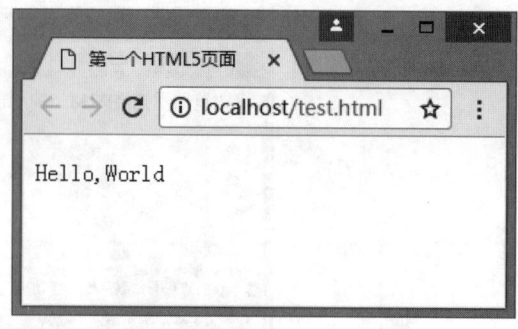

图 1.3　第一个 HTML5 页面效果

同样也是几个字符，便说明了该文档的字符编码。同时，HTML5 不区分字母大小写、标记结束符及属性是否加引号，即下列代码是等效的：

```
<meta charset="utf-8">
<META charset="utf-8" />
<META charset=utf-8>
```

在主体中，可以省略主体标记，直接编写需要显示的内容，代码如下：

`<P>Hello,World</P>`

虽然在编写代码时省略了<html>、<head>和<body>标记，但在浏览器进行解析时，将会自动进行添加，如图 1.4 所示。

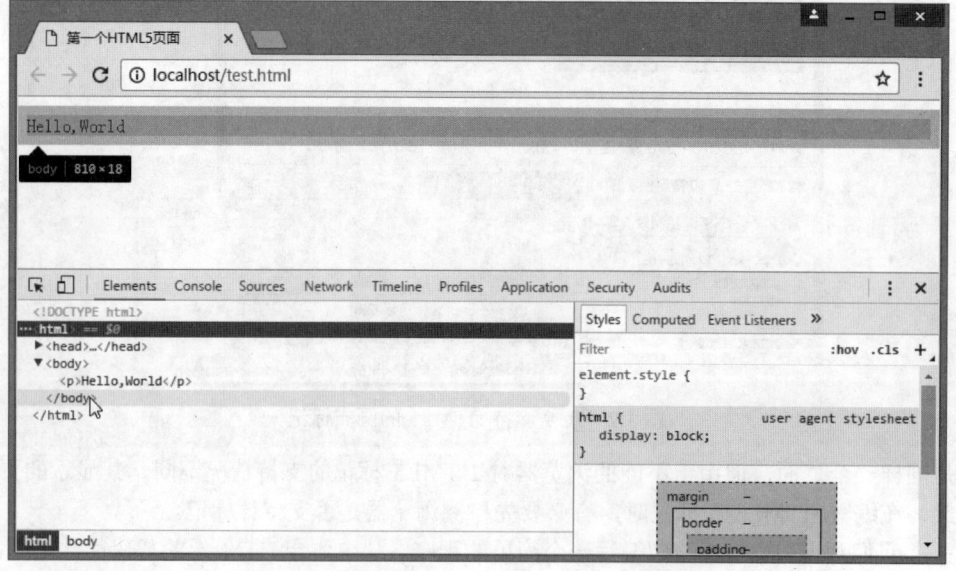

图 1.4　自动添加<html>与<body>标记后的源文件

因此，考虑到代码的可维护性，在编写代码时，应该尽量增加这些在 HTML5 中可选的元素，从而实现页面代码最大限度的简洁与完整。

第 2 章 设计 HTML5 文档

HTML5 以 HTML4 为基础,对 HTML4 进行了全面升级改造。本章将重点介绍 HTML5 的新变化。限于篇幅,对于继承自 HTML4 的大部分内容就不再赘述,有关 HTML5 API 部分将在后面各章中专题介绍。

【学习重点】
- 熟悉 HTML5 基本语法。
- 掌握 HTML5 元素变化和使用。
- 掌握 HTML5 属性变化和使用。
- 了解 HTML5 新增事件。

2.1 HTML5 语法

扫一扫,看视频

与 HTML4 相比,HTML5 在语法上发生了很大的变化。为了确保兼容性,HTML5 根据 Web 标准,重新定义了一套在现有 HTML 基础上修改而来的语法,以便各浏览器在运行 HTML 的时候能够符合通用标准。下面具体介绍在 HTML5 中对语法进行了哪些改变。

2.1.1 标记变化

1. 内容类型

HTML5 的文件扩展名和内容类型保持不变。例如,扩展名仍然为".html"或".htm",内容类型(ContentType)仍然为"text/html"。

2. 文档类型

DOCTYPE 命令声明文档的类型,它是 HTML 文档必不可少的组成部分,且必须位于代码的第一行。根据化繁为简的设计原则,HTML5 对文档类型和字符说明都进行了简化。

在 HTML4 中,文档类型的声明方法如下:

```
<!DOCTYPE html PUBLIC "-//W3C//DTD XHTML 1.0 Transitional//EN" "http://www.w3.org/TR/xhtml1/DTD/xhtml1-transitional.dtd">
```

在 HTML5 中,刻意不使用版本声明,一份文档将会适用于所有版本的 HTML。在 HTML5 中,文档类型的声明方法如下:

```
<!DOCTYPE html>
```

当使用工具时,也可以在 DOCTYPE 声明中加入 SYSTEM 识别符,声明方法如下:

```
<!DOCTYPE HTML SYSTEM "about:legacy-compat">
```

提示:
在 HTML5 中,DOCTYPE 声明方式是不区分大小写的,引号也不区分是单引号还是双引号。

注意:
使用 HTML5 的 DOCTYPE 会触发浏览器以标准模式显示页面。众所周知,网页都有多种显示模式,如怪异模式(Quirks)、近标准模式(Almost Standards)和标准模式(Standards)。其中标准模式也被称为非怪异模式(no-quirks)。浏览器会根据 DOCTYPE 来识别该使用哪种模式,以及使用什么规则来验证页面。

3. 字符编码

在 HTML4 中，使用 meta 元素定义文档的字符编码，如下所示：
```
<meta http-equiv="Content-Type" content="text/html;charset=UTF-8">
```
在 HTML5 中，继续沿用 meta 元素定义文档的字符编码，但是简化了 charset 属性的写法，如下所示：
```
<meta charset="UTF-8">
```

> **提示：**
> 对于 HTML5 来说，上述两种方法都有效，用户可以继续使用前面一种方式，即通过 content 元素的属性来指定。但是不能同时混用两种方式。

> **注意：**
> 在传统网站中，可能会存在下面的标记方式。在 HTML5 中，这种字符编码方式将被认为是错误的。
> ```
> <meta charset="UTF-8" http-equiv="Content-Type" content="text/html;charset=UTF-8">
> ```
> 从 HTML5 开始，对于文件的字符编码推荐使用 UTF-8。

2.1.2 兼容性

HTML5 语法是为了保证与之前的 HTML 语法达到最大程度的兼容而设计的。简单说明如下。

1. 标记省略

在 HTML5 中，元素的标记可以省略。具体来说，元素的标记分为 3 种类型：不允许写结束标记、可以省略结束标记、开始标记和结束标记全部可以省略。下面简单介绍这 3 种类型各包括哪些 HTML5 新元素。

（1）不允许写结束标记的元素有：area、base、br、col、command、embed、hr、img、input、keygen、link、meta、param、source、track、wbr。

（2）可以省略结束标记的元素有：li、dt、dd、p、rt、rp、optgroup、option、colgroup、thead、tbody、tfoot、tr、td、th。

（3）可以省略全部标记的元素有：html、head、body、colgroup、tbody。

> **提示：**
> 不允许写结束标记的元素是指，不允许使用开始标记与结束标记将元素括起来的形式，只允许使用<元素/>的形式进行书写。例如：
> - 错误的书写方式
> ```
> <br></br>
> ```
> - 正确的书写方式
> ```
> <br/>
> ```
> HTML5 之前的版本中，
这种写法可以继续沿用。
> 可以省略全部标记的元素是指，该元素可以完全被省略。注意，即使标记被省略了，该元素还是以隐式的方式存在的。例如，将 body 元素省略不写时，但它在文档结构中还是存在的，可以使用 document.body 进行访问。

2. 布尔值

对于具有 boolean 值的属性，如 disabled 与 readonly 等，当只写属性而不指定属性值时，表示属性值为 true；如果想要将属性值设为 false，可以不使用该属性。另外，要想将属性值设定为 true 时，也可以将属性名设定为属性值，或将空字符串设定为属性值。

【示例 1】 下面是几种正确的书写方法。

```
<!--只写属性,不写属性值,代表属性为true-->
<input type="checkbox" checked>
<!--不写属性,代表属性为false-->
<input type="checkbox">
<!--属性值=属性名,代表属性为true-->
<input type="checkbox" checked="checked">
<!--属性值=空字符串,代表属性为true-->
<input type="checkbox" checked="">
```

3. 属性值

属性值两边既可以用双引号，也可以用单引号。HTML5 在此基础上做了一些改进，当属性值不包括空字符串、<、>、=、单引号、双引号等字符时，属性值两边的引号可以省略。

【示例 2】 下面写法都是合法的。

```
<input type="text">
<input type='text'>
<input type=text>
```

2.1.3 案例：设计 HTML5 页面

本节示例将遵循 HTML5 语法编写一个文档。本例文档省略了<html>、<head>、<body>等元素，使用 HTML5 的 DOCTYPE 声明文档类型，简化<meta>元素的 charset 属性值，省略<p>元素的结束标记、使用<元素/>的方式来结束<meta>元素，以及
元素等语法知识要点。

```
<!DOCTYPE html>
<meta charset="UTF-8">
<title>HTML5 基本语法</title>
<h1>HTML5 的目标</h1>
<p>HTML5 的目标是为了能够创建更简单的 Web 程序，书写出更简洁的 HTML 代码。
<br/>例如，为了使 Web 应用程序的开发变得更容易，提供了很多 API；为了使 HTML 变得更简洁，开发出了新的属性、新的元素等。总体来说，为下一代 Web 平台提供了许许多多新的功能。
```

这段代码在 IE 浏览器中的运行结果如图 2.1 所示。

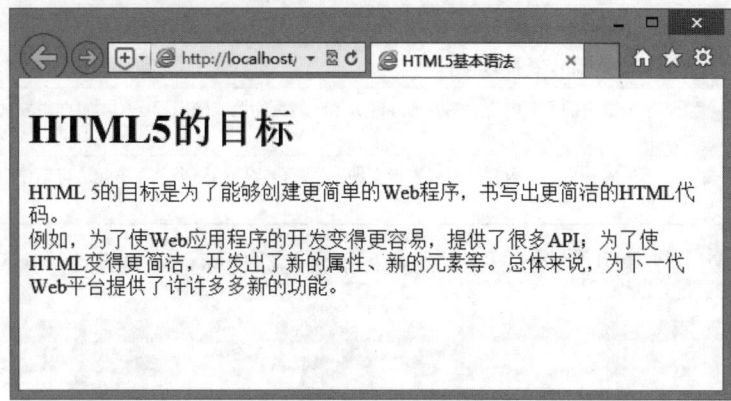

图 2.1 编写 HTML5 文档

扫一扫,看视频

2.2 HTML5 元素

HTML5 引入了很多新的元素,根据标记内容的类型不同,这些元素被分成了 6 大类,如表 2.1 所示。

表 2.1 HTML5 元素分类

标记内容类型	说明
内嵌	在文档中添加其他类型的内容,如 audio、video、canvas 和 iframe 等
流	在文档和应用的 body 中使用的元素,如 form、h1 和 small 等
标题	段落标题,如 h1、h2 和 hgroup 等
交互	与用户交互的内容,如音频和视频的控件、button 和 textarea 等
元数据	通常出现在页面的 head 中,设置页面其他部分的表现和行为,如 script、style 和 title 等
短语	文本和文本标记元素,如 mark、kbd、sub 和 sup 等

表 2.1 中所有类型的元素都可以通过 CSS 来定义样式。虽然 canvas、audio 和 video 元素在使用时往往需要其他 API 来配合,以实现细粒度控制,但它们同样可以直接使用。

2.2.1 结构元素

HTML5 定义了一组新的语义化结构标记来描述网页内容。虽然语义化结构标记也可以使用 HTML4 标记进行替换,但是它可以简化 HTML 页面设计,明确的语义化更适合搜索引擎检索和抓取。在目前主流的浏览器中已经可以用这些元素了,新增的语义化标记元素如表 2.2 所示。

表 2.2 HTML5 新增的语义化结构元素

元素名称	说明
header	表示页面中一个内容区块或整个页面的标题
footer	表示整个页面或页面中一个内容区块的脚注。一般来说,它会包含创作者的姓名、创作日期以及创作者联系信息
section	表示页面中的一个内容区块,如章节、页眉、页脚或页面中的其他部分。它可以与 h1、h2、h3、h4、h5、h6 等元素结合使用,标示文档结构
article	表示页面中的一块与上下文不相关的独立内容,如博客中的一篇文章或报纸中的一篇文章
aside	表示 article 元素的内容之外的、与 article 元素的内容相关的辅助信息
nav	表示页面中导航链接的部分
main	表示网页中的主要内容。主要内容区域指与网页标题或应用程序中本页面主要功能直接相关或进行扩展的内容
figure	表示一段独立的流内容,一般表示文档主体流内容中的一个独立单元。可以使用 figcaption 元素为 figure 元素组添加标题

【示例 1】 本例分别使用 HTML5 提供的各种语义化结构标记重新设计一个网页,效果如图 2.2 所示。

```
<!DOCTYPE html>
<html>
<head>
<meta charset="utf-8" >
<title>HTML5 结构元素</title>
</head>
```

```html
<body>
<header>
    <h1>网页标题</h1>
    <h2>次级标题</h2>
    <h4>提示信息</h4>
</header>
<div id="container">
    <nav>
        <h3>导航</h3>
        <a href="#">链接1</a> <a href="#">链接2</a> <a href="#">链接3</a> </nav>
    <section>
        <article>
            <header>
                <h1>文章标题</h1>
            </header>
            <p>文章内容......</p>
            <footer>
                <h2>文章注脚</h2>
            </footer>
        </article>
    </section>
    <aside>
        <h3>相关内容</h3>
        <p>相关辅助信息或者服务......</p>
    </aside>
    <footer>
        <h2>页脚</h2>
    </footer>
</div>
</body>
</html>
```

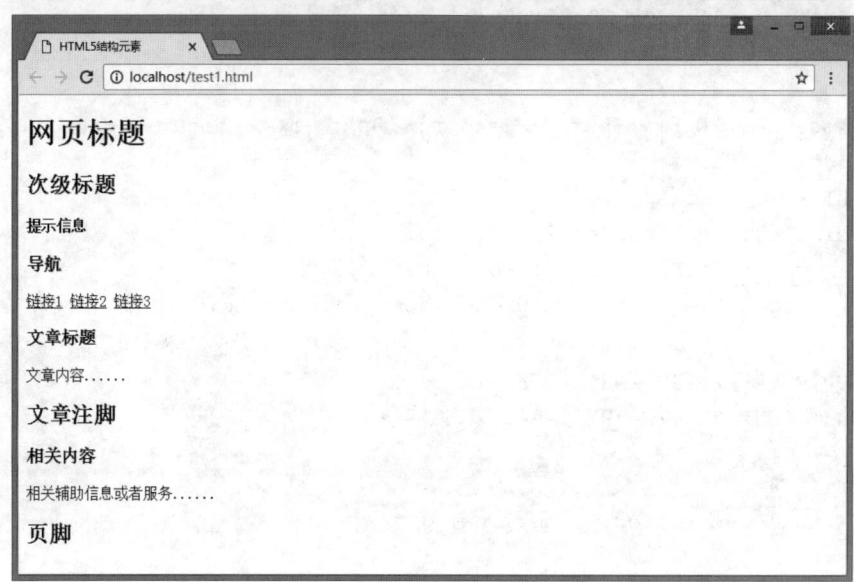

图 2.2　HTML5 语义化结构网页

根据 HTML5 效率优先的设计理念，它推崇表现和内容的分离，所以在 HTML5 开发过程中，必须使用 CSS 来定义样式。

【示例 2】 以示例 1 为基础，本例中使用了 CSS3 的一些新特性，如圆角（border-radius）和旋转变换（transform:rotate()）等，通过 CSS 设计的页面显示效果如图 2.3 所示，相关 CSS3 技术介绍请参阅下面章节内容。

```css
body { background-color:#CCCCCC; font-family:Geneva, Arial, Helvetica, sans-serif; margin: 0px auto; max-width:900px; border:solid; border-color:#FFFFFF; }
header { background-color: #F47D31; display:block; color:#FFFFFF; text-align: center; }
header h2 { margin: 0px; }
h1 { font-size: 72px; margin: 0px; }
h2 { font-size: 24px; margin: 0px; text-align:center; color: #F47D31; }
h3 { font-size: 18px; margin: 0px; text-align:center; color: #F47D31; }
h4 { color: #F47D31; background-color: #fff; -webkit-box-shadow: 2px 2px 20px #888; -webkit-transform: rotate(-45deg); -moz-box-shadow: 2px 2px 20px #888; -moz-transform: rotate(-45deg); position: absolute; padding: 0px 150px; top: 50px; left: -120px; text-align:center; }
nav { display:block; width:25%; float:left; }
nav a:link, nav a:visited { display: block; border-bottom: 3px solid #fff; padding: 10px; text-decoration: none; font-weight: bold; margin: 5px; }
nav a:hover { color: white; background-color: #F47D31; }
nav h3 { margin: 15px; color: white; }
#container { background-color: #888; }
section { display:block; width:50%; float:left; }
article { background-color: #eee; display:block; margin: 10px; padding: 10px; -webkit-border-radius: 10px; -moz-border-radius: 10px; border-radius: 10px; -webkit-box-shadow: 2px 2px 20px #888; -webkit-transform: rotate(-10deg); -moz-box-shadow: 2px 2px 20px #888; -moz-transform: rotate(-10deg); }
article header { -webkit-border-radius: 10px; -moz-border-radius: 10px; border-radius: 10px; padding: 5px; }
article footer { -webkit-border-radius: 10px; -moz-border-radius: 10px; border-radius: 10px; padding: 5px; }
article h1 { font-size: 18px; }
aside { display:block; width:25%; float:left; }
aside h3 { margin: 15px; color: white; }
aside p { margin: 15px; color: white; font-weight: bold; font-style: italic; }
footer { clear: both; display: block; background-color: #F47D31; color:#FFFFFF; text-align:center; padding: 15px; }
footer h2 { font-size: 14px; color: white; }
/* 超链接样式 */
a { color: #F47D31; }
a:hover { text-decoration: underline; }
```

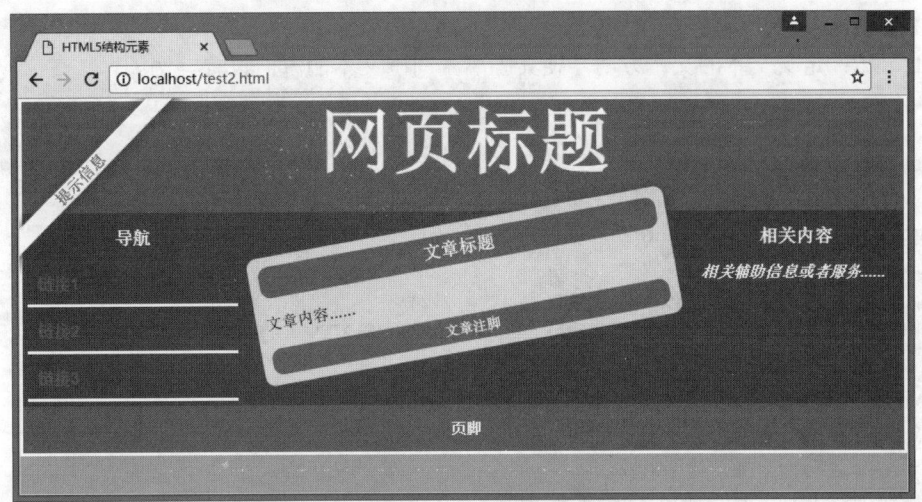

图 2.3　HTML5 页面设计效果

2.2.2　功能元素

根据页面内容的功能需要，HTML5 又新增了很多专用元素，简单说明如下：

- hgroup 元素：用于对整个页面或页面中一个内容区块的标题进行组合。例如：

```
<hgroup>...</hgroup>
```

在 HTML4 中表示为：

```
<div>...</div>
```

- video 元素：定义视频，比如电影片段或其他视频流。例如：

```
<video src="movie.ogg" controls="controls">video 元素</video>
```

在 HTML4 中表示为：

```
<object type="video/ogg" data="movie.ogv">
    <param name="src" value="movie.ogv">
</object>
```

- audio 元素：定义音频，比如音乐或其他音频流。例如：

```
<audio src="someaudio.wav">audio 元素</audio>
```

在 HTML4 中表示为：

```
<object type="application/ogg" data="someaudio.wav">
    <param name="src" value="someaudio.wav">
</object>
```

- embed 元素：用来插入各种多媒体，格式可以是 Midi、Wav、AIFF、AU、MP3 等。例如：

```
<embed src="horse.wav" />
```

在 HTML4 中表示为：

```
<object data="flash.swf" type="application/x-shockwave-flash"></object>
```

- mark 元素：主要用来在视觉上向用户呈现那些需要突出显示或高亮显示的文字。mark 元素的一个比较典型的应用就是在搜索结果中向用户高亮显示搜索关键词。例如：

```
<mark></mark>
```

在 HTML4 中表示为：

```
<span></span>
```

- dialog 元素：定义对话框或窗口。例如：

```
<dialog open>这是打开的对话窗口</dialog>
```

在 HTML4 中表示为：

```
<div id="dialog">这是打开的对话窗口</ div>
```
➤ bdi 元素：定义文本的文本方向，使其脱离其周围文本的方向设置。例如：
```
<ul>
<li>Username <bdi>Bill</bdi>:80 points</li>
<li>Username <bdi>Steve</bdi>:78 points</li>
</ul>
```
➤ figcaption 元素：定义 figure 元素的标题。例如：
```
<figure>
  <figcaption>黄浦江上的的卢浦大桥</figcaption>
  <img src="shanghai_lupu_bridge.jpg" width="350" height="234" />
</figure>
```
在 HTML4 中表示为：
```
<div id = "figure">
  <h2>黄浦江上的的卢浦大桥</ h2>
  <img src="shanghai_lupu_bridge.jpg" width="350" height="234" />
</figure>
```
➤ time 元素：表示日期或时间，也可以同时表示两者。例如：
```
<time></time>
```
在 HTML4 中表示为：
```
<span></span>
```
➤ canvas 元素：表示图形，如图表和其他图像。这个元素本身没有行为，仅提供一块画布，但它把一个绘图 API 展现给客户端 JavaScript，以使脚本能够把想绘制的东西绘制到这块画布上。例如：
```
<canvas id="myCanvas" width="200" height="200"></canvas>
```
在 HTML4 中表示为：
```
<object data="inc/hdr.svg" type="image/svg+xml" width="200" height="200">
</object>
```
➤ output 元素：表示不同类型的输出，比如脚本的输出。例如：
```
<output></output>
```
在 HTML4 中表示为：
```
<span></span>
```
➤ source 元素：为媒介元素（比如<video>和<audio>）定义媒介资源。例如：
```
<source>
```
在 HTML4 中表示为：
```
<param>
```
➤ menu 元素：表示菜单列表。当希望列出表单控件时使用该标签。例如：
```
<menu>
    <li><input type="checkbox" />Red</li>
    <li><input type="checkbox" />blue</li>
</menu>
```
在 HTML4 中，menu 元素不被推荐使用。
➤ ruby 元素：表示 ruby 注释（中文注音或字符）。例如：
```
<ruby>汉<rt><rp>(</rp>厂马'<rp>)</rp></rt></ruby>
```
➤ rt 元素：表示字符（中文注音或字符）的解释或发音。例如：
```
<ruby>汉<rt> 厂马'</rt></ruby>
```
➤ rp 元素：在 ruby 注释中使用，以定义不支持 ruby 元素的浏览器所显示的内容。例如：
```
<ruby>汉<rt><rp>(</rp>厂马'<rp>)</rp></rt></ruby>
```

- wbr 元素：表示软换行。wbr 元素与 br 元素的区别：br 元素表示此处必须换行；而 wbr 元素的意思是浏览器窗口或父级元素的宽度足够宽时（没必要换行时），不进行换行，而当宽度不够时，主动在此处进行换行。例如：

```
<p> TW3C invites media, analysts, and other attendees of Mobile World Congress (MWC)
<wbr> 2012 to meet with W3C and learn how the Open Web Platform <wbr>is transforming
industry. From 27 February through 1 March W3C will </p>
```

- command 元素：表示命令按钮，如单选按钮、复选框或按钮。例如：

```
<command onclick=cut()" label="cut">
```

- details 元素：表示用户要求得到并且可以得到的细节信息。它可以与 summary 元素配合使用。summary 元素提供标题或图例。标题是可见的，用户点击标题时，会显示出细节信息。summary 元素应该是 details 元素的第一个子元素。例如：

```
<details>
    <summary>HTML5</summary>
    For the latest updates from the HTML WG, possibly including important bug fixes,
please look at the editor's draft instead. There may also be a more up-to-date Working
Draft with changes based on resolution of Last Call issues..
</details>
```

- summary 元素：为<details>元素定义可见的标题。示例参考上一个元素。
- datalist 元素：表示可选数据的列表，与 input 元素配合使用，可以制作出输入值的下拉列表。例如：

```
<datalist></datalist>
```

- datagrid 元素：表示可选数据的列表，它以树形列表的形式来显示。例如：

```
<datagrid></datagrid>
```

- keygen 元素：表示生成密钥。例如：

```
<keygen>
```

- progress 元素：表示运行中的进程，可以使用 progress 元素来显示 JavaScript 中耗费时间的函数的进程。例如：

```
<progress></progress>
```

- meter 元素：度量给定范围（gauge）内的数据。例如：

```
<meter value="3" min="0" max="10">十分之三</meter>
<meter value="0.6">60%</meter>
```

- track 元素：定义用在媒体播放器中的文本轨道。例如：

```
<video width="320" height="240" controls="controls">
  <source src="forrest_gump.mp4" type="video/mp4" />
  <source src="forrest_gump.ogg" type="video/ogg" />
  <track kind="subtitles" src="subs_chi.srt" srclang="zh" label="Chinese">
  <track kind="subtitles" src="subs_eng.srt" srclang="en" label="English">
</video>
```

2.2.3 表单元素

通过 type 属性，HTML5 为 input 元素新增很多类型，简单说明如下。

- tel：格式<input type="tel" />，表示必须输入电话号码的文本框。
- search：格式<input type="search" />，表示搜索文本框。
- url：格式<input type="url" />，表示必须输入 URL 地址的文本框。
- email：格式<input type="email" />，表示必须输入电子邮件地址的文本框。
- datetime：格式<input type="datetime" />，表示日期和时间文本框。

- date：格式<input type="date" />，表示日期文本框。
- month：格式<input type="month" />，表示月份文本框。
- week：格式<input type="weekt" />，表示周几文本框。
- time：格式<input type="time" />，表示时间文本框。
- datetime-local：格式<input type="datetime-local" />，表示本地日期和时间文本框。
- number：格式<input type="number" />，表示必须输入数字的文本框。
- range：格式<input type="range" />，表示范围文本框。
- color：格式<input type="color" />，表示颜色文本框。

这些新类型设计用户代理（浏览器）可以提供用户界面，如日历、日期选择器，或整合用户的地址簿，并提交到服务器的格式。它给用户一个更好的经验，因为在发送到服务器之前，进行输入类型检查，这意味着有更少的时间等待反馈。

有关 HTML5 表单元素的使用说明可以参考后面章节内容。

2.2.4 废除的元素

HTML5 废除了 HTML4 中部分过时的元素，简单介绍如下。

- 使用 CSS 替代的元素

对于 basefont、big、center、font、s、strike、tt、u 这些元素，由于它们的功能都是表现文本效果，而 HTML5 中提倡把呈现性功能放在 CSS 样式表中统一编辑，所以将这些元素废除了，并使用编辑 CSS、添加 CSS 样式表的方式进行替代。其中 font 元素允许由"所见即所得"的编辑器来插入，s 元素、strike 元素可以由 del 元素替代，tt 元素可以由 CSS 的 font-family 属性替代。

- 弃用 frame 框架

对于 frameset 元素、frame 元素与 noframes 元素，由于 frame 框架对网页可用性存在负面影响，在 HTML5 中已不支持 frame 框架，只支持 iframe 框架，或者用服务器方创建的由多个页面组成的复合页面的形式，同时将以上这 3 个元素废除。

- 部分浏览器支持的元素

对于 applet、bgsound、blink、marquee 等元素，由于只有部分浏览器支持这些元素，特别是 bgsound 元素以及 marquee 元素，只被 IE 所支持，所以在 HTML5 中被废除。其中 applet 元素可由 embed 元素或 object 元素替代，bgsound 元素可由 audio 元素替代，marquee 可以由 JavaScript 编程的方式所替代。

其他被废除元素还有：
- 使用 ruby 元素替代 rb 元素。
- 使用 abbr 元素替代 acronym 元素。
- 使用 ul 元素替代 dir 元素。
- 使用 form 元素与 input 元素相结合的方式替代 isindex 元素。
- 使用 pre 元素替代 listing 元素。
- 使用 code 元素替代 xmp 元素。
- 使用 GUIDS 替代 nextid 元素。
- 使用 "text/plian" MIME 类型替代 plaintext 元素。

2.3 HTML5 属性

扫一扫，看视频

HTML5 同时增加和废除了很多属性，简单说明如下。

2.3.1 表单属性

- 为 input（type=text）、select、textarea 与 button 元素新增加 autofocus 属性。它以指定属性的方式让元素在画面打开时自动获得焦点。
- 为 input 元素（type=text）与 textarea 元素新增加 placeholder 属性，它会对用户的输入进行提示，提示用户可以输入的内容。
- 为 input、output、select、textarea、button 与 fieldset 新增加 form 属性，声明它属于哪个表单，然后将其放置在页面上任何位置，而不是表单之内。
- 为 input 元素（type=text）与 textarea 元素新增加 required 属性。该属性表示在用户提交的时候进行检查，检查该元素内一定要有输入内容。
- 为 input 元素增加 autocomplete、min、max、multiple、pattern 和 step 属性。同时还有一个新的 list 元素与 datalist 元素配合使用。datalist 元素与 autocomlete 属性配合使用。multiple 属性允许在上传文件时一次上传多个文件。
- 为 input 元素与 button 元素增加了新属性 formaction、formenctype、formmethod、formnovalidate 与 formtarget，它们可以重载 form 元素的 action、enctype、method、novalidate 与 target 属性。为 fieldset 元素增加了 disabled 属性，可以把它的子元素设为 disabled（无效）状态。
- 为 input 元素、button 元素、form 元素增加了 novalidate 属性，该属性可以取消提交时进行的有关检查，表单可以被无条件地提交。

2.3.2 链接属性

- 为 a 与 area 元素增加了 media 属性，该属性规定目标 URL 是为什么类型的媒介/设备进行优化的，只能在 href 属性存在时使用。
- 为 area 元素增加了 hreflang 属性与 rel 属性，以保持与 a 元素、link 元素的一致。
- 为 link 元素增加了新属性 sizes。该属性可以与 icon 元素结合使用（通过 rel 属性），该属性指定关联图标（icon 元素）的大小。
- 为 base 元素增加了 target 属性，主要目的是保持与 a 元素的一致性。

2.3.3 其他属性

- 为 ol 元素增加属性 reversed，它指定列表倒序显示。
- 为 meta 元素增加 charset 属性，因为这个属性已经被广泛支持了，而且为文档的字符编码的指定提供了一种比较良好的方式。
- 为 menu 元素增加了两个新的属性——type 与 label。label 属性为菜单定义一个可见的标注，type 属性让菜单可以以上下文菜单、工具条与列表菜单 3 种形式出现。
- 为 style 元素增加 scoped 属性，用来规定样式的作用范围，譬如只对页面上某个树起作用。
- 为 script 元素增加 async 属性，它定义脚本是否异步执行。
- 为 html 元素增加属性 manifest，开发离线 Web 应用程序时它与 API 结合使用，定义一个 URL，在这个 URL 上描述文档的缓存信息。
- 为 iframe 元素增加 3 个属性 sandbox、seamless 与 srcdoc，用来提高页面安全性，防止不信任的 Web 页面执行某些操作。

2.3.4 废除的属性

HTML5 废除了 HTML4 中过时的属性，采用其他属性或其他方案进行替代，具体说明如表 2.3 所示。

表 2.3　HTML5 废除的属性

HTML4 属性	适应元素	HTML5 替代方案
rev	link、a	rel
charset	link、a	在被链接的资源中使用 HTTP Content-type 头元素
shape、coords	a	使用 area 元素代替 a 元素
longdesc	img、iframe	使用 a 元素链接到较长描述
target	link	多余属性，被省略
nohref	area	多余属性，被省略
profile	head	多余属性，被省略
version	html	多余属性，被省略
name	img	id
scheme	meta	只为某个表单域使用 scheme
archive、classid、codebase、codetype、declare、standby	object	使用 data 与 type 属性类调用插件。需要使用这些属性来设置参数时，使用 param 属性
valuetype、type	param	使用 name 与 value 属性，不声明值的 MIME 类型
axis、abbr	td、th	使用以明确简洁的文字开头、后跟详述文字的形式。可以对更详细内容使用 title 属性，来使单元格的内容变得简短
scope	td	在被链接的资源中使用 HTTP Content-type 头元素
align	caption、input、legend、div、h1、h2、h3、h4、h5、h6、p	使用 CSS 样式表替代
alink、link、text、vlink、background、bgcolor	body	使用 CSS 样式表替代
align、bgcolor、border、cellpadding、cellspacing、frame、rules、width	table	使用 CSS 样式表替代
align、char、charoff、height、nowrap、valign	tbody、thead、tfoot	使用 CSS 样式表替代
align、bgcolor、char、charoff、height、nowrap、valign、width	td、th	使用 CSS 样式表替代
align、bgcolor、char、charoff、valign	tr	使用 CSS 样式表替代
align、char、charoff、valign、width	col、colgroup	使用 CSS 样式表替代
align、border、hspace、vspace	object	使用 CSS 样式表替代
clear	br	使用 CSS 样式表替代
compact、type	ol、ul、li	使用 CSS 样式表替代
compact	dl	使用 CSS 样式表替代
compact	menu	使用 CSS 样式表替代
width	pre	使用 CSS 样式表替代
align、hspace、vspace	img	使用 CSS 样式表替代
align、noshade、size、width	hr	使用 CSS 样式表替代
align、frameborder、scrolling、marginheight、marginwidth	iframe	使用 CSS 样式表替代
autosubmit	menu	

2.4 HTML5 全局属性

HTML5 新增 8 个全局属性。所谓全局属性，是指可以用于任何 HTML 元素的属性。

2.4.1 contentEditable 属性

contentEditable 属性的主要功能是允许用户在线编辑元素中的内容。contentEditable 是一个布尔值属性，可以被指定为 true 或 false。

注意，该属性还有个隐藏的 inherit（继承）状态，属性为 true 时，元素被指定为允许编辑；属性为 false 时，元素被指定为不允许编辑；未指定 true 或 false 时，则由 inherit 状态来决定，如果元素的父元素是可编辑的，则该元素就是可编辑的。

【示例】 本例中为列表元素加上 contentEditable 属性后，该元素就变成可编辑的了，读者可自行在浏览器中修改列表内容。

```
<!DOCTYPE html>
<head>
<meta charset="UTF-8">
<title>conentEditalbe 属性示例</title>
</head>
<h2>可编辑列表</h2>
<ul contentEditable="true">
    <li>列表元素 1</li>
    <li>列表元素 2</li>
    <li>列表元素 3</li>
</ul>
```

这段代码运行后的结果如图 2.4 所示。

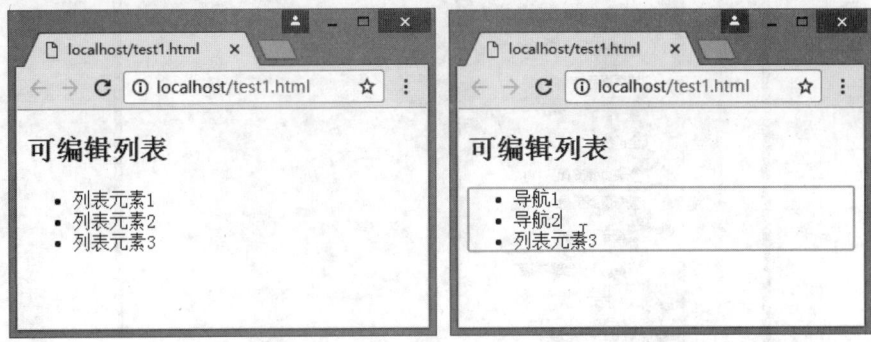

（a）原始列表　　　　　　　　（b）编辑列表项项目

图 2.4 可编辑列表

在编辑完元素中的内容后，如果想要保存其中内容，只能把该元素的 innerHTML 发送到服务器端进行保存，因为改变元素内容后该元素的 innerHTML 内容也会随之改变，目前还没有特别的 API 来保存编辑后元素中的内容。

🔊 提示：

所有主流浏览器都支持 contentEditable 属性。

另外，在 Javascript 脚本中，元素还具有一个 isContentEditable 属性，当元素可编辑时，该属性值为 true；当元素不可编辑时，该属性值为 false。

2.4.2 contextmenu 属性

contextmenu 属性用于定义<div>元素的上下文菜单。所谓上下文菜单，就是会在用户右键点击元素时出现。

【示例】 本例使用 contextmenu 属性定义<div>元素的上下文菜单，其中 contextmenu 属性的值是要打开的<menu>元素的 id 属性值。

```
<!doctype html>
<html>
<head>
<meta charset="utf-8">
</head>
<body>
<div contextmenu="mymenu">上下文菜单
    <menu type="context" id="mymenu">
        <menuitem label="微信分享"></menuitem>
        <menuitem label="微博分享"></menuitem>
    </menu>
</div>
</body>
</html>
```

当用户右击该元素时，会弹出一个上下文菜单，从中可以选择指定的快捷菜单项目，如图 2.5 所示。

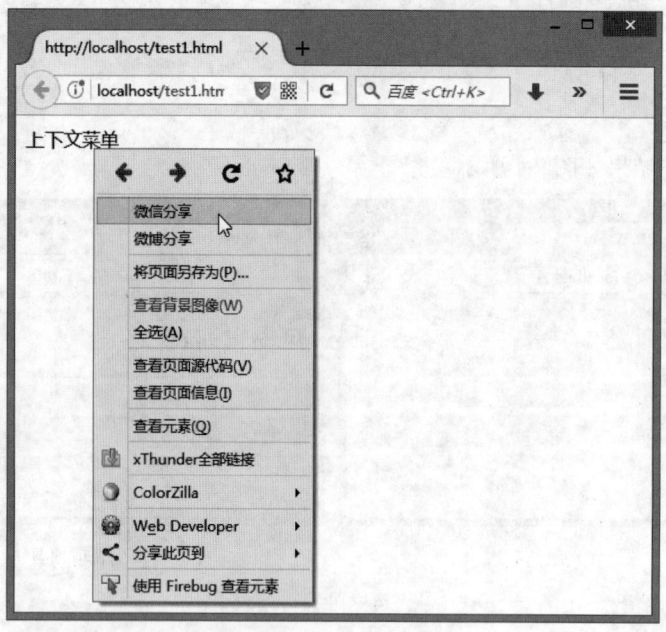

图 2.5 打开上下文菜单

> 提示：
> 目前只有 Firefox 支持 contextmenu 属性。

2.4.3 data-*属性

使用 data-*属性可以自定义用户数据。具体应用包括：
- data-*属性用于存储页面或 Web 应用的私有自定义数据。

↘ data-*属性赋予所有 HTML 元素嵌入自定义 data 属性的能力。

存储的自定义数据能够被页面的 JavaScript 脚本利用，以创建更好的用户体验，不进行 Ajax 调用或服务器端数据库查询。

data-*属性包括下面两部分内容。

↘ 属性名：不应该包含任何大写字母，并且在前缀"data-"之后必须有至少一个字符。
↘ 属性值：可以是任意字符串。

当浏览器（用户代理）解析时，会完全忽略前缀为"data-"的自定义属性。

【示例 1】 本例使用 data-*属性为每个列表项目定义一个自定义属性 type。这样在 JavaScript 脚本中可以判断每个列表项目包含信息的类型。

```
<!doctype html>
<html>
<head>
<meta charset="utf-8">
</head>
<body>
<ul>
    <li data-animal-type="bird">猫头鹰</li>
    <li data-animal-type="fish">鲤鱼</li>
    <li data-animal-type="spider">蜘蛛</li>
</ul>
</body>
</html>
```

📢 提示：

所有主流浏览器都支持 data-* 属性。

【示例 2】 以示例 1 为基础，本例使用 JavaScript 脚本访问每个列表项目的 type 属性值，演示效果如图 2.6 所示。

```
var lis = document.getElementsByTagName("li");
for(var i=0; i<lis.length; i++){
    console.log(lis[i].dataset.animalType);
}
```

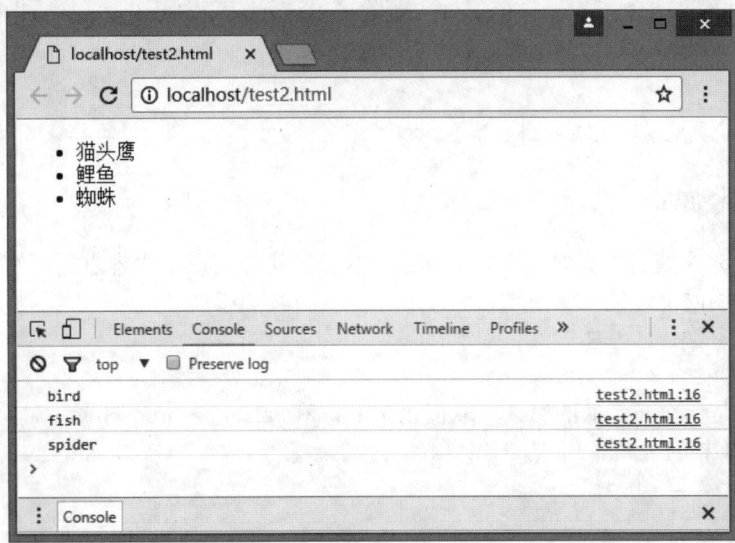

图 2.6 访问列表项目的 type 属性值

2.4.4 draggable 属性

draggable 属性可以定义元素是否可以被拖动。属性取值说明如下。
- true：定义元素可拖动。
- false：定义元素不可拖动。
- auto：定义使用浏览器的默认行为。

draggable 属性常用在拖放操作中，详细说明请参考第 14 章相关内容。

提示：
IE 9+、Firefox、Opera、Chrome 和 Safari 支持 draggable 属性。

2.4.5 dropzone 属性

dropzone 属性定义在元素上拖动数据时，是否复制、移动或链接被拖动数据。属性取值说明如下。
- copy：拖动数据会产生被拖动数据的副本。
- move：拖动数据会导致被拖动数据被移动到新位置。
- link：拖动数据会产生指向原始数据的链接。

例如：
```
<div dropzone="copy"></div>
```

提示：
目前所有主流浏览器都不支持 dropzone 属性。

2.4.6 hidden 属性

在 HTML5 中，所有元素都包含一个 hidden 属性。该属性设置元素的可见状态，取值为一个布尔值，当设为 true 时，元素处于不可见状态；当设为 false 时，元素处于可见状态。

【示例】 下面使用 hidden 属性定义段落文本隐藏显示。
```
<p hidden>这个段落应该被隐藏。</p>
```
hidden 属性可用于防止用户查看元素，直到匹配某些条件，如选中了某个复选框。然后，在页面加载之后，可以使用 JavaScript 脚本删除该属性，删除之后该元素变为可见状态，同时元素中的内容也即时显示出来。

提示：
除了 IE，所有主流浏览器都支持 hidden 属性。

2.4.7 spellcheck 属性

spellcheck 属性定义是否对元素进行拼写和语法检查。可以对以下内容进行拼写检查：
- input 元素中的文本值（非密码）。
- <textarea>元素中的文本。
- 可编辑元素中的文本。

spellcheck 属性是一个布尔值的属性，取值包括 true 和 false，为 true 时表示对元素进行拼写和语法检查，为 false 时则不检查元素。用法如下所示：
```
<!--以下两种书写方法正确-->
<textarea spellcheck="true" >
<input type=text spellcheck=false>
<!--以下书写方法为错误-->
<textarea spellcheck >
```

注意，如果元素的 readOnly 属性或 disabled 属性设为 true，则不执行拼写检查。

【示例】 下面设计进行拼写检查的可编辑段落。

```
<!doctype html>
<html>
<head>
<meta charset="utf-8">
</head>
<body>
<p contenteditable="true" spellcheck="true">这是一个段落。</p>
</body>
</html>
```

提示：

目前 IE 10+、Firefox、Opera、Chrome 和 Safari 支持 spellcheck 属性。

2.4.8 translate 属性

translate 属性定义是否应该翻译元素内容。取值说明如下。
- yes：定义应该翻译元素内容。
- no：定义不应翻译元素内容。

【示例】 本例演示了如何使用 translate 属性。

```
<!doctype html>
<html>
<head>
<meta charset="utf-8">
</head>
<body>
<p translate="no">请勿翻译本段。</p>
<p>本段可被译为任意语言。</p>
</body>
</html>
```

提示：

目前，所有主流浏览器都无法正确地支持 translate 属性。

2.5　HTML5 事件

HTML5 对页面、表单、键盘元素新增了各种事件，下面简单介绍一下。

2.5.1　window 事件

HTML5 新增针对 window 对象触发的事件，可以应用到<body>元素上，简单说明如表 2.4 所示。

表 2.4　HTML5 新增的 window 事件

事件属性	说明
onafterprint	文档打印之后运行的脚本
onbeforeprint	文档打印之前运行的脚本
onbeforeunload	文档卸载之前运行的脚本

(续)

事件属性	说　　明
onerror	在错误发生时运行的脚本
onhaschange	当文档已改变时运行的脚本
onmessage	在消息被触发时运行的脚本
onoffline	当文档离线时运行的脚本
ononline	当文档上线时运行的脚本
onpagehide	当窗口隐藏时运行的脚本
onpageshow	当窗口成为可见时运行的脚本
onpopstate	当窗口历史记录改变时运行的脚本
onredo	当文档执行撤销（redo）时运行的脚本
onresize	当浏览器窗口被调整大小时触发
onstorage	在 Web Storage 区域更新后运行的脚本
onundo	在文档执行 undo 时运行的脚本

2.5.2　form 事件

HTML5 新增 HTML 表单内的动作触发的事件，应用到几乎所有 HTML 元素，但最常用在 form 元素中，简单说明如表 2.5 所示。

表 2.5　HTML5 新增的 form 事件

事件属性	说　　明
oncontextmenu	当上下文菜单被触发时运行的脚本
onformchange	在表单改变时运行的脚本
onforminput	当表单获得用户输入时运行的脚本
oninput	当元素获得用户输入时运行的脚本
oninvalid	当元素无效时运行的脚本

2.5.3　mouse 事件

HTML5 新增多个鼠标事件，由鼠标或类似用户动作触发的事件，简单说明如表 2.6 所示。

表 2.6　HTML5 新增的 mouse 事件

事件属性	说　　明
ondrag	元素被拖动时运行的脚本
ondragend	在拖动操作末端运行的脚本
ondragenter	当元素已被拖动到有效拖放区域时运行的脚本
ondragleave	当元素离开有效拖放目标时运行的脚本
ondragover	当元素在有效拖放目标上正在被拖动时运行的脚本
ondragstart	在拖动操作开端运行的脚本
ondrop	当被拖元素正在被拖放时运行的脚本
onmousewheel	当鼠标滚轮正在被滚动时运行的脚本
onscroll	当元素滚动条被滚动时运行的脚本

2.5.4 media 事件

HTML5 新增多个媒介事件，如视频、图像和音频触发的事件，适用于所有 HTML 元素，但常见于媒介元素中，如 <audio>、<embed>、<img>、<object> 和<video>元素，简单说明如表 2.7 所示。

表 2.7　HTML5 新增的 media 事件

事件属性	说明
oncanplay	当文件就绪可以开始播放时运行的脚本（缓冲已足够开始时）
oncanplaythrough	当媒介能够无需因缓冲而停止即可播放至结尾时运行的脚本
ondurationchange	当媒介长度改变时运行的脚本
onemptied	当发生故障并且文件突然不可用时运行的脚本（比如连接意外断开时）
onended	当媒介已到达结尾时运行的脚本（可发送类似"感谢观看"之类的消息）
onerror	当在文件加载期间发生错误时运行的脚本
onloadeddata	当媒介数据已加载时运行的脚本
onloadedmetadata	当元数据（比如分辨率和时长）被加载时运行的脚本
onloadstart	在文件开始加载且未实际加载任何数据前运行的脚本
onpause	当媒介被用户或程序暂停时运行的脚本
onplay	当媒介已就绪可以开始播放时运行的脚本
onplaying	当媒介已开始播放时运行的脚本
onprogress	当浏览器正在获取媒介数据时运行的脚本
onratechange	每当回放速率改变时运行的脚本（比如当用户切换到慢动作或快进模式）
onreadystatechange	每当就绪状态改变时运行的脚本（就绪状态监测媒介数据的状态）
onseeked	当 seeking 属性设置为 false（指示定位已结束）时运行的脚本
onseeking	当 seeking 属性设置为 true（指示定位是活动的）时运行的脚本
onstalled	在浏览器不论何种原因未能取回媒介数据时运行的脚本
onsuspend	在媒介数据完全加载之前不论何种原因终止取回媒介数据时运行的脚本
ontimeupdate	当播放位置改变时（比如当用户快进到媒介中一个不同的位置时）运行的脚本
onvolumechange	每当音量改变时（包括将音量设置为静音时）运行的脚本

2.6　案例：设计 HTML5 页面

前面简单介绍了一个 HTML5 文档的新语法、元素、属性和事件。实际上，HTML5 页面的特征远不止这些，下面通过一个较为完整的实例页面介绍 HTML5 页面特征。

2.6.1　使用 HTML5 结构化元素

使用一些带有语义性的标记，可以加速浏览器解释页面中元素的速度，如早期的<samp>、<var>元素；HTML5 继承了这些元素，并根据用户使用最为频繁的类名称和 ID 号不断开发新的标记，因为这些标记才能真正体现开发者真实意图所在。

【示例 1】　本例说明 HTML5 是如何使用这些全新的 HTML5 特征来结构化元素的。本例设计将页面分成上、中、下 3 部分：上部用于显示导航；中部又分成两个部分，左边设置菜单，右边显示文本内容；下部显示页面版权信息。演示效果如图 2.7 所示。

```
<!DOCTYPE HTML>
<html>
```

扫一扫，看视频

```html
<head>
<meta charset="utf-8">
<title></title>
<style type="text/css">
#header, #siderLeft, #siderRight,#footer{
    border:solid 1px #666;
    padding:10px;
    margin:6px;
}
#header { width:500px }
#siderLeft {
    float:left;
    width:60px;
    height:100px
}
#siderRight {
    float:left;
    width:406px;
    height:100px
}
#footer {
    clear:both;
    width:500px
}
</style>
</head>
<body>
<div id="header">导航</div>
<div id="siderLeft">菜单</div>
<div id="siderRight">内容</div>
<div id="footer">底部说明</div>
</body>
</html>
```

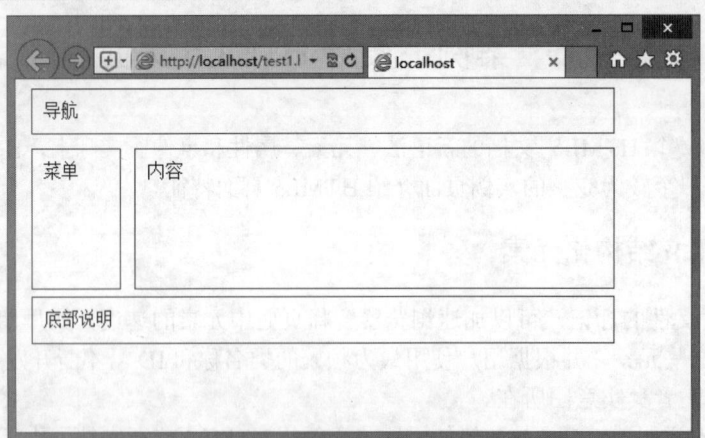

图 2.7 简单的网页布局

尽管上述代码不存在任何错误，还可以在 HTML5 环境中很好地工作，但该页面结构的很多部分对于浏览器来说都是未知的，这是因为浏览器是通过 ID 号定位元素的。因此，只要开发者不同，就允许元素的 ID 号各异,这对浏览器来说,不能很好地表明元素在页面中的位置,必然影响页面解析的速度。

【示例 2】 本例使用 HTML5 新增的元素可以很快地定位某个标记,明确地表示页面中的位置。将示例 1 中代码修改成 HTML5 支持的页面代码,如下所示,演示效果如图 2.8 所示。

```
<!DOCTYPE HTML>
<html>
<head>
<meta charset=utf-8>
<title></title>
<style type="text/css">
header, nav, article,footer{
    border:solid 1px #666;
    padding:10px;
    margin:6px;
}
header { width:500px }
nav {
    float:left;
    width:60px;
    height:100px
}
article {
    float:left;
    width:406px;
    height:100px
}
footer {
    clear:both;
    width:500px
}
</style>
</head>
<body>
<header>导航</header>
<nav>菜单</nav>
<article>内容</article>
<footer>底部说明</footer>
</body>
</html>
```

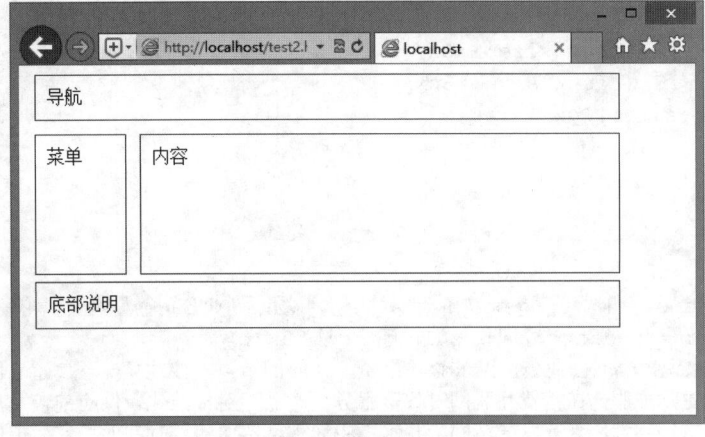

图 2.8 简单的网页布局

虽然两段代码不一样,但在 IE 浏览器下页面显示效果相同。从上述两段代码来看,使用 HTML5 新增元素创建的页面代码更加简单和高效。

可以很容易地看出,使用<div id="header">、<div id="siderLeft">、<div id="siderRight">和<div id="footer">这些标记元素没有任何实现的意义,即浏览器不能根据标记的 ID 号属性来推断这个标记的真正含义,这是因为 ID 号是可以变化的,不利于寻找。

而 HTML5 中的新增元素<header>,明确地告诉浏览器此处是页头,<nav>标记用于构建页面的导航,<article>标记用于构建页面内容的一部分,<footer>表明页面已到页脚或根元素部分,并且这些标记都可以重复使用,这样极大地提高了开发者的工作效率。

此外,有些新增的 HTML5 元素还可以单独成为一个区域,如下列代码所示:

```html
<header>
    <article>
        <h1>内容 1</h1>
    </article>
</header>
<header>
    <article>
        <h2>内容 2</h2>
    </article>
</header>
```

在 HTML5 中,一个<article>可以创建一个新的节点,并且每个节点都可以有自己的单独元素,如<h1>或<h2>,这样不仅使内容区域各自分段、便于维护,而且代码简单,局部修改方便。

2.6.2 使用 CSS 美化 HTML5 文档

扫一扫,看视频

在支持 HTML5 新元素的浏览器中,样式化各新增元素变得十分简单,我们可以对任意一个元素应用 CSS,包括直接设置或引入 CSS 文件。需要说明的是,在默认情况下,CSS 会默认元素的 display 属性值为 inline,因此,为了更加正确地显示设置的页面效果,需要将元素的 display 属性设置为 block。

【示例】 下面通过一个简单示例来说明这一点。在页面中设置相关样式,显示一段文章的内容。该页面在 Chrome 浏览器下预览效果如图 2.9 所示。

```html
<!DOCTYPE html >
<head>
<meta charset="utf-8" />
<style type="text/css">
article { display:block }
article header p { font-size:13px }
article header h1 { font-size:16px }
.p-date { font-size:11px }
</style>
</head>
<body>
<article>
    <header>
        <h1><a href="#" target="new">竞争下半场:创业公司需警惕 "C 轮魔咒" </a></h1>
        <p class="p-date">日期:2016 年 12 月 28</p>
        <p>一般来说,一家创业公司谋求 C 轮融资,在时间节点上往往意味着属于它的竞争来到了下半场。下半场的竞争往往更加血腥。在消费互联网时代,服务与产品相对标准化,供应链较短,起步时期大家都能快速上手。并且因为市场够大,都有发展空间,井水不犯河水。然而随着时间的推移,市场红利消失,竞争者们不得不刺刀见红。智能手机行业里一度谋求 C 轮融资受阻的锤子科技就是典型案例。</p>
```

```
        </header>
    </article>
</body>
```

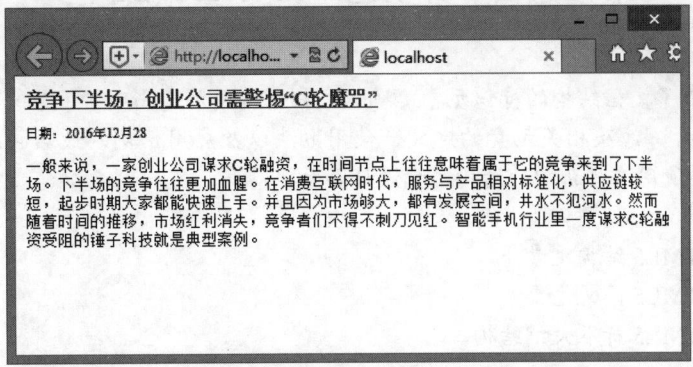

图 2.9 使用 CSS 美化 HTML5 页面

由于有些浏览器并不支持 HTML5 中的新增元素，如 IE 8 或更早版本，其 CSS 只应用 IE 支持的那些元素。因此，为了能使新增的 HTML5 元素应用样式，可以在头部标记<head>中加入如下 JavaScript 代码。

```
<script type="text/javascript">
document.createElement('article');
document.createElement('header');
</script>
```

考虑到各浏览器的兼容性不一样，可以对上述的 JavaScript 代码进行优化，即使用条件语句包含该 JavaScript 代码，使浏览器只在不支持 HTML5 的情况下才执行这段脚本。

第 3 章 构建 HTML5 结构

HTML5 全面升级了文档结构的标识元素,确保文档结构更加清晰明确,容易阅读。本章将详细介绍这些新增的结构元素,涉及相关元素的定义、使用方法以及应用示例,最后再结合案例介绍一下在 HTML5 中,究竟怎样使用这些新增的结构元素设计页面。

【学习重点】
- 正确使用 HTML5 结构元素。
- 正确使用 HTML5 语义元素。
- 能够设计 HTML5 标准大纲结构。

3.1 设计主体结构

为了使文档的结构更加清晰明确,HTML5 新增与页眉、页脚、内容块等文档结构相关联的结构元素。

◁》提示:

内容块是指将 HTML 页面按逻辑进行分割后的区域单位。例如,对于正文内页来说,导航菜单、文章正文、文章的评论等每一个部分都可称为内容块。

扫一扫,看视频

3.1.1 定义文章块

article 元素用来表示文档、页面中独立的、完整的、可以独自被外部引用的内容。它可以是一篇博客或报刊中的文章、一篇论坛帖子、一段用户评论或独立的插件等。

另外,一个 article 元素通常有它自己的标题,一般放在一个 header 元素里面,有时还有自己的脚注。当 article 元素嵌套使用的时候,内部的 article 元素内容必须和外部 article 元素内容相关。article 元素支持 HTML5 全局属性。

【示例 1】 下面代码演示了如何使用 article 元素设计网络新闻展示。

```
<!DOCTYPE HTML>
<html>
<head>
<meta charset="utf-8">
<title>新闻</title>
</head>
<body>
<article>
    <header>
        <h1>Twitter 直播平台 Periscope 推出 360 度全景直播</h1>
        <time pubdate="pubdate">2016 年 12 月 29 日 18:12</time>
    </header>
    <p>新浪科技讯 北京时间 12 月 29 日晚间消息,Twitter 今日在其直播平台 Periscope 上推出了 360 度视频直播服务。Twitter CEO 杰克-多西(Jack Dorsey)称,只要将全景 VR 相机 Insta360 固定在智能手机上,就可以展示身边的全景世界了。目前,该功能只支持 Insta360 相机。
    </p>
```

```
            <footer>
                <p>http://www.sina.com.cn</p>
            </footer>
</article>
</body>
</html>
```

这个示例是一篇讲述科技新闻的文章,在 header 元素中嵌入了文章的标题部分,在这部分中,文章的标题被镶嵌在 h1 元素中,文章的发表日期镶嵌在 time 元素中。在标题下部的 p 元素中,嵌入了一大段该博客文章的正文,在结尾处的 footer 元素中,嵌入了文章的著作权,作为脚注。整个示例的内容相对比较独立、完整,因此,对这部分内容使用了 article 元素。

article 元素是可以嵌套使用的,内层的内容在原则上需要与外层的内容相关联。例如,一篇科技新闻中,针对该新闻的相关评论就可以使用嵌套 article 元素的方式,用来呈现评论的 article 元素被包含在表示整体内容的 article 元素里面。

【示例 2】 本例是在上面代码基础上演示如何实现 article 元素嵌套使用。

```
<!DOCTYPE HTML>
<html>
<head>
<meta charset="utf-8">
<title>新闻</title>
</head>
<body>
<article>
    <header>
        <h1>Twitter 直播平台 Periscope 推出 360 度全景直播</h1>
        <time pubdate="pubdate">2016 年 12 月 29 日 18:12</time>
    </header>
    <p>新浪科技讯 北京时间 12 月 29 日晚间消息,Twitter 今日在其直播平台 Periscope 上推出了 360 度视频直播服务。Twitter CEO 杰克-多西(Jack Dorsey)称,只要将全景 VR 相机 Insta360 固定在智能手机上,就可以展示身边的全景世界了。目前,该功能只支持 Insta360 相机。
    </p>
    <footer>
        <p>http://www.sina.com.cn</p>
    </footer>
    <section>
        <h2>评论</h2>
        <article>
            <header>
                <h3>天舞之城</h3>
                <p>
                    <time pubdate datetime="2016-12-29 19:40-08:00"> 1 小时前 </time>
                </p>
            </header>
            <p>ok</p>
        </article>
        <article>
            <header>
                <h3>西子与子夕</h3>
                <p>
                    <time pubdate datetime="2016-12-29 19:50-08:00"> 1 小时前 </time>
                </p>
```

```
            </header>
            <p>well</p>
        </article>
    </section>
</article>
</body>
</html>
```

这个示例中的内容比上面示例中的内容更加完整，它添加了评论内容。整个内容比较独立、完整，因此对其使用 article 元素。具体来说，示例内容又分为几部分，文章标题放在了 header 元素中，文章正文放在了 header 元素后面的 p 元素中，然后 section 元素把正文与评论部分进行了区分，在 section 元素中嵌入了评论的内容，评论中每一个人的评论相对来说又是比较独立、完整的，因此对它们都使用一个 article 元素，在评论的 article 元素中，又可以分为标题与评论内容部分，分别放在 header 元素与 p 元素中。

【示例 3】 article 元素也可以用来表示插件，它的作用是使插件看起来好像内嵌在页面中一样。下面代码使用 article 元素表示插件使用。

```
<!DOCTYPE HTML>
<html>
<head>
<meta charset="utf-8">
</head>
<body>
<article>
    <h1>使用插件</h1>
    <object>
        <param name="allowFullScreen" value="true">
        <embed src="#" width="600" height="395"></embed>
    </object>
</article>
</body>
</html>
```

扫一扫，看视频

3.1.2 定义内容块

section 元素用于对网站或应用程序中页面上的内容进行分区。一个 section 元素通常由内容及其标题组成。div 元素也可以用来对页面进行分区，但 section 元素并非一个普通的容器元素，当一个容器需要被直接定义样式或通过脚本定义行为时，推荐使用 div，而非 section 元素。

◀» 提示：

div 元素关注结构的独立性，而 section 元素关注内容的独立性，section 元素包含的内容可以单独存储到数据库中或输出到 Word 文档中。

【示例 1】 本例使用 section 元素把新歌排行版的内容进行单独分隔，如果在 HTML5 之前，我们习惯使用 div 元素来分隔该块内容。

```
<!DOCTYPE HTML>
<html>
<head>
<meta charset="utf-8">
</head>
<body>
```

```html
<section>
    <h1>经典儿歌 TOP10</h1>
    <ol>
        <li>
            <h3>铃儿响叮当</h3>
            <span>小蓓蕾组合　《015、儿歌曲库..》</span></li>
        <li>
            <h3>拔萝卜</h3>
            <span>小蓓蕾组合　《004、儿歌曲库..》</span></li>
        <li>
            <h3>数鸭子</h3>
            <span>少儿歌曲　《童年的歌谣 CD1》</span></li>
        <li>
            <h3>你在他乡还好吗</h3>
            <span>光头李进　《留在蓉城的微笑》</span></li>
        <li>
            <h3>小兔子乖乖</h3>
            <span>小蓓蕾组合　《015、儿歌曲库..》</span></li>
        <li>
            <h3>爸爸妈妈听我说</h3>
            <span>小葡萄　《彭野新儿歌精选》</span></li>
        <li>
            <h3>让我们荡起双桨</h3>
            <span>小蓓蕾组合　《014、儿歌曲库..》</span></li>
        <li>
            <h3>儿歌：铃儿响叮当</h3>
            <span>民族乐团　《胎教音乐（2）CD》</span></li>
        <li>
            <h3>采蘑菇的小姑娘</h3>
            <span>小蓓蕾组合　《004、儿歌曲库..》</span></li>
        <li>
            <h3>蓝精灵</h3>
            <span>儿歌　民族乐团 </span></li>
    </ol>
</section>
</body>
</html>
```

article 元素与 section 元素都是 HTML5 新增的元素，它们的功能与 div 类似，都是用来区分不同区域，它们的使用方法也相似，因此很多初学者会将其混用。HTML5 之所以新增这两种元素，就是为了更好地描述文档的内容，所以它们之间肯定是有区别的。

article 元素代表文档、页面或者应用程序中独立完整的可以被外部引用的内容。例如：博客中的一篇文章，论坛中的一个帖子或者一段浏览者的评论等。因为 article 元素是一段独立的内容，所以 article 元素通常包含头部（header 元素）、底部（footer 元素）。

section 元素用于对网站或者应用程序中页面上的内容进行分块。一个 section 元素通常由内容以及标题组成。

section 元素需要包含一个<hn>标题元素，一般不用包含头部（header 元素）或者底部（footer 元素）。通常用 section 元素为那些有标题的内容进行分段。

section 元素的作用，是对页面上的内容分块处理，如对文章分段等，相邻的 section 元素的内容，应当是相关的，而不是像 article 那样独立。

【示例 2】 在本例中,读者能够观察到 article 元素与 section 元素的区别。事实上 article 元素可以看做是特殊的 section 元素。article 元素更强调独立性、完整性,section 更强调相关性。

```
<article>
    <header>
        <h1>潜行者 m 的个人介绍</h1>
    </header>
    <p>潜行者 m 是一个中国男人,是一个帅哥......</p>
    <section>
        <h2>评论</h2>
        <article>
            <h3>评论者:潜行者 n</h3>
            <p>确实,m 同学真的很帅</p>
        </article>
        <article>
            <h3>评论者:潜行者 a</h3>
            <p>M 今天吃药了没?</p>
        </article>
    </section>
</article>
```

既然 article、section 是用来划分区域的,又是 HTML5 的新元素,那么是否可以用 article、section 取代 div 来布局网页呢?

答案是否定的,div 的用处就是用来布局网页,划分大的区域,HTML4 只有 div、span 来划分区域,所以我们习惯性的把 div 当成了一个容器。而 HTML5 改变了这种用法,它让 div 的工作更纯正。div 就是用来布局大块,在不同的内容块中,我们按照需求添加 article、section 等内容块,并且显示其中的内容,这样才是合理地使用这些元素。

因此,在使用 section 元素时应该注意几个问题:

- 不要将 section 元素当作设置样式的页面容器,对于此类操作应该使用 div 元素实现。
- 如果 article 元素、aside 元素或 nav 元素更符合使用条件,不要使用 section 元素。
- 不要为没有标题的内容区块使用 section 元素。

通常不推荐为那些没有标题的内容使用 section 元素,可以使用 HTML5 轮廓工具(http://gsnedders.html5.org/outliner/)来检查页面中是否有没标题的 section,如果使用该工具进行检查后,发现某个 section 的说明中有"untitled section"(没有标题的 section)文字,这个 section 就有可能使用不当,但是 nav 元素和 aside 元素没有标题是合理的。

【示例 3】 section 元素的作用是对页面上的内容进行分块,类似对文章进行分段,与具有完整、独立的内容模块 article 元素不同。下面来看 article 元素与 section 元素混合使用的示例。

```
<article>
    <h1>W3C</h1>
    <p>万维网联盟(World Wide Web Consortium, W3C),又称 W3C 理事会。1994 年 10 月在麻省理工学院计算机科学实验室成立。建立者是万维网的发明者蒂姆&middot;伯纳斯-李。</p>
    <section>
        <h2>CSS</h2>
        <p>全称 Cascading Style Sheet,级联样式表,通常又称为"风格样式表(Style Sheet)",它是用来进行网页风格设计的。</p>
    </section>
    <section>
        <h2>HTML</h2>
        <p>全称 Hypertext Markup Language,超文本标记语言,用于描述网页文档的一种标记语言。
```

```
    </p>
    </section>
</article>
```

在上面代码中，首先可以看到整个版块是一段独立的、完整的内容，因此使用 article 元素。该内容是一篇关于 W3C 的简介，该文章分为 3 段，每一段都有一个独立的标题，因此使用了两个 section 元素。

注意：

对文章分段的工作是使用 section 元素完成的。为什么没有对第一段使用 section 元素？其实是可以使用的，但是由于其结构比较清晰，分析器可以识别第一段内容在一个 section 元素里，所以也可以将第一个 section 元素省略，但是如果第一个 section 元素里还要包含子 section 元素或子 article 元素，就必须写明第一个 section 元素。

【示例 4】 下面是一个包含 article 元素的 section 元素示例。

```
<section>
    <h1>W3C</h1>
    <article>
        <h2>CSS</h2>
        <p>全称 Cascading Style Sheet，级联样式表，通常又称为"风格样式表（Style Sheet）"，它是用来进行网页风格设计的。</p>
    </article>
        <h2>HTML</h2>
        <p>全称 Hypertext Markup Language，超文本标记语言，用于描述网页文档的一种标记语言。</p>
</section>
```

这个示例比第一个示例复杂了一些。首先，它是一篇文章中的一段，因此没有使用 article 元素。但是，在这一段中有几块独立的内容，所以嵌入了几个独立的 article 元素。

在 HTML5 中，article 元素可以看成是一种特殊种类的 section 元素，它比 section 元素更强调独立性，即 section 元素强调分段或分块，而 article 强调独立性。具体来说，如果一块内容相对来说比较独立、完整的时候，应该使用 article 元素，但是如果想将一块内容分成几段的时候，应该使用 section 元素。另外，在 HTML5 中，div 元素变成了一种容器，当使用 CSS 样式的时候，可以对这个容器进行一个总体的 CSS 样式的套用。

在 HTML5 中，可以将所有页面的从属部分，如导航条、菜单、版权说明等，包含在一个统一的页面中，以便统一使用 CSS 样式来进行装饰。

3.1.3 定义导航块

nav 元素是一个可以用作页面导航的链接组，其中的导航元素链接到其他页面或当前页面的其他部分。并不是所有的链接组都要被放进 nav 元素，只需要将主要的、基本的链接组放进 nav 元素即可。

例如，在页脚中通常会有一组链接，包括服务条款、首页、版权声明等，这时使用 footer 元素最恰当。一个页面中可以拥有多个 nav 元素，作为页面整体或不同部分的导航。

具体来说，nav 元素可以用于以下场合：

- 传统导航条。常规网站都设置有不同层级的导航条，其作用是将当前画面跳转到网站的其他主要页面上去。
- 侧边栏导航。现在主流博客网站及商品网站上都有侧边栏导航，其作用是将页面从当前文章或当前商品跳转到其他文章或其他商品页面上去。
- 页内导航。页内导航的作用是在本页面几个主要的组成部分之间进行跳转。
- 翻页操作。翻页操作是指在多个页面的前后页或博客网站的前后篇文章滚动。

【示例 1】 在 HTML5 中，只要是导航性质的链接，就可以很方便地将其放入 nav 元素中。该元

素可以在一个文档中多次出现,作为页面或部分区域的导航。

```html
<!DOCTYPE HTML>
<html>
<body>
<nav draggable="true">
    <a href="index.html">首页</a>
    <a href="book.html">图书</a>
    <a href="bbs.html">论坛</a>
</nav>
</body>
</html>
```

上述代码创建了一个可以拖动的导航区域,nav 元素中包含了 3 个用于导航的超级链接,即"首页"、"图书"和"论坛"。该导航可用于全局导航,也可放在某个段落,作为区域导航。

【示例 2】 在下面示例中,页面由几部分组成,每个部分都带有链接,但只将最主要的链接放入了 nav 元素中。

```html
<!DOCTYPE HTML>
<html>
<head>
<meta charset="utf-8">
</head>
<body>
<h1>技术资料</h1>
<nav>
    <ul>
        <li><a href="/">主页</a></li>
        <li><a href="/blog">博客</a></li>
    </ul>
</nav>
<article>
    <header>
        <h1>HTML5+CSS3</h1>
        <nav>
            <ul>
                <li><a href="#HTML5">HTML5</a></li>
                <li><a href="#CSS3">CSS3</a></li>
            </ul>
        </nav>
    </header>
    <section id="HTML5">
        <h1>HTML5</h1>
        <p>HTML5 特性说明</p>
    </section>
    <section id="CSS3">
        <h1>CSS3</h1>
        <p>CSS3 特性说明。</p>
    </section>
    <footer>
        <p> <a href="?edit">编辑</a> | <a href="?delete">删除</a> | <a href="?add">添加</a> </p>
    </footer>
```

```
</article>
<footer>
    <p><small>版权信息</small></p>
</footer>
</body>
</html>
```

在这个例子中,第一个 nav 元素用于页面导航,将页面跳转到其他页面上去,如跳转到网站主页或博客页面;第二个 nav 元素放置在 article 元素中,表示在文章中内进行导航。除此之外,nav 元素也可以用于其他所有你觉得是重要的、基本的导航链接组中。

提示:

在 HTML5 中不要用 menu 元素代替 nav 元素。很多用户喜欢用 menu 元素进行导航,menu 元素主要使用在一系列交互命令的菜单上的,如使用在 Web 应用程序中的。

3.1.4 定义侧边栏

扫一扫,看视频

aside 元素用来表示当前页面或文章的附属信息部分,它可以包含与当前页面或主要内容相关的引用、侧边栏、广告、导航条,以及其他类似的有别于主要内容的部分。aside 元素主要有以下两种使用方法。

(1)作为主要内容的附属信息部分,包含在 article 元素中,其中的内容可以是与当前文章有关的参考资料、名词解释等。

【示例 1】 下面代码使用 aside 元素解释在 HTML5 历史中两个名词。这是一篇文章,网页的标题放在了 header 元素中,在 header 元素的后面将所有关于文章的部分放在了一个 article 元素中,将文章的正文部分放在了一个 p 元素中,但是该文章还有一个名词解释的附属部分,用来解释该文章中的一些名词,因此,在 p 元素的下部又放置了一个 aside 元素,用来存放名词解释部分的内容。

```
<!DOCTYPE html>
<head>
<meta charset="utf-8">
</head>
<body>
<header>
    <h1>HTML5</h1>
</header>
<article>
    <h1>HTML5 历史</h1>
    <p>HTML5 草案的前身名为 Web Applications 1.0,于 2004 年被 WHATWG 提出,于 2007 年被 W3C
接纳,并成立了新的 HTML 工作团队。HTML5 的第一份正式草案已于 2008 年 1 月 22 日公布。2014 年 10
月 28 日,W3C 的 HTML 工作组正式发布了 HTML5 的官方推荐标准。</p>
    <aside>
        <h1>名词解释</h1>
        <dl>
            <dt>WHATWG</dt>
            <dd>Web Hypertext Application Technology Working Group,HTML 工作开发组的
简称,目前与 W3C 组织同时研发 HTML5。</dd>
        </dl>
        <dl>
            <dt>W3C</dt>
            <dd>World Wide Web Consortium,万维网联盟,万维网联盟是国际著名的标准化组织。
1994 年成立后,至今已发布近百项相关万维网的标准,对万维网发展做出了杰出的贡献。</dd>
```

```
        </dl>
    </aside>
</article>
</body>
```

因为这个 aside 元素被放置在一个 article 元素内部，因此引擎将这个 aside 元素的内容理解成是和 article 元素的内容相关联的。

（2）作为页面或站点全局的附属信息部分，在 article 元素之外使用。最典型的形式是侧边栏，其中的内容可以是友情链接，博客中其他文章列表、广告单元等。

【示例 2】 下面代码使用 aside 元素为个人网页添加一个友情链接版块。

```
<!DOCTYPE html>
<head>
<meta charset="utf-8">
</head>
<body>
<aside>
    <nav>
        <h2>友情链接</h2>
        <ul>
            <li> <a href="#">网站 1</a></li>
            <li> <a href="#">网站 2</a></li>
            <li> <a href="#">网站 3</a></li>
        </ul>
    </nav>
</aside>
</body>
</html>
```

友情链接在博客网站中比较典型，一般放在左右两侧的边栏中，因此可以使用 aside 元素来实现，但是该侧边栏又是具有导航作用的，因此嵌套了一个 nav 元素，该侧边栏的标题是"友情链接"，放在了 h2 元素中，在标题之后使用了一个 ul 列表，用来存放具体的导航链接。

3.1.5 定义主要区域

扫一扫，看视频

main 元素表示网页中的主要内容。主要内容区域是指与网页标题或应用程序中本页主要功能直接相关或进行扩展的内容。该区域应该为每一个网页中所特有的内容，不能包含整个网站的导航条、版权信息、网站 logo、公共搜索表单等整个网站内部的共同内容。

每个网页内部只能放置一个 main 元素。不能将 main 元素放置在任何 article、aside、footer、header 或 nav 元素内部。

注意：
由于 main 元素不对页面内容进行分区或分块，所以不会对下文所要描述的网页大纲产生任何影响。

【示例】 本例使用 main 元素包裹页面主要区域，这样更有利于网页内容的语义分区，同时搜索引擎也能够主动抓取主要信息，避免被辅助性文字干扰。

```
<!DOCTYPE html>
<html>
<body>
<header>
    <nav>
        <ul>
```

```html
            <li><a href="#">首页</a></li>
            <li><a href="#">新闻</a></li>
            <li><a>其他</a></li>
        </ul>
    </nav>
</header>
<main>
    <h1>科技新闻</h1>
    <nav>
        <ul>
            <li><a href="#web">互联网</a></li>
            <li><a href="#zmt">自媒体</a></li>
            <li><a href="#cycx">创业创新</a></li>
        </ul>
    </nav>
    <H2 id="web">互联网</H2>
    <h3>互联网2016：从流量为王到生产率贡献制胜</h3>
    <p>白银时代，也许就是经历 2015 年诸神退位后，中国互联网相当长一段时间的现实。最初那些完全建立在互联网上的红利接近消耗殆尽，就像 BAT 在搜索、电商和社交这三大传统领域正经历的，而新的机会主要存在于互联网在各行各业的渗透，这意味着你必须同那些行业已经存在的生产者展开生产率的竞争，这将变得不再性感，挤泡沫将贯穿始终。</p>
    <h2 id="zmt">自媒体</h2>
    <ul>
        <li>高通魅族达成和解：套路的高通和魅族的套路</li>
        <li>同道大叔、李叫兽先后套现上岸，2017 年内容创业暗流涌动？</li>
        <li>凭什么要我脱离舒适区</li>
    </ul>
    <h2 id="cycx">创业创新</h2>
    <ul>
        <li>创业者防坑手册：面对强大的投资人，你该如何正当防卫？</li>
        <li>我们想要的不是微信小程序，是重新来过</li>
        <li>全球首家 MUJI Hotel 落户深圳</li>
    </ul>
</main>
<footer>Copyright © 虎嗅网 京 ICP 备 12013432 号-1</footer>
</body>
</html>
```

3.2 设计语义结构

除了以上几个主要的结构元素之外，HTML5 内还增加了一些表示逻辑结构或附加信息的非主体结构元素。

3.2.1 定义标题栏

header 元素是一种具有引导和导航作用的结构元素，通常用来放置整个页面或页面内的一个内容块的标题，但也可以包含其他内容，如数据表格、搜索表单或相关的 logo 图片，因此整个页面的标题应该放在页面的开头。

【示例 1】 在一个网页内可以多次使用 header 元素，下面显示为每个内容区块加一个 header 元素。

扫一扫，看视频

```html
<!DOCTYPE html>
<head>
<meta charset="utf-8">
</head>
<body>
<header>
    <h1>网页标题</h1>
</header>
<article>
    <header>
        <h1>文章标题</h1>
    </header>
    <p>文章正文</p>
</article>
</body>
```

在 HTML5 中，header 元素通常包含 h1~h6 元素，也可以包含 hgroup、table、form、nav 等元素，只要应该显示在头部区域的语义标签，都可以包含在 header 元素中。

【示例 2】 下面页面是个人博客首页的头部区域代码示例，整个头部内容都放在 header 元素中。

```html
<!DOCTYPE html>
<head>
<meta charset="utf-8">
</head>
<body>
<header>
    <hgroup>
        <h1>我的博客</h1>
        <a href="#">[URL]</a> <a href="#">[订阅]</a> <a href="#">[手机订阅]</a>
    </hgroup>
    <nav>
        <ul>
            <li>首页</li>
            <li><a href="#">目录</a></li>
            <li><a href="#">社区</a></li>
            <li><a href="#">微博我</a></li>
        </ul>
    </nav>
</header>
</body>
```

扫一扫，看视频

3.2.2 定义标题组

hgroup 元素可以为标题或者子标题进行分组，通常它与 h1~h6 元素组合使用，一个内容块中的标题及其子标题可以通过 hrgoup 元素组成一组。但是，如果文章只有一个主标题，则不需要 hgroup 元素。

【示例】 本例显示如何使用 hgroup 元素把主标题、副标题和标题说明进行分组，以便让引擎更容易识别标题块。

```html
<!DOCTYPE html>
<head>
<meta charset="utf-8">
</head>
<body>
```

```
<article>
    <header>
        <hgroup>
            <h1>主标题</h1>
            <h2>副标题</h2>
            <h3>标题说明</h3>
        </hgroup>
        <p>
            <time datetime="2017-6-20">发布时间：2017年6月20日</time>
        </p>
    </header>
    <p>新闻正文</p>
</article>
</body>
```

3.2.3 定义脚注栏

footer 元素可以作为内容块的注脚，如在父级内容块中添加注释，或者在网页中添加版权信息等。脚注信息有很多种形式，如作者、相关阅读链接及版权信息等。

【示例 1】 在 HTML5 之前，要描述注脚信息，我们一般使用<div id="footer">标签定义包含框。自从 HTML5 新增了 footer 元素，这种方式将不再使用，而是使用更加语义化的 footer 元素来替代。在下面代码中使用 footer 元素为页面添加版权信息栏目。

```
<!DOCTYPE html>
<head>
<meta charset="utf-8">
</head>
<body>
<article>
    <header>
        <hgroup>
            <h1>主标题</h1>
            <h2>副标题</h2>
            <h3>标题说明</h3>
        </hgroup>
        <p>
            <time datetime="2017-03-20">发布时间：2017年10月29日</time>
        </p>
    </header>
    <p>新闻正文</p>
</article>
<footer>
    <ul>
        <li>关于</li>
        <li>导航</li>
        <li>联系</li>
    </ul>
</footer>
</body>
```

【示例 2】 与 header 元素一样，页面中也可以重复使用 footer 元素。同时，可以为 article 元素或 section 元素添加 footer 元素。下面代码分别在 article、section 和 body 元素中添加 footer 元素。

```html
<!DOCTYPE html>
<head>
<meta charset="utf-8">
</head>
<body>
<header>
    <h1>网页标题</h1>
</header>
<article> 文章内容
    <h2>文章标题</h2>
    <p>正文</p>
    <footer>注释</footer>
</article>
<section>
    <h2>段落标题</h2>
    <p>正文</p>
    <footer>段落标记</footer>
</section>
<footer>网页版权信息</footer>
</body>
```

扫一扫,看视频

3.2.4 定义联系信息段

address 元素用来在文档中定义联系信息,包括文档作者或文档编辑者名称、电子邮箱、真实地址、电话号码等。

【示例1】 address 元素的用途不仅仅是用来描述电子邮箱或真实地址,还可以描述与文档相关的联系人的所有联系信息。下面代码展示了博客侧栏中的一些技术参考网站网址链接。

```html
<!DOCTYPE html>
<head>
<meta charset="utf-8">
</head>
<body>
<address>
    <a href="http://www.w3.org/">W3C</a>
    <a href="http://www.whatwg.org/">WHATWG</a>
    <a href="http://www.mhtml5.com/">HTML5 研究小组</a>
</address>
</body>
```

【示例2】 也可以把 footer 元素、time 元素与 address 元素结合起来使用,以实现设计一个比较复杂的版块结构。

```html
<!DOCTYPE html>
<head>
<meta charset="utf-8">
</head>
<body>
<footer>
    <section>
        <address>
        <a title="作者: MDN" href="https://developer.mozilla.org/zh-CN/docs/Web/Guide/HTML/HTML5">HTML5 - Web 开发者指南</a>
```

```
            </address>
            <p>发布于:
                <time datetime="2017-6-1">2017年6月1日</time>
            </p>
        </section>
    </footer>
</body>
```

在这个示例中,把博客文章的作者、博客的主页链接作为作者信息放在了 address 元素中,把文章发表日期放在了 time 元素中,把这个 address 元素与 time 元素中的总体内容作为脚注信息放在了 footer 元素中。

3.2.5 定义时间段

扫一扫,看视频

HTML5 增加了一种新的元素来无歧义地、明确地对机器的日期和时间进行编码,并且以让人易读的方式来展现它。这个元素就是 time 元素。

【示例】 time 元素代表 24 小时中的某个时刻或某个日期,表示时刻时允许带时差。它可以定义很多格式的日期和时间,如下所示:

```
<!DOCTYPE html>
<head>
<meta charset="utf-8">
</head>
<body>
<time datetime="2017-11-13">2017年11月13日</time>
<time datetime="2017-11-13">11月13日</time>
<time datetime="2017-11-13">我的生日</time>
<time datetime="2017-11-13T20:00">我生日的晚上8点</time>
<time datetime="2017-11-13T20:00Z">我生日的晚上8点</time>
<time datetime="2017-11-13T20:00+09:00">我生日的晚上8点的美国时间</time>
</body>
```

编码时引擎读到的部分在 datetime 属性里,而元素的开始标记与结束标记中间的部分是显示在网页上的。datetime 属性中日期与时间之间要用"T"文字分隔,"T"表示时间。

📢 注意:

倒数第三行,时间加上 Z 文字表示给机器编码时使用 UTC 标准时间,倒数第二行则加上了时差,表示向机器编码另一地区时间,如果是编码本地时间,则不需要添加时差。

3.2.6 定义发布日期

扫一扫,看视频

pubdate 属性是一个可选的布尔值属性,它可以用在 article 元素中的 time 元素上,意思是 time 元素代表了文章(article 元素的内容)或整个网页的发布日期。

【示例 1】 下面使用 pubdate 属性为文档添加引擎检索的发布日期。

```
<!DOCTYPE html>
<head>
<meta charset="utf-8">
</head>
<body>
<article>
    <header>
        <h1>科技公司都变成了数据公司:但你真的了解什么是"数据工程师"吗?</h1>
```

```html
        <p>发布日期<time datetime="2016-12-30" pubdate>2016-12-30 09:19</time></p>
    </header>
    <p>在和国内外顶尖公司交流的过程中,我发现他们多数都很骄傲有一支极其专业的数据团队。这些公司花了大量的时间和精力把数据工程这件事情做到了极致,有不小规模的工程师团队,开源了大量数据技术。Linkedin 有 kafka、samza, Facebook 有 hive、presto, Airbnb 有 airflow、superset, 我所熟悉的 Yelp 也有 mrjob……这些公司在数据领域的精益求精,为后来的大步前进奠定了基石。
    </p>
    <footer>
        <p>https://www.huxiu.com/article/176524.html</p>
    </footer>
</article>
</body>
```

time 元素不仅仅表示发布时间,还可以表示其他用途的时间,如通知、约会等。

【示例2】 为了避免引擎误解发布日期,使用 pubdate 属性可以显式告诉引擎文章中哪个是真正的发布时间。

```html
<!DOCTYPE html>
<head>
<meta charset="utf-8">
</head>
<body>
<article>
    <header>
        <h1>科技公司都变成了数据公司:但你真的了解什么是"数据工程师"吗?</h1>
        <p>发布日期<time datetime="2016-12-30" pubdate>2016-12-30 09:19</time></p>
        <p>关于<time datetime=2017-1-1>1月1日</time>更正通知</p>
    </header>
    <p>在和国内外顶尖公司交流的过程中,我发现他们多数都很骄傲有一支极其专业的数据团队。这些公司花了大量的时间和精力把数据工程这件事情做到了极致,有不小规模的工程师团队,开源了大量数据技术。Linkedin 有 kafka、samza, Facebook 有 hive、presto, Airbnb 有 airflow、superset, 我所熟悉的 Yelp 也有 mrjob……这些公司在数据领域的精益求精,为后来的大步前进奠定了基石。
    </p>
    <footer>
        <p>https://www.huxiu.com/article/176524.html</p>
    </footer>
</article>
</body>
```

在这个例子中,有两个 time 元素,分别定义了两个日期:更正日期和发布日期。由于都使用了 time 元素,所以需要使用 pubdate 属性表明哪个 time 元素代表了新闻的发布日期。

3.3 设计文档大纲

HTML5 使得文档的章节和标题特性更精确,使得文档大纲变得可预测,浏览器使用后也可以提高用户体验。我们可以一目了然地知道网页中具有哪些内容,网页中以什么样的结构形式来组织这些内容。

3.3.1 HTML4 文档纲要

扫一扫，看视频

文档结构就是在<body>和</body>标记之间内容的语义结构，这些内容将呈现给用户，因此是非常重要的。HTML4 用文档中章节和子章节的概念去描述文档结构。一个章节由一个包含着标题元素（h1~h6）的 div 元素表示。这些 div 元素和标题元素形成了文档的结构和纲要。

【示例1】 下面是一份简单的文档结构。

```
<div class="section" id="forest-elephants" >
   <h1>Forest elephants</h1>
   <p>In this section, we discuss the lesser known forest elephants.
      ...this section continues...
   <div class="subsection" id="forest-habitat" >
      <h2>Habitat</h2>
      <p>Forest elephants do not live in trees but among them.
         ...this subsection continues...
   </div>
</div>
```

上面文档结构形成了如下的大纲：

```
1. Forest elephants
   1.1 Habitat
```

div 元素并不强制性地定义一个章节。一个 HTML 标题元素的出现就足以意味着新的章节。

【示例2】 下面文档结构可以设计一个新的大纲结构。

```
<h1>Forest elephants</h1>
<p>In this section, we discuss the lesser known forest elephants.
   ...this section continues...
<h2>Habitat</h2>
<p>Forest elephants do not live in trees but among them.
   ...this subsection continues...
<h2>Diet</h2>
<h1>Mongolian gerbils</h1>
```

上面文档结构形成了如下的大纲：

```
1. Forest elephants
   1.1 Habitat
   1.2 Diet
2. Mongolian gerbils
```

提示：

HTML4 文档结构定义和其隐含的大纲算法非常粗糙，而且造成了很多问题，具体说明如下：

（1）定义语义性章节的 div 元素的用法，如果没有为 class 属性赋以特殊的值，就会使自动生成大纲的算法变得不可能。

一个 div 元素是不是大纲的一部分，定义的是章节还是子章节，或者该 div 元素是仅仅为了样式化。换句话说，HTML4 规范在章节的定义和章节的范围都不精确。

自动生成大纲是重要的，尤其是在倾向于通过根据文档大纲内容去展示内容的设计。HTML5 在自动生成大纲算法的过程中去掉了 div 元素，并新增了一个 section 元素。

（2）合并多个文档是困难的。

主文档中包含子文档，意味着改变 HTML 标题元素的级别，以使得文档大纲能够保持下来。这个已经被 HTML5 的新的章节元素解决了，因为新引入的元素总是距离其最近的祖先章节的子章节，与子文档章节内部的标题没有关系，如 article、section、nav 和 aside。

（3）在 HTML4 中，所有的章节都是文档大纲中的一部分。但是文档并不总是这样。文档可以包含那些不是大纲的特殊章节，但是与文档有关的，类似广告块和解释区域。

HTML5 引入 aside 元素，aside 使得这样的节点不会插入到主纲要中。
（4）在 HTML4 中任何的部分都是文档大纲的一部分，没有办法产生与网站相关，而不是与文档相关的节段，如 logos、menus、目录或版权信息和法律声明。

为了这个目的，HTML5 引入了 3 个特殊的节段元素：包含链接集合的 nav 元素，如目录；包含网站相关信息的 footer 元素；header 元素。

扫一扫，看视频

3.3.2 HTML5 文档纲要

HTML5 中新的节段和标题标签带来了以标准的方法来描述网页文档的结构和大纲。其为人们使用 HTML5 浏览器和需要结构来帮助他们理解页面带来了一个很大的优势。

1. 定义节段

body 元素中的所有内容都是节段中的一部分。节段在 HTML5 中是可以嵌套的。例如，body 元素定义了主节段，基于主节段，可以显式或隐式定义各个子节段的划分。显式定义的节段可以通过<body>、<section>、<article>、<aside>和 <nav>这些标记定义。

注意：
每个 section 可以有自己的标题结构。因此，即使是一个嵌套的 section 也能有<h1>。

【示例1】 下面示例定义了两个顶级节段，第一个节段有 3 个子节段。

```html
<section>
    <h1>Forest elephants</h1>
    <section>
        <h1>Introduction</h1>
        <p>In this section, we discuss the lesser known forest elephants.</p>
    </section>
    <section>
        <h1>Habitat</h1>
        <p>Forest elephants do not live in trees but among them.</p>
    </section>
    <aside>
        <p>advertising block</p>
    </aside>
</section>
<footer>
    <p>(c) 2017 The Example company</p>
</footer>
```

上面的片段形成了如下的大纲：

```
1. Forest elephants
   1.1 Introduction
   1.2 Habitat
   1.3 Section (aside)
```

2. 定义标题

当 HTML 节段元素定义文档结构时，文档大纲也需要有用的标题。基本规则：第一个 HTML 标题元素（<h1>、<h2>、<h3>、<h4>、<h5>、<h6>之一）定义了当前节段的标题。

标题元素通过在元素里的名字加上数字来分级标题元素，<h1>有最高级别，<h6>有最低级别。相关的级别只在节段中起作用；节段的结构定义了大纲，而不是节段的标题。

【示例 2】 本例演示了标题级别变化。

```
<section>
   <h1>Forest elephants</h1>
   <p>In this section, we discuss the lesser known forest elephants.
      ...this section continues...
   <section>
      <h2>Habitat</h2>
      <p>Forest elephants do not live in trees but among them.
         ...this subsection continues...
   </section>
</section>
<section>
   <h3>Mongolian gerbils</h3>
   <p>In this section, we discuss the famous mongolian gerbils.
      ...this section continues...
</section>
```

上面的片段形成了如下的大纲：

```
1. Forest elephants
   1.1 Habitat
2. Mongolian gerbils
```

注意：

标题元素的级别并不重要，例如，在上面示例中的第一个顶层节段的<h1>、子节段中的<h2>和第二个顶层节段中的<h3>。任何级别都可以用作显式定义的节段的标题，不过不推荐这种做法。

3.3.3 HTML5 隐式分节

扫一扫，看视频

HTML5 分节元素不会强制性定义大纲，为了与 HTML4 保持兼容，有一种方式来定义节段，而不需要分节元素，这种方式就是隐式分节。

HTML 标题元素（<h1>到<h6>）定义了一个新的、隐式的节段，当其不是父节段第一个标题时。这种隐式放置节段的方式通过在父节点中，与之前标题的相对级别来定义。如果比之前的标题级别更低，那么在节段里开始新的隐式子节段。

【示例 1】 本例使用标题元素分节。

```
<section>
   <h1>Forest elephants</h1>
   <p>In this section, we discuss the lesser known forest elephants.
      ...this section continues...
   <h3 class="implicit subsection">Habitat</h3>
   <p>Forest elephants do not live in trees but among them.
      ...this subsection continues...
</section>
```

上面的片段形成了如下的大纲：

```
1. Forest elephants
   1.1 Habitat (implicitly defined by the h3 element)
```

【示例 2】 如果与前面标题的级别相同，那么闭合前面的节段（可能是显式标记的节段），并开始新的同一级别的隐式节段。

```
<section>
   <h1>Forest elephants</h1>
   <p>In this section, we discuss the lesser known forest elephants.
```

```
        ...this section continues...
    <h1 class="implicit section">Mongolian gerbils</h1>
    <p>Mongolian gerbils are cute little mammals.
        ...this section continues...
</section>
```

上面的片段形成了如下的大纲:

```
1. Forest elephants
2. Mongolian gerbils (implicitly defined by the h1 element, which closed the previous section at the same time)
```

【示例 3】 如果比之前标题的级别更高，那么关闭之前的节段，并开始这个新的更高级别的隐式节段。

```
<body>
<h1>Mammals</h1>
<h2>Whales</h2>
<p>In this section, we discuss the swimming whales.
    ...this section continues...
<section>
    <h3>Forest elephants</h3>
    <p>In this section, we discuss the lesser known forest elephants.
        ...this section continues...
    <h3>Mongolian gerbils</h3>
    <p>Hordes of gerbils have spread their range far beyond Mongolia.
        ...this subsection continues...
    <h2>Reptiles</h2>
    <p>Reptiles are animals with cold blood.
        ...this subsection continues...
</section>
</body>
```

上面的片段形成了如下的大纲:

```
1. Mammals
   1.1 Whales (implicitly defined by the h2 element)
   1.2 Forest elephants (explicitly defined by the section element)
   1.3 Mongolian gerbils (implicitly defined by the h3 element, which closes the previous section at the same time)
2. Reptiles (implicitly defined by the h2 element, which closes the previous section at the same time)
```

上面示例不是一眼就可以通过标题标记看出来的大纲。为了使标记容易理解，用显式的标记开始和闭合节段，以及匹配标题等级与期望的嵌套节段等级。

然而，HTML5 规范并不需要这样。如果发现浏览器以不期望的方式渲染文档，检查是否有隐式的节段没有闭合。

📢 注意：

作为经验法则，标题级别应该与节段嵌套级别相匹配，但为了方便节段在多个文档中的重用，也存在例外的情况。例如，一个节段可能会存储在内容管理系统中并在运行时组装为完整的文档。在这种情况下，好的实践便是使用<h1>作为可重用部分的最高标题级别。可重用节段的嵌套级别应该取决于将使用该节段的文档的节段层级。显式节段标记仍然在这种情况下有用处。

3.3.4 HTML5 特殊分节

扫一扫，看视频

1. 分节根

分节根是一个 HTML 元素，这个元素可以拥有自己的大纲，但是元素内部的节段和标题对其祖先的大纲没有贡献。除了文档的逻辑分节根<body>元素，这些元素经常在页面中引入外部内容：<blockquote>、<details>、<fieldset>、<figure> 和<td>。

【示例】 本例设计一个多层嵌套大纲。

```
<section>
    <h1>Forest elephants</h1>
    <section>
        <h2>Introduction</h2>
        <p>In this section, we discuss the lesser known forest elephants</p>
    </section>
    <section>
        <h2>Habitat</h2>
        <p>Forest elephants do not live in trees but among them. Let's
            look what scientists are saying in "<cite>The Forest Elephant in
Borneo</cite>":</p>
        <blockquote>
            <h1>Borneo</h1>
            <p>The forest element lives in Borneo...</p>
        </blockquote>
    </section>
</section>
```

上面的片段形成了如下的大纲：

```
1. Forest elephants
    1.1 Introduction
    1.2 Habitat123
```

这个大纲并不包含<blockquote>元素的内部大纲。<blockquote>元素是一个外部引用，是一个分节根并隔离了内部的大纲。

2. 大纲之外的节段

HTML5 引入了 2 个新的元素，用来定义那些不属于文档主要大纲中的节段。

- HTML 侧边分节元素（<aside>）定义的节段，虽然它是主要的分节元素，但并不属于主要的文档流，类似解释栏或广告栏。aside 元素内部有自己的大纲，但并不计入文档大纲中。
- HTML 导航分节元素（<nav>）定义的节段，包含了很多导航 links。文档中可以有多个这样的元素，如文档内部的链接，类似目录，以及链接到其他站点的导航 links。这些链接并不是主文档流和文档大纲中的一部分。

3. 页眉和页脚

HTML5 引入了两个可以用于标记节段的页眉和页脚的新元素。

- HTML 头部分节元素（<header>）定义了页面的页眉，通常会包含 logo 和站点名称，以及水平菜单（如果有的话）。或是一个节段的头部，可能包含了节段的标题和作者名字等。

<article>、<section>、<aside>和<nav>可以拥有它们自己的<header>。虽然名字是 header，但是不一定是在页面的开始。

- HTML 页脚元素（<footer>）定义了页脚，通常会包含版权信息和法律声明以及一些其他链接。

或是节段的页脚，可能包含了节段的发布数据、许可声明等。

<article>、<section>、<aside>和<nav>可以拥有它们自己的<footer>。同样，其不一定是在页面的底部出现。

4. 地址和发表时间

文档的作者想要发布一些联系信息，如作者的名字和地址。HTML4 通过<address>元素来表示，HTML5 则拓展了这个元素。

一个文档可以由不同作者的不同节段组成。一个从其他作者而不是文档作者写的节段用<article>元素定义。因此，<address>元素连接到距离最近的<body>或<article>祖先元素。

同样，新的 HTML5 标记<time>元素，使用 pubdate 布尔值，表示整个文档的发布时间，与其最近的<body>元素或<article> 元素的祖先元素相关。

扫一扫，看视频

3.3.5 HTML5 兼容样式

分节和标题元素能够在大部分不支持 HTML5 的浏览器中工作，仅仅需要一个特殊的 CSS 样式，因为未知元素默认会样式化为 display:inline：

```
section, article, aside, footer, header, nav, hgroup {
    display:block;
}
```

用户可以根据需要改变上面的样式结构。

📢 **注意：**

在不支持 HTML5 的浏览器中，这些元素默认的样式与预期的样式是不同的。还要注意的是<time>元素并没有在这些元素中，因为其样式在不支持 HTML5 和兼容 HTML5 的浏览器中的表现是相同的。

📖 **拓展：**

一些浏览器不允许样式化不支持的元素。这种情形出现在 IE 8 及以前的浏览器中，需要使用下面 JavaScript 脚本进行兼容。

```
<!--[if lt IE 9]>
  <script>
    document.createElement("header" );
    document.createElement("footer" );
    document.createElement("section");
    document.createElement("aside"  );
    document.createElement("nav"    );
    document.createElement("article");
    document.createElement("hgroup" );
    document.createElement("time"   );
  </script>
<![endif]-->
```

上面脚本可以恰当展示 HTML5 分节和标题元素。

如果浏览器禁用了脚本，则不会显示，可能会出问题。因为这些元素定义整个页面的结构。为了预防这种情况，可以加上<noscript>标签进行提示。

```
<noscript>
  <strong>警告</strong>
    因为你的浏览器不支持HTML5，一些元素是模拟使用Javascript。不幸的是，您的浏览器已禁用脚本。
```

请启用它以显示此页。
```
</noscript>
```

3.4 实战案例

下面结合案例介绍如何综合运用 HTML5 结构元素设计一个页面。

扫一扫，看视频

3.4.1 设计完整的 HTML5 文档结构

【示例 1】 为了帮助读者更好地对 HTML5 的网页有一个简单的理解与认识，也为了让读者能够顺利读懂 HTML5 网页代码的准确意思，下面给出一个详细的、符合标准的 HTML5 文档结构代码，并进行详细注释。

```html
<!DOCTYPE html>
<!-- 声明文档结构类型 -->
<html lang=zh-cn>
<!-- 声明文档文字区域-->
<head>
<!-- 文档的头部区域 -->
<meta charset=utf-8>
<!-- 文档的头部区域中元数据区的字符集定义，utf-8 表示国际通用的字符集编码格式 -->
<!--[if IE]><![endif]-->
<!-- 文档的头部区域的兼容性写法 -->
<title>文档标题</title>
<!-- 文档的头部区域的标题。title 内容对于 SEO 来说极其重要-->
<!--[if IE 9]><meta name=ie content=9><![endif]-->
<!-- 文档的头部区域的兼容性写法 -->
<!--[if IE 8]><meta name=ie content=8 ><![endif]-->
<!-- 文档的头部区域的兼容性写法 -->
<meta name=description content=文档描述信息>
<!-- 文档的头部区域元数据区关于文档描述的定义 -->
<meta name=author content=文档作者>
<!-- 文档的头部区域元数据区关于开发人员姓名的定义 -->
<meta name=copyright content=版权信息>
<!-- 文档的头部区域元数据区关于版权的定义 -->
<link rel=shortcut icon href=favicon.ico>
<!-- 文档的头部区域的兼容性写法 -->
<link rel=apple-touch-icon href=custom_icon.png>
<!-- 文档的头部区域的 apple 设备的图标的引用 -->
<meta name=viewport content=width=device-width, user-scalable=no >
<!-- 文档的头部区域对于不同接口设备的特殊声明。宽=设备宽,用户不能自行缩放 -->
<link rel=stylesheet href=main.css>
<!-- 文档的头部区域的样式文件引用 -->
<!--[if IE]><link rel=stylesheet href=win-ie-all.css><![endif]-->
<!-- 文档的头部区域的兼容性样式文件引用写法 --><!--[if IE 7]>
<link rel=stylesheet type=text/css href=win-ie7.css><![endif]-->
```

```
<!-- 文档的头部区域的 IE7 浏览器的兼容性写法 -->
<!--[if lt IE 8]><script src=http://ie7-js.googlecode.com/svn/version/2.0(beta3)/
IE8. js></script><![endif]-->
<!-- 文档的头部区域的关于让 IE8 也兼容 HTML5 的 JavaScript 脚本-->
<script src=script.js></script>
<!-- 文档的头部区域的 JavaScript 脚本文件调用 -->
</head>
<body>
<header>HTML5 文档的头部区域</header>
<nav>HTML5 文档的导航区域</nav>
<section>HTML5 文档的主要内容区域
    <aside> HTML5 文档的主要内容区域的侧边导航或菜单区 </aside>
    <article> HTML5 文档的主要内容区域的内容区
        <section>以下是一个 section 和 article 的嵌套。
            <aside> </aside>
            <article>
                <header>
                    HTML5 文档的嵌套区域，可以对某个 article 区域进行头部和脚部的定义。
这样做，可以有非常清晰和严谨的文档目录结构关系。
                <footer>
            </article>
        </section>
    </article>
</section>
<footer>HTML5 文档的脚部区域</footer>
</body>
</HTML>
```

当然，并不是每个 HTML5 文档都需要包含上面每部分，一个最简单的 HTML5 文档需要的内容如下。

```
<!DOCTYPE html>
```

上面源码结构，在生成 DOM 树后，其真正的结构是这样的：

```
<!DOCTYPE html>
<html>
    <head></head>
    <body></body>
</html>
```

【示例 2】 HTML5 文档扩展名为 htm 或者 html。现在主流浏览器都能够正确解析 HTML5 文档，如 Chrome、Firefox、Safri、IE9+。下面是一个简单的 HTML5 文档代码。

```
<!DOCTYPE html>
<html>
<head>
<meta charset="utf-8" />
<title>Hello HTML5</title>
</head>
<body>
```

```
</body>
</html>
```

HTML5 文档以<!DOCTYPE html>开头,这是一个文档类型声明,并且必须位于 HTML5 文档的第一行,它可以用来告诉浏览器或任何其他分析程序它们所查看的文件类型。

html 标签是 HTML5 文档的根标签,紧跟在<!DOCTYPE html>下面。html 标签支持 HTML5 全局属性和 manifest 属性。manifest 属性主要在创建 HTML5 离线应用的时候使用。

head 标签是所有头部元素的容器。位于 <head> 内部的元素可以包含脚本、样式表、元信息等。head 标签支持 HTML5 全局属性。

meta 标签位于文档的头部,不包含任何内容。标签的属性定义了与文档相关联的名称/值对。该标签提供页面的元信息(meta-information),如针对搜索引擎和更新频度的描述和关键词。

<meta charset="utf-8" />定义了文档的字符编码是 UTF-8。这里 charset 是 meta 标签的属性,而 utf-8 是该属性的值。HTML5 中的很多标签都有属性,从而扩展了标签的功能。

title 标签位于 head 标签内,定义了文档的标题。该标签定义了浏览器工具栏中的标题、提供页面被添加到收藏夹时的标题、显示在搜索引擎结果中的页面标题。所以该标签非常重要,写 HTML5 文档的时候一定要记得写这个标签。title 标签支持 HTML5 全局属性。

body 标签定义文档的主体,文档的所有内容,如文本、超链接、图像、表格、列表等都包含在该标签中。

3.4.2 设计博客结构

扫一扫,看视频

本例是一个博客主页基本框架结构,具备了一个标准博客网页所需具备的基本要素。

```html
<!DOCTYPE HTML>
<html>
<head>
<meta charset="utf-8">
<title></title>
<link href="css/reset.css" rel="stylesheet" media="screen">
<link href="css/style.css" rel="stylesheet" media="screen">
<link rel="stylesheet" type="text/css" href="fancybox/jquery.fancybox-1.3.4.css" media="screen" />
</head>
<body>
<div id="page">
    <aside id="sidebar">
        <nav>
            <ul>
                <li class="active" id="nav-1"><a href="#home">Home</a></li>
                <li id="nav-2"><a href="#work">Work</a></li>
                <li id="nav-3"><a href="#about">About</a></li>
                <li id="nav-4"><a href="#contact">Contact</a></li>
            </ul>
            <div class="bg_bottom"></div>
        </nav>
    </aside>
    <div id="main-content">
        <section id="top"></section>
```

```html
            <section id="home">
                <div id="loader" class="loader"></div>
                <div id="ps_container" class="ps_container"></div>
                <header class="divider intro-text">
                    <h2>I Make Beautiful Websites </h2>
                </header>
                <div class="recent-work columns">
                    <h3>My Recent Work</h3>
                    <div class="two-column">
                        <figure></figure>
                    </div>
                    <div class="two-column last">
                        <figure></figure>
                    </div>
                </div>
            </section>
            <section id="work" class="clearfix">
                <header>
                    <h2>My Work</h2>
                </header>
                <ul class="projects list"></ul>
            </section>
            <section id="about" class="clearfix">
                <header>
                    <h2>Who is this Guy?</h2>
                </header>
                <figure class="marginRight"><img src="images/me.gif" alt="Image"/>/figure>
                <h3>Nerdy Skills</h3>
                <ul class="skills"></ul>
            </section>
            <section id="contact" class="clearfix">
                <header>
                    <h2>Get in touch</h2>
                </header>
                <form action="#" method="post"></form>
                <div class="social_wrapper">
                    <h3>Where to find me?</h3>
                    <ul class="social"> </ul>
                </div>
                <div class="copyright">
                    <p></p>
                </div>
            </section>
        </div>
</div>
</body>
</html>
```

在上面代码中使用了嵌套 article 元素的方式，将关于评论的 article 元素嵌套在了主 article 元素中，在 HTML5 中，推荐使用这种方式。最后，在浏览器中预览，则显示效果如图 3.1 所示。

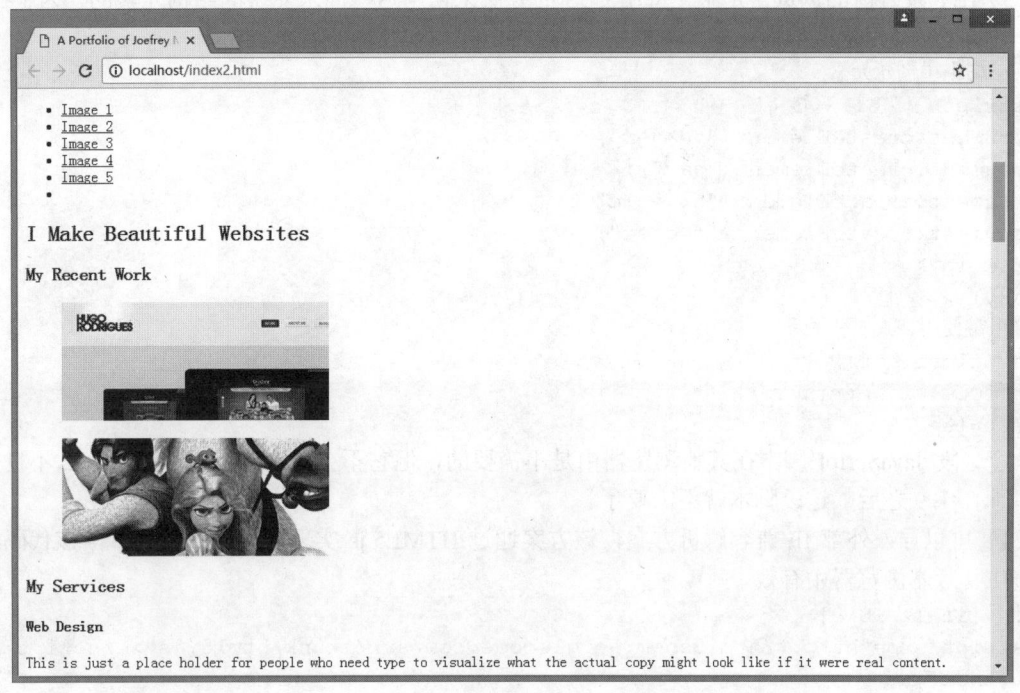

图 3.1　设计的 HTML5 博客主页结构

3.4.3　设计博客样式

【操作步骤】

（1）新建外部样式表文件，保存为 reset.css。

（2）因为很多浏览器尚未对 HTML5 中新增的结构元素提供支持，无法知道客户端使用的浏览器是否支持这些元素，所以需要使用 CSS 追加如下声明，目的是通知浏览器页面中使用的 HTML5 中新增元素都是以块方式显示的，如下所示。

```css
//追加 block 声明
html, body, div, span, object, iframe, h1, h2, h3, h4, h5, h6, p, blockquote, pre,
abbr, address, cite, code, del, dfn, em, img, ins, kbd, q, samp,
small, strong, sub, sup, var, b, i, dl, dt, dd, ol, ul, li,
fieldset, form, label, legend, table, caption, tbody, tfoot, thead, tr, th, td,
article, aside, canvas, details, figcaption, figure, footer, header, hgroup,
menu, nav, section, summary, time, mark, audio, video {
  margin:0;
  padding:0;
  border:0;
  outline:0;
  font-size:100%;
  vertical-align:baseline;
  background:transparent;
}
article, aside, details, figcaption, figure, footer, header, hgroup, menu, nav,
section {
```

扫一扫，看视频

```
    display:block;
}
```

（3）IE 8 及之前的浏览器是不支持用 CSS 的方法来使用这些尚未支持的结构元素的，为了在 IE 浏览器中也能正常使用这些结构元素，需要使用 JavaScript 脚本，如下所示：

```
//在脚本中创建元素
<script>
document.createElement("header");
document.createElement("nav");
document.createElement("article");
document.createElement("footer");
</script>
<style>
//正常使用样式
nav{float;left;;}
article{float:right;;}
</style>
```

尽管这段 JavaScript 脚本在其他浏览器中是不需要的，但它不会对这些浏览器造成什么不良影响。另外，到了 IE 9 之后，这段脚本就不需要了。

（4）可以导入外部 IE 兼容解析方案，该方案通过 HTML5.js 实现，导入代码如下，该代码只能够在小于 IE 9 版本浏览器中有效。

```
<!--[if lt IE 9]>
<script src="http://html5shim.googlecode.com/svn/trunk/html5.js"></script>
<![endif]-->
```

（5）规范化标签的默认样式，这些默认样式在不同浏览器中有不同的规定，为了方便统一管理，不妨通过显式声明的方式实现一致效果。

```
nav ul { list-style:none; }
blockquote, q { quotes:none; }
blockquote:before, blockquote:after,
q:before, q:after { content:''; content:none; }
a { margin:0; padding:0; font-size:100%; vertical-align:baseline; background:transparent; }
ins { background-color:#ff9; color:#000; text-decoration:none; }
mark { background-color:#ff9; color:#000; font-style:italic; font-weight:bold; }
del { text-decoration: line-through; }
abbr[title], dfn[title] { border-bottom:1px dotted; cursor:help; }
table { border-collapse:collapse; border-spacing:0; }
hr { display:block; height:1px; border:0; border-top:1px solid #ccc; margin:1em 0; padding:0; }
input, select { vertical-align:middle; }
```

（6）一个网页中可能有多个独立的 article 元素，每一个 article 元素都允许有自己的标题与脚注等从属元素，并允许对自己的从属元素单独使用样式。譬如一个网页中的样式可能如下所示：

```
/* ----aside---- */
aside{
    float:left;
    width:248px;
    position:fixed;
    padding-top:10px;
}
/* ----nav---- */
```

```
nav{
    text-align:center;
    margin-bottom:20px;
}
```

(7) 在浏览器中预览,则显示效果如图 3.2 所示。

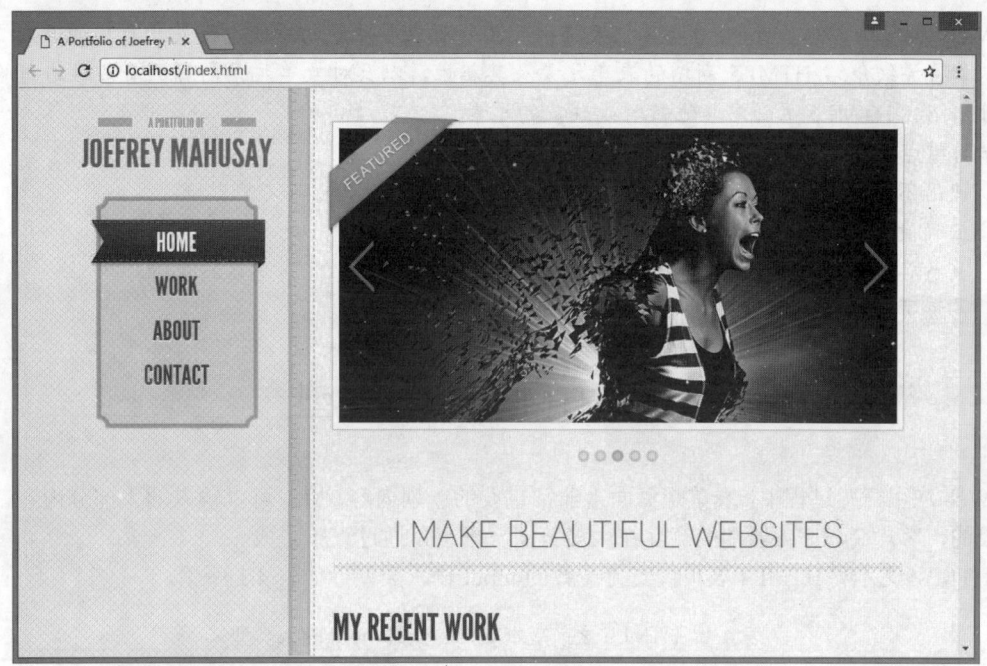

图 3.2　设计的 HTML5 博客主页效果

第 4 章 增强 HTML5 表单和页面功能

HTML5 吸纳了 Web Forms 2.0 标准，大幅强化了针对表单元素的功能，使关于表单的开发更快、更方便。本章将详细介绍 HTML5 新增的表单元素及其属性，以及对表单元素内容的有效性进行验证的功能，同时介绍在 HTML5 页面中其他新增或改良的元素。

【学习重点】
- 使用不同类型的 HTML5 文本框。
- 正确使用文本框的新属性。
- 熟悉其他新增的表单元素和属性。
- 掌握页面增强元素的应用。

4.1 HTML5 input 类型

在 Web 应用开发过程中，表单是页面上非常重要的一项内容，用户可以输入的大部分内容都是在表单中完成的，客户端与服务器端的交互在大多数情况下也是通过表单完成。

在 HTML5 之前，HTML4 表单仅支持少数的 input 输入类型，如表 4.1 所示。

表 4.1 HTML5 之前版本支持的少数 input 输入类型

输入类型	HTML 代码	功能与说明
文本域	<input type="text">	定义单行输入字段，用于在表单中输入字母、数字等内容。默认宽度为 20 个字符
单选按钮	<input type="radio">	定义单选按钮，用于从若干给定的选项中选取其一，常与其他类型的输入框构成一组使用
复选框	<input type="checkbox">	定义复选框，用于从若干给定的选择中选取一个或若干选项
下拉列表	<select><option>	定义下拉列表，提供多个可选的项，select 元素必须与 option 元素配合使用
密码域	<input type="password">	定义密码字段，用于输入密码，输入的内容会以"点"或星号的形式出现，即被"掩码"
提交按钮	<input type="submit">	定义提交按钮，用于将表单数据发送到服务器
可点击按钮	<input type="button">	定义普通可点击按钮，多数情况下，用于通过 JavaScript 启动脚本
图像按钮	<input type="image">	定义图像形式的提交按钮。用户可以通过选择不同的图像来自定义这种按钮的样式
隐藏域	<input type="hidden">	定义隐藏的输入字段
重置按钮	<input type="reset">	定义重置按钮。用户可以通过单击重置按钮以清除表单中的所有数据
文件域	<input type="file">	定义输入字段和"浏览"按钮，用于上传文件

HTML5 新增加了多个输入型表单控件，通过使用这些新增的元素，可以实现更好的输入控制和验证。

4.1.1　email 类型

email 类型的 input 元素是一种专门用于输入 Email 地址的文本框，在提交表单的时候，会自动验证 Email 输入框的值。如果不是一个有效的电子邮件地址，则该输入框不允许提交该表单。

在 HTML4 的 Web 表单中，采用的是<input type="text">这种纯文本框来输入 Email 地址。从用户体验角度分析，很难看出这种输入框有什么变化，因为多数支持 HTML5 的新版浏览器只是简单地将 Email 地址输入框显示为与纯文本框完全相同。

email 类型的 input 元素用法如下：

```
<input type="email" name="user_email"/>
```

【示例】　下面是 email 类型的一个应用示例。

```
<!doctype html>
<html>
<head>
<meta charset="utf-8">
</head>
<body>
<form action="demo_form.php" method="get">
请输入您的Email地址：<input type="email" name="user_email" /><br />
<input type="submit" />
</form>
</body>
</html>
```

以上代码在 Chrome 浏览器中的运行结果如图 4.1 所示。如果输入了错误的 Email 地址格式，单击"提交"按钮时会出现如图 4.2 所示的提示。

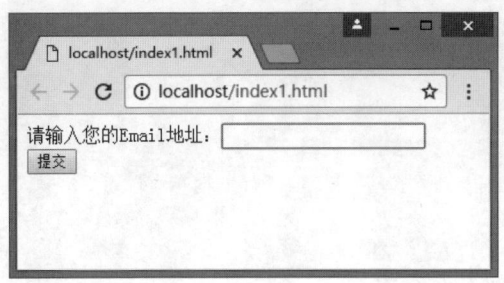
图 4.1　email 类型的 input 元素示例

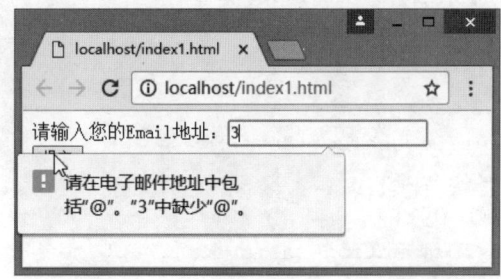
图 4.2　检测到不是有效的 Email 地址

其中 demo_form.php 表示提交给服务器端的处理文件。对于不支持 type="email"的浏览器来说，将会以 type="text"来处理，所以并不妨碍旧版浏览器浏览采用 HTML5 中 type="email"输入框的网页。

如果使用 IE 9 及其以下版本测试该网页，则当输入错误 Email 地址格式并单击"提交查询"按钮时，会首先访问后台服务器网页 demo_form.asp，如果找不到链接会出现如图 4.3 所示的"无法找到该网页"的错误提示，而不会出现如 Chrome 浏览器中的提示，可见不同的浏览器处理 HTML5 网页的方式也会略有不同，在没有统一标准面世之前，各浏览器对 HTML5 的支持程度是不一样的。

如果将 email 类型的 input 元素用在手机浏览器中，则会更加凸显其优势。例如，如果使用 iPhone 或 iPod 中的 Safari 浏览器浏览包含 Email 输入框的网页，Safari 浏览器会通过改变触摸屏键盘来配合该输入框，在触摸屏键盘中添加 "@" 和 "." 键以方便用户输入，如图 4.4 所示，而当浏览普通内容时则不会出现这两个键。email 类型的 input 元素这一新增功能虽然用户不易察觉，但屏幕键盘的变化无疑会带来很好的用户体验。

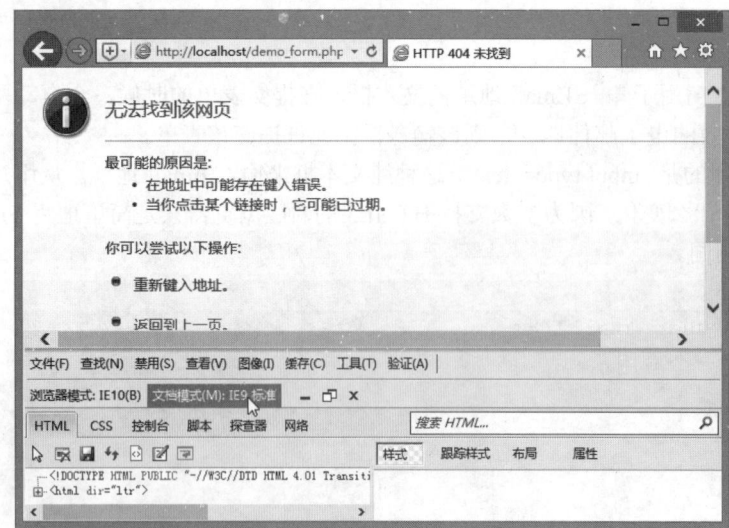

图 4.3 使用 IE 9 测试该网页时出现的错误提示　　图 4.4 iPhone 中的 Safari 浏览器
触摸屏键盘随输入域改变而改变

4.1.2 url 类型

url 类型的 input 元素提供用于输入 url 地址这类特殊文本的文本框。当提交表单时，如果所输入的内容是 url 地址格式的文本，则会提交数据到服务器，如果不是 url 地址格式的文本，则不允许提交。
url 类型的 input 元素用法如下：

```
<input type="url" name="user_url" />
```

【示例】　下面是 url 类型的一个应用示例。

```
<!doctype html>
<html>
<head>
<meta charset="utf-8">
</head>
<body>
<form action="demo_form.php" method="get">
请输入网址：<input type="url" name="user_url" /><br/>
<input type="submit" />
</form>
</body>
</html>
```

以上代码在 Chrome 浏览器中的运行结果如图 4.5 所示。如果输入了错误的 url 地址格式，单击"提交"按钮时会出现如图 4.6 所示的"请输入网址"的提示，本例中前面漏掉了协议类型，如 http://。

与前面介绍的 email 类型输入框相同，对于不支持 type="url" 的浏览器，将会以 type="text" 来处理，所以并不妨碍旧版浏览器浏览采用 HTML5 中 type="url" 输入框的网页。

如果使用 iPhone 或 iPod 中的 Safari 浏览器浏览包含 url 输入域的网页，Safari 浏览器会通过改变触摸屏键盘来配合该输入框，在触摸屏键盘中添加"."、"/"和".com"键以方便用户输入，如图 4.7 所示，而当浏览普通内容时则不会出现这 3 个键。

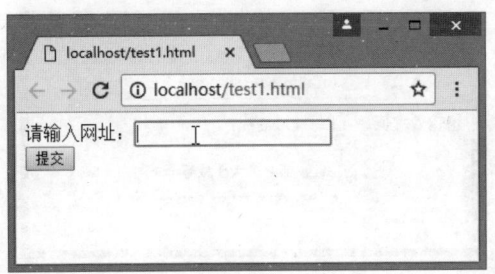
图 4.5　url 类型的 input 元素示例

图 4.6　检测到不是有效的 url 地址

4.1.3　number 类型

number 类型的 input 元素提供用于输入数值的文本框。用户还可以设定对所接受的数字的限制,包括规定允许的最大值和最小值、合法的数字间隔或默认值等。如果所输入的数字不在限定范围之内,则会出现错误提示。

【示例】　下面是 number 类型的一个应用示例。

```html
<!doctype html>
<html>
<head>
<meta charset="utf-8">
</head>
<body>
<form action="demo_form.php" method="get">
请输入数值:<input type="number" name="number1" min="1" max="20" step="4">
<input type="submit" />
</form>
</body>
</html>
```

以上代码在 Chrome 浏览器中的运行结果如图 4.8 所示。如果输入了不在限定范围之内的数字,单击"提交"按钮时会出现如图 4.9 所示的提示。

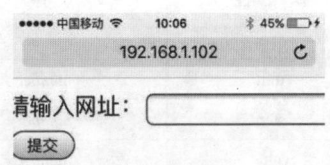

图 4.7　iPhone 中的 Safari 浏览器触摸屏键盘随输入域改变而改变

图 4.8　number 类型的 input 元素示例

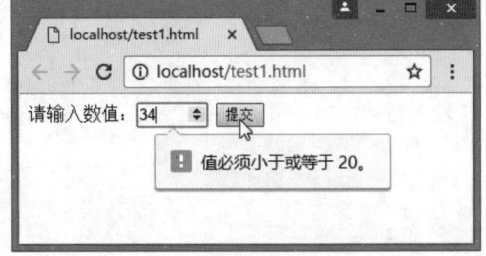
图 4.9　检测到输入了不在限定范围之内的数字

图 4.9 所示为输入了大于规定的最大值时所出现的提示。同样,如果违反了其他限定,也会出现相关提示。例如,如果输入数值 15,则单击"提交"按钮时会出现值无效的提示,如图 4.10 所示。这是因为限定了合法的数字间隔为 4,在输入时只能输入 4 的倍数,如 4、8、16 等。又如,如果输入数值-12,则会提示"值必须大于或等于 1",如图 4.11 所示。

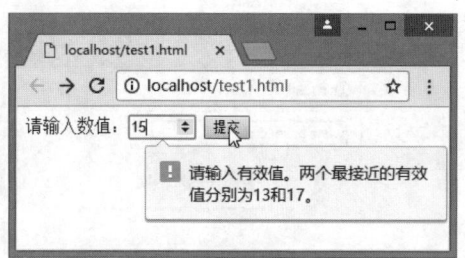
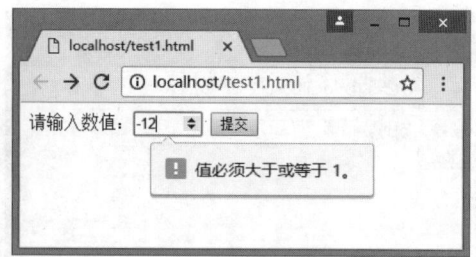

图 4.10　出现值无效的提示　　　　　图 4.11　提示"值必须大于或等于 1"

number 类型使用下面的属性来规定对数字类型的限定。

表 4.2　number 类型的属性

属性	值	描述
max	*number*	规定允许的最大值
min	*number*	规定允许的最小值
step	*number*	规定合法的数字间隔（如果 step="4"，则合法的数是 -4、0、4、8 等）
value	*number*	规定默认值

对于不同的浏览器，number 类型的输入框其外观也可能会有所不同。而如果使用 iPhone 或 iPod 中的 Safari 浏览器浏览包含 number 输入框的网页，则 Safari 浏览器同样会通过改变触摸屏键盘来配合该输入框，触摸屏键盘会优化显示数字以方便用户输入，如图 4.12 所示。

4.1.4　range 类型

扫一扫，看视频

range 类型的 input 元素提供用于输入包含一定范围内数字值的文本框，在网页中显示为滑动条。用户还可以设定对所接受的数字的限制，包括规定允许的最大值和最小值、合法的数字间隔或默认值等。如果所输入的数字不在限定范围之内，则会出现错误提示。

【示例】　下面是 range 类型的一个应用示例。

```
<!doctype html>
<html>
<head>
<meta charset="utf-8">
</head>
<body>
<form action="demo_form.php" method="get">
请输入数值：<input type="range" name="range1" min="1" max="30" />
<input type="submit" />
</form>
</body>
</html>
```

图 4.12　iPhone 中的 Safari 浏览器
触摸屏键盘显示出数字与符号

以上代码在 Chrome 浏览器中的运行结果如图 4.13 所示。range 类型的 input 元素在不同浏览器中的外观也不同，例如在 Opera 浏览器中的外观如图 4.14 所示，会在滑块下方显示出额外的数字间隔短线。

第 4 章　增强 HTML5 表单和页面功能

图 4.13　range 类型的 input 元素示例

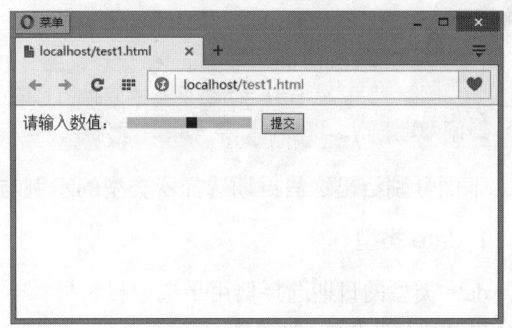

图 4.14　range 类型的 input 元素在 Opera 浏览器中的外观

range 类型使用如表 4.3 所示的属性来规定对数字类型的限定。

表 4.3　range 类型的属性

属　性	值	描　述
max	*number*	规定允许的最大值
min	*number*	规定允许的最小值
step	*number*	规定合法的数字间隔（如果 step="4"，则合法的数是 -4，0，4，8 等）
value	*number*	规定默认值

从表 4.3 可以看出，range 类型的属性与 number 类型的属性是完全相同的，这两种类型的不同在于外观表现上，支持 range 类型的浏览器都会将其显示为滑块的形式，而不支持 range 类型的浏览器则会将其显示为普通的纯文本框，即以 type="text" 来处理。所以不管怎样，用户都可以放心地使用 range 类型的 input 元素。

4.1.5　日期选择器类型

日期选择器（Date Pickers）是网页中经常要用到的一种控件，在 HTML5 之前版本中，并没有提供任何形式的日期选择器控件，多采用一些 JavaScript 框架来实现日期选择器控件的功能，例如 jQuery UI、YUI 等，在具体使用时会比较麻烦。

HTML5 提供了多个可用于选取日期和时间的输入类型，即 6 种日期选择器控件，分别用于选择以下日期格式：日期、月、星期、时间、日期+时间、日期+时间+时区，如表 4.4 所示。

表 4.4　日期选择器类型

输入类型	HTML 代码	功能与说明
date	<input type="date">	选取日、月、年
month	<input type="month">	选取月、年
week	<input type="week">	选取周和年
time	<input type="time">	选取时间（小时和分钟）
datetime	<input type="datetime">	选取时间、日、月、年（UTC 时间）
datetime-local	<input type="datetime-local">	选取时间、日、月、年（本地时间）

> **提示：**
> UTC 是 Universal Time Coordinated 的英文缩写，即"协调世界时"，是由国际无线电咨询委员会规定和推荐，并由国际时间局（BIH）负责保持的以秒为基础的时间标度。简单地说，UTC 时间就是 0 时区的时间，而本地时间即地方时。例如，如果北京时间为早上 8 点，则 UTC 时间为 0 点，即 UTC 时间比北京时间晚 8 小时。

下面分别给出这些日期选择器类型的示例与运行结果。

1. date 类型

date 类型的日期选择器用于选取日、月、年，即选择一个具体的日期，例如 2017 年 8 月 9 日，选择后会以 2017-08-09 的形式显示。

【**示例 1**】 下面是 date 类型的一个应用示例。

```html
<!doctype html>
<html>
<head>
<meta charset="utf-8">
</head>
<body>
<form action="demo_form.php" method="get">
请输入日期： <input type="date" name=" date1" />
<input type="submit" />
</form>
</body>
</html>
```

以上代码在 Chrome 浏览器中的运行结果如图 4.15 所示，在 Opera 浏览器中的运行结果如图 4.16 所示。Chrome 浏览器中显示为右侧带有微调按钮的数字输入框，可见该浏览器并不支持日期选择器控件。而 Opera 浏览器中单击右侧小箭头时会显示出日期控件，用户可以使用控件来选择具体日期。

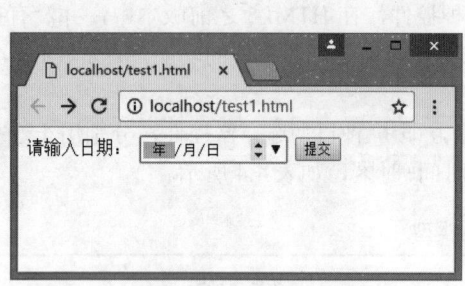

图 4.15 在 Chrome 浏览器中的运行结果

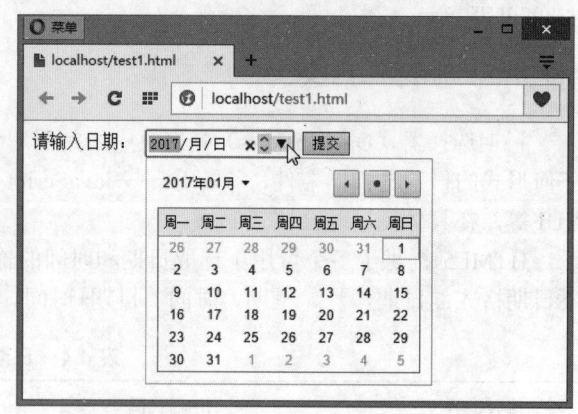

图 4.16 在 Opera 浏览器中的运行结果

2. month 类型

month 类型的日期选择器用于选取月、年，即选择一个具体的月份，例如 2017 年 8 月，选择后会以 2017-08 的形式显示。

【**示例 2**】 下面是 month 类型的一个应用示例。

```html
<!doctype html>
<html>
<head>
```

```
<meta charset="utf-8">
</head>
<body>
<form action="demo_form.php" method="get">
请输入月份： <input type="month" name=" month1" />
<input type="submit" />
</form>
</body>
</html>
```

以上代码在 Chrome 浏览器中的运行结果如图 4.17 所示，在 Opera 浏览器中的运行结果如图 4.18 所示。Chrome 浏览器中显示为右侧带有微调按钮的数字输入框，输入或微调时会只显示到月份，而不会显示日期。Opera 浏览器中单击右侧小箭头时会显示出日期控件，用户可以使用控件来选择具体月份，但不能选择具体日期。可以看到，整个月份中的日期都会以深灰色显示，单击该区域可以选择整个月份。

图 4.17　在 Chrome 浏览器中的运行结果

图 4.18　在 Opera 浏览器中的运行结果

3. week 类型

week 类型的日期选择器用于选取周和年，即选择一个具体的周，例如 2012 年 8 月第 32 周，选择后会以 2012-W32 的形式显示。

【示例 3】　下面是 week 类型的一个应用示例。

```
<!doctype html>
<html>
<head>
<meta charset="utf-8">
</head>
<body>
<form action="demo_form.php" method="get">
请选择年份和周数： <input type="week" name="week1" />
<input type="submit" />
</form>
</body>
</html>
```

以上代码在 Chrome 浏览器中的运行结果如图 4.19 所示，在 Opera 浏览器中的运行结果如图 4.20 所示。Chrome 浏览器中显示为右侧带有微调按钮的数字输入框，输入或微调时会显示年份和周数，而不会显示日期。Opera 浏览器中单击右侧小箭头时会显示出日期控件，用户可以使用控件来选择具体的年份和周数，但不能选择具体日期。可以看到，整个月份中的日期都会以深灰色显示按周数显示，单击该区域可以选择某一周。

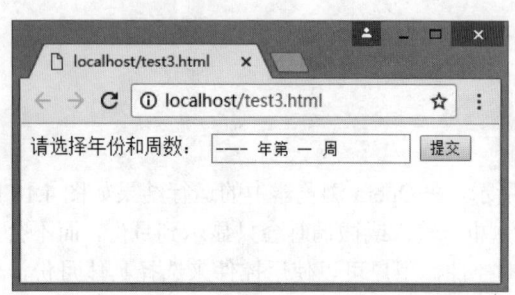

图 4.19 在 Chrome 浏览器中的运行结果

图 4.20 在 Opera 浏览器中的运行结果

4. time 类型

time 类型的日期选择器用于选取时间，具体到小时和分钟，例如 2012 年 8 月，选择后会以 2012-08 的形式显示。

【示例 4】 下面是 time 类型的一个应用示例。

```
<!doctype html>
<html>
<head>
<meta charset="utf-8">
</head>
<body>
<form action="demo_form.php" method="get">
请选择或输入时间： <input type="time" name="time1" />
<input type="submit" />
</form>
</body>
</html>
```

以上代码在 Chrome 浏览器中的运行结果如图 4.21 所示，在 Opera 浏览器中的运行结果如图 4.22 所示。

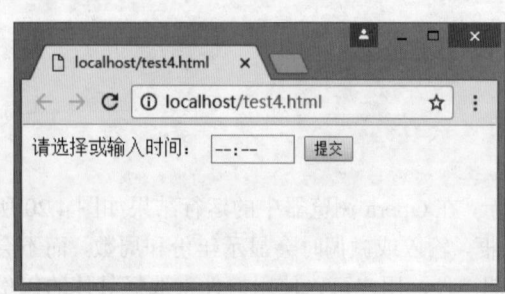

图 4.21 在 Chrome 浏览器中的运行结果

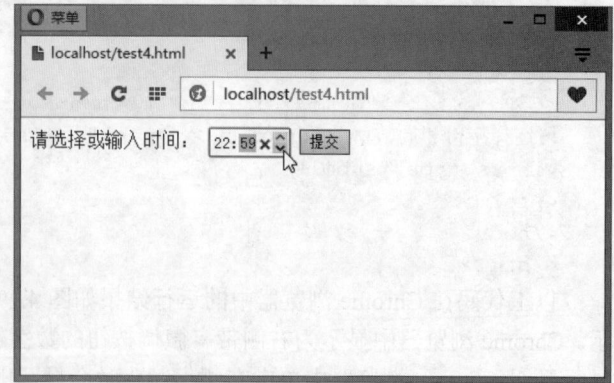

图 4.22 在 Opera 浏览器中的运行结果

除了可以使用微调按钮之外，还可以直接输入时间值。如果输入了错误的时间格式并单击"提交"

按钮,则在 Chrome 浏览器中会自动更正为最接近的合法值,而在 IE 10 浏览器中则以普通的文本框显示,如图 4.23 所示。

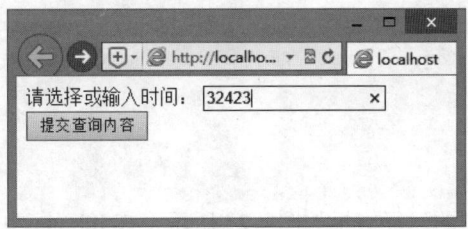

图 4.23　IE 10 不支持该类型输入框

time 类型支持使用一些属性来限定时间的大小范围或合法的时间间隔,如表 4.5 所示。

表 4.5　time 类型的属性

属　性	值	描　　述
max	time	规定允许的最大值
min	time	规定允许的最小值
step	number	规定合法的时间间隔
value	time	规定默认值

【示例 5】　可以使用下列代码来限定时间。
```
<!doctype html>
<html>
<head>
<meta charset="utf-8">
</head>
<body>
<form action="demo_form.php" method="get">
请选择或输入时间: <input type="time" name="time1" step="5" value="09:00">
<input type="submit" />
</form>
</body>
</html>
```

以上代码在 Chrome 浏览器中的运行结果如图 4.24 所示,可以看到,在输入框中出现设置的默认值"09:00",并且当单击微调按钮时,会以 5 秒钟为单位递增或递减。当然,用户还可以使用 min 和 max 属性指定时间的范围。

在 date 类型、month 类型、week 类型中也支持使用上述属性值。

5. datetime 类型

datetime 类型的日期选择器用于选取时间、日、月、年,其中时间为 UTC 时间。

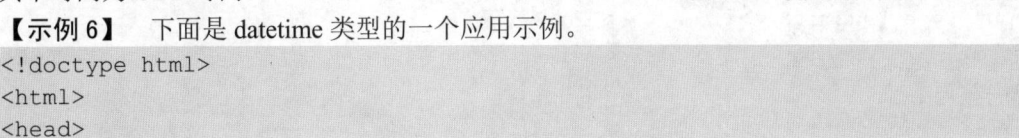

图 4.24　使用属性值限定时间类型

【示例 6】　下面是 datetime 类型的一个应用示例。
```
<!doctype html>
<html>
<head>
```

```
<meta charset="utf-8">
</head>
<body>
<form action="demo_form.php" method="get">
请选择或输入时间：<input type="datetime" name="datetime1" />
<input type="submit" />
</form>
</body>
</html>
```

以上代码在 Safari 浏览器中的运行结果如图 4.25 所示，在 iPhone 中的运行结果如图 4.26 所示。

图 4.25　在 Safari 浏览器中的运行结果

图 4.26　在 iPhone 中的运行结果

◀))) 注意：

> IE、Firefox 和 Chrome 最新版本不再支持<input type="datetime">元素，Chrome 和 Safari 部分版本支持。Opera 12 以及更早的版本中完全支持。

6. datetime-local 类型

datetime-local 类型的日期选择器用于选取时间、日、月、年，其中时间为本地时间。

【示例 7】　下面是 datetime-local 类型的一个应用示例。

```
<!doctype html>
<html>
<head>
<meta charset="utf-8">
</head>
<body>
<form action="demo_form.php" method="get">
请选择或输入时间：<input type="datetime-local" name="datetime-local1" />
<input type="submit" />
</form>
</body>
</html>
```

以上代码在 Chrome 浏览器中的运行结果如图 4.27 所示，在 Opera 浏览器中的运行结果如图 4.28 所示。

图 4.27 在 Chrome 浏览器中的运行结果

图 4.28 在 Opera 浏览器中的运行结果

4.1.6 search 类型

search 类型的 input 元素提供用于输入搜索关键词的文本框。在外观上看起来，search 类型的 input 元素与普通的 text 类型只是稍有区别，但实现起来却并不是那么容易。

search 类型提供的搜索框不止是 Google 或百度的搜索框，而是任意网站即任意网页中的任意一个搜索框。目前大多数网站的搜索框都是用<input type="text">的方式来实现的，即采用纯文本的文本框，而 HTML5 中定义了专用于搜索框的 search 类型。

【示例】　下面是 search 类型的一个应用示例。

```
<!doctype html>
<html>
<head>
<meta charset="utf-8">
</head>
<body>
<form action="demo_form.php" method="get">
请输入搜索关键词：<input type="search" name="search1" />
<input type="submit" value="Go"/>
</form>
</body>
</html>
```

以上代码在 Chrome 浏览器中的运行结果如图 4.29 所示。如果在搜索框中输入要搜索的关键词，在搜索框右侧就会出现一个"×"按钮。单击该按钮可以清除已经输入的内容。在 Windows 系统中，新版的 IE、Chrome、Opera 浏览器支持"×"按钮这一功能，Firefox 浏览器则不支持，如图 4.30 所示。

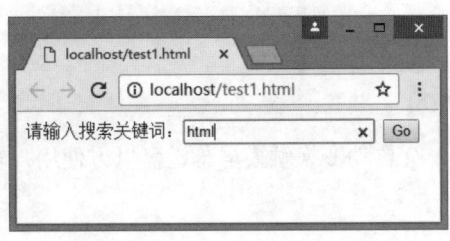

图 4.29 search 类型的应用

图 4.30 Firefox 没有"×"按钮

在 Mac OS X 或 iOS 系统中，Safari 浏览器会将搜索框渲染成圆角，如图 4.31 所示，而不是 Windows 系统中用户常见到的方角。

提示：

在默认情况下，旧版的 Safari 浏览器不允许使用基本 CSS 样式来控制 <input type="search">搜索框。如果希望用自己的 CSS 样式来控制搜索框的样式，则可以强制 Safari 浏览器将<input type="search">搜索框当作普通文本框来处理，但需要将下面的规则加入样式表。

```
input[type="search"] {
    -webkit-appearance: textfield;
}
```

4.1.7 tel 类型

tel 类型的 input 元素提供专门用于输入电话号码的文本框。它并不限定只输入数字，因为很多的电话号码还包括其他字符（如 "+" "-" "(" ")" 等），例如 86-0536-8888888。

图 4.31　iOS 系统中的圆角搜索框

【示例】下面是 tel 类型的一个应用示例。

```
<!doctype html>
<html>
<head>
<meta charset="utf-8">
</head>
<body>
<form action="demo_form.php" method="get">
请输入电话号码: <input type="tel" name="tel1" />
<input type="submit" value="提交"/>
</form>
</body>
</html>
```

以上代码在 Chrome 浏览器中的运行结果如图 4.32 所示。从某种程度上来说，所有的浏览器都支持 tel 类型的 input 元素，因为它们都会将其作为一个普通的文本框来显示。HTML5 规则并不需要浏览器执行任何特定的电话号码语法或以任何特别的方式来显示电话号码。

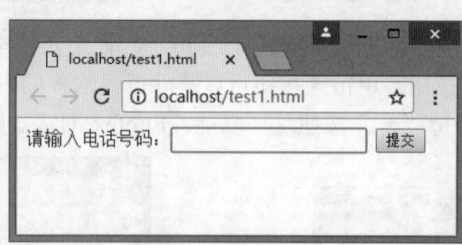

图 4.32　tel 类型的应用

iPhone 或 iPad 中的浏览器遇到 tel 类型的 input 元素时，会自动变换触摸屏幕键盘以方便用户输入，如图 4.33 所示。

4.1.8　color 类型

color 类型的 input 元素提供专门用于输入颜色的文本框。当 color 类型文本框获取焦点后，会自动调用系统的颜色窗口，包括苹果系统也能弹出相应的系统色盘。

【示例】　下面是 color 类型的一个应用示例。

```
<!doctype html>
<html>
<head>
<meta charset="utf-8">
</head>
<body>
<form action="demo_form.php" method="get">
请选择一种颜色: <input type="color" name="color1" />
<input type="submit" value="提交"/>
</form>
</body>
</html>
```

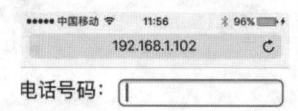

图 4.33　iPhone 中的屏幕键盘变化

以上代码在 Opera 浏览器中的运行结果如图 4.34 所示，单击颜色文本框，会打开 Windows 的"颜色"对话框，如图 4.35 所示，选择一种颜色之后，单击"确定"按钮返回网页，这时可以看到颜色文本框显示对应颜色效果，如图 4.36 所示。

图 4.34　color 类型的应用

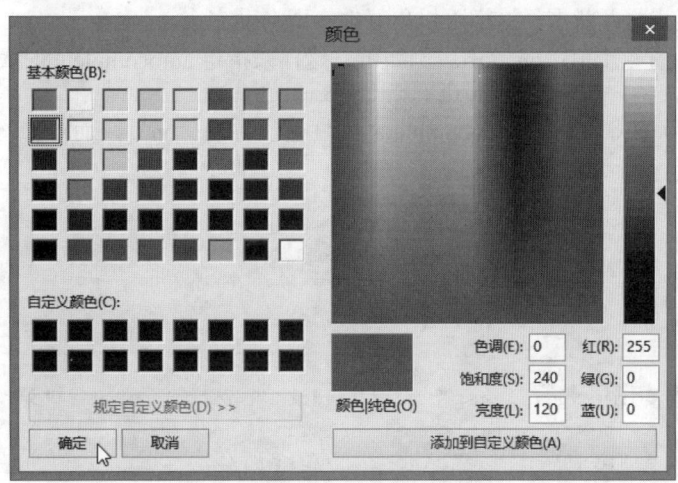

图 4.35　Windows 系统中的"颜色"对话框

图 4.36 设置颜色后效果

> 📢 提示：
> IE 和 Safari 浏览器暂不支持，Mac OS 和 iOS 系统下也不支持。

4.2 HTML5 input 属性

HTML5 为 input 元素新增了多个属性，用于限制输入行为或格式，本节分别介绍这些新的 input 属性。

4.2.1 autocomplete 属性

扫一扫，看视频

多数浏览器都带有辅助用户完成输入的自动完成功能，只要开启了该功能，用户下次输入相同的内容时，浏览器就会自动完成内容的输入。

HTML5 新增的 autocomplete 属性可以帮助用户在 input 类型的输入框中实现自动完成内容输入，这些 input 类型包括：text、search、url、telephone、email、password、datepickers、range 以及 color。不过，在某些浏览器中，可能需要首先启用浏览器本身的自动完成功能，才能使 autocomplete 属性起作用。

autocomplete 属性同样适用于<form>标签，默认状态下表单的 autocomplete 属性是处于打开状态的，其中的输入类型继承所在表单的 autocomplete 状态。用户也可以单独将表单中某一输入类型的 autocomplete 状态设置为打开状态，这样可以更好地实现自动完成。

autocomplete 属性有 2 个值：on、off。例如可以这样来指定 autocomplete 的属性值。

```
<input type="email" name="email" autocomplete="off" />
```

【示例 1】 本例中将表单的 autocomplete 属性值设置为"on"，而单独将其中某一输入类型的 autocomplete 属性值设置为"off"。

```
<!doctype html>
<html>
<head>
<meta charset="utf-8">
</head>
<body>
<form action="/formexample.asp" method="get" autocomplete="on">
姓名：<input type="text" name="name1" /><br />
职业：<input type="text" name="career1" /><br />
电子邮件地址：<input type="email" name="email1" autocomplete="off" /><br />
```

```
<input type="submit" value="提交信息" />
</form>
</body>
</html>
```

autocomplete 属性设置为"on"时,可以使用 HTML5 中新增的 datalist 标签和 list 属性提供一个数据列表供用户进行选择。

【示例2】 本例演示如何应用 autocomplete 属性、datalist 标签及 list 属性实现自动完成。

```
<!doctype html>
<html>
<head>
<meta charset="utf-8">
</head>
<body>
<h2>输入你最喜欢的城市名称</h2>
<form autocompelete="on">
    <input type="text" id="city" list="cityList">
    <datalist id="cityList" style="display:none;">
        <option value="BeiJing">BeiJing</option>
        <option value="QingDao">QingDao</option>
        <option value="QingZhou">QingZhou</option>
        <option value="QingHai">QingHai</option>
    </datalist>
</form>
</body>
</html>
```

在本例中,当用户将焦点定位到文本框中,会自动出现一个城市列表供用户选择,如图 4.37 所示。而当用户点击页面的其他位置时,这个列表就会消失。

此外,当用户输入时,该列表会随用户的输入进行更新,例如,当输入字母 q 时,会自动更新列表,只列出以 q 开头的城市名称,如图 4.38 所示。随着用户不断地输入新的字母,下面的列表还会随之变化。

图 4.37 自动完成数据列表

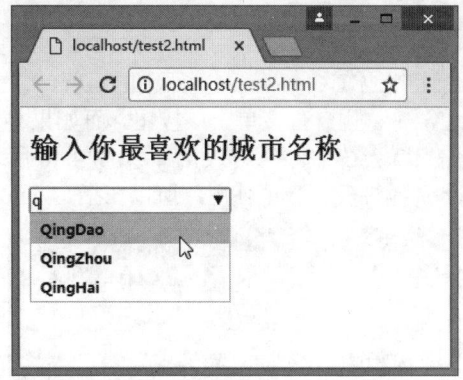
图 4.38 数据列表随用户输入而更新

提示:

HTML5 之前,打开自动完成功能后,用户的浏览器会自动记录用户所输入的一些信息,从安全性和隐私的角度来考虑,存在较大的隐患。现在有了 autocomplete 属性,如果不希望用户的浏览器自动记录这些历史记录,则可以对 form 或 form 中的每个 input 元素都做单独的 autocomplete 属性设置。虽然 autocomplete 是 HTML5 中新增的属性,但其实该属性在此前已经存在了很长时间,早在 IE 5 中便已经加入了,在这之后才慢慢被其他浏览器所支持。

4.2.2 autofocus 属性

用户在访问百度首页时,页面中的搜索文本框会自动获得光标焦点,以方便输入搜索关键词,对大多数用户来说这是非常好的体验。传统站点多采用 JavaScript 来实现让表单中某控件自动获取焦点,通常使用 JavaScript 的 focus()方法来实现这一功能。

HTML5 新增了 autofocus 属性,它可以实现在页面加载时,某表单控件自动获得焦点。这些控件可以是文本框、复选框、单选按钮、普通按钮等所有<input>标签的类型。autofocus 属性的使用示例如下所示。

```
<input type="text" name="fname" autofocus="autofocus" />
```

注意,在同一页面中只能指定一个 autofocus 属性值,所以必须谨慎使用。在当页面中的表单控件比较多时,建议挑选最需要聚焦的那个控件来使用这一属性值,例如一个搜索页面中的搜索文本框,或者一个同意某许可协议的"同意"按钮。

【示例 1】 本例说明如何合理地应用 autofocus 属性。

```
<!doctype html>
<html>
<head>
<meta charset="utf-8">
</head>
<body>
<form>
    <p>请仔细阅读许可协议:</p>
    <p>
        <label for="textarea1"></label>
        <textarea name="textarea1" id="textarea1" cols="45" rows="5">许可协议具体内容......</textarea>
    </p>
    <p>
        <input type="submit" value="同意" autofocus>
        <input type="submit" value="拒绝">
    </p>
</form>
</body>
</html>
```

以上代码在 Chrome 浏览器中的运行结果如图 4.39 所示。页面载入后,"同意"按钮自动获得焦点,因为通常希望用户直接单击该按钮。而如果将"拒绝"按钮的 autofocus 属性值设置为"on",则页面载入后焦点就会在"拒绝"按钮上,如图 4.40 所示,但从页面功用的角度来说却并不合适。正如以上所述,autofocus 属性应该谨慎使用,所以在指定 autofocus 时,应考虑页面最主要的目的是什么。

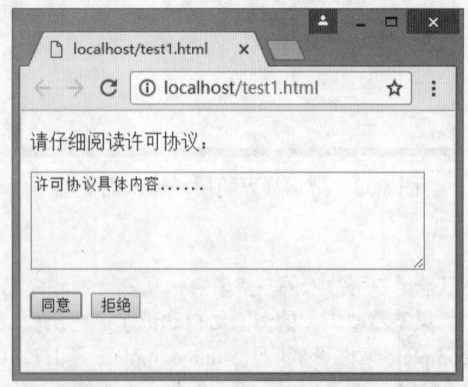

图 4.39 "同意"按钮自动获得焦点

图 4.40 "拒绝"按钮自动获得焦点

【示例 2】 如果浏览器不支持 autofocus 属性，则会将其忽略。因此要使得所有浏览器都能实现自动获得焦点，则可以在 JavaScript 中加一小段脚本，以检测浏览器是否支持 autofocus 属性。

```html
<!doctype html>
<html>
<head>
<meta charset="utf-8">
</head>
<body>
<form>
    <p>请仔细阅读许可协议：</p>
    <p>
        <label for="textarea1"></label>
        <textarea name="textarea1" id="textarea1" cols="45" rows="5">许可协议具体内容……</textarea>
    </p>
    <p>
        <input id="ok" type="submit" value="同意" autofocus>
        <input type="submit" value="拒绝" >
    </p>
</form>
<script>
if (!("autofocus" in document.createElement("input"))) {
    document.getElementById("ok").focus();
}
</script>
</body>
</html>
```

4.2.3 form 属性

在 HTML5 之前，如果用户要提交一个表单，必须把相关的控件元素都放在表单内部，即<form>和</form>标签之间。在提交表单时，在<form>和</form>标签之外的控件将被忽略掉。

HTML5 中新增了一个 form 属性，使得这一问题得到了很好的解决。有了 form 属性，便可以把表单内的从属元素写在页面中的任一位置，然后只需要为这个元素指定一下 form 属性并为其指定属性值为该表单的 id。如此一来，便规定了该表单元素属于指定的这一表单。此外，form 属性也允许规定一个表单元素从属于多个表单。form 属性适用于所有的 input 输入类型，在使用时，必须引用所属表单的 id。

【示例】 下面是一个 form 属性应用的示例。

```html
<!doctype html>
<html>
<head>
<meta charset="utf-8">
</head>
<body>
<form action="" method="get" id="form1">
请输入姓名：<input type="text" name="name1" autofocus/>
<input type="submit"  value="提交"/>
</form>
<p>下面的输入框在 form 元素之外，但因为指定的 form 属性，并且值为表单的 id，所以该输入框仍然是表单的一部分。</p>
```

```
请输入住址：<input type="text" name="address1" form="form1" />
</body>
</html>
```

以上代码在 Chrome 浏览器中的运行结果如图 4.41 所示。如果填写姓名和住址并单击"提交"按钮，则 name1 和 address1 分别会被赋值为所填写的值。例如，如果在姓名处填写"zhangsan"，住址处填写"北京"，则单击"提交"按钮后，服务器端会接收到"name1=zhangsan"和"address1=北京"。用户也可以在提交后观察浏览器的地址栏，可以看到有"name1=zhangsan&address1=北京"字样，如图 4.42 所示。

图 4.41　form 属性的应用

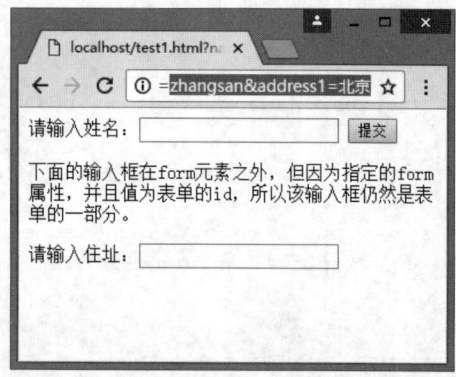

图 4.42　地址中要提交的数据

提示：

如果一个 form 属性要引用两个或两个以上的表单，则需要使用空隔将表单的 id 分隔开。例如：
```
<input type="text" name="address1" form="form1 form2 form3" />
```

4.2.4　表单重写属性

HTML5 新增了多个表单重写属性，用于重写 form 元素的某些属性设定，具体介绍如下。

- formaction：用于重写表单的 action 属性。
- formenctype：用于重写表单的 enctype 属性。
- formmethod：用于重写表单的 method 属性。
- formnovalidate：用于重写表单的 novalidate 属性。
- formtarget：用于重写表单的 target 属性。

注意，表单重写属性并不适用于所有的 input 输入类型，仅适用于 submit 和 image 输入类型。

【示例】　在 HTML5 之前，只能使用表单的 action 属性将表单内的所有元素统一提交到另一个页面。而使用 formaction 属性，则可以通过重写表单的 action 属性，实现将表单提交到不同的页面中去，代码如下所示。

```
<!doctype html>
<html>
<head>
<meta charset="utf-8">
</head>
<body>
<form action="1.asp" id="testform">
请输入电子邮件地址： <input type="email" name="userid" /><br />
    <input type="submit" value="提交到页面1" formaction="1.asp" />
```

```
        <input type="submit" value="提交到页面 2" formaction="2.asp" />
        <input type="submit" value="提交到页面 3" formaction="3.asp" />
</form>
</body>
</html>
```

扫一扫，看视频

4.2.5 height 和 width 属性

height 和 width 属性用于设置 image 类型的 input 标签的图像高度和宽度，这两个属性只适用于 image 类型的<input>标签。

【示例】 下面是 height 与 width 属性应用的示例代码。

```
<!doctype html>
<html>
<head>
<meta charset="utf-8">
</head>
<body>
<form action="testform.asp" method="get">
请输入用户名：<input type="text" name="user_name"/><br/>
<input type="image" src="images/submit.png" width="72" height="26"/>
</form>
</body>
</html>
```

以上代码在 Chrome 浏览器中的运行结果如图 4.43 所示。该示例中，源图像的大小为宽 288 像素，高 104 像素，使用以上代码将其大小限制为 72 像素×267 像素。

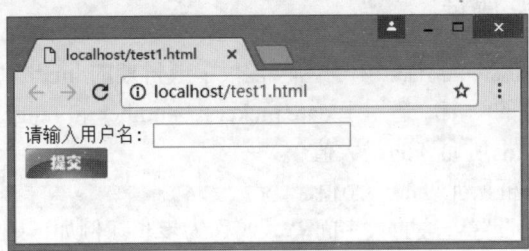

图 4.43　form 属性的应用

4.2.6 list 属性

扫一扫，看视频

HTML5 新增了一个 datalist 元素，可以实现数据列表的下拉效果，其外观类似 autocomplete，用户可从列表中选择，也可自行输入。而 list 属性用于指定输入框绑定哪一个 datalist 元素，其值是某个 datalist 的 id。

【示例】 下面是 list 属性应用的示例代码。

```
<!doctype html>
<html>
<head>
<meta charset="utf-8">
</head>
<body>
<form action="testform.asp" method="get">
    请输入网址：
    <input type="url" list="url_list" name="weblink" />
```

```
    <datalist id="url_list">
        <option label="新浪" value="http://www.sina.com.cn" />
        <option label="搜狐" value="http://www.sohu.com" />
        <option label="网易" value="http://www.163.com" />
    </datalist>
    <input type="submit" value="提交" />
</form>
</body>
</html>
```

以上代码在 Chrome 浏览器中的运行结果如图 4.44 所示。在本例中，单击输入框之后，就会弹出已定义的网址列表。目前支持这一属性的浏览器只有 Opera。

图 4.44 list 属性应用

提示：

list 属性适用于以下 input 输入类型：text、search、url、telephone、email、date pickers、number、range 和 color。

4.2.7 min、max 和 step 属性

HTML5 新增 min、max 和 step 属性，用于为包含数字或日期的 input 输入类型设置限值，也就是给这些类型的输入框加一个数值的约束，适用于 date pickers、number 和 range 标签。具体用途如下。

- max 属性：设置输入框所允许的最大值。
- min 属性：设置输入框所允许的最小值。
- step 属性：为输入框设置合法的数字间隔，或称为步长。例如，step="4"，则合法的数值是-4、0、4、8 等。

【示例】 本例中，显示一个数字输入框，并规定该输入框接受 0~12 范围的值，且数字间隔为 4（即合法的值为 0、4、8、12）。

```
<!doctype html>
<html>
<head>
<meta charset="utf-8">
</head>
<body>
<form action="testform.asp" method="get">
    请输入数值：
    <input type="number" name="number1" min="0" max="12" step="4" />
    <input type="submit" value="提交" />
</form>
</body>
</html>
```

以上代码在 Chrome 浏览器中的运行结果如图 4.45 所示。在本例中，如果单击数字输入框右侧的微

调按钮,则可以看到数字以 4 为步进值递增。而如果输入不合法的数值,例如数字 5,则单击"提交"按钮时会显示错误的提示信息,如图 4.46 所示。

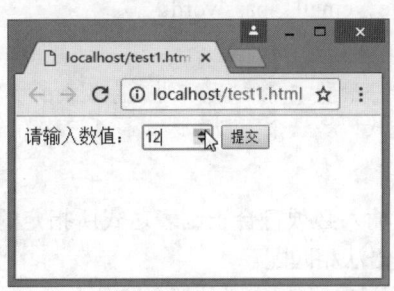

图 4.45　list 属性应用

图 4.46　显示错误提示

4.2.8　multiple 属性

在 HTML5 之前,input 输入类型中的 file 类型只支持选择单个文件来上传,而新增的 multiple 属性支持一次性选择多个文件,并且该属性同样支持新增的 email 类型。这一特性无疑为开发者提供了极大的方便,因为有了 HTML5 便不必再单独开发选择并提交多个文件的控件。

【示例】　下面是 multiple 属性的一个应用示例。

```
<!doctype html>
<html>
<head>
<meta charset="utf-8">
</head>
<body>
<form action="testform.asp" method="get">
    请选择要上传的多个文件:
    <input type="file" name="img" multiple />
    <input type="submit" value="提交" />
</form>
</body>
</html>
```

以上代码在 Chrome 浏览器中的运行结果如图 4.47 所示。如果单击"添加文件"按钮,则会允许在打开的对话框中选择多个文件。选择文件并单击"打开"按钮后会关闭对话框,同时在页面中会显示选中文件的个数,如图 4.48 所示。

图 4.47　multiple 属性的应用

图 4.48　显示被选中文件的个数

4.2.9 pattern 属性

pattern 属性用于验证 input 类型输入框中用户输入的内容是否与自定义的正则表达式相匹配，该属性适用于以下类型的<input>标签：text、search、url、telephone、email、password。

📢 提示：

> 在一些用于处理字符串的程序或网页代码中，经常会用到一些用于查找或输入符合某些复杂规则的字符串的代码，而正则表达式正是用于描述一系列符合某个句法规则的代码。一个正则表达式通常被称为一个模式（pattern）。

pattern 属性允许用户自定义一个正则表达式，而用户的输入必须符合正则表达式所指定的规则。pattern 属性中的正则表达式语法与 JavaScript 中的正则表达式语法相匹配。

【示例】 下面是 pattern 属性的一个应用示例。该示例的文本框规定必须输入 6 位数的邮政编码。

```html
<!doctype html>
<html>
<head>
<meta charset="utf-8">
</head>
<body>
<form action="/testform.asp" method="get">
    请输入邮政编码：
    <input type="text" name="zip_code" pattern="[0-9]{6}" title="请输入 6 位数的邮政编码" />
    <input type="submit" value="提交" />
</form>
</body>
</html>
```

以上代码在 Chrome 浏览器中的运行结果如图 4.49 所示。如果输入的数字不是 6 位，则会出现错误提示，如图 4.50 所示。如果输入的并非规定的数字而是字母，也会出现这样的错误提示。这是因为，在 pattern="[0-9]{6}"中规定了必须输入 0~9 这样的阿拉伯数字，并且必须为 6 位数，有关正则表达式的知识可以参考相关图书或资料。

图 4.49　pattern 属性的应用

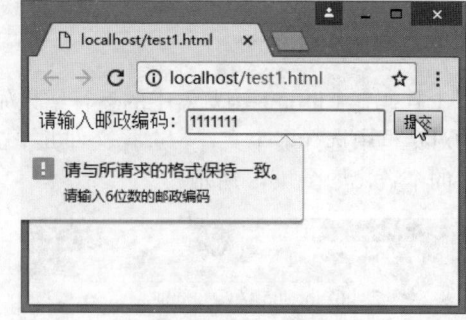

图 4.50　出现错误提示

4.2.10 placeholder 属性

placeholder 属性用于为 input 类型的输入框提供一种提示（hint），这些提示可以描述输入框期待用户输入何种内容，在输入框为空时显式出现，而当输入框获得焦点时则会消失。placeholder 属性适用于以下类型的<input>标签：text、search、url、telephone、email、password。

【示例】 下面是 placeholder 属性的一个应用示例。请注意比较本例与上例提示方法的不同。

```
<!doctype html>
<html>
<head>
<meta charset="utf-8">
</head>
<body>
<form action="/testform.asp" method="get">
    请输入邮政编码:
    <input type="text" name="zip_code" pattern="[0-9]{6}" placeholder="请输入6位数的邮政编码" />
    <input type="submit" value="提交" />
</form>
</body>
</html>
```

以上代码在 Chrome 浏览器中的运行结果如图 4.51 所示。当输入框获得焦点并输入字符时,提示文字消失,如图 4.52 所示。

图 4.51 placeholder 属性的应用

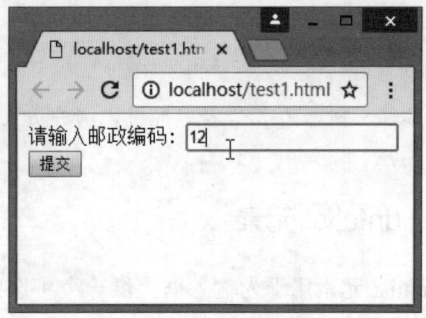
图 4.52 提示消失

4.2.11 required 属性

新增的 required 属性用于定义输入框填写的内容不能为空,否则不允许用户提交表单。该属性适用于以下 input 输入类型:text、search、url、telephone、email、password、date pickers、number、checkbox、radio、file。

扫一扫,看视频

【示例】 下面是 required 属性的一个应用示例。该示例的文本框规定必须输入内容,否则表单不能被提交。

```
<!doctype html>
<html>
<head>
<meta charset="utf-8">
</head>
<body>
<form action="/testform.asp" method="get">
    请输入姓名:
    <input type="text" name="usr_name" required="required"/>
    <input type="submit" value="提交"/>
</form>
```

```
</body>
</html>
```

以上代码在 Chrome 浏览器中的运行结果如图 4.53 所示。当输入框内容为空并单击"提交"按钮时，会出现"请填写此字段"的提示，只有在输入了内容之后才允许提交表单。

图 4.53　提示"请填写此字段"

4.3　新表单控件

HTML5 新增了多个表单控件，分别是 datalist、keygen 和 output，本节将结合示例来说明这几个新元素的用法。

4.3.1　datalist 元素

datalist 元素用于为输入框提供一个可选的列表，用户可以直接选择列表中的某一预设的项，从而免去输入的麻烦。该列表由 datalist 中的 option 元素创建。如果用户不希望从列表中选择某项，也可以自行输入其他内容。

在实际应用中，如果要把 datalist 提供的列表绑定到某输入框，则需要使用输入框的 list 属性来引用 datalist 元素的 id，其应用示例在 list 属性时已经提供，在此不再赘述。

注意，每一个 option 元素都必须设置 value 属性。

4.3.2　keygen 元素

keygen 元素是密钥对生成器，能够使得用户验证更为可靠。用户提交表单时会生成两个键：一个私钥，一个公钥。其中私钥会被存储在客户端，而公钥则会被发送到服务器。公钥可以用于之后验证用户的客户端证书。如果各种新的浏览器对 keygen 元素的支持度再增强一些，则有望使其成为一种有用的安全标准。

【示例】　下面是 keygen 属性的一个应用示例。

```
<!doctype html>
<html>
<head>
<meta charset="utf-8">
</head>
<body>
<form action="/testform.asp" method="get">
    请输入用户名：
```

```
        <input type="text" name="usr_name"/>
        <br>
        请选择加密强度：
        <keygen name="security"/>
        <br>
        <input type="submit" value="提交"/>
</form>
</body>
</html>>
```

以上代码在 Chrome 浏览器中的运行结果如图 4.54 所示。在"请选择加密强度"右侧的 keygen 元素中可以选择一种密钥强度，有 2048（高强度）和 1024（中等强度）两种，在 Firefox 浏览器也提供两种选项，如图 4.55 所示。

4.3.3　output 元素

output 元素用于在浏览器中显示计算结果或脚本输出，包含完整的开始和结束标签，其语法如下：

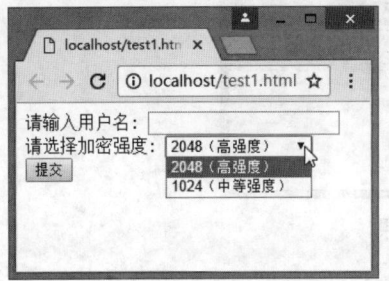

图 4.54　Chrome 浏览器提供的密钥等级

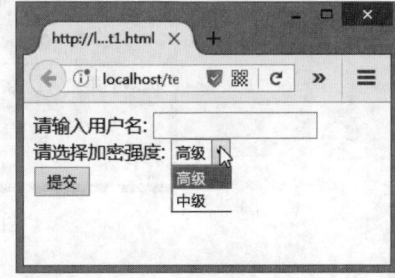

图 4.55　Firefox 浏览器提供的密钥等级

```
<output name="">Text</output>
```

【示例】　下面是 output 元素的一个应用示例。该示例计算用户输入的两个数字的乘积。

```
<!doctype html>
<html>
<head>
<meta charset="utf-8">
<script type="text/javascript">
 function multi(){
    a=parseInt(prompt("请输入第 1 个数字。",0));
    b=parseInt(prompt("请输入第 2 个数字。",0));
    document.forms["form"]["result"].value=a*b;
 }
</script>
</head>
<body onload="multi()">
<form action="testform.asp" method="get" name="form">
    两数的乘积为：
    <output name="result"></output>
</form>
</body>
</html>
```

以上代码在 Chrome 浏览器中的运行结果如图 4.56、图 4.57 所示。当页面载入时，会首先提示"请输入第 1 个数字"，输入并单击"确定"按钮后再根据提示输入第 2 个数字。再次单击"确定"按钮后，显示计算结果，如图 4.58 所示。

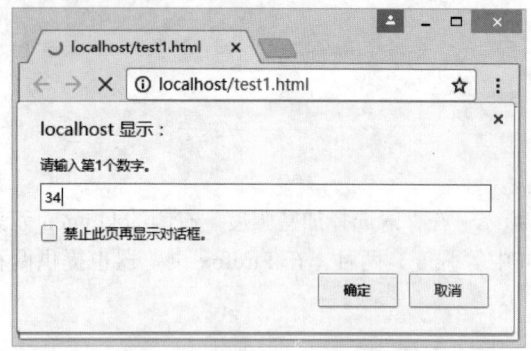

图 4.56　提示输入第 1 个数字

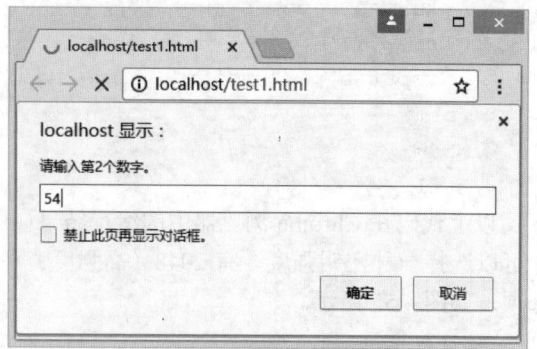

图 4.57　提示输入第 2 个数字

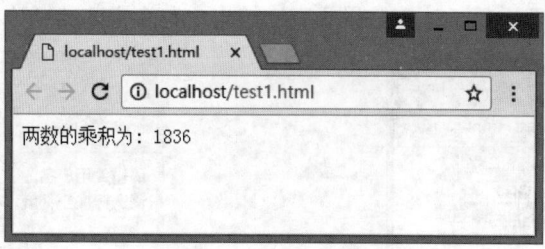

图 4.58　显示计算结果

4.4　新表单属性

HTML5 中新增了两个 form 属性，分别是 autocomplete 和 novalidate，本节通过实例介绍这两个 form 属性的用法。

4.4.1　autocomplete 属性

form 元素的 autocomplete 属性用于规定 form 中所有元素都拥有自动完成功能。该属性在介绍 input 属性时已经介绍过，其用法与之相同。

但是当 autocomplete 属性用于整个 form 时，所有从属于该 form 的元素便都具备自动完成功能。如果要使个别元素关闭自动完成功能，则单独为该元素指定"autocomplete="off""即可，具体参见前面有关 autocomplete 属性的介绍。

4.4.2　novalidate 属性

form 元素的 novalidate 属性用于在提交表单时取消整个表单的验证，即关闭对表单内所有元素的有效性检查。如果要只取消表单中较少部分内容的验证而不妨碍提交大部分内容，则可以将 formnovalidate 属性单独用于 form 中的这些元素。

【示例】　下面是 novalidate 属性的一个应用示例。该示例中取消了整个表单的验证。

```
<!doctype html>
<html>
```

```
<head>
<meta charset="utf-8">
</head>
<body>
<form action="testform.asp" method="get" novalidate>
    请输入电子邮件地址:
    <input type="email" name="user_email"/>
    <input type="submit" value="提交"/>
</form>
</body>
</html>
```

4.4.3 显式验证

除了为 input 元素新增属性,以便对输入内容进行自动验证外,HTML5 为 form、input、select 和 textarea 元素都定义了一个 checkValidity()方法。调用该方法,可以显式地对表单内所有元素内容或单个元素内容进行有效性验证。checkValidity()方法将返回布尔值,以提示是否通过验证。

【示例】 下面示例使用 checkValidity()方法,主动验证用户输入的 Email 地址是否有效。

```
<!doctype html>
<html>
<head>
<meta charset="utf-8">
<script>
function check(){
    var email = document.getElementById("email");
    if(email.value==""){
        alert("请输入 Email 地址");
        return false;
    }
    else if(!email.checkValidity()){
        alert("请输入正确的 Email 地址");
        return false;
    }
    else
        alert("您输入的 Email 地址有效");
}
</script>
</head>
<body>
<form id=testform onsubmit="return check();" novalidate>
    <label for=email>Email</label>
    <input name=email id=email type=email /><br/>
    <input type=submit>
</form>
</body>
</html>
```

📢 **提示:**

在 HTML5 中,form 和 input 元素都有一个 validity 属性,该属性返回一个 ValidityState 对象。该对象具有很多属性,其中最简单、最重要的属性为 valid 属性,它表示表单内所有元素内容是否有效或单个 input 元素内容是否有效。

4.5 新增页面元素

HTML5 不仅增加了很多表单元素，而且增加和改良了可以应用在整个页面中的元素。

4.5.1 figure 和 figcaption 元素

figure 元素可以定义独立的流内容，如图像、图表、照片、代码等。figure 元素的内容应该与主内容相关，但如果被删除，则不应对文档流产生影响。

figure 元素是一种元素的组合，带有可选标题。figcaption 元素表示 figure 元素的标题，它从属于 figure 元素，必须书写在 figure 元素内部，可以书写在 figure 元素内的其他从属元素的前面或后面。一个 figure 元素内最多只允许放置一个 figcaption 元素，但允许放置多个其他元素。

【示例 1】 本例设计一个不带标题的 figure 元素，演示效果如图 4.59 所示。

```
<!doctype html>
<html>
<head>
<meta charset="utf-8">
</head>
<body>
<figure>
    <img src="images/1.png" alt="学生">
</figure>
</body>
</html>
```

【示例 2】 本例设计一个带标题的 figure 元素，标题使用 figcaption 元素定义，演示效果如图 4.60 所示。

图 4.59 使用 figure 元素

图 4.60 显示标题

```
<!doctype html>
<html>
<head>
```

```
<meta charset="utf-8">
</head>
<body>
<figure>
    <img src="images/1.png" alt="学生">
    <figcaption>中学生</figcaption>
</figure>
</body>
</html>
```

【示例 3】 本例设计为多幅图片设计一个标题,演示效果如图 4.61 所示。

```
<!doctype html>
<html>
<head>
<meta charset="utf-8">
</head>
<body>
<figure>
    <img src="images/1.png" height="300" alt="学生">
    <img src="images/2.png" height="300" alt="学生">
    <img src="images/3.png" height="300" alt="学生">
    <figcaption>中学生</figcaption>
</figure>
</body>
</html>
```

图 4.61 多个图片使用同一个标题

figure 元素所表示的内容通常是图片、统计图或代码示例。目前 IE 9+、Firefox、Opera、Chrome 以及 Safari 支持 figure 元素。

4.5.2 details 和 summary 元素

details 元素用于描述文档或文档某个部分的细节,被 details 标识的内容可以展开、收缩显示。details 元素内可以包含文字、表单、插件或表格等任何超文本信息。

该元素新增一个布尔类型的 open 属性,当该属性值为 true 时,其包含的子元素应该展开显示;当该属性值为 false 时，其包含的子元素应该收缩起来不显示。open 属性的默认值为 false，页面打开时，其内部子元素处于收缩状态。

summary 元素为 details 的子元素，可以为 details 定义标题。标题是可见的，用户点击标题时，会显示出 details 包含的信息。

【示例 1】 本例演示了 details 和 summary 元素配合使用，设计折叠面板效果，演示效果如图 4.62 所示。

```
<!doctype html>
<html>
<head>
<meta charset="utf-8">
</head>
<body>
<details>
    <summary>学生</summary>
    <p><img src="images/1.png" alt="学生"></p>
</details>
</body>
</html>
```

（a）默认收缩显示　　　　　　　　　　（b）单击展开显示

图 4.62　使用 details 和 summary 元素设计折叠面板

【示例 2】 如果 details 元素内没有 summary 元素，浏览器会提供默认文字以供单击，例如，"details" 或某些本地化文字，如 "详细信息"，浏览器也提供一个诸如上下箭头之类的图标，标示该区域可以展开或收缩，效果如图 4.63 所示。

```
<!doctype html>
<html>
<head>
<meta charset="utf-8">
</head>
<body>
```

```
<details>
    <p><img src="images/1.png" alt="学生"></p>
</details>
</body>
</html>
```

当 details 元素的状态从展开切换为收缩,或从收缩切换为展开时,均触发 toggle 事件。

【示例 3】 本例设计当用户切换 details 元素显示或隐藏显示时,取消 summary 元素轮廓效果,并给 details 元素包含的内容加一个边框,效果如图 4.64 所示。

```
<!doctype html>
<html>
<head>
<meta charset="utf-8">
</head>
<body>
<details id="detail">
    <summary>学生</summary>
    <p id="p"><img src="images/1.png" alt="学生" height="200"></p>
</details>
<script>
var detail=document.getElementById('detail');
var p=document.getElementById('p');
var summary=detail.getElementsByTagName('summary')[0];
detail.ontoggle = function(){
    if(this.open){
        p.style.border="solid 2px red";
        summary.style.outline="none";
    }else{
        p.style.border="solid 2px #fff";
    }
}
</script>
</body>
</html>
```

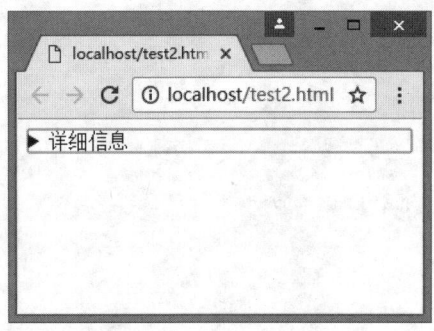

图 4.63　使用 details 设计折叠面板

图 4.64　取消标题轮廓线

> **提示：**
> 目前，除了 IE 浏览器之外，其他最新版本的主流浏览器都支持 details 和 summary 元素。

4.5.3　mark 元素

mark 元素用来定义带有记号的文本，它表示页面中需要突出显示或高亮显示的信息，对于当前用户具有参考作用的一段文字。

通常在引用原文的时候使用 mark 元素，目的是引起当前用户的注意。mark 元素的作用是对原文内容进行补充，它应该用在一段原文作者不认为是重要的，但是现在为了与原文作者不相关的其他目的而需要突出显示或高亮显示的文字上面。所以该元素通常能够对当前用户具有很好的帮助作用。

最能体现 mark 元素作用的应用：在网页中检索某个关键词时，呈现的检索结果，现在许多搜索引擎都用其他方法实现了 mark 元素的功能。

【示例 1】　本例使用 mark 元素高亮显示对"HTML5"关键词的搜索结果，演示效果如图 4.65 所示。

```
<!doctype html>
<html>
<head>
<meta charset="utf-8">
</head>
<body>
<article>
    <h2><mark>HTML5</mark>中国：中国最大的<mark>HTML5</mark>中文门户 - Powered by Discuz!官网</h2>
    <p><mark>HTML5</mark>中国,是中国最大的<mark>HTML5</mark>中文门户。为广大<mark>html5</mark>开发者提供<mark>html5</mark>教程、<mark>html5</mark>开发工具、<mark>html5</mark>网站示例、<mark>html5</mark>视频、js 教程等多种<mark>html5</mark>在线学习资源。</p>
    <p>www.html5cn.org/  - 百度快照 - 86%好评</p>
</article>
</body>
</html>
```

mark 元素还可以用于标识引用原文，为了某种特殊目的而把原文作者没有重点强调的内容标示出来。

【示例 2】　本例使用 mark 元素将唐诗中韵脚特意高亮显示出来，效果如图 4.66 所示。

```
<!doctype html>
<html>
<head>
<meta charset="utf-8">
</head>
<body>
<article>
    <h2>静夜思 </h2>
    <h3>李白</h3>
    <p>床前明月<mark>光</mark>，疑是地上<mark>霜</mark>。</p>
    <p>举头望明月，低头思故<mark>乡</mark>。</p>
</article>
</body>
</html>
```

图 4.65　使用 mark 元素高亮显示关键字

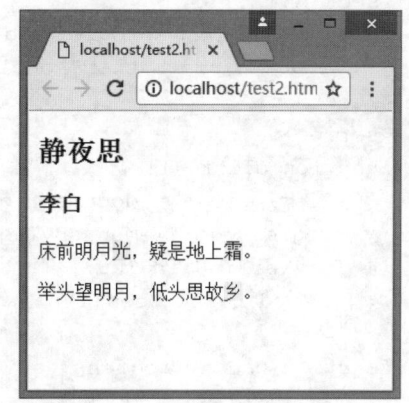
图 4.66　使用 mark 元素高亮显示韵脚

📢 注意：

在 HTML4 中，用户习惯使用 em 或 strong 元素来突出显示文字，但是 mark 元素的作用与这两个元素的作用是有区别的，不能混用。

mark 元素的标示目的与原文作者无关，或者说它不是被原文作者用来标示文字的，而是后来被引用时添加上去的，它的目的是吸引当前用户的注意力，供用户参考，希望能够对用户有帮助。而 strong 是原文作者用来强调一段文字的重要性的，如错误信息等，em 元素是作者为了突出文章重点文字而使用的。

📢 提示：

目前，所有最新版本的浏览器都支持该元素。IE 8 以及更早的版本不支持 mark 元素。

4.5.4　progress 元素

progress 元素定义任务的进度（或进程）。这个进度可以是不确定的，表示进度正在进行，但不清楚还有多少进度没有完成，也可以用 0 到某个最大数字（如 100）之间的数字来表示进度完成情况。

progress 元素包含两个新增属性，表示当前任务完成情况，简单说明如下。

- max：定义任务一共需要多少工作量。工作量的单位是随意的，不用指定。
- value：定义已经完成多任务。

在设置属性的时候，value 和 max 属性只能指定为有效的浮点数，value 属性的值必须大于 0、小于或等于 max 属性值，max 属性的值必须大于 0。

目前，Firefox 8+、Opera 11+、IE 10+、Chrome 6+、Safari 5.2+版本的浏览器都以不同的表现形式对 progress 元素提供了支持。

【示例】　本例简单演示了如何使用 progress 元素。效果如图 4.67 所示。

图 4.67　使用 progress 元素

扫一扫，看视频

```
<!doctype html>
<html>
<head>
<meta charset="utf-8">
</head>
<body>
```

```
<section>
    <p>百分比进度：<progress id="progress" max="100"><span>0</span>%</progress></p>
    <input type="button" onclick="click1()"  value="显示进度"/>
</section>
<script>
function click1(){
    var progress = document.getElementById('progress');
    progress.getElementsByTagName('span')[0].textContent ="0";
    for(var i=0;i<=100;i++)
        updateProgress(i);
}
function updateProgress(newValue){
    var progress = document.getElementById('progress');
    progress.value = newValue;
    progress.getElementsByTagName('span')[0].textContent = newValue;
}
</script>
</body>
</html>
```

📢 注意：

progress 元素不适合用来表示度量衡，例如，磁盘空间使用情况或查询结果。如需表示度量衡，应使用 meter 元素。

扫一扫，看视频

4.5.5 meter 元素

meter 元素定义已知范围或分数值内的标量测量，也被称为 gauge（尺度），例如指示磁盘用量、查询结果的相关性等。

注意，meter 元素不应用于指示进度（在进度条中）。如果标记进度条，应使用 progress 元素。

meter 元素包含 7 个属性，简单说明如下。

- value：在元素中特别标示出来的实际值。该属性值默认为 0，可以为该属性指定一个浮点小数值。
- min：设置规定范围时，允许使用的最小值，默认为 0，设定的值不能小于 0。
- max：设置规定范围时，允许使用的最大值。如果设定时，该属性值小于 min 属性的值，那么把 min 属性的值视为最大值。max 属性的默认值为 1。
- low：设置范围的下限值，必须小于或等于 high 属性的值。同样，如果 low 属性值小于 min 属性的值，那么把 min 属性的值视为 low 属性的值。
- high：设置范围的上限值。如果该属性值小于 low 属性的值，那么把 low 属性的值视为 high 属性的值，同样，如果该属性值大于 max 属性的值，那么把 max 属性的值视为 high 属性的值。
- optimum：设置最佳值，该属性值必须在 min 属性值与 max 属性值之间，可以大于 high 属性值。
- form：设置 meter 元素所属的一个或多个表单。

【示例】 本例简单演示了如何使用 meter 元素，效果如图 4.68 所示。

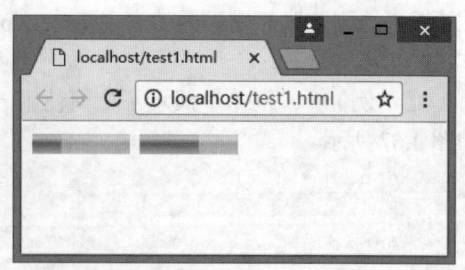

图 4.68　使用 meter 元素

```
<!doctype html>
<html>
<head>
<meta charset="utf-8">
</head>
<body>
<meter value="3" min="0" max="10">十分之三</meter>
<meter value="0.6">60%</meter>
</body>
</html>
```

> 提示：
>
> 目前，Safari 5.2+、Chrome 6+、Opera 11+、Firefox 16+版本的浏览器支持 meter 元素。

4.5.6 dialog 元素

dialog 元素定义对话框或窗口。在默认状态下，dialog 元素处于隐藏状态，可以在 JavaScript 脚本中使用 show()方法显示 dialog 元素，可以使用 close()方法隐藏 dialog 元素。

【示例 1】 本示例演示了一个打开的对话框，效果如图 4.69 所示。

```
<!doctype html>
<html>
<head>
<meta charset="utf-8">
</head>
<body>
<dialog open>打开的对话框</dialog>
</body>
</html>
```

图 4.69 打开的对话框

【示例 2】 本例演示了如何使用 JavaScript 脚本控制对话框的显示或隐藏。

```
<!doctype html>
<html>
<head>
<meta charset="utf-8">
<style>
#dg { width: 60%; text-align: center; }
#dg label {display:block; margin:6px;}
::backdrop { background-color:black;}
</style>
</head>
<body>
<input id="btn" type="button" value="打开对话框">
<dialog id="dg">
    <h2>用户登录</h2>
    <main>
        <form>
            <label for="txtName" value="用户名："/>
                <input type="text" id="txtName"/>
            </label>
            <label for="txtPassword" value="密　码："/>
                <input type="password" id="txtPassword" autofocus/>
```

```
            </label>
            <input type="button" value="登 录" />
            <input id="cls" type="button" value="关 闭" />
        </form>
    </main>
</dialog>
<script>
var btn = document.getElementById("btn");
var dg = document.getElementById("dg");
var cls = document.getElementById("cls");
btn.onclick = function(){
    dg.showModal();
    dg.returnValue='对话框的值';
}
cls.onclick = function(){
    dg.close();
    console.log( dg.returnValue );
}
dg.onclose = function(){
    console.log('对话框被关闭');
}
dg.oncancel = function(){
    console.log('用户在模态窗口中按下 Esc 键');
}
</script>
</body>
</html>
```

在示例页面中，显示一个"打开对话框"按钮，页面打开时 dialog 元素处于隐藏状态，单击"打开对话框"按钮后，dialog 元素变为显示状态。dialog 元素中放置一个"关闭"按钮，单击该按钮后 dialog 元素变为隐藏状态，效果如图 4.70 所示。

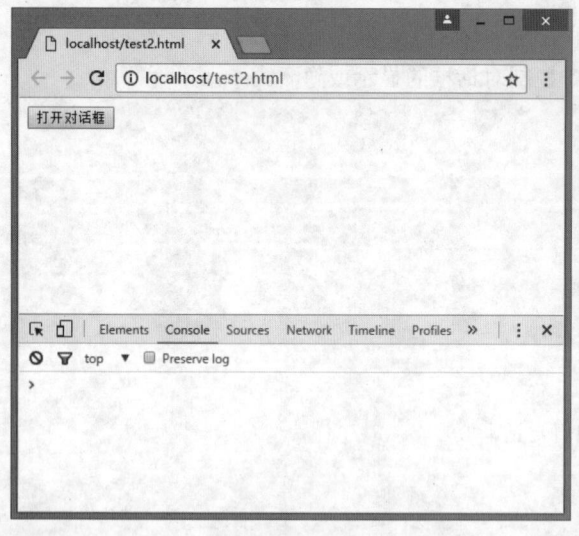

(a) 默认状态　　　　　　　　　　　　(b) 打开状态

图 4.70　打开对话框

在上面代码中，可以使用 dialog 元素的 showModal()方法以模式对话框的形式显示 dialog 元素；如果要在页面打开时即显示 dialog 元素，可以使用 dialog 元素的 open 属性；可以使用 dialog 元素的

returnValue 属性为对话框设置或返回一个返回值。

> **提示：**
> 目前，只有 Chrome 37+和 Opera 24+版本的浏览器对其提供支持。

4.6 完善页面元素

扫一扫，看视频

HTML5 对 HTML4 部分元素进行优化，具体说明如下。

4.6.1 a 元素

HTML5 为 a 元素新增了 3 个属性，简单说明如下。
- download：设置被下载的超链接目标。
- media：设置被链接文档是为何种媒介/设备优化的。
- type：设置被链接文档的 MIME 类型。

【示例】本例使用 download 属性设计图片被单击后，直接下载，而不是在新窗口中显示，效果如图 4.71 所示。

```
<!doctype html>
<html>
<head>
<meta charset="utf-8">
</head>
<body>
<a href="images/1.png" download="imag- es/1.png"><img src="images/1.png"/></a>
</body>
</html>
```

图 4.71 单击下载图片

> **提示：**
> 目前，Chrome 14+、Opera 18+、Firefox 20+版本的浏览器均支持该属性。

4.6.2 ol 元素

HTML5 为 ol 元素新增了 reversed 属性,用来设置列表顺序为降序显示。

【示例】 本例使用 reversed 属性设计列表项目按倒序显示,效果如图 4.72 所示。

```
<!doctype html>
<html>
<head>
<meta charset="utf-8">
</head>
<body>
<ol reversed>
<li>列表项目 1</li>
<li>列表项目 2</li>
<li>列表项目 3</li>
<li>列表项目 4</li>
<li>列表项目 5</li>
</ol>
</body>
</html>
```

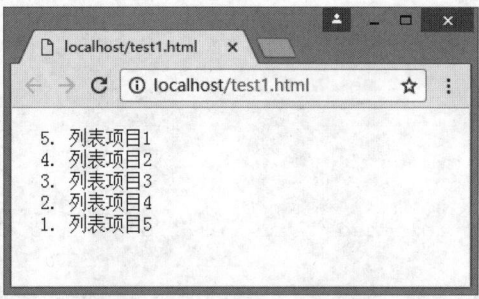

图 4.72 项目列表倒序显示

提示:

目前,最新版本的 Chrome、Opera、Firefox 浏览器均支持该属性,IE 暂不支持。

4.6.3 dl 元素

HTML5 重新定义 dl 元素,允许 dl 列表包含多个带名字的列表项。每一项包含一条或多条带名字的 dt 元素,用来表示术语,dt 元素后面紧跟一个或多个 dd 元素,用来表示定义。在一个元素内,不允许有相同名字的 dt 元素,即不允许有重复的术语。

【示例】 本例演示了使用 dl 元素对诗句进行逐句解析,效果如图 4.73 所示。

```
<!doctype html>
<html>
<head>
<meta charset="utf-8">
</head>
<body>
<h3>唐诗欣赏</h3>
<article>
    <h1>《静夜思》</h1>
    <h2>李白</h2>
```

```html
        <p>床前明月光,疑是地上霜。举头望明月,低头思故乡。</p>
        <aside>
            <h3>赏析</h3>
            <dl>
                <dt><dfn>床前明月光,疑是地上霜。</dfn></dt>
                <dd>诗的前两句,是写诗人在作客他乡的特定环境中一刹那间所产生的错觉。</dd>
                <dt><dfn>举头望明月,低头思故乡。</dfn></dt>
                <dd>诗的后两句,则是通过动作神态的刻画,深化思乡之情。</dd>
            </dl>
        </aside>
</article>
</body>
</html>
```

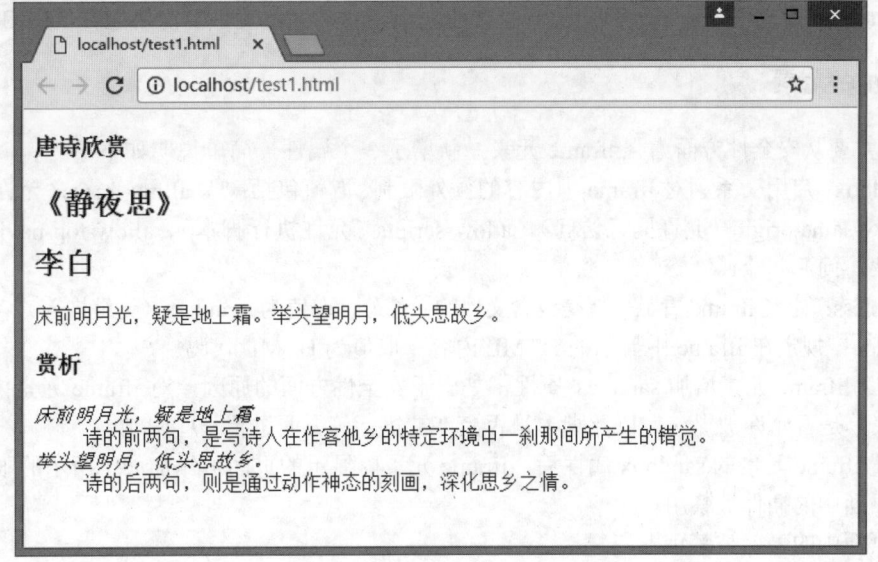

图 4.73 定义列表项目的应用

4.6.4 cite 元素

cite 元素通常表示它所包含的文本对某个参考文献的引用,如书籍或者杂志的标题。按照惯例,引用的文本将以斜体显示。

使用 cite 元素把指向其他文档的引用分离出来,尤其是分离那些传统媒体中的文档,如书籍、杂志、期刊等。如果引用的这些文档有联系的版本,还应该把引用包括在一个 a 元素中,从而把一个超链接指向该联系版本。

cite 元素还有一个隐藏的功能:可以从文档中自动摘录参考书目。浏览器能够自动整理引用表格,并把它们作为脚注或者独立的文档来显示。cite 元素的语义已经远远超过了改变它所包含的文本外观的作用,它使浏览器能够以各种实用的方式来向用户表达文档的内容。

【示例】 本例简单演示了 cite 元素的应用,效果如图 4.74 所示。

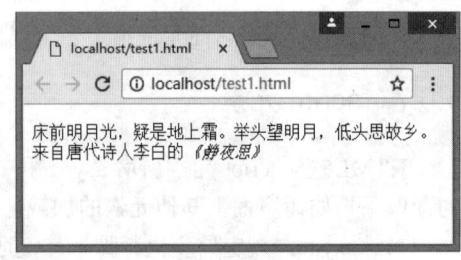

图 4.74 使用 cite 元素

```
<!doctype html>
<html>
<head>
<meta charset="utf-8">
</head>
<body>
<p>床前明月光,疑是地上霜。举头望明月,低头思故乡。来自唐代诗人李白的<cite>《静夜思》</cite></p>
</body>
</html>
```

4.6.5 small 元素

HTML5 对 small 元素进行了重新定义,使其由原来的通用展示性元素变为更具体的、专门用来标识所谓"小字印刷体"的元素,通常用在诸如免责声明、注意事项、法律规定、与版权相关的法律性声明文字中,同时不允许应用在页面主内容中,只允许被当作辅助信息,以 inline 方式内嵌在页面上。

同时,small 元素也不意味着元素中内容字体会变小,要将字体变小,需要配合使用 CSS 样式表。

4.6.6 iframe 元素

HTML5 主要从安全性方面增强 iframe 元素,新增了 3 个属性,简单说明如下。

- sandbox:启用一系列对 iframe 中内容的额外限制,取值包括:""、allow-forms(允许表单提交)、allow-same-origin(允许同源访问)、allow-scripts(允许执行脚本)、allow-top-navigation(允许框架访问)。
- seamless:定义 iframe 看上去像是包含文档的一部分,取值为 seamless(无缝嵌入),或者不设置。
- srcdoc:规定在 iframe 中显示的 HTML 内容,取值为 HTML 代码。

HTML5 为 iframe 元素增加 sandbox 属性,是出于安全性方面的原因,对 iframe 元素内的内容是否允许显示,表单是否允许被提交,以及脚本是否允许被执行等方面进行一些限制。

通过设置 iframe 元素的 sandbox 属性后,iframe 元素内显示的页面被添加如下所示的限制。

- 该页面中的插件被禁用。
- 该页面中的表单被禁止提交。
- 该页面中的 JavaScript 脚本代码被禁止运行。
- 如果单击该页面内的超链接,将把浏览器窗口或 iframe 元素之外的任何区域导航到新的内容,则该超链接被禁用。
- 该页面被视为来自一个单独的源,所以禁止加载该页面中来自服务器端的内容,禁止该页面与服务器端进行交互,同时禁止加载该页面中从 Cookie 或 Web Storage 中读出的内容。

◁)提示:

目前,Chrome 6+、Firefox 17+、Opera 18+、Safari 5.1+和 IE 10+版本浏览器支持该属性。

另外,sandbox 属性允许指定多个属性值,属性值与属性值中间用空格分隔。

扫一扫,看视频

4.6.7 script 元素

HTML5 为 script 元素新增 async 和 defer 属性,它们的作用都是加快页面的加载速度,使脚本代码的读取不再妨碍页面上其他元素的加载。具体说明如下。

- async:规定异步执行脚本,仅适用于外部脚本,取值为 async。
- defer:规定是否对脚本执行进行延迟,直到页面加载为止,取值为 defer。

第 4 章 增强 HTML5 表单和页面功能

📢 提示：

目前，Firefox 4+、Chrome 6+、Opera 18+、Safari 5+和 IE 10+版本的浏览器支持这两个属性。

【示例 1】 本例演示了 async 属性的应用。

```html
<!doctype html>
<html>
<head>
<meta charset="utf-8">
</head>
<body>
<script src="test1.js" async onload="ok()"></script>
<script>
console.log("内部脚本");
</script>
</body>
</html>
```

设计在页面中导入外部脚本文件 test1.js，该文件的代码如下：

```javascript
function ok(){
    console.log("外部脚本");
}
```

在 Chrome 浏览器中预览，可以看到页面内部脚本先被执行，最后才执行异步导入的脚本文件代码，效果如图 4.75 所示。

图 4.75 异步加载 JavaScript 脚本

【示例 2】 如果在 script 元素中删除 async 属性，则可以看到先等到外部 JavaScript 脚本文件加载完毕之后，才执行内部脚本，效果如图 4.76 所示。

```html
<!doctype html>
<html>
<head>
<meta charset="utf-8">
</head>
<body>
<script src="test1.js" onload="ok()"></script>
<script>
console.log("内部脚本");
</script>
```

```
</body>
</html>
```

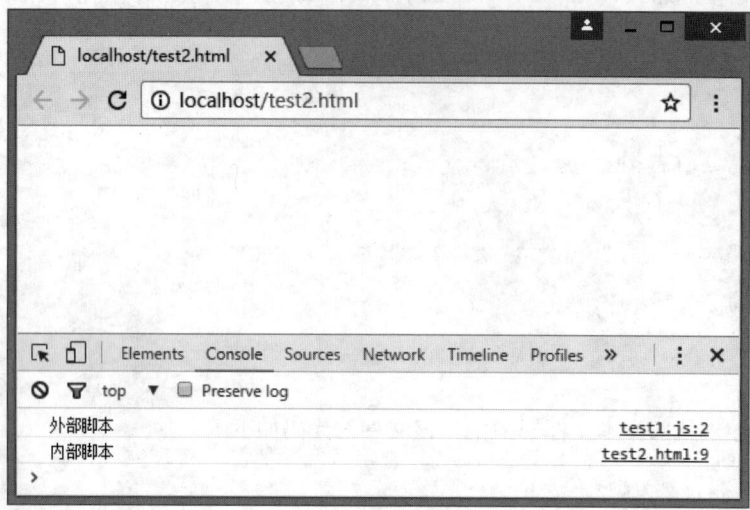

图 4.76 同步加载 JavaScript 脚本

第 5 章　HTML5 绘图

HTML5 新增 canvas 元素,在页面上插入一个 canvas 元素,就相当于在页面上嵌入了一块画布,可以在其中绘制图形。canvas 元素只是一块无色透明的区域,需要使用 JavaScript 脚本实现。借助一套编程接口(Canvas API),用户可以在页面上绘制出任何想要的、非常漂亮的图形,创造出更加丰富多彩、赏心悦目的 Web 页面。

【学习重点】
- 使用 canvas 元素。
- 绘制几何图形。
- 灵活绘制各种曲线。
- 正确设置图形样式。
- 能够操作图形。
- 绘制文字和图像。

5.1　HTML5 canvas 基础

canvas 元素能够在网页中创建一块矩形区域,这块矩形区域被称为画布,在其中可以绘制各种图形。

5.1.1　在页面中插入 canvas 元素

扫一扫,看视频

在页面中添加 canvas 元素,可以使用下面代码实现。

```
<!DOCTYPE HTML>
<html>
<body>
<canvas id="myCanvas" width="200" height="100"></canvas>
</body>
</html>
```

在默认情况下,canvas 元素创建的画布区域大小为宽 300 像素、高 150 像素,可以使用 width 和 height 属性自定义其宽度和高度。

以上代码只是简单地创建了一块画布,在浏览器中什么都不会看到。在 Dreamweaver 设计视图中,可以看到这样一块矩形区域,如图 5.1 所示。

【示例】　可以使用 CSS 控制 canvas 元素的外观。例如,在下面示例中使用 style 属性为 canvas 元素添加一个实心的边框。

```
<!doctype html>
<html>
<head>
<meta charset="utf-8">
</head>
<body>
<canvas id="myCanvas" style="border:1px solid;" width="200" height="100"></canvas>
</body>
</html>
```

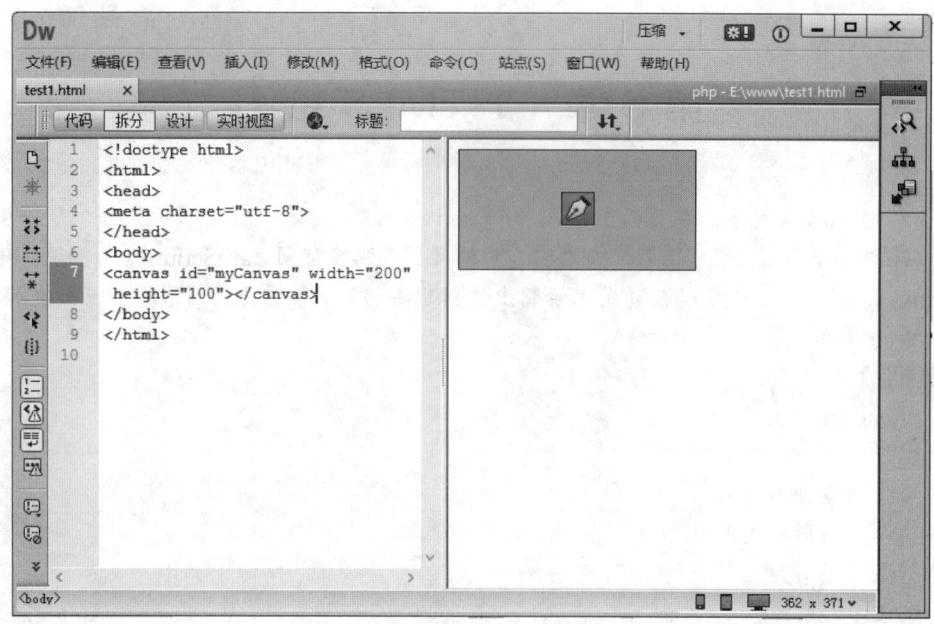

图 5.1 Dreamweaver 的设计视图中看到的矩形区域

以上代码在 Chrome 浏览器中的运行结果如图 5.2 所示。

5.1.2 绘制图形的基本方法

canvas 元素本身并不能实现图形绘制功能，绘制图形的工作需要由 JavaScript 来完成。使用 JavaScript 可以在 canvas 元素内添加线条、图片、文字，也可以在其中绘画，并且还能够加入高级动画。在 canvas 中绘制图形的具体步骤如下。

【操作步骤】

（1）在 HTML5 页面中添加 canvas 元素，必须定义 canvas 元素的 id 属性值以便 JavaScript 调用。

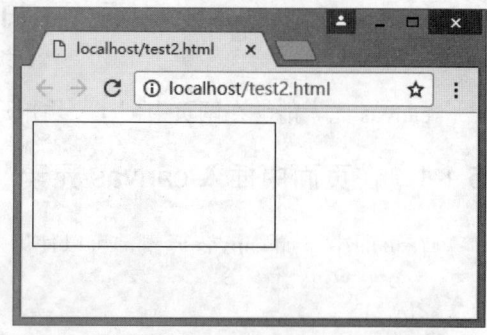

图 5.2 为 canvas 元素添加实心边框

```
<canvas id="myCanvas" width="200" height="100"></canvas>
```

（2）在 JavaScript 脚本中使用 document.getElementById()方法，根据 canvas 元素的 id 来获取 canvas。
```
var c=document.getElementById("myCanvas");
```
（3）通过 canvas 元素的 getContext()方法获取画布上下文（context），即创建 context 对象，以获取允许进行绘制的 2D 环境。
```
var context=c.getContext("2d");
```
getContext("2d")方法用于返回一个内建的 HTML5 对象，使用该对象可在 canvas 元素中绘制图形，参数"2d"表示二维绘图。getContext("2d")方法的返回对象能够实现一个画布所使用的大多数方法，例如，绘制路径、矩形、圆形、字符和添加图像。如果让 canvas 元素支持 3D，则 getContext( )方法需要使用"3d"这个字符串参数。

（4）使用 JavaScript 进行绘制。例如，使用以下代码可以绘制一个位于画布中央的矩形。
```
context.fillStyle="#FF00FF";
context.fillRect(50,25,100,50);
```
这两行代码中，fillStyle 属性定义将要绘制的矩形的填充颜色为粉红色，fillRect()方法指定了要绘制的矩形的位置和尺寸。图形的位置由前面的 canvas 坐标值决定，尺寸由后面的宽度和高度值决定。在本例中,坐标值为(50,25),尺寸为宽 100 像素、高 50 像素,根据这些数值,粉红色矩形将出现在画面的中央。

【示例】 下面给出完整的示例代码。

```html
<!DOCTYPE HTML>
<html>
<body>
<canvas id="myCanvas" style="border:1px solid;" width="200" height="100"></canvas>
<script type="text/javascript">
var c=document.getElementById("myCanvas");
var context=c.getContext("2d");
context.fillStyle="#FF00FF";
context.fillRect(50,25,100,50);
</script>
</body>
</html>
```

以上代码在 Chrome 浏览器中的运行结果如图 5.3 所示。在画布周围加了边框是为了更能清楚地看到中间矩形位于画布的什么位置。

5.1.3 使用 canvas

HTML5 的 canvas 元素用于绘制图形,但是 canvas 元素本身并没有绘制能力,它仅仅是图形的容器,用户需要使用脚本来完成实际的绘图任务。使用 canvas 对象的 getContext()方法可以返回一个对象,该对象提供了用于在画布上绘图的方法和属性。

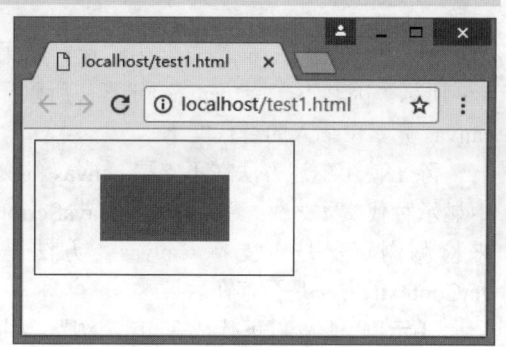

图 5.3 使用 canvas 绘制图形

扫一扫,看视频

📢 提示:

目前,IE 9+、Firefox、Opera、Chrome 和 Safari 版本浏览器均支持 canvas 元素及其属性和方法。

在 canvas 中绘制图形时,需要为图形指定位置,fillRect(50,25,100,50)中的前两个参数便是用于指定图形的 x 轴和 y 轴坐标值。在 canvas 中,坐标原点(0,0)位于 canvas 的左上角,x 轴水平向右延伸,y 轴垂直向下延伸,如图 5.4 所示。

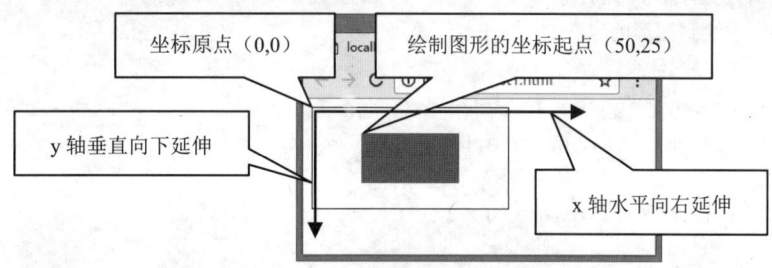

图 5.4 canvas 默认坐标点

📢 注意:

canvas 元素可以实现非常强大的绘图功能,也可以设计复杂的动画演示功能,但是如果 HTML 页面中有比 canvas 元素更合适的元素存在,则建议不要首先选用 canvas 元素。例如,用 canvas 元素来渲染 HTML 页面的标题样式标签(如 h1、h2 等)便不太合适。

有些浏览器可能不支持 canvas 元素,因此就需要为这些浏览器提供替代显示的内容。方法比较简单,只需要直接在 canvas 元素内插入替代内容即可。不支持 canvas 的浏览器会忽略 canvas 元素而直接显示替代内容，支持 canvas 的浏览器则会正常地渲染 canvas。

【示例 1】 本例中把一行说明文字或者一幅替代图片插入 canvas 元素内，以作为替代显示的内容。

```
<!doctype html>
<html>
<head>
<meta charset="utf-8">
</head>
<body>
<canvas id="myCanvas" style="border:1px solid;" width="200" height="100">
您的浏览器不支持 canvas 元素，请更新或更换您的浏览器。
</canvas>
</body>
</html>
```

以上代码在 IE 6 浏览器中的运行结果如图 5.5 所示。因其不支持 canvas 元素，所以显示了 canvas 元素中插入的替代文本。

除了使用上述方法在不支持 canvas 的浏览器中显示替代文本之外，还可以使用 JavaScript 脚本来检测浏览器是否支持 canvas，方法是判断 getContext()方法是否存在。

【示例 2】 以下代码在 IE 7 浏览器中的运行结果如图 5.6 所示，因其不支持 canvas 元素，所以显示"您的浏览器不支持 canvas！"。而在 Chrome 浏览器中的运行结果如图 5.7 所示，显示的是"您的浏览器支持 canvas！"。当然也可以用 document.write 方法在网页中显示类似的信息。

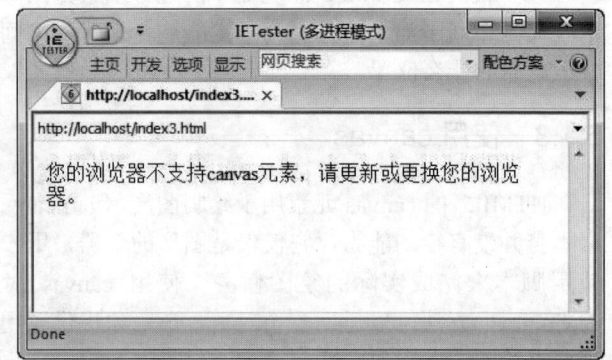

图 5.5 显示 canvas 元素中插入的替代文本

```
<!DOCTYPE HTML>
<html>
<body>
<canvas id="myCanvas" width="200" height="100">
<!--此处放置用于绘制图形的 JavaScript 代码。-->
</canvas>
<script type="text/javascript">
var canvas = document.getElementById("myCanvas");
if (canvas.getContext){
    alert("您的浏览器支持 canvas！");
} else {
    alert("您的浏览器不支持 canvas！");
}
</script>
</body>
</html>
```

第 5 章 HTML5 绘图

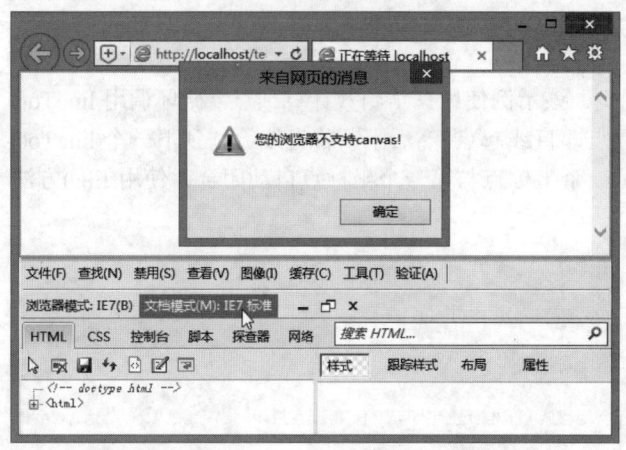

图 5.6 显示"您的浏览器不支持 canvas！"

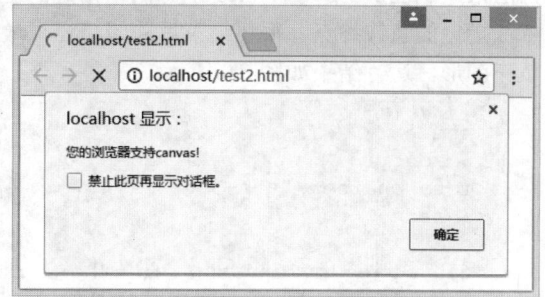

图 5.7 显示"您的浏览器支持 canvas！"

5.2 绘制图形

本节介绍如何使用 canvas 和 JavaScript 实现最简单的图形绘制，包括绘制直线、矩形、圆形、曲线等基本形状。

5.2.1 绘制直线

扫一扫，看视频

绘制直线需要用到 2 个方法：moveTo()、lineTo()。简单说明如下。

- moveTo()：将光标移动到指定坐标点。绘制路径的时候，将以这个坐标点为起点。用法如下：

`context.moveTo(x,y);`

参数 x 和 y 分别表示目标点位置的 x 坐标和 y 坐标。

- lineTo()：在 moveTo()方法指定的起点与本方法的参数指定的终点之间绘制一条直线。用法如下：

`context.lineTo(x,y);`

参数 x 和 y 分别表示终点位置的 x 坐标和 y 坐标。

使用该方法绘制完直线后，光标自动移动到 lineTo()方法的参数所指定的终点位置。

📢 提示：

在创建路径时，需要使用 moveTo()方法将光标移动到指定的起点，然后使用 lineTo()方法在起点与终点之间创建路径，然后将光标移动到终点，在下一次使用 lineTo()方法的时候，会以当前光标所在坐标点为起点，在下一个用 lineTo()方法指定的终点之间创建路径。依此类推，不断重复这个过程，来完成复杂图形的路径绘制。

【示例 1】 本例演示如何绘制了一条贯穿画布的对角线，在 Chrome 浏览器中的运行结果如图 5.8 所示。

```
<!DOCTYPE HTML>
<html>
<body>
<canvas id="myCanvas" style="border:1px solid;" width="200" height="100"></canvas>
<script type="text/javascript">
var c=document.getElementById("myCanvas");
var context=c.getContext("2d");
context.moveTo(0,0);
context.lineTo(200,100);
context.stroke();
```

117

```
</script>
</body>
</html>
```

【示例2】 下面给出一个复杂图形的绘制示例。该示例使用三角函数计算顶点,循环调用 lineTo() 方法来绘制图形。第一个 lineTo() 方法中指定的坐标点即直线起点,然后不断将直线绘制到下一个 lineTo() 方法指定的直线终点,循环结束后关闭路径,最后一个坐标点与第一个坐标点自动闭合,使用 fill() 方法填充图形,运行结果如图 5.9 所示。

```
<!doctype html>
<html>
<head>
<meta charset="utf-8">
</head>
<body>
<canvas id="myCanvas" style="border:1px solid;" width="300" height="300"></canvas>
<script type="text/javascript">
var canvas = document.getElementById("myCanvas");
var context = canvas.getContext('2d');
var n = 0;
var dx = 150;
var dy = 150;
var s = 100;
context.beginPath();
context.fillStyle = 'rgb(100,255,100)';
context.strokeStyle = 'rgb(0,0,100)';
var x = Math.sin(0);
var y = Math.cos(0);
var dig = Math.PI / 15 * 11;
for(var i = 0; i < 30; i++) {
    var x = Math.sin(i * dig);
    var y = Math.cos(i * dig);
    context.lineTo( dx + x * s,dy + y * s);
}
context.closePath();
context.fill();
context.stroke();
</script>
</body>
</html>
```

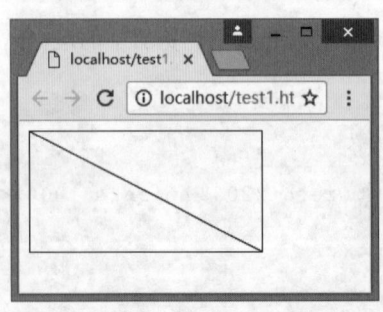
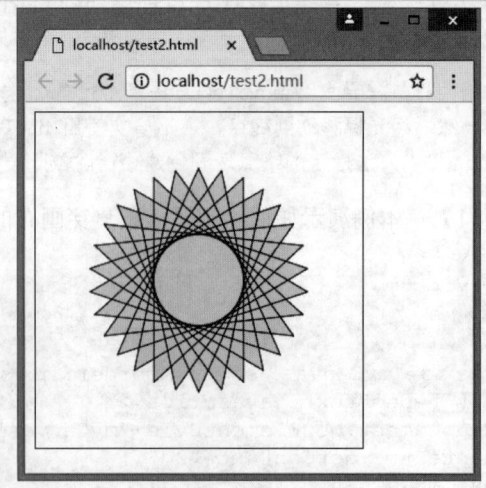

图 5.8　绘制直线　　　　　　　　图 5.9　绘制复杂直线

5.2.2 绘制矩形

使用 canvas 元素绘制图形的时候,有两种方式:填充(fill)和绘制边框(stroke)。填充是指填满图形内部,绘制边框是指不填满图形内部,只绘制图形的外框。

绘制图形的基本步骤:

(1)先要设定好绘图的样式(style),默认填充色和描边色都为黑色。
(2)调用有关方法进行图形的绘制。

📢 提示:

绘图的样式主要是针对图形的颜色而言的,但是并不限于图形的颜色,在后面几节中将讲到如何设定颜色以外的样式。

绘制矩形可能用到的属性和方法如下。

- fillStyle:该属性设定填充图形的样式,如设置填充的颜色值。
- strokeStyle:该属性设定图形边框的样式,如设置边框的颜色值。
- lineWidth:该属性设置图形边框的宽度。在绘制图形的时候,任何直线都可以通过 lineWidth 属性指定直线的宽度。
- fillRect():该方法绘制被填充的矩形。用法如下:

```
context.fillRect(x,y,width,height);
```

参数说明如下。
- x:矩形左上角的 x 坐标。
- y:矩形左上角的 y 坐标。
- width:矩形的宽度,以像素为单位。
- height:矩形的高度,以像素为单位。
- strokeRect():该方法将绘制矩形,不填色。笔触的默认颜色为黑色。用法如下:

```
context.strokeRect(x,y,width,height);
```

参数说明可参考 fillRect()方法。

【示例 1】 本绘制了一个大小为 200×100 的粉红色矩形,且左上角坐标为(0,0),在 Chrome 浏览器中的运行结果如图 5.10 所示。

```
<!DOCTYPE HTML>
<html>
<body>
<canvas id="myCanvas" style="border:1px solid;"
width="300" height="150"></canvas>
<script type="text/javascript">
var c=document.getElementById("myCanvas");
var context=c.getContext("2d");
context.fillStyle="#FF00FF";
context.fillRect(0,0,200,100);
</script>
</body>
</html>
```

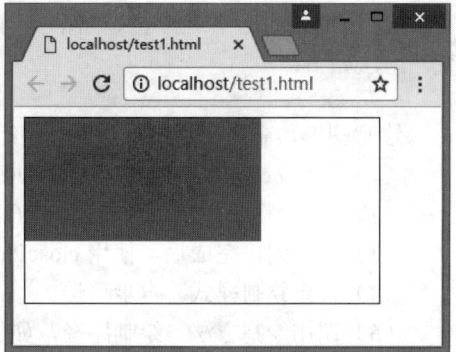

图 5.10 绘制矩形

在使用 fillStyle 或 strokeStyle 指定颜色值时,颜色值使用的是符合 CSS3 标准的字符串。

【示例 2】 本例中 fillStyle 属性值表示的是同一种颜色。

```
context.fillStyle="#FF0000";
context.fillRect(0,0,10,10);
context.fillStyle="red";
```

```
context.fillRect(20,20,10,10);
context.fillStyle="rgb(255,0,0)";
context.fillRect(40,40,10,10);
context.fillStyle="rgb(100%,0%,0%)";
context.fillRect(60,60,10,10);
context.fillStyle="rgba(255,0,0,1)";
context.fillRect(80,80,10,10);
```

扫一扫，看视频

5.2.3 绘制圆形

绘制圆形可能会用到 5 种方法：beginPath()、arc()、closePath()、fill()和 stroke()。

（1）beginPath()：开始一条路径，或重置当前的路径。用法如下：
```
context.beginPath();
```
（2）arc()：创建弧或曲线，用于绘制圆或部分圆。用法如下：
```
context.arc(x, y, r, sAngle, eAngle, counterclockwise);
```
参数说明如下。

- x：圆的中心的 x 坐标。
- y：圆的中心的 y 坐标。
- r：圆的半径。
- sAngle：起始角，以弧度计。提示，弧的圆形的三点钟位置是 0。
- eAngle：结束角，以弧度计。
- counterclockwise：可选参数，规定应该逆时针，还是顺时针绘图。false 为顺时针，true 为逆时针。

如果使用 arc()创建圆，可以把起始角设置为 0，结束角设置为 2*Math.PI。

（3）closePath()：创建从当前点到开始点的路径，相当于闭合路径操作。用法如下：
```
context.closePath();
```
（4）fill()：填充当前的路径，默认值为黑色，可以使用 fillStyle 属性重设填充颜色或渐变。用法如下：
```
context.fill();
```
注意，如果路径未关闭，那么 fill()方法会从路径结束点到开始点之间添加一条线，以关闭该路径，然后填充该路径。

（5）stroke()：绘制已定义的路径，默认值为黑色，可以使用 strokeStyle 属性重设另一种颜色或渐变。用法如下：
```
context.stroke();
```
绘制图形，需要使用路径。在开始绘制图形之前，需要取得图形上下文，然后需要执行如下步骤。

（1）使用 beginPath()方法，开始创建路径。
（2）创建图形的路径，如使用 arc()方法等。
（3）路径创建完成后，使用 closePath()方法关闭路径。本步可选。
（4）设定绘制样式。本步可选。
（5）调用绘制方法，绘制路径，如使用 fill()或 stroke()方法。

【示例 1】 下面以示例进行说明，代码如下：
```
<!DOCTYPE HTML>
<html>
<body>
<canvas id="myCanvas" style="border:1px solid;" width="300" height="150"></canvas>
<script type="text/javascript">
var c=document.getElementById("myCanvas");
```

```
var context=c.getContext("2d");
context.fillStyle="#FF00FF";
context.beginPath();
context.arc(100,75,50,0,Math.PI*2,true);
context.closePath();
context.fill();
</script>
</body>
</html>
```

以上代码在 Chrome 浏览器中的运行结果如图 5.11 所示,在 300×150 大小的画布上绘制了一个半径为 50 的圆形。

【示例 2】 本例借助 JavaScript 的 for 循环语句绘制多条有规律的弧形。

```
<!DOCTYPE HTML>
<html>
<body>
<canvas id="myCanvas" style="border:1px solid;"
width="300" height="150"></canvas>
<script type="text/javascript">
var c=document.getElementById("myCanvas");
var context=c.getContext("2d");
for(var i=0;i<15;i++){
    context.strokeStyle="#FF00FF";
    context.beginPath();
    context.arc(0,150,i*10,0,Math.PI*3/2,true);
    context.stroke();
}
</script>
</body>
</html>
```

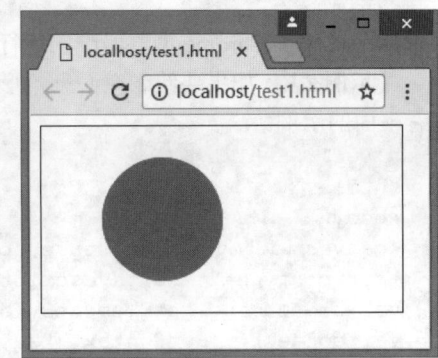

图 5.11 绘制圆形

以上代码在 Chrome 浏览器中的运行结果如图 5.12 所示。在上面的示例中,没有使用 closePath()方法。如果在"context.stroke();"语句前添加"context.closePath();"语句,则会得到如图 5.13 所示的输出结果。

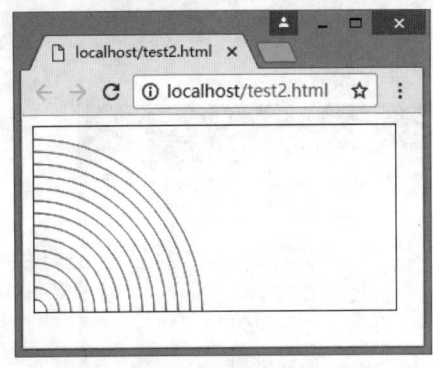

图 5.12 绘制弧线

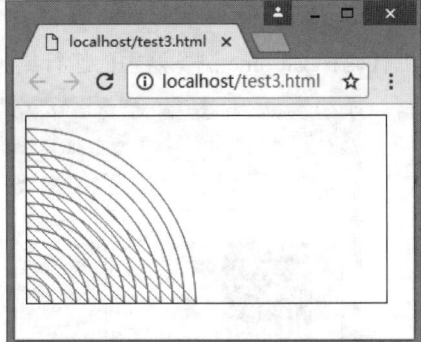

图 5.13 封闭路径

5.2.4 绘制多边形

多边形的绘制方法实际上就是绘制直线的方法重复应用,下面结合 2 个示例进行说明。

【示例 1】 本例运用上面几节介绍的属性和方法，绘制三角形。

```
<!DOCTYPE HTML>
<html>
<body>
<canvas id="myCanvas" style="border:1px solid;" width="200" height="200"></canvas>
<script type="text/javascript">
var c=document.getElementById("myCanvas");
var context=c.getContext("2d");
context.fillStyle="red";
context.beginPath();
context.moveTo(25,25);
context.lineTo(150,25);
context.lineTo(25,150);
context.fill();
</script>
</body>
</html>
```

以上代码在 Chrome 浏览器中的运行结果如图 5.14 所示。

【示例 2】 如果要绘制空心三角形，即只有轮廓的三角形，则改用 strokeStyle 属性和 stroke 方法，请看下面的示例。

```
<!DOCTYPE HTML>
<html>
<body>
<canvas id="myCanvas" style="border:1px solid;" width="200" height="200"></canvas>
<script type="text/javascript">
var c=document.getElementById("myCanvas");
var context=c.getContext("2d");
context.strokeStyle="red";
context.beginPath();
context.moveTo(25,25);
context.lineTo(150,25);
context.lineTo(25,150);
context.closePath();
context.stroke();
</script>
</body>
</html>
```

以上代码在 Chrome 浏览器中的运行结果如图 5.15 所示。

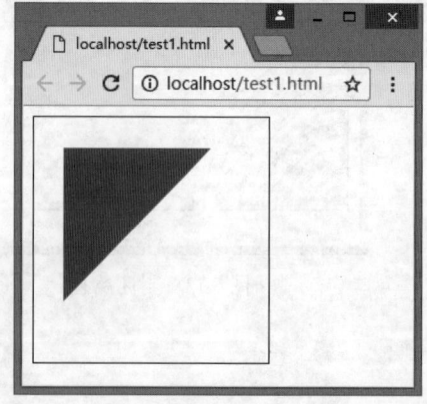
图 5.14　绘制实心三角形

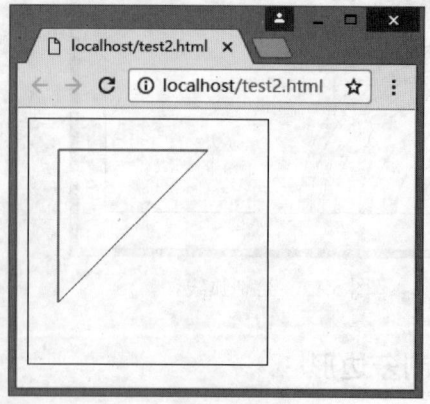
图 5.15　绘制空心三角形

5.2.5 绘制曲线

扫一扫，看视频

使用 arcTo()方法可以绘制曲线，该方法是 lineTo()的曲线版，它能够创建两条切线之间的弧或曲线。用法如下所示：

```
context.arcTo(x1,y1,x2,y2,r);
```

参数说明如下。
- x1：弧的起点的 x 坐标。
- y1：弧的起点的 y 坐标。
- x2：弧的终点的 x 坐标。
- y2：弧的终点的 y 坐标。
- r：弧的半径。

最后使用 stroke()方法在画布上绘制确切的弧。

【示例】 本例分别使用 lineTo()和 arcTo()方法绘制直线和曲线，然后连成一个圆角弧线。

```
<!doctype html>
<html>
<head>
<meta charset="utf-8">
</head>
<body>
<canvas id="myCanvas" style="border:1px solid;" width="300" height="200"></canvas>
<script type="text/javascript">
var c=document.getElementById("myCanvas");
var ctx=c.getContext("2d");
ctx.beginPath();
ctx.moveTo(20,20);                    // 设置起点
ctx.lineTo(100,20);                   // 绘制水平直线
ctx.arcTo(150,20,150,70,50);          // 绘制曲线
ctx.lineTo(150,120);                  // 绘制垂直直线
ctx.stroke();                         // 开始绘制
</script>
</body>
</html>
```

以上代码在 Chrome 浏览器中的运行结果如图 5.16 所示。

5.2.6 绘制二次方曲线

扫一扫，看视频

贝塞尔曲线在电脑图形学中的作用至关重要，其应用也非常广泛，例如，在一些数学软件、矢量绘图软件和三维动画软件中，经常会见到贝塞尔曲线，其主要用于数值分析领域或产品设计和动画制作领域。贝塞尔曲线包括二次方曲线和三次方曲线，本节先介绍二次方贝塞尔曲线。

使用 quadraticCurveTo()方法可以绘制二次方贝塞尔曲线，用法如下：

```
context.quadraticCurveTo(cpx,cpy,x,y);
```

参数说明如下。
- cpx：贝塞尔控制点的 x 坐标。
- cpy：贝塞尔控制点的 y 坐标。
- x：结束点的 x 坐标。
- y：结束点的 y 坐标。

二次方贝塞尔曲线需要两个点。第一个点是用于二次贝塞尔计算中的控制点，第二个点是曲线的结

束点。曲线的开始点是当前路径中最后一个点。如果路径不存在,需要使用 beginPath() 和 moveTo() 方法来定义开始点,演示说明如图 5.17 所示。

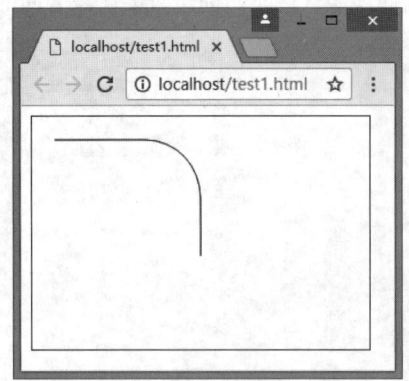

图 5.16 绘制曲线

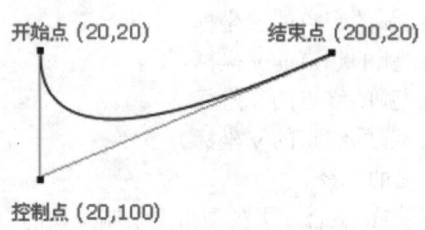

图 5.17 二次方贝塞尔曲线演示示意图

操作步骤如下:
(1)确定开始点,如 moveTo(20,20)。
(2)定义控制点,如 quadraticCurveTo(20,100, x , y)。
(3)定义结束点,如 quadraticCurveTo(20,100,200,20)。

【示例】 本例不但绘制了一条二次方贝塞尔曲线,还绘制出了其控制点和控制线。

```html
<!doctype html>
<html>
<head>
<meta charset="utf-8">
</head>
<body>
<canvas id="myCanvas" style="border:1px solid;" width="300" height="200"></canvas>
<script type="text/javascript">
var c=document.getElementById("myCanvas");
var context=c.getContext("2d");
// 下面开始绘制二次方贝塞尔曲线
context.strokeStyle="dark";
context.beginPath();
context.moveTo(0,200);
context.quadraticCurveTo(75,50,300,200);
context.stroke();
context.globalCompositeOperation="source-over";
// 下面绘制的直线用于表示上面曲线的控制点和控制线,控制点坐标即两直线的交点(75,50)
context.strokeStyle="#ff00ff";
context.beginPath();
context.moveTo(75,50);
context.lineTo(0,200);
context.moveTo(75,50);
context.lineTo(300,200);
context.stroke();
</script>
</body>
</html>
```

以上代码在 Chrome 浏览器中的运行结果如图 5.18 所示,其中曲线即为二次方贝塞尔曲线,两条直线为控制线,两直线的交点即曲线的控制点。

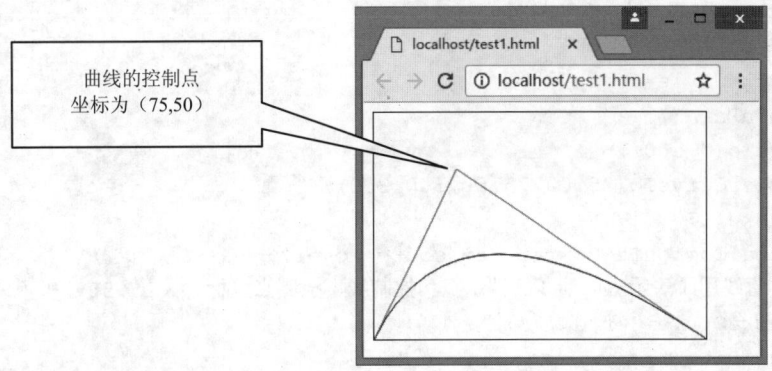

图 5.18 二次方贝塞尔曲线及其控制点

5.2.7 绘制三次方曲线

使用 bezierCurveTo()方法可以绘制三次方贝塞尔曲线,用法如下:
context.bezierCurveTo(cp1x,cp1y,cp2x,cp2y,x,y);
参数说明如下。

- cp1x:第一个贝塞尔控制点的 x 坐标。
- cp1y:第一个贝塞尔控制点的 y 坐标。
- cp2x:第二个贝塞尔控制点的 x 坐标。
- cp2y:第二个贝塞尔控制点的 y 坐标。
- x:结束点的 x 坐标。
- y:结束点的 y 坐标。

三次方贝塞尔曲线需要三个点,前两个点是用于三次贝塞尔计算中的控制点,第三个点是曲线的结束点。曲线的开始点是当前路径中最后一个点,如果路径不存在,需要使用 beginPath()和 moveTo()方法来定义开始点,演示示意图如图 5.19 所示。

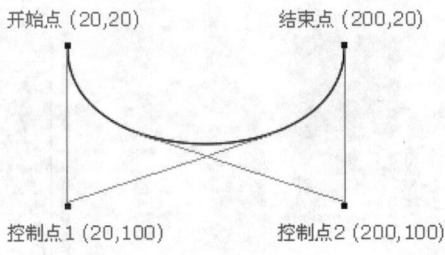

图 5.19 三次方贝塞尔曲线演示示意图

操作步骤如下:

(1)确定开始点,如 moveTo(20,20)。

(2)定义第 1 个控制点,如 bezierCurveTo(20, 100, cp2x, cp2y, x, y)。

(3)定义第 2 个控制点,如 bezierCurveTo(20,100,200,100, x, y)。

(4)定义结束点,如 bezierCurveTo(20,100,200,100,200,20)。

【示例】 本例不但绘制了一条三次方贝塞尔曲线,还绘制出了两个控制点和两条控制线。

```
<!doctype html>
<html>
<head>
<meta charset="utf-8">
</head>
<body>
<canvas id="myCanvas" style="border:1px solid;" width="300" height="200"></canvas>
<script type="text/javascript">
var c=document.getElementById("myCanvas");
```

```
var context=c.getContext("2d");
// 下面开始绘制三次方贝塞尔曲线
context.strokeStyle="dark";
context.beginPath();
context.moveTo(0,200);
context.bezierCurveTo(25,50,75,50,300,200);
context.stroke();
context.globalCompositeOperation="source-over";
// 下面绘制的直线用于表示上面曲线的控制点和控制线，控制点坐标为（25,50）和（75,50）
context.strokeStyle="#ff00ff";
context.beginPath();
context.moveTo(25,50);
context.lineTo(0,200);
context.moveTo(75,50);
context.lineTo(300,200);
context.stroke();
</script>
</body>
</html>
```

以上代码在 Chrome 浏览器中的运行结果如图 5.20 所示，其中曲线即为三次方贝塞尔曲线，两条直线为控制线，两直线上方的端点即为曲线的控制点。

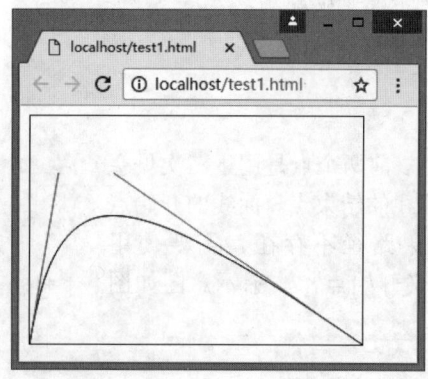

图 5.20　三次方贝塞尔曲线

5.3　设置图形样式

在上面小节中已经介绍过如何为图形设置填充颜色与轮廓颜色，实际上 canvas 支持更多的颜色和样式选项，如线型、渐变、图案、透明度和阴影。本节将介绍这些图形样式的设置方法。

5.3.1　设置线型

使用下面 4 个属性，可以为线条应用不同的线型：粗细、端点样式、两线段连接处样式、绘制交点的方式。

- lineCap：设置或返回线条的结束端点样式。
- lineJoin：设置或返回两条线相交时，所创建的拐角类型。

- lineWidth：设置或返回当前的线条宽度。
- miterLimit：设置或返回最大斜接长度。

下面分别通过实例详细介绍这些属性。

1. lineWidth（设置线条的粗细）

lineWidth 直译为"线宽"，即路径中心到两边的距离，也就是线条的粗细。lineWidth 属性的值必须为正数，默认为 1.0。

【示例 1】 在本例中，使用 for 循环从画布上方到下方绘制了 12 条线宽依次递增的直线段。

```
<!doctype html>
<html>
<head>
<meta charset="utf-8">
</head>
<body>
<canvas id="myCanvas" width="300" height="200"></canvas>
<script type="text/javascript">
var ctx = document.getElementById('myCanvas').getContext('2d');
for (var i = 0; i < 12; i++){
    ctx.strokeStyle="red";
    ctx.lineWidth = 1+i;
    ctx.beginPath();
    ctx.moveTo(5,5+i*14);
    ctx.lineTo(140,5+i*14);
    ctx.stroke();
}
</script>
</body>
</html>
```

以上代码在 Chrome 浏览器中的运行结果如图 5.21 所示。

2. lineCap（设置端点样式）

lineCap 属性用于设置线段端点的样式，包括 3 种样式：butt、round 和 square，默认值为 butt。

【示例 2】 在本例中，从上到下绘制了 3 条蓝色的直线段，并依次设置上述 3 种属性值，两侧有两条红色的参考线，这样可以更加清楚地观察端点样式的区别。

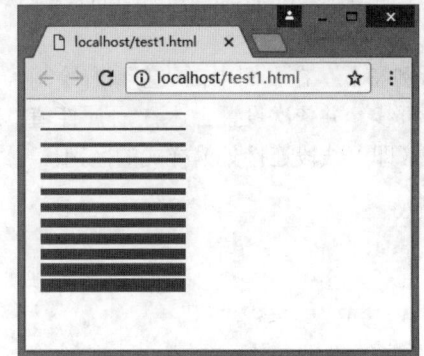

图 5.21 lineWidth 示例

```
<!doctype html>
<html>
<head>
<meta charset="utf-8">
</head>
<body>
<canvas id="myCanvas" width="300" height="200"></canvas>
<script type="text/javascript">
var ctx = document.getElementById('myCanvas').getContext('2d');
var lineCap = ['butt','round','square'];
// 绘制参考线
```

```
ctx.strokeStyle = 'red';
ctx.beginPath();
ctx.moveTo(10,10);
ctx.lineTo(10,150);
ctx.moveTo(150,10);
ctx.lineTo(150,150);
ctx.stroke();
// 绘制直线段
ctx.strokeStyle = 'blue';
for (var i=0;i<lineCap.length;i++){
    ctx.lineWidth = 20;
    ctx.lineCap = lineCap[i];
    ctx.beginPath();
    ctx.moveTo(10,30+i*50);
    ctx.lineTo(150,30+i*50);
    ctx.stroke();
}
</script>
</body>
</html>
```

以上代码在 Chrome 浏览器中的运行结果如图 5.22 所示，可以看到这 3 种端点样式从上到下依次为平头、圆头和方头。

3. lineJoin（设置连接处样式）

lineJoin 属性用于设置两条线段连接处的样式，包括 3 种样式：round、bevel 和 miter，默认值为 miter。

【示例 3】 在本例中，从左到右绘制了 3 条蓝色的折线，并依次设置上述 3 种属性值，观察拐角处（即直线段连接处）样式的区别。

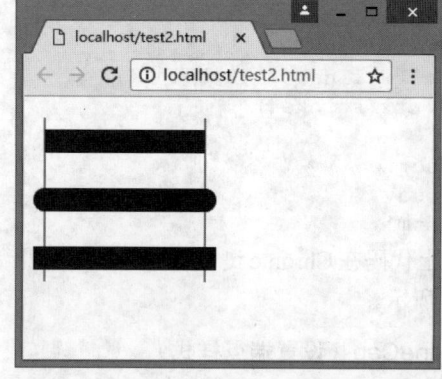

图 5.22 lineCap 示例

```
<!doctype html>
<html>
<head>
<meta charset="utf-8">
</head>
<body>
<canvas id="myCanvas" width="300" height="200"></canvas>
<script type="text/javascript">
var ctx = document.getElementById('myCanvas').getContext('2d');
var lineJoin = ['round','bevel','miter'];
ctx.strokeStyle = 'blue';
for (var i=0;i<lineJoin.length;i++){
    ctx.lineWidth = 25;
    ctx.lineJoin = lineJoin[i];
    ctx.beginPath();
    ctx.moveTo(10+i*150,30);
    ctx.lineTo(100+i*150,30);
    ctx.lineTo(100+i*150,100);
```

```
    ctx.stroke();
}
</script>
</body>
</html>
```

以上代码在 Chrome 浏览器中的运行结果如图 5.23 所示。

4. miterLimit（设置绘制交点的方式）

miterLimit 属性用于设置两条线段连接处交点的绘制方式，其作用是为斜面的长度设置一个上限，默认为 10，即规定斜面的长度不能超过线条宽度的 10 倍。当斜面的长度达到线条宽度的 10 倍时，就会变为斜角。如果 lineJoin 属性值为 round 或 bevel 时，miterLimit 属性无效。

【示例 4】 通过本例，可以观察当角度和 miterLimit 属性值发生变化时斜面长度的变化。在运行代码之前，也可以将 miterLimit 属性值改为固定值，以观察不同的值产生的结果。

```
<!doctype html>
<html>
<head>
<meta charset="utf-8">
</head>
<body>
<canvas id="myCanvas" width="300" height="200"></canvas>
<script type="text/javascript">
var ctx = document.getElementById('myCanvas').getContext('2d');
for (var i=1;i<10;i++){
    ctx.strokeStyle = 'blue';
    ctx.lineWidth = 10;
    ctx.lineJoin = 'miter';
    ctx.miterLimit = i*10;
    ctx.beginPath();
    ctx.moveTo(10,i*30);
    ctx.lineTo(100,i*30);
    ctx.lineTo(10,33*i);
    ctx.stroke();
}
</script>
</body>
</html>
```

以上代码在 Chrome 浏览器中的运行结果如图 5.24 所示。

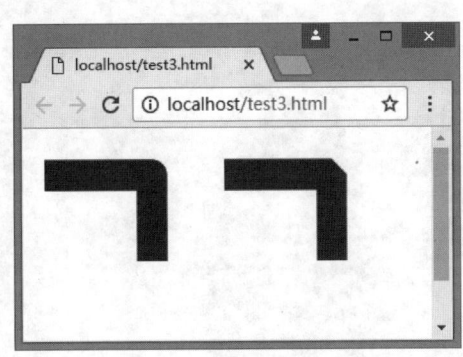

图 5.23 lineJoin 示例

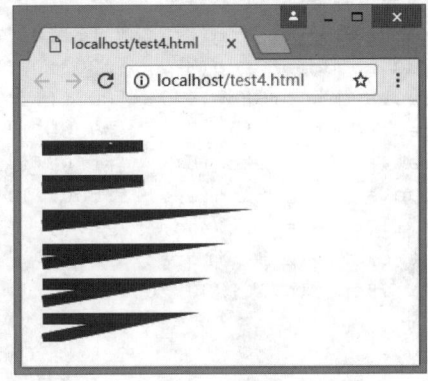

图 5.24 miterLimit 示例

5.3.2 绘制线性渐变

在 canvas 中可以绘制线性或径向的渐变。如果要绘制线性渐变，首先需要使用 createLinearGradient() 方法创建 canvasGradient 对象，然后使用 addColorStop() 方法进行上色。

（1）createLinearGradient() 用法如下：

```
context.createLinearGradient(x0,y0,x1,y1);
```

参数说明如下。

- x0：渐变开始点的 x 坐标。
- y0：渐变开始点的 y 坐标。
- x1：渐变结束点的 x 坐标。
- y1：渐变结束点的 y 坐标。

例如，可以使用下面代码创建一个 canvasGradient 对象。

```
var lineargradient = ctx.createLinearGradient(20,20,150,150);
```

然后使用 addColorStop() 方法定义色标的位置并进行上色。

（2）addColorStop() 用法如下：

```
gradient.addColorStop(stop,color);
```

参数说明如下。

- stop：介于 0.0 与 1.0 之间的值，表示渐变中开始与结束之间的相对位置。渐变起点的偏移值为 0，终点的偏移值为 1。如果 position 值为 0.5，则表示色标会出现在渐变的正中间。
- color：在结束位置显示的 CSS 颜色值。

【示例】 本例演示如何绘制线性渐变。在本例中共添加了 8 个色标，分别为红、橙、黄、绿、青、蓝、紫、红。

```html
<!doctype html>
<html>
<head>
<meta charset="utf-8">
</head>
<body>
<canvas id="myCanvas" width="300" height="200"></canvas>
<script type="text/javascript">
var ctx = document.getElementById('myCanvas').getContext('2d');
var lingrad = ctx.createLinearGradient(0,0,0,200);
lingrad.addColorStop(0, '#ff0000');
lingrad.addColorStop(1/7, '#ff9900');
lingrad.addColorStop(2/7, '#ffff00');
lingrad.addColorStop(3/7, '#00ff00');
lingrad.addColorStop(4/7, '#00ffff');
lingrad.addColorStop(5/7, '#0000ff');
lingrad.addColorStop(6/7, '#ff00ff');
lingrad.addColorStop(1, '#ff0000');
ctx.fillStyle = lingrad;
ctx.strokeStyle = lingrad;
ctx.fillRect(10,10,200,200);
</script>
</body>
</html>
```

以上代码在 Chrome 浏览器中的运行结果如图 5.25 所示。

使用 addColorStop 可以添加多个色标，色标的添加并非一定要从 0 位置开始到 1 位置结束，而是可以在 0~1 范围内任意添加，例如，从 0.3 处开始设置一个蓝色色标，再在 0.5 处设置一个红色色标，则从 0 到 0.3 都会填充为蓝色。0.3 到 0.5 为蓝色到红色的渐变，从 0.5 到 1 处则填充为红色。

上面示例中没有使用 strokeStyle 属性，但要说明的是，这个属性同样可以接受 canvas 渐变对象。

5.3.3 绘制径向渐变

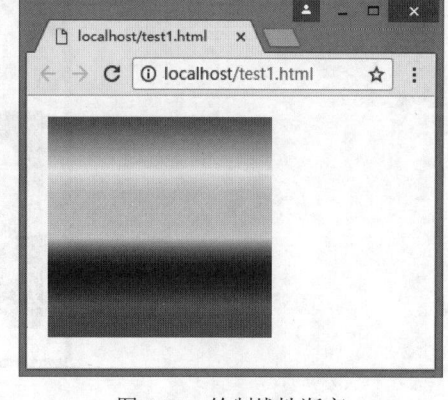

图 5.25　绘制线性渐变

如果要绘制径向渐变，首先需要使用 createRadialGradient() 方法创建 canvasGradient 对象，然后使用 addColorStop() 方法进行上色。

createRadialGradient()方法的用法如下：

```
context.createRadialGradient(x0,y0,r0,x1,y1,r1);
```

参数说明如下。
- x0：渐变的开始圆的 x 坐标。
- y0：渐变的开始圆的 y 坐标。
- r0：开始圆的半径。
- x1：渐变的结束圆的 x 坐标。
- y1：渐变的结束圆的 y 坐标。
- r1：结束圆的半径。

【示例】 演示如何绘制径向渐变。

```
<!doctype html>
<html>
<head>
<meta charset="utf-8">
</head>
<body>
<canvas id="myCanvas" width="300" height="200"></canvas>
<script type="text/javascript">
var ctx = document.getElementById('myCanvas').getContext('2d');
var radgrad = ctx.createRadialGradient(55,55,20,100,100,90);
radgrad.addColorStop(0,'#ffffff');
radgrad.addColorStop(0.75,'#333333');
radgrad.addColorStop(1,'#000000');
ctx.fillStyle = radgrad;
ctx.fillRect(10,10,200,200);
</script>
</body>
</html>
```

以上代码在 Chrome 浏览器中的运行结果如图 5.26 所示。

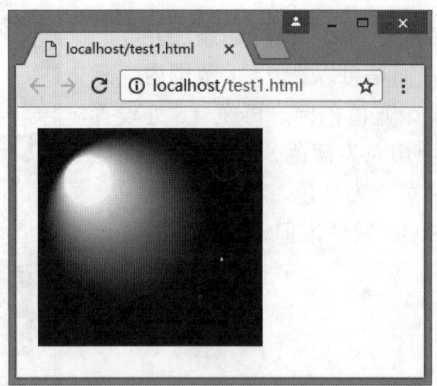

图 5.26 绘制径向渐变

5.3.4 绘制图案

在 canvas 中，使用 createPattern()方法可以绘制图案效果，用法如下所示：
`context.createPattern(image,"repeat|repeat-x|repeat-y|no-repeat");`
参数说明如下。

- image：规定要使用的图片、画布或视频元素。
- repeat：默认值。该模式在水平和垂直方向重复。
- repeat-x：该模式只在水平方向重复。
- repeat-y：该模式只在垂直方向重复。
- no-repeat：该模式只显示一次（不重复）。

创建图案的步骤与创建渐变有些类似，需要先创建出一个 pattern 对象，然后将其赋予 fillStyle 属性或 strokeStyle 属性。

【示例】 本例以一幅 png 格式的图像作为 image 对象用于创建图案，以平铺方式同时沿 x 轴与 y 轴方向平铺。

```html
<!doctype html>
<html>
<head>
<meta charset="utf-8">
</head>
<body>
<canvas id="myCanvas" width="300" height="200"></canvas>
<script type="text/javascript">
var ctx = document.getElementById('myCanvas').getContext('2d');
// 创建用于图案的新 image 对象
var img = new Image();
img.src = 'images/pattern.png';
img.onload = function(){
    // 创建图案
    var ptrn = ctx.createPattern(img,'repeat');
    ctx.fillStyle = ptrn;
    ctx.fillRect(0,0,600,600);
}
</script>
</body>
</html>
```

以上代码在 Chrome 浏览器中的运行结果如图 5.27 所示。

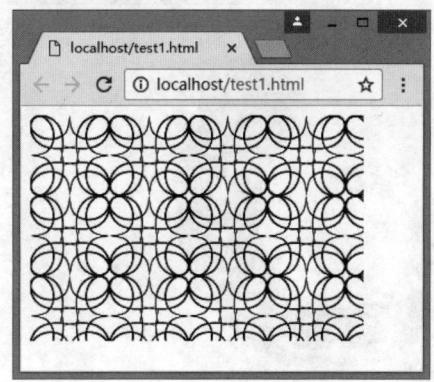

图 5.27 绘制图案

5.3.5 设置不透明度

使用 globalAlpha 全局属性可以设置绘制图形的不透明度，另外也可以通过色彩的不透明度参数来为图形设置不透明度，这种方法相对于使用 globalAlpha 属性来说，会更灵活些。

使用 rgba()方法可以设置具有不透明度的颜色，用法如下：

```
rgba(R,G,B,A)
```

其中 R、G、B 将颜色的红色、绿色和蓝色成分指定为 0 到 255 之间的十进制整数，A 把 alpha（不透明）成分指定为 0.0 和 1.0 之间的一个浮点数值，0.0 为完全透明，1.0 为完全不透明。例如，可以用"rgba(255,0,0,0.5)"表示半透明的完全红色。

【示例】 本例使用 for 语句创建多个圆形，然后使用 rgba()方法分别设置不同的不透明度。

```
<!doctype html>
<html>
<head>
<meta charset="utf-8">
</head>
<body>
<canvas id="myCanvas" width="500" height="300"></canvas>
<script type="text/javascript">
var ctx = document.getElementById('myCanvas').getContext("2d");
ctx.translate(200,20);
for (var i=1;i<50;i++){
   ctx.save();
   ctx.transform(0.95,0,0,0.95,30,30);
   ctx.rotate(Math.PI/12);
   ctx.beginPath();
   ctx.fillStyle='rgba(255,0,0,'+(1-(i+10)/40)+')';
   ctx.arc(0,0,50,0,Math.PI*2,true);
   ctx.closePath();
   ctx.fill();
}
</script>
</body>
</html>
```

以上代码在 Chrome 浏览器中的运行结果如图 5.28 所示。

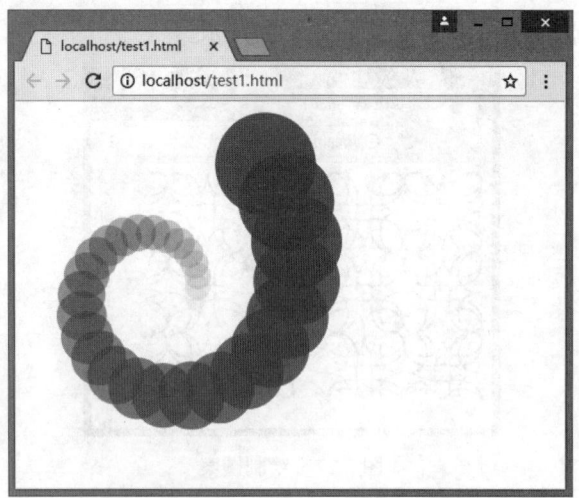

图 5.28 用 rgba()方法设置不透明度

扫一扫，看视频

5.3.6 设置阴影

在 canvas 中创建阴影效果，需要用到 4 个属性：shadowOffsetX、shadowOffsetY、shadowBlur、shadowColor。简单说明如下。

- shadowColor：设置或返回用于阴影的颜色。
- shadowBlur：设置或返回用于阴影的模糊级别。
- shadowOffsetX：设置或返回阴影距形状的水平距离。
- shadowOffsetY：设置或返回阴影距形状的垂直距离。

【示例】 演示如何创建文字阴影效果。

```
<!doctype html>
<html>
<head>
<meta charset="utf-8">
</head>
<body>
<canvas id="myCanvas" width="400" height="200"></canvas>
<script type="text/javascript">
var ctx = document.getElementById('myCanvas').getContext('2d');
// 设置阴影
ctx.shadowOffsetX = 3;
ctx.shadowOffsetY = 3;
ctx.shadowBlur = 2;
ctx.shadowColor = "rgba(0, 0, 0, 0.5)";
// 绘制矩形
ctx.fillStyle = "#33ccff";
ctx.fillRect(20,20,300,60);
ctx.fill();
// 绘制文本
ctx.font = "45px 黑体";
ctx.fillStyle = "white";
ctx.fillText("HTML5+CSS3",30, 64);
</script>
```

```
</body>
</html>
```
以上代码在 Chrome 浏览器中的运行结果如图 5.29 所示。

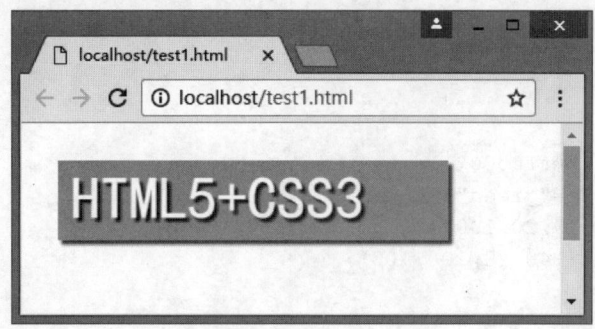

图 5.29 为文字和图形设置阴影效果

5.4 操 作 图 形

适当运用图形的变换操作，可以创建复杂、多变的图形。本节将介绍如何对画布进行操作，如何对画布中的图形进行操作，以便设计复杂的效果。

5.4.1 保存和恢复 canvas 状态

canvas 状态指的是当前画面所有样式、变形和裁切的一个快照，以堆（stack）的方式保存。使用 save() 和 restore() 方法可以保存和恢复 canvas 状态，用法如下：

```
context.save();
context.restore();
```

这两个方法都不需要任何参数。

save() 方法可以暂时将当前的状态保存到堆中，如 strokeStyle、fillStyle、globalCompositeOperation 等属性值，当前应用的变形、当前裁切的路径等。restore() 方法用于将上一个保存的状态从堆中再次取出，恢复该状态的所有设置。

【示例】 在本例中，首先绘制一个矩形，填充颜色为#ff00ff，轮廓颜色为蓝色，然后保存这个状态，再绘制另外一个矩形，填充颜色为#ff0000，轮廓颜色为绿色，最后恢复第一个矩形的状态，并绘制两个小的矩形，则其中一个矩形填充颜色必为#ff00ff，另外矩形轮廓颜色必为蓝色，因为此时已经恢复了原来保存的状态，所以会沿用最先设定的属性值。

扫一扫，看视频

```
<!doctype html>
<html>
<head>
<meta charset="utf-8">
</head>
<body>
<canvas id="myCanvas" width="400" height="200"></canvas>
<script type="text/javascript">
var c=document.getElementById("myCanvas");
var context=c.getContext("2d");
// 开始绘制矩形
context.fillStyle="#ff00ff";
```

```
context.strokeStyle="blue";
context.fillRect(20,20,100,100);
context.strokeRect(20,20,100,100);
context.fill();
context.stroke();
// 保存当前 canvas 状态
context.save();
//绘制另外一个矩形
context.fillStyle="#ff0000";
context.strokeStyle="green";
context.fillRect(140,20,100,100);
context.strokeRect(140,20,100,100);
context.fill();
context.stroke();
// 恢复第一个矩形的状态
context.restore();
// 绘制两个矩形
context.fillRect(20,140,50,50);
context.strokeRect(80,140,50,50);
</script>
</body>
</html>
```

以上代码在 Chrome 浏览器中的运行结果如图 5.30 所示，可以尝试将 "context.restore();" 一行删除，然后再查看代码的运行结果，比较一下有何不同。

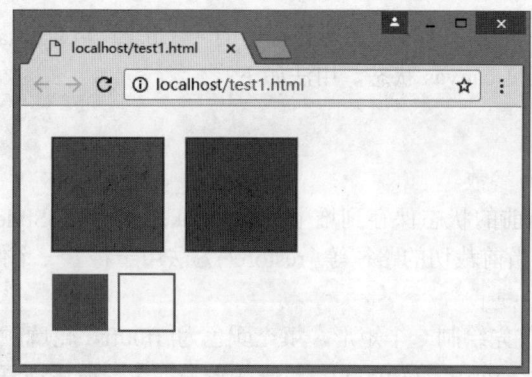

图 5.30　保存与恢复 canvas 状态

5.4.2　清除绘图

在 canvas 中绘制了一些图形后，可能需要再清除这些图形。例如，一些绘图程序中的橡皮工具会用到这一功能。使用 clearRect()方法可以清除指定的矩形区域内的所有绘制图形，显示出画布的背景，该方法用法如下：

```
context.clearRect(x,y,width,height);
```

参数说明如下。

- x：要清除的矩形左上角的 x 坐标。
- y：要清除的矩形左上角的 y 坐标。
- width：要清除的矩形的宽度，以像素计。
- height：要清除的矩形的高度，以像素计。

【示例】 本例演示了如何使用 clearRect()方法来擦除画布中的绘图。

```
<!doctype html>
<html>
<head>
<meta charset="utf-8">
<script type="text/javascript">
function clearMap(){
    context.clearRect(0,0,300,200);
}
</script>
</head>
<body>
<canvas id="myCanvas" style="border:1px solid;" width="300" height="200"></canvas>
<br>
<input name="" type="button"  value="清空画布" onClick="clearMap();">
<script type="text/javascript">
var c=document.getElementById("myCanvas");
var context=c.getContext("2d");
context.strokeStyle="#FF00FF";
context.beginPath();
context.arc(200,150,100,-Math.PI*1/6,-Math.PI*5/6,true);
context.stroke();
</script>
</body>
</html>
```

以上代码在 Chrome 浏览器中的运行结果如图 5.31 所示，先是在画布上绘制一段弧线。如果单击"清空画布"按钮，则会清除这段弧线，如图 5.32 所示。

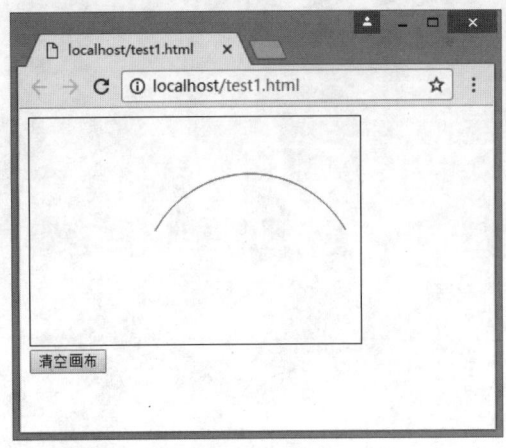
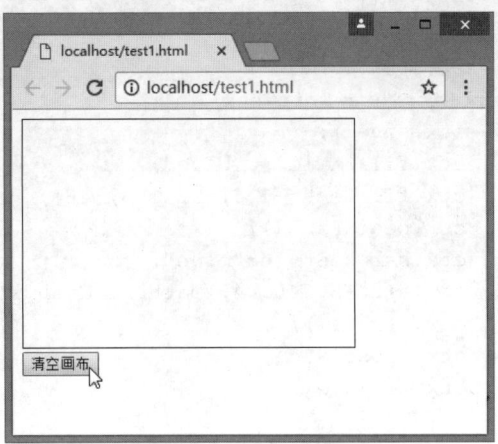

图 5.31　绘制弧线　　　　　　　　　　图 5.32　清空画布

5.4.3　移动坐标

在默认状态下，画布以左上角（0,0）为原点作为绘图参考，用户可以使用 translate()方法移动坐标原点，这样新绘制的图形就以新的坐标原点为参考进行绘制。其用法如下：

```
context.translate(dx, dy);
```

参数 dx 和 dy 分别为坐标原点沿水平和垂直两个方向的偏移量，如图 5.33 所示。

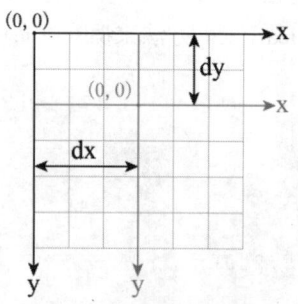

图 5.33　坐标空间的偏移示意图

🔊 **注意：**

在使用 translate() 方法之前，应该先使用 save() 方法保存画布的原始状态。当需要时可以使用 restore() 方法恢复原始状态，特别是在重复绘图时非常重要。

【示例】　本例综合运用了 save()、restore()、translate() 方法来绘制一个伞状图形。

```html
<!doctype html>
<html>
<head>
<meta charset="utf-8">
<script type="text/javascript">
// 绘制伞形顶部半圆
function drawTop(ctx, fillStyle){
    ctx.fillStyle = fillStyle;
    ctx.beginPath();
    ctx.arc(0, 0, 30, 0,Math.PI,true);
    ctx.closePath();
    ctx.fill();
}
// 绘制伞形底部手柄
function drawGrip(ctx){
    ctx.save();
    ctx.fillStyle = "blue";
    ctx.fillRect(-1.5, 0, 1.5, 40);
    ctx.beginPath();
    ctx.strokeStyle="blue";
    ctx.arc(-5, 40, 4, Math.PI,Math.PI*2,true);
    ctx.stroke();
    ctx.closePath();
    ctx.restore();
}
</script>
</head>
<body>
<canvas id="myCanvas" width="700" height="200"></canvas>
<script type="text/javascript">
var ctx = document.getElementById('myCanvas').getContext("2d");
// 注意：所有的移动都是基于这一上下文
ctx.translate(80,80);
for (var i=1;i<10;i++){
    ctx.save();
```

```
        ctx.translate(60*i, 0);
        drawTop(ctx,"rgb("+(30*i)+","+(255-30*i)+",255)");
        drawGrip(ctx);
        ctx.restore();
    }
</script>
</body>
</html>
```

以上代码在 Chrome 浏览器中的运行结果如图 5.34 所示。可见，canvas 中图形的移动，其实是通过改变画布的坐标原点来实现的，所谓的"移动图形"只是"看上去"的样子，实际移动的是坐标空间。领会并掌握这种方法，对于随心所欲地绘制图形非常有帮助。

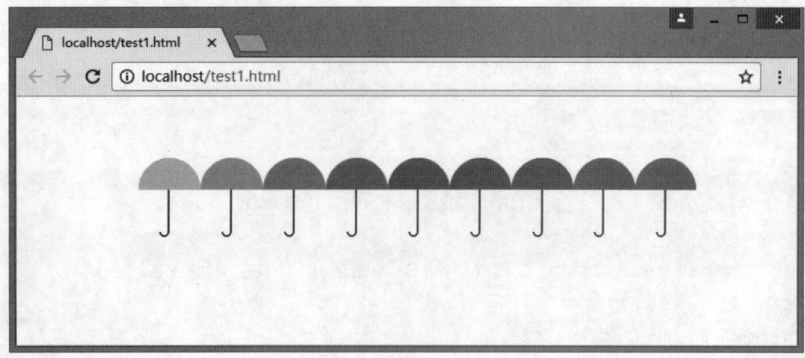

图 5.34　移动坐标空间

5.4.4　旋转坐标

使用 rotate()方法可以旋转当前的绘图，实质上是以原点为中心旋转 canvas 上下文对象的坐标空间，其用法如下：

```
context.rotate(angle);
```

rotate 方法只有一个参数，即旋转角度 angle，旋转角度以顺时针方向为正方向，以弧度为单位，旋转中心为 canvas 的原点，如图 5.35 所示。

如需将角度转换为弧度，可以使用 degrees*Math.PI/180 公式进行计算。例如，如果要旋转 5 度，可套用这样的公式：5*Math.PI/180。

【示例】 本例设计在每次开始绘制图形之前，先将坐标空间旋转 PI*(2/4+i/4)，再将坐标空间沿 y 轴负方向移动 100，然后开始绘制图形，从而实现使图形沿一中心点平均旋转分布。

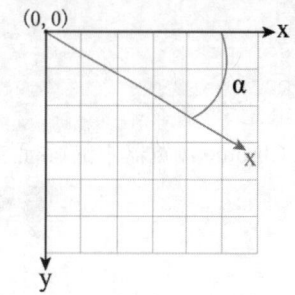

图 5.35　以原点为中心旋转 canvas

```
<!doctype html>
<html>
<head>
<meta charset="utf-8">
<script type="text/javascript">
function drawTop(ctx, fillStyle){
    ctx.fillStyle = fillStyle;
    ctx.beginPath();
    ctx.arc(0,0,30,0,Math.PI,true);
```

```
        ctx.closePath();
        ctx.fill();
    }
    function drawGrip(ctx){
        ctx.save();
        ctx.fillStyle = "blue";
        ctx.fillRect(-1.5, 0, 1.5, 40);
        ctx.beginPath();
        ctx.strokeStyle="blue";
        ctx.arc(-5, 40, 4, Math.PI,Math.PI*2,true);
        ctx.stroke();
        ctx.closePath();
        ctx.restore();
    }
</script>
</head>
<body>
<canvas id="myCanvas" width="400" height="300"></canvas>
<script type="text/javascript">
var ctx = document.getElementById('myCanvas').getContext("2d");
ctx.translate(150,150);
for (var i=1;i<9;i++){
    ctx.save();
    ctx.rotate(Math.PI*(2/4+i/4));
    ctx.translate(0,-100);
    drawTop(ctx,"rgb("+(30*i)+","+(255-30*i)+",255)");
    drawGrip(ctx);
    ctx.restore();
}
</script>
</body>
</html>
```

在 Chrome 浏览器中的运行结果如图 5.36 所示。

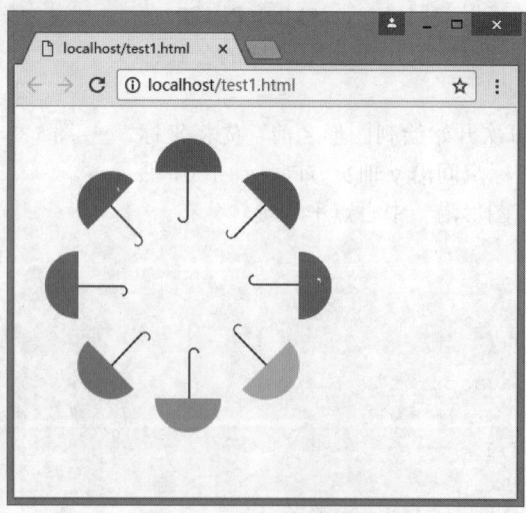

图 5.36　旋转坐标空间

5.4.5 缩放图形

使用 scale() 方法可以缩放当前绘图，使其更大或更小，实质上就是增减 canvas 上下文对象中的像素数目，从而实现图形或位图的放大或缩小，其用法如下：

```
context.scale(x,y);
```

其中 x, y 为必须接受的参数，x 为横轴的缩放因子，y 为纵轴的缩放因子，它们的值必须是正值。如果需要放大图形，则将参数值设置为大于 1 的数值，如果需要缩小图形，则将参数值设置为小于 1 的数值，当参数值等于 1 时则没有任何效果。

【示例】 本例使用 scale(0.95,0.95) 来缩小图形到上次的 0.95，共循环 80 次，同时移动和旋转坐标空间，从而实现图形呈螺旋状由大到小的变化。

```
<!doctype html>
<html>
<head>
<meta charset="utf-8">
</head>
<body>
<canvas id="myCanvas" width="400" height="300"></canvas>
<script type="text/javascript">
var ctx = document.getElementById('myCanvas').getContext("2d");
ctx.translate(200,20);
for (var i=1;i<80;i++){
    ctx.save();
    ctx.translate(30,30);
    ctx.scale(0.95,0.95);
    ctx.rotate(Math.PI/12);
    ctx.beginPath();
    ctx.fillStyle="red";
    ctx.globalAlpha="0.4";
    ctx.arc(0,0,50,0,Math.PI*2,true);
    ctx.closePath();
    ctx.fill();
}
</script>
</body>
</html>
```

在 Chrome 浏览器中的运行结果如图 5.37 所示。

图 5.37 缩放图形

5.4.6 变换矩阵

矩阵是线性代数中的一个概念,在计算机图形学中,矩阵能够实现二维图形的变形。canvas 的上下文对象事实上便是创建了一个变换矩阵。在这个上下文对象中,一个元素经过渲染后可以得到一张位图,通过对这个矩阵进行变换,即对这个位图上每一点进行变换,从而使图形产生诸如平移、缩放、旋转、切变以及镜像反射等效果。目前,多数新版的浏览器已经支持 2D 的矩阵变换。

使用 transform() 方法可以替换绘图的当前转换矩阵,用于直接对变形矩阵作修改。矩阵变换常用于坐标变换不能达到预期效果的情况,能够实现比普通的坐标变换更为复杂的变形。

📢 提示:

画布上的每个对象都拥有一个当前的变换矩阵。transform() 方法替换当前的变换矩阵。它以下面描述的矩阵来操作当前的变换矩阵:

a c e
b d f
0 0 1

换句话说,transform() 方法允许用户缩放、旋转、移动并倾斜当前的环境。注意,该变换只会影响 transform() 方法调用之后的绘图。

transform() 方法的用法如下:

```
context.transform(a,b,c,d,e,f);
```

参数说明如下。

- a:水平缩放绘图。
- b:水平倾斜绘图。
- c:垂直倾斜绘图。
- d:垂直缩放绘图。
- e:水平移动绘图。
- f:垂直移动绘图。

下面使用矩阵变换分别解释一下移动(translate)、缩放(scale)和旋转(rotate)坐标空间的方法。

1. 移动(translate)

translate(x,y) 可以用下面的 transform 方法来代替:

```
context.transform(0,1,1,0,dx,dy);
```

或:

```
context.transform(1,0,0,1,dx,dy);
```

如果将这些参数值代入简化的基本公式,则以上的形式都可以这样来表示:

$x'=x+dx$
$y'=y+dy$

其中 dx 为原点沿 x 轴移动的数值,dy 为原点沿 y 轴移动的数值。

2. 缩放(scale)

scale(x,y) 可以用下面的 transform 方法来代替:

```
context.transform(m11,0,0,m22,0,0);
```

或:

```
context.transform(0,m12,m21,0,0,0);
```

如果将这些参数值代入简化的基本公式,则以上的形式都可以这样来表示:

$x'=(m11)x$
$y'=(m22)y$

或：
x'=(m12)x
y'=(m21)y

此处 dx、dy 都为 0 表示坐标原点不变。m11、m22 或 m12、m21 为沿 x、y 轴放大的倍数。

3. 旋转（rotate）

rotate(angle)比较复杂一些，需要用到三角函数的知识，可以用下面的 transform 方法来代替：
`context.transform(cosθ,sinθ,- sinθ, cosθ,0,0);`
其中的 θ 为旋转角度的弧度值，dx、dy 都为 0 表示坐标原点不变。

如果将这些参数值代入简化的基本公式，则以上的形式都可以这样来表示：
x'=x* cosθ-y* sinθ
y'=x* sinθ+ y* cosθ

下面根据以上分析来替换前面介绍过的"缩放图形"示例的代码。应该可以用
`ctx.transform(0.95,0,0,0.95,30,30);`

来代替：
```
ctx.translate(30,30);
ctx.scale(0.95,0.95);
```

> **提示：**
> setTransform()方法用于将当前的变换矩阵进行重置为最初的矩阵，然后以相同的参数调用 transform 方法，即先 set（重置），再 transform（变换），用法如下所示：
> `context.setTransform(m11, m12, m21, m22, dx, dy);`

【示例】 本例使用 setTransform()方法将前面已经发生变换的矩阵首先重置为最初的矩阵，即恢复最初的原点，然后再将坐标原点改为（10,10），并以新的坐标为基准绘制一个蓝色的矩形。

```
<!doctype html>
<html>
<head>
<meta charset="utf-8">
</head>
<body>
<canvas id="myCanvas" width="400" height="300"></canvas>
<script type="text/javascript">
var ctx = document.getElementById('myCanvas').getContext("2d");
ctx.translate(200,20);
for (var i=1;i<90;i++){
   ctx.save();
   ctx.transform(0.95,0,0,0.95,30,30);
   ctx.rotate(Math.PI/12);
   ctx.beginPath();
   ctx.fillStyle="red";
   ctx.globalAlpha="0.4";
   ctx.arc(0,0,50,0,Math.PI*2,true);
   ctx.closePath();
   ctx.fill();
}
ctx.setTransform(1,0,0,1,10,10);
ctx.fillStyle="blue";
ctx.fillRect(0,0,50,50);
ctx.fill();
```

```
</script>
</body>
</html>
```

以上代码在 Chrome 浏览器中的运行结果如图 5.38 所示。在本例中，使用 scale(0.95,0.95)来缩小图形到上次的 0.95，共循环 80 次，同时移动和旋转坐标空间，从而实现图形呈螺旋状由大到小的变化。

5.4.7 组合图形

当两个或两个以上的图形存在重叠区域时，默认情况下一个图形画在前一个图形之上。通过指定图形 globalCompositeOperation 属性的值可以改变图形的绘制顺序或绘制方式，从而实现更多种可能。

【示例】 本例设置所有图形的透明度为 1，即不透明，可以在 0 和 1 之间取值从而改变图形的透明度。设置 globalCompositeOperation 属性值为 source-over，即默认设置，新的图形会覆盖在原有图形之上，也可以指定其他值，详见表 5.1。

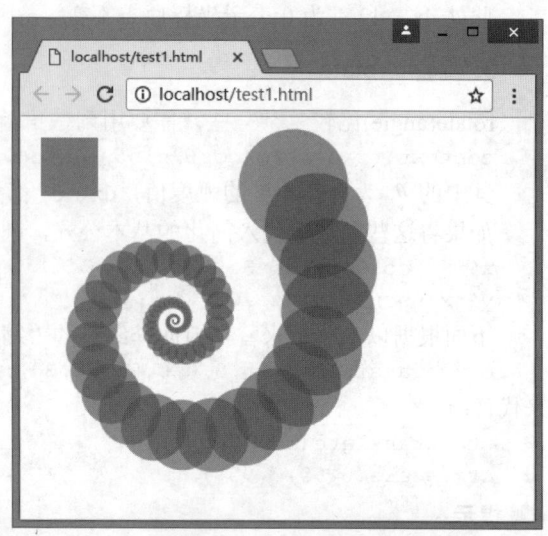

图 5.38　矩阵重置并变换

```
<!doctype html>
<html>
<head>
<meta charset="utf-8">
</head>
<body>
<canvas id="myCanvas" width="400" height="300"></canvas>
<script type="text/javascript">
var c=document.getElementById("myCanvas");
var context=c.getContext("2d");
context.fillStyle="red";
context.fillRect(50,25,100,100);
context.fillStyle="green";
context.globalCompositeOperation="source-over";
context.beginPath();
context.arc(150,125,50,0,Math.PI*2,true);
context.closePath();
context.fill();
</script>
</body>
</html>
```

以上代码在 Chrome 浏览器中的运行结果如图 5.39 所示。如果将 globalAlpha 的值更改为 0.5（context.globalAlpha=0.5;），则两个图形都会呈现为半透明，如图 5.40 所示。

表 5.1 给出了 globalCompositeOperation 属性所有可用的值。表中的图例矩形表示为 B，为先绘制的图形（原有内容为 destintation），圆形表示为 A，为后绘制的图形（新图形为 source）。在应用时注意 globalCompositeOperation 语句的位置,应处在原有内容与新图形之间。Chrome 浏览器支持大多数属性值，无效的在表中已经标出。Opera 对这些属性值的支持相对来说更好一些。

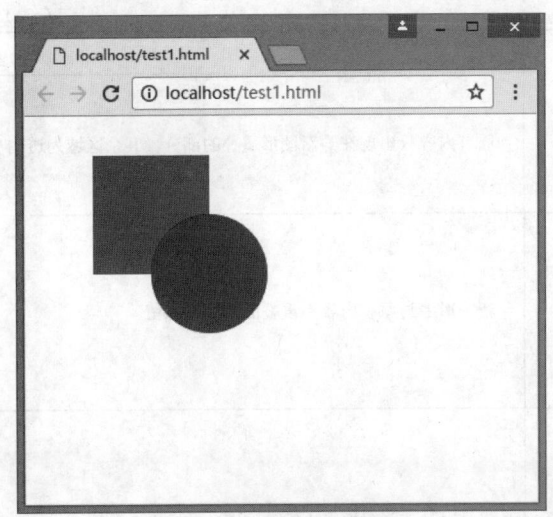

图 5.39 图形的组合

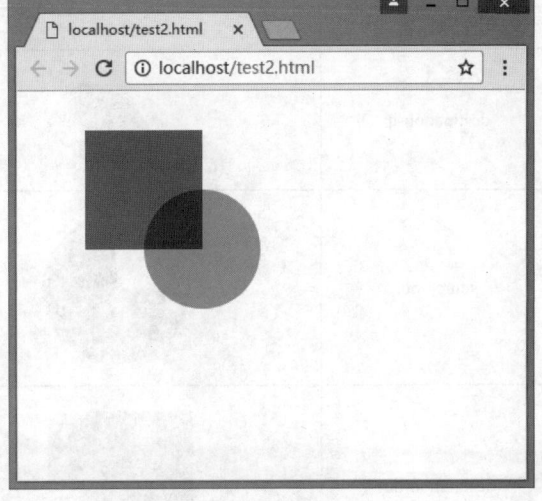

图 5.40 半透明效果

表 5.1 globalCompositeOperation 属性所有可用的值

属性值	图形合成示例	说 明
source-over（默认值）		A over B，这是默认设置，即新图形覆盖在原有内容之上
destination-over		B over A，即原有内容覆盖在新图形之上
source-atop		只绘制原有内容和新图形与原有内容重叠的部分，且新图形位于原有内容之上
destination-atop		只绘制新图形和新图形与原有内容重叠的部分，且原有内容位于重叠部分之下
source-in		新图形只出现在与原有内容重叠的部分，其余区域变为透明

（续）

属性值	图形合成示例	说明
destination-in		原有内容只出现在与新图形重叠的部分，其余区域为透明
source-out		新图形中与原有内容不重叠的部分被保留
destination-out		原有内容中与新图形不重叠的部分被保留
lighter		两图形重叠的部分作加色处理
darker		两图形重叠的部分作减色处理
copy		只保留新图形。在 Chrome 浏览器中无效，Opera 11.5 中有效
xor		将重叠的部分变为透明

5.4.8 裁切路径

clip()方法能够从原始画布中剪切任意形状和尺寸。其原理与绘制普通 canvas 图形类似，只不过 clip() 的作用是形成一个蒙版，没有被蒙版的区域会被隐藏。

提示：

> 一旦剪切了某个区域，则所有之后的绘图都会被限制在被剪切的区域内，不能访问画布上的其他区域。用户也可以在使用 clip()方法前，通过使用 save()方法对当前画布区域进行保存，并在以后的任意时间通过 restore()方法对其进行恢复。

【示例】 如果绘制一个圆形，并进行裁切，则圆形之外的区域将不会绘制在 canvas 上。

```html
<!doctype html>
<html>
<head>
<meta charset="utf-8">
</head>
<body>
<canvas id="myCanvas" width="400" height="300"></canvas>
<script type="text/javascript">
var ctx = document.getElementById('myCanvas').getContext("2d");
// 绘制背景
ctx.fillStyle="black";
ctx.fillRect(0,0,300,300);
ctx.fill();
// 绘制圆形
ctx.beginPath();
ctx.arc(150,150,130,0,Math.PI*2,true);
// 裁切路径
ctx.clip();
ctx.translate(200,20);
for (var i=1;i<90;i++){
    ctx.save();
    ctx.transform(0.95,0,0,0.95,30,30);
    ctx.rotate(Math.PI/12);
    ctx.beginPath();
    ctx.fillStyle="red";
    ctx.globalAlpha="0.4";
    ctx.arc(0,0,50,0,Math.PI*2,true);
    ctx.closePath();
    ctx.fill();
}
</script>
</body>
</html>
```

以上代码在 Chrome 浏览器中的运行结果如图 5.41 所示。可以看到，只有圆形区域内的螺旋图形被显示出来，其余部分被"遮"住了。

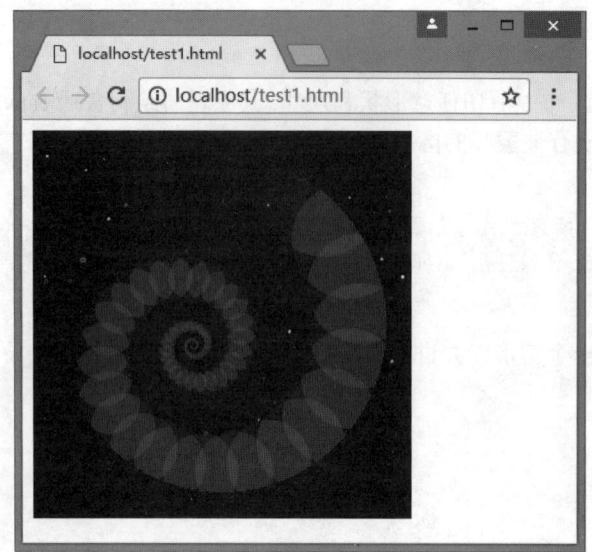

图 5.41 图形的组合

5.5 绘制文字

使用 fillText() 和 strokeText() 方法,可以分别以填充方式和轮廓方式绘制文字。

5.5.1 绘制填充文字

fillText() 方法能够在画布上绘制被填充的文本,其用法如下:

```
context.fillText(text,x,y,maxWidth);
```

参数说明如下。

- text:规定在画布上输出的文本。
- x:开始绘制文本的 x 坐标位置(相对于画布)。
- y:开始绘制文本的 y 坐标位置(相对于画布)。
- maxWidth:可选。允许的最大文本宽度,以像素计。

fillText() 方法在画布上绘制填色的文本,文本的默认颜色是黑色。用户可以使用 font 属性定义字体和字号,使用 fillStyle 属性定义字体颜色,会以渐变来渲染文本。

【示例】 本例使用 fillText() 方法在画布上绘制文本 "Hello world" 和 "HTML5+CSS3"。

```
<!doctype html>
<html>
<head>
<meta charset="utf-8">
</head>
<body>
<canvas id="myCanvas" width="300" height="100"></canvas>
<script type="text/javascript">
var c=document.getElementById("myCanvas");
var ctx=c.getContext("2d");
ctx.font="20px Georgia";
ctx.fillText("Hello World!",10,50);
```

```
ctx.font="30px Verdana";
//创建渐变
var gradient=ctx.createLinearGradient(0,0,c.width,0);
gradient.addColorStop("0","magenta");
gradient.addColorStop("0.5","blue");
gradient.addColorStop("1.0","red");
//用渐变填色
ctx.fillStyle=gradient;
ctx.fillText("HTML5+CSS3",10,90);
</script>
</body>
</html>
```

以下代码在 Chrome 浏览器中的运行结果如图 5.42 所示。

5.5.2 设置文字属性

在上例中用到了有关文字的一些属性，下面介绍一下这些属性以及未在上面出现的其他属性的用法。

（1）font：用于指定正在绘制的文字的样式，其语法与 CSS 字体样式的指定方法相同。如果要在绘制文字时改变字体样式，只需要更改这个属性的值即可。默认的字体样式为 10px sans-serif。例如，可以像下面这样来指定字体样式。

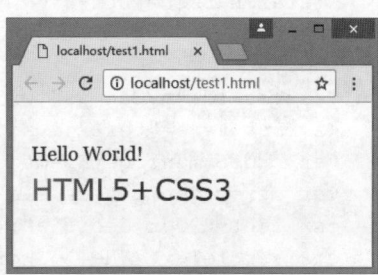

图 5.42　绘制填充文字

```
context.font="20pt Times new roman";
```

（2）textAlign：用于指定正在绘制的文字的对齐方式，有 left、right、center、start、end 五种对齐方式，默认值为 start。

- left：左对齐。
- right：右对齐。
- center：居中对齐。
- start：如果文字从左到右排版则左对齐，从右到左排版则右对齐。
- end：如果文字从右到左排版则左对齐，从左到右排版则右对齐。

（3）textBaseline：用于指定正在绘制的文字的基线，有 top、hanging、middle、alphabetic、ideographic、bottom 六种属性值，默认值为 alphabetic。

- top：文本基线与字元正方形空间顶部对齐。
- hanging：文本基线是悬挂的基线，当前不支持。
- middle：文本基线位于字元正方形空间的中间位置。
- alphabetic：指定文本基线为通常的字母基线。
- ideographic：指定文本基线为表意字基线，即如果表意字符的主体突出到字母基线的下方，则表意字基线与表意字符的底部对齐。
- bottom：文本基线与字元正方形空间底部的边界框对齐。因为表意基线不能识别下行字符，故可用此种基线来与表意字基线相区分。

当前许多支持 HTML5 的浏览器尚不支持某些属性值，如 hanging、ideographic。

5.5.3 绘制轮廓文字

使用 strokeText()方法可以在画布上绘制无填充色的文本。文本的默认颜色是黑色，可以使用 font

属性定义字体和字号,使用 strokeStyle 属性以另一种颜色或渐变来渲染文本。其用法如下:

```
context.strokeText(text,x,y,maxWidth);
```

参数说明如下。

- text:规定在画布上输出的文本。
- x:开始绘制文本的 x 坐标位置(相对于画布)。
- y:开始绘制文本的 y 坐标位置(相对于画布)。
- maxWidth:可选。允许的最大文本宽度,以像素计。

【示例】 本例使用 strokeText()方法在画布上写文本"Hello world!"和"HTML5+CSS3"。

```
<!doctype html>
<html>
<head>
<meta charset="utf-8">
</head>
<body>
<canvas id="myCanvas" width="300" height="100"></canvas>
<script type="text/javascript">
var c=document.getElementById("myCanvas");
var ctx=c.getContext("2d");
ctx.font="20px Georgia";
ctx.strokeText("Hello World!",10,50);
ctx.font="30px Verdana";
// 创建渐变
var gradient=ctx.createLinearGradient(0,0,c.width,0);
gradient.addColorStop("0","magenta");
gradient.addColorStop("0.5","blue");
gradient.addColorStop("1.0","red");
// 用渐变填色
ctx.strokeStyle=gradient;
ctx.strokeText("HTML5+CSS3",10,90);
</script>
</body>
</html>
```

以上代码在 Chrome 浏览器中的运行结果如图 5.43 所示。

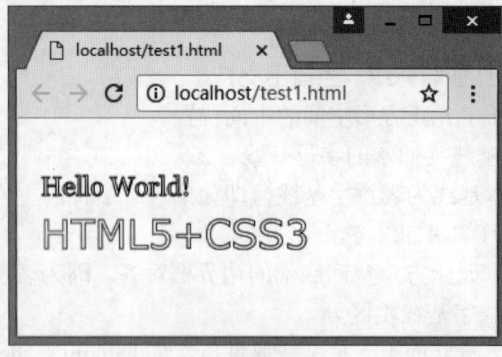

图 5.43 绘制轮廓文字

5.5.4 测量宽度

使用 measureText()方法可以测量当前所绘制文字中指定文字的宽度,该方法会返回一个 TextMetrics

对象，使用该对象的 width 属性可以得到指定文字参数后所绘制文字的总宽度，其用法如下：

```
metrics=context.measureText(text);
```

其中的参数 text 为要绘制的文字。

提示：
如果需要在文本向画布输出之前就了解文本的宽度，应该使用该方法。

【示例】 下面是测量文字宽度的一个示例。

```
<!doctype html>
<html>
<head>
<meta charset="utf-8">
</head>
<body>
<canvas id="myCanvas" width="300" height="100"></canvas>
<script type="text/javascript">
var ctx = document.getElementById('myCanvas').getContext('2d');
ctx.font = "bold 20px 楷体";
ctx.fillStyle="Blue";
var txt1 = "滚滚长江东逝水，浪花淘尽英雄。";
ctx.fillText(txt1,10,40);
var txt2 = "以上字符串的宽度为：";
var mtxt1 = ctx.measureText(txt1);
var mtxt2 = ctx.measureText(txt2);
ctx.font = "bold 15px 宋体";
ctx.fillStyle="Red";
ctx.fillText(txt2,10,80);
ctx.fillText(mtxt1.width,mtxt2.width,80);
</script>
</body>
</html>
```

以上代码在 Chrome 浏览器中的运行结果如图 5.44 所示。

图 5.44 测量文字宽度

5.6 绘制图像

在 canvas 中不仅可以绘制图形，还可以导入图像。导入的图像可以改变大小、裁切或合成等。canvas 支持多种图像格式，如 PNG、GIF、JPEG 等。

扫一扫，看视频

5.6.1 导入图像

在 canvas 中导入图像的步骤：

（1）确定图像来源。
（2）使用 drawImage()方法将图像绘制到 canvas 中。

确定图像来源有 4 种方式，用户可以任选一种即可。

- 页面内的图片：如果已知图片元素的 ID，则可以通过 document.images 集合、document.getElementsByTagName() 或 document.getElementById()等方法获取页面内的该图片元素。
- 其他 canvas 元素：可以通过 document.getElementsByTagName()或 document.getElementById()等方法获取已经设计好的 canvas 元素。例如，可以用这种方法为一个比较大的 canvas 生成缩略图。
- 用脚本创建一个新的 image 对象：使用脚本可以从零开始创建一个新的 image 对象。

不过这种方法存在一个缺点：如果图像文件来源于网络且较大，则会花费较长的时间来装载。所以如果不希望因为图像文件装载而导致漫长的等待，需要做好预装载的工作。

- 使用 data:url 方式引用图像：这种方法允许用 Base64 编码的字符串来定义一个图片，优点是图片可以即时使用，不必等待装载，而且迁移也非常容易。缺点是无法缓存图像，所以如果图片较大，则不太适宜用这种方法，因为这会导致嵌入的 url 数据相当庞大。

使用脚本创建新 image 对象时，其方法如下所示：

```
var img = new Image();    // 创建新的 Image 对象
img.src = 'image1.png';   // 设置图像路径
```

如果要解决图片预装载的问题，则可以使用下面的方法，即使用 onload 事件一边装载图像一边执行绘制图像的函数。

```
var img = new Image();    // 创建新的 Image 对象
img.onload = function(){
    // 此处放置 drawImage 语句
}
img.src = 'image1.png';   // 设置图像路径
```

不管采用什么方式获取图像来源，之后的工作都是使用 drawImage()方法将图像绘制到 canvas 中。drawImage()方法能够在画布上绘制图像、画布或视频。该方法也能够绘制图像的某些部分，以及增加或减少图像的尺寸。其用法如下所示。

```
// 语法1：在画布上定位图像
context.drawImage(img,x,y);
// 语法2：在画布上定位图像，并规定图像的宽度和高度
context.drawImage(img,x,y,width,height);
// 语法3：剪切图像，并在画布上定位被剪切的部分
context.drawImage(img,sx,sy,swidth,sheight,x,y,width,height);
```

参数说明如下。

- img：规定要使用的图像、画布或视频。
- sx：可选。开始剪切的 x 坐标位置。
- sy：可选。开始剪切的 y 坐标位置。
- swidth：可选。被剪切图像的宽度。
- sheight：可选。被剪切图像的高度。
- x：在画布上放置图像的 x 坐标位置。
- y：在画布上放置图像的 y 坐标位置。
- width：可选。要使用的图像的宽度。可以实现伸展或缩小图像。

➘ height:可选。要使用的图像的高度。可以实现伸展或缩小图像。

【示例】 下面示例演示了如何使用上述两个步骤将图像引入到 canvas 中。至于第 2 种和第 3 种 drawImage()方法,我们将在后续小节中单独介绍。

```
<!doctype html>
<html>
<head>
<meta charset="utf-8">
</head>
<body>
<canvas id="myCanvas" width="400" height="400"></canvas>
<script type="text/javascript">
var ctx = document.getElementById('myCanvas').getContext('2d');
var img = new Image();
img.onload = function(){
    ctx.drawImage(img,0,0);
    ctx.font = "26px Arial Black";
    ctx.shadowOffsetX = 3;
    ctx.shadowOffsetY = 3;
    ctx.shadowBlur = 2;
    ctx.shadowColor = "rgba(0, 0, 0, 0.9)";
    ctx.fillStyle = "yellow";
    ctx.fillText("小摄影家",260,380);
}
img.src = 'images/bg.png';
</script>
</body>
</html>
```

以上代码在 Chrome 浏览器中的运行结果如图 5.45 所示。

图 5.45 向 canvas 中导入图像

5.6.2 变换图像

在特定情况下,需要在某个特定位置显示特定大小的图像,而且更新时希望不同图像文件显示在网页中的大小保持原来的统一尺寸,以保证网页布局与美观不受影响,这时需要用脚本动态改变图像的大小。当然,在其他场合,也可能需要改变图像大小以适应网页布局或其他功能的需要。

drawImage()方法的第 2 种用法可以用于使图片按指定的大小显示,其用法如下:

```
context.drawImage(image, x, y, width, height);
```

其中 width 和 height 分别是图像在 canvas 中显示的宽度和高度。

【示例】 本例将上节示例中的代码稍作修改,以使得引入的图像调整为指定的大小,这样做的好处是可以让图像迁就页面布局。

```
<!doctype html>
<html>
<head>
<meta charset="utf-8">
</head>
<body>
<canvas id="myCanvas" width="400" height="400"></canvas>
<script type="text/javascript">
var ctx = document.getElementById('myCanvas').getContext('2d');
var img = new Image();
img.onload = function(){
    ctx.drawImage(img,0,0,600,610);
    ctx.font = "26px Arial Black";
    ctx.shadowOffsetX = 3;
    ctx.shadowOffsetY = 3;
    ctx.shadowBlur = 2;
    ctx.shadowColor = "rgba(0, 0, 0, 0.9)";
    ctx.fillStyle = "yellow";
    ctx.fillText("小摄影家",260,380);
}
img.src = 'images/bg.png';
</script>
</body>
</html>
```

以上代码在 Chrome 浏览器中的运行结果如图 5.46 所示。

图 5.46 改变图像大小

5.6.3 裁切图像

drawImage 的第 3 种用法用于创建图像切片，其用法如下：

```
context.drawImage(image,sx,sy,sw,sh,dx,dy,dw,dh);
```

其中 image 参数与前两用法相同，其余 8 个参数可以参考下面的图示。sx、sy 为源图像被切割区域的起始坐标，sw、sh 为源图像被切下来的宽度和高度，dx、dy 为被切割下来的源图像要放置到目标 canvas 的起始坐标，dw、dh 为被切割下来的源图像放置到目标 canvas 并显示的高度和宽度，如图 5.47 所示。

图 5.47　其余 8 个参数的图示

【示例】　本例来演示一下如何创建图像切片。

```
<!doctype html>
<html>
<head>
<meta charset="utf-8">
</head>
<body>
<canvas id="myCanvas" width="600" height="380"></canvas>
<script language="javascript">
var ctx = document.getElementById('myCanvas').getContext('2d');
var img = new Image();
img.onload = function(){
   ctx.drawImage(img,0,0);
   ctx.drawImage(img,30,40,140,180,0,240,140,180);
}
img.src = 'images/1.png';
</script>
</body>
</html>
```

以上代码在 Chrome 浏览器中的运行结果如图 5.48 所示。其中上方显示的是源图像，下方是所创建的图像切片。

图 5.48 创建图像切片

5.6.4 图像平铺

图像平铺就是让图像填满画布,有两种方法可以实现,下面结合示例进行说明。

【示例1】 第一种方法是使用 drawImage()方法。

```html
<!doctype html>
<html>
<head>
<meta charset="utf-8">
</head>
<body>
<canvas id="myCanvas" width="500" height="200"></canvas>
<script type="text/javascript">
var image = new Image();
var canvas = document.getElementById("myCanvas");
var context = canvas.getContext('2d');
image.src = "images/1.jpg";
image.onload = function(){
    //平铺比例
    var scale=5;
    //缩小后图像宽度
    var n1=image.width/scale;
    //缩小后图像高度
    var n2=image.height/scale;
    //平铺横向个数
    var n3=canvas.width/n1;
    //平铺纵向个数
    var n4=canvas.height/n2;
    for(var i=0;i<n3;i++)
```

```
        for(var j=0;j<n4;j++)
            context.drawImage(image,i*n1,j*n2,n1,n2);
};
</script>
</body>
</html>
```

本例用到几个变量以及循环语句,相对来说处理方法复杂一些,运行结果如图 5.49 所示。

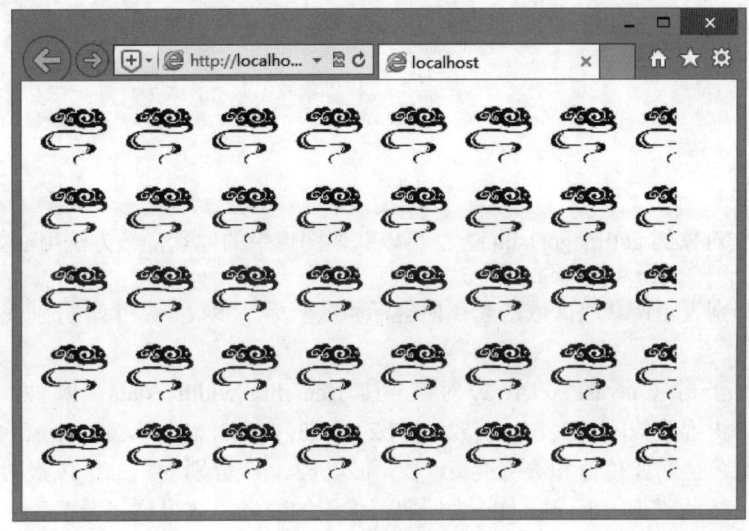

图 5.49 图像平铺显示

【示例 2】 也可以使用 createPattern()方法,该方法只使用了几个参数就达到了上面所述的平铺效果。createPattern()方法用法如下所示:

```
context.createPattern(image,type);
```

参数 image 为要平铺的图像,参数 type 必须是下面的字符串值之一。

- no-repeat:不平铺。
- repeat-x:横方向平铺。
- repeat-y:纵方向平铺。
- repeat:全方向平铺。

创建 image 对象,指定图像文件后,使用 createPattern()方法创建填充样式,然后将该样式指定给图形上下文对象的 fillStyle 属性,最后填充画布,就可以看到重复填充的效果。

```
<!doctype html>
<html>
<head>
<meta charset="utf-8">
</head>
<body>
<canvas id="myCanvas" width="400" height="300"></canvas>
<script type="text/javascript">
var image = new Image();
var canvas = document.getElementById("myCanvas");
var context = canvas.getContext('2d');
image.src = "images/1.jpg";
```

```
image.onload = function(){
    //创建填充样式,全方向平铺
    var ptrn = context.createPattern(image,'repeat');
    //指定填充样式
    context.fillStyle = ptrn;
    //填充画布
    context.fillRect(0,0,400,300);
};
</script>
</body>
</html>
```

扫一扫,看视频

5.6.5 像素处理

使用图形上下文对象的 getImageData()方法可以获取图像中的像素,该方法用法如下所示:
```
var imagedata = context.getImageData(sx, sy, sw, sh);
```
参数 sx 和 sy 分别表示所获取区域的起点横坐标和纵坐标,参数 sw 和 sh 分别表示所获取区域的宽度和高度。

imagedata 变量是一个 CanvasPixelArray 对象,具有 height、width、data 等属性。data 属性是一个保存像素数据的数组,内容类似[r1, g1, b1, a1, r2, g2, b2, a2, r3, g3, b3, a3,…], r1、g1 ,b1 和 a1 分别为第一个像素的红色值、绿色值、蓝色值和透明度值。r2、g2、b2、a2 分别为第二个像素的红色值、绿色值、蓝色值、透明度值,依此类推。data.length 为所取得像素的数量。取得这些像素后,就可以对这些像素进行处理。

【示例】 本例使用 Canvas API 将图像进行反显处理。在得到像素数组后,将该数组中每个像素的颜色进行反显操作,然后保存回像素数组,最后使用图形上下文对象的 putImageData()方法将反显操作后的图像重新绘制在画布上。该方法用法如下所示:
```
context.putImageData(imagedata,dx,dy[,dirtyX,dirtyY,dirtyWidth,dirtyHeight]);
```
该方法包含 7 个参数,imagedata 为前面所述的像素数组,dx 和 dy 分别表示重绘图像的起点横坐标、纵坐标。后面 dirtyX、dirtyY、dirtyWidth、dirtyHeight 这 4 个参数为可选参数,给出一个矩形的起点横坐标、起点纵坐标、宽度与高度,如果加上这 4 个参数,则只绘制像素数组中这个矩形范围内的图像。

```
<!doctype html>
<html>
<head>
<meta charset="utf-8">
</head>
<body>
<canvas id="myCanvas" width="500" height="300"></canvas>
<script type="text/javascript">
var canvas = document.getElementById("myCanvas");
var context = canvas.getContext('2d');
var image = new Image();
image.src = "images/1.jpg";
image.onload = function (){
    context.drawImage(image, 0, 0);
    var imagedata = context.getImageData(0,0,image.width,image.height);
```

```
    for (var i = 0, n = imagedata.data.length; i < n; i += 4){
        imagedata.data[i+0] = 255 - imagedata.data[i+0]; // red
        imagedata.data[i+1] = 255 - imagedata.data[i+2]; // green
        imagedata.data[i+2] = 255 - imagedata.data[i+1]; // blue
    }
    context.putImageData(imagedata, 0, 0);
};
</script>
</body>
</html>
```

以上代码在 IE 浏览器中的运行结果如图 5.50 所示。

（a）原图　　　　　　　　　　（b）反转效果图

图 5.50　图像像素处理

5.7　Path2D 对象

为了满足开发需要，HTML Canvas 2D API 新增了一些新的功能。目前，Chrome 37+、Firefox 31+、Opera 23+、Safari 7+版本浏览器支持或部分支持以 Path2D 对象为核心的新功能。

5.7.1　Canvas 2D API 新功能

在 MDN 上，已经对 Canvas 2D API 文档进行了大部分更新，以反应当前 canvas 标准和浏览器的执行状态。新增功能简单描述如下：

1．新增 Path2D 对象

新的 Path2D API 从 Firefox 31+开始支持，允许用户存储路径，简化了 canvas 绘制代码，并提升了运行速度。用户可以通过 3 种方式创建一个 Path2D 对象。

```
new Path2D();          //空的 path 对象
new Path2D(path);      //复制 path 对象
new Path2D(d);         //通过 SVG path 字符串创建 path 对象
```

第 3 种方式使用了 SVG 路径数据来构建，非常好用。用户现在也可以重复使用自己的 SVG 路径，在 canvas 中直接来绘制同样的形状。例如：

```
var p = new Path2D("M10 10 h 80 v 80 h -80 Z");
```

在构建一个空的路径对象时，用户可以在 CanvasRenderingContext2D 环境中直接使用自己熟悉的常用的路径方法。例如：

```
//创建一个圆
var circle = new Path2D();
circle.arc(50, 50, 50, 0, 2 * Math.PI);
//在 context 上下文对象 ctx 中描绘边框
ctx.stroke(circle);
```

在 canvas 实际绘制路径时，提供一个可选的 Path2D 路径：

```
ctx.fill(path)
ctx.stroke(path)
ctx.clip(path)
ctx.isPointInPath(path)
ctx.isPointInStroke(path)
```

2. 点击区域

从 Firefox 32 开始，对点击区域（hit regions）的实验性支持被添加进来。用户需要设置 canvas.hitregions.enabled=true 来进行测试。

点击区域提供了一个更方便的方法来探测鼠标是否在一个特定区域。不再手动检查坐标，这对复杂的形状来说非常困难。定义点击区域方法如下：

```
CanvasRenderingContext2D.addHitRegion()        //在 canvas 中添加一个点击区域
CanvasRenderingContext2D.removeHitRegion()     //从 canvas 中移除带有 id 的点击区域
CanvasRenderingContext2D.clearHitRegions()     //从 canvas 中移除所有的点击区域
```

addHitRegion()方法可以在一个现有的路径或是一个 Path2D 路径中添加一个点击区域。MouseEvent 接口有一个扩展的 region 属性，用户可以用其来检查鼠标是否点击了区域。

3. 焦点环

在 Firefox 32 中，drawFocusIfNeeded(element)可以无需属性切换自动支持。如果在<canvas>元素中提供的回退元素获得焦点，用户可以使用这个 API 在 canvas 中绘制一个焦点环。

如果回退元素获得焦点（如切换到一个包含 canvas 的页面），该元素在 canvas 中的像素表示/形状可以绘制一个焦点环来表示当前的焦点。

4. CSS/SVG 过滤器可用于 Canvas

Firefox 35 开始支持 canvas 渲染内容的过滤器。语法和 CSS 过滤器属性相同。

5. 其他

- alpha 属性在 Firefox 30 中可用。
- 可以在样式中添加 transformations，Firefox 33+支持。
- 新增 ctx.resetTransform() 方法来重置变型，Firefox 36+支持。
- 最新的 canvas 规范包含了一些全新的 API，以及在不同浏览器中的执行情况。

5.7.2 使用 Path2D 对象

使用 Path2D 对象的各种方法可以绘制直线、矩形、圆形、椭圆以及曲线，具体说明如表 5.2 所示。

这些方法中的各种参数的用法与图形上下文对象的同名方法用法相同。

表 5.2 Path2D 对象方法

方 法	说 明
path.moveTo(x,y)	将光标移动到指定坐标点
path.lineTo(x,y)	在当前坐标点与参数中指定的直线终点之间绘制一条直线
path.rect(x, y, width, height)	绘制矩形
path.arc(x, y, radius, startAngle, endAngle, anticlockwise);	绘制圆形或圆弧
path. ellipse(x, y, radiusX, radiusY, rotation, startAngle, endAngle, anticlockwise);	绘制椭圆或椭圆形圆弧
path.arcTo(x1, y1, x2, y2, radius);	绘制圆形曲线或圆弧曲线
path.bezierCurveTo(cp1x, cp1y, cp2x, cp2y, x, y);	绘制贝塞尔曲线
path.quadraticCurveTo(cpx, cpy, x, y);	绘制二次样条曲线
path.closePath()	关闭路径

可以使用图形上下文对象的 fill()方法填充使用 Path2D 对象绘制的路径所形成的图形，或者使用图形上下文对象的 stroke 方法绘制使用 Path2D 对象绘制的路径所形成的图形轮廓，代码如下所示：

```
context.fill (path);
context.stroke(path);
```

【示例1】 本例使用 path.arc()方法在画布上绘制多个圆形。

```
<!doctype html>
<html>
<head>
<meta charset="utf-8">
</head>
<body>
<canvas id="myCanvas" width="600" height="400"></canvas>
<script type="text/javascript">
var canvas = document.getElementById("myCanvas");
var context = canvas.getContext('2d');
context.fillStyle = "#EEEEFF";
context.fillRect(0, 0, 600, 400);
var n = 0;
for(var i = 0; i < 10; i++){
   var path=new Path2D();
   path.arc(i * 25, i * 25, i * 10, 0, Math.PI * 2, true);
   path.closePath();
   context.fillStyle = 'rgba(255, 0, 0, 0.25)';
   context.fill(path);
}
</script>
</body>
</html>
```

以上代码在 Chrome 浏览器中的运行结果如图 5.51 所示。

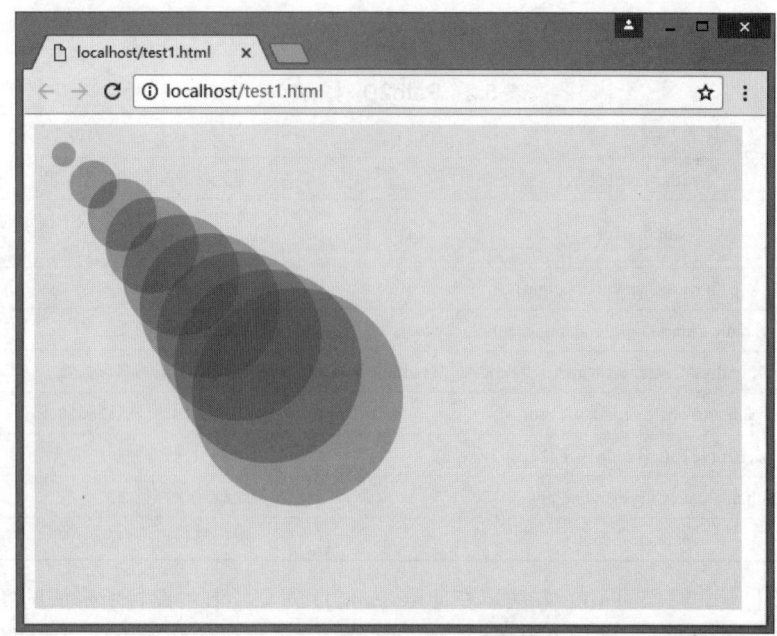

图 5.51 重复绘制圆形

可以在 Path2D 对象的构造函数中使用一个参数,参数值为另外一个 Path2D 对象,这将该对象所代表的路径复制给新创建的 Path2D 对象。

【示例 2】 本例首先创建一个 Path2D 对象,并使用该对象绘制一个矩形路径。然后,创建第二个 Path2D 对象,并将第一个 Path2D 对象所代表的路径复制给第二个 Path2D 对象。最后,再次使用第二个 Path2D 对象绘制一个圆形路径,使用图形上下文对象的 stroke 方法在画布中绘制第二个 Path2D 对象所形成的图形。

```html
<!doctype html>
<html>
<head>
<meta charset="utf-8">
</head>
<body>
<canvas id="myCanvas" width="300" height="200"></canvas>
<script type="text/javascript">
var canvas = document.getElementById("myCanvas");
var context = canvas.getContext('2d');
var path1=new Path2D();
path1.rect(10,10,100,100);
var path2=new Path2D(path1);
path2.moveTo(220,60);
path2.arc(170,60,50,0,2*Math.PI);
context.stroke(path2);
</script>
</body>
</html>
```

以上代码在 Chrome 浏览器中的运行结果如图 5.52 所示。

可以使用 Path2D 对象的 addPath()方法将一个 Path2D 对象所代表的路径添加到另一个 Path2D 对象所代表的路径中，方法如下所示：

```
path2.addPath(path1);
```

在上面语法中，path2 与 path1 均代表一个 Path2D 对象，该行代码表示将 path1 对象所代表的路径添加到 path2 对象所代表的路径中。注意，该方法目前仅有 Firefox 最新版本浏览器支持。

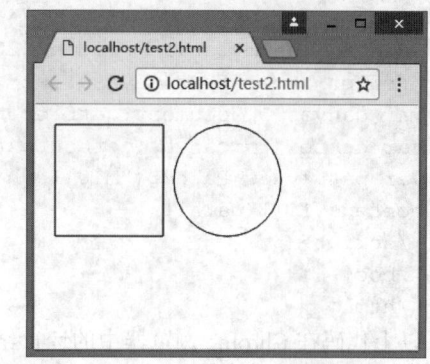

图 5.52　复制绘制的圆形

【示例 3】　修改示例 2 中的代码，如下所示。

```
<canvas id="myCanvas" width="300" height="200"></canvas>
<script type="text/javascript">
var canvas = document.getElementById("myCanvas");
var context = canvas.getContext('2d');
var path1=new Path2D();
path1.rect(10,10,100,100);
var path2=new Path2D();
path2.moveTo(220,60);
path2.arc(170,60,50,0,2*Math.PI);
path2.addPath(path1);
context.stroke(path2);
</script>
```

然后在浏览器中访问修改后的页面，页面显示效果如图 5.53 所示。

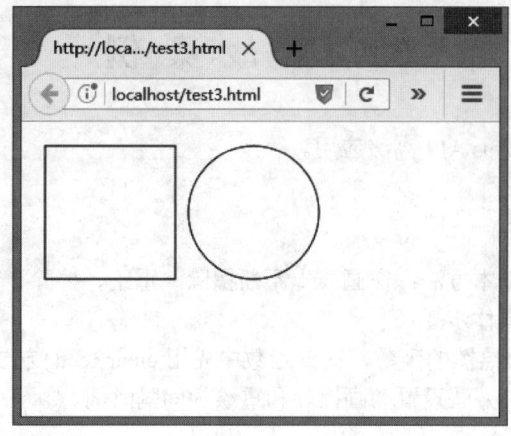

图 5.53　在 Firefox 中预览效果

可以在 Path2D 对象的构造函数中使用一个代表了 SVG 路径的字符串，这表示使用该 Path2D 对象绘制该路径。

【示例 4】　本例首先将绘制起点设置在（10, 10）处，然后横向绘制 80 个像素，纵向绘制 80 个像素，接着横向反向绘制 80 个像素，最后绘制到起点处。

```
<!doctype html>
<html>
<head>
<meta charset="utf-8">
</head>
```

```
<body>
<canvas id="myCanvas" width="200" height="200"></canvas>
<script type="text/javascript">
var canvas = document.getElementById("myCanvas");
var context = canvas.getContext('2d');
var path1=new Path2D("M10 10 h 80 v 80 h -80 Z ");
context.fill(path1);
</script>
</body>
</html>
```

以上代码在 Chrome 浏览器中的运行结果如图 5.54 所示。

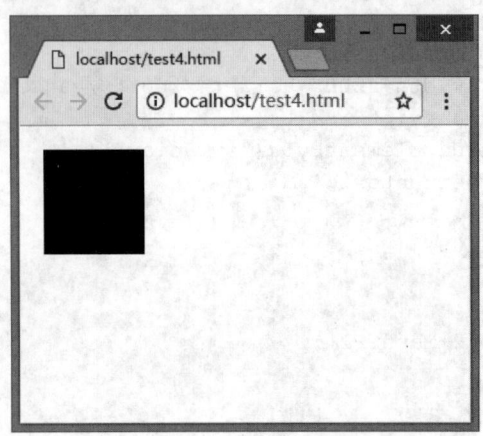

图 5.54 使用 SVG 路径绘制图形

5.8 实 战 案 例

本节将结合案例介绍 Canvas API 高级应用。

5.8.1 设计 canvas 动画

扫一扫，看视频

使用 canvas 制作动画的基本方法：在画布上不断擦除、重绘、擦除、重绘的过程。

使用 canvas 制作动画的具体步骤：

第 1 步，预先编写好用来绘图的函数，在该函数中先用 clearRect()方法将画布整体或局部擦除。

第 2 步，使用 setInterval()方法设置动画擦除和重绘的间隔时间。

◀》提示：

setInterval()方法是 JavaScript 的原生方法，该方法接受两个参数，第一个参数表示执行动画的函数，第二个参数为时间间隔，单位为毫秒。

◀》技巧：

在比较复杂的动画中，用户可以在清除、绘制动画前保存当前绘制状态，需要时再恢复，这样动画设计过程变成：擦除、保存状态、重绘、恢复状态。

【示例 1】 本例在画布中绘制一个红色小方块，然后让其从左向右缓慢移动，用户可在这个基础上使用 JavaScript 脚本编写更复杂的动画，效果如图 5.55 所示。

```
<!doctype html>
```

```
<html>
<head>
<meta charset="utf-8">
</head>
<body>
<canvas id="myCanvas" width="400" height="200"></canvas>
<script type="text/javascript">
var context, width,height, i;
function draw(id){
    var canvas = document.getElementById(id);
    if (canvas == null)
        return false;
    context = canvas.getContext('2d');
    width=canvas.width;
    height=canvas.height;
    i=0;
    setInterval(rotate,100);          //0.1秒
}
function rotate(){
    context.clearRect(0,0,width,height);
    context.fillStyle = "red";
    context.fillRect(i, 0, 50, 50);
    i=i+20;
}
draw("myCanvas")
</script>
</body>
</html>
```

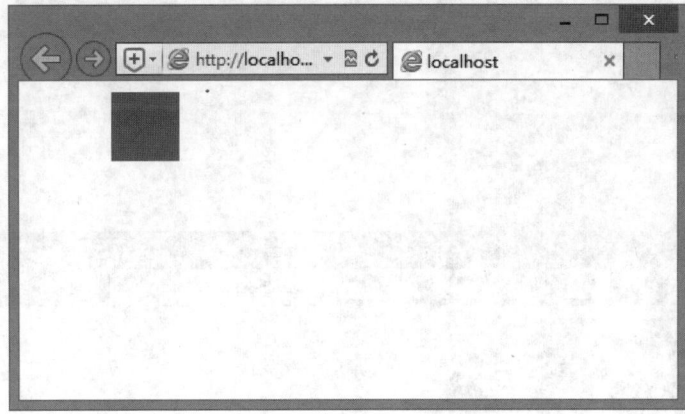

图 5.55 设计移动的小方块

【示例 2】 本例在画布中绘制一个红色方块和一个圆形球,让它们重叠显示,然后使用一个变量从图形上下文的 globalCompositeOperation 属性的所有参数构成的数组中挑选一个参数来显示对应的图形组合效果,通过动画来循环显示所有参数的组合效果,演示如图 5.56 所示。

```
<!doctype html>
<html>
<head>
<meta charset="utf-8">
</head>
```

```
<body>
<canvas id="myCanvas" width="500" height="240" style="border:solid 1px #93FB40;">
</canvas>
<script type="text/javascript">
var globalId, i=0;
function draw(id){
   globalId=id;
   setInterval(Composite,1000);
}
function Composite() {
   var canvas = document.getElementById(globalId);
   if (canvas == null) return false;
   var context = canvas.getContext('2d');
   var oprtns = new Array("source-atop", "source-in","source-out", "source-over",
"destination-atop", "destination-in", "destination-out", "destination-over",
"lighter", "copy", "xor" );
   if(i>10) i=0;
   context.clearRect(0,0,canvas.width,canvas.height);
   context.save();
   context.font="30px Georgia";
   context.fillText(oprtns[i],240,130);
   //绘制原有图形（蓝色长方形）
   context.fillStyle = "blue";
   context.fillRect(0, 0, 100, 100);
   //设置组合方式
   context.globalCompositeOperation = oprtns[i];
   //设置新图形（红色圆形）
   context.beginPath();
   context.fillStyle = "red";
   context.arc(100, 100, 100, 0, Math.PI*2, false);
   context.fill();
   context.restore();
   i=i+1;
}
draw("myCanvas")
</script>
</body>
</html>
```

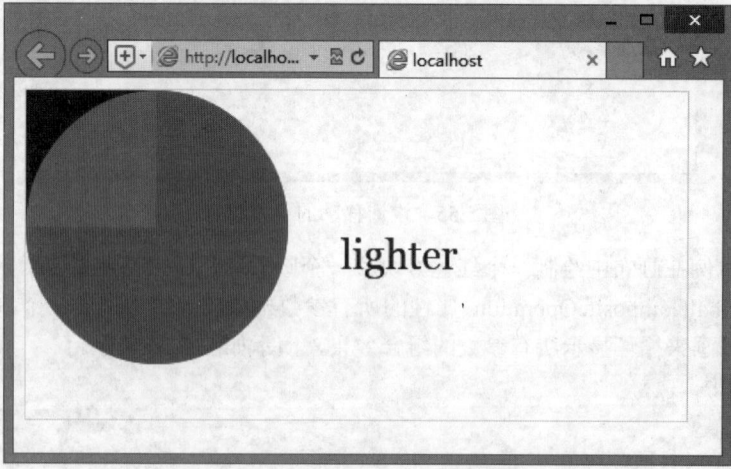

图5.56　设计图形组合动画

5.8.2 保存绘图

在画布中绘制一幅图形后，可以使用 Canvas API 将该图形保存到文件中。其实现原理：把当前绘画状态输出到一个 data URL 地址所指向的数据中的一个过程。

📢 提示：

> 所谓 data URL，是指目前大多数浏览器能够识别的一种 base64 位编码的 URL，主要用于小型的、可以在网页中直接嵌入，而不需要从外部文件嵌入的数据，如 img 元素中的图像文件等。data URL 格式类似于"data:image/png; base64, iVBORwOKGgoAAAANSUhEUgAAAAoAAAAK...etc"。目前，大多数现代浏览器都支持该功能。

Canvas API 使用 toDataURL()方法把绘画状态输出到一个 data URL，然后重新装载，用户可以直接保存装载后的文件。toDataURL()方法用法如下所示：

```
canvas.toDataURL(type);
```

参数 type 表示要输出数据的 MIME 类型。

【示例 1】 本例使用 Canvas API 将绘图输出到 data URL，效果如图 5.57 所示。

```
<!doctype html>
<html>
<head>
<meta charset="utf-8">
</head>
<body>
<canvas id="myCanvas" width="400" height="200"></canvas>
<script type="text/javascript">
var canvas = document.getElementById("myCanvas");
var context = canvas.getContext('2d');
context.fillStyle = "rgb(0, 0, 255)";
context.fillRect(0, 0, canvas.width, canvas.height);
context.fillStyle = "rgb(255, 255, 0)";
context.fillRect(10, 20, 50, 50);
window.location =canvas.toDataURL("image/jpeg");
</script>
</body>
</html>
```

图 5.57　把图形输出到 data URL

【示例 2】 本例在页面中添加一块画布、两个按钮,画布中显示绘制的几何图形,单击"保存图像"按钮,可以把绘制的图形另存到另一个页面中,单击"下载图像"按钮,可以把绘制的图形下载到本地,演示效果如图 5.58 所示。

```html
<!doctype html>
<html>
<head>
<meta charset="utf-8">
<script>
window.onload = function() {
    draw();
    var saveButton = document.getElementById("saveImageBtn");
    bindButtonEvent(saveButton, "click", saveImageInfo);
    var dlButton = document.getElementById("downloadImageBtn");
    bindButtonEvent(dlButton, "click", saveAsLocalImage);
};
function draw(){
    var canvas = document.getElementById("thecanvas");
    var ctx = canvas.getContext("2d");
    ctx.fillStyle = "rgba(125, 46, 138, 0.5)";
    ctx.fillRect(25,25,100,100);
    ctx.fillStyle = "rgba( 0, 146, 38, 0.5)";
    ctx.fillRect(58, 74, 125, 100);
    ctx.fillStyle = "rgba( 0, 0, 0, 1)"; // black color
}
function bindButtonEvent(element, type, handler){
    if(element.addEventListener) {
        element.addEventListener(type, handler, false);
    } else {
        element.attachEvent('on'+type, handler);
    }
}
function saveImageInfo(){
    var mycanvas = document.getElementById("thecanvas");
    var image    = mycanvas.toDataURL("image/png");
    var w=window.open('about:blank','image from canvas');
    w.document.write("<img src='"+image+"' alt='from canvas'/>");
}
function saveAsLocalImage(){
    var myCanvas = document.getElementById("thecanvas");
    var image = myCanvas.toDataURL("image/png").replace("image/png", "image/octet-stream");
    window.location.href=image;
}
</script>
</head>
<body>
<canvas width="200" height="200" id="thecanvas"></canvas>
<button id="saveImageBtn">保存图像</button>
<button id="downloadImageBtn">下载图像</button>
</body>
</html>
```

第 5 章 HTML5 绘图

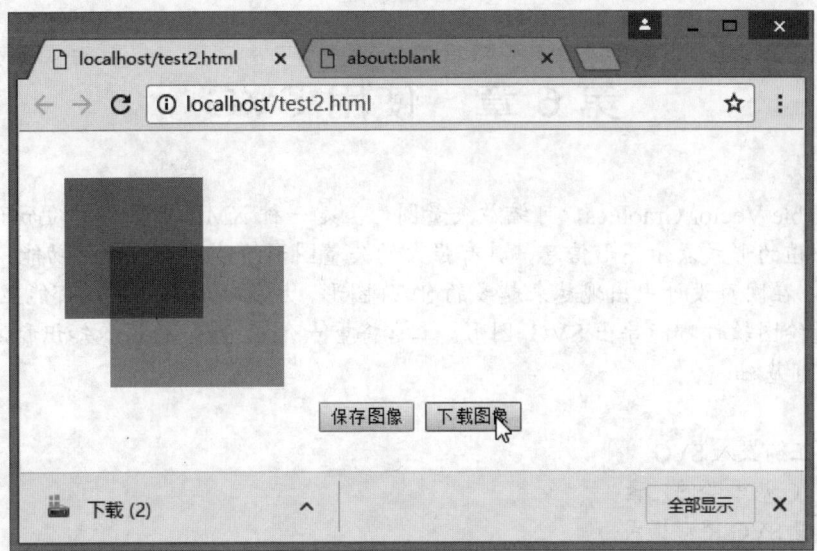

图 5.58 保存和下载图形

第 6 章　使用 SVG

SVG（Scalable Vector Graphics，可缩放矢量图形）是一种 XML 应用，简约而不简单，可以以一种简洁、可移植的形式表示图形信息，具有强大的矢量图形绘制及动态交互功能，并提供丰富的视觉效果。目前，在网页设计中出现越来越多的 SVG 图形，大多数现代浏览器都能显示 SVG 图形，并且大多数矢量绘图软件都能导出 SVG 图形。本章将重点介绍 SVG 的基本知识和使用，另外还介绍 Canvas 2D API 基础。

【学习重点】
- 在网页正确嵌入 SVG。
- 熟悉 SVG 基本绘图元素。
- 正确设置 SVG 图形样式。
- 能够使用 SVG 特效和动画。

6.1　SVG 基础

SVG 是一种专门为网络而设计的基于文本的图像格式，与 XML 高度兼容，且开放标准，所以可扩展性很强，能够描述任何复杂的图像。

6.1.1　SVG 发展历史

1998 年，W3C 收到了两个关于新的图形格式的提案：PGML 和 VML。虽然 PGML 和 VML 都是使用基于 CSS 的 XML 标记语言，但二者却是相互竞争的对手。

为了更好地促进 XML 矢量图形的发展，W3C 决定在融合两者优点的基础上，开发一种新的语言：SVG。W3C 期望 SVG 这种基于开放标准的可扩展语言能够满足 Web 开发者对动态、可缩放和平台无关的 Web 内容表现和交互手段日益增长的需求。

- 1999 年 2 月，SVG 草案出台。
- 2000 年 8 月，W3C 最终发布了 SVG 标准草案。
- 2001 年 9 月，W3C 正式发布 SVG 1.0 标准。
- 2003 年 1 月，W3C 又发布了 1.1 版本的 SVG 标准，并且成为 W3C 的推荐标准。
- 2005 年 4 月，W3C 颁布了 SVG 1.2 版本的工作草案。
- 2006 年 8 月，SVG 提供给移动设备使用的标准 SVG tiny 1.2 版本也成为 W3C 的候选推荐标准。

W3C 推荐给当前 SVG 开发者使用的是 SVG 1.1 标准。

6.1.2　SVG 特点

SVG 有很多特点，简单说明如下。

1. 超强交互性

SVG 能轻易地制作强大的动态交互。利用设计完善的 DOM 接口进行编程，动态地生成包含 SVG 图形的 Web 页面，能对用户操作做出不同响应。例如，高亮、声效、特效、动画等，体现了网络互动的本质。

2. 文本独立性

SVG 图像中的文字独立于图像，文字标注也可被动态地移动和缩放，方便用户对 SVG 图像内的文字进行基于图形的查询，图像中的文字被搜索引擎作为关键字搜索已经不再是梦想。

3. 高品质矢量图

SVG 图像的清晰度适合任何屏幕分辨率或打印分辨率。用户可以自由地缩放图像而不会破坏图像的清晰度。这对于查看某些图像细节的应用非常有用。

4. 超强颜色控制

SVG 具有一个 1600 万色彩的调色板，支持 ICC 标准、RGB、线性填充和遮罩。

5. 基于 XML

通过 XML 来表达信息、传递数据，不仅跨越平台，还跨越空间，更跨越设备。

6.1.3 在 HTML 中应用 SVG

扫一扫，看视频

SVG 文件可以通过以下元素嵌入 HTML 文档：<embed>、<object>或者<iframe>。SVG 代码也可以直接嵌入到 HTML 页面中，或可以直接链接到 SVG 文件。

1. 使用<embed>元素

优点：所有主要浏览器都支持，并允许使用脚本。

缺点：不推荐在 HTML4 和 XHTML 中使用，但在 HTML5 中允许。

具体用法如下：

```
<embed src="test.svg" type="image/svg+xml" />
```

2. 使用<object>元素

优点：所有主要浏览器都支持，并支持 HTML4、XHTML 和 HTML5 标准。

缺点：不允许使用脚本。

具体用法如下：

```
<object data="test.svg" type="image/svg+xml"></object>
```

3. 使用<iframe>元素

优点：所有主要浏览器都支持，并允许使用脚本。

缺点：不推荐在 HTML4 和 XHTML 中使用，但在 HTML5 中允许。

具体用法如下：

```
<iframe src="test.svg"></iframe>
```

4. 直接在 HTML 嵌入 SVG 代码

在 Firefox、IE 9+、Chrome 和 Safari 中，可以直接在 HTML 嵌入 SVG 代码。但 SVG 不能直接嵌入到 Opera。

【示例】 下面是一个简单示例。

```
<html>
<body>
<svg xmlns="http://www.w3.org/2000/svg" version="1.1">
```

```
    <circle cx="100" cy="50" r="40" stroke="black" stroke-width="2" fill="red"/>
</svg>
</body>
</html>
```

5. 链接到 SVG 文件

可以使用<a>元素链接到一个 SVG 文件，例如：

```
<a href="test.svg">View SVG file</a>
```

6.1.4 案例：设计第一个 SVG 图形

扫一扫，看视频

先动手编写一个小示例体会 SVG。本节示例设计使用 SVG 在网页中输出显示"Hello world!"文本字符图形，演示效果如图 6.1 所示。

【操作步骤】

（1）新建文本文件，保存为 hi.svg。注意，文件扩展名为.svg。

（2）使用记事本打开 hi.svg，然后输入下面代码。

图 6.1 绘制第一个 SVG 图形

```
<?xml version="1.0" encoding="utf-8"?>
<!DOCTYPE svg PUBLIC "-//W3C//DTD SVG 1.1//EN" "http://www.w3.org/Graphics/
SVG/1.1/DTD/svg11.dtd">
<!--Scalable Vector Graphic-->
<svg xmlns="http://www.w3.org/2000/svg" width="400" height="200">
    <rect x="50" y="50" width="300" height="100"
          stroke="red" stroke-width="2" fill="blue"/>
    <text x="100" y="100" style="font-size:30;fill:#fff;">Hello world!</text>
</svg>
```

【代码解析】

第 1 行代码，是一个标准 XML 文档的开头方式，使用"utf-8"的编码方式。在此处，SVG 与其他 XML 文档相比，并没有什么特别之处。

第 2 行代码，文档类型声明，定义文档的类型和版本号，说明该 XML 文档的<SVG>标记所参照的 DTD 文档的出处。可以省略。

第 3 行代码，是一个注释，也可以使用"<!--注释内容-->"这样的形式来注释。本章后面示例为了节约版面，这三行代码一般情况下将不再显示出来。

第 4 行代码，是 SVG 文档真正的开始，也是解析器开始进行渲染的开始，告知解析器该 SVG 的渲染区域是宽 400 像素、高 200 像素。其中 "xmlns=http://www.w3.org/2000/svg" 定义标记的名字空间，必须要正确设置。

第 5 行代码，是上图中红色矩形框，设置了偏移位置（x="50" y="50"）、大小（width="300" height="100"）、边框的粗细以及颜色（stroke="red" stroke-width="2"），以及填充的颜色（fill="blue"）。

第 6 行代码，是一段文字，样式设置了字体大小和颜色。

上面两行代码绘制矩形和文字，这两个图形都设置了样式，只是样式设置的方式不一样。大家可以看到，SVG 的文档与其他 XML 文档以及 HTML 文档都很相似，只不过 SVG 是用文本来描述图像的。

（3）完成 SVG 文件的编写后，可以把 SVG 文件嵌入到 HTML 页面中，与 HTML 页面一起显示。

这里使用<embed>标签导入外部文件 hi.svg。HTML 代码如下：

```
<!doctype html>
<html>
<head>
<meta charset="utf-8">
</head>
<body>
<embed src="hi.svg" type="image/svg+xml" />
</body>
</html>
```

（4）保存网页文档为 test1.html，然后在浏览器中预览，则可以看到图 6.1 所示效果。用户也可以直接在浏览器中预览 hi.svg 文件，所看到的效果是一样的。

6.2　使用 SVG

SVG 预定义很多元素，用来绘制各种图形。SVG 元素是一组事先定义好的如何绘制图像的指令集，由解析器负责解释，并把 SVG 图像在指定设备上渲染出来，使用 SVG 可以在网页上显示出各种高质量的矢量图形，支持很多常见的图形图像功能，如几何图形变换、动画效果、渐变色、滤镜效果、嵌入字体和透明效果等。

6.2.1　矩形

使用<rect>元素可以创建矩形，以及矩形的变种。包含属性说明如下。
- x：矩形的左上角的 x 轴。
- y：矩形的左上角的 y 轴。
- rx：x 轴的半径（round 元素）。
- ry：y 轴的半径（round 元素）。
- width：矩形的宽度，必需的。
- height：矩形的高度，必需的。

显现属性包括：Color、FillStroke、Graphics。

【示例1】　本例使用<rect>元素绘制一个矩形，效果如图 6.2 所示。

```
<!doctype html>
<html>
<head>
<meta charset="utf-8">
</head>
<body>
<svg xmlns="http://www.w3.org/2000/svg" version="1.1">
    <rect width="300" height="100"
        style="fill:rgb(0,0,255);stroke-width:1;stroke:rgb(0,0,0)"/>
</svg>
</body>
</html>
```

【代码解析】

rect 元素的 width 和 height 属性可定义矩形的高度和宽度，style 属性用来定义 CSS 属性，其中 CSS 的 fill 属性定义矩形的填充颜色，取值可以为 rgb 值、颜色名或者十六进制值，stroke-width 属性定义矩形边框的宽度，stroke 属性定义矩形边框的颜色。

【示例2】 本例包含一些新的绘图属性，设计效果如图6.3所示。
```
<svg xmlns="http://www.w3.org/2000/svg" version="1.1">
  <rect x="50" y="20" width="300" height="150"
      style="fill:blue;stroke:pink;stroke-width:5;fill-opacity:0.1;
      stroke-opacity:0.9"/>
</svg>
```

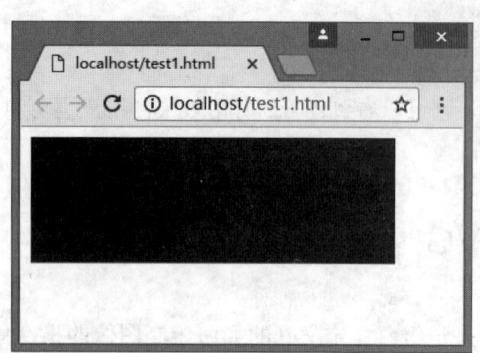

图6.2　绘制简单的矩形　　　　　　　图6.3　绘制半透明效果的矩形

【代码解析】

x属性定义矩形的左侧位置，例如，x="0"定义矩形到浏览器窗口左侧的距离是 0px；y属性定义矩形的顶端位置，例如，y="0"定义矩形到浏览器窗口顶端的距离是0px；CSS 的 fill-opacity 属性定义填充颜色透明度，取值范围为 0~1，stroke-opacity 属性定义笔触颜色的透明度，取值范围为 0~1。

【示例3】 本例创建一个圆角矩形，效果如图6.4所示。
```
<svg xmlns="http://www.w3.org/2000/svg" version="1.1">
  <rect x="50" y="20" rx="20" ry="20" width="300" height="150"
      style="fill:red;stroke:black;stroke-width:5;opacity:0.5"/>
</svg>
```
其中 rx 和 ry 属性可使矩形产生圆角。

图6.4　绘制圆角矩形

6.2.2　圆形

使用<circle>元素可用来创建一个圆。包含属性说明如下。

- cx：圆的 x 轴坐标。
- cy：圆的 y 轴坐标。
- r：圆的半径，必需。

显现属性包括：Color、FillStroke、Graphics。

【示例】 本例在页面中设计一个简单的圆形，效果如图 6.5 所示。

```
<!doctype html>
<html>
<head>
<meta charset="utf-8">
</head>
<body>
<svg xmlns="http://www.w3.org/2000/svg" version="1.1">
    <circle cx="120" cy="70" r="60" stroke="black"
    stroke-width="2" fill="red"/>
</svg>
</body>
</html>
```

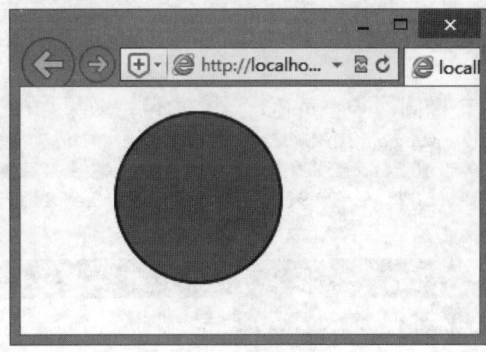

图 6.5　设计圆形效果

【代码解析】

cx 和 cy 属性定义圆点的 x 和 y 坐标，如果省略 cx 和 cy，圆的中心默认设置为(0, 0)；r 属性定义圆的半径。

6.2.3　椭圆

椭圆与圆很相似，不同之处在于椭圆有不同的 x 和 y 半径，而圆的 x 和 y 半径是相同的。使用<ellipse>元素可以创建椭圆。包含属性说明如下。

- cx：椭圆 x 轴坐标。
- cy：椭圆 y 轴坐标。
- rx：沿 x 轴椭圆形的半径，必需。
- ry：沿 y 轴长椭圆形的半径，必需。

显现属性包括：Color、FillStroke、Graphics。

【示例 1】 本例将创建一个椭圆，效果如图 6.6 所示。

```
<svg xmlns="http://www.w3.org/2000/svg" version="1.1">
    <ellipse cx="150" cy="80" rx="100" ry="50"
    style="fill:yellow;stroke:purple;stroke-width:2"/>
</svg>
```

【代码解析】

cx 属性定义椭圆中心的 x 坐标，cy 属性定义椭圆中心的 y 坐标，rx 属性定义水平半径，ry 属性定义垂直半径。

扫一扫，看视频

【示例2】 本例将创建三个累叠而上的椭圆,效果如图6.7所示。
```
<svg xmlns="http://www.w3.org/2000/svg" version="1.1">
    <ellipse cx="240" cy="100" rx="220" ry="30" style="fill:purple"/>
    <ellipse cx="220" cy="70" rx="190" ry="20" style="fill:lime"/>
    <ellipse cx="210" cy="45" rx="170" ry="15" style="fill:yellow"/>
</svg>
```

图6.6 设计椭圆效果　　　　　　　　　　图6.7 设计椭圆效果

【示例3】 本例将组合两个椭圆,一个黄色,一个白色,效果如图6.8所示。
```
<svg xmlns="http://www.w3.org/2000/svg" version="1.1">
    <ellipse cx="240" cy="50" rx="220" ry="30" style="fill:yellow"/>
    <ellipse cx="220" cy="50" rx="190" ry="20" style="fill:white"/>
</svg>
```

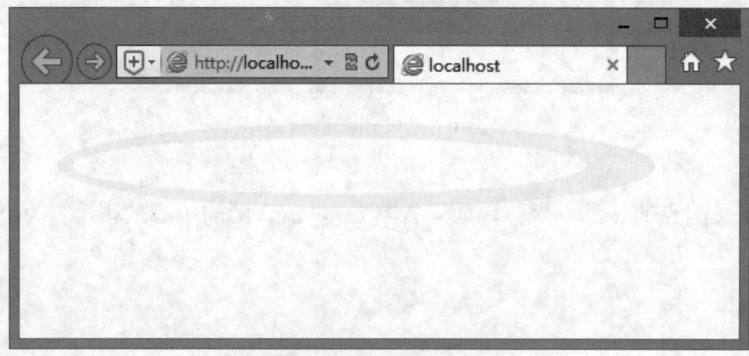

图6.8 设计双椭圆效果

6.2.4 多边形

使用<polygon>元素可以定义多边形。多边形是由直线组成,其形状是封闭的,即所有的线条连接起来。包含属性说明如下。

- points:多边形的点。点的总数必须是偶数。必需。
- fill-rule:FillStroke演示属性的部分。

显现属性包括:Color、FillStroke、Graphics、Markers。

【示例1】 本例使用<polygon>元素创建含有不少于3个边的图形,效果如图6.9所示。
```
<svg xmlns="http://www.w3.org/2000/svg" version="1.1">
    <polygon points="200,10 250,190 160,210"
    style="fill:lime;stroke:purple;stroke-width:1"/>
</svg>
```

【代码解析】

points 属性定义多边形每个角的 x 和 y 坐标。

【示例 2】 本例创建一个不规则的四边形，效果如图 6.10 所示。

```
<svg xmlns="http://www.w3.org/2000/svg" version="1.1">
  <polygon points="220,10 300,210 170,250 123,234"
    style="fill:lime;stroke:purple;stroke-width:1"/>
</svg>
```

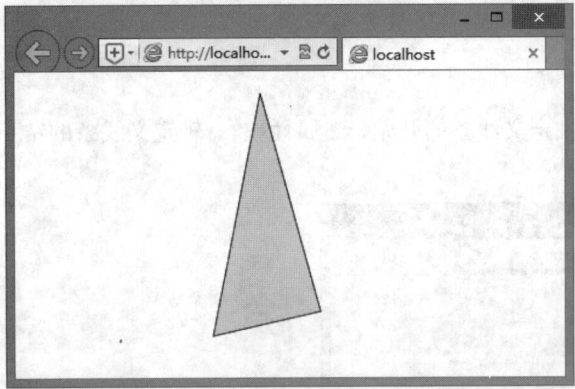
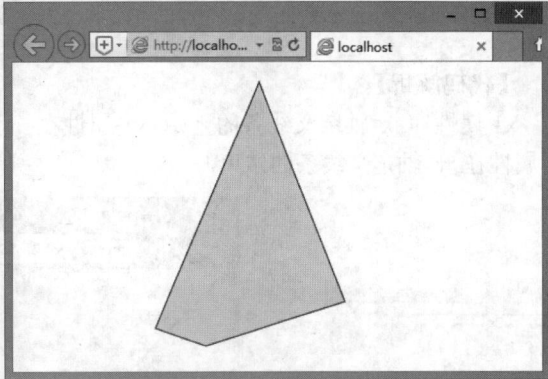

图 6.9 设计多边形效果　　　　　　　图 6.10 设计四边形效果

【示例 3】 本例使用<polygon>元素创建一个星形，效果如图 6.11 所示。

```
<svg xmlns="http://www.w3.org/2000/svg" version="1.1">
  <polygon points="100,10 40,180 190,60 10,60 160,180"
    style="fill:lime;stroke:purple;stroke-width:5;fill-rule:nonzero;" />
</svg>
```

【示例 4】 本例在上面示例基础上改变 fill-rule 属性为 evenodd，效果如图 6.12 所示。

```
<svg xmlns="http://www.w3.org/2000/svg" version="1.1">
  <polygon points="100,10 40,180 190,60 10,60 160,180"
    style="fill:lime;stroke:purple;stroke-width:5;fill-rule:evenodd;" />
</svg>
```

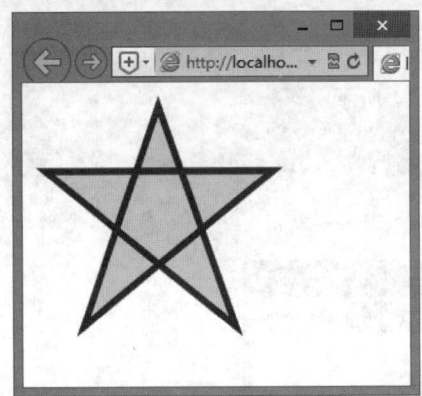
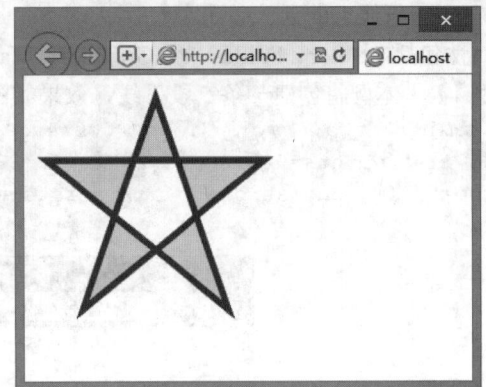

图 6.11 设计星形效果　　　　　　　图 6.12 设计镂空的星形效果

6.2.5 直线

使用<line>元素可以创建一个直线。包含属性说明如下。

- x1：直线起始点 x 坐标。
- y1：直线起始点 y 坐标。
- x2：直线终点 x 坐标。

➘ y2：直线终点 y 坐标。

显现属性包括：Color、FillStroke、Graphics、Markers。

【示例】 下面示例将设计一条直线，效果如图 6.13 所示。

```
<svg xmlns="http://www.w3.org/2000/svg" version="1.1">
    <line x1="0" y1="0" x2="200" y2="200"
    style="stroke:rgb(255,0,0);stroke-width:2"/>
</svg>
```

【代码解析】

x1 属性在 x 轴定义线条的开始，y1 属性在 y 轴定义线条的开始，x2 属性在 x 轴定义线条的结束，y2 属性在 y 轴定义线条的结束。

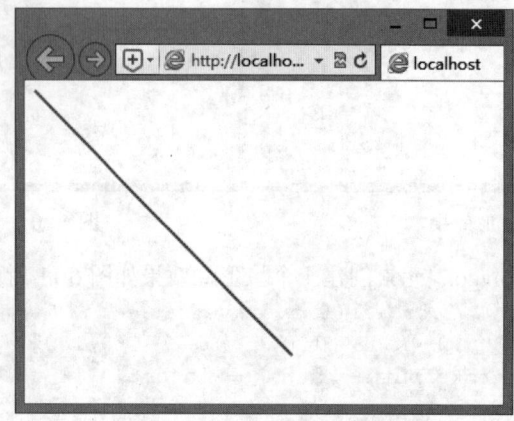

图 6.13　设计直线效果

6.2.6 折线

使用<polyline>元素可以创建任何只有直线的形状。包含属性说明如下。

➘ points：折线上的点。必需。

显现属性包括：Color、FillStroke、Graphics、Markers。

【示例 1】 本例将创建一条 5 段折线，效果如图 6.14 所示。

```
<svg xmlns="http://www.w3.org/2000/svg" version="1.1">
  <polyline points="20,20 40,25 60,40 80,120 120,140 200,180"
  style="fill:none;stroke:black;stroke-width:3" />
</svg>
```

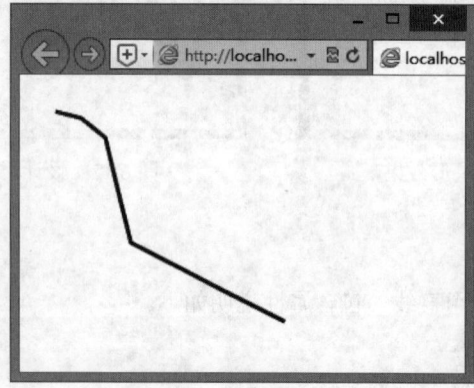

图 6.14　设计折线效果

【示例2】 本例将创建台阶式的折线，效果如图6.15所示。

```
<svg xmlns="http://www.w3.org/2000/svg" version="1.1">
  <polyline points="0,40 40,40 40,80 80,80 80,120 120,120 120,160" style="fill:white;stroke:red;stroke-width:4" />
</svg>
```

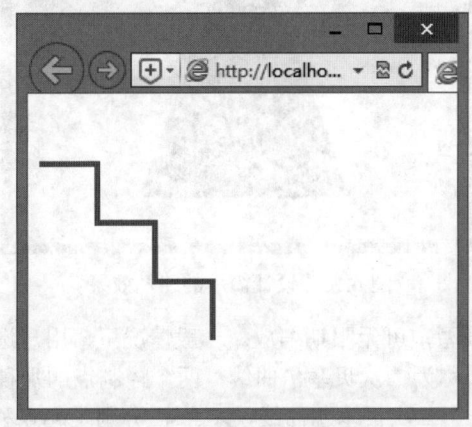

图 6.15 设计台阶折线效果

6.2.7 路径

使用<path>元素可以定义一个路径。包含属性说明如下。

- d：定义路径指令，具体指令说明如下。
  - M = moveto。
  - L = lineto。
  - H = horizontal lineto。
  - V = vertical lineto。
  - C = curveto。
  - S = smooth curveto。
  - Q = quadratic Bézier curve。
  - T = smooth quadratic Bézier curveto。
  - A = elliptical Arc。
  - Z = closepath。
- pathLength：如果存在，路径将进行缩放，以便计算各点相当于此值的路径长度。
- transform：转换列表。

显现属性包括：Color、FillStroke、Graphics、Markers。

注意：

以上所有命令均允许小写字母。大写表示绝对定位，小写表示相对定位。

【示例1】 本例定义了一条路径，它开始于位置(150,0)，到达位置(75,200)，然后从那里开始到(225,200)，最后在(150,0)关闭路径，效果如图6.16所示。

```
<svg xmlns="http://www.w3.org/2000/svg" version="1.1">
  <path d="M150 0 L75 200 L225 200 Z" />
</svg>
```

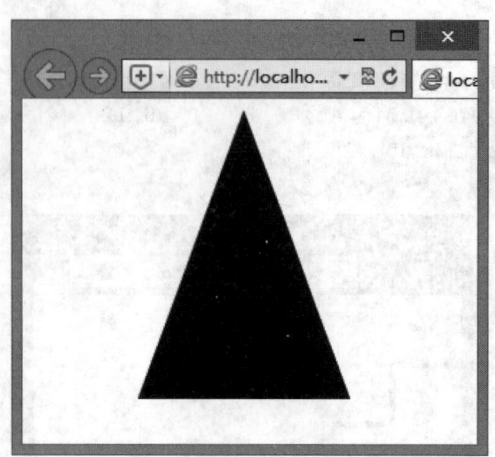

图 6.16　设计简单的路径效果

使用贝兹曲线流畅的曲线模型，可无限期缩放。一般情况下，用户选择两个端点和一个或两个控制点。一个控制点的贝塞尔曲线被称为二次贝塞尔曲线，两个控制点的那种被称为立方体。

【示例 2】　本例创建了一个二次贝塞尔曲线，A 和 C 分别是起点和终点，B 是控制点，效果如图 6.17 所示。

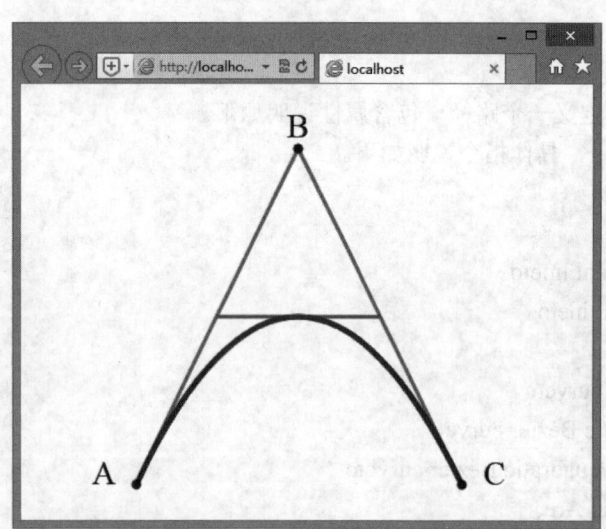

图 6.17　设计简单的路径效果

```
<svg xmlns="http://www.w3.org/2000/svg" version="1.1">
  <path id="lineAB" d="M 100 350 l 150 -300" stroke="red"
  stroke-width="3" fill="none" />
  <path id="lineBC" d="M 250 50 l 150 300" stroke="red"
  stroke-width="3" fill="none" />
  <path d="M 175 200 l 150 0" stroke="green" stroke-width="3"
  fill="none" />
  <path d="M 100 350 q 150 -300 300 0" stroke="blue"
  stroke-width="5" fill="none" />
  <!-- Mark relevant points -->
  <g stroke="black" stroke-width="3" fill="black">
    <circle id="pointA" cx="100" cy="350" r="3" />
    <circle id="pointB" cx="250" cy="50" r="3" />
```

```
    <circle id="pointC" cx="400" cy="350" r="3" />
  </g>
  <!-- Label the points -->
  <g font-size="30" font="sans-serif" fill="black" stroke="none"
  text-anchor="middle">
    <text x="100" y="350" dx="-30">A</text>
    <text x="250" y="50" dy="-10">B</text>
    <text x="400" y="350" dx="30">C</text>
  </g>
</svg>
```

提示:

由于绘制路径比较复杂,建议用户使用 SVG 编辑器来创建复杂的图形。

6.2.8 文本

使用<text>元素可以定义文本。包含属性说明如下。

- x:列表的 x 轴的位置。在文本中在第 n 个字符的位置在第 n 个 x 轴。如果后面存在额外的字符,耗尽他们最后一个字符之后放置的位置,默认值为 0。
- y:列表的 y 轴位置,参考 x,默认值为 0。
- dx:在字符的长度列表中移动相对最后绘制标志符号的绝对位置,参考 x。
- dy:在字符的长度列表中移动相对最后绘制标志符号的绝对位置,参考 x。
- rotate:一个旋转的列表。第 n 个旋转是第 n 个字符,附加字符没有给出最后的旋转值。
- textLength:SVG 查看器将尝试显示文本之间的间距,或字形调整的文本目标长度。默认值为正常文本的长度。
- lengthAdjust:告诉查看器,如果指定长度就尝试进行调整用以呈现文本。这两个值是 spacing 和 spacingAndGlyphs。

显现属性包括:Color、FillStroke、Graphics、FontSpecification、TextContentElements。

【示例 1】 本例在页面中输出文本"HTML5+CSS3",效果如图 6.18 所示。

```
<svg xmlns="http://www.w3.org/2000/svg" version="1.1">
  <text x="0" y="15" fill="red">HTML5+CSS3</text>
</svg>
```

【示例 2】 本例设计旋转的文字,效果如图 6.19 所示。

```
<svg xmlns="http://www.w3.org/2000/svg" version="1.1">
  <text x="0" y="15" fill="red" transform="rotate(30 20,40)">HTML5+CSS3</text>
</svg>
```

图 6.18 输出文本

图 6.19 设计旋转的文字

【示例 3】 本例根据路径设计路径文字,实现文字任意扭曲变形,效果如图 6.20 所示。

```
<svg xmlns="http://www.w3.org/2000/svg" version="1.1"
 xmlns:xlink="http://www.w3.org/1999/xlink">
```

```
  <defs>
    <path id="path1" d="M75,20 a1,1 0 0,0 100,0" />
  </defs>
  <text x="10" y="100" style="fill:red;">
    <textPath xlink:href="#path1">HTML5+CSS3 HTML5+CSS3</textPath>
  </text>
</svg>
```

【示例 4】 <text>元素可以分组显示文本，该元素可以包含一个或多个<tspan>元素，每个<tspan>元素可以包含不同的格式和位置的文本。在下面示例中，在<text>元素中嵌入了 2 个<tspan>元素，这样可以设计 3 行文本，并可以根据需要设计它们的显示样式，效果如图 6.21 所示。

```
<svg xmlns="http://www.w3.org/2000/svg" version="1.1">
  <text x="10" y="20" style="fill:red;">第一行文本
    <tspan x="10" y="45">第二行文本</tspan>
    <tspan x="10" y="70">第三行文本</tspan>
  </text>
</svg>
```

图 6.20 设计路径的文字

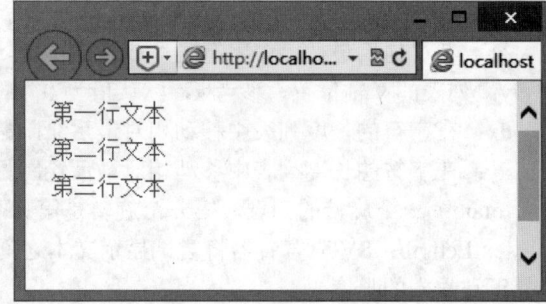
图 6.21 设计分组文字

【示例 5】 本例使用<a>元素和<text>元素配合设计链接文本，效果如图 6.22 所示。

```
<svg xmlns="http://www.w3.org/2000/svg" version="1.1"
 xmlns:xlink="http://www.w3.org/1999/xlink">
  <a xlink:href="https://www.baidu.com/" target="_blank">
    <text x="0" y="15" fill="red">百度一下</text>
  </a>
</svg>
```

图 6.22 设计链接文字

6.2.9 线框样式

SVG 提供了 stroke 属性用于定义线框样式，stroke 属性又包含 3 个子属性：

- stroke-width。

- stroke-linecap。
- stroke-dasharray。

所有 stroke 属性可应用于任何种类的线条，文字和元素就像一个圆的轮廓。

1. stroke 属性

stroke 属性可以定义一条线、文本或元素轮廓颜色。

【示例1】　本例演示了如何使用 stroke 属性定义红、蓝、黑 3 色线条，效果如图 6.23 所示。

```
<svg xmlns="http://www.w3.org/2000/svg" version="1.1">
  <g fill="none">
    <path stroke="red" d="M5 20 l215 0" />
    <path stroke="blue" d="M5 40 l215 0" />
    <path stroke="black" d="M5 60 l215 0" />
  </g>
</svg>
```

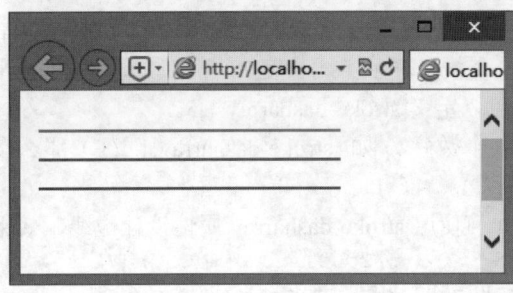

图 6.23　设计线条颜色

2. stroke-width 属性

stroke-width 属性可以定义一条线、文本或元素轮廓厚度。

【示例2】　本例演示了如何使用 stroke-width 属性定义 3 条不同宽度的线条，效果如图 6.24 所示。

```
<svg xmlns="http://www.w3.org/2000/svg" version="1.1">
  <g fill="none" stroke="black">
    <path stroke-width="2" d="M5 20 l215 0" />
    <path stroke-width="4" d="M5 40 l215 0" />
    <path stroke-width="6" d="M5 60 l215 0" />
  </g>
</svg>
```

3. stroke-linecap 属性

stroke-linecap 属性定义线段或路径端点样式，取值包括 butt（平直）、round（圆形）、square（正方形）和 inherit（继承）。

【示例3】　本例演示了如何使用 stroke-width 属性设计不同线条端点样式，效果如图 6.25 所示。

```
<svg xmlns="http://www.w3.org/2000/svg" version="1.1">
  <g fill="none" stroke="black" stroke-width="20">
    <path stroke-linecap="butt" d="M5 20 l215 0" />
    <path stroke-linecap="round" d="M5 60 l215 0" />
    <path stroke-linecap="square" d="M5 100 l215 0" />
  </g>
</svg>
```

图 6.24　设计线条宽度　　　　　　图 6.25　设计线条端点样式

4. stroke-dasharray 属性

stroke-dasharray 属性用于创建虚线。

虚线是由一些间隔的实线组成，而 stroke-dasharray 属性接受一串数字，表示这段路径实线和空隙的长度。例如，实现类似 CSS 中 border:dotted 这样的点线样式，可以定义 stroke-dasharray:1,1，或者简写为 stroke-dasharray:1，其中第一个数字表示实线长度 1，第二个数字表示间隔长度 1，后面则循环；如果要加大间隔而不加长实线，则可以定义 stroke-dasharray:1,5。

注意，如果传入的是奇数个数字，如 stroke-dasharray:1,2,3，那么应该等于这样的写法 stroke-dasharray:1,2,3,1,2,3。

【示例 4】　本例演示了如何使用 stroke-dasharray 属性设计虚线，效果如图 6.26 所示。

```
<svg xmlns="http://www.w3.org/2000/svg" version="1.1">
  <g fill="none" stroke="black" stroke-width="4">
    <path stroke-dasharray="5,5" d="M5 20 l215 0" />
    <path stroke-dasharray="10,10" d="M5 40 l215 0" />
    <path stroke-dasharray="20,10,5,5,5,10" d="M5 60 l215 0" />
  </g>
</svg>
```

5. stroke-dashoffset 属性

stroke-dashoffset 属性定义虚线开始时的偏移长度，正数表示从路径起始点向前偏移，负数表示向后偏移。

【示例 5】　本例演示了如何使用 stroke-dashoffset 属性设计虚线偏移值，效果如图 6.27 所示。

```
<svg xmlns="http://www.w3.org/2000/svg" version="1.1">
  <g fill="none" stroke="black" stroke-width="4">
    <path stroke-dasharray="15, 10, 5, 10" stroke-dashoffset="0"  d="M5 20 l215 0" />
    <path stroke-dasharray="15, 10, 5, 10" stroke-dashoffset="15" d="M5 40 l215 0" />
  </g>
</svg>
```

图 6.26　设计虚线样式　　　　　　图 6.27　比较虚线偏移前后效果

6.2.10 SVG 滤镜

SVG 滤镜用来增加对 SVG 图形的特殊效果。SVG 可用的滤镜说明如下：

- feBlend：把两个输入对象组合在一起，使它们受特定的混合模式控制。类似于图像编辑软件中混合两个图层。该模式由属性 mode 定义。
- feColorMatrix：基于转换矩阵对颜色进行变换。每一像素的颜色值（一个表示为红，绿，蓝，透明度的矢量）都经过矩阵乘法计算出的新颜色。
- feComponentTransfer：对每个像素执行颜色分量的数据重映射。它允许进行图像亮度调整，对比度调整，色彩平衡或阈值的操作。
- feComposite：执行两个输入图像的智能像素组合，在图像空间中使用 over、in、atop、xor 合成操作之一。另外，还可以应用一个智能组件 arithmetic 操作（结果被压到[0,1]范围内）。
- feConvolveMatrix：应用一个矩阵卷积滤镜效果。一个卷积在输入图像中把像素与邻近像素组合起来制作出结果图像。通过卷积可以实现各种成像操作，如模糊、边缘检测、锐化、压花和斜角。
- feDiffuseLighting：光照一个图像，使用 alpha 通道作为隆起映射。结果图像是一个 RGBA 不透明图像，取决于光的颜色、光的位置以及输入隆起映射的表面几何形状。
- feDisplacementMap：映射置换滤镜，该滤镜用来自图像中从 in2 到空间的像素值置换图像从 in 到空间的像素值。
- feDistantLight：该滤镜定义了一个距离光源，用于照明过滤，可以用在灯光滤镜<feDiffuse-Lighting>元素或<feSpecularLighting>元素的内部。
- feFlood：该滤镜用 flood-color 元素定义的颜色和 flood-opacity 元素定义的不透明度填充滤镜子区域。
- feFuncA：该滤镜为它的父<feComponentTransfer>元素的输入图形的 alpha 成分定义了变换函数。
- feFuncB：该滤镜为它的父<feComponentTransfer>元素的输入图形的蓝色成分定义了变换函数。
- feFuncG：该滤镜为它的父<feComponentTransfer>元素的输入图形的绿色成分定义了变换函数。
- feFuncR：该滤镜为它的父<feComponentTransfer>元素的输入图形的红色成分定义了变换函数。
- feGaussianBlur：该滤镜对输入图像进行高斯模糊，属性 stdDeviation 中指定的数量定义了钟形。
- feImage：feImage 滤镜从外部来源取得图像数据，并提供像素数据作为输出，意味着如果外部来源是一个 SVG 图像，这个图像将被栅格化。
- feMerge：该滤镜允许同时应用滤镜效果，而不是按顺序应用滤镜效果。利用 result 存储别的滤镜的输出可以实现这一点，然后在一个 <feMergeNode>子元素中访问它。
- feMergeNode：feMergeNode 元素获取另一个滤镜的结果，让它的父<feMerge>元素处理。
- feMorphology：该滤镜用来侵蚀或扩张输入的图像。它在增肥或瘦身效果方面特别有用。
- feOffset：该输入图像作为一个整体，属性 dx 和属性 dy 的值指定了它的偏移量。
- feSpecularLighting：该滤镜照亮一个源图形，使用 alpha 通道作为隆起映射。该结果图像是一个基于光色的 RGBA 图像。
- fePointLight：是一种点光源元素，用于照明过滤，用于 SVG 文件。
- feSpotLight：是一种光源元素，用于照明过滤，用于 SVG 文件。
- feTile：输入图像是平铺的，结果用来填充目标。它的效果近似于一个<pattern>图案对象。
- feTurbulence：该滤镜利用 Perlin 噪声函数创建一个图像。它实现了人造纹理比如云纹、大理石纹的合成。

用户可以在每个 SVG 元素上使用多个滤镜。

◁ 注意：

IE 和 Safari 早期版本不支持 SVG 滤镜。

将 SVG 滤镜应用到 SVG 的<text>元素有两种方法：

（1）通过 CSS：
```
.filtered {
  filter: url(#filter);
}
```

（2）通过属性：
```
<text filter="url(#filter)">特效文本</text>
```

滤镜可以嵌入 SVG，在 SVG 中定义滤镜，并使用 CSS 把它应用到任何 HTML 元素中：
```
filter: url(#mySVGfilter);
```
对于 Blink 和 WebKit 需要添加前缀：
```
-webkit-filter: url(#mySVGfilter);
```
WebKit、Firefox 和 Blink 目前都支持 SVG 滤镜应用于 HTML 内容。IE 和 Microsoft Edge 却会显示未添加滤镜的元素，所以要确保设计默认样式。

包含滤镜的 SVG 可能不会被设置为 display:none，但是可以设置 visibility:hidden。

6.2.11 模糊效果

所有 SVG 滤镜都定义在<defs>元素中。<defs>元素含有特殊元素（如滤镜）的定义。<filter>元素用来定义 SVG 滤镜，<filter>元素使用 id 属性定义向图形应用哪个滤镜。

使用<feGaussianBlur>元素可以创建模糊效果。

【示例】 本例使用<feGaussianBlur>元素为矩形设计模糊效果，效果如图 6.28 所示。
```
<svg xmlns="http://www.w3.org/2000/svg" version="1.1">
  <defs>
    <filter id="f1" x="0" y="0">
      <feGaussianBlur in="SourceGraphic" stdDeviation="15" />
    </filter>
  </defs>
  <rect width="90" height="90" stroke="green" stroke-width="3"
  fill="yellow" filter="url(#f1)" />
</svg>
```

【代码解析】

<filter>元素 id 属性定义一个滤镜的唯一名称，<feGaussianBlur>元素定义模糊效果，in="SourceGraphic" 这个部分定义了由整个图像创建效果，stdDeviation 属性定义模糊量，<rect>元素的滤镜属性用来把元素链接到"f1"滤镜。

图 6.28　设计模糊效果

6.2.12 阴影效果

<feOffset>元素用于创建阴影效果。

【示例 1】 本例偏移一个矩形，然后混合偏移图像顶部，效果如图 6.29 所示。

```
<svg xmlns="http://www.w3.org/2000/svg" version="1.1">
  <defs>
    <filter id="f1" x="0" y="0" width="200%" height="200%">
      <feOffset result="offOut" in="SourceGraphic" dx="20" dy="20" />
      <feBlend in="SourceGraphic" in2="offOut" mode="normal" />
    </filter>
  </defs>
  <rect width="90" height="90" stroke="green" stroke-width="3"
  fill="yellow" filter="url(#f1)" />
</svg>
```

【代码解析】

<filter>元素 id 属性定义一个滤镜的唯一名称，<rect>元素的滤镜属性用来把元素链接到"f1"滤镜。

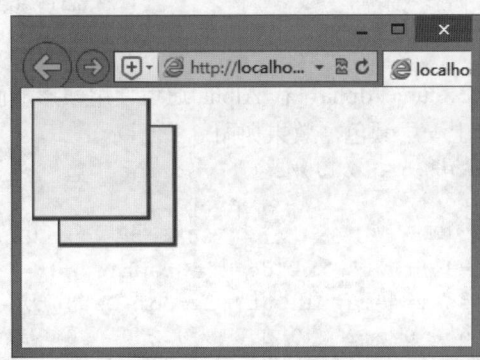

图 6.29 设计阴影效果

【示例 2】 本例设计偏移图像可以变得模糊，效果如图 6.30 所示。

```
<svg xmlns="http://www.w3.org/2000/svg" version="1.1">
  <defs>
    <filter id="f1" x="0" y="0" width="200%" height="200%">
      <feOffset result="offOut" in="SourceGraphic" dx="20" dy="20" />
      <feGaussianBlur result="blurOut" in="offOut" stdDeviation="10" />
      <feBlend in="SourceGraphic" in2="blurOut" mode="normal" />
    </filter>
  </defs>
  <rect width="90" height="90" stroke="green" stroke-width="3"
  fill="yellow" filter="url(#f1)" />
</svg>
```

【代码解析】

<feGaussianBlur>元素的 stdDeviation 属性定义了模糊量。

【示例 3】 本例制作一个黑色的阴影，效果如图 6.31 所示。

```
<svg xmlns="http://www.w3.org/2000/svg" version="1.1">
  <defs>
    <filter id="f1" x="0" y="0" width="200%" height="200%">
      <feOffset result="offOut" in="SourceAlpha" dx="20" dy="20" />
      <feGaussianBlur result="blurOut" in="offOut" stdDeviation="10" />
      <feBlend in="SourceGraphic" in2="blurOut" mode="normal" />
    </filter>
  </defs>
```

```
  <rect width="90" height="90" stroke="green" stroke-width="3"
  fill="yellow" filter="url(#f1)" />
</svg>
```

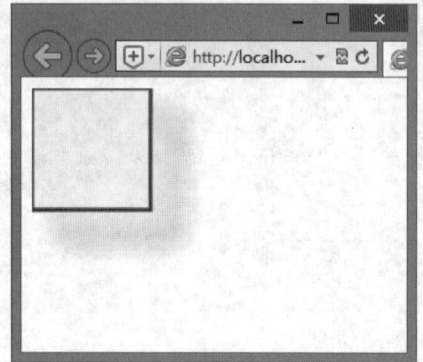
图 6.30 设计模糊阴影效果

图 6.31 设计黑色阴影效果

【代码解析】
<feOffset>元素的属性改为"SourceAlpha"在 Alpha 通道使用残影,而不是整个 RGBA 像素。

【示例 4】 本例为阴影涂上一层颜色,效果如图 6.32 所示。

```
<svg xmlns="http://www.w3.org/2000/svg" version="1.1">
  <defs>
    <filter id="f1" x="0" y="0" width="200%" height="200%">
      <feOffset result="offOut" in="SourceGraphic" dx="20" dy="20" />
      <feColorMatrix result="matrixOut" in="offOut" type="matrix"
      values="0.2 0 0 0 0 0 0.2 0 0 0 0 0 0.2 0 0 0 0 0 1 0" />
      <feGaussianBlur result="blurOut" in="matrixOut" stdDeviation="10" />
      <feBlend in="SourceGraphic" in2="blurOut" mode="normal" />
    </filter>
  </defs>
  <rect width="90" height="90" stroke="green" stroke-width="3"
  fill="yellow" filter="url(#f1)" />
</svg>
```

图 6.32 为阴影填色

【代码解析】
<feColorMatrix>过滤器是用来转换偏移的图像,使之更接近黑色。"0.2"矩阵的 3 个值都获取乘以红色、绿色和蓝色通道。降低其值带来的颜色至黑色(黑色为 0)。

6.2.13 线性渐变

渐变是一种从一种颜色到另一种颜色的平滑过渡。另外，可以把多个颜色的过渡应用到同一个元素上。SVG 渐变主要有两种类型：Linear 和 Radial。

<linearGradient>元素用于定义线性渐变。<linearGradient>元素必须嵌套在<defs>的内部。<defs>元素是 definitions 的缩写，它可对诸如渐变之类的特殊元素进行定义。

线性渐变可以定义为水平，垂直或角渐变：
- 当 y1 和 y2 相等，而 x1 和 x2 不同时，可创建水平渐变。
- 当 x1 和 x2 相等，而 y1 和 y2 不同时，可创建垂直渐变。
- 当 x1 和 x2 不同，且 y1 和 y2 不同时，可创建角形渐变。

【示例 1】 本例定义水平线性渐变从黄色到红色的椭圆形，效果如图 6.33 所示。

```
<svg xmlns="http://www.w3.org/2000/svg" version="1.1">
  <defs>
    <linearGradient id="grad1" x1="0%" y1="0%" x2="100%" y2="0%">
      <stop offset="0%" style="stop-color:rgb(255,255,0);stop-opacity:1" />
      <stop offset="100%" style="stop-color:rgb(255,0,0);stop-opacity:1" />
    </linearGradient>
  </defs>
  <ellipse cx="200" cy="70" rx="85" ry="55" fill="url(#grad1)" />
</svg>
```

图 6.33 设计水平渐变效果

【代码解析】

<linearGradient>元素的 id 属性可为渐变定义一个唯一的名称，<linearGradient>标签的 x1、x2、y1、y2 属性定义渐变开始和结束位置；渐变的颜色范围可由两种或多种颜色组成。每种颜色通过一个<stop>标签来规定。offset 属性用来定义渐变的开始和结束位置；填充属性把 ellipse 元素链接到此渐变。

【示例 2】 本例定义一个垂直线性渐变从黄色到红色的椭圆形，效果如图 6.34 所示。

```
<svg xmlns="http://www.w3.org/2000/svg" version="1.1">
  <defs>
    <linearGradient id="grad1" x1="0%" y1="0%" x2="0%" y2="100%">
      <stop offset="0%" style="stop-color:rgb(255,255,0);stop-opacity:1" />
      <stop offset="100%" style="stop-color:rgb(255,0,0);stop-opacity:1" />
    </linearGradient>
  </defs>
  <ellipse cx="200" cy="70" rx="85" ry="55" fill="url(#grad1)" />
</svg>
```

【示例 3】 本例定义一个椭圆形，水平线性渐变从黄色到红色并添加一个椭圆内文本，效果如图 6.35 所示。

```
<svg xmlns="http://www.w3.org/2000/svg" version="1.1">
  <defs>
    <linearGradient id="grad1" x1="0%" y1="0%" x2="100%" y2="0%">
      <stop offset="0%" style="stop-color:rgb(255,255,0);stop-opacity:1" />
      <stop offset="100%" style="stop-color:rgb(255,0,0);stop-opacity:1" />
    </linearGradient>
  </defs>
  <ellipse cx="200" cy="70" rx="85" ry="55" fill="url(#grad1)" />
  <text fill="#ffffff" font-size="45" font-family="Verdana" x="150" y="86">
  SVG</text>
</svg>
```

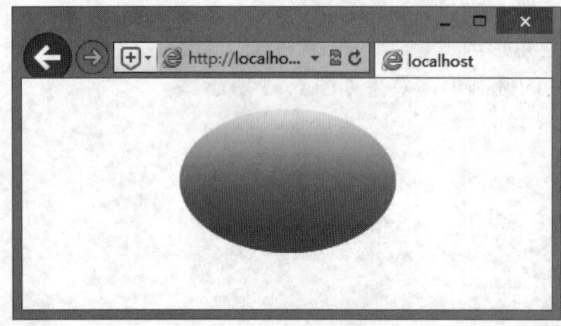

图 6.34 设计垂直渐变效果　　　　　　图 6.35 添加文本效果

【代码解析】
<text>元素是用来添加一个文本。

6.2.14 放射渐变

<radialGradient>元素用于定义放射性渐变。<radialGradient>元素必须嵌套在<defs>的内部。<defs>元素是 definitions 的缩写，它可对诸如渐变之类的特殊元素进行定义。

【示例 1】　本例定义一个放射性渐变从白色到蓝色椭圆，效果如图 6.36 所示。

```
<svg xmlns="http://www.w3.org/2000/svg" version="1.1">
  <defs>
    <radialGradient id="grad1" cx="50%" cy="50%" r="50%" fx="50%" fy="50%">
      <stop offset="0%" style="stop-color:rgb(255,255,255);
      stop-opacity:0" />
      <stop offset="100%" style="stop-color:rgb(0,0,255);stop-opacity:1" />
    </radialGradient>
  </defs>
  <ellipse cx="200" cy="70" rx="85" ry="55" fill="url(#grad1)" />
</svg>
```

【代码解析】
<radialGradient>元素的 id 属性可为渐变定义一个唯一的名称；cx、cy 和 r 属性定义最外层圆，fx 和 fy 定义最内层圆；渐变颜色范围可以由两个或两个以上的颜色组成。每种颜色用一个<stop>元素指定。offset 属性用来定义渐变色开始和结束。填充属性把 ellipse 元素链接到此渐变。

【示例 2】　本例定义放射性渐变从白色到蓝色的另一个椭圆，效果如图 6.37 所示。

```
<svg xmlns="http://www.w3.org/2000/svg" version="1.1">
  <defs>
    <radialGradient id="grad1" cx="20%" cy="30%" r="30%" fx="50%" fy="50%">
      <stop offset="0%" style="stop-color:rgb(255,255,255);
      stop-opacity:0" />
      <stop offset="100%" style="stop-color:rgb(0,0,255);stop-opacity:1" />
    </radialGradient>
```

```
        </defs>
        <ellipse cx="200" cy="70" rx="85" ry="55" fill="url(#grad1)" />
</svg>
```

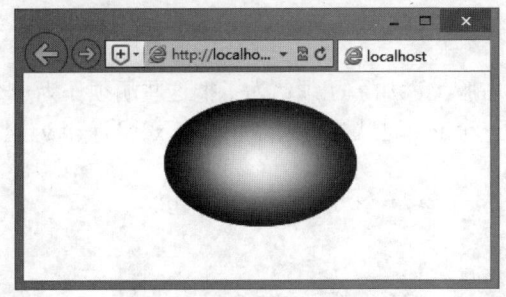
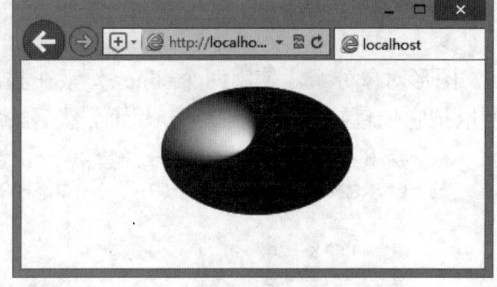

图 6.36　设计径向渐变效果　　　　　　图 6.37　设计放射渐变效果

6.3　实　战　案　例

本节将通过多个示例演示如何在网页中设计 SVG 效果。

6.3.1　手绘简笔画

本节将借助上节介绍的 SVG 元素绘制一个简笔画，效果如图 6.38 所示。

【操作步骤】

（1）新建网页文档，保存为 test1.html。

（2）在<body>标签内定义 SVG 基本结构，代码如下所示：

```
<svg width="140" height="170" xmlns="http://www.w3.
org/2000/svg">
    <title>卡通猫</title>
    <desc>一只猫的轮廓</desc>
    <!-- 在这里绘制图像 -->
</svg>
```

使用<svg>元素定义画布，以像素为单位定义了整个图像的 width 和 height，通过 xmlns 属性定义了 SVG 的命名空间。<title>

图 6.38　绘制简笔画效果

元素的内容可以被阅读器显示在标题栏上或者是作为鼠标指针指向图像时的提示，<desc>元素允许为图像定义完整的描述信息。

（3）定义基本形状。添加一个<circle>元素绘制猫的脸部，指定中心点和半径。圆的位置和尺寸是绘图结构的一部分，绘图的颜色是表现的一部分。为了保持最大的灵活性，应该分离结构和表现。表现信息包含在 style 属性中，它的值是一系列表现属性和值。这里设计轮廓的画笔颜色为黑色，填充颜色为 none，以使猫的脸部透明。

```
<svg width="140" height="170" xmlns="http://www.w3.org/2000/svg">
    <title>卡通猫</title>
    <desc>一只猫的轮廓</desc>
    <circle cx="70" cy="95" r="50" style="stroke: black; fill: none"/>
</svg>
```

（4）指定样式属性。接下来添加两个圆作为眼睛。虽然填充颜色和画笔颜色也是表现的一部分，但是 SVG 允许用户使用单独的属性设置。在这个示例中，填充（fill）和轮廓颜色（stroke）写在两个单独的属性中，而不是全部写在 style 属性中。

```
<svg width="140" height="170" xmlns="http://www.w3.org/2000/svg">
    ……
    <circle cx="55" cy="80" r="5" stroke="black" fill="#339933"/>
    <circle cx="85" cy="80" r="5" stroke="black" fill="#339933"/>
</svg>
```

（5）图形对象分组。使用两个<line>元素在猫的右脸上添加了胡须，为了把这些胡须作为一个部件控制，所以把它们包装在分组元素<g>里面，然后给它一个id。通过指定起点和终点x坐标和y坐标（分别为x1、y1、x2和y2）的方式绘制一条直线。

```
<svg width="140" height="170" xmlns="http://www.w3.org/2000/svg">
    ……
    <g id="whiskers">
        <line x1="75" y1="95" x2="135" y2="85" style="stroke: black;" />
        <line x1="75" y1="95" x2="135" y2="105" style="stroke: black;" />
    </g>
</svg>
```

（6）变换坐标系统。现在使用<use>复用胡须分组并将它变换（transform）为左侧胡须。首先在scale变换中对x坐标乘以-1，翻转了坐标系统。这意味着原始坐标系统中的点(75,95)现在位于(-75,95)。在新的坐标系统中，向左移动会使坐标增大。这就意味着必须将坐标系统向右translate（平移）140个像素（负值），才能将它们移到目标位置。

```
<svg width="140" height="170" xmlns="http://www.w3.org/2000/svg"
                xmlns:xlink="http://www.w3.org/1999/xlink">
    ……
    <g id="whiskers">
        <line x1="75" y1="95" x2="135" y2="85" style="stroke: black;" />
        <line x1="75" y1="95" x2="135" y2="105" style="stroke: black;" />
    </g>
    <use xlink:href="#whiskers" transform="scale(-1 1) translate(-140 0)" />
</svg>
```

注意：

<use>元素中的xlink:href属性在不同的命名空间中，为了确保SVG文档能在所有SVG阅读器中工作，必须在开始的<svg>标签中添加xmlns:xlink属性。transform属性依次列出了所有的变换，不同的变换之间使用空格分隔。

（7）绘制其他基本图形。使用<polyline>元素构建嘴和耳朵，它接受一对x和y坐标作为points属性的值，可以根据喜好使用空格或者逗号分隔这些数值。

```
<svg width="140" height="170" xmlns="http://www.w3.org/2000/svg"
                xmlns:xlink="http://www.w3.org/1999/xlink">
    ……
    <!-- 耳朵 -->
    <polyline points="108 62, 90 10, 70 45, 50, 10, 32, 62" style="stroke: black; fill: none;" />
    <!-- 嘴 -->
    <polyline points="35 110, 45 120, 95 120, 105, 110" style="stroke: black; fill: none;" />
</svg>
```

（8）绘制路径。所有的基本形状实际上都是通用的<path>元素的快捷写法，使用<path>元素为猫添加了鼻子，这个元素被设计用来以尽可能简洁的方式指定路径或者一系列直线和曲线。

```
<svg width="140" height="170" xmlns="http://www.w3.org/2000/svg"
                xmlns:xlink="http://www.w3.org/1999/xlink">
    ……
    <!-- 鼻子 -->
```

```
    <path d="M 75 90 L 65 90 A 5 10 0 0 0 75 90"
        style="stroke: black; fill: #ffcccc"/>
</svg>
```

（9）输入文本。最后为这个图像添加了一些文本作为标记。在<text>元素中，x 和 y 属性用于指定文本的位置，它们也是结构的一部分。字体和字号是表现的一部分，因而也是 style 属性的一部分。与其他元素不同，<text>是一个容器元素，它的内容是要显示的文本。

```
<svg width="140" height="170" xmlns="http://www.w3.org/2000/svg"
                xmlns:xlink="http://www.w3.org/1999/xlink">
    ……
    <text x="40" y="170" style="font-family: sans-serif; font-size: 14pt;
        stroke: none; fill: black;">卡通猫</text>
</svg>
```

本示例完整代码如下：

```
<!doctype html>
<html>
<head>
<meta charset="utf-8">
</head>
<body>
<svg width="140" height="170" xmlns="http://www.w3.org/2000/svg"
    xmlns:xlink="http://www.w3.org/1999/xlink">
    <title>卡通猫</title>
    <desc>一只猫的轮廓</desc>
    <circle cx="70" cy="95" r="50" style="stroke: black; fill: none;"/>
    <circle cx="55" cy="80" r="5" stroke="black" fill="#339933"/>
    <circle cx="85" cy="80" r="5" stroke="black" fill="#339933"/>
    <g id="whiskers">
        <line x1="75" y1="95" x2="135" y2="85" style="stroke: black;"/>
        <line x1="75" y1="95" x2="135" y2="105" style="stroke: black;"/>
    </g>
    <use xlink:href="#whiskers" transform="scale(-1 1) translate(-140 0)"/>
    <!-- 耳朵 -->
    <polyline points="108 62, 90 10, 70 45, 50, 10, 32, 62"
        style="stroke: black; fill: none;" />
    <!-- 嘴 -->
    <polyline points="35 110, 45 120, 95 120, 105, 110"
        style="stroke: black; fill: none;" />
    <!-- 鼻子 -->
    <path d="M 75 90 L 65 90 A 5 10 0 0 0 75 90"
        style="stroke: black; fill: #ffcccc"/>
    <text x="40" y="170" style="font-family: sans-serif; font-size: 14pt;
        stroke: none; fill: black;">卡通猫</text>
</svg>
</body>
</html>
```

6.3.2 描边动画

设计一条路径的总长度为 180，设置这条路径的 storke-dasharray:180，于是这条路径就变成了由长度 180 的实线与长度 180 间隔组成；但是，它的总长度只有 180，因此虽然看上去还是这样，但在实线的后

扫一扫，看视频

面跟着一段长度 180 的间隔；于是，当我们设置 stroke-dashoffset:100，将该虚线向前偏移了 100。如果设置 stroke-dashoffset:180，该路径就变成了空白。

```
stroke-dasharray: 180;stroke-dashoffset:180;
```

然后将 stroke-dashoffset 逐渐变成 0；将 stroke-dashoffset 逐渐变成 0 的过程可以通过 CSS3 来实现。也可以通过 JavaScript 来实现。这两种实现方式的优缺点：

通过 JavaScript，可以精确得到每条路径的总长度，从而可以精确控制动画时长，缺点就是需要写一连串动画控制函数。

通过 CSS3，上述的优缺点正好相反，特别是当页面中有多条路径进行一致的描边动画，它们会同步开始，但不能同步结束。

所以，通过 JavaScript 计算出所有页面中路径的长度，并设置 stroke-dasharray、stroke-dashoffset，然后通过 CSS3 来进行执行动画，这应该是最好的解决方法。

本例设计的路径以动画的形式显示，效果如图 6.39 所示。

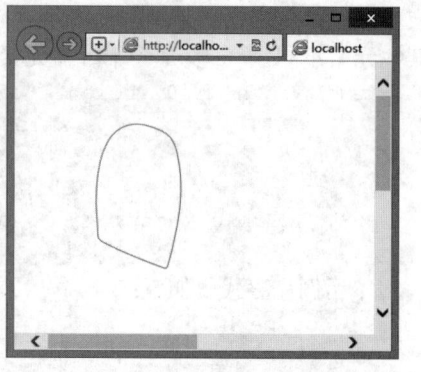

图 6.39　设计动画描边效果

示例完整代码如下：

```
<!doctype html>
<html>
<head>
<meta charset="utf-8">
</head>
<body>
<svg version="1.1" id="c??_1" xmlns="http://www.w3.org/2000/svg" xmlns:xlink="http://www.w3.org/1999/xlink" x="0px" y="0px"
     width="710px" height="554px" viewBox="0 0 710 554" enable-background="new 0 0 710 554" xml:space="preserve">
<path fill="none" stroke="#C27F46" stroke-miterlimit="10" d="M74.506,133.755c0.541,
8.378,1.512,20.152,1.943,31.946

c0.139,3.8,1.717,5.657,4.788,7.243c20.001,10.327,41.049,18.086,62.182,25.663c2.
554,0.916,3.697,0.322,4.351-2.131

c1.326-4.972,2.876-9.89,4.063-14.894c6.739-28.41,12.347-57.057,7.266-86.311c-2.
27-13.071-3.456-27.323-18.987-33.861

c-10.69-4.5-21.188-8.127-32.732-5.146c-13.798,3.563-20.99,13.979-25.638,26.481C
76.042,98.077,74.768,114.132,74.506,133.755z"/>
</svg>
<script>
(function() {
    'use strict';
    window.requestAnimFrame = function(){
        return (
            window.requestAnimationFrame       ||
            window.webkitRequestAnimationFrame ||
            window.mozRequestAnimationFrame    ||
            window.oRequestAnimationFrame      ||
            window.msRequestAnimationFrame     ||
            function(/* function */ callback){
```

```
                window.setTimeout(callback, 1000 / 60);
            }
        );
    }();
    window.cancelAnimFrame = function(){
        return (
            window.cancelAnimationFrame       ||
            window.webkitCancelAnimationFrame ||
            window.mozCancelAnimationFrame    ||
            window.oCancelAnimationFrame      ||
            window.msCancelAnimationFrame     ||
            function(id){
                window.clearTimeout(id);
            }
        );
    }();
    var svgs = Array.prototype.slice.call( document.querySelectorAll( 'svg' ) ),
        hidden = Array.prototype.slice.call( document.querySelectorAll( '.hide' ) ),
        current_frame = 0,
        total_frames = 120,
        path = new Array(),
        length = new Array(),
        handle = 0;
    function init() {
        [].slice.call( document.querySelectorAll( 'path' ) ).forEach( function( el, i ) {
            path[i] = el;
            var l = path[i].getTotalLength();
            length[i] = l;
            path[i].style.strokeDasharray = l;
            path[i].style.strokeDashoffset = l;console.log(l)
        } );
    }
    function draw() {
        var progress = current_frame/total_frames;
        if (progress > 1) {
            window.cancelAnimFrame(handle);
        } else {
            current_frame++;
            for(var j=0; j<path.length;j++){
                path[j].style.strokeDashoffset = Math.floor(length[j] * (1 - progress));
            }
            handle = window.requestAnimFrame(draw);
        }
    }
    init();
    draw();
})();
</script>
</body>
</html>
```

6.3.3 设计特效文字

本例将使用 SVG 设计一个特效文字，滤镜输出的是风化的文本效果，效果如图 6.40 所示。

图 6.40 设计特效文字

整个文字效果可以分解成 4 个部分：
- 绿色文字。
- 红色投影。
- 文字和投影使用一个透明间隙隔开。
- 文字带有 grungy 和风化效果。

本例 SVG 滤镜通过组合多个小模块构建而成的，每个模块都是由一组或更多 SVG 代码构建而成的，然后再组合成统一的输出结果。具体实现步骤如下。

（1）添加滤镜。设计一个包含空滤镜和文本的模板 SVG 文件。

```
<svg version="1.1" id="Ebene_1" xmlns="http://www.w3.org/2000/svg" xmlns:xlink=
"http://www.w3.org/1999/xlink">
  <defs>
    <style type="text/css">
      <![CDATA[
        .filtered{
          filter: url(#myfilter);
          …
        }
      ]]>
    </style>
    <filter id="myfilter">
      <!--这里是过滤器的内容-->
    </filter>
  </defs>
  <g class="filtered">
    <text x="0" y="200" transform="rotate(-12)"> HTML5</text>
  </g>
</svg>
```

（2）添加滤镜元素。这里从 filter 元素开始，在其开始和结束标签中间放置变换、颜色、位图操作等所有规则。滤镜可以作为目标元素的属性应用，也可以通过 CSS 应用。目标元素通常是 SVG 中的元素，也可以把 SVG 滤镜应用于 HTML 元素。

（3）加厚输入文本。使用 feMorphology 可以把输入加厚（operator="dilate"）或变薄（operator= "erode"），非常适合用来创建轮廓和边界。这是将 SourceAlpha 增粗 4 个像素：

```
<feMorphology operator="dilate" radius="4" in="SourceAlpha" result="BEVEL_10" />
```
（4）创建投影。可以使用 feConvolveMatrix 创建一个 3D 投影，这个滤镜是最强大也最难以掌握的一个。它主要是帮助用户创建自己的滤镜。总之，使用它可以定义一个会根据其相邻像素的值变化的像素栅格（一个内核矩阵）。这样一来，就可以创建自己的滤镜效果，如模糊、锐化滤镜或投影。

本例使用 feConvolveMatrix 创建的一个 45deg、3px 的深度投影。order 属性定义 width 和 height，应用 3×3 的矩阵。使用 feConvolveMatrix 创建增粗的投影输入：

```
<feConvolveMatrix order="3,3" kernelMatrix=
  "1 0 0
   0 1 0
   0 0 1" in="BEVEL_10" result="BEVEL_20" />
```

> 提示：
> 考虑到 IE 11 和 Microsoft Edge 无法处理大于 8×8 的矩阵，它们也无法很好地处理复杂矩阵，所以在部署这段代码之前先删除所有回车符最好。

该滤镜可以应用于左、上、右、下各个方向。因为本例希望投影是往右下方的，需要修改结果。targetX 和 targetY 这两个属性定义了效果的起点。可惜，IE 对它们的解析不同于其他的浏览器。因此，要保持跨浏览器的兼容性，将使用另一个滤镜原语 feOffset 来处理。

（5）定义偏移。feOffset 滤镜需要一个输入值：

```
<feOffset dx="4" dy="4" in="BEVEL_20" result="BEVEL_30"/>
```

（6）裁剪投影部分。feComposite 是为数不多的几个需要两个输入的滤镜之一。它运用了 Porter-Duff 合成来组合两张图像。feComposite 可以用于掩蔽或裁剪元素。这是从 feConvolveMatrix 输出的结果中减去 feMorphology 的输出。从投影中裁剪掉第一个加粗的代码：

```
<feComposite operator="out" in="BEVEL_20" in2="BEVEL_10" result="BEVEL_30"/>
```

（7）为投影着色。这个过程包括两个步骤：

首先，使用 feFlood 创建一个着色区域。这个滤镜将会简单地在滤镜区域输出根据我们定义的颜色的矩形。

```
<feFlood flood-color="#582D1B" result="COLOR-red" />
```

然后，再用一个 feComposite 裁剪掉 BEVEL_30 的透明部分：

```
<feComposite in="COLOR-red" in2="BEVEL_30" operator="in" result="BEVEL_40" />
```

（8）将斜面和原图结合成一个输出。使用 feMerge 可以把斜面和源一起输出：

```
<feMerge result="BEVEL_50">
  <feMergeNode in="BEVEL_40" />
  <feMergeNode in="SourceGraphic" />
</feMerge>
```

（9）添加分形纹理。使用 feTurbulence 创建一个类似描边画笔的纹理的代码：

```
<feTurbulence baseFrequency=".05,.004" width="200%" height="200%" top="-50%"
type="fractalNoise" numOctaves="4" seed="0" result="FRACTAL-TEXTURE_10" />
```

默认情况下，feTurbulence 输出的是彩色纹理，不是我们想要的那个。本例需要一个灰度 alpha 图，多一点对比的话会更好。通过 feColorMatrix 来增加对比度，同时将它转换为灰度图。

（10）添加分形纹理。

```
<feColorMatrix type="matrix" values=
  "0 0 0 0 0,
   0 0 0 0 0,
   0 0 0 0 0,
   0 0 0 -1.2 1.1"
  in="FRACTAL-TEXTURE_10" result="FRACTAL-TEXTURE_20" />
```

（11）将纹理 alpha 和文字组合，依然使用 feComposite 滤镜。

```
<feComposite in="BEVEL_50" in2="FRACTAL-TEXTURE_20" operator="in"/>
```

本示例完整代码如下：

```
<!doctype html>
<html>
<head>
<meta charset="utf-8">
<style>
@import "http://fonts.googleapis.com/css?family=Racing+Sans+One";
 $bg-path:
"http://www.w3cplus.com/sites/default/files/blogs/2015/1506/" !default;
html, body { height: 100vh; width: 100vw; }
body { background: silver url(#{$bg-path}concrete_1.jpg) no-repeat center fixed;
background-size: cover; overflow: hidden; }
svg { display: block; position: absolute; min-width: 460px; width: 70vw; height:
70vh; top: 50%; left: 50%; transform: translate(-50%, -50%); overflow: hidden;
background-size: cover; }
.filtered { filter: url(#filter); color: white; font-family: 'Racing Sans One',
cursive; fill: #2B3F0E; font-size: 140px; }
</style>
</head>
<body>
<svg version="1.1" id="Ebene_1" xmlns="http://www.w3.org/2000/svg" xmlns:xlink=
"http://www.w3.org/1999/xlink" viewBox="0 0 460 220" preserveAspectRatio="xMidYMid
keep">
<defs>
    <filter id="filter">
        <!-- COLORS -->
        <feFlood flood-color="#582D1B" result="COLOR-red"></feFlood>
        <!-- COLORS END -->

        <!-- FRACTAL TEXTURE -->
        <feTurbulence baseFrequency=".05,.004" top="-50%" type="fractalNoise"
numOctaves="4" seed="0" result="FRACTAL-TEXTURE_10"></feTurbulence>
        <feColorMatrix type="matrix" values="0 0 0 0 0,
          0 0 0 0 0,
          0 0 0 0 0,
          0 0 0 -1.2 1.1" in="FRACTAL-TEXTURE_10" result="FRACTAL-TEXTURE_
20"></feColorMatrix>
        <!-- FRACTAL TEXTURE END -->

        <!-- STROKE -->
        <feMorphology operator="dilate" radius="4" in="SourceAlpha" result="STROKE_
10"></feMorphology>
        <!-- STROKE END -->

        <!-- EXTRUDED BEVEL -->
        <feConvolveMatrix order="8,8" divisor="1" kernelMatrix="1 0 0 0 0 0 0 0
 1 0 0 0 0 0 0 0 1 0 0 0 0 0 0 0 1 0 0 0 0 0 0 0 1 0 0 0 0 0 0 0 1 0 0 0
 0 0 0 0 1 0 0 0 0 0 0 0 1" in="STROKE_10" result="BEVEL_20"></feConvolveMatrix>
        <feOffset dx="4" dy="4" in="BEVEL_20" result="BEVEL_25"></feOffset>
        <feComposite operator="out" in="BEVEL_25" in2="STROKE_10" result="BEVEL_
30"></feComposite>
        <feComposite in="COLOR-red" in2="BEVEL_30" operator="in" result="BEVEL_40">
</feComposite>
        <feMerge result="BEVEL_50">
```

```
            <feMergeNode in="BEVEL_40"></feMergeNode>
            <feMergeNode in="SourceGraphic"></feMergeNode>
        </feMerge>
        <!-- EXTRUDED BEVEL END -->

        <feComposite in2="FRACTAL-TEXTURE_20" in="BEVEL_50" operator="in"></feComposite>
    </filter>
</defs>
<g class="filtered">
    <text x="0" y="200" transform="rotate(-12)">HTML5</text>
</g>
</svg>
</body>
</html>
```

6.3.4 自定义滤镜

1. 描边效果

下面示例设计描边特效,效果如图 6.41 所示。

图 6.41 设计描边效果

完整示例代码如下:

```
<!doctype html>
<html>
<head>
<meta charset="utf-8">
<style>
.filtered { filter: url(#filter); fill: black; font-family: 'Ultra', serif; font-size: 100px; }
</style>
</head>
<body>
<link xmlns="http://www.w3.org/1999/xhtml" href="http://fonts.googleapis.com/css?family=Ultra" rel="stylesheet" type="text/css" />
<svg version="1.1" xmlns="http://www.w3.org/2000/svg" xmlns:xlink="http://www.w3.org/1999/xlink" width="600" height="100">
<defs>
    <filter id="filter">
        <feMorphology in="SourceAlpha" operator="dilate" radius="2" result="OUTLINE" />
        <feComposite operator="out" in="OUTLINE" in2="SourceAlpha" />
    </filter>
</defs>
```

```
    <text class="filtered" x="20" y="85">HTML5</text>
</svg>
</body>
</html>
```

> **提示：**
> 下面方法不能保证文字好看。尤其是将 dilate 与较大的 radius 值结合的时候，结果可能比通过 stroke-width 创建的几何体效果更差。根据不同的情况，比较好的选择是将文本存储在一个符号元素中，然后在需要的时候通过 use 插入，再通过 CSS 的 stroke-width 属性将其加厚。注意，stroke-width 不能应用于 HTML 内容。
> ```
> <!-- 1. 使用 feMorphology 加厚输出： -->
> <feMorphology operator="dilate" radius="2" in="SourceAlpha" result="thickened" />
> <!-- 2. 裁切掉 SourceAlpha 部分 -->
> <feComposite operator="out" in="SourceAlpha" in2="thickened" />
> ```

2. 撕裂效果

下面示例设计撕裂效果，效果如图 6.42 所示。

图 6.42　设计撕裂效果

示例代码如下：

```
<style>
.filtered { filter: url(#filter); fill: black; font-family: 'Ultra', serif; font-size: 100px; }
</style>
<link xmlns="http://www.w3.org/1999/xhtml" href="http://fonts.googleapis.com/css?family=Ultra" rel="stylesheet" type="text/css" />
<svg version="1.1" xmlns="http://www.w3.org/2000/svg" xmlns:xlink="http://www.w3.org/1999/xlink" width="600" height="100">
  <defs>
    <filter id="filter">
      <!-- 1. 创建一个 feturbulence 分形填补-->
      <feTurbulence result="TURBULENCE" baseFrequency="0.08" numOctaves="1" seed="1" />
      <!-- 2.创建一个位移贴图，以分形填充作为输入来扭曲目标 -->
      <feDisplacementMap in="SourceGraphic" in2="TURBULENCE" scale="9" />
    </filter>
  </defs>
  <text class="filtered" x="20" y="85">HTML5</text>
</svg>
```

3. 颜色填充

下面示例设计颜色填充效果，效果如图 6.43 所示。

图 6.43 设计颜色填充效果

示例代码如下:

```
<style>
.filtered { filter: url(#filter); fill: black; font-family: 'Ultra', serif;
font-size: 100px; }
</style>
<link xmlns="http://www.w3.org/1999/xhtml" href="http://fonts.googleapis.com/
css?family=Ultra" rel="stylesheet" type="text/css" />
<svg version="1.1" xmlns="http://www.w3.org/2000/svg" xmlns:xlink="http://www.w3.
org/1999/xlink" width="600" height="100">
<defs>
   <filter id="filter">
      <!-- 1. 创建一个彩色填充区-->
      <feFlood flood-color="#F79308" result="COLOR" />
      <!-- 2. 裁切 SourceAlpha -->
      <feComposite operator="in" in="COLOR" in2="SourceAlpha" />
   </filter>
</defs>
<text class="filtered" x="20" y="85">HTML5</text>
</svg>
```

注意,除了 feFlood,feColorMatrix 是另一种能够改变原输入颜色的方法,尽管该概念比较难以理解。

4. 偏移

下面示例设计偏移特效文字,效果如图 6.44 所示。

图 6.44 设计偏移特效文字效果

示例代码如下:

```
<style>
::selection { background: black; }
::-moz-selection { background: black;}
.filtered {  filter: url(#filter); fill: black; font-family: 'Ultra', serif;
font-size: 100px; }
</style>
<link xmlns="http://www.w3.org/1999/xhtml" href="http://fonts.googleapis.com/css?family=Ultra" rel="stylesheet" type="text/css" />
<svg version="1.1" xmlns="http://www.w3.org/2000/svg" xmlns:xlink="http://www.w3.org/1999/xlink" width="600" height="100">
<defs>
    <filter id="filter">
        <feFlood flood-color="#FF0000" flood-opacity="0.5" result="RED" />
        <feFlood flood-color="#00FF00" flood-opacity="0.5" result="GREEN" />
        <feFlood flood-color="#0000FF" flood-opacity="0.5" result="BLUE" />
        <feComposite operator="in" in="RED" in2="SourceAlpha" result="RED_TEXT"/>
        <feComposite operator="in" in="GREEN" in2="SourceAlpha" result="GREEN_TEXT"/>
        <feComposite operator="in" in="BLUE" in2="SourceAlpha" result="BLUE_TEXT"/>
        <feOffset in="RED_TEXT" dx="-15" dy="0" result="RED_TEXT_OFF"/>
        <feOffset in="GREEN_TEXT" dx="15" dy="0"  result="GREEN_TEXT_OFF"/>
        <feOffset in="BLUE_TEXT" dx="0" dy="0"  result="BLUE_TEXT_OFF"/>
        <feMerge>
            <feMergeNode in="RED_TEXT_OFF" />
            <feMergeNode in="GREEN_TEXT_OFF"/>
            <feMergeNode in="BLUE_TEXT_OFF"/>
        </feMerge>
    </filter>
</defs>
<text class="filtered" x="20" y="85">HTML5</text>
</svg>
```

5. 投影

下面示例设计投影特效文字,效果如图 6.45 所示。

图 6.45　设计投影特效文字效果

示例代码如下:

```
<style>
.filtered { filter: url(#filter); fill: #ccc; font-family: 'Ultra', serif; font-size: 100px; }
</style>
<link xmlns="http://www.w3.org/1999/xhtml" href="http://fonts.googleapis.com/css?family=Ultra" rel="stylesheet" type="text/css" />
<svg version="1.1" xmlns="http://www.w3.org/2000/svg" xmlns:xlink="http://www.w3.org/1999/xlink" width="600" height="100">
<defs>
    <filter id="filter">
        <feConvolveMatrix order="8,8" divisor="1"
           kernelMatrix="1 0 0 0 0 0 0 0 0 1 0 0 0 0 0 0 0 0 1 0 0 0 0 0 0 0 0 1 0 0 0 0 0 0 0 0 1 0 0 0 0 0 0 0 0 1 0 0 0 0 0 0 0 0 1 0 0 0 0 0 0 0 0 1 " in="SourceAlpha" result="BEVEL" />
        <feOffset dx="4" dy="4" in="BEVEL" result="OFFSET"/>
        <feMerge>
            <feMergeNode in="OFFSET" />
            <feMergeNode in="SourceGraphic"/>
        </feMerge>
    </filter>
</defs>
<text class="filtered" x="20" y="85">HTML5</text>
</svg>
```

6. 噪点填充

下面示例设计噪点填充特效文字，效果如图 6.46 所示。

图 6.46　设计噪点填充特效文字效果

示例代码如下:

```
<style>
.filtered { filter: url(#filter); fill: black; font-family: 'Ultra', serif; font-size: 100px; }
</style>
<link xmlns="http://www.w3.org/1999/xhtml" href="http://fonts.googleapis.com/css?family=Ultra" rel="stylesheet" type="text/css" />
```

```
<svg version="1.1" xmlns="http://www.w3.org/2000/svg" xmlns:xlink="http://www.w3.org/1999/xlink" width="600" height="100">
<defs>
   <filter id="filter">
      <feTurbulence type="fractalNoise" result="TURBULENCE" baseFrequency="0.1" numOctaves="5" seed="2" />
      <feComposite operator="in" in="TURBULENCE" in2="SourceAlpha" />
   </filter>
</defs>
<text class="filtered" x="20" y="85">HTML5</text>
</svg>
```

feTurbulence 滤镜可以通过应用 Perlin 噪声算法创建一个噪声文本。这可以生成一个填充了噪点的矩形，如同旧电视机的画面。噪点的外观可以通过以下几个参数进行设置。

- type：默认状态会生成液体文本。type 可以设置为 fractalNoise，可以生成沙子文本。
- baseFrequency：用于控制 x 和 y 方向图案的重复。
- numOctaves：用于增加细节的层次，如果性能有影响，应该将其设置为一个较小的值。
- seed：用于决定开始的随机数字。

```
<feTurbulence type="fractalNoise" baseFrequency="0.1" numOctaves="5" seed="2" />
```

7. 图像填充

下面示例设计图像填充特效文字，效果如图 6.47 所示。

图 6.47　设计图像填充特效文字效果

示例代码如下：
```
<style>
.filtered { filter: url(#filter); fill: black; font-family: 'Ultra', serif; font-size: 100px; }
</style>
<link xmlns="http://www.w3.org/1999/xhtml" href="http://fonts.googleapis.com/css?family=Ultra" rel="stylesheet" type="text/css" />
<svg version="1.1" xmlns="http://www.w3.org/2000/svg" xmlns:xlink="http://www.w3.org/1999/xlink" width="600" height="100">
<defs>
   <filter id="filter" filterUnits="userSpaceOnUse">
      <feImage xlink:href='data:image/svg+xml;charset=utf-8,%3Csvg%20version%3D%221.1%22%20xmlns%3D%22http%3A%2F%2Fwww.w3.org%2F2000%2Fsvg%22%20xmlns%3Axlink%3D%22http%3A%2F
```

```
%2Fwww.w3.org%2F1999%2Fxlink%22%20width%3D%22100px%22%20height%3D%22200px%22%20
%20%3E%0A%20%20%3Cdefs%3E%0A%20%20%20%20%3Cpattern%20id%3D%22pattern%22%20patte
rnUnits%3D%22userSpaceOnUse%22%20width%3D%2210%22%20height%3D%2210%22%3E%0A%20
%20%20%20%20%20%3Cpath%20d%3D%22M0%2C8.239V10h1.761L0%2C8.239z%22%2F%3E%0A%20
%20%20%20%20%20%3Cpath%20d%3D%22M5%2C015%2C510%2C0V3.238L6.762%2C0H5z%22%2F%3E%0A
%20%20%20%20%20%20%3Cpolygon%20points%3D%220%2C3.239%200%2C5%205%2C10%206.761%2C
10%20%22%2F%3E%0A%20%20%20%20%20%20%3Cpolygon%20points%3D%221.762%2C0%200%2C0%2
010%2C10%2010%2C8.238%20%22%2F%3E%0A%20%20%20%3C%2Fpattern%3E%0A%20%20%3C%2F
defs%3E%0A%20%20%3Crect%20x%3D%220%22%20y%3D%220%22%20width%3D%22100%25%22%20he
ight%3D%22100%25%22%20fill%3D%22url%28%23pattern%29%22%20%2F%3E%0A%3C%2Fsvg%3E'
 x="0" y="0" width="100" height="200" result="IMAGEFILL"/>
      <feTile in="IMAGEFILL" result="TILEPATTERN"/>
      <feComposite operator="in" in="TILEPATTERN" in2="SourceAlpha" />
   </filter>
</defs>
<text class="filtered" x="20" y="95">HTML5</text>
</svg>
```

feImage 的目的是为目标元素填充纹理。如果想要应用重复图案，必须和 feTile 结合使用。例如：

```
<!--下面代码将创建一个 100×200 像素的矩形填充"myfill.svg" -->
<feImage   xlink:href="myfill.svg"   x="0"   y="0"   width="100"   height="200"
result="IMAGEFILL"/>
<!-- 然后用这个填补作为输入，创建一个重复的填充模式-->
<feTile in="IMAGEFILL" resulte="TILEPATTERN"/>
<!--现在将使用复合切断 SourceAlpha 的透明区域填充-->
<feComposite operator="in" in="TILEPATTERN" in2="SourceAlpha" />
```

滤镜有一个很酷的地方就是，规范允许用户使用任何 SVG 元素作为输入，并从它开始创建一个图案填充。所以，理论上，可以从 SVG 中的 symbol、group 或 fragment 创建图案填充，然后将它们作为纹理，填充到 HTML 元素。但是，Firefox 只能接受外部资源作为输入。如果希望它保持自给自足，不想添加额外的 HTTP 请求，可以把图案填充以 UTF-8 data URI 嵌入：

```
<feImage xlink:href='data:image/svg+xml;charset=utf-8,<svg width="100" height=
"100"><rect width="50" height="50 /></svg>' />
```

部分浏览器不支持 UTF-8 data URI，如果不是 URL 编码，可以把 URL 编码设置为默认：

```
<feImage
xlink:href='data:image/svg+xml;charset=utf-8,%3Csvg%20width%3D%22100%22%20heigh
t%3D%22100%22%3E%3Crect%20width%3D%2250%22%20height%3D%2250%20%2F%3E%3C%2Fsvg%3
E' />
```

如果将 feImage 应用于 HTML 内容，需要注意尺寸的问题。包含滤镜的 SVG 需要覆盖它被应用的区域。最简单的方法就是将它设置为相对它被应用的块元素内的绝对定位的子元素。

```
<style>
h1 { position: relative; filter: url(#myImageFilter); }
h1 svg { position: absolute; visibility: hidden; width: 100%; height: 100%; left:
0; top: 0; }
</style>
<h1>
   我的过滤文本
   <svg>
     <filter id="myImageFilter">...</filter>
   </svg>
</h1>
```

8. 照明效果

下面示例设计照明效果的特效文字，效果如图 6.48 所示。

图 6.48　设计照明效果的特效文字

示例代码如下：

```
<style>
.filtered { filter: url(#filter); fill: black; font-family: 'Lemon', cursive;
font-size: 100px; }
</style>
<link xmlns="http://www.w3.org/1999/xhtml" href="http://fonts.googleapis.com/css?family=Lemon" rel="stylesheet" type="text/css" />
<svg version="1.1" xmlns="http://www.w3.org/2000/svg" xmlns:xlink="http://www.w3.org/1999/xlink" width="600" height="100">
<defs>
    <filter id="filter" filterUnits="objectBoundingBox" primitiveUnits="userSpaceOnUse">
        <feGaussianBlur stdDeviation="5" in="SourceAlpha" result="BLUR"/>
        <feSpecularLighting surfaceScale="6" specularConstant="1" specularExponent="30" lighting-color="#white" in="BLUR" result="SPECULAR">
            <fePointLight x="40" y="-30" z="200" />
        </feSpecularLighting>
        <feComposite operator="in" in="SPECULAR" in2="SourceAlpha" result="COMPOSITE"/>
        <feMerge>
            <feMergeNode in="SourceAlpha" />
            <feMergeNode in="COMPOSITE"/>
        </feMerge>
    </filter>
</defs>
<text class="filtered" x="20" y="85">HTML5</text>
</svg>
```

这是一个令人惊叹的效果，但是这个滤镜对性能有严重的影响，所以应谨慎使用。

第 7 章 使用 HTML5 多媒体

HTML5 新增两个多媒体元素：audio 和 video，这样用户不必再借助 Flash Player 等第三方插件，可以直接在网页中嵌入多媒体组件。由于苹果在 iPhone 和 iPad 等移动设备上不支持 Flash 技术，HTML5 多媒体组件的能力就显得尤为重要。HTML5 规范了多媒体 API，允许用户通过 JavaScript 脚本控制媒体播放。

【学习重点】
- 正确使用 audio 和 video 元素。
- 能够使用 JavaScript 控制 HTML5 媒体播放。
- 熟悉 HTML5 多媒体标签的脚本属性、方法和事件。
- 能够为视频显示播放进度，为视频添加字幕。

7.1 HTML5 多媒体基础

不论是音频文件，还是视频文件，实际上它们都只是一个容器文件，类似于压缩文件。视频文件包含了音频轨道、视频轨道和其他一些元数据。当播放视频的时候，音频轨道和视频轨道被绑定在一起，确保同步播放。元数据部分包含了视频的封面、标题、子标题、字幕等相关信息。

7.1.1 认识编解码器

音频和视频的编码/解码器是一组算法，用来对一段特定音频或视频流进行解码和编码，以便音频和视频能够播放。原始的媒体文件体积非常大，假如不对其编码，那么构成一段视频和音频的数据可能会非常庞大，以至于在因特网上传播需耗费无法忍受的时间。若没有解码器的话，接收方就不能把编码过的数据重组为原始的媒体数据。编解码器可以读懂特定的容器格式，并且对其中的音频轨道和视频轨道进行解码。

大多数编码器对原始音频和视频文件进行有损压缩，只有这样才能得到更小的文件大小，以及更高的压缩比。也有无损压缩的编码器，但在 Web 传输中没有什么优势。下面介绍常用的编解码器。

1. 音频编解码器

目前常用的音频编解码器有以下几种。
- AAC：是基于 MPEG-2 的音频编码技术，由于苹果将其作为 iTunes 的默认存储格式，因而得以广泛应用。AAC 可以按任意比特率进行编码，通常情况下压缩比为 18:1，比 MP3 优异。
- MPEG-1 音频层 3：简称为 MP3，是现在非常流行的一种音频格式，这是一种数字音频编码的有损压缩格式，可以大幅度减少音频数据量，但从听觉上一般不会感到比原始音频有较为明显的下降，因此在互联网中应用非常广泛。
- Ogg Vorbis：Ogg 是指一种开放的文件格式，在其中可以放入各式各样的编解码器。Ogg Vorbis 指的就是将 Vorbis 编码的音效包含在 Ogg 的容器中所形成的格式。后来 Ogg 通常指 Ogg Vorbis 这种音频文件格式。.ogg 扩展名被用在任何 Ogg 支持格式下的内容，Vorbis 为开源、免费技术，就是为了与需要专利使用费的 MP3 和 AAC 一争高下。

2. 视频编解码器

目前常用的视频编解码器有以下几种。

- Theora：是一种开放、免费的视频编码技术，由 Xiph 基金会发布。作为该基金会 Ogg 项目的一部分，从 VP3 HD 高清到 MPEG-4/DiVX 格式，都能够被 Theora 很好地支持。使用 Theora 无需任何专利许可费。Firefox 和 Opera 通过 HTML5 新的多媒体元素提供了对 Ogg/Theora 视频的原生支持。
- H.264：是在 MPEG-4 技术基础之上建立起来的，与以前的国际标准（如 H.263 和 MPEG-4）相比，为达到高效的压缩，充分利用了各种冗余，如统计冗余和视觉生理冗余。
- VP8：由视频压缩解决方案厂商 On2 Technologies 公司开发，现已推出最新的视频压缩格式 On2 VP8。On2 VP8 是第八代 On2 视频，能以更少的数据提供更高质量的视频，而且只需较小的处理能力即可播放视频。

最初，HTML5 规范打算指定编解码器，但实施起来困难重重。没有任何一种编解码器可以被所有浏览器厂商接受，并在其产品中提供支持。最后，HTML5 放弃了对编解码器的要求，用户只能熟悉各种浏览器的支持状态，针对不同的浏览器环境对媒体文件进行编码。

📢 提示：

> 依据 HTML5 标准，不需要为任何特定的音频或视频格式提供支持，浏览器厂商可以根据情况选择希望支持的格式。HTML5 的媒体标签内建了一套机制，能够自动挑选最适合在浏览器中播放的媒体类型，进而实现不同的环境下媒体类型的简单切换。

扫一扫，看视频

7.1.2 浏览器支持

目前，现代大部分浏览器已经实现了对 HTML5 中 audio 和 video 元素的支持，详细说明如表 7.1 所示。

表 7.1 浏览器支持概述

浏览器	说明
IE	9.0 及以上的版本支持
Firefox	3.5 及以上的版本支持。Theora 和 Vorbis 编解码器，Ogg 容器
Opera	10.5 及以上的版本支持。Theora 和 Vorbis 编解码器，Ogg 容器（10.5 及以上版本）。VP8 和 Vorbis 编解码器，WebM 格式（10.6 及以上版本）
Chrome	3.0 及以上的版本支持。Theora 和 Vorbis 编解码器，Ogg 容器。H.264 和 AAC 编解码器，MPEG 4 容器
Safari	3.2 及以上的版本支持。H.264 和 AAC 编解码器，MPEG 4 容器

对于各浏览器支持的音频与视频格式，用户可以从 http://www.findmebyip.com/litmus/ 公布的测试结果来作一概览。其中对于 HTML5 音频技术支持如图 7.1 所示。

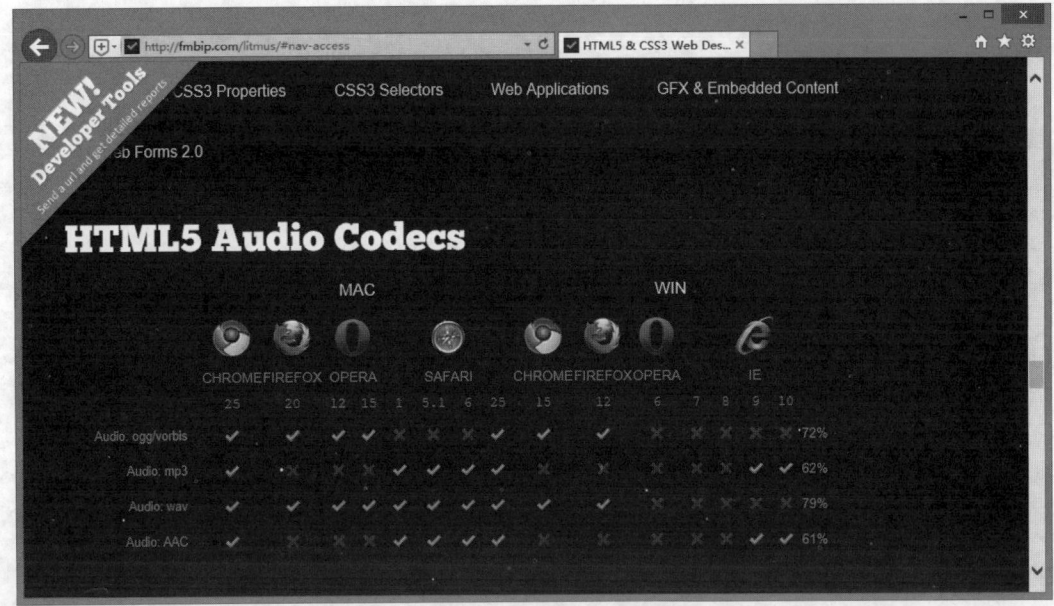

图 7.1 音频格式的浏览器支持情况

对于 HTML5 视频技术支持如图 7.2 所示。

图 7.2 视频格式的浏览器支持情况

【示例 1】 本例使用 audio 元素的 canPlayType 方法可以检测浏览器支持的文件格式,该方法采用 Mime 类型与编解码器参数,并返回下列 3 个字符串值之一: probably、maybe、空字符串。

```
<!DOCTYPE HTML>
<head>
<meta charset="utf-8">
<script type/javascript>
function checkAudio(){
    var myAudio = document.createElement('audio');
```

```
    if (myAudio.canPlayType) {
        if ( "" != myAudio.canPlayType('audio/mpeg')) {
            document.write("您的浏览器支持mp3编码。<br>");
        }
        if ( "" != myAudio.canPlayType('audio/ogg; codecs="vorbis"')) {
            document.write("您的浏览器支持oog编码。<br>");
        }
        if ( "" != myAudio.canPlayType('audio/mp4; codecs="mp4a.40.5"')) {
            document.write("您的浏览器支持aac编码。");
        }
    }
    else {
        document.write("您的浏览器不支持要检测的音频格式。");
    }
}
window.onload=function(){
    checkAudio();
}
</script>
</head>
<body>
</body>
</html>
```

如果 canPlayType 返回 probably 或 maybe，则下面语句返回 true，而如果 canPlayType 返回空字符串，则该语句将返回 false，表示不支持此格式。

```
if ( "" != myAudio.canPlayType('audio/mpeg'))
```

以上代码在 Chrome 浏览器中的运行结果如图 7.3 所示，可以看到以上 3 种格式都支持。IE 8 浏览器不支持以上任何格式，所以在 IE 8 浏览器中会显示"您的浏览器不支持要检测的音频格式。"，如图 7.4 所示。

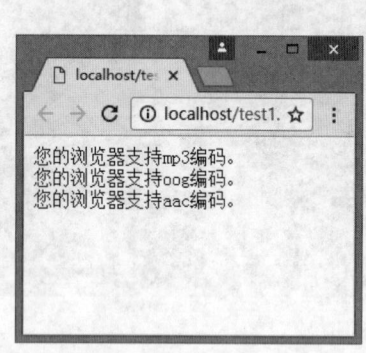

图 7.3　显示支持的格式

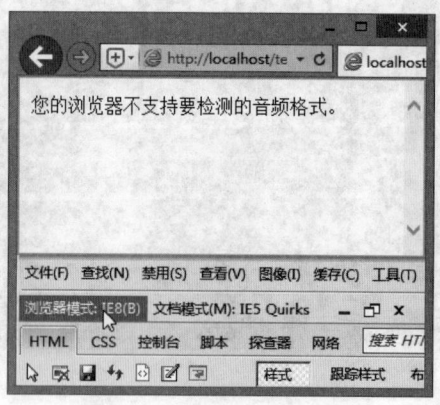

图 7.4　显示不支持的格式

【示例 2】　对于视频格式，同样可以使用 canPlayType 方法，因为 video 元素同样支持。

```
<!DOCTYPE HTML>
<head>
<meta charset="utf-8">
<script type/javascript>
function checkVideo(){
    var myVideo = document.createElement('video');
```

```
        if (myVideo.canPlayType) {
            if ( "" != myVideo.canPlayType('video/mp4;codecs="avc1.64001E"')) {
                document.write("您的浏览器支持h264编码。<br>");
            }
            if ( "" != myVideo.canPlayType('video/ogg; codecs="vp8"')) {
                document.write("您的浏览器支持vp8编码。<br>");
            }
            if ( "" != myVideo.canPlayType('video/ogg; codecs="theora"')) {
                document.write("您的浏览器支持theora编码。");
            }
        }
        else {
            document.write("您的浏览器不支持要检测的视频格式。");
        }
}
window.onload=function(){
    checkVideo();
}
</script>
</head>
<body>
</body>
</html>
```

以下代码在 Chrome 浏览器中的运行结果如图 7.5 所示，可以看到 Chrome 支持其中 2 种格式。IE 10 浏览器仅支持 h264 格式，显示如图 7.6 所示。

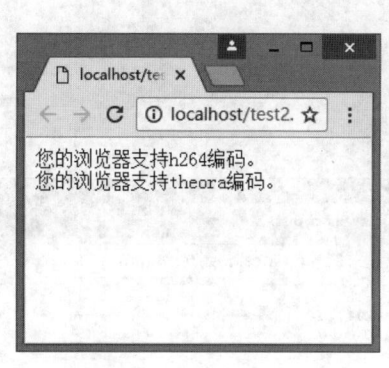

图 7.5　显示支持的格式

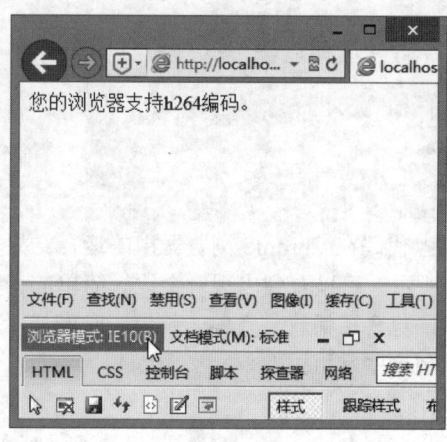

图 7.6　显示不支持的格式

【示例 3】　如果为不支持 HTML5 媒体的浏览器提供可选方式来显示视频，可以使用相同的方法，将以插件方式播放视频的代码作为备选内容，放在相同的位置。

```
<video src="video.ogg">
    <object data="videoplayer.swf" type="application/x-shockwave-flash">
        <param name="movie" value="video.swf"/>
    </object>
</video>
```

在 video 元素中嵌入显示 Flash 视频的 object 元素之后，如果浏览器支持 HTML5 视频，那么 HTML5 视频会优先显示，Flash 视频作为备选。不过在 HTML5 被广泛支持之前，可能需要提供多种视频格式。

7.1.3 使用 audio 元素

扫一扫，看视频

HTML5 新增 audio 元素，用来播放声音文件或音频流。audio 元素支持 Ogg Vorbis、MP3、Wav 等音频格式，其用法如下：

```
<audio src="samplesong.mp3" controls="controls">
</audio>
```

其中 src 属性用于指定要播放的声音文件，controls 属性用于设置是否显示播放、暂停和音量按钮的工具条。

📢 提示：

如果浏览器不支持 audio 元素，则可以在<audio>与</audio>之间插入一段替换内容，这样旧的浏览器就可以显示这些信息。例如：
```
<audio src="samplesong.mp3" controls="controls">
您的浏览器不支持 audio 标签。
</audio>
```
替换内容不仅可以使用文本，还可以是一些其他音频插件，或者是声音文件的链接等。

【示例 1】 本例在 audio 元素中嵌入 source 元素，用来定义链接到不同的音频文件，浏览器会自动选择第一个可以识别的格式。

```
<!doctype html>
<html>
<head>
<meta charset="utf-8">
</head>
<body>
<audio controls="controls">
    <source src="medias/test.ogg" type="audio/ogg">
    <source src="medias/test.mp3" type="audio/mpeg">
您的浏览器不支持 audio 标签。
</audio>
</body>
</html>
```

以上代码在 Chrome 浏览器中的运行结果如图 7.7 所示，可以看到出现一个比较简单的音频播放器，包含了播放、暂停、位置、时间显示、音量控制这些常用控件。

📢 提示：

在<audio>和</audio>标识符之间，可以包含浏览器不支持 audio 元素时显示的备用内容，备用内容不限于文本信息，也可以是播放插件，或者超链接等。

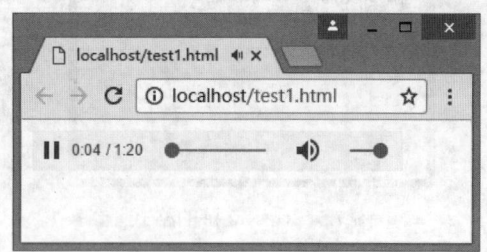

图 7.7 播放音频

<source>标签的 src 属性引用播放的媒体文件，为了兼容不同浏览器，可以使用<source>标签包含多种媒体来源，浏览器可以从这些数据源中自动选择播放。

对于数据源，浏览器会按照声明顺序进行选择，如果支持的不止一种，那么浏览器会选择支持的第一个来源。数据源列表的排放顺序应按照用户体脸由高到低或者服务器消耗由低到高列出。

<source>标签的 type 属性设置媒体类型，如果媒体类型与源文件不匹配，浏览器可能会拒绝播放。也可以省略 type 属性，让浏览器自己检侧编码方式。

【示例 2】 本例演示了如何在页面中插入背景音乐。使用 audio 元素实现循环播放一首背景音乐非常简单，只需在 audio 元素中设置 autoplay 和 loop 属性即可，详细代码如下所示：

```html
<!doctype html>
<html>
<head>
<meta charset="utf-8">
</head>
<body>
<audio autoplay loop>
    <source src="medias/test.ogg" type="audio/ogg">
    <source src="medias/test.mp3" type="audio/mpeg">
您的浏览器不支持 audio 标签。
</audio>
</body>
</html>
```

7.1.4 使用 video 元素

扫一扫，看视频

HTML5 新增 video 元素用来播放视频文件或视频流，支持 Ogg、MPEG 4、WebM 等视频格式，其用法如下：

```html
<video src="samplemovie.mp4" controls="controls">
</video>
```

其中 src 属性用于指定要播放的视频文件，controls 属性用于提供播放、暂停和音量控件，也可以包含宽度和高度属性。

◀» 提示：

如果浏览器不支持 video 元素，可以在<video>与</video>之间插入一段替换内容，这样旧的浏览器就可以显示这些信息。例如：

```html
<video src=" samplemovie.mp4" controls="controls">
您的浏览器不支持 video 标签。
</video>
```

【示例 1】 本例使用 video 元素在页面中嵌入一段视频，然后使用 source 元素链接不同的视频文件，浏览器会自己选择第一个可以识别的格式。

```html
<!doctype html>
<html>
<head>
<meta charset="utf-8">
</head>
<body>
<video controls="controls">
    <source src="medias/volcano.ogg" type="video/ogg">
    <source src="medias/volcano.mp4" type="video/mp4">
您的浏览器不支持 video 标签。
</video >
</body>
</html>
```

以上代码在 Chrome 浏览器中的运行结果如图 7.8 所示，当鼠标经过播放画面，会出现一个比较简单的视频播放器，包含了播放、暂停、位置、时间显示、音量控制等常用控件。

图 7.8　播放视频

当为 audio 或 video 元素设置 controls 属性，可以在页面上以默认方式进行播放控制。如果不设置 controls 属性，那么在播放的时候就不会显示控制界面。

如果播放的是音频，那么页面上任何信息都不会出现，因为 audio 元素的唯一可视化信息就是对应的控制界面。如果播放的是视频，那么视频内容会显示。即使不添加 controls 属性也不能影响页面正常显示。有一种方法可以让没有 controls 特性的音频或视频正常播放，就是在 audio 元素或 video 元素中设置另一个属性 autoplay。

```
<video autoplay>
    <source src="medias/volcano.ogg" type="video/ogg">
    <source src="medias/volcano.mp4" type="video/mp4">
您的浏览器不支持 video 标签。
</video>
```

通过设置 autoplay 属性，不需要任何交互，音频或视频文件就会在加载完成后自动播放。

用户也可以使用 JavaScript 脚本控制媒体播放，简单说明如下。

- load()：可以加载音频或者视频文件。
- play()：可以加载并播放音频或视频文件，除非已经暂停，否则默认从开头播放。
- pause()：暂停处于播放状态的音频或视频文件。
- canPlayType(type)：检测 video 元素是否支持给定 MIME 类型的文件。

【示例 2】　本例演示如何通过移动鼠标来触发视频的 play 和 pause 功能。设计当用户移到鼠标到视频界面上时，播放视频，如果移出鼠标，则暂停视频播放。

```
<!doctype html>
<html>
<head>
<meta charset="utf-8">
</head>
<body>
<video id="movies" onmouseover="this.play()" onmouseout="this.pause()" autobuffer=
"true"
    width="400px" height="300px">
    <source src="medias/volcano.ogv" type='video/ogg; codecs="theora, vorbis"'>
```

```
    <source src="medias/volcano.mp4" type='video/mp4'>
</video>
</body>
</html>
```

上面代码在浏览器中预览，则显示效果如图 7.9 所示。

图 7.9 使用鼠标控制视频播放

7.1.5 设置媒体属性

audio 和 video 元素拥有相同的脚本属性，下面对这些属性进行简单介绍。

（1）autobuffer 属性。

可读写属性。使用该属性可以使得 audio 或 video 元素实现自动缓冲，默认值为 false，即 audio 或 video 元素默认情况下并不自动缓冲。如果值为 true，则自动缓冲，但并不播放。如果使用了 autoplay 属性，则 autobuffer 属性会被忽略。其用法见下面的示例。

```
<audio controls="controls" autobuffer="true">
    <source src="samplesong.ogg" type="audio/ogg">
    <source src="samplesong.mp3" type="audio/mpeg">
您的浏览器不支持 audio 标签。
</audio>
```

（2）autoplay 属性。

可读写属性。使用该属性可以实现页面加载后音频一旦就绪即开始自动播放。使用 autoplay 属性相比使用脚本控制音频或视频播放来得简便，其值也可以设置为 true 或 false。如果值为 true 或 autoplay，则当音频或视频缓冲到足够多时即开始播放。其用法见下面的示例。

```
<audio controls="controls" autoplay="autoplay">
    <source src="samplesong.ogg" type="audio/ogg">
    <source src="samplesong.mp3" type="audio/mpeg">
您的浏览器不支持 audio 标签。
</audio>
```

（3）buffered 属性。

只读属性，用于返回一个 TimeRanges 对象，确认浏览器已经缓存媒体文件。

（4）controls 属性。

可读写属性。该属性为布尔值，可以为媒体文件提供用于播放的控制条，包含播放、暂停、定位、时间显示、音量控制、全屏切换等常用控件，其用法如下。在将来的标准中，有望在播放控件中看到字幕和音轨。开发人员如果不希望使用浏览器默认的控制条，也可以使用脚本来自定义控制条。其用法见下面的示例。

```
<audio controls="controls">
    <source src="samplesong.ogg" type="audio/ogg">
    <source src="samplesong.mp3" type="audio/mpeg">
您的浏览器不支持 audio 标签。
</audio>
```

（5）currentSrc 属性。

只读属性，无默认值。用于返回媒体数据的 URL 地址，如果媒体 URL 地址未指定，则返回一个空字符串。

（6）currentTime 属性。

可读写属性，无默认值。用于获取或设置当前播放位置，返回值为时间，单位为秒。

（7）defaultPlaybackRate。

可读写属性，无默认值。用于获取或设置当前播放速率，前提是用户没有使用快进或快退控件。

（8）duration 属性。

只读属性，无默认值。用于获取当前媒体的持续时间，返回值为时间，单位为秒。

（9）ended 属性。

只读属性，无默认值。用于返回一个布尔值，以获悉媒体是否播放结束。

（10）error 属性。

只读属性，无默认值。用于返回一个 MediaError 对象以表明当前的错误状态，如果没有出现错误，则返回 null。错误状态共有 4 个可能值，分别介绍如下。

- MEDIA_ERR_ABORTED（数字值为 1）：媒体资源获取异常——媒体数据的下载过程因用户操作而终止。
- MEDIA_ERR_NETWORK（数字值为 2）：网络错误——在媒体数据已经就绪时用户停止了媒体下载资源的过程。
- MEDIA_ERR_DECODE（数字值为 3）：媒体解码错误——在媒体数据已经就绪时解码过程中出现了错误。
- MEDIA_ERR_SRC_NOT_SUPPORTED（数字值为 4）：媒体格式不被支持。

（11）initialTime 属性。

只读属性，无默认值。用于获取最早的可用于回放的位置，返回值为时间，单位为秒。

（12）loop 属性。

可读写属性。用于获取或设置当媒体文件播放结束时是否再重新开始播放。其使用方法如下所示：

```
<audio controls="controls" loop="loop">
    <source src="samplesong.mp3" type="audio/mpeg">
您的浏览器不支持 audio 标签。
</audio>
```

（13）muted 属性。

可读写属性，无默认值。muted 属性为布尔值，用于获取或设置当前媒体播放是否开启静音，true 为开启静音，false 为未开启静音。如果对其赋值，则可以设置播放时是否静音。

（14）networkState 属性。

只读属性。用于返回媒体的网络状态，共有 4 个可能值。

- NETWORK_EMPTY（数字值为 0）：元素尚未初始化。
- NETWORK_IDLE（数字值为 1）：加载完成，网络空闲。

- NETWORK_LOADING（数字值为 2）：媒体数据加载中。
- NETWORK_NO_SOURCE（数字值为 3）：因为不存在支持的编码格式，加载失败。

（15）paused 属性。

只读属性，无默认值。用于返回一个布尔值，表示媒体是否暂停播放，true 表示暂停，false 表示正在播放。

（16）playbackRate 属性。

可读写属性，无默认值。用于读取或设置媒体资源播放的当前速率。

（17）played 属性。

只读属性，无默认值。用于返回一个 TimeRanges 对象，标明媒体资源在浏览器中已播放的时间范围。TimeRanges 对象的 length 属性为已播放部分的时间段，该对象有两个方法，end 方法用于返回已播放时间段的结束时间，start 方法用于返回已播放时间段的开始时间，其用法见下面的示例。

```
var ranges = document.getElementById('myVideo').played;
for (var i=0; i<ranges.length; i++)
   var start = ranges.start(i);
   var end = ranges.end(i);
   alert("从" + start +"开始播放到" + end+"结束。");
}
```

（18）preload 属性。

可读写属性，无默认值。用于定义视频是否预加载，该属性有 3 个可选值：none、metadata 和 auto。如果不用该属性，则默认为 auto，分别介绍如下。

- None：不进行预加载。当页面制作人员认为用户不希望此视频，或者减少 HTTP 请求。
- Metadata：部分预加载。使用此属性值，代表页面制作者认为用户不期望此视频，但为用户提供一些元数据（包括尺寸、第一帧、曲目列表、持续时间等）。
- Auto：全部预加载。

preload 属性的用法如下所示：

```
<video src="samplemovie.mp4" preload="auto">
</video>
```

（19）readyState 属性。

只读属性，无默认值。用于返回媒体当前播放位置的就绪状态，共有以下 5 个可能值。

- HAVE_NOTHING（数字值为 0）：当前播放位置没有有效的媒体资源。
- HAVE_METADATA（数字值为 1）：媒体资源确认存在且加载中，但当前位置没有能够加载到有效的媒体数据以进行播放。
- HAVE_CURRENT_DATA（数字值为 2）：已获取到当前播放数据，但没有足够的数据进行播放；
- HAVE_FUTURE_DATA（数字值为 3）：在当前位置已获取到后续播放媒体数据，可以进行播放；
- HAVE_ENOUGH_DATA（数字值为 4）：媒体数据可以进行播放，且浏览器确认媒体数据正以某一种速率进行加载并有足够的后续数据以继续进行播放，而不会使浏览器的播放进度赶上加载数据的末端。

（20）seekable 属性。

只读属性，无默认值。用于返回一个 TimeRanges 对象，表明可以对当前媒体资源进行请求。

（21）seeking 属性。

只读属性，无默认值。用于返回一个布尔值，表示浏览器是否正在请求某一播放位置的媒体数据，

ture 表示浏览器正在请求数据，而 false 表示浏览器已经停止请求数据。

（22）src 属性。

可读写属性，无默认值。用于指定媒体资源的 URL 地址，与<img>标签类似，可与 poster 属性连用。poster 属性用于指定一张替换图片，如果当前媒体数据无效，则显示该图片。其用法如下所示。

```
<video src="http://www.lidongbo.com/samplemovie.mp4" poster="http://www.lidongbo.com/samplemovie.png">
</video>
```

（23）volume 属性。

可读写属性，无默认值。用于获取或设置媒体资源的播放音量，范围是 0.0~1.0，0.0 为静音，1.0 为最大音量。注意音量大小并非是线性变化的，如果同时使用了 muted 属性，则此属性会被忽略。

扫一扫，看视频

7.1.6 使用媒体方法

audio 和 video 元素拥有相同的脚本方法，下面简单介绍这些方法。

（1）canPlayType()方法。

用于返回一个字符串以表明客户端是否能够播放指定的媒体类型，其用法如下。

```
var canPlay = media.canPlayType(type)
```

其中 media 指页面中的 audio 或 video 元素，参数 type 为客户端浏览器能够播放的媒体类型。该方法返回以下可能值之一。

- probably：表示浏览器确定支持此媒体类型。
- maybe：表示浏览器可能支持此媒体类型。
- 空字符串：表示浏览器不支持此媒体类型。

（2）load()方法。

用于重置媒体元素并重新载入媒体，不返回任何值，该方法可中止任何正在进行的任务或事件。元素的 playbackRate 属性值会被强行设为 defaultPlaybackRate 属性的值，而且元素的 error 值会被强行设置为 null。

【示例】 在本例中，通过单击按钮可以重新载入另一个新的视频。

```
<!doctype html>
<html>
<head>
<meta charset="utf-8">
</head>
<body>
<video controls>
    <source src="medias/video.ogv" type='video/ogg'>
    <source src="medias/video.mp4" type='video/mp4'>
    您的浏览器不支持视频播放。
</video>
<input type="button" value="载入新的视频" onclick="loadNewVideo()">
<script>
function loadNewVideo() {
    var video = document.getElementsByTagName('video')[0];
    var sources = video.getElementsByTagName('source');
    sources[0].src = 'medias/video2.ogv';
    sources[1].src = 'medias/video2.mp4';
    video.load(); //用 load 方法载入新的视频
}
```

```
</script>
</body>
</html>
```

（3）pause()方法。

用于暂停媒体的播放，并将元素的 paused 属性的值强行设置为 true。

（4）play()方法。

用于播放媒体，并将元素的 paused 属性的值强行设置为 false。

7.1.7 使用媒体事件

扫一扫，看视频

audio 和 video 元素支持 HTML5 的媒体事件，详细说明如表 7.2 所示。使用 JavaScript 脚本可以捕捉这些事件并对其进行处理。处理这些事件一般有下面两种方式。

一种是使用 addEventListener()方法监听，其用法如下：

```
addEventListener("事件类型",处理函数,处理方式)
```

另一种是直接赋值，即获取事件句柄的方法。例如，video.onplay=begin_playing，其中 begin_playing 为处理函数。

表 7.2 音频与视频相关事件

事件	描述
abort	浏览器在完全加载媒体数据之前中止获取媒体数据
canplay	浏览器能够开始播放媒体数据，但估计以当前速率播放不能直接将媒体播放完，即可能因播放期间需要缓冲而停止
canplaythrough	浏览器以当前速率可以直接播放完整个媒体资源，在此期间不需要缓冲
durationchange	媒体长度（duration 属性）改变
emptied	媒体资源元素突然为空时，可能是网络错误或加载错误等
ended	媒体播放已抵达结尾
error	在元素加载期间发生错误
loadeddata	已经加载当前播放位置的媒体数据
loadedmetadata	浏览器已经获取媒体元素的持续时间和尺寸
loadstart	浏览器开始加载媒体数据
pause	媒体数据暂停播放
play	媒体数据将要开始播放
playing	媒体数据已经开始播放
progress	浏览器正在获取媒体数据
ratechange	媒体数据的默认播放速率（defaultPlaybackRate 属性）改变或播放速率（playbackRate 属性）改变
readystatechange	就绪状态（ready-state）改变
seeked	浏览器停止请求数据，媒体元素的定位属性不再为真（seeking 属性值为 false）且定位已结束
seeking	浏览器正在请求数据，媒体元素的定位属性为真（seeking 属性值为 true）且定位已开始
stalled	浏览器获取媒体数据过程中出现异常
suspend	浏览器非主动获取媒体数据，但在取回整个媒体文件之前中止
timeupdate	媒体当前播放位置（currentTime 属性）发生改变
volumechange	媒体音量（volume 属性）改变或静音（muted 属性）
waiting	媒体已停止播放但打算继续播放

【示例】　本例使用 play()和 pause()方法控制视频的播放和暂停播放，使用 ended 事件监听视频播放是否完毕，使用 error 事件监听播放过程中发生的各种异常，并及时进行提示。

```html
<!doctype html>
<html>
<head>
<meta charset="utf-8">
</head>
<body onload="init()">
<video id="video1" autoplay oncanplay="startVideo()" onended="stopTimeline()" autobuffer="true"
    width="400px" height="300px">
    <source src="medias/volcano.ogv" type='video/ogg'>
    <source src="medias/volcano.mp4" type='video/mp4'>
</video><br>
<button onclick="play()">播放</button>
<button onclick="pause()">暂停</button>
<script type="text/javascript">
var video;
function init(){
    video = document.getElementById("video1");
    //监听视频播放结束事件
    video.addEventListener("ended", function(){
      alert("播放结束。");
    }, true);
    //发生错误
    video.addEventListener("error",function(){
        switch (video.error.code){
            case MediaError.MEDIA_ERROR_ABORTED:
                alert("视频的下载过程被中止。");
                break;
            case MediaError.MEDIA_ERROR_NETWORK:
                alert("网络发生故障，视频的下载过程被中止。");
                break;
            case MediaError.MEDIA_ERROR_DECODE:
                alert("解码失败。");
                break;
            case MediaError.MEDIA_ERROR_SRC_NOT_SUPPORTED:
                alert("媒体资源不可用或媒体格式不被支持。");
                break;
            default:
                alert("发生未知错误。");
        }
    },false);
}
function play(){//播放视频
    video.play();
}
```

```
function pause(){  //暂停播放
    video.pause();
}
</script>
</body>
</html>
```

7.2 实战案例

本节将通过两个示例演示如何应用 audio 元素和 video 元素,并灵活使用 JavaScript 脚本控制 HTML5 多媒体播放。

7.2.1 设计音乐播放器

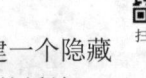

扫一扫,看视频

如果需要在页面上播放一段音频,同时又不想被默认的控制界面影响显示效果,则可创建一个隐藏的 audio 元素,即不设置 controls 属性,或将其设置为 false,然后用自定义控制界面控制音频的播放。

本节示例完整代码如下,演示效果如图 7.10 所示。

```
<!DOCTYPE html>
<html>
<head>
<meta charset="utf-8">
<style type="text/css">
body { background:url(images/bg.jpg) no-repeat;}
#toggle { position:absolute; left:311px; top:293px; }
</style>
</head>
<title></title>
<audio id="music">
    <source src="medias/Wah Game Loop.ogg">
    <source src="medias/Wah Game Loop.mp3">
</audio>
<button id="toggle" onclick="toggleSound()">播放</button>
<script type="text/javascript">
function toggleSound() {
    var music = document.getElementById("music");
    var toggle = document.getElementById("toggle");
    if (music.paused) {
        music.play();
        toggle.innerHTML = "暂停";
    }else {
        music.pause();
        toggle.innerHTML ="播放";
    }
}
</script>
</html>
```

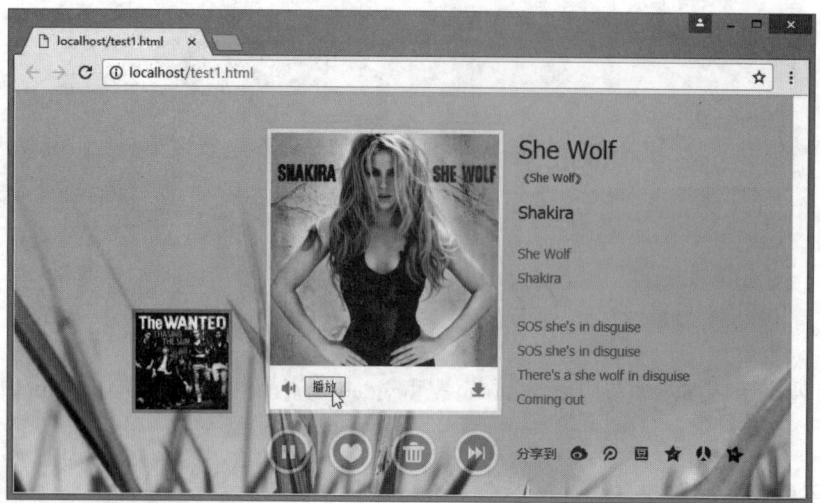

图 7.10 用脚本控制音乐播放

在上面示例中,先隐藏了用户控制界面,也没有将其设置为加载后自动播放,而是创建了一个具有切换功能的按钮,以脚本的方式控制音频播放:

```
<button id="toggle" onclick="toggleSound()">播放</button>
```

按钮在初始化时会提示用户单击它以播放音频。每次单击时,都会触发 toggieSound0 函数。在 toggleSound() 函数中,首先访问 DOM 中 audio 元素和 button 元素。

```
function toggleSound() {
    var music = document.getElementById("music");
    var toggle = document.getElementById("toggle");
    if (music.paused) {
        music.play();
        toggle.innerHTML = "暂停";
    }
}
```

通过访问 audio 元素的 paused 属性,可以检测到用户是否已经暂停播放。如果音频还没开始播放,那么 paused 属性默认值为 true,这种情况在用户第一次单击按钮的时候遇到。此时,需要调用 play() 函数播放音频,同时修改按钮上的文字,提示再次单击就会暂停。

```
else {
    music.pause();
    toggle.innerHTML ="播放";
}
```

相反,如果音频没有暂停,则会使用 pause() 函数将它暂停,然后更新按钮上的文字为 "播放",让用户知道下次单击的时候音频将继续播放。

7.2.2 显示播放进度

扫一扫,看视频

在播放过程中会经常触发 timeupdate 事件,通过该事件可以获取当前播放位置的变化。下面示例捕捉 timeupdate 事件来显示当前的播放进度。

```
<!doctype html>
<html>
<head>
<meta charset="utf-8">
<title></title>
</head>
<body onload="init()">
```

```html
<video id="video" width="400" height="300" autoplay loop>
    <source src="medias/volcano.ogv" type='video/ogg'>
    <source src="medias/volcano.mp4" type='video/mp4'>
</video><br>
视频地址：<input type="text" id="videoUrl"/>
<input id="playButton" type="button" onclick="playOrPauseVideo()" value="播放"/>
<span id="time"></span>
<script type="text/javascript">
function playOrPauseVideo(){
    var videoUrl = document.getElementById("videoUrl").value;
    var video = document.getElementById("video");
    //使用事件监听方式捕捉事件
    video.addEventListener("timeupdate", function(){
        var timeDisplay = document.getElementById("time");
        //用秒数来显示当前播放进度
        timeDisplay.innerHTML = Math.floor(video.currentTime) +" / "+ Math.floor(video.duration) +"（秒）";
    }, false);
    if(video.paused){
        if(videoUrl != video.src){
            video.src = videoUrl;
            video.load();
        }else{
            video.play();
        }
        document.getElementById("playButton").value = "暂停";
    }else {
        video.pause();
        document.getElementById("playButton").value = "播放";
    }
}
</script>
</body>
</html>
```

在 Chrome 浏览器中预览，可以在文本框中输入一个要播放的视频路径，或者自动播放默认视频，这时可以看到按钮右侧显示当前视频总长度，以及播放进度，效果如图 7.11 所示。

图 7.11　显示播放进度

扫一扫，看视频

7.2.3 查看视频帧画面

本示例将演示如何抓取 video 元素中的帧画面并显示在动态 canvas 上。当视频播放时，定期从视频中抓取图像帧并绘制到旁边的 canvas 上，当用户单击 canvas 上显示的任何一帧时，所播放的视频会跳转到相应的时间点。

示例完整代码如下所示，演示效果如图 7.12 所示。

```html
<!DOCTYPE html>
<html>
<meta charset="utf-8">
<video id="movies" autoplay oncanplay="startVideo()" onended="stopTimeline()" autobuffer="true"
    width="400px" height="300px">
    <source src="medias/volcano.ogv" type='video/ogg; codecs="theora, vorbis"'>
    <source src="medias/volcano.mp4" type='video/mp4'>
</video>
<canvas id="timeline" width="400px" height="300px"></canvas>
<script type="text/javascript">
var updateInterval = 5000;
var frameWidth = 100;
var frameHeight = 75;
var frameRows = 4;
var frameColumns = 4;
var frameGrid = frameRows * frameColumns;
var frameCount = 0;
var intervalId;
var videoStarted = false;
function startVideo() {
    if (videoStarted)
        return;
    videoStarted = true;
    updateFrame();
    intervalId = setInterval(updateFrame, updateInterval);
    var timeline = document.getElementById("timeline");
    timeline.onclick = function(evt) {
        var offX = evt.layerX - timeline.offsetLeft;
        var offY = evt.layerY - timeline.offsetTop;
        var clickedFrame = Math.floor(offY / frameHeight) * frameRows;
        clickedFrame += Math.floor(offX / frameWidth);
        var seekedFrame = (((Math.floor(frameCount / frameGrid)) *
                    frameGrid) + clickedFrame);
        if (clickedFrame > (frameCount % 16))
            seekedFrame -= frameGrid;
        if (seekedFrame < 0)
            return;
        var video = document.getElementById("movies");
        video.currentTime = seekedFrame * updateInterval / 1000;
        frameCount = seekedFrame;
    }
}
function updateFrame() {
    var video = document.getElementById("movies");
```

```
    var timeline = document.getElementById("timeline");
    var ctx = timeline.getContext("2d");
    var framePosition = frameCount % frameGrid;
    var frameX = (framePosition % frameColumns) * frameWidth;
    var frameY = (Math.floor(framePosition / frameRows)) * frameHeight;
    ctx.drawImage(video, 0, 0, 400, 300, frameX, frameY, frameWidth, frameHeight);
    frameCount++;
}
function stopTimeline() {
    clearInterval(intervalId);
}
</script>
</html>
```

图 7.12 查看视频帧画面

【操作步骤】

（1）添加 video 和 canvas 元素。使用 video 元素播放视频。

```
<video id="movies" autoplay oncanplay="startVideo()" onended="stopTimeline()" autobuffer="true"
    width="400px" height="300px">
    <source src="medias/volcano.ogv" type='video/ogg; codecs="theora, vorbis"'>
    <source src="medias/volcano.mp4" type='video/mp4'>
</video>
```

video 元素声明了 autoplay 属性，这样页面加载完成后，视频会被自动播放。此外还增加了两个事件处理函数，当视频加载完毕，准备开始播放的时候，会触发 oncanplay 函数来执行预设的动作。当视频播放完后，会触发 onended 函数以停止帧的创建。

（2）创建 id 为 timeline 的 canvas 元素，以固定的时间间隔在上面绘制视频帧画面。

```
<canvas id="timeline" width="400px" height="300px">
```

（3）添加变量。创建必须的元素之后，为示例编写脚本代码，在脚本中声明一些变量，同时增强代码的可读性。

```
//定义时间间隔，以毫秒为单位
var updateInterval = 5000;
//定义抓取画面显示大小
var frameWidth = 100;
var frameHeight = 75;
```

```
//定义行列数
var frameRows = 4;
var frameColumns = 4;
var frameGrid = frameRows * frameColumns;
//定义当前帧
var frameCount = 0;
var intervalId;
//定义播放完毕取消定时器
var videoStarted = false;
```

变量 updateInterval 控制抓取帧的频率，其单位是毫秒，5000 表示每 5 秒钟抓取一次。frameWidth 和 frameHeight 两个参数用来指定在 canvas 中展示的视频帧画面的大小。frameRows、frameColumns 和 frameGrid 三个参数决定了在画布中总共显示多少帧。为了跟踪当前播放的帧，定义了 frameCount 变量。frameCount 变量能够被所有函数调用。intervalId 用来停止控制抓取帧的计时器。videoStarted 标志变量用来确保每个示例只创建一个计时器。

（4）添加 updateFrame 函数。整个示例的核心功能是抓取视频帧并绘制到 canvas 上，它是视频与 canvas 相结合的部分，具体代码如下：

```
//该函数负责把抓取的帧画面绘制到画布上
function updateFrame() {
    var video = document.getElementById("movies");
    var timeline = document.getElementById("timeline");
    var ctx = timeline.getContext("2d");
    //根据帧数计算当前播放位置，然后以视频为输入参数绘制图像
    var framePosition = frameCount % frameGrid;
    var frameX = (framePosition % frameColumns) * frameWidth;
    var frameY = (Math.floor(framePosition / frameRows)) * frameHeight;
    ctx.drawImage(video, 0, 0, 400, 300, frameX, frameY, frameWidth, frameHeight);
    frameCount++;
}
```

在操作 canvas 前，首先需要获取 canvas 的二维上下文对象：

```
var ctx = timeline.getContext("2d");
```

这里设计按从左到右、从上到下的顺序填充 canvas 网格，所以需要精确计算从视频中截取的每帧应该对应到哪个 canvas 网格中。根据每帧的宽度和高度，可以计算出它们的起始绘制坐标。

```
var framePosition = frameCount % frameGrid;
var frameX = (framePosition % frameColumns) * frameWidth;
var frameY = (Math.floor(framePosition / frameRows)) * frameHeight;
```

（5）将图像绘制到 canvas 上的关键函数调用。这里向 drawImage() 函数中传入的不是图像，而是视频对象。

```
ctx.drawImage(video, 0, 0, 400, 300, frameX, frameY, frameWidth, frameHeight);
```

canvas 的绘图顺序可以将视频源当做图像或者图案进行处理，这样开发人员就可以方便地修改视频并将其重新显示在其他位置。

当 canvas 使用视频作为绘制源时，画出来的只是当前播放的帧。canvas 的显示图像不会随着视频的播放而动态更新，如果希望更新显示内容，需要在视频播放期间重新绘制图像。

（6）定义 startVideo() 函数。startVideo() 函数负责定时更新画布上的帧画面图像。一旦视频加载并可以播放就会触发 startVideo() 函数。因此每次页面加载都仅触发一次 startVideo()，除非视频重新播放。

在该函数中，当视频开始播放后，将抓取第一帧，接着会启用计时器来定期调用 updateFrame() 函数。

```
updateFrame();
intervalId = setInterval(updateFrame, updateInterval);
```

(7) 处理用户单击。当用户单击某一帧图像时,将计算帧图像对应视频位置,然后定位到该位置进行播放。

```
var timeline = document.getElementById("timeline");
timeline.onclick = function(evt) {
   var offX = evt.layerX - timeline.offsetLeft;
   var offY = evt.layerY - timeline.offsetTop;
   //计算那个位置的帧被单击
   var clickedFrame = Math.floor(offY / frameHeight) * frameRows;
   clickedFrame += Math.floor(offX / frameWidth);
   //计算视频对应播放到哪一帧
   var seekedFrame = ((Math.floor(frameCount / frameGrid)) * frameGrid) + clickedFrame);
   //如果用户单击帧位于当前帧之前,则设定是上一轮的帧
   if (clickedFrame > (frameCount % 16))
      seekedFrame -= frameGrid;
   //不允许跳出当前帧
   if (seekedFrame < 0)
     return;
   var video = document.getElementById("movies");
   video.currentTime = seekedFrame * updateInterval / 1000;
   frameCount = seekedFrame;
}
```

(8) 添加 stopTimeline() 函数。最后要做的工作是在视频播放完毕时,停止视频抓取。

```
function stopTimeline() {
   clearInterval(intervalId);
}
```

视频播放完毕时会触发 onended() 函数,stopTimeline() 函数会在此时被调用。

7.2.4 添加字幕

扫一扫,看视频

HTML5 新增 track 元素,用于为 video 元素播放的视频或使用 audio 元素播放的音频添加字幕、标题等文字信息。track 元素允许用户沿着 audio 元素所使用的音频文件中的时间轴,或者 video 元素所使用的视频文件中的时间轴,而指定时间同步的文字资源。

目前,Chrome 18+、Firefox 28+、IE 10+、Opera 12+和 Safari 6+以上版本浏览器提供对 track 元素的支持,不包括 Firefox 30。

track 是一个空元素,其开始标签与结束标签之间并不包含任何内容,必须被书写在 video 或 audio 元素内部。如果使用 source 元索,则 track 元素必须被书写在 source 元素之后。用法如下所示:

```
<video width="320" height="240" controls="controls">
   <source src="forrest_gump.mp4" type="video/mp4" />
   <source src="forrest_gump.ogg" type="video/ogg" />
   <track kind="subtitles" src="subs_chi.srt" srclang="zh" label="Chinese">
   <track kind="subtitles" src="subs_eng.srt" srclang="en" label="English">
</video>
```

【示例】 本例使用 video 元素播放一段视频,同时使用 track 元素在视频中显示字幕信息,演示效果如图 7.13 所示。

```
<!doctype html>
<html>
<head>
<meta charset="utf-8">
<title></title>
</head>
```

```html
<body>
<video src="medias/test.webm" controls>
    <track kind="subtitles" src="medias/test.vtt" default></track>
    您的浏览器不支持video元素
</video>
</body>
</html>
```

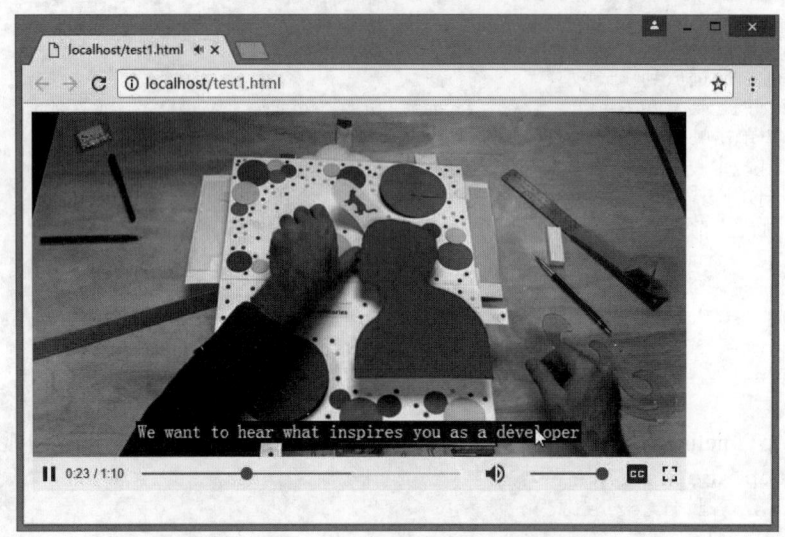

图 7.13 为视频添加字幕

在 HTML5 中，track 元素包含几个特殊用途的属性，说明如表 7.3 所示。

表 7.3 track 元素属性

属 性	值	说 明
default	default	规定该轨道是默认的，假如没有选择任何轨道。例如， `<track kind="subtitles" default src="chisubs.srt" srclang="zh">`

kind	captions
	chapters
	descriptions
	metadata
	subtitles
		表示轨道属于什么文本类型。例如：
		`<video width="320" height="240" controls="controls">`
		`  <source src="forrest_gump.mp4" type="video/mp4" />`
		`  <track kind="subtitles" src="subschi.srt" srclang="zh" label="Chinese">`
		`  <track kind="subtitles" src="subseng.srt" srclang="en" label="English">`
		`</video>`

label	label	轨道的标签或标题。例如：
		`<track kind="subtitles" label="Chinese subtitles" src="subschi.srt"`
		`      srclang="zh" label="Chinese">`

src	url	轨道的 URL
srclang	language_code	轨道的语言，若 kind 属性值是"subtitles"，则该属性是必需的。例如： `<track kind="subtitles" src="subschi.srt" srclang="zh" label="Chinese">`

其中 kind 属性的取值说明如下所示。

- captions：该轨道定义将在播放器中显示的简短说明。
- chapters：该轨道定义章节，用于导航媒介资源。
- descriptions：该轨道定义描述，用于通过音频描述媒介的内容，假如内容不可播放或不可见。
- metadata：该轨道定义脚本使用的内容。
- subtitles：该轨道定义字幕，用于在视频中显示字幕。

> **拓展：**
> 网络视频文本轨道，简称为 WebVTT，是一种用于标记文本轨道的文件格式。它与 HTML5 的<track>元素相结合，可给音频、视频等媒体资源添加字幕，标题和其他描述信息，并同步显示。

1. 文件格式

WebVTT 文件是一个以 UTF-8 为编码、以.vtt 为文件扩展名的文本文件。

> **注意：**
> 如果要在服务器上使用 WebVTT 文件，可能需要显性定义其内容类型，例如，在 Apache 服务器的.htaccess 文件中加入：
> ```
> <Files mysubtitle.vtt>
>     ForceType text/vtt;charset=utf-8
> </Files>
> ```

WebVTT 文件的头部按如下顺序定义：

（1）可选的字节顺序标记（BOM）。
（2）字符串 WEBVTT。
（3）一个空格（Space）或者制表符（Tab），后面接任意非回车换行的元素。
（4）两个或两个以上的"WEBVTT 行结束符"：回车\r、换行\n 或者同时回车换行\r\n。

例如：
```
WEBVTT

Cue-1
00:00:15.000 --> 00:00:18.000
At the left we can see...
```

2. WebVTT Cues

WebVTT 文件包含一个或多个"WebVTT Cues"，各个之间用两个或多个 WebVTT 行结束符分隔开来。

WebVTT Cue 允许用户指定特定时间戳范围内的文字（如字幕），也可以给 WebVTT Cue 指定一个唯一的标识符，标识符由简单字符串构成，不包含"-->"，也不包含任何的 WebVTT 行结束符。每一个提示采用以下格式：

```
[idstring]
[hh:]mm:ss.msmsms --> [hh:]mm:ss.msmsms
Text string
```

标识符是可选项，建议加入，因为它能够帮助组织文件，也方便脚本操控。

时间戳遵循标准格式：小时部分[hh:]是可选的，毫秒和秒用一个点（.）分离，而不是冒号（:）。时间戳范围的后者必须大于前者。对于不同的 Cues，时间戳可以重叠，但在单个 Cue 中，不能有字符串"-->"，或两个连续的行结束符。

时间范围后的文字可以是单行或者多行。特定的时间范围之后的任何文本都与该时间范围匹配，直到一个新的 Cue 出现或文件结束。例如：

```
Cue-8
00:00:52.000 --> 00:00:54.000
I don't think so. You?

Cue-9
00:00:55.167 --> 00:00:57.042
I'm Ok.
```

3. WebVTT Cue 设置

在时间范围值后面，可以设置 Cue：

```
[idstring]
[hh:]mm:ss.msmsms --> [hh:]mm:ss.msmsms [cue settings]
Text string
```

Cue 设置能够定义文本的位置和对齐方式，设置选项说明如表 7.4 所示。

表 7.4 Cue 设置选项

设置	值	说 明
vertical	rl || lr	将文本纵向向左对齐（lr）或向右对齐（rl）（如日文的字幕）
line	[-][0 or more]	行位置，负数从框底部数起，正数从顶部数起
	[0-100]%	百分数意味着离框顶部的位置
position	[0-100]%	百分数意味着文字开始时离框左边的位置（如英文字幕）
size	[0-100]%	百分数意味着 cue 框的大小是整体框架宽度的百分比
align	start || middle || end	指定 cue 中文本的对齐方式

注意，如果没有设置 Cue 选项，默认位置是底部居中。

例如：

```
Cue-8
00:00:52.000 --> 00:00:54.000 align:start size:15%
I don't think so. You?

Cue-9
00:00:55.167 --> 00:00:57.042 align:end line:10%
I'm Ok.
```

在上面示例代码中，"Cue-8"将靠左对齐，文本框大小为 15%，而"Cue-9"靠右对齐，纵向位置距离框顶部 10%。

4. WebVTT Cue 内联样式

用户可以使用 WebVTT Cue 内联样式来给 Cue 文本添加样式。这些内联样式类似于 HTML 元素，可以用来添加语义及样式。可用的内联样式说明如下。

- c：用 c 定义（CSS）类。例如，<c.className>Cue text</c>。
- i：斜体字。
- b：粗体字。
- u：添加下划线。
- ruby：定义类似于 HTML5 的<ruby>元素。在这样的内联样式中，允许出现一个或多个<rt>元素。
- v：指定声音标签。例如，<v Ian>This is useful for adding subtitles</v>。注意，此声音标签不会显示，它只是作为一个样式标记。

例如：

```
Cue-8
00:00:52.000 --> 00:00:54.000 align:start size:15%
<v Emo>I don't think so. <c.question>You?</c></v>

Cue-9
00:00:55.167 --> 00:00:57.042 align:end line:10%
<v Proog>I'm Ok.</v>
```

上面示例给 Cue 文本添加两种不同的声音标签：Emo 和 Proog。另外，一个 question 的 CSS 类被指定，可以按惯常方法在 CSS 链接文件，或 HTML 页面里为其指定样式。

注意，要给 Cue 文本添加 CSS 样式，需要用一个特定的伪选择元素，例如：

```
video::cue(v[voice="Emo"]) { color:lime }
```

给 Cue 文本添加时间戳也是可能的，表示在不同的时间，以不同的内联样式出现，例如：

```
Cue-8
00:00:52.000 --> 00:00:54.000
<c>I don't think so.</c> <00:00:53.500><c>You?</c>
```

虽然所有文本依旧在同一时间同时显示，不过在支持的浏览器中，可以用:past 和:future 伪类为其显示不同样式。例如：

```
video::cue(c:past) { color:yellow }
```

第 8 章 本 地 存 储

HTML5 完善了 Web 应用的本地存储功能：Web Storage 和本地数据库。其中，Web Storage 存储机制是对 HTML4 的 cookie 存储机制的完善，由于 cookie 存储机制有很多缺点，HTML5 不再使用它，转而使用改良后的 Web Storage 存储机制；本地数据库是 HTML5 新增的一项功能，使用它可以在客户端建立本地数据库，这样可以减轻服务器端的负担，同时也加快了 Web 应用的访问速度。

【学习重点】
- 使用 Web Storage 保存本地数据。
- 使用 Web SQL 管理本地数据库。
- 使用 indexedDB 设计本地数据库。

8.1　Web Storage

Web 应用的发展，使得客户端存储的用途也越来越多，而实现客户端存储的方式则是多种多样。最简单、兼容性最佳的方案是 cookie，但是作为真正的客户端存储，cookie 存在很多缺点。此外，在 IE 6 及以上版本中还可以使用 userData Behavior，在 Firefox 中可以使用 globalStorage，而在 Flash 插件环境中可以使用 Flash Local Storage，但是这几种方式都存在兼容性方面的局限性，因此都不是很理想的选择。

HTML5 提出了更加理想的解决方案：如果存储复杂的数据，可以使用 Web Database，该方法可以像服务器端程序一样使用 SQL；如果需要存储简单的 key/value（键值对）信息，可以使用 Web Storage。

8.1.1　Web Storage 基础

Web Storage（Web 存储）提供了一种简单的方式，可以让 Web 页面实现在客户端浏览器中以键值对的形式在本地保存数据。

HTML5 的 Web Storage 提供了两种在客户端存储数据的方法：localStorage 和 sessionStorage。简单说明如下。

➢ localStorage

localStorage 是一种没有时间限制的数据存储方式，可以将数据保存在客户端的硬盘或其他存储器，存储时间可以是一天、两天、几周或几年，浏览器的关闭并不意味着数据也随之消失，当再次打开浏览器时，依然可以访问这些数据。localStorage 用于持久化的本地存储，除非主动删除数据，否则数据是永远不会过期的。

➢ sessionStorage

sessionStorage 用于本地存储一个会话（session）中的数据，这些数据只有在同一个会话中的页面才能访问，并且当会话结束后数据也随之销毁。因此 sessionStorage 不是一种持久化的本地存储，仅仅是会话级别的存储。

◢ 小结：

> localStorage 可以永久保存数据，而 sessionStorage 只能暂时保存数据，这是两者之间的重要区别，具体用法基本相同。

Web Storage 存储机制比传统的 cookie 强大，弥补了 cookie 的缺点，主要有如下优势。

- 存储空间：存储空间更大。IE 8 下每个独立的存储空间为 10MB，其他浏览器实现略有不同，但都比 cookie 要大很多。
- 服务器：存储内容不会发送到服务器。当设置了 cookie 后，cookie 的内容会随着请求一并发送的服务器，这对于本地存储的数据是一种带宽浪费。而 Web Storage 中的数据则仅仅是存在本地，不会与服务器发生任何交互。
- 接口：更多丰富易用的接口。Web Storage 提供了一套更为丰富的接口，使得数据操作更为简便。
- 存储空间：独立的存储空间，每个域（包括子域）有独立的存储空间，各个存储空间是完全独立的，因此不会造成数据混乱。

Web Storage 的缺陷主要集中在安全性方面，具体体现在以下两点：

- 浏览器会为每个域分配独立的存储空间，即脚本在域 A 中是无法访问到域 B 中的存储空间的，但是浏览器却不会检查脚本所在的域与当前域是否相同，即在域 B 中嵌入域 A 中的脚本依然可以访问域 B 中的数据。
- 存储在本地的数据未加密而且永远不会过期，容易造成隐私泄漏。

8.1.2　浏览器支持

在 HTML5 的众多 API 中，Web Storage 的浏览器支持度是非常好的。其实，目前所有主流浏览器版本都在一定程度上支持 Web Storage，具体说明如表 8.1 所示。

表 8.1　浏览器支持概述

浏览器	说明
IE	8.0 及以上的版本支持
Firefox	3.0 及以上的版本支持
Opera	10.5 及以上的版本支持
Chrome	3.0 及以上的版本支持
Safari	4.0 及以上的版本支持

HTML5 的 Web Storage 因其广泛的支持度而成为 Web 应用中最安全的 API 之一。事实证明各浏览器在 API 方面的实现基本一致，存在一定的兼容性问题，但不影响正常的使用。

【示例】　在 Web Storage API 中，可以直接通过 window 对象访问。因此，首先确定用户的浏览器是否支持 Web Storage 就非常重要。在编写代码时，只要检测 window.localStorage 和 window.sessionStorage 是否存在即可，详细代码如下：

```
function checkStorageSupport() {
    if(window.sessionStorage) {
        alert('该浏览器支持 sessionStorage');
    } else {
        alert('该浏览器不支持 sessionStorage');
    }
    if(window.localStorage) {
        alert('该浏览器支持 localStorage');
    } else {
        alert('该浏览器不支持 localStorage');
    }
}
```

> **注意：**
> 部分浏览器不支持从文件系统直接访问文件式的 sessionStorage。所以，在测试本章示例之前，应当确保是从 Web 服务器上获取页面。例如，可以通过本地虚拟服务器发出页面请求。
> `http://localhost/test.html`

对于很多 API 来说，特定的浏览器可能只支持其部分功能，但是因为 Web Storage API 非常小。所以它已经得到了相当广泛地支持。不过出于安全考虑，即使浏览器本身支持 Web Storage，用户仍然可自行选择是否将其关闭。

➢ sessionStorage 测试

测试方法：打开页面 A，在页面 A 中写入当前的 session 数据，然后通过页面 A 中的链接或按钮进入页面 B，如果页面 B 中能够访问到页面 A 中的数据则说明浏览器将当前情况的页面 A、B 视为同一个 session，测试结果如表 8.2 所示。

表 8.2 sessionStorage 兼容性测试

浏览器	执行的运算	target="_blank"	window.open	ctrl + click	跨域访问
IE	是	是	是	是	否
Firefox	是	是	是	否（null）	否
Chrome	是	是	是	否（undefined）	否
Safari	是	否	是	否（undefined）	否
Opera	是	否	否	否（undefined）	否

上面主要针对 sessionStorage 的一些特性进行了测试，测试的重点在于各个浏览器对于 session 的定义以及跨域情况。从表 8.1 中可以看出，处于安全性考虑所有浏览器下 session 数据都是不允许跨域访问的，包括跨子域也是不允许的。其他方面主流浏览器中的实现较为一致。

API 测试方法包括 setItem(key,value)、removeItem(key)、getItem(key)、clear()、key(index)，属性包括 length、remainingSpace(非标准)。不过存储数据时可以简单地使用 localStorage.key=value 的方式。

标准中定义的接口在各个浏览器中都已实现，此外 IE 下新增了一个非标准的 remainingSpace 属性，用于获取存储空间中剩余的空间。结果如表 8.3 所示。

表 8.3 API 测试

浏览器	setItem	removeItem	getItem	clear	key	length	remainingSpace
IE	是	是	是	是	是	是	是
Firefox	是	是	是	是	是	是	否
Chrome	是	是	是	是	是	是	否
Safari	是	是	是	是	是	是	否
Opera	是	是	是	是	是	是	否

此外关于 setItem(key,value)方法中的 value 类型，理论上可以是任意类型，不过实际上浏览器会调用 value 的 toString 方法来获取其字符串值并存储到本地，因此如果是自定义的类型，则需要自己定义有意义的 toString 方法。

Web Storage 标准事件为 onstorage，当存储空间中的数据发生变化时触发。此外，IE 自定义了一个 onstoragecommit 事件，当数据写入的时候触发。onstorage 事件中的事件对象应该支持以下属性。

➢ key：被改变的键。
➢ oldValue：被改变键的旧值。

- newValue：被改变键的新值。
- url：被改变键的文档地址。
- storageArea：影响存储对象。

对于这一标准的实现，Webkit 内核的浏览器（Chrome、Safari）以及 Opera 是完全遵循标准的，IE 则只实现了 url，Firefox 下则均未实现，具体结果如表 8.4 所示。

表 8.4 onStorage 事件对象属性测试

浏览器	key	oldValue	newValue	url	storageArea
IE	无	无	无	有	无
Firefox	无	无	无	无	无
Chrome	有	有	有	有	有
Safari	有	有	有	有	有
Opera	有	有	有	有	有

此外，不同的浏览器事件注册的方式以及对象也不一致，其中 IE 和 Firefox 在 document 对象上注册，Chrome 5 和 Opera 在 window 对象上注册，而 Safari 在 body 对象上注册。Firefox 必须使用 document.addEventListener 注册，否则无效。

扫一扫，看视频

8.1.3 使用 Web Storage

localStorage 和 sessionStorage 对象拥有相同的属性和方法，也都具有相同的操作，简单说明如下。

1. 存储值

使用 setItem()方法可以存储值，用法如下：

```
setItem( key, value)
```

参数 key 表示键名，value 表示值，都以字符串形式进行传递。例如：

```
sessionStorage.setItem("key", "value");
localStorage.setItem("site", "mysite.cn");
```

2. 读取值

使用 getItem()方法可以读取指定键名的值，用法如下：

```
getItem(key)
```

参数 key 表示键名，字符串类型。该方法将获取指定 key 本地存储的值。例如：

```
var value = sessionStorage.getItem("key");
var site = localStorage.getItem("site");
```

3. 删除值

使用 removeItem()方法可以删除指定键名本地存储的值。用法如下：

```
removeItem(key)
```

例如：

```
sessionStorage.removeItem("key");
localStorage.removeItem("site");
```

4. 清空本地存储

使用 clear()方法可以清空所有本地存储的键值对。用法如下：

```
clear()
```

例如：
```
sessionStorage.clear();
localStorage.clear();
```

提示：

Web Storage 不但支持使用 setItem()、getItem()等方法执行存取操作外，也支持使用点语法或者使用字符串数组[]的方式进行数据存储。例如：
```
var storage = window.localStorage;
storage.key1 = "hello";
storage["key2"] = "world";
console.log(storage.key1);
console.log(storage["key2"]);
```

5. 遍历操作

localStorage 和 sessionStorage 提供 key()方法和 length 属性，使用它们可以方便地实现存储数据的遍历操作。

【示例 1】 本例获取本地 localStorage，然后使用 for 语句循环迭代所有本地存储的数据，并显示在调试平台上面。
```
var storage = window.localStorage;
for (var i=0, len = storage.length; i < len; i++){
   var key = storage.key(i);
   var value = storage.getItem(key);
   console.log(key + "=" + value);
}
```

6. storage 事件

Web Storage 还提供了 storage 事件，当键值改变或者 clear 的时候，就可以触发 storage 事件。

【示例 2】 本例为页面添加了一个 storage 事件，这样当页面的本地存储发生值变动时将触发该事件。
```
if(window.addEventListener){
   window.addEventListener("storage",handle_storage,false);
}else if(window.attachEvent){
   window.attachEvent("onstorage",handle_storage);
}
function handle_storage(e) {
   var logged = "key:" + e.key + ", newValue:" + e.newValue + ", oldValue:" + e.oldValue + ", url:" + e.url + ", storageArea:" + e.storageArea;
   alert(logged);
}
```

storage 事件对象包含属性说明如表 8.5 所示。

表 8.5 storage 事件对象属性

属　性	类　型	说　明
key	String	键的名称
oldValue	Any	以前的值（被覆盖的值），如果是新添加的项目，则为 null
newValue	Any	新的值，如果是新添加的项目，则为 null
url/uri	String	引发更改的方法所在页面地址

8.1.4 案例：用户登录信息保存和读取

扫一扫，看视频

本例将介绍如何使用 localStorage 对象保存和读取用户登录信息。在 Chrome 浏览器中运行本例，当用户在文本框中输入用户名与密码，单击"登录"按钮后，将使用 localStorage 对象保存登录时的用户名。如果选中"是否保存密码"选项，将保存登录时的密码，否则，将清空原先保存的密码。当重新在浏览器中打开该页面时，经过保存的用户名和密码数据将分别显示在相应的文本框中，运行结果如图 8.1 所示。

图 8.1　保存和读取用户登录信息

示例完整代码如下所示。

```
<!DOCTYPE html>
<html>
<head>
<meta charset="utf-8" />
<style type="text/css">
ul { list-style-type: none; padding:3px 6px; }
ul li { margin:6px; }
.li_title { margin-top:12px;}
.status { border: 1px solid #999999; background: #CCCCCC; padding:6px; }
</style>
<script type="text/javascript">
function $(id) {
    return document.getElementById(id);
}
//页面加载时调用的函数
function pageload(){
    var strName=localStorage.getItem("keyName");
    var strPass=localStorage.getItem("keyPass");
    if(strName){
        $("txtName").value=strName;
    }
    if(strPass){
        $("txtPass").value=strPass;
    }
}
//单击"登录"按钮后调用的函数
function btn_click(){
    var strName=$("txtName").value;
    var strPass=$("txtPass").value;
```

```
        localStorage.setItem("keyName",strName);
        if($("chkSave").checked){
            localStorage.setItem("keyPass",strPass);
        }else{
            localStorage.removeItem("keyPass");
        }
        $("spnStatus").className="status";
        $("spnStatus").innerHTML="登录成功!";
    }
</script>
</head>
<body onLoad="pageload();">
<form id="frmLogin" action="#">
    <fieldset>
        <legend>用户登录</legend>
        <ul>
            <li>用户名:<input id="txtName" class="inputtxt" type="text"></li>
            <li>密 码:<input id="txtPass" class="inputtxt" type="password"></li>
            <li><input id="chkSave" type="checkbox">是否保存密码</li>
            <li>
                <input name="btn" class="inputbtn" value="登录" type="button" onClick="btn_click();"><input name="rst" class="inputbtn" type="reset" value="取消"> </li>
            <li class="li_title"><span id="spnStatus"></span></li>
        </ul>
    </fieldset>
</form>
</body>
</html>
```

8.1.5 案例：Web 留言本

本例设计一个简单 Web 留言本功能。在 Chrome 浏览器中运行本实例，在文本区域中输入留言信息，单击"添加"按钮后，将文本域中的数据保存到 localStorage 中，并且在表单下部会显示出所有的留言信息，演示效果如图 8.2 所示。

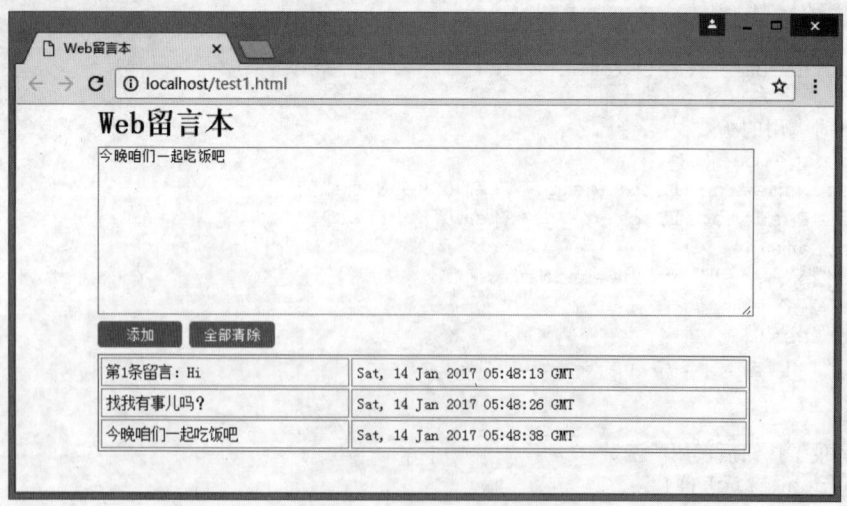

图 8.2　设计 Web 留言本

实现本例的关键是如何获取 localStorage 中的所有数据。获取 localStorage 中全部数据的时候，需要用到 localStorage 对象的两个比较重要的属性。

- length：所有保存在 localStorage 中的数据的条数。
- key(index)：将想要得到数据的索引号作为 index 参数传入，可以得到 localStorage 中与这个索引号对应的数据。

示例完整代码如下所示。

```html
<!DOCTYPE html>
<head>
<meta charset="UTF-8">
<style type="text/css" media="screen">
* { margin: 0; padding: 0; }
body { font-size: 14px; width: 80%; margin: 0 auto; }
input[type="text"] { width: 180px; height: 24px; line-height: 24px; }
textarea { vertical-align: top; margin-top: 6px; width: 100%; }
input[type="submit"], input[type="button"] { width: 80px; height: 24px; line-height: 24px; border: 1px solid #ff6600; border-radius: 4px; background: #ff6600; outline: none; color: #fff; cursor: pointer; margin-top: 6px; }
table { width: 100%; border: 1px solid #ff0000; margin-top: 6px; }
table td { border: 1px solid #b4b4b4; padding: 4px; }
</style>
<script type="text/javascript">
function saveStorage(id){
    var data = document.getElementById(id).value;
    var time = new Date().getTime();
    localStorage.setItem(time,data);
    alert("数据已保存。");
    loadStorage('msg');
}
function loadStorage(id){
    var result = '<table border="1">';
    for(var i = 0;i < localStorage.length;i++){
        var key = localStorage.key(i);
        var value = localStorage.getItem(key);
        var date = new Date();
        date.setTime(key);
        var datestr = date.toGMTString();
        result += '<tr><td>' + value + '</td><td>' + datestr + '</td></tr>';
    }
    result += '</table>';
    var target = document.getElementById(id);
    target.innerHTML = result;
}
function clearStorage(){
    localStorage.clear();
    alert("全部数据被清除。");
    loadStorage('msg');
}
</script>
</head>
<body>
```

```
<h1>Web 留言本</h1>
<textarea id="memo" cols="60" rows="10"></textarea><br>
<input type="button" value="添加" onClick="saveStorage('memo');">
<input type="button" value="全部清除" onClick="clearStorage('msg');">
<p id="msg"></p>
</body>
</html>
```

8.1.6 案例：网页计数器

sessionStorage 可以作为会话计数器，localStorage 则可以作为 Web 应用访问计数器。声明一个 localStorage 计数变量，当刷新页面时，会看到计数器在增长，即使关闭浏览器窗口，然后重新访问页面，计数器会继续计数。而 sessionStorage 计数变量只能够在当前会话期间显示页面访问量，即刷新页面会看到计数器在增长，而当关闭浏览器窗口，然后再试一次，计数器已经重置了。

本例主要通过 sessionStorage 和 localStorage 对页面的访问量进行计数。当在文本框内输入数据后，分别单击"session 保存"按钮和"local 保存"按钮对数据进行保存，还可以通过单击"session 读取"按钮和"local 读取"按钮对数据进行读取。在 Chrome 浏览器中运行本实例的结果如图 8.3 所示。

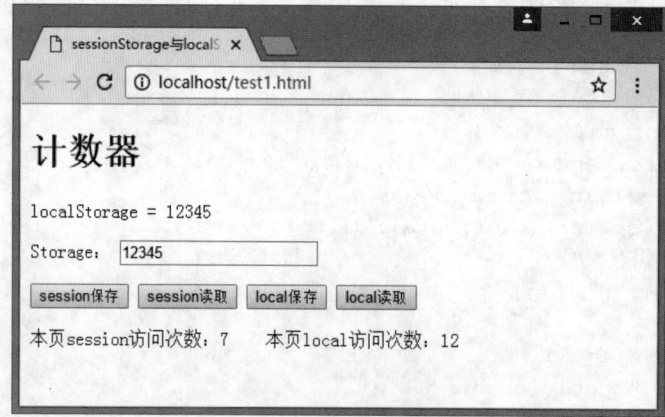

图 8.3　Web 应用计数器

示例完整代码如下所示。

```
<!DOCTYPE html>
<html>
<head>
<meta charset="utf-8" />
</head>
<body>
<h1>计数器</h1>
<p class="msg" id="msg_1"> </p>
<p class="form_item">
    <label for="">Storage: </label>
    <input type="text" name="text-1" value="" id="text-1"/>
</p>
<p class="form_item">
    <input type="button" name="btn-1" value="session 保存" id="btn-1"/>
    <input type="button" name="btn-2" value="session 读取" id="btn-2"/>
    <input type="button" name="btn-3" value="local 保存" id="btn-3"/>
    <input type="button" name="btn-4" value="local 读取" id="btn-4"/>
```

```
</p>
<p class="count_wrap">本页 session 访问次数：<span class="count" id='session_count'>
</span>  本页 local 访问次数：<span class="count" id='local_count'></span>
</p>
<script>
function getE(ele){    //自定义一个 getE()函数
    return document.getElementById(ele);  //返回并调用 document 对象的 getElementById
方法输出变量
}
var text_1 = getE('text-1'),//声明变量并为其赋值
    mag = getE('msg_1'),
    btn_1 = getE('btn-1'),
    btn_2 = getE('btn-2'),
    btn_3 = getE('btn-3'),
    btn_4 = getE('btn-4');
btn_1.onclick = function(){
    sessionStorage.setItem('msg','sessionStorage = ' + text_1.value );
}
btn_2.onclick = function(){
    mag.innerHTML = sessionStorage.getItem('msg');
}
btn_3.onclick = function(){
    localStorage.setItem('msg','localStorage = ' + text_1.value );
}
btn_4.onclick = function(){
    mag.innerHTML = localStorage.getItem('msg');
}
//记录页面次数
var local_count = localStorage.getItem('a_count')?localStorage.getItem('a_count'):0;
getE('local_count').innerHTML = local_count;
localStorage.setItem('a_count',+local_count+1);
var session_count = sessionStorage.getItem('a_count')?sessionStorage.getItem('a_count'):0;
getE('session_count').innerHTML = session_count;
sessionStorage.setItem('a_count',+session_count+1);
</script>
</body>
</html>
```

8.2 Web SQL

HTML5 允许用户通过 SQL 访问本地数据。在 HTML4 中，数据库只能放在服务器端，并通过服务器来访问数据库，而在 HTML5 中，用户可以像访问本地文件那样轻松地对本地数据库进行直接访问。

8.2.1 Web SQL 基础

以键/值对的形式存储数据的 Storage API 在数据持久化方面已经很强大了，但是 HTML5 新增了用户访问本地数据库的功能。数据库 API 的具体细节仍在完善中，并有多个方案。Web SQL Database 是其

中之一,并已经在 Safari、Chrome 和 Opera 中实现了,如表 8.6 所示显示了浏览器对于 Web SQL Database 的支持情况。

表 8.6 浏览器支持概述

浏 览 器	说　明
IE	不支持
Firefox	不支持
Opera	10.5 及以上的版本支持
Chrome	3.0 及以上的版本支持
Safari	3.2 及以上的版本支持

Web SQL Database 允许应用程序通过一个异步 JavaScript 接口访问 SQLLite 数据库。虽然它既不是常见 Web 平台的一部分,也不是 HTML5 规范最终推荐的数据库 API,但当针对如 Safari 移动版这样的特定平台时,SQL API 很有用。在任何情况下,SQL API 在浏览器中的数据库处理能力都是无可比拟的。与其他 Storage API 一样,浏览器能够限制同源页面可用 Storage 的大小,并且当用户数据被清除时,Storage 中的数据也会被清除。

Web SQL 数据库 API 实际上不是 HTML5 规范的组成部分,而是单独的规范。它通过一套 API 来操纵客户端的数据库。虽然 Web SQL Database 已经在 Safari、Chrome 和 Opera 中实现,但是 IE、Firefox 中并没有实现它,而且 WHATWG 也停止对 Web SQL Databas 的开发。由于标准认定直接执行 SQL 语句不可取,Web SQL Database 已被极新的规范——索引数据库(Indexed Database,原为 WebSimpleDB)所取代。索引数据库更简便,而且不依赖于特定的 SQL 数据库版本。目前浏览器正在逐步实现对索引数据库的支持。

8.2.2　使用 Web SQL

HTML5 数据库 API 是以一个独立规范形式出现,它包含 3 个核心方法。

- openDatabase:使用现有数据库或创建新数据库的方式创建数据库对象。
- transaction:允许我们根据情况控制事务提交或回滚。
- executeSql:用于执行真实的 SQL 查询。

使用 JavaScript 脚本编写 SQLLite 数据库有两个必要的步骤:

- 创建访问数据库的对象。
- 使用事务处理。

1. 创建或打开数据库

首先,必须要使用 openDatabase 方法来创建一个访问数据库的对象。具体用法如下所示:

```
Database openDatabase(in DOMString name, in DOMString version, in DOMString displayName, in unsigned long estimatedSize, in optional DatabaseCallback creationCallback)
```

openDatabase 方法可以打开已经存在的数据库,如果不存在则创建。openDatabasek 中五个参数分别表示:数据库名、版本号、描述、数据库大小、创建回调。创建回调没有时也可以创建数据库。

【示例 1】　创建了一个数据库对象 db,名称是 Todo,版本编号为 0.1。db 还带有描述信息和大概的大小值。浏览器可使用这个描述与用户进行交流,说明数据库的作用。利用代码中提供的大小值,浏览器可以为内容留出足够的存储空间。如果需要,这个大小是可以改变的,所以没有必要预先假设允许用户使用多少空间。

```
db = openDatabase("ToDo", "0.1", "A list of to do items.", 200000);
```

为了检测之前创建的连接是否成功，可以检查数据库对象是否为 null：
```
if(!db)
    alert("Failed to connect to database.");
```
注意，使用中绝不可以假设该连接已经成功建立，即使过去对于某个用户它是成功的。为什么一个连接会失败，这里面存在多个原因：也许浏览器出于安全原因拒绝访问，也许设备存储有限。面对活跃而快速进化的潜在浏览器，对用户机器、软件及其能力作出假设是非常不明智的行为。如当用户使用手持设备时，他们可自由处置的数据可能只有几兆字节。

2. 访问和操作数据库

实际访问数据库的时候，还需要调用 transaction 方法，用来执行事务处理。使用事务处理，可以防止在对数据库进行访问及执行有关操作的时候受到外界的打扰。因为在 Web 上，同时会有许多人都在对页面进行访问。如果在访问数据库的过程中，正在操作的数据被别的用户给修改掉的话，就会引起很多意想不到的后果。因此，可以使用事务来达到在操作完了之前，阻止别的用户访问数据库的目的。

transaction 方法的使用方法如下所示：
```
db.transaction( function(tx) {})
```
transaction 方法使用一个回调函数作为参数。在这个函数中，执行访问数据库的语句。

在 transaction 的回调函数内，使用了作为参数传递给回调函数的 transaction 对象的 executeSql 方法。executeSql 方法的完整定义如下所示：
```
transaction.executeSql(sqlquery,[],dataHandler, errorHandler):
```
该方法使用四个参数，第一个参数为需要执行的 SQL 语句。

第二个参数为 SQL 语句中所有使用到的参数的数组。在 executeSql 方法中，将 SQL 语句中所要使用到的参数先用 "?" 代替，然后依次将这些参数组成数组放在第二个参数中，如下所示：
```
transaction.executeSql("UPDATE people set age=? where name=?;",[age, name]);
```
第三个参数为执行 sql 语句成功时调用的回调函数。该回调函数的传递方法如下所示：
```
function dataRandler(transaction, results){//执行 SQL 语句成功时的处理
}
```
该回调函数使用两个参数，第一个参数为 transaction 对象，第二个参数为执行查询操作时返回的查询到的结果数据集对象。

第四个参数为执行 SQL 语句出错时调用的回调函数。该回调函数的传递方法如下所示：
```
function errorHandler(transaction,errmeg) {//执行 sql 语句出错时的处理
}
```
该回调函数使用两个参数，第一个参数为 transaction 对象，第二个参数为执行发生错误时的错误信息文字。

【示例2】 下面将在 mydatabase 数据库中创建表 t1，并执行数据插入操作，完成插入两条记录。
```
var db = openDatabase('mydatabase', '2.0', 'my db', 2 * 1024);
db.transaction(function (tx) {
    tx.executeSql('CREATE TABLE IF NOT EXISTS t1 (id unique, log)');
    tx.executeSql('INSERT INTO t1 (id, log) VALUES (1, "foobar")');
    tx.executeSql('INSERT INTO t1 (id, log) VALUES (2, "logmsg")');
});
```
在插入新记录时，还可以传递动态值：
```
var db = openDatabase(' mydatabase ', '2.0', 'my db', 2 * 1024);
db.transaction(function (tx) {
    tx.executeSql('CREATE TABLE IF NOT EXISTS t1 (id unique, log)');
    tx.executeSql('INSERT INTO t1 (id,log) VALUES (?, ?')', [e_id, e_log];  //e_id 和 e_log 是外部变量
});
```

当执行查询操作时,从查询到的结果数据集中依次把数据取出到页面上来,最简单的方法是使用 for 语句循环。结果数据集对象有一个 rows 属性,其中保存了查询到的每条记录,记录的条数可以用 rows.length 来获取,可以用 for 循环,用 rows[index]或 rows.Item ((index))的形式来依次取出每条数据。在 JavaScript 脚本中,一般采用 rows[index]的形式。另外在 Chrome 浏览器中,不支持 rows.Item ([index))的形式。

【示例 3】 如果要读取已经存在的记录,我们使用一个回调函数来捕获结果,并通过 for 语句循环显示每条记录。

```
var db = openDatabase(mydatabase, '2.0', 'my db', 2*1024);
db.transaction (function (tx) {
    tx.executeSql('CREATE TABLE IF NOT EXISTS t1 (id unique, log)');
    tx.executeSql('INSERT INTO t1 (id, log) VALUES (1, "foobar")');
    tx.executeSql('INSERT INTO t1 (id, log) VALUES (2, "logmsg")');
});
db.transaction(function (tx) {
    tx.executeSql('SELECT * FROM t1, [], function (tx, results) {
        var len = results.rows.length, i;
        msg = "<p>Found rows: " + len + "</p>";
        document.querySelector('#status').innerHTML += msg;
        for (i = 0; i < len; i++){
            alert(results.rows.item(i).log );
        }
    }, null);
});
```

8.2.3 案例:创建本地数据库

本案例将完整地演示 Web SQL Database API 的使用,包括建立数据库、建立表格、插入数据、查询数据、将查询结果显示。在最新版本的 Chrome、Safari 或 Opera 浏览器中输出结果如图 8.4 所示。

图 8.4 创建本地数据库

示例完整代码如下所示。

```
<!DOCTYPE HTML>
<html>
<head>
<script type="text/javascript">
var db = openDatabase('mydb', '1.0', 'Test DB', 2 * 1024 * 1024);
var msg;
db.transaction(function(tx) {
    tx.executeSql('CREATE TABLE IF NOT EXISTS LOGS (id unique, log)');
    tx.executeSql('INSERT INTO LOGS (id, log) VALUES (1, "foobar")');
```

```
        tx.executeSql('INSERT INTO LOGS (id, log) VALUES (2, "logmsg")');
        msg = '<p>完成消息创建和插入行操作。</p>';
        document.querySelector('#status').innerHTML = msg;
    });
    db.transaction(function(tx) {
        tx.executeSql('SELECT * FROM LOGS', [], function(tx, results) {
            var len = results.rows.length, i;
            msg = "<p>查询行数: " + len + "</p>";
            document.querySelector('#status').innerHTML += msg;
            for( i = 0; i < len; i++) {
                msg = "<p><b>" + results.rows.item(i).log + "</b></p>";
                document.querySelector('#status').innerHTML += msg;
            }
        }, null);
    });
</script>
<meta charset="utf-8">
</head>
<body>
<div id="status" name="status">
</div>
</body>
</html>
```

其中第 5 行的 var db = openDatabase('mydb', '1.0', 'Test DB', 2 * 1024 * 1024);建立一个名称为 mydb 的数据库，它的版本为 1.0，描述信息为 Test DB，大小为 2MB。可以看到此时有数据库建立，但并无表格建立，如图 8.5 所示。

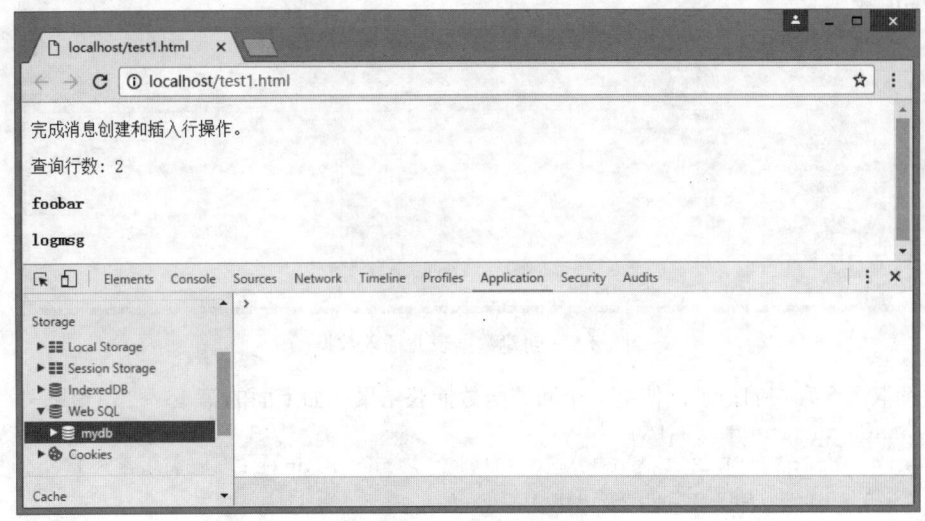

图 8.5 创建数据库 mydb

openDatabase 方法打开一个已经存在的数据库，如果数据库不存在则创建数据库，创建数据库包括数据库名、版本号、描述、数据库大小、创建回调函数。最后一个参数创建回调函数，在创建数据库的时候调用，但即使没有这个参数，一样可以运行时创建数据库。

第 7 行到第 13 行代码：

```
db.transaction(function(tx) {
    tx.executeSql('CREATE TABLE IF NOT EXISTS LOGS (id unique, log)');
    tx.executeSql('INSERT INTO LOGS (id, log) VALUES (1, "foobar")');
```

```
    tx.executeSql('INSERT INTO LOGS (id, log) VALUES (2, "logmsg")');
    msg = '<p>完成消息创建和插入行操作。</p>';
    document.querySelector('#status').innerHTML = msg;
});
```

通过第 8 行语句可以在 mydb 数据库中建立一个 LOGS 表格。在这里只执行创建表格语句，而不执行后面两个插入操作时，将在 Chrome 中可以看到在数据库 mydb 中有表格 LOGS 建立，但表格 LOGS 为空。

第 9、第 10 两行执行插入操作，在插入新记录时，还可以传递动态值。

```
var db = openDatabase('mydb', '1.0', 'Test DB', 2 * 1024 * 1024);
db.transaction(function (tx) {
    tx.executeSql('CREATE TABLE IF NOT EXISTS LOGS (id unique, log)');
    tx.executeSql('INSERT INTO LOGS (id,log) VALUES (?, ?)', [e_id, e_log]);
});
```

这里的 e_id 和 e_log 为外部变量，executeSql 在数组参数中将每个变量映射到 "？"。在插入操作执行后，可以在 Chrome 中看到数据库的状态，可以看到插入的数据，此时并未执行查询语句，页面中并没有出现查询结果，如图 8.6 所示。

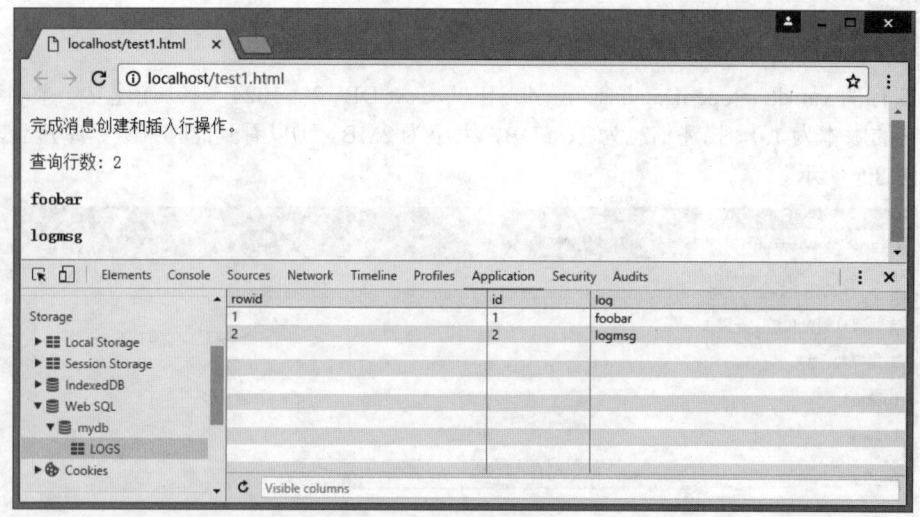

图 8.6　创建数据表并插入数据

如果要读取已经存在的记录，使用一个回调函数捕获结果，如上面的第 15～25 行代码：

```
db.transaction(function(tx) {
    tx.executeSql('SELECT * FROM LOGS', [], function(tx, results) {
        var len = results.rows.length, i;
        msg = "<p>查询行数: " + len + "</p>";
        document.querySelector('#status').innerHTML += msg;
        for( i = 0; i < len; i++) {
    msg = "<p><b>" + results.rows.item(i).log + "</b></p>";
    document.querySelector('#status').innerHTML += msg;
        }
    }, null);
});
```

执行查询之后，将信息输出到页面中，可以看到页面中查询数据。

第8章 本地存储

🔊 **注意：**

如果不是绝对需要，不要使用 Web SQL Database，因为它会让代码更加复杂（匿名内部类的内部函数，回调函数等）。对大多数情况下，本地存储或会话存储就能够完成相应的任务，尤其是能够保持对象状态持久化的情况。通过这些 HTML5 Web SQL Database API 接口，可以获得更多功能，相信以后会出现一些非常优秀的、建立在这些 API 之上的应用程序。

8.2.4 案例：批量读写数据

扫一扫，看视频

Web SQL Database 操作数据比较烦琐，为了提高代码执行效率，下面通过一个示例演示如何通过数组实现快速存储数据。示例完整代码如下所示。

```html
<!doctype html>
<html>
<head>
<meta charset="utf-8">
</head>
<body>
<table id="racers" border="1" cellspacing="0" style="width:100%">
    <th>Id</th>
    <th>Name</th>
</table>
<script>
//根据名称 name 打开数据库
var db = openDatabase('db', '1.0', 'my first database', 2 * 1024 * 1024);
function log(id, name) {
    var row = document.createElement("tr");
    var idCell = document.createElement("td");
    var nameCell = document.createElement("td");
    idCell.textContent = id;
    nameCell.textContent = name;
    row.appendChild(idCell);
    row.appendChild(nameCell);
    document.getElementById("racers").appendChild(row);
}
function doQuery() {
    db.transaction(function (tx) {
        tx.executeSql('SELECT * from mytable', [], function(tx, result) {
            //显示查询的记录集
            for (var i=0; i<result.rows.length; i++) {
                var item = result.rows.item(i);
                log(item.id, item.name);
            }
        });
    });
}
function initDatabase() {
    var names = ["张三", "李四", "王五", "赵六", "侯七", "abc", "def"];
    db.transaction(function (tx) {
        tx.executeSql('CREATE TABLE IF NOT EXISTS mytable(id integer primary key autoincrement, name)');
        for (var i=0; i<names.length; i++) {
            tx.executeSql('INSERT INTO mytable (name) VALUES (?)', [names[i]]);
        }
        doQuery();
    });
```

247

```
}
initDatabase();
</script>
</body>
</html>
```

首先，创建一个本地数据库 db，把预存储的数据放在数组 names 中，使用 for 语句执行批量操作，这样就省略了编写大量的 executeSql 语句，当数据量比较大时，这种批量操作方式就更加有效。

执行 initDatabase()函数，完成数据初始化存储操作，然后调用 doQuery()函数，再次使用 for 语句把本地数据库中的数据读取出来，并通过 log()显示函数把数据显示在页面表格中。最后显示效果如图 8.7 所示。

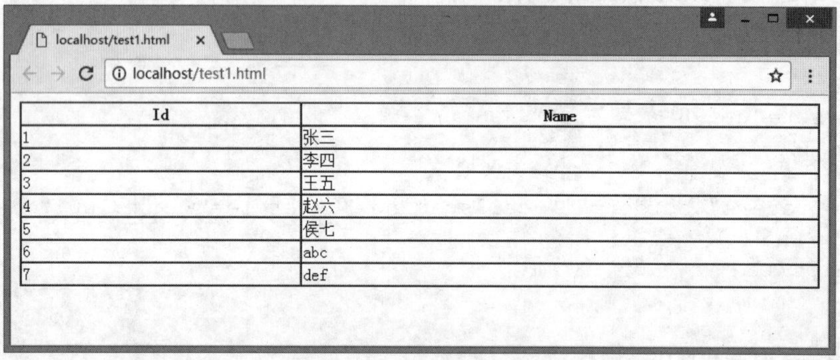

图 8.7　批量存储本地数据

数据库操作可能需要花点时间才能完成。不过，在获得查询结果集之前，查询操作会在后台运行，以避免阻塞脚本的执行。executeSQL()的第三个参数是回调函数，查询得到的事务和结果集将作为参数供此回调函数使用。

8.2.5　案例：本地用户登录

本例将以用户登录界面为例，介绍如何对本地数据库进行具体操作。在 Chrome 浏览器中运行本实例，在页面中输入用户名和密码，然后单击"登录"按钮，登录成功后，用户名、密码以及登录时间将显示在页面上。单击"注销"按钮，将清除已经登录的用户名、密码以及登录时间，运行结果如图 8.8 所示。

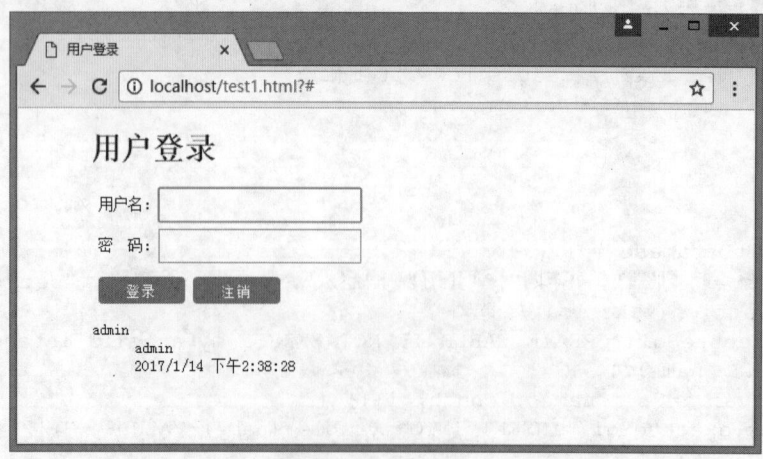

图 8.8　用户登录

示例完整代码如下所示。

```html
<!doctype html>
<html>
<head>
<meta charset="utf-8">
<style type="text/css">
body { font-size: 14px; width: 80%; margin: 6px auto; }
input[type="text"], input[type="password"]{ width: 180px; height: 24px; line-height: 24px; }
input[type="submit"], input[type="button"] { width: 80px; height: 24px; line-height: 24px; border: 1px solid #ff6600; border-radius: 4px; background: #ff6600; outline: none; color: #fff; cursor: pointer; margin-top: 6px; }
p{margin:6px;}
</style>
</head>
<body>
<form action="#" method="get" accept-charset="utf-8">
    <h1>用户登录</h1>
    <p>用户名：<input type="text" name="" value="" id="name" required /></p>
    <p>密 码：<input type="password" name="" value="" id="msg" required /></p>
    <p><input type="submit" id="save" value="登录"/>
    <input type="submit" id="clear" value="注销"/></p>
</form>
<script>
var datalist = getE('datalist');
if(!datalist){
    datalist = document.createElement('dl');
    datalist.className = 'datalist';
    datalist.id = 'datalist';
    document.body.appendChild(datalist);
}
var result = getE('result');
var db = openDatabase('myData','1.0','test database',1024*1024);
showAllData();
db.transaction(function(tx){
    tx.executeSql('CREATE TABLE IF NOT EXISTS MsgData(name TEXT,msg TEXT,time INTEGER)',[]);
})
getE('clear').onclick = function(){
    db.transaction(function(tx){
        tx.executeSql('DROP TABLE MsgData',[]);
    })
    showAllData()
}
getE('save').onclick = function(){
    saveData();
    return false;
}
function getE(ele){
    return document.getElementById(ele);
}
```

```javascript
function removeAllData(){
    for (var i = datalist.children.length-1; i >= 0; i--){
        datalist.removeChild(datalist.children[i]);
    }
}
function showData(row){
    var dt = document.createElement('dt');
    dt.innerHTML = row.name;
    var dd = document.createElement('dd');
    dd.innerHTML = row.msg;
    var tt = document.createElement('tt');
    var t = new Date();
    t.setTime(row.time);
    tt.innerHTML =t.toLocaleDateString()+" "+ t.toLocaleTimeString();
    datalist.appendChild(dt);
    datalist.appendChild(dd);
    datalist.appendChild(tt);
}
function showAllData(){
    db.transaction(function(tx){
        tx.executeSql('CREATE TABLE IF NOT EXISTS MsgData(name TEXT,msg TEXT,time INTEGER)',[]);
        tx.executeSql('SELECT * FROM MsgData',[],function(tx,result){
            removeAllData();
            for(var i=0; i < result.rows.length; i++){
                showData(result.rows.item(i));
            }
        });
    });
}
function addData(name,msg,time){
    db.transaction(function(tx){
        tx.executeSql('INSERT INTO MsgData VALUES(?,?,?)',[name,msg,time],function(tx,result){
            alert("登录成功");
        },
        function(tx,error){
            alert(error.source + ':' + error.message);
        });
    });
}
function saveData(){
    var name =getE('name').value;
    var msg = getE('msg').value;
    var time = new Date().getTime();
    addData(name,msg,time);
    showAllData();
}
</script>
</body>
</html>
```

8.2.6 案例：Web Storage 和 Web SQL 比较应用

【示例 1】 本例设计一个简单 Web 留言本，介绍如何使用 Web Storage 来读写大容量数据。在示例页面中显示一个多行文本框，允许用户输入数据，当单击"追加"按钮时，将文木框中的数据保存到 localStorage 中，在表单下面显示一个空的 p 元素，作为数据容器动态显示用户添加的留言信息，示例效果如图 8.9 所示。

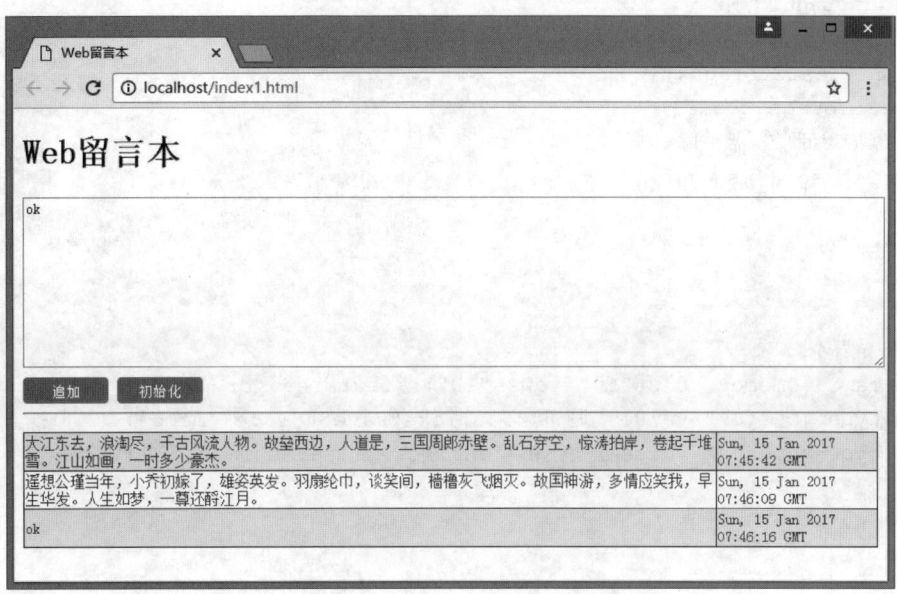

图 8.9 使用 localStorage 存储数据的 Web 留言本

📢 提示：

Web Storage 采用键值对的形式保存数据，将文本框的内容作为键值，保存时间作为键名，以时间戳的形式保存，可以避免重复的键名。

示例完整代码如下所示。

```
<!DOCTYPE html>
<head>
<meta charset="UTF-8">
<script type="text/javascript">
function saveStorage(id){
    var data = document.getElementById(id).value;
    var time = new Date().getTime();
    localStorage.setItem(time,data);
    alert("数据已保存。");
    loadStorage('msg');
}
function loadStorage(id){
    var result = '<table border="1">';
    for(var i = 0;i < localStorage.length;i++) {
        var key = localStorage.key(i);
        var value = localStorage.getItem(key);
        var date = new Date();
```

```
            date.setTime(key);
            var datestr = date.toGMTString();
            result += '<tr><td>' + value + '</td><td>' + datestr + '</td></tr>';
        }
        result += '</table>';
        var target = document.getElementById(id);
        target.innerHTML = result;
    }
    function clearStorage(){
        localStorage.clear();
        alert("全部数据被清除。");
        loadStorage('msg');
    }
</script>
</head>
<body>
<h1>Web 留言本</h1>
<textarea id="memo" cols="60" rows="10"></textarea><br>
<input type="button" value="追加" onclick="saveStorage('memo');">
<input type="button" value="初始化" onclick="clearStorage('msg');">
<hr>
<p id="msg"></p>
</body>
</html>
```

在该页面中，除了输入数据用的文本框与显示数据用的 P 元素之外，还放置了"追加"按钮和"初始化"按钮，单击"追加"按钮来保存数据，单击"初始化"按钮来消除全部数据。

在 JavaScript 脚本部分包含 3 个函数：saveStorage()、loadStorage()、clearStorage()，简单说明如下。

（1）saveStorage()函数：这个函数比较简单，使用 new DateO.getTimeO 语句得到了当前的日期和时间，然后调用 localStorage.setItem 方法，将得到的时间作为键值，并将文本框中的数据作为键名进行保存。保存完毕后，重新调用脚本中的 loadStorage 函数在页面上重新显示保存后的数据。

（2）loadStorage()函数：取得保存后的所有数据，然后以表格的形式进行显示。取得全部数据的时候，需要用到 localStorage 两个比较重要的属性。

- loadStorage.length 返回所有保存在 localStorage 中的数据的条数。
- localStorage.key (index)将想要得到数据的索引号作为 index 参数传入，可以得到 localStorage 中与这个索引号对应的数据。如想得到第 6 条数据，传入的 index 为 5（index 是从 0 开始计算的）。

先用 load Storage.length 属性获取保存数据的条数，然后做一个循环，在循环内用一个变量，从 0 开始将该变量作为 index 参数传入 localStorage.key (index)属性，每次循环时该变量加 1，通过这种方法取得保存在 localStorage 中的所有数据。

（3）clearStorage()函数：将 localStorage 中保存的数据全部清除，在这个函数中只有一句语句 localStorage.clear();调用 localStorage 的 clear 方法时，所有保存在 localStorage 中的数据会全部被清除。

【示例 2】 本例借助 JSON 格式数据，协助 Web Storage 实现保存二维表格式数据，本示例演示效果如图 8.10 所示。

第8章 本地存储

图 8.10 使用 Web Storage 模拟数据库

示例完整代码如下所示。

```html
<!DOCTYPE html>
<head>
<meta charset="UTF-8">
<script type="text/javascript">
function saveStorage(){
   var data = new Object;
   data.name = document.getElementById('name').value;
   data.email = document.getElementById('email').value;
   data.tel = document.getElementById('tel').value;
   data.memo = document.getElementById('memo').value;
   var str = JSON.stringify(data);
   localStorage.setItem(data.name,str);
   alert("数据已保存。");
}
function findStorage(id){
   var find = document.getElementById('find').value;
   var str = localStorage.getItem(find);
   var data = JSON.parse(str);
   var result = "姓名: " + data.name + '<br>';
   result += "EMAIL: " + data.email + '<br>';
   result += "电话号码: " + data.tel + '<br>';
   result += "备注: " + data.memo + '<br>';
   var target = document.getElementById(id);
   target.innerHTML = result;
}
</script>
</head>
<body>
<h1>使用 Web Storage 模拟数据库</h1>
<table>
   <tr><td>姓名:</td><td><input type="text" id="name"></td></tr>
```

```
<tr><td>EMAIL:</td><td><input type="text" id="email"></td></tr>
<tr><td>电话号码:</td><td><input type="text" id="tel"></td></tr>
<tr><td>备注:</td><td><input type="text" id="memo"></td></tr>
<tr>
    <td></td>
    <td><input type="button" value="保存" onclick="saveStorage();"></td>
</tr>
</table>
<hr>
<p>检索:<input type="text" id="find">
    <input type="button" value="检索" onclick="findStorage('msg');">
</p>
<p id="msg"></p>
</body>
```

本例关键技术点：使用 JSON 对象的 stringify()方法和 parse()方法把 JSON 对象转换为字符串表示，或者把数据字符串转换为 JSON 对象。

提示：

支持 JSON 对象的浏览器包括 IE 8+、Firefox 3.6+、Chrome +、Safari 5+、Opera 10+版本的浏览器。

在 JavaScript 脚本部分包含两个函数，分别是保存数据用的 saveStorage()函数与检索数据用的 findStorage()函数。

saveStorage()函数中的流程如下：

（1）从各输入文本框中获取数据。
（2）创建对象，将获取的数据作为对象的属性进行保存。
（3）将对象转换成 JSON 格式的文本数据。
（4）将文本数据保存在 localStorage 中。

为了将数据保存在一个对象中，使用 new Object 语句创建一个对象，将各种数据保存在该对象的各个属性中，然后，为了将对象转换成 JSON 格式的文本数据，使用 JSON 对象 stringify()方法，该方法的使用方法如下所示：

```
var str = JSON.tringify(data);
```

该方法接受一个参数 data，它表示要转换成 JSON 格式文本数据的对象，这个方法的作用是将对象转换成 JSON 格式的文本数据，并将其返回。

findStorage()函数中的流程如下：

（1）在 localStorage 中将检索用的姓名作为键值，获取对应的数据。
（2）将获取的数据转换成 JSON 对象。
（3）取得 JSON 对象的各属性值，创建要输出的内容。
（4）将要输出的内容在页面上输出。

该函数的关键是使用 JSON 对象的 parse 方法，将从 localStorage 中获取的数据转换成 JSON 对象。该方法的使用方法如下所示：

```
var data = JSON.parae(str);
```

该方法接受一个参数 str，它表示从 localStorage 中取得的数据，该方法的作用是将传入的数据转换成 JSON 对象，并且将该对象返回。

【示例3】 本例利用 Web SQL 数据库实现示例 2 的功能。设计页面中包含一个输入姓名用的文本框，一个输入留言用的文本框，以及一个保存数据时用的按钮。在按钮下面放置了一个表格，保存数据后从数据库中重新取得所有数据，然后把数据显示在这个表格中。

单击"保存"按钮时，调用 saveData()函数，保存数据时的处理都被写在了这个函数里。打开页面时将调用 init()函数，将数据库中全部已保存的留言信息显示在表格中，示例演示效果如图 8.11 所示。

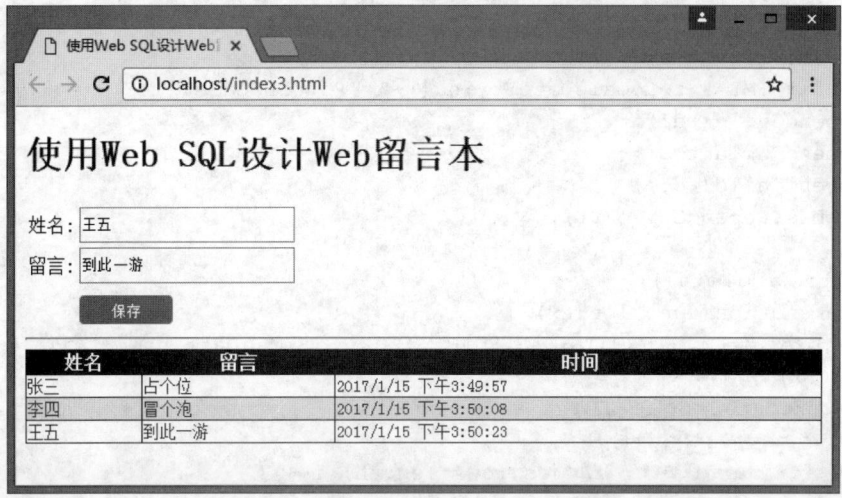

图 8.11 使用 Web SQL 设计 Web 留言本

示例完整代码如下所示。

```
<!DOCTYPE html>
<head>
<meta charset="UTF-8">
<script type="text/javascript">
var datatable = null;
var db = openDatabase('MyData', '', 'My Database', 102400);
function init(){
    datatable = document.getElementById("datatable");
    showAllData();
}
function removeAllData(){
    for (var i =datatable.childNodes.length-1; i>=0; i--){
        datatable.removeChild(datatable.childNodes[i]);
    }
    var tr = document.createElement('tr');
    var th1 = document.createElement('th');
    var th2 = document.createElement('th');
    var th3 = document.createElement('th');
    th1.innerHTML = '姓名';
    th2.innerHTML = '留言';
    th3.innerHTML = '时间';
    tr.appendChild(th1);
    tr.appendChild(th2);
    tr.appendChild(th3);
    datatable.appendChild(tr);
}
function showData(row) {
    var tr = document.createElement('tr');
    var td1 = document.createElement('td');
    td1.innerHTML = row.name;
```

```javascript
        var td2 = document.createElement('td');
        td2.innerHTML = row.message;
        var td3 = document.createElement('td');
        var t = new Date();
        t.setTime(row.time);
        td3.innerHTML=t.toLocaleDateString()+" "+t.toLocaleTimeString();
        tr.appendChild(td1);
        tr.appendChild(td2);
        tr.appendChild(td3);
        datatable.appendChild(tr);
}
function showAllData(){
    db.transaction(function(tx) {
        tx.executeSql('CREATE TABLE IF NOT EXISTS MsgData(name TEXT, message TEXT, time INTEGER)',[]);
        tx.executeSql('SELECT * FROM MsgData', [], function(tx, rs) {
            removeAllData();
            for(var i = 0; i < rs.rows.length; i++){
                showData(rs.rows.item(i));
            }
        });
    });
}
function addData(name, message, time) {
    db.transaction(function(tx) {
        tx.executeSql('INSERT INTO MsgData VALUES(?, ?, ?)',[name, message, time], function(tx, rs)
        {
            alert("成功保存数据!");
        },
        function(tx, error) {
            alert(error.source + "::" + error.message);
        });
    });
}
function saveData(){
    var name = document.getElementById('name').value;
    var memo = document.getElementById('memo').value;
    var time = new Date().getTime();
    addData(name,memo,time);
    showAllData();
}
</script>
</head>
<body onload="init();">
<h1>使用 Web SQL 设计 Web 留言本</h1>
<table>
    <tr><td>姓名:</td><td><input type="text" id="name"></td></tr>
    <tr><td>留言:</td><td><input type="text" id="memo"></td></tr>
    <tr>
<td></td>
<td><input type="button" value="保存" onclick="saveData();"></td></tr>
```

```
</table><hr>
<table id="datatable" border="1"></table>
<p id="msg"></p>
</body>
</html>
```

下面重点分析 JavaScript 脚本部分。

（1）打开数据库。

打开数据库的代码如下所示：

```
var datatable = null;
var db = openDatabase('MyData', '', 'My Database', 102400);
```

在 JavaScript 脚本一开始，使用了一个变量 datatable。用这个变量来代表页面中的 table 元素。db 变量代表使用 openDatabase()方法创建的数据库访问对象。在示例中创建了 MyData 数据库并对其进行访问。

（2）初始化。

编写 init 函数，该函数在页面打开时调用。为了在打开页面时就往页面表格中装入数据，所以在该函数中首先设定变量 datatable 为页面中的表格，然后调用脚本中另一个函数 showAllData()来显示数据。

（3）清除表格中当前显示的数据。

removeAlIData 函数是在 showAllData()函数中被调用的一个必不可少的函数，它的作用是将页面中 table 元素下的子元素全部清除，只留下一个空表格框架，然后填入表头。这样在页面表格中当前显示的数据就全部被清除了，以便重新读取数据并装入表格。

（4）显示数据。

showData()函数使用一个 row 参数，该参数表示从数据库中读取到的一行数据。该函数在页面表格中使用 tr 元素添加一行，并使用 td 元素添加各列.然后将传入的这行数据分别填入在表格中添加的这一行对应的各列中。

（5）显示全部数据。

showAllData 函数使用 transaction()方法,在该方法的回调函数中执行 executeSgl()方法获取全部数据。获取到数据之后，首先调用 removeAllData()函数初始化页面表格，将该表格中当前显示的数据全部清除，然后在循环中调用 showData()函数，将获取到的每一条数据作为参数传入，在页面上的表格中逐条显示获取到的每条数据。

（6）追加数据。

addData()函数在 saveData()函数中被调用。在 addData()函数中，使用 transaction()方法，在该方法的回调函数中执行 executeSgl 方法，将作为参数传入的数据保存在数据库中。

（7）保存数据。

savcData()函数先调用 addData()函数追加数据，再调用 showAllData()函数重新显示表格中的全部数据。

8.3 indexedDB

HTML5 新增一种被称为 indexedDB 的数据库,该数据库是一种存储在客户端本地的 NoSQL 数据库,目前，Chrome 11+、Firefox 4+、Opera 18+、Safari 8+以及 IE10+版本的浏览器对其提供支持。

8.3.1 indexedDB 基础

indexedDB 是一个对象数据库，而不是关系数据库，它比支持 SQL 查询的数据库简单多了。但是，它要比 Web 存储 API 支持的键值对存储更强大、更高效、更健壮。与 Web 存储和文件系统 API 一样，indexedDB 数据库的作用域也是限制在包含它们的文档源中：两个同源的 Web 页面互相之间可以访问对方的数据，但是非同源的页面则不行。

每个源可以有任意数目 indexedDB 数据库。但是每个数据库的名字在该源下必须是唯一的。在 IndexedDB API 中，一个数据库其实就是一个命名的对象仓库的集合。顾名思义，对象仓库自然存储的是对象。

每个对象都必须有一个键（key），通过该键实现在存储区中进行该对象的存储和获取。键必须是唯一的，同一个存储区中的两个对象不能有同样的键，并且它们必须是按照自然顺序存储，以便查询。

JavaScript 中的字符串、数字和日期对象都可以作为该键。当把一个对象存储到 indexedDB 数据库中时，indexedDB 数据库可以为该对象自动生成一个唯一的键。

IndexedDB API 非常简单，查询或者更新数据库的步骤如下：
（1）通过指定名字打开该数据库。
（2）创建一个事务对象，使用该对象在数据库中通过指定名字查询对象存储区。
（3）调用对象存储区的 get()方法来查询对象，或者调用 put()方法来存储新的对象。

如果要避免覆盖已存在对象的情况，可以调用 add()方法。

如果想要查询表示键值范围的对象，通过创建一个 IDBRange 对象，并将其传递给对象仓库的 openCursor()方法。

如果想要使用次键进行查询，通过查询对象仓库中的命名索引，然后调用索引对象上的 get()方法或者 openCursor()方法。

8.3.2 连接数据库

使用 indexedDB 数据库的时候，首先需要预定义 indexedDB 数据库、该数据库所用的事务、IDBKeyRange 对象和游标对象。为了能够在各浏览器中正常运行，可以按如下代码针对各浏览器统一进行定义。

```
window.indexedDB = window.indexedDB || window.webkitIndexedDB || window.mozIndexedDB || window.msIndexedDB;
window.IDBTransaction = window.IDBTransaction || window.webkitIDBTransaction || window.msIDBTransaction;
window.IDBKeyRange = window.IDBKeyRange|| window.webkitIDBKeyRange || window.msIDBKeyRange;
window.IDBCursor = window.IDBCursor || window.webkitIDBCursor || window.msIDBCursor;
```

【示例】 使用 indexedDB 数据库的时候，首先需要连接某个 indexedDB 数据库。下面示例代码演示了如何连接到 indexedDB 数据库。

```
<!DOCTYPE html>
<html>
<head>
<script>
window.indexedDB = window.indexedDB || window.webkitIndexedDB || window.mozIndexedDB || window.msIndexedDB;
window.IDBTransaction = window.IDBTransaction || window.webkitIDBTransaction || window.msIDBTransaction;
window.IDBKeyRange = window.IDBKeyRange|| window.webkitIDBKeyRange || window.msIDBKeyRange;
window.IDBCursor = window.IDBCursor || window.webkitIDBCursor || window.msIDBCursor;
function connectDatabase(){
```

```
    var dbName = 'indexedDBTest';//数据库名
    var dbVersion =20170603;  //版本号
    var idb;
    /*连接数据库,dbConnect 对象为一个 IDBOpenDBRequest 对象,代表数据库连接的请求对象*/
    var dbConnect = indexedDB.open(dbName, dbVersion);
    dbConnect.onsuccess = function(e){//连接成功
        //e.target.result 为一个 IDBDatabase 对象,代表连接成功的数据库对象
        idb = e.target.result;
        alert('数据库连接成功');
    };
    dbConnect.onerror = function(){
        alert('数据库连接失败');
    };
}
</script>
</head>
<body>
<input type="button" value="连接数据库" onclick="connectDatabase();"/>
</body>
</html>
```

在 Chrome 浏览器中预览,单击"连接数据库"按钮,可以连接到 indexedDBTest 数据库,效果如图 8.12 所示。

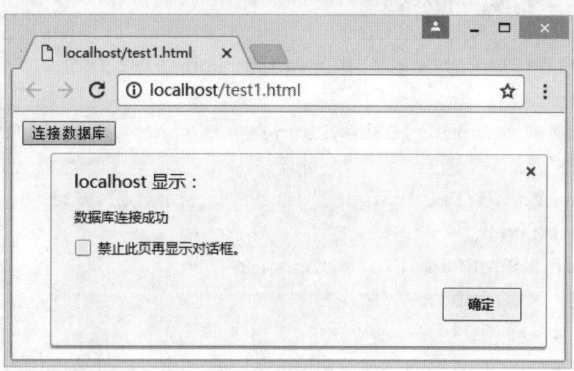

图 8.12 连接到数据库

在上面示例代码中,首先使用 indexedDB.open()方法连接数据库。该方法包含两个参数,其中第一个参数值为一个字符串,代表数据库名,第二个参数值为一个无符号长整型数值代表数据库的版本号。indexedDB.open()方法返回一个 IDBOpenDBRequest 对象,代表一个请求连接数据库的请求对象。

然后,通过监听数据库连接的请求对象的 onsuccess 事件和 onerror 事件来定义数据库连接成功时与数据库连接失败时所需执行的事件处理函数。

在连接成功的事件处理函数中,取得事件对象的 event.target.result;属性值,该属性值为一个 IDBDatabase 对象,代表连接成功的数据库对象。

提示:

在 Firefox 浏览器中访问示例页面,需要将示例页面放置在虚拟服务器运行环境。

在 IndexedDB API 中,可以通过 indexedDB 数据库对象的 close()方法关闭数据库连接,代码如下所示:

```
idb.close();
```

当数据库连接被关闭后,不能继续执行任何对该数据库进行的操作,否则浏览器均抛出异常。

8.3.3 更新数据库版本

成功连接数据库之后,还不能执行任何数据操作,用户还应该创建对象仓库,以及用于检索数据的索引。对象仓库相当于关系型数据库中的数据表。

在 indexedDB 数据库中,所有数据操作都必须在一个事务内部执行。事务分为 3 种:只读事务、读写事务和版本更新事务。

对于创建对象仓库和索引的操作,只能在版本更新事务内部进行,因为在 indexedDB API 中不允许数据库中的数据仓库在同一个版本中发生变化,所以当创建或删除数据仓库时,必须使用新的版本号来更新数据库的版本,以避免重复修改数据库结构。

对于数据库的版本更新处理,在 HTML5 中包括 2011 年 12 月之前和 2011 年 12 月之后两种不同的版本,在 Chrome 10～22 版中使用 2011 年 12 月之前的版本,在 Firefox 4+、Chrome 23+、Opera 18+、Safari 8 和 IE 10+版本的浏览器中使用 2011 年 12 月之后的版本。

【示例】 本例只针对 2011 年 12 月之后的版本进行演示介绍。

```
<!DOCTYPE html>
<html>
<head>
<script>
window.indexedDB = window.indexedDB || window.webkitIndexedDB || window.mozIndexedDB || window.msIndexedDB;
window.IDBTransaction = window.IDBTransaction || window.webkitIDBTransaction || window.msIDBTransaction;
window.IDBKeyRange = window.IDBKeyRange|| window.webkitIDBKeyRange || window.msIDBKeyRange;
window.IDBCursor = window.IDBCursor || window.webkitIDBCursor || window.msIDBCursor;
function VersionUpdate(){
    var dbName = 'indexedDBTest';  //数据库名
    var dbVersion = 20170603;  //版本号
    var idb;
    /*连接数据库,dbConnect 对象为一个 IDBOpenDBRequest 对象,代表数据库连接的请求对象*/
    var dbConnect = indexedDB.open(dbName, dbVersion);
    dbConnect.onsuccess = function(e){//连接成功
        //e.target.result 为一个 IDBDatabase 对象,代表连接成功的数据库对象
        idb = e.target.result;
        alert('数据库连接成功');
    };
    dbConnect.onerror = function(){
        alert('数据库连接失败');
    };
    dbConnect.onupgradeneeded = function(e){
        //数据库版本更新
        //e.target.result 为一个 IDBDatabase 对象,代表连接成功的数据库对象
        idb = e.target.result;
        /*e.target.transaction 属性值为一个 IDBTransaction 事务对象,此处代表版本更新事务*/
        var tx = e.target.transaction;
        var oldVersion = e.oldVersion;  //更新前的版本号
        var newVersion = e.newVersion;  //更新前的版本号
```

```
            alert('数据库版本更新成功,旧的版本号为'+oldVersion+',新的版本号为'+newVersion);
        };
}
</script>
</head>
<body>
<input type="button" value="更新数据库版本" onclick="VersionUpdate();"/>
</body>
</html>
```

在上面代码中，监听数据库连接的请求对象的 onupgradeneeded 事件，当连接数据库时发现指定的版本号大于数据库当前版本号时将触发该事件，当该事件被触发时一个数据库的版本更新事务已经被开启，同时数据库的版本号已经被自动更新完毕，并且指定在该事件触发时所执行的处理，该事件处理函数就是版本更新事务的回调函数。

在浏览器中预览页面，单击页面中的"更新数据库版本"按钮，将弹出提示信息，提示用户数据库版本更新成功，如图 8.13 所示。

图 8.13　更新数据库版本

8.3.4　创建对象仓库

扫一扫，看视频

针对 indexedDB API 中的版本更新处理，在 Chrome 10～22 版本的浏览器中使用的 2011 年 12 月之前的版本，在 Chrome 23+、Opera 18+、IE 10+、Firefox 4+和 Safari 8+版本的浏览器中均使用的 2011 年 12 月之后的版本，下面示例针对第二种版本介绍如何创建对象仓库。

```
<!DOCTYPE html>
<html>
<head>
<script>
window.indexedDB = window.indexedDB || window.webkitIndexedDB || window.mozIndexedDB ||
window.msIndexedDB;
window.IDBTransaction = window.IDBTransaction || window.webkitIDBTransaction ||
window.msIDBTransaction;
window.IDBKeyRange = window.IDBKeyRange|| window.webkitIDBKeyRange || window.
msIDBKeyRange;
window.IDBCursor = window.IDBCursor || window.webkitIDBCursor || window.msIDBCursor;
```

```javascript
function CreateObjectStore(){
    var dbName = 'indexedDBTest'; //数据库名
    var dbVersion = 20170305; //版本号
    var idb;
    /*连接数据库,dbConnect对象为一个IDBOpenDBRequest对象,代表数据库连接的请求对象*/
    var dbConnect = indexedDB.open(dbName, dbVersion);
    dbConnect.onsuccess = function(e){//连接成功
        //e.target.result为一个IDBDatabase对象,代表连接成功的数据库对象
        idb = e.target.result;
        alert('数据库连接成功');
    };
    dbConnect.onerror = function(){
        alert('数据库连接失败');
    };
    dbConnect.onupgradeneeded = function(e){
        //数据库版本更新
        //e.target.result为一个IDBDatabase对象,代表连接成功的数据库对象
        idb = e.target.result;
    /*e.target.transaction属性值为一个IDBTransaction事务对象,此处代表版本更新事务*/
        var tx = e.target.transaction;
        var name = 'Users';
        var optionalParameters = {
            keyPath: 'userId',
            autoIncrement: false
        };
        var store = idb.createObjectStore(name, optionalParameters);
        alert('对象仓库创建成功');
    };
}
</script>
</head>
<body>
<input type="button" value="创建对象仓库" onclick="CreateObjectStore();" />
</body>
</html>
```

在上面代码中,监听数据库连接的请求对象的 onupgradeneeded 事件,并且指定在该事件触发时调用数据库对象的 createObjectStore()方法创建对象仓库。

createObjectStore()方法包含两个参数:第一个参数值为一个字符串,代表对象仓库名;第二个参数为可选参数 optionalParameters,参数值为一个 JavaScript 对象,该对象的 keyPath 属性值用于指定对象仓库中的每一条记录使用哪个属性值来作为该记录的主键值。

一条记录的主键为数据仓库中该记录的唯一标识符,在一个对象仓库中,只能有一个主键,但是主键值可以重复,相当于关系型数据库中数据表的 id 字段为数据表的主键,多条记录的 id 字段值可以重复,除非将主键指定为唯一主键。

在 indexedDB API 中,对象仓库中的每一条记录均为具有一个或多个属性值的一个对象,而 keyPath 属性值用于指定每一条记录使用哪个属性值作为该记录的主键值。例如,在这里将数据记录的 userId 属性值作为每条记录的主键值,相当于在关系型数据库中将每条记录的 userId 字段值指定为该记录的主键值。

在这种情况下,因为主键存在于每条记录内部,所以被称为内联主键,如果在这里不指定 keyPath 属性值,或将其指定为 null,每条记录的主键将通过其他的途径被另行指定,这时因为数据记录的主键

存在于每条记录之外，所以被称为外部主键。

optionalParameters 对象的 autoincrement 属性值为 true，相当于在关系型数据库中将主键指定为自增主键，如果添加数据记录时不指定主键值，则在数据仓库内部将自动指定该主键值为既存的最大主键值+1。也可以在添加数据记录时显式地指定主键值。如果将 optionalParameters 对象的 autoincrement 属性值指定为 false，则必须在添加数据记录时显式地指定主键值。

createObjectStore()方法返回一个 IDBObjectStore 对象，该对象代表被创建成功的对象仓库。

在 Chrome 浏览器中打开示例页面，单击页面中的"创建对象仓库"按钮，弹出提示信息，提示用户 users 对象仓库创建成功，如图 8.14 所示。

图 8.14　创建对象仓库成功

8.3.5　创建索引

扫一扫，看视频

indexedDB 数据库中的索引类似于关系型数据库中的索引，需要通过数据记录对象的某个属性值来创建。在 indexedDB 数据库中创建索引之后，可以提高在对数据仓库中的所有数据记录进行检索时的性能。

在关系型数据库中，可以针对非索引字段进行检索，而在 indexedDB 数据库中，只能针对被设为索引的属性值进行检索。

针对 indexedDB API 中的版本更新处理，分为在 Chrome 18~22 版本的浏览器中使用的 2011 年 12 月之前的版本，在 Chrome 23+、Opera 18+、IE 10+、Firefox 4+和 Safari 8+版本的浏览器中使用的 2011 年 12 月之后的版本。

【示例】　本例只针对第二种版本进行介绍。在 indexedDB 数据库中，不能重复创建同名的对象仓库，所以在本例中将对象仓库名修改为 newUsers，避免在运行完上节示例之后继续运行代码，浏览器将抛出异常。

```
<!DOCTYPE html>
<html>
<head>
<script>
window.indexedDB = window.indexedDB || window.webkitIndexedDB || window.mozIndexedDB || window.msIndexedDB;
window.IDBTransaction = window.IDBTransaction || window.webkitIDBTransaction || window.msIDBTransaction;
window.IDBKeyRange = window.IDBKeyRange|| window.webkitIDBKeyRange || window.msIDBKeyRange;
```

```javascript
window.IDBCursor = window.IDBCursor || window.webkitIDBCursor || window.msIDBCursor;
function CreateIndex(){
    var dbName = 'indexedDBTest'; //数据库名
    var dbVersion = 20150306; //版本号
    var idb;
    /*连接数据库,dbConnect对象为一个IDBOpenDBRequest对象,代表数据库连接的请求对象*/
    var dbConnect = indexedDB.open(dbName, dbVersion);
    dbConnect.onsuccess = function(e){//连接成功
        //e.target.result为一个IDBDatabase对象,代表连接成功的数据库对象
        idb = e.target.result;
        alert('数据库连接成功');
    };
    dbConnect.onerror = function(){
        alert('数据库连接失败');
    };
    dbConnect.onupgradeneeded = function(e){
        //数据库版本更新
        //e.target.result为一个IDBDatabase对象,代表连接成功的数据库对象
        idb = e.target.result;
        /*e.target.transaction属性值为一个IDBTransaction事务对象,此处代表版本更新事务*/
        var tx = e.target.transaction;
        var name = 'newUsers';
        var optionalParameters = {
            keyPath: 'userId',
            autoIncrement: false
        };
        var store = idb.createObjectStore(name, optionalParameters);
        alert('对象仓库创建成功');
        var name =  'userNameIndex';
        var keyPath = 'userName';
        var optionalParameters = {
            unique: false,
            multiEntry: false
        };
        var idx = store.createIndex(name, keyPath, optionalParameters);
        alert('索引创建成功');
    };
}
</script>
</head>
<body>
<input type="button" value="创建索引" onclick="CreateIndex();"/>
</body>
</html>
```

在数据库的版本更新事务中,在对象仓库创建成功后,调用对象仓库的createIndex()方法创建索引。该方法包含3个参数:

第1个参数值为一个字符串,代表索引名。

第2个参数值代表使用数据仓库中数据记录对象的哪个属性来创建索引。在本示例代码中,虽然索引名与用于创建索引的属性名不同,但是实际上此处索引名与属性名也可以相同,例如,此处可以将索

引名定义为 userName。

第 3 个参数 optional Parameters 为可选参数，参数值为一个 JavaScript 对象，该对象的 unique 属性值的作用相当于关系型数据库中索引的 unique 属性值的作用。属性值为 true，代表同一个对象仓库中两条数据记录的索引属性值（即 userName 属性值）不能相同，否则在向数据仓库中添加第二条数据记录时将导致添加失败。

optionalParameters 对象的 multiEntry 属性值为 true，代表当数据记录的索引属性值为一个数组时，可以将数组中的每一个元素添加在索引中；multiEntry 属性值为 false，代表只能将该数组整体添加在索引中。

createIndex()方法返回一个 IDBIndex 对象，代表创建索引成功。

在 Chrome 浏览器中打开示例页面，单击页面中的"创建索引"按钮，弹出提示信息，提示用户索引创建成功，如图 8.15 所示。

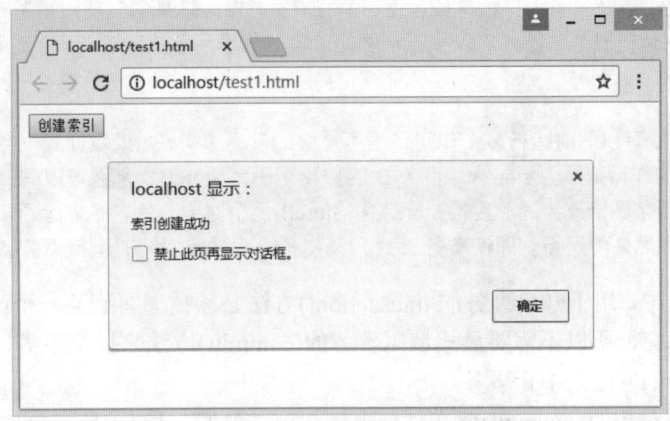

图 8.15　创建索引成功

8.3.6　使用事务

在 indexedDB API 中，所有针对数据的操作都只能在一个事务中被执行。indexedDB 提供 3 类事务模式，简单说明如下。

- readonly：只读。提供对某个对象存储的只读访问，在查询对象存储时使用。
- readwrite：读写。提供对某个对象存储的读取和写入访问权。
- versionchange：数据库版本更新。提供读取和写入访问权来修改对象存储定义，或者创建一个新的对象存储。

默认的事务模式为 readonly。用户可在任何给定时刻内打开多个并发的 readonly 事务，但只能打开一个 readwrite 事务。出于此原因，只有在数据更新时才考虑使用 readwrite 事务。单独的（表示不能打开任何其他并发事务）versionchange 事务操作一个数据库或对象存储。可以在 onupgradeneeded 事件处理函数中使用 versionchange 事务创建、修改或删除一个对象仓库，或者将一个索引添加到对象仓库。

在 indexedDB API 中，使用某个已建立连接的数据库对象的 transaction()方法可以开启事务。例如，要在 readwrite 模式下为 employees 对象仓库创建一个事务：

```
var transaction = db.transaction("employees", "readwrite");
```

transaction()方法包含两个参数，具体介绍如下。

（1）第一个参数为由一些对象仓库名组成的一个字符串数组，用于定义事务的作用范围，即限定该事务中所运行的读写操作只能针对哪些对象仓库进行，当事务中的数据存取操作只针对某个对象仓库进行时。

🔊 提示：

如果不想限定事务只针对哪些对象仓库进行，那么可以使用数据库的objectStoreNames属性值来作为transaction方法的第一个参数值，代码如下所示：

```
var transaction = db.transaction(idb.objectStoreNames, "readwrite");
```

数据仓库的 objectStoreNames 属性值为由该数据库中所有对象仓库名构成的数组，在将其作为transaction()方法的第一个参数值时，可以针对数据库中任何一个对象仓库进行数据的存取操作。

（2）第二个参数为可选参数，用于定义事务的读写模式，即指定事务为只读事务，还是读写事务。transaction()方法返回一个 IDBTransaction 对象，代表被开启的事务。

🔊 注意：

在将数据库的 objectStoreNames 属性值作为 transaction()方法的第一个参数值，将"readwrite"常量值作为transaction()方法的第二个参数值，运行 transaction()方法之后，虽然在接下来的代码中可以不必再注意事务针对哪些对象仓库进行，以及事务为只读事务，还是读写事务，但是这种做法将对事务在运行时的性能产生很大的不利影响。考虑到运行时的性能，建议应该正确指定事务的作用范围，以及事务的读写模式。

🔊 提示：

在 indexedDB API 中，可以同时运行多个作用范围不重叠的读写事务，如果数据库中存在 storeA 和 storeB 两个对象仓库，事务 A 的作用范围为 storeA，事务 B 的作用范围为 storeB，那么可以同时运行事务 A 和事务 B。如果将事务 A 的作用范围修改为同时包括 storeA 和 storeB 两个对象仓库，且先运行事务 A，那么事务 B 必须等到事务 A 运行结束后才能运行。即使事务 A 为只读事务，仍然可以同时运行事务 A 和事务 B。

在 indexedDB API 中，用于开启事务的 transaction()方法必须被书写到某一个函数中，而且该事务将在函数结束时被自动提交，所以不需要显式调用事务的 commit()方法来提交事务，但是可以在需要的时候显式调用事务的 abort()方法来中止事务。

可以通过监听事务对象的 oncomplete 事件（事务结束时触发）和 onabort 事件（事务中止时触发），并定义事件处理函数来定义事务结束或中止时所要执行的处理。例如：

```
var transaction = db.transaction(idb.objectStoreNames, "readwrite");
transaction.oncomplete = function(event){
    //事务结束时所要执行的处理
}
transaction.onabort = function(event){
    //事务中止时所要执行的处理
}
//
//事务中的处理内容
//
transaction.abort();            //中止事务
```

8.3.7 保存数据

扫一扫，看视频

本节介绍如何在 indexedDB 数据库的对象仓库中保存数据，示例代码如下所示：

```
<!DOCTYPE html>
<html>
<head>
<script>
window.indexedDB = window.indexedDB || window.webkitIndexedDB || window.mozIndexedDB || window.msIndexedDB;
window.IDBTransaction = window.IDBTransaction || window.webkitIDBTransaction ||
```

```
window.msIDBTransaction;
window.IDBKeyRange = window.IDBKeyRange|| window.webkitIDBKeyRange || window.
msIDBKeyRange;
window.IDBCursor = window.IDBCursor || window.webkitIDBCursor || window.msIDBCursor;
function SaveData(){
    var dbName = 'indexedDBTest'; //数据库名
    var dbVersion = 20170306; //版本号
    var idb;
    /*连接数据库,dbConnect 对象为一个 IDBOpenDBRequest 对象,代表数据库连接的请求对象*/
    var dbConnect = indexedDB.open(dbName, dbVersion);
    dbConnect.onsuccess = function(e){//连接成功
        idb = e.target.result; //引用 IDBDatabase 对象
        var tx = idb.transaction(['users'],"readwrite"); //开启事务
        var store = tx.objectStore('users');
        console.log(store); //-> {IDBObjectStore}
        var value = {
            userId: 1,
            userName: '张三',
            address: '北京'
        };
        var req = store.put(value);
        req.onsuccess = function(e){
            alert("数据保存成功");
        };
        req.onerror = function(e){
            alert("数据保存失败");
        };
    };
    dbConnect.onerror = function(){
        alert('数据库连接失败');
    };
}
</script>
</head>
<body>
<input type="button" value="保存数据" onclick="SaveData();"/>
</body>
</html>
```

【代码解析】

(1)为了保存数据,首先需要连接某个 indexedDB 数据库,并且在连接成功后使用该数据库对象的 transaction()方法开启一个读写事务。

(2)使用 transaction()方法返回的被开启的事务对象的 objectStore()方法获取该事务对象的作用范围中的某个对象仓库。

```
var store = tx.objectStore('users');
```

该方法包含一个参数,参数值为所需获取的对象仓库的名称。该方法返回一个 IDBObjectStore 对象,代表获取成功的对象仓库。

(3)使用该对象仓库的 put()方法向数据库发出保存数据到对象仓库中的请求。

```
var value = {
    userId: 1,
    userName: '张三',
    address: '北京'
```

```
};
var req = store.put(value);
```

在上面代码中,put()方法使用一个参数,参数值为一个需要被保存到对象仓库中的对象。put()方法返回一个 IDBRequest 对象,代表一个向数据库发出的请求。

(4) 该请求发出后将被立即异步执行,可以通过监听请求对象的 onsuccess 事件(请求被执行成功时触发)和请求对象的 onerror 事件(请求被执行失败时触发),并指定事件处理函数来定义请求被执行成功或被执行失败时所要进行的处理。

```
req.onsuccess = function(e){
    alert("数据保存成功");
};
req.onerror = function(e){
    alert("数据保存失败");
};
```

根据对象仓库的主键是内联主键还是外部主键,主键是否被指定为自增主键,对象仓库的 put()方法的第一个参数值的指定方法也各不相同,具体指定方法如下所示:

```
//主键为自增、内联主键时不需要指定主键值
store.put({ userName: '张三', address: '北京' });
//主键为内联、非自增主键时需要指定主键值
store.put({userId: 1, userName: '张三', address: '北京' });
//主键为外部主键时,需要另行指定主键值,此处主键值为1
store.put({ userName: '张三', address: '北京' }, 1 );
```

当主键为自增、内联主键时不需要指定主键值,当主键为外部主键时,可以将主键值指定为 put()方法的第二个参数值。

📢 提示:

在 indexedDB API 中,对象仓库还有一个 add()方法,该方法的使用方法与作用类似于对象仓库的 put()方法。区别在于当使用 put()方法保存数据时,如果指定的主键值在对象仓库中已存在,那么该主键值所在数据被更新为使用 put()方法所保存的数据,而在使用 add()方法保存数据时,如果指定的主键值在对象仓库中已存在,那么保存失败。因此,当出于某些原因只能向对象仓库中追加数据,而不能更新原有数据时,建议使用 add()方法,而 put()方法在其他场合使用。

扫一扫,看视频

8.3.8 获取数据

本节介绍如何从 indexedDB 数据库的对象仓库中获取数据。示例完整代码如下所示:

```
<!DOCTYPE html>
<html>
<head>
<title></title>
<script>
window.indexedDB = window.indexedDB || window.webkitIndexedDB || window.mozIndexedDB || window.msIndexedDB;
window.IDBTransaction = window.IDBTransaction || window.webkitIDBTransaction || window.msIDBTransaction;
window.IDBKeyRange = window.IDBKeyRange|| window.webkitIDBKeyRange || window.msIDBKeyRange;
window.IDBCursor = window.IDBCursor || window.webkitIDBCursor || window.msIDBCursor;
function GetData(){
    var dbName = 'indexedDBTest';  //数据库名
    var dbVersion = 20170306;  //版本号
    var idb;
```

```
        /*连接数据库,dbConnect 对象为一个 IDBOpenDBRequest 对象,代表数据库连接的请求对象*/
        var dbConnect = indexedDB.open(dbName, dbVersion);
        dbConnect.onsuccess = function(e){//连接成功
            idb = e.target.result;  //引用 IDBDatabase 对象
            var tx = idb.transaction(['Users'],"readonly");
            var store = tx.objectStore('Users');
             var req = store.get(1);
            req.onsuccess = function(){
                if(this.result ==undefined){
                    alert("没有符合条件的数据");
                }else{
                    alert("获取数据成功,用户名为"+this.result.userName);
                }
            }
            req.onerror = function(){
                alert("获取数据失败");
            }
        };
        dbConnect.onerror = function(){
            alert('数据库连接失败');
        };
    }
</script>
</head>
<body>
<input type="button" value="获取数据" onclick="GetData();"/>
</body>
</html>
```

【代码解析】

（1）连接某个 indexedDB 数据库,并且在连接成功后使用该数据库对象的 transaction()方法开启一个只读事务,同时使用 transaction()方法返回的被开启的事务对象的 objectStore()方法获取该事务对象的作用范围中的某个对象仓库。

（2）在获取对象仓库成功后,可以使用对象仓库的 get()方法从对象仓库中获取一条数据。

📢 **提示：**

get()方法包含一个参数,代表所需获取数据的主键值。get()方法返回一个 IDBRequest 对象,代表向数据库发出的获取数据的请求。

（3）该请求发出后将被立即异步执行,可以通过监听请求对象的 onsuccess 事件（请求执行成功时触发）和请求对象的 onerror 事件（请求执行失败时触发）,并指定事件处理函数来定义请求被执行成功或失败时所要进行的处理。

（4）在获取对象的请求执行成功后,如果没有获取到符合条件的数据,此处该数据的主键值为 1,那么该请求对象的 result 属性值为 undefined,如果获取到符合条件的数据,那么请求对象的 result 属性值为获取到的数据记录。在本示例中,指定没有获取到主键值为 1 的数据会弹出提示信息框,提示用户没有获取到该数据记录,否则在弹出提示信息框中显示该数据的 userName(用户名)属性值。

8.3.9 检索键值

通过对象仓库或索引的 get()方法,只能获取到一条数据。在需要通过某个检索条件来检索一批数据时,需要使用 indexedDB API 中的游标。

扫一扫,看视频

下面示例设计根据数据记录的主键值检索数据,示例完整代码如下所示:

```html
<!DOCTYPE html>
<html>
<head>
<script>
window.indexedDB = window.indexedDB || window.webkitIndexedDB || window.mozIndexedDB || window.msIndexedDB;
window.IDBTransaction = window.IDBTransaction || window.webkitIDBTransaction || window.msIDBTransaction;
window.IDBKeyRange = window.IDBKeyRange|| window.webkitIDBKeyRange || window.msIDBKeyRange;
window.IDBCursor = window.IDBCursor || window.webkitIDBCursor || window.msIDBCursor;
var dbName = 'indexedDBTest';  //数据库名
var dbVersion = 20170306; //版本号
var idb;
function window_onload(){
    document.getElementById("btnSaveData").disabled=true;
    document.getElementById("btnSearchData").disabled=true;
}
function ConnectDataBase(){
    /*连接数据库,dbConnect 对象为一个 IDBOpenDBRequest 对象,代表数据库连接的请求对象*/
    var dbConnect = indexedDB.open(dbName, dbVersion);
    dbConnect.onsuccess = function(e){//连接成功
        idb = e.target.result;  //引用 IDBDatabase 对象
        alert('数据库连接成功');
        document.getElementById("btnSaveData").disabled=false;
    };
    dbConnect.onerror = function(){
        alert('数据库连接失败');
    };
}
function SaveData(){
    var tx = idb.transaction(['Users'],"readwrite"); //开启事务
    tx.oncomplete = function(){alert('保存数据成功');document.getElementById("btnSearchData").disabled=false;}
    tx.onabort = function(){alert('保存数据失败'); }
    var store = tx.objectStore('Users');
    var value = {
        userId: 1,
        userName: '甲',
        address: '北京'
    };
    store.put(value);
    var value = {
        userId: 2,
        userName: '乙',
        address: '上海'
    };
    store.put(value);
    value = {
        userId: 3,
        userName: '丙',
        address: '广州'
    };
    store.put(value);
```

```
        value = {
            userId: 4,
            userName: '丁',
            address: '深圳'
        };
        store.put(value);
}
function SearchData(){
    var tx = idb.transaction(['Users'],"readonly");
    var store = tx.objectStore('Users');
    var range = IDBKeyRange.bound(1,4);
    var direction = "next";
    var req = store.openCursor(range, direction);
    req.onsuccess = function(){
        var cursor = this.result;
        if(cursor){
            alert('检索到一条数据,用户名为'+cursor.value.userName);
            cursor.continue(); //继续检索
        }else{
            alert('检索结束');
        }
    }
    req.onerror = function(){
        alert('检索数据失败');
    }
}
</script>
</head>
<body onload="window_onload()">
<input id="btnConnectDataBase" type="button" value="连接数据库" onclick="Connect-
DataBase();"/>
<input id="btnSaveData" type="button" value="保存数据" onclick="SaveData();"/>
<input id="btnSearchData" type="button" value="检索数据" onclick="SearchData();"/>
</body>
</html>
```

【代码解析】

本示例页面中有 3 个按钮,分别为"连接数据库""保存数据""检索数据"按钮。在页面打开时通过 window.onload 事件函数指定"保存数据"和"检索数据"按钮为无效状态。

用户单击"连接数据库"按钮时执行 ConnectDataBase()函数,在该函数中连接数据库,在数据库连接成功后设定"保存数据"按钮为有效状态。用户单击"保存数据"按钮后会在 Users 对象仓库中保存 4 条数据,数据保存成功后设定"检索数据"按钮为有效状态。

用户单击"检索数据"按钮后,执行的 SearchData()函数。在该函数中,通过游标来检索主键值为 1 到 4 的数据,并将检索到数据的 userName(用户名)属性值显示在弹出的提示信息窗口中。

在 SearchData()函数中使用当前连接的数据库对象的 transaction()方法开启一个只读事务,并且使用 transaction()方法返回的被开启的事务对象的 objectStore()方法获取 Users 对象仓库。

然后,通过对象仓库的 openCursor()方法创建并打开一个游标,该方法有两个参数,其中第一个参数为一个 IDBKeyRange 对象。第二个参数 direction 用于指定游标的读取方向,参数值为一个在 indexedDB API 中预定义的常量值。

openCursor()方法返回一个 IDBRequest 对象,代表一个向数据库发出的检索数据的请求。

调用该方法后立即异步执行,可以通过监听请求对象的 onsuccess 事件(检索数据的请求执行成功时触发),以及请求对象的 onerror 事件(检索数据的请求执行失败时触发),并指定事件处理函数来指定检索数据成功与失败时所执行的处理。

在检索成功后,如果不存在符合检索条件的数据,那么请求对象的 result 属性值为 null 或 undefined,检索终止。可通过判断该属性值是否为 null 或 undefined 来判断检索是否终止并指定检索终止时的处理。

如果存在符合检索条件的数据,那么请求对象的 result 属性值为一个 IDBCursorWithValue 对象,该对象的 key 属性值中保存了游标中当前指向的数据记录的主键值,该对象的 value 属性值为一个对象,代表该数据记录。可通过访问该对象的各个属性值来获取数据记录的对应属性值。

当存在符合检索条件的数据时,可通过 IDBCursorWithValue 对象的 update 方法更新该条数据。可通过 IDBCursorWithValue 对象的 delete()方法删除该条数据。

当存在符合检索条件的数据时,可通过 IDBCursorWithValue 对象的 continue()方法读取游标中的下一条数据记录。

当游标中的下一条数据记录不存在时,请求对象的 result 属性值变为 null 或 undefined,检索终止。

8.3.10 检索属性值

在 indexedDB API 中,可以将对象仓库的索引属性值作为检索条件来检索数据。下面看一个完整示例:

```
<!DOCTYPE html>
<html>
<head>
<meta charset="utf-8">
<script>
window.indexedDB = window.indexedDB || window.webkitIndexedDB || window.mozIndexedDB || window.msIndexedDB;
window.IDBTransaction = window.IDBTransaction || window.webkitIDBTransaction || window.msIDBTransaction;
window.IDBKeyRange = window.IDBKeyRange|| window.webkitIDBKeyRange || window.msIDBKeyRange;
window.IDBCursor = window.IDBCursor || window.webkitIDBCursor || window.msIDBCursor;
var dbName = 'indexedDBTest';  //数据库名
var dbVersion = 20170306;  //版本号
var idb;
function window_onload(){
    document.getElementById("btnSaveData").disabled=true;
    document.getElementById("btnSearchData").disabled=true;
}
function ConnectDataBase(){
    /*连接数据库,dbConnect 对象为一个 IDBOpenDBRequest 对象,代表数据库连接的请求对象*/
    var dbConnect = indexedDB.open(dbName, dbVersion);
    dbConnect.onsuccess = function(e){//连接成功
        idb = e.target.result; //引用 IDBDatabase 对象
        alert('数据库连接成功');
        document.getElementById("btnSaveData").disabled=false;
    };
    dbConnect.onerror = function(){
        alert('数据库连接失败');
    };
}
function SaveData(){
```

```javascript
    //开启事务
    var tx = idb.transaction(['newUsers'],"readwrite");
    tx.oncomplete = function(){
        alert('保存数据成功');
        document.getElementById("btnSearchData").disabled=false;
    }
    tx.onabort = function(){alert('保存数据失败'); }
    var store = tx.objectStore('newUsers');
    var value = {
        userId: 1,
        userName: '甲',
        address: '北京'
    };
    store.put(value);
    var value = {
        userId: 2,
        userName: '乙',
        address: '上海'
    };
    store.put(value);
    value = {
        userId: 3,
        userName: '丙',
        address: '广州'
    };
    store.put(value);
    value = {
        userId: 4,
        userName: '丁',
        address: '深圳'
    };
    store.put(value);
}
function SearchData(){
    //开启事务
    var tx = idb.transaction(['newUsers'],"readonly");
    var store = tx.objectStore('newUsers');
    var idx = store.index('userNameIndex');
    var range = IDBKeyRange.bound('甲','丁');
    var direction = "next";
    var req = idx.openCursor(range, direction);
    req.onsuccess = function(){
        var cursor = this.result;
        if(cursor){
            alert('检索到一条数据,用户名为'+cursor.value.userName);
            cursor.continue();  //继续检索
        }else{
            alert('检索结束');
        }
    }
    req.onerror = function(){
        alert('检索数据失败');
    }
```

```
}
</script>
</head>
<body onload="window_onload()">
<input id="btnConnectDataBase" type="button" value="连接数据库" onclick="ConnectDataBase();"/>
<input id="btnSaveData" type="button" value="保存数据" onclick="SaveData();"/>
<input id="btnSearchData" type="button" value="检索数据" onclick="SearchData();"/>
</body>
</html>
```

在示例页面中共有3个按钮，分别为"连接数据库""保存数据""检索数据"按钮。在页面打开时通过window.onload事件处理函数指定"保存数据"和"检索数据"按钮为无效状态，在单击"连接数据库"按钮时执行ConnectDataBase()函数，在该函数中连接数据库，连接成功后设定"保存数据"按钮为有效状态。单击"保存数据"按钮后在Users1对象仓库中保存4条数据，这4条数据的userName属性值分别为"甲""乙""丙""丁"。保存成功后设定"检索数据"按钮为有效状态。

单击"检索数据"按钮后执行SearchData()函数。在该函数中，通过游标来检索userNameIndex索引所使用的userName属性值为"甲""丁"的数据，并将检索到数据的userName（用户名）属性值显示在弹出的提示信息窗口中。

在SearchData()函数中，使用当前连接的数据库对象的transaction()方法开启一个只读事务，并且使用transaction()方法返回的被开启的事务对象的objectStore方法获取newUsers对象仓库，同时使用对象仓库的index()方法获取userNameIndex索引。

最后，需要通过索引的openCursor()方法创建并打开一个游标。

8.3.11 案例：留言本

本节示例将使用indexedDB API制作Web留言本，演示效果如图8.16所示。在示例页面中，显示一个用于输入姓名的文本框、一个输入留言用的文本区域，以及一个保存数据的按钮。在按钮下面放置了一个表格，在保存数据后将从数据库中重新取得所有数据，将这些数据显示在这个表格中。

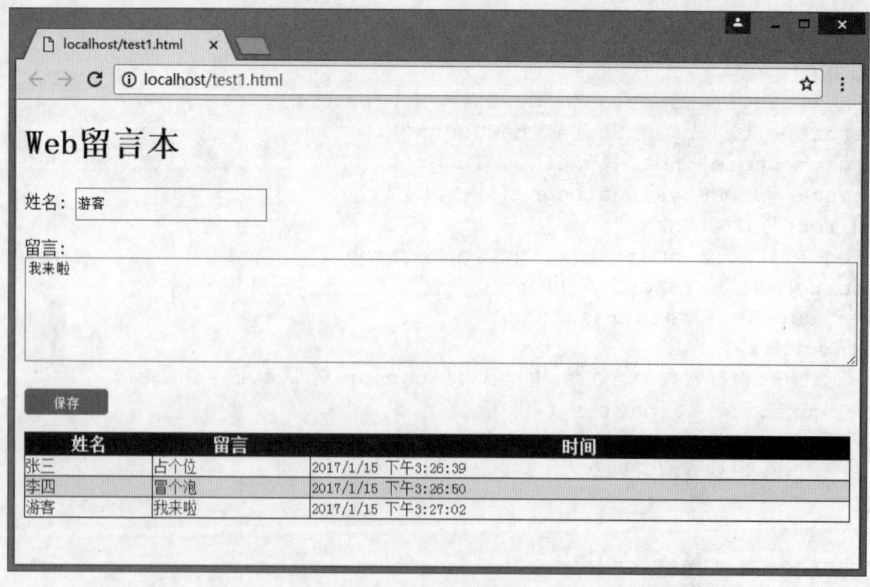

图8.16 留言本效果

示例完整代码如下所示：

```html
<!DOCTYPE html>
<html>
<head>
<meta charset="utf-8">
<style type="text/css">
textarea { width: 100%; }
input[type="text"], input[type="password"] { width: 180px; height: 24px; line-height: 24px; }
input[type="submit"], input[type="button"] { width: 80px; height: 24px; line-height: 24px; border: 1px solid #ff6600; border-radius: 4px; background: #ff6600; outline: none; color: #fff; cursor: pointer; margin-top: 6px; }
/*定义表格样式*/
table { border-collapse: collapse; width: 100%; font-size: 14px; color: #666; border: solid 1px #0047E1; }
/*定义列标题样式*/
table th { background: #0047E1; color: #fff; font-size: 16px; }
/*定义隔行背景色，改善视觉效果*/
table tr:nth-child(odd) { background: #eee; }
table tr:hover { background: #ddd; color: #000; }
</style>
<script>
window.indexedDB = window.indexedDB || window.webkitIndexedDB || window.mozIndexedDB || window.msIndexedDB;
window.IDBTransaction = window.IDBTransaction || window.webkitIDBTransaction || window.msIDBTransaction;
window.IDBKeyRange = window.IDBKeyRange|| window.webkitIDBKeyRange || window.msIDBKeyRange;
window.IDBCursor = window.IDBCursor || window.webkitIDBCursor || window.msIDBCursor;
var dbName = 'MyData'; //数据库名
var dbVersion = 20170311; //版本号
var idb,datatable;
function init(){
    var dbConnect = indexedDB.open(dbName, dbVersion); //连接数据库
    dbConnect.onsuccess = function(e){//连接成功
        idb = e.target.result; //获取数据库
        datatable = document.getElementById("datatable");
    };
    dbConnect.onerror = function(){
        alert('数据库连接失败');
    };
    dbConnect.onupgradeneeded = function(e){
        idb = e.target.result;
        if(!idb.objectStoreNames.contains('MsgData')) {
            var tx = e.target.transaction;
            tx.onabort = function(e){
                alert('对象仓库创建失败');
            };
            var name = 'MsgData';
            var optionalParameters = {
                keyPath: 'id',
```

```
                autoIncrement: true
            };
            var store = idb.createObjectStore(name, optionalParameters);
            alert('对象仓库创建成功');
        }
    };
}
function removeAllData(){
    for (var i =datatable.childNodes.length-1; i>=0; i--) {
        datatable.removeChild(datatable.childNodes[i]);
    }
    var tr = document.createElement('tr');
    var th1 = document.createElement('th');
    var th2 = document.createElement('th');
    var th3 = document.createElement('th');
    th1.innerHTML = '姓名';
    th2.innerHTML = '留言';
    th3.innerHTML = '时间';
    tr.appendChild(th1);
    tr.appendChild(th2);
    tr.appendChild(th3);
    datatable.appendChild(tr);
}
function showData(dataObject) {
    var tr = document.createElement('tr');
    var td1 = document.createElement('td');
    td1.innerHTML = dataObject.name;
    var td2 = document.createElement('td');
    td2.innerHTML = dataObject.memo;
    var td3 = document.createElement('td');
    var t = new Date();
    t.setTime(dataObject.time);
    td3.innerHTML=t.toLocaleDateString()+" "+t.toLocaleTimeString();
    tr.appendChild(td1);
    tr.appendChild(td2);
    tr.appendChild(td3);
    datatable.appendChild(tr);
}
function showAllData() {
    removeAllData();
    var tx = idb.transaction(['MsgData'],"readonly"); //开启事务
    var store = tx.objectStore('MsgData');
    var range = IDBKeyRange.lowerBound(1);
    var direction = "next";
    var req = store.openCursor(range, direction);
    req.onsuccess = function(){
        var cursor = this.result;
        if(cursor){
            showData(cursor.value);
            cursor.continue(); //继续检索
        }
    }
```

```
}
function addData(name, message, time) {
    var tx = idb.transaction(['MsgData'],"readwrite"); //开启事务
    tx.oncomplete = function(){alert('保存数据成功');}
    tx.onabort = function(){alert('保存数据失败'); }
    var store = tx.objectStore('MsgData');
    var value = {
        name: name,
        memo: message,
        time: time
    };
    store.put(value);
}
function saveData(){
    var name = document.getElementById('name').value;
    var memo = document.getElementById('memo').value;
    var time = new Date().getTime();
    addData(name,memo,time);
    showAllData();
}
</script>
</head>
<body onload="init();">
<h1>Web 留言本</h1>
<p>姓名: <input type="text" id="name"></p>
<p>留言: <textarea id="memo" rows="6"></textarea></p>
<p><input type="button" value="保存" onclick="saveData();"></p>
<table id="datatable" border="1"></table>
<p id="msg"></p>
</body>
</html>
```

【代码解析】

当在页面中单击"保存"按钮时，调用 saveData()函数，将数据保存在对象仓库中。

在打开页面时，将调用 init()函数，将对象仓库中全部已保存的留言信息显示在表格中。

在 init()函数中，首先连接数据库，同时使用数据库对象的 objectStoreNames 属性获取由数据库中所有对象仓库名称构成的集合，并且利用该集合对象的 contains()方法判断 MsgData 对象仓库是否已创建。

如果 MsgData 对象仓库尚未创建，那么将在版本更新事务中创建 MsgData 对象仓库，如果 MsgData 对象仓库已创建，那么将通过版本更新事务的 onabort 事件处理函数在提示信息窗口中显示"对象仓库创建失败"，因为在 indexedDB API 中，不允许重复创建在数据库中已经存在的对象仓库。

在 showAllData()函数中，先调用 removeAllData()函数将页面的表格中当前显示的内容全部清除，然后打开一个只读事务，并将事务作用范围设置为 MsgData 对象仓库，同时通过事务的 objectStor()方法获取 MsgData 对象仓库，然后通过游标读取该对象仓库中的全部数据记录，并调用 showData()函数将读取到的所有数据记录显示在数据表中。

8.3.12 案例：电子刊物发布

本节示例将使用 indexedDB API 设计一个电子刊物发布的应用，演示效果如图 8.17 所示。在示例页面中，显示 3 个表单框，第 1 个表单框登录电子刊物信息，并保存在 indexedDB 数据库中。第 2 个表单

扫一扫，看视频

框用于管理数据库中的记录，可以根据需要清空全部记录，或者删除指定的记录。第3个表单框用于显示数据库中所有的电子刊物记录。

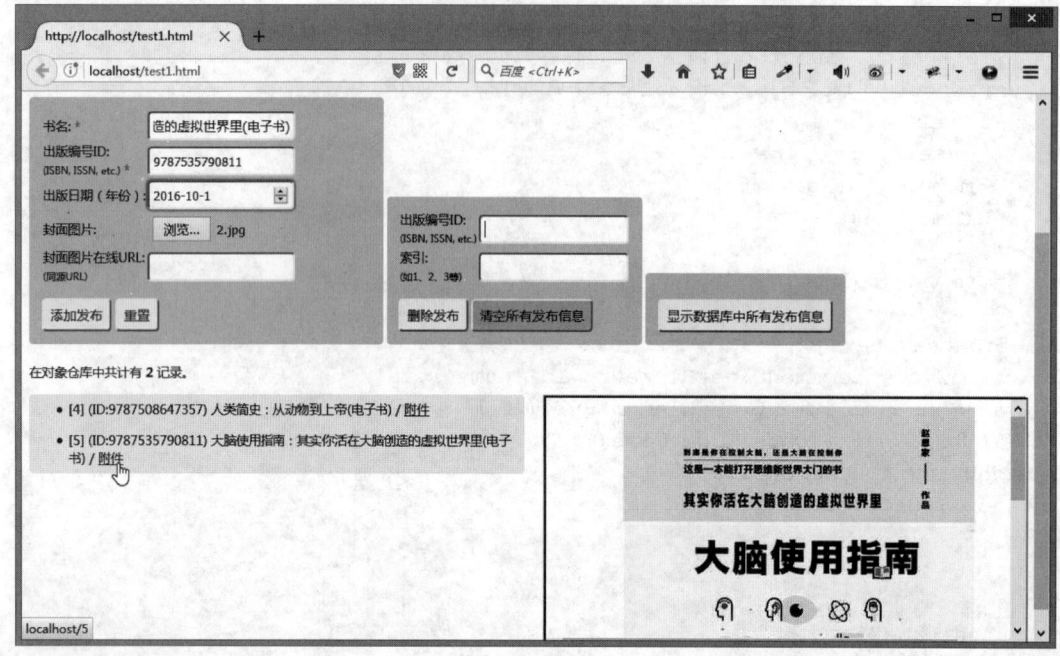

图8.17 电子刊物发布应用效果

下面重点介绍 JavaScript 脚本部分逻辑设计，详细代码请参考资源包示例。

【操作步骤】

（1）设计 HTML 结构。整个页面包含2部分：第一部分是3个表单，分别用于实现信息录入、信息删除和信息显示；第2部分是4个包含框，其中顶部包含框用于操作提示，底部3个包含框用于显示记录信息。

> 第1个表单框：用于信息录入。

```
<form id="register-form">
    <table><tbody><tr>
            <td><label for="pub-title" class="required">书名: </label></td>
            <td><input type="text" id="pub-title" name="pub-title" /></td>
    </tr><tr>
            <td><label for="pub-biblioid" class="required"> 出版编号 ID:<br/>
                <span class="note">(ISBN, ISSN, etc.)</span> </label></td>
            <td><input type="text" id="pub-biblioid" name="pub-biblioid"/></td>
    </tr> <tr>
            <td><label for="pub-year">出版日期（年份）: </label></td>
            <td><input type="number" id="pub-year" name="pub-year" /></td>
    </tr>
    </tbody><tbody><tr>
            <td><label for="pub-file">封面图片: </label></td>
            <td><input type="file" id="pub-file"/></td>
    </tr><tr>
            <td><label for="pub-file-url">封面图片在线 URL:<br/>
                <span class="note">(同源 URL)</span> </label></td>
            <td><input type="text" id="pub-file-url" name="pub-file-url"/></td>
```

```html
            </tr>
        </tbody>
    </table>
    <div class="button-pane">
        <input type="button" id="add-button" value="添加发布" />
        <input type="reset" id="register-form-reset"/>
    </div>
</form>
```

➥ 第 2 个表单框：用于记录删除。

```html
<form id="delete-form">
    <table><tbody> <tr>
            <td><label for="pub-biblioid-to-delete">出版编号 ID:<br/>
                    <span class="note">(ISBN, ISSN, etc.)</span> </label></td>
            <td><input type="text" id="pub-biblioid-to-delete" name="pub-biblioid-to-delete" /></td>
        </tr><tr>
            <td><label for="key-to-delete">索引:<br/>
                    <span class="note">(如 1、2、3 等)</span> </label></td>
            <td><input type="text" id="key-to-delete"  name="key-to-delete" /></td>
        </tr>
    </tbody>
    </table>
    <div class="button-pane">
        <input type="button" id="delete-button" value="删除发布" />
        <input type="button" id="clear-store-button" value="清空所有发布信息" class="destructive" />
    </div>
</form>
```

➥ 第 3 个表单框：用于显示记录。

```html
<form id="search-form">
    <div class="button-pane">
        <input type="button" id="search-list-button"  value="显示数据库中所有发布信息" />
    </div>
</form>
```

➥ 顶部的操作提示包含框。

```html
<h1>电子出版物仓储</h1>
<div class="note">
    <p>浏览器支持：</p>
    <div id="compat"> </div>
</div>
<div id="msg"> </div>
```

➥ 底部包含 3 个包含框，用于显示记录信息。

```html
<div>
    <div id="pub-msg"> </div>
    <div id="pub-viewer"> </div>
    <ul id="pub-list">
    </ul>
</div>
```

（2）设计 JavaScript 脚本部分。把所有 JavaScript 代码都放在一个函数表达式中，并进行调用，这样做的目的是定义一个独立的作用域，把其中所有的变量与外界代码隔绝起来。首先，初始化所有变量，并重置 UI 标签。

```
(function () {
    var COMPAT_ENVS = [
        ['Firefox', ">= 16.0"],
        ['Google Chrome',
         ">= 24.0 (可能需谷歌浏览器),没有 BLOB 存储支持"]
    ];
    var compat = $('#compat');
    compat.empty();
    compat.append('<ul id="compat-list"></ul>');
    COMPAT_ENVS.forEach(function(val, idx, array) {
        $('#compat-list').append('<li>' + val[0] + ': ' + val[1] + '</li>');
    });
    const DB_NAME = 'mdn-demo-indexeddb-epublications';
    const DB_VERSION = 1; // 使用 long long 型值(不要使用 float 值)
    const DB_STORE_NAME = 'publications';
    var db;
    // 用来跟踪哪些视图显示,避免无用地加载它
    var current_view_pub_key;
})(); // 执行函数表达式 (IIFE)
```

(3) 创建本地数据库,设计数据表,定义字段类型。

```
function openDb() {
    console.log("openDb ...");
    var req = indexedDB.open(DB_NAME, DB_VERSION);
    req.onsuccess = function (evt) {
        // 更好地使用 this 比 req 得到的结果好,以避免垃圾回收问题
        db = req.result;
        db = this.result;
        console.log("openDb DONE");
    };
    req.onerror = function (evt) {
        console.error("openDb:", evt.target.errorCode);
    };
    req.onupgradeneeded = function (evt) {
        console.log("openDb.onupgradeneeded");
        var store = evt.currentTarget.result.createObjectStore(
            DB_STORE_NAME, { keyPath: 'id', autoIncrement: true });
        store.createIndex('biblioid', 'biblioid', { unique: true });
        store.createIndex('title', 'title', { unique: false });
        store.createIndex('year', 'year', { unique: false });
    };
}
```

(4) 定义数据库操作函数。getObjectStore()用于读取匹配的记录,clearObjectStore()用于清除数据库中记录表,getBlob()能够根据键值找到本地数据库中存储的附件文件,displayPubList()函数能够从本地数据库中查询所有记录,并显示在页面中。

```
//* @参数 {string} store_name
//* @参数 {string} mode 可以是"readonly"或"readwrite"
function getObjectStore(store_name, mode) {
    var tx = db.transaction(store_name, mode);
    return tx.objectStore(store_name);
```

```js
}
function clearObjectStore(store_name) {
    var store = getObjectStore(DB_STORE_NAME, 'readwrite');
    var req = store.clear();
    req.onsuccess = function(evt) {
        displayActionSuccess("Store cleared");
        displayPubList(store);
    };
    req.onerror = function (evt) {
        console.error("clearObjectStore:", evt.target.errorCode);
        displayActionFailure(this.error);
    };
}
function getBlob(key, store, success_callback) {
    var req = store.get(key);
    req.onsuccess = function(evt) {
        var value = evt.target.result;
        if (value) success_callback(value.blob);
    };
}
// * @参数 {IDBObjectStore=} store
function displayPubList(store) {
    console.log("displayPubList");
    if (typeof store == 'undefined')
        store = getObjectStore(DB_STORE_NAME, 'readonly');
    var pub_msg = $('#pub-msg');
    pub_msg.empty();
    var pub_list = $('#pub-list');
    pub_list.empty();
    // 重置iframe，不显示以前的内容
    newViewerFrame();
    var req;
    req = store.count();
    req.onsuccess = function(evt) {
        pub_msg.append('<p>在对象仓库中共计有 <strong>' + evt.target.result +
'</strong> 记录。</p>');
    };
    req.onerror = function(evt) {
        console.error("add error", this.error);
        displayActionFailure(this.error);
    };
    var i = 0;
    req = store.openCursor();
    req.onsuccess = function(evt) {
        var cursor = evt.target.result;
        // 如果游标指向某个位置，则访问该数据
        if (cursor) {
            console.log("displayPubList cursor:", cursor);
            req = store.get(cursor.key);
            req.onsuccess = function (evt) {
                var value = evt.target.result;
                var list_item = $('<li>' +
```

```
                            '[' + cursor.key + '] ' +
                            '(ID:' + value.biblioid + ') ' +
                            value.title +
                            '</li>');
            if (value.year != null)
                list_item.append(' - ' + value.year);
            if (value.hasOwnProperty('blob') &&
                typeof value.blob != 'undefined') {
                var link = $('<a href="' + cursor.key + '">附件</a>');
                link.on('click', function() { return false; });
                link.on('mouseenter', function(evt) {
                    setInViewer(evt.target.getAttribute('href')); });
                list_item.append(' / ');
                list_item.append(link);
            } else {
                list_item.append(" / 没有附件");
            }
            pub_list.append(list_item);
            };
            // 移动到存储中的下一个对象
            cursor.continue();
            // 此计数器仅用于创建不同的 id
            i++;
        } else {
            console.log("没有更多的条目");
        }
    };
}
```

（5）定义视图操作函数。newViewerFrame()函数用于在<div id="pub-viewer">包含框中嵌入一个浮动框架，以便显示附件文件信息；setInViewer()函数根据键值，把对应附件文件中图片以 HTML 字符串形式在浮动框架中显示。

注意，有关 Blob 对象的操作请参考"第 11 章 文件操作"一章详细介绍。

```
function newViewerFrame() {
    var viewer = $('#pub-viewer');
    viewer.empty();
    var iframe = $('<iframe />');
    viewer.append(iframe);
    return iframe;
}
function setInViewer(key) {
    console.log("setInViewer:", arguments);
    key = Number(key);
    if (key == current_view_pub_key)
        return;
    current_view_pub_key = key;
    var store = getObjectStore(DB_STORE_NAME, 'readonly');
    getBlob(key, store, function(blob) {
        console.log("setInViewer blob:", blob);
        var iframe = newViewerFrame();
        if (blob.type == 'text/html') {
            var reader = new FileReader();
            reader.onload = (function(evt) {
                var html = evt.target.result;
                iframe.load(function() {
```

```
                $(this).contents().find('html').html(html);
            });
        });
        reader.readAsText(blob);
    } else if (blob.type.indexOf('image/') == 0) {
        iframe.load(function() {
            var img_id = 'image-' + key;
            var img = $('<img id="' + img_id + '"/>');
            $(this).contents().find('body').html(img);
            var obj_url = window.URL.createObjectURL(blob);
            $(this).contents().find('#' + img_id).attr('src', obj_url);
            window.URL.revokeObjectURL(obj_url);
        });
    } else if (blob.type == 'application/pdf') {
        $('*').css('cursor', 'wait');
        var obj_url = window.URL.createObjectURL(blob);
        iframe.load(function() {
            $('*').css('cursor', 'auto');
        });
        iframe.attr('src', obj_url);
        window.URL.revokeObjectURL(obj_url);
    } else {
        iframe.load(function() {
            $(this).contents().find('body').html("没有查看可用");
        });
    }
});
}
```

（6）向数据库中添加记录。其中 addPublicationFromUrl() 函数根据在线 URL，把电子出版物的相关字段信息添加到本地数据库中；addPublication() 函数根据用户选择的附件文件，把附件文件以 Blob 对象的形式保存到本地数据库中。

```
//* @参数 {string} biblioid
//* @参数 {string} title
//* @参数 {number} year
//* @参数 {string} url 图像下载的 URL，存储在本地 IndexedDB 数据库
function addPublicationFromUrl(biblioid, title, year, url) {
        console.log("addPublicationFromUrl:", arguments);
        var xhr = new XMLHttpRequest();
        xhr.open('GET', url, true);
        xhr.responseType = 'blob';
        xhr.onload = function (evt) {
                if (xhr.status == 200) {
                        console.log("Blob 恢复");
                        var blob = xhr.response;
                        console.log("Blob:", blob);
                        addPublication(biblioid, title, year, blob);
                } else {
                console.error("addPublicationFromUrl error:",
                xhr.responseText, xhr.status);
                }
        };
        xhr.send();
}
    //* @参数 {string} biblioid
```

```javascript
//* @参数 {string} title
//* @参数 {number} year
//* @参数 {Blob=} blob
function addPublication(biblioid, title, year, blob) {
    console.log("添加发布的参数:", arguments);
    var obj = { biblioid: biblioid, title: title, year: year };
    if (typeof blob != 'undefined')
        obj.blob = blob;
    var store = getObjectStore(DB_STORE_NAME, 'readwrite');
    var req;
    try {
        req = store.add(obj);
    } catch (e) {
        if (e.name == 'DataCloneError')
            displayActionFailure("这个引擎不知道如何克隆一个Blob, " + "使用Firefox");
        throw e;
    }
    req.onsuccess = function (evt) {
        console.log("添加成功");
        displayActionSuccess();
        displayPubList(store);
    };
    req.onerror = function () {
        console.error("addPublication error", this.error);
        displayActionFailure(this.error);
    };
}
```

（7）删除数据库中记录。其中 deletePublicationFromBib()函数能够根据 id 信息删除指定的记录，deletePublication()能够根据键值删除指定记录。

```javascript
//* @参数 {string} biblioid
function deletePublicationFromBib(biblioid) {
    console.log("deletePublication:", arguments);
    var store = getObjectStore(DB_STORE_NAME, 'readwrite');
    var req = store.index('biblioid');
    req.get(biblioid).onsuccess = function(evt) {
        if (typeof evt.target.result == 'undefined') {
            displayActionFailure("没有匹配的记录");
            return;
        }
        deletePublication(evt.target.result.id, store);
    };
    req.onerror = function (evt) {
        console.error("deletePublicationFromBib:", evt.target.errorCode);
    };
}
//* @参数 {number} key
//* @参数 {IDBObjectStore=} store
function deletePublication(key, store) {
    console.log("deletePublication:", arguments);
    if (typeof store == 'undefined')
        store = getObjectStore(DB_STORE_NAME, 'readwrite');
    var req = store.get(key);
```

```javascript
        req.onsuccess = function(evt) {
            var record = evt.target.result;
            console.log("记录:", record);
            if (typeof record == 'undefined') {
                displayActionFailure("没有匹配的记录");
                return;
            }
            req = store.delete(key);
            req.onsuccess = function(evt) {
                console.log("evt:", evt);
                console.log("evt.target:", evt.target);
                console.log("evt.target.result:", evt.target.result);
                console.log("删除成功");
                displayActionSuccess("删除成功");
                displayPubList(store);
            };
            req.onerror = function (evt) {
                console.error("删除发布:", evt.target.errorCode);
            };
        };
        req.onerror = function (evt) {
            console.error("删除发布:", evt.target.errorCode);
        };
    }
```

(8) 定义各种提示信息函数。

```javascript
    function displayActionSuccess(msg) {
        msg = typeof msg != 'undefined' ? "Success: " + msg : "成功";
        $('#msg').html('<span class="action-success">' + msg + '</span>');
    }
    function displayActionFailure(msg) {
        msg = typeof msg != 'undefined' ? "Failure: " + msg : "失败";
        $('#msg').html('<span class="action-failure">' + msg + '</span>');
    }
    function resetActionStatus() {
        console.log("更新状态中 ...");
        $('#msg').empty();
        console.log("已完成更新");
    }
```

(9) 定义事件监听函数,主要是根据用户单击的按钮,分别调用对应的操作函数。

```javascript
    function addEventListeners() {
        console.log("addEventListeners");
        $('#register-form-reset').click(function(evt) {
            resetActionStatus();
        });
        $('#add-button').click(function(evt) {
            console.log("添加中 ...");
            var title = $('#pub-title').val();
            var biblioid = $('#pub-biblioid').val();
            if (!title || !biblioid) {
                displayActionFailure("所需字段丢失");
                return;
```

```javascript
        }
        var year = $('#pub-year').val();
        if (year != '') {
            //如果引擎支持EcmaScript 6, 最好使用Number.isInteger
            if (isNaN(year))    {
                displayActionFailure("Invalid year");
                return;
            }
            year = Number(year);
        } else {
            year = null;
        }
        var file_input = $('#pub-file');
        var selected_file = file_input.get(0).files[0];
        console.log("选定的文件:", selected_file);
        var file_url = $('#pub-file-url').val();
        if (selected_file) {
            addPublication(biblioid, title, year, selected_file);
        } else if (file_url) {
            addPublicationFromUrl(biblioid, title, year, file_url);
        } else {
            addPublication(biblioid, title, year);
        }
    });
    $('#delete-button').click(function(evt) {
        console.log("删除中 ...");
        var biblioid = $('#pub-biblioid-to-delete').val();
        var key = $('#key-to-delete').val();
        if (biblioid != '') {
            deletePublicationFromBib(biblioid);
        } else if (key != '') {
            // 如果引擎支持EcmaScript 6, 最好使用Number.isInteger
            if (key == '' || isNaN(key))    {
                displayActionFailure("非法的key");
                return;
            }
            key = Number(key);
            deletePublication(key);
        }
    });
    $('#clear-store-button').click(function(evt) {
        clearObjectStore();
    });
    var search_button = $('#search-list-button');
    search_button.click(function(evt) {
        displayPubList();
    });
}
```

（10）页面初始化操作。当页面加载完成之后，调用openDb()函数创建数据库，调用addEventListeners()函数开始监听各个按钮的操作。

```javascript
openDb();
addEventListeners();
```

第 9 章 离 线 应 用

现代浏览器都支持缓存机制，但不方便使用脚本进行控制。HTML5 通过 ApplicationCache 接口解决了这个问题，使离线存储成为可能，离线存储使得 Web 应用可以在用户离线的状况下进行访问。

HTML5 离线存储（Offline Storage）功能强大，其核心功能是：在用户没有与因特网连接时，依然能够访问站点或应用，在用户与因特网连接时，自动更新缓存数据。利用 HTML5 离线存储功能可以开发出一些丰富的基于 Web 的应用。

【学习重点】
- 正确使用 HTML5 离线缓存。
- 正确设置和使用 manifest 文件。
- 灵活设计 Web 离线应用。

9.1 HTML5 离线应用基础

HTML5 的 ApplicationCache API 提供了离线缓存的功能。在页面中的数据加载时，允许用户可以自定义一些要缓存的图片、Flash、CSS、JavaScript、HTML 等文件，等下次不能连网的情况下，还可以用那些缓存的文件，这就是 HTML5 的离线应用。不过当网络连接正常时，Web 应用程序可以保证及时更新，因为用户每次使用，应用程序都会从远程位置更新加载相关数据。

9.1.1 认识 HTML5 离线应用

想一想：打开一个页面，加载完后，突然断网了，刷新页面后就没了，这是什么感觉。有没有想过，刷新页面后还是刚才页面，在新窗口中重新访问该页面，输入相同的网址，在断网的状态下打开还是原来那个页面，这又是什么感觉。如果 Web 应用能够提供离线的功能，让用户在没有网络的地方（如飞机上）和时候（网络坏了），也能进行 Web 操作，等到有网络的时候，再同步到 Web 上，就大大方便了用户的使用。

越来越多的应用被移植到 Web 上。但网络连接中断时有发生，如外出旅行、身处无网环境等。间断性的网络连接一直是网络计算系统致命的弱点，如果应用程序完全依赖于与网络的通信，而网络又无法连接时，用户就无法正常使用应用程序了。

在全球互联的时代，离线应用存在巨大的实用价值。可以说如今网络无处不在，而且非常稳定，不存没有网络的情况。但是移动因特网的快速发展，我们经常需要外出，或者移动设备信号不好。如果应用程序只需要偶尔进行网络通信，那么只要在本地存储了应用资源，无论是否连接网络它都可用。随着完全依赖于浏览器的设备的出现，Web 应用程序在不稳定的网络状态下还能持续工作就变得更加重要。在这方面，不需要持续连接网络的桌面应用程序历来被认为比 Web 应用程序更有优势。

HTML5 的缓存控制机制综合了 Web 应用和桌面应用两者的优势，基于 Web 技术构建的 Web 应用程序，可在浏览器中运行并在线更新，也可在脱机情况下使用。然而，因为目前的 Web 服务器不为脱机应用程序提供任何默认的缓存行为，所以要想使用离线应用功能，必须在应用中明确声明。

HTML5 的离线应用缓存使得在无网络连接状态下运行应用程序成为可能，这类应用程序用处很多，如在起草电子邮件草稿时就无需连接因特网。HTML5 中引入了离线应用缓存，有了它 Web 应用程序就可以在没有网络连接的情况下运行。

应用程序开发人员可以指定 HTM 5 应用程序中具体资源（如 HTML、CSS、JavaScript 和图像等）在脱机时可用。离线应用的用处很多，简单举例说明如下：

- 阅读和撰写电子邮件。
- 编辑文档。
- 编辑和显示演示文档。
- 创建待办事宜列表。

HTML5 离线应用有 3 个好处：

- 用户可以离线访问 Web 应用，不用时刻保持与因特网的连接。
- 因为文件被缓存在本地，提升了页面加载速度。
- 离线应用只加载被修改过的资源，因此大大降低了用户请求对服务器造成的负载压力。

在 Web 应用中使用缓存的原因之一是为了支持离线应用。使用离线存储，避免了加载应用程序时所需的常规网络请求。如果缓存清单（Cache Manifest）文件是最新的，浏览器就无需检查其他资源是否最新。大部分应用程序可以非常迅速地从本地应用缓存中加载完成。此外，从缓存中加载资源可节省带宽，而不必用多个 HTTP 请求确定资源是否已经更新，这对于移动 Web 应用是至关重要的。目前，加载速度慢是 Web 应用比不上桌面应用的一个地方，缓存则可以解决这一问题。

开发人员可以直接控制应用程序缓存。利用缓存清单文件可将相关资源组织到同一个逻辑应用中。这样一来，Web 应用就拥有了本来只属于桌面应用的特性。用户可以充分发挥想象力，尝试用一些更巧妙的方式利用这些特性。

缓存清单文件中标识的资源构成了应用缓存（Application Cache），它是浏览器持久性存储资源的地方，通常在硬盘上。有些浏览器向用户提供了查看应用程序缓存中数据的方法。例如，在最新版本的 Firefox 中，about:cache 页面会显示应用程序缓存的详细信息，提供了查看缓存中的每个文件的方法，如图 9.1 所示。

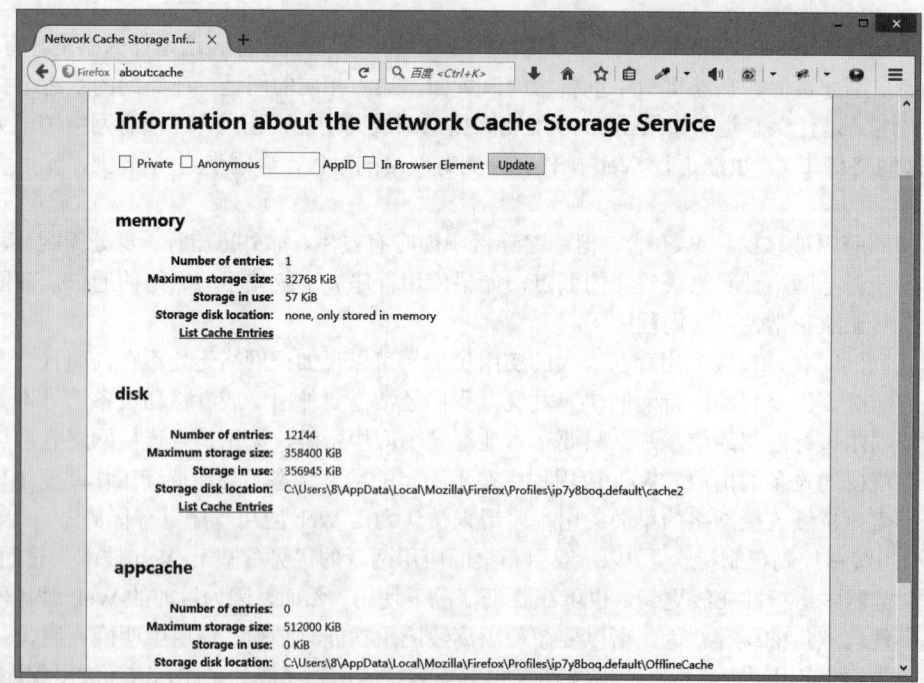

图 9.1　Firefox 的 about:cache 页面

9.1.2 浏览器支持

各浏览器对 HTML5 离线应用的支持情况如表 9.1 所示，从中可以看到目前大部分浏览器已经支持 HTML5 离线应用。

表 9.1 浏览器支持概述

浏 览 器	说 明
IE	不支持
Firefox	3.5 及以上的版本支持
Opera	10.6 及以上的版本支持
Chrome	4.0 及以上的版本支持
Safari	4.0 及以上的版本支持
iPhone	2.0 及以上的版本支持
Android	2.0 及以上的版本支持

HTML5 离线应用的支持程度不同，在使用之前建议先测试浏览器的支持情况。检测方法如下：

```
if(window.applicationCache) {
    //浏览器支持的离线应用
}
```

9.1.3 使用 manifest 文件

扫一扫，看视频

HTML5 应用不需要始终保持与网络连接，目前最新版现代浏览器都已添加了对 HTML5 离线存储功能的支持。离线缓存技术包含两部分内容。

- manifest 缓存清单：manifest 缓存文件包含了一些需要缓存的资源清单。
- JavaScript 接口：提供了用于更新缓存文件的方法以及对缓存文件的操作。

manifest 清单文件列出了浏览器为离线应用缓存的所有资源。实际上，manifest 文件是一个文本文件，它罗列了离线访问应用时所需缓存的文件清单。

📢 注意：

引用 manifest 文件的页面，不管有没有罗列清单，都会被缓存。

manifest 文件的 MIME 类型是 text/cache-manifest，Python 标准库中的 SimpleHTTPServer 模块对扩展名为.manifest 的文件能配以头部信息 Content-type:text/cache-manifest，配置方法是打开 PYTHON_HOME/Lib/mimetypes.py 文件并添加一行代码：

```
'.manifest': 'text/cache-manifest manifest',
```

不同的 Web 服务器都有其独特的配置方法。例如，要配置 Apache HTTP 服务器，开发人员需要将下面一行代码添加到 Apache Software Foundation\Apache2.2\conf 文件夹的 mime.type 文件中，如图 9.2 所示。

```
text/cache-manifest manifest
```

Manifest 文件内容的基本格式要求如下：

- 第一行必须以 CACHE MANIFEST 开头。
- 紧接着是文件的路径或注释。
- 注释必须以#开头。
- 必须声明一个白名单，这个白名单指定的文件将在用户连接因特网后访问，它必须在 NETWORK:下一行。NETWORK 部分罗列的资源，无论缓存中存在与否，均从网络获取。

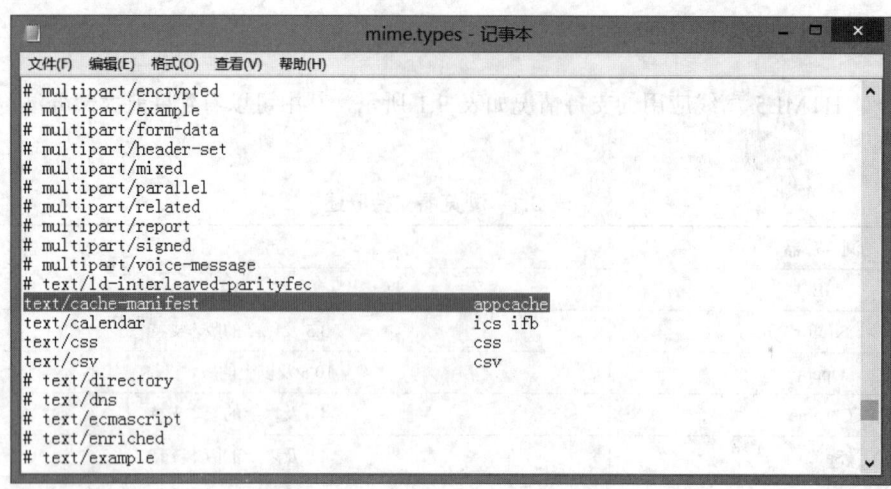

图 9.2 配置 Apache HTTP 服务器

先写 CACHE MANIFEST，然后换行，每行单列资源文件，每行的换行符可以是 CR、LF 或者 CRLF，格式很灵活，但文本编码格式必须是 UTF-8。UTF-8 是多数文本编辑器经常输出的编码格式。

【示例1】 创建一个以 manifest 为扩展名的文件，命名为 cacheData.manifest，在这个文件中将指定一些文件的路径，如 HTML、CSS、JavaScript、Images。下面是一个完整的 manifest 文件的内容：

```
CACHE MANIFEST
#version 1.0
login.html
static/css/i.css
static/img/png/alipay-i-logo-big.png
static/img/png/alipay-i-icons.png
static/js/mui-min.js
NETWORK:
static/img/png/button-ok.png
CACHE:
static/img/png/login-slider-bg.png
FALLBACK:
static/img/png/alipay-bank-icbc.png static/img/png/alipay-bank-cmb.png
```

第一行中的 CACHE MANIFEST 是必需的，每个站点都有 5MB 的空间来存储这些数据，如果 manifest 文件或文件里所列的文件无法加载，整个缓存更新过程将无法进行，浏览器会使用最后一次成功的缓存。

如果没有指定标题，默认就是 CACHE MANIFEST 部分。下面的 manifest 文件示例中指定了两个要缓存的文件：

```
CACHE MANIFEST
application.js
style.css
```

添加到 CACHE MANIFEST 区块中的文件，无论应用程序是否在线，浏览器都会从应用程序缓存中获取该文件。没有必要在这里列出应用程序的主 HTML 资源，因为最初指向 manifest 文件的 HTML 文档会被隐含进来。但是，如果希望缓存多个 HTML 文件，或者希望将多个 HTML 文件作为支持缓存的应用程序的可选入口，则需将这些文件都列在 CACHE MANIFEST 中。

如果需要，用户还可以进行如下操作。

 在进入因特网后，增加一个缓存内容，这些文件的路径必须在 CACHE:的下一行。

➘ 增加备份，这些文件的路径必须在 FALLBACK: 的下一行，格式如下：

```
FALLBACK:
static/img/png/alipay-bank-icbc.png static/img/png/alipay-bank-cmb.png
```

FALLBACK 部分提供了获取不到缓存资源时的备选资源路径。第一个文件的路径和第二个文件的路径中间有一个空格，这个 FALLBACK:的作用是：当第一个文件缓存不成功或无法找到时，它会缓存第二个文件。

【示例 2】 当无法获取 app/ajax 时，所有对 app/ajax/及其子路径的请求都会被转发给 default.html 文件来处理。

```
# 缓存文件列表
about.html
html5.css
index.html
happy-trails-rc.gif
lake-tahoe.JPG
#不缓存注册页面
NETWORK
signup.html
FALLBACK
signup.html offline.html
/app/ajax/ default.html
```

【示例 3】 #表示注释行标识符，但它还有一个小作用。Web 应用的缓存只有在 manifest 文件被修改的情况下才会被更新，所以如果只是修改了被缓存的文件，那么用户本地的缓存还是不会被更新的，但是可以通过修改 manifest 文件来告诉浏览器需要更新缓存。利用这点，可以通过更新注释。

```
CACHE MANIFEST
# wanz app v1

# 指明缓存入口
CACHE:
index.html
style.css
images/logo.png
scripts/main.js

# 以下资源必须在线访问
NETWORK:
login.php

# 如果 index.php 无法访问则用 404.html 代替
FALLBACK:
/index.php /404.html
```

上面 manifest 文件包括 3 个节点，简单说明如下。

➘ CACHE:

这个是 manifest 文件的默认入口，在此入口之后罗列的文件，或直接写在 CACHE MANIFEST 后的文件。在它们下载到本地后会被缓存起来。

➘ NETWORK:

可选的，在此节后面所罗列的文件是需要访问网络的，即使用户离线访问，也会直接跳过缓存而访问服务器。

➘ FALLBACK:

可选的，用来指定资源无法访问时的回调页面。每一行包括两个 URI，第一个是资源文件 URI，第二个是回调页面 URI。

📢 提示：

以上描述的这些节是没有先后顺序的，而且在同一个 manifest 中可以多次出现。

修改注释行的文件版本：

```
# wanz app v2
```

这样做有 3 个好处：
- 可以很明确地了解离线 Web 应用的版本。
- 通过简单修改这个版本号就可以轻易地通知浏览器进行更新。
- 可以配合 JavaScript 程序来完成缓存更新。

【示例 4】 创建好了 cacheData.manifest 文件，下面就需要在 HTML 文件中指定文档的 manifest 属性为 cache.mnifest 文件的路径。

```
<html manifest="cacheData.manifest">
…
</html>
```

manifest 的文件路径可以是绝对路径或相对路径，甚至可以引用其他服务器上的 manifest 文件。该文件所对应的 mime-type 应该是 text/cache-manifest，所以需要配置服务器来发送对应的 MIME 类型信息。

📢 提示：

由于有些浏览器中仅仅添加这一属性，可能并不能很好地工作，所以一定要用 HTML5 文档声明方式创建 HTML 页面。

```
<!DOCTYPE html>
<html manifest="cacheData.manifest">
…
</html>
```

扫一扫，看视频

9.1.4 使用离线缓存

实现离线存储需要 3 步操作：
（1）配置服务器 manifest 文件的 MIME 类型；
（2）编写 manifest 文件；
（3）在页面的 html 元素的 manifest 属性中引用 manifest 文件。

完成上述 3 步之后，即使拔掉网线，也可以访问页面。

📢 注意：

启用离线应用之后，当修改 JavaScript 代码或 CSS 样式，然后将更新内容上传到服务器，在本地刷新页面重新预览时，会发现无法看到最新的页面效果。那是因为本地浏览器还没有更新 HTML5 的离线存储文件。

更新 HTML5 离线缓存有 3 种方法：
- 清除离线存储的数据。这不一定就是通过清理浏览器历史记录就可以做到的，因为不同浏览器管理离线存储的方式不同。例如，在 Firefox 中需要选择"选项"|"高级"|"网络"|"脱机存储"命令，然后在其中清除离线存储数据。
- 修改 manifest 文件。修改了 manifest 文件里所罗列的文件也不会更新缓存，而是要更新 manifest 文件。
- 使用 JavaScript 编写更新程序。

ApplicationCache API 是离线缓存的应用接口，通过 window.applicationCache 对象可触发一系列与缓存状态相关的事件。该对象有一个数值型属性 window.applicationCache.status，它代表了缓存的状态。缓存状态共有 6 种，说明如表 9.2 所示。

表 9.2 缓存状态说明

Status 值	说 明
0	UNCACHED（未缓存）
1	IDLE（空闲）
2	CHECKING（检查中）
3	DOWNLOADING（下载中）
4	UPDATEREADY（更新就绪）
5	OBSOLETE（过期）

目前，互联网上大部分的页面都没有指定缓存清单，所以这些页面的状态就是 UNCACHED（未缓存）。IDLE（空闲）是带有缓存清单的应用程序的典型状态。处于空闲状态说明应用程序的所有资源都已被浏览器缓存，当前不需要更新。如果缓存曾经有效，但现在 manifest 文件丢失，则缓存进入 OBSOLETE（过期）状态。对于上述各种状态，API 包含了与之对应的事件和回调特性。

例如，当缓存更新完成进入空闲状态时，会触发 cached 事件。此时，可能会通知用户，应用程序已处于离线模式可用的状态，可以断开网络连接了。如表 9.3 所示是一些与缓存状态有关的常见事件。

表 9.3 缓存事件说明

事 件	说 明
oncached	IDLE（空闲）
onchecking	CHECKING（检查中）
ondownloading	DOWNLOADING（下载中）
onupdateready	UPDATEREADY（更新就绪）
onobsolete	OBSOLETE（过期）

此外，没有可用更新或者发生错误时，还有一些表示更新状态的事件，例如：

```
onerror
onnoupdate
onprogress
```

window.applicationCache 有一个 update()方法，调用 update()方法会请求浏览器更新缓存，包括检查新版本的 manifest 文件并下载必要的新资源。如果没有缓存或者缓存已过期，则会抛出错误。

【示例 1】 其中常用代码说明如下：

```
//返回应用于当前 window 对象文档的 ApplicationCache 对象
cache = window.applicationCache
//返回应用于当前 shared worker 的 ApplicationCache 对象 [shared worker]
cache = self.applicationCache
//返回当前应用的缓存状态，status 有 5 种无符号短整型值的状态，说明如表 9.2 所示
cache.status
//调用当前应用资源下载过程
cache.update()
//更新到最新的缓存，该方法不会使之前加载的资源突然被重新加载
cache.swapCache()
```

调用swapCache()方法,图片不会重新加载,样式和脚本也不会重新渲染或解析,唯一的变化是在此之后发出请求页面的资源是最新的,applicationCache 对象和缓存宿主的关系是一一对应,window 对象的 applicationCache 属性会返回关联 window 对象的活动文档的 applicationCache 对象。在获取 status 属性时,它返回当前 applicationCache 的状态,它的值有以下几种状态。

- UNCACHED (0): ApplicationCache 对象的缓存宿主与应用缓存无关联。
- IDLE (1): 应用缓存已经是最新的,并且没有标记为 obsolete。
- CHECKING (2):ApplicationCache 对象的缓存宿主已经和一个应用缓存关联,并且该缓存的更新状态是 checking。
- DOWNLOADING (3):ApplicationCache 对象的缓存宿主已经和一个应用缓存关联,并且该缓存的更新状态是 downloading。
- UPDATEREADY (4):ApplicationCache 对象的缓存宿主已经和一个应用缓存关联,并且该缓存的更新状态是 idle,并且没有标记为 obsolete,但是缓存不是最新的。
- OBSOLETE(5):ApplicationCache 对象的缓存宿主已经和一个应用缓存关联,并且该缓存的更新状态是 obsolete。

如果 update 方法被调用了,浏览器就必须在后台调用应用缓存下载过程;如果 swapCache 方法被调用了,浏览器会执行以下步骤:

(1) 检查 ApplicationCache 的缓存宿主是否与应用缓存关联。
(2) 让 cache 成为 ApplicationCache 对象的缓存宿主关联的应用缓存。
(3) 如果 cache 的应用缓存组被标记为 obsolete,就取消 cache 与 ApplicationCache 对象的缓存宿主的关联并取消这些步骤,此时所有资源都会从网络中下载而不是从缓存中读取。
(4) 检查在同一个缓存组中是否存在完成标志为"完成"的应用缓存,并且版本比 cache 更新。
(5) 让完成标志为"完成"的新 cache 成为最新的应用缓存。
(6) 取消 cache 与 ApplicationCache 对象的缓存宿主的关联并用新 cache 代替关联。

【示例2】 通过下面的代码可以来检查当前页面缓存的状态。

```
var appCache = window.applicationCache;
switch (appCache.status) {
   case appCache.UNCACHED:
      // UNCACHED == 0
      alert('UNCACHED');
      break;
   case appCache.IDLE:
      // IDLE == 1
      alert('IDLE');
      break;
   case appCache.CHECKING:
      // CHECKING == 2
      alert('CHECKING');
      break;
   case appCache.DOWNLOADING:
      // DOWNLOADING == 3
      alert('DOWNLOADING');
      break;
   case appCache.UPDATEREADY:
      // UPDATEREADY == 5
      alert('UPDATEREADY');
      break;
```

```
        case appCache.OBSOLETE:
            // OBSOLETE == 5
            alert('OBSOLETE');
            break;
        default:
            alert('UKNOWN CACHE STATUS');
            break;
};
```

更新的实现过程大概是这样的：

调用 applicationCache.update()让浏览器开始尝试更新。操作前提是 manifest 文件是更新过的，如修改 manifest 版本号。

在 applicationCache.status 为 UPDATEREADY 状态时，就可以调用 applicationCache.swapCache()方法来将旧的缓存更新为新的。

```
var appCache = window.applicationCache;
appCache.update(); //开始更新
if (appCache.status == window.applicationCache.UPDATEREADY) {
    appCache.swapCache();   //得到最新版本缓存列表，并且成功下载资源，更新缓存到最新
}
```

📢 提示：

更新过程很简单，但是一个好的应用少不了容错处理，如 Ajax 技术一样，需要对更新过程进行监控，处理各种异常或提示等待状态来使 Web 应用更强壮、用户体验更好，因此需要了解 applicationCache 的更新过程所触发的事件，主要包括 onchecking、onerror、onnoupdate、ondownloading、onprogress、onupdateready、oncached 和 onobsolete。要对更新错误进行处理，可以这样写：

```
var appCache = window.applicationCache;
//请求 manifest 文件时返回 404 或 410，下载失败
//或 manifest 文件在下载过程中源文件被修改会触发 error 事件
appCache.addEventListener('error', handleCacheError, false);
function handleCacheError(e) {
    alert('Error: Cache failed to update!');
};
```

不管是 manifest 文件，还是它所罗列的资源文件下载失败，整个更新过程就终止了，浏览器会使用上一个最新的缓存。

9.1.5 监听离线存储

HTML5 引入了一些新的事件，用来让应用程序检测网络是否正常连接。应用程序处于在线状态和离线状态会有不同的行为模式。是否处于在线状态可以通过检测 window.navigator 对象的属性来做判断。

首先，navigator.onLine 是一个标明浏览器是否处于在线状态的布尔属性。当然，onLine 值为 true 并不能保证 Web 应用程序在用户的机器上一定能访问到相应的服务器。而当其值为 false 时，不管浏览器是否真正联网，应用程序都不会尝试进行网络连接。

【示例 1】 查看页面状态是在线还是离线的代码如下：

```
// 当页面加载时，设置状态为 online 或者 offline
function loadDemo() {
    if(navigator.onLine) {
        log("Online");
    } else {
        log("Offline");
```

```
    }
}
//增加事件监听,当在线状态发生变化时,将触发响应
window.addEventListener("online", function(e) {
    log("Online");
}, true);
window.addEventListener("offline", function(e) {
    log("Offline");
}, true);
```

【示例 2】 在支持 HTML5 离线存储的浏览器中,window 对象有一个 applicationcache 属性,通过 window.applicationcach 可以获得一个 DOMApplicationCache 对象,这个对象来自 DOMApplicationCache 类,这个类有一系列的属性和方法。

首先,获取 DOMApplicationCache 对象。

```
var cache = window.applicationcache;
```

接着,触发 cache 对象的一些事件来检测缓存是否成功。

```
/*oncached 事件表示:当更新已经处理完成,并且存储
 * 如果一切正常,这里 cache 的状态应该是 4
 */
cache.addEventListener('cached', function() {
    console.log('Cached,Status:' + cache.status);
}, false);
/*onchecking 事件表示:当更新已经开始进行,但资源还没有开始下载,意思就是说:刚刚获取到最新的
资源
 * 如果一切正常,这里 cache 的状态应该是 2
 */
cache.addEventListener('checking', function() {
    console.log('Checking,Status:' + cache.status);
}, false);
/*ondownloading 事件表示:开始下载最新的资源
 * 如果一切正常,这里 cache 的状态应该是 3
 */
cache.addEventListener('downloading', function() {
    console.log('Downloading,Status:' + cache.status);
}, false);
/*onerror 事件表示:有错误发生,manifest 文件找不到或服务端有错误发生或资源找不到都会触发
onerror 事件
 * 如果一切正常,这里 cache 的状态应该是 0
 */
cache.addEventListener('error', function() {
    console.log('Error,Status:' + cache.status);
}, false);
/*onnoupdate 事件表示:更新已经处理完成,但是 manifest 文件还未改变,处理闲置状态
 * 如果一切正常,这里 cache 的状态应该是 1
 */
cache.addEventListener('noupdate', function() {
    console.log('Noupdate,Status:' + cache.status);
}, false);
/*onupdateready 事件表示:更新已经处理完成,新的缓存可以使用
 * 如果一切正常,这里 cache 的状态应该是 4
 */
```

```
cache.addEventListener('updateready', function() {
    console.log('Updateready,Status:' + cache.status);
    cache.swapCache();
}, false);
```

通过以上代码可以发现,当 DOMApplicationCache 对象触发了 updateready 事件时,才真正地更新了缓存文件。

如果在开发过程当中就开始对离线存储功能做单元测试,那么每一次修改文件都必须要更新 manifest 文件中的内容,即使更新了一个注释,整个 manifest 文件也会更新,DOMApplicationCache 对象也会触发上述的一系列事件,直到新的缓存文件可用为止。通常情况下,一般都是通过更新 manifest 文件中的版本号用以触发 onupdateready 事件。

9.2 实 战 案 例

下面通过几个具体案例熟悉 HTML5 的离线缓存的具体应用。

9.2.1 缓存首页

离线应用并不复杂,为了方便读者快速、简便地理解离线缓存的应用,下面将通过一个简单的首页缓存演示 HTML 离线缓存的应用。整个过程只需要简单的 5 步即可完成,当然要设计更加复杂的离线应用,还需要读者结合 HTML5 其他新技术,并进行更加复杂的设置才行。

【操作步骤】

(1)添加 HTML5 Doctype。创建符合规范的 HTML5 文档。HTML5 Doctype 相比于 XHTML 版本的 doctype 而言,要简单明了很多。

```
<!DOCTYPE html>
<html lang="en">
<head>
<meta charset="utf-8">
<title>缓存首页</title>
<link href="style.css" type="text/css" rel="stylesheet" media="screen">
<meta name="viewport" content="width=device-width; initial-scale=1.0; maximum-scale=1.0;">
</head>
<body>
<div id="container">
    <header class="ma-class-en-css">
        <h1 id ="logo"><a href="#">HTML5</a></h1>
    </header>
    <div id="content">
        <h2>HTML5</h2>
        <p>HTML 标准自 1999 年 12 月发布的 HTML4.01 后,后继的 HTML5 和其他标准被束之高阁,为了推动 web 标准化运动的发展,一些公司联合起来,成立了一个叫做 Web Hypertext Application Technology Working Group (Web 超文本应用技术工作组 - WHATWG)的组织,HTML5 草案的前身名为 Web Applications 1.0,于 2004 年被 WHATWG 提出,于 2007 年被 W3C 接纳,并成立了新的 HTML 工作团队。</p>
        <p>HTML5 的第一份正式草案已于 2008 年 1 月 22 日公布。HTML5 有两大特点:首先,强化了 Web 网页的表现性能。其次,追加了本地数据库等 Web 应用的功能。</p>
    </div>
```

```
    <footer>html5 by <a href="#">WHATWG</a></footer>
</div>
</body>
</html>
```

然后另存为 index1.html,放在站点根目录下。

(2)添加.htaccess 支持。在创建用于缓存页面的 manifest 清单文件之前,先要在.htaccess 文件中添加以下代码,具体说明请参考上节说明。

```
AddType text/cache-manifest .manifest
```

该指令可以确保每个 manifest 文件为 text/cache-manifest MIME 类型。如果 MIME 类型不对,那么整个清单将没有任何效果,页面将无法离线应用。

注意:

本章案例都是在 Apache HTTP Server 服务器环境下运行,读者在测试之前,应该在本地计算机中构建虚拟的 Apache 服务器环境。

提示:

htaccess 文件被称为分布式配置文件,是 Apache 服务器中的一个配置文件,它提供了针对目录改变配置的方法,负责相关目录下的网页配置。通过 htaccess 文件,可以帮我们实现:网页重定向、自定义错误页面、改变文件扩展名、允许/阻止特定的用户或者目录的访问、禁止目录列表、配置默认文档等功能。

启用.htaccess,需要修改 httpd.conf,启用 AllowOverride,并可以用 AllowOverride 限制特定命令的使用。如果需要使用.htaccess 以外的其他文件名,可以用 AccessFileName 指令来改变。例如,需要使用.config,则可以在服务器配置文件中按以下方法配置:AccessFileName.config。

(3)创建 manifest 文件。配置服务器之后,就可以创建 manifest 清单文件。新建一个文本文档,另存名为 offline.manifest,然后输入以下代码:

```
CACHE MANIFEST
#This is a comment

CACHE:
index.html
style.css
image.jpg
image-med.jpg
image-small.jpg
notre-dame.jpg
```

在 CACHE 声明之后,罗列出所有需要缓存的文件。这对于缓存简单页面来说已经足够。但是 HTML5 缓存还有更多可能。例如,考虑以下 manifest 文件:

```
CACHE MANIFEST
#This is a comment

CACHE:
index.html
style.css

NETWORK:
search.php
login.php

FALLBACK:
```

```
/api offline.html
```

其中 CACHE 声明用于缓存 index.html 和 style.css 文件。同时，NETWORK 声明用于指定无需缓存的文件，如登录页面。最后一个是 FALLBACK 声明，这个声明允许在资源不可用的情况下，将用户重定向到特定文件，如 offline.html。

（4）关联 manifest 文件到 HTML 文档。设计完 manifest 文件和 HTML 文档，还需要将 manifest 文件关联到 HTML 文档中。使用 html 元素的 manifest 属性：

```
<html manifest="/offline.manifest">
```

（5）测试文档。完成后，使用 Firefox 3.5+本地访问 index.html 文件，效果如图 9.3 所示，浏览器会默认自动缓存。

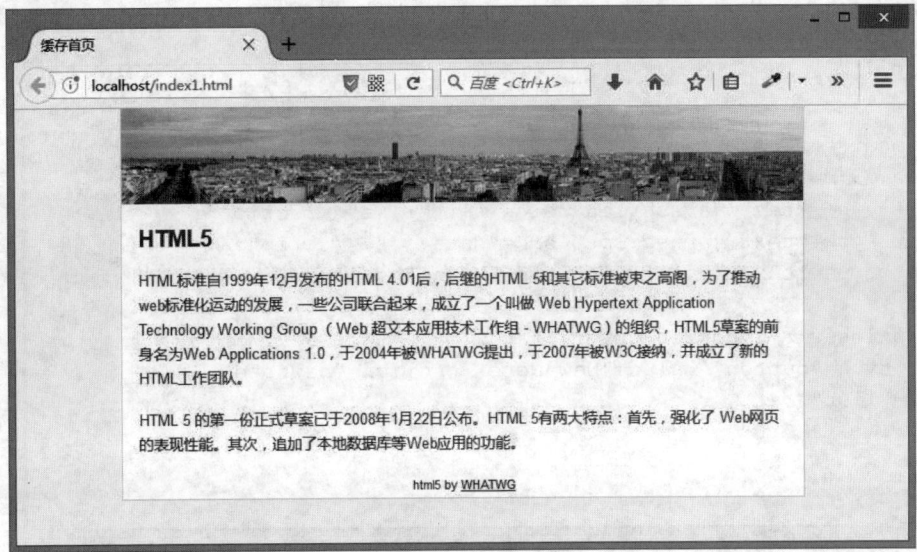

图 9.3　测试首页离线缓存

此后即使服务器停止工作或者无法上网，依然可以访问服务器上的该首页。如果没有离线存储的支持，则当服务器停止工作或者无法上网时访问首页，将会显示如图 9.4 所示的效果。

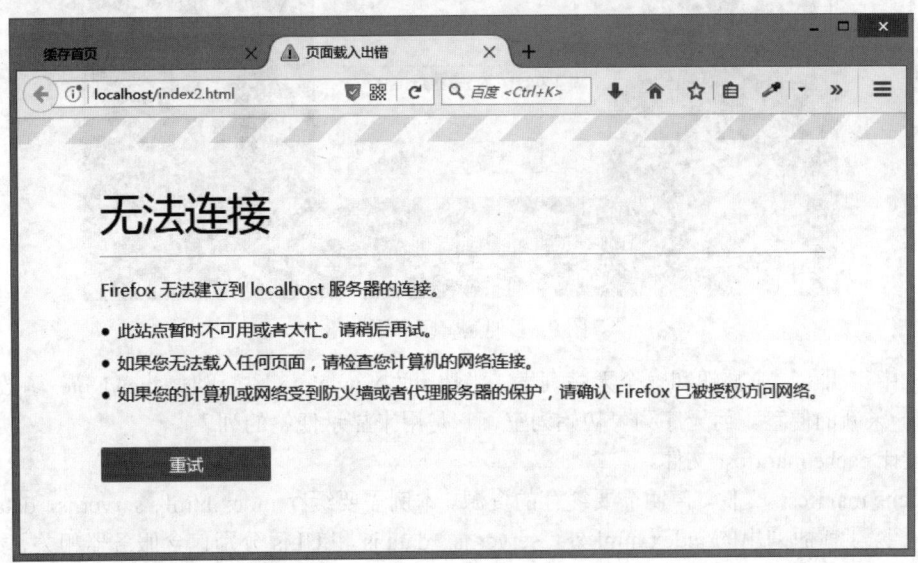

图 9.4　不支持离线缓存的效果

9.2.2 离线编辑内容

本案例将在上一实战基础上拓展使用 HTML5 开发离线应用。示例中会用到 HTML5 离线缓存、在线状态检测和 DOM Storage 等功能。

设计思路：开发一个便签管理的 Web 应用程序，用户可以在其中添加和删除便签。它支持离线功能，允许用户在离线状态下添加、删除便签，并且当在线以后能够同步到服务器上。

【操作步骤】

（1）设计应用程序 UI。

这个程序的界面很简单，如图 9.5 所示。当用户单击 New Note 按钮，可以在弹出框中创建新的便签，双击某便签就可以删除该便签。新建文档，输入下面代码，然后保存为 index.html。

```
<!DOCTYPE html>
<html>
<head>
<meta charset="utf-8">
<title>离线编辑内容</title>
<script type="text/javascript" src="server.js"></script>
<script type="text/javascript" src="data.js"></script>
<script type="text/javascript" src="UI.js"></script>
</head>
<body onload = "SyncWithServer()">
<input type="button" value="New Note" onclick="newNote()">
<ul id="list">
</ul>
</body>
</html>
```

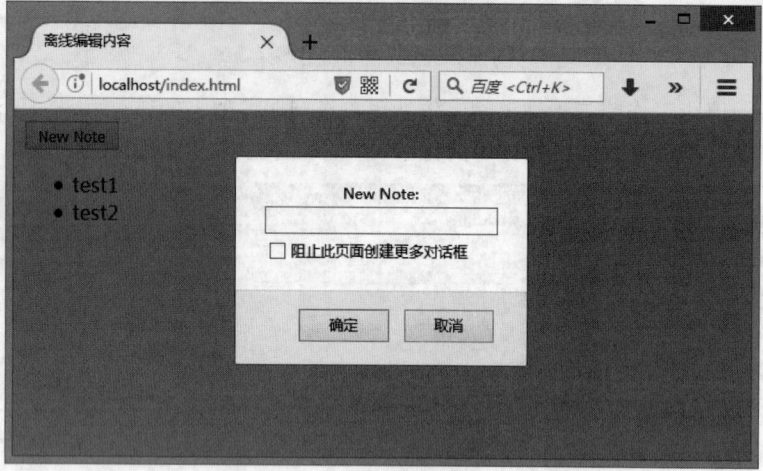

图 9.5　便签管理界面 UI

在 body 中声明了一个按钮和一个无序列表。当按下 "New Note" 按钮时，newNote 函数将被调用，它用来添加一条新的便签。而无序列表初始为空，它是用来显示便签的列表。

（2）设计 cache manifest 文件。

定义 cache manifest 文件，声明需要缓存的资源。本例需要缓存 index.html、server.js、data.js 和 UI.js 等 4 个文件。除了前面列出的 index.html 外，server.js、data.js 和 UI.js 分别包含服务器相关、数据存储和用户界面代码。cache manifest 文件的源代码如下：

```
CACHE MANIFEST
index.html
server.js
data.js
UI.js
```

保存为 notes.manifest,然后关联到 HTML 文档中。

```html
<html manifest="notes.manifest">
```

(3) 设计用户界面代码。用户界面代码定义在 UI.js 文件中,详细代码如下:

```javascript
function newNote() {
    var title = window.prompt("New Note:");
    if(title) {
        add(title);
    }
}
function add(title) {
    //在界面中添加
    addUIItem(title);
    //在数据中添加
    addDataItem(title);
}
function remove(title) {
    //从界面中删除
    removeUIItem(title);
    //从数据中删除
    removeDataItem(title);
}
function addUIItem(title) {
    var item = document.createElement("li");
    item.setAttribute("ondblclick", "remove('" + title + "')");
    item.innerHTML = title;
    var list = document.getElementById("list");
    list.appendChild(item);
}
function removeUIItem(title) {
    var list = document.getElementById("list");
    for(var i = 0; i < list.children.length; i++) {
        if(list.children[i].innerHTML == title) {
            list.removeChild(list.children[i]);
        }
    }
}
```

UI.js 中的代码包含添加便签和删除便签的界面操作。

- 添加便签:用户单击"New Note"按钮,newNote 函数被调用。newNote 函数会弹出对话框,用户输入新便签内容。newNote 调用 add 函数。add 函数分别调用 addUIItem 和 addDataItem 添加页面元素和数据。addDataItem 代码将在后面列出。addUIItem 函数在页面列表中添加一项,并指明 ondblclick 事件的处理函数是 remove,使得双击操作可以删除便签。
- 删除便签:用户双击某便签时,调用 remove 函数。remove 函数分别调用 removeUIItem 和 removeDataItem 删除页面元素和数据。removeDataItem 将在后面列出。removeUIItem 函数删除页面列表中的相应项。

（4）设计数据存储代码。数据存储代码定义在 data.js 中，详细代码如下：

```javascript
var storage = window['localStorage'];
function addDataItem(title) {
    if(navigator.onLine)//在线状态
    {
        addServerItem(title);
    } else//离线状态
    {
        var str = storage.getItem("toAdd");
        if(str == null) {
            str = title;
        } else {
            str = str + "," + title;
        }
        storage.setItem("toAdd", str);
    }
}
function removeDataItem(title) {
    if(navigator.onLine)//在线状态
    {
        removeServerItem(title);
    } else//离线状态
    {
        var str = storage.getItem("toRemove");
        if(str == null) {
            str = title;
        } else {
            str = str + "," + title;
        }
        storage.setItem("toRemove", str);
    }
}
function SyncWithServer() {
    //如果当前是离线状态，不需要做任何处理
    if(navigator.onLine == false)
        return;
    var i = 0;
    //和服务器同步添加操作
    var str = storage.getItem("toAdd");
    if(str != null) {
        var addItems = str.split(",");
        for( i = 0; i < addItems.length; i++) {
            addDataItem(addItems[i]);
        }
        storage.removeItem("toAdd");
    }
    //和服务器同步删除操作
    str = storage.getItem("toRemove");
    if(str != null) {
        var removeItems = str.split(",");
        for( i = 0; i < removeItems.length; i++) {
```

```
            removeDataItem(removeItems[i]);
        }
        storage.removeItem("toRemove");
    }
    //删除界面中的所有便签
    var list = document.getElementById("list");
    while(list.lastChild != list.firstElementChild)
        list.removeChild(list.lastChild);
    if(list.firstElementChild)
        list.removeChild(list.firstElementChild);
    //从服务器获取全部便签,并显示在界面中
    var allItems = getServerItems();
    if(allItems != "") {
        var items = allItems.split(",");
        for( i = 0; i < items.length; i++) {
            addUIItem(items[i]);
        }
    }
}
window.addEventListener("online", SyncWithServer,false);
```

data.js 中的代码包含添加便签、删除便签和与服务器同步等数据操作。其中用到了 navigator.onLine 属性、online 事件、DOM Storage 等 HTML5 新功能。

➤ 添加便签:addDataItem

通过 navigator.onLine 判断是否在线。如果在线,那么调用 addServerItem 直接把数据存储到服务器上。addServerItem 将在后面列出。如果离线,那么把数据添加到 localStorage 的 toAdd 项中。

➤ 删除便签:removeDataItem

通过 navigator.onLine 判断是否在线。如果在线,那么调用 removeServerItem 直接在服务器上删除数据。removeServerItem 将在后面列出。如果离线,那么把数据添加到 localStorage 的 toRemove 项中。

➤ 数据同步:SyncWithServer

在 data.js 的最后一行,注册了 window 的 online 事件处理函数 SyncWithServer。当 online 事件发生时,SyncWithServer 将被调用。其功能如下。

- 如果 navigator.onLine 表示当前离线,则不做任何操作。
- 把 localStorage 中 toAdd 项的所有数据添加到服务器上,并删除 toAdd 项。
- 把 localStorage 中 toRemove 项的所有数据从服务器中删除,并删除 toRemove 项。
- 删除当前页面列表中的所有便签。
- 调用 getServerItems 从服务器获取所有便签,并添加在页面列表中。getServerItems 将在后面列出。

(5)设计服务器相关代码。服务器相关代码定义在 server.js 中,详细代码如下:

```
function addServerItem(title) {
    //在服务器中添加一项
}
function removeServerItem(title) {
    //在服务器中删除一项
}
function getServerItems() {
    //返回服务器中存储的便签列表
}
```

由于这部分代码与服务器有关,这里只说明各个函数的功能,具体实现可以根据不同服务器编写代

码。在服务器中添加一项，调用 addServerItem 函数；在服务器中删除一项，调用 removeServerItem 函数；返回服务器中存储的便签列表，调用 getServerItems 函数。

9.2.3 离线跟踪

本案例将跟踪用户的活动位置，即使在间断性网络连接或无连接的情况。用户只需要将一款具有 HTML5 Geolocation 功能和支持 HTML5 Web 浏览器的手机带在身上，即使身在信号不好区域而无法联网，也能定位并记录自身位置。

设计思路：

在离线状态下，Geolocation API 可以在使用硬件地理定位的设备（如 GPS）上继续工作，但在使用 IP 定位的设备上不可以，因为 IP 地理定位设备需要连接网络，以便将客户端的 IP 地址映射为坐标。离线应用程序还可以通过本地存储或者 Web SQL Database 这样的接口访向本地存储。界面显示效果如图 9.6 所示。

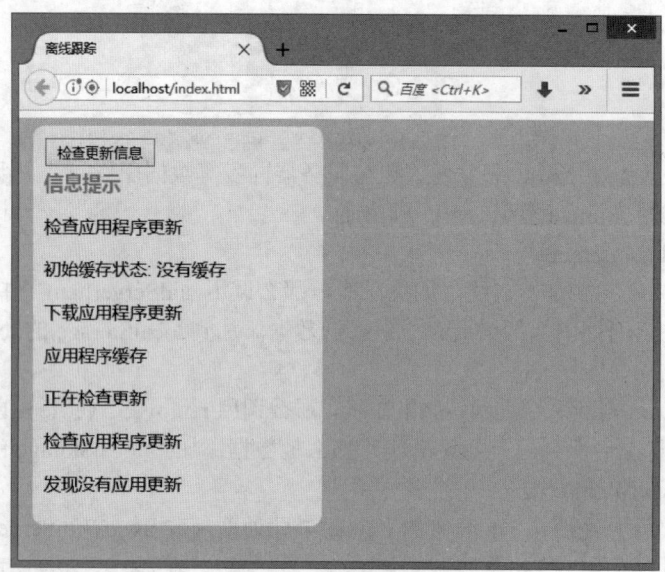

图 9.6　离线跟踪界面 UI

运行此应用程序需要 Web 服务器提供所需静态信息。注意：manifest 文件的内容类型必须配置为 text/cache-manifest 发送到浏览器。如果文件类型不正确，即使浏览器支持应用缓存也会返回缓存错误。

提示：

要运行本案例的全部功能，服务器还需要具备接收地理位置数据的功能。服务器端的主要任务是存储、分析和提供这些数据。静态应用程序中，数据的获取不局限于同源。

【操作步骤】

（1）创建 manifest 文件。新建 tracker.manifest 文件。在文件中列出应用程序需要缓存的资源。详细代码如下：

```
CACHE MANIFEST
# JavaScript
offline.js
#tracker.js
log.js
```

```
# stylesheets
html5.css

# images
```

（2）创建构成界面的 HTML 和 CSS。考虑到 index.html 和 html5.css 会被存储到缓存中，所以应用程序将从缓存中提取这两个文件。index.html 源代码如下：

```html
<!DOCTYPE html>
<html lang="en" manifest="tracker.manifest">
<head>
<title>离线跟踪</title>
<script src="log.js"></script>
<script src="offline.js"></script>
<script src="tracker.js"></script>
<link rel="stylesheet" href="html5.css">
<meta http-equiv="Content-Type" content="text/html; charset=utf-8">
</head>
<body>
<section>
    <article>
        <button id="installButton">检查更新信息</button>
        <h3>信息提示</h3>
        <div id="info"> </div>
    </article>
</section>
</body>
</html>
```

从实现应用程序的离线功能分析，需要注意两个问题：

- HTML 元素的 manifest 属性。因为 html 元素在 HTML5 中是可选的，HTML 可以省略它。但是，如果希望应用程序支持缓存，就不能省略 html 元素，并需要在该元素中设置 manifest 属性，因为应用程序是否缓存离线文件取决于是否指定了 manifest 文件。
- 在页面中插入一个按钮，它的作用是让用户能够手动安装 Web 应用程序，以支持离线情况。

（3）创建离线 JavaScript。在本案例中，JavaScript 文件由多个 <script> 标签包含的 .js 文件组成，这些 js 脚本会同 HTML 和 CSS 文件一起存储到缓存中。

- offline.js

```javascript
//跟踪离线缓存事件状态
window.applicationCache.onchecking = function(e) {
    log("检查应用程序更新");
}
window.applicationCache.onnoupdate = function(e) {
    log("发现没有应用更新");
}
window.applicationCache.onupdateready = function(e) {
    log("应用程序更新完成");
}
window.applicationCache.onobsolete = function(e) {
    log("应用过时");
}
window.applicationCache.ondownloading = function(e) {
    log("下载应用程序更新");
```

```
}
window.applicationCache.oncached = function(e) {
    log("应用程序缓存");
}
window.applicationCache.onerror = function(e) {
    log("应用程序缓存错误");
}
window.addEventListener("online", function(e) {
    log("在线");
}, true);
window.addEventListener("offline", function(e) {
    log("离线");
}, true);
//把离线状态码转换信息提示
showCacheStatus = function(n) {
    statusMessages = ["没有缓存","空闲","正在检查...","正在下载...","更新完成","过时"];
    return statusMessages[n];
}
install = function() {
    log("正在检查更新");
    try {
        window.applicationCache.update();
    } catch (e) {
        applicationCache.onerror();
    }
}
onload = function(e) {
    if (!window.applicationCache) {
        log("你的浏览器不支持离线缓存.");
        return;
    }
    if (!navigator.geolocation) {
        log("你的浏览器不支持HTML5定位.");
        return;
    }
    if (!window.localStorage) {
        log("你的浏览器不支持本地存储.");
        return;
    }
    log("初始缓存状态: " + showCacheStatus(window.applicationCache.status));
    document.getElementById("installButton").onclick = install;
    if(navigator.onLine) {
        uploadLocations();
    }
}
```

▶ log.js

```
log = function() {
    var p = document.createElement("p");
    var message = Array.prototype.join.call(arguments, " ");
    p.innerHTML = message;
    document.getElementById("info").appendChild(p);
}
```

（4）检查 applicationCache 的支持情况。除了离线应用缓存，示例中还使用了地理定位和本地存储。在页面加载前应确保浏览器支持这两种功能。

```
if (!window.applicationCache) {
    log("你的浏览器不支持离线缓存.");
    return;
}
if (!navigator.geolocation) {
    log("你的浏览器不支持 HTML5 定位.");
    return;
}
if (!window.localStorage) {
    log("你的浏览器不支持本地存储.");
    return;
}
log("初始缓存状态: " + showCacheStatus(window.applicationCache.status));
document.getElementById("installButton").onclick = install;
```

（5）为更新按钮添加处理函数。接下来，下面的代码用来处理更新行为，其作用是更新应用缓存。

```
install = function() {
    log("正在检查更新");
    try {
        window.applicationCache.update();
    } catch (e) {
        applicationCache.onerror();
    }
}
```

单击按钮后将检查缓存区，并更新需要更新的缓存资源。当所有可用更新都下载完毕之后，将在用户界面显示一条消息，告诉用户应用程序已安装成功，可以在离线模式下运行了。

（6）添加 Geolocation 跟踪代码。下面的代码是地理定位示例代码。它是 tracker.js 文件的一部分。

```
var handlePositionUpdate = function(e) {
    var latitude = e.coords.latitude;
    var longitude = e.coords.longitude;
    log("Position update:", latitude, longitude);
    if(navigator.onLine) {
        uploadLocations(latitude, longitude);
    }
    storeLocation(latitude, longitude);
}
var handlePositionError = function(e) {
    log("Position error");
}
var uploadLocations = function(latitude, longitude) {
    var request = new XMLHttpRequest();
    request.open("POST", "http://geodata.example.net:8000/geoupload", true);
    request.send(localStorage.locations);
}
var geolocationConfig = {
    "maximumAge" : 20000
};
navigator.geolocation.watchPosition(handlePositionUpdate, handlePositionError, geolocationConfig);
```

（7）添加存储功能代码。当应用程序处于离线状态时，需要将数据更新写入本地存储，接下来即可添加这方面的代码。

```
var storeLocation = function(latitude, longitude) {
    var locations = JSON.parse(localStorage.locations || "[]");
    locations.push({
        "latitude" : latitude,
        "longitude" : longitude
    });
    localStorage.locations = JSON.stringify(locations);
}
```

通过 HTML5 的 localStorage 保存坐标。因为 localStorage 可以将数据存储在本地浏览器中。所以它特别适用于具有离线功能的应用程序。本地存储中的数据在将来的会话中可用。当网络连接恢复正常后，应用程序就可以与远程服务器进行数据同步。

使用 Storage 还有一个好处，就是当上传请求失败后可以通过 Storage 得到恢复。如果应用程序遇到某种原因导致网络错误，或着应用程序被关闭的时候，数据会被存储以便下次再进行传输。

（8）添加离线事件处理程序。

位置更新处理程序运行时，会去检查网络连接状态。如果应用程序在线，事件处理函数会存储并上传当前坐标，如果应用程序离线，事件处理函数只存储而不上传。当应用程序重新连接到网络后，事件处理函数会在 UI 上显示在线状态，并在后台上传之前存储的所有数据。

```
window.addEventListener("online", function(e) {
    log("Online");
}, true);
window.addEventListener("offline", function(e) {
    log("Offline");
}, true);
```

网络连接状态在应用程序没有真正运行的时候可能会发生改变，如用户关闭了浏览器、刷新页面或跳转到了其他网站。为了应对这些情况，离线应用程序在每次页面加载时都会检查与服务器的连接情况。如果连接正常，会尝试与远程服务器同步数据。

```
if(navigator.onLine) {
    uploadLocations();
}
```

为确保应用中所需的文件能够成功缓存，需要将这些文件指定在 manifest 文件中，随后在应用程序的主页面中进行引用，然后，添加监听器监听在线和离线状态的变化，进而基于因特网连接与否让网站执行不同的操作。

第 10 章 多线程处理

使用 JavaScript 执行大型运算时，经常会出现假死现象，这是因为 JavaScript 是单线程编程语言，运算能力比较弱。HTML5 新增的 Web Workers API 能够创建一个不影响前台处理的后台线程，并且在这个后台线程中可以继续创建多个子线程，以帮助 JavaScript 实现多线程运算的能力。通过 Web Workers，用户可以将耗时较长的处理交给后台线程去运行，从而解决了 HTML5 之前因为某个处理耗时过长而不得不提前结束的尴尬。

【学习重点】
- 创建线程对象。
- 使用 Web Workers 通信。
- 设计多线程处理页面。

10.1 Web Workers 基础

Web Workers 为网页脚本提供了一种能在后台进程中运行的方法。当创建 Worker 对象后，Web Workers 就可以通过 postMessage()方法向任务池发送任务请求，执行完之后再通过 postMessage()返回消息给创建者指定的事件处理程序，然后通过 onmessage 捕获返回消息，实现前后台数据的交互。

10.1.1 认识 Web Workers

在 Web 应用程序中，Web Workers 是一项后台处理技术。在此之前使用 JavaScript 创建的 Web 程序中，因为所有的处理都是在单线程内执行，所以如果脚本需要很长时间运行的话，程序界面会长时间处于停止响应状态。甚至当等待时间超出一定的限度，浏览器提示脚本运行时间过长需要中断正在执行的处理。

为了解决这个问题，HTML5 新增了一个 Web Workers API。使用这个 API，用户可以很容易地创建在后台运行的线程，这个线程被称为 worker，如果将可能耗费较长时间的处理交给后台去执行，对用户在前台页面中执行的操作就没有影响。

尽管 Web Workers 功能强大，但也不是万能的，有些事情它还做不到。例如，在 Web Workers 中执行的脚本不能访问该页面的 window 对象，因此 Web Workers 不能直接访问 Web 页面和 DOM API，虽然 Web Workers 不会导致浏览器 UI 停止响应，但是仍然会消耗 CPU 周期，导致系统反应速度变慢。

如果开发人员创建的 Web 应用程序需要执行一些后台数据处理，但又不希望这些数据处理任务影响 Web 页面本身的交互性，那么可以通过 Web Workers 生成一个 Web Worker 去执行数据处理任务。同时添加一个事件监听器进行监听，并与之进行数据交互。

Web Workers 的另一个用途是可以监听由后台服务器广播的消息，收到后台服务器的消息后，将其显示在 Web 页面上。这种与后台服务器对话的场景，Web Workers 可能会使用到 Web Sockets 或 Server-Sent 事件。

Web Workers 接口可以创建真正的系统级别的进程，它还可以使用 XMLHttpRequest 来处理 I/O，无论 responseXML 和 channel 属性是否为 null。使用它可以很容易设计并发操作效果，这将会很有趣。例如，在做网站下载的时候使用 Worker，或者使用 Worker 实现处理扩展功能。

> **注意：**
> 后台进程（包括 Web Workers 进程）不能对 DOM 进行操作。如果希望后台程序处理的结果能够改变 DOM，就只能通过返回消息给创建者的回调函数进行处理。

Web Workers 能够为我们做些什么？

- 加载一个 JavaScript 文件，进行大量的复杂计算，而不挂起主进程，并通过 postMessage，onmessage 进行通信。
- 可以在 worker 中通过 importScripts(url) 方法加载 JavaScript 脚本文件。
- 可以使用 setTimeout()、clearTimeout()、setInterval() 和 clearInterval()。
- 可以使用 XMLHttpRequest 进行异步请求。
- 可以访问 navigator 的部分属性。
- 可以使用 JavaScript 核心对象。

Web Workers 局限性：

- 不能跨域加载 JavaScript。
- Worker 内代码不能访问 DOM。
- 各个浏览器对 Worker 的实现还没有完全完善。不是每个浏览器都支持所有新特性。
- 使用 Web Workers 加载数据没有 JSONP 和 Ajax 加载数据高效。

10.1.2 浏览器支持

各浏览器对 HTML5 Web Workers 的支持情况如表 10.1 所示，从中可以看到目前浏览器对 Web Workers 的支持情况各不相同，但 Web Workers 已经得到了大部分主流浏览器的支持，并且仍在持续更新发展中。

表 10.1 浏览器支持概述

浏览器	说 明
IE	不支持
Firefox	3.5 及以上的版本支持
Opera	10.6 及以上的版本支持
Chrome	3.0 及以上的版本支持
Safari	4.0 及以上的版本支持

在调用 Web Workers API 函数之前。应该确认当前浏览器是否支持。如果不支持，可以提供一些备用信息，提醒用户使用最新的浏览器。

【示例】 下面代码可以用来测试浏览器是否支持。

```
function testWorker() {
    if (typeof(Worker) !== "undefined") {
        document.getElementById("support").innerHTML = "浏览器不支持HTML5 Web Workers";
    }
}
```

在上面代码中，使用 testWorker 函数来检测浏览器的支持情况，可在页面加载时调用该函数。调用 typeof(Worker) 会返回全局 Window 对象的 Worker 属性，如果浏览器不支持 Web Workers API，则返回结果将是 undefined。上面这段代码在检测了浏览器支持性之后，会将检测结果反馈到页面上。

10.1.3 创建 Web Workers

扫一扫，看视频

调用 Worker 构造函数可以创建一个 worker（线程）。Workers 在初始化时会接受一个 URL 参数，参数 URL 表示要执行的脚本文件地址，其中包含了供 Worker 执行的代码。

```
worker = new Worker("echoWorker.js");
```

如果获取 worker 进程的返回值，可以通过 onmessage 事件处理程序进行监听。

```
var myWorker = new Worker('easyui.js');
myWorker.onmessage = function(event){
    alert('Called back by the worker!');
};
```

在上面代码中，第一行代码将创建和运行 worker 进程，第二行设置 worker 的 onmessage 属性，绑定事件处理函数，当 worker 的 postMessage()方法被调用时，这个被绑定的函数就会被调用。

对于由多个 JavaScript 文件组成的应用程序来说，可以通过包含 script 元素的方式，在页面加载的时候同步加载 JavaScript 文件。由于 Web Workers 没有访问 document 对象的权限，所以在 Worker 只能使用 importScripts()方法导入其他 JavaScript 文件。

importScripts()是全局函数，该函数可以将脚本或库导入到它们的作用域中，导入的 JavaScript 文件只会在某一个已有的 Worker 中加载和执行。多个脚本的导入同样也可以使用 importScripts()函数，它们会按顺序执行。

importScripts()可以接受空的参数或多个脚本 URL 参数，下面形式都是合法的：

```
importScripts();
importScripts('foo.js');
importScripts('foo.js','bar.js');
```

JavaScript 会加载列出的每一个脚本文件，然后运行并初始化。这些脚本中的任何全局对象都可以被 worker 使用。

◀)) 注意：

importScripts()方法下载脚本顺序可能不一样，但执行的顺序一定是按 importScripts()方法中列出的顺序进行，而且是同步的，在所有脚本加载完并运行结束后 importScripts()才会返回。

Web Workers 能够嵌套使用，以创建子 Worker：

```
var subWorker = new Worker("subWorker.js");
```

用户可以创建多个 workers。子 worker 必须寄宿于同一个父页面下，且它的 URL 必须与父 worker 的地址同源，这样可以很好地维持它们的依赖关系。

Web Workers 可以使用 setTimeout()和 setInterval()。如果希望 Web Workers 进程周期性地运行而不是不停地循环下去，使用这两个方法非常有用。

◀)) 注意：

在后台线程中不能访问页面或窗口对象,此时如果在后台线程的脚本文件中使用 window 对象或 document 对象，则会引发错误。

用户可以通过 Worker 对象的 onmessage 事件获取后台线程反馈的消息。

```
worker.onmessage=function( event){
    //处理收到的消息
}
```

使用 Worker 对象的 postMessage()方法可以给后台线程发送消息。发送的消息是文本数据，但也可以是任何 JavaScript 对象，需要通过 JSON 对象的 stringify()方法将其转换成文本数据。

```
worker.postMessage(meseage);
```

通过获取 Worker 对象的 onmessage 事件句柄及 Worker 对象的 postMessage 方法可以实现线程内部

的消息接收和发送。

> **拓展：**
>
> 在使用 Web Workers 之前，用户应该熟悉线程中可用的变量、函数与类。在线程调用的 JavaScript 脚本文件中所有可用的变量、函数和类说明如下所示。
> - self：self 关键字用来表示本线程范围内的作用域。
> - postMessage(message)：向创建线程的源窗口发送消息。
> - onmessage：获取接收消息的事件句柄。
> - importScripts(urls)：导入其他 JavaScript 脚本文件。参数为该脚本文件的 URL 地址，可以导入多个脚本文件。导入的脚本文件必须与使用该线程文件的页面在同一个域中，并在同一个端口中。
> importScripts("worker.js","worker1.js","worker2.js");
> - navigator 对象：与 window.navigator 对象类似，具有 appName、platform、userAgent、appVersion 属性。它们可以用来标识浏览器的字符。
> - sessionStorage/localStorage：在线程中可以使用 Web Storage。
> - XMLHttpRequest：在线程中可以处理 Ajax 请求。
> - Web Workers：在线程中可以嵌套线程。
> - setTimeout()/setInterval()：在线程中可以实现定时处理。
> - close：结束本线程。
> - eval()、isNaN()、escape()等：可以使用所有 JavaScript 核心函数。
> - object：可以创建和使用本地对象。
> - WebSockets：可以使用 Web Sockets API 向服务器发送和接收信息。

扫一扫，看视频

10.1.4 Web Workers 通信

使用后台线程时不能访问页面或窗口对象，但是并不代表后台线程不能与页面之间进行数据交互。为了实现页面与 Web Workers 通信，可以调用 postMessage 函数传入所需数据。同时将建立一个监听器，用来监听由 Web Workers 发送到页面的消息。

为建立页面和 Web Workers 之间的通信，首先在页面中添加对 postMessage 函数的调用，如下所示。

```
document.getElementById("helloButton").onclick = function() {
    worker.postMessage("你好");
}
```

当用户单击按钮后，相应信息会被发送给 Web Workers，然后将事件监听器添加到页面中，用来监听从 Web Workers 发来的信息。

```
worker.addEventListener("message", messageHandler, true);
function messageHandler(e) {
    //来自 worker 的处理信息
}
```

编写 HTML5 Web Workers JavaScript 文件。在该文件中，需要添加事件监听器以监听发来的消息，并且通过调用 postMessage 函数实现与页面之间的通信。

为了完成页面与 Web Workers 之间的通信功能。首先，添加代码调用 postMessage 函数。例如，在 messageHandler 函数中可以添加如下代码。

```
function messageHandler(e) {
    postMessage("worker 说: " + e.data + " too");
}
```

接下来，在 Web Workers JavaScript 文件中添加事件监听器，以处理从页面发来的信息：

```
addEventListener("message", messageHandler, true);
```

接收到信息后会马上调用 nessageHandier 函数以保证信息能及时返回。

通过 postMessage 函数将对象传递到 workers 或者从中返回对象，这些对象将被自动转换为 JSON 格式。

```
var onmessage = function(e){
    postMessage(e.data);
};
```

注意：
在 workers 中进出的对象不能包含函数和循环引用，因为 JSON 不支持它们。

在 Web Workers 脚本中如果发发生未处理的错误，会引发 Web Workers 对象的错误事件。特别是在调试用到 Web Workers 脚本时，对错误事件的监听就显得尤为重要。下面显示的是 Web Workers JavaScript 文件中的错误处理函数，它将错误记录在控制台上。

```
function errorHandler(e) {
    console.log(e.message, e);
}
```

为了处理错误，还必须在主页上添加一个事件监听器：

```
worker.addEventListener("error", errorHandler, true);
```

当 worker 发生运行错误时，它的 onerror 事件就会被触发。该事件接收一个 error 的事件，该事件不会冒泡，并且可以取消。要取消该事件可以使用 preventDefault()方法。该错误事件有 3 个属性。

- message：可读的错误信息。
- filename：发生错误的脚本文件名称。
- lineno：发生错误的脚本所在文件的行数。

Web Workers 不能自行终止，但能够被启用它们的页面所终止。调用 terminate 函数可以终止后台进程。被终止的 Web Workers 将不再响应任何信息或者执行任何其他的计算。终止之后，Worker 不能被重新启动，但可以使用同样的 URL 创建一个新的 Worker。

```
worker.terminate();
```

如果需要马上终止一个正在运行中的 worker，你可以调用它的 terminate()方法：

```
myWorker.terminate();
```

这样一个 worker 进程就被结束了。

10.1.5 案例：使用 Web Workers

扫一扫，看视频

【示例 1】 本例演示了如何使用 Web Workers 在控制台显示一个提示信息。

首先，设计主页面代码（index.html）。

```
<!doctype html>
<html>
<head>
<meta charset="utf-8">
<script type="text/javascript">
    //WEB 页主线程
    //创建一个 Worker 对象并向它传递将在新线程中执行的脚本的 URL
    var worker = new Worker("worker.js");
    worker.postMessage("hello world");//向 worker 发送数据
    worker.onmessage = function(evt) {//接收 worker 传过来的数据函数
        console.log(evt.data);//输出 worker 发送来的数据
    }
</script>
```

```
</head>
<body></body>
</html>
```

下面是线程脚本文件 worker.js 代码

```
onmessage = function(evt) {
    var d = evt.data;//通过 evt.data 获得发送来的数据
    postMessage(d);//将获取到的数据发送回主线程
}
```

在 Chrome 浏览器中访问主页文件，则可以在控制台中看到输出的信息，表示程序执行成功，如图 10.1 所示。

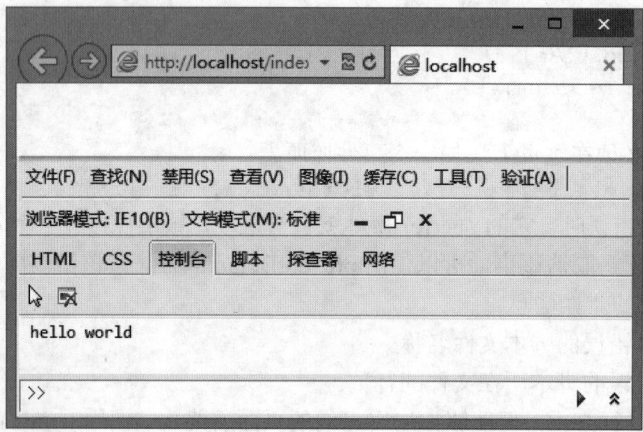

图 10.1　在控制台中查看信息

通过上面示例可以看到使用 Web Workers 应该包括下面两部分：

- 定义主页线程
  - 通过 worker = new Worker(url) 加载一个 JavaScript 文件，创建一个 Worker，同时返回一个 worker 实例。
  - 通过 worker.postMessage(data) 方法向 worker 发送数据。
  - 绑定 worker.onmessage 事件接收 worker 响应的数据。
  - 使用 worker.terminate() 可以终止一个 worker 的执行。
- 定义 Worker 线程
  - 通过 postMessage(data) 方法向主线程发送数据。
  - 绑定 onmessage 事件接收主线程发送过来的数据。

【示例 2】　本例演示如何创建 Web Workers，手动控制 Web Workers 与页面进行通信的一般方法，同时设置如何处理异常，以及如何停止 Worker 任务处理。

首先，设计主页文件（index.html），并在该文件脚本中定义一个主线程。

```
<!doctype html>
<html>
<head>
<meta charset="utf-8">
</head>
<p id="support">你的浏览器不支持 HTML5 Web Workers</p>
<button id="stopButton" >停止任务</button>
<button id="helloButton" >发送消息</button>
```

```
<script>
function stopWorker() {  //终止线程
    worker.terminate();
}
function messageHandler(e) {  //显示线程响应信息
    console.log(e.data);
}
function errorHandler(e) {  //线程错误处理
    console.warn(e.message, e);
}
function loadDemo() {
    if( typeof (Worker) !== "undefined") {
        document.getElementById("support").innerHTML = "你的浏览器支持 HTML5 Web Workers";
        worker = new Worker("worker.js");
        worker.addEventListener("message", messageHandler, true);
        worker.addEventListener("error", errorHandler, true);
        document.getElementById("helloButton").onclick = function() {
            worker.postMessage("ok");
        }
        document.getElementById("stopButton").onclick = stopWorker;
    }
}
window.addEventListener("load", loadDemo, true);
</script>
```

然后，设计线程脚本文件（worker.js）的代码。

```
function messageHandler(e) {
    postMessage("worker says: " + e.data + " too");
}
addEventListener("message", messageHandler, true);
```

在主页和线程脚本文件中，分别使用 addEventListener 方法把回调函数绑定到线程监听事件中。

最后，在 Chrome 浏览器中访问主页文件，单击"发送消息"按钮，则可以在控制台中看到输出的信息，表示程序手动控制线程交互执行成功，如图 10.2 所示。

图 10.2　在控制台中查看信息

【示例3】 使用 addEventListener 方法注册后台线程的响应事件比较麻烦,当然也可以把它修改为下面这种传统写法。

- 主线程脚本(index.html)

```
window.onload = function() {
    if( typeof (Worker) !== "undefined") {
        document.getElementById("support").innerHTML = "你的浏览器支持 HTML5 Web Workers";
        worker = new Worker("worker.js");
        worker.onmessage = function(e) {
            console.log(e.data);
        }
        worker.onerror = function(e) {
            console.warn(e.message, e);
        }
        document.getElementById("helloButton").onclick = function() {
            worker.postMessage("ok");
        }
        document.getElementById("stopButton").onclick = function() {
            worker.terminate();
        };
    }
}
```

- Worker 线程文件(worker.js)

```
onmessage = function(e) {
    postMessage("worker says: " + e.data );
}
```

10.2 实战案例

本节将通过多个实例演示如何灵活应用 Web Workers,实现并发式应用程序开发。

10.2.1 后台运算

扫一扫,看视频

本示例设计一个文本框,允许用户在该文本框中输入数字,然后单击按钮,在后台计算从 1 到给定数值的和。虽然对于从 1 到给定数值的求和计算只需要用一个求和公式就可以了,但是本示例中为了展示后台线程的使用方法,采取循环计算的方法。

【示例1】 为了方便比较单线程与多线程的运算差异,首先采用传统方式设计一个单线程计算页面,页面代码如下:

```
<!doctype html>
<html>
<head>
<meta charset="utf-8">
<script type="text/javascript">
function calculate() {
    var num = parseInt(document.getElementById("num").value, 10);
    var result = 0;
    for (var i = 0; i <= num; i++) {
        result += i;
    }
```

```
        alert("合计值为" + result + "。");
}
</script>
</head>
<body>
输入数值:<input type="text" id="num">
<button onclick="calculate()">计算</button>
</body>
</html>
```

保存页面，然后在浏览器中预览，执行上面这段代码，在文本框中输入数值，然后单击"计算"按钮。可以看到，在弹出提示对话框之前，用户是不能在该页面上执行操作的。虽然在文本框中输入比较小的值时，不会有什么延迟问题，但是当用户在该文本框中输入特别巨大的数字，浏览器运行时间明显延迟，如图10.3所示。

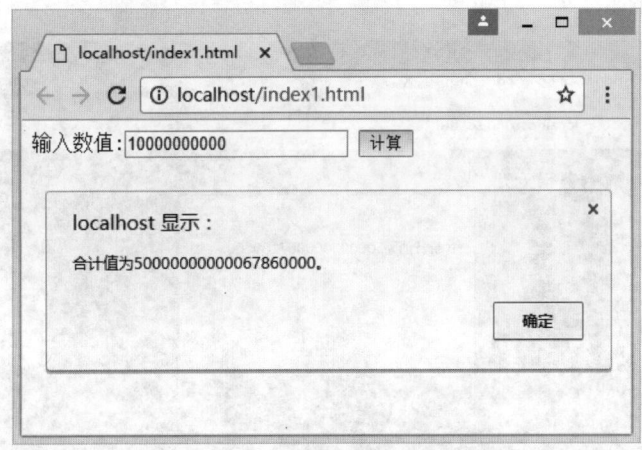

图10.3 Safari 浏览器运行效果

【示例2】 重写该页面脚本，使用 Web Workers 把页面中比较耗时的运算放在后台运行，这样在上例的文本框中无论输入多么大的数值都可以正常运算了。

【操作步骤】

（1）设计主页面，在该页面中创建一个 Worker，然后导入汇总计算的外部 JavaScript 文件。通过 postMessage 方法将用户输入的数字传递给 Worker，并通过 onmessage 事件回调函数接收运算的结果。

```
<!DOCTYPE html>
<head>
<meta charset="UTF-8">
<script type="text/javascript">
var worker = new Worker("SumCalculate.js");// 创建执行运算的线程
worker.onmessage = function(event) {//接收从线程中传出的计算结果
    alert("合计值为" + event.data + "。");
};
function calculate() {
    var num = parseInt(document.getElementById("num").value, 10);
    worker.postMessage(num);  //将数值传给线程
}
</script>
</head>
<body>
```

```
输入数值:<input type="text" id="num">
<button onclick="calculate()">计算</button>
</body>
```

（2）把对于给定值的求和运算放到线程中单独执行，且把线程代码单独存储在 SumCalculate.js 脚本文件中。

```
onmessage = function(event) {
    var num = event.data;
    var result = 0;
    for (var i = 0; i <= num; i++)
        result += i;
    postMessage(result);    //向线程创建源送回消息
}
```

（3）在支持 Web Workers 的浏览器中预览，如 Firefox、Safari、Chrome、Opera 等浏览器，在 Firefox 中的运行结果如图 10.4 所示。

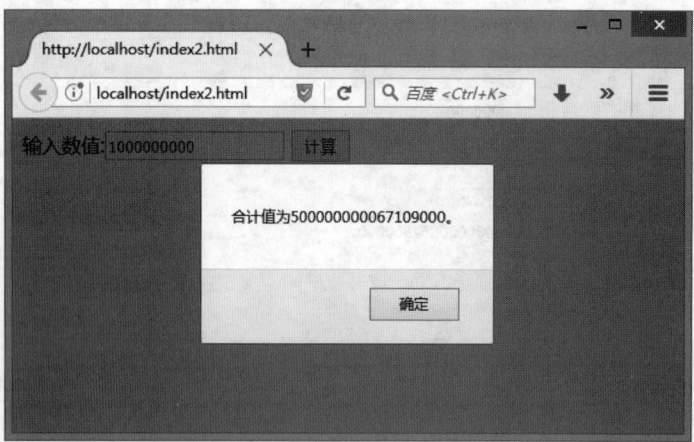

图 10.4 Firefox 浏览器多线程运行效果

10.2.2 数值过滤

在 Web 应用中，建议用户把非即时性的任务处理放在后台实现，以减轻前台处理的压力。本示例设计在页面上随机生成一个整数的数组，然后将该整数数组传入线程，让后台帮助挑选出该数组中可以被 3 整除的数字，然后显示在页面表格中。读者可以借助这种设计思路，实现把字符串、数组、列表中的数据都采取该方法显示在页面表格、表单控件甚至统计图中。

【操作步骤】

（1）设计前台页面代码，该页面的 HTML 代码部分包含一个空白表格，在前台脚本中随机生成整数数组，然后送到后台线程挑选出能够被 3 整除的数字，再传回前台脚本，在前台脚本中根据挑选结果动态创建表格中的行、列，并将挑选出来的数字显示在表格中。

```
<!DOCTYPE html>
<head>
<meta charset="UTF-8">
<style type="text/css">
body { font: normal 11px auto "Trebuchet MS", Verdana, Arial, Helvetica, sans-serif;
color: #4f6b72; background: #E6EAE9; }
table { width: 700px; padding: 0; margin: 0; }
td { border-right: 1px solid #C1DAD7; border-bottom: 1px solid #C1DAD7; background:
```

```
#fff; font-size:11px; padding: 6px 6px 6px 12px; color: #4f6b72; text-align:center; }
</style>
<script type="text/javascript">
var intArray=new Array(200);//随机数组
var intStr="";
//生成200个随机数
for(var i=0;i<200;i++){
    intArray[i]=parseInt(Math.random()*200);
    if(i!=0)
        intStr+=";";   //用分号作随机数组的分隔符
    intStr+=intArray[i];
}
//向后台线程提交随机数组
var worker = new Worker("script.js");
worker.postMessage(intStr);
//从线程中取得计算结果
worker.onmessage = function(event) {
    if(event.data!="") {
        var j,k,tr,td;
        var intArray=event.data.split(";");
        var table=document.getElementById("table");
        for(var i=0;i<intArray.length;i++){
            j=parseInt(i/10,0);
            k=i%10;
            if(k==0) {//如果该行不存在,则添加行
                tr=document.createElement("tr");
                tr.id="tr"+j;
                table.appendChild(tr);
            }
            else {//如果该行存在,则获取该行
                tr=document.getElementById("tr"+j);
            }
            td=document.createElement("td");
            tr.appendChild(td);
            td.innerHTML=intArray[j*10+k];
        }
    }
};
</script>
</head>
<body>
<table id="table">
</table>
</body>
```

(2) 将后台线程中需要处理的任务代码存放在脚本文件 script.js 中,详细代码如下:

```
onmessage = function(event) {
    var data = event.data;
    var returnStr;
    var intArray=data.split(";");
    returnStr="";
    for(var i=0;i<intArray.length;i++){
```

```
        if(parseInt(intArray[i])%3==0) {
            if(returnStr!="")
                returnStr+=";";
            returnStr+=intArray[i];
        }
    }
    postMessage(returnStr);  //返回3的倍数拼接成的字符串
}
```

(3) 在浏览器中预览，则运行结果如图10.5所示。

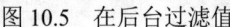

图10.5　在后台过滤值

10.2.3　并发处理

利用线程可以嵌套的特性，可以在Web应用中实现多个任务并发处理，这样能够提高Web应用程序的执行效率和反应速度。同时通过线程嵌套把一个较大的后台任务切分成几个子线程，在每个子线程中各自完成相对独立的一部分工作。

本示例将在上一节示例基础上，把主页脚本中随机生成数组的工作放到后台线程中，然后使用另一个子线程在随机数组中挑选可以被3整除的数字。对于数组的传递以及挑选结果的传递均采用JSON对象来进行转换，以验证是否能在线程之间进行JavaScript对象的传递工作。

【操作步骤】

（1）在主页面中定义一个线程。设计不向该线程发送数据，在onmessage事件回调函数中进行后期数据处理，并把返回的数据显示在页面中。

```
<!DOCTYPE html>
<head>
<meta charset="UTF-8">
<style type="text/css">
body { font: normal 11px auto "Trebuchet MS", Verdana, Arial, Helvetica, sans-serif;
color: #4f6b72; background: #E6EAE9; }
table { width: 700px; padding: 0; margin: 0; }
td { border-right: 1px solid #C1DAD7; border-bottom: 1px solid #C1DAD7; background:
#fff; font-size:11px; padding: 6px 6px 6px 12px; color: #4f6b72; text-align:center; }
</style>
<script type="text/javascript">
var worker = new Worker("script.js");
worker.postMessage("");
worker.onmessage = function(event) {};
```

```
</script>
</head>
<body>
<table id="table">
</table>
</body>
```

（2）在后台主线程文件 script.js 中，随机生成 200 个整数构成的数组，然后把这个数组提交到子线程，在子线程中把可以被 3 整除的数字挑选出来，然后送回主线程。主线程再把挑选结果送回页面进行显示。

```
onmessage=function(event){
    var intArray=new Array(200);
    for(var i=0;i<200;i++)
        intArray[i]=parseInt(Math.random()*200);
    var worker;
    worker=new Worker("worker2.js");//创建子线程
    worker.postMessage(JSON.stringify(intArray)); //把随机数组提交给子线程进行挑选工作
    worker.onmessage = function(event) {
        postMessage(event.data);  //把挑选结果返回主页面
    }
}
```

在上面代码中，向子线程中提交消息时使用的是 worker.postMessage()方法，而向主页面提交消息时使用 postMessage()方法。在线程中，向子线程提交消息时使用子线程对象的 postMessage()方法，而向本线程的创建源发送消息时直接使用 postMessage()方法即可。

（3）设计子线程的任务处理代码。下面是子线程代码，子线程在接收到的随机数组中挑选能被 3 整除的数字，然后拼接成字符串并返回。

```
onmessage = function(event) {
    var intArray= JSON.parse(event.data); //还原整数数组
    var returnStr;
    returnStr="";
    for(var i=0;i<intArray.length;i++){
        if(parseInt(intArray[i])%3==0){
            if(returnStr!="")
                returnStr+=";";
            returnStr+=intArray[i];
        }
    }
    postMessage(returnStr);  //返回拼接字符串
    close();//关闭子线程
}
```

在子线程中向发送源发送回消息后，如果该子线程不再使用，则应该使用 close 语句关闭子线程。

（4）在主页面的主线程回调函数中处理后台线程返回的数据，并将这些数据显示在页面中。

```
//从线程中取得计算结果
worker.onmessage = function(event) {
    if(event.data!=""){
        var j,k,tr,td;
        var intArray=event.data.split(";");
        var table=document.getElementById("table");
        for(var i=0;i<intArray.length;i++){
            j=parseInt(i/10,0);
```

```
            k=i%10;
            if(k==0){
                tr=document.createElement("tr");
                tr.id="tr"+j;
                table.appendChild(tr);
            }
            else {
                tr=document.getElementById("tr"+j);
            }
            td=document.createElement("td");
            tr.appendChild(td);
            td.innerHTML=intArray[j*10+k];
        }
    }
};
```

(5)此时在浏览器中预览,则会看到类似图 10.6 所示的运行效果。

图 10.6　多任务并发处理

扫一扫,看视频

10.2.4　线程通信

本示例继续在前面示例基础上,将创建随机数组的工作也放到了一个单独的子线程中,在该线程中创建随机数组,然后将随机数组传递到另一个子线程中进行能够被 3 整除的数字挑选工作,最后把挑选结果传递回主页面进行显示。

设计思路:

当主线程嵌套多个子线程时,子线程之间可以通过下面几个步骤进行通信。

(1)先创建发送数据的子线程。
(2)执行子线程中的任务,然后把要传递的数据发送给主线程。
(3)在主线程接收到子线程传回来的消息时,创建接收数据的子线程,然后把发送数据的子线程中返回的消息传递给接收数据的子线程。
(4)执行接收数据子线程中的代码。

【操作步骤】

(1)完成主页面的设计。包括 HTML 结构和 CSS 样式。在主页脚本中创建一个主线程,定义请求数据为空,在主线程响应事件 onmessage 回调函数中处理后台返回的处理数据,并把它们显示在页面中。

```
<!DOCTYPE html>
<head>
```

```html
<meta charset="UTF-8">
<style type="text/css">
body { font: normal 11px auto "Trebuchet MS", Verdana, Arial, Helvetica, sans-serif;
color: #4f6b72; background: #E6EAE9; }
table { width: 700px; padding: 0; margin: 0; }
td { border-right: 1px solid #C1DAD7; border-bottom: 1px solid #C1DAD7; background:
#fff; font-size:11px; padding: 6px 6px 6px 12px; color: #4f6b72; text-align:center; }
</style>
<script type="text/javascript">
var worker = new Worker("script.js");
worker.postMessage("");
worker.onmessage = function(event) {
    if(event.data!=""){
        var j,k,tr,td;
        var intArray=event.data.split(";");
        var table=document.getElementById("table");
        for(var i=0;i<intArray.length;i++){
            j=parseInt(i/10,0);
            k=i%10;
            if(k==0){
                tr=document.createElement("tr");
                tr.id="tr"+j;
                table.appendChild(tr);
            }
            else {
                tr=document.getElementById("tr"+j);
            }
            td=document.createElement("td");
            tr.appendChild(td);
            td.innerHTML=intArray[j*10+k];
        }
    }
};
</script>
</head>
<body>
<table id="table">
</table>
</body>
```

（2）修改主线程中的代码。在主线程中定义一个子线程（发送数据），让其随机生成 200 个数字，并返回这个随机数组。在该子线程的回调函数中再定义一个子线程（接收数据），把接收到的随机数组传递给它，并接收该线程过滤后的数组。

```javascript
onmessage=function(event){
    var worker;
    worker=new Worker("worker1.js");//创建发送数据的子线程
    worker.postMessage("");
    worker.onmessage = function(event) {
        var data=event.data;  //接收子线程中数据:创建好的随机数组
        worker=new Worker("worker2.js");//创建接收数据子线程
        worker.postMessage(data);  //把从发送数据子线程中发回的消息传递给接收数据的子线程
        worker.onmessage = function(event) {
```

```
            var data=event.data;  //获取接收数据子线程中传回的数据
            postMessage(data);    //把挑选结果发送回主页面
        }
    }
}
```

（3）在发送数据的子线程中创建了一个 200 个整数构成的随机数组。然后把它转换为字符串并返回，最后关闭该子线程。

```
onmessage = function(event) {
    var intArray=new Array(200);
    for(var i=0;i<200;i++)
        intArray[i]=parseInt(Math.random()*200);
    postMessage(JSON.stringify(intArray));
    close();
}
```

（4）在接收数据子线程中对接收到的随机数组中挑选能被 3 整除的数字，然后拼接成字符串并返回。

```
onmessage = function(event) {
    var intArray= JSON.parse(event.data);  //还原整数数组
    var returnStr;
    returnStr="";
    for(var i=0;i<intArray.length;i++){
        if(parseInt(intArray[i])%3==0){
            if(returnStr!="")
                returnStr+=";";
            returnStr+=intArray[i];
        }
    }
    postMessage(returnStr);  //返回拼接字符串
    close();//关闭子线程
}
```

扫一扫，看视频

10.2.5 Fibonacci 数列运算

Fibonacci 数列是比较经典的数学规律，它以递归的方法定义：

$F_0=0$

$F_1=1$

$F_n=F(n-1)+F(n-2)$（$n>=2$, $n\in N^*$）

使用 JavaScript 实现 Fibonacci 数列运算的一般方法如下：

```
var fibonacci =function(n) {
    return n <2? n : arguments.callee(n -1) + arguments.callee(n -2);
};
```

在 Chrome 浏览器中如果调用 fibonacci(39);，则执行时间需要大约 19097 毫秒，而要计算 40 的 Fibonacci 数列时，浏览器就会罢工，直接提示脚本忙。

由于 JavaScript 是单线程执行的，在求数列的过程中浏览器不能执行其他脚本，UI 渲染线程也会被挂起，从而导致浏览器进入假死状态。下面示例尝试使用 Web Workers 将数列计算过程放入一个新线程里，避免单线程计算所带来的问题。

【操作步骤】

（1）定义主页文件。

```
<!DOCTYPE HTML>
<html>
```

```
<head>
<meta http-equiv="Content-Type" content="text/html; charset=utf-8"/>
<title>web worker fibonacci</title>
<script type="text/javascript">
 onload =function(){
    var worker =new Worker('fibonacci.js');
    worker.addEventListener('message', function(event) {
      var timer2 = (new Date()).valueOf();
        console.log( '结果: '+event.data, '时间:'+ timer2, '用时: '+ ( timer2 - timer ) );
    }, false);
    var timer = (new Date()).valueOf();
    console.log('开始计算：40','时间:'+ timer );
    setTimeout(function(){
        console.log('定时器函数在计算数列时执行了', '时间:'+ (new Date()).valueOf() );
    },1000);
    worker.postMessage(40);
    console.log('我在计算数列的时候执行了', '时间:'+ (new Date()).valueOf() );
 }
  </script>
</head>
<body>
</body>
</html>
```

在主页脚本中定义创建一个线程，把 Fibonacci 数列计算任务交给新线程来完成。

（2）在新线程文件中（fibonacci.js）输入下面的代码。

```
var fibonacci =function(n) {
   return n <2? n : arguments.callee(n -1) + arguments.callee(n -2);
};
onmessage =function(event) {
   var n = parseInt(event.data, 10);
   postMessage(fibonacci(n));
};
```

（3）在 Chrome 浏览器中访问主页文件，则可以在控制台中看到输出的信息，如图 10.7 所示。

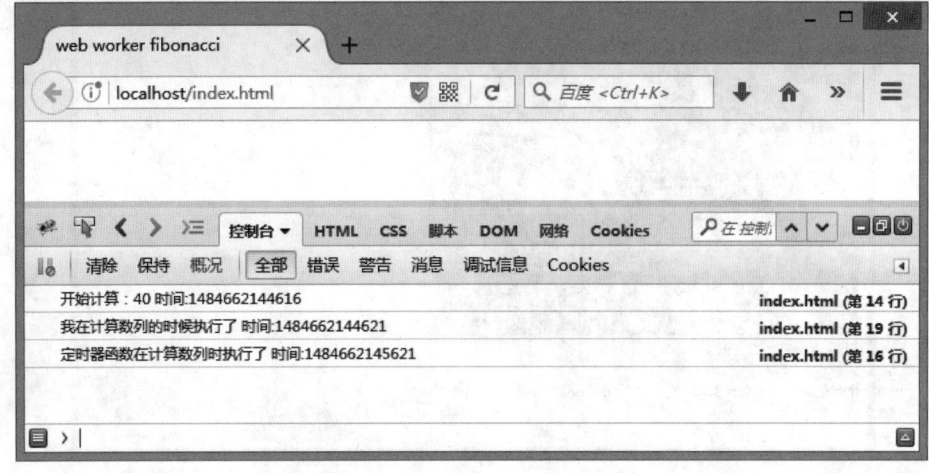

图 10.7　在控制台中查看信息

扫一扫，看视频

10.2.6 多线程绘图

Web Workers 具有广泛的应用价值，简单列举如下：

- 图像处理。通过使用从 canvas 或 video 元素中获取的数据，可以把图像分割成几个不同的区域，并把它们推送给并行的不同 Workers。这样就会在多线程中受益，此时运行速度明显加快。
- 大量数据检索。在调用 XMLHTTPRequest 处理大量数据时，如果处理这些数据所需的时间长短非常重要，最好在 Web Workers 中来做这些，避免冻结 UI 线程。这样可以保持一个可交互的应用。
- 背景数据分析。由于在使用 Web Workers 的时候，可以考虑 JavaScript 的新应用场景。例如，可以想象在不影响 UI 体验的情况下实时处理用户输入。利用这样一种可能，可以设计像 Word（Office Web Apps 套装）一样的应用，当用户打字时，后台在词典中进行查找，帮助用户自动纠错等。
- 针对本地数据的并发请求。提供本地存储（Local Storage）所不能提供的功能，针对 Web Workers 的线程安全的存储环境。
- 在视频游戏世界，可以考虑将人工智能或者物理引擎的数据发送到 Web Workers。

一般来说，只要不需要 DOM，任何可能影响用户体验的、耗时的 JavaScript 代码都可以使用 Web Workers 并发处理。使用 Web Workers 时需要注意 3 点：

- Worker 初始化时间和通信时间不应该比自身的处理时间长。
- 使用多个 Worker 时，将会占用大量系统资源，消耗更多内存。
- 代码块之间的依赖关系，需要一些同步的逻辑。并行就没有那么简单。

本示例演示如何使用多线程绘制光线追踪的特效。光线追踪使用一些 CPU 密集型的数学计算，据此来模拟光线的路径。通过大量并发数学计算来模拟一些诸如反射、折射、材质等效果，演示效果如图 10.8 所示。

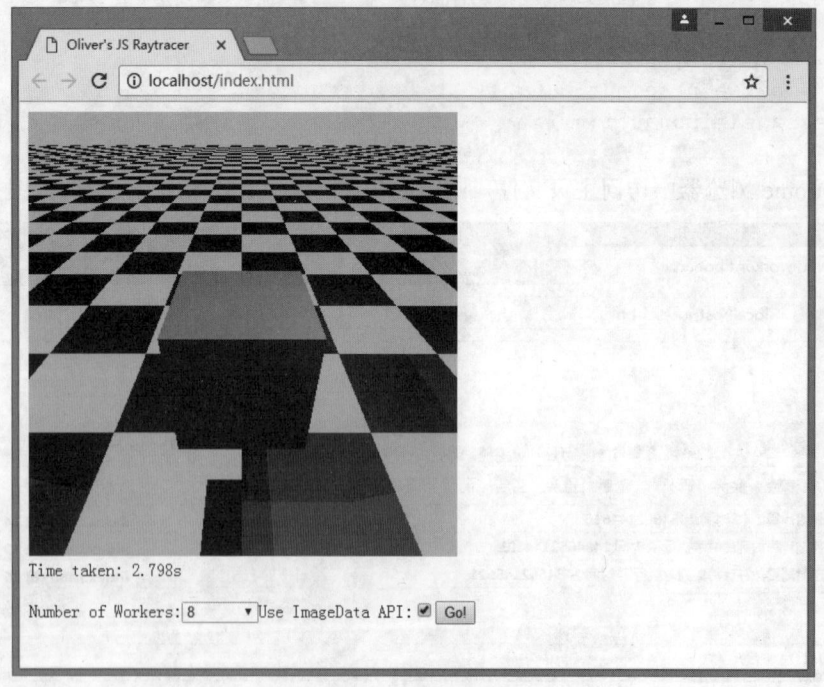

图 10.8 光线追踪特效

如果不用多线程并发计算和渲染,则可以看到浏览器要完成整个图像绘制需要 2 秒多,如图 10.9 所示。而选用 16 个子线程并发计算,浏览器会快速完成图像绘制,仅花费 1 秒多,如图 10.10 所示。

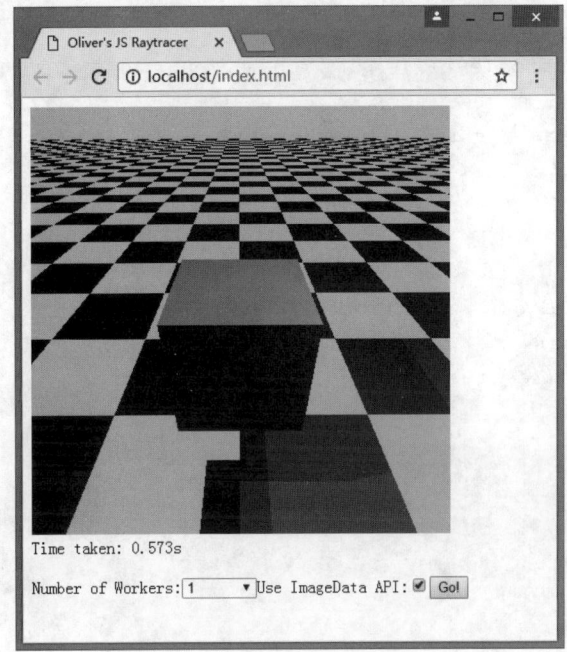

图 10.9　单线程处理

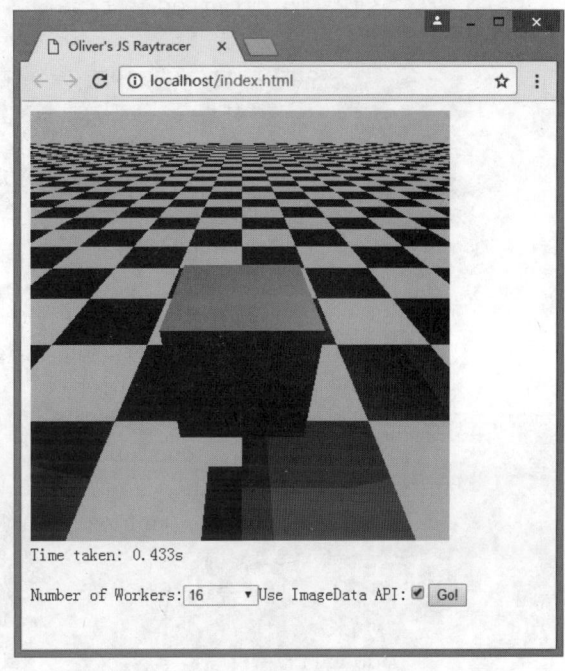

图 10.10　16 个线程处理

本案例完整源代码请参考资源包示例,下面简单介绍两处最关键的代码。

(1) 在主页面包含的 jobqueue.js 文件中,通过一个分支结构检测浏览器是否支持 Web Worker,如果支持,则允许选择设置多线程项,并多线程进行处理,否则只能使用单线程处理任务。

```javascript
function JobQueue(numWorkers) {
    this.workersAvailable = true;
    this.intialised = false;
    var cancelled = false;
    if (numWorkers <= 0 || !window.Worker) {
        …
    } else {
        …
    }
    this.stop = function (f) {
        cancelled = true;
        cancelCallback = f;
    }
}
```

(2) 为 GO 按钮绑定一个 click 事件处理函数,在该函数中使用 for 循环体创建多个子线程,实现并发数据计算,以提供图像绘制和渲染速度。

```javascript
for (jobCount = 0; jobCount < numWorkers; ++jobCount) {
    worker = new Worker("render-task.js");
    worker.runNextTask = function() {
        this.postMessage(this.queue.shift());
    }
```

```javascript
    worker.onmessage = function() {
        if (--jobCount === 0) {
            self.initialised = true;
            for (var i = 0; i < workers.length; ++i)
                workers[i].onmessage = function(evt) {
                    if (cancelled) {
                        if (++cancelledWorkers === runningWorkers) {
                            cancelCallback();
                        }
                        return;
                    }
                    var res = parse(evt.data);
                    if (jobs[res.jobid].done)
                        jobs[res.jobid].done(res.result);
                    if (--jobCount === 0)
                        queueDone();
                    if (this.queue.length)
                        this.runNextTask();
                    else
                        --runningWorkers;
                };
            done();
        }
    };
    worker.postMessage(message);
    workers[jobCount] = worker;
}
```

（3）在子线程文件 render-task.js 中，尝试调用绘图、渲染函数完成图形绘制功能。

```javascript
onmessage = function(event) {
    try {
        var message = parse(event.data);
        var type = message.type;
        if (message.type === "init") {
            _scene = message.scene();
            processRenderCommand = message.processRenderCommand;
            postMessage("initDone");
        } else {
            result = processRenderCommand(message.command);
            postMessage("({jobid:" + message.jobid + ", result:" + result + "})");
        }
    } catch(e) {
        postMessage(e);
    }
};
```

在这个应用脚本中，有2个方法明显地占用了大多数时间：renderScene()和getPixelColor()。
getPixelColor()方法的目的是计算当前的像素。光线追踪是一个像素一个像素地渲染场景。这个getPixelColor()方法之后再调用 rayTrace()方法接管渲染阴影、环境光等操作。这是本案例应用的核心部分。并且如果分析 rayTrace()方法的代码，这些代码没有任何 DOM 依赖，因此非常适合把它们设置为并行处理。此外，由于每个像素的计算之间没有同步进行的必要，很容易将图像渲染拆分到几个线程中。每个像素的操作与它们的邻居是独立的，因为在本例中没有使用抗锯齿。

使用浏览器预览这个光线追踪例子，可以看出不使用 Worker 和使用 4 个 Worker 的显著区别：

- 使用单线程的 processRenderCommand()方法几乎占据了全部可用 CPU，并且场景绘制耗时 2.048 秒。
- 使用 16 个 Web Workers 之后，processRenderCommand()方法在 16 个并行的线程中执行。甚至可以在右侧一栏看到它们的 Worker Id。这次场景绘制耗时 1.031 秒。受益是真实存在的：场景绘制快了一倍。

第 11 章 文 件 操 作

HTML5 新增了两个与文件操作相关的 API：FileReader 和 FileSystem。其中 FileReader API 负责读取文件内容，FileSystem API 负责文件系统的有限操作。本章将以这两个 API 为基础，详细介绍 HTML5 的 File 功能。

【学习重点】
- 使用 FileList 和 file 对象。
- 使用 Blob 对象。
- 使用 FileReader 对象。
- 使用 ArrayBuffer 对象和 ArrayBufferView 对象。
- 使用 FileSystem 文件系统。

扫一扫，看视频

11.1 访问文件域

在 HTML4 中，file 控件只允许选择和提交一个文件，HTML5 为 file 控件新添加了 multiple 属性，允许用户在一个 file 控件内选择和提交多个文件。

【示例 1】 本例设计在文档中插入一个文件域，允许用户同时提交多个文件。

```
<!doctype html>
<html>
<head>
<meta charset="utf-8">
</head>
<body>
<input type="file" multiple>
</body>
</html>
```

为了方便用户在脚本中访问这些将要提交的文件，HTML5 新增了 FileList 和 file 对象。
- FileList：表示用户选择的文件列表。
- file：表示 file 控件内的每一个被选择的文件对象。FileList 对象为这些 file 对象的列表，代表用户选择的所有文件。

【示例 2】 本例演示了如何使用 FileList 和 file 对象访问用户提交的文件名称列表，演示效果如图 11.1 所示。

```
<!doctype html>
<html>
<head>
<meta charset="utf-8">
<script>
function ShowFileName(){
    //document.getElementById("file").files 返回 FileList 对象
    for(var i=0;i<document.getElementById("file").files.length;i++) {
        var file = document.getElementById("file").files[i];
                                            //获取每个选择的 file 对象
```

```
        console.log(file.name);              //在控制台显示每个文件的名称
    }
}
</script>
</head>
<body>
<input type="file" id="file" multiple>
<input type="button" onclick="ShowFileName();" value="文件上传"/>
</body>
</html>
```

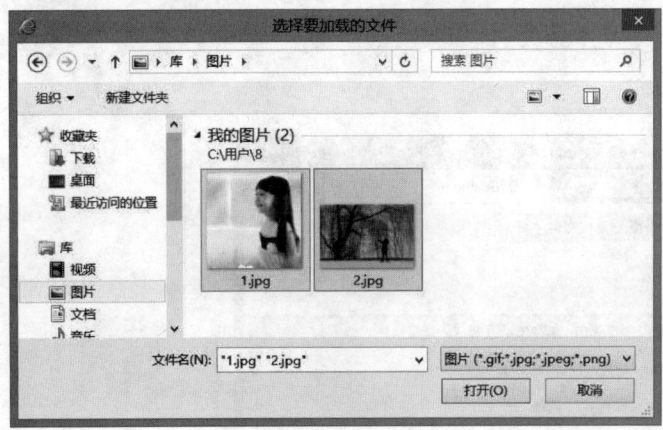
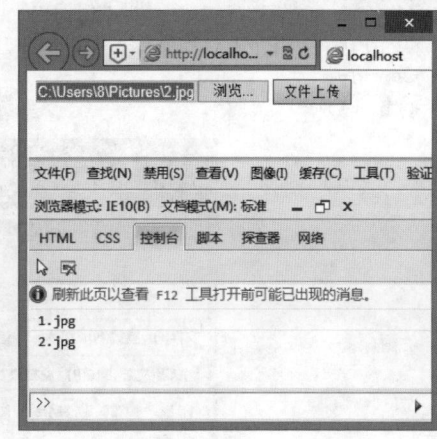

(a)选择多个文件　　　　　　　　　　　　　　(b)在控制台显示提示信息

图 11.1　使用 FileList 和 file 对象获取提交文件信息

> 提示：
> file 对象包含两个属性：name 属性表示文件名，但不包括路径；lastModifiedDate 属性表示文件的最后修改日期。

11.2　使用 Blob 对象

HTML5 新增一个 Blob 对象，它代表原始二进制数据。不过与 MySQL 中的 BLOB 类型在概念上有点区别，MySQL 中的 BLOB 类型只是二进制数据容器，而 HTML5 中的 Blob 对象除了存放二进制数据外，还可以设置数据的 MINE 类型，这相当于对文件的储存，其他很多二进制对象也是从这个对象继承的。

11.2.1　在文件域中访问 Blob 对象

11.1 节介绍的 file 对象也继承于 Blob 对象，因此可以在文件域中访问 Blob 对象。Blob 对象包含两个属性。

- size：该属性表示一个 Blob 对象的字节长度。
- type：该属性表示 Blob 的 MIME 类型，如果为未知类型，则返回一个空字符串。

【示例 1】　本例演示了如何获取文件域中第一个文件的 Blob 对象，并访问该文件的长度和文件类型，演示效果如图 11.2 所示。

```
<!doctype html>
<html>
<head>
```

扫一扫，看视频

```
<meta charset="utf-8">
<script>
function ShowFileType(){
    var file = document.getElementById("file").files[0];   //获取用户选择的第一个文件
    console.log( file.size );                     //显示文件字节长度
    console.log( file.type);                      //显示文件类型
}
</script>
</head>
<body>
<input type="file" id="file" multiple>
<input type="button" onclick="ShowFileType();" value="文件上传"/>
</body>
</html>
```

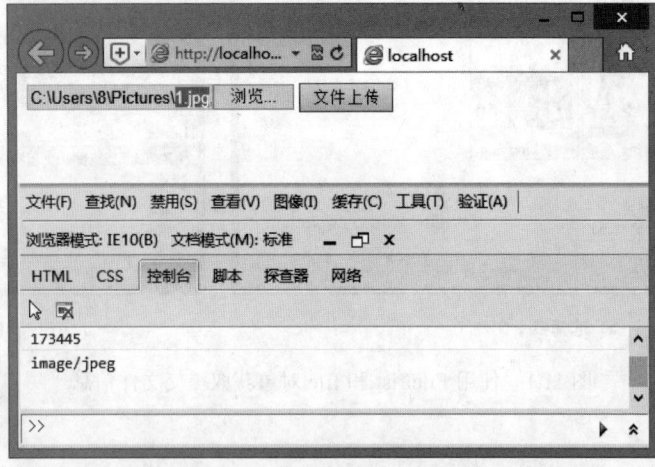

图 11.2　在控制台显示第一个选取文件的大小和类型

◀» 注意：

对于图像类型的文件，Blob 对象的 type 属性都是以 "image/" 开头的，后面是图像类型。

【示例 2】　利用 Blob 对象的 type 属性，可以在脚本中判断浏览者选择的文件是否为图像文件，如果在批量上传时只允许上传图像文件，可以检测每个文件的 type 属性值，当提交非图像文件时，弹出错误提示信息，并停止后面的文件上传，或者跳过这个文件，不上传该文件，演示效果如图 11.3 所示。

```
<!doctype html>
<html>
<head>
<meta charset="utf-8">
<script>
function fileUpload(){
    var file;
    for(var i=0;i<document.getElementById("file").files.length;i++){
        file = document.getElementById("file").files[i];
        if(!/image\/\w+/.test(file.type)){
            alert(file.name+"不是图像文件！");
            continue;
        } else{
            //此处加入文件上传的代码
```

```
            alert(file.name+"文件已上传");
        }
    }
}
</script>
</head>
<body>
<input type="file" id="file" multiple>
<input type="button" onclick="fileUpload();" value="文件上传"/>
</body>
</html>
```

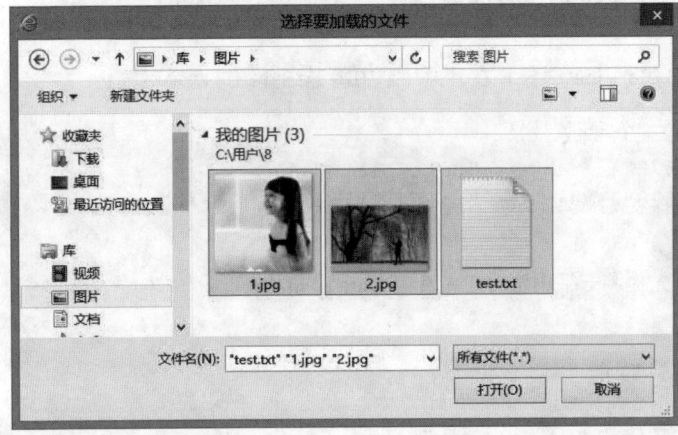

（a）提交多个文件　　　　　　　　　　　（b）错误提示信息

图 11.3　对用户提交文件进行过滤

📖 **拓展：**

HTML5 为 file 控件新添加了 accept 属性，设置 file 控件只能接受某种类型的文件。目前主流浏览器对其支持还不统一、不规范，部分浏览器仅限于打开文件选择窗口时，默认选择文件类型。
```
<input type="file" id="file" accept="image/*" />
```

11.2.2　创建 Blob 对象

HTML5 支持直接创建 Blob 对象，用法如下：
```
var blob = new Blob(blobParts, type);
```
参数说明如下。

- blobParts：可选参数，数组类型，其中可以存放任意数量以下类型的对象，这些对象中所携带的数据将被依序追加到 Blob 对象中。
  - ArrayBuffer 对象。
  - ArrayBufferView 对象。
  - Blob 对象。
  - String 对象。
- type：可选参数，字符串型，设置被创建的 Blob 对象的 type 属性值，即定义 Blob 对象的 MIME 类型。默认参数值为空字符串，表示未知类型。

扫一扫，看视频

🔊 **提示：**

当创建 Blob 对象时，可以使用两个可选参数。如果不使用任何参数，创建的 Blob 对象的 size 属性值为 0，即 Blob 对象的字节长度为 0，代码如下所示。

```
var blob = new Blob();
```

【示例1】 下面代码演示了如何设置第一个参数。

```
var blob = new Blob(["4234" + "5678"]);
var shorts = new Uint16Array(buffer, 622, 128);
var blobA = new Blob([blob, shorts]);
var bytes = new Uint8Array(buffer, shorts.byteOffset + shorts.byteLength);
var blobB = new Blob([blob, blobA, bytes])
var blobC = new Blob([buffer, blob, blobA, bytes]);
```

🔊 **注意：**

上面代码中用到了 ArrayBuffer 对象和 ArrayBufferView 对象，在下面一节中将详细介绍这两个对象。

【示例2】 下面代码演示了如何设置第二个参数。

```
var blob = new Blob(["4234" + "5678"], {type: "text/plain"});
var blob = new Blob(["4234" + "5678"], {type: "text/plain; charset=UTF-8"});
```

🔊 **提示：**

为了安全起见，在创建 Blob 对象之前，可以先检测一下浏览器是否支持 Blob 对象。

```
if(!window.Blob)
    alert ("您的浏览器不支持 Blbo 对象。");
else
    var blob = new Blob(["4234" + "5678"], {type: "text/plain"});
```

目前，各主流浏览器的最新版本都支持 Blob 对象。

【示例3】 下面示例完整演示了如何创建一个 Blob 对象。在页面中设计一个文本区域和一个按钮，用户可以在文本框中输入文字，然后单击"创建 Blob 对象"按钮后，JavaScript 脚本根据用户输入文字创建二进制对象，再根据该二进制对象中的内容创建 URL 地址，最后在页面底部动态添加一个"Blob 对象文件下载"链接，单击该链接可以下载新创建的文件，使用文本文件打开，其内容为用户在文本框中输入的文字，演示效果如图 11.4 所示。

```
<!doctype html>
<html>
<head>
<meta charset="utf-8">
<script>
function test(){
    var text = document.getElementById("textarea").value;
    var result = document.getElementById("result");
    //创建 Blob 对象
    if(!window.Blob)
        result.innerHTML="浏览器不支持 Blob 对象。";
    else
        var blob =new Blob([text]);//Blob 中数据为文字时默认使用 utf8 格式
    //通过 createObjectURL 方法创建文字链接
    if (window.URL) {
        result.innerHTML = '<a download href="' +window.URL.createObjectURL(blob)
```

```html
     + '" target="_blank">Blob 对象文件下载</a>';
    }
}
</script>
</head>
<body>
<textarea id="textarea"></textarea><br />
<button onclick="test()">创建 Blob 对象</button>
<p id="result"></p>
</body>
</html>
```

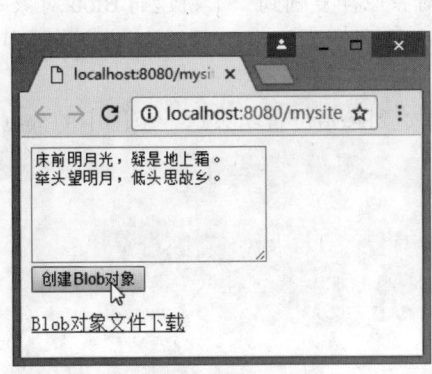
（a）创建 Blob 文件

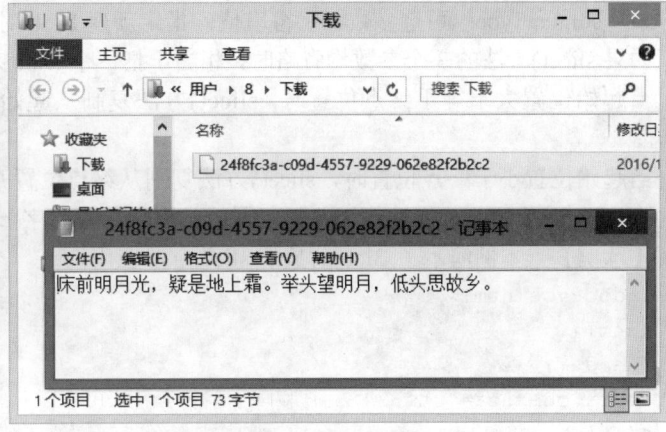
（b）查看文件信息

图 11.4　创建和查看 Blob 文件信息

在动态生成的<a>标签中包含 download 属性，它设置超链接为文件下载类型。

📖 **拓展：**

HTML5 支持 URL 对象，通过该对象的 createObjectURL 方法可以根据一个 Blob 对象的二进制数据创建一个 URL 地址，并返回该地址，当用户访问该 URL 地址时，可以直接下载原始二进制数据。

11.2.3　截取 Blob 对象

Blob 对象包含 slice()方法，它可以从 Blob 对象中截取一部分数据，然后将这些数据创建为一个新的 Blob 对象并返回，用法如下所示：

```
var newBlob = blob.slice(start, end, contentType);
```

参数说明如下。

- ➤ start：可选参数，整数值，设置起始位置。
  - ↳ 如果值为 0 时，表示从第一个字节开始复制数据。
  - ↳ 如果值为负数，且 Blob 对象的 size 属性值+start 参数值大于等于 0，则起始位置为 Blob 对象的 size 属性值+start 参数值。
  - ↳ 如果值为负数，且 Blob 对象的 size 属性值+start 参数值小于 0，则起始位置为 Blob 对象的起点位置。
  - ↳ 如果值为正数，且大于等于 Blob 对象的 size 属性值，则起始位置为 Blob 对象的 size 属性值。

扫一扫，看视频

- ◇ 如果值为正数，且小于 Blob 对象的 size 属性值，则起始位置为 start 参数值。
- ➥ end：可选参数，整数值，设置终点位置。
  - ◇ 如果忽略该参数，则终点位置为 Blob 对象的结束位置。
  - ◇ 如果值为负数，且 Blob 对象的 size 属性值+end 参数值大于等于 0，则终点位置为 Blob 对象的 size 属性值+end 参数值。
  - ◇ 如果值为负数，且 Blob 对象的 size 属性值+end 参数值小于 0，则终点位置为 Blob 对象的起始位置；
  - ◇ 如果值为正数，且大于等于 Blob 对象的 size 属性值，则终点位置为 Blob 对象的 size 属性值。
  - ◇ 如果值为正数，且小于 Blob 对象的 size 属性值，则终点位置为 end 参数值。
- ➥ contentType：可选参数，字符串值，指定新建 Blob 对象的 MIME 类型。

如果 slice()方法的 3 个参数均省略时，相当于把一个 Blob 对象原样复制到一个新建的 Blob 对象中。

当起始位置大于等于终点位置时，slice()方法复制从起始位置开始到终点位置结束这一范围中的数据。

当起始位置小于终点位置时，slice()方法复制从终点位置开始到起始位置结束这一范围中的数据。新建的 Blob 对象的 size 属性值为复制范围的长度，单位为字节。

【示例】 本例演示了 Blob 对象的 slice 方法应用。

```html
<!doctype html>
<html>
<head>
<meta charset="utf-8">
</head>
<body>
<input type="file" id="file" multiple>
<input type="button" onclick="ShowFileType();" value="文件上传"/>
<script>
var file = document.getElementById("file").files[0];
if(file){
    var file1 = file.slice();                //复制file对象
    var file2 = file.slice(0,file.size);     //复制file对象
    var file3 = file.slice(-(Math.round(file.size/2)));//复制file对象的后半部分
    var file4 = file.slice(0, Math.round(file.size/2));//复制file对象的前半部分
    //复制file对象，从开始处复制到结束处之前的150字节处，并设置MIME类型
    var file5 = file.slice(0,-150, "application/plain");
}
</script>
</body>
</html>
```

扫一扫，看视频

11.2.4 保存 Blob 对象

HTML5 支持在 indexedDB 数据库中保存 Blob 对象。

🔊 提示：

目前，Chrome 37+、Firefox 17+、IE 10+和 Opera 24+支持该功能。

【示例】 本例设计在页面中显示一个文件控件和一个按钮,通过文件控件选取文件后,单击按钮 JavaScript 脚本将把用户选取的文件保存到 indexedDB 数据库中。

```html
<!doctype html>
<html>
<head>
<meta charset="utf-8">
</head>
<body>
<input type="file" id="file" multiple>
<input type="button" onclick="saveFile();" value="保存文件"/>
<script>
window.indexedDB = window.indexedDB || window.webkitIndexedDB || window.mozIndexedDB || window.msIndexedDB;
window.IDBTransaction = window.IDBTransaction || window.webkitIDBTransaction || window.msIDBTransaction;
window.IDBKeyRange = window.IDBKeyRange|| window.webkitIDBKeyRange || window.msIDBKeyRange;
window.IDBCursor = window.IDBCursor || window.webkitIDBCursor || window.msIDBCursor;
var dbName = 'test';         //数据库名
var dbVersion = 20170202;    //版本号
var idb;
var dbConnect = indexedDB.open(dbName, dbVersion);
dbConnect.onsuccess = function(e){
    idb = e.target.result;
}
dbConnect.onerror = function(){
    alert('数据库连接失败');
};
dbConnect.onupgradeneeded = function(e){
    idb = e.target.result;
    idb.createObjectStore('files');
};
function saveFile(){
    var file = document.getElementById("file").files[0]; //得到用户选择的第一个文件
    var tx = idb.transaction(['files'],"readwrite");    //开启事务
    var store = tx.objectStore('files');
    var req = store.put(file,'blob');
    req.onsuccess = function(e){
        alert("文件保存成功");
    };
    req.onerror = function(e){
        alert("文件保存失败");
    };
}
</script>
</body>
</html>
```

在浏览器中预览,页面中显示一个文件控件和一个按钮,通过文件控件选取文件,然后单击"保存文件"按钮,JavaScript 将把用户选取文件保存到 indexedDB 数据库中,保存成功后弹出提示对话框,如图 11.5 所示。

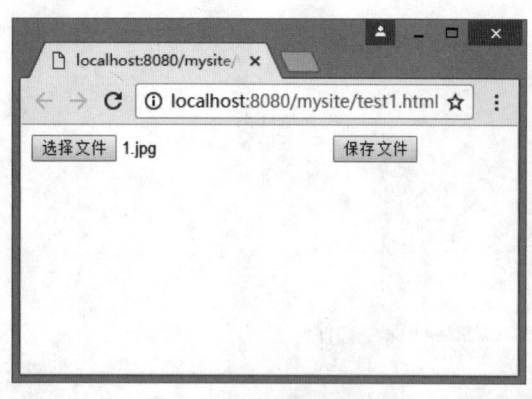
(a)选择文件

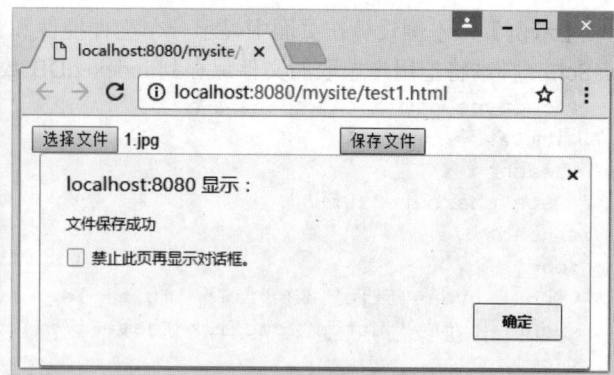
(b)保存文件

图11.5 保存Blob对象应用

11.3 使用FileReader对象

FileReader对象负责把文件读入内存,并且读取文件中的数据。目前,Firefox 3.6+、Chrome 6+、Safari 5.2+、Opera 11+和IE 10+版本浏览器都支持FileReader对象。

11.3.1 读取并显示文件

使用FileReader对象之前,建议先检测浏览器支持状态,代码如下所示:

```
if(typeof FileReader == "undefined"){
    alert("当前浏览器不支持FileReader对象");
}else{
    var reader = new FileReader();
}
```

FileReader对象包含5个方法,其中4个用以读取文件,另一个用来中断读取操作,简单说明如下。

- readAsText(Blob, type):将Blob对象或文件中的数据读取为文本数据。该方法包含两个参数,其中第二个参数是文本的编码方式,默认值为UTF-8。
- readAsBinaryString(Blob):将Blob对象或文件中的数据读取为二进制字符串。通常调用该方法将文件提交到服务器端,服务器端可以通过这段字符串存储文件。
- readAsDataURL(Blob):将Blob对象或文件中的数据读取为DataURL字符串。该方法就是将数据以一种特殊格式的URL地址形式直接读入页面。
- readAsArrayBuffer(Blob):将Blob对象或文件中的数据读取为一个ArrayBuffer对象。
- abort():不包含参数,中断读取操作。

注意:

上述4个方法都包含一个Blob对象或file对象参数,无论读取成功或失败,都不会返回读取结果,读取结果存储在result属性中。

【示例】 本例演示如何在网页中读取并显示图像文件、文本文件和二进制代码文件。

```
<!doctype html>
<html>
<head>
<meta charset="utf-8">
```

```html
<script>
window.onload = function(){
    var result=document.getElementById("result");
    var file=document.getElementById("file");
    if (typeof FileReader == 'undefined' ){
        result.innerHTML = "<h1>当前浏览器不支持 FileReader 对象</h1>";
        file.setAttribute('disabled', 'disabled' );
    }
}
function readAsDataURL(){    //将文件以 Data URL 形式进行读入页面
    var file = document.getElementById("file").files[0];      //检查是否为图像文件
    if(!/image\/\w+/.test(file.type)){
        alert("提交文件不是图像类型");
        return false;
    }
    var reader = new FileReader();
    reader.readAsDataURL(file);
    reader.onload = function(e){
        result.innerHTML = '<img src="'+this.result+'" alt=""/>'
    }
}
function readAsBinaryString(){ //将文件以二进制形式进行读入页面
    var file = document.getElementById("file").files[0];
    var reader = new FileReader();
    reader.readAsBinaryString(file);
    reader.onload = function(f){
        result.innerHTML=this.result;
    }
}
function readAsText(){  //将文件以文本形式进行读入页面
    var file = document.getElementById("file").files[0];
    var reader = new FileReader();
    reader.readAsText(file);
    reader.onload = function(f) {
        result.innerHTML=this.result;
    }
}
</script>
</head>
<body>
<input type="file" id="file" />
<input type="button" value="读取图像" onclick="readAsDataURL()"/>
<input type="button" value="读取二进制数据" onclick="readAsBinaryString()"/>
<input type="button" value="读取文本文件" onclick="readAsText()"/>
<div name="result" id="result"></div>
</body>
</html>
```

在 Firefox 浏览器中预览，使用 file 控件选择一个图像文件，然后单击"读取图像"按钮，显示效果如图 11.6 所示；重新使用 file 控件选择一个二进制文件，然后单击"读取二进制数据"按钮，显示效果如图 11.7 所示；最后选择文本文件，单击"读取文本文件"按钮，显示效果如图 11.8 所示。

图 11.6 读取图像文件　　　　　　　　图 11.7 读取二进制文件

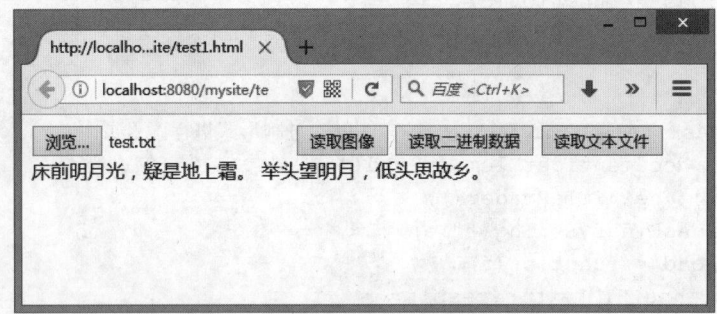

图 11.8 读取文本文件

上面示例演示如何读显文件，用户也可以选择不显示，直接提交给服务器，然后保存到文件或数据库中。

📢 注意：

fileReader 对象读取的数据都保存在 result 属性中。

11.3.2 监测读取操作

FileReader 对象提供 6 个事件，用于监测文件读取状态，简单说明如下。

- onabort：数据读取中断时触发。
- onprogress：数据读取中触发。
- onerror：数据读取出错时触发。
- onload：数据读取成功完成时触发。
- onloadstart：数据开始读取时触发。
- onloadend：数据读取完成时触发，无论成功或失败。

【示例】　本例演示了当使用 fileReader 对象读取文件时，会伴随发生一系列事件，用于提示读取文件时不同的操作状态。本例在控制台跟踪了读取状态的先后顺序，演示效果如图 11.9 所示。

```
<!doctype html>
<html>
```

```html
<head>
<meta charset="utf-8">
<script>
window.onload = function(){
   var result=document.getElementById("result");
   var file=document.getElementById("file");
   if (typeof FileReader == 'undefined' ){
      result.innerHTML = "<h1>当前浏览器不支持 FileReader 对象</h1>";
      file.setAttribute('disabled', 'disabled' );
   }
}
function readFile(){
   var file = document.getElementById("file").files[0];
   var reader = new FileReader();
   reader.onload = function(e){
      result.innerHTML = '<img src="'+this.result+'" alt=""/>'
      console.log("load");
   }
   reader.onprogress = function(e){
       console.log("progress");
   }
   reader.onabort = function(e){
       console.log("abort");
   }
   reader.onerror = function(e){
       console.log("error");
   }
   reader.onloadstart = function(e){
       console.log("loadstart");
   }
   reader.onloadend = function(e){
       console.log("loadend");
   }
   reader.readAsDataURL(file);
}
</script>
</head>
<body>
<input type="file" id="file" />
<input type="button" value="显示图像" onclick="readFile()" />
<div name="result" id="result"></div>
</body>
</html>
```

在上面示例中，当单击"显示图像"按钮后，将在页面中读入一个图像文件，同时在控制台可以看到按顺序触发的事件。用户还可以在 onprogress 事件中使用 HTML5 新增元素 progress 显示文件的读取进度。

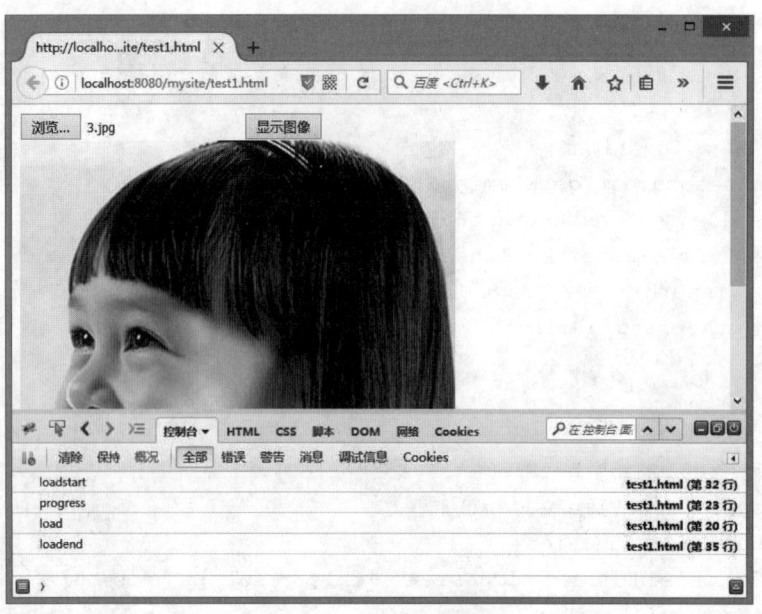

图 11.9　跟踪读取操作

11.4　使用缓存对象

HTML5 之前，JavaScript 操作二进制数据的能力比较弱，各种实现方法效率低下，且易产生错误。为此，HTML5 新增了两种对象：ArrayBuffer 对象和 ArrayBufferView 对象。

- ArrayBuffer 对象：表示一个固定长度的缓存区，用来存储来自于文件或网络的大数据。
- ArrayBufferView 对象：表示将缓存区中的数据转换为各种数值类型的数组。
- 提示，HTML5 不允许直接对 ArrayBuffer 对象内的数据进行操作，需要使用 ArrayBufferView 对象来读写 ArrayBuffer 对象中的内容。

11.4.1　使用 ArrayBuffer 对象

ArrayBuffer 对象表示一个固定长度的存储二进制数据的缓存区。用户不能直接存取 ArrayBuffer 缓存区中的内容，必须通过 ArrayBufferView 对象来读写 ArrayBuffer 缓存区中的内容。

创建 ArrayBuffer 对象的方法如下：

```
var buffer = new ArrayBuffer(32);
```

参数为一个无符号长整型的整数，用于设置缓存区的长度，单位为字节。ArrayBuffer 缓存区创建成功之后，该缓存区内存储数据初始化为 0。

ArrayBuffer 对象包含 length 属性，该属性值表示缓存区的长度。

提示：

目前，Firefox 4+、Opera 11.6+、Chrome 7+、Safari 5.1+、IE 10+等版本浏览器支持 ArrayBuffer 对象。

11.4.2　使用 ArrayBufferView 对象

HTML5 使用 ArrayBufferView 对象以一种准确格式来表示 ArrayBuffer 缓存区中的数据。HTML5 不允许直接使用 ArrayBufferView 对象，而是使用 ArrayBufferView 的子类实例来存取 ArrayBuffer 缓存区

中的数据，各种子类说明如表 11.1 所示。

表 11.1 ArrayBufferView 的子类

类 型	字节长度	说 明
Int8Array	1	8 位整数数组
Uint8Array	1	8 位无符号整数数组
Uint8ClampedArray	1	8 位无符号整数数组
Intl6Array	2	16 位整数数组
Uint16Array	2	16 位无符号整数数组
Int32Array	4	32 位整数数组
Uint32Array	4	32 位无符号整数数组
Float32Array	4	32 位 IEEE 浮点数数组
Float64Array	8	64 位 IEEE 浮点数数组

📢 提示：

> 在表 11.1 中，Uint8ClampedArray 子类用于定义一种特殊的 8 位无符号整数数组，该数组的作用是代替 CanvasPixelArray 数组用于 Canvas API 中。该数组与普通 8 位无符号整数数组的区别：将 ArrayBuffer 缓存区中的数值进行转换时，内部使用箱位（clamping）算法，而不是模数（modulo）算法。

ArrayBufferView 对象的作用：可以根据同一个 ArrayBuffer 对象创建各种数值类型的数组。

【示例 1】 本例代码中，根据相同的 ArrayBuffer 对象，可以创建 32 位的整数数组和 8 位的无符号整数数组。

```
//根据ArrayBuffer对象创建32位整数数组
var array1 = new Int32Array(Arrayeuffer);
//根据同一个ArrayBuffer对象创建8位无符号整数数组
var array2 = new Uint8Array(ArrayBuffer);
```

在创建 ArrayBufferView 对象时，除了要指定 ArrayBuffer 缓存区外，还可以使用下面两个可选参数。

- byteOffset：为无符号长整型数值，设置开始引用位置与 ArrayBuffer 缓存区第一个字节之间的偏离值，单位为字节。属性值必须为数组中单个元素的字节长度的倍数，省略该参数值时，ArrayBufferView 对象将从 ArrayBuffer 缓存区的第一个字节开始引用。
- length：为无符号长整型数值，设置数组中元素的个数。如果省略该参数值，将根据缓存区长度、ArrayBufferView 对象开始引用的位置、每个元素的字节长度自动计算出元素个数。

如果设置了 byteOffset 和 length 参数值，数组从 byteOffset 参数值指定的开始位置开始，长度为 length 参数值所指定的元素个数×每个元素的字节长度。

如果忽略了 byteOffset 和 length 参数值，数组将跨越整个 ArrayBuffer 缓存区。

如果省略 length 参数值，数组将从 byteOffset 参数值指定的开始位置到 ArrayBuffer 缓存区的结束位置。

ArrayBufferView 对象包含 3 个属性。

- buffer：只读属性，表示 ArrayBuffer 对象，返回 ArrayBufferView 对象引用的 ArrayBuffer 缓存区。
- byteOffset：只读属性，表示一个无符号长整型数值，返回 ArrayBufferView 对象开始引用的位置与 ArrayBuffer 缓存区的第一个字节之间的偏离值，单位为字节。
- length：只读属性，表示一个无符号长整型数值，返回数组中元素的个数。

【示例 2】 本例代码演示了如何存取 ArrayBuffer 缓存区中的数据。

```
var byte = array2[4];    //读取第5个字节的数据
```

```
array2[4] = 1;    //设置第 5 个字节的数据
```

11.4.3 使用 DataView 对象

扫一扫,看视频

除了使用 ArrayBufferView 子类外,也可以使用 DataView 类存取 ArrayBuffer 缓存区中的数据。DataView 继承于 ArrayBufferView 类,提供了一些直接存取 ArrayBuffer 缓存区中数据的方法。

创建 DataView 对象的方法如下:

```
var view = new DataView(buffer, byteOffset, byteLength);
```

参数说明如下。

- buffer:为 ArrayBuffer 对象,表示一个 ArrayBuffer 缓存区。
- byteOffset:可选参数,为无符号长整型数值,表示 DataView 对象开始引用的位置与 ArrayBuffer 缓存区第一个字节之间的偏离值,单位为字节。如果忽略该参数值,将从 ArrayBuffer 缓存区的第一个字节开始引用。
- byteLength:可选参数,为无符号长整型数值,表示 DataView 对象的总字节长度。

如果设置了 byteOffset 和 byteLength 参数值,DataView 对象从 byteOffset 参数值所指定的开始位置开始,长度为 byteLength 参数值所指定的总字节长度。

如果忽略了 byteOffset 和 byteLength 参数值,DataView 对象跨越整个 ArrayBuffer 缓存区。

如果省略 byteLength 参数值,DataView 对象将从 byteOffset 参数所指定的开始位置到 ArrayBuffer 缓存区的结束位置。

DataView 对象包含的方法说明如表 11.2 所示。

表 11.2   DataView 对象方法

方 法	说 明
getInt8(byteOffset)	获取指定位置的一个 8 位整数值
getUint8(byteOffeet)	获取指定位置的一个 8 位无符号型整数值
getIntl6(byteOffeet, littleEndian)	获取指定位置的一个 16 位整数值
getUintl6(byteOffeet, littleEndian)	获取指定位置的一个 16 位无符号型整数值
getUint32(byteOffeet, littleEndian)	获取指定位置的一个 32 位无符号型整数值
getFloat32(byteOffeet, littleEndian)	获取指定位置的一个 32 位浮点数值
getFloat64(byteOffset, littleEndian)	获取指定位置的一个 64 位浮点数值
setInt8(byteOffaet, value)	设置指定位置的一个 8 位整数值
setUint8(byteOffset, value)	设置指定位置的一个 8 位无符号型整数值
setIntl6(byteOffset, value, littleEndian)	设置指定位置的一个 16 位整数值
setUintl6(byteOffeet, value, littleEndian)	设置指定位置的一个 16 位无符号型整数值
setUint32(byteOffset, value, littleEndian)	设置指定位置的一个 32 位无符号型整数值
setFloat32(byteOffset, value, littleEndian)	设置指定位置的一个 32 位浮点数值
setFloat64(byteOffset, value, littleEndian)	设置指定位置的一个 64 位浮点数值

📢 提示:

在上述方法中,各个参数说明如下。

- byteOffset:为一个无符号长整型数值,表示设置或读取整数所在位置与 DataView 对象对 ArrayBuffer 缓存区的开始引用位置之间相隔多少个字节。
- value:为无符号对应类型的数值,表示在指定位置进行设定的整型数值。

> littleEndian：可选参数，为布尔类型，判断该整数数值的字节序。当值为 true 时，表示以 little-endian 方式设置或读取该整数数值（低地址存放最低有效字节）；当参数值为 false 或忽略该参数值时，表示以 big-endian 方式读取该整数数值（低地址存放最高有效字节）。

【示例】 本例演示了如何使用 DataView 对象的相关方法，实现对文件数据进行截取和检测，演示效果如图 11.10 所示。

```html
<!doctype html>
<html>
<head>
<meta charset="utf-8">
<script>
window.onload = function(){
    var result=document.getElementById("result");
    var file=document.getElementById("file");
    if (typeof FileReader == 'undefined' ){
        result.innerHTML = "<h1>当前浏览器不支持 FileReader 对象</h1>";
        file.setAttribute('disabled', 'disabled' );
    }
}
function file_onchange(){
    var file=document.getElementById("file").files[0];
    if(!/image\/\w+/.test(file.type)){
        alert("请选择一个图像文件！");
        return;
    }
    var slice=file.slice(0,4);
    var reader = new FileReader();
    reader.readAsArrayBuffer(slice);
    var type;
    reader.onload = function(e){
        var buffer=this.result;
        var view=new DataView(buffer);
        var magic=view.getInt32(0,false);
        if(magic<0)
            magic = magic + 0x100000000;
        magic=magic.toString(16).toUpperCase();
        if(magic.indexOf('FFD8FF') >=0)
            type="jpg 文件";
        if(magic.indexOf('89504E47') >=0)
            type="png 文件";
        if(magic.indexOf('47494638') >=0)
            type="gif 文件";
        if(magic.indexOf('49492A00') >=0)
            type="tif 文件";
        if(magic.indexOf('424D') >=0)
            type="bmp 文件";
        document.getElementById("result").innerHTML ='文件类型为：'+type;
    }
}
</script>
</head>
```

```
<body>
<input type="file" id="file" onchange="file_onchange()" /><br/>
<output id="result"></output>
</body>
</html>
```

图 11.10　判断选取文件的类型

【操作步骤】

（1）在上面示例中，先在页面中设计一个文件控件。

（2）当用户在浏览器中选取一个图像文件后，JavaScript 先检测文件类型，当为图像文件后，再使用 file 对象的 slice()方法将该文件中前 4 个字节的内容复制到一个 Blob 对象中，代码如下所示：

```
var file=document.getElementById("file").files[0];
if(!/image\/\w+/.test(file.type)){
    alert("请选择一个图像文件！");
    return;
}
var slice=file.slice(0,4);
```

（3）新建 FileReader 对象，使用该对象的 readAsArrayBuffer()方法将 Blob 对象中的数据读取为一个 ArrayBuffer 对象，代码如下所示：

```
var reader = new FileReader();
reader.readAsArrayBuffer(slice);
```

（4）读取 ArrayBuffer 对象后，使用 DataView 对象读取该 ArrayBuffer 缓存区中位于开头位置的一个 32 位整数，代码如下所示：

```
reader.onload = function(e){
    var buffer=this.result;
    var view=new DataView(buffer);
    var magic=view.getInt32(0,false);
```

（5）根据该整数值判断用户选取的文件类型，并将文件类型显示在页面上，代码如下所示：

```
if(magic<0)
    magic = magic + 0x100000000;
magic=magic.toString(16).toUpperCase();
if(magic.indexOf('FFD8FF') >=0)
    type="jpg 文件";
if(magic.indexOf('89504E47') >=0)
    type="png 文件";
if(magic.indexOf('47494638') >=0)
    type="gif 文件";
if(magic.indexOf('49492A00') >=0)
    type="tif 文件";
if(magic.indexOf('424D') >=0)
    type="bmp 文件";
document.getElementById("result").innerHTML ='文件类型为：'+type;
```

11.5 使用 FileSystem

HTML5 新增 FileSystem API，使用该 API 可以将数据保存到用户磁盘的文件系统中，实现 Web 数据的永久保存。HTML5 文件系统具有如下特性：
- HTML5 支持跨域通信，但是每个域的文件系统只能被该域专用，不能被其他域访问。
- 文件系统中存储的数据是永久的，不能被浏览器随意删除，但是存储在临时文件系统中的数据可以被浏览器自行删除。
- 当 Web 应用连续发出多次对文件系统的操作请求时，每一个请求都将得到响应，同时第一个请求中所保存的数据可以被之后的请求立即得到。

目前，只有 Chrome 10+版本浏览器支持 FileSystem API。

11.5.1 访问文件系统

扫一扫，看视频

FileSystem API 包括两部分内容：一部分内容为除后台线程之外的任何场合使用的异步 API，另一部分内容为后台线程中专用的同步 API。本章仅介绍异步 API 内容。

使用 window 对象的 requestFileSystem()方法可以请求访问受到浏览器沙箱保护的本地文件系统，用法如下：

```
window.requestFileSystem = window.requestFileSystem || window.webkitRequestFileSystem;
window.requestFileSystem(type, size, successCallback, opt_ errorCallback) ;
```

参数说明如下。
- type：设置请求访问的文件系统使用的文件存储空间的类型，取值包括 window.TEMPORARY 和 window.PERSISTENT。当值为 window.TEMPORARY 时，表示请求临时的存储空间，存储在临时存储空间中的数据可以被浏览器自行删除；当值为 window. PERSISTENT 时，表示请求永久存储空间，存储在该空间的数据不能被浏览器在用户不知情的情况下将其清除，只能通过用户或应用程序来清除，请求永久存储空间需要用户为应用程序指定一定的磁盘配额。
- size：设置请求的文件系统使用的文件存储空间的大小，尺寸为 byte。
- successCallback：设置请求成功时执行的回调函数，该回调函数的参数为一个 FileSystem 对象，表示请求访问的文件系统对象。
- opt_errorCallback：可选参数，设置请求失败时执行的回调函数，该回调函数的参数为一个 FileError 对象，其中存放了请求失败时的各种信息。

FileError 对象包含一个 code 属性，其属性值为 FileSystem API 中预定义的常量值，说明如下所示。
- FileError.QUOTA_EXCEEDED_ERR：文件系统所使用的存储空间的尺寸超过磁盘配额控制中指定的空间尺寸。
- FileError.NOT_FOUND_ERR：未找到文件或目录。
- FileError.SECURITY_ERR：操作不当引起安全性错误。
- FileError.INVALID_MODIFICATION_ERR：对文件或目录所指定的操作（如文件复制、删除、目录复制、目录删除等处理）不能被执行。
- FileError.INVALID_STATE_ERR：指定的状态无效。
- FileError. ABORT_ERR：当前操作被终止。
- FileError. NOT_READABLE_ERR：指定的目录或文件不可读。
- FileError. ENCODING_ERR：文字编码错误。
- FileError.TYPE_MISMATCH_ERR：用户企图访问目录或文件，但是用户访问的目录事实上是一个文件或用户访问的文件目录。
- FileError. PATH_EXISTS_ERR：用户指定的路径中不存在需要访问的目录或文件。

【示例】 本例演示如何在 Web 应用中使用 FileSystem API。

```html
<!doctype html>
<html>
<head>
<meta charset="utf-8">
<script>
window.requestFileSystem = window.requestFileSystem || window.webkitRequestFileSystem;
var fs = null;
if(window.requestFileSystem){
    window.requestFileSystem(window.TEMPORARY, 1024*1024,
    function(filesystem) {
        fs = filesystem;
    }, errorHandler);
}
function errorHandler(e) {
    switch (e.code) {
        case FileError.QUOTA_EXCEEDED_ERR:
            console.log('文件系统所使用的存储空间的尺寸超过磁盘限额控制中指定的空间尺寸');
            break;
        case FileError.NOT_FOUND_ERR:
            console.log('未找到文件或目录');
            break;
        case FileError.SECURITY_ERR:
            console.log( '操作不当引起安全性错误');
            break;
        case FileError.INVALID_MODIFICATION_ERR:
            console.log('对文件或目录所指定的操作不能被执行');
            break;
        case FileError.INVALID_STATE_ERR:
            console.log('指定的状态无效');
            break;
    };
}
</script>
</head>
<body>
</html>
```

在上面代码中，先判断浏览器是否支持 FileSystem API，如果支持则调用 window.requestFileSystem()请求访问本地文件系统，如果请求失败则在控制台显示对应的错误信息。

11.5.2 申请配额

当在磁盘中保存数据时，首先需要申请一定的磁盘配额。在 Chrome 浏览器中，可以通过 window.webkitStorageInfo.requestQuota()方法向用户计算机申请磁盘配额。用法如下：

```
window.webkitStorageInfo.requestQuota(PERSISTENT, 1024*1024,
    //申请磁盘配额成功时执行的回调函数
    function(grantedBytes){
        window.requestFilesystem(PERSISTENT, grantedBytes, onInitFs, errorHandler);
    },
```

```
    //申请磁盘配额失败时执行的回调函数
    errorHandler
)
```

该方法包含 4 个参数,说明如下。

第 1 个参数:为 TEMPORARY 或 PERSISTENT。为 TEMPORARY 时,表示为临时数据申请磁盘配额;为 PERSISTENT 时,表示为永久数据申请磁盘配额。

当在用户计算机中保存临时数据,如果其他磁盘空间尺寸不足时,可能会删除应用程序所用磁盘配额中的数据。在磁盘配额中保存数据后,当浏览器被关闭或关闭计算机电源时,这些数据不会丢失。

第 2 个参数:为整数值,表示申请的磁盘空间尺寸,单位为字节。上面代码将参数值设为 1024×1024,表示向用户计算机申请 1GB 的磁盘空间。

第 3 个参数:为一个函数,表示申请磁盘配额成功时执行的回调函数。在回调函数中可以使用一个参数,参数值为申请成功的磁盘空间尺寸,单位为字节。

第 4 个参数:为一个函数,表示申请磁盘配额失败时执行的回调函数,该回调函数使用一个参数,参数值为一个 FileError 对象,其中存放申请磁盘配额失败时的各种错误信息。

> **提示:**
> 当 Web 应用首次申请磁盘配额成功后,将立即获得该磁盘配额中指定的磁盘空间,下次使用该磁盘空间时不需要再次申请。

【示例 1】 本例演示如何申请磁盘配额。首先在页面中设计一个文本框,当用户在文本框控件中输入需要申请的磁盘空间尺寸后,JavaScript 向用户申请磁盘配额,申请磁盘配额成功后在页面中显示申请的磁盘空间尺寸。

```
<!doctype html>
<html>
<head>
<meta charset="utf-8">
<script>
function getQuota(){                    //申请磁盘配额
    var size = document.getElementById("capacity").value;
    window.webkitStorageInfo.requestQuota(PERSISTENT,size,
    function(grantedBytes){           //申请磁盘配额成功时执行的回调函数
        var text="申请磁盘配额成功<br>磁盘配额尺寸:"
        var strBytes,intBytes;
        if(grantedBytes>=1024*1024*1024){
            intBytes=Math.floor(grantedBytes/(1024*1024*1024));
            text+=intBytes+"GB ";
            grantedBytes=grantedBytes%(1024*1024*1024);
        }
        if(grantedBytes>=1024*1024){
            intBytes=Math.floor(grantedBytes/(1024*1024));
            text+=intBytes+"MB ";
            grantedBytes=grantedBytes%(1024*1024);
        }
        if(grantedBytes>=1024){
            intBytes=Math.floor(grantedBytes/1024);
            text+=intBytes+"KB ";
            grantedBytes=grantedBytes%1024;
        }
        text+=grantedBytes+"Bytes";
```

```
            document.getElementById("result").innerHTML = text;
        },
        errorHandler);              //申请磁盘配额失败时执行的回调函数
}
function errorHandler(e) {
    switch (e.code) {
        case FileError.QUOTA_EXCEEDED_ERR:
            console.log('文件系统所使用的存储空间的尺寸超过磁盘限额控制中指定的空间尺寸');
            break;
        case FileError.NOT_FOUND_ERR:
            console.log('未找到文件或目录');
            break;
        case FileError.SECURITY_ERR:
            console.log( '操作不当引起安全性错误');
            break;
        case FileError.INVALID_MODIFICATION_ERR:
            console.log('对文件或目录所指定的操作不能被执行');
            break;
        case FileError.INVALID_STATE_ERR:
            console.log('指定的状态无效');
    };
}
</script>
</head>
<body>
<form>
    <input type="text" id="capacity" value="1024">
    <input type="button" value="申请磁盘配额" onclick="getQuota()">
</form>
<output id="result" ></output>
</body>
</html>
```

在 Chrome 浏览器中浏览页面,然后在文本框控件中输入 30000,单击"申请磁盘配额"按钮,则 JavaScript 会自动计算出当前磁盘配额空间的大小,如图 11.11 所示。

成功申请磁盘配额之后,可以使用 window.webkitStorageInfo.queryUsageAndQuota() 方法查询申请的磁盘配额信息,用法如下:

```
window.webkitStorageInfo.queryUsageAndQ
uota(PERSISTENT,
    //获取磁盘配额信息成功时执行的回调函数
    function(usage,quota) {
        //代码
    },
    //获取磁盘配额信息失败时执行的回调函数
    errorHandler
);
```

图 11.11　申请磁盘配额

该方法包含 3 个参数,说明如下。

第 1 个参数:可选 TEMPORARY 或 PERSISTENT 常量值。为 TEMPORARY 时,表示查询保存临时数据用磁盘配额信息;为 PERSISTENT 时,表示查询保存永久数据用磁盘配额信息。

第 2 个参数：函数，表示查询磁盘配额信息成功时执行的回调函数。在回调函数中可以使用两个参数，其中第 1 个参数为磁盘配额中已用磁盘空间尺寸，第 2 个参数表示磁盘配额所指定的全部磁盘空间尺寸，单位为字节。

第 3 个参数：函数，表示查询磁盘配额信息失败时执行的回调函数。回调函数的参数为一个 FileError 对象，其中存放了查询磁盘配额信息失败时的各种错误信息。

【示例 2】 我们看一个查询磁盘配额信息的代码示例。设计在页面中显示一个"查询磁盘配额信息"按钮，当用户单击该按钮时，将查询用户申请的磁盘配额信息。查询成功时将磁盘配额中用户已占用磁盘空间尺寸和磁盘配额的总空间尺寸显示在页面中，演示效果如图 11.12 所示。

图 11.12 查询磁盘配额信息

```
<!doctype html>
<html>
<head>
<meta charset="utf-8">
<script>
function queryQuota(){                      //查询磁盘配额信息
    window.webkitStorageInfo.queryUsageAndQuota(PERSISTENT,
    function(usage,quota){                  //查询磁盘配额信息成功时执行的回调函数
        var text="查询磁盘配额信息成功<br>已用磁盘空间:";
        var strBytes,intBytes;
        if(usage>=1024*1024*1024){
            intBytes=Math.floor(usage/(1024*1024*1024));
            text+=intBytes+"GB ";
            usage=usage%(1024*1024*1024);
        }
        if(usage>=1024*1024){
            intBytes=Math.floor(usage/1024*1024);
            text+=intBytes+"MB ";
            usage=usage%1024*1024;
        }
        if(usage>=1024){
            intBytes=Math.floor(usage/1024);
            text+=intBytes+"KB ";
            usage=usage%1024;
        }
        text+=usage+"Bytes";
        text+="<br>磁盘配额的总空间：";
        if(quota>=1024*1024*1024){
            intBytes=Math.floor(quota/(1024*1024*1024));
            text+=intBytes+"GB ";
            quota=quota%(1024*1024*1024);
        }
        if(quota>=1024*1024){
            intBytes=Math.floor(quota/(1024*1024));
            text+=intBytes+"MB ";
            quota=quota%(1024*1024);
```

```
            }
            if(quota>=1024){
                intBytes=Math.floor(quota/1024);
                text+=intBytes+"KB ";
                quota=quota%1024;
            }
            text+=quota+"Bytes";
            document.getElementById("result").innerHTML = text;
        },
        errorHandler);    //申请磁盘配额失败时执行的回调函数
}
function errorHandler(e) {
    switch (e.code) {
        case FileError.QUOTA_EXCEEDED_ERR:
            console.log('文件系统所使用的存储空间的尺寸超过磁盘限额控制中指定的空间尺寸');
            break;
        case FileError.NOT_FOUND_ERR:
            console.log('未找到文件或目录');
            break;
        case FileError.SECURITY_ERR:
            console.log('操作不当引起安全性错误');
            break;
        case FileError.INVALID_MODIFICATION_ERR:
            console.log('对文件或目录所指定的操作不能被执行');
            break;
        case FileError.INVALID_STATE_ERR:
            console.log('指定的状态无效');
    };
}
</script>
</head>
<body>
<h1>查询磁盘配额信息</h1>
<input type="button" value="查询磁盘配额信息" onclick="queryQuota()">
<output id="result" ></output>
</body>
</html>
```

11.5.3 创建文件

创建文件的操作思路：

当用户调用 requestFileSystem() 方法请求访问本地文件系统时，如果请求成功，则执行一个回调函数，这个回调函数中包含一个参数，它指向可以获取的文件系统对象，该文件系统对象包含一个 root 属性，属性值为一个 DirectoryEntry 对象，表示文件系统的根目录对象。在请求成功时执行的回调函数中，可以通过文件系统的根目录对象的 getFile() 方法在根目录中创建文件。

getFile() 方法包含 4 个参数，简单说明如下。

第 1 个参数：为字符串值，表示需要创建或获取的文件名。

第 2 个参数：为一个自定义对象。当创建文件时，必须将该对象的 create 属性值设为 true；当获取文件时，必须将该对象的 create 属性值设为 false；当创建文件时，如果该文件已存在，则覆盖该文件；

如果该文件已存在,且被使用排他方式打开,则抛出错误。

第 3 个参数:为一个函数,代表获取文件或创建文件成功时执行的回调函数,在回调函数中可以使用一个参数,参数值为一个 FileEntry 对象,表示成功创建或获取的文件。

第 4 个参数:为一个函数,代表获取文件或创建文件失败时执行的回调函数,参数值为一个 FileError 对象,其中存放了获取文件或创建文件失败时的各种错误信息。

FileEntry 对象表示受到沙箱保护的文件系统中每一个文件。该对象包含如下属性。

- isFile:区分对象是否为文件。属性值为 true,表示对象为文件;属性值为 false 表示该对象为目录。
- isDirectory:区分对象是否为目录。属性值为 true,表示对象为目录;属性值为 false,表示该对象为文件。
- name:表示该文件的文件名,包括文件的扩展名。
- fullPath:表示该文件的完整路径。
- filesystem:表示该文件所在的文件系统对象。

另外,FileEntry 对象包括 remove()(删除)、moveTo()(移动)、copyTo()(复制)等方法。

【示例】 本例演示了创建文件的基本方法。在页面中设计两个文本框和一个"创建文件"按钮,其中一个文本框控件用于输入文件名,另一个文本框控件用于输入文件大小,单位为字节,用户输入文件名及文件大小后,单击"创建文件"按钮,JavaScript 会在文件系统中的根目录下创建文件,并将创建的文件信息显示在页面中,如图 11.13 所示。

图 11.13 创建文件

```
<!doctype html>
<html>
<head>
<meta charset="utf-8">
<script>
window.requestFileSystem = window.requestFileSystem || window.webkitRequestFileSystem;
function createFile(){                    //创建文件
    var size = document.getElementById("FileSize").value;
    window.RequestFileSystem( PERSISTENT, size,
        function(fs){                     //请求文件系统成功时所执行的回调函数
            var filename = document.getElementById("FileName").value;
            fs.root.getFile(              //创建文件
                filename,
                { create: true },
                function(fileEntry){      //创建文件成功时所执行的回调函数
                    var text = "完整路径: "+fileEntry.fullPath+"<br>";
                    text += "文 件 名: "+fileEntry.name+"<br>";
                    document.getElementById("result").innerHTML = text;
                },
                errorHandler              //创建文件失败时所执行的回调函数
            );
        },
        errorHandler                      //请求文件系统失败时所执行的回调函数
```

```
        );
    }
    function errorHandler(e) {
        //省略代码
    }
</script>
</head>
<body>
<h1>创建文件</h1>
文 件 名：<input type="text" id="FileName" value="test.txt"><br/><br/>
文件大小：<input type="text" id="FileSize" value="1024"/>Bytes<br/><br/>
<input type="button" value="创建文件" onclick="createFile()"><br/><br/>
<output id="result" ></output>
</body>
</html>
```

注意：

如果启动系统，初次测试本例，在测试本节示例之前，应先运行 11.5.1 节示例代码，以便请求访问受浏览器沙箱保护的本地文件系统，然后再运行 11.5.2 节示例代码，以便申请磁盘配额。

11.5.4　写入文件

HTML5 使用 FileWriter 和 FileWriterSync 对象执行文件写入操作，其中 FileWriterSync 对象用于在后台线程中进行文件的写操作，FileWriter 对象用于除后台线程之外的任何场合进行写操作。

在 FileSystem API 中，当使用 DirectoryEntry 对象的 getFile()方法成功获取一个文件对象之后，可以在获取文件对象成功时所执行的回调函数中，利用文件对象的 createWriter()方法创建 FileWriter 对象。

createWriter()方法包含两个参数，分别为创建 FileWriter 对象成功时执行的回调函数和失败时执行的回调函数。在创建 FileWriter 对象成功时执行的回调函数中，包含一个参数，它表示 FileWriter 对象。

使用 FileWrier 对象的 write()方法在获取到的文件中写入二进制数据，用法如下：

```
fileWriter.write(data);
```

参数 data 为一个 Blob 对象，表示要写入的二进制数据。

使用 FileWrier 对象的 writeend 和 error 事件可以进行监听，在事件回调函数中可以使用一个对象，它表示被触发的事件对象。

【示例】　以上节示例为基础，对 createFile()函数进行修改，当用户单击"创建文件"按钮时，首先创建一个文件，在创建文件成功时执行的回调函数中创建一个 Blob 对象，并在其中写入'Hello, World'文字，当写文件操作成功时在页面中显示"写文件操作成功"文字，当写文件操作失败时在页面中显示"写文件操作失败"文字，如图 11.14 所示。

图 11.14　写入文件

```
<!doctype html>
<html>
<head>
<meta charset="utf-8">
<script>
```

```
window.requestFileSystem = window.requestFileSystem || window.webkitRequestFileSystem;
function createFile(){                        //写入文件操作
    var size = document.getElementById("FileSize").value;
    window.RequestFileSystem( PERSISTENT, size,
        function(fs){                         //请求文件系统成功时所执行的回调函数
            var filename = document.getElementById("FileName").value;
            fs.root.getFile(filename,         //创建文件
                {create: true},
                function(fileEntry) {
                    fileEntry.createWriter(function(fileWriter) {
                        fileWriter.onwriteend = function(e) {
                            document.getElementById("result").innerHTML ='写文件操作结束';
                        };
                        fileWriter.onerror = function(e) {
                            document.getElementById("result").innerHTML='写文件操作失败：';
                        };
                        var blob = new Blob(['Hello, World']);
                        fileWriter.write(blob);
                    }, errorHandler);
                }, errorHandler);
        },
        errorHandler                          //请求文件系统失败时所执行的回调函数
    );
}
function errorHandler(e) {
    //省略代码
}
</script>
</head>
<body>
<h1>创建文件</h1>
文 件 名：<input type="text" id="FileName" value="test.txt"><br/><br/>
文件大小：<input type="text" id="FileSize" value="1024"/>Bytes<br/><br/>
<input type="button" value="创建文件" onclick="createFile()"><br/>
<output id="result" ></output>
</body>
</html>
```

📢 注意：

如果启动系统，初次测试本例，在测试本节示例之前，应先运行 11.5.1 节示例代码，以便请求访问受浏览器沙箱保护的本地文件系统，然后再运行 11.5.2 节示例代码，以便申请磁盘配额。

11.5.5 添加数据

向文件添加数据与创建文件并写入数据操作类似，区别在于在获取文件之后，首先需要使用 FileWriter 对象的 seek()方法将文件读写位置设置到文件底部，用法如下：

```
fileWriter.seek(fileWriter.length);
```

参数值为长整型数值。当值为正值时，表示文件读写位置与文件开头处之间的距离，单位为字节；当值为负值时，表示文件读写位置与文件结尾处之间的距离。

【示例】 本例演示如何向指定文件添加数据。在页面中设计一个用于输入文件名的文本框和一个"添加数据"按钮，当用户在文件名文本框中输入文件名后，单击"添加数据"按钮，将在该文件

扫一扫，看视频

中添加"新数据"文字,追加成功后在页面中显示"添加数据成功"提示信息,演示效果如图 11.15 所示。

```html
<!doctype html>
<html>
<head>
<meta charset="utf-8">
<script>
window.requestFileSystem = window.requestFileSystem || window.webkitRequestFileSystem;
function addData(){                           //向文件中添加数据
    window.RequestFileSystem( PERSISTENT, 1024,
        function(fs){                         //请求文件系统成功时所执行的回调函数
            var filename = document.getElementById("fileName").value;
            fs.root.getFile(filename,         //创建文件
              {create:false},
              function(fileEntry) {
                  fileEntry.createWriter(function(fileWriter) {
                      fileWriter.onwriteend = function(e) {
                          document.getElementById("result").innerHTML ='添加数据成功';
                      };
                      fileWriter.onerror = function(e) {
                          document.getElementById("result").innerHTML='添加数据失败: ';
                      };
                      fileWriter.seek(fileWriter.length);
                      var blob = new Blob(['新数据']);
                      fileWriter.write(blob);
                  }, errorHandler);
              }, errorHandler);
        },
        errorHandler                          //请求文件系统失败时所执行的回调函数
    );
}
function errorHandler(e) {
    switch (e.code) {
        case FileError.QUOTA_EXCEEDED_ERR:
            console.log('文件系统所使用的存储空间的尺寸超过磁盘限额控制中指定的空间尺寸');
            break;
        case FileError.NOT_FOUND_ERR:
            console.log('未找到文件或目录');
            break;
        case FileError.SECURITY_ERR:
            console.log('操作不当引起安全性错误');
            break;
        case FileError.INVALID_MODIFICATION_ERR:
            console.log('对文件或目录所指定的操作不能被执行');
            break;
        case FileError.INVALID_STATE_ERR:
            console.log('指定的状态无效');
    };
}
</script>
```

```
</head>
<body>
<h1>添加数据</h1>
文件名：<input type="text" id="fileName" value="test.txt"><br/><br/>
<input type="button" value="添加数据" onclick="addData()"><br/>
<output id="result" ></output>
</body>
</html>
```

图 11.15　添加数据

注意：

如果启动系统，初次测试本例，在测试本节示例之前，应先运行 11.5.1 节示例代码，以便请求访问受浏览器沙箱保护的本地文件系统，然后再运行 11.5.2 节示例代码，以便申请磁盘配额。

11.5.6　读取文件

在 FileSystem API 中，使用 FileReader 对象可以读取文件，详细介绍可以参考 11.3 节内容。

在文件对象（FileEntry）的 file() 方法中包含两个参数，分别表示获取文件成功和失败时执行的回调函数，在获取文件成功时执行的回调函数中，可以使用一个参数，代表成功获取的文件。

【示例】　本例设计一个用于输入文件名的文本框和一个"读取文件"按钮，当用户在文件名文本框中输入文件名后，单击"读取文件"按钮，将读取该文件中的内容，并将这些内容显示在页面上的 textarea 元素中，演示效果如图 11.16 所示。

```
<!doctype html>
<html>
<head>
<meta charset="utf-8">
<script>
window.requestFileSystem = window.requestFileSystem || window.webkitRequestFileSystem;
function readFile(){                              //读取文件
    window.RequestFileSystem( PERSISTENT, 1024,
        function(fs){                             //请求文件系统成功时所执行的回调函数
            var filename = document.getElementById("FileName").value;
            fs.root.getFile(filename,             //获取文件对象
                {create:false},
                function(fileEntry) {             //获取文件对象成功时所执行的回调函数
                    fileEntry.file(               //获取文件
                        function(file) {          //获取文件成功时所执行的回调函数
```

扫一扫，看视频

```
                        var reader = new FileReader();
                        reader.onloadend = function(e) {
                            var txtArea = document.createElement('textarea');
                            txtArea.value = this.result;
                            document.body.appendChild(txtArea);
                        };
                        reader.readAsText(file);
                    },
                    errorHandler              //获取文件失败时所执行的回调函数
                );
            },
            errorHandler);                    //获取文件对象失败时所执行的回调函数
        },
        errorHandler                          //请求文件系统失败时所执行的回调函数
    );
}
function errorHandler(e) {
    //省略代码
}
</script>
</head>
<body>
<h1>读取文件</h1>
文件名：<input type="text" id="FileName" value="test.txt"><br/> <br/>
<input type="button" value="读取文件" onclick="readFile()"> <br/>
<output id="result" ></output>
</body>
</html>
```

图 11.16　读取并显示文件内容

注意：

如果启动系统，初次测试本例，在测试本节示例之前，应先运行 11.5.1 节示例代码，以便请求访问受浏览器沙箱保护的本地文件系统，然后再运行 11.5.2 节示例代码，以便申请磁盘配额。

11.5.7　复制文件

在 FileSystem API 中，可以先使用 file 对象引用磁盘文件，然后将其写入文件系统中，用法如下：

```
fileWriter.write(file);
```

参数 file 表示用户磁盘上的一个文件对象；也可以为一个 Blob 对象，表示需要写入的二进制数据。在 HTML5 中，file 对象继承 Blob 对象，所以在 write 方法中可以使用 file 对象作为参数，表示使用某个文件中的原始数据进行写文件操作。

【示例】 本例将用户磁盘上的文件复制到受浏览器沙箱保护的文件系统中。先在页面上设计一个文件控件，当用户选取磁盘上的多个文件后，将用户选取文件复制到受浏览器沙箱保护的文件系统中，复制成功后，在页面中显示所有被复制的文件名，演示效果如图 11.17 所示。

```html
<!doctype html>
<html>
<head>
<meta charset="utf-8">
<script>
window.requestFileSystem = window.requestFileSystem || window.webkitRequestFileSystem;
function myfile_onchange(){           //复制文件
    var files=document.getElementById("myfile").files;
    window.RequestFileSystem( PERSISTENT, 1024,
        function(fs){                 //请求文件系统成功时所执行的回调函数
            for(var i = 0, file; file = files[i]; ++i){
                (function(f) {
                    fs.root.getFile(file.name, {create: true}, function(fileEntry) {
                        fileEntry.createWriter(function(fileWriter) {
                            fileWriter.onwriteend = function(e) {
                                document.getElementById("result").innerHTML+='复制文件名为: '+f.name+'<br/>';
                            };
                            fileWriter.onerror = errorHandler
                            fileWriter.write(f);
                        }, errorHandler);
                    }, errorHandler);
                })(file);
            }
        },
        errorHandler                  //请求文件系统失败时所执行的回调函数
    );
}
function errorHandler(e) {
    //省略代码
}
</script>
</head>
<body>
<h1>复制文件</h1>
<input type="file" id="myfile" onchange="myfile_onchange()" multiple /><br>
<output id="result" ></output>
</body>
</html>
```

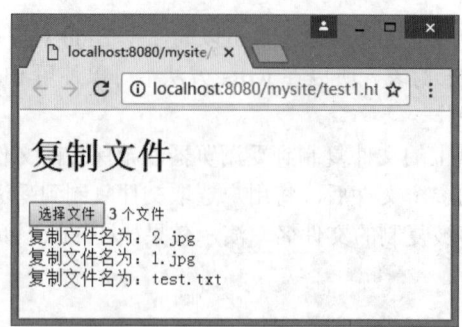

图 11.17 复制文件内容

> **注意:**
> 如果启动系统,初次测试本例,在测试本节示例之前,应先运行 11.5.1 节示例代码,以便请求访问受浏览器沙箱保护的本地文件系统,然后再运行 11.5.2 节示例代码,以便申请磁盘配额。

11.5.8 删除文件

在 FileSystem API 中,使用 FileEntry 对象的 remove()方法可以删除该文件。remove()方法包含两个参数,分别为删除文件成功和失败时执行的回调函数。

【示例】 本例演示了如何删除指定名称的文件。在页面中设计一个文本框和一个"删除文件"按钮,用户输入文件名后,单击"删除文件"按钮,在文件系统中将删除该文件,删除成功后在页面中显示该文件被删除的提示信息,演示效果如图 11.18 所示。

```
<!doctype html>
<html>
<head>
<meta charset="utf-8">
<script>
window.requestFileSystem = window.requestFileSystem || window.webkitRequestFileSystem;
function deleteFile(){                  //删除文件
    window.RequestFileSystem( PERSISTENT, 1024,
        function(fs){                   //请求文件系统成功时所执行的回调函数
            var filename = document.getElementById("fileName").value;
            fs.root.getFile(            //获取文件
                filename,
                { create: false },
                function(fileEntry){    //获取文件成功时所执行的回调函数
                    fileEntry.remove(
                        function() {    //删除文件成功时所执行的回调函数
                            document.getElementById("result").innerHTML
=fileEntry.name+'文件被删除';
                        },
                        errorHandler    //删除文件失败时所执行的回调函数
                    );
                },
                errorHandler            //获取文件失败时所执行的回调函数
            );
        },
        errorHandler                    //请求文件系统失败时所执行的回调函数
    );
}
```

```
function errorHandler(e) {
    //省略代码
}
</script>
</head>
<body>
<h1>删除文件</h1>
文件名：<input type="text" id="fileName" value="test.txt"><br/><br/>
<input type="button" value="删除文件" onclick="deleteFile()"><br/>
<output id="result" ></output>
</body>
</html>
```

图 11.18　删除文件

> **注意：**
> 如果启动系统，初次测试本例，在测试本节示例之前，应先运行 11.5.1 节示例代码，以便请求访问受浏览器沙箱保护的本地文件系统，然后再运行 11.5.2 节示例代码，以便申请磁盘配额。

11.5.9　创建目录

在 FileSystem API 中，DirectoryEntry 对象表示一个目录，该对象包括如下属性。

- isFile：区分对象是否为文件。属性值为 true，表示对象为文件；属性值为 false，表示该对象为目录。
- isDirectory：区分对象是否为目录。属性值为 true，表示对象为目录；属性值为 false，表示该对象为文件。
- name：表示该目录的目录名。
- fullPath：表示该目录的完整路径。
- filesystem：表示该目录所在的文件系统对象。

DirectoryEntry 对象还包括一些可以创建、复制或删除目录的方法。

使用 DirectoryEntry 对象的 getDirectory()方法可以在一个目录中创建或获取子目录，该方法包含 4 个参数，简单说明如下。

第 1 个参数：为一个字符串，表示需要创建或获取的子目录名。

第 2 个参数：为一个自定义对象。当创建目录时，必须将该对象的 create 属性值设定为 true；当获取目录时，必须将该对象的 create 属性值设定为 false。

第 3 个参数：为一个函数，表示获取子目录或创建子目录成功时执行的回调函数，在回调函数中可以使用一个参数，参数为一个 DirectoryEntry 对象，代表创建或获取成功的子目录。

第 4 个参数：为一个函数，表示获取子目录或创建子目录失败时执行的回调函数，参数值为一个

FileError 对象，其中存放了获取子目录或创建子目录失败时的各种错误信息。

【示例 1】 本例演示了如何创建一个子目录。首先在页面中设计文本框，用于输入目录名称，同时添加一个"创建目录"按钮。输入目录名后，单击"创建目录"按钮，将在根目录下创建子目录，并将创建的目录信息显示在页面中，演示效果如图 11.19 所示。

```
<!doctype html>
<html>
<head>
<meta charset="utf-8">
<script>
window.requestFileSystem = window.requestFileSystem || window.webkitRequestFileSystem;
function createDirectory(){          //创建目录
    window.RequestFileSystem(
        PERSISTENT,
        1024,
        function(fs){                //请求目录系统成功时所执行的回调函数
            var directoryName = document.getElementById("directoryName").value;
            fs.root.getDirectory(    //创建目录
                directoryName,
                { create: true },
                function(dirEntry){  //创建目录成功时所执行的回调函数
                    var text = "目录路径："+dirEntry.fullPath+"<br>";
                    text += "目 录 名："+dirEntry.name+"<br>";
                    document.getElementById("result").innerHTML = text;
                },
                errorHandler         //创建目录失败时所执行的回调函数
            );
        },
        errorHandler                 //请求文件系统失败时所执行的回调函数
    );
}
function errorHandler(e) {
    //省略代码
}
</script>
</head>
<body>
<h1>创建目录</h1>
目录名：<input type="text" id="directoryName" value="test"><br/><br/>
<input type="button" value="创建目录" onclick="createDirectory()"><br/>
<output id="result" ></output>
</body>
</html>
```

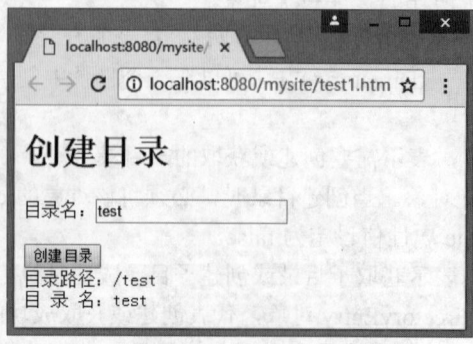

图 11.19　创建目录

在创建树形目录时,如果文件系统中不存在一个目录,直接创建该目录下的子目录时,将会抛出错误。但是有时应用程序中会有执行某个操作后先创建子目录,然后创建该目录下的子目录的处理。

【示例 2】 本例演示如何使用递归法按正确的顺序创建子目录。在页面中显示一个"创建目录"按钮,单击该按钮后将在文件系统根目录下创建'one/two/three'这种三级目录。创建的同时在页面中按创建顺序显示被创建的每一个子目录,演示效果如图 11.20 所示。

```html
<!doctype html>
<html>
<head>
<meta charset="utf-8">
<script>
var path = 'one/two/three';
function createDirectory(rootDirEntry, folders){        //创建目录
    window.webkitRequestFileSystem(
        PERSISTENT,
        1024,
        function(fs){                                    //请求文件系统成功时所执行的回调函数
            createDir(fs.root, path.split('/')); //使用递归函数创建每一级子目录
        },
        errorHandler                                    //请求文件系统失败时所执行的回调函数
    );
}
function createDir(rootDirEntry, folders){        //创建目录时使用的递归函数
    if (folders[0] == '.' || folders[0] == '') { //将"/foo/./bar"之类的目录名中的
//'./'或'/'文字剔除X
        folders = folders.slice(1);
    }
    rootDirEntry.getDirectory(folders[0], {create: true},
        function(dirEntry) {                            //创建目录成功时所执行的回调函数
            if (folders.length) {
                document.getElementById("result").innerHTML += dirEntry.name+"目录已创建<br/>";
                createDir(dirEntry, folders.slice(1));//调用递归函数创建该目录下的子目录
            }
        },
        errorHandler                                    //创建目录失败时所执行的回调函数
    );
}
function errorHandler(e) {
    //省略代码
}
</script>
</head>
<body>
<h1>创建树形目录</h1>
<input type="button" value="创建目录" onclick="createDirectory()"><br/>
<output id="result" ></output>
</body>
</html>
```

图 11.20 创建树形结构目录

📢 注意：

如果启动系统，初次测试本例，在测试本节示例之前，应先运行 11.5.1 节示例代码，以便请求访问受浏览器沙箱保护的本地文件系统，然后再运行 11.5.2 节示例代码，以便申请磁盘配额。

扫一扫，看视频

11.5.10 读取目录

在 FileSystem API 中，读取目录的操作步骤：

（1）需要使用 DirectoryEntry 对象的 createReader()方法创建 DirectoryReader 对象，用法如下：
`var dirReader=fs.root.createReader();`
该方法不包含任何参数，返回值为创建的 DirectoryEntry 对象。

（2）在创建 DirectoryEntry 对象之后，使用该对象的 readEntries()方法读取目录。该方法包含两个参数，简单说明如下：

- 第 1 个参数为读取目录成功时执行的回调函数。回调函数包含一个参数，代表被读取的该目录中目录及文件的集合。
- 第 2 个参数为读取目录失败时执行的回调函数。

（3）在异步 FileSystem API 中，不能保证一次就能读取出该目录中的所有目录及文件，应该多次使用 readEntries()方法，一直到回调函数的参数集合的长度为 0 为止，表示不再读出目录或文件。

【示例】 本例演示了如何读取目录。在页面中设计一个"读取目录"按钮，单击该按钮将读取文件系统根目录中的所有目录和文件，并将其显示在页面上，演示效果如图 11.21 所示。

```
<!doctype html>
<html>
<head>
<meta charset="utf-8">
<script>
window.requestFileSystem = window.requestFileSystem || window.webkitRequestFileSystem;
function readDirectory(){                        //读取目录
    window.RequestFileSystem( PERSISTENT, 1024,
        function(fs){                            //请求文件系统成功时所执行的回调函数
            var dirReader = fs.root.createReader();
            var entries = [];
            var readEntries = function() {       //多次调用 reader.readEntries 直到不再读出目录或文件
                dirReader.readEntries (
                    function(results) {          //读取目录成功时执行的回调函数
                        if (!results.length) {
```

```
                    listResults(entries.sort());
                }
                else {
                    entries = entries.concat(toArray(results));
                    readEntries();
                }
            },
            errorHandler                    //读取目录失败时执行的回调函数
        );
    };
    readEntries();                          //开始读取目录
    },
    errorHandler                            //请求文件系统失败时所执行的回调函数
    );
}
function listResults(entries) {
    var type;
    entries.forEach(function(entry, i) {
        if(entry.isFile)
            type="文件: "+entry.name;
        else
            type="目录: "+entry.name;
        document.getElementById("result").innerHTML+=type+"<br/>";
    });
}
function toArray(list) {
    return Array.prototype.slice.call(list || [], 0);
}
function errorHandler(e) {
    //省略代码
}
</script>
</head>
<body>
<h1>读取目录</h1>
<input type="button" value="读取目录" onclick="readDirectory()"><br/>
<output id="result" ></output>
</body>
</html>
```

图 11.21　读取目录

11.5.11 删除目录

在 FileSystem API 中,使用 DirectoryEntry 对象的 remove()方法可以删除该目录。该方法包含两个参数,分别为删除目录成功时执行的回调函数和删除目录失败时执行的回调函数。当删除目录时,如果该目录中含有文件或子目录,则将抛出错误。

【示例】 本例演示了如何删除文件系统中某个目录。在页面中设计一个文本框控件和一个"删除目录"按钮,当在文本框中输入目录名后,单击"删除目录"按钮,将在文件系统中删除该目录,删除成功后在页面中显示提示信息,演示效果如图 11.22 所示。

```html
<!doctype html>
<html>
<head>
<meta charset="utf-8">
<script>
window.requestFileSystem = window.requestFileSystem || window.webkitRequestFileSystem;
function deleteDirectory(){              //删除目录
    window.RequestFileSystem(
        PERSISTENT,
        1024,
        function(fs){                    //请求文件系统成功时所执行的回调函数
            var directoryName = document.getElementById("directoyName").value;
            fs.root.getDirectory(        //获取目录
                directoryName,
                { create: false },
                function(dirEntry){      //获取目录成功时所执行的回调函数
                    dirEntry.removeRecursively(
                        function() {     //删除目录成功时所执行的回调函数
                            document.getElementById("result").innerHTML
=dirEntry.name+'目录被删除';
                        },
                        errorHandler     //删除目录失败时所执行的回调函数
                    );
                },
                errorHandler             //获取目录失败时所执行的回调函数
            );
        },
        errorHandler                     //请求文件系统失败时所执行的回调函数
    );
}
function errorHandler(e) {
    //省略代码
}
</script>
</head>
<body>
<h1>删除目录</h1>
目录名:<input type="text" id="directoyName" value="test"><br/><br/>
<input type="button" value="删除目录" onclick="deleteDirectory()"><br/>
<output id="result" ></output>
```

```
</body>
</html>
```

图 11.22　删除目录

> **提示：**
> 当目录中含有子目录或文件，要将该目录包括其中的子目录及文件一并删除时，可以使用 DirectoryEntry 对象的 removeRecursively() 方法删除该目录。该方法包含参数及其说明与 remove() 方法相同，这两个方法的区别仅在于 remove() 方法只能删除空目录，而 removeRecursively() 方法可以连该目录下的所有子目录及文件一并删除。

11.5.12　复制目录

扫一扫，看视频

在 FileSystem API 中，使用 FileEntry 对象或 DirectoryEntry 对象的 copyTo() 方法可以将一个目录中的文件或子目录复制到另一个目录中。该方法包含 4 个参数。

第 1 个参数：为一个 DirectoryEntry 对象，指定将文件或目录复制到哪个目标目录中。

第 2 个参数：可选参数，为一个字符串值，用于指定复制后的文件名或目录名。

第 3 个参数：可选参数，为一个函数，代表复制成功后执行的回调函数。

第 4 个参数：可选参数，为一个函数，代表复复制失败后执行的回调函数。

【示例】　本例使用 FileSystem API 复制文件系统中文件。页面包含 3 个文本框控件和一个 "复制文件" 按钮，其中一个文本框控件用于用户输入复制源目录，一个文本框控件用于用户输入复制的目标目录，一个文本框控件用于输入被复制的文件名，用户输入复制源目录、复制目标目录与被复制的文件名并单击 "复制文件" 按钮后，将被复制的文件从复制源目录复制到目标目录中，复制成功后在页面中显示提示信息，如图 11.23 所示。

```
<!doctype html>
<html>
<head>
<meta charset="utf-8">
<script>
window.requestFileSystem = window.requestFileSystem || window.webkitRequestFileSystem;
function copyFile(){                      //复制文件
    var src=document.getElementById("src").value;
    var dest=document.getElementById("dest").value;
    var fileName=document.getElementById("fileName").value;
    window.requestFileSystem(window.PERSISTENT, 1024*1024, function(fs) {
        copy(fs.root, src+'/'+fileName, dest+'/');
    }, errorHandler);
```

```
}
function copy(cwd, src, dest) {
    cwd.getFile(src, {create:false},
        function(fileEntry) {              //获取被复制文件成功时执行的回调函数
            cwd.getDirectory(dest, {create:false},
                function(dirEntry) {       //获取复制目标目录成功时执行的回调函数
                    fileEntry.copyTo(dirEntry,fileEntry.name,
                        function() {       //复制文件操作成功时执行的回调函数
                            document.getElementById("result").innerHTML ='文件复制成功';
                        },
                        errorHandler       //复制文件操作失败时执行的回调函数
                    );
                },
                errorHandler);             //获取复制目标目录失败时执行的回调函数
        }, errorHandler);                  //获取被复制文件失败时执行的回调函数
}
function errorHandler(e) {
    //省略代码
}
</script>
</head>
<body>
<h1>复制文件</h1>
源 目 录：<input type="text" id="src"><br/>
目标目录：<input type="text" id="dest"><br/>
复制文件：<input type="text" id="fileName"><br/>
<input type="button" value="复制文件" onclick="copyFile()">
<output id="result" ></output>
</body>
</html>
```

图 11.23　复制目录中文件

11.5.13　移动和重命名目录

在 FileSystem API 中，使用 FileEntry 对象或 DirectoryEntry 对象的 moveTo()方法将一个目录中的文件或子目录复制到另一个目录中。该方法所使用的参数及其说明与 copyTo()方法完全相同。

两个方法不同点：仅在于使用 copyTo()方法时，将把指定文件或目录从复制源目录复制到目标目录中，复制后复制源目录中该文件或目录依然存在，而使用 moveTo 方法时，将把指定文件或目录从移动源目录移动到目标目录中，移动后移动源目录中该文件或目录被删除。

提示,用户可以在上节示例基础,把 copyTo()方法换为 moveTo()方法进行测试练习。

【示例】 本例演示了如何实现文件的重命名操作。先在页面中设计 3 个文本框和一个"文件重命名"按钮,当在 3 个文本框中分别输入文件所属目录、文件名与新的文件名,单击"文件重命名"按钮后,将该文件名修改为新的文件名,修改成功后在页面上显示提示信息,如图 11.24 所示。

```html
<!doctype html>
<html>
<head>
<meta charset="utf-8">
<script>
window.requestFileSystem = window.requestFileSystem || window.webkitRequestFileSystem;
function renameFile(){              //文件重命名
   var folder=document.getElementById("folder").value;
   var oldFileName=document.getElementById("oldFileName").value;
   var newFileName=document.getElementById("newFileName").value;
   window.requestFileSystem(window.PERSISTENT, 1024*1024, function(fs) {
      rename(fs.root, folder+'/'+oldFileName,newFileName,folder+'/');
   }, errorHandler);
}
function rename(cwd,oldFileName,newFileName,folder) {
   cwd.getFile(oldFileName, {create:false},
   function(fileEntry) {           //获取文件成功时执行的回调函数
      cwd.getDirectory(folder, {create:false},
      function(folder) {           //获取文件目录成功时执行的回调函数
         fileEntry.moveTo(folder,newFileName,
            function() {           //文件重命名操作成功时执行的回调函数
               document.getElementById("result").innerHTML ='修改文件名成功,新文件名:'+newFileName;
            },
            errorHandler           //文件重命名操作失败时执行的回调函数
         );
      },
      errorHandler);               //获取目录失败时执行的回调函数
   }, errorHandler);               //获取文件失败时执行的回调函数
}
function errorHandler(e) {
   //省略代码
}
</script>
</head>
<body>
<h1>文件重命名</h1>
目  录:<input type="text" id="folder"><br/>
文件名:<input type="text" id="oldFileName"><br/>
新文件名:<input type="text" id="newFileName"><br/>
<input type="button" value="文件重命名" onclick="renameFile()"><br/>
<output id="result" ></output>
</body>
</html>
```

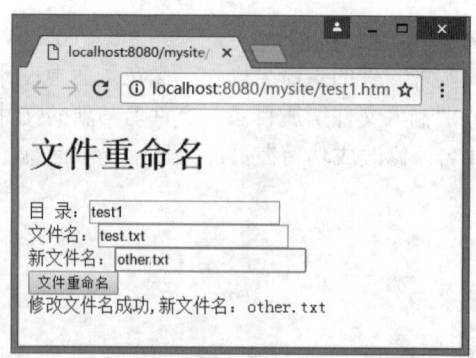

图 11.24 重命名文件

11.5.14 使用 filesystem:URL

在 FileSystem API 中,可以使用带有 "filesystem:" 前缀的 URL,这种 URL 通常用在页面上元素的 href 属性值或 src 属性值中。

用户可以通过 window 对象的 resolveLocalFileSystemURL()方法根据一个带有 "filesystem:" 前缀的 URL 获取 FileEntry 对象。该方法包含 3 个参数,简单说明如下:

第 1 个参数:为一个带有 "filesystem:" 前缀的 URL。

第 2 个参数:为一个函数,表示获取文件对象成功时执行的回调函数,该函数使用一个参数,表示获取到的文件对象。

第 3 个参数:为一个函数,表示获取文件对象失败时执行的回调函数,该回调函数使用一个参数,参数值为一个 FileError 对象,其中存放获取文件对象失败时的各种错误信息。

【示例】 本例演示了 "filesystem:" 前缀的 URL 和 resolveLocalFileSystemURL()方法基本应用。在页面中显示一个文本框、一个 "创建图片" 按钮与一个 "显示文件名" 按钮,当输入图片文件名后,单击 "创建图片" 按钮,页面中显示该图片,单击 "显示文件名" 按钮,页面中显示该图片文件的文件名,演示效果如图 11.25 所示。

```
<!doctype html>
<html>
<head>
<meta charset="utf-8">
<script>
window.requestFileSystem = window.requestFileSystem || window.webkitRequestFileSystem;
var fileSystemURL;
function createImg(){     //创建图片
    window.RequestFileSystem(
        PERSISTENT,
        1024,
        function(fs){     //请求文件系统成功时所执行的回调函数
            var filename =document.getElementById("fileName").value;
            fs.root.getFile(filename,     //获取文件对象
                {create:false},
                function(fileEntry) { //获取文件成功时所执行的回调函数
                    var img = document.createElement('img');
                    fileSystemURL=fileEntry.toURL();
                    img.src = fileSystemURL;
                    document.getElementById("form1").appendChild(img);
                    document.getElementById("btnGetFile").disabled=false;
```

```
                },
                errorHandler);      //获取文件失败时所执行的回调函数
        },
        errorHandler                //请求文件系统失败时所执行的回调函数
    );
}
function getFile(){
    window.resolveLocalFileSystemURL = window.resolveLocalFileSystemURL ||window.
webkitResolveLocalFileSystemURL;
    window.resolveLocalFileSystemURL(fileSystemURL,
        function(fileEntry) {      //获取文件对象成功时执行的回调函数
            document.getElementById("result").innerHTML="文件名为:"+fileEntry.name;
        },
        errorHandler                //获取文件对象失败时执行的回调函数
    );
}
function errorHandler(e) {
    //省略代码
}
</script>
</head>
<body>
<h1>使用filesystem前缀的URL</h1>
<form id="form1">
<input type="text" id="fileName">
<input type="button" id="btnCreateImg" value="创建图片" onclick="createImg()">
<input type="button" id="btnGetFile" value="显示文件名" onclick="getFile()" disabled><br/>
</form>
<output id="result" ></output>
</body>
</html>
```

图 11.25 显示文件

> **注意**：
> 在测试本节示例之前，应先运行 11.5.7 节示例代码，在文件系统中复制一个文件。

11.6 实战案例

本例设计在页面中显示一个文件控件、3 个按钮。当页面打开时显示文件系统根目录下的所有文件与目录，通过文件控件可以将磁盘上一些文件复制到文件系统的根目录下，复制完成之后用户可以通过单击"保存"按钮来重新显示文件系统根目录下的所有文件与目录，单击"清空"按钮可以删除文件系统根目录下的所有文件与目录，示例演示效果如图 11.26 所示。

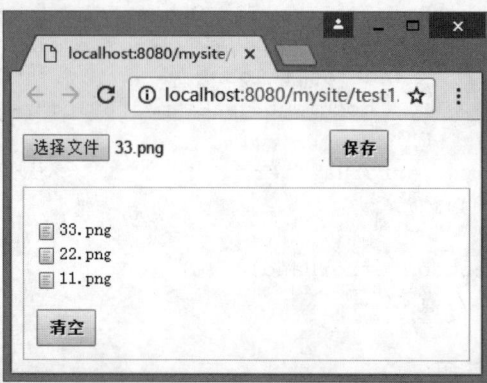

图 11.26 操作文件系统

整个示例源代码如下：

```html
<!doctype html>
<html>
<head>
<meta charset="utf-8">
<script>
var fs;//文件系统对象
var fileList;//页面中用于显示文件系统根目录下所有文件与目录的 ul 元素
window.requestFileSystem = window.requestFileSystem || window.webkitRequestFileSystem;
window.requestFileSystem(window.PERSISTENT, 1024*1024,
    //请求文件系统成功时所执行的回调函数
    function(filesystem) {
        fileList=document.getElementById("fileList");
        fs = filesystem;
        document.getElementById("myfile").disabled=false;
        document.getElementById("btnreadRoot").disabled=false;
        document.getElementById("btndeleteFile").disabled=false;
        //读取根目录
        readRoot();
    },
    //请求文件系统失败时所执行的回调函数
    errorHandler
);
//读取根目录
function readRoot(){
    document.getElementById("result").innerHTML="";
    for(var i=fileList.childNodes.length;i>0;i--){
        var el=fileList.childNodes[i-1];
        fileList.removeChild(el);
```

```javascript
    }
    var dirReader = fs.root.createReader();
    var entries = [];
    var readEntries = function() {
        //读取目录
        dirReader.readEntries (
            //读取目录成功时执行的回调函数
            function(results) {
                if (!results.length) {
                    var fragment = document.createDocumentFragment();
                    for (var i = 0, entry; entry = entries[i]; ++i) {
                        var img = entry.isDirectory ? '<img src="icon-folder.gif">' :'<img src="icon-file.gif">';
                        var li = document.createElement('li');
                        li.innerHTML = [img, '<span>', entry.name, '</span>'].join('');
                        fragment.appendChild(li);
                    }
                    fileList.appendChild(fragment);
                }
                else {
                    entries = entries.concat(toArray(results));
                    readEntries();
                }
            },
            //读取目录失败时执行的回调函数
            errorHandler
        );
    };
    readEntries(); // 开始读取根目录
}
function toArray(list) {
  return Array.prototype.slice.call(list || [], 0);
}
function myfile_onchange(){
    var files=document.getElementById("myfile").files;
    for(var i = 0, file; file = files[i]; ++i){
        (function(f) {
            fs.root.getFile(file.name, {create: true}, function(fileEntry) {
                fileEntry.createWriter(function(fileWriter) {
                    fileWriter.onwriteend = function(e) {
                        document.getElementById("result").innerHTML+='复制文件名为：'+f.name+'<br/>';
                    };
                    fileWriter.onerror = errorHandler
                    fileWriter.write(f);
                }, errorHandler);
            }, errorHandler);
        })(file);
    }
}
function deleteAllContents(){
    var dirReader = fs.root.createReader();
```

```javascript
        var entries = [];
        var deleteEntries = function() {
            //读取目录
            dirReader.readEntries (
                //读取目录成功时执行的回调函数
                function(results) {
                    if (!results.length) {
                        for (var i = entries.length-1, entry; entry = entries[i];i--) {
                            if (entry.isDirectory) {
                                entry.removeRecursively(function() {}, errorHandler);
                            }
                            else {
                                entry.remove(function() {}, errorHandler);
                            }
                        }
                        for(var i=fileList.childNodes.length;i>0;i--){
                            var el=fileList.childNodes[i-1];
                            fileList.removeChild(el);
                        }
                    }
                    else {
                        entries = entries.concat(toArray(results));
                        deleteEntries();
                    }
                },
                //读取目录失败时执行的回调函数
                errorHandler
            );
        };
        deleteEntries(); // 开始删除根目录中内容
}
function errorHandler(e) {
    switch (e.code) {
        case FileError.QUOTA_EXCEEDED_ERR:
            console.log('文件系统所使用的存储空间的尺寸超过磁盘限额控制中指定的空间尺寸');
            break;
        case FileError.NOT_FOUND_ERR:
            console.log('未找到文件或目录');
            break;
        case FileError.SECURITY_ERR:
            console.log( '操作不当引起安全性错误');
            break;
        case FileError.INVALID_MODIFICATION_ERR:
            console.log('对文件或目录所指定的操作不能被执行');
            break;
        case FileError.INVALID_STATE_ERR:
            console.log('指定的状态无效');
    };
}
</script>
</head>
<body>
```

```html
<input type="file" id="myfile" multiple disabled onchange="myfile_onchange()"/>
<button id="btnreadRoot"  disabled onclick="readRoot()">保存</button><br/><br/>
<div>
    <ul id="fileList"></ul>
    <button id="btndeleteFile"  disabled onclick="deleteAllContents()">清空</button>
</div>
<output id="result" ></output>
</body>
</html>
```

第 12 章　使用 History

HTML5 新增了一个 History API，该 API 允许用户通过 JavaScript 管理浏览器的历史记录，实现无刷新更改浏览器地址栏的链接地址，配合 History + Ajax 可以设计不需要刷新页面的跳转。

【学习重点】
- 能够操作历史记录。
- 正确使用 History API。
- 使用 Ajax+History API 设计无刷新页面。

12.1　History API 基础

在 HTML5 之前，用户可以通过 JavaScript 实现浏览器历史记录的前后导航。在 HTML5 中，新增了如下历史记录的控制功能：
- 允许用户在浏览器历史记录中添加项目。
- 在不刷新页面的前提下，允许显式改变浏览器地址栏中的 URL 地址。
- 新添了一个当激活的历史记录发生改变时触发的事件，如前进或后退浏览页面。

通过这些新增功能和事件，可以实现在不刷新页面的前提下，动态改变浏览器地址栏中的 URL 地址，动态修改页面所显示的资源。

12.1.1　History API 处理方式

URL 是 Universal Resource Locator 的首字母缩写，中文表示为统一资源定位符，俗称网页地址，用于定位浏览器中显示的网页资源。可以在页面上或 Email 中显示一个 URL 地址链接，也可以将某个 URL 地址标记为一个书签，当用户用单击某个 URL 地址链接时，浏览器将定位到某个网页资源。

在 HTML5 之前，使用 JavaScript 实现在浏览器地址栏中切换 URL 地址，都会触发一个页面刷新的过程，这个过程将耗费大量时间和资源。在很多情况下，这种刷新是没有必要的，导致重复加载。

HTML5 的 History API 允许在不刷新页面的前提下，通过 JavaScript 方式更新页面内容。History API 执行过程如下。

（1）通过 Ajax 向服务器端请求页面需要更新的信息。
（2）使用 JavaScript 加载并显示更新的页面信息。
（3）通过 History API 在不刷新页面的前提下，更新浏览器地址栏中的 URL 地址。

在整个处理过程中，页面信息得到更新，浏览器的地址栏也发生了变化，但是页面并没有被刷新。实际上，History API 的诞生，主要任务就是为了解决 Ajax 技术与浏览器历史记录之间存在的冲突。

提示：
完善 Ajax 与 History API 融合，需要注意两个问题：
- 将 Ajax 请求的地址嵌入到<a>标记的 href 属性中。
- 确保在 JavaScript 的 click 事件处理程序中 return true，这样当用户使用中键点击或命令点击时不会导致程序被意外覆盖。

12.1.2 浏览器兼容和扩展

History API 最主要的功能是不重新加载页面，之前用户只能通过改变 window.location 的值来修改当前页面的 URL，不过这会导致整个页面被重新加载。

目前，IE 10+、Firefox 4+、Chrome 8+、Safari 5+、Opera 11+等主流版本浏览器支持 HTML5 中的 History API。

如果只修改 URL 中的 hash，则不会导致页面被刷新。使用传统的 hashbang 方法可以改变页面的 URL，但不刷新页面。Twitter 网站就使用这种方法，不过这种方法广受诟病，毕竟 hash 在 location 中并不被作为一个真正的资源来对待。2012 年，Twitter 抛弃了 hashbang 方法，推出 pushstate()方法，随后各浏览器支持了这个规范。

如果想大范围地使用 History API 技术，可以考虑使用一些专有的工具，如 pjax（https://github.com/defunkt/jquery-pjax），它是一个 jQuery 插件，使用它可以大大提高用户同时使用 Ajax 和 pushState()方法进行开发的速度，不过它只支持那些使用 History API 接口的现代浏览器。

> 📢 **注意：**
> 对于不支持 History API 接口的浏览器，可以使用 history.js 进行兼容，它使用旧的 URL hash 的方式来实现同样的功能。下载地址：https://github.com/browserstate/history.js/。

12.1.3 操作历史记录

window 对象通过 history 对象提供对浏览器历史记录的访问能力，允许用户在历史记录中自由地前进和后退，而在 HTML5 中，还可以操纵历史记录中的数据。

（1）在历史记录中后退。

实现方法如下：

```
window.history.back();
```

这行代码等效于在浏览器的工具栏上单击"返回"按钮。

（2）在历史记录中前进。

实现方法如下：

```
window.history.forward();
```

这行代码等效于在浏览器中单击"前进"按钮。

（3）移动到指定的历史记录点。

可以使用 go()方法从当前会话的历史记录中加载页面。当前页面位置索引值为 0，上一页就是-1，下一页为 1，依此类推。

```
window.history.go(-1);              //相当于调用back()
window.history.go(1);               //相当于调用forward()
```

（4）length 属性。

使用 length 属性可以了解历史记录栈中一共有多少页：

```
var numberOfEntries = window.history.length;
```

（5）添加和修改历史记录条目。

HTML5 新增 history.pushState()和 history.replaceState()方法，允许用户逐条添加和修改历史记录条目。

使用 history.pushState()方法可以改变 referrer 的值，而在调用该方法后创建的 XMLHttpRequest 对象会在 HTTP 请求头中使用这个值。referrer 的值则是创建 XMLHttpRequest 对象时所处的窗口的 URL。

【示例】 假设 http://mysite.com/foo.html 页面将执行下面 JavaScript 代码：

```
var stateObj = { foo: "bar" };
history.pushState(stateObj, "page 2", "bar.html");
```

这时浏览器的地址栏将显示 http:// mysite.com/bar.html，但不会加载 bar.html 页面，也不会检查 bar.html 是否存在。

如果现在用户导航到 http://mysite.com/页面，然后单击"后退"按钮，此时地址栏将会显示 http://mysite.com/bar.html，并且页面会触发 popstate 事件，该事件中的状态对象会包含 stateObj 的一个复件。

如果再次单击"后退"按钮，URL 将返回 http://mysite.com/foo.html，文档将触发另一个 popstate 事件，这次的状态对象为 null，回退同样不会改变文档内容。

（6）pushState()方法。

pushState()方法包含 3 个参数，简单说明如下。

第 1 个参数：状态对象。

状态对象是一个 JavaScript 对象直接量，与调用 pushState()方法创建的新历史记录条目相关联。无论何时用户导航到新创建的状态，popstate 事件都会被触发，并且事件对象的 state 属性都包含历史记录条目的状态对象的复件。

第 2 个参数：标题。可以传入一个简短的标题，标明将要进入的状态。

FireFox 浏览器目前忽略该参数，考虑到未来可能会对该方法进行修改，传一个空字符串会比较安全。

第 3 个参数：可选参数，新的历史记录条目的地址。

浏览器不会在调用 pushState()方法后加载该地址，不指定的话则为文档当前 URL。

📢 提示：

> 调用 pushState()方法，类似于设置 window.location='#foo'，它们都会在当前文档内创建和激活新的历史记录条目。但 pushState()有自己的优势：
>
> ➥ 新的 URL 可以是任意的同源 URL，与此相反，使用 window.location 方法时，只有仅修改 hash 才能保证停留在相同的 document 中。
>
> ➥ 根据个人需要决定是否修改 URL。相反，设置 window.location='#foo'，只有在当前 hash 值不是 foo 时才创建一条新历史记录。
>
> ➥ 可以在新的历史记录条目中添加抽象数据。如果使用基于 hash 的方法，只能把相关数据转码成一个很短的字符串。

注意，pushState()方法永远不会触发 hashchange 事件。

（7）replaceState()方法。

history.replaceState()与 history.pushState()用法相同，都包含 3 个相同的参数。

不同之处：

pushState()是在 history 栈中添加一个新的条目，replaceState()是替换当前的记录值。例如，history 栈中有两个栈块，一个标记为 1，另一个标记为 2，现在有第三个栈块，标记为 3。当执行 pushState()时，栈块 3 将被添加栈中，栈就有 3 个栈块了。而当执行 replaceState()时，将使用栈块 3 替换当前激活的栈块 2，history 的记录条数不变。也就是说，pushState()会让 history 的数量加 1。

📢 提示：

> 为了响应用户的某些操作，需要更新当前历史记录条目的状态对象或 URL 时，使用 replaceState()方法会特别合适。

（8）popstate 事件。

每当激活的历史记录发生变化时，都会触发 popstate 事件。如果被激活的历史记录条目是由 pushState()创建，或者是被 replaceState()方法替换的，popstate 事件的状态属性将包含历史记录的状态对象的一个复件。

注意：

当浏览会话历史记录时，不管是单击浏览器工具栏中"前进"或者"后退"按钮，还是使用 JavaScript 的 history.go() 和 history.back() 方法，popstate 事件都会被触发。

（9）读取历史状态。

在页面加载时，可能会包含一个非空的状态对象。这种情况是会发生的，例如，如果页面中使用 pushState() 或 replaceState() 方法设置了一个状态对象，然后重启浏览器。当页面重新加载时，页面会触发 onload 事件，但不会触发 popstate 事件。但是，如果读取 history.state 属性，会得到一个与 popstate 事件触发时一样的状态对象。

可以直接读取当前历史记录条目的状态，而不需要等待 popstate 事件：

```
var currentState = history.state;
```

12.2 实战案例

一般 History API 与 Ajax 结合使用才有价值，应用中主要掌握三个技术要点：第一，使用 Ajax 实现网页内容的更新；第二，使用 History API 实现浏览器历史记录的更新；第三，使用 History API 实时跟踪浏览器的导航响应，实现当浏览器的历史记录发生变化时，页面内容也应随之更新。

注意：

测试本章示例，用户需要搭建一个 Web 服务器，以 http://host/ 的形式去访问才能生效。如果在本地测试，以 file:// 的方式在浏览器打开，就会出现如下的问题：

Uncaught SecurityError: A history state object with URL 'file:///C:/xxx/xxx/xxx/xxx.html' cannot be created in a document with origin 'null'.

因为使用 pushState() 方法修改的 URL 与当前页面的 URL 必须是同源的，而 file:// 形式打开的页面是没有 origin 的，所以会报该错误。

扫一扫，看视频

12.2.1 设计无刷新页面导航

本例设计一个无刷新页面导航，在首页（index.html）包含一个导航列表，当用户单击不同的列表项目时，首页（index.html）的内容容器（<div id="content">）会自动更新内容，正确显示对应目标页面的 HTML 内容，同时浏览器地址栏正确显示目标页面的 URL，但是首页并没有被刷新，而不是仅显示目标页面。演示效果如图 12.1 所示。

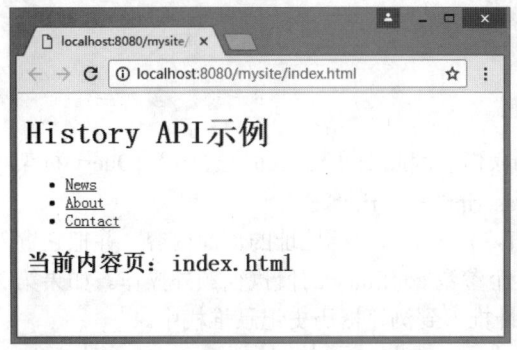
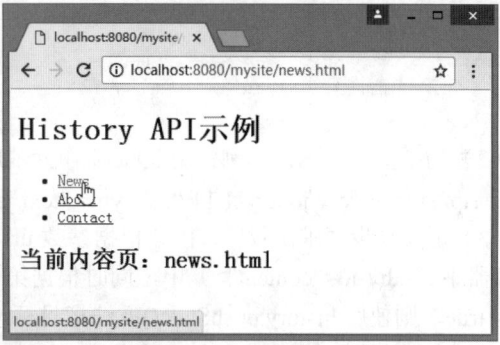

(a) 显示 index.html 页面　　　　　　　　(b) 显示 news.html 页面

图 12.1　应用 History API

在浏览器工具栏中单击"后退"按钮，浏览器能够正确显示上一次单击的链接地址，虽然页面并没有被刷新，同时地址栏中正确显示上一次浏览页面的 URL，如图 12.2 所示。如果没有 History API 支持，使用 Ajax 实现异步请求时，工具栏中的"后退"按钮是无效的。

但是，如果在工具栏中单击"刷新"按钮，则页面将根据地址栏的 URL 信息，重新刷新页面，将显示独立的目标页面，效果如图 12.3 所示。

此时，如果再单击工具栏中的"后退"和"前进"按钮，会发现导航功能失效，页面总是显示目标页面，如图 12.4 所示。这说明使用 History API 控制导航与浏览器导航功能存在差异，一个是 JavaScript 脚本控制，另一个是系统自动控制。

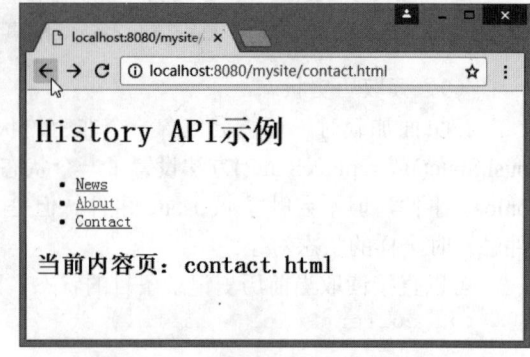

图 12.2　正确后退和前进历史记录

图 12.3　重新刷新页面显示效果　　　　图 12.4　刷新页面之后工具栏导航失效

【操作步骤】

（1）设计首页（index.html）。新建文档，保存为 index.html，构建一个简单的 HTML 导航结构。

```
<h1>History API 示例</h1>
<ul id="menu">
    <li><a href="news.html">News</a></li>
    <li><a href="about.html">About</a></li>
    <li><a href="contact.html">Contact</a></li>
</ul>
<div id="content">
    <h2>当前内容页：index.html</h2>
</div>
```

（2）为了简化代码，本例使用 jQuery 作为辅助操作，因此在文档头部位置导入 jQuery 框架。
`<script src="jquery/jquery-1.11.0.js" type="text/javascript"></script>`

（3）定义异步请求函数。该函数根据参数 url 值，异步加载目标地址的页面内容，并把它置入首页内容容器中（<div id="content">）中，同时根据第 2 个参数 addEntry 的值执行额外操作。如果第 2 个参数值为 true，则使用 history.pushState()方法把目标地址推入到浏览器历史记录堆栈中。

```
function getContent(url, addEntry) {
    $.get(url)                              //异步请求
    .done(function( data ) {
        $('#content').html(data);           //动态加载目标页面
```

```
            if(addEntry == true) {
                history.pushState(null, null, url);   //把目标地址推入到浏览器历史记录堆栈中
            }
        });
    }
```

(4) 在页面初始化事件处理函数中，为每个导航链接绑定 click 事件，在 click 事件处理函数中调用 getContent()函数，同时阻止页面的刷新操作。

```
$(function(){
    $('#menu a').on('click', function(e){
        e.preventDefault();              //阻止页面刷新操作
        var href = $(this).attr('href');
        getContent(href, true);          //执行页面内容更新操作
        $('#menu a').removeClass('active');
        $(this).addClass('active');
    });
});
```

(5) 注册 popstate 事件，跟踪浏览器历史记录的变化，如果发生变化，则调用 getContent()函数更新页面内容，但是不再把目标地址添加到历史记录堆栈中。

```
window.addEventListener("popstate", function(e) {
    getContent(location.pathname, false);
});
```

(6) 设计其他页面。

➤ about.html

```
<!doctype html>
<html>
<head>
<meta charset="utf-8">
</head>
<body>
<h2>当前内容页：about.html</h2>
</body>
</html>
```

➤ contact.html

```
<!doctype html>
<html>
<head>
<meta charset="utf-8">
</head>
<body>
<h2>当前内容页：contact.html</h2>
</body>
</html>
```

➤ news.html

```
<!doctype html>
<html>
<head>
<meta charset="utf-8">
</head>
<body>
<h2>当前内容页：news.html</h2>
</body>
</html>
```

12.2.2 设计主题宣传网站

本节示例是一个简单的主题宣传网站,希望通过网站找到中国古代四大发明的技术。当用户选择一个图片时,在下方将显示该技术对应的文字描述,同时高亮显示该图片,提示被选中状态。当在浏览器工具栏中单击"后退"按钮时,页面应该切换到上一个被选中的图片状态,同时图片下方的文字也要一并切换;当单击"前进"按钮时执行类似的响应操作,演示效果如图 12.5 所示。

(a)网站首页默认效果

(b)显示火药技术视图效果

图 12.5 设计主题宣传网站

这样当单击一个图片,然后将被更改的 URL 分享出去,共享用户可以通过这个 URL 访问对应的网页。这会带来一些更好的用户体验,并保证 URL 和页面内容的一致性,从而减少 Ajax 传统应用中 URL 与显示内容不一致的问题,这对于依赖 URL 的应用来说是一个障碍,会因此带给用户的一些困惑。

【操作步骤】

(1) 新建网站首页(index.html)结构。本示例的 HTML 代码非常简单:<div class="gallery">中包含了所有的链接,每个链接里有一个图片,在下面放置一个空的<div class="content">容器,用来存放当图片被点击时显示的图片介绍文字。

```
<div class="page-wrap">
    <div class="gallery">
        <a href="/zaozhishu.php">
            <img src="images/zaozhishu.png" alt="造纸术" class="zaozhishu" data-name="zaozhishu"/> </a>
        <a href="/huoyao.php">
            <img src="images/huoyao.png" alt="火药" class="huoyao" data-name="huoyao"/></a>
        <a href="/yinshuashu.php">
            <img src="images/yinshuashu.png" alt="印刷术" class="yinshuashu" data-name="yinshuashu"/> </a>
        <a href="/zhinanzhen.php">
            <img src="images/zhinanzhen.png" alt="指南针" class="zhinanzhen" data-name="zhinanzhen"></a>
    </div>
    <p class="selected">中国四大发明</p>
    <p class="highlight"></p>
    <div class="content"></div>
</div>
```

提示:

在设计结构时,要考虑页面的可访问性和优先级:如果没有 JavaScript,该页面仍然可以正常工作,点击图片可以跳转到对应的页面,然后单击"后退"按钮也可以回到之前的页面,效果如图 12.6 所示。

图 12.6 无 JavaScript 状态下显示火药技术页面效果

(2)新建 JavaScript 文件，保存为 images/app.js，然后在页面中导入该脚本文件。
```
<script src="images/app.js"></script>
```
(3)在脚本文件中添加 JavaScript 代码。为<div class="gallery">容器中的每一个<a.>添加一个 click 事件处理程序。
```
var container = document.querySelector('.gallery');
container.addEventListener('click', function(e) {
    if (e.target != e.currentTarget) {
        e.preventDefault();
        // 其他代码
    }
    e.stopPropagation();
}, false);
```
(4)在 if 语句中，获取被选中图片的 data-name 属性值，然后将'.php'添加到后面拼成一个要访问的页面地址，并将其作为第 3 个参数传递给 pushState 方法。当然，此处也可以直接使用<a>的 href 属性值。
```
var data = e.target.getAttribute('data-name'),
    url = data + ".php";
history.pushState(null, null, url);
// 此处更改当前的 classes 样式
// 然后使用 data 变量的值更新
// 并通过 Ajax 请求 .content 元素的内容
// 最后再更新当前文档的 title
```
◀))注意：
在真实的示例应用中可能会在 Ajax 请求成功之后才会去修改 URL。

(5)上面代码将真实代码中的内容都替换成注释了，以便读者可以只关注 pushState()方法的使用。现在点击图片，URL 和 Ajax 请求的内容会被自动更新，但是当单击浏览器工具栏中的"后退"按钮时，并不会回退到之前选中的图片。这里还需要在用户单击"后退"和"前进"按钮时，使用另外一个 Ajax 请求来更新内容，并再一次使用 pushState()方法来更新页面的 URL。这里使用 pushState()方法中的第一个参数（状态对象）来保存状态信息。
```
history.pushState(data, null, url);
```
(6)把上面代码中的 data 参数传递给 popstate 事件处理程序。当浏览器的"后退"和"前进"按钮被单击时，会触发 popstate 事件。
```
window.addEventListener('popstate', function(e) {
    // e.state 表示上一个被点击的图片的 data-attribute
});
```
(7)通过 data 参数可以传递一些有价值的信息，在本示例中将之前选中的图片作为参数传递给 requestContent()方法，在该方法中使用 jQuery 的 load()方法进行一次 Ajax 请求。
```
function requestContent(file){
    $('.content').load(file + ' .content');
}
```
(8)解决了核心技术问题，下面完善 popstate 事件处理程序。
```
window.addEventListener('popstate', function(e){
    var character = e.state;
    if (character == null) {
        removeCurrentClass();
        textWrapper.innerHTML = " ";
        content.innerHTML = " ";
```

```
            document.title = defaultTitle;
        } else {
            updateText(character);
            requestContent(character + ".php");
            addCurrentClass(character);
            document.title = "Ghostbuster | " + character;
        }
})
```

（9）完善 index.html 首页内容，该页面除了 HTML 结构，还包含样式表文件 images/style.css、images/style1.css，其中 images/style1.css 导入之后，先隐藏显示，这样能够实现动态显示效果。

```
<link rel="stylesheet" href="images/style1.css" style="display:none !important;">
```

脚本文件为 images/app.js，完整代码请参考资源包示例。

（10）设计请求页面，本网站包含 4 个请求页面：zaozhishu.php、huoyao.php、yinshuashu.php、zhinanzhen.php，虽然都是 php 页面，但是都以静态 HTML 代码设计，如果读者没有 PHP 服务器，可以把它们全部改为.html 静态页面，同时需要在 index.html 页面中修改<a>中的 href 属性值，另外还需要修改 JavaScript 脚本中的下面代码句中".php"：

```
var data = e.target.getAttribute('data-name'),
    url = data + ".php";
```

（11）4 个请求页面的结构相同，内容略有变化，以 zaozhishu.php 文档为例，其 HTML 结构如下所示，其他页面结构就不再展开，请参考资源包示例。

```
<div id="demo-top-bar">
    <div id="demo-bar-inside">
        <h2 id="demo-bar-badge"> <a href="/">中国四大发明</a> </h2>
        <div id="demo-bar-buttons"> </div>
    </div>
</div>
<div class="page-wrap">
    <div class="gallery"> <img src="images/zaozhishu.png" alt="造纸术" class="zaozhishu"/> </div>
    <h1>造纸术</h1>
    <div class="content">
        <p>造纸术是中国四大发明之一，纸是中国古代劳动人民长期经验的积累和智慧的结晶，人类文明史上的一项杰出的发明创造。中国是世界上最早养蚕织丝的国家。中国古代劳动人民以上等蚕茧抽丝织绸，剩下的恶茧、病茧等则用漂絮法制取丝绵。漂絮完毕，篾席上会遗留一些残絮。当漂絮的次数多了，篾席上的残絮便积成一层纤维薄片，经晾干之后剥离下来，可用于书写。这种漂絮的副产物数量不多，在古书上称它为赫蹏或方絮。这表明了中国古代造纸术的起源同丝絮有着渊源关系。</p>
        <small><a href="http://baike.baidu.com/">来源：百度百科</a></small> </div>
</div>
```

上面示例简单通过 jQuery 来动态加载内容，用户可以在 pushState()方法中通过状态对象参数传递一些更复杂的信息。

12.2.3　设计图片画廊

本例设计一个简单的图片画廊，它使用 History API 作为接口，展示了一个图片预览模式：一个具有相关性的图片无刷新访问。在支持的浏览器中浏览，点击下一张图片画廊的链接将在更新照片和更新URL 地址，没有引发全页面刷新。在不支持的浏览器，或者当用户禁用了脚本时，导航链接只是作为普

扫一扫，看视频

通链接，会打开一个新的页面，整页刷新。整个示例演示效果如图 12.7 所示。

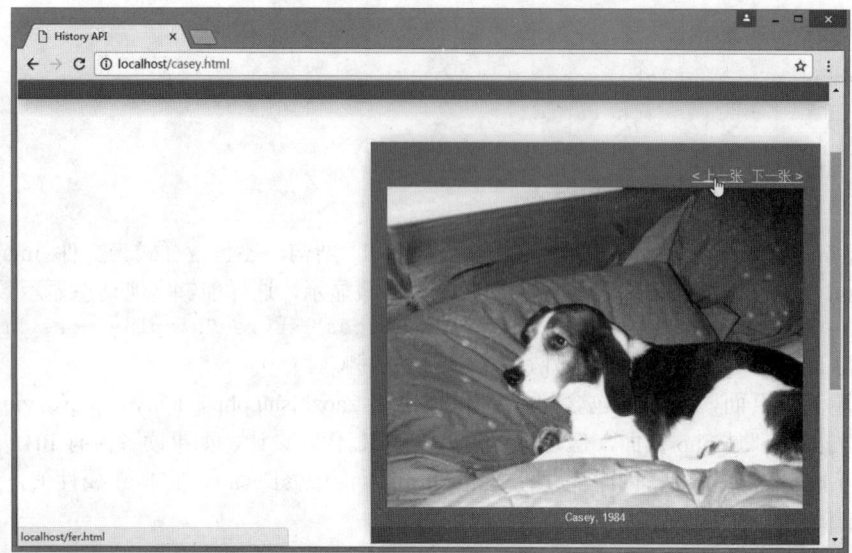

（a）上一张

（b）下一张

图 12.7　无刷新图片画廊演示效果

【操作步骤】

（1）创建网页文档。本例图片画廊包含系列 HTML 文档，这些文档结构相同，确保在关闭脚本的情况下，能否顺畅访问。包含文件：adagio.html、angie.html、brandy.html、casey.html、fer.html、pepper.html、willie.html。这些文件都可以独立运行，在网站中属于平级关系，通过图片画廊的链接可以相互访问。

（2）设计文档结构。上述文件包含相同的 HTML 结构，主结构如下：

```
<div id="header-container">
    <header class="wrapper">
        <h1 id="title">图片画廊</h1>
        <nav>
            <ul>
```

```html
                    <li><a href="#">首页</a></li>
                    <li><a href="#">导航</a></li>
                    <li><a href="#">关于</a></li>
                </ul>
            </nav>
        </header>
    </div>
    <div id="main" class="wrapper">
        <article>
            <header>
                <h2>狗狗的照片集</h2>
            </header>
            <aside id="gallery">
                <p class="photonav"><a id="photonext" href="pepper.html">下一张 </a> <a id="photoprev" href="brandy.html">&lt; 上一张</a></p>
                <figure id="photo"><img id="photoimg" src="gallery/1989-willie-500.jpg" alt="Willie" width="500" height="375">
                    <figcaption>Willie, 1989</figcaption>
                </figure>
            </aside>
        </article>
    </div>
    <div style="clear:both;"></div>
    <div id="footer-container">
        <footer class="wrapper">
            <h3>网站版权信息</h3>
        </footer>
    </div>
```

在上面代码中，与本例相关的代码位于<aside id="gallery">包含框中，它由一个<p>标签包含的导航链接、一个<figure>标签包含的图片，以及一个<figcaption>标签包含的图片说明文字组成。

其他几个文件的结构相同，但是位于<aside id="gallery">包含框中的信息不同，具体可以参考资源包示例。

（3）根据图片画廊的相关文档结构和内容，在 gallery 文件夹中映射一组异步请求的文档片段，对应文件名称为 adagio.html、angie.html、brandy.html、casey.html、fer.html、pepper.html、willie.html。

这些文件不能够独立运行，它仅作为 Ajax 异步请求的文档片段进行加载。

（4）设计文档片段的 HTML 代码结构。这些文档片段文件实际上是图片画廊系列文件中<aside id="gallery">包含的 HTML 字符串提取。例如，gallery/adagio.html 文档代码如下所示：

```html
<p class="photonav"><a id="photonext" href="angie.html">下一张 </a> <a id="photoprev" href="pepper.html">&lt; 上一张</a></p>
<figure id="photo"><img id="photoimg" src="gallery/1995-adagio-500.jpg" alt="Adagio" width="500" height="375">
    <figcaption>Adagio, 1995</figcaption>
</figure>
```

（5）完成整个图片画廊文档结构设计，下面重点介绍 JavaScript 脚本部分，新建 JavaScript 文件，保存为 gallery.js。CSS 样式表部分请参考资源包示例中 history.css。

（6）为图片画廊的超链接绑定 click 事件处理程序。在处理函数中，先执行 Ajax 异步切换图片显示，如果成功，则调用 history.pushState()方法，在浏览器历史记录中添加一条浏览记录，同时阻止超链接默认的跳转行为。

```
function addClicker(link) {
    link.addEventListener("click", function(e) {
        if (swapPhoto(link.href)) {
            history.pushState(null, null, link.href);
            e.preventDefault();
        }
    }, true);
}
function setupHistoryClicks() {
    addClicker(document.getElementById("photonext"));
    addClicker(document.getElementById("photoprev"));
}
```

（7）设计异步切换图片画廊显示。根据超链接的 href 属性值，使用 Ajax 打开 gallery 目录下对应的目标文件，如果打开成功，则把请求的文档片段写入<aside id="gallery">容器中，同时调用上一步定义的 setupHistoryClicks()函数，为新页面超链接绑定 click 事件处理程序。

```
function swapPhoto(href) {
    var req = new XMLHttpRequest();
    req.open("GET",
        "gallery/" +
            href.split("/").pop(),
        false);
    req.send(null);
    if (req.status == 200) {
        document.getElementById("gallery").innerHTML = req.responseText;
        setupHistoryClicks();
        return true;
    }
    return false;
}
```

（8）在页面初始化事件处理函数中，对页面加载的导航链接绑定 click 事件处理程序，同时注册 popstate 事件，监听浏览器历史记录的更新状态，如果发生变化，则调用 swapPhoto()函数把图片画廊切换到对应的页面。

```
window.onload = function() {
    if (!supports_history_api()) { return; }
    setupHistoryClicks();
    window.setTimeout(function() {
        window.addEventListener("popstate", function(e) {
            swapPhoto(location.pathname);
        }, false);
    }, 1);
}
```

12.2.4 设计历史恢复

本例利用 History API 的状态对象，实时记录用户的每一次操作，把每一次操作信息传递给浏览器的历史记录保存起来，这样当用户单击浏览器的"后退"按钮时，会逐步恢复前面的操作状态，从而实现历史恢复功能。

在示例页面中显示一个 canvas 元素，用户可以在该 canvas 元素中随意使用鼠标绘画，当用户单击一次或连续单击浏览器的"后退"按钮时，可以撤销当前绘制的最后一笔或多笔，当用户单击一次或连续单击浏览器的"前进"按钮时,可以重绘当前书写或绘制的最后一笔或多笔,演示效果如图 12.8 所示。

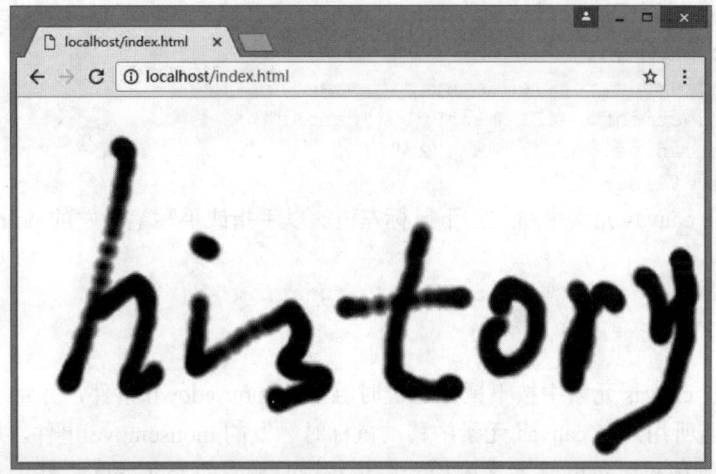

(a) 绘制文字

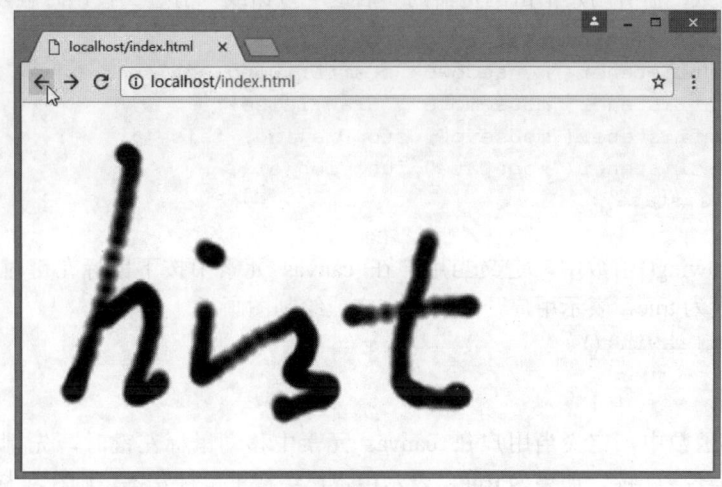

(b) 恢复前面的绘制

图 12.8 设计历史恢复效果

【操作步骤】

(1) 设计文档结构。本例利用 canvas 元素把页面设计为一块画板,image 元素用于在页面中加载一个黑色小圆点,当用户在 canvas 元素中按下并连续拖动鼠标左键时,根据鼠标拖动轨迹连续绘制该黑色小圆点,这样处理之后会在浏览器中显示用户绘画时所产生的每一笔。

```
<canvas id="canvas"></canvas>
<image id="image" src="brush.png" style="display:none;"/>
```

(2) 设计 CSS 样式,定义 canvas 元素满屏显示。

```
#canvas {
    position: absolute;
    top: 0; left: 0;
    width: 100%; height: 100%;
    margin: 0; display: block;
}
```

(3) 添加 JavaScript 脚本。首先,定义引用 image 元素的 image 全局变量、引用 canvas 元素的全局变量、引用 canvas 元素的上下文对象的 context 全局变量，以及用于控制是否继续进行绘制操作的布尔型全局变量 isDrawing，当 isDrawing 的值为 true 时表示用户已按下鼠标左键，可以继续绘制，当该值为 false 时表示用户已松开鼠标左键，停止绘制。

```
var image = document.getElementById("image");
var canvas = document.getElementById("canvas");
var context = canvas.getContext("2d");
var isDrawing =false;
```

（4）屏蔽用户在 canvas 元素中通过按下鼠标左键、以手指或手写笔触发的 pointerdown 事件，它属于一种 touch 事件。

```
canvas.addEventListener("pointerdown", function(e){
    e.preventManipulation(
)}, false);
```

（5）监听用户在 canvas 元素中按下鼠标左键时触发的 mousedown 事件，并将事件处理函数指定为 startDrawing()函数；监听用户在 canvas 元素中移动鼠标时触发的 mousemove 事件，并将事件处理函数指定为 draw()函数；监听用户在 canvas 元素中松开鼠标左键时触发的 mouseup 事件，并将事件处理函数指定为 stopDrawing()函数；监听用户单击浏览器的"后退"按钮或"前进"按钮时触发的 popstate 事件，并将事件处理函数指定为 loadState()函数。

```
canvas.addEventListener("mousedown",startDrawing, false);
canvas.addEventListener("mousemove", draw,false);
canvas.addEventListener("mouseup", stopDrawing, false);
window.addEventListener("popstate",function(e){
    loadState(e.state);
});
```

（6）在 startDrawing()函数中，定义当用户在 canvas 元素中按下鼠标左键时将全局布尔型变量 isDrawing 的变量值设为 true，表示用户开始书写文字或绘制图画。

```
function startDrawing() {
    isDrawing = true;
}
```

（7）在 draw()函数中，定义当用户在 canvas 元素中移动鼠标左键时，先判断全局布尔型变量 isDrawing 的变量值是否为 true，如果为 true，表示用户已经按下鼠标左键，则在鼠标左键所在位置使用 image 元素绘制黑色小圆点。

```
function draw(event) {
    if(isDrawing) {
        var sx = canvas.width / canvas.offsetWidth;
        var sy = canvas.height / canvas.offsetHeight;
        var x = sx * event.clientX - image.naturalWidth / 2;
        var y = sy * event.clientY - image.naturalHeight / 2;
        context.drawImage(image, x, y);
    }
}
```

（8）在 stopDrawing()函数中，先定义当用户在 canvas 元素中松开鼠标左键时，将全局布尔型变量 isDrawing 的变量值设为 false，表示用户已经停止书写文字或绘制图画，然后当用户在 canvas 元素中不按下鼠标左键，而直接移动鼠标时，不执行绘制操作。

```
function stopDrawing() {
    isDrawing = false;
}
```

（9）使用 History API 的 pushState()方法将当前所绘图像保存在浏览器的历史记录中。

```
function stopDrawing() {
    isDrawing = false;
    var state = context.getImageData(0, 0, canvas.width, canvas.height);
    history.pushState(state,null);
}
```

在本例中，将 pushState()方法的第 1 个参数值设置为一个 CanvasPixelArray 对象，在该对象中保存了由 canvas 元素中的所有像素所构成的数组。

（10）在 loadState()函数中定义当用户单击浏览器的后退按钮或前进按钮时，首先清除 canvas 元素中的图像，然后读取触发 popstate 事件的事件对象的 state 属性值，该属性值即为执行 pushState()方法时所使用的第一个参数值，其中保存了在向浏览器历史记录中添加记录时同步保存的对象，在本例中为一个保存了由 canvas 元素中的所有像素构成的数组的 CanvasPixelArray 对象。

最后，调用 canvas 元素的上下文对象的 putImageData()方法在 canvas 元素中输出保存在 CanvasPixelArray 对象中的所有像素，即将每一个历史记录中所保存的图像绘制在 canvas 元素中。

```
function loadState(state) {
  context.clearRect(0, 0, canvas.width,canvas.height);
  if(state){
     context.putImageData(state, 0, 0);
  }
}
```

（11）当用户在 canvas 元素中绘制多笔之后，重新在浏览器的地址栏中输入页面地址，然后重新绘制第一笔，之后再单击浏览器的"后退"按钮时，canvas 元素中并不显示空白图像，而是直接显示输入页面地址之前的绘制图像，这样看起来浏览器中的历史记录并不连贯，因为 canvas 元素中缺少了一幅空白图像。为此，设计在页面打开时就将 canvas 元素中的空白图像保存在历史记录中。

```
var state = context.getImageData(0, 0, canvas.width, canvas.height);
history.pushState(state,null);
```

第 13 章 XMLHttpRequest 2

XMLHttpRequest 是一个浏览器接口，用于协助 JavaScript 实现 HTTP(S)通信。最早，微软公司在 IE 5 中引入这个接口，颇受用户欢迎，其他浏览器也跟进部署了这个接口，Ajax 因此得以诞生。2008 年 2 月 W3C 开始考虑标准化这个接口，提出了 XMLHttpRequest Level 2 草案。这个 XMLHttpRequest 的新版本提出了很多有用的新功能，将大大推动互联网革新。

【学习重点】
- 使用 HTML5 为 XMLHttpRequest 对象新增 responseType 和 response 属性。
- 使用 XMLHttpRequest 对象发送特殊类型的数据。
- 使用 XMLHttpRequest 对象跨域请求数据。

13.1 XMLHttpRequest 2 基础

XMLHttpRequest 常简称为 XHR，中文可以解释为可扩展超文本传输请求。XMLHttpRequest 对象可以在不向服务器提交整个页面的情况下，实现局部更新网页。

13.1.1 使用 XMLHttpRequest 对象

在介绍 XMLHttpRequest 2 版本之前，先回顾一下 XMLHttpRequest 对象的基本用法。具体操作步骤如下：

（1）新建一个 XMLHttpRequest 的实例对象。
```
var xhr = new XMLHttpRequest();
```
（2）向服务器端发出一个 HTTP 请求。
```
xhr.open('GET', 'example.php');
xhr.send();
```
（3）等待服务器端做出回应。这时需要监控 XMLHttpRequest 对象的状态变化，指定回调函数。
```
xhr.onreadystatechange = function(){
   if ( xhr.readyState == 4 && xhr.status == 200 ) {
      alert( xhr.responseText );
   } else {
      alert( xhr.statusText );
   }
};
```
上面代码包含了老版本 XMLHttpRequest 对象的主要属性，具体介绍如下。
- xhr.readyState：XMLHttpRequest 对象的状态，等于 4 表示数据已经接收完毕。
- xhr.status：服务器返回的状态码，等于 200 表示一切正常。
- xhr.responseText：服务器返回的文本数据。
- xhr.responseXML：服务器返回的 XML 格式的数据。
- xhr.statusText：服务器返回的状态文本。

13.1.2 XMLHttpRequest 老版本缺陷

老版本的 XMLHttpRequest 对象有以下几个缺点：
- 只支持文本数据的传送，无法用来读取和上传二进制文件。
- 传送和接收数据时，没有进度信息，只能提示有没有完成。
- 受到同域限制，只能向同一域名的服务器请求数据。

13.1.3 XMLHttpRequest 2 版本功能

新版本的 XMLHttpRequest 对象，针对老版本的缺点做出了大幅改进，简单说明如下。
- 可以设置 HTTP 请求的时限。
- 可以使用 FormData 对象管理表单数据。
- 可以上传文件。
- 可以请求不同域名下的数据（跨域请求）。
- 可以获取服务器端的二进制数据。
- 可以获得数据传输的进度信息。

13.1.4 HTTP 请求时限

Ajax 操作有时候比较耗时，而且无法预知要花多少时间。如果网速很慢，用户可能要等很久。新版本的 XMLHttpRequest 对象增加了 timeout 属性，可以设置 HTTP 请求的时限。用法如下：

```
xhr.timeout = 3000;
```

上面语句将最长等待时间设为 3000 毫秒。过了这个时限，就自动停止 HTTP 请求。

与之配套的还有一个 timeout 事件，用来指定回调函数。

```
xhr.ontimeout = function(event){
    alert('请求超时！');
}
```

目前，Opera、Firefox 和 IE 10+支持该属性，IE 9-的这个属性属于 XDomainRequest 对象，而 Chrome 和 Safari 还不支持。

13.1.5 使用 FormData 对象

为了方便表单处理，HTML5 新增了一个 FormData 对象，可以模拟表单。具体操作步骤如下：

（1）新建一个 FormData 对象。

```
var formData = new FormData();
```

（2）为 FormData 对象添加表单项。

```
formData.append('username', '张三');
formData.append('id', 123456);
```

（3）直接传送这个 FormData 对象。这与提交网页表单的效果完全一样。

```
xhr.send(formData);
```

FormData 对象也可以用来获取网页表单的值。

```
var form = document.getElementById('myform');
var formData = new FormData(form);
formData.append('secret', '123456'); //添加一个表单项
xhr.open('POST', form.action);
xhr.send(formData);
```

13.1.6 上传文件

新版 XMLHttpRequest 对象不仅可以发送文本信息，还可以上传文件。

【示例】 设计 files 是一个"选择文件"的表单元素（input[type="file"]），将它装入 FormData 对象。

```
var formData = new FormData();
for (var i = 0; i < files.length;i++) {
    formData.append('files[]', files[i]);
}
```

然后，发送这个 FormData 对象。

```
xhr.send(formData);
```

13.1.7 跨域访问

新版本的 XMLHttpRequest 对象，可以向不同域名的服务器发出 HTTP 请求，也称为跨域资源共享（Cross-Origin Resource Sharing，CORS）。

使用跨域资源共享的前提，是浏览器必须支持这个功能，而且服务器端必须同意这种跨域。如果能够满足上面的条件，则代码的写法与不跨域的请求完全一样。

```
xhr.open('GET', 'http://other.server/and/path/to/script');
```

目前，除了 IE 8 和 IE 9，主流浏览器都支持 CORS，IE 10+也将支持这个功能。

13.1.8 响应数据

在 HTML5 之前，当使用 XMLHttpRequest 对象从服务器端获取二进制数据时，通常需要 XMLHttpRequest 对象的 overrideMimeType()方法重载所获取数据的 Mime Type 类型，将所获取数据的字符编码修改为用户自定义类型，其代码如下所示：

```
var xhr = new XMLHttpRequest();
xhr.open('GET', 'test.png', true);
xhr.overrideMimeType('text/plain; charset=x-user-defined');
xhr.onreadystatechange = function(e){
    if (this.readyState == 4 && this.status == 200){
        var binStr = this.responseText;
        for(var i = 0, len = binStr.length; i < len; ++i){
            var c = binStr.charCodeAt(i);
            var byte = c & 0xff;   //byte at offset i
        }
    }
};
xhr.send();
```

上述方法能够获取二进制数据，但是 XMLHttpRequest 对象的 responseText 属性值返回的并不是原始的二进制数据，而是由这些数据所组成的字符串。

HTML5 不推荐使用这种通过重载 MIME Type 类型来自定义数据的字符编码的方法，而是专门为 XMLHttpRequest 对象新增 responseType 和 response 属性。

- responseType：用于指定服务器端返回数据的数据类型，可用值为 text、araybuffer、blob、json 或 document。如果将属性值指定为空字符串值或不使用该属性，则该属性值默认为 text。
- response：如果向服务器端提交请求成功，则返回响应的数据。
    - 如果 reaponseType 为 text 时，则 reaponse 返回值为一串字符串。
    - 如果 reaponseType 为 arraybuffer 时，则 reaponse 返回值为一个 ArrayBuffer 对象。

- 如果 reaponseType 为 blob 时，则 reaponse 返回值为一个 Blob 对象。
- 如果 reaponseType 为 json 时，则 reaponse 属返回值为一个 Json 对象。
- 如果 reaponseType 为 document 时，则 reaponse 返回值为一个 Document 对象。

13.1.9　接收二进制数据

老版本的 XMLHttpRequest 对象只能从服务器接收文本数据，新版则可以接收二进制数据。

【示例1】　传统实现方法是改写数据的 MIME Type，将服务器返回的二进制数据伪装成文本数据，并且告诉浏览器这是用户自定义的字符集。

```
xhr.overrideMimeType("text/plain; charset=x-user-defined");
```

然后，用 responseText 属性接收服务器返回的二进制数据。

```
var binStr = xhr.responseText;
```

由于浏览器把它当做文本数据，所以还必须再一个个字节地还原成二进制数据。

```
for (var i = 0, len = binStr.length; i < len; ++i) {
    var c = binStr.charCodeAt(i);
    var byte = c & 0xff;
}
```

最后一行的位运算"c & 0xff"，表示在每个字符的两个字节之中，只保留后一个字节，将前一个字节扔掉。原因是浏览器解读字符的时候，会把字符自动解读成 Unicode 的 0xF700～0xF7ff 区段。

【示例2】　从服务器接收二进制数据，新方法是使用新增的 responseType 属性。如果服务器返回文本数据，这个属性的值是 text，这是默认值。较新的浏览器还支持其他值，也就是说，可以接收其他格式的数据。

- 可以把 responseType 设为 blob，表示服务器传回的是二进制对象。

```
var xhr = new XMLHttpRequest();
xhr.open('GET', '/path/to/image.png');
xhr.responseType = 'blob';
```

接收数据的时候，用浏览器自带的 Blob 对象即可。

```
var blob = new Blob([xhr.response], {type: 'image/png'});
```

注意，是读取 xhr.response，而不是 xhr.responseText。

- 可以将 responseType 设为 arraybuffer，把二进制数据装在一个数组里。

```
var xhr = new XMLHttpRequest();
xhr.open('GET', '/path/to/image.png');
xhr.responseType = "arraybuffer";
```

接收数据的时候，需要遍历这个数组。

```
var arrayBuffer = xhr.response;
if (arrayBuffer) {
    var byteArray = new Uint8Array(arrayBuffer);
    for (var i = 0; i < byteArray.byteLength; i++) {
        //执行代码
    }
}
```

13.1.10　显示进度信息

新版本的 XMLHttpRequest 对象，传送数据的时候，有一个 progress 事件，用来返回进度信息。它分成上传和下载两种情况。下载的 progress 事件属于 XMLHttpRequest 对象，上传的 progress 事件属于 XMLHttpRequest.upload 对象。

第1步，定义 progress 事件的回调函数。
```
xhr.onprogress = updateProgress;
xhr.upload.onprogress = updateProgress;
```
第2步，在回调函数里面，使用这个事件的一些属性。
```
function updateProgress(event) {
    if (event.lengthComputable) {
        var percentComplete = event.loaded / event.total;
    }
}
```
上面的代码中，event.total 是需要传输的总字节，event.loaded 是已经传输的字节。如果 event.lengthComputable 不为真，则 event.total 等于 0。

与 progress 事件相关的，还有其他 5 个事件，可以分别指定回调函数。

- ➢ load：传输成功完成。
- ➢ abort：传输被用户取消。
- ➢ error：传输中出现错误。
- ➢ loadstart：传输开始。
- ➢ loadEnd：传输结束，但是不知道成功还是失败。

13.2 实 战 案 例

HTML5 对 XMLHttpRequest 对象的 send()方法进行升级，使其可以发送字符串、Document 对象、表单数据、Blob 对象、文件以及 ArrayBuffer 对象。

下面结合具体示例介绍 XMLHttpRequest 2 的应用。

13.2.1 接收 ArrayBuffer 对象

当 XMLHttpRequest 对象的 responseType 属性设置为 arraybuffer 时，服务器端响应数据将是一个 ArrayBuffer 对象。

目前，Firefox 8+、Opera 11.64+、Chrome 10+、Safari 5+和 IE 10+版本浏览器支持将 XMLHttpRequest 对象的 responseType 属性值指定为 arraybuffer。

【示例】 本例设计在页面中显示一个"下载图片"按钮和一个"显示图片"按钮，单击"下载图片"按钮时，从服务器端下载一幅图片的二进制数据，在得到服务器端响应后创建一个 Blob 对象，并将该图片的二进制数据追加到 Blob 对象中，使用 FileReader 对象的 readAsDataURL()方法将 Blob 对象中保存的原始二进制数据读取为 DataURL 格式的 URL 字符串，然后将其保存在 IndexDB 数据库中。

单击"显示图片"按钮时，从 IndexDB 数据库中读取该图片的 DataURL 格式的 URL 字符串，创建一个 img 元素，然后将该 URL 字符串设置为 img 元素的 src 属性值，在页面上显示该图片。

```
<!DOCTYPE html>
<html>
<head>
<meta charset="utf-8">
<script>
window.indexedDB = window.indexedDB || window.webkitIndexedDB ||
window.mozIndexedDB || window.msIndexedDB;
window.IDBTransaction = window.IDBTransaction ||
```

```javascript
window.webkitIDBTransaction || window.msIDBTransaction;
window.IDBKeyRange = window.IDBKeyRange|| window.webkitIDBKeyRange ||
window.msIDBKeyRange;
window.IDBCursor = window.IDBCursor || window.webkitIDBCursor ||
window.msIDBCursor;
window.URL = window.URL || window.webkitURL;
var dbName = 'imgDB';                              //数据库名
var dbVersion = 20170418;                          //版本号
var idb;
function init(){
    var dbConnect = indexedDB.open(dbName, dbVersion);  //连接数据库
    dbConnect.onsuccess = function(e){             //连接成功
        idb = e.target.result;                     //获取数据库
    };
    dbConnect.onerror = function(){
        alert('数据库连接失败');
    };
    dbConnect.onupgradeneeded = function(e){
       idb = e.target.result;
       var tx = e.target.transaction;
       tx.onabort = function(e){
           alert('对象仓库创建失败');
       };
       var name = 'img';
       var optionalParameters = {
           keyPath: 'id',
           autoIncrement: true
       };
       var store = idb.createObjectStore(name, optionalParameters);
       alert('对象仓库创建成功');
    };
}
function downloadPic(){
    var xhr = new XMLHttpRequest();
    xhr.open('GET', 'images/1.png', true);
    xhr.responseType = 'arraybuffer';
    xhr.onload = function(e) {
        if (this.status == 200) {
            var bb = new Blob([this.response]);
            var reader = new FileReader();
            reader.readAsDataURL(bb);
            reader.onload = function(f) {
                var result=document.getElementById("result");
                //在IndexDB数据库中保存二进制数据
                var tx = idb.transaction(['img'],"readwrite");
                tx.oncomplete = function(){alert('保存数据成功');}
                tx.onabort = function(){alert('保存数据失败'); }
                var store = tx.objectStore('img');
                var value = {
```

```
                    img:this.result
                };
                store.put(value);
            }
        };
    };
    xhr.send();
}
function showPic(){
    var tx = idb.transaction(['img'],"readonly");
    var store = tx.objectStore('img');
    var req = store.get(1);
    req.onsuccess = function(){
        if(this.result == undefined){
            alert("没有符合条件的数据");
        } else{
            var img = document.createElement('img');
            img.src = this.result.img;
            document.body.appendChild(img);
        }
    }
    req.onerror = function(){
        alert("获取数据失败");
    }
}
</script>
</head>
<body onload="init()">
<input type="button" value="下载图片" onclick="downloadPic()"><br/>
<input type="button" value="显示图片" onclick="showPic()"><br/>
<output id="result" ></output>
</body>
</html>
```

在浏览器中预览,单击页面中"下载图片"按钮,脚本从服务器端下载图片并将该图片二进制数据的 DataURL 格式的 URL 字符串保存在 indexDB 数据库中,保存成功后在弹出提示信息框中显示"保存数据成功"文字,如图 13.1 所示。

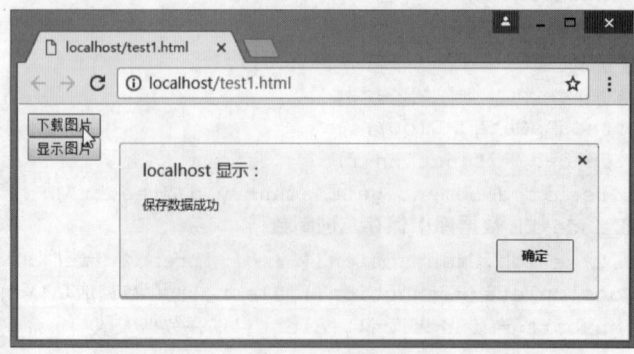

图 13.1 下载文件

单击"显示图片"按钮,脚本从 indexDB 数据库中读取图片的 DataURL 格式的 URL 字符串,并将其指定为 img 元素的 src 属性值,在页面中显示该图片,如图 13.2 所示。

图 13.2　显示图片

【代码解析】

(1)当用户单击"下载图片"按钮时,调用 downloadPic()函数,在该函数中,XMLHttpRequest 对象从服务器端下载一幅图片的二进制数据,在下载时将该对象的 responseType 属性值指定为 arraybuffer。

```
var xhr = new XMLHttpRequest();
xhr.open('GET', 'images/1.png', true);
xhr.responseType = 'arraybuffer';
```

(2)在得到服务器端响应后,使用该图片的二进制数据创建一个 Blob 对象。然后创建一个 FileReader 对象,并且使用 FileReader 对象的 readAsDataURL()方法将 Blob 对象中保存的原始二进制数据读取为 DataURL 格式的 URL 字符串,然后将其保存在 IndexDB 数据库中,代码如下所示。

```
xhr.onload = function(e) {
    if (this.status == 200) {
        var bb = new Blob([this.response]);
        var reader = new FileReader();
        reader.readAsDataURL(bb);
        reader.onload = function(f) {
            var result=document.getElementById("result");
            //在 IndexDB 数据库中保存二进制数据
            var tx = idb.transaction(['img'],"readwrite");
            tx.oncomplete = function(){alert('保存数据成功');}
            tx.onabort = function(){alert('保存数据失败'); }
            var store = tx.objectStore('img');
            var value = {
                img:this.result
            };
            store.put(value);
        }
    }
};
```

(3)单击"显示图片"按钮时,从 IndexDB 数据库中读取该图片的 DataURL 格式的 URL 字符串,然后创建一个 img 元素（用于显示图片），然后将该 URL 字符串设置为 img 元素的 src 属性值，使页面上显示该图片，代码如下所示。

```
function showPic(){
    var tx = idb.transaction(['img'],"readonly");
    var store = tx.objectStore('img');
    var req = store.get(1);
    req.onsuccess = function(){
        if(this.result == undefined){
            alert("没有符合条件的数据");
        }else{
            var img = document.createElement('img');
            img.src = this.result.img;
            document.body.appendChild(img);
        }
    }
    req.onerror = function(){
        alert("获取数据失败");
    }
}
```

扫一扫，看视频

13.2.2 接收 Blob 对象

当 XMLHttpRequest 对象的 responseType 属性设置为 blob 时，服务器端响应数据将是一个 Blob 对象。目前，Firefox 8+、Chrome 19+、Opera 18+和 IE 10+版本的浏览器支持将 XMLHttpRequest 对象的 responseType 属性值指定为 blob。

【示例】 以上节示例为基础，直接修改其中 downloadPic()函数中的代码，设置 xhr.responseType = 'blob'，函数代码如下所示。

```
function downloadPic(){
    var xhr = new XMLHttpRequest();
    xhr.open('GET', 'images/1.png', true);
    xhr.responseType = 'blob';
    xhr.onload = function(e) {
        if (this.status == 200) {
            var bb = new Blob([this.response]);
            var reader = new FileReader();
            reader.readAsDataURL(bb);
            reader.onload = function(f) {
                var result=document.getElementById("result");
                //在 IndexDB 数据库中保存二进制数据
                var tx = idb.transaction(['img'],"readwrite");
                tx.oncomplete = function(){alert('保存数据成功');}
                tx.onabort = function(){alert('保存数据失败'); }
                var store = tx.objectStore('img');
                var value = {
                    img:this.result
                };
                store.put(value);
            }
        }
    };
```

```
    xhr.send();
}
```
修改完毕后,在浏览器中预览,当在页面中单击"下载图片"按钮和"显示图片"按钮,示例演示效果与上节示例完全一致。

13.2.3 发送字符串

为 XMLHttpRequest 对象设置 responseType = 'text',可以向服务器发送字符串数据。

【示例】 本例设计在页面中显示一个文本框和一个按钮,在文本框中输入字符串之后,单击页面上"发送数据"按钮,将使用 XMLHttpRequest 对象的 send()方法将输入字符串发送到服务器端,在接收到服务器端响应数据后,将该响应数据显示在页面上,演示效果如图 13.3 所示。

示例完整代码如下所示。

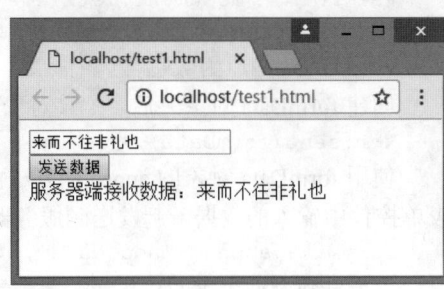

图 13.3 发送字符串演示效果

- 前台页面(test1.html)

```
<!DOCTYPE html>
<html>
<head>
<meta charset="utf-8">
<script>
function sendText() {
    var txt=document.getElementById("text1").value;
    var xhr = new XMLHttpRequest();
    xhr.open('POST', 'test.php', true);
    xhr.responseType = 'text';
    xhr.onload = function(e) {
        if (this.status == 200) {
            document.getElementById("result").innerHTML=this.response;
        }
    };
    xhr.send(txt);
}
</script>
</head>
<body>
<form>
<input type="text" id="text1"><br/>
<input type="button" value="发送数据" onclick="sendText()">
</form>
<output id="result" ></output>
</body>
</html>
```

- 后台页面(test.php)

```
<?php
$str =file_get_contents('php://input');
echo '服务器端接收数据: '.$str;
flush();
?>
```

13.2.4 发送表单数据

在 HTML5 中，使用 XMLHttpRequest 对象发送表单数据时，需要创建一个 FotmData 对象。用法如下：

```
var form = document.getElementById("form1");
var formData = new FormData(form);
```

FormData()构造函数包含一个参数，表示页面中的一个表单（form）元素。

创建 formData 对象之后，把该对象传递给 XMLHttpRequest 对象的 send()方法即可。用法如下：

```
xhr.send(formData);
```

使用 formData 对象的 append()方法可以追加数据，这些数据将在向服务器端发送数据时随着用户在表单控件中输入的数据一起发送到服务器端。append()方法用法如下：

```
formData.append('add_data', '测试');   //在发送之前添加附加数据
```

该方法包含两个参数：第一个参数表示追加数据的键名，第二个参数表示追加数据的键值。

📢 提示：

在服务器端，使用相同处理方法来处理使用 XMLHttpRequest 对象提交的表单数据与使用非 Ajax 方式提交的表单数据，当 formData 对象中包含附加数据时，服务器端将该数据的键名视为一个表单控件的 name 属性值，将该数据的键值视为该表单控件中的数据。

【示例】 本例在页面中设计一个表单，表单包含一个用于输入姓名的文本框和一个用于输入密码的文本框，以及一个"发送"按钮。输入姓名和密码，单击"发送"按钮，JavaScript 脚本在表单数据中追加附加数据，然后将表单数据发送到服务器端，服务器端接收到表单数据后进行响应，演示效果如图 13.4 所示。

示例完整代码如下所示。

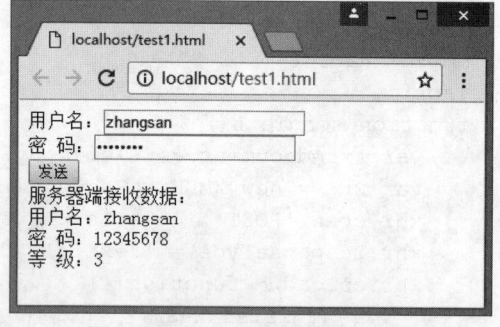

图 13.4 发送表单数据演示效果

- 前台页面（test1.html）

```
<!DOCTYPE html>
<html>
<head>
<meta charset="utf-8">
<script>
function sendForm() {
    var form=document.getElementById("form1");
    var formData = new FormData(form);
    formData.append('grade', '3'); //在发送之前添加附加数据
    var xhr = new XMLHttpRequest();
    xhr.open('POST','test.php',true);
    xhr.onload = function(e) {
        if (this.status == 200) {
            document.getElementById("result").innerHTML=this.response;
        }
    };
    xhr.send(formData);
}
</script>
</head>
```

```
<body>
<form id="form1">
用户名:<input type="text" name="name"><br/>
密  码:<input type="password" name="pass"><br/>
<input type="button" value="发送" onclick="sendForm();">
</form>
<output id="result" ></output>
</body>
</html>
```

▶ 后台页面(test.php)

```
<?php
$name =$_POST['name'] ;
$pass =$_POST['pass'] ;
$grade =$_POST['grade'] ;
echo '服务器端接收数据:<br/>';
echo '用户名:'.$name.'<br/>';
echo '密  码:'.$pass.'<br/>';
echo '等  级:'.$grade;
flush();
?>
```

13.2.5 发送文件

使用 FormData 还可以向服务器端发送文件,具体用法如下:将表单的 enctype 属性值设置为 enctype,然后将需要上传的文件作为附加数据添加到 formData 对象中即可。下面结合示例进行说明。

【示例】 本示例页面中包含一个文件控件和"发送"按钮,使用文件控件在客户端选取一些文件后,单击"发送"按钮,JavaScript 将选取的文件上传到服务器端,服务器端在上传文件成功后将这些文件的文件名作为响应数据返回,客户端接收到响应数据后,将其显示在页面中,演示效果如图 13.5 所示。

示例完整代码如下所示。

图 13.5 发送文件演示效果

▶ 前台页面(test1.html)

```
<!DOCTYPE html>
<html>
<head>
<meta charset="utf-8">
<script>
function uploadFile() {
    var formData = new FormData();
    var files=document.getElementById("file1").files;
    for (var i = 0;i<files.length;i++) {
       var file=files[i];
       formData.append('myfile[]', file);
    }
    var xhr = new XMLHttpRequest();
    xhr.open('POST','test.php', true);
```

```
        xhr.onload = function(e) {
            if (this.status == 200) {
                document.getElementById("result").innerHTML=this.response;
            }
        };
        xhr.send(formData);
    }
</script>
</head>
<body>
<form id="form1" enctype="multipart/form-data">
选择文件<input type="file" id="file1" name="file" multiple><br/>
<input type="button" value="发送" onclick="uploadFile();">
</form>
<output id="result" ></output>
</body>
</html>
```

➢ 后台页面（test.php）

```
<?php
for ($i=0;$i<count($_FILES['myfile']['name']);$i++) {
    move_uploaded_file($_FILES['myfile']['tmp_name'][$i],'./upload/'.iconv("utf-8", "gbk",
    $_FILES['myfile']['name'][$i]));
    echo '已上传文件：'.$_FILES['myfile']['name'][$i].'<br/>';
}
flush();
?>
```

13.2.6 发送 Blob 对象

所有 File 对象都是一个 Blob 对象，所以同样可以通过发送 Blob 对象的方法来发送文件。

【示例】 本例在页面中显示一个"复制文件"按钮和一个进度条（progress 元素），单击"复制文件"按钮后，JavaScript 使用当前页面中所有代码创建一个 Blob 对象，然后通过将该 Blob 对象指定为 XML HttpRequest 对象的 send()方法的参数值的方法向服务器端发送该 Blob 对象，服务器端接收到该 Blob 对象后将其保存为一个文件，文件名为"副本"+当前页面文件的文件名（包括扩展名）。在向服务器端发送 Blob 对象的同时，在页面中的进度条将同步显示发送进度，演示效果如图 13.6 所示。

示例完整代码如下所示。

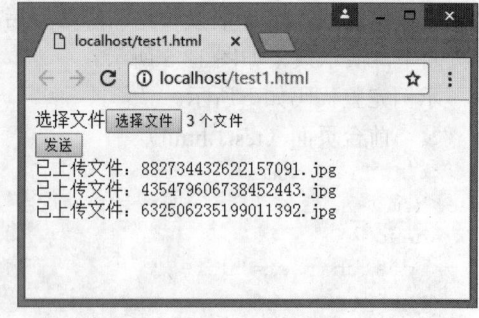

图 13.6 发送 Blob 对象演示效果

➢ 前台页面（test1.html）

```
<!DOCTYPE html>
<html>
<head>
<meta charset="utf-8">
<script>
window.URL = window.URL || window.webkitURL;
```

```
//复制当前页面
function uploadDocument(){
    var bb= new Blob([document.documentElement.outerHTML]);
    var xhr = new XMLHttpRequest();
    xhr.open('POST', 'test.php?fileName='+getFileName(), true);
    var progressBar = document.getElementById('progress');
    xhr.upload.onprogress = function(e) {
        if (e.lengthComputable) {
            progressBar.value = (e.loaded / e.total) * 100;
            document.getElementById("result").innerHTML = '已完成进度：'+progressBar.value+'%';
        }
    }
    xhr.send(bb);
}
//获取当前页面文件的文件名
function  getFileName(){
    var url=window.location.href;
    var pos=url.lastIndexOf("\\");
    if (pos==-1)                        //pos==-1 表示为本地文件
        pos=url.lastIndexOf("/");       //本地文件路径分割符为"/"
    var   fileName=url.substring(pos+1);     //从 url 中获得文件名
    return fileName;
}
</script>
</head>
<body>
<input type="button" value="复制文件" onclick="uploadDocument()"><br/>
<progress min="0" max="100" value="0" id="progress"></progress>
<output id="result"/>
</body>
</html>
```

➔ 后台页面（test.php）

```
<?php
$str =file_get_contents('php://input');
$fileName='副本_'.$_REQUEST['fileName'];
$fp = fopen(iconv("UTF-8","GBK",$fileName),'w');
fwrite($fp,$str);                        //插入第一条记录
fclose($fp);                             //关闭文件
?>
```

📢 提示：

目前，Chrome 浏览器支持在向服务器端发送数据时，同步更新进度条 progress 元素中所显示的进度。

13.2.7 跨域请求

HTML5 支持跨域通信，实现方法：在被请求域中提供一个用于响应请求的服务器端脚本文件，并且在服务器端返回响应的响应头信息中添加 Access-Control-Allow-Origin 参数，并且将参数值指定为允许向该页面请求数据的域名+端口号即可。

扫一扫，看视频

【示例】 本例演示了如何实现跨域数据请求。在客户端页面中设计一个操作按钮,当单击该按钮时,向另一个域中的 server.php 脚本文件请求数据,该脚本文件返回一段简单的字符串,本页面接收到该文字后将其显示在页面上,演示效果如图 13.7 所示。

示例完整代码如下所示。

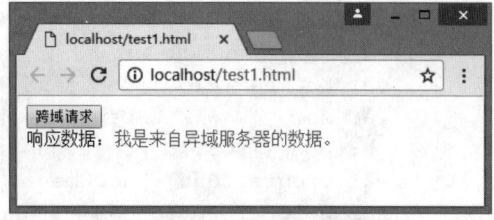

图 13.7 跨域请求数据

➘ 前台页面(test1.html)

```html
<!DOCTYPE html>
<html>
<head>
<meta charset="utf-8">
<script type="text/javascript">
function ajaxRequest(){
   var xhr = new XMLHttpRequest();
   xhr.open('GET', 'http://localhost/server.php', true);
   xhr.onreadystatechange = function() {
      if(xhr.readyState === 4) {
          document.getElementById("result").innerHTML = xhr.responseText;
      }
   };
   xhr.send(null);
}
</script>
<style type="text/css">
output { color:red;}
</style>
</head>
<body>
<input type="button" value="跨域请求" onclick="ajaxRequest()"></input><br/>
响应数据:<output id="result"/>
</body>
</html>
```

➘ 跨域后台页面(server.php)

```php
<?php
header('Access-Control-Allow-Origin:http://localhost/');
header('Content-Type:text/plain;charset=UTF-8');
echo '我是来自异域服务器的数据。';
flush();
?>
```

13.2.8　设计带进度条的文件上传

本示例设计一个文件上传页面,在上传过程中使用扩展 XMLHttpRequest,动态显示文件上传的百分比进度,演示效果如图 13.8 所示。

扫一扫,看视频

第13章 XMLHttpRequest 2

图 13.8 上传文件

本示例需要 PHP 服务器虚拟环境，同时在站点根目录下新建 upload 文件夹，然后在站点根目录新建前台文件 test1.html，以及后台文件 test2.php。

示例完整代码如下所示。

➲ test1.html

```
<!doctype html>
<html>
<head>
<meta charset="utf-8">
<script type="text/javascript">
function fileSelected() {
    var file = document.getElementById('fileToUpload').files[0];
    if (file) {
        var fileSize = 0;
        if (file.size > 1024 * 1024)
            fileSize = (Math.round(file.size * 100 / (1024 * 1024)) / 100).toString() + 'MB';
        else
            fileSize = (Math.round(file.size * 100 / 1024) / 100).toString() + 'KB';
        document.getElementById('fileName').innerHTML = '文件名: ' + file.name;
        document.getElementById('fileSize').innerHTML = '大　小: ' + fileSize;
        document.getElementById('fileType').innerHTML = '类　型: ' + file.type;
    }
}
function uploadFile() {
    var fd = new FormData();
    fd.append("fileToUpload", document.getElementById('fileToUpload').files[0]);
    var xhr = new XMLHttpRequest();
    xhr.upload.addEventListener("progress", uploadProgress, false);
    xhr.addEventListener("load", uploadComplete, false);
    xhr.addEventListener("error", uploadFailed, false);
    xhr.addEventListener("abort", uploadCanceled, false);
    xhr.open("POST", "test2.php");
    xhr.send(fd);
}
function uploadProgress(evt) {
    if (evt.lengthComputable) {
```

```
        var percentComplete = Math.round(evt.loaded * 100 / evt.total);
        document.getElementById('progressNumber').innerHTML = percentComplete.
toString() + '%';
    }else {
        document.getElementById('progressNumber').innerHTML = 'unable to compute';
    }
}
function uploadComplete(evt) {
    var info = document.getElementById('info');
    /* 当服务器发送响应时，会引发此事件 */
    info.innerHTML = evt.target.responseText;
}
function uploadFailed(evt) {
    alert("试图上载文件时出现一个错误");
}
function uploadCanceled(evt) {
    alert("上传已被用户取消或浏览器放弃连接");
}
</script>
</head>
<body>
<form id="form1" enctype="multipart/form-data" method="post" action="upload.php">
    <div class="row">
        <label for="fileToUpload">选择上传文件</label>
        <input type="file" name="fileToUpload" id="fileToUpload" onChange= "file-
Selected();">
    </div>
    <div id="fileName"></div>
    <div id="fileSize"></div>
    <div id="fileType"></div>
    <div class="row">
        <input type="button" onClick="uploadFile()" value="上传">
    </div>
    <div id="progressNumber"></div>
    <div id="info"></div>
</form>
</body>
</html>
```

▶ test2.php

```
header("content=text/html; charset=utf-8");
$uf = $_FILES['fileToUpload'];
if(!$uf){
    echo "没有 filetoupload 引用";
    exit();
}
$upload_file_temp = $uf['tmp_name'];
$upload_file_name = $uf['name'];
$upload_file_size = $uf['size'];


if(!$upload_file_temp){
    echo "上传失败";
```

```php
        exit();
}
$file_size_max = 1024*1024*100;// 100M 限制文件上传最大容量(bytes)
// 检查文件大小
if ($upload_file_size > $file_size_max) {
    echo "对不起，你的文件容量超出允许范围：".$file_size_max;
    exit();
}
$store_dir = "./upload/";      //上传文件的储存位置
$accept_overwrite = 0;         //是否允许覆盖相同文件
$file_path = $store_dir . $upload_file_name;
// 检查读写文件
if (file_exists($file_path) && !$accept_overwrite) {
    echo "存在相同文件名的文件";
    exit();
}
//复制文件到指定目录
if (!move_uploaded_file($upload_file_temp,$file_path)) {
    echo "复制文件失败".$upload_file_temp." to ". $file_path;
    exit;
}
Echo "<p>你上传了文件:";
echo $upload_file_name;
echo "<br>";
//客户端机器文件的原名称
Echo "文件的 MIME 类型为:";
echo $uf['type'];
//文件的 MIME 类型，需要浏览器提供该信息的支持，例如 "image/gif"
echo "<br>";
Echo "上传文件大小:";
echo $uf['size'];
//已上传文件的大小，单位为字节
echo "<br>";

Echo "文件上传后被临时储存为:";
echo $uf['tmp_name'];
//文件被上传后在服务端储存的临时文件名
echo "<br>";
$error = $uf['error'];
switch($error){
case 0:
    Echo "上传成功"; break;
case 1:
    Echo "上传的文件超过了 php.ini 中 upload_max_filesize 选项限制的值."; break;
case 2:
    Echo "上传文件的大小超过了 HTML 表单中 MAX_FILE_SIZE 选项指定的值。";break;
case 3:
    Echo "文件只有部分被上传";break;
case 4:
    Echo "没有文件被上传";break;
}
```

第 14 章 拖放和通知

在 HTML5 之前,要实现网页对象的拖放操作,需要借助 JavaScript 的 mousedown、mousemove、mouseup 等事件,通过大量 JavaScript 脚本来实现。HTML5 引入拖放 API(Drag and Drop API),这样大大简化了网页对象拖放的编程难度。HTML5 拖放 API 除了支持浏览器内部元素的拖放外,也支持浏览器和其他应用程序之间的数据互相拖动。

HTML5 新增通知 API(Notification API),该 API 允许在某个事件发生时在桌面向用户显示通知信息,生成的消息不依附于某个标签页面,仅仅依附于浏览器。

【学习重点】
- 正确使用拖放 API。
- 应用拖放 API 设计文件拖拽操作、图片上传操作等。
- 正确使用通知 API。

14.1 拖放 API

拖放 API 实际上包含两部分:拖拽(Drag)和释放(Drop),拖拽指的是鼠标点按源对象后一直移动对象不松手,一旦松手即释放。

> 提示:
> - 源对象:指鼠标点按的一个事物,如一张图片、一个 DIV、一段文本等。
> - 目标对象:指拖动源对象后移动到一块区域,源对象可以进入这个区域,可以在这个区域上方悬停(未松手),可以释放源对象,将其放置目标对象内(已松手),也可以悬停后离开该区域。

14.1.1 拖放 API 基础

扫一扫,看视频

拖放是一种常见的操作特性,即抓取对象以后拖到另一个位置。在 HTML5 中,拖放是标准的一部分,任何元素都能够拖放。

浏览器支持情况:IE 9+、Firefox、Opera 12+、Chrome 和 Safari 5 +。另外,在 Safari 5.1.2 中不支持拖放。

在 HTML5 中,实现拖放操作的步骤如下。

(1)设置源对象的 draggable 属性,设置属性值为 true (draggable="true"),这样就可以启动拖放功能。

> 提示:
> img 和 a 元素默认开启了拖放功能,但必须设置 href。

(2)根据 HTML5 拖放 API 定义事件类型,编写与拖放有关的事件处理函数。拖放 API 相关事件说明如表 14.1 所示。

表 14.1 拖放事件

事件	产生事件的元素	说明
dragstart	被拖放的元素	开始拖放操作

(续)

事件	产生事件的元素	说 明
drag	被拖放的元素	拖放过程中
dragenter	拖放过程中鼠标经过的元素	被拖放的元素开始进入本元素的范围内
dragover	拖放过程中鼠标经过的元素	被拖放的元素正在本元素范围内移动
dragleave	拖放过程中鼠标经过的元素	被拖放的元素离开本元素的范围
drop	拖放的目标元素	有其他元素被拖放到了本元素中
dragend	拖放的对象元素	拖放操作结束

从表 14.1 可以看到,被拖动的源对象可以触发的事件如下。

- dragstart:源对象开始被拖动。
- drag:源对象被拖动过程中,即鼠标可能在移动,也可能未移动。
- dragend:源对象被拖动结束。

拖动源对象进入到目标对象,在目标对象上可以触发的事件如下。

- dragenter:目标对象被源对象拖动着进入。
- dragover:目标对象被源对象拖动着悬停在上方。
- dragleave:拖动着源对象离开了目标对象。
- drop:拖动着源对象在目标对象上方释放/松手。

【示例】 本例在页面中插入一个<div id="drag">标签,设置 draggable="true",启动该元素的拖放功能。同时在页面中插入一个<div id="target">标签,设计为目标对象。本例设计当每次拖放<div id="drag">标签到目标对象<div id="target">标签中时,将在该元素中追加一次提示信息,演示效果如图 14.1 所示。

```
<!DOCTYPE html>
<head>
<meta charset="UTF-8">
<script type="text/javascript">
function init(){
   var source = document.getElementById("drag");
   var dest = document.getElementById("target");
   source.addEventListener("dragstart", function(ev) {     //(1)拖放开始
      //向 dataTransfer 对象追加数据
      var dt = ev.dataTransfer;
      dt.effectAllowed = 'all';
      //(2)拖动元素为 dt.setData("text/plain", this.id);
      dt.setData("text/plain", "拖入源对象");
   }, false);
   dest.addEventListener("dragend", function(ev) {     //(3) dragend:拖放结束
      ev.preventDefault();                              //不执行默认处理,拒绝被拖放
   }, false);
   dest.addEventListener("drop", function(ev) {     //(4) drop:被拖放
      var dt = ev.dataTransfer;                     //从 DataTransfer 对象那里取得数据
      var text = dt.getData("text/plain");
      dest.innerHTML += "<p>" + text + "</p>";
      ev.preventDefault();                          //(5)不执行默认处理,拒绝被拖放
      ev.stopPropagation();                         //停止事件传播
   }, false);
}
```

```
//(6)设置不执行默认动作,拒绝被拖放
document.ondragover = function(e){e.preventDefault();};
document.ondrop = function(e){e.preventDefault();};
</script>
<style>
#drag { width: 100px; height: 100px; background-color: #93FB40; border-radius: 12px;
text-align:center; line-height:100px; color:#F423CC; }
#target { width: 200px; height: 200px; border: 1px dashed gray; margin: -100px 12px
12px; float:right; }
#target  h1{ text-align:center; color:#F423CC; margin:6px 0; font-size:16px; }
</style>
</head>
<body onload="init()">
<!-- (7)把 draggable 属性设为 true -->
<div id="drag" draggable="true">源对象</div>
<div id="target">
    <h1>目标对象</h1>
</div>
</body>
```

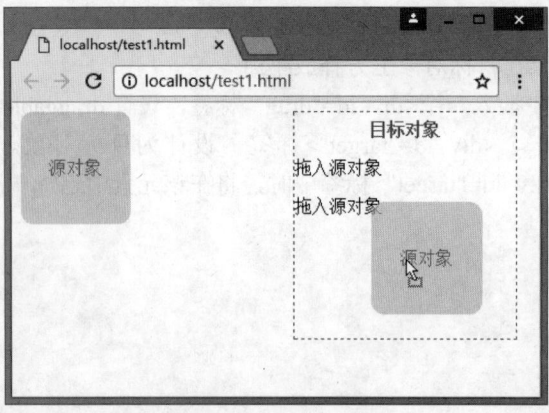

图 14.1　拖放对象

【代码解析】

（1）开始拖动时，dragstart 事件发生，使用 setData()方法把要拖动的数据存入 DataTransfer 对象。

📢 提示：

DataTransfer 对象专门用来存放拖放操作时要传递的数据，可以通过拖放事件对象的 dataTransfer 属性进行访问。DataTransfer 对象包含两个重要方法：setData()和 getData()。其中 setData()方法用于向 DataTransfer 对象传递值，而 getData()方法能够从 DataTransfer 对象读取值。

setData()方法的第一个参数为携带数据的数据类型，第二个参数为要携带的数据。第一个参数表示 MIME 类型的字符串，现在支持拖动处理的 MIME 的类型包括以下几种。

- "text/plain"：文本文字。
- "text/html"：HTML 文字。
- "text/xml"：XML 文字。
- "text/uri-list"：URL 列表，每个 URL 为一行。

如果把下面代码：
```
dt.setData("text/plain", "拖入源对象");
```

改为

```
dt.setData("text/plain", this.id);
```

把被拖动元素的 id 作为参数,那么浏览器在使用 getData()方法读取数据时会自动读取该元素中的数据,所以携带的数据就是被拖动元素中的数据。

(2)针对拖放的目标对象,应该在 dragend 或 dragover 事件内调用事件对象的 preventDefault()方法阻止默认行为。

```
dest.addEventListener("dragend", function(ev) {
    ev.preventDefault();
}, false);
```

(3)目标元素接收到被拖放的元素后,执行 getData()方法从 DataTransfer 对象获取数据。getData()方法包含一个参数,参数为 setData()方法中指定的数据类型,如"text/plain"。

(4)要实现拖放过程,还应在目标元素的 drop 事件中关闭默认处理,否则目标元素不能接收被拖放的元素。

```
dest.addEventListener("drop", function(ev) {
    ev.preventDefault();
    ev.stopPropagation();                //停止事件传播
}, false);
```

(5)要实现拖放过程,还必须设置整个页面为不执行默认处理,否则拖放处理也不能实现。因为页面是先于其他元素接收拖放的,如果页面上拒绝拖放,那么页面上其他元素就都不能接收拖放了。

```
document.ondragover = function(e){e.preventDefault();};
document.ondrop = function(e){e.preventDefault();};
```

14.1.2 使用 DataTransfer 对象

在上节示例中提及 DataTransfer 对象,本节将介绍 DataTransfer 对象的属性和方法,具体说明如表 14.2 所示。

扫一扫,看视频

表 14.2 DataTransfer 对象的属性和方法

属性/方法	类型	说明
dropEffect	属性	表示拖放操作的视觉效果,允许设置值包括:none、copy、link、move。该效果必须在 effectAllowed 属性指定的视觉效果范围内
effectAllowed	属性	指定当元素被拖放时所允许的视觉效果。可以指定的值为:none、copy、copyLink、copyMove、link、linkMove、move、all、uninitialized
types	属性	存入数据的类型,字符串的伪数组
clearData ()	方法	清除 DataTransfer 对象中存放的数据。包含一个参数,设置要清除数据的类型;如果省略参数,则清除全部数据
setData()	方法	向 DataTransfer 对象存入数据,用法参考上节介绍
getData()	方法	从 DataTransfer 对象读取数据,用法参考上节介绍
setDragImage()	方法	设置拖放图标,部分浏览器支持用 canvas 等其他元素来设置,具体说明参考下面介绍

正确使用 DataTransfer 对象的属性和方法,可以实现定制拖放图标,或者定义只支持特定拖放,如复制、移动等,甚至可以实现更复杂的拖放操作。

dropEffect 和 effectAllowed 属性结合起来可以设置拖放时的视觉效果。effectAllowed 属性表示当一个元素被拖动时所允许的视觉效果,一般在 dragstart 事件中定义,可以设置的属性值如表 14.3 所示。

表 14.3　effectAllowed 属性值说明

属性值	说明
copy	允许将被拖动元素复制到拖动的目标元素中
move	允许将被拖动元素移动到拖动的目标元素中
link	通过拖放操作，被拖动元素会链接到拖动的目标元素上
copyLink	被拖动元素被复制或链接到拖动的目标元素中。 根据拖动的目标元素来决定执行复制操作，还是链接操作
copyMove	被拖动元素被复制或移动到拖动的目标元素中。 根据拖动的目标元素来决定执行复制操作，还是移动操作
linkMove	被拖动元素被链接或移动到拖动的目标元素中。 根据拖动的目标元素来决定执行链接操作，还是移动操作
all	允许执行所有拖动操作，包括复制、移动与链接操作
none	不允许执行任何拖动操作
unintialize	不指定 effectAllowed 属性值。 将执行浏览器中默认允许的拖动操作。但是该操作不能通过 effectAllowed 属性值来获取

DataTransfer 对象的 dropEffect 属性表示实际拖放时的视觉效果，一般在 dragover 事件中指定，允许设置的值为 none、copy、link、move。dropEffect 属性所表示的实际视觉效果必须与 effectAllowed 属性值所表示的允许操作相匹配，规则如下所示。

- 如果 effectAllowed 属性设置为 none，则不允许拖放元素。
- 如果 dropEffect 属性设置为 none，则不允许被拖放到目标元素中。
- 如果 effectAllowed 属性设置为 all 或不设置，则 dropEffect 属性允许被设置为任何值。
- 如果 effectAllowed 属性设置为具体操作，而 dropEffect 属性也设置了具体视觉效果，则 dropEffect 属性值必须与 effectAllowed 属性值相匹配，否则不允许将被拖放元素拖放到目标元素中。

【示例 1】　下面代码演示了 effectAllowed 和 dropEffect 属性如何配合使用，完整代码可参考上节示例。

```
source.addEventListener("dragstart", function(ev) {
    var dt = ev.dataTransfer;
    dt.effectAllowed = 'copy';
}, false);
dest.addEventListener("dragover", function(ev) {
    var dt = ev.dataTransfer;
    dt.dropEffect = 'copy';
}, false);
```

DataTransfer 对象的 setDragImage()方法包含 3 个参数：第 1 个参数设置拖放图标的图标元素，第 2 个参数设置拖放图标离鼠标指针的 x 轴方向的位移量，第 3 个参数设置拖放图标离鼠标指针的 y 轴方向的位移量。

【示例 2】　下面代码演示了调用 setDragImage()方法定义拖放图标，演示效果如图 14.2 所示。

```
<!DOCTYPE html>
<head>
<meta charset="UTF-8">
<script type="text/javascript">
//创建图标元素
var dragIcon=document.createElement('img');
//设置图标来源
dragIcon.src='images/11.png';
function init(){
```

```javascript
    var source = document.getElementById("drag");
    var dest = document.getElementById("target");
    source.addEventListener("dragstart", function(ev) {
        var dt = ev.dataTransfer;
        dt.setDragImage(dragIcon, -10, -10);
        dt.effectAllowed = 'copy';
        dt.setData("text/plain", this.id);
    }, false);
    dest.addEventListener("dragover", function(ev) {
        var dt = ev.dataTransfer;
        dt.dropEffect = 'copy';
    }, false);
    dest.addEventListener("dragend", function(ev) {
        ev.preventDefault();
    }, false);
    dest.addEventListener("drop", function(ev) {
        var dt = ev.dataTransfer;
        var text = dt.getData("text/plain");
        dest.innerHTML += "<p>" + text + "</p>";
        ev.preventDefault();
        ev.stopPropagation();
    }, false);
}
document.ondragover = function(e){e.preventDefault();};
document.ondrop = function(e){e.preventDefault();};
</script>
<style>
#drag { width: 100px; height: 100px; background-color: #93FB40; border-radius: 12px;
text-align:center; line-height:100px; color:#F423CC; }
#target { width: 200px; height: 200px; border: 1px dashed gray; margin: 12px;}
</style>
</head>
<body onload="init()">
<img id="drag" src="images/1.png" width="314" height="314" alt=""/>
<div id="target"></div>
</body>
```

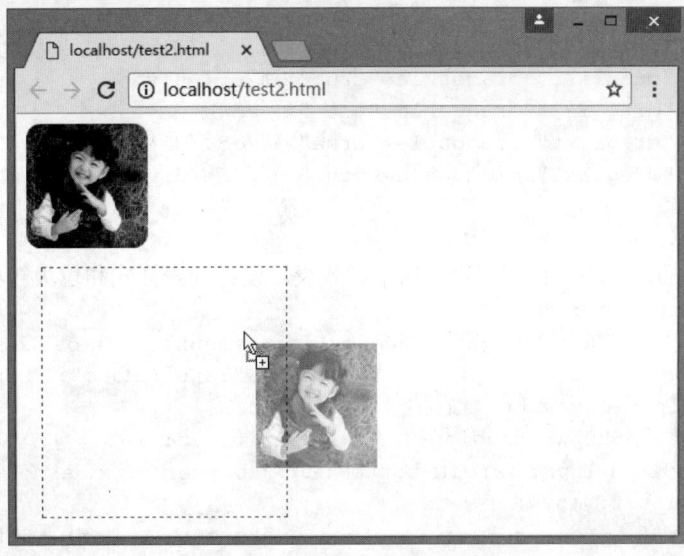

图 14.2　定义拖放图标效果

14.1.3 案例：删除项目

本例设计一个简单的列表容器，允许用户通过鼠标拖拽的方式把指定的列表项删除，演示效果如图14.3所示。

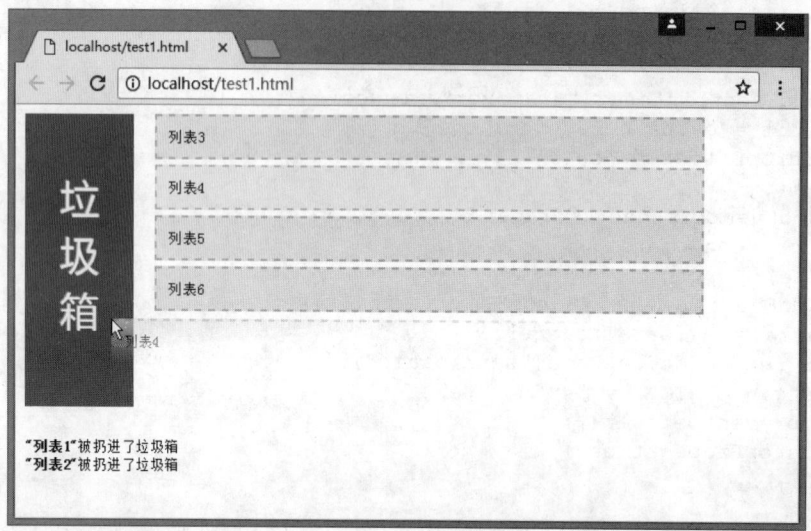

图 14.3 拖拽删除列表项目演示效果

【操作步骤】

（1）新建 HTML5 文档，保存为 test1.html。

（2）构建 HTML 结构，设计一个简单的列表容器，同时模拟一个垃圾箱容器（<div class="dustbin">），<div class="dragremind">为拖拽信息提示框。

```
<div class="dustbin"><br>
    垃<br>
    圾<br>
    箱</div>
<div class="dragbox">
    <div class="draglist" draggable="true">列表 1</div>
    <div class="draglist" draggable="true">列表 2</div>
    <div class="draglist" draggable="true">列表 3</div>
    <div class="draglist" draggable="true">列表 4</div>
    <div class="draglist" draggable="true">列表 5</div>
    <div class="draglist" draggable="true">列表 6</div>
</div>
<div class="dragremind"></div>
```

（3）在文档头部插入<style>标签，定义内部样式表，设计列表样式和垃圾箱样式。

```
body { font-size: 84%; }
.dustbin { width: 100px; height: 260px; line-height: 1.4; background-color: gray;
font-size: 36px; font-family: " 微软雅黑 ", "Yahei Mono"; text-align: center;
text-shadow: -1px -1px #bbb; float: left; }
.dragbox { width: 500px; padding-left: 20px; float: left; }
.draglist { padding: 10px; margin-bottom: 5px; border: 2px dashed #ccc; background-
color: #eee; cursor: move; }
.draglist:hover { border-color: #cad5eb; background-color: #f0f3f9; }
.dragremind { padding-top: 2em; clear: both; }
```

（4）在页面底部（<body>标签下面）插入<script>标签，定义一个 JavaScript 代码块。输入下面代码定义一个选择器函数。

```javascript
var $ = function(selector) {
    if (!selector) { return []; }
    var arrEle = [];
    if (document.querySelectorAll) {
        arrEle = document.querySelectorAll(selector);
    } else {
        var oAll = document.getElementsByTagName("div"), lAll = oAll.length;
        if (lAll) {
            var i = 0;
            for (i; i<lAll; i+=1) {
                if (/^\./.test(selector)) {
                    if (oAll[i].className === selector.replace(".", "")) {
                        arrEle.push(oAll[i]);
                    }
                } else if(/^#/.test(selector)) {
                    if (oAll[i].id === selector.replace("#", "")) {
                        arrEle.push(oAll[i]);
                    }
                }
            }
        }
    }
    return arrEle;
};
```

（5）获取页面中所有列表项目，然后使用 for 语句逐个为它们绑定 selectstart、dragstart、dragend 事件处理函数。

```javascript
var eleDustbin = $(".dustbin")[0], eleDrags = $(".draglist"), lDrags = eleDrags.length, eleRemind = $(".dragremind")[0], eleDrag = null;
for (var i=0; i<lDrags; i+=1) {
    eleDrags[i].onselectstart = function() {
        return false;
    };
    eleDrags[i].ondragstart = function(ev) {
        ev.dataTransfer.effectAllowed = "move";
        ev.dataTransfer.setData("text", ev.target.innerHTML);
        ev.dataTransfer.setDragImage(ev.target, 0, 0);
        eleDrag = ev.target;
        return true;
    };
    eleDrags[i].ondragend = function(ev) {
        ev.dataTransfer.clearData("text");
        eleDrag = null;
        return false
    };
}
```

（6）为垃圾箱容器<div class="dustbin">绑定 dragover、dragenter、drop 事件，设计拖拽到垃圾箱上时，高亮显示垃圾箱提示文字；同时当拖入垃圾箱时，删除列表框中对应列表项目；当释放鼠标左键时，在底部<div class="dragremind">容器总显示删除列表项目的提示信息。

```
eleDustbin.ondragover = function(ev) {
    ev.preventDefault();
    return true;
};

eleDustbin.ondragenter = function(ev) {
    this.style.color = "#ffffff";
    return true;
};
eleDustbin.ondrop = function(ev) {
    if (eleDrag) {
        eleRemind.innerHTML += '<strong>"' + eleDrag.innerHTML + '"</strong>被扔进了垃圾箱<br>';
        eleDrag.parentNode.removeChild(eleDrag);
    }
    this.style.color = "#000000";
    return false;
};
```

扫一扫，看视频

14.1.4 案例：接纳对象

本例设计一个简单的方形盒子，允许用户通过鼠标拖拽方形盒子，并允许把它拖入不同的容器中，演示效果如图14.4所示。

图14.4 拖拽到容器中

【操作步骤】

（1）新建 HTML5 文档，保存为 test1.html。

（2）构建 HTML 结构，设计一个简单的方形盒子（<span id="demo1-src" draggable="true">），同时设计一排容器（<li class="panel-item">）。

```
<div id="demo1">
    <ul class="panel-list">
        <li class="panel-item"></li>
        <li class="panel-item"></li>
        <li class="panel-item"></li>
        <li class="panel-item"></li>
```

```html
        <li class="panel-item"></li>
    </ul>
    <h2>拖拽下面的方块到上面任意容器中</h2>
    <!-- 设置 draggable 使元素成为可拖拽元素 -->
    <span class="movable" id="demo1-src" draggable="true"></span>
</div>
```

(3) 在文档头部插入<style>标签,定义内部样式表,设计列表样式和方形盒子样式。

```css
#demo1 { margin: 20px; }
#demo1 .panel-list { overflow: hidden; list-style: none; margin: 0; padding: 0; }
#demo1 .panel-item { float: left; margin-right: 30px; width: 100px; height: 100px;
background: #ddd; border: 1px solid #ddd; }
#demo1-src { display: inline-block; width: 50px; height: 50px; background: purple; }
#demo1 .over { border: 1px dashed #000; -webkit-transform: scale(0.8, 0.8); }
```

(4) 在页面底部(<body>标签下面)插入<script>标签,定义一个 JavaScript 代码块。输入下面代码实现鼠标拖拽操作,同时对拖拽对象和目标容器进行检测,通过事件处理函数做出可视化操作反应。

```javascript
(function () {
    var dnd = {
    //初始化
    init: function () {
        var me = this;
        me.src = document.querySelector('#demo1-src');
        me.panelList = document.querySelector('.panel-list');
        //为拖拽源监听 dragstart,设置关联数据
        me.src.addEventListener('dragstart', me.onDragStart, false);
        //拖拽鼠标移入元素,在拖放目标上设置视觉反馈
        me.panelList.addEventListener('dragenter', me.onDragEnter, false);
        //取消元素 dragover 默认行为,使其可拖放
        me.panelList.addEventListener('dragover', me.onDragOver, false);
        //拖拽移出元素,清除视觉反馈
        me.panelList.addEventListener('dragleave', me.onDragLeave, false);
        //鼠标释放,在拖放目标上接收数据并处理
        me.panelList.addEventListener('drop', me.onDrop, false);
    },
    onDragStart: function (e) {
        e.dataTransfer.setData('text/plain', 'demo1-src');
    },
    onDragEnter: function (e) {
        if (e.target.classList.contains('panel-item')) {
            e.target.classList.add('over');
        }
    },
    onDragLeave: function (e) {
        if (e.target.classList.contains('panel-item')) {
            e.target.classList.remove('over');
        }
    },
    onDragOver: function (e) {
        e.preventDefault();
    },
    onDrop: function (e) {
        var id = e.dataTransfer.getData('text/plain');
```

```
            var src = document.getElementById(id);
            var target = e.target;
            if (target.classList.contains('panel-item')) {
                target.appendChild(src);
                target.classList.remove('over');
            }
        }
    };
    dnd.init();
}());
```

14.1.5 案例：拖选照片

本例设计一个照片可视化拖选操作，允许用户通过鼠标拖拽照片，并允许把它拖入不同目标容器中，演示效果如图 14.5 所示。

图 14.5 拖选照片

【操作步骤】

（1）新建 HTML5 文档，保存为 test1.html。

（2）构建 HTML 结构，设计一个照片备选框和照片列表（<div id="album">），同时设计一个已选容器（<div id="selected">），另外设计一个信息提示容器（<div id="info">）。

```
<div id="info">
    <h2>温馨提示：可将照片直接拖到已选容器中</h2>
</div>
<div id="album" class="album">
    <h2>备选相册</h2>
    <img draggable="true" id="img1" src="images/1.png" />
    <img draggable="true" id="img2" src="images/2.png" />
    <img draggable="true" id="img3" src="images/3.png" />
</div>
<div id="selected" class="album">
    <h2>已选照片</h2>
</div>
```

（3）在文档头部插入<style>标签，定义内部样式表，设计列表样式和方形盒子样式。

```css
.album { border: 3px dashed #ccc; float: left; margin: 10px; min-height: 200px;
padding: 10px; width: 350px; }
.album img { width: 100px; }
```

（4）在页面底部（<body>标签下面）插入<script>标签，定义一个 JavaScript 代码块。输入下面代码实现鼠标拖拽操作，同时对拖拽对象和目标容器进行检测，通过事件处理函数做出可视化操作反应。

```javascript
function init(){
    var info = document.getElementById("info");
    //获得被拖放的元素，本示例为相册所在的 DIV
    var src = document.getElementById("album");
    //开始拖放操作
    src.ondragstart = function (e) {
        //获得被拖放的照片 ID
        var dragImgId = e.target.id;
        //获得被拖动元素
        var dragImg = document.getElementById(dragImgId);
        //拖放操作结束
        dragImg.ondragend = function(e){
            //恢复提醒信息
            info.innerHTML="<h2>温馨提示：可将照片直接拖到已选容器中</h2>";
        };
        e.dataTransfer.setData("text",dragImgId);
    };
    //拖放过程中
    src.ondrag = function(e){
        info.innerHTML="<h2>--照片正在被拖动--</h2>";
    }
    //获得拖放的目标元素
    var target = document.getElementById("selected");
    //关闭默认处理
    target.ondragenter = function(e){
        e.preventDefault();
    }
    target.ondragover = function(e){
        e.preventDefault();
    }
    //有东西拖放到了目标元素
    target.ondrop = function (e) {
        var draggedID = e.dataTransfer.getData("text");
        //获取相册中的 DOM 对象
        var oldElem = document.getElementById(draggedID);
        //从相册 DIV 中删除该照片的节点
        oldElem.parentNode.removeChild(oldElem);
        //将被拖动的照片 DOM 节点添加到垃圾桶 DIV 中
        target.appendChild(oldElem);
        info.innerHTML="<h2>温馨提示：可将照片直接拖到垃圾箱中</h2>";
        e.preventDefault();
    }
}
init()
```

14.1.6 案例：扔入垃圾桶

本例设计一个文档元素删除操作，允许用户通过鼠标拖拽页面底部的图片，并允许把它拖入不同垃圾桶中删除，演示效果如图14.6所示。

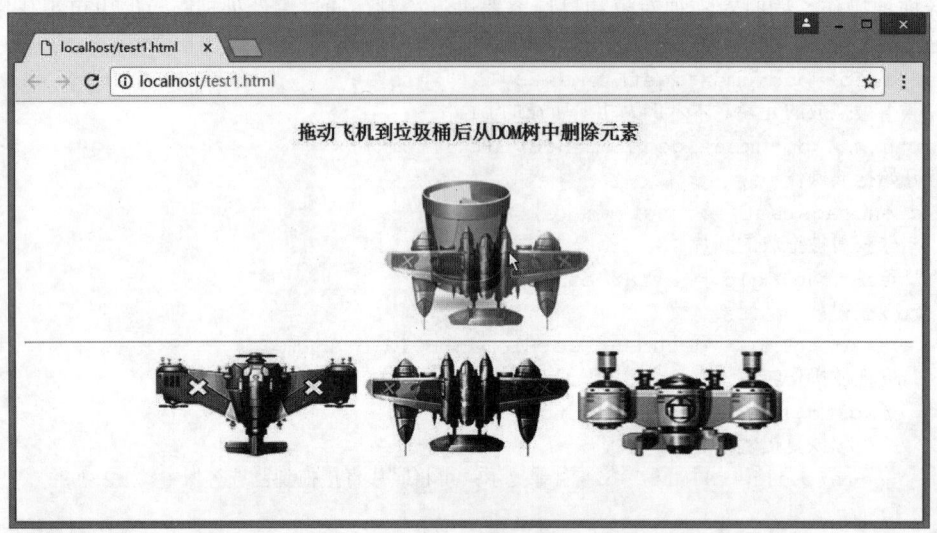

图14.6 扔入垃圾桶

示例完整代码如下所示。

```
<!DOCTYPE html>
<html>
<head lang="en">
<meta charset="UTF-8">
<style>
body { text-align: center; }
#trash { opacity: .2; margin: 15px; }
</style>
</head>
<body>
<h3>拖动飞机到垃圾桶后从DOM树中删除元素</h3>
<img id="trash" src="images/trash.png">
<hr/>
<img id="p3" class="src" src="images/1.png">
<img id="p4" class="src" src="images/2.png">
<img id="p5" class="src" src="images/3.png">
<script>
//为源对象添加事件监听，记录拖动了哪一个源对象
var srcList = document.querySelectorAll('.src');          //找到全部img元素
for(var i=0; i<srcList.length; i++){                      //遍历img元素
    var p = srcList[i];
    p.ondragstart = function(e){                          //开始拖动源对象
        e.dataTransfer.setData('PlaneID',this.id);        //保存数据——该img元素的id
    }
    p.ondrag = function(){}
    p.ondragend = function(){}
```

```
}
//为目标对象添加事件监听,删除拖动的源对象
trash.ondragenter = function(){                        //源对象进入目标对象
    console.log('drag enter');
    trash.style.opacity = "1";                         //将透明度变成1
}
trash.ondragleave= function(){                         //源对象离开目标对象后
    console.log('drag leave');
    trash.style.opacity = ".2";                        //将透明度变为0.2
}
trash.ondragover= function(e){                         //源对象在悬停在目标对象上时
    e.preventDefault();                                //阻止默认行为,使得drop可以触发
}
trash.ondrop= function(e){   //源对象松手释放在了目标对象中
    console.log('drop');
    trash.style.opacity = ".2";                        //将透明度变为0.2
    //删除被拖动的源对象
    var id = e.dataTransfer.getData('PlaneID');        //得到数据——id值
    var p = document.getElementById(id);               //根据id值找到相关的元素
    p.parentNode.removeChild(p);                       //从父元素中删除子节点
}
</script>
</body>
</html>
```

14.1.7 案例:文件拖拽预览

【示例 1】 本例设计一个文件拖拽预览效果,允许用户通过鼠标拖拽从桌面或资源管理器中直接拖拽图片或文本文件到网页中,并可以预览图片或文本文件内容,演示效果如图 14.7 所示。

(a)页面默认效果　　　　　　　　　　　　(b)拖拽图片显示效果

图 14.7　文件拖拽预览

示例完整代码如下所示。

```html
<!DOCTYPE html>
<html>
<head>
<meta charset="utf-8">
<style type="text/css">
h1 { padding: 0px; margin: 0px; }
div#show { border: 1px solid #ccc; width: 400px; height: 300px; display: -moz-box;
display: -webkit-box; -moz-box-align: center; -webkit-box-align: center;
-moz-box-pack: center; -webkit-box-pack: center; resize: both; overflow: auto; }
div[id^=show]:hover { border: 1px solid #333; }
div#main { width: 100%; }
div#successLabel { color: Red; }
div#content { display: none; }
</style>
<script type="text/javascript">
function init() {
    var dest = document.getElementById("show");
    dest.addEventListener("dragover", function(ev) {
        ev.stopPropagation();
        ev.preventDefault();
    }, false);
    dest.addEventListener("dragend", function(ev) {
        ev.stopPropagation();
        ev.preventDefault();
    }, false);
    dest.addEventListener("drop", function(ev) {
        ev.stopPropagation();
        ev.preventDefault();
        console.log(ev.dataTransfer);
        var file = ev.dataTransfer.files[0];
        var reader = new FileReader();
        if (file.type.substr(0, 5) == "image") {
            reader.onload = function(event) {
                dest.style.background = 'url(' + event.target.result + ') no-repeat center';
                dest.innerHTML = "";
            };
            reader.readAsDataURL(file);
        } else if (file.type.substr(0, 4) == "text") {
            reader.readAsText(file);
            reader.onload = function(f) {
                dest.innerHTML = "<pre>" + this.result + "</pre>";
                dest.style.background = "white";
            }
        } else {
            dest.innerHTML = "暂不支持此类文件的预览";
            dest.style.background = "white";
        }
    }, false);
}
```

```
//设置页面属性,不执行默认处理,拒绝被拖放
document.ondragover = function(e){e.preventDefault();};
document.ondrop = function(e){e.preventDefault();}
window.onload=init;
</script>
</head>
<body>
<h1>HTML5 文件拖拽预览</h1>
<div id="show"> 文件预览区,仅限图片和 txt 文件 </div>
</body>
</html>
```

上面示例通过获取拖拽图片的源(event.target.result),然后把它设置为页面元素的背景图片进行显示。

【示例 2】 本例通过 DataTransfer 对象的相关属性来获取拖拽的图片,然后把它插入到页面容器中,这样就可以实现连续拖拽,在容器中拖入多个图片,演示效果如图 14.8 所示。

(a)页面默认效果　　　　　　　　　　　(b)拖拽图片显示效果

图 14.8　文件拖拽预览

示例完整代码如下所示。

```
<!DOCTYPE html>
<html>
<head lang="en">
<meta charset="UTF-8">
<style>
#container { border: 1px solid #aaa; border-radius: 3px; padding: 10px; margin: 10px;
min-height: 400px; }
</style>
</head>
<body>
<h3>请拖动照片文件到下面方框区域</h3>
<div id="container"></div>
<script>
```

```javascript
//监听 document 的 drop 事件——取消其默认行为: 在新窗口中打开图片
document.ondragover = function(e){
    e.preventDefault();                   //使得 drop 事件可以触发
}
document.ondrop = function(e){
    e.preventDefault();                   //阻止在新窗口中打开图片, 否则仍然会执行下载操作
}
//监听 div#container 的 drop 事件, 设法读取到释放的图片数据, 显示出来
container.ondragover = function(e){
    e.preventDefault();
}
container.ondrop = function(e){
    console.log('客户端拖动着一张图片释放了...')
    //当前的目标对象读取拖放源对象存储的数据
    console.log(e.dataTransfer);  //显示有问题
    console.log(e.dataTransfer.files.length);  //拖进来的图片的数量
    var f0 = e.dataTransfer.files[0];
    console.log(f0);  //文件对象 File
    //从文件对象中读取数据
    var fr = new FileReader();
    fr.readAsText(f0);              //从文件中读取文本字符串
    fr.readAsDataURL(f0);           //从文件中读取 URL 数据
    fr.onload = function(){
        console.log('读取文件完成')
        console.log(fr.result);
        var img = new Image();
        img.src = fr.result;        //URL 数据
        container.appendChild(img);
    }
}
</script>
</body>
</html>
```

HTML5 新增多个文件操作对象, 说明如下。

- File: 代表一个文件对象。
- FileList: 代表一个文件列表对象, 伪类数组。
- FileReader: 用于从文件中读取数据。
- FileWriter: 用于向文件中写出数据。

相关操作的核心代码如下:

```javascript
div.ondrop = function(e){
    var f = e.dataTransfer.files[0];    //找到拖放的文件
    var fr = new FileReader();          //创建文件读取器
    fr.readAsURLData(f);                //读取文件内容
    fr.onload = function(){             //读取完成
        img.src = fr.result;            //使用读取到的数据
    }
}
```

上述代码应用场合: 在本地拖拽图片进行上传。

14.2 通知 API

在使用网页版 Gmail 时,每当收到新邮件,屏幕的右下方都会弹出相应的提示框。借助 HTML5 提供的 Notification API,用户可以轻松实现通知功能,类似的应用还有微信通知等。

扫一扫,看视频

14.2.1 通知 API 基础

传统页面的通知功能实现方法:设计一个消息容器,放到页面右下角,然后能够自动弹出来,并通过轮询等方式获取消息,并推送给用户。

传统页面的通知功能缺陷:消息推送是基于页面存活的。例如,当用户在使用京东商城网站进行购物的时候,就无法知道人人网有消息推送过来,而只有当用户把当前页面切换到人人网时,才知道有消息推送。

HTML5 通知 API 设计策略:无论用户访问哪个页面,只要有消息,都能推送给用户看到。这就是 HTML5 要解决的问题。因此,HTML5 通知生成的消息不依附于某个页面,仅仅依附于浏览器。

浏览器支持情况:Chrome 6+、Opera 23+、Firefox 24+和 Safari 5.2+版本浏览器均支持通知 API。

生成一个通知的步骤如下:

(1)检查浏览器是否支持 Notification API。

【示例 1】 检查浏览器是否支持通知 API,可以通过 window 对象的 Notification 属性进行判断。

```
if(window.Notification){
    alert("浏览器支持通知API");
}else{
    alert ("浏览器不支持通知API");
}
```

(2)检查浏览器的通知权限,即是否允许通知。如果权限不够,则获取浏览器的通知权限。

为了让浏览器可以显示通知,首先要请求让浏览器显示通知的权限。在通知 API 中,使用 Notification 对象的 requestPermission()方法即可,代码如下所示:

```
window.Notification.requestPermission();
```

当 JavaScript 脚本向用户申请让浏览器显示通知的权限时,浏览器会显示如图 14.9 所示的提示框。

图 14.9 在 Firefox 中申请通知权限

注意,requestPermission()方法只在用户显式触发的事件,如单击按钮、单击鼠标左键或按下键盘上某个键时有效。

【示例 2】 用户可以通过 Notification 对象的 permission 属性来判断用户是否给予让浏览器显示通知的权限，代码如下所示。

```
if(window.Notification){
    if (window.Notification.permission == "granted") {
        //获得权限
    }
    else if(window.Notification.permission == "default"){
        window.Notification.requestPermission();    //申请权限
    }
}else{
    alert ("浏览器不支持通知API");
}
```

Notification 对象的 permission 属性包含 3 个值，说明如下。
- default：用户处理结果未知，因此浏览器将视为用户拒绝弹出通知栏。
- denied：用户拒绝弹出通知栏。
- granted：用户允许弹出通知栏。

（3）创建消息通知。
在获得让浏览器显示通知的权限之后，就可以通过创建 Notification 对象来显示通知，代码如下所示：

```
var notification = new Notification(title,options)
```

该构造函数包含两个参数：第一个参数设置通知的标题；第二个参数为一个对象，用于指定创建通知时可以使用的各种选项，该对象可使用的属性及属性值如下所示。
- dir：设置通知中的文字方向，包括 ltr（从左向右）或 rtl（从右向左），默认值为 ltr。
- lang：设置通知所使用的语言，属性值必须为一个有效的 BCP 47 语言标识。
- body：设置通知中所显示的内容。
- tag：设置通知的 ID，即唯一标识符，以区别于其他通知，开发者通过 tag 标识符，获取、修改或删除该通知。
- icon：设置通知图标，为图片的 URL 地址。

【示例 3】 下面代码生成一个通知，定义通知标题、通知图标和通知内容，显示效果如图 14.10 所示。

```
<!DOCTYPE html>
<html>
<head>
<meta charset="UTF-8">
</head>
<body>
<script>
if(window.Notification){
    if (window.Notification.permission == "granted") {
        var notification = new Notification('通知标题', {icon:'images/notice.jpg',body:'通知内容'});
    }
    else if(window.Notification.permission == "default"){
        window.Notification.requestPermission();
    }
```

```
}else{
    alert ("浏览器不支持通知API");
}
</script>
</body>
</html>
```

（4）监测和管理通知。

Notification 对象提供下面 4 个事件类型，用于监测通知。

- show：当通知被显示时触发。
- close：当通知被关闭时触发。
- click：当通知被点击时触发。
- error：当通知引发错误时触发。

图 14.10 显示通知

另外，使用 Notification 对象的 close()方法可以关闭通知。

【示例 4】 本例演示了如何使用 Notification 对象事件监测通知。

```
if(window.Notification){
    if (window.Notification.permission == "granted") {
        var notification = new Notification('通知标题', {icon:'images/notice.jpg', body:'通知内容'});
        notification.onshow = function(){
            console.log("显示通知");
        }
        notification.onclose = function(){
            console.log("关闭通知");
        }
        notification.onclick = function(){
            console.log("单击通知");
        }
        notification.onerror = function(Error){
            console.log("通知出错");
        }
    }
    else if(window.Notification.permission == "default"){
        window.Notification.requestPermission();
    }
}else{
    alert ("浏览器不支持通知API");
}
```

14.2.2 案例：开启桌面通知

下面示例设计当用户单击页面中的控制按钮后，可以开启桌面通知，显示最新微博消息，演示效果如图 14.11 所示。

扫一扫，看视频

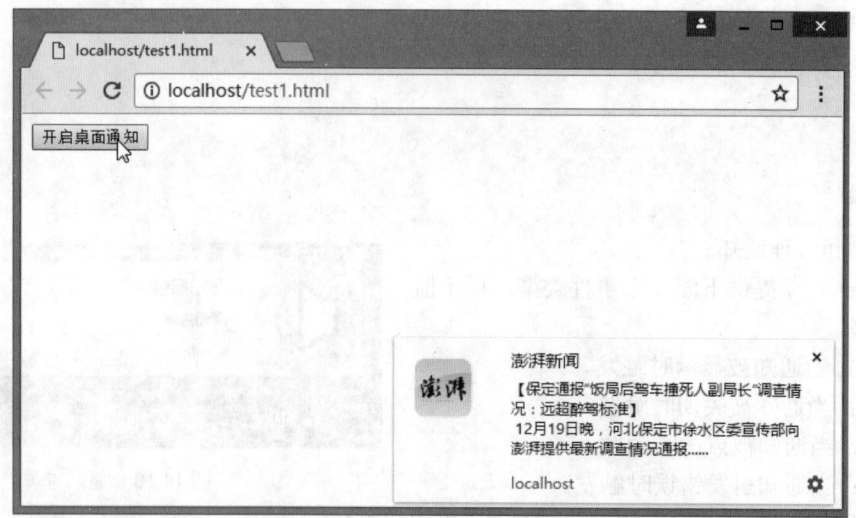

图 14.11 手动开启桌面通知

示例完整代码如下所示。

```
<!DOCTYPE html>
<html>
<head>
<meta charset="utf-8">
</head>
<body>
<input type="button" value="开启桌面通知" onclick="showNotice();">
<script>
function showNotice(){
    Notification.requestPermission(function(status){
        //status 默认值'default'等同于拒绝, 'denied' 意味着用户不想要通知,
        //'granted' 意味着用户同意启用通知
        if("granted" != status)
            return;
        var notify = new Notification("澎湃新闻",{
            dir:'auto',
            lang:'zh-CN',
            tag:'sds',                //实例化的 notification 的 id
            //icon 支持 ico、png、jpg、jpeg 格式
            icon:'images/pb.jpg',//通知的缩略图
            body:'【保定通报"饭局后驾车撞死人副局长"调查情况：远超醉驾标准】12 月 19 日晚，河北保定市徐水区委宣传部向澎湃提供最新调查情况通报......' //通知的具体内容
        });
        notify.onclick=function(){
            //如果通知消息被点击,通知窗口将被激活
            window.focus();
        }
    });
}
</script>
</body>
</html>
```

14.2.3 案例：使用脚本关闭通知

下面示例设计当用户单击页面中的"显示通知"按钮后，可以开启桌面通知，显示最新通知消息，如果单击"关闭通知"按钮，可以关闭通知，演示效果如图14.12所示。

图14.12 使用脚本关闭通知

示例完整代码如下所示。

```
<!DOCTYPE html>
<head>
<meta charset="UTF-8">
<title></title>
<script>
var notice;
function createNotification(){
    if (window.Notification.permission == "granted") {
        notice=new Notification('通知标题',
        {icon:'downArrow.gif',body:'通知内容'});
        notice.onshow = function() {console.log('通知被显示');};
        notice.onclose = function() {console.log('通知被关闭');};
    }
    else if(window.Notification.permission == "default"){
        window.Notification.requestPermission();
    }
}
function closeNotification(){
    notice.close();
}
</script>
</head>
<body>
<button onclick="createNotification()">显示通知</button>
<button onclick="closeNotification()">关闭通知</button>
</body>
</html>
```

14.2.4 案例：显示多条通知

下面示例设计当页面显示时，在桌面批量显示10条通知，演示效果如图14.13所示。

图 14.13　显示多条通知

示例完整代码如下所示。

```
<!DOCTYPE html>
<head>
<meta charset="UTF-8">
<title></title>
<script>
if (window.Notification.permission == "granted") {
    for(var i=0;i<10;i++)
        var  notice =new Notification('通知标题',{
            icon:'downArrow.gif',
            tag:'MyID' + i ,
            body:' 第'+ i +'条通知内容'
    });
}
else if(window.Notification.permission == "default"){
    window.Notification.requestPermission();
}
</script>
</head>
<body>
</body>
</html>
```

第 15 章 地 理 位 置

HTML5 Geolocation API 是 HTML5 新增的地理位置应用程序接口，它提供了一个可以准确感知浏览器用户当前位置的方法。如果浏览器支持，且设备具有定位功能，就能够直接使用这组 API 来获取当前位置信息。该 Geolocation API 可以应用于移动设备中，允许用户在 Web 应用程序中共享位置信息，从而享受位置感知服务。

【学习重点】
- 了解位置信息。
- 使用 Geolocation API。
- 能够获取当前位置信息，设计简单的定位应用。

15.1 位置信息基础

HTML5 Geolocation API 的使用方法相当简单。请求一个位置信息，如果用户同意，浏览器就会返回位置信息。该位置信息是通过支持 HTML5 地理定位功能的底层设备（如笔记本电脑或手机）提供给浏览器的。位置信息由纬度、经度坐标和一些其他元数据组成。有了这些位置信息，就可以构建引人注目的位置感知类应用程序。

15.1.1 为什么要学习 Geolocation

让我们设想一个场景：有一个 Web 应用程序，它可以向用户提供附近某商店运动鞋的打折优惠信息。使用 HTML5 Geolocation API，你可以请求用户共享他们的位置，如果他们同意，应用程序就可以向其提供相关信息，告诉用户去附近哪家商店可以挑选到打折的鞋子。

HTML5 Geolocation 技术的另一个应用场景是构建计算行走（跑步）路程的应用程序。想象一下，在开始跑步时通过手机浏览器启动应用程序的记录功能。在用户移动过程中，应用程序会记录已跑过的距离，还可以把跑步过程对应的坐标显示在地图上，甚至可以显示出海拔信息。如果用户正在和其他选手一起参加跑步比赛，应用程序甚至可以显示其对手的位置。

还有一种 HTML5 Geolocation 应用场景是基于 GPS 导航的社交网络应用，可以用它看到好友们当前所处的位置。一旦知道了好友的方位，就可以挑选合适的咖啡馆……此外，还有很多特殊的应用。

15.1.2 位置信息表示方式

位置信息主要由一对纬度和经度坐标组成。例如：
`Latitude: 39.17222, Longitude: -120.13778`
在这里，纬度（距离赤道以北或以南的数值表示）是 39.172 22，经度（距离英国格林威治以东或以西的数值表示）是 120.137 78。经、纬度坐标可以用以下两种方式表示：
- 十进制格式，如 39.172 22。
- DMS 角度格式，如 39°20'。

HTML5 Geolocation API 返回坐标的格式为十进制格式。

除了纬度和经度坐标，HTML5 Geolocation 还可提供位置坐标的准确度，并提供其他一些元数据，具体情况取决于浏览器所在的硬件设备。这些元数据包括海拔、海拔准确度、行驶方向和速度等。如果这些元数据不存在，则返回 null。

15.1.3 位置信息来源

HTML5 Geolocation API 不指定设备使用哪种底层技术来定位应用程序的用户。相反，它只是用于检索信息的 API，而且通过该 API 检索到的数据只具有某种程度的准确性，并不能保证设备返回的实际位置是精确的。设备可以使用下列数据。

- IP 地址。
- 三维坐标。
  - GPS 全球定位系统。
  - 从 RFID、Wi-Fi 和蓝牙到 Wi-Fi 的 MAC 地址。
  - GSM 或 CDMA 手机的 ID。
- 用户自定义数据。

为了保证更高的准确度，许多设备使用一个或多个数据源的组合。

15.1.4 IP 定位

在 HTML5 Geolocation API 之前，基于 IP 地址的地理定位是获得位置信息的唯一方式，但其返回的位置信息通常并不靠谱。基于 IP 地址的地理定位的实现方式是，自动查找用户的 IP 地址，然后检索其注册的物理地址。因此，如果用户的 IP 地址是 ISP 提供的，其位置往往就由服务供应商的物理地址决定，该地址可能距离用户数千米。

优点：
- 任何地方都可用。
- 在服务器端处理。

缺点：
- 不精确，一般精确到城市级。
- 运算代价大，并经常出错。

许多网站会根据由 IP 地址得到的位置信息来做广告，所以在实际中可能会遇到这样的情况：你到其他国家旅行，访问非本地网站时却突然看到了本地广告（基于访问网站所在国家或地区的 IP 地址）。

15.1.5 GPS 定位

GPS 定位是通过收集运行在地球周围的多个 GPS 卫星的信号实现的。这种定位方式虽然更为精确，但所需时间可能较长，因此它不适合需要快速响应的应用程序。因为获取 GPS 定位数据需要较长的时间，所以开发人员可能需要异步查询用户位置。可以添加一个状态栏以显示正在重新获取应用程序用户的位置。

优点：比较精确。
缺点：
- 定位时间长，耗电量大。
- 室内效果不好。
- 需要硬件设备支持。

15.1.6 Wi-Fi 定位

基于 Wi-Fi 的地理定位信息是通过计算三角距离得出的。这个三角距离指的是用户当前位置到已知的多个 Wi-Fi 接入点的距离。不同于 GPS，Wi-Fi 在室内也非常准确。

优点：
- 精确。
- 可在室内使用。
- 可以简单、快捷定位。

缺点：适合在大城市，在乡村等边远地区由于无接入点，或者接入点较少，效果不好。

15.1.7 手机定位

基于手机的地理定位信息是通过计算用户到一些基站的三角距离确定的，可提供相当准确的位置结果。这种方式通常同基于 Wi-Fi 和基于 GPS 的地理定位方式结合使用。

优点：
- 相当准确。
- 可在室内使用。
- 可以简单、快捷定位。

缺点：在基站较少的偏远地区效果不好。

15.1.8 自定义定位

除了通过编程计算出用户的位置外，也允许用户自定义其位置，即用户输入他们的地址、邮政编码和其他一些详细信息后，应用程序利用这些信息来提供位置感知服务。

优点：
- 可以获得比程序定位服务更准确的位置数据。
- 允许地理定位服务的结果作为备用位置信息。
- 用户自行输入可能比自动检测更快。

缺点：可能不准确，特别是当用户位置改变后。

15.2 Geolocation API 基础

本节将更详细地探讨 HTML5 Geulocation API 的使用方法。在 HTML5 中，为 window.navigator 对象新增了一个 geolocation 属性，可以使用 Geolocation API 对该属性进行访问。window.navigator 对象的 geolocation 属性存在 3 个方法，利用这些方法可以实现位置信息的读取。

15.2.1 浏览器支持

各浏览器对 HTML5 Geolocation 的支持程度不同，并且还在不断更新。在 HTML5 的所有功能中，HTML5 Geolocation 是第 1 批被全部接受和实现的功能之一，这对于开发人员来说是个好消息。相关规范已非常成熟，不大可能再做大的变更。各浏览器对 HTML5 Geolocation 的支持情况如表 15.1 所示。

表 15.1 浏览器支持概述

浏览器	说明
IE	通过 Gears 插件支持
Firefox	3.5 及以上的版本支持
Opera	10 及以上的版本支持

(续)

浏 览 器	说 明
Chrome	2.0 及以上的版本支持
Safari	4.0 及以上的版本支持

由于各浏览器的支持程度不同，在使用之前最好先检查一下当前浏览器是否支持 HTML5 Geolocation API，以确保浏览器支持其所要完成的所有工作。这样当浏览器不支持时，就可以提供一些替代文本，以提示用户升级浏览器或安装插件来增强现有浏览器功能。

```
function loadDemo() {
    if(navigator.geolocation) {
        document.getElementById("support").innerHTML = "支持 HTML5 Geolocation";
    } else {
        document.getElementById("support").innerHTML = "当前浏览器不支持 HTML5 Geolocation";
    }
}
```

在上面的代码中，loadDemo 函数测试了浏览器的支持情况。这个函数是在页面加载的时候被调用的。如果存在地理定位对象，navigator.geolocation 调用将返回该对象，否则将触发错误。页面上预先定义的 support 元素会根据检测结果显示支持情况的提示信息。

15.2.2 获取当前地理位置

使用 getCurrentPosition 方法可以取得用户当前的地理位置信息。其用法如下。

```
void getCurrentPosition(onSuccess, onError, options);
```

第 1 个参数为获取当前地理位置信息成功时所执行的回调函数，第 2 个参数为获取当前地理位置信息失败时所执行的回调函数，第 3 个参数为一些可选属性的列表。其中，第 2、3 个参数为可选属性。

1. 第 1 个参数

getCurrentPosition 方法中的第 1 个参数为获取当前地理位置信息成功时所执行的回调函数。该参数的使用方法如下。

```
navigator.geolocation.getCurrentPosition(function(position){
    //获取成功时的处理
}
```

在获取地理位置信息成功时执行的回调函数中，用到了一个参数 position。它代表的是一个 position 对象，后文中将对这个对象进行具体介绍。

2. 第 2 个参数

getCurrentPosition 方法中的第 2 个参数为获取当前地理位置信息失败时所执行的回调函数。如果获取地理位置信息失败，可以通过该回调函数把错误信息提示给用户。在浏览器中打开使用了 Geolocation API 来获得用户当前位置信息的页面时，浏览器会询问用户是否共享位置信息。如果在该页面中拒绝共享的话，也会引起错误的发生。

该回调函数使用一个 error 对象作为参数，该对象具有以下两个属性。

（1）code 属性

code 属性包含 3 个值，简单说明如下。

- 当属性值为 1 时，表示用户拒绝了位置服务。
- 当属性值为 2 时，表示获取不到位置信息。

➢ 当属性值为 3 时，表示获取信息超时错误。

（2）message 属性

message 属性为一个字符串，在该字符串中包含了错误信息，这个错误信息在开发和调试时将很有用。需要注意的是，有些浏览器是不支持 message 属性的，如 Firefox。

在 getCurrentPosition 方法中使用第 2 个参数捕获错误信息的具体方法如下。

```
navigator.geolocation.getCurrentPosition(
    function(position){
        var cords = position.coords;
        showMap(coords.latitude, coords.longitude,coords.accuracy);
    },
    //捕获错误信息
    function (error){
        var errorTypes = {
            1:位置服务被拒绝
            2:获取不到位置信息
            3:获取信息超时
        }
        alert( errorTypes[error.code]+ ":,不能确定当前地理位置");
    }
);
```

3. 第 3 个参数

getCurrentPosition 方法中的第 3 个参数可以省略。它是一些可选属性的列表，这些可选属性说明如下。

➢ enableHighAccuracy：是否要求高精度的地理位置信息。在很多设备上即设置了该参数也不会起作用，因为设备在使用时需要结合设备电量、具体地理情况来综合考虑。因此，多数情况下把该属性设为默认，由设备自身来调整。

➢ timeout：对地理位置信息的获取操作做一个超时限制（单位为毫秒）。如果在该时间内未获取到地理位置信息，则返回错误。

➢ maximumAge：对地理位置信息进行缓存的有效时间，单位为毫秒。例如，maximumAge：120000（1 分钟是 60000）。如果在 10:00 时获取过一次地理位置信息，10:01 时再次调用 navigator.geolocation. getCurrentPosition 重新获取地理位置信息，则返回的依然为 10:00 时的数据（因为设置的缓存有效时间为 2 分钟）。超过这个时间后，缓存的地理位置信息将被废弃，并尝试重新获取地理位置信息。如果该值被指定为 0，则无条件重新获取新的地理位置信息。

对于这些可选属性的具体设置方法如下。

```
navigator.geolocation.getCurrentPoeition(
    function(position){
        //获取地理位置信息成功时所做的处理
    },
    function(error){
        //获取地理位置信息失败时所做的处理
    },
    //以下为可选属性
    {
        //设置缓存有效时间为 2 分钟
        maximumAge: 60*1000*2,
```

```
            //5秒钟内未获取到地理位置信息则返回错误
            timeout: 5000
        }
}
```

15.2.3 监视位置信息

使用 watchPosition 方法可以持续获取用户的当前地理位置信息,它会定期地自动获取。watchPosition 方法的基本语法如下。

```
int watchCurrentPosition(onSuccess, onError, options);
```

该方法 3 个参数的说明与使用方法与 getCurrentPosition 方法相同。调用该方法后会返回一个数字,这个数字的用法与 JavaScript 脚本中 setInterval 方法的返回值用法类似,可以被 clearWatch 方法使用,以停止对当前地理位置信息的监视。

15.2.4 停止获取位置信息

使用 clearWatch 方法可以停止对用户的当前地理位置信息的监视。具体用法如下。

```
void clearWatch(watchId);
```

参数 watchId 为调用 watchCurrentPosition 方法监视地理位置信息时的返回参数。

15.2.5 隐私保护

HTML5 Geolocation 规范提供了一套保护用户隐私的机制,除非得到用户明确许可,否则不可获取位置信息。

【操作步骤】

第 1 步,用户从浏览器中打开位置感知应用程序。

第 2 步,应用程序 Web 页面加载,然后通过 Geolocation 函数调用请求位置坐标。浏览器拦截这一请求,然后请求用户授权。

第 3 步,如果用户同意,浏览器从其宿主设备中检索坐标信息,如 IP 地址、Wi-Fi 或 GPS 坐标。这是浏览器的内部功能。

第 4 步,浏览器将坐标发送给受信任的外部定位服务,由它返回一个详细位置信息,并将该位置信息发回给 HTML5 Geolocation 应用程序。

◁)) 提示:

应用程序不能直接访问设备,它只能请求浏览器来代表它访问设备。

访问使用 HTML5 Geolocation API 的页面时,会触发隐私保护机制。如果仅仅是添加 HTML5 Geolocation 代码,而不被任何方法调用,则不会触发隐私保护机制。只要所添加的 HTML5 Geolocation 代码被执行,浏览器就会提示用户应用程序要共享位置。执行 HTML5 Geolocation 的方式很多,如调用 navigator.geolocation.getCurrentPosition 方法等。

除了询问用户是否允许共享其位置之外,Firefox 等一些浏览器还可以让用户选择记住该网站的位置服务权限,以便下次访问的时候不再弹出提示对话框,类似于在浏览器中记住某些网站的密码。

15.2.6 处理位置信息

因为位置数据属于敏感信息,所以接收到之后,必须小心地处理、存储和重传。如果用户没有授权存储这些数据,那么应用程序应该在相应任务完成后立即删除它。如果要重传位置数据,建议先对其进行加密。在收集地理定位数据时,应用程序应该着重提示用户以下内容。
- 会收集位置数据。
- 为什么收集位置数据。
- 位置数据将保存多久。
- 怎样保证数据的安全。
- 位置数据怎样共享(如果同意共享)。
- 用户怎样检查和更新他们的位置数据。

15.2.7 使用 position 对象

如果获取地理位置信息成功,则可以在获取成功后的回调函数中通过访问 position 对象的属性来得到这些地理位置信息。position 对象具有如下属性。
- latitude:当前地理位置的纬度。
- longitude:当前地理位置的精度。
- altitude:当前地理位置的海拔高度(不能获取时为 null)。
- accuracy:获取到的纬度或经度的精度(以米为单位)。
- altitudeAccuracy:获取到的海拔高度的精度(以米为单位)。
- heading:设备的前进方向。用面朝正北方向的顺时针旋转角度来表示(不能获取时为 null)。
- speed:设备的前进速度(以米/秒为单位,不能获取时为 null)。
- timestamp:获取地理位置信息的时间。

【示例】 本例使用 getCurrentPosition 方法获取当前地理位置信息,并且在页面中显示 position 对象中的所有属性。

```
<!DOCTYPE html>
<head>
<meta charset="utf-8">
<script type="text/javascript" src=http://maps.google.com/maps/api/js?sensor=false>
</script>
<script type="text/javascript">
function showObject(obj,k){
    //递归显示 object
    if(!obj){return;}
    for(var i in obj){
        if(typeof(obj[i])!="object" || obj[i]==null){
            for(var j=0;j<k;j++){
                document.write("    ");
            }
            document.write(i + " : " + obj[i] + "<br/>");
        }
        else
        {
            document.write(i + " : " + "<br/>");
            showObject(obj[i],k+1);
        }
    }
}
function get_location(){
    if(navigator.geolocation)
```

```
navigator.geolocation.getCurrentPosition(show_map,handle_error,{enableHighAccur
acy:true,maximumAge:1000});
    else
        alert("你的浏览器不支持使用 HTML5 来获取地理位置信息。");
}
function handle_error(err){
    //错误处理
    switch(err.code){
        case 1 :
            alert("位置服务被拒绝。");
            break;
        case 2:
            alert("暂时获取不到位置信息。");
            break;
        case 3:
            alert("获取信息超时。");
            break;
        default:
            alert("未知错误。");
            break;
    }
}
function show_map(position){
    //显示地理位置信息
    var latitude = position.coords.latitude;
    var longitude = position.coords.longitude;
    showObject(position,0);
}
get_location();
</script>
</head>
<body>
<div id="map" style="width:400px; height:400px"></div>
</body>
```

这段代码的运行结果在不同设备的浏览器上也各不相同,具体运行结果取决于运行浏览器的设备。

15.3 实战案例

扫一扫，看视频

本例介绍如何在页面上显示一幅 Google 地图,并且把用户的当前地理位置标注在地图上面。如果用户的位置发生改变,将把之前在地图上的标记自动更新到新的位置上。当然,要在页面中使用 Google 地图,需要用到 Google Map API。

【操作步骤】

第 1 步,在页面中导入 Google Map API 的脚本文件。导入方法如下:

```
<script type="text/javascript" src=http://maps.google.com/maps/api/js?sensor=false />
```

第 2 步,设定地图参数。设定方法如下:

```
//指定 Google 地图上的一个坐标点,同时指定该坐标点的横坐标和纵坐标
var latlng = new google.maps.LatLng(coords.latitude, coords.longitude);
var myOptions = {
```

```
    zoom: 14, //设定放大倍数
    center: latlng, //将地图中心点设定为指定的坐标点
    mapTypeId: google.maps.MapTypeId.ROADMAP //指定地图类型
};
```
本例将用户当前位置的纬度、精度设定为页面打开时 Google 地图的中心点。

第 3 步，创建地图，并在页面中显示。
```
var map1= new google.maps.Map(document.getElementById("map"), myOptions);
```
上面的代码将地图显示在 id 为 "map" 的 div 元素中。

第 4 步，在地图上创建标记。
```
var marker = new google.maps.Marker({
    position: latlng, //将前面指定的坐标点标注出来
    map: map1 //设置在 map1 变量代表的地图中标注
});
```

第 5 步，设置标注窗口并指定该窗口中的注释文字。
```
var infowindow = new google.maps.InfoWindow({
    content: "当前位置!"   //指定标注窗口中的注释文字
});
```

第 6 步，打开标注窗口。
```
infowindow.open(map1, marker);
```
整个示例的完整代码如下。
```
<!DOCTYPE html>
<head>
<meta charset="utf-8">
<script type="text/javascript" src=http://maps.google.com/maps/api/js?sensor= false>
</script>
<script type="text/javascript">
  function init() {
    //取得当前地理位置
    navigator.geolocation.getCurrentPosition(function(position) {
       var coords = position.coords;
       //设定地图参数，将用户当前位置的纬度、经度设定为地图的中心点
       var latlng = new google.maps.LatLng(coords.latitude, coords.longitude);
       var myOptions = {
         zoom: 14,
         center: latlng,
         mapTypeId: google.maps.MapTypeId.ROADMAP
       };
       //创建地图并在 "map" div 中显示
       var map1;
       map1= new google.maps.Map(document.getElementById("map"), myOptions);
       //在地图上创建标记
       var marker = new google.maps.Marker({
           position: latlng,
           map: map1
       });
       //设定标注窗口，并指定该窗口中的注释文字
       var infowindow = new google.maps.InfoWindow({
          content: "当前位置!"
       });
       //打开标注窗口
```

```
            infowindow.open(map1, marker);
    });
  }
</script>
</head>
<body onload="init()">
  <div id="map" style="width:400px; height:400px"></div>
</body>
```

第 16 章 HTML5 其他应用

本章将介绍 HTML5 中其他一些各具特色的 API，这些 API 简单而实用，但浏览器支持情况不是很好，适合读者先了解。

【学习重点】
- 掌握 Page Visibility API 的基本应用。
- 掌握 Fullscreen API 的用法。
- 了解鼠标指针锁定 API。
- 掌握 requestAnimationFrame 的基本应用。
- 使用 Mutation Observer。
- 灵活运用 Promise 对象。

16.1 Page Visibility API

HTML5 新增了 Page Visibility API，即页面可见性 API。应用 Page Visibility API 之后，在浏览器窗口中只有当前激活的页面处于工作状态，其他隐藏页面将暂停工作，以避免不必要的计算，耗费系统资源，干扰用户浏览。

目前，Firefox 1+、Chrome 14+、IE 10+、Opera 12+、Safari 7+版本浏览器支持 Page Visibility API。

16.1.1 Page Visibility 基础

当与页面进行交互时，如果页面最小化，或者隐藏在其他标签页后面，那么页面中有些功能是可以暂停工作的，如轮询服务器或者某些动画效果。

【示例 1】 在 HTML5 之前，用户可以监听 focus 事件。如果当前窗口获取焦点，那么可以认为用户在与该页面交互；如果失去焦点（blur），那么可以认为用户停止与该页面交互。

```
//当前窗口得到焦点
window.onfocus = function() {
    //开始动画
    //开始 Ajax 轮询等
};
//当前窗口失去焦点
window.onblur = function() {
    //停止动画
    //停止 Ajax 轮询等
};
```

上面的设计方法略显简单。如果用户一边打开浏览器看视频，一边在另一个窗口中工作，那会怎样呢？很显然，焦点集中在工作窗口中，那么浏览器就失去了焦点，而无法正常浏览。Page Visibility API 能够有效帮助用户完成判断，避免不必要的尴尬。

Page Visibility 是一个简单的 API，它包含两个属性和一个事件。

- document.hidden：布尔值，表示页面是否隐藏。

> **提示：**
> 页面隐藏包括：页面在后台标签页中，或者浏览器最小化显示，但是页面被其他软件窗口遮盖并不算隐藏，如打开的 Word 遮住了浏览器。

- document.visibilityState：表示当前页面的可见性状态。包括 4 个可能状态值，说明如下。
  - hidden：页面在后台标签页中，或者浏览器最小化。
  - visible：页面在前台标签页中。
  - prerender：页面在屏幕外执行预渲染处理，document.hidden 的值为 true。
  - unloaded：页面正在从内存中卸载。
- visibilitychange 事件：当文档从可见变为不可见，或者从不可见变为可见时，将触发该事件。

【示例 2】 监听 visibilitychange 事件，当该事件触发时，获取 document.hidden 的值，根据该值进行页面处理。

```
document.addEventListener('visibilitychange', function(){
    var isHidden = document.hidden;
    if(isHidden) {
        //动画停止
        //服务器轮询停止
    }else {
        //动画开始
        //服务器轮询
    }
});
```

【示例 3】 下面提供一种兼容各高级浏览器，以及低版本 IE 的写法（使用 onfocus/onblur 兼容低版本 IE）。

```
(function() {
    var hidden = "hidden";
    //标准用法
    if (hidden in document)
        document.addEventListener("visibilitychange", onchange);
    else if ((hidden = "mozHidden") in document)
        document.addEventListener("mozvisibilitychange", onchange);
    else if ((hidden = "WebKitHidden") in document)
        document.addEventListener("WebKitvisibilitychange", onchange);
    else if ((hidden = "msHidden") in document)
        document.addEventListener("msvisibilitychange", onchange);
    //兼容 IE9-
    else if ("onfocusin" in document)
        document.onfocusin = document.onfocusout = onchange;
    //兼容其他浏览器
    else
        window.onpageshow = window.onpagehide = window.onfocus = window.onblur = onchange;
    function onchange (evt) {
        var v = "visible", h = "hidden",
            evtMap = {
                focus:v, focusin:v, pageshow:v, blur:h, focusout:h, pagehide:h
            };
        evt = evt || window.event;
        if (evt.type in evtMap)
```

```
        document.body.className = evtMap[evt.type];
    else
        document.body.className = this[hidden] ? "hidden" : "visible";
}
//设置初始状态（仅当浏览器支持页面可见性 API）
if( document[hidden] !== undefined )
    onchange({type: document[hidden] ? "blur" : "focus"});
})();
```

> **提示：**
>
> Page Visibility API 适用场景如下：
> - Web 应用拥有幻灯片式的连续播放功能，当页面处于不可见状态时，图片停止播放；当页面变为可见状态时，图片继续播放。
> - 实时显示服务器端信息的应用中，当页面处于不可见状态时，停止定期向服务器端请求数据的处理；当页面变为可见状态时，继续执行定期向服务器端请求数据的处理。
> - 具有播放视频功能的应用中，当页面处于不可见状态时，暂停播放视频；当页面变为可见状态时，继续播放视频。

扫一扫，看视频

16.1.2 案例：设计视频页面

在同时加载多个 Tab 页面的情况下，不同页面的声音和视频混合在一起，十分嘈杂，用户体验令人失望。作为开发人员和设计师，应该让页面更加友好，而不能喧宾夺主。

本例使用 Page Visibility 设计当页面被隐藏或最小化显示时，将暂停被播放的视频，同时在标题栏中显示当前暂停播放的时间；当用户切换到当前页面时，再重新播放，标题栏又动态显示播放的进度，演示效果如图 16.1 所示。

（a）动态播放中　　　　　　　　　　　　（b）暂停播放中

图 16.1　在视频页面应用 Page Visibility 技术

示例完整代码如下。

```
<!DOCTYPE html>
<head>
<meta charset="UTF-8">
</head>
<body>
<video id="videoElement" autoplay controls width="480" height="270">
    <source src="video/chrome.webm" type="video/webm" />
```

```html
            <source src="video/chrome.ogv" type="video/ogg" />
            <source src="video/chrome.mp4" type="video/mp4; codecs='avc1.42E01E, mp4a.40.2'" />
</video>
<script>
//记录变量，监测视频是否暂停
//视频设置为自动播放，所以开始不停了
sessionStorage.isPaused = "false";
//设置隐藏属性和可见性变化事件的名称
var hidden, visibilityChange;
if (typeof document.hidden !== "undefined") {
    hidden = "hidden";
    visibilityChange = "visibilitychange";
} else if (typeof document.mozHidden !== "undefined") {
    hidden = "mozHidden";
    visibilityChange = "mozvisibilitychange";
} else if (typeof document.msHidden !== "undefined") {
    hidden = "msHidden";
    visibilityChange = "msvisibilitychange";
} else if (typeof document.WebKitHidden !== "undefined") {
    hidden = "WebKitHidden";
    visibilityChange = "WebKitvisibilitychange";
}
var videoElement = document.getElementById("videoElement");
//如果该页面是隐藏的，则暂停视频
//如果显示页面，则播放视频
function handleVisibilityChange() {
    if (document[hidden]) {
        videoElement.pause();
    } else if (sessionStorage.isPaused !== "true") {
        videoElement.play();
    }
}
//如果浏览器不支持 addEventListener 或者页面可见性 API，则进行警告
if (typeof document.addEventListener === "undefined" ||
    typeof hidden === "undefined") {
    alert("本例需要一个浏览器，如谷歌浏览器，支持页面可见性 API。");
} else {
    //处理页面可见性变化
    document.addEventListener(visibilityChange, handleVisibilityChange, false);
    //当视频停顿
    videoElement.addEventListener("pause", function(){
        if (!document[hidden]) {
            //如果现在不是因为页面隐藏而暂停，则设置 ispaused 为真
            sessionStorage.isPaused = "true";
        }
    }, false);
    //当视频播放，设置 ispaused 状态
    videoElement.addEventListener("play", function(){
        sessionStorage.isPaused = "false";
    }, false);
    //以当前视频时间设置文档的标题
    videoElement.addEventListener("timeupdate", function(){
```

```
        document.title = Math.floor(videoElement.currentTime) + " second(s)";
    }, false);
}
</script>
</body>
</html>
```

16.1.3 案例：设计登录同步

如果用户去网上商城购买东西，在未登录状态下进入首页，会要求在新页面中登录；在新页面中登录完毕，返回首页后，有些网站首页依然会显示未登录状态。无疑，这种用户体验不是很友好。本例设计当用户在新页面登录成功之后，在其他页面都能够自动呈现登录状态，演示效果如图 16.2 所示。

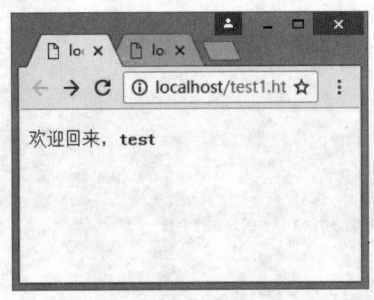
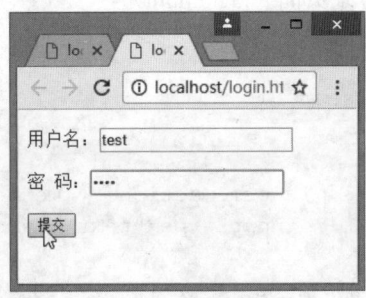

（a）动态显示登录状态　　　　　　　　　（b）登录页面

图 16.2　在网站登录中应用 Page Visibility 技术

示例完整代码如下。

（1）设计首页（test1.html）

```
<!DOCTYPE html>
<head>
<meta charset="UTF-8">
<script src="pageVisibility.js"></script>
</head>
<body>
<p id="loginInfo"></p>
<script>
(function() {
    if (typeof pageVisibility.hidden !== "undefined") {
        var eleLoginInfo = document.querySelector("#loginInfo");
        var funLoginInfo = function() {
            var username = localStorage.username || sessionStorage.username;
            if (username) {
                eleLoginInfo.innerHTML = '欢迎回来, <strong>' + username + '</strong>';
                sessionStorage.username = username;
            } else {
                eleLoginInfo.innerHTML = '尚未登录，请<a target="_blank" href="login.html">登录</a>';
            }
        }
        pageVisibility.visibilitychange(function() {
            if (!this.hidden) funLoginInfo();
        });
```

```
        funLoginInfo();
        //页面关闭清除localStorage
        window.addEventListener("unload", function() {
            localStorage.removeItem("username");
        })
    } else {
        alert("浏览器不支持Page Visibility API");
    }
})();
</script>
</body>
</html>
```

（2）设计登录页面（login.html）

```
<!DOCTYPE html>
<head>
<meta charset="UTF-8">
</head>
<body>
<form id="loginForm" action="" method="post">
    <p>用户名:<input type="text" name="username" required />
    </p>
    <p>密 码:<input type="password" name="password" required />
    </p>
    <p>
        <input type="submit" />
    </p>
</form>
<script>
(function() {
    if (typeof window.screenX === "number") {
        var eleLoginForm = document.querySelector("#loginForm");
        eleLoginForm.addEventListener("submit", function(e) {
            localStorage.username = document.querySelector("input[name='username']").value;
            alert("登录成功！可以返回前面页面。");
            this.reset();
            e.preventDefault();
        }, false);
    } else {
        alert("浏览器不支持HTML5表单");
    }
})();
</script>
</body>
</html>
```

16.2 Fullscreen API

HTML5新增了一个Fullscreen API，即全屏显示模式API。目前，Firefox 10+、Chrome 16+、Safari 5.1+、

Opera 12+、IE11+版本浏览器支持 Fullscreen API。

16.2.1　Fullscreen API 基础

FullScreen API 可以通过编程的方式向用户请求全屏显示，如果交互完成，随时可以退出全屏状态。

用户可以通过 DOM 对象的根节点（document.documentElement）或某个元素的 requestFullscreen() 方法请求 Fullscreen API。

【示例1】　函数 launchFullscreen() 可以根据传入的元素，让该元素全屏显示。

```
function launchFullscreen(element){
   if(element.requestFullscreen) {
      element.requestFullscreen();
   } else if(element.mozRequestFullScreen) {
      element.mozRequestFullScreen();
   } else if(element.msRequestFullscreen){
      element.msRequestFullscreen();
   } else if(element.WebKitRequestFullscreen) {
      element.WebKitRequestFullScreen();
   }
}
```

目前各大浏览器的最新版本都支持这个 API，但是在使用时需要加上浏览器前缀，如 mozRequest-FullScreen。

使用的时候，可以针对整个网页，也可以针对某个网页元素。

```
launchFullscreen(document.documentElement);
launchFullscreen(document.getElementById("videoElement"));
```

【示例2】　使用 exitFullscreen() 或 CanvelFullScreen() 方法可以取消全屏显示。

```
function exitFullscreen() {
   if (document.exitFullscreen) {
      document.exitFullscreen();
   } else if (document.msExitFullscreen) {
      document.msExitFullscreen();
   } else if (document.mozCancelFullScreen) {
      document.mozCancelFullScreen();
   } else if (document.WebKitExitFullscreen) {
      document.WebKitExitFullscreen();
   }
}
exitFullscreen();
```

FullScreen API 还定义了两个属性，简单说明如下。

- document.fullscreenElement：返回正处于全屏状态的网页元素。
- document.fullscreenEnabled：返回一个布尔值，表示当前是否处于全屏状态。

【示例3】　下面的代码用于判断当前页面是否全屏显示，并获取当前全屏显示的元素。

```
var fullscreenEnabled =
   document.fullscreenEnabled ||
   document.mozFullScreenEnabled ||
   document.WebKitFullscreenEnabled ||
   document.msFullscreenEnabled;
var fullscreenElement =
   document.fullscreenElement ||
   document.mozFullScreenElement ||
```

```
document.WebKitFullscreenElement;
```
在全屏状态下，大多数浏览器的 CSS 支持:full-screen 伪类，而 IE11+支持:fullscreen 伪类。使用这个伪类，可以对全屏状态设置单独的 CSS 样式。

【示例 4】　下面的样式代码用于设计全屏模式下的页面样式。

```
<style type="text/css">
:-WebKit-full-screen {
    /* 通用样式 */
}
:-moz-full-screen {
    /* 通用样式 */
}
:-ms-fullscreen {
    /* 通用样式 */
}
:full-screen {
    /* 特殊样式 */
    /* 通用样式 */
}
:fullscreen {
    /* 特殊样式 */
    /* 通用样式 */
}
/* 更深层次的元素 */
:-WebKit-full-screen video {
    width: 100%;
    height: 100%;
}
</style>
```

当进入或退出全屏模式时，会触发 fullscreenchange 事件。利用该事件可以监测全屏状态的改变，以便及时做出各种页面响应。

【示例 5】　在事件处理函数中，可以通过 DOM 对象的 fullscreen 属性值来判断页面或元素是否处于全屏显示状态。

```
document.addEventListener("fullscreenchange", function () {
    fullscreenState.innerHTML =(document.fullscreen) ? "全屏显示" : "非全屏显示";
    btnFullScreen.value=(document.fullscreen) ? "页面非全屏显示": "页面全屏显示";
}, false);
document.addEventListener("mozfullscreenchange", function () {
    fullscreenState.innerHTML =(document.mozFullScreen) ? "全屏显示" : "非全屏显示";
    btnFullScreen.value=(document.mozFullScreen) ? "页面非全屏显示": "页面全屏显示";
}, false);
document.addEventListener("WebKitfullscreenchange", function () {
    fullscreenState.innerHTML =(document.WebKitIsFullScreen) ? "全屏显示" : "非全屏显示";
    btnFullScreen.value=(document.WebKitIsFullScreen) ? "页面非全屏显示": "页面全屏显示";
}, false);
```

在上面的代码中，根据不同的浏览器添加浏览器前缀，并将 fullscreen 修改为 FullScreen，如 mozFullScreen。在 Chrome、Opera 或 Safari 浏览器中，需将 fullscreen 改为 WebKitIsFullScreen。

16.2.2 案例：设计页面全屏显示

本例页面中显示一个"页面全屏显示"按钮与一个 div 元素，div 元素中显示"非全屏显示"文字。单击"页面全屏显示"按钮后按钮文字变为"页面非全屏显示"，div 元素中显示"全屏显示"文字，页面变为全屏显示状态，背景色变为红色。单击"页面非全屏显示"按钮后按钮文字变为"页面全屏显示"，div 元素中显示"非全屏显示"文字，页面恢复为非全屏显示状态，背景色恢复为白色。演示效果如图 16.3 所示。

图 16.3　设计页面全屏显示

示例完整代码如下。

```
<!DOCTYPE html>
<html>
<head>
<style type="text/css">
html:-moz-full-screen {background: red;}
html:-WebKit-full-screen {background: red;}
html:fullscreen {background: red;}
</style>
</head>
<body>
<input type="button" id="btnFullScreen" value="页面全屏显示" onclick="toggleFullScreen();">
<div style="width:100%;" id="fullscreenState">非全屏显示</div>
</body>
<script type="text/javascript">
var docElm = document.documentElement;
var fullscreenState=document.getElementById("fullscreenState");
var btnFullScreen=document.getElementById("btnFullScreen");
fullscreenState.style.height=docElm.clientHeight+"px";
document.addEventListener("fullscreenchange", function () {
    fullscreenState.innerHTML =(document.fullscreen) ? "全屏显示" : "非全屏显示";
    btnFullScreen.value=(document.fullscreen) ? "页面非全屏显示": "页面全屏显示";
}, false);
document.addEventListener("mozfullscreenchange", function () {
    fullscreenState.innerHTML =(document.mozFullScreen) ? "全屏显示" : "非全屏显示";
    btnFullScreen.value=(document.mozFullScreen) ? "页面非全屏显示": "页面全屏显示";
}, false);
document.addEventListener("WebKitfullscreenchange", function () {
    fullscreenState.innerHTML =(document.WebKitIsFullScreen) ? "全屏显示" : "非全屏显示";
```

```
            btnFullScreen.value=(document.WebKitIsFullScreen) ? "页面非全屏显示": "页面全屏显
示";
    }, false);
    function toggleFullScreen(){
        if(btnFullScreen.value=="页面全屏显示"){
            if (docElm.requestFullscreen) {
                docElm.requestFullscreen();
            }
            else if (docElm.mozRequestFullScreen) {
                docElm.mozRequestFullScreen();
            }
            else if (docElm.WebKitRequestFullScreen) {
                docElm.WebKitRequestFullScreen();
            }
        } else{
            if (document.exitFullscreen) {
                document.exitFullscreen();
            }
            else if (document.mozCancelFullScreen) {      //如果为 Firefox 浏览器
                document.mozCancelFullScreen();
            }
            else if (document.WebKitCancelFullScreen) {//如果为 Chrome、Opera 或 Safari
浏览器
                document.WebKitCancelFullScreen();
            }
        }
    }
</script>
</html>
```

16.2.3　案例：设计视频全屏播放

本例设计当按 Enter 键时，视频会自动全屏播放；再次按 Enter 键或者 Esc 键，则退出全屏播放模式。演示效果如图 16.4 所示。

（a）非全屏状态　　　　　　　　　　　　　　（b）全屏状态

图 16.4　设计视频全屏播放

示例完整代码如下。

```html
<!doctype html>
<html>
<head>
<style type="text/css">
/* 使视频拉伸以填充在WebKit的屏幕 */
:-WebKit-full-screen #videoElement {
    width: 100%;
    height: 100%;
}
</style>
</head>
<body>
<p>注意：按回车键切换全屏模式</p>
<video id="videoElement" autoplay controls width="480" height="270">
    <source src="video/chrome.webm" type="video/webm" />
    <source src="video/chrome.ogv" type="video/ogg" />
    <source src="video/chrome.mp4" type="video/mp4; codecs='avc1.42E01E, mp4a.40.2'" />
</video>
</body>
<script>
var videoElement = document.getElementById("videoElement");
function toggleFullScreen() {
    if (!document.mozFullScreen && !document.WebKitFullScreen) {
        if (videoElement.mozRequestFullScreen) {
            videoElement.mozRequestFullScreen();
        } else {
            videoElement.WebKitRequestFullScreen(Element.ALLOW_KEYBOARD_INPUT);
        }
    } else {
        if (document.mozCancelFullScreen) {
            document.mozCancelFullScreen();
        } else {
            document.WebKitCancelFullScreen();
        }
    }
}
document.addEventListener("keydown", function(e) {
    if (e.keyCode == 13) {
        toggleFullScreen();
    }
}, false);
</script>
</html>
```

16.3 鼠标指针锁定 API

鼠标指针锁定 API 是一个关于鼠标指针的移动信息（不是鼠标光标的绝对位置信息）的 API。它允许用户获取鼠标指针的移动信息，将鼠标事件锁定到单个目标元素上，消除对鼠标指针在某个方向上可移动距离的限制，同时从屏幕上移除（本来可见的）鼠标指针。

16.3.1 鼠标指针锁定 API 基础

当 Web 应用中需要控制鼠标指针的移动或旋转某个对象时，该 API 变得非常有用。例如，在 3D 游戏应用程序中，允许用户只通过移动鼠标，而不需要单击鼠标左键或任何按钮的情况下改变视角；在查看平面地图、卫星地图或其他使用第一人称角度拍摄的视频时，该 API 也将为用户带来更大程度的便利性。

鼠标指针锁定 API 允许使用鼠标事件，即使鼠标指针已被用户移到浏览器或屏幕之外。例如，用户可以在没有边界限制的情况下通过移动鼠标指针的操作来旋转一个 3D 物体。如果不使用鼠标指针 API，当鼠标指针被移动到浏览器或屏幕之外时，该旋转操作也就停止。游戏玩家将更好地体验到该特性所带来的享受，他们可以不停地一边单击鼠标左键，一边随意移动鼠标指针，而不用担心鼠标指针是否已被移动到屏幕或浏览器之外，甚至可以在玩游戏的过程中偶尔单击一下将光标从游戏中移除的其他应用程序。

鼠标指针锁定 API 是一个与鼠标信息捕捉相关的 API。鼠标信息捕捉机制将在鼠标指针被移动的情况下针对一个目标元素的鼠标事件连续提供鼠标指针的相关信息，但是当鼠标左键被松开时，该事件也将被终止。

鼠标指针锁定 API 与鼠标信息捕捉机制不同的是：

- 即使鼠标左键已被松开，鼠标指针锁定 API 也不会停止对鼠标指针的获取，除非脚本程序中调用该 API 中的方法来显式停止对鼠标指针信息的获取。
- 鼠标指针锁定 API 不受浏览器或屏幕边界的限制。
- 当鼠标指针锁定 API 被调用后，不管鼠标左键的状态是什么，它都将持续获取鼠标指针信息。
- 鼠标指针锁定 API 将鼠标指针隐藏起来。

目前，Firefox 14+、Chrome 22+、Opera 18+版本浏览器对鼠标指针锁定 API 提供支持。

扫一扫，看视频

16.3.2 案例：设计全屏鼠标指针锁定

本例设计在页面中显示一个"锁定鼠标指针"按钮与一个 div 元素。当页面打开时，在控制台中不断输出鼠标指针的移动信息。当用户把鼠标指针移动到浏览器或屏幕之外时，控制台将停止输出信息。如果用户单击"锁定鼠标指针"按钮，JavaScript 脚本将把该 div 元素设定为全屏状态；当用户把鼠标指针移动到浏览器或屏幕之外时，控制台不会停止输出鼠标指针的移动信息。当用户退出全屏状态时，JavaScript 脚本将停止鼠标指针锁定，当用户把鼠标指针移动到浏览器或屏幕之外时，控制台将停止输出信息。演示效果如图 16.5 所示。

◀» 提示：

> 到目前为止，在使用鼠标指针锁定 API 时，需要在锁定目标元素之前，首先将目标元素设定为全屏状态，将来可能会取消这个限制。

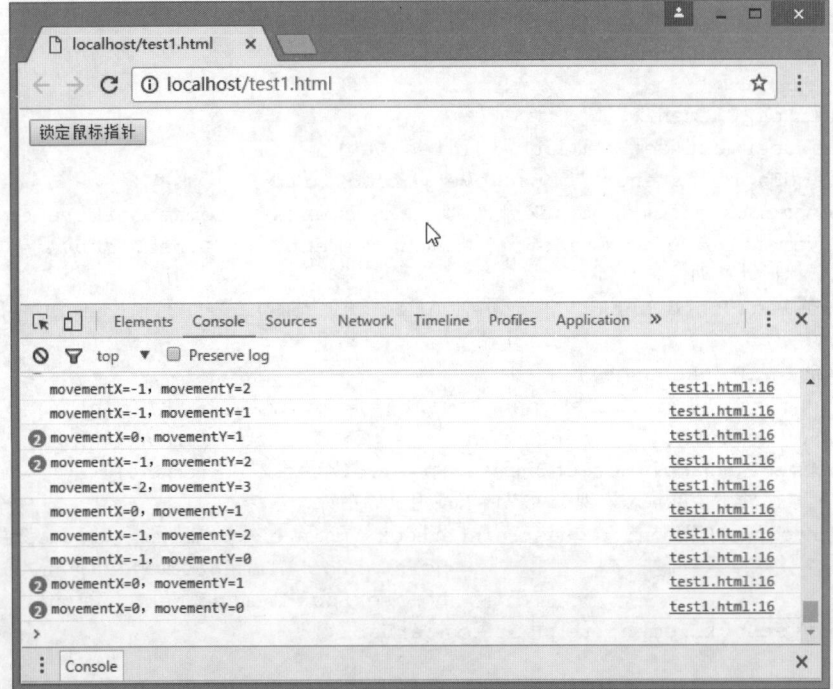

(a)非全屏状态

(b)全屏状态

图 16.5　设计全屏鼠标指针锁定

示例完整代码如下。

```
<!DOCTYPE html>
<html>
<head>
</head>
<body>
```

```html
<button onclick="lockPointer();">锁定鼠标指针</button>
<div id="pointer-lock-element"></div>
<script>
var pointerLockElement;
var result=document.getElementById("result");
document.addEventListener("mousemove", function(e) {
    var movementX = e.movementX || e.mozMovementX || e.WebKitMovementX || 0;
    var movementY = e.movementY || e.mozMovementY || e.WebKitMovementY || 0;
    //输出鼠标指针移动信息
    console.log("movementX=" + movementX+", movementY=" + movementY);
}, false);
function fullscreenChange() {
    if (document.WebKitFullscreenElement === pointerLockElement ||
        document.mozFullscreenElement === pointerLockElement ||
        document.mozFullScreenElement === pointerLockElement) {
        //元素已处于全屏状态,现在可以请求锁定鼠标指针
        pointerLockElement.requestPointerLock = pointerLockElement.requestPointerLock ||
                        pointerLockElement.mozRequestPointerLock ||
                        pointerLockElement.WebKitRequestPointerLock;
        pointerLockElement.requestPointerLock();
    }
}
document.addEventListener('fullscreenchange', fullscreenChange, false);
document.addEventListener('mozfullscreenchange', fullscreenChange, false);
document.addEventListener('WebKitfullscreenchange', fullscreenChange, false);
function pointerLockChange() {
    if (document.mozPointerLockElement === pointerLockElement ||
        document.WebKitPointerLockElement === pointerLockElement) {
        console.log("成功锁定鼠标指针");
    }
    else{
        console.log("鼠标指针已被停止锁定");
    }
}
document.addEventListener('pointerlockchange', pointerLockChange, false);
document.addEventListener('mozpointerlockchange', pointerLockChange, false);
document.addEventListener('WebKitpointerlockchange', pointerLockChange, false);
function pointerLockError() {
    console.log("鼠标指针定时出现错误");
}
document.addEventListener('pointerlockerror', pointerLockError, false);
document.addEventListener('mozpointerlockerror', pointerLockError, false);
document.addEventListener('WebKitpointerlockerror', pointerLockError, false);
function lockPointer() {
    pointerLockElement = document.getElementById("pointer-lock-element");
    //将id为pointer-lock-element的元素设为全屏状态
    //到目前为止,在针对某个元素锁定鼠标指针之前,首先要将该元素设为全屏状态,
    未来可能会取消该限定
    pointerLockElement.requestFullscreen = pointerLockElement.requestFullscreen ||
                        pointerLockElement.mozRequestFullscreen ||
                        pointerLockElement.mozRequestFullScreen ||
```

```
                                    pointerLockElement.WebKitRequestFullscreen;
    pointerLockElement.requestFullscreen();
}
</script>
</body>
</html>
```

【代码解析】

与全屏 API 相类似，鼠标指针锁定 API 新增了一个 requestPointerLock()方法。到目前为止，在使用时需要在该方法前添加各浏览器前缀。

```
element.WebKitRequestPointerLock();          //兼容 Chrome 和 Opera 浏览器
element.mozRequestPointerLock();             //兼容 Firefox 浏览器
```

锁定鼠标指针的处理是一种异步处理，鼠标指针锁定 API 通过 pointerlockchange 和 pointerlockerror 事件来通知脚本程序锁定鼠标指针的请求是否成功。

鼠标指针锁定 API 同时扩展了 Document 接口，新增 document 对象的 pointerLockElement 属性和 exitPointerLock()方法。其中 pointerLockElement 属性可以用来访问被锁定的目标元素，目前需要在各浏览器中为该属性添加浏览器前缀；exitPointerLock()方法用于取消鼠标指针的锁定。

pointerLockElement 属性可以用来判断页面中是否存在元素处于被锁定状态，也可以用来访问被锁定的目标元素。代码如下：

```
if (document.mozPointerLockElement === pointerLockElement ||
    document.WebKitPointerLockElement === pointerLockElement) {
    console.log("成功锁定鼠标指针");
}
else{
    console.log("鼠标指针已被停止锁定");
}
```

元素的 exitPointerLock()方法可用来取消鼠标指针的锁定。与 requestPointerLock()方法类似，exitPointerLock()方法是一种异步方法，取消锁定处理成功时将触发 pointerlockchange 事件，取消锁定处理失败时将触发 pointerlockerror 事件。

```
function pointerLockChange() {
    if (document.mozPointerLockElement === pointerLockElement ||
        document.WebKitPointerLockElement === pointerLockElement) {
        console.log("成功锁定鼠标指针");
    }
    else{
        console.log("鼠标指针已被停止锁定");
    }
}
document.addEventListener('pointerlockchange', pointerLockChange, false);
document.addEventListener('mozpointerlockchange', pointerLockChange, false);
document.addEventListener('WebKitpointerlockchange', pointerLockChange, false);
function pointerLockError() {
    console.log("鼠标指针定时出现错误");
}
document.addEventListener('pointerlockerror', pointerLockError, false);
document.addEventListener('mozpointerlockerror', pointerLockError, false);
document.addEventListener('WebKitpointerlockerror', pointerLockError, false);
```

当鼠标指针锁定状态发生改变，如当调用 requestPointerLock()方法成功锁定鼠标指针，或调用 exitPointerLock()方法成功取消鼠标指针锁定，或者用户在全屏状态下按下 Esc 键时，将触发 document

对象的 pointerlockchange 事件，该事件中不携带任何数据。

到目前为止，在 Firefox、Chrome 和 Opera 浏览器中，需要为该事件添加浏览器前缀，添加后的事件名分别为 mozpointerlockchange（Firefox）、WebKitpointerlockchange（Chrome 和 Opera）。

当调用 requestPointerLock() 方法锁定鼠标指针失败时，或当调用 exitPointerLock 方法取消鼠标指针锁定失败时，都将触发 document 对象的 pointerlockerror 事件，该事件中不携带任何数据。

鼠标指针锁定 API 为鼠标事件扩展了两个属性，分别代表鼠标指针在水平方向的移动距离（向右为正，向左为负，单位为像素）与垂直方向的移动距离（向下为正，向上为负，单位为像素）。

到目前为止，在 Firefox、Chrome 和 Opera 浏览器中，需要为这两个属性添加浏览器前缀。在 Firefox 浏览器中，分别为 mozMovementX、mozMovementY；在 Chrome 和 Opera 浏览器中，分别为 WebKitMovementX、WebKitMovementY。

当鼠标指针被锁定后，标准的鼠标事件对象的 clientX、clientY、screenX 和 screenY 属性将保持不变，就好像鼠标指针没有被移动一样。movementX 和 movementY 属性将持续提供鼠标指针移动信息，当鼠标指针单方向上移动时将不受屏幕或浏览器边界的限制。

> 注意：
> 不管鼠标指针是否处于被锁定状态，都可以利用 movementX 和 movementY 属性来获取鼠标指针的移动信息，即使是在鼠标指针没有被锁定的情况下。当鼠标指针没有被锁定时，可以被移动到浏览器窗口之外后再进入浏览器窗口，这时 movementX 和 movementY 属性值都将被初始化为 0。

针对 iframe 元素来说，鼠标指针 API 一次只能锁定一个 iframe 元素。如果已经锁定了一个 iframe 元素，就不能同时锁定另一个 iframe 元素。如果要锁定另一个 iframe 元素，则需先取消对当前锁定 iframe 元素的锁定。

16.4 requestAnimationFrame

在 Web 动画设计中，通常使用定时器来循环控制目标物的移动或变形。HTML5 新增了 window.requestAnimFrame() 方法，可提供更好的性能来实现动画。

16.4.1 requestAnimFrame 基础

在 HTML5+CSS3 时代，设计 Web 动画可以有多种选择。简单说明如下：
- 使用 CSS3 的 animattion+keyframes。
- 使用 CSS3 的 transition。
- 通过 HTML5 的 canvas 作图来实现动画。
- 借助 jQuery 动画来实现。
- 使用 JavaScript 原生的 window.setTimout() 或者 window.setInterval()，通过不断更新元素的状态位置等来实现动画，前提是画面的更新频率要达到每秒 60 次才能让肉眼看到流畅的动画效果。

现在又多了一种实现动画的方案，那就是 HTML5 新增的 window.requestAnimationFrame() 方法。window.requestAnimationFrame() 方法用来在页面重绘之前，通知浏览器调用一个指定的函数，以满足开发者操作动画的需求。这个方法接受一个函数为参数，该函数会在重绘前调用。

> 注意：
> 如果想得到连贯的逐帧动画，函数中必须重新调用 requestAnimationFrame()。

如果想制作逐帧动画，应该调用该方法。这就要求用户设计的动画函数的执行要先于浏览器重绘动作。通常来说,被调用的频率是每秒 60 次,但是一般会遵循 W3C 标准规定的频率。如果是后台标签页,重绘频率则会大大降低。用法如下:

```
requestID = window.requestAnimationFrame(callback);      // Firefox 23 / IE10 /
Chrome / Safari 7 (incl. iOS)
requestID = window.mozRequestAnimationFrame(callback);   //Firefox < 23
requestID = window.WebKitRequestAnimationFrame(callback); // Older versions Chrome/
WebKit
```

参数说明如下。

Callback:在每次需要重新绘制动画时,都会调用这个参数所指定的函数。这个回调函数会收到一个参数,这个 DOMHighResTimeStamp 类型的参数指示当前时间距离开始触发 requestAnimationFrame 的回调的时间。

返回值 requestID 是一个长整型非零值。作为一个唯一的标识符,可以将该值作为参数传给 window.cancelAnimationFrame()来取消这个回调函数。

📢 **提示**:

在 Web 动画、APP 动画中,我们经常使用 setInterval 或 setTimeout 定时器修改 DOM、CSS 实现动画。例如:

```
var timer=setInterval(function(){
    //动画
},1000/60)
//清除动画
clearInterval(timer);
```

不过这种方式非常耗费资源,经常会出现动画卡顿现象。

HTML5 的 requestAnimationFrame 方式的优势如下:

- 经过浏览器优化,动画更流畅。
- 窗口没激活时,动画将停止,节省计算资源。
- 更省电,尤其是对移动终端。

requestAnimationFrame 的使用方式如下:

```
function animate() {
    //任意操作
    requestAnimationFrame(animate);
    //做动画
}
//请求动画
requestAnimationFrame(animate);
```

有的时候需要加一些控制,requestAnimationFrame()可以像 setInterval()一样返回一个句柄,然后也可以取消它。控制动画代码如下:

```
var globalID;
function animate() {
    //任意操作
    globalID=requestAnimationFrame(animate);
    //做动画
}
//当加时赛开始
globalID=requestAnimationFrame(animate);
//当停止
cancelAnimationFrame(globalID);
```

目前,Firefox 26+、Chrome 31+、IE 10+、Opera 19+、Safari 6+版本浏览器对 requestAnimationFrame

提供支持。

16.4.2 案例：设计进度条

本例模拟一个进度条动画，初始 div 宽度为 1px，在 step()函数中将进度加 1，然后更新到 div 宽度上，在进度达到 100 之前，一直重复这一过程。为了演示方便，加了一个运行按钮，演示效果如图 16.6 所示。

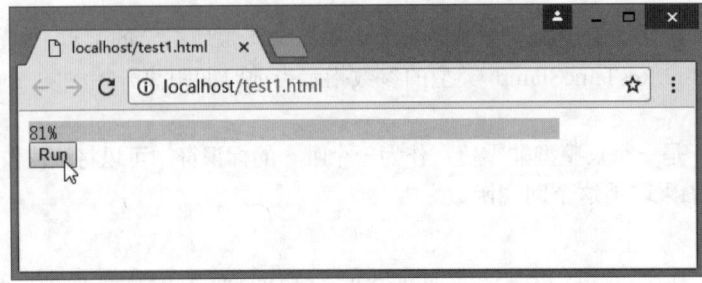

图 16.6 设计进度条

示例完整代码如下。

```html
<!DOCTYPE html>
<html>
<head>
</head>
<body>
<div id="test" style="width:1px;height:17px;background:#0f0;">0%</div>
<input type="button" value="Run" id="run"/>
<script>
window.requestAnimationFrame = window.requestAnimationFrame || window.mozRequestAnimationFrame || window.WebKitRequestAnimationFrame || window.msRequestAnimationFrame;
var start = null;
var ele = document.getElementById("test");
var progress = 0;
function step(timestamp) {
    progress += 1;
    ele.style.width = progress + "%";
    ele.innerHTML=progress + "%";
    if (progress < 100) {
        requestAnimationFrame(step);
    }
}
requestAnimationFrame(step);
document.getElementById("run").addEventListener("click", function() {
    ele.style.width = "1px";
    progress = 0;
    requestAnimationFrame(step);
}, false);
</script>
</body>
</html>
```

16.4.3 案例：设计粒子动画

本例模拟一个粒子动画。首先在页面中插入一个<canvas id="motion">标签；然后设计一块画布，在画布上随机生成一个圆点，颜色、运动方向随机；接着从画布中央随机向四周运动，同时逐步增大半径；最后调用 requestAnimationFrame()方法，传递回调函数为粒子生成函数 animate()，从而设计随机粒子放射运动的效果，如图 16.7 所示。

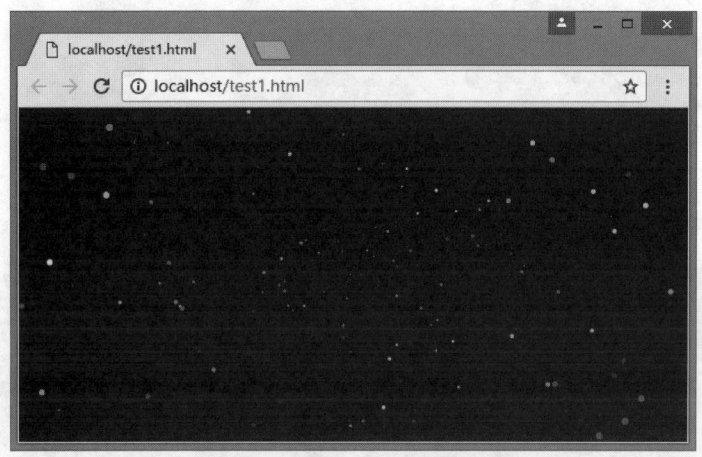

图 16.7 设计粒子动画

示例完整代码如下。

```html
<!DOCTYPE html>
<html >
<head>
<meta charset="UTF-8">
<style>
body { margin:0;padding:0; overflow: hidden; }
</style>
</head>
<body translate="no" >
<canvas id="motion">当前浏览器不支持画布</canvas>
<script>
(function() {
   'use strict';
   var vendors = ['WebKit', 'moz'];
   for (var i = 0; i < vendors.length && !window.requestAnimationFrame; ++i) {
      var vp = vendors[i];
      window.requestAnimationFrame = window[vp+'RequestAnimationFrame'];
      window.cancelAnimationFrame = (window[vp+'CancelAnimationFrame']
                          || window[vp+'CancelRequestAnimationFrame']);
   }
   if (/iP(ad|hone|od).*OS 6/.test(window.navigator.userAgent) // iOS6 is buggy
      || !window.requestAnimationFrame || !window.cancelAnimationFrame) {
      var lastTime = 0;
      window.requestAnimationFrame = function(callback) {
         var now = Date.now();
         var nextTime = Math.max(lastTime + 16, now);
         return setTimeout(function() { callback(lastTime = nextTime); },
```

```
                        nextTime - now);
        };
        window.cancelAnimationFrame = clearTimeout;
    }
}()); 
var getRandomColor = function(){
    return '#'+(Math.random()*0xffffff<<0).toString(16);
}
var canvas = document.getElementById("motion"),
    c = canvas.getContext("2d"),
    particles = {},
    particleIndex = 0,
    particleNum = 0.2;
canvas.width = window.innerWidth;
canvas.height = window.innerHeight;
function Particle(){
    this.x = canvas.width/2;
    this.y = canvas.height/2;
    this.vx = Math.random() * 6 - 3;
    this.vy = Math.random() * 4 - 2;
    this.growth = ( Math.abs(this.vx) + Math.abs(this.vy) ) * 0.007;
    particleIndex++;
    particles[particleIndex] = this;
    this.id = particleIndex;
    this.size = Math.random() * 1;
    this.color = getRandomColor();
}
Particle.prototype.draw = function(){
    this.x += this.vx;
    this.y += this.vy;
    this.size += this.growth;
    if(this.x > canvas.width || this.y > canvas.height){
        delete particles[this.id];
    }
    c.fillStyle = this.color;
    c.beginPath();
    c.arc(this.x, this.y, this.size,0*Math.PI,2*Math.PI);
    c.fill();
};
function animate(){
    requestAnimationFrame( animate );
    c.fillStyle = "#000";
    c.fillRect(0,0,canvas.width,canvas.height);
    if(Math.random() > particleNum){
        new Particle();
    }
    for(var i in particles){
        particles[i].draw();
    }
}
requestAnimationFrame( animate );
</script>
```

```
</body>
</html>
```

16.4.4 案例：设计旋转的小球

本例通过 window.requestAnimFrame() 方法在 canvas 画布中设计一个旋转的小球动画，演示效果如图 16.8 所示。

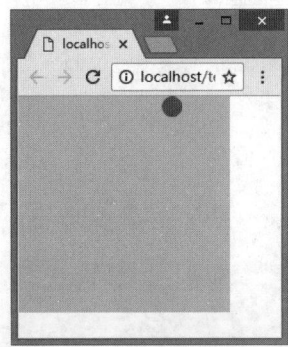

图 16.8　设计旋转的小球动画

示例完整代码如下。

```
<!DOCTYPE html>
<html>
<head>
<meta charset="utf-8" />
</head>
<style>
body{ margin:0px; padding:0px;}
</style>
<body>
<script>
window.requestAnimFrame = (function(){
    return  window.requestAnimationFrame       ||
            window.WebKitRequestAnimationFrame ||
            window.mozRequestAnimationFrame    ||
            window.oRequestAnimationFrame      ||
            window.msRequestAnimationFrame     ||
            function(){
                window.setTimeout(callback, 1000 / 60);
            };
})();
var canvas, context;
init();
animate();
function init() {
    canvas = document.createElement('canvas');
    canvas.style.left=0;
    canvas.style.top=0;
    canvas.width = 210;
    canvas.height = 210;
    context = canvas.getContext('2d');
```

```
        document.body.appendChild( canvas );
}
function animate() {
    requestAnimFrame( animate );
    draw();
}
function draw() {
    var time = new Date().getTime() * 0.002;
    var x = Math.sin( time ) * 96 +105;
    var y = Math.cos( time * 0.9 ) * 96 + 105;
    context.fillStyle ='pink';
    context.fillRect( 0, 0, 255, 255 );
    context.fillStyle='rgb(255,0,0)';
    context.beginPath();
    context.arc(x,y,10,0,Math.PI * 2,true);
    context.closePath();
    context.fill();
}
</script>
</body>
</html>
```

16.5 Mutation Observer

Mutation Observer 表示变动观察器,是监视 DOM 变动的接口。当 DOM 对象树发生任何变动时,Mutation Observer 都会得到通知。

16.5.1 Mutation Observer 基础

Mutation Observer 类似于事件,可以理解为当 DOM 发生变动时会触发 Mutation Observer 事件。但是,它与事件有着本质上的不同。比较如下:

- 事件是同步触发,也就是说 DOM 发生变动时立刻会触发相应的事件。
- Mutation Observer 则是异步触发,DOM 发生变动后,并不会马上触发,而是要等到当前所有 DOM 操作都结束后才会触发。

这样设计是为了应付 DOM 变动频繁的情况。例如,如果在文档中连续插入 1000 个段落(p 元素),会连续触发 1000 个插入事件,执行每个事件的回调函数,很可能造成浏览器的卡顿;而 Mutation Observer 完全不同,只在 1000 个段落都插入结束后才会触发,而且只触发一次。

Mutation Observer 具有以下特点:

- 等待所有脚本任务完成后,才会运行,采用异步方式。
- 把 DOM 变动记录封装成一个数组进行处理,而不是一条条地个别处理 DOM 变动。
- 可以观察发生在 DOM 节点的所有变动,也可以观察某一类变动。

目前,Chrome 11+、Firefox 16+、IE 11+、Opera 18+、 Safari 6+版本浏览器对该 API 提供支持。Safari 6.0 和 Chrome 18~25 使用这个 API 的时候,需要加上 WebKit 前缀(WebKitMutationObserver)。可以使用下面的表达式检查浏览器是否支持这个 API。

```
var MutationObserver = window.MutationObserver ||
    window.WebKitMutationObserver ||
```

```
    window.MozMutationObserver;
var mutationObserverSupport = !!MutationObserver;
```
使用步骤如下：

第1步，使用MutationObserver()构造函数，新建一个实例，同时指定这个实例的回调函数。
```
var observer = new MutationObserver(callback);
```
第2步，使用observe()方法指定所要观察的DOM元素，以及要观察的特定变动。
```
var article = document.querySelector('article');
var options = {
    'childList': true,
    'arrtibutes': true
};
observer.observe(article, options);
```
上面的代码首先指定所要观察的DOM元素是article；然后指定所要观察的变动是子元素的变动和属性变动；最后将这两个限定条件作为参数，传入observer对象的observe()方法。

> **提示：**
> - MutationObserver所观察的DOM变动（即上面代码的option对象），包含以下类型，设置值为布尔值。
> - childList：子元素的变动。
> - attributes：属性的变动。
> - characterData：节点内容或节点文本的变动。

想要观察哪一种变动类型，就在option对象中指定值为true。

除了变动类型，option对象还可以设定以下属性，设置值为布尔值。

- attributeOldValue：如果为true，则表示需要记录变动前的属性值。
- characterDataOldValue：如果为true，则表示需要记录变动前的数据值。
- attributesFilter：值为一个数组，表示需要观察的特定属性，如['class', 'str']。
- subtree：所有下属节点（包括子节点和子节点的子节点）的变动。

第3步，使用disconnect()方法停止观察。发生相应变动时，不再调用回调函数。
```
observer.disconnect();
```
第4步，使用takeRecord()方法清除变动记录，即不再处理未处理的变动。
```
observer.takeRecord
```

> **提示：**
> DOM对象每次发生变化，就会生成一条变动记录。该变动记录对应一个MutationRecord对象，该对象包含了与变动相关的所有信息。Mutation Observer进行处理的一个个变动对象所组成的数组。

MutationRecord对象包含了DOM的相关信息，包含如下属性。

- type：观察的变动类型，如attribute、characterData或者childList。
- target：发生变动的DOM对象。
- addedNodes：新增的DOM对象。
- removeNodes：删除的DOM对象。
- previousSibling：前一个同级的DOM对象，如果没有则返回null。
- nextSibling：下一个同级的DOM对象，如果没有则返回null。
- attributeName：发生变动的属性。如果设置了attributeFilter，则只返回预先指定的属性。
- oldValue：变动前的值。这个属性只对attribute和characterData变动有效；如果发生childList变动，则返回null。

第5步，使用MutationObserve对象时可能触发的各种事件必须设定的MutationObserver选项值说明如下，小括号内的选项为可选选项。

- DOMAttrModified：attributes: true(，attributeOldValue: true)(，attributeFilter:["属性名"])。
- DOMAttributeNameChanged：attributes: true(，attributeOldValue: true)(，attributeFilter:["属性名"])。
- DOMCharactcrDataModified：characterData: true(，characterDataOldValue: true)。
- DOMNodeInserted：childList: true(，subtree: true)。
- DOMNode insertedIntoDocument：childList: true(，subtree: true)。
- DOMNodeRemoved：childList: true(，subtree: true)。
- DOMNode RemovedFrom Document：childList: true(，subtree: true)。
- DOMSubtreeModified：childList: true，subtree: true。

16.5.2 案例：观察 DOM 元素变化

本例设计在页面中显示一个 div 元素和一个按钮，单击该按钮时，JavaScript 程序在 div 元素中插入一个 span 元素。另外，在脚本中创建一个 MutationObserver 对象观察 div 元素的变化，通过将该对象的 observe()方法中的第 2 个参数值对象的 childList 属性值设置为 true，以观察 div 元素的子元素的变化（包括在 div 元素中插入子元素的操作），当观察到 div 元素中插入子元素时在浏览器中弹出"检测到 DOM 变化"提示信息。演示效果如图 16.9 所示。

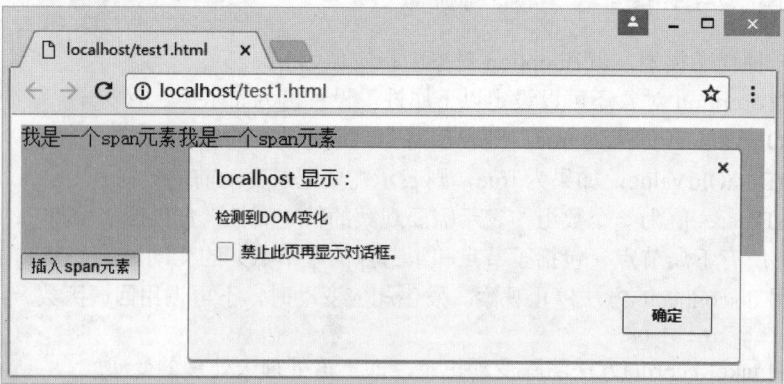

图 16.9　观察 DOM 元素变化

示例完整代码如下。

```
<!doctype html>
<html>
<head>
</head>
<body>
<div id="div" style="height: 100px;width:100%;background-color:pink;"></div>
<input type="button" value="插入 span 元素" onclick="changeDiv();">
<script type="text/javascript">
function onchange(mutationRecords,mutationObserver) {
    alert("检测到 DOM 变化");
    console.log(mutationRecords);
    console.log(mutationObserver);
}
var div = document.getElementById('div');
var mo = new window.MutationObserver(onchange),
options = {childList:true};
```

```
mo.observe(div,options);
function changeDiv(){
    var span=document.createElement("span");
    span.innerHTML="我是一个 span 元素";
    div.appendChild(span);
}
</script>
</body>
</html>
```

16.5.3　案例：观察 DOM 属性变化

本例设计在页面中显示两个 a 元素和一个按钮，单击该按钮时，会同时修改两个 a 元素的 href 属性值。使用 MutationObserver 对象来观察两个 a 元素，当单击"修改 a 元素"按钮时，在控制台中输出两个 a 元素被修改的属性名及修改前的 href 属性值。演示效果如图 16.10 所示。

图 16.10　观察 DOM 属性变化

示例完整代码如下。

```
<!doctype html>
<html>
<head>
</head>
<body>
<a id="a1" href="#a">链接 1</a>
<a id="a2" href="#b">链接 2</a>
<input type="button" value="修改 a 元素" onclick="changeA();">
<script type="text/javascript">
function onchange(mutationRecords,mutationObserver) {
    for(var i=0;i<mutationRecords.length;i++)
        console.log("修改前的"+mutationRecords[i].attributeName+"属性为: "+mutationRecords[i].oldValue);
}
var a1El = document.getElementById('a1');
var a2El = document.getElementById('a2');
var attr= ["href"];
```

```
var mo = new window.MutationObserver(onchange),
    options = {attributes: true,attributeFilter: attr,attributeOldValue:true};
mo.observe(a1El,options);
mo.observe(a2El,options);
function changeA(){
    a1El.setAttribute("href","http://www.baidu.com");
    a2El.setAttribute("href","http://www.weibo.com");
}
</script>
</body>
</html>
```

16.6 JavaScript Promise

Promise 是一种抽象的异步处理对象,其核心概念为"确保在一件事做完之后,再做另一件事"。这个概念最早出现在 E 语言中,现在 JavaScript 也引入了这个概念,并被纳入 ECMAScript 6 规范。

目前,Chrome 34+、Firefox 30+、Opera 20+和 Safari 8+版本浏览器都支持 Promise 对象。

16.6.1 Promise 对象基础

扫一扫,看视频

一直以来,JavaScript 处理异步操作都是以 callback(回调函数)的方式实现的。在 Web 开发中,callback 机制深入人心。近几年,随着 JavaScript 开发模式的逐渐成熟,Common JS 规范顺势而生,其中就包括 Promise 规范。Promise 完全改变了 JavaScript 异步编程的写法,让异步编程变得易于理解。

【示例 1】 在 callback 模型中,如果需要执行一个异步队列,设计的代码模式如下。

```
loadImg('a.jpg', function() {
    loadImg('b.jpg', function() {
        loadImg('c.jpg', function() {
            console.log('all done!');
        });
    });
});
```

上面的代码就是典型的回调金字塔,当异步任务很多的时候,维护大量的 callback 将是一场灾难。

所谓 Promise,从字面上可以理解为"承诺"。例如,A 调用 B,B 返回一个"承诺"给 A,然后 A 就可以这么写:当 B 返回结果的时候,A 执行方案 S1;反之,如果 B 没有返回 A 想要的结果,那么 A 执行应急方案 S2。这样一来,所有的潜在风险都在 A 的可控范围之内。

【示例 2】 下面使用代码描述 Promise。

```
var resB = B();
var runA = function() {
    resB.then(execS1, execS2);
};
runA();
```

上面的代码比较简单,但现实情况可能比这要复杂得多。A 要完成一件事,要依赖的不止 B 的响应,可能需要同时向多个人询问,当收到所有的应答之后再执行下一步的方案。

【示例 3】 下面的代码进一步细化了 Promise 的描述。

```
var resB = B();
var resC = C();
```

```
...
var runA = function() {
   reqB
       .then(resC, execS2)
       .then(resD, execS3)
       .then(resE, execS4)
       ...
       .then(execS1);
};
runA();
```

在上面的代码中,当每一个被询问者做出不符合预期的应答时,都用了不同的处理机制。事实上,Promise 规范没有要求这样做,甚至可以不做任何的处理,即不传入 then 的第 2 个参数,或者统一处理。

Promise 规范的内容不多,简单描述如下。

- 一个 promise 对象可能有 3 种状态:等待(pending)、已完成(fulfilled)、已拒绝(rejected)。
- 一个 promise 对象的状态只可能从"等待"转到"完成"或者"拒绝"状态,不能逆向转换,同时"完成"和"拒绝"状态不能相互转换。
- promise 必须实现 then()方法。then 就是 promise 的核心,而且 then 必须返回一个 promise。同一个 promise 的 then 可以调用多次,并且回调的执行顺序跟它们被定义时的顺序一致。
- then()方法接受两个参数,1 个参数是成功时的回调,在 promise 由"等待"转换到"完成"状态时调用;另一个是失败时的回调,在 promise 由"等待"转换到"拒绝"状态时调用。同时,then 可以接受另一个 promise 传入,也接受一个"类 then"的对象或方法,即 thenable 对象。

在使用 JavaScript 时,经常会遇到"一件事做完之后,再做另一件事"的处理要求,尤其是在制作动画的时候。虽然可以使用回调函数来实现这一要求,但回调函数并不能解决所有情况。例如,当需要从网站中读取一些资源,并且当资源读取完毕时,执行某些处理的时候。

【示例 4】 为了理解 Promise 对象的作用,先来看一个示例。在示例页面中,显示了一个"读取文件"按钮,当用户单击该按钮时,将读取 1.txt、2.txt、3.txt 3 个文件,并将读取到的文件内容依次显示在页面中,以此模拟先后进行的 3 个异步处理。

3 个文本文件的内容分别如下。

(1) 1.txt 文件

1.
春晓
唐 孟浩然
春眠不觉晓,处处闻啼鸟。
夜来风雨声,花落知多少。

(2) 2.txt 文件

2.
山居秋暝
唐 王维
空山新雨后,天气晚来秋。
明月松间照,清泉石上流。
竹喧归浣女,莲动下渔舟。
随意春芳歇,王孙自可留。

（3）3.txt 文件

```
3.
江雪
作者 柳宗元
千山鸟飞绝，万径人踪灭。
孤舟蓑笠翁，独钓寒江雪。
```

test1.html 如下：

```html
<!doctype html>
<html>
<head>
<meta charset="UTF-8">
</head>
<script>
function CreateXMLHTTP() {
    if (window.ActiveXObject) {
        var objXmlHttp = new ActiveXObject("Microsoft.XMLHTTP");
    }
    else {
        if (window.XMLHttpRequest) {
            var objXmlHttp = new XMLHttpRequest();
        }
        else {
            alert("不能初始化XMLHTTP对象！");
            return null
        }
    }
    return objXmlHttp;
}
function getData(fileName){
    var objXmlHttp=CreateXMLHTTP();
    objXmlHttp.open("GET",fileName, true);
    objXmlHttp.onreadystatechange = function() {
        if (objXmlHttp.readyState == 4) {
            if (objXmlHttp.status == 200){
                var result=document.getElementById("result")
                result.innerHTML+=objXmlHttp.responseText+"<br/>";
            }
            else
                alert("读取文件失败");
        }
    }
    objXmlHttp.send();
}
function read(){
    getData("1.txt");
    getData("2.txt");
    getData("3.txt");
}
</script>
<input type="button" value="读取文件" onclick="read()"/>
<div name="result" id="result" style="white-space:pre"></div>
</body></html>
```

在浏览器中访问示例页面,单击"读取文件"按钮,脚本将 1.txt、2.txt 和 3.txt 文件中的内容显示在页面中,效果如图 16.11 所示。

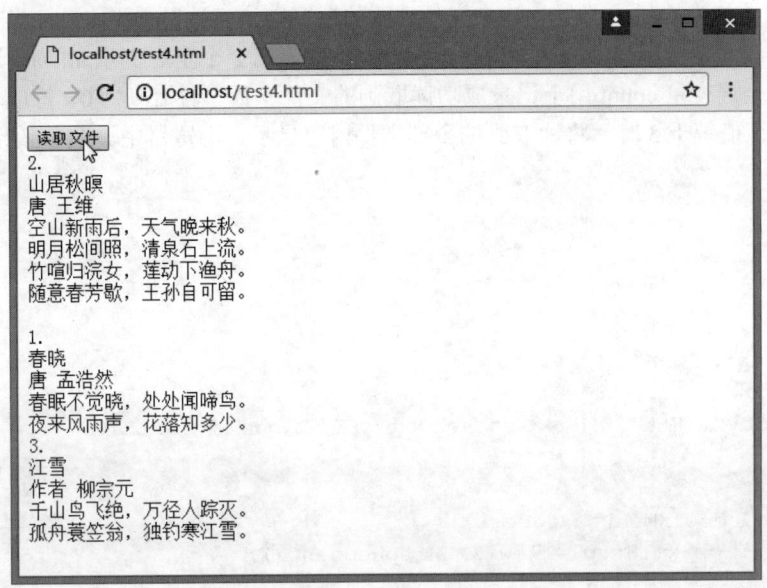

图 16.11　在页面中分别读取和显示文本文件内容

【示例 5】　如果将代码中任一文件指定为一个不存在的文件,则页面中将显示其他读取到的文件内容。修改 read 函数内容如下:

```
function read(){
    getData("1.txt");
    getData("2.txt");
    getData("4.txt");
}
```

在浏览器中访问示例页面,单击"读取文件"按钮,浏览器中弹出"读取文件失败"提示信息,页面中仍显示脚本读取到的其他文件内容,如图 16.12 所示。

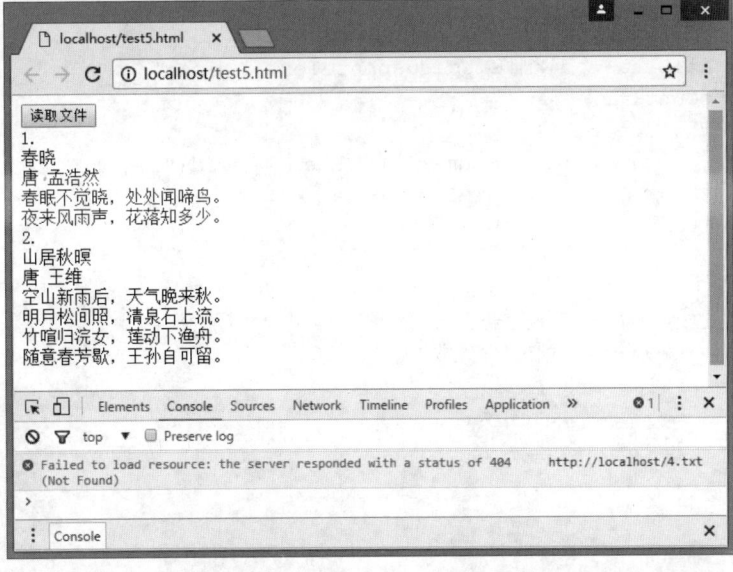

图 16.12　读取最后一个文件失败

现在修改脚本逻辑为，当读取任意一个文件失败时，任何文件内容均不显示。

【示例 6】 本例新增了 3 个全局变量。其中，第 1 个全局变量 errFlag 用于判断是否发生了读取文件失败的情况。初始值为 false。当发生读取文件失败的情况则该值被设置为 true。当首次发生读取文件失败的情况时，在浏览器中弹出"读取文件失败"提示信息。第 2 个全局变量 allData 用于保存读取到的文件内容。第 3 个全局变量 count 用于记录成功读取到的文件个数。初始值为 0，每成功读取到一个文件就将该值加 1。当该值等于 3 时，将读取到的全部文件内容显示在浏览器中。演示效果如图 16.13 所示。

```
<!doctype html>
<html>
<head>
<meta charset="UTF-8">
</head>
<script>
function CreateXMLHTTP() {
    if (window.ActiveXObject) {
        var objXmlHttp = new ActiveXObject("Microsoft.XMLHTTP");
    }
    else {
        if (window.XMLHttpRequest) {
            var objXmlHttp = new XMLHttpRequest();
        }
        else {
            alert("不能够初始化 XMLHTTP 对象！");
            return null
        }
    }
    return objXmlHttp;
}
function getData(fileName){
    var objXmlHttp=CreateXMLHTTP();
    objXmlHttp.open("GET",fileName, true);
    objXmlHttp.onreadystatechange = function() {
        if (objXmlHttp.readyState == 4) {
            if (objXmlHttp.status == 200){
                allData+=objXmlHttp.responseText+"<br/>";
                count+=1;
                if(count==3){
                    var result=document.getElementById("result")
                    result.innerHTML=allData;
                }
            }
            else{
                if(errFlag==false)
                    alert("读取文件失败");
                errFlag=true;
            }
        }
    }
    objXmlHttp.send();
}
function read(){
```

```
        errFlag=false;
        allData="";
        count=0;
        getData("1.txt");
        getData("2.txt");
        getData("4.txt");
    }
</script>
<input type="button" value="读取文件" onclick="read()"/>
<div name="result" id="result" style="white-space:pre"></div>
</body>
</html>
```

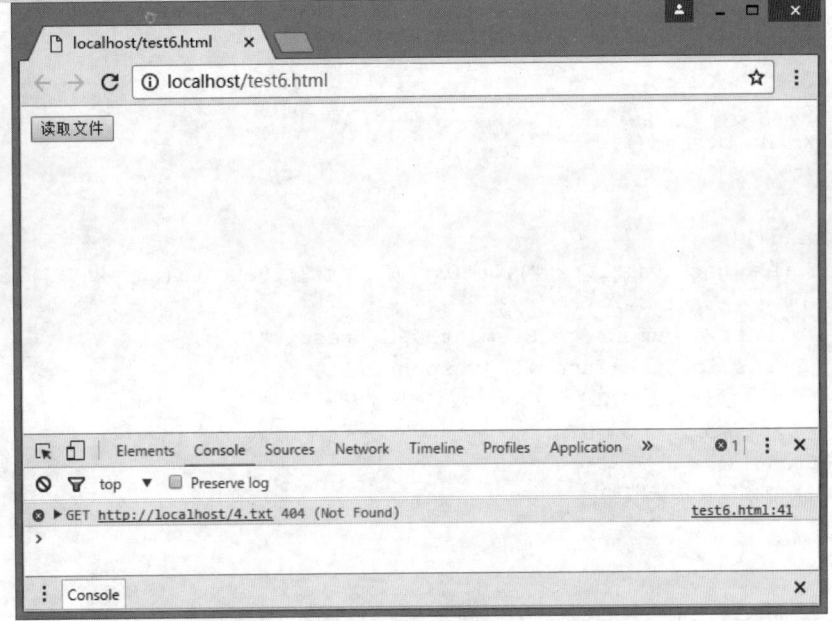

图16.13　读取文件失败时不再显示全部内容

【示例 7】　如果使用这种修改方法，则需要用到 3 个全局变量，且使代码的可读性变得更差。如果使用 Promise 对象，则可以不使用任何全局变量，实现的代码如下。

```
<!doctype html>
<html>
<head>
<meta charset="UTF-8">
</head>
<script>
function CreateXMLHTTP() {
    if (window.ActiveXObject) {
        var objXmlHttp = new ActiveXObject("Microsoft.XMLHTTP");
    }
    else {
        if (window.XMLHttpRequest) {
            var objXmlHttp = new XMLHttpRequest();
        }else {
            alert("不能够初始化XMLHTTP对象！");
        }
```

473

```
        return objXmlHttp;
}
function getData(fileName){
    return new Promise(function(resolve, reject) {
        var objXmlHttp=CreateXMLHTTP();
        objXmlHttp.open("GET",fileName, true);
        objXmlHttp.onreadystatechange = function() {
            if (objXmlHttp.readyState == 4) {
                if (objXmlHttp.status == 200){
                    resolve(objXmlHttp.responseText);
                }else{
                    reject();
                }
            }
        }
        objXmlHttp.send();
    });
}
function read(){
    Promise.all([getData("1.txt"),getData("2.txt"),getData("3.txt")]).then(function(responses){
        var result=document.getElementById("result");
        responses.forEach(function(response){
            result.innerHTML+=response+"<br/>";
        });
    },function(){
        alert("读取文件失败");
    });
}
</script>
<input type="button" value="读取文件" onclick="read()"/>
<div name="result" id="result" style="white-space:pre"></div>
</body>
</html>
```

在上面的示例代码中，先读取 1.txt、2.txt、3.txt 这 3 个文件，读取全部文件成功时将文件内容显示在页面中；读取任一文件失败时，在浏览器中会弹出"读取文件失败"提示信息。

16.6.2 创建 promise 对象

创建 promise 对象的方法如下：

```
var promise = new Promise(function(resolve, reject){
    //做一些事情，可以是异步的，然后…
    if(/*一切正常*/){
        resolve("一切正常");
    }else{
        reject(Error("处理失败"));
    }
})
```

Promise 类的构造函数中使用一个参数，参数值为一个回调函数。该回调函数又使用两个参数，参数值分别为两个回调函数。例如，在上面的代码中，分别使用 resolve 与 reject 变量来引用这两个回调函数。在 Promise 构造函数的参数值回调函数中可以执行一些处理，可以是异步处理。

如果执行结果正常，则调用 resolve 回调函数，否则调用 reject 回调函数。在 HTML5 中，将执行结果正常称为 Promise 对象返回肯定结果，将执行失败称为 Promise 对象返回否定结果。

与传统 JavaScript 中的 throw 一样，在调用 reject 时使用一个 Error 对象的这种做法只是惯例，而非必须。使用 Error 对象的好处在于它可以捕捉到一个错误堆栈，从而使调试工具变得更加有用。

在上面的代码中，创建 promise 对象的方法如下：

```
promise.then(function(result){
    console.log(result);            //一切正常
}, function(err){
    console.log(err);               // Error:处理失败
})
```

promise 对象有一个 then()方法，该方法采用两个参数，参数值均为回调函数，第一个回调函数用于对 Promise 构造函数中所指定的参数值回调函数中的处理执行成功的场合，另一个回调函数用于失败的场合。两个回调函数都是可选的，所以可以只为成功或失败指定一个回调函数，如下所示。

```
//只指定成功时的回调函数
promise.then(function(result){
    console.log(result);            //一切正常
})
//只指定失败时的回调函数
promise.then(undefined, function(err){
    console.log(err);               //Error:处理失败
})
```

【示例】 本例在页面中显示一个"读取文件"按钮，单击该按钮后读取服务器端 1.txt 文件内容并将其显示在页面中；读取失败时，在浏览器中弹出"读取文件失败"错误提示信息。

```
<!doctype html>
<html>
<head>
<meta charset="UTF-8">
</head>
<script>
function CreateXMLHTTP() {
    if (window.ActiveXObject) {
        var objXmlHttp = new ActiveXObject("Microsoft.XMLHTTP");
    } else {
        if (window.XMLHttpRequest) {
            var objXmlHttp = new XMLHttpRequest();
        }else {
            alert("不能够初始化 XMLHTTP 对象！");
        }
    }
    return objXmlHttp;
}
function read(){
    var fileName="1.txt";
    var promise=new Promise(function(resolve, reject) {
        var objXmlHttp=CreateXMLHTTP();
        objXmlHttp.open("GET",fileName, true);
        objXmlHttp.onreadystatechange = function() {
```

```
                if (objXmlHttp.readyState == 4) {
                    if (objXmlHttp.status == 200)
                        resolve(objXmlHttp.responseText);
                    else
                        reject();
                }
            }
            objXmlHttp.send();
        });
        promise.then(function(response){
            var result=document.getElementById("result");
            result.innerHTML=response;
        },
        function(){
            alert("读取文件失败");
        });
    }
</script>
<input type="button" value="读取文件" onclick="read()"/>
<div name="result" id="result" style="white-space:pre"></div>
</body>
</html>
```

扫一扫，看视频

16.6.3 使用 then()方法

可以通过链式语法调用 promise 对象的 then()方法，连续运行附加的异步操作。演示代码如下：

```
var promise = new Promise(function(resolve, reject){
    resolve(1);
})
promise.then(function(val){
    console.log(val);                    //输出 1
    return val+1;
}).then(function(val){
    console.log (val);                   //输出 2
    return val+1;
}).then(function(val){
    console.log (val);                   //输出 3
    return val+1;
}).then(function(val){
    console.log (val);                   //输出 4
});
```

【示例】　在本例页面中显示一个"读取用户资料"按钮及一个表单，单击"读取用户资料"按钮时将从服务器端 user.json 文件中读取一个用户资料，并将其显示在表单中。

（1）user.json 文件

```
{
    "user":"张三",
    "password":"123456"
}
```

（2）test2.html

```html
<!doctype html>
<html>
<head>
<meta charset="UTF-8">
</head>
<script>
function CreateXMLHTTP() {
    if (window.ActiveXObject) {
        var objXmlHttp = new ActiveXObject("Microsoft.XMLHTTP");
    } else {
        if (window.XMLHttpRequest) {
            var objXmlHttp = new XMLHttpRequest();
        }else {
            alert("不能够初始化XMLHTTP对象！");
        }
    }
    return objXmlHttp;
}
function read(){
    var fileName="user.json";
    var promise=new Promise(function(resolve, reject) {
        var objXmlHttp=CreateXMLHTTP();
        objXmlHttp.open("GET",fileName, true);
        objXmlHttp.onreadystatechange = function() {
            if (objXmlHttp.readyState == 4) {
                if (objXmlHttp.status == 200) {
                    resolve(objXmlHttp.responseText);
                }else
                    reject();
            }
        }
        objXmlHttp.send();
    });
    promise.then(function(response){
        return JSON.parse(response);
    },
    function(){
        alert("读取失败");
    }).then(function(obj){
        document.getElementById("user").value=obj.user;
        document.getElementById("password").value=obj.password;
    });
}
</script>
<form id="form1">
    用户名:<input type="text" id="user" /><br/>
    密  码:<input type="number" id="password" /><br/><br/>
    <input type="button" value="读取资料" onclick="read()"/>
</form>
</body>
</html>
```

在浏览器中访问 test2.html 页面，在页面中单击'读取资料'按钮，将从服务器端 user.json 文件中读取一个用户资料并将其显示在表单中，如图 16.14 所示。

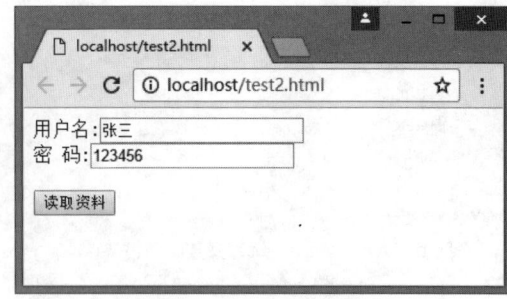

图 16.14 读取用户资料

16.6.4 队列化异步操作

通过链式语法，调用 promise 对象的 then()方法可以实现队列化异步操作。当从一个 then()方法的回调函数参数进行返回时，如果返回一个值，下一个 then()方法将被立即调用，并且使用该返回值。然而，如果 then()方法的回调函数参数返回一个 promise 对象，下一个 then()方法将对其进行等待，直到这个 promise 对象的回调函数参数的处理结果确定以后才会被调用。

【示例】 本例设计在页面中显示一个"读取文件"按钮，当单击该按钮时，脚本依次读取 1.txt、2.txt、3.txt 3 个文件，并将读取到的文件内容显示在页面中。这 3 个文本文件的内容可参考 16.6.1 节示例 4。

```
<!DOCTYPE html><head>
<meta charset="UTF-8">
</head>
<script language=javascript>
function CreateXMLHTTP() {
    if (window.ActiveXObject) {
        var objXmlHttp = new ActiveXObject("Microsoft.XMLHTTP");
    }else {
        if (window.XMLHttpRequest) {
            var objXmlHttp = new XMLHttpRequest();
        }else {
            alert("不能够初始化XMLHTTP对象！");
        }
    }
    return objXmlHttp;
}
function getData(fileName){
    return new Promise(function(resolve, reject) {
        var objXmlHttp=CreateXMLHTTP();
        objXmlHttp.open("GET",fileName, true);
        objXmlHttp.onreadystatechange = function() {
            if (objXmlHttp.readyState == 4) {
                if (objXmlHttp.status == 200){
                    allData+=objXmlHttp.responseText+"<br/>";
                    resolve();
                }else{
                    alert("读取文件失败");
                }
            }
        }
        objXmlHttp.send();
    });
}
function read(){
```

```
    allData="";
    getData("1.txt").then(function(){
        return getData("2.txt");
    }).then(function(){
        return getData("3.txt");
    }).then(function(){
        var result=document.getElementById("result");
        result.innerHTML=allData;
    });
}
</script>
<input type="button" value="读取文件" onclick="read()"/>
<div name="result" id="result" style="white-space:pre"></div>
</body>
</html>
```

16.6.5 异常处理

promise 对象的 then()方法包含两个参数：一个为 Promise 构造函数的参数值回调函数中的处理执行成功时调用，另一个为执行失败时调用。

```
promise.then(function(result){
    console.log(result);    //一切正常
}, function(err){
    console.log(err);//Error:处理失败
});
```

【示例 1】 可以使用 catch 机制来捕捉 Promise 构造函数的参数值回调函数中抛出的异常。

```
promise.then(function(response){
    console.log(result);            //一切正常
}).catch(function(err){
    console.log(err);               //Error:处理失败
});
```

上面两段代码具有相同的功能，但是 then()方法的语法更简明，代码可读性高。实际上，后者等同于：

```
promise.then(function(response){
    console.log(result);            //一切正常
}).then(undefined,function(err){
    console.log(err);               //Error:处理失败·
});
```

两者的差别比较细微，但是非常有用的。promise 对象返回否定结果之后，会跳转到之后第 1 个配置了否定回调的 then()方法，或者是 catch()方法，两者含义相同。

针对 then (func1, func2)来说，func1 或 func2 其中之一将被会调用，但绝不会两者都被调用。但针对 then(func1).catch (func2)来说，当 func1 执行失败时，两者都会被调用，因为它们处于链式语法调用的不同位置。

promise 对象的否定回调函数可以通过 promise.reject()方法显式调用，也可以被 Promise 构造函数的参数值回调函数中抛出的错误隐式调用。

【示例 2】 在 Promise 构造函数的参数值回调函数中，将抛出一个异常，该异常将被 catch 机制捕获，从而在浏览器控制台中输出"处理失败！"文字。

```
var jsonPromise = new Promise(function(resolve, reject){
    //当参数值为无效的JSON对象时，JSON.parse将抛出一个错误，导致隐式否定
    resolve(JSON.parse("This isn't JSON"))
})
jsonPromise.then(function(data){
    //下面代码不会被执行
    console.log("处理正常!", data);
}).catch(function(err){
    //下面代码将被执行
    console.log("处理失败: ", err);
})
```

在Promise构造器的参数值回调函数中执行所有的promise相关工作时，这种机制将变得非常有用，因为错误将被自动捕捉并转化为否定结果。

【示例3】 在promise对象的then()方法的参数值回调函数中抛出错误。

```
promise.then(function(){
    var a;
    console.log(a-10);                  //抛出未定义错误
}).catch (function(err){
    //下面代码将被执行
    console.log("错误: ", err);
});
```

扫一扫，看视频

16.6.6 创建序列

在使用promise对象序列时，需要用到Promise类的静态方法resolve()。该方法最多可使用一个参数，当参数值为promise对象时，resolve()方法根据传入的promise对象复制一个新的promise对象；如果传入参数为其他任何值，resolve()方法将创建一个以这个值为肯定结果的promise对象；如果不指定参数值，将创建一个以undefined为肯定结果的promise对象。

Promise类存在一个最多可使用一个参数的resolve()静态方法，该方法创建一个promise对象，该对象使用传入参数作为否定结果。如果不指定参数值，则创建一个以undefined为否定结果的promise对象。

【示例】 在本例页面中，显示一个文件控件和一个按钮。当使用文件控件选取多个文本文件，并单击按钮时，脚本将读取到的文件内容显示在页面中。

```
<!doctype html>
<html>
<head>
<meta charset="UTF-8">
</head>
<script>
var result=document.getElementById("result");
var file=document.getElementById("file");
var allData="";
function getData(file){
    return new Promise(function(resolve, reject) {
        var reader = new FileReader();
        //将文件以文本形式读入页面
        reader.readAsText(file);
```

```
            reader.onload = function(f){
                allData+=this.result+"<br/>";
                resolve();
            }
            reader.onerror=function(){
                reject();
            }
        });
    }
    function get(file){
        return getData(file).catch(function(err){
            alert("读取文件失败");
            throw err;
        });
    }
    function getSequence(){
        var files=[];
        for(var i=0;i<document.getElementById("file").files.length;i++){
            files.push(document.getElementById("file").files[i]);
        }
        var sequence=Promise.resolve();
        files.forEach(function(file){
            sequence = sequence.then(function() {
                return get(file);
            });
        });
        return sequence;
    }
    //将文件以文本形式读入页面
    function read(){
        Promise.resolve().then(function(){
            return getSequence();
        }).then(function(){
            var result=document.getElementById("result");
            result.innerHTML=allData;
        }).catch(function(){
            console.log("读取文件发生错误");
        });
    }
</script>
</head>
<body>
<div id="divTip"></div>
<label>选择文件：</label>
<input type="file" id="file" multiple />
<input type="button" value="读取文件" onclick="read()"/>
<div name="result" id="result"  style="white-space:pre"></div>
```

```
</body>
</html>
```

在浏览器中预览,示例页面中显示一个文件控件和一个控制按钮,当使用文件控件选取多个文本文件,并单击"读取文件"按钮时,脚本将读取到的文件内容显示在页面中,如图16.15所示。

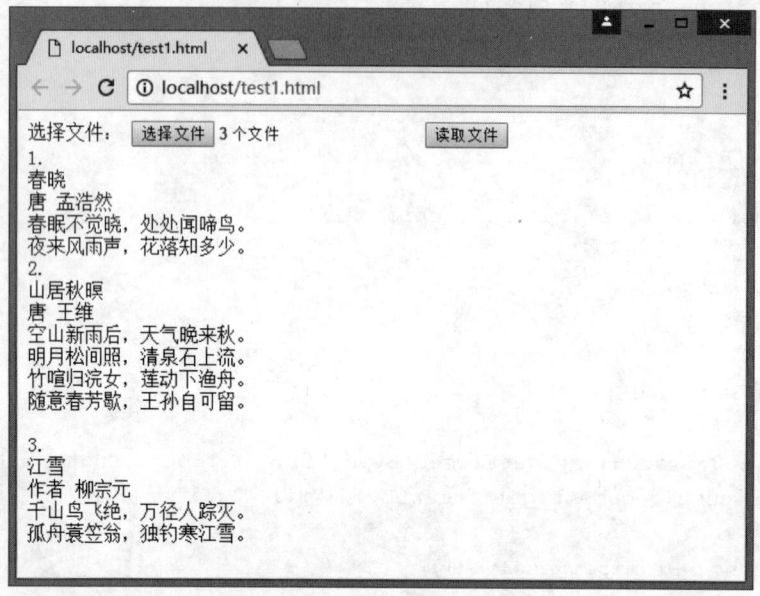

图16.15 显示读取到的所有文件内容

在上面示例中,当单击"读取文件"按钮时,调用read()函数,在该函数中首先使用Promise.resolve()方法创建一个Promise对象。然后调用该对象的then()方法,以确保首先调用getSequence()函数,并且待该函数内的所有异步处理执行完毕后,继续调用该对象的then()方法在页面中显示用户选取的所有文件内容。

```
//将文件以文本形式读入页面
function read(){
    Promise.resolve().then(function(){
        return getSequence();
    }).then(function(){
        var result=document.getElementById("result");
        result.innerHTML=allData;
    }).catch(function(){
        console.log("读取文件发生错误");
    });
}
```

在getSequence()函数中,首先根据用户选取的所有文件,创建一个files数组。

```
function getSequence(){
    var files=[];
    for(var i=0;i<document.getElementById("file").files.length;i++){
        files.push(document.getElementById("file").files[i]);
    }
```

使用Promise.resolve()方法创建一个Promise对象,并将其赋值给sequence变量。

```
var sequence=Promise.resolve();
```

最后,对files数组进行遍历,对数组中的每一个文件调用get()方法以读取文件内容,并将异步处理的执行结果赋值给sequence对象,以确保每一个异步处理依序执行。

```
files.forEach(function(file){
```

```
        sequence = sequence.then(function() {
            return get(file);
        });
    });
    return sequence;
```

在 get() 方法中，调用 getData() 方法以读取文件。如果读取失败，则在浏览器中弹出"读取文件失败"提示信息并且抛出该错误。

```
function get(file){
    return getData(file).catch(function(err){
        alert("读取文件失败");
        throw err;
    });
}
```

在 getData() 方法中，创建一个 Promise 对象以读取每一个文件，如果读取成功，就调用 resolve 参数值回调函数；如果读取失败，则调用 reject 参数值回调函数。

```
function getData(file){
    return new Promise(function(resolve, reject) {
        var reader = new FileReader();
        //将文件以文本形式读入页面
        reader.readAsText(file);
        reader.onload = function(f){
            allData+=this.result+"<br/>";
            resolve();
        }
        reader.onerror=function(){
            reject();
        }
    });
}
```

16.6.7 并行处理

使用 Promise 的 all() 方法可以实现并行执行多个异步处理。all() 方法用法如下：
```
Promise.all(arrayOfPromises).then(function(arrayOfResults){
    //回调函数代码略
})
```

Promise.all() 方法以一个 Promise 对象数组作为参数，并创建一个当所有执行结果都已成功时返回肯定结果的 Promise 对象。在该对象的 then() 方法中可以得到一个结果数组，无论该对象的肯定结果为何，该结果数组与传入的 Promise 对象数组的顺序都保持一致。

【示例】 本例演示了 Promise.all() 方法的应用。当在页面中单击"读取文件"按钮时，调用 read 函数，在该函数中使用 Promise.all() 方法读取 1.txt、2.txt、3.txt 文件，传入参数分别为 Promise.all([getData("1.txt"),getData("2.txt"),getData("3.txt")])。

```
<!doctype html>
<html>
<head>
<meta charset="UTF-8">
```

```
</head>
<script>
function CreateXMLHTTP() {
    if (window.ActiveXObject) {
        var objXmlHttp = new ActiveXObject("Microsoft.XMLHTTP");
    } else {
        if (window.XMLHttpRequest) {
            var objXmlHttp = new XMLHttpRequest();
        }else {
            alert("Can't intialize XMLHTTP object! ");
        }
    }
    return objXmlHttp;
}
function getData(fileName){
    return new Promise(function(resolve, reject) {
        var objXmlHttp=CreateXMLHTTP();
        objXmlHttp.open("GET",fileName, true);
        objXmlHttp.onreadystatechange = function() {
            if (objXmlHttp.readyState == 4) {
                if (objXmlHttp.status == 200){
                    resolve(objXmlHttp.responseText);
                }else{
                    reject();
                }
            }
        }
        objXmlHttp.send();
    });
}
function read(){
    Promise.all([getData("1.txt"),getData("2.txt"),getData("3.txt")])
    .then(function(responses){
        var result=document.getElementById("result");
        responses.forEach(function(response){
            result.innerHTML+=response+"<br/>";
        });
    },function(){
        alert("读取文件失败");
    });
}
</script>
</head>
<body>
<input type="button" value="读取文件" onclick="read()"/>
<div name="result" id="result" style="white-space:pre"></div>
</body>
</html>
```

在 getData 函数中将创建并返回一个 Promise 对象。该对象的作用为读取文件，读取成功则返回肯定结果,调用 resolve 参数值回调函数;读取失败则返回否定结果,调用 reject 参数值回调函数。

在 read()函数中,待 3 个 getData 函数中的异步处理全部执行完毕后,调用 Promise.all()方法所创建的 Promise 对象的 then()方法,将读取到的文件内容全部显示在页面中;如果任一 getData 函数中创建的 Promise 对象返回否定结果,则在浏览器中弹出"读取文件失败"提示信息。

📢 提示:

> HTML5 还提供了一个 Promise.race()方法,该方法同样以一个 Promise 对象数组作为参数,但是当数组中任何元素返回肯定结果时,Promise.race()方法立即返回肯定结果;或者当任何元素返回否定结果时,立即返回否定结果。

16.7 Beacon API

Beacon API 主要用于发送不需要服务器回应的 HTTP 请求,或强制浏览器发送一个请求。目前,Chrome 39+、Firefox 31+和 Opera 26+版本浏览器支持 Beacon API。

先来看一个应用场景:

```
window.addEventListener('unload', logData, false);
function logData() {
   var client = new XMLHttpRequest();
   client.open("POST", "/log", true);
   client.setRequestHeader("Content-Type", "text/plain;charset=UTF-8");
   client.send(analyticsData);
}
```

上面这段代码在用户切换页面时,试图向服务器发送一些统计数据。由于这个请求是在 unload 事件中,浏览器可能会忽略这个请求,因此出现了下面这样的代码。

```
window.addEventListener('unload', logData, false);
function logData() {
   var client = new XMLHttpRequest();
   client.open("POST", "/log", false);            //注意这里
   client.setRequestHeader("Content-Type", "text/plain;charset=UTF-8");
   client.send(analyticsData);
}
```

XMLHttpRequest.open()方法的第 3 个参数表示这个 HTTP 请求是否异步发送。这段代码将强制浏览器进行一个同步 HTTP 请求来确保浏览器完成这个请求。

现在数据肯定能发出去了,如果网速出现异常,一个同步的请求意味着浏览器必须等待整个请求发送完成直至收到整条 HTTP 回应。这对于页面切换来说是致命的延迟。

Beacon API 的作用就是为了能让浏览器在类似 unload 这样的情况下成功发送请求,同时不影响下一个页面的载入。

Beacon API 为 navigator 对象提供了一个 sendBeacon()方法,该方法将数据放入一个队列中,当前页面被关闭时将立即发送数据,这个数据发送动作不会减慢页面跳转速度。当数据放入队列成功后,该方法返回 true,否则返回 false。该方法用法如下:

```
navigator.sendBeacon(url, data);
```

参数说明如下。

➢ url:接收数据的服务器地址。

➢ data:被发送的数据,可以是一个 ArrayBufferView 对象、一个 Blob 对象、一个 FormData 对象或一个字符串。

◁)) 提示:
> ▶ sendBeacon 只能用 POST 请求来发送信息。
> ▶ sendBeacon 的第 2 个参数是可选的。如果提供的话,参数类型可以是 ArrayBufferView、Blob、DOMString 或者 FormData。
> ▶ sendBeacon 所收到的 HTTP 回应会被无视。
> ▶ sendBeacon 是有返回值的,类型为 bool。如果返回值为 true,表示浏览器已经将这个请求纳入队列稍后处理;如果返回值为 false,表示浏览器无法完成这个请求,其原因不详,不过通常来说就是浏览器的 HTTP 请求队列已满。

针对上面的代码,我们可以这样设计,规避传统设计中所带来的风险。

```
window.addEventListener('unload', logData, false);
function logData() {
    navigator.sendBeacon("/log", analyticsData);
}
```

第 17 章 CSS3 基础

CSS3 是 CSS 规范的最新版本，它在 CSS 2.1 的基础上增加了很多强大的新功能，以帮助开发人员解决一些实际面临的问题，并且不再需要非语义标签、复杂的 JavaScript 脚本以及图片。例如，圆角功能、多背景、透明度、阴影等功能等。

【学习重点】
- 了解 CSS 历史。
- 了解 CSS3 基本情况。

17.1　CSS3 概述

CSS（Cascading Style Sheet）表示层叠样式表，是用于控制网页样式并允许将样式代码与网页内容分离的一种标记性语言。，于 1996 年由 W3C 审核通过，并且推荐使用的。CSS 的引入随即引发了网页设计一个又一个的新高潮，使用 CSS 设计的优秀页面层出不穷。

17.1.1　CSS 历史

初期的 HTML 只含有少量的显示属性，用来设置网页和字体效果。随着互联网的发展，为了满足日益丰富的网页设计需求，HTML 不断添加各种显示标签和样式属性。由此带来了一个问题：网页结构和样式混用让网页代码变得混乱不堪，代码冗余增加了带宽负担，代码维护也变得苦不堪言。

1994 年初哈坤·利提出了 CSS 的最初建议。

1994 年底，哈坤在芝加哥的一次会议上第一次展示了 CSS 的想法，1995 年他与波斯一起再次展示了这个想法。当时 W3C（World Wide Web Consortium，万维网联盟）刚刚成立，对 CSS 很感兴趣，开始介入并负责 CSS 标准的制订。

1996 年 12 月 CSS 的第 1 个版本被正式出版（http://www.w3.org/TR/CSS1/）。

1998 年 5 月，CSS2 版本正式出版（http://www.w3.org/TR/CSS2/）。

CSS3 的开发工作在 2000 年之前就开始，为了提高开发速度，也为了方便各主流浏览器根据需要渐进式支持，CSS3 按模块化进行了全新设计，这些模块可以独立发布和实现，这也为日后 CSS 的扩展奠定了基础。

考虑到从 CSS2 到 CSS3 发布之间时间会很长，2002 年工作组启动了 CSS2.1 的开发。这是 CSS2 的修订版，其中纠正了 CSS2 版本中的一些错误，并且更精确地描述了 CSS 的浏览器实现。2004 年 CSS2.1 正式发布，到 2006 年年底得到完善。CSS2.1 也成为了目前最流行、获得浏览器支持最完整的版本，它更准确地反映了 CSS 当前的状态。

17.1.2　CSS3 模块

CSS1 和 CSS 2.1 都是单一的规范，其中 CSS1 主要定义了网页对象的基本样式，如字体、颜色、背景、边框等。CSS2 新增了高级概念，如浮动、定位、高级选择器（如子选择器、相邻选择器和通用选择器等）。

CSS3 被划分成多个模块组，每个模块组都有自己的规范。这样做的好处是整个 CSS3 规范的发布不会因为部分存在争论的部分而影响其他模块的推进。对于浏览器来说，可以根据需要，决定哪些 CSS 功能被支持。对于 W3C 制订者来说，可以根据需要进行针对性的更新，从而使整体规范更加灵活、易于修订，这样更容易扩展新鲜的技术特性。

2001 年 5 月 23 日，W3C 完成 CSS3 的工作草案。在该草案中制订了 CSS3 发展路线图，详细列出了所有模块，并计划在未来逐步进行规范。有关细节信息，参阅 http://www.w3.org/TR/css3-roadmap/。下面简单说明各个主要模块的内容和参考地址。

- 2002 年 5 月 15 日发布 CSS3 line 模块（http://www.w3.org/TR/CSS3-linebox），该模块规范了文本行模型。
- 2002 年 11 月 7 日发布 CSS3 Lists 模块（http://www.w3.org/TR/CSS3-lists/），该模块规范了列表样式。
- 2002 年 11 月 7 日发布 CSS3 Border 模块（http://www.w3.org/TR/2002/WDcss3-border-20021107/），新增了背景边框功能。该模块后来被合并到背景模块中（http://www.w3.org/TR/css3-background/）。
- 2003 年 5 月 14 日发布 CSS3 Generated and Replaced Content 模块（http://www.w3.org/TR/css3-content/），该模块定义了 CSS3 的生成及更换内容功能。
- 2003 年 8 月 13 日发布 CSS3 Presentation Levels 模块（http://www.w3.org/TR/css3-preslev/），该模块定义了演示效果功能。
- 2003 年 8 月 13 日发布 CSS3 Syntax 模块（http://www.w3.org/TR/CSS3-syntax/），该模块重新定义了 CSS 语法规则。
- 2004 年 2 月 24 日发布 CSS3 Hyperlink Presentation 模块（http://www.w3.org/TR/css3-hyperlinks/），该模块重新定义了超链接表示规则。
- 2004 年 12 月 16 日发布 CSS3 Speech 模块（http://www.w3.org/TR/CSS3-speech/），该模块重新定义了语音"样式"规则。
- 2005 年 12 月 15 日发布 CSS3 Cascading and inheritance 模块（http://www.w3.org/TR/css3-cascade/），该模块重新定义了 CSS 层叠和继承规则。
- 2007 年 8 月 9 日发布 CSS3 basic box 模块（http://www.w3.org/TR/css3-box/），该模块重新定义了 CSS 基本盒模型规则。
- 2007 年 9 月 5 日发布 CSS3 Grid Positioning 模块（http://www.w3.org/TR/css3-grid/），该模块定义了 CSS 网格定位规则。
- 2009 年 3 月 20 日发布 CSS3 Animations 模块（http://www.w3.org/TR/css3-animations/），该模块定义了 CSS 动画模型。
- 2009 年 3 月 20 日发布 CSS3 3D Transforms 模块（http://www.w3.org/TR/css3-3d-transforms/），该模块定义了 CSS3D 转换模型。
- 2009 年 6 月 18 日发布 CSS3 Fonts 模块（http://www.w3.org/TR/CSS3-fonts/），该模块定义了 CSS 字体模型。
- 2009 年 7 月 23 日发布 CSS3 Image Values 模块（http://www.w3.org/TR/css3-images/），该模块定义了图像内容显示模型。
- 2009 年 7 月 23 日发布 CSS3 Flexible Box Layout 模块（http://www.w3.org/TR/css3-flexbox/），该模块定义了灵活的框布局模块。
- 2009 年 8 月 4 日发布 CSSOM View 模块（http://www.w3.org/TR/cssom-view/），该模块定义了 CSS 视图模块。
- 2009 年 12 月 1 日发布 CSS3 Transitions 模块（http://www.w3.org/TR/css3-transitions/），该模块定义了动画过渡效果模型。

- 2009 年 12 月 1 日发布 CSS3 2D Transforms 模块（http://www.w3.org/TR/css3-2d-transforms/），该模块定义了 2D 转换模型。
- 2010 年 4 月 29 日发布 CSS3 Template Layout 模块（http://www.w3.org/TR/css3-layout/），该模块定义了模板布局模型。
- 2010 年 4 月 29 日发布 CSS3 Generated Content for Paged Media 模块（http://www.w3.org/TR/css3-gcpm/），该模块定义了分页媒体内容模型。
- 2010 年 10 月 5 日发布 CSS3 Text 模块（http://www.w3.org/TR/CSS3-text/），该模块定义了文本模型。
- 2010 年 10 月 5 日发布 CSS3 Backgrounds and Borders 模块（http://www.w3.org/TR/css3-background/），该模块重新补丁了边框和背景模型。

📢 提示：

更详细的信息可参见 http://www.w3.org/Style/CSS/current-work.html，其中介绍了 CSS3 具体划分为多少个模块组、CSS3 所有模块组目前所处的状态，以及将在什么时候发布。

17.1.3　CSS3 特性

CSS3 规范继承了 CSS 2.1 并进行了很多的增补与修改。下面简单介绍 CSS3 特性

1．完善选择器

CSS3 选择器在 CSS 2.1 的基础上进行了增强，它允许设计师在标签中指定特定的 HTML 元素而不必使用多余的类、ID 或者 JavaScript 脚本。

如果希望设计干净、轻量级的网页标签，让结构与表现更好地分离，高级选择器是非常有用的。它可以减少在标签中添加 class 和 id 属性的数量，并让设计师更方便地维护样式表。

2．完善视觉效果

网页中最常见的效果包括圆角、阴影、渐变背景、半透明、图片边框等。这样的视觉效果在 CSS 中都是依赖于设计师制作图片或者 JavaScript 脚本来实现的。CSS3 的一些新特性可以用来创建一些特殊的视觉效果，后面的章节将为大家展现这些新特性是如何实现这些视觉效果的。

3．完善背景效果

如果说 CSS 中的背景给设计人员带来了太多的限制，那么 CSS3 将带来革命性的变化。CSS3 不再局限于背景色、背景图片的运用，新特性中添加了多个新的属性值，如 background-origin、background-clip、background-size。此外，还可以在一个元素上设置多个背景图片。

4．完善盒模型

盒模型在 CSS 中是重中之重。CSS2 中的盒模型只能实现一些基本的功能，对于一些特殊的功能需要基于 JavaScript 来实现。而在 CSS3 中这一点得到了很大的改善，设计师可以直接通过 CSS3 来实现。例如，CSS3 中的弹性盒子，这个属性将给大家引入一种全新的布局概念，可以轻而易举地实现各种布局，特别是在移动端的布局，其功能更是强大。

5．增强背景功能

CSS3 允许背景属性设置多个属性值，如 background-image、backgroundrepeat、background-size、background-position、background-originand、background-clip 等，这样就可以在一个元素上添加多层背景

图片。如果要设计复杂的网页效果（如圆角、背景重叠等），就不用再为 HTML 文档添加多个无用的标签了，从而优化了网页文档结构。

6. 增加阴影效果

阴影主要分为两种：文本阴影（text-shadow）和盒子阴影（box-shadow）。文本阴影在 CSS 中已经存在，但没有得到广泛的应用。CSS3 延续了这个特性，并进行了新的定义。该属性提供了一种新的跨浏览器方案，使文本看起来更醒目。盒子阴影的实现在 CSS2 中有点苦不堪言，为了实现这样的效果，需要新增标签、图片，而且效果还不一定完美。CSS3 的 box-shadow 将打破这种局面，可以轻易地为任何元素添加盒子阴影。

7. 增加多列布局与弹性盒模型布局

多列布局（Multi-column Layout）模块描述了如何像报纸、杂志那样，把一个简单的区块拆分成多列。弹性盒模型布局（Flexible Box Layout）模块能让区块在水平、垂直方向对齐，自适应屏幕大小。相对于 CSS 的浮动布局、inline-block 布局、绝对定位布局来说，它显得更加方便与灵活。

缺点是：这两个模块在一些浏览器中还不被支持，但随着技术的发展，各主流浏览器会主动支持的。

8. 完善 Web 字体和 Web Font 图标

浏览器对 Web 字体有着诸多的限制，Web Font 图标对于设计师来说更具奢侈。CSS3 重新引入 @font-face，对设计师来说无疑是件好事。@font-face 是链接服务器上字体的一种方式，这些嵌入的字体能变成浏览器的安全字体，从而再也不用担心用户没有这些字体而无法正常显示的问题。这也意味着那种用图片代替特殊字体的设计时代已一去不返。

9. 增强颜色和透明度功能

CSS3 颜色模块的引入，实现了制作页面效果时不再局限于 RGB 和十六进制两种模式。CSS3 新增了 HSL、HSLA、RGBA 几种新的颜色模式。在网页设计中，能轻松实现某个颜色变得再亮一点或者再暗一点。其中 HSLA 和 RGBA 还增加了透明通道，能轻松地改变任何一个元素的透明度。另外，还可以使用 opacity 属性来设置元素的透明度，不再依赖图片或者 JavaScript 脚本了。

10. 新增圆角与边框功能

圆角是 CSS3 中使用最多的一个属性，原因很简单——圆角比直线更美观，而且不会与设计产生任何冲突。与 CSS 制作圆角的不同之处是，CSS3 无需添加任何标签元素与图片，也不需借用任何 JavaScript 脚本，一个属性就能搞定。

对于边框，在 CSS 中仅局限于边框的线型、粗细、颜色的设置。如果需要特殊的边框效果，只能使用背景图片来模仿。CSS3 的 border-image 属性使元素边框的样式变得丰富起来，还可以使用该属性实现类似 background 的效果，对边框进行扭曲、拉伸和平铺等。

11. 增加变形操作

在 CSS 2 时代，让某个元素变形是一个可望而不可及的想法。为了实现这样的效果，需要编写大量的 JavaScript 代码。CSS3 引进了一个变形属性，可以在 2D 或者 3D 空间里操作网页对象的位置和形状，如旋转、扭曲、缩放或者移位。

12. 增加动画和交互效果

利用 CSS3 提供的过渡（transition）特性，能在网页制作中实现一些简单的动画效果，让某些效果变得更具流线性、平滑性；而借助于其动画（animation）特性，能够实现更复杂的样式变化，以及一些交互效果，而不需要使用任何 Flash 或 JavaScript 脚本代码。

13. 完善媒体特性与 Responsive 布局

CSS3 媒体特性可以实现一种响应式（Responsive）布局，使布局可以根据用户的显示终端或设备特征选择对应的样式文件，从而在不同的显示分辨率或设备下具有不同的布局效果，特别是在移动端上的实现更是一种理想的做法。

17.1.4 CSS3 状态

CSS3 的每一个模块都有它自己的更新时间，如图 17.1 所示。从该图可以看到 CSS3 当前发展的详细进度。注意，该信息是动态更新的，参考页面 http://www.w3.org/Style/CSS/current-work.html。

Completed	Current	Upcoming	Notes
CSS Snapshot 2010	NOTE		Latest stable CSS
CSS Snapshot 2007	NOTE		
CSS Color Level 3	REC	REC	See Errata
CSS Namespaces	REC	REC	
Selectors Level 3	REC	REC	
CSS Level 2 Revision 1	REC	REC	See Errata
CSS Level 1	REC		Unmaintained, see Snapshot
CSS Print Profile	NOTE		
Media Queries	REC	REC	
CSS Style Attributes	REC	REC	

Stable	Current	Upcoming	Notes
CSS Backgrounds and Borders Level 3	CR	PR	
CSS Conditional Rules Level 3	CR	CR	
CSS Multi-column Layout	CR	CR	
CSS Values and Units Level 3	CR	PR	
CSS Cascading and Inheritance Level 3	CR	PR	

Testing	Current	Upcoming	Notes
CSS Image Values and Replaced Content Level 3	CR	CR	
CSS Speech	CR	CR	
CSS Flexible Box Layout	LC	CR	
CSS Text Decoration Module Level 3	CR	CR	
CSS Fonts Level 3	CR	CR	
CSS Writing Modes Level 3	CR	CR	
CSS Shapes	CR	CR	
CSS Masking	CR	CR	
CSS Mobile Profile 2.0	CR	NOTE	Status unknown
CSS Counter Styles Level 3	CR	PR	
Compositing and Blending	CR	CR	
CSS Syntax Level 3	CR	CR	
CSS Basic User Interface Level 3	CR	CR	

Refining	Current	Upcoming	Notes
CSS Animations	WD	WD	
Web Animations 1.0	WD	WD	
CSS Text Level 3	LC	CR	
CSS Fragmentation Level 3	WD	WD	
CSS Transforms	WD	WD	
CSS Transitions	WD	LC	
Cascading Variables	WD	LC	
CSS Will Change	FPWD	WD	
CSS Cascading and Inheritance Level 4	WD	WD	

Revising	Current	Upcoming	Notes
CSS Box Alignment Module Level 3	WD	WD	
CSS Grid Layout	WD	WD	
CSS Paged Media Level 3	WD	LC	
CSSOM View	WD	WD	
Selectors Level 4	WD	WD	
CSS Display	WD	WD	

Exploring	Current	Upcoming	Notes
CSS Backgrounds and Borders Level 4		WD	
CSS Device Adaptation	FPWD	WD	
CSS Exclusions	WD	WD	
Filter Effects	WD	WD	
CSS Generated Content for Paged Media	WD	WD	
CSS Page Floats	FPWD	WD	
CSS Template Layout	NOTE	NOTE	
CSS Intrinsic & Extrinsic Sizing Module Level 3	FPWD	WD	
CSS Line Grid	WD	WD	
CSS Lists Level 3	WD	WD	
CSS Positioned Layout Level 3	WD	WD	
CSS Regions	WD	WD	
CSS Ruby	WD	WD	
CSS Tables Level 3		WD	Inactive
CSS Object Model	WD	WD	
CSS Overflow	FPWD	WD	
CSS Font Loading	WD	WD	
CSS Scoping	FPWD	WD	
Media Queries level 4	FPWD	WD	
Non-element Selectors	FPWD	WD	
Geometry Interfaces Module Level 1	WD	WD	
CSS Inline Layout Module Level 3	WD	WD	
CSS Pseudo-Elements Module Level 4	FPWD	WD	
Motion Path Module Level 1	FPWD	WD	
CSS Scroll Snap Points Module Level 1	FPWD	WD	
CSS Round Display Level 1	FPWD	WD	
CSS Basic User Interface Module Level 4	FPWD	WD	
CSS Text Module Level 4	FPWD	WD	

Rewriting	Current	Upcoming	Notes
CSS Basic Box Model Level 3	WD	WD	Dangerously outdated; see CSS 2.1
CSS Generated Content Level 3	FPWD	WD	Severely outdated

Abandoned	Current	Upcoming	Notes
The CSS 'Reader' Media Type	NOTE		
CSS Presentation Levels	NOTE		
CSS TV Profile 1.0	NOTE		
CSS Marquee	NOTE		
Behavioral Extensions to CSS	NOTE		
CSS Hyperlink Presentation	NOTE		
Fullscreen	NOTE		

Some related specifications by other Working Groups:

Title	Current	Notes
Predefined Counter Styles	WD	I18N WG
CSS Techniques for Web Content Accessibility Guidelines 1.0	NOTE	WCAG WG
Associating Style Sheets with XML documents 1.0 (Second Edition)	REC	XML Core WG
The 'view-mode' Media Feature	REC	Web Appplications WG
Selectors API Level 1	REC	Web Appplications WG
Selectors API Level 2	NOTE	Web Appplications WG

图 17.1　CSS3 所有模块进度表

其中 Current 列表示模块当前的状态，Upcoming 列表示即将进行的状态。各种状态缩写词说明如下。

- WD：Working Draft，表示工作草案。
- LC：Last Call，表示最终工作草案。
- CR：Candidate Recommendation，表示候选推荐标准。
- PR：Proposed Recommendation，表示建议推荐标准。
- REC，Recommendation，表示推荐标准。

> **扩展：**
> W3C 标准只是推荐标准（Recommendation），并没有强制执行的效力。不过，鉴于 W3C 在 Web 标准领域的影响力和强大号召力，W3C 发布的推荐标准，通常浏览器厂商们都很重视，并积极支持。

一般情况下，W3C 标准的制订要经历下面几个阶段。这些阶段都有专用术语，拥有定义好的含义，虽然也有变化，但修订频率不高，最新版是 2005 年制订的，具体说明如下，流程如图 17.2 所示。

第 1 阶段：工作草案（Working Draft）。

工作组依据工作组章程（charter）提出一系列工作草案，公众和 W3C 会员可以对此提出评论和问题。工作组必须处理这些反馈。本阶段时长依多种因素而变。

第 2 阶段：最终工作草案（Last Call Working Draft）。

工作组已完成工作，并要求公众和 W3C 会员提交最后的评论与问题。同样，工作组必须处理这些反馈。如果出现情况，可能要回到工作草案阶段。本阶段时长通常为 3 周，但也可以更长。

第 3 阶段：候选推荐标准（Candidate Recommendation）。

当最终工作草案阶段结束，且问题都得到解决后，将进入候选推荐标准（Candidate Recommendation）阶段。此时可以认为该规范已经稳定，可以展开试验性实施了。工作组必须将实施中得到的反馈整合到规范中。同样，如果出现情况，需返回到工作草案阶段。根据实施进展，本阶段通常持续 0~1 年。

第 4 阶段：建议推荐标准（Proposed Recommendation）。

如无意外，规范将进入建议推荐标准（Proposed Recommendation）阶段。在此阶段，W3C 总监（Tim Berners-Lee）将正式请求 W3C 会员审阅这份建议推荐标准。本阶段时长必须不少于 4 周。

第 5 阶段：推荐标准（Recommendation）。

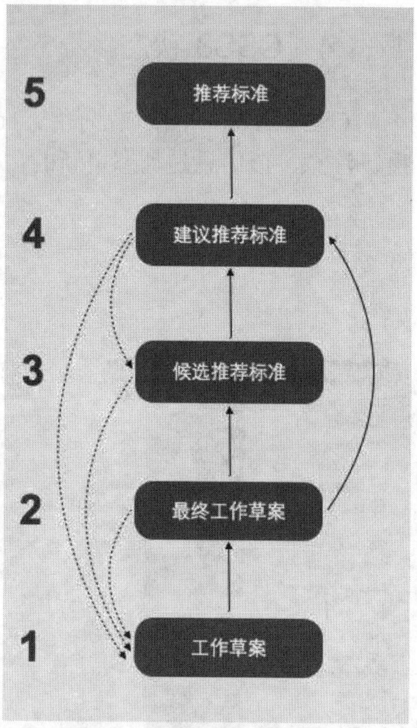

图 17.2　W3C 标准制订流程

根据审阅结果，要么 W3C 总监宣布该规范成为 W3C 推荐标准（Recommendation），中间可能发生微小改动，要么返回工作草案阶段，或者彻底从 W3C 工作日程上移去。技术规范一旦成为推荐标准，它就是官方的 W3C 标准了。

当然，由于种种因素，有些草案无法得到 W3C 的青睐，最终只能成为 Note，这意味着没有厂商会去实现它。

最后，在实际操作中，很多浏览器厂商出于利益或技术上的考虑，可能会不完全遵照 W3C 推荐标准来实现其产品，因此用户会发现各个厂商的浏览器对 CSS3 技术的支持程度各不相同。

17.1.5　浏览器支持

CSS3 提供的大部分特性都已经有了很好的浏览器支持度，各主流浏览器对 CSS3 的支持越来越完善，本节分别在 Mac 和 Windows 两个平台介绍 Chrome、Firefox、Safari、Opera 和 IE 五大主流浏览器对 CSS3 新特性和 CSS3 选择器的支持情况。

CSS3 属性支持情况如图 17.3 所示（http://fmbip.com/litmus/）。可以看出，完全支持 CSS3 属性的浏览器有 Chrome 和 Safari，而且不管是 Mac 平台还是 Windows 平台全支持。

CSS3 选择器支持情况如图 17.4 所示（http://fmbip.com/litmus/）。除了 IE 家族和 Firefox 3，其他几乎全部支持，Chrome、Safari、Firefox 3.6、Opera 10.5 支持情况最好。

第17章 CSS3基础

平台	MAC				WIN						
浏览器	CHROME	FIREFOX	OPERA	SAFARI	CHROME	FIREFOX	OPERA	SAFARI	IE		
版本	5	3.6	10.1	4	4	3.6	3	10	10.5	4	6	7	8
RGBA	✓	✓	✓	✓	✓	✓	✓	✓	✓	✗	✗	✗
HSLA	✓	✓	✓	✓	✓	✓	✓	✓	✓	✗	✗	✗
Multiple Backgrounds	✓	✓	✗	✓	✓	✓	✗	✗	✓	✗	✗	✗
Border Image	✓	✓	✗	✓	✓	✓	✗	✗	✓	✗	✗	✗
Border Radius	✓	✓	✗	✓	✓	✓	✗	✗	✓	✗	✗	✗
Box Shadow	✓	✓	✗	✓	✓	✓	✗	✗	✓	✗	✗	✗
Opacity	✓	✓	✓	✓	✓	✓	✓	✓	✓	✗	✗	✗
CSS Animations	✓	✗	✗	✓	✓	✗	✗	✗	✗	✓	✗	✗	✗
CSS Columns	✓	✓	✗	✓	✓	✓	✗	✗	✓	✗	✗	✗
CSS Gradients	✓	✓	✗	✓	✓	✓	✗	✗	✗	✓	✗	✗	✗
CSS Reflections	✓	✗	✗	✓	✓	✗	✗	✗	✓	✗	✗	✗
CSS Transforms	✓	✓	✗	✓	✓	✓	✗	✗	✓	✗	✗	✗
CSS Transforms 3D	✓	✗	✗	✓	✗	✗	✗	✗	✓	✗	✗	✗
CSS Transitions	✓	✗	✓	✓	✓	✗	✓	✓	✓	✗	✗	✗
CSS FontFace	✓	✓	✓	✓	✓	✓	✗	✓	✓	✓	✓	✓

图 17.3 CSS3 属性支持列表

平台	MAC				WIN						
浏览器	CHROME	FIREFOX	OPERA	SAFARI	CHROME	FIREFOX	OPERA	SAFARI	IE		
版本	5	3.6	10.1	4	4	3.6	3	10	10.5	4	6	7	8
CSS3: Begins with	✓	✓	✓	✓	✓	✓	✓	✓	✓	✗	✓	✓
CSS3: Ends with	✓	✓	✓	✓	✓	✓	✓	✓	✓	✗	✓	✓
CSS3: Matches	✓	✓	✓	✓	✓	✓	✓	✓	✓	✗	✓	✓
CSS3: Root	✓	✓	✓	✓	✓	✓	✓	✓	✓	✗	✗	✗
CSS3: nth-child	✓	✓	✓	✓	✓	✓	✗	✓	✓	✗	✗	✗
CSS3: nth-last-child	✓	✓	✓	✓	✓	✓	✗	✓	✓	✗	✗	✗
CSS3: nth-of-type	✓	✓	✓	✓	✓	✓	✓	✓	✓	✗	✗	✗
CSS3: nth-last-of-type	✓	✓	✓	✓	✓	✓	✓	✓	✓	✗	✗	✗
CSS3: last-child	✓	✓	✓	✓	✓	✓	✓	✓	✓	✗	✗	✗
CSS3: first-of-type	✓	✓	✓	✓	✓	✓	✗	✓	✓	✗	✗	✗
CSS3: last-of-type	✓	✓	✓	✓	✓	✓	✓	✓	✓	✗	✗	✗
CSS3: only-child	✓	✓	✓	✓	✓	✓	✓	✓	✓	✗	✗	✗
CSS3: only-of-type	✓	✓	✓	✓	✓	✓	✗	✓	✓	✗	✗	✗
CSS3: empty	✓	✓	✓	✓	✓	✓	✓	✓	✓	✗	✗	✗
CSS3: target	✓	✓	✓	✓	✓	✓	✓	✓	✓	✗	✗	✗
CSS3: enabled	✓	✓	✓	✓	✓	✓	✓	✓	✓	✗	✗	✗
CSS3: disabled	✓	✓	✓	✓	✓	✓	✓	✓	✓	✗	✗	✗
CSS3: checked	✓	✓	✗	✓	✓	✓	✗	✓	✓	✗	✗	✗
CSS3: not	✓	✓	✓	✓	✓	✓	✓	✓	✓	✗	✗	✗
CSS3: General Sibling	✓	✓	✓	✓	✓	✓	✓	✓	✓	✗	✓	✓

图 17.4 CSS3 选择器支持列表

◆)) 提示：

各主流浏览器都定义了私有属性，以便让用户体验 CSS3 的新特性。例如，WebKit 类型的浏览器（如 Safari、Chrome）的私有属性是以-WebKit-前缀开始，Gecko 类型的浏览器（如 Firefox）的私有属性是以-moz-前缀开始，Konqueror 类型的浏览器的私有属性是以-kh t m l-前缀开始，Opera 浏览器的私有属性是以-o-前缀开始，而 Internet Explorer 浏览器的私有属性是以-ms-前缀开始（目前只有 IE8+支持-ms-前缀）。

17.2 设计 CSS 页面

扫一扫，看视频

本例使 CSS3 设计一个完整页面，体验一下标准网页的制作过程。案例页面设计效果如图 17.5 所示。

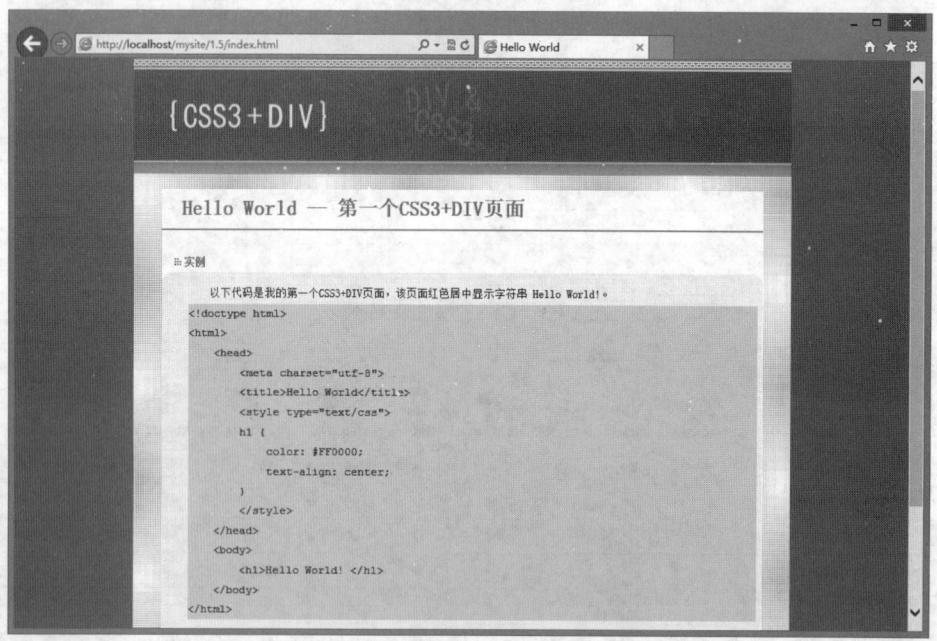

图 17.5 使用 CSS 设计的第一个页面

【操作步骤】

第 1 步，启动 Dreamweaver，新建 HTML 文档，保存为 index.html。

第 2 步，切换到代码视图，在<body>标签内输入如下代码，构建本页面主体结构，设计本例页面一级框架。

```
<!--[一级框架]-->
<!--顶部-->
<div id="top"></div>
<div id="top1"></div>
<!--主体-->
<div id="main"></div>
<!--底部-->
<div id="footer"></div>
<div id="copyright"></div>
```

在标准布局中，应该为每个 div 框架元素定义 id 属性。这些 id 属性如同人的身份证一样，方便 CSS 能够准确地控制每个 div 布局块。所以，为了阅读和维护的需要，我们应该为它们起一个有意义的名字。

第 3 步，进一步细化页面结构，设计页面内部层次框架。由于本例页面比较简单，嵌套框架不会很深，顶部和底部布局块可能就不要嵌套框架。输入完整的 HTML 结构代码：

```html
<!--[完整HTML框架]-->
<!--顶部-->
<div id="top"></div>
<div id="top1"><img src="images/bg_top.jpg" width="776" height="121" /></div>
<!--主体-->
<div id="main">
    <div id="content">
        <div id="title">Hello World -- 第一个CSS3+DIV页面</div>
        <div class="sub">实例</div>
        <div class="box"><div class="tl"><div class="tr"><div class="bl"><div class="content br">
```

第 4 步，丰富结构内容，使用<pre>标签显示代码内容，使用<a>设计超链接文本，整个页面内容显示如下。代码内容是在网页中居中显示红色字符"Hello World!"。

```html
<pre>
&lt;!doctype html&gt;
&lt;html&gt;
    &lt;head&gt;
        &lt;meta charset=&quot;utf-8&quot;&gt;
        &lt;title&gt;Hello World&lt;/title&gt;
        &lt;style type=&quot;text/css&quot;&gt;
        h1 {
            color: #FF0000;
            text-align: center;
        }
        &lt;/style&gt;
    &lt;/head&gt;
    &lt;body&gt;
        &lt;h1&gt;Hello World! &lt;/h1&gt;
    &lt;/body&gt;
&lt;/html&gt;
</pre>
        </div></div></div></div></div>
        <div id="gotop"><a title="跳到页首" href="#top">返回顶部</a></div>
    </div>
</div>
<!--底部-->
<div id="footer"></div>
<div id="copyright">
    &copy;2015 <a href="#" target="_black" >mysite.cn</a> all rights reserved
</div>
```

上面所用的 HTML 框架代码只有 32 行，嵌套层次只有 3 层，其中为了实现圆角区域的显示效果而单独嵌套多层 div 元素除外。

第 5 步，按 Ctrl+S 快捷键保存文档，按 F12 键在浏览器中预览，效果如图 17.6 所示。现在还没有定义 CSS 代码，所以看到的效果还不是最终效果。

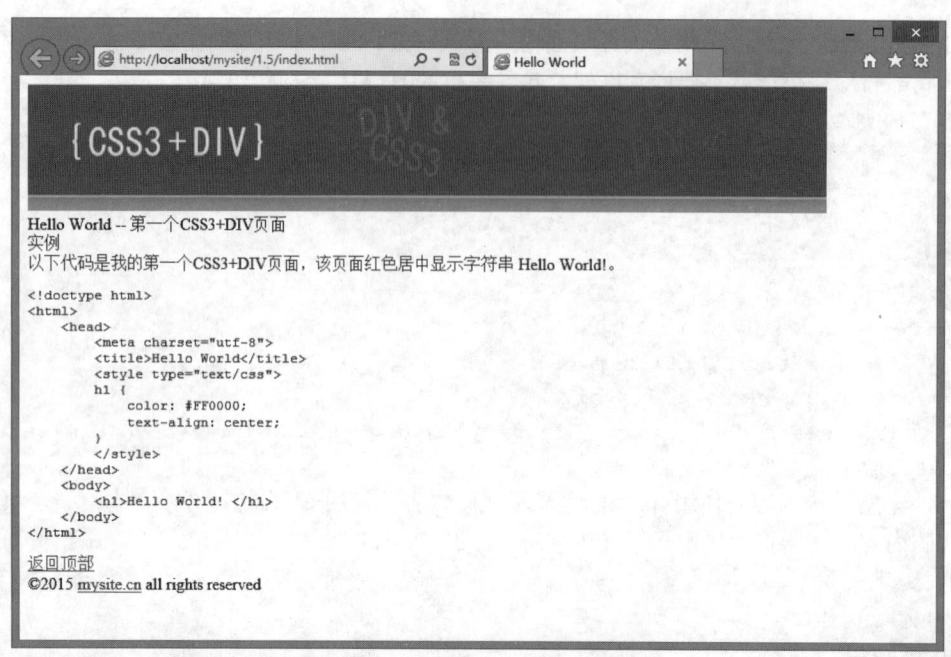

图 17.6 页面的 HTML 结构预览效果

第 6 步，可以在一个单独的文件中编写 CSS 代码。新建 CSS 文档，保存为 style.css（文件扩展名为 .css）。

第 7 步，不急于编写 CSS 代码，打开 index.html 文档，然后在<head>标签内部插入一个<link>标签，输入如下代码导入上一步新建的外部样式表文件。

```
<!--[在网页中链接外部样式表文件]-->
<LINK href="images/style.css" type=text/css rel=stylesheet>
```

第 8 步，打开 style.css 文档，在其中输入 CSS 代码如下。

```
/* 公共属性
----------------------------------- */
html { min-width: 776px; }
/* 页面属性：边距为0，字体颜色为黑色，字体大小14像素，行高为字体大小的1.6倍，居中对齐，背景色为天蓝色，字体为宋体等 */
body { margin: 0px; padding: 0px; border: 0px; color: #000; font-size: 14px;
line-height: 160%; text-align: center; background: #6D89DD; font-family: '宋体','
新宋体',arial,verdana,sans-serif; }
/* 超链接属性：无边距、无边框，无下划线，然后定义正常状态下的颜色、访问过的颜色和光标经过时的颜色并显示下划线  */
a { margin: 0px; padding: 0px; border: 0px; text-decoration: none; }
a:link { color: #E66133; }
a:visited{ color: #E66133; }
a:hover{ color: #637DBC; text-decoration: underline; }
/* 预定义格式属性：浅灰色背景，无首行缩进，内边距大小，外边距为0，右缩进为一个字体大小，字体颜色为蓝色   */
pre { text-indent: 0; background: #DDDDDD; padding: 0; margin: 0; color: blue; }
/* 顶部布局
----------------------------------- */
#top{ width: 776px; margin-right: auto; margin-left: auto; padding: 0px; height:
12px; background: url(images/bg_top1.gif) #fff repeat-x left top; overflow:
hidden; }
```

```css
#top1{ width: 776px; margin-right: auto; margin-left: auto; padding: 0px; height: 121px; }
/* 主体布局
----------------------------------- */
/* 外层定义背景图像,实现麻点显示效果 */
#main{ width: 776px; margin-right: auto; margin-left: auto; padding: 1.2em 0px; background: url(images/bg_dot1.gif) #fff repeat left top; text-align: left; }
/* 内层定义背景颜色为白色,实现中间内容区域遮盖麻点显示 */
#content{ width: 710px; margin-right: auto; margin-left: auto; padding: 1em; background: #fff; }
/* 大标题区域属性 */
#title { font-weight: bold; margin: 0px 0px 0.5em 0px; padding: 0.5em 0px 0.5em 1em; font-size: 24px; color: #00A06B; text-align: left; border-bottom: solid #9EA3C1 2px; }
/* 小标题区域属性 */
.sub { color: #00A06B; font-weight: bold; font-size: 13px; text-align: left; padding: 1em 2em 0; background: url(images/0.gif) #fff no-repeat 1em 74%; }
/* 内容区域显示属性 */
.content { text-indent: 2em; font-size: 13px; margin-left: 2em; padding: 1em 6px; }
/* 页内链接区域属性 */
#gotop{ width: 100%; margin: 0px; padding: 0px; background: #fff; height: 2em; font-size: 12px; text-align: right; }
/* 底部布局
--------------------------------- */
/* 页脚装饰图 */
#footer{ clear: both; width: 776px; margin-right: auto; margin-left: auto; padding: 0px; background: url(images/bg_bottom.gif) #fff repeat left top; text-align: center; height: 39px; color: #ddd; }
/* 版权信息 */
#copyright{ width: 776px; margin-right: auto; margin-left: auto; padding: 5px 0px 0px 0px; background: #fff; text-align: center; height: 60px; line-height: 13px; font-size: 12px; color: #9EA0BB; }
#copyright a { color: #667EBE; }
/* 圆角特效
--------------------------------- */
.box { background: url(images/nt.gif) repeat; }
.tl { background: url(images/tl.gif) no-repeat top left; }
.tr { background: url(images/tr.gif) no-repeat top right; }
.bl { background: url(images/bl.gif) no-repeat bottom left; }
.br { background: url(images/br.gif) no-repeat bottom right; }
```

有的读者可能看不懂上面的 CSS 代码,没关系,根据上面的提示简单了解即可。其中 width 属性用来定义宽度;background: url(images/bg_bottom.gif) #fff repeat left top;规则用来定义背景图像重复铺展显示,其中 url 指定背景图像的地址,repeat 属性定义铺展显示,left top 表示背景图像的起始位置为左上角。

其他属性上面代码中已有解释,读者可以尝试阅读一下,如果能够读懂就更好了,读不懂也没有关系,毕竟现在仅是开始。相信随着学习的深入,一定会明白上面代码的意思。

另外,本节实例没有使用 CSS3 圆角属性定义区块圆角,而是使用传统方法进行设计,主要是考虑到初学者的学习门槛,后面章节将详细介绍。

第 9 步,按 Ctrl+S 快捷键保存文档,然后在浏览器中再次预览页面,则可以看到最终效果。

第 18 章 CSS3 选择器

CSS 选择器可以分为三大类：基本选择器、属性选择器、伪类选择器。这些选择器通过组合又可以形成复杂的选择器。本章将详细讲解 CSS 选择器的基本语法和用法，帮助读者快速掌握匹配网页对象的各种技巧。

【学习重点】
- 了解 CSS 选择器。
- 使用组合选择器。
- 掌握属性选择器和伪类选择器的使用方法。

18.1 选择器概述

W3C 在 CSS3 的工作草案中把选择器独立出来，作为一个单独的模块（http://www.w3.org/TR/css3-selectors/）。有了 CSS 选择器，可以在不改动 HTML 结构的前提下，通过添加不同的 CSS 规则得到不同样式的网页。

18.1.1 了解 CSS3 选择器

CSS3 选择器不但支持所有 CSS 2.1 选择器，同时新增了独有的选择器。对拥有一定 CSS 基础的开发人员来说，学习 CSS3 选择器是件非常容易的事。

CSS3 选择器在常规选择器的基础上新增了属性选择器、伪类选择器、过滤选择器，可以帮助用户在开发中减少对 HTML 类名或 ID 名的依赖，以及对 HTML 元素的结构依赖，使编写代码更加简单、轻松。

如果想尝试实现一个干净的、轻量级的标签，使结构与表现更好地分离，CSS3 高级选择器是非常有用的，它可以让设计师更方便地维护样式表。

18.1.2 CSS 选择器分类

根据所获取页面中元素的不同，可以把 CSS 选择器分为五大类，即基本选择器、组合选择器、伪类选择器、伪元素选择器和属性选择器。其中，伪类选择器又分为 6 种，即动态伪类选择器、目标伪类选择器、语言伪类选择器、UI 元素状态伪类选择器、结构伪类选择器和否定伪类选择器。下面分别说明不同类型的选择器，如表 18.1～表 18.11 所示。

表 18.1 基本选择器

选 择 器	说 明	示 例
*	通用元素选择器，匹配任何元素	* { margin:0; padding:0; }
E	标签选择器，匹配所有使用 E 标签的元素	p { font-size:2em; }
.info E.info	Class 选择器，匹配所有 class 属性中包含 info 的元素	.info { background:#ff0; } p.info { background:#ff0; }
#info E#info	ID 选择器，匹配所有 id 属性等于 footer 的元素	#info { background:#ff0; } p#info { background:#ff0; }

第 18 章 CSS3 选择器

表 18.2　组合选择器

选择器	说　明	示　例
E,F	多元素选择器，同时匹配所有 E 元素或 F 元素，E 和 F 之间用逗号分隔	div,p { color:#f00; }
E F	后代元素选择器，匹配所有属于 E 元素后代的 F 元素，E 和 F 之间用空格分隔	#nav li { display:inline; } li a { font-weight:bold; }
E > F	子元素选择器，匹配所有 E 元素的子元素 F	div > strong { color:#f00; }
E + F	毗邻元素选择器，匹配所有紧随 E 元素之后的同级元素 F	p + p { color:#f00; }

表 18.3　CSS 2.1 属性选择器

选择器	说　明	示　例
E[att]	匹配所有具有 att 属性的 E 元素，不考虑它的值（注意：E 在此处可以省略，如"[cheacked] "，下同）	p[title] { color:#f00; }
E[att=val]	匹配所有 att 属性等于"val"的 E 元素	div[class="error"] { color:#f00; }
E[att~=val]	匹配所有 att 属性具有多个空格分隔的值、其中一个值等于"val"的 E 元素	td[class~="name"] { color:#f00; }
E[att|=val]	匹配所有 att 属性具有多个连字号分隔（hyphen-separated）的值、其中一个值以"val"开头的 E 元素，主要用于 lang 属性，比如"en"、"en-us"、"en-gb"等	p[lang|=en] { color:#f00; }

◢》提示：

CSS 2.1 属性选择器支持使用多个选择器，设计同时满足这多个选择器，如 blockquote [class=quote][cite] { color:#f00; }。

表 18.4　CSS 2.1 伪类选择器

选择器	说　明	示　例

E:first-child	匹配父元素的第 1 个子元素	p:first-child { font-style:italic; }
		input[type=text]:focus {
		　　color:#000; background:#ffe; }
		input[type=text]:focus:hover { background:#fff; }
		q:lang(sv) {
		　　quotes: "\201D" "\201D" "\2019" "\2019"; }

E:link	匹配所有未被单击的链接	
E:visited	匹配所有已被单击的链接	
E:active	匹配鼠标已经在其上按下、还没有释放的 E 元素	
E:hover	匹配鼠标悬停其上的 E 元素	
E:focus	匹配获得当前焦点的 E 元素	
E:lang(c)	匹配 lang 属性等于 c 的 E 元素	

表 18.5　CSS 2.1 伪元素选择器

选择器	说　明	示　例

E:first-line	匹配 E 元素的第 1 行	p:first-line { font-weight:bold; color;#600; }
		.preamble:first-letter {
		　　font-size:1.5em; font-weight:bold; }
		.cbb:before {
		　　content:""; display:block; height:17px;
		width:18px; background:url(top.png) no-repeat 0 0;
		margin:0 0 0 -18px; }
		a:link:after { content: " ("attr(href) ") "; }

E:first-letter	匹配 E 元素的第 1 个字母	
E:before	在 E 元素之前插入生成的内容	
E:after	在 E 元素之后插入生成的内容	

表 18.6 CSS3 同级元素通用选择器

选择器	说明	示例
E ~ F	匹配任何在 E 元素之后的同级 F 元素	p ~ ul { background:#ff0; }

表 18.7 CSS3 属性选择器

选择器	说明	示例
E[att^="val"]	属性 att 的值以 "val" 开头的元素	
E[att$="val"]	属性 att 的值以 "val" 结尾的元素	div[id^="nav"] { background:#ff0; }
E[att*="val"]	属性 att 的值包含 "val" 字符串的元素	

表 18.8 CSS3 用户界面伪类选择器

选择器	说明	示例
E:enabled	匹配表单中激活的元素	
E:disabled	匹配表单中禁用的元素	
E:checked	匹配表单中被选中的 radio（单选按钮）或 checkbox（复选框）元素	input[type="text"]:disabled { background:#ddd;}
E::selection	匹配用户当前选中的元素	

表 18.9 CSS3 结构性伪类选择器

选择器	说明	示例
E:root	匹配文档的根元素。对 HTML 文档来说，就是 HTML 元素	
E:nth-child(n)	匹配其父元素的第 n 个子元素，第 1 个编号为 1	p:nth-child(3) { color:#f00; }
E:nth-last-child(n)	匹配其父元素的倒数第 n 个子元素，第 1 个编号为 1	p:nth-child(odd) { color:#f00; }
E:nth-of-type(n)	与:nth-child()作用类似，但是仅匹配使用同种标签的元素	p:nth-child(even) { color:#f00; } p:nth-child(3n+0) { color:#f00; }
E:nth-last-of-type(n)	与:nth-last-child() 作用类似，但是仅匹配使用同种标签的元素	p:nth-child(3n) { color:#f00; } tr:nth-child(2n+11) { background:#ff0; } tr:nth-last-child(2) { background:#ff0; }
E:last-child	匹配父元素的最后一个子元素，等同于:nth-last-child(1)	p:last-child { background:#ff0; }
E:first-of-type	匹配父元素下使用同种标签的第 1 个子元素，等同于:nth-of-type(1)	p:only-child { background:#ff0; } p:empty { background:#ff0; }
E:last-of-type	匹配父元素下使用同种标签的最后一个子元素，等同于:nth-last-of-type(1)	
E:only-child	匹配父元素下仅有的一个子元素，等同于:first-child:last-child 或 :nth-child(1):nth-last-child(1)	p:nth-child(3) { color:#f00; } p:nth-child(odd) { color:#f00; }
E:only-of-type	匹配父元素下使用同种标签的唯一一个子元素，等同于:first-of-type:last-of-type 或 :nth-of-type(1):nth-last-of-type(1)	p:nth-child(even) { color:#f00; } p:nth-child(3n+0) { color:#f00; } p:nth-child(3n) { color:#f00; } tr:nth-child(2n+11) { background:#ff0; } tr:nth-last-child(2) { background:#ff0; } p:last-child { background:#ff0; }
E:empty	匹配一个不包含任何子元素的元素。注意，文本节点也被看作子元素	p:only-child { background:#ff0; } p:empty { background:#ff0; }

表 18.10 CSS3 反选伪类选择器

选择器	说明	示例
E:not(s)	匹配不符合当前选择器的任何元素	:not(p) { border:1px solid #ccc; }

表 18.11 CSS3 的:target 伪类选择器

选择器	说明
E:target	匹配文档中特定 "id" 单击后的效果

18.2 兄弟选择器

扫一扫，看视频

当把两个或多个基本选择器组合在一起，就形成了一个复杂的选择器。通过组合选择器可以精确匹配页面元素。

CSS3 增加了一种新的选择器组合形式——兄弟选择器。它通过波浪号（~）分隔符进行定义。其基本结构是第 1 选择器指定同级前置元素，后面的选择器指定其后同级所有匹配元素。前后选择器的关系是兄弟关系，即在 HTML 结构中两个标签前为兄后为弟，否则样式无法应用。

兄弟选择器能够选择前置元素后同级的所有匹配元素，而相邻选择器只能选择前置元素后相邻的一个匹配元素。

【示例】　下面是一个简单示例，具体样式代码如下。

```
<!doctype html>
<html>
<head>
<meta charset="utf-8">
<style type="text/css">
h2, p, h3 {
    margin: 0;                      /* 清除默认边距 */
    padding: 0;                     /* 清除默认间距 */
    height: 30px;                   /* 初始化设置高度为 30 像素 */}
p ~ h3 { background-color: #0099FF;/* 设置背景色 */ }
</style>
</head>
<body>
……
</body>
</html>
```

在浏览器中预览，页面效果如图 18.1 所示。可以看到在<div class="header">包含框中，位于<p>标签后的所有<h3>标签都被选中，背景色为蓝色。

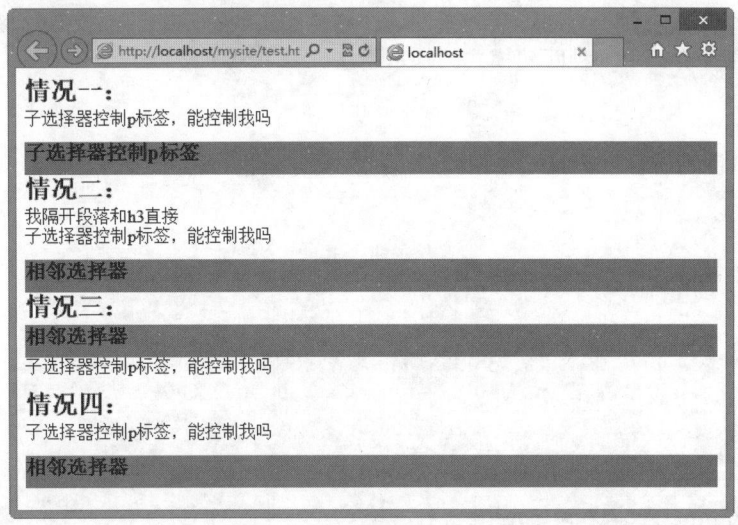

图 18.1　兄弟选择器

扫一扫，看视频

18.3 属性选择器

属性选择器早在 CSS2 中就被引入，即 E[attr]、E[attr="value"]、E[attr~="value"]和 E[attr|="value"]。CSS3 在此基础上新增了 3 个属性选择器，即 E[attr^="value"]、E[attr$="value"]和 E[attr*="value"]。这 3 个属性选择器与已定义的 4 个属性选择器，共同构成了强大的 HTML 属性过滤器。

属性选择器以中括号作为语法标识符，在中括号中可以包含 HTML 属性名或者属性值，并通过^、$、|等运算符定义不同形式的属性选择器。其基本语法格式如下：

[属性选择符]

CSS3 的属性选择器主要包括以下几种。

- E[attr]：只使用属性名，但没有确定任何属性值。
- E[attr="value"]：指定属性名，并指定了该属性的属性值。
- E[attr~="value"]：指定属性名，并且具有属性值。此属性值是一个词列表，中间以空格隔开。其中词列表中包含了一个 value 词，而且等号前面的"~"不能省略。
- E[attr^="value"]：指定了属性名，并且有属性值，属性值是以 value 开头的。
- E[attr$="value"]：指定了属性名，并且有属性值，属性值是以 value 结束的。
- E[attr*="value"]：指定了属性名，并且有属性值，属性值中包含了 value。
- E[attr|="value"]：指定了属性名，并且属性值是 value 或者以 "value-" 开头的值（如 zh-cn）。

◀))提示：

在上面语法形式中，E 表示匹配元素的选择符，可以省略；中括号为属性选择器标识符，不可或缺；attr 表示 HTML 属性名；value 表示 HTML 属性值，或者 HTML 属性值包含的子字符串。

CSS3 遵循惯用的正则表达式匹配模式，选用^、$和*这 3 个通用匹配运算符。其中^表示匹配起始符，$表示匹配终止符，*表示匹配任意字符。使用它们更符合编码习惯和惯用编程思维。CSS3 草案还保留了对非标准的 E[attr~="value"]和 E[attr|="value"]选择器的支持。实际上，E[attr~="value"]和 E[attr|="value"]选择器更符合用户使用习惯。读者可以使用 E[attr*="value"]选择器替换 E[attr~="value"]和 E[attr|="value"]选择器，或者使用 E[attr^="value"]选择器替换 E[attr|="value"]选择器，两者执行效率相差无几。

目前，主流浏览器都支持全部属性选择器，虽然早期版本浏览器存在不兼容问题，如 IE6，但不影响属性选择器的普及和使用。

属性选择器的形式有多种，不同形式的属性选择器能够实现特定的匹配模式，这种匹配模式与正则表达式功能类似。下面介绍每一种匹配模式的基本用法。

1. 匹配属性

【示例 1】　本例为所有包含 href 属性的超链接定义背景色。

```
<!doctype html>
<html>
<head>
<meta charset="utf-8">
<style type="text/css">
a[href] { background-color: #009966;    /* 设置背景色 */ }
</style>
</head>
<body>
<h2>[attr]</h2>
<p><a name="anchor">存在属性 href 才行</a></p>
<p><a href="#">存在属性 href 才行</a></p>
```

```
</body>
</html>
```

2. 匹配属性值

【示例2】 本例为表单元素类型为文本框(type=text)的元素设置背景色。

```
<!doctype html>
<html>
<head>
<meta charset="utf-8">
<style type="text/css">
input[type=text] { background: #CC6633 /* 设置背景色 */ }
</style>
</head>
<body>
<h2>[attr="value"]</h2>
<p><input type="text">属性值为text才行</p>
<p><input type="textarea">属性值为text才行</p>
</body>
</html>
```

3. 匹配空白

【示例3】 本例为类选择器中的值包含字母first,若Class值内有多个值,各个值之间用空格间隔,值中包括first设置背景色。

```
<!doctype html>
<html>
<head>
<meta charset="utf-8">
<style type="text/css">
[class~=first] { background: #0099FF   /* 设置背景色 */ }
</style>
</head>
<body>
<h2>[attr~="value"]</h2>
<ul>
    <li class="first">属性值中存在或者含有first,需要空格分隔</li>
    <li class="second">属性值中存在或者含有first,需要空格分隔</li>
    <li class="third">属性值中存在或者含有first,需要空格分隔</li>
    <li class="first second">属性值中存在或者含有first,需要空格分隔</li>
    <li class="first third">属性值中存在或者含有first,需要空格分隔</li>
    <li class="second third">属性值中存在或者含有first,需要空格分隔</li>
    <li class="first second third">属性值中存在或者含有first,需要空格分隔</li>
</ul>
</body>
</html>
```

4. 匹配连字符

【示例4】 与匹配空白一样,不同的是类选择器中的值存在first值,若Class值内有多个值,各个值之间用连字符间隔设置背景色。

```
<!doctype html>
<html>
```

```
<head>
<meta charset="utf-8">
<style type="text/css">
[class|="first"] { background-color: #66CC33    /* 设置背景色 */ }
</style>
</head>
<body>
<h2>[attr|="value"]</h2>
<ul>
    <li class="first">属性值中存在或者含有 first，需要连字符连接</li>
    <li class="second">属性值中存在或者含有 first，需要连字符连接</li>
    <li class="third">属性值中存在或者含有 first，需要连字符连接</li>
    <li class="first-second">属性值中存在或者含有 first，需要连字符连接</li>
    <li class="first-third">属性值中存在或者含有 first，需要连字符连接</li>
    <li class="second-third">属性值中存在或者含有 first，需要连字符连接</li>
    <li class="first-second-third">属性值中存在或者含有 first，需要连字符连接</li>
</ul>
</body>
</html>
```

5. 匹配前缀

【示例5】 本例为提示属性 title 的值以 good 开头的<p>标签设置背景色。

```
<!doctype html>
<html>
<head>
<meta charset="utf-8">
<style type="text/css">
p[title^="good"] { background-color: #CC6666    /* 设置背景色 */ }
</style>
</head>
<body>
<h2>[attr^="value"]</h2>
<p title="hello">属性的开头必须是 good</p>
<p title="goodmor">属性的开头必须是 good</p>
<p title="Tgoodmor">属性的开头必须是 good</p>
</body>
</html>
```

6. 匹配后缀

【示例6】 本例为提示属性 title 的值以 bye 结尾的<p>标签设置背景色。

```
<!doctype html>
<html>
<head>
<meta charset="utf-8">
<style type="text/css">
p[title$="bye"] { background-color: #009933    /* 设置背景色 */ }
</style>
</head>
<body>
<h2>[attr$="value"]</h2>
<p title="hello">属性中 bye 需要在末尾</p>
```

```html
<p title="goodbye">属性中 bye 需要在末尾</p>
<p title="goodbye-2">属性中 bye 需要在末尾</p>
</body>
</html>
```

【示例 7】 在本例中分别定义了 5 个模糊匹配的属性选择器，然后把匹配的 div 元素显示出来以测试浏览器是否支持该属性选择器，如图 18.2 所示。

```html
<!doctype html>
<html>
<head>
<meta charset="utf-8">
<style type="text/css">
div { display: none; }/* 隐藏所有 div 元素 */
[class|="blue"] { display: block; }     /* 连字符匹配 */
[class~="blue"] { display: block; }     /* 空白符匹配 */
[class^="Red"] { display: block; }      /* 前缀匹配 */
[class$="Green"] { display: block; }    /* 后缀匹配 */
[class*="gre"] {display: block; }       /* 子字符串匹配 */
</style>
</head>
<body>
<div class="red-blue-green">支持[|=]（连字符匹配）属性选择器</div>
<div class="red blue green">支持[~=]（空白符匹配）属性选择器</div>
<div class="Red-blue-green">支持[^=]（前缀匹配）属性选择器</div>
<div class="red-blue-Green">支持[$=]（后缀匹配） 属性选择器</div>
<div class="red-blue-green">支持[*=]:（子字符串匹配）属性选择器</div>
</body>
</html>
```

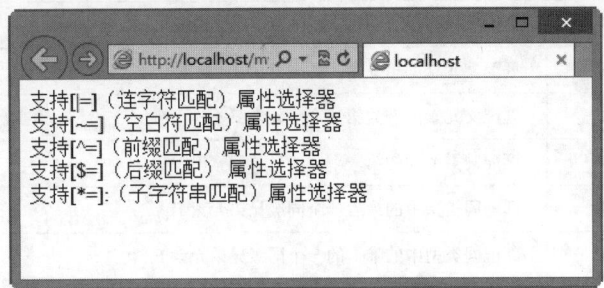

图 18.2 模糊匹配属性选择器演示效果

📢 提示：

如果省略了属性选择器的指定标签选择器，它将匹配任意标签元素。这时可以使用星号（*）通配符来指定任意元素。

IE6 以及低版本浏览器不支持属性选择器，如果需要兼容低版本 IE 浏览器，则需要在开头导入 IE8.js 文件。

```html
<script type="text/javascript" src="IE8.js"></script>
```

18.4 伪类选择器

伪类是一种特殊的类选择器，其用处就是可以对不同状态、不同行为、不同特性等因素下的元素定义不同的样式，这些因素是无法通过静态的选择器所能够匹配到的。例如，最常用的是 4 种 a 元素的伪类，它表示动态链接在 4 种不同的状态：link、visited、active、hover。这些状态是无法通过普通的类选择器进行匹配的。

伪选择器包括伪类选择器和伪对象选择器。伪选择器以冒号（:）作为前缀标识符；冒号前可以添加选择符，限定伪类应用的范围；冒号后为伪类和伪对象名；冒号前后没有空格，否则将错认为类选择器。

CSS 伪类和伪对象选择器具体说明如表 18.12、18.13 所示。

表 18.12　CSS 支持的基本伪类

伪　类	支持版本	说　　明
:link	CSS1	设置超链接 a 在未被访问前的样式
:visited	CSS1	设置超链接 a 在其链接地址已被访问过时的样式
:hover	CSS1/CSS2	设置元素在其鼠标悬停时的样式
:active	CSS1/CSS2	设置元素在被用户激活（在鼠标点击与释放之间发生的事件）时的样式
:focus	CSS1/CSS2	设置元素在成为输入焦点（该元素的 onfocus 事件发生）时的样式
:lang()	CSS2	匹配使用特殊语言的 E 元素
:not()	CSS3	匹配不含有 s 选择符的元素 E
:root	CSS3	匹配 E 元素在文档的根元素
:first-child	CSS2	匹配父元素的第一个子元素 E
:last-child	CSS3	匹配父元素的最后一个子元素 E
:only-child	CSS3	匹配父元素仅有的一个子元素 E
:nth-child(n)	CSS3	匹配父元素的第 n 个子元素 E
:nth-last-child(n)	CSS3	匹配父元素的倒数第 n 个子元素 E
:first-of-type	CSS3	匹配同类型中的第一个同级兄弟元素 E
:last-of-type	CSS3	匹配同类型中的最后一个同级兄弟元素 E
:only-of-type	CSS3	匹配同类型中的唯一的一个同级兄弟元素 E
:nth-of-type(n)	CSS3	匹配同类型中的第 n 个同级兄弟元素 E
:nth-last-of-type(n)	CSS3	匹配同类型中的倒数第 n 个同级兄弟元素 E
:empty	CSS3	匹配没有任何子元素（包括 text 节点）的元素 E
:checked	CSS3	匹配用户界面上处于选中状态的元素 E。（用于 input type 为 radio 与 checkbox 时）
:enabled	CSS3	匹配用户界面上处于可用状态的元素 E
:disabled	CSS3	匹配用户界面上处于禁用状态的元素 E
:target	CSS3	匹配相关 URL 指向的 E 元素
@page:first	CSS2	设置页面容器第一页使用的样式。仅用于 @page 规则
@page:left	CSS2	设置页面容器位于装订线左边的所有页面使用的样式。仅用于 @page 规则
@page:right	CSS2	设置页面容器位于装订线右边的所有页面使用的样式。仅用于 @page 规则

表 18.13　CSS 支持的基本伪对象

伪对象	支持版本	说　明
:first-letter ::first-letter	CSS1/CSS3	设置对象内的第一个字符的样式
:first-line ::first-line	CSS1/CSS3	设置对象内的第一行的样式
:before ::before	CSS2/CSS3	设置在对象前（依据对象树的逻辑结构）发生的内容。用来和 content 属性一起使用
:after ::after	CSS2/CSS3	设置在对象后（依据对象树的逻辑结构）发生的内容。用来和 content 属性一起使用
::selection	CSS3	设置对象被选择时的颜色

CSS 伪类选择器有两种用法：

（1）单纯式

```
E:pseudo-class { property:value}
```

其中 E 为元素，pseudo-class 为伪类名称，property 是 CSS 的属性，value 为 CSS 的属性值。例如：

```
a:link {color:red;}
```

（2）混用式

```
E.class:pseudo-class{property:value}
```

其中 .class 表示类选择器。把类选择器与伪类选择器组成一个混合式的选择器，能够设计更复杂的样式，以精准匹配元素。例如：

```
a.selected:hover {color: blue;}
```

CSS3 的伪类选择器主要包括 4 种：动态伪类选择器、结构伪类选择器、否定伪类选择器和状态伪类选择器。

18.5　实　战　案　例

18.5.1　使用属性选择器

扫一扫，看视频

本例练习 CSS3 属性选择器的应用，下面先设计一个简单的灯箱广告效果。其中 HTML 结构如下：

```
<div class="pic_box">
    <img src="images/bg1.jpg" />
    <div class="nav">
        <a href="#1" class="links item first" title="w3cplus" target="_blank" id="first" >1</a>
        <a href="#2" class="links active item" title="test website" target="_blank" lang="zh">2</a>
        <a href="#3" class="links item" title="this is a link" lang="zh-cn">3</a>
        <a href="#4" class="links item" target="_balnk" lang="zh-tw">4</a>
        <a href="#5" class="links item" title="zh-cn">5</a>
        <a href="#6" class="links item" title="website link" lang="zh">6</a>
        <a href="#7" class="links item" title="open the website" lang="cn">7</a>
        <a href="#8" class="links item" title="close the website" lang="en-zh">8</a>
        <a href="#9" class="links item" title="http://www.baidu.com">9</a>
        <a href="#10" class="links item last" id="last">10</a>
```

```
        </div>
    </div>
```

使用 CSS 适当美化该结构块，具体代码如下，预览效果如图 18.3 所示。

图 18.3 设计的灯箱广告效果图

```
<style type="text/css">
/*灯箱外框样式*/
.pic_box { border: solid 6px #bbb; position: relative; float: left; }
.pic_box img { border: solid 1px red; }
/*导航框样式*/
.nav { background: #fff; border: 1px solid #aaa; padding: 6px 12px; float: left;
opacity: 0.6; position: absolute; bottom: 6px; right: 12px; }
/*导航按钮样式*/
.nav a { float: left; display: block; height: 20px; line-height: 20px; width: 20px;
-moz-border-radius: 10px; -WebKit-border-radius: 10px; border-radius: 10px; text-
align: center; background: #f00; color: #fff; margin-right: 5px; text-decoration:
none; }
.nav a:hover { background: green; }
</style>
```

下面结合这个示例，具体分析每个属性选择器的使用。

1. E[attr]

E[attr]属性选择器选择指定属性的元素，例如：

```
.nav a[id] {background: blue; color:yellow;font-weight:bold;}
```

上面的代码表示选择了 div.nav 下所有带有 id 属性的 a 元素，并在这个元素上使用背景色为蓝色、前景色为黄色、字体加粗的样式。对照上面的 HTML 结构，不难发现，只有第 1 个和最后一个链接使用了 id 属性，所以选中了这两个 a 元素，效果如图 18.4 所示。

也可以使用多属性选择元素，例如：

```
.nav a[href][title] {background: yellow; color:green;}
```

上面代码表示的是选择 div.nav 下同时具有 href 和 title 属性的 a 元素，效果如图 18.5 所示。

图 18.4　属性快速匹配 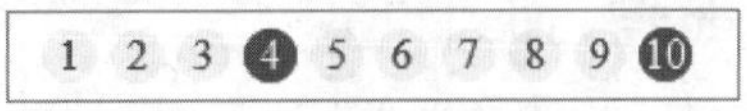　　　　　　　　　图 18.5　多属性快速匹配

2. E[attr="value"]

E[attr="value"]选择器能精确地选择需要的元素。例如：

```
.nav a[id="first"] {background: blue; color:yellow;font-weight:bold;}
```

选中 div.nav 中的 a 元素，并且这个元素有一个 id="first"属性值，预览效果如图 18.6 所示。

E[attr="value"]属性选择器也可以多个属性并写，进一步缩小选择范围，用法如下，预览效果如图 18.7 所示。

```
.nav a[href="#1"][title] {background: yellow; color:green;}
```

图 18.6　属性值快速匹配 　　　　　　　　图 18.7　多属性值快速匹配

3. E[attr~="value"]

E[attr~="value"]属性选择器匹配一个或多个词列表（如果是列表，则需要用空格隔开），只要属性值中有一个 value 相匹配，就可以选中该元素。例如：

```
.nav a[title~="website"]{background:orange;color:green;}
```

在 div.nav 下 a 元素的 title 属性中，只要其属性值中含有 "website" 这个词就会被选中。结果 a 元素中 "2"、"6"、"7"、"8" 这 4 个 a 元素的 title 中都含有，所以被选中，预览效果如图 18.8 所示。

4. E[attr^="value"]

E[attr^="value"]属性选择器选择 attr 属性值以 "value" 开头的所有元素。例如：

```
.nav a[title^="http://"]{background:orange;color:green;}
.nav a[title^="mailto:"]{background:green;color:orange;}
```

上面代码表示的是：选择具有 title 属性，且其属性值以 "http://" 和 "mailto:" 开头的所有 a 元素。效果如图 18.9 所示。

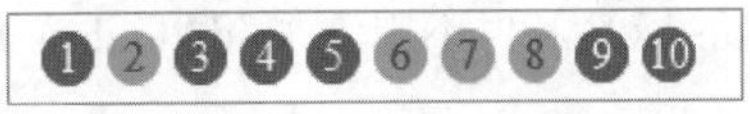

图 18.8　属性值局部词匹配 　　　　　　　图 18.9　匹配属性值开头字符串的元素

5. E[attr$="value"]

E[attr$="value"]表示选择 attr 属性值以 "value" 结尾的所有元素。例如：

```
.nav a[href$="png"]{background:orange;color:green;}
```

上面代码表示选择 div.nav 中元素有 href 属性，并以 png 值结尾的 a 元素。

6. E[attr*="value"]

E[attr*="value"]属性选择器表示选择 attr 属性值中包含子串 "value" 的所有元素。例如：

```
.nav a[title*="site"]{background:black;color:white;}
```

上面代码表示选择 div.nav 中 a 元素的 title 属性中只要有 "site" 就可以。上面样式的预览效果如图 18.10 所示。

7. E[attr|="value"]

E[attr|="value"]选择器会选择 attr 属性值等于 value 或以 "value-" 开头的所有元素。例如：

```
.nav a[lang|="zh"]{background:gray;color:yellow;}
```

上面代码会选中 div.nav 中 lang 属性等于 "zh" 或以 "zh-" 开头的所有 a 元素，预览效果如图 18.11 所示。

图 18.10　匹配属性值中的特定子串

图 18.11　匹配属性值开头字符串的元素

18.5.2　使用动态伪类

动态伪类是一类行为类样式，这些伪类并不存在于 HTML 中，只有当用户与页面进行交互时有效。包括两种形式。

- 锚点伪类：这是一种在链接中常见的样式，如 :link、:visited。
- 行为伪类：也称为用户操作伪类，如 :hover、:active 和 :focus。

下面示例将使用动态伪类选择器设计一组 3D 动态效果的按钮样式，效果如图 18.12 所示。

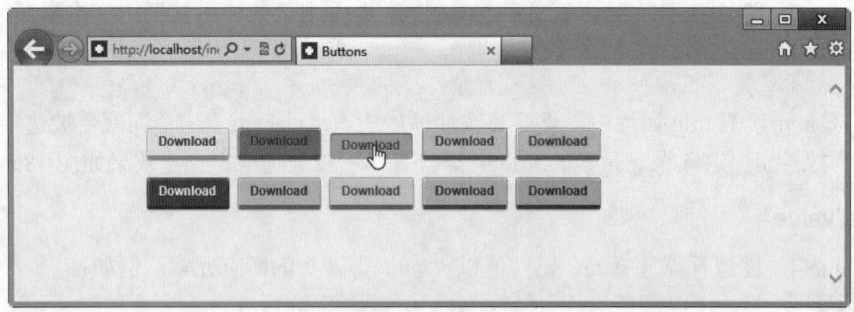
图 18.12　设计 3D 按钮样式

【操作步骤】

第 1 步，设计一个 HTML 文档结构。创建一个新的 HTML 文档，并添加一个列表，在列表项中包含基本的锚链接。就这么简单，不需要任何额外的 div 或者 span 标签，也不用添加 id 和 class 属性，一切效果都通过 CSS 进行控制。结构代码如下：

```html
<ul id="container">
    <li><a href="#" class="button gray">Download</a></li>
    <li><a href="#" class="button pink">Download</a></li>
    <li><a href="#" class="button blue">Download</a></li>
    <li><a href="#" class="button green">Download</a></li>
    <li><a href="#" class="button turquoise">Download</a></li>
    <li><a href="#" class="button black">Download</a></li>
    <li><a href="#" class="button darkgray">Download</a></li>
    <li><a href="#" class="button yellow">Download</a></li>
    <li><a href="#" class="button purple">Download</a></li>
    <li><a href="#" class="button darkblue">Download</a></li>
</ul>
```

为了能够演示不同色彩的 CSS 样式，通过列表结构设计一组类似的按钮，然后给每一个按钮设置一种不同的颜色。通过对比可以发现该类样式设计的优势和便捷之处。

第2步，新建内部样式表，定义基本的按钮类样式。

```css
ul { list-style: none; }
a.button {
    display: block;
    float: left;
    position: relative;
    height: 25px;
    width: 80px;
    margin: 0 10px 18px 0;
    text-decoration: none;
    font: 12px "Helvetica Neue", Helvetica, Arial, sans-serif;
    font-weight: bold;
    line-height: 25px;
    text-align: center;}
```

第3步，为该类样式增加行为样式，让按钮实现动态效果。这里主要使用了:hover 伪类选择器。例如，为灰色系按钮设计光标经过时的动态样式效果，主要包括字体颜色和背景色的变化、边框线的变换，以模拟立体效果。

```css
/* GRAY */
.gray, .gray:hover {
    color: #555;
    border-bottom: 4px solid #b2b1b1;
    background: #eee;}
.gray:hover { background: #e2e2e2; }
```

第4步，定义双边框样式。通过预览会发现现在的按钮边框显得比较单薄，需要为按钮定义粗边框的底部效果，同时还需要增加一点点行间距，因此这里使用了:before 和:after 伪类样式。

```css
a.button:before, a.button:after {
    content: '';
    position: absolute;
    left: -1px;
    height: 25px;
    width: 80px;
    bottom: -1px;
    -WebKit-border-radius: 3px;
    -moz-border-radius: 3px;
    border-radius: 3px;}
a.button:before {
    height: 23px;
    bottom: -4px;
    border-top: 0;
    -WebKit-border-radius: 0 0 3px 3px;
    -moz-border-radius: 0 0 3px 3px;
    border-radius: 0 0 3px 3px;
    -WebKit-box-shadow: 0 1px 1px 0px #bfbfbf;
    -moz-box-shadow: 0 1px 1px 0px #bfbfbf;
    box-shadow: 0 1px 1px 0px #bfbfbf;}
```

第5步，为了彰显按钮的金属特质，不妨借助 CSS3 的特效定义圆角效果。

```css
a.button {
    -WebKit-border-radius: 3px;
    -moz-border-radius: 3px;
    border-radius: 3px;}
```

第6步,同时为边框定义阴影效果。

```css
a.button:before, a.button:after {
    -WebKit-border-radius: 3px;
    -moz-border-radius: 3px;
    border-radius: 3px;}
a.button:before {
    -WebKit-border-radius: 0 0 3px 3px;
    -moz-border-radius: 0 0 3px 3px;
    border-radius: 0 0 3px 3px;
    -WebKit-box-shadow: 0 1px 1px 0px #bfbfbf;
    -moz-box-shadow: 0 1px 1px 0px #bfbfbf;
    box-shadow: 0 1px 1px 0px #bfbfbf;}
```

第7步,定义光标经过和访问过按钮伪类状态类样式,设计渐变背景色特效。

```css
/* GRAY */
a.gray, a.gray:hover, a.gray:visited {
    color: #555;
    border-bottom: 4px solid #b2b1b1;
    text-shadow: 0px 1px 0px #fafafa;
    background: #eee;
    background: -WebKit-gradient(linear, left top, left bottom, from(#eee), to(#e2e2e2));
    background: linear-gradient(to top, #eee, #e2e2e2);
    box-shadow: inset 1px 1px 0 #f5f5f5;}
.gray:before, .gray:after {
    border: 1px solid #cbcbcb;
    border-bottom: 1px solid #a5a5a5;}
.gray:hover {
    background: #e2e2e2;
    background: -WebKit-gradient(linear, left top, left bottom, from(#e2e2e2), to(#eee));
    background: linear-gradient(to top, #e2e2e2, #eee);}
```

第8步,利用:active伪类选择器定义对象激活状态下的样式效果。

```css
/* ACTIVE STATE */
a.button:active {
    border: none;
    bottom: -4px;
    margin-bottom: 22px;
    -WebKit-box-shadow: 0 1px 1px #fff;
    -moz-box-shadow: 0 1px 1px #fff;
    box-shadow: 1px 1px 0 #fff, inset 0 1px 1px rgba(0, 0, 0, 0.3);}
a.button:active:before,
a.button:active:after {
```

```
border: none;
-WebKit-box-shadow: none;
-moz-box-shadow: none;
box-shadow: none;}
```

18.5.3 使用结构伪类

结构伪类选择器是 CSS3 新设计的选择器，它利用文档结构树实现元素的过滤，通过文档结构的相互关系来匹配特定的元素，从而减少文档内 class 属性和 ID 属性的定义，使得文档更加简洁。

结构伪类选择器有多种形式，这些形式的用法是固定的，但可以灵活使用，以便设计各种特殊样式效果。结构伪类选择器简单说明如下。

- :fist-child：选择某个元素的第 1 个子元素。
- :last-child：选择某个元素的最后一个子元素。
- :nth-child()：选择某个元素的一个或多个特定的子元素。
- :nth-last-child()：选择某个元素的一个或多个特定的子元素，从这个元素的最后一个子元素开始计算。
- :nth-of-type()：选择指定的元素。
- :nth-last-of-type()：选择指定的元素，从元素的最后一个开始计算。
- :first-of-type：选择一个上级元素下的第 1 个同类子元素。
- :last-of-type：选择一个上级元素下的最后一个同类子元素。
- :only-child：选择的元素是它的父元素的唯一一个子元素。
- :only-of-type：选择的元素是它的上级元素的唯一一个相同类型的子元素。
- :empty：选择的元素中没有任何内容。

【示例 1】 下面针对上面所列的各种结构伪类选择器，设计"双周热门推荐"栏目列表样式，初步设计效果如图 18.13 所示。其中每项列表都统一使用一个背景图像。

图 18.13　设计推荐栏目

构建的基本列表结构如下：

```html
<div id="wrap">
    <ul id="container">
        <li><a href="#">送君千里 终须一别</a></li>
        <li><a href="#">旅行的意义</a></li>
        <li><a href="#">南师虽去,精神永存</a></li>
        <li><a href="#">榴莲糯米糍</a></li>
        <li><a href="#">阿尔及利亚 天命之年</a></li>
        <li><a href="#">白菜鸡肉粉丝包</a></li>
        <li><a href="#">《展望塔上的杀人》</a></li>
        <li><a href="#">我们,只会在路上相遇</a></li>
    </ul>
</div>
```

初步设计的列表样式如下:

```css
/*定位栏目位置*/
#wrap { background: url(images/bg1.jpg) width: 260px; height: 276px;}
/*初始化列表结构样式*/
#wrap ul { list-style-type: none; margin: 0; padding: 0; font-size: 12px; color: #777; }
#wrap li { background: url(images/top10-bullet.png) no-repeat 2px 10px; padding: 1px 0px 0px 28px; line-height: 30px; }
#wrap li a { text-decoration: none; color: #777; }
#wrap li a:hover { color: #F63; }
```

下面结合这个推荐栏目示例,具体分析结构伪类选择器的使用方法。

1. :first-child

:first-child 结构伪类选择器用来选择某个元素的第 1 个子元素。

【示例 2】 如果设计第 1 个列表项前的图标为 1,且字体加粗显示,则可以使用:first-child 来实现。

```css
#wrap li:first-child {
    background-position:2px 10px;
    font-weight:bold;}
```

在没有这个选择器之前,需要在第 1 个 li 上加上一个不同的 class 名,如 first-child,然后再给该类应用不同的样式。

```css
#wrap li.first-child {
    background-position:2px 10px;
    font-weight:bold;}
```

其实这两种最终效果是一样的,只是后面这种,需要在 HTML 结构中增加一个额外的类名。

提示:

IE6 不支持:first-child 选择器。

2. :last-child

:last-child 选择器与:first-child 选择器的作用类似,不同的是,:last-child 选择是某个元素的最后一个子元素。

【示例 3】 如要单独给列表最后一项定义一个不同的样式,就可以使用这个选择器。

```css
#wrap li:last-child {background-position:2px -277px;}
```

这个效果与以前在列表中添加 last-child 的 class 是一样的:

```
#wrap li.last-child {background-position:2px -277px;}
```
它们显示的效果也都是一致的,如图 18.14 所示。

3. :nth-child()

:nth-child()是一个结构伪类函数,它可以选择某个元素包含的一个或多个特定的子元素。该函数有多种用法:

```
:nth-child(length);/*参数是具体数字*/
:nth-child(n);/*参数是 n,n 从 0 开始计算*/
:nth-child(n*length)/*n 的倍数选择,n 从 0 开始计算*/
:nth-child(n+length);/*选择大于 length 后面的元素*/
:nth-child(-n+length)/*选择小于 length 前面的元素*/
:nth-child(n*length+1);/*表示隔几选一*/
```

在 nth-child()函数中,参数 length 为一个整数,n 表示一个从 0 开始的自然数。

:nth-child()可以定义值,值可以是整数,也可以是表达式,如上面所示,用来选择特定的子元素。

【示例 4】 下面 6 个样式分别匹配列表中第 2~7 个列表项,并分别定义它们的背景图像 Y 轴坐标位置,显示效果如图 18.15 所示。

```
#wrap li:nth-child(2) { background-position: 2px -31px; }
#wrap li:nth-child(3) { background-position: 2px -72px; }
#wrap li:nth-child(4) { background-position: 2px -113px; }
#wrap li:nth-child(5) { background-position: 2px -154px; }
#wrap li:nth-child(6) { background-position: 2px -195px; }
#wrap li:nth-child(7) { background-position: 2px -236px; }
```

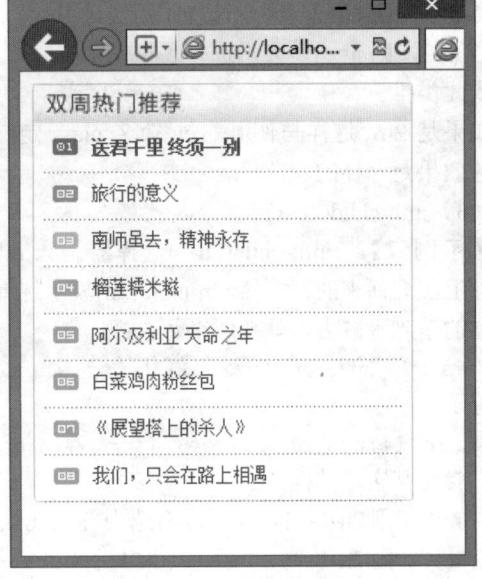

图 18.14 设计最后一个列表项样式　　　图 18.15 设计每个列表项样式

注意:

这种函数参数用法是不能引用负值的,也就是说 li:nth-child(-3)是不正确的使用方法。

(1):nth-child(n)

在:nth-child(n)中,n 是一个简单的表达式,其取值是从 0 开始计算的,到什么时候结束是不确定的,需结合文档结构而定。如果在实际应用中直接这样使用的话,将会选中所有子元素。

【示例5】 在上面示例中，如果在 li 中使用:nth-child(n)，那么将选中所有的 li 元素。

`#wrap li:nth-child(n) {text-decoration:underline;}`

则这个样式类似于：

`#wrap li {text-decoration:underline;}`

其实，nth-child()是这样计算的。

n=0：表示没有选择元素。

n=1：表示选择第 1 个 li。

n=2：表示选择第 2 个 li。

依此类推，这样下来就选中了所有的 li。

提示：

这里参数 n 只能是字母 n，不能使用其他字母代替，不然会没有任何效果的。

（2）:nth-child(2n)

【示例6】 :nth-child(2n)是:nth-child(n)的一种变体，使用它可以选择 n 的 2 倍数。当然，其中 2 可以换成需要的数字，分别表示不同的倍数。

`#wrap li:nth-child(2n) {font-weight:bold;}`

等于：

`#wrap li:nth-child(even) {font-weight:bold;}`

则预览效果如图 18.16 所示。

来看一下其实现过程：

当 n=0，则 2n=0，表示没有选中任何元素；

当 n=1，则 2n=2，表示选择了第 2 个 li；

当 n=2，则 n=4，表示选择了第 4 个 li；

依此类推。

如果是 2n，这样与使用 even 命名 class 定义样式，所起到的效果是一样的。

（3）:nth-child(2n-1)

【示例 7】 :nth-child(2n-1)选择器是在:nth-child(2n)的基础上演变而来的，既然:nth-child(2n)表示选择偶数，那么在它的基础上减去 1 就变成奇数选择。

`#wrap li:nth-child(2n-1) {font-weight:bold;}`

等于：

`#wrap li:nth-child(odd) {font-weight:bold;}`

来看看其实现过程：

当 n=0，则 2n-1=-1，表示没有选中任何元素；

当 n=1，则 2n-1=1，表示选择第 1 个 li；

当 n=2，则 2n-1=3，表示选择第 3 个 li；

依此类推。

其实实现这种奇数效果，还可以使用:nth-child(2n+1)和:nth-child(odd)来实现。

（4）:nth-child(n+5)

【示例8】 :nth-child(n+5)选择器是从第 5 个元素开始选择，这里的数字可以自定义。

`li:nth-child(n+5) {font-weight:bold;}`

其实现过程如下：

图 18.16 设计偶数行列表项样式

当n=0，则n+5=5，表示选中第5个li；
当n=1，则n+5=6，表示选择第6个li；
依此类推。

读者可以使用这种方法指定开始选择的元素位置，也就是说换了数字，起始位置就变了。

（5）:nth-child(-n+5)

【示例9】　:nth-child(-n+5)选择器刚好和:nth-child(n+5)选择器相反，它是选择第5个前面的子元素。

```
li:nth-child(-n+5) {font-weight:bold;}
```

其实现过程如下：

当n=0，则-n+5=5，表示选择了第5个li；
当n=1，则-n+5=4，表示选择了第4个li；
当n=2，则-n+5=3，表示选择了第3个li；
当n=3，则-n+5=2，表示选择了第2个li；
当n=4，则-n+5=1，表示选择了第1个li；
当n=5，则-n+5=0，表示没有选择任何元素。

（6）:nth-child(5n+1)

:nth-child(5n+1)选择器是实现隔几选一的效果。

【示例10】　如果是隔三选一，则定义的样式如下。

```
li:nth-child(3n+1) {font-weight:bold;}
```

其实现过程如下：

当n=0，则3n+1=1，表示选择了第1个li；
当n=1，则3n+1=4，表示选择了第4个li；
当n=2，则3n+1=7，表示选择了第7个li。

设计效果如图18.17所示。

图18.17　设计隔三选一列表项样式

📢 提示：

IE6~8和Firefox3及其以下版本浏览器不支持:nth-child()选择器。

4. :nth- last-child()

:nth-last-child()选择器与:nth-child()相似，只是多了一个last，其作用就发生了变化，它是从最后一个元素开始计算，来选择特定元素。

【示例11】　选择倒数第4个列表项。

```
li:nth-last-child(4) {font-weight:bold;}
```

其中:nth-last-child(1)和:last-child所起作用是一样的，都表示选择最后一个元素。

另外，:nth-last-child()与:nth-child()用法相同，可以使用表达式来选择特定元素。下面来看几个特殊的表达式所起的作用。

:nth-last-child(2n)表示从后面计算，选择的是偶数元素；反过来说，就是选择奇数元素。这与前面的:nth-child(2n+1)、:nth-child(2n-1)、:nth-child(odd)所起的作用是一样的。例如：

```
li:nth-last-child(2n) {font-weight:bold;}
li:nth-last-child(even) {font-weight:bold;}
```

等于：

```
li:nth-child(2n+1) {font-weight:bold;}
li:nth-child(2n-1) {font-weight:bold;}
li:nth-child(odd) {font-weight:bold;}
```

:nth-last-child(2n-1)选择器刚好与上面的相反，从后面计算，选择的是奇数元素；而从前面计算，选择的就是偶数元素。例如：

```
li:nth-last-child(2n+1) {font-weight:bold;}
li:nth-last-child(2n-1) {font-weight:bold;}
li:nth-last-child(odd)  {font-weight:bold;}
```

等于：

```
li:nth-child(2n) {font-weight:bold;}
li:nth-child(even) {font-weight:bold;}
```

总之，:nth-last-child()和 :nth-child()的使用方法是一样的，不过也存在着一些区别，即 :nth-child()是从元素的第1个开始计算，而:nth-last-child()是从元素的最后一个开始计算，其计算方法都是一样的。

提示：

在IE6~8和Firefox3.0及其以下版本浏览器不支持:nth-last-child()选择器。

5. :nth-of-type()

:nth-of-type 类似:nth-child()，不同的是它只计算选择器中指定的那个元素。其实，在前面示例中都是指定了具体的元素，这个选择器主要对用来定位元素中包含了好多不同类型的元素是很有用处的。

【示例12】 在div#wrap中包含很多p、li、img等元素，但现在只需要选择p元素，并让它每隔一个p元素就有不同的样式，那么就可以简单地写成：

```
div#wrap p:nth-of-type(even) {font-weight:bold;}
```

其实，这种用法与:nth-child 是一样的，也可以使用:nth-child 的表达式来实现，唯一不同的是:nth-of-type 指定了元素的类型而已。

提示：

IE6~8和Firefox3及其以下版本浏览器不支持:nth-of-type()选择器。

6. :nth-last-of-type()

:nth-last-of-type 与:nth-last-child()类似，但它指定了子元素的类型。除此之外，语法形式和用法基本相同。

提示：

IE6~8和Firefox3及其以下版本浏览器不支持:nth-last-of-type()选择器。

7. :first-of-type 和:last-of-type

:first-of-type 和:last-of-type 这两个选择器就类似于:first-child 和:last-child，不同之处就是它们指定了元素的类型。

当然，:nth-of-type()、:nth-last-of-type()、:first-of-type 和:last-of-type 的实际价值不是很大，前面讲的:nth-child 选择器都能实现这些功能。

8. :only-child 和:only-of-type

（1）:only、child

:only-child 表示一个元素是它的父元素的唯一一个子元素。

【示例13】 在文档中设计如下HTML结构。

```
<div class="post">
    <p>第一段文本内容</p>
    <p>第二段文本内容</p>
```

```
</div>
<div class="post">
    <p>第三段文本内容</p>
</div>
```

如果需要在 div.post 只有一个 p 元素的时候，改变这个 p 的样式，那么现在就可以使用:only-child 选择器来实现。

```
.post p {background-color:#efefef;}
.post p:only-child {background: red;}
```

此时如果 div.post 只有一个子元素 p，那么它的背景色将会显示为红色。

（2）:only-of-type

:only-of-type 表示一个元素包含有多个子元素，而其中只有一个子元素是唯一的，那么使用这种选择方法就可以择中这个唯一的子元素。例如：

```
<div class="post">
    <div>子块一</div>
    <p>文本段</p>
    <div>子块二</div>
</div>
```

如果只想选择上面结构块中的 p 元素，就可以这样写：

```
.post p:only-of-type{background-color:red;}
```

📢 提示：

IE6~8 浏览器不支持:only-child 选择器，IE6~8 和 Firefox3 及其以下版本浏览器不支持:only-of-type 选择器。

9. :empty

:empty 是用来选择没有任何内容的元素。这里的没有内容指的是一点内容都没有，哪怕是一个空格。

【示例 14】 这里有 3 个段落，其中一个段落什么都没有，完全是空的。

```
<div class="post">
    <p>第一段文本内容</p>
    <p>第二段文本内容</p>
</div>
<div class="post">
    <p> </p>
</div>
```

如果想设计这个 p 不显示，那就可以这样写：

```
.post p:empty {display: none;}
```

📢 提示：

IE6~8 浏览器不支持:empty 选择器。

读者也可以借助 JavaScript 脚本模拟类似的过滤功能，如 jQuery 等主流 JavaScript 类库中都提供了类似的脚本化结构伪类选择器。

18.5.4 使用否定伪类

:not()表示否定伪类选择器，即排除或者过滤掉特定元素。在本例中，演示如何设计一个分层表格样式。借助否定伪类选择器和结构伪类选择器，配合 CSS 背景图像技术设计树形结构标志；借助伪类选

扫一扫，看视频

器设计光标经过时的动态背景效果,利用 CSS 边框和背景色设计标题行的立体显示效果。演示效果如图 18.18 所示。

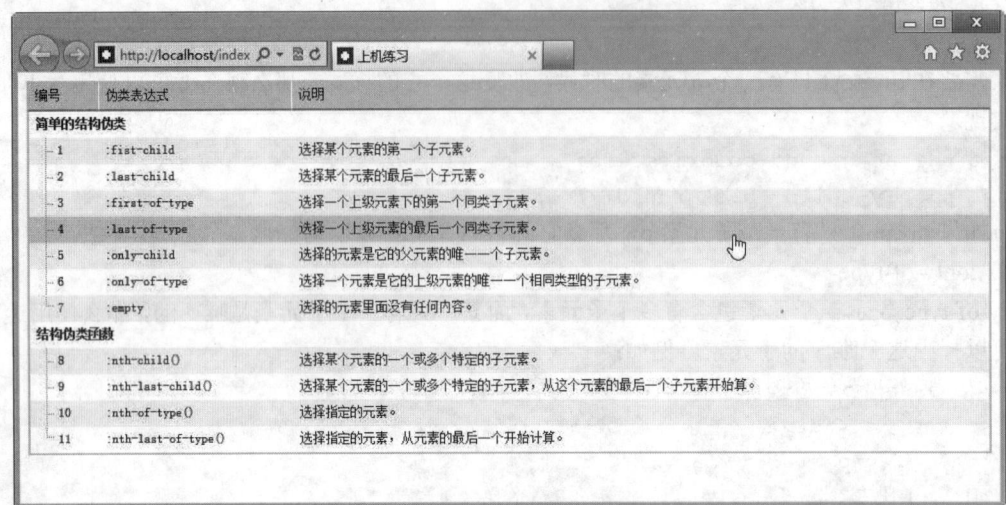

图 18.18　设计表格样式

【操作步骤】

第 1 步,利用表格结构构建一个数据表。

```
<table>
    <thead>
        <tr>
            <th>编号</th>
            <th>伪类表达式</th>
            <th>说明</th>
        </tr>
    </thead>
    <tbody>
        <tr><td colspan="3">简单的结构伪类</td></tr>
        <tr><th>1</th><td>:first-child</td><td>选择某个元素的第一个子元素。</td></tr>
        <tr><th>2</th><td>:last-child</td><td>选择某个元素的最后一个子元素。</td></tr>
        <tr><th>3</th><td>:first-of-type</td><td>选择一个上级元素下的第一个同类子元素。</td></tr>
        <tr><th>4</th><td>:last-of-type</td><td>选择一个上级元素的最后一个同类子元素。</td></tr>
        <tr><th>5</th><td>:only-child</td><td>选择的元素是它的父元素的唯一一个子元素。</td></tr>
        <tr><th>6</th><td>:only-of-type</td><td>选择一个元素是它的上级元素的唯一一个相同类型的子元素。</td></tr>
        <tr><th class="end">7</th><td>:empty</td><td>选择的元素里面没有任何内容。</td></tr>
        <tr><td colspan="3">结构伪类函数</td></tr>
        <tr><th>8</th><td>:nth-child()</td><td>选择某个元素的一个或多个特定的子元素。</td></tr>
        <tr><th>9</th><td>:nth-last-child()</td><td>选择某个元素的一个或多个特定的子元素,从这个元素的最后一个子元素开始算。</td></tr>
        <tr><th>10</th><td>:nth-of-type()</td><td>选择指定的元素。</td></tr>
        <tr><th class="end">11</th><td>:nth-last-of-type()</td><td>选择指定的元素,
```

从元素的最后一个开始计算。</td></tr>
    </tbody>
</table>
```

第 2 步，使用<style>标签在当前文档中创建一个样式表，并初始化表格样式。

```
table { border-collapse: collapse; font-size: 75%; line-height: 1.4; border: solid 2px #ccc; width: 100%; }
th, td { padding: .3em .5em; cursor: pointer; }
th { font-weight: normal; text-align: left; padding-left: 15px; }
```

第 3 步，使用结构伪类选择器匹配合并单元格所在的行，定义合并单元格所在行加粗显示。

```
td:only-of-type {
    font-weight:bold;
    color:#444;}
```

第 4 步，使用否定伪类选择器选择主体区域非最后一个 th 元素。以背景方式在行前定义结构路径线。

```
tbody th:not(.end) {
    background: url(images/dots.gif) 15px 56% no-repeat;
    padding-left: 26px;}
```

第 5 步，使用类选择器选择主体区域非最后一个 th 元素。以背景方式在行前定义结构封闭路径线。

```
tbody th.end {
    background: url(images/dots3.gif) 15px 56% no-repeat;
    padding-left: 26px;}
```

第 6 步，使用 thead 元素把表头标题独立出来，方便 CSS 控制，避免定义过多的 class 属性。th 元素有两种显示形式，一种用来定义列标题，另一种是定义行标题。下面样式是定义表格标题列样式。

```
thead th {
    background: #c6ceda;
    border-color: #fff #fff #888 #fff;
    border-style: solid;
    border-width: 1px 1px 2px 1px;
    padding-left: .5em;}
```

第 7 步，设计隔行换色的背景效果，这里主要应用了:nth-child(2n)选择器。同时使用:hover 动态伪类定义光标经过时的行背景色动画变化，以提示光标当前经过行效果。

```
tbody tr:nth-child(2n) {background-color: #fef;}
tbody tr:hover{ background: #fbf; }
```

18.5.5 使用状态伪类

CSS3 新定义了 3 种常用 UI 状态伪类选择器，简单说明如下。

1. :enabled

:enabled 伪类表示匹配指定范围内所有可用 UI 元素。在网页中，UI 元素一般是指包含在 form 元素内的表单元素。例如，在下面的表单结构中，input:enabled 选择器将匹配文本框，但不匹配该表单中的按钮。

```
<form>
    <input type="text" />
    <input type="button" disabled="disabled" />
</form>
```

2. :disabled

:disabled 伪类表示匹配指定范围内所有不可用 UI 元素。例如，在下面的表单结构中，input:disabled

```

选择器将匹配按钮，但不匹配该表单中的文本框。
```
<form>
   <input type="text" />
   <input type="button" disabled="disabled" />
</form>
```

3. :checked

:checked 伪类表示匹配指定范围内所有可用 UI 元素。例如，在下面的表单结构中，input:checked 选择器将匹配单选按钮，但不匹配该表单中的复选框。
```
<form>
   <input type="checkbox" />
   <input type="radio" checked="checked" />
</form>
```

在表单中，这些状态伪类是比较常用的。最常见的 type="text" 有 enable 和 disabled 两种状态，前者为可写状态，后者为不可状态。另外，type="radio" 和 type="checkbox" 有 checked 和 unchecked 两种状态。

提示：IE6~8 不支持:checked、:enabled 和:disabled 这 3 种选择器。

【示例】 在本例中，将设计一个简单的登录表单。为便于观察，同时使用一个不可用的表单对象进行比较。演示效果如图 18.19 所示。在实际应用中，当用户登录完毕，不妨通过脚本把文本框设置为不可用（disabled="disabled"）状态。这时可以通过:disabled 选择器让文本框显示为灰色，以告诉用户该文本框不可用了，这样就不用再设计"不可用"样式类，并把该类添加到 HTML 结构中。

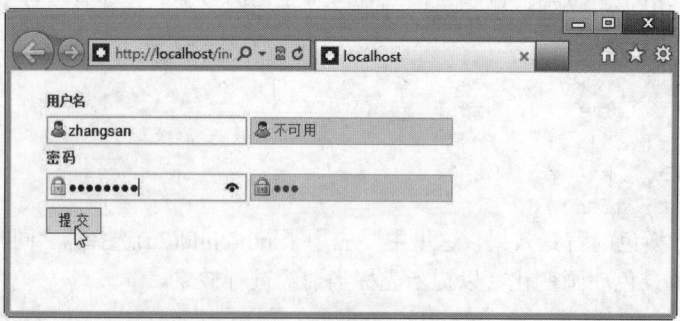

图 18.19 设计登录表单样式

【操作步骤】

第 1 步，新建一个文档，在文档中构建一个简单的登录表单结构。
```
<form action="#">
   <label for="username">用户名</label>
   <input type="text" name="username" id="username" />
   <input type="text" name="username1" disabled="disabled" value="不可用" />
   <label for="password">密 码</label>
   <input type="password" name="password" id="password" />
   <input type="password" name="password1" disabled="disabled" value="不可用" />
   <input type="submit" value="提 交" />
</form>
```
在这个表单结构中，使用 HTML 的 disabled 属性分别定义两个不可用的文本框对象。

第 2 步，创建一个内部样式表，使用属性选择器定义文本框和密码域的基本样式。
```
input[type="text"], input[type="password"] {
   border:1px solid #0f0;
   width:160px;
   height:22px;
```

```
    padding-left:20px;
    margin:6px 0;
    line-height:20px;}
```
第 3 步，再利用属性选择器，分别为文本框和密码域定义内嵌标识图标。
```
input[type="text"] { background:url(images/name.gif) no-repeat 2px 2px; }
input[type="password"] { background:url(images/password.gif) no-repeat 2px 2px; }
```
第 4 步，使用状态伪类选择器，定义不可用表单对象显示为灰色，以提示用户该表单对象不可用。
```
input[type="text"]:disabled {
    background:#ddd url(images/name1.gif) no-repeat 2px 2px;
    border:1px solid #bbb;}
input[type="password"]:disabled {
    background:#ddd url(images/password1.gif) no-repeat 2px 2px;
    border:1px solid #bbb;}
```

18.5.6 使用目标伪类

目标伪类选择器形如 E:target，它表示选择匹配 E 的所有元素，且匹配元素被相关 URL 指向。该选择器是动态选择器，只有当存在 URL 指向该匹配元素时，样式效果才有效。

【示例】 针对下面文档，在浏览器地址栏中输入 URL，并附加 "#red"，以锚点方式链接到<div id="red">，则该元素立即显示为红色背景，如图 18.20 所示。

```
<!doctype html>
<html>
<head>
<meta charset="utf-8">
<title></title>
<style type="text/css">
div:target { background:red; }
</style>
</head>
<body>
<div id="red">盒子 1</div>
<div id="blue">盒子 2</div>
</body>
</html>
```

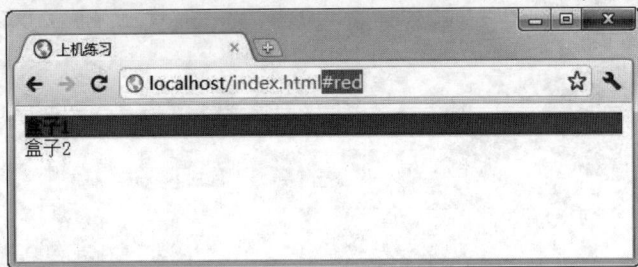

图 18.20　目标伪类样式应用效果

📢 提示：

IE8 及其以下版本浏览器不支持 E:not(s) 和 E:target 选择器。

18.5.7 设计表单样式

属性选择器在表单设计中具有强大的应用价值，应该引起读者的重视。大家都知道，表单元素多以

type 属性区分不同的对象。例如：

```
<input type="text" />文本框
<input type="checkbox" />复选框
<input type="radio" />单选按钮
<input type="password" />密码域
<input type="reset" />重置按钮
<input type="submit" />提交按钮
```

在 HTML5 中又增加了大量的子类文本框，这些对象都是通过 input 元素的 type 属性进行定义和扩展。因此，在网页设计中，只能通过属性选择器来准确匹配这些元素对象。如果依靠 ID 或者类样式，将会在表单结构中添加大量的无用 id 和 Class 值，不利于代码优化，也不利于结构重构和样式复制。针对上面的结构代码，可以使用如下 CSS 属性选择器进行快速匹配，避免了添加 Class 属性。

- input[type="text"]：获取表单中所有文本框。
- input[type="checkbox"]：获取表单中所有复选框。
- input[type="radio"]：获取表单中所有单选按钮。
- input[type="password"]：获取表单中所有密码域。
- input[type="reset"]：获取表单中所有重置按钮。
- input [type="submit"]：获取表单中所有提交按钮。

另外，表单对象都拥有一些基本特征，如可用、不可用、选中、未选中等属性。利用属性选择器可以快速通过表单中的某对象属性特征获取该类元素，如 enabled、disabled、checked、selected 属性。

◀)) 提示：

表单对象属性选择器详细说明如下。
- [enabled]：获取表单中所有属性为可用的元素。
- [disabled]：获取表单中所有属性为不可用的元素。
- [checked]：获取表单中所有被选中的元素。
- [selected]：获取表单中所有被选中的 option 元素。

下面示例将设计一个简单的联系表单，演示如何通过表单对象属性选择器获取表单对象，页面设计效果如图 18.21 所示。

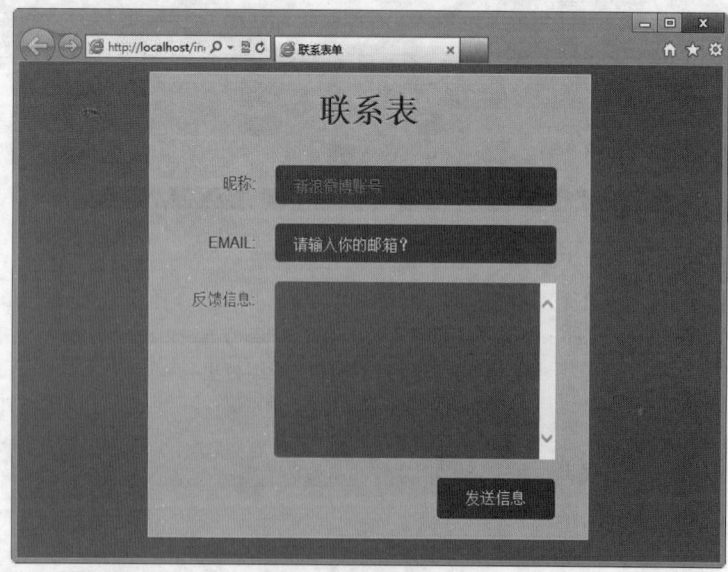

图 18.21 设计的表单样式

第18章 CSS3选择器

【操作步骤】

第1步,在这个表单中,创建两个文本框对象,一个属性设置为 enabled,另一个属性设置为 disabled,同时定义第2个文本框为 Email 类型;再放置一个文本区域对象,一个提交按钮对象,通过表单对象属性选择器获取某指定元素,并设计该元素的样式。详细表单结构代码如下:

```html
<div id="contact">
    <h1>联系表</h1>
    <form action="#" method="post">
        <fieldset>
            <label for="name">昵称:</label>
            <input type="text" id="name" disabled placeholder="新浪微博账号" />
            <label for="email">Email:</label>
            <input type="email" id="email" placeholder="请输入你的邮箱?" />
            <label for="message">反馈信息:</label>
            <textarea id="message" placeholder="请留下你的意见和建议?"></textarea>
            <input type="submit" value="发送信息" />
        </fieldset>
    </form>
</div>
```

第2步,在头部区域增加一个<style type="text/css">标签,定义一个内部样式表。在内部样式表中,重置网页标签默认样式。

```css
/*清除常用标签对象的默认边距、边框和焦点线样式*/
body, div, h1, form, fieldset, input, textarea { margin: 0; padding: 0; border: 0; outline: none; }
/*定义网页高度为窗口高度*/
html { height: 100%; }
/*设计网页基本显示效果,如背景色,并添加渐变背景色效果*/
body { background: #728eaa; background: -moz-linear-gradient(top, #25303C 0%, #728EAA 100%); /* firefox */ background: -WebKit-gradient(linear, left top, left bottom, color-stop(0%, #25303C), color-stop(100%, #728EAA)); /* WebKit */ font-family: sans-serif; }
```

第3步,对表单结构样式进行初步设计,为表单块添加阴影,定义背景色和浅色边框,并定义表单标题样式。

```css
#contact {
    width: 430px; margin: 10px auto; padding: 20px;
    background: #c9d0de; border: 1px solid #e1e1e1;
    -moz-box-shadow: 0px 0px 8px #444;
    -WebKit-box-shadow: 0px 0px 8px #444;}
h1 {
    font-size: 35px; color: #445668; text-transform: uppercase;
    text-align: center; margin: 0 0 35px 0; text-shadow: 0px 1px 0px #f2f2f2;}
```

第4步,设计表单的标签文本、文本框和文本区域样式。

```css
label {/*标签文本样式:向左浮动,右对齐文本,定义文本投影特效 */
    float: left; clear: left; margin: 11px 20px 0 0; width: 95px;
    text-align: right; font-size: 16px; color: #445668;
    text-transform: uppercase; text-shadow: 0px 1px 0px #f2f2f2;}
input {/*文本框样式:固定宽和高,增加边界,定义渐变背景色,设计圆角样式 */
    width: 260px; height: 35px; padding: 5px 20px 0px 20px; margin: 0 0 20px 0;
```

```
    background: #5E768D;
    background: -moz-linear-gradient(top, #546A7F 0%, #5E768D 20%); /* firefox */
    background: -WebKit-gradient(linear, left top, left bottom, color-stop(0%,
#546A7F), color-stop(20%,#5E768D)); /* WebKit */
    border-radius: 5px; -moz-border-radius: 5px; -WebKit-border-radius: 5px;
    -moz-box-shadow: 0px 1px 0px #f2f2f2;-WebKit-box-shadow: 0px 1px 0px #f2f2f2;
/* mozilla */
    font-family: sans-serif; font-size: 16px; color: #f2f2f2; text-transform:
uppercase; text-shadow: 0px -1px 0px #334f71; }
    input::-WebKit-input-placeholder {/* WebKit */
        color: #a1b2c3; text-shadow: 0px -1px 0px #38506b; }
    input:-moz-placeholder {/* mozilla */
        color: #a1b2c3; text-shadow: 0px -1px 0px #38506b; }
textarea {/*文本区域样式：固定宽和高，增加边界，定义渐变背景色，设计圆角，设计阴影特效 */
    width: 260px; height: 170px; padding: 12px 20px 0px 20px; margin: 0 0 20px 0;
    background: #5E768D;
    background: -moz-linear-gradient(top, #546A7F 0%, #5E768D 20%); /* firefox */
    background: -WebKit-gradient(linear, left top, left bottom, color-stop(0%,
#546A7F), color-stop(20%,#5E768D)); /* WebKit */
    border-radius: 5px; -moz-border-radius: 5px; -WebKit-border-radius: 5px;
    -moz-box-shadow: 0px 1px 0px #f2f2f2;-WebKit-box-shadow: 0px 1px 0px #f2f2f2;
/* mozilla */
    font-family: sans-serif; font-size: 16px; color: #f2f2f2; text-transform:
uppercase; text-shadow: 0px -1px 0px #334f71; }
    textarea::-WebKit-input-placeholder {/* WebKit */
        color: #a1b2c3; text-shadow: 0px -1px 0px #38506b;}
    textarea:-moz-placeholder {/* mozilla */
        color: #a1b2c3; text-shadow: 0px -1px 0px #38506b; }
```

第 5 步，通过属性选择器过滤出提交按钮和不可用文本框，分别为它们定义特定样式，以便与文本框预定义样式进行区别。

```
input[type=submit] {
    width: 125px; height: 42px; float: right; padding: 5px 10px; margin: 0 15px 0
0;
    -moz-box-shadow: 0px 0px 5px #999;-WebKit-box-shadow: 0px 0px 5px #999;
    border: 1px solid #556f8c;
    background: -moz-linear-gradient(top, #718DA9 0%, #415D79 100%); /* firefox */
    background: -WebKit-gradient(linear, left top, left bottom, color-stop(0%,
#718DA9), color-stop(100%,#415D79)); /* WebKit */
    cursor: pointer;}
input[disabled] {color:#aaa;}
```

扫一扫，看视频

18.5.8 设计超链接样式

下面示例将模拟百度文库的"相关文档推荐"模块样式设计效果，演示如何利用属性选择器快速并准确匹配文档类型，为不同类型文档超链接定义不同的显示图标，以便浏览者准确识别文档类型。示例演示效果如图 18.22 所示。

第18章 CSS3选择器

图18.22 设计超链接文档类型的显示图标

【操作步骤】

第1步，构建一个简单的模块结构。在这个模块结构中，为了能够突出重点，忽略了其他细节信息。代码如下：

```
<div id="wrap">
    <p><a href="http://www.baidu.com/name.pdf">移动互联网</a><span><img src="images/star1.jpg" /> 81 页 免费</span> </p>
    <p><a href="http://www.baidu.com/name.ppt">什么是移动互联网</a><span><img src="images/ star1.jpg" /> 8 页 1 财富值</span> </p>
    <p><a href="http://www.baidu.com/name.xls">中国移动互联网</a><span><img src="images/ star1.jpg" /> 38 页 1 财富值 </span> </p>
    <p><a href="http://www.baidu.com/name.txt">移动互联网</a> <span><img src="images/star3.jpg" /> 57 页 5 财富值</span></p>
    <p><a href="http://www.baidu.com/name.doc">移动互联网</a><span><img src="images/star3.jpg" /> 42 页 2 财富值</span> </p>
</div>
```

第2步，新建一个内部样式表，在样式表中对案例文档进行样式初始化，代码如下：

```
/*初始化超链接、sapn 元素和 p 元素基本样式*/
a { padding-left: 24px; text-decoration: none; }
span { color: #999; font-size: 12px; display: block; padding-left: 24px; padding-bottom: 6px; }
p { margin: 4px; }
```

第3步，利用属性选择器为不同类型文档超链接定义显示图标。

```
a[href$="pdf"] { /*匹配 PDF 文件*/
    background: url(images/pdf.jpg) no-repeat left center;}
a[href$="ppt"] { /*匹配演示文稿*/
    background: url(images/ppt.jpg) no-repeat left center;}
a[href$="txt"] { /*匹配记事本文件*/
    background: url(images/txt.jpg) no-repeat left center;}
a[href$="doc"] { /*匹配 Word 文件*/
    background: url(images/doc.jpg) no-repeat left center;}
a[href$="xls"] { /*匹配 Excel 文件*/
    background: url(images/xls.jpg) no-repeat left center;}
```

【拓展】

超链接的类型和形式多种多样，如锚链接、下载链接、图片链接、空链接、脚本链接等，都可以利用属性选择器来标识这些超链接的不同样式。代码如下：

```css
a[href^="http:"] { /*匹配所有有效超链接*/
    background: url(images/window.gif) no-repeat left center;}
a[href$="xls"] { /*匹配 XML 样式表文件*/
    background: url(images/icon_xls.gif) no-repeat left center;
    padding-left: 18px;}
a[href$="rar"] { /*匹配压缩文件*/
    background: url(images/icon_rar.gif) no-repeat left center;
    padding-left: 18px;}
a[href$="gif"] { /*匹配 GIF 图像文件*/
    background: url(images/icon_img.gif) no-repeat left center;
    padding-left: 18px;}
a[href$="jpg"] { /*匹配 JPG 图像文件*/
    background: url(images/icon_img.gif) no-repeat left center;
    padding-left: 18px;}
a[href$="png"] { /*匹配 PNG 图像文件*/
    background: url(images/icon_img.gif) no-repeat left center;
    padding-left: 18px;}
```

18.5.9 设计表格样式

本例将介绍如何使用 CSS3 创建一个美观的表格，演示效果如图 18.23 所示。

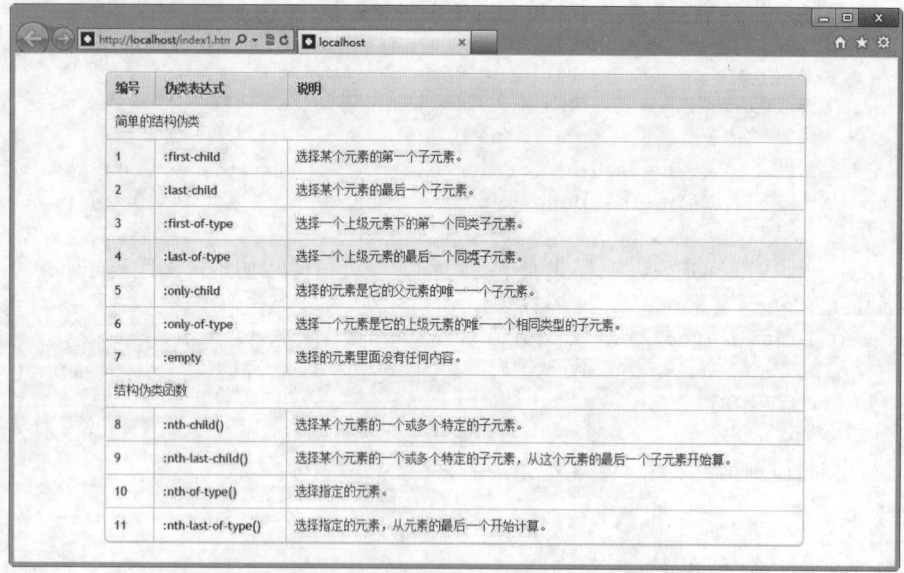

图 18.23 设计表格样式

【操作步骤】

第 1 步，启动 Dreamweaver，新建网页文档，保存为 index1.html。

第 2 步，在介绍如何使用 CSS3 来修饰表格之前，需要构建一个表格结构。这是一个简单的表格结构。切换到代码视图，在<body>标签中输入如下代码。

```html
<div id="wrap">
    <table class="bordered">
        <thead>
```

```html
            <tr>
                <th>编号</th>
                <th>伪类表达式</th>
                <th>说明</th>
            </tr>
        </thead>
        <tbody>
            <tr><td colspan="3">简单的结构伪类</td></tr>
            <tr><td>1</td><td>:first-child</td><td>选择某个元素的第一个子元素。</td></tr>
            <tr><td>2</td><td>:last-child</td><td>选择某个元素的最后一个子元素。</td></tr>
            <tr><td>3</td><td>:first-of-type</td><td>选择一个上级元素下的第一个同类子元素。</td></tr>
            <tr><td>4</td><td>:last-of-type</td><td>选择一个上级元素的最后一个同类子元素。</td></tr>
            <tr><td>5</td><td>:only-child</td><td>选择的元素是它的父元素的唯一一个子元素。</td></tr>
            <tr><td>6</td><td>:only-of-type</td><td>选择一个元素是它的上级元素的唯一一个相同类型的子元素。</td></tr>
            <tr><td>7</td><td>:empty</td><td>选择的元素里面没有任何内容。</td></tr>
            <tr><td colspan="3">结构伪类函数</td></tr>
            <tr><td>8</td><td>:nth-child()</td><td>选择某个元素的一个或多个特定的子元素。</td></tr>
            <tr><td>9</td><td>:nth-last-child()</td><td>选择某个元素的一个或多个特定的子元素,从这个元素的最后一个子元素开始算。</td></tr>
            <tr><td>10</td><td>:nth-of-type()</td><td>选择指定的元素。</td></tr>
            <tr><td>11</td><td>:nth-last-of-type()</td><td>选择指定的元素,从元素的最后一个开始计算。</td></tr>
        </tbody>
    </table>
</div>
```

第3步,在头部区域<head>标签中插入一个<style type="text/css">标签,在该标签中输入如下样式代码,定义表格默认样式,并定制表格外框主题类样式。

```
table {
    *border-collapse: collapse; /*兼容 IE7 及其以下版本浏览器*/
    border-spacing: 0;
    width: 100%;}
.bordered {
    border: solid #ccc 1px;
    -moz-border-radius: 6px;
    -WebKit-border-radius: 6px;
    border-radius: 6px;
    -WebKit-box-shadow: 0 1px 1px #ccc;
    -moz-box-shadow: 0 1px 1px #ccc;
    box-shadow: 0 1px 1px #ccc;}
```

第4步,继续输入如下样式代码,统一单元格样式,定义边框、空隙效果。

```
.bordered td, .bordered th {
    border-left: 1px solid #ccc;
    border-top: 1px solid #ccc;
```

```
    padding: 10px;
    text-align: left;}
```

第 5 步，输入如下样式代码，设计表格标题列样式，通过渐变设计标题列背景效果，并适当添加阴影，营造立体效果。

```
.bordered th {
    background-color: #dce9f9;
    background-image: -WebKit-gradient(linear, left top, left bottom, from(#ebf3fc), to(#dce9f9));
    background-image: -WebKit-linear-gradient(top, #ebf3fc, #dce9f9);
    background-image: -moz-linear-gradient(top, #ebf3fc, #dce9f9);
    background-image: -ms-linear-gradient(top, #ebf3fc, #dce9f9);
    background-image: -o-linear-gradient(top, #ebf3fc, #dce9f9);
    background-image: linear-gradient(top, #ebf3fc, #dce9f9);
 filter: progid:DXImageTransform.Microsoft.gradient(GradientType=0, startColorstr=#ebf3fc, endColorstr=#dce9f9);
    -ms-filter: "progid:DXImageTransform.Microsoft.gradient (GradientType=0, start-Colorstr=#ebf3fc, endColorstr=#dce9f9)";
    -WebKit-box-shadow: 0 1px 0 rgba(255,255,255,.8) inset;
    -moz-box-shadow: 0 1px 0 rgba(255,255,255,.8) inset;
    box-shadow: 0 1px 0 rgba(255,255,255,.8) inset;
    border-top: none;
    text-shadow: 0 1px 0 rgba(255,255,255,.5);}
```

第 6 步，输入如下样式代码，设计圆角效果。在制作表格圆角效果之前，有必要先完成这一步。表格的 border-collapse 默认值是 separate，将其值设置为 0，也就是 border-spacing:0;。

```
table {
    *border-collapse: collapse; /*兼容 IE7 及其以下版本浏览器*/
    border-spacing: 0; }
```

为了能兼容 IE7 以及更低的浏览器，需要加上一个特殊的属性 border-collapse，并且将其值设置为 collapse。

第 7 步，设计圆角效果，具体代码如下。

```
/*==整个表格设置了边框，并设置了圆角==*/
.bordered {
    border: solid #ccc 1px;
    -moz-border-radius: 6px;
    -WebKit-border-radius: 6px;
    border-radius: 6px;}
/*==表格头部第 1 个 th 需要设置一个左上角圆角==*/
.bordered th:first-child {
    -moz-border-radius: 6px 0 0 0;
    -WebKit-border-radius: 6px 0 0 0;
    border-radius: 6px 0 0 0;}
/*==表格头部最后一个 th 需要设置一个右上角圆角==*/
.bordered th:last-child {
    -moz-border-radius: 0 6px 0 0;
    -WebKit-border-radius: 0 6px 0 0;
    border-radius: 0 6px 0 0;}
/*==表格最后一行的第 1 个 td 需要设置一个左下角圆角==*/
.bordered tr:last-child td:first-child {
```

```css
    -moz-border-radius: 0 0 0 6px;
    -WebKit-border-radius: 0 0 0 6px;
    border-radius: 0 0 0 6px;}
/*==表格最后一行的最后一个td需要设置一个右下角圆角==*/
.bordered tr:last-child td:last-child {
    -moz-border-radius: 0 0 6px 0;
    -WebKit-border-radius: 0 0 6px 0;
    border-radius: 0 0 6px 0;}
```

第8步，由于在table中设置了一个边框，为了显示圆角效果，需要在表格的4个角的单元格上分别设置圆角效果，并且其圆角效果需要和表格的圆角值大小一样；反之，如果在table上没有设置边框，只需要在表格的4个角落的单元格设置圆角，就能实现圆角效果。

```css
/*==表格头部第1个th需要设置一个左上角圆角==*/
.bordered th:first-child {
    -moz-border-radius: 6px 0 0 0;
    -WebKit-border-radius: 6px 0 0 0;
    border-radius: 6px 0 0 0;}
/*==表格头部最后一个th需要设置一个右上角圆角==*/
.bordered th:last-child {
    -moz-border-radius: 0 6px 0 0;
    -WebKit-border-radius: 0 6px 0 0;
    border-radius: 0 6px 0 0;}
/*==表格最后一行的第1个td需要设置一个左下角圆角==*/
.bordered tfoot td:first-child {
    -moz-border-radius: 0 0 0 6px;
    -WebKit-border-radius: 0 0 0 6px;
    border-radius: 0 0 0 6px;}
/*==表格最后一行的最后一个td需要设置一个右下角圆角==*/
.bordered tfoot td:last-child {
    -moz-border-radius: 0 0 6px 0;
    -WebKit-border-radius: 0 0 6px 0;
    border-radius: 0 0 6px 0;}
```

在上面的代码中，使用了许多CSS3的伪类选择器。

第9步，除了使用了CSS3选择器外，本案例还采用了很多CSS3的相关属性，这些属性将在后面章节中进行详细介绍。

（1）使用box-shadow制作表格的阴影。

```css
.bordered {
    -WebKit-box-shadow: 0 1px 1px #ccc;
    -moz-box-shadow: 0 1px 1px #ccc;
    box-shadow: 0 1px 1px #ccc;}
```

（2）使用transition制作hover过渡效果。

```css
.bordered tr {
    -o-transition: all 0.1s ease-in-out;
    -WebKit-transition: all 0.1s ease-in-out;
    -moz-transition: all 0.1s ease-in-out;
    -ms-transition: all 0.1s ease-in-out;
    transition: all 0.1s ease-in-out;}
```

（3）使用 gradient 制作表头渐变色。

```
.bordered th {
   background-color: #dce9f9;
   background-image: -WebKit-gradient(linear, left top, left bottom, from(#ebf3fc), to(#dce9f9));
   background-image: -WebKit-linear-gradient(top, #ebf3fc, #dce9f9);
   background-image: -moz-linear-gradient(top, #ebf3fc, #dce9f9);
   background-image: -ms-linear-gradient(top, #ebf3fc, #dce9f9);
   background-image: -o-linear-gradient(top, #ebf3fc, #dce9f9);
   background-image: linear-gradient(top, #ebf3fc, #dce9f9);
   filter: progid:DXImageTransform.Microsoft.gradient(GradientType=0, startColorstr=#ebf3fc, endColorstr=#dce9f9);
   -ms-filter: "progid:DXImageTransform.Microsoft.gradient (GradientType=0, startColorstr=#ebf3fc, endColorstr=#dce9f9)";}
```

第 10 步，本例使用了 CSS3 的 text-shadow 来制作文字阴影效果，rgba 改变颜色透明度等，相关知识将在后面章节中详细讲解。

第 19 章 文 本 样 式

CSS3 文本模块（Text Module）把与文本相关的属性单独进行规范。文本模块的最早版本是在 2003 年制订的（http://www.w3.org/TR/2003/CR-css3-text-20030514/），2005 年对其进行了修订（http://www.w3.org/TR/2005/WD-css3-text-20050627/），2007 年又进行了系统更新（http://www.w3.org/TR/2007/WD-css3-text-20070306/），最后形成了一个较为完善的文本模型（http://www.w3.org/TR/css3-text/）。在最终版本的文本模块中，除了新增文本属性外，还对 CSS 2.1 版本中已定义的属性取值做了修补，增加了更多的属性值，以适应复杂环境中文本的呈现。

【学习重点】
- 定义文本阴影样式。
- 定义文本溢出样式。
- 添加动态内容。
- 自定义字体。

19.1 CSS3 文本模块基础

CSS3 版本规范从起草到定型经历了漫长的演化过程，前后制订了 3 个主要版本的工作草案。最新版本的文本模型（http://www.w3.org/TR/css3-text/）与 2003 年版本（http://www.w3.org/TR/2003/CR-css3-text-20030514/）相比，进行了较大的改动。其中主要改动说明如下。

- line-break 和 word-break-cjk 属性被 word-break 属性替换。
- word-break-inside 属性被 hyphenate 属性替换。
- wrap-option 属性被 text-wrap 和 word-break 属性替换。
- linefeed-treatment、white-space-treatment 和 all-space-treatment 属性被 white-space-collapse 属性替换。
- min-font-size 和 max-font-size 属性被移至下一个 CSS3 版本字体模块内。
- 修改了 text-align 属性中 left 和 right 属性值在垂直文本中的行为。
- text-align-last 属性取消了 size 属性值。
- text-justify 属性取消了 newspaper 属性值。
- word-spacing 和 letter-spacing 属性增加了百分比取值。
- text-wrap 属性增加了 suppress 属性值。
- 删除了 linefeed-treatment 属性。
- text-align-last 属性取消了 size 属性值。
- text-justify 属性新增了 tibetan 属性值。
- punctuation-trim 属性新增了 end 属性值。
- kerning-mode:contextual 被 punctuation-trim:adjacent 替换，其他控制被移至字体模块中。
- text-shadow 属性现在可以继承。
- 新增 text-outline 属性。
- 新增 text-emphasis 属性，以替换 font-emphasis 属性。

- 重新定义了 text-indent 属性。
- 重新设计了 hanging-punctuation 属性。

最新版本的文本模型与 2005 年版本（http://www.w3.org/TR/2005/WD-css3-text-20050627/）相比，也进行了适当修订，其中增加了 text-emphasis 和 text-outline 属性，移出了 font-emphasis 属性，其他更多改动细节请参阅工作文档。

为方便读者参考和学习，下面简单描述 CSS3 新增的文本属性。

（1）white-space-collapse

语法说明如下：

`white-space-collapse:preserve|collapse|preserve-breaks|discard;`

white-space-collapse 属性初始值为 collapse，适用于所有元素。该属性设置或检索如何处理对象内包含的空格字符，对应 CSS 2.1 版本中的 white-space 属性。取值简单说明如下。

- Collapse：使用一个单一的字符序列呈现空白（或在某些情况下，没有字符）。
- preserve：可以呈现所有空白，换行符将被保留。
- preserve-breaks：抛弃呈现所有空白，但保留换行符。
- discard：抛弃呈现所有空白。

（2）white-space

语法说明如下：

`white-space:normal|pre|nowrap|pre-wrap|pre-line;`

white-space 属性初始值为无，适用于所有元素。该属性设置或检索对象内空格字符的处理方式。它是 white-space-collapse 和 textwrap 属性的简便用法，但并没有包含 white-space-collapse 和 text-wrap 属性的所有功能。与 CSS 2.1 版本相比，新增了两个属性值。取值简单说明如下。

- normal：类似 white-space-collapse:collapse;text-wrap:normal;。
- pre：类似 white-space-collapse:preserve;text-wrap:none;。
- nowrap：类似 white-space-collapse:collapse;text-wrap:none;。
- pre-wrap：类似 white-space-collapse:preserve;text-wrap:normal;。
- pre-line：类似 white-space-collapse:preserve-breaks;text-wrap:normal;。

（3）word-break

语法说明如下：

`word-break:normal|keep-all|loose|break-strict|break-all;`

word-break 属性初始值为 normal，适用于所有元素。该属性设置或检索对象内文本的字内换行行为，尤其在出现多种语言时。对于中文，应该使用 break-all。取值简单说明如下。

- normal：根据语言自己的规则，确定换行方式。
- keep-all：同 normal，对于中、日、韩字符不允许字断开。
- loose：类似 normal，但是允许中、日、韩字符在任意位置断开。
- break-strict：类似 normal，但是对于非中、日、韩字符允许在任意位置断开。
- break-all：类似 break-strict，除了中、日、韩字符应遵循 loose 的规则。

（4）text-wrap

语法说明如下：

`text-wrap:normal|unrestricted|none|suppress;`

text-wrap 属性初始值为 normal，适用于所有元素。CSS3 定义文本换行通过 text-wrap 和 word-wrap 两个属性来控制。text-wrap 属性设置或检索对象内文本的换行模式。取值简单说明如下。

- normal：自动换行模式。

- none：不换行模式。
- unrestricted：无限制模式。
- suppress：压制模式。

（5）word-wrap

该属性针对字符换行问题进行处理，设置或检索当当前行超过指定容器的边界时是否断开转行。后文将对此进行详细说明。

（6）text-align

语法说明如下：

`text-align:start|end|left|right|center|justify|<string>;`

text-align 属性初始值为 start，适用于所有元素。该属性设置或检索对象中文本的对齐方式。与 CSS 2.1 版本相比，CSS3 增加了 start、end 和<string>属性值。其中 start 和 end 属性值主要是针对行内元素来说的，即在包含元素的开始位置或尾部位置显示；而<string>属性值主要应用于表格单元格中，将根据某个指定的字符进行对齐。

（7）text-align-last

语法说明如下：

`text-align-last:start|end|left|right|center|justify;`

text-align-last 属性初始值 start，适用于所有元素。该属性设置或检索对象中最后一行文本的对齐方式。或者针对 text-align 设置为 justify 时，强制换行的文本对齐方式。

（8）text-justify

语法说明如下：

`text-justify:auto|inter-word|inter-ideograph|inter-cluster|distribute|kashida|tibetan;`

text-justify 属性初始值为 auto，适用于所有元素。该属性设置或检索对象内调整文本使用的对齐方式。只有当 text-align 设置为 justify 时，设置该属性才有效。CSS3 最新版本汲取了 IE 的私有属性 text-justify，但是重新规划了取值。取值简单说明如下。

- auto：允许浏览器代理用户确定使用的两端对齐方式。
- inter-word：通过增加字之间的空格对齐文本。这是对齐所有文本行最快的方法，其两端对齐行为对段落的最后一行无效。
- inter-ideograph：为表意字文本提供完全两端对齐，增加或减少表意字和词间的空格。
- inter-cluster：调整文本无词间空格的行。这种模式的调整是用于优化亚洲语言文档。
- distribute：通过增加或减少字或字母之间的空格对齐文本。这是用于拉丁文字母表两端对齐的最精确格式，适用于东亚文档，尤其是泰文。
- kashida：通过拉长选定点的字符调整文本。这种调整模式是特别为阿拉伯脚本语言提供的。
- tibetan：两端对齐行的方式与 distribute 相同，也同样不包含两段对齐段落的最后一行。适用于表意字文档。该值可能在未来修订中删除。

（9）word-spacing

语法说明如下：

`word-spacing:normal|<length>|<percentage>;`

word-spacing 属性初始值为 normal，适用于所有元素。该属性检索或设置对象中的单词之间插入的空格。其中 percentage 表示根据空格字符（U+0020）的宽度进行计算。单词间距会受对齐调整的影响。

（10）letter-spacing

语法说明如下：

`letter-spacing:normal|<length>|<percentage>;`

letter-spacing 属性初始值为 normal，适用于所有元素。该属性检索或设置对象中字符之间的间隔。该属性将指定的间隔添加到每个文字之后，但最后一个字将被排除在外。字符间距会受对齐调整的影响。

（11）punctuation-trim

语法说明如下：

```
punctuation-trim:none|[start||end||adjacent];
```

punctuation-trim 属性初始值为 none，适用于所有元素及其内容。该属性检索或设置标点符号的修剪。取值简单说明如下。

- none：不修剪。
- start：根据开始位置的标点符号，修剪另一半标点符号。
- end：根据结束位置的标点符号，修剪另一半标点符号。
- adjacent：根据相邻位置的标点符号，修剪另一半标点符号。

（12）text-emphasis

语法说明如下：

```
text-emphasis:none|[[accent|dot|circle|disc][before|after]?];
```

text-emphasis 属性初始值为 none，适用于所有元素及其内容。该属性检索或设置重点文本样式。取值简单说明如下。

- none：没有重点标记。
- accent：马克笔画标记。
- dot：点标记。
- circle：空心圆标记。
- disc：实心圆标记。
- before：在顶部标记，或者右侧标记（针对垂直书写的文本）。
- after：在文本底部标记，或者左侧标记（针对垂直书写的文本）。

（13）text-shadow

该属性检索或设置文本阴影，后文将对此进行详细说明。

（14）text-outline

语法说明如下：

```
text-outline:none|[<color><length><length>?|<length><length>?<color>];
```

text-outline 属性初始值为 none，适用于所有元素及其内容。该属性检索或设置文本的外形轮廓。其中第 1 个长度值表示轮廓的厚度；第 2 个长度值是可选的，表示模糊半径。轮廓不会覆盖文本本身。

（15）text-indent

语法说明如下：

```
text-indent:[<length>|<percentage>]hanging?;
```

text-indent 属性初始值为 0，适用于块状元素、行内块状元素或者表格单元格。该属性检索或设置对象中的文本的缩进。其中，<percentage>表示根据包含元素的宽度进行计算。

（16）hanging-punctuation

语法说明如下：

```
hanging-punctuation:none|[start||end||end-edge];
```

hanging-punctuation 属性初始值为 none，适用于块状元素、行内块状元素或者表格单元格。该属性检索或设置对象是否悬挂一个标点符号。取值简单说明如下。

- start：标点符号可以挂在第一行开始边缘。
- end：标点符号可以挂在最后一行的末尾的边缘。
- end-edge：标点符号可以挂在所有行结束边缘。

19.2 实战案例

本节将以案例形式介绍 CSS3 新增的几个重要文本样式属性。

扫一扫,看视频

19.2.1 定义文本阴影

在 CSS3 中,可以使用 text-shadow 属性给页面上的文字添加阴影效果。到目前为止,Safari、Firefox、Chrome 和 Opera 等主流浏览器都支持该功能。text-shadow 属性是在 CSS2 中定义的,在 CSS 2.1 中被删除了,在 CSS3 的 Text 模块中又得到了恢复。

text-shadow 属性的基本语法如下:

```
text-shadow: none | <shadow> [ , <shadow> ]*
<shadow> = <length>{2,3} && <color>?
```

text-shadow 属性的初始值为无,适用于所有元素。取值简单说明如下。

- none:无阴影。
- \<length\>①:第 1 个长度值用来设置对象的阴影水平偏移值。可以为负值。
- \<length\>②:第 2 个长度值用来设置对象的阴影垂直偏移值。可以为负值。
- \<length\>③:如果提供了第 3 个长度值,则用来设置对象的阴影模糊值。不允许负值。
- \<color\>: 设置对象的阴影的颜色。

【示例】 下面为段落文本定义一个简单的阴影效果,演示效果如图 19.1 所示。

```
<!doctype html>
<html>
<head>
<meta charset="utf-8">
<style type="text/css">
p {
    text-align: center;
    font: bold 60px helvetica, arial, sans-serif;
    color: #999;
    text-shadow: 0.1em 0.1em #333;}
</style>
</head>
<body>
<p>文本阴影: text-shadow</p>
</body>
</html>
```

图 19.1 定义文本阴影

text-shadow: 0.1em 0.1em #333;声明了右下角文本阴影效果。如果把投影设置到右上角,则可以这样声明,效果如图19.2所示。

```
<style type="text/css">
p {text-shadow: -0.1em -0.1em #333;}
</style>
```

同理,如果设置阴影在文本的左下角,则可以设置如下样式,演示效果如图19.3所示。

```
<style type="text/css">
p {text-shadow: -0.1em 0.1em #333;}
</style>
```

图19.2 定义左上角阴影

图19.3 定义左下角阴影

也可以增加模糊的阴影,效果如图19.4所示。

```
<styletype="text/css">
p{ text-shadow: 0.1em 0.1em 0.3em #333; }
</style>
```

或者定义如下模糊阴影效果,效果如图19.5所示。

```
<styletype="text/css">
text-shadow: 0.1em 0.1em 0.2em black;
</style>
```

图19.4 定义模糊阴影

图19.5 定义模糊阴影

text-shadow 属性的第1个值表示水平位移;第2个值表示垂直位移,正值偏右或偏下,负值偏左或偏上;第3个值表示模糊半径,该值可选;第4个值表示阴影的颜色,该值可选。在阴影偏移之后,可以指定一个模糊半径。模糊半径是个长度值,指出模糊效果的范围。如何计算模糊效果,具体算法并没有指定。在阴影效果的长度值之前或之后还可以选择指定一个颜色值,颜色值会被用作阴影效果的基础。

如果没有指定颜色，那么将使用 color 属性值来替代。

19.2.2　设计文本特效

灵活运用 text-shadow 属性可以解决网页设计中很多实际问题，下面结合几个示例进行介绍。

1. 通过阴影增加前景色与背景色的对比度

【示例 1】　本例通过阴影把文本颜色与背景色区分开来，让字体看起来更清晰。代码如下，演示效果如图 19.6 所示（test.html）。

```html
<!doctype html>
<html>
<head>
<meta charset="utf-8">
<style type="text/css">
p {
    text-align: center;
    font: bold 60px helvetica, arial, sans-serif;
    color: #fff;
    text-shadow: black 0.1em 0.1em 0.2em;}
</style>
</head>
<body>
<p>文本阴影：text-shadow</p>
</body>
</html>
```

图 19.6　使用阴影增加前景色和背景色的对比度

2. 定义多色阴影

text-shadow 属性可以接受一个以逗号分隔的阴影效果列表，并应用到该元素的文本上。阴影效果按照给定的顺序应用，因此有可能出现相互覆盖，但是它们永远不会覆盖文本本身。阴影效果不会改变框的尺寸，但可能延伸到它的边界之外。阴影效果的堆叠层次和元素本身的层次是一样的。

【示例 2】　本例演示了如何为红色文本定义了 3 个不同颜色的阴影，效果如图 19.7 所示（test1.html）。

```html
<!doctype html>
<html>
<head>
<meta charset="utf-8">
<style type="text/css">
p {
```

```
    text-align: center;
    font:bold 60px helvetica, arial, sans-serif;
    color: red;
    text-shadow: 0.2em 0.5em 0.1em #600,
        -0.3em 0.1em 0.1em #060,
        0.4em -0.3em 0.1em #006;}
</style>
</head>
<body>
<p>文本阴影: text-shadow</p>
</body>
</html>
```

图 19.7 定义多色阴影

📢 提示：

当使用 text-shadow 属性定义多色阴影时，每个阴影效果必须指定阴影偏移，而模糊半径、阴影颜色是可选参数。

【示例 3】 本例将演示如何把阴影设置到文本线框的外面。代码如下，演示效果如图 19.8 所示（test2.html）。

```
<!doctype html>
<html>
<head>
<meta charset="utf-8">
<style type="text/css">
p {
    text-align: center;
    font:bold 60px helvetica, arial, sans-serif;
    color: red;
    border:solid 1px red;
    text-shadow: 0.5em 0.5em 0.1em #600,
        -1em 1em 0.1em #060,
        0.8em -0.8em 0.1em #006;}
</style>
</head>
<body>
<p>文本阴影: text-shadow</p>
</body>
</html>
```

图 19.8　将阴影设置到文本线框的外面

3. 定义火焰文字

【示例 4】　借助阴影效果列表机制，可以使用阴影叠加出燃烧的文字特效。代码如下，演示效果如图 19.9 所示（test3.html）。

```html
<!doctype html>
<html>
<head>
<meta charset="utf-8">
<style type="text/css">
body {background:#000;}
p {
    text-align: center;
    font:bold 60px helvetica, arial, sans-serif;
    color: red;
    text-shadow: 0 0 4px white,
        0 -5px 4px #ff3,
        2px -10px 6px #fd3,
        -2px -15px 11px #f80,
        2px -25px 18px #f20;}
</style>
</head>
<body>
<p>文本阴影: text-shadow</p>
</body>
</html>
```

图 19.9　定义燃烧的文字阴影

读者还可以添加更多的阴影列表项，从而叠加出各种复杂的特效。

4. 定义立体文字

【示例5】 text-shadow 属性可以应用在:first-letter 和:first-line 伪元素上。同时，还可以利用该属性设计立体文本代码如下，演示效果如图 19.10 所示（test4.html）。

```
<!doctype html>
<html>
<head>
<meta charset="utf-8">
<style type="text/css">
body { background: #000; }
p {
    text-align: center;
    padding: 24px;
    margin: 0;
    font-family: helvetica, arial, sans-serif;
    font-size: 80px;
    font-weight: bold;
    color: #D1D1D1;
    background: #CCC;
    text-shadow: -1px -1px white,
        1px 1px #333;}
</style>
</head>
<body>
<p>文本阴影：text-shadow</p>
</body>
</html>
```

图 19.10 定义凸起的文字效果

通过在左上和右下各添加一个 1 像素错位的补色阴影，可以营造一种淡淡的立体效果。

【示例6】 反向思维，利用上面示例的设计思路，也可以设计一种凹下的文字效果。设计方法：把上面示例中左上和右下阴影颜色颠倒即可。主要代码如下，演示效果如图 19.11 所示（test5.html）。

```
<style type="text/css">
body { background: #000; }
p {
    text-align: center;
    padding: 24px;
    margin: 0;
    font-family: helvetica, arial, sans-serif;
```

```
    font-size: 80px;
    font-weight: bold;
    color: #D1D1D1;
    background: #CCC;
    text-shadow: 1px 1px white,
        -1px -1px #333;}
</style>
```

图19.11 定义凹下的文字效果

5. 定义描边文字

【示例7】 使用 text-shadow 属性还可以为文本描边，设计方法是分别为文本 4 个边添加 1 像素的实体阴影。代码如下，演示效果如图 19.12 所示（test6.html）。

```
<!doctype html>
<html>
<head>
<meta charset="utf-8">

<style type="text/css">
body { background: #000; }
p {
    text-align: center;
    padding:24px;
    margin:0;
    font-family: helvetica, arial, sans-serif;
    font-size: 80px;
    font-weight: bold;
    color: #D1D1D1;
    background:#CCC;
    text-shadow: -1px 0 black,
        0 1px black,
        1px 0 black,
        0 -1px black;}
</style>
</head>
<body>
<p>文本阴影：text-shadow</p>
</body>
</html>
```

图 19.12 定义描边文字效果

6. 定义外发光文字

【示例 8】 设计阴影不发生位移，同时定义阴影模糊显示，这样就可以模拟出文字外发光效果。代码如下，演示效果如图 19.13 所示（test7.html）。

```html
<!doctype html>
<html>
<head>
<meta charset="utf-8">

<style type="text/css">
body { background: #000; }
p {
    text-align: center;
    padding:24px;
    margin:0;
    font-family: helvetica, arial, sans-serif;
    font-size: 80px;
    font-weight: bold;
    color: #D1D1D1;
    background:#CCC;
    text-shadow: 0 0 0.2em #F87,
        0 0 0.2em #F87;}
</style>
</head>
<body>
<p>文本阴影：text-shadow</p>
</body>
</html>
```

图 19.13 定义外发光文字效果

19.2.3 设计首页特效

本例将模拟一个黑客网站的首页，首先借助 text-shadow 属性设计阴影效果；然后通过颜色的搭配，营造一种静谧而又神秘的画面；最后使用两幅 PNG 图像对页面效果进行装饰和点缀。最终演示效果如图 19.14 所示。

图 19.14　设计黑客网站首页

示例完整代码如下。

```
<!doctype html>
<html>
<head>
<meta charset="utf-8">
<style type="text/css">
body {
    padding: 0px;
    margin: 0px;
    background: black;
    color: #666;}
#text-shadow-box {/*设计包含框样式*/
    /*定义内部的定位元素以这个框为参照物*/
    position: relative;
    width: 598px;
    height: 406px;
    background: #666;
    /*禁止内容超过设定的区域*/
    overflow: hidden;
    border: #333 1px solid;}
#text-shadow-box div.wall {/*设计背景墙样式*/
    position: absolute;
    width: 100%;
    top: 175px;
    left: 0px}
#text {/*设计导航文本样式*/
```

```css
    text-align: center;
    line-height: 0.5em;
    margin: 0px;
    font-family: helvetica, arial, sans-serif;
    height: 1px;
    color: #999;
    font-size: 80px;
    font-weight: bold;
    text-shadow: 5px -5px 16px #000;}
div.wall div {/*设计前面挡风板样式*/
    position: absolute;
    width: 100%;
    height: 300px;
    top: 42px;
    left: 0px;
    background: #999;}
/*设计覆盖在上面的探照灯效果图*/
#spotlight {
    position: absolute;
    width: 100%;
    height: 100%;
    top: 0px;
    left: 0px;
    background: url(images/spotlight.png) center -300px;
    font-size: 12px;}
#spotlight a {
    color: #ccc;
    text-decoration: none;
    position: absolute;
    left: 45%;
    top: 58%;
    float: left;
    text-shadow: 1px 1px #999, -1px -1px #333;}
#cat {
    position: absolute;
    top: 130px;
    left: 260px;
    z-index: 1000;
    opacity: 0.5;}
#cat img { width: 80px; }
</style>
</head>
<body>
<div id="text-shadow-box">
    <div class="wall">
        <p id="text">黑客帝国</p>
        <div></div>
    </div>
    <div id="spotlight"><a href="index.htm">Hacker Home</a></div>
    <div id="cat"><img src="images/cat.png" /></div>
</div>
</body>
</html>
```

定义页面背景色为黑色，前景色为灰色，设计主色调。此外，清除页边距。设计右上偏移的阴影，适当进行模糊处理，产生色晕效果。阴影色为深色，营造静谧的主观效果。设计一个层，让其覆盖在页面上，使其满窗口显示，通过前期设计好的一个探照灯背景来营造神秘效果。通过<div id="spotlight">外罩，可以为页面覆盖一层桌纸，添加特殊的艺术效果。

19.2.4 文本溢出

扫一扫，看视频

CSS3 新增了 text-overflow 属性，该属性可以设置超长文本省略显示。在信息列表中常会遇到栏目的宽度与列表项字符长度不一的问题，为了避免超长字符的信息项破坏栏目的布局，就可以使用该属性省略多出的字符；而在此之前，一般多借助 JavaScript 脚本来实现。

text-overflow 属性的基本语法如下：

```
text-overflow:clip|ellipsis|ellipsis-word;
```

text-overflow 属性初始值为无，适用于块状元素或行内元素。该属性取值简单说明如下。

- clip：不显示省略标记（...），而是简单地裁切。
- ellipsis：当对象内文本溢出时显示省略标记（...），省略标记插入的位置是最后一个字符。
- ellipsis-word：当对象内文本溢出时显示省略标记（...），省略标记插入的位置是最后一个词（word）。

实际上，text-overflow 属性仅是内容注解，当文本溢出时是否显示省略标记，并不具备样式定义的特性。要实现溢出时产生省略号的效果，读者应该再定义两个样式——强制文本在一行内显示（white-space:nowrap）和溢出内容为隐藏（overflow:hidden），只有这样才能实现溢出文本显示省略号的效果。

在早期 W3C 文档（http://www.w3.org/TR/2003/CR-css3-text-20030514/#textoverflow-mode）中，text-overflow 被纳入规范，但是在最新修订的文档（http://www.w3.org/TR/css3-text/）中没有再包含 text-overflow 属性。

由于 W3C 规范放弃了对 text-overflow 属性的支持，Mozilla 类型浏览器也放弃了对该属性的支持。不过，Mozilla developer center 推荐使用-moz-binding 的 CSS 属性进行兼容。Firefox 支持 XUL（一种 XML 的用户界面语言），这样就可以使用-moz-binding 属性来绑定 XUL 里的 ellipsis 属性了。

【示例】 设计固定区域的新闻列表。在下面代码中使用 text-overflow 属性来实现在固定的版块中，设计新闻列表有序显示，对于超出指定宽度的新闻项，则通过省略并附加省略号，来避免新闻换行或者撑开版块。演示效果如图 19.15 所示。

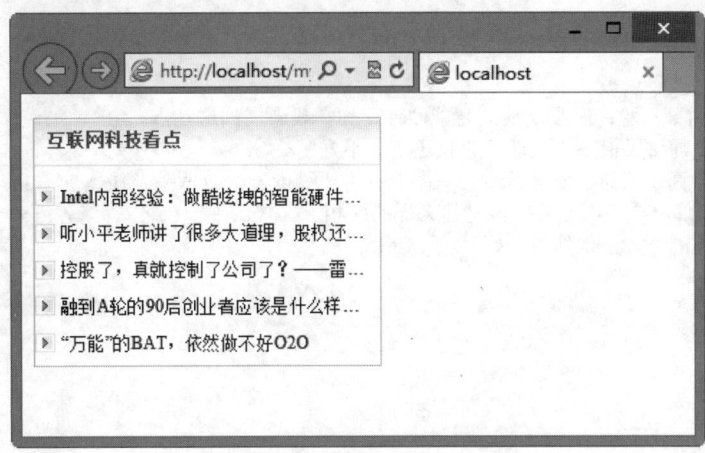

图 19.15 设计固定宽度的新闻栏目

示例完整代码如下。

```html
<!doctype html>
<html>
<head>
<meta charset="utf-8">
<style type="text/css">
dl {/*定义新闻栏目外框,设置固定宽度*/
    width:240px;
    border:solid 1px #ccc;}
dt {/*设计新闻栏目标题行样式*/
    padding:8px 8px;
    background:#7FECAD url(images/green.gif) repeat-x;
    font-size:13px;
    text-align:left;
    font-weight:bold;
    color:#71790C;
    margin-bottom:12px;
    border-bottom:solid 1px #efefef;}
dd {/*设计新闻列表项样式*/
    font-size:0.78em;
    height:1.5em;
    width:220px;
    /*为添加新闻项目符号腾出空间*/
    padding:2px 2px 2px 18px;
    /*以背景方式添加项目符号*/
    background:url(images/icon.gif) no-repeat left 25%;
    margin:2px 0;
    /*为应用text-overflow做准备,禁止换行*/
    white-space: nowrap;
    /*为应用text-overflow做准备,禁止文本溢出显示*/
    overflow: hidden;
    -o-text-overflow: ellipsis;    /* 兼容Opera */
    text-overflow: ellipsis;       /* 兼容IE、Safari (WebKit) */
    -moz-binding: url('ellipsis.xml#ellipsis');   /* 兼容Firefox */}
</style>
</head>
<body>
<dl>
    <dt>互联网科技看点</dt>
    <dd>Intel内部经验:做酷炫拽的智能硬件,你需要考虑到这几点</dd>
    <dd>听小平老师讲了很多大道理,股权还是分不好?</dd>
    <dd>控股了,真就控制了公司了?——雷士照明斗殴抢公章的思考</dd>
    <dd>融到A轮的90后创业者应该是什么样的面相?(《伏牛传》之八)</dd>
    <dd>"万能"的BAT,依然做不好O2O</dd>
</dl>
</body>
</html>
```

19.2.5 文本换行

浏览器本身都自带着让文本自动换行的功能。在浏览器中显示文本的时候,会让文本在浏览器或div

元素的右端自动实现换行。对于西方文字来说,浏览器会在半角空格或连字符的地方自动换行,而不会在单词的中间突然换行;对于中文来说,可以在任何一个中文字后面进行换行。

如果中文中含有西方文字,浏览器也会在半角空格或连字符的地方进行换行,而不会在单词中间强制换行。当中文中含有标点符号的时候,浏览器总是让标点符号位于一行文字的行首,通常将标点符号以及它前面的一个文字作为一个整体来统一换行。

在 CSS3 中,使用 word-break 属性定义文本自动换行。这原来是 IE 中独自发展出来的属性,在 CSS3 中被 Text 模块采用,现在也得到了 Chrome 和 Safari 浏览器的支持。实际上,IE 自定义了多个换行处理属性,如 line-break、word-break、word-wrap。另外,CSS1 定义了 white-space。这几个属性简单比较如下。

- line-break 专门负责控制日文换行。
- word-wrap 属性可以控制换行。当属性取值 break-word 时,将强制换行。中文文本没有任何问题,英文语句也没问题,但是对于长串的英文就不起作用了。word-wrap:breakword 控制是否断词,而不是断字符。
- word-break 属性主要针对亚洲语言和非亚洲语言控制换行。当属性取值 break-all 时,允许在非亚洲语言文本行的任意字内断开;当属性值为 keep-all 时,对于中文、韩文、日文来说,是不允许字断开的。
- white-space 属性具有格式化文本作用。当属性取值为 nowrap 时,表示强制在同一行内显示所有文本;当属性值为 pre 时,表示显示预定义文本格式。

word-wrap 属性的基本语法如下:

`word-wrap:normal|break-word;`

word-wrap 属性初始值为 normal,适用于所有元素。该属性取值简单说明如下。

- normal:控制连续文本换行。
- break-word:内容将在边界内换行。如果需要,词内换行(word-break)也会发生。

在 IE 浏览器下,使用 word-wrap:break-word;声明可以确保所有文本正常显示。在 Firefox 浏览器下,中文不会出任何问题,英文语句也不会出问题,但是长串英文会出现问题。为了解决长串英文,一般结合使用 word-wrap:break-word;和 word-break:break-all;声明。但是,这种方法会导致普通的英文语句中的单词被断开显示(IE 下也是)。现在的问题主要集中在长串英文和英文单词被断开。

为了解决这个问题,可使用 word-wrap:break-word;overflow:hidden;,而不是 wordwrap:break-word;word-break:break-all;。word-wrap:break-word;overflow:auto;在 IE 下没有任何问题,但是在 Firefox 下,长串英文单词就会被遮住部分内容。

word-wrap 属性没有得到广泛的支持,特别是 Firefox 和 Opera 浏览器对其支持比较消极,这是因为在早期的 W3C 文本模型中(http://www.w3.org/TR/2003/CR-css3-text-20030514/)放弃了对它的支持,而是定义了 wrap-option 属性代替 word-wrap 属性。但是在最新的文本模型中(http://www.w3.org/TR/css3-text/),又继续支持了该属性,并重定义了属性值。

【示例】 在表格设计中,标题行常被撑开,影响了浏览体验。解决这个问题的方法有很多种,可以固定表格的宽度,或者通过下面的方法进行设计。本例一方面为 th 元素添加 nowrap 属性,同时借助 CSS 换行技术进行处理,演示效果如图 19.16 所示。

```
<!doctype html>
<html>
<head>
<meta charset="gb2312">
<style type="text/css">
h1 { font-size:16px; }
table {
```

```css
    width:100%;
    font-size:12px;
    empty-cells:show;
    border-collapse:collapse;
    border-collapse: collapse;
    margin:0 auto;
    border:1px solid #cad9ea;
    color:#666;
    /*定义表格在浏览器端逐步解析、逐步呈现*/
    table-layout:fixed;
    /*禁止词断开显示*/
    word-break:keep-all;
    /*允许内容顶开指定的容器边界,如果声明word-wrap:breakword;,则在IE浏览器中会出现换行显示,破坏了整个标题行的样式*/
    word-wrap:normal;
    /*强迫在一行内显示*/
    white-space:nowrap;}
th {
    background-image: url(images/th_bg1.gif);
    background-repeat:repeat-x;
    height:30px;
    overflow:hidden;}
td { height:20px; }
td, th {
    border:1px solid #cad9ea;
    padding:0 1em 0;}
tr:nth-child(even) { background-color:#f5fafe;}
</style>
</head>
<body>
<table>
    <tr>
        <th nowrap="nowrap">排名</th>
        <th nowrap="nowrap">校名</th>
        <th nowrap="nowrap">总得分</th>
        <th nowrap="nowrap">人才培养总得分</th>
        <th nowrap="nowrap">研究生培养得分</th>
        <th nowrap="nowrap">本科生培养得分</th>
        <th nowrap="nowrap">科学研究总得分</th>
        <th nowrap="nowrap">自然科学研究得分</th>
        <th nowrap="nowrap">社会科学研究得分</th>
        <th nowrap="nowrap">所属省份</th>
        <th nowrap="nowrap">分省排名</th>
        <th nowrap="nowrap">学校类型</th>
    </tr>
    <tr>
        <td>1</td>
        <td>清华大学 </td>
        <td>296.77</td>
        <td>128.92</td>
        <td>93.83</td>
        <td>35.09</td>
```

```
            <td>167.85</td>
            <td>148.47</td>
            <td>19.38</td>
            <td width="16">京 </td>
            <td width="12">1 </td>
            <td>理工 </td>
        </tr>
        ……
</table>
</body>
</html>
```

图 19.16 禁止表格标题文本换行显示

通过手工添加这样一行属性,即可确保在不同浏览器中都能够很好地单行显示。如果 th 元素定义宽度,该属性将不再起作用。

19.2.6 动态内容

content 属性属于内容生成和替换模块(http://www.w3.org/TR/css3-content/),该属性能够为指定元素添加内容。实际上内容生成和替换行为已经超越了 CSS 样式表的核心功能,这部分功能替代了原来需要 JavaScript 脚本来实现的角色任务。不过 content 属性比较实用,它能够满足样式设计中临时添加非结构性的样式服务标签,或者添加补充说明性内容等。

content 属性的基本语法如下:

```
content: normal | string | attr() | uri() | counter() | none;
```

content 属性初始值为 normal,适用于所有可用元素。取值简单说明如下。

- normal:默认值。
- string:插入文本内容。
- attr():插入元素的属性值。
- uri():插入一个外部资源,如图像、音频、视频或浏览器支持的其他任何资源。
- counter():计数器,用于插入排序标识。
- none:无任何内容。

【示例 1】 下面使用 content 属性为页面对象添加外部图像,演示效果如图 19.17 所示。

```
<!doctype html>
<html>
<head>
```

```
<meta charset="utf-8">
<style type="text/css">
div {
    padding: 50px;
    border: solid 1px red;
    content: url(images/1.jpg);  /*在div元素内添加图像*/}
</style>
</head>
<body>
<div></div>
</body>
</html>
```

图 19.17 使用 content 属性在当前元素内插入图像演示效果

【示例 2】 本例使用 content 属性，配合 CSS 计数器设计多层嵌套有序列表序号，效果如图 19.18 所示。

```
<!doctype html>
<html>
<head>
<meta charset="utf-8">
<style type="text/css">
ol { list-style:none;}                    /*清除默认的序号*/
li:before {color:#f00; font-family:Times New Roman;}  /*设计层级目录序号的字体样式*/
li{counter-increment:a 1;}                /*设计递增函数a，递增起始值为1*/
li:before{content:counter(a)". ";}        /*把递增值添加到列表项前面*/
li li{counter-increment:b 1;}             /*设计递增函数b，递增起始值为1*/
li li:before{content:counter(a)"."counter(b)". ";}   /*把递增值添加到二级列表项前面*/
li li li{counter-increment:c 1;}          /*设计递增函数c，递增起始值为1*/
li li li:before{content:counter(a)"."counter(b)"."counter(c)". ";}  /*把递增值添加到三级列表项前面*/
</style>
</head>
```

```
<body>
<ol>
    <li>一级列表项目 1
        <ol>
            <li>二级列表项目 1</li>
            <li>二级列表项目 2
                <ol>
                    <li>三级列表项目 1</li>
                    <li>三级列表项目 2</li>
                </ol>
            </li>
        </ol>
    </li>
    <li>一级列表项目 2</li>
</ol>
</body>
</html>
```

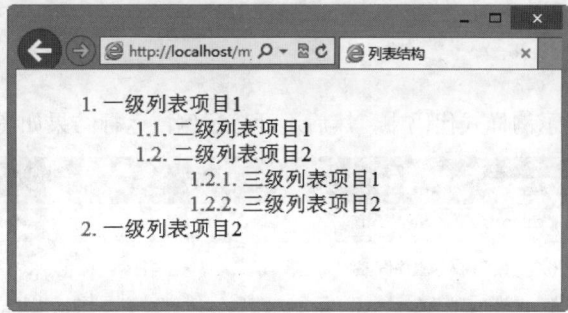

图 19.18　使用 CSS 技巧设计多层级目录序号

19.2.7　默认样式

CSS3 中新增了一个 initial 属性值，使用这个 initial 属性值可以直接取消对某个元素的样式指定。

【示例】　在本例中，页面中有 3 个 p 元素，在内部样式表中定义这些 P 元素的样式。

```
<!doctype html>
<html>
<head>
<meta charset="utf-8">
</head>
<style type="text/css">
p{color:blue; font-family:宋体;}
</style>
<body>
<p id="text01">有时，爱也是种伤害。残忍的人，选择伤害别人，善良的人，选择伤害自己。</p>
<p id="text02">有些事，我们明知道是错的，也要去坚持，因为不甘心；有些人，我们明知道是爱的，也要去放弃，因为没结局；有时候，我们明知道没路了，却还在前行，因为习惯了。</p>
<p id="text03">以为蒙上了眼睛，就可以看不见这个世界；以为捂住了耳朵，就可以听不到所有的烦恼；以为脚步停了下来，心就可以不再远行；以为我需要的爱情，只是一个拥抱。</p>
</body>
</html>
```

在浏览器中预览，则显示效果如图 19.19 所示。

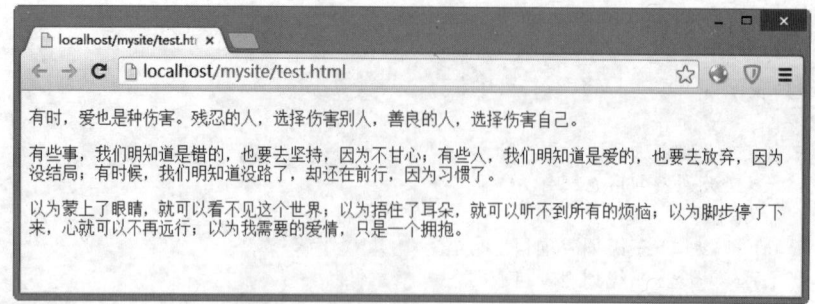

图 19.19　定义段落文本样式

3 个 p 元素的文字颜色都是蓝色，字体都是宋体。这时如果禁止<p id="text02">使用已定义的段落样式，只需在样式代码中为这个元素单独添加一个样式，然后把文字颜色的值设为 initial 值就可以了。具体代码如下。

```
<style type="text/css">
p#text02 {
    color: initial;
    color: -moz-initial;}
</style>
```

把上面这段代码替换到示例样式代码中，然后运行该示例，运行结果如图 19.20 所示（test1.html）。

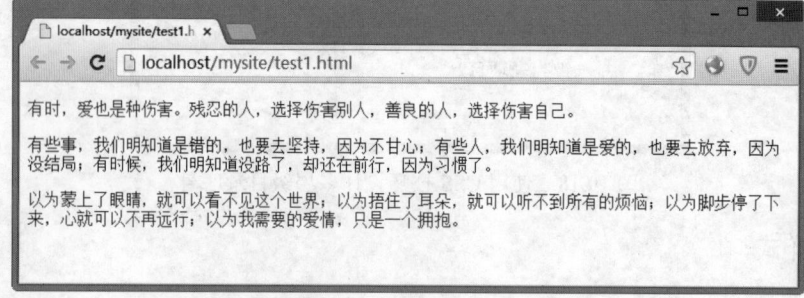

图 19.20　恢复段落文本样式

initial 属性值的作用是让各种属性使用默认值，在浏览器中文字颜色的默认值是黑色，所以我们看到第 3 段文本的字体颜色显示为黑色。

19.2.8　自定义字体

CSS3 允许用户自定义字体类型。通过@font-face 能够加载服务器端的字体文件，让客户端浏览器显示客户端所没有安装的字体。@font-face 规则在 CSS3 规范中属于字体模块（http://www.w3org/TR/css3-fonts/#font-face）。

@font-face 规则的语法格式如下：

```
@font-face { <font-description> }
```

@font-face 规则的选择符是固定的，用来引用服务器端的字体文件。
<font-description>是一个属性名值对，格式类似如下样式：

```
descriptor: value;
descriptor: value;
descriptor: value;
descriptor: value;
```

```
[...]
descriptor: value;
```

属性及其取值说明如下。

- font-family：设置文本的字体名称。
- font-style：设置文本样式。
- font-variant：设置文本是否大小写。
- font-weight：设置文本的粗细。
- font-stretch：设置文本是否横向拉伸变形。
- font-size：设置文本字体大小。
- src：设置自定义字体的相对路径或者绝对路径。注意，该属性只能在@font-face规则里使用。

事实上，IE 5 已经开始支持该属性，但是只支持微软自有的.eot（Embedded Open Type）字体格式，而其他浏览器直到现在都不支持这一字体格式。不过，从 Safari 3.1 开始，用户可以设置.ttf（TrueType）和.otf（OpenType）两种字体作为自定义字体了。考虑到浏览器的兼容性，在使用时建议同时定义.eot 和.ttf，以便能够兼容所有主流浏览器。

【示例】 下面是一个简单的示例，帮助读者学会使用@font-face 规则。示例代码如下，演示效果如图 19.21 所示。

```
<!doctype html>
<html>
<head>
<meta charset="utf-8">
<style type="text/css">
/*引入外部字体文件*/
@font-face {
    /*选择默认的字体类型*/
    font-family: "lexograph";
    /*兼容IE*/
    src: url(http://randsco.com//fonts/lexograph.eot);
    /*兼容非IE*/
    src: local("Lexographer"), url(http://randsco.com/fonts/lexograph.ttf) format("truetype");
}
h1 {
    /*设置引入字体文件中的lexograph 字体类型*/
    font-family: lexograph, verdana, sans-serif;
    font-size:4em;}
</style>
</head>
<h1>http://www.baidu.com/</h1>
<body>
</body>
</html>
```

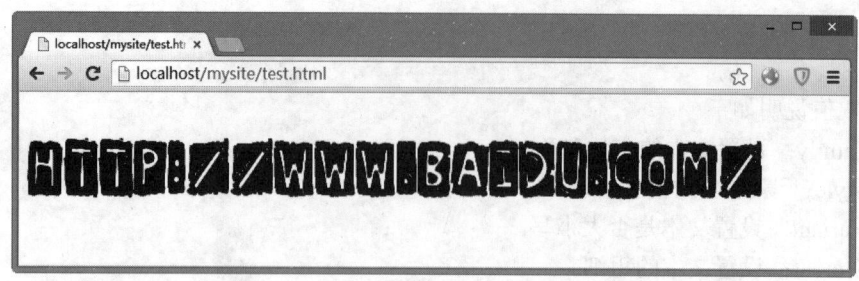

图 19.21　设置为 lexograph 字体类型的文字

提示：

嵌入外部字体的需要考虑用户带宽问题，因为一个中文字体文件小的有几 MB，大的则有十几 MB，这么大的字体文件下载过程会出现延迟，同时服务器也不能忍受如此频繁地申请下载。如果只是想让标题使用特殊字体，最好设计成图片。

第 20 章 色彩和渐变样式

CSS3 支持 HSL 颜色模式，并增加了渐变背景功能，以便用户可以以手写代码的方式设计各种背景特效。本章将具体介绍 CSS3 新增色彩模式和渐变背景样式。

【学习重点】
- 能够使用 CSS3 新方法定义颜色。
- 能够设计渐变背景。

20.1 颜色模式

CSS3 增加了 3 种颜色值定义模式，即 RGBA 颜色模式、HSL 颜色模式、HSLA 颜色模式，下面分别介绍。

扫一扫，看视频

20.1.1 RGBA 模式

RGBA 色彩模式是 RGB 色彩模式的扩展，它在红、绿、蓝三原色通道的基础上增加了不透明度参数。其语法格式如下：

```
rgba(r,g,b,<opacity>)
```

其中 r、g、b 分别表示红色、绿色、蓝色 3 种原色所占的比重。r、g、b 的值可以是正整数，取值范围为 0~255；也可以是百分数，取值范围为 0.0%~100.0%。超出范围的数值将被截至其最接近的取值极限。注意，并非所有浏览器都支持使用百分数值。第 4 个参数<opacity>表示不透明度，取值在 0~1 之间。

【示例】 本例设计带阴影边框的表单。在设计阴影或者其他效果的边框时，一般借助背景图片来实现，这是因为 CSS 无法实现这种效果。使用 CSS3 新增的 box-shadow 属性，然后使用 RGBA 颜色模式为表单元素设置半透明度的阴影，从而实现一种润边形式的阴影效果。代码如下，预览效果如图 20.1 所示。rgba(0,0,0,0.1)表示不透明度为 0.1 的黑色，这里不宜直接设置为浅灰色，因为对于非白色背景来说，灰色发虚，而半透明效果可以避免这样情况。

```
<!doctype html>
<html>
<head>
<meta charset="utf-8">
<style type="text/css">
/*统一输入域样式*/
input, textarea {
    padding: 4px;
    border: solid 1px #E5E5E5;
    outline: 0;
    font: normal 13px/100% Verdana, Tahoma, sans-serif;
    width: 200px;
    background: #FFFFFF;
    /*设置边框阴影效果*/
    box-shadow: rgba(0, 0, 0, 0.1) 0px 0px 8px;
```

```
    /*兼容Mozilla类型浏览器,如FF*/
    -moz-box-shadow: rgba(0, 0, 0, 0.1) 0px 0px 8px;
    /*兼容WebKit引擎,如Chorme和Safari等*/
    -WebKit-box-shadow: rgba(0, 0, 0, 0.1) 0px 0px 8px; }
input:hover, textarea:hover, input:focus, textarea:focus { border-color: #C9C9C9; }
/*定义标签样式*/
label {
    margin-left: 10px;
    color: #999999;
    display:block; /*以块状显示,实现分行显示*/}
.submit input {
    width:auto;
    padding: 9px 15px;
    background: #617798;
    border: 0;
    font-size: 14px;
    color: #FFFFFF;}
</style>
</head>
<body>
<form>
    <p class="name">
        <label for="name">姓名</label>
        <input type="text" name="name" id="name" />
    </p>
    <p class="email">
        <label for="email">邮箱</label>
        <input type="text" name="email" id="email" />
    </p>
    <p class="submit">
        <input type="submit" value="提交" />
    </p>
</form>
</body>
</html>
```

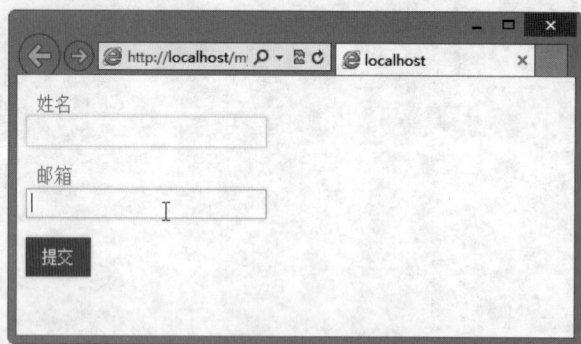

图 20.1　设计带有阴影边框的表单效果

目前,Safari 浏览器、Firefox 浏览器、Chrome 浏览器及 Opera 浏览器都支持 RGBA 颜色。在 IE8 及其早期版本中不支持 RGBA 颜色模式。

20.1.2 HSL 模式

CSS3 新增了 HSL 颜色表现方式（http://www.w3.org/TR/css3-color/）。HSL 色彩模式是工业界的一种颜色标准，它通过对色调（H）、饱和度（S）、亮度（L）3 个颜色通道的变化以及它们相互之间的叠加来获得各种颜色。这个标准几乎包括了人类视力所能感知的所有颜色，在屏幕上可以重现 16777216 种颜色，是目前应用最广的颜色系统之一。

在 CSS3 中，HSL 色彩模式的表示语法如下：

`hsl(<length>,<percentage>,<percentage>)`

hsl()函数的 3 个参数说明如下。

- `<length>`表示色调（Hue）。Hue 衍生于色盘，取值可以为任意数值，其中 0（或 360、-360）表示红色，60 表示黄色，120 表示绿色，180 表示青色，240 表示蓝色，300 表示洋红。当然，可以设置其他数值来确定不同的颜色。
- `<percentage>`（第 1 个）表示饱和度（Saturation），也就是说该色彩被使用了多少，或者说颜色的深浅程度、鲜艳程度。取值为 0%～100%之间的值。其中 0%表示灰度，即没有使用该颜色；100%饱和度最高，即颜色最艳。
- `<percentage>`（第 2 个）表示亮度（Lightness）。取值为 0%～100%之间的值。其中 0%最暗，显示为黑色；50%表示均值；100%最亮，显示为白色。

【示例】 下面示例设计颜色表。先选择一个色值，然后通过调整颜色的饱和度和亮度比重，分别设计不同的配色方案表。在网页设计中，利用这种方法就可以根据网页需要选择恰当的配色方案。使用 HSL 颜色表现方式，可以很轻松地设计网页配色方案表。模拟演示效果如图 20.2 所示。

```
<!doctype html>
<html>
<head>
<meta charset="utf-8">
<styletype="text/css">
table{
    border:solid 1px red;
    background:#eee;
    padding:6px;}
th{
    color:red;
    font-size:12px;
    font-weight:normal;}
td{
    width:80px;
    height:30px;}
/*第 1 行*/
tr:nth-child(4) td:nth-of-type(1){background:hsl(0,100%,100%);}/*第 1 列*/
tr:nth-child(4) td:nth-of-type(2){background:hsl(0,75%,100%);}/*第 2 列*/
tr:nth-child(4) td:nth-of-type(3){background:hsl(0,50%,100%);}/*第 3 列*/
tr:nth-child(4) td:nth-of-type(4){background:hsl(0,25%,100%);}/*第 4 列*/
tr:nth-child(4) td:nth-of-type(5){background:hsl(0,0%,100%);}/*第 5 列*/
/*第 2 行*/
tr:nth-child(5) td:nth-of-type(1){background:hsl(0,100%,88%);}/*第 1 列*/
tr:nth-child(5) td:nth-of-type(2){background:hsl(0,75%,88%);}/*第 2 列*/
tr:nth-child(5) td:nth-of-type(3){background:hsl(0,50%,88%);}/*第 3 列*/
tr:nth-child(5) td:nth-of-type(4){background:hsl(0,25%,88%);}/*第 4 列*/
```

```css
tr:nth-child(5) td:nth-of-type(5){background:hsl(0,0%,88%);}/*第5列*/
/*第3行*/
tr:nth-child(6) td:nth-of-type(1){background:hsl(0,100%,75%);}/*第1列*/
tr:nth-child(6) td:nth-of-type(2){background:hsl(0,75%,75%);}/*第2列*/
tr:nth-child(6) td:nth-of-type(3){background:hsl(0,50%,75%);}/*第3列*/
tr:nth-child(6) td:nth-of-type(4){background:hsl(0,25%,75%);}/*第4列*/
tr:nth-child(6) td:nth-of-type(5){background:hsl(0,0%,75%);}/*第5列*/
/*第4行*/
tr:nth-child(7) td:nth-of-type(1){background:hsl(0,100%,63%);}/*第1列*/
tr:nth-child(7) td:nth-of-type(2){background:hsl(0,75%,63%);}/*第2列*/
tr:nth-child(7) td:nth-of-type(3){background:hsl(0,50%,63%);}/*第3列*/
tr:nth-child(7) td:nth-of-type(4){background:hsl(0,25%,63%);}/*第4列*/
tr:nth-child(7) td:nth-of-type(5){background:hsl(0,0%,63%);}/*第5列*/
/*第5行*/
tr:nth-child(8) td:nth-of-type(1){background:hsl(0,100%,50%);}/*第1列*/
tr:nth-child(8) td:nth-of-type(2){background:hsl(0,75%,50%);}/*第2列*/
tr:nth-child(8) td:nth-of-type(3){background:hsl(0,50%,50%);}/*第3列*/
tr:nth-child(8) td:nth-of-type(4){background:hsl(0,25%,50%);}/*第4列*/
tr:nth-child(8) td:nth-of-type(5){background:hsl(0,0%,50%);}/*第5列*/
/*第6行*/
tr:nth-child(9) td:nth-of-type(1){background:hsl(0,100%,38%);}/*第1列*/
tr:nth-child(9) td:nth-of-type(2){background:hsl(0,75%,38%);}/*第2列*/
tr:nth-child(9) td:nth-of-type(3){background:hsl(0,50%,38%);}/*第3列*/
tr:nth-child(9) td:nth-of-type(4){background:hsl(0,25%,38%);}/*第4列*/
tr:nth-child(9) td:nth-of-type(5){background:hsl(0,0%,38%);}/*第5列*/
/*第7行*/
tr:nth-child(10) td:nth-of-type(1){background:hsl(0,100%,25%);}/*第1列*/
tr:nth-child(10) td:nth-of-type(2){background:hsl(0,75%,25%);}/*第2列*/
tr:nth-child(10) td:nth-of-type(3){background:hsl(0,50%,25%);}/*第3列*/
tr:nth-child(10) td:nth-of-type(4){background:hsl(0,25%,25%);}/*第4列*/
tr:nth-child(10) td:nth-of-type(5){background:hsl(0,0%,25%);}/*第5列*/
/*第8行*/
tr:nth-child(11) td:nth-of-type(1){background:hsl(0,100%,13%);}/*第1列*/
tr:nth-child(11) td:nth-of-type(2){background:hsl(0,75%,13%);}/*第2列*/
tr:nth-child(11) td:nth-of-type(3){background:hsl(0,50%,13%);}/*第3列*/
tr:nth-child(11) td:nth-of-type(4){background:hsl(0,25%,13%);}/*第4列*/
tr:nth-child(11) td:nth-of-type(5){background:hsl(0,0%,13%);}/*第5列*/
/*第9行*/
tr:nth-child(12) td:nth-of-type(1){background:hsl(0,100%,0%);}/*第1列*/
tr:nth-child(12) td:nth-of-type(2){background:hsl(0,75%,0%);}/*第2列*/
tr:nth-child(12) td:nth-of-type(3){background:hsl(0,50%,0%);}/*第3列*/
tr:nth-child(12) td:nth-of-type(4){background:hsl(0,25%,0%);}/*第4列*/
tr:nth-child(12) td:nth-of-type(5){background:hsl(0,0%,0%);}/*第5列*/
</style>
</head>
<body>
<table class="hslexample">
    <tbody>
        <tr>
            <th> </th>
            <th colspan="5">色相：H=0 Red </th>
        </tr>
```

```
            <tr>
                <th> </th>
                <th colspan="5">饱和度 (&rarr;)</th>
            </tr>
            <tr>
                <th>亮度 (&darr;)</th>
                <th>100% </th>
                <th>75% </th>
                <th>50% </th>
                <th>25% </th>
                <th>0% </th>
            </tr>
            ……
        </tbody>
</table>
</body>
</html>
```

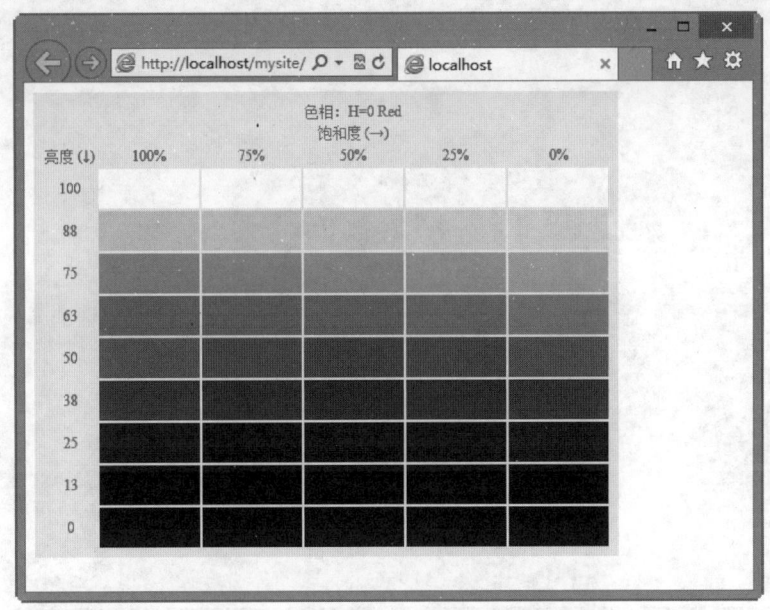

图 20.2　使用 HSL 颜色值设计颜色表

在上面的代码中，tr:nth-child(4) td:nth-of-type(1)中的 tr:nth-child(4)子选择器表示选择行，而 td:nth-of-type(1)表示选择单元格（列）。其他行选择器结构依此类推。在 background:hsl(0,0%,0%);声明中，hsl()函数的第 1 个参数值 0 表示色相值，第 2 个参数值 0%表示饱和度，第 3 个参数值 0%表示亮度。

20.1.3　HSLA 模式

HSLA 色彩模式是 HSL 色彩模式的扩展，在色相、饱和度、亮度三要素的基础上增加了不透明度参数。使用 HSLA 色彩模式，可以定义不同透明效果。其语法格式如下：

```
hsla(<length>,<percentage>,<percentage>,<opacity>)
```

其中前 3 个参数与 hsl()函数参数含义和用法相同；第 4 个参数<opacity>表示不透明度，取值在 0 到 1 之间。

【示例】　下面示例设计渐变色。本例通过递减 HSLA 颜色值的不透明度，实现渐变色效果，预览

扫一扫，看视频

效果如图 20.3 所示。

```html
<!doctype html>
<html>
<head>
<meta charset="utf-8">
<style type="text/css">
li { height: 18px; }
li:nth-child(1) { background: hsla(120,50%,50%,0.1); }
li:nth-child(2) { background: hsla(120,50%,50%,0.2); }
li:nth-child(3) { background: hsla(120,50%,50%,0.3); }
li:nth-child(4) { background: hsla(120,50%,50%,0.4); }
li:nth-child(5) { background: hsla(120,50%,50%,0.5); }
li:nth-child(6) { background: hsla(120,50%,50%,0.6); }
li:nth-child(7) { background: hsla(120,50%,50%,0.7); }
li:nth-child(8) { background: hsla(120,50%,50%,0.8); }
li:nth-child(9) { background: hsla(120,50%,50%,0.9); }
li:nth-child(10) { background: hsla(120,50%,50%,1); }
</style>
</head>
<body>
<ol>
    <li></li>
    <li></li>
    <li></li>
    <li></li>
    <li></li>
    <li></li>
    <li></li>
    <li></li>
    <li></li>
    <li></li>
</ol>
</body>
</html>
```

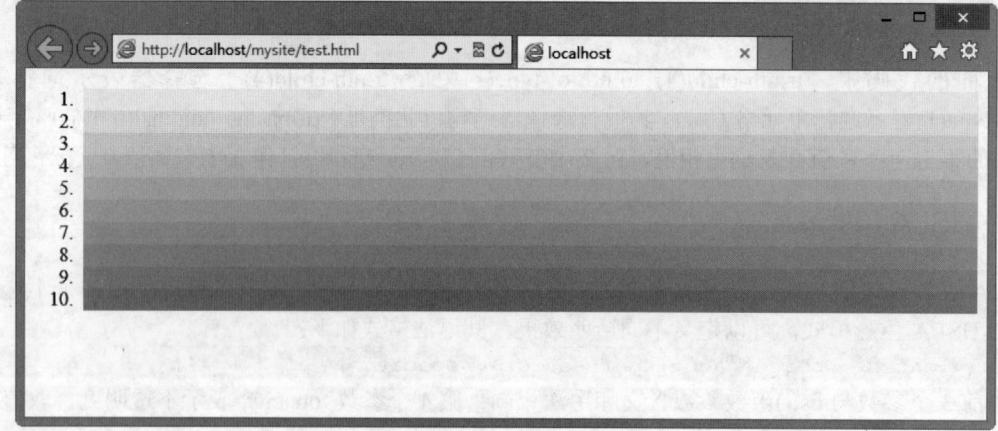

图 20.3　设计渐变色

20.1.4 使用 opacity 属性

扫一扫,看视频

CSS3 新增 opacity 属性来设定不透明度。目前支持 opacity 属性的浏览器有 Firefox、Safari、Opera、Chrome 和 IE8+。通过对 opacity 属性的设置,能够使任何元素呈现为半透明效果。opacity 属性的基本语法如下:

```
opacity:<alphavalue>|inherit;
```

opacity 属性初始值为 1,适用于所有元素。取值简单说明如下。

- ➢ <alphavalue>:由浮点数字和单位标识符组成的长度值。不可为负值,默认值为 1。opacity 取值为 1 时,则元素是完全不透明的;反之,取值为 0 时,元素是完全透明的,不可见。1~0 之间的任何值都表示该元素的不透明程度。
- ➢ Inherit:继承,即继承父元素的不透明性。

【示例 1】 下面示例设计灯箱广告背景布。通过设计<div class="bg">对象铺满整个窗口,设置黑色背景,不透明度为 0.7,实现覆盖整个页面,产生一种半透明的遮罩效果。然后通过 CSS 定位技术设计<div class="lightbox">对象显示在其上面。代码如下,演示效果如图 20.4 所示。

```html
<!doctype html>
<html>
<head>
<meta charset="utf-8">
<style type="text/css">
body {
    margin: 0;
    padding: 0;}
div { position: absolute; }
.bg {
    width: 100%;
    height: 100%;
    background: #000;
    opacity: 0.7;
    filter: alpha(opacity=70);}
.lightbox {
    left: 50px;
    top: 50px;}
.lightbox img { border: solid 4px #fff; }
</style>
</head>
<body>
<div class="web"><img src="images/bg2.jpg" width="1259" height="630" /></div>
<div class="bg"></div>
<div class="lightbox"><img src="images/bg1.jpg" width="80%" /></div>
</body>
</body>
</html>
```

使用 alpha 通道对元素设定透明度时,可以单独针对元素的背景色和文字颜色等来指定透明度,而 opacity 属性只能指定整个元素的透明度。

图 20.4　设计半透明的背景布效果

【示例 2】　本例演示 alpha 通道与 opacity 属性如何结合使用。在该示例中，有 4 个 div 元素，其背景色均为绿色。其中第 1 个 div 元素不指定透明度，第 2 个 div 元素使用 alpha 通道指定背景色的透明度为 0.5，第 3 个 div 元素使用 alpha 通道指定背景色与文字颜色的透明度均为 0.5，第 4 个 div 元素使用 opacity 属性指定元素的透明度为 0.5。演示效果如图 20.5 所示。

```
<!doctype html>
<html>
<head>
<meta charset="utf-8">
<style type="text/css">
body { background-image: url(images/bg2.jpg); }
div {
    width: 100%;
    height: 100px;
    color: white;
    font-size: 48px;}
div#div1 {
    background-color: rgb(0,255,100);
    color: rgb(255,255,255);}
div#div2 {
    background-color: rgba(0,255,100,0.5);
    color: rgb(255,255,255);}
div#div3 {
    background-color: rgba(0,255,100,0.5);
    color: rgba(255,255,255,0.5);}
div#div4 {
    background-color: rgb(0,255,100);
    color: rgb(255,255,255);
    opacity: 0.5;}
</style>
```

```
</head>
<body>
<div id="div1">白日依山尽,</div>
<div id="div2">黄河入海流。</div>
<div id="div3">欲穷千里目,</div>
<div id="div4">更上一层楼。</div>
</body>
</body>
</html>
```

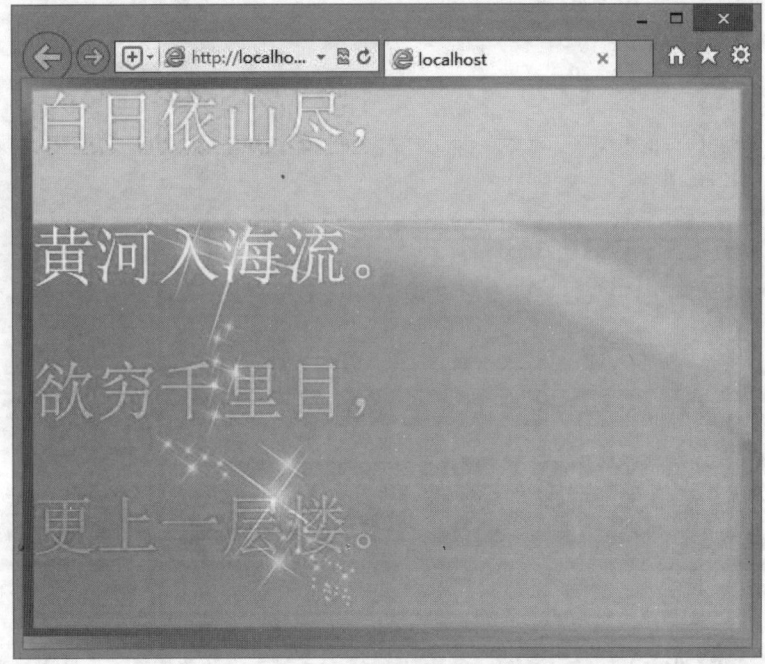

图 20.5 alpha 通道与 opacity 属性混合使用

从图 20.5 中可以看出,第 2 个 div 元素的背景色使用 alpha 通道时,并不会对文字产生影响。如果要让该元素的文字颜色也变成半透明,需要像第 3 个 div 元素那样同时对背景色和文字颜色使用 alpha 通道。但是,在第 4 个 div 元素的样式代码中,因为用了一次 opacity 属性,文字颜色和背景色都变成半透明的了。

20.1.5 设置 transparent 值

在 CSS3 允许在一切指定颜色值的属性中指定 transparent 值。

【示例】 本例中有 3 个 div 元素,第 1 个 div 元素的背景色被设定为 transparent 值,第 2 个 div 元素的边框颜色被设定为 transparent 值,第 3 个 div 元素的文字颜色被设定为 transparent 值。3 个 div 元素的背景色均为白色,边框均为黄色,文字均为黑色,整个网页的背景颜色被指定为粉红色,效果如图 20.6 所示。

```
<!doctype html>
<html>
<head>
<meta charset="utf-8">
<style type="text/css">
```

```
body { background-image: url(images/bg2.jpg); }
div {
    background-color: white;
    border: solid 6px yellow;
    margin: 10px;
    height: 50px;}
div#div1 { background-color: transparent; }
div#div2 { border-color: transparent; }
div#div3 { color: transparent; }
</style>
</head>
<body>
<div id="div1">白日依山尽,</div>
<div id="div2">黄河入海流。</div>
<div id="div3">欲穷千里目,</div>
<div id="div4">更上一层楼。</div>
</body>
</body>
</html>
```

图 20.6　定义 transparent 颜色值

20.2　渐变背景

W3C 将渐变背景定义为 CSS3 标准（参阅 http://dev.w3.org/csswg/css3-images/）。基于 CSS 的渐变与背景图相比，最大的优点是便于修改，同时支持无级缩放，过渡更加自然。

20.2.1　WebKit 渐变

WebKit 是第 1 个支持渐变的浏览器引擎（Safari 4 及其以上版本支持），可以访问 http://WebKit.org/blog/175/introducing-css-gradients/网页参考更详细的信息。WebKit 引擎支持的渐变方法如下：

-WebKit-gradient(<type>, <point> [, <radius>]?, <point> [, <radius>]? [,<stop>]*)
该函数的参数说明如下。
- <type>：定义渐变类型，包括线性渐变（linear）和径向渐变（radial）。
- <point>：定义渐变起始点和结束点坐标，即开始应用渐变的 x 轴和 y 轴坐标，以及结束渐变的坐标。该参数支持数值、百分比和关键字，如(0 0)或者(left top)等。关键字包括 top、bottom、left 和 right。
- <radius>：当定义径向渐变时，用来设置径向渐变的长度。该参数为一个数值。
- <stop>：定义渐变色和步长。包括 3 个类型值，即开始的颜色，使用 from(colorvalue)函数定义；结束的颜色，使用 to(colorvalue)函数定义；颜色步长，使用 color-stop(value, color value)函数定义。color-stop()函数包含两个参数值，第 1 个参数值为一个数值或者百分比值，取值范围在 0～1.0 之间（或者 0～100%之间）；第 2 个参数值表示任意颜色值。

【示例 1】 本例演示 WebKit 引擎的线性渐变实现方法，效果如图 20.7 所示（test.html）。

```
<!doctype html>
<html>
<head>
<meta charset="utf-8">
<style type="text/css">
div {
    width: 400px;
    height: 200px;
    border: 2px solid #FCF;
    padding: 4px;
    background: -WebKit-gradient(linear, left top, left bottom, from(blue), to(red));
    -WebKit-background-origin: padding-box;
    -WebKit-background-clip: content-box;}
</style>
</head>
<body>
<div></div>
</body>
</body>
</html>
```

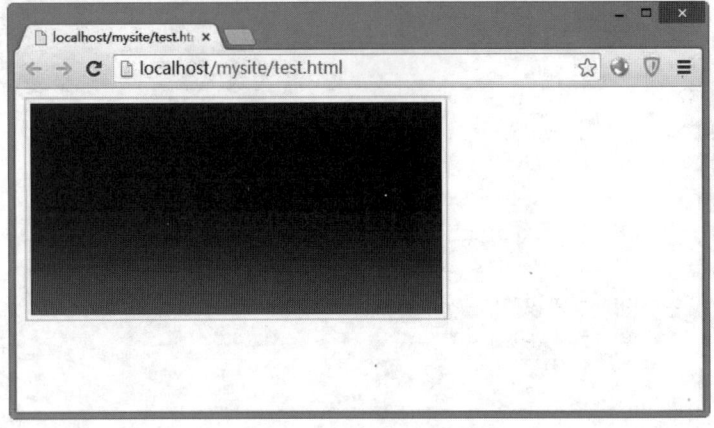

图 20.7 线性渐变效果

上面示例演示了简单的线性渐变背景色，从顶部到底部，从蓝色向红色渐变显示。当然，也可以增加更多的中间渐变色。

【示例 2】 在示例 1 的基础上增加一种渐变色，从顶部到中间，再从中间到底部，从蓝色到绿色，再到红色渐变显示，演示效果如图 20.8 所示（test1.html）。

```css
<style type="text/css">
div {
    width:400px;
    height:200px;
    border:2px solid #FCF;
    padding: 4px;
    background: -WebKit-gradient(linear, left top, left bottom, from(blue), to(red), color-stop(50%, green));
    -WebKit-background-origin: padding-box;
    -WebKit-background-clip: content-box;
}
</style>
```

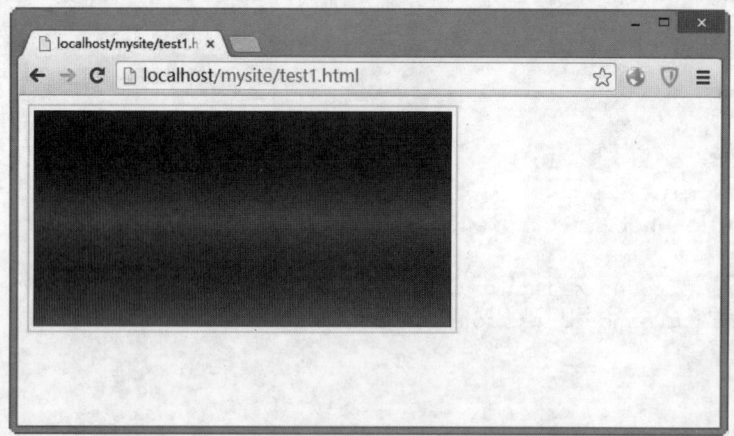

图 20.8　线性渐变效果

【示例 3】 设计二重渐变，从顶部到底部，先是从蓝色到白色渐变显示，再从黑色到红色渐变显示。代码如下，演示效果如图 20.9 所示（test2.html）。

```css
<style type="text/css">
div {
    width:400px;
    height:200px;
    border:2px solid #FCF;
    padding: 4px;
    background: -WebKit-gradient(linear, left top, left bottom, from(blue), to(red), color-stop(0.5, #fff), color-stop(0.5, #000));
    -WebKit-background-origin: padding-box;
    -WebKit-background-clip: content-box;
}
</style>
```

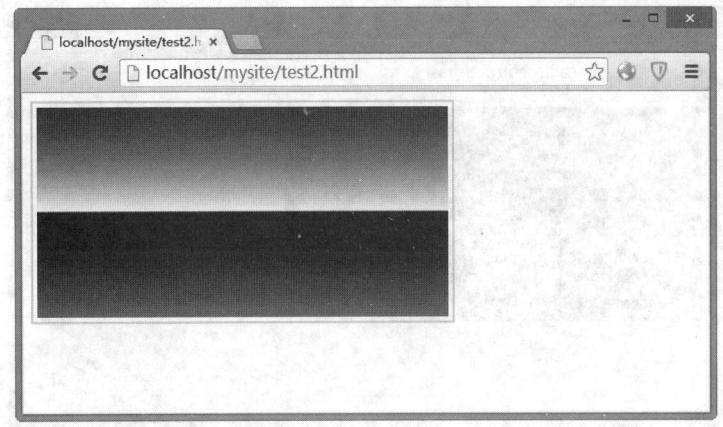

图 20.9 设计二重渐变效果

通过设置不同的步长值，可以设计多重渐变效果。从顶部到底部，先是从蓝色到白色渐变，再从白色到黑色渐变，最后从黑色到红色渐变显示，则声明的代码如下。

```
background: -WebKit-gradient(linear,
    left top, left bottom,
    from(blue), to(red),
    color-stop(0.4, #fff),
    color-stop(0.6, #000));
```

注意，color-stop()函数包含两个参数值，第 1 个参数值指定色标位置，第 2 个参数指定色标颜色。一个渐变可以包含多个色标，位置值为 0～1 之间的小数；或者 0～100%之间的百分数，指定色标的位置比例。其用法与 Photoshop 中的线性渐变工具用法相似。

【示例 4】 设计径向渐变。相对于线性渐变，径向渐变的用法稍显复杂些。下面设计一个同心圆（圆心坐标为 200 100），内圆半径为 10，外圆半径为 100，内圆半径小于外圆半径，从内圆红色到外圆绿色径向渐变，超出外圆半径显示为绿色，内圆显示红色，演示效果如图 20.10 所示（test3.html）。

```
<!doctype html>
<html>
<head>
<meta charset="utf-8">
<style type="text/css">
div {
    width:400px;
    height:200px;
    border:2px solid #FCF;
    padding: 4px;
    background: -WebKit-gradient(radial, 200 100, 10, 200 100, 100, from(red),
to(green));
    -WebKit-background-origin: padding-box;
    -WebKit-background-clip: content-box;}
</style>
</head>
<body>
<div></div>
</body>
</body>
</html>
```

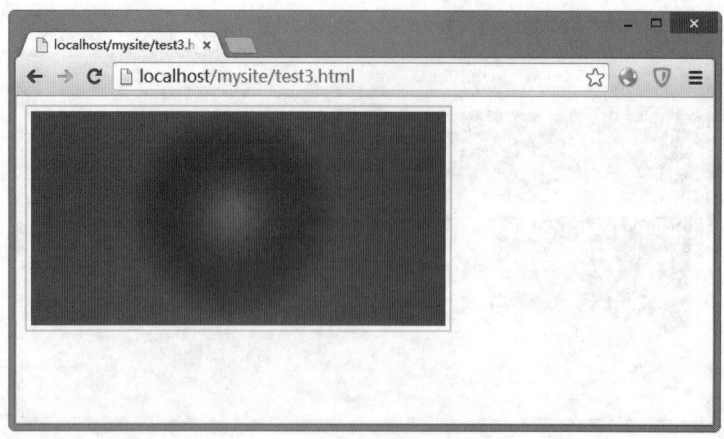

图 20.10　设计同心圆效果

设计同心圆时，在内圆到外圆中间 90% 的位置添加一个蓝色色标，设计多层径向渐变。还可以添加更多的色标，以设计多层径向渐变效果。

```
background: -WebKit-gradient(radial,
    200 100, 10,
    200 100, 100,
    from(red), to(green)),
    color-stop(90%, blue);
```

【示例5】　也可以设计非同心圆。当内圆圆心和外圆圆心距离小于两圆半径的差，则显示如图 20.11 所示（test4.html），呈现锥形径向渐变效果。锥形尖锐性与两圆圆心距离成正比。

```
<style type="text/css">
div {
    width:400px;
    height:200px;
    border:2px solid #FCF;
    padding: 4px;
    background: -WebKit-gradient(radial, 120 100, 10, 200 100, 100, from(red), to(green));
    -WebKit-background-origin: padding-box;
    -WebKit-background-clip: content-box;
}
</style>
```

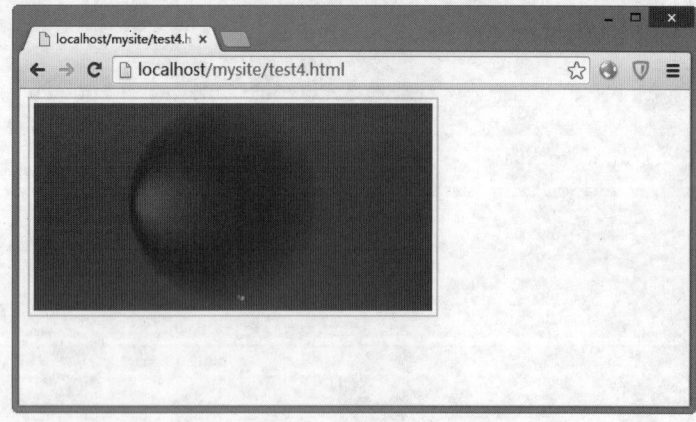

图 20.11　设计非同心圆效果

提示：

径向渐变的起点坐标和结束点坐标分别定义内圆和外圆坐标。在定义坐标的同时，还应该指定内圆和外圆的半径。当然也可以为径向渐变设置多个步长，用来添加多色径向渐变效果。

【示例 6】 通过设置 to()函数的颜色值为透明，同时设计相似色，则可以设计球形效果，如图 20.12 所示（test5.html）。

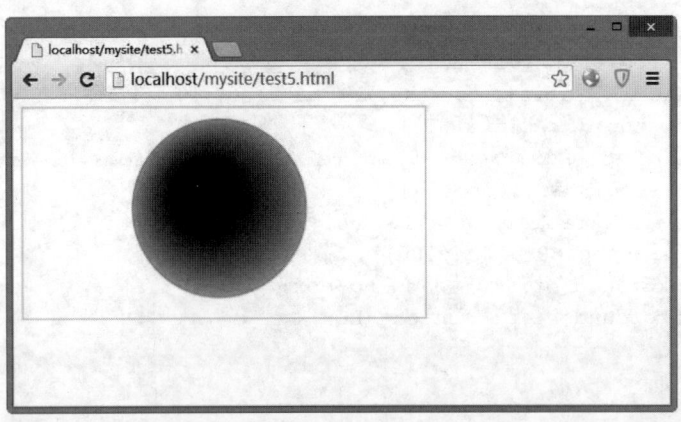

图 20.12 设计球形效果

```
<!doctype html>
<html>
<head>
<meta charset="utf-8">
<style type="text/css">
div {
    width:400px;
    height:200px;
    border:2px solid #FCF;
    padding: 4px;
    background: -WebKit-gradient(radial, 180 80, 10, 200 100, 90, from(#00C), to(rgba(1,159,98,0)), color-stop(98%, #0CF));
    -WebKit-background-origin: padding-box;
    -WebKit-background-clip: content-box;}
</style>
</head>
<body>
<div></div>
</body>
</html>
```

【示例 7】 如果为背景图像定义多个径向渐变，则可以设计多个气泡效果。代码如下，演示效果如图 20.13 所示（test6.html）。

```
<!doctype html>
<html>
<head>
<meta charset="utf-8">
```

```
<style type="text/css">
div {
    width:400px;
    height:200px;
    border:2px solid #FCF;
    padding: 4px;
    background:
    -WebKit-gradient(radial, 60 45, 10, 52 50, 60, from(#A7D30C), to(rgba(1,159,
98,0)), color-stop(90%, #019F62)),
    -WebKit-gradient(radial, 105 105, 20, 112 120, 80, from(#ff5f98), to(rgba(255,1,
136,0)), color-stop(75%, #ff0188)),
    -WebKit-gradient(radial, 95 15, 15, 102 20, 60, from(#00c9ff), to(rgba(0,201,
255,0)), color-stop(80%, #00b5e2)),
    -WebKit-gradient(radial, 300 110, 30, 300 100, 100, from(#f4f201), to(rgba(228,
199,0,0)), color-stop(80%, #e4c700));
    -WebKit-background-origin: padding-box;
    -WebKit-background-clip: content-box;}
</style>
</head>
<body>
<div></div>
</body>
</body>
</html>
```

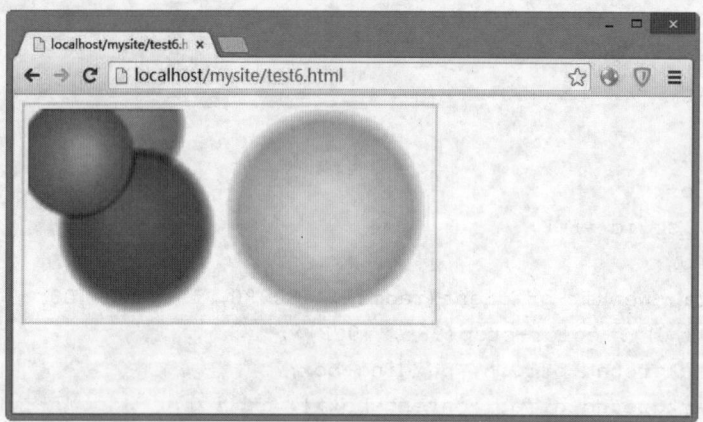

图 20.13 设计多个气泡效果

20.2.2 Gecko 渐变

Firefox 浏览器从 3.6 版本开始支持渐变设计,详细信息请参阅 http://hacks.mozilla.org/2009/11/css-gradients-firefox-36/。但是 Gecko 引擎与 WebKit 引擎的用法不同。Gecko 引擎定义了两个私有函数,分别用来设计线性渐变和径向渐变。

1. 线性渐变

线性渐变的基本说法如下:

`-moz-linear-gradient( [<point> || <angle>,]? <stop>, <stop> [, <stop>]* )`

该函数的参数说明如下。

- <point>：定义渐变起始点。取值包含数值、百分比；也可以使用关键字，其中 left、center 和 right 关键字定义 x 轴坐标，top、center 和 bottom 关键字定义 y 轴坐标。其用法与 background-position 和 -moz-transform-origin 属性中的定位方式相同。当指定一个值时，则另一个值默认为 center。
- <angle>：定义线性渐变的角度。单位包括 deg（度，1 圈等于 360deg）、grad（梯度，90 度等于 100grad）、rad（弧度，1 圈等于 2*PI rad）。
- <stop>：定义步长。用法与 WebKit 引擎的 color-stop()函数相似，但是该参数不需要调用函数，直接传递参数即可。其中第 1 个参数用于设置颜色值，可以为任何合法的颜色值；第 2 个参数用于设置颜色的位置，取值为百分比（0~100%）或者数值，也可以省略步长位置。

关于 -moz-linear-gradient()函数的用法，详细信息请参阅 https://developer.mozilla.org/en/CSS/-moz-linear-gradient。

【示例 1】 最简单的线性渐变，只需要指定开始颜色和结束颜色，则默认为从上到下实施线性渐变。本例演示 Gecko 引擎的线性渐变实现方法，代码如下，效果如图 20.14 所示（test.html）。

```
<!doctype html>
<html>
<head>
<meta charset="utf-8">
<style type="text/css">
div {
    width:400px;
    height:200px;
    border:2px solid #FCF;
    padding: 4px;
    background: -moz-linear-gradient(red, blue);}
</style>
</head>
<body>
<div></div>
</body>
</html>
```

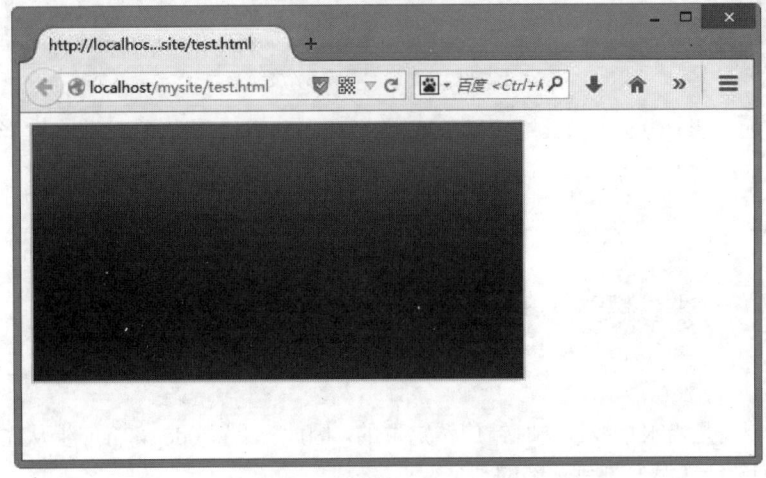

图 20.14 简单的线性渐变

【示例 2】 如果从左上角到右下角进行线性渐变，其中 top 关键字设置起点 x 轴坐标，left 关键字设置起点 y 轴坐标，则设计的样式代码如下（test1.html）。

```
div {
    width:400px;
    height:200px;
    border:2px solid #FCF;
    padding: 4px;
    background:
    -moz-linear-gradient(top left,red, blue);
}
```

【示例 3】 如果设计从左到右的五彩渐变，其中 y 轴坐标默认为 center，多个色标按步长平均显示，则设计的样式代码如下，演示效果如图 20.15 所示（test2.html）。

```
div {
    width:400px;
    height:200px;
    border:2px solid #FCF;
    padding: 4px;
    background: -moz-linear-gradient(left, red, orange, yellow, green, blue, indigo, violet);
}
```

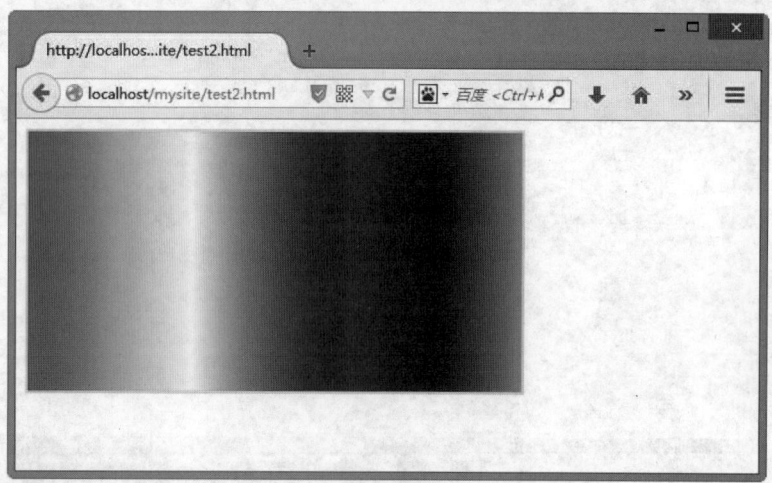

图 20.15　设计五彩渐变

【示例 4】 如果设计从左上角到右下角的红色渐变，其中红色逐渐减弱，并最终显示为透明，则可以编写如下样式（test3.html）。

```
div {
    width:400px;
    height:200px;
    border:2px solid #FCF;
    padding: 4px;
    background: -moz-linear-gradient(top left, red, rgba(255,0,0,0));
}
```

当指定角度时，它是沿水平线按逆时针旋转定位的。因此，设置 0deg，将产生从左向右的水平渐变；而设置 90 度，将创建一个从底部到顶部的渐变。

【示例 5】 设计渐变半透明效果的背景图像。通过在背景图像上覆盖一层从左到右由白色到透明的渐变填充层，可以实现渐显或者渐隐背景图像效果，如图 20.16 所示（test4.html）。

```
div {
    width:400px;
    height:200px;
    border:2px solid #FCF;
    padding: 4px;
    background: -moz-linear-gradient(right, rgba(255,255,255,0), rgba(255,255,255,
1)), url(images/bg7.jpg);}
```

图 20.16 设计渐变背景图像

2. 径向渐变

径向渐变的基本语法如下:

```
-moz-radial-gradient( [<position> || <angle>,]? [<shape> || <size>,]? <stop>,<stop>
[, <stop>]* )
```

该函数的参数说明如下。

- <point>:定义渐变起始点。取值包含数值、百分比;也可以使用关键字,其中 left、center 和 right 关键字定义 x 轴坐标,top、center 和 bottom 关键字定义 y 轴坐标。用法与 background-position 和-moz-transform-origin 属性中的定位方式相同。当指定一个值时,则另一个值默认为 center。
- <angle>:定义渐变的角度。单位包括 deg(度,1 圈等于 360deg)、grad(梯度,90 度等于 100grad)、rad(弧度,1 圈等于 2*PI rad),默认值为 0deg。
- <shape>:定义径向渐变的形状,包括 circle(圆)和 ellipse(椭圆),默认值为 ellipse。
- <size>:定义圆半径,或者椭圆的轴长度。
- <stop>:定义步长。用法与 WebKit 引擎的 color-stop()函数相似,但是该参数不需要调用函数,直接传递参数即可。其中第 1 个参数用于设置颜色值,可以为任何合法的颜色值;第 2 个参数用于设置颜色的位置,取值为百分比(0~100%)或者数值,也可以省略步长位置。

关于-moz-radial-gradient()函数用法,详细信息请参阅 https://developer.mozilla.org/en/CSS/-moz-radial- gradient。

【示例 6】 设计简单的径向渐变,从中间向外由红色、黄色到蓝色渐变显示。代码如下,演示效果如图 20.17 所示(test5.html)。

```
div {
    width:400px;
    height:200px;
    border:2px solid #FCF;
```

```
    padding: 4px;
    background: -moz-radial-gradient(red, yellow, blue);}
```

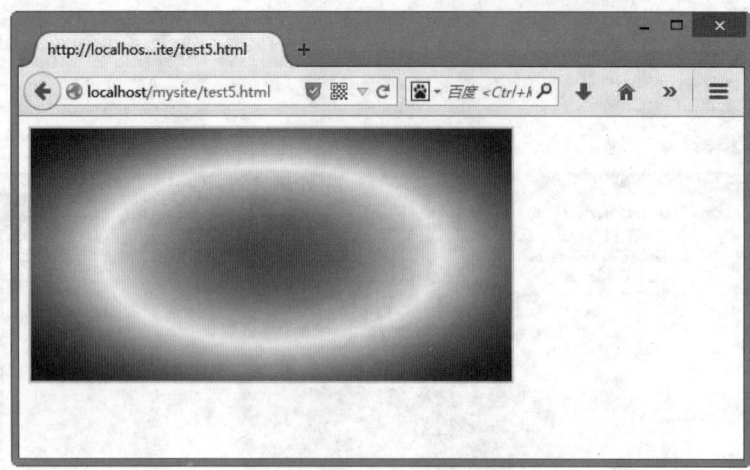

图 20.17　设计径向渐变

【示例 7】　如果设计从中间向外由红色、黄色到蓝色渐变显示，并设置不同色标的显示位置，则样式代码如下（test6.html）。

```
div {
    width:400px;
    height:200px;
    border:2px solid #FCF;
    padding: 4px;
    background:
    -moz-radial-gradient(red 20%,yellow 30%, blue 40%);
}
```

【示例 8】　设计径向渐变，从左下角向外由红色、黄色到蓝色渐变显示，则样式代码如下（test7.html）。

```
div {
    width:400px;
    height:200px;
    border:2px solid #FCF;
    padding: 4px;
    background:-moz-radial-gradient(bottom left,red, yellow, blue 80%);
}
```

【示例 9】　如果设计径向渐变形状为圆形，从左侧中间向外由红色、黄色到蓝色渐变显示，则样式代码如下（test8.html）。

```
div {
    width:400px;
    height:200px;
    border:2px solid #FCF;
    padding: 4px;
    background:-moz-radial-gradient(left,circle, red, yellow, blue 50%);
}
```

📢 提示：

　　size 参数包含多个关键字：closestside、closest-corner、farthest-side、farthest-corner、contain 和 cover。使用这些关键字可以定义径向渐变的大小。

　　另外，Gecko 引擎还定义了-moz-repeating-linear-gradient 和-moz-repeating-radial-gradient 两个属性，

用来定义重复线性渐变和重复径向渐变。

【示例 10】 本例分别调用这两个属性,定义重复径向渐变和重复线性渐变,则演示效果如图 20.18（test9.html）和图 20.19 所示（test10.html）。

```
div {
    width:400px;
    height:200px;
    border:2px solid #FCF;
    padding: 4px;
    background: -moz-repeating-radial-gradient(circle, black, black 10px, white 10px, white 20px);
}
```

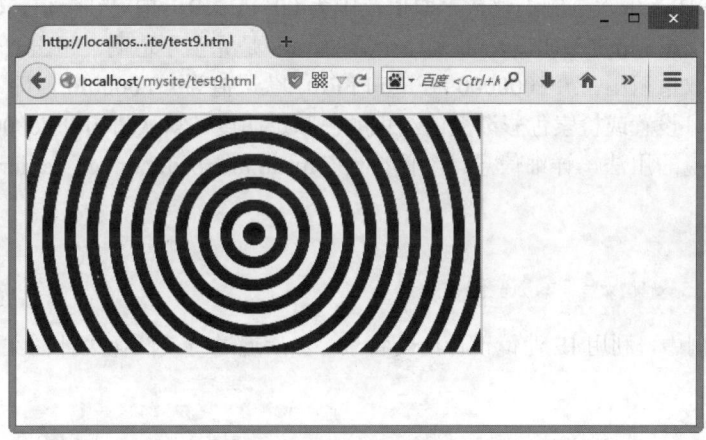

图 20.18 设计重复径向渐变

```
div {
    width:400px;
    height:200px;
    border:2px solid #FCF;
    padding: 4px;
    background: -moz-repeating-linear-gradient(top left 60deg,black, black 10px, white 10px, white 20px);
}
```

图 20.19 设计重复线性渐变

20.2.3 IE 渐变

扫一扫,看视频

IE 不支持 CSS 渐变,但提供了渐变滤镜,可以实现简单的渐变效果。IE 浏览器渐变滤镜的基本语法如下。

```
filter:progid:DXImageTransform.Microsoft.Gradient(enabled=bEnabled,startColorStr=iWidth,endColorStr=iWidth)
```

该函数的参数说明如下。

- enabled:设置或检索滤镜是否激活。可选布尔值,包括 true 和 false;默认值为 true,即激活状态。
- startColorStr:设置或检索色彩渐变的开始颜色和透明度。可选项,其格式为#AARRGGBB。AA、RR、GG、BB 为十六进制正整数,取值范围为 00~FF。RR 指定红色值,GG 指定绿色值,BB 指定蓝色值。AA 指定透明度,00 是完全透明,FF 是完全不透明。超出取值范围的值将被恢复为默认值。取值范围为#FF000000~#FFFFFFFF,默认值为#FF0000FF,即不透明蓝色。
- EndColorStr:设置或检索色彩渐变的结束颜色和透明度。默认值为#FF000000,即不透明黑色。

关于 IE 渐变滤镜的用法,详细信息请参阅 http://msdn.microsoftcom/en-us/library/ms532997(VS.85,loband).aspx。

📢 注意:

IE 渐变滤镜在 IE 5.5 及其以上版本浏览器中有效。

【示例】 在本例中,利用 IE 滤镜设计渐变背景,然后通过背景图像设计图文插画,预览效果如图 20.20 所示。

```html
<!doctype html>
<html>
<head>
<meta charset="utf-8">
<style type="text/css">
body {
    /*让渐变背景填满整个页面*/
    padding:1em;
    margin:0;
    /*为网页设计垂直渐变背景*/
    filter: progid:DXImageTransform.Microsoft.Gradient(gradientType=0, startColorStr=#9999FF, endColorStr=#ffffff);}
/*定义标题样式*/
h1 {
    color:white;
    font-size:18px;
    height:45px;
    padding-left:3em;
    line-height:65px;  /*控制文本显示位置*/
    border-bottom:solid 2px #c72223;
    /*为标题插入一个装饰图标*/
    background:url(images/icon4.png) no-repeat left center;}
.box {
    background:url(images/bg5.png) no-repeat right bottom;  /*设计插画背景*/}
p {text-indent:2em;}
</style>
</head>
```

```html
<body>
<div class="box">
    <h1>W3C 发布 HTML5 的正式推荐标准</h1>
    <p>……</p>
</div>
</body>
</html>
```

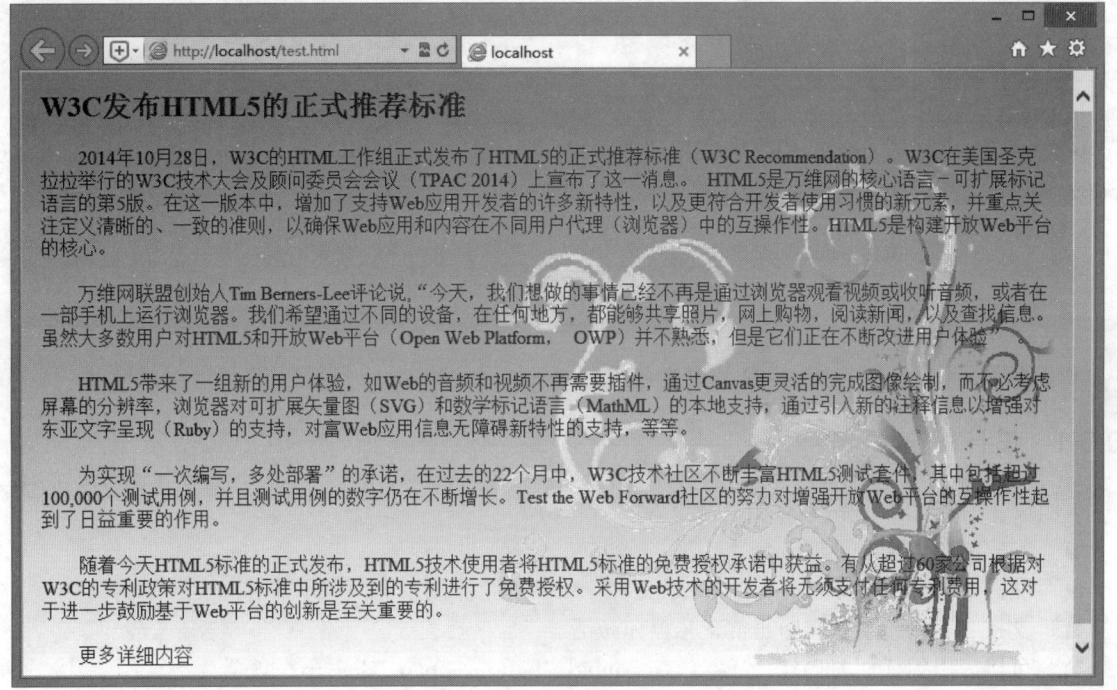

图 20.20　使用 IE 滤镜设计渐变背景

20.2.4　标准渐变

扫一扫，看视频

W3C 于 2010 年 11 月份才正式发布了支持渐变设计的工作草案，不过渐变设计并没有被单独列为一个模块，而是作为图像值和图像被替换内容模块的一部分，详细资料请参阅 http://dev.w3.org/csswg/css3-images/#gradients。该标准草案沿袭了 Gecko 引擎的渐变设计方法，语法和用法也基本相同，简单比较如下。

（1）线性渐变

`linear-gradient([ [ <angle> | to <side-or-corner> ] ,]? <color-stop>[, <color-stop>]+)`

（2）径向渐变

`radial-gradient([ [ <shape> || <size> ] [ at <position> ]? , | at <position>, ]? <color-stop>[ , <color-stop> ]+)`

【示例】　本例演示了如何使用标准方法设计一个线性渐变，从左上角开始显示从黄色到蓝色的过渡效果。

```
<!doctype html>
<html>
<head>
<meta charset="utf-8">
<style type="text/css">
div {
```

```
    width:400px;
    height:200px;
    border:2px solid #FCF;
    padding: 4px;
    background: linear-gradient(135deg, yellow, blue);
}
</style>
</head>
<body>
<div></div>
</body>
</html>
```

W3C 标准用法与 Gecko 引擎渐变用法基本相同，可以访问 http://dev.w3.org/csswg/css3-images/#gradients 页面阅读标准渐变的基本用法。

20.3 实战案例

本节将通过多个案例训练 CSS3 的渐变应用技巧。

20.3.1 设计按钮

本例设计的纯 CSS 按钮具有如下特点。
- 不需要图片和 JavaScript。
- 能够兼容 IE、Firefox 3.6+、Chrome 和 Safari 等主流浏览器，但不兼容 Opera 浏览器。
- 支持 3 种按钮状态，即正常、悬停和激活。
- 可以应用到任何 HTML 元素，如 a、input、button、span、div、p、h3 等。
- 安全兼容不支持 CSS3 的浏览器，如果不兼容 CSS3，则显示没有渐变和阴影的普通按钮。

本案例设计的按钮效果如图 20.21 所示。按钮在正常状态下有边框的渐变和阴影，在光标经过时按钮会显示比较暗的渐变效果，当按下鼠标时会翻转渐变，并显示一个像素的下沉效果，按钮字体颜色加深。

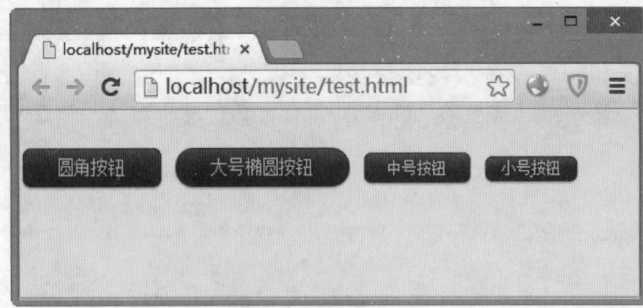

图 20.21 设计精致的按钮

示例完整代码如下。

```
<!doctype html>
<html>
<head>
<meta charset="utf-8">
<style type="text/css">
body {
```

```css
    background:#ededed;
    margin: 30px auto;
    color: #999;
}
.button {  /*定义渐变按钮样式类*/
    display: inline-block;
    /*zoom 和 *display 属性都是为了兼容 IE7,使其具有 display:inlineblock 特性*/
    zoom: 1;
    *display: inline;
    vertical-align: baseline;
    margin: 0 2px;
    outline: none;
    cursor: pointer;
    text-align: center;
    text-decoration: none;
    font: 14px/100% Arial, Helvetica, sans-serif;
    padding: .5em 2em .55em;
    /*设计按钮圆角、盒子阴影和文本阴影特效*/
    text-shadow: 0 1px 1px rgba(0, 0, 0, .3);
    -WebKit-border-radius: .5em;
    -moz-border-radius: .5em;
    border-radius: .5em;
    -WebKit-box-shadow: 0 1px 2px rgba(0, 0, 0, .2);
    -moz-box-shadow: 0 1px 2px rgba(0, 0, 0, .2);
    box-shadow: 0 1px 2px rgba(0, 0, 0, .2);
}
.button:hover { text-decoration: none; }
.button:active {
    position: relative;
    top: 1px;
}
.bigrounded {  /*定义大圆角样式类*/
    -WebKit-border-radius: 2em;
    -moz-border-radius: 2em;
    border-radius: 2em;
}
.medium {  /*定义大按钮样式类*/
    font-size: 12px;
    padding: .4em 1.5em .42em;
}
.small {  /*定义小按钮样式类*/
    font-size: 11px;
    padding: .2em 1em .275em;
}
/*设计颜色样式类:黑色风格的按钮*/
/*通过设计不同颜色样式类,可以设计不同风格的按钮效果*/
.black {  /*黑色样式类*/
    color: #d7d7d7;
    border: solid 1px #333;
    background: #333;
```

```
    background: -WebKit-gradient(linear, left top, left bottom, from(#666), to
(#000));
    background: -moz-linear-gradient(top, #666, #000);
    filter: progid:DXImageTransform.Microsoft.gradient(startColorstr='#666666',
endColorstr='#000000');
}
.black:hover {  /*黑色光标经过样式类*/
    background: #000;
    background: -WebKit-gradient(linear, left top, left bottom, from(#444),
to(#000));
    background: -moz-linear-gradient(top, #444, #000);
    filter: progid:DXImageTransform.Microsoft.gradient(startColorstr='#444444',
endColorstr='#000000');
}
.black:active {  /*黑色光标激活样式类*/
    color: #666;
    background: -WebKit-gradient(linear, left top, left bottom, from(#000), to
(#444));
    background: -moz-linear-gradient(top, #000, #444);
    filter: progid:DXImageTransform.Microsoft.gradient(startColorstr='#000000',
endColorstr='#666666'); }
</style>
</head>
<body>
<div>
    <a href="#" class="button black">圆角按钮</a>
    <a href="#" class="button black bigrounded">大号椭圆按钮</a>
    <a href="#" class="button black medium">中号按钮</a>
    <a href="#" class="button black small">小号按钮</a> <br />
</div>
</body>
</html>
```

20.3.2 设计纹理

本例使用 CSS3 线性渐变属性制作纹理图案，主要利用多重背景进行设计，然后使用线性渐变绘制每一条线，通过叠加和平铺，完成重复性纹理背景效果，如图 20.22 所示（test.html）。

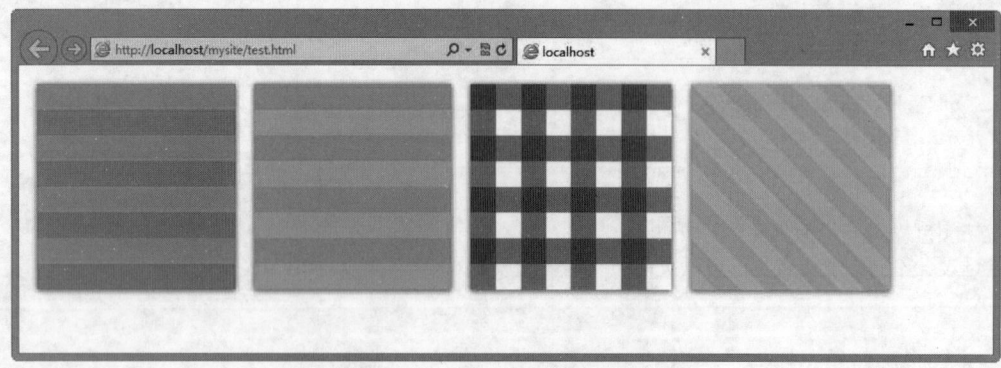

图 20.22 定义网页纹理背景效果

本例完整代码如下。

```html
<!DOCTYPE HTML>
<html>
<head>
<meta charset="UTF-8">
<style type="text/css" media="screen">
.patterns {
    width: 200px; height: 200px; float: left; margin: 10px;
    box-shadow: 0 1px 8px #666;}
.pt1 {
    background-size: 50px 50px;
    background-color: #0ae;
    background-image: -WebKit-linear-gradient(rgba(255, 255, 255, .2) 50%, transparent 50%, transparent);
    background-image: linear-gradient(rgba(255, 255, 255, .2) 50%, transparent 50%, transparent);}
.pt2 {
    background-size: 50px 50px;
    background-color: #f90;
    background-image: -WebKit-linear-gradient(0deg, rgba(255, 255, 255, .2) 50%, transparent 50%, transparent);
    background-image: linear-gradient(0deg, rgba(255, 255, 255, .2) 50%, transparent 50%, transparent);}
.pt3 {
    background-size: 50px 50px;
    background-color: white;
    background-image: -WebKit-linear-gradient(to top, transparent 50%, rgba(200, 0, 0, .5) 50%, rgba(200, 0, 0, .5)), -WebKit-linear-gradient(to left, transparent 50%, rgba(200, 0, 0, .5) 50%, rgba(200, 0, 0, .5));
    background-image: linear-gradient(to top, transparent 50%, rgba(200, 0, 0, .5) 50%, rgba(200, 0, 0, .5)), linear-gradient(to left, transparent 50%, rgba(200, 0, 0, .5) 50%, rgba(200, 0, 0, .5))}
.pt4 {
    background-size: 50px 50px;
    background-color: #ac0;
    background-image: -WebKit-linear-gradient(45deg, rgba(255, 255, 255, .2) 25%, transparent 25%, transparent 50%, rgba(255, 255, 255, .2) 50%, rgba(255, 255, 255, .2) 75%, transparent 75%, transparent);
    background-image: linear-gradient(45deg, rgba(255, 255, 255, .2) 25%, transparent 25%, transparent 50%, rgba(255, 255, 255, .2) 50%, rgba(255, 255, 255, .2) 75%, transparent 75%, transparent);}
</style>
</head>
<body>
<div class="patterns pt1"></div>
<div class="patterns pt2"></div>
<div class="patterns pt3"></div>
<div class="patterns pt4"></div>
</body>
</html>
```

掌握纹理背景的基本设计技巧，用户还可以设计更多图案，如图20.23所示（test1.html）。

图 20.23　设计丰富的纹理背景效果

扫一扫，看视频

20.3.3　设计栏目

本例将综合运用 box-shadow、text-shadow 和 border-radius 等属性，定义一个包含阴影、圆角的特效，同时利用 CSS 渐变、半透明特效设计精致的栏目，预览效果如图 20.24 所示。

```
<!doctype html>
<html>
<head>
<meta charset="utf-8">
<style type="text/css">
body {/*页面初始化*/
    background-color: #454545;
    }
.box {/*设计包含框样式*/
    border-radius: 10px;  /*设计圆角*/
    box-shadow: 0 0 12px 1px rgba(205, 205, 205, 1);  /*设计栏目阴影*/
    border: 1px solid black;
    padding: 10px;
    margin: auto;
    text-shadow: black 1px 2px 2px;  /*设计包含文本阴影*/
    color: white;
    /*设计线性渐变背景*/
    background-image: -moz-linear-gradient(bottom, black, rgba(0, 47, 94, 0.2), white);
    background-color: rgba(43, 43, 43, 0.5);}
/*设计光标经过时，放大阴影亮度*/
.box:hover { box-shadow: 0 0 12px 5px rgba(205, 205, 205, 1);}
h2 {
```

```
        font-size: 120%;
        font-weight:bold;
        text-decoration:underline;}
/*在标题前面添加额外内容*/
h2:before { content: "观点："; }
p {
        text-indent:2em;
        line-height:1.6em;
        font-size:14px;}
</style>
</head>
<body>
<div class="box">
    <h2>W3C 发布 HTML5 的正式推荐标准</h2>
    <p>……</p>
</div>
</body>
</html>
```

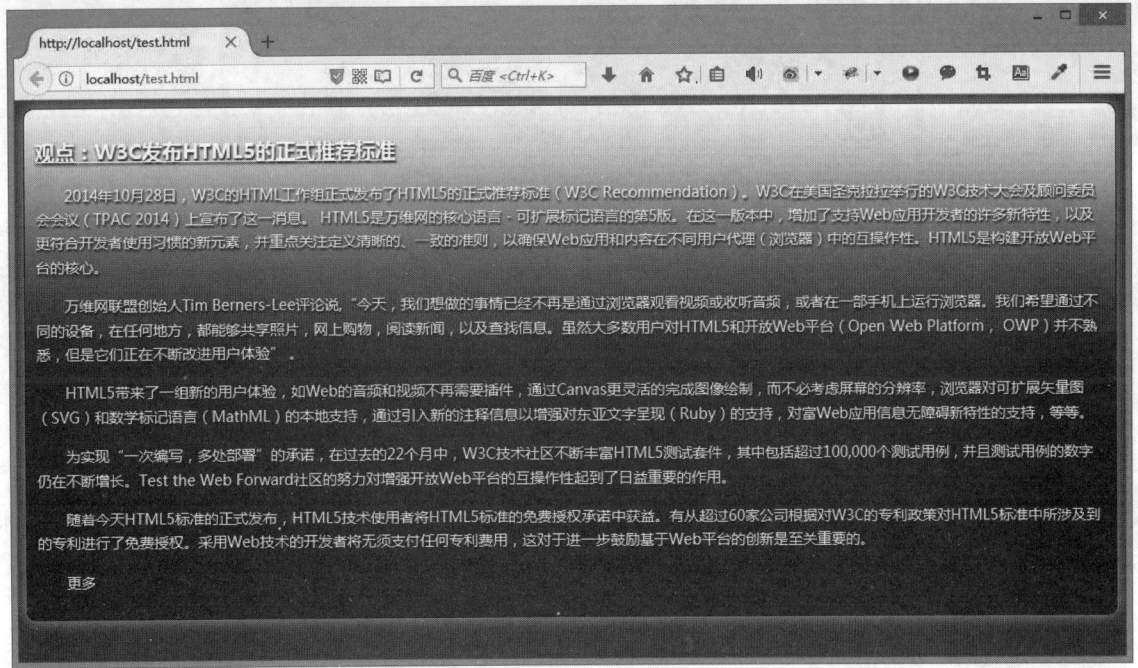

图 20.24　设计栏目版块

20.3.4　渐变应用

除了定义渐变背景外，还可以定义渐变边框、填充内容，以及设计图标等。下面分别结合示例进行说明。

1．定义渐变效果的边框

【示例 1】　本例应用渐变特性，通过 -WebKit-border-image 属性定义渐变边框，演示效果如图 20.25 所示（test.html）。

```
<!doctype html>
<html>
<head>
<meta charset="utf-8">
<style type="text/css">
div {
    border-width: 20px;
    width: 400px;
    height: 200px;
    margin: 20px;
    -WebKit-border-image: -WebKit-gradient(linear, left top, left bottom, from
(#00abeb), to(#fff), color-stop(0.5, #fff), color-stop(0.5, #66cc00)) 20;}
</style>
</head>
<body>
<div></div>
</body>
</body>
</html>
```

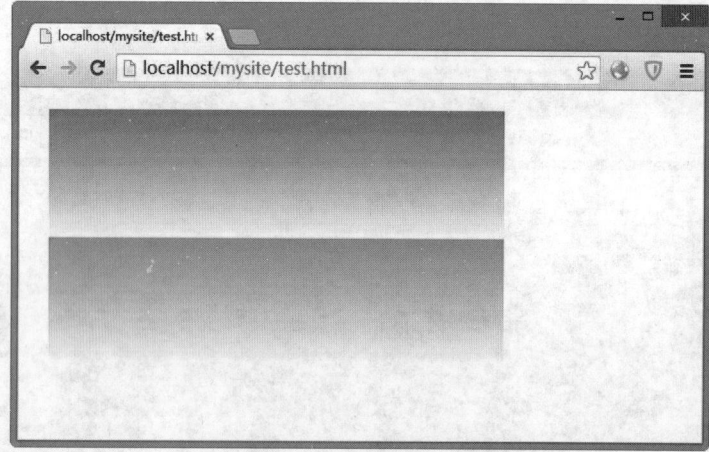

图 20.25　显示渐变效果的边框

2. 定义填充内容效果

【示例 2】　本例通过 conten 属性，为<div class="div1">标签嵌入一个通过渐变设计的圆球，同时为这个包含框设计一个渐变背景，从而产生一种透视框的效果，如图 20.26 所示（test1.html）。

```
<!doctype html>
<html>
<head>
<meta charset="utf-8">
<style type="text/css">
.div1 {
    width: 400px;
    height: 200px;
    border: 10px solid #A7D30C;
    }
.div1::before {
    /*在 div 元素前面插入一个内容对象，在该对象中绘制一个球体，并定义显示边框效果*/
    content: -WebKit-gradient(radial, 200 100, 10, 200 100, 100, from(#A7D30C), to
(rgba(1, 159, 98, 0)), color-stop(90%, #019F62));}
</style>
```

```
</head>
<body>
<div class="div1"></div>
</body>
</body>
</html>
```

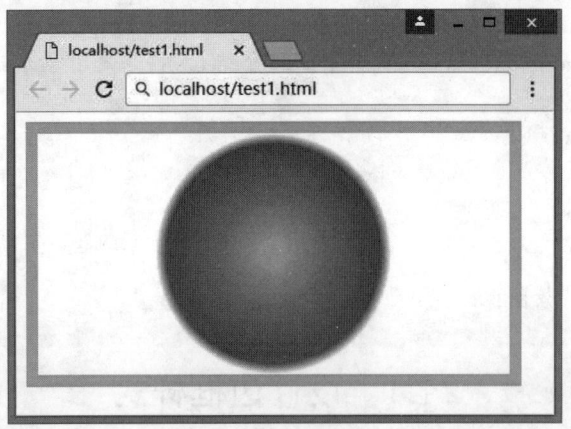

图 20.26 插入球形内容填充物,并显示边框效果

3. 定义列表图标

【示例 3】 本例通过 list-style-image 属性,为 ul 元素定义自定义图标,该图标通过渐变特效进行绘制,从而产生一种精致的立体效果,如图 20.27 所示(test2.html)。

```
<!doctype html>
<html>
<head>
<meta charset="utf-8">
<style type="text/css">
ul { list-style-image: -WebKit-gradient(radial, center center, 4, center center, 8, from(#ff0000), to(rgba(0, 0, 0, 0)), color-stop(50%, #dd0000)) }
</style>
</head>
<body>
<ul>
    <li>W3C</li>
    <li>W3C 中国</li>
    <li>HTML5 工作组</li>
</ul>
</body>
</body>
</html>
```

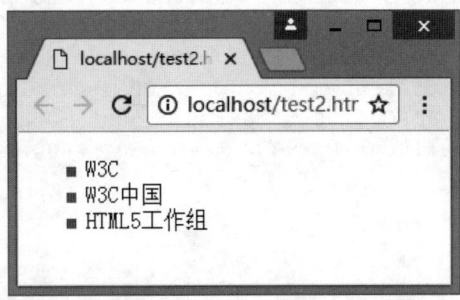

图 20.27 设计项目符号效果

第 21 章　背景和边框样式

CSS3 增强了元素边框和背景样式的控制能力（http://www.w3.org/TR/css3-background/），新增了不少 UI 特性（http://www.w3.org/TR/css3-ui/）。本章将介绍 CSS3 中与背景和边框相关的一些样式。

【学习重点】
- 能够设计边框样式。
- 能够设计圆角样式。
- 能够设计阴影样式。
- 能够设计投影样式。
- 能够设计并控制背景图像。

21.1　设计边框样式

本节重点介绍 CSS3 增强的边框样式。

21.1.1　多色边框

CSS3 增强了 border-color 属性的功能，使用它可以为边框设置更多的颜色。

目前仅有 Mozilla Gecko 引擎支持-moz-border-color 私有属性。

【示例 1】　本例演示了如何使用 border-color 属性定义渐变的边框，演示效果如图 21.1 所示。

```html
<!doctype html>
<html>
<head>
<meta charset="utf-8">
<style type="text/css">
div {
    border: 50px solid #dedede;
    height: 100px;
    width: 600px;
    /*兼容Mozilla Gecko 引擎*/
    -moz-border-bottom-colors:#100 #200 #300 #400 #500 #600 #700 #800 #900 #a00;
    -moz-border-top-colors:#100 #200 #300 #400 #500 #600 #700 #800 #900 #a00;
    -moz-border-left-colors: #100 #200 #300 #400 #500 #600 #700 #800 #900 #a00;
    -moz-border-right-colors:#100 #200 #300 #400 #500 #600 #700 #800 #900 #a00;
    /*标准用法*/
    border-bottom-colors:#100 #200 #300 #400 #500 #600 #700 #800 #900 #a00;
    border-top-colors:#100 #200 #300 #400 #500 #600 #700 #800 #900 #a00;
    border-left-colors: #100 #200 #300 #400 #500 #600 #700 #800 #900 #a00;
    border-right-colors:#100 #200 #300 #400 #500 #600 #700 #800 #900 #a00;}
</style>
</head>
<body>
<div></div>
</body>
</html>
```

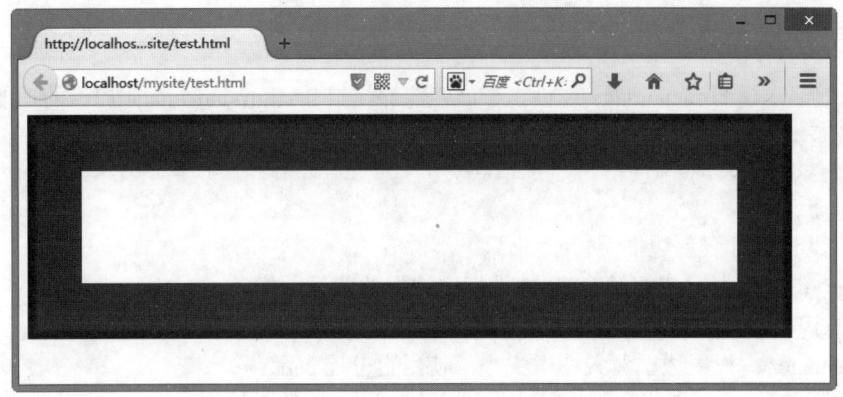

图 21.1 定义立体边框效果

【示例 2】 本例借助 border-color 属性模拟立体效果的边框。其中使用深色和浅色交错设计，营造凸凹的立体效果，如图 21.2 所示。

```
<!doctype html>
<html>
<head>
<meta charset="utf-8">
<style type="text/css">
div {
    border: 2px solid #dedede;
    height: 60px;
    width: 200px;
    background:url(images/1.jpg);
    -moz-border-right-colors:#333 #aaa;
    -moz-border-bottom-colors:#333 #aaa;
    -moz-border-top-colors:#aaa #666;
    -moz-border-left-colors:#aaa #666;}
</style>
</head>
<body>
<div></div>
</body>
</html>
```

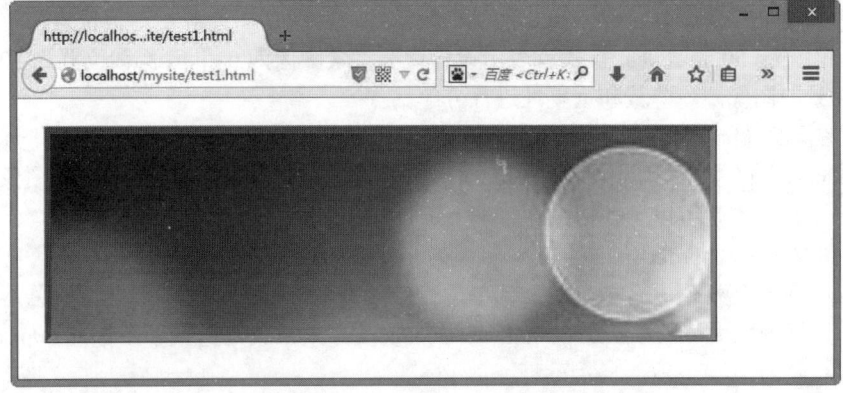

图 21.2 放大后的边框效果

21.1.2 边框背景

CSS3 中新增了一个 border-image 属性,该属性能够模拟 background-image 属性的功能,且功能更加强大。该属性的基本语法如下:

```
border-image:none | <image> [ <number> | <percentage>]{1,4} [ / <border-width>{1,4}
```

取值说明如下。

- none:默认值,表示边框无背景图像。
- <image>:使用绝对或相对 URL 地址指定边框的背景图像。
- <number>:设置边框宽度或者边框背景图像大小,使用固定像素值表示。
- <percentage>:设置边框背景图像大小,使用百分比表示。

注意:

border-image 属性适用于所有元素,除了 border-collapse 属性值为 collapse 的 table 元素。为了更方便、灵活地使用,CSS3 允许 border-image 属性复合定义边框背景样式,同时还派生了众多子属性。一方面,CSS3 将 border-image 分成了 8 部分,使用 8 个子属性分别定义特定方位上边框的背景图像。

- border-top-image:定义顶部边框背景图像。
- border-right-image:定义右侧边框背景图像。
- border-bottom-image:定义底部边框背景图像。
- border-left-image:定义左侧边框背景图像。
- border-top-left-image:定义左上角边框背景图像。
- border-top-right-image:定义右上角边框背景图像。
- border-bottom-left-image:定义左下角边框背景图像。
- border-bottom-right-image:定义右下角边框背景图像。

另外,根据边框背景图像的处理功能,border-image 属性还派生了下面几个属性。

- border-image-source:定义边框的背景图像源,即图像 URL。
- border-image-slice:定义如何裁切背景图像,与背景图像的定位功能不同。
- border-image-repeat:定义边框背景图像的重复性。
- border-image-width:定义边框背景图像的显示大小(即边框显示大小)。虽然 W3C 定义了该属性,但是浏览器还是习惯使用 border-width 实现相同的功能。
- border-image-outset:定义边框背景图像的偏移位置。

WebKit 引擎支持-WebKit-border-image 私有属性,Mozilla Gecko 引擎支持-moz-border-image 私有属性,Presto 引擎支持-o-border-image 私有属性。IE 浏览器暂时不支持 border-image 属性,也没有定义私有属性。

border-image 属性与 background-image 属性的用法相似,包括图像源、剪裁位置和重复性。例如,border-image:url(01.jpg) 50 no-repeat;样式就表示设置边框背景图像为 01.jpg,剪裁位置为 50px,禁止重复。下面针对边框背景的图像源、剪裁和重复性进行分解。

(1)边框图像源(border-image-source)

与 background-image 属性用法相同,border-image 属性使用 url()调用背景图像,图像可以是相对路径或是绝对路径字符串,也可以不使用图像,即 border-image:none;。

(2)边框图像切片(border-image-slice)

border-image-slice 属性值没有单位,默认单位为像素。支持百分比值,百分比值总是相对于边框图像而言。例如,边框图像大小为 400px*300px,则 20%的实际效果就是剪裁了图像的 60px、80px、60px、80px 的四边大小。

clip 是 CSS 专用剪裁属性,而 border-image-slice 属性虽然在语义上不是剪裁,但是从实现效果上来分析，与剪裁工具类似，它把边框图像四分五裂，再重新安置、变形。

border-image-slice 属性值包含 4 个参数。它遵循 CSS 方位规则（如 margin、padding 或 border 等属性的赋值），按着上、右、下、左的顺时针方向赋值剪裁。

【示例1】为元素边框定义背景图像为 images/border1.png，然后设置 border-imageslice 属性值为(27 27 27 27)，该属性值可以简写为 27。整个示例的代码如下，页面浏览效果如图 21.3 所示（test.html）。

```html
<!doctype html>
<html>
<head>
<meta charset="utf-8">
<style type="text/css">
div {
    height:160px;
    border-width:27px;
    /*设置边框背景图像*/
    -WebKit-border-image: url(images/border1.png) 27; /*兼容 WebKit 引擎*/
    -moz-border-image: url(images/border1.png) 27; /*兼容 Gecko 引擎*/
    -o-border-image: url(images/border1.png) 27; /*兼容 Presto 引擎*/
    border-image: url(images/border1.png) 27; } /*兼容标准用法*/
</style>
</head>
<body>
<div></div>
</body>
</html>
```

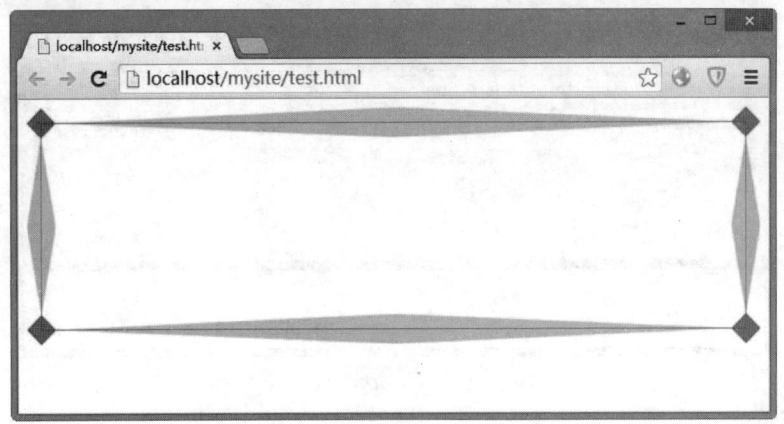

图 21.3　定义边框背景样式

border-image 属性能够根据 border-image-slice 属性值把背景图像切分为 9 块，然后分别把这 9 块图像切片按顺序分别填充到边框上四边、四角和内容区域。在上面示例中，使用了一个 71px*71px 大小的背景图，在这个正方形的背景图中，被等分了 9 个方块，每个方块的高和宽都是 21px*21px 大小。当声明 border-image-slice 属性值为（27 27 27 27）时，第 1 个参数值表示从上向下裁切背景图像，然后显示在顶边。而第 3 个参数值正好相反，从下向上裁切背景图像，然后显示在底边。第 2 个参数值表示从右向左裁切背景图像，然后显示在右边。而第 4 个参数值正好相反，从左向右裁切背景图像，然后显示在左边。背景图像被 4 个参数值裁切为 9 块，然后根据边框的大小进行自适应显示。例如，当分别设置边框为不同大小，则显示效果除了粗细之外，其他都是完全相同的。

（3）边框图像重复性（border-image-repeat）

border-image-repeat 属性包含 3 个值，简单说明如下。

- stretch：拉伸，为默认值。
- repeat：重复。
- round：平铺。

【示例 2】 下面示例演示如何设计局部或者全部圆角版块，效果如图 21.4 所示（test1.html）。

```html
<!doctype html>
<html>
<head>
<meta charset="utf-8">
<style type="text/css">
div {
    height:120px;
    border-width:10px;
    -moz-border-image: url(images/r2.png) 20;
    -WebKit-border-image: url(images/r2.png) 20;
    -o-border-image: url(images/r2.png) 20;
    border-image: url(images/r2.png) 20;
}
</style>
</head>
<body>
<div></div>
</body>
</html>
```

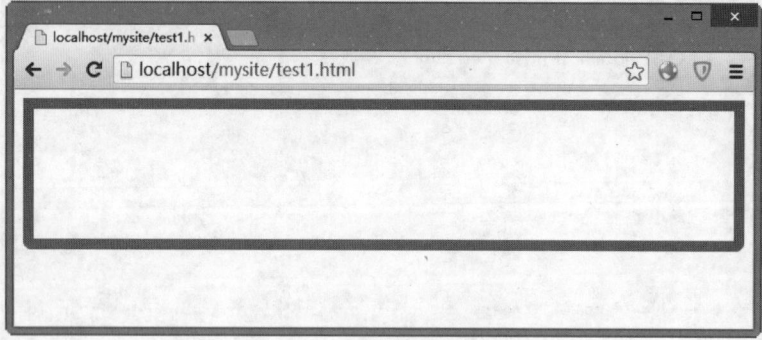

图 21.4　定义边框圆角样式

【示例 3】 设计圆环边框版块。设置背景图像为 42px*42px，圆环角为 20px，显示效果如图 21.5 所示（test2.html）。

```css
div {
    height:120px;
    border-width:10px;
    -moz-border-image: url(images/r3.png) 20;
    -WebKit-border-image: url(images/r3.png) 20;
    -o-border-image: url(images/r3.png) 20;
    border-image: url(images/r3.png) 20; }
```

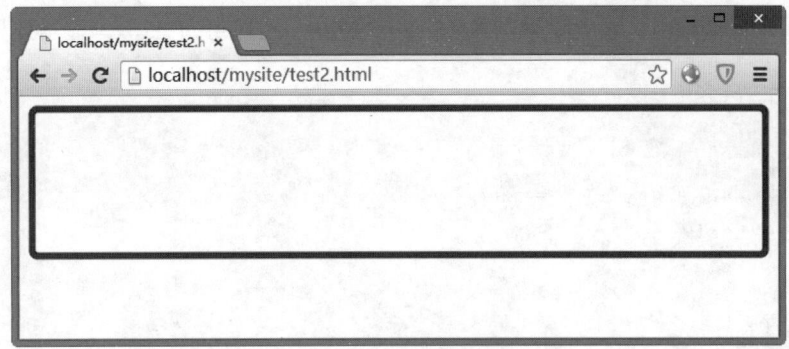

图 21.5　定义边框圆角样式

【示例 4】　设计阴影效果。设置背景图像为 42px*42px，圆环角为 20px，显示效果如图 21.6 所示（test3.html）。

```
<!doctype html>
<html>
<head>
<meta charset="utf-8">
<style type="text/css">
img {
   height:400px;
   border-width:2px 5px 6px 2px;
   -moz-border-image: url(images/r4.png)  2 5 6 2;
   -WebKit-border-image: url(images/r4.png)  2 5 6 2;
   -o-border-image:  url(images/r4.png)  2 5 6 2;
   border-image: url(images/r4.png)  2 5 6 2;}
</style>
</head>
<body>
<img src="images/2.jpg" />
</body>
</html>
```

图 21.6　定义边框阴影样式

【示例 5】 设计选项卡。设置背景图像为 12px*27px，圆环角为 12px，显示效果如图 21.7 所示（test4.html）。

```html
<!doctype html>
<html>
<head>
<meta charset="utf-8">
<style type="text/css">
ul{
    margin:0;
    padding:0;
    list-style-type:none;}
li {
    width:100px;
    height:20px;
    float:left;
    padding:4px 0;
    text-align:center;
    border-width:5px 5px 0px;
    -moz-border-image: url(images/r6.png) 5 5 0;
    -WebKit-border-image: url(images/r6.png) 5 5 0;
    -o-border-image: url(images/r6.png) 5 5 0;
    border-image: url(images/r6.png) 5 5 0; }
</style>
</head>
<body>
<ul>
    <li>首页</li>
    <li>微博</li>
    <li>团购</li>
</ul>
</body>
</html>
```

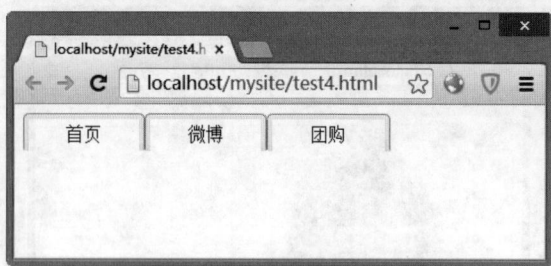

图 21.7 定义边框圆角样式

21.2 设计圆角

扫一扫，看视频

CSS3 定义了 border-radius 属性，使用它可以设计元素以圆角样式显示。border-radius 属性的基本语法如下：

```
border-radius:none | <length>{1,4} [ / <length>{1,4} ]?;
```

border-radius 属性初始值为 none，适用于所有元素，除了 border-collapse 属性值为 collapse 的 table

元素。取值简单说明如下。

- none：默认值，表示元素没有圆角。
- <length>：由浮点数字和单位标识符组成的长度值，不可为负值。

为了方便定义元素的 4 个顶角圆角，border-radius 属性派生了 4 个子属性。

- border-top-right-radius：定义右上角的圆角。
- border-bottom-right-radius：定义右下角的圆角。
- border-bottom-left-radius：定义左下角的圆角。
- border-top-left-radius：定义左上角的圆角。

目前，WebKit 引擎支持-WebKit-borderradius 私有属性，Mozilla Gecko 引擎支持-moz-border-radius 私有属性，Presto 引擎和 IE9+支持 border-radius 标准属性。IE8 及其以前的版本浏览器暂时不支持 border-radius 属性。相应地，WebKit 和 Gecko 引擎还支持如下私有属性。

- -moz-border-radius-bottomleft。
- -WebKit-border-bottom-left-radius。
- -moz-border-radius-bottomright。
- -WebKit-border-bottom-right-radius。
- -moz-border-radius-topleft。
- -WebKit-border-top-left-radius。
- -moz-border-radius-topright。
- -WebKit-border-top-right-radius。

border-radius 属性可包含 2 个参数值：第 1 个值表示圆角的水平半径，第 2 个值表示圆角的垂直半径，两个参数值通过斜线分隔。如果仅包含 1 个参数值，则第 2 个值与第 1 个值相同，表示这个角就是一个 1/4 圆角。如果参数值中包含 0，则这个角就是矩形，不会显示为圆角。

针对 border-radius 属性参数值，各种浏览器的处理方式并不一致。在 Chrome 和 Safari 浏览器中，会绘制出一个椭圆形边框，第 1 个半径为椭圆的水平方向半径，第 2 个半径为椭圆的垂直方向半径。在 Firefox 和 Opera 浏览器中，将第 1 个半径作为边框左上角与右下角的圆半径来绘制，将第 2 个半径作为边框右上角与左下角的圆半径来绘制。

【示例 1】 在本例中，给 border-radius 属性设置一个值，则圆角是一个 1/4 的圆角，演示效果如图 21.8 所示（test.html）。

```
<!doctype html>
<html>
<head>
<meta charset="utf-8">
<style type="text/css">
img {
    height:400px;
    border:1px solid red;
    -moz-border-radius:10px; /*兼容 Gecko 引擎*/
    -WebKit-border-radius:10px; /*兼容 WebKit 引擎*/
    border-radius:10px; /*标准用法*/}
</style>
</head>
<body>
<img src="images/1.jpg" />
</body>
</html>
```

图 21.8　定义圆角样式 1

如果为 border-radius 属性设置两个参数，则效果如图 21.9 所示（test1.html）。

```
img {
    height:400px;
    border:1px solid red;
    -moz-border-radius:20px/40px;
    -WebKit-border-radius:20px/40px;
    border-radius:20px/40px;
}
```

图 21.9　定义圆角样式 2

也可以为元素的 4 个角定义不同半径的圆角。实现的方法有两种：

（1）利用 border-radius 属性，为其赋一组值。

如果为 border-radius 属性赋一组值，将遵循 CSS 赋值规则，可以包含 2 个、3 个或者 4 个值集合，但是此时无法使用斜杠方式定义圆角水平和垂直半径。

如果是 4 个值，则这 4 个值将按照 top-left、top-right、bottom-right、bottom-left 的顺序来设置。

如果 bottom-left 值省略，那么它等于 top-right。

如果 bottom-right 值省略，那么它等于 top-left。

如果 top-right 值省略，那么它等于 top-left。

如果为 border-radius 属性设置 4 个值的集合参数，则每个值表示每个角的圆角半径。

【示例 2】　下面代码将定义不同角度的圆角半径，演示效果如图 21.10 所示（test2.html）。

```
img {
    height:400px;
    border:1px solid red;
    -moz-border-radius:10px 30px 50px 70px;
    -WebKit-border-radius:10px 30px 50px 70px;
    border-radius:10px 30px 50px 70px;
}
```

图 21.10　分别定义不同顶角的圆角样式

如果为 border-radius 属性设置 3 个值的集合参数，则第 1 个值表示左上角的圆角半径，第 2 个值表示右上和左下两个角的圆角半径，第 3 个值表示右下角的圆角半径。

如果为 border-radius 属性设置 2 个值的集合参数，则第 1 个值表示左上和右下两个角的圆角半径，第 2 个值表示右上和左下两个角的圆角半径。

（2）利用派生子属性进行定义，如 border-top-right-radius、border-bottomright-radius、border-bottom-left-radius、border-top-left-radius。

注意：

Gecko 和 Presto 引擎在写法上存在很大差异。

【示例 3】　下面代码定义 div 元素右上角为 50 像素的圆角，演示效果如图 21.11 所示（test3.html）。

```
img {
    height:400px;
    border:1px solid red;
```

```
    -moz-border-radius-topright:50px;
    -WebKit-border-top-right-radius:50px;
    border-top-right-radius:50px;
}
```

图 21.11　定义某个顶角的圆角样式

在 CSS3 中，如果使用了 border-radius 属性，但是把边框设定为不显示的时候，浏览器将把背景的 4 个角绘制为圆角。

```
div {
    height:100px;
    border: none;
    -moz-border-radius:10px;  /*兼容 Gecko 引擎*/
    -WebKit-border-radius:10px;  /*兼容 WebKit 引擎*/
    border-radius:10px;  /*标准用法*/
}
```

使用 border-radius 属性后，不管边框是什么种类，都会将边框沿着圆角曲线进行绘制。

21.3　设计倒影

CSS3 新增了 CSS Reflections 模块，可以通过它来设计投影效果。在传统设计中，这种效果只能通过 Photoshop 等图像编辑软件事先设计好，然后再导入到网页中。CSS Reflections 简化了这种操作，它允许用户使用 CSS 样式来实现超酷的视觉效果。

目前，CSS Reflections 仅获得 WebKit 引擎的支持，只能在 Chrome 和 Safari 浏览器中进行测试。W3C 还没有推出 CSS Reflection 标准草案。

WebKit 引擎定义了 -WebKit-box-reflect 属性，该属性能够实现投影效果。其具体语法格式如下：

```
-WebKit-box-reflect: <direction> <offset> <mask-box-image>
```

属性取值说明如下。

➢ <direction>：定义反射方向，取值包括 above、below、left 和 right。

➢ <offset>：定义反射偏移的距离，取值包括数值或者百分比，其中百分比是根据对象的尺寸进行确定。如果省略该参数值，则默认值为 0。
- <mask-box-image>：定义遮罩图像，该图像将覆盖投影区域。如果省略该参数值，则默认值为无遮罩图像。此外，也可以设置渐变色或者纯色覆盖。

当对象源发生变化时，投影能够自动更新；当光标经过对象上时，也能够在投影中看到光标效果，如果将该属性应用到<video>标签上，还可以看到视频以投影效果进行播放。投影的规模和反射偏移不影响页面的布局。

【示例1】 定义简单的倒影样式效果，在样式中定义倒影的方向。代码如下，演示效果如图 21.12 所示（test.html）。

```
<!doctype html>
<html>
<head>
<meta charset="utf-8">
<style type="text/css">
img {
    height:250px;
    /*定义倒影*/
    -WebKit-box-reflect:below;}
</style>
</head>
<body>
<img src="images/1.jpg" />
</body>
</html>
```

【示例2】 在示例 1 的基础上，可以为倒影设置距离，向下偏移 10 像素，预览效果如图 21.13 所示（test1.html）。

图 21.12 定义简单的倒影效果

图 21.13 调整倒影距离后的效果

```
img {
    height:250px;
    -WebKit-box-reflect:below 2px;
}
```

【示例 3】 也可以设计渐变倒影,通过渐变遮罩逐渐盖住下面倒影,营造渐隐效果。样式代码如下,预览效果如图 21.14 所示(test2.html)。

图 21.14 设置渐变倒影效果

```
img {
    height:250px;
    -WebKit-box-reflect:below 2px -WebKit-gradient(linear, left top, left bottom,
from(transparent), color-stop(0.5, transparent), to(white));
}
```

【示例 4】 除了图片可以设计倒影外,实际上网页上的任何对象都可以设计倒影效果。本例将演示如何为文本设置倒影,代码如下,预览效果如图 21.15 所示(test3.html)。

```
<!doctype html>
<html>
<head>
<meta charset="utf-8">
<style type="text/css">
pre {
    font-size: 40px;
    -WebKit-box-reflect: below 5px;}
</style>
</head>
<body>
<div>
    <pre>
```

```
        春眠不觉晓，处处闻啼鸟。
        夜来风雨声，花落知多少？
    </pre>
</div>
</body>
</html>
```

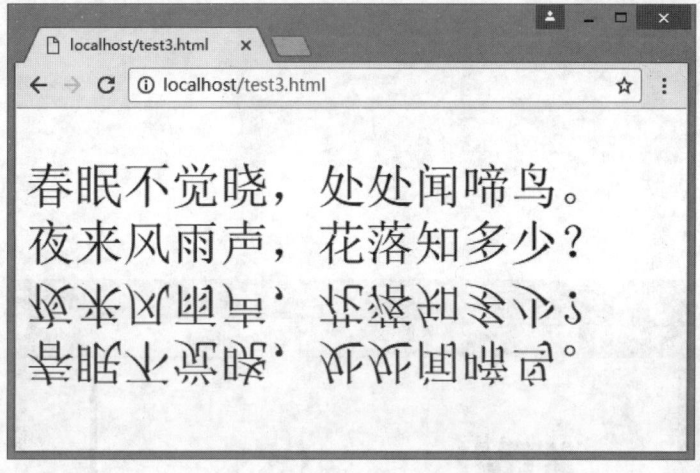

图 21.15　设计文本倒影效果

还可以为视频等多媒体界面设计倒影，这样能够设计出非常动感的视觉效果，这里就不再一一举例进行演示。

21.4　设 计 阴 影

扫一扫，看视频

box-shadow 属性用于定义元素的阴影。它与 text-shadow 属性功能是相同的，但是作用对象略有不同。该属性的基本语法如下：

```
box-shadow:none | <shadow> [ , <shadow> ]*;
```

box-shadow 属性的初始值是 none，适用于所有元素。取值简单说明如下。

- none：默认值，表示元素没有阴影。
- <shadow>：该属性值可以使用公式表示为 inset? && [<length>{2,4} && <color>?]。其中 inset 表示设置阴影的类型为内阴影，默认为外阴影；<length>是由浮点数字和单位标识符组成的长度值，可取正负值，用来定义阴影水平偏移、垂直偏移，以及阴影大小、阴影扩展（即阴影模糊度）；<color>表示阴影颜色。

WebKit 引擎支持-WebKit-box-shadow 私有属性，Mozilla Gecko 引擎支持-moz-box-shadow 私有属性，Presto 引擎和 IE9+支持 box-shadow 标准属性；IE8 及其以前的版本浏览器不支持 box-shadow 属性。

box-shadow 属性值包含 6 个参数值：阴影类型、X 轴位移、Y 轴位移、阴影大小、阴影扩展和阴影颜色。这 6 个参数值可以有选择性地省略。

如果不设置阴影类型，默认为投影效果；当设置为 inset 时，则阴影效果为内阴影。X 轴位移和 Y 轴位移定义阴影的偏移距离。阴影大小、阴影扩展和阴影颜色是可选值，默认为黑色实影。box-shadow 属性必须设置阴影的位移值，否则没有效果。如果定义了阴影大小，此时定义阴影位移为 0，看不到阴影效果。下面结合案例进行演示说明。

【示例 1】　定义简单的实影投影效果，演示效果如图 21.16 所示（test.html）。

```html
<!doctype html>
<html>
<head>
<meta charset="utf-8">
<style type="text/css">
img{
    height:300px;
    -moz-box-shadow:5px 5px;
    -WebKit-box-shadow:5px 5px;
    box-shadow:5px 5px;}
</style>
</head>
<body>
<img src="images/1.jpg" />
</body>
</html>
```

图 21.16 定义简单的阴影效果

【示例 2】 定义位移、阴影大小和阴影颜色，演示效果如图 21.17 所示（test1.html）。

```html
<!doctype html>
<html>
<head>
<meta charset="utf-8">
<style type="text/css">
img{
    height:300px;
    -moz-box-shadow:2px 2px 10px #06C;
    -WebKit-box-shadow:2px 2px 10px #06C;
    box-shadow:2px 2px 10px #06C;
}
</style>
</head>
<body>
<img src="images/1.jpg" />
</body>
</html>
```

图 21.17 定义复杂的阴影效果

【示例3】 定义内阴影，阴影大小为 10px，颜色为#06C，演示效果如图 21.18 所示（test2.html）。

```
<!doctype html>
<html>
<head>
<meta charset="utf-8">
<style type="text/css">
body { margin: 24px; }
div {
    padding: 26px;
    font-size: 32px;
    -moz-box-shadow: inset 2px 2px 10px #06C;
    -WebKit-box-shadow: inset 2px 2px 10px #06C;
    box-shadow: inset 2px 2px 10px #06C;}
</style>
</head>
<body>
<pre>
    春眠不觉晓，处处闻啼鸟。
    夜来风雨声，花落知多少？
<pre>
</body>
</html>
```

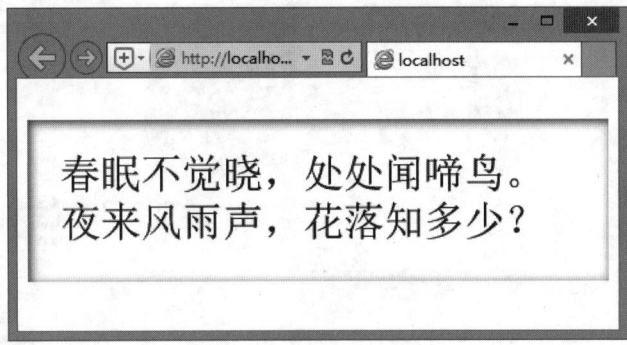

图 21.18 定义内阴影效果

【示例4】 通过设置多组参数值定义多色阴影，演示效果如图21.19所示（test3.html）。

```
img{
height: 300px;
-moz-box-shadow: -10px 0 12px red, 10px 0 12px blue, 0 -10px 12px yellow, 0 10px 12px green;
-WebKit-box-shadow: -10px 0 12px red, 10px 0 12px blue, 0 -10px 12px yellow, 0 10px 12px green;
box-shadow: -10px 0 12px red, 10px 0 12px blue, 0 -10px 12px yellow, 0 10px 12px green;}
```

图 21.19　定义多色阴影效果

【示例5】 通过多组参数值还可以定义渐变阴影，演示效果如图21.20所示（test4.html）。

图 21.20　定义渐变阴影效果

```
img{
    height:300px;
    -moz-box-shadow:-10px 0 12px red,
     10px 0 12px blue,
     0 -10px 12px yellow,
     0 10px 12px green;
    -WebKit-box-shadow:-10px 0 12px red,
     10px 0 12px blue,
     0 -10px 12px yellow,
     0 10px 12px green;
    box-shadow:-10px 0 12px red,
     10px 0 12px blue,
     0 -10px 12px yellow,
     0 10px 12px green; }
```

当给同一个元素设计多个阴影时，需要注意它们的顺序，最先写的阴影将显示在最顶层。

21.5 设计背景图像

CSS3 增强了 background 属性的功能，允许在同一个元素内叠加多个背景图像，每个背景图像层都可以包含以下 8 个属性。

[background-image] | [background-color] | [background-origin] | [backgroundclip] | [background-repeat] | [background-size] | [background-position] |[background-attachment]

另外，在 CSS3 中，还增加了 3 个与背景相关的属性。

- background-clip：指定背景的显示范围。
- background-origin：指定绘制背景图像时的起点。
- background-size：指定背景中图像的尺寸。

21.5.1 定义坐标

background-origin 属性定义 background-position 属性的参考位置。在默认情况下，background-position 属性总是根据元素左上角为坐标原点定位背景图像。使用 background-origin 属性可以改变这种定位方式。该属性的基本语法如下：

background-origin:border-box | padding-box | content-box;

background-origin 属性初始值是 padding-box，适用于所有元素。取值简单说明如下。

- border-box：从边框区域开始显示背景。
- padding-box：从补白区域开始显示背景。
- content-box：仅在内容区域显示背景。

在最新版本的 CSS 背景模块规范中（http://www.w3.org/TR/css3-background/#background-origin），W3C 规定该属性取值为 padding-box、border-box 和 content-box，最初取值则为 padding、border 和 content。目前，WebKit 引擎还支持-WebKit-backgroundorigin 私有属性，Mozilla Gecko 引擎支持-moz-background-origin 私有属性，Presto 引擎和 IE 浏览器支持标准属性。

【示例】background-origin 属性改善了背景图像定位的方式，可以更灵活地决定背景图像显示的位置。本例利用 background-origin 属性重设背景图像的定位坐标，以便更好地控制背景图像的显示，效果如图 21.21 所示。

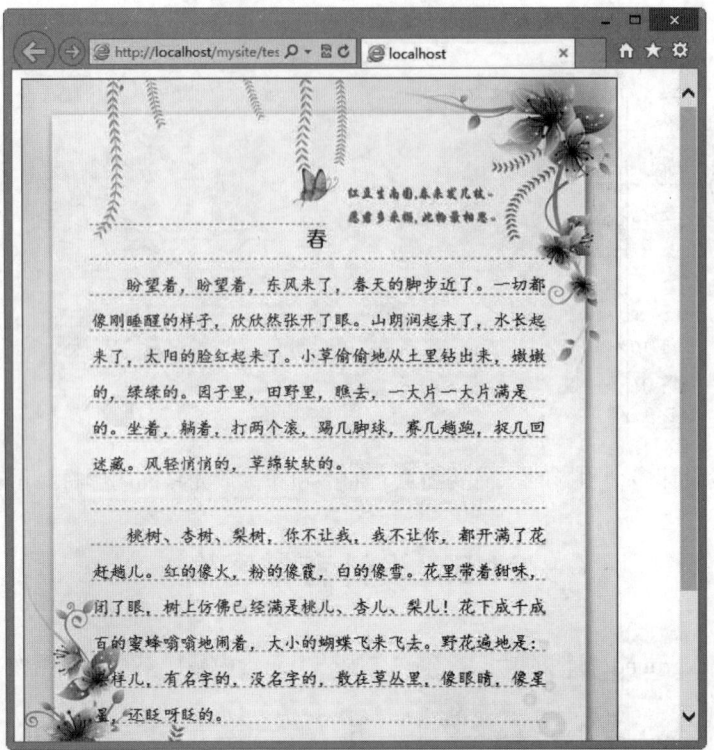

图 21.21 设计书信效果

示例完整代码如下。

```
<!doctype html>
<html>
<head>
<meta charset="utf-8">
<style type="text/css">
div {
    height:600px;
    width:416px;
    border:solid 1px red;
    padding:120px 4em 0;
    /*为了避免背景图像重复平铺到边框区域，应禁止它平铺*/
    background:url(images/p3.jpg) no-repeat;
    /*设计背景图像的定位坐标点为元素边框的左上角*/
    -moz-background-origin:border-box;
    -WebKit-background-origin:border-box;
    background-origin:border-box;
    -moz-background-size:cover;
    -WebKit-background-size:cover;
    background-size:cover;
    overflow:hidden;}
div h1 {
    font-size:18px;
    font-family:"幼圆";
    text-align:center;}
div p {
```

```
    text-indent:2em;
    line-height:2em;
    font-family:"楷体";
    margin-bottom:2em;}
</style>
</head>
<body>
<div>
    <h1>春</h1>
    <p>盼望着，盼望着，东风来了，春天的脚步近了。一切都像刚睡醒的样子，欣欣然张开了眼。山朗润起来了，水长起来了，太阳的脸红起来了。小草偷偷地从土里钻出来，嫩嫩的，绿绿的。园子里，田野里，瞧去，一大片一大片满是的。坐着，躺着，打两个滚，踢几脚球，赛几趟跑，捉几回迷藏。风轻悄悄的，草绵软软的。</p>
    <p>桃树、杏树、梨树，你不让我，我不让你，都开满了花赶趟儿。红的像火，粉的像霞，白的像雪。花里带着甜味，闭了眼，树上仿佛已经满是桃儿、杏儿、梨儿！花下成千成百的蜜蜂嗡嗡地闹着，大小的蝴蝶飞来飞去。野花遍地是：杂样儿，有名字的，没名字的，散在草丛里，像眼睛，像星星，还眨呀眨的。</p>
</div>
</body>
</html>
```

21.5.2 定义裁剪区域

background-clip 属性用于定义背景图像的裁剪区域。background-clip 属性与 background-origin 属性有着几分关联度。其中 background-clip 属性用来判断背景是否包含边框区域，而 background-origin 属性用来决定 background-position 属性定位的参考位置，两者取值也很相似。该属性的基本语法如下：

background-clip:border-box | padding-box | content-box | text;

background-clip 属性的初始值是 border-box，适用于所有元素。取值简单说明如下：

- border-box：从边框区域向外裁剪背景。
- padding-box：从补白区域向外裁剪背景。
- content-box：从内容区域向外裁剪背景。
- text：从前景内容（如文字）区域向外裁剪背景。

目前，WebKit 引擎还支持-WebKit-background-clip 私有属性，Mozilla Gecko 引擎支持-moz-background-clip 私有属性，Presto 引擎和 IE9+浏览器支持该属性部分取值，Firefox 不支持取值 text。

根据 CSS 盒模型原理，对于任何一个元素来说，它都会包含 4 区域、4 边沿，即边界区域、边框区域、补白区域和内容区域，以及边界边缘、边框边缘、补白边缘、内容边缘，如图 21.22 所示。

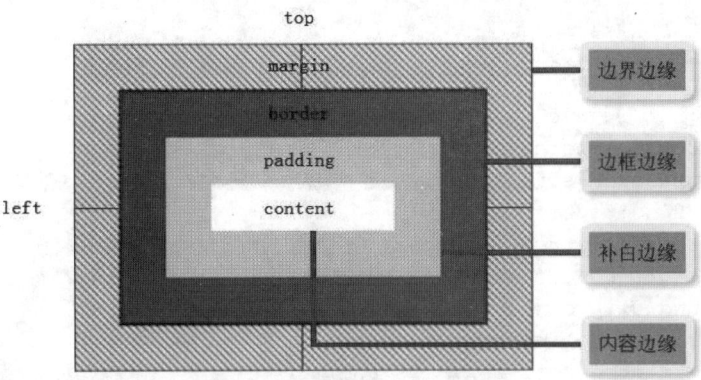

图 21.22　CSS 盒模型基本结构示意图

对于background-clip属性来说，如果取值为padding-box，则background-image将忽略补白边缘，此时边框区域显示为透明；如果取值为border-box，则background-image将包括边框区域；如果取值为content-box，则background-image将只包含内容区域；如果background-image属性定义了多重背景，则background-clip属性可以设置多个值，并用逗号分隔。对于background-origin属性来说，如果取值为padding，则background-position相对于补白边缘进入定位。其中，当background-position属性值为"0 0"时，定位点为补白边缘的左上角；而当background-position属性值为"100% 100%"时，定位点为补白边缘的右下角。如果取值为border-box，则background-position相对于边框边缘。如果取值为content-box，则background-position相对于内容边缘。与background-clip属性相同，多个值之间使用逗号分隔。

如果background-clip属性值为padding-box，background-origin属性值为border-box，且background-position属性值为"top left"（默认初始值），则背景图左上角将会被截取掉部分。

【示例1】 设计内容区背景。background-clip属性用法很简单，本例就来演示如何设计背景图像仅在内容区域内显示，效果如图21.23所示。

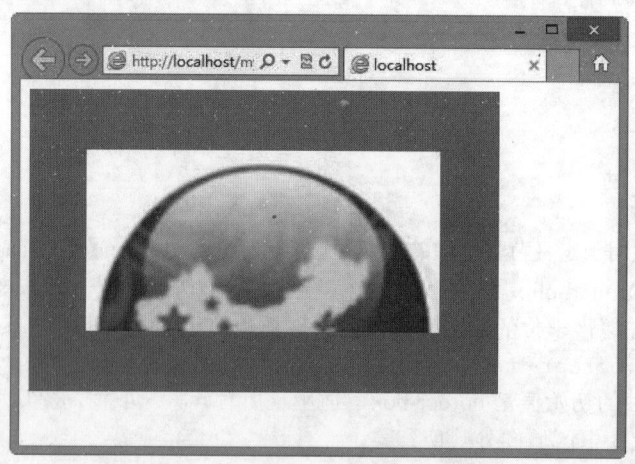

图21.23　以内容边缘裁切背景图像效果

```
<!doctype html>
<html>
<head>
<meta charset="utf-8">
<style type="text/css">
div {
    height:50px;
    width:200px;
    border:solid 50px gray;
    padding:50px;
    background:url(images/bg2.jpg) no-repeat;
    -moz-background-size:cover;
    -WebKit-background-size:cover;
    background-size:cover;
    -moz-background-clip:content-box;
    -WebKit-background-clip:content-box;
    -o-background-clip:content-box;
    -khtml-background-clip:content-box;
    background-clip:content-box; }
</style>
</head>
```

```
<body>
<div></div>
</body>
</html>
```

【示例2】 设计按钮效果。本例中同时定义 background-clip 和 background-origin 属性值为 content，可以设计比较特殊的按钮样式，演示效果如图 21.24 所示。

```
<!doctype html>
<html>
<head>
<meta charset="utf-8">
<style type="text/css">
button {
    height:40px;
    width:150px;
    padding:1px;
    cursor:pointer;
    color:#fff;
    border:3px double #95071b;
    border-right-color:#650513;
    border-bottom-color:#650513;
    /*为了避免背景图像重复平铺到边框区域，应禁止它平铺*/
    background:url(images/img6.jpg) no-repeat;
    /*设计背景图像的定位坐标点为元素内容区域的左上角*/
    -moz-background-origin:content-box;
    -WebKit-background-origin:content-box;
    background-origin:content-box;
    /*设计在内容区域的边缘裁切背景图像*/
    -moz-background-clip:content-box;
    -WebKit-background-clip:content-box;
    background-clip:content-box;}
</style>
</head>
<body>
<button>导航按钮 >></button>
</body>
</html>
```

图 21.24 设计按钮效果

21.5.3 定义大小

background-size 可以控制背景图像的显示大小。background-size 属性的基本语法如下：
background-size:[<length> | <percentage> | auto]{1,2} | cover | contain;
background-size 属性的初始值为 auto，适用于所有元素。取值简单说明如下：

扫一扫，看视频

- <length>：由浮点数字和单位标识符组成的长度值。不可为负值。
- <percentage>：取值为0%～100%之间的值。不可为负值。
- cover：保持背景图像本身的宽高比例，将其缩放到正好完全覆盖所定义背景的区域。
- contain：保持图像本身的宽高比例，将其缩放到宽度或高度正好适应所定义背景的区域。

background-size 属性可以设置 1 个或 2 个值，1 个为必填，1 个为可选。其中第 1 个值用于指定背景图像的 width，第 2 个值用于指定背景图像的 height。如果只设置 1 个值，则第 2 个值默认为 auto。

注意：

WebKit 引擎支持-WebKit-backgroundsize 私有属性，Mozilla Gecko 引擎支持-moz-background-size 私有属性，Presto 引擎和 IE 9+浏览器支持该属性。

【示例】 设计自适应模块大小的背景图像。借助 background-size 属性自由定制背景图像大小的功能，让背景图像自适应盒子的大小，从而可以设计与模块大小完全适应的背景图像。本示例效果如图 21.25 所示，只要背景图像长宽比与元素长宽比相同，就不用担心背景图像与模块区域脱节。

图 21.25　设计背景图像自适应显示

示例完整代码如下：

```html
<!doctype html>
<html>
<head>
<meta charset="utf-8">
<style type="text/css">
div {
    margin:2px;
    float:left;
    border:solid 1px red;
    background:url(images/img2.jpg) no-repeat center;
    /*设计背景图像完全覆盖元素区域*/
    -moz-background-size:cover;
    -WebKit-background-size:cover;
    background-size:cover;}
/*设计元素大小*/
.h1 { height:120px; width:192px; }
.h2 { height:240px; width:384px; }
</style>
</head>
<body>
```

```
<div class="h1"></div>
<div class="h2"></div>
</body>
</html>
```

21.5.4 定义多背景图像

在 CSS3 中可以在一个元素里显示多个背景图像,还可以将多个背景图像进行重叠显示,从而使背景图像中所用素材的调整变得更加容易。

【示例】 在本例中为一个 div 元素定义多个背景图像,设计圆角栏目,效果如图 21.26 所示。

```
<!doctype html>
<html>
<head>
<meta charset="utf-8">
<style type="text/css">
.roundbox {
    padding: 2em;
    width: 90%;
    margin: 0px auto;
    background-image: url(images/roundbox1/tl.gif), url(images/roundbox1/tr.gif), url(images/roundbox1/bl.gif), url(images/roundbox1/br.gif), url(images/roundbox1/right.gif), url(images/roundbox1/left.gif), url(images/roundbox1/top.gif), url(images/roundbox1/bottom.gif);
    background-repeat: no-repeat, no-repeat, no-repeat, no-repeat, repeat-y, repeat-y, repeat-x, repeat-x;
    background-position: left 0px, right 0px, left bottom, right bottom, right 0px, 0px 0px, left 0px, left bottom;
    background-color: #66CC33;
}
</style>
</head>
<body>
<div class="roundbox">
    <h2>《春晓》</h2>
    <pre>
    春眠不觉晓,处处闻啼鸟。
    夜来风雨声,花落知多少?
    </pre>
</div>
</body>
</html>
```

图 21.26 定义多背景图像

在 div 元素的样式代码中，上面示例用到了几个关于背景的属性，即 background-image、background-repeat 和 background-position 属性。这些属性都是 CSS1 中就有的属性，但是在 CSS3 中，通过利用逗号作为分隔符来同时指定多个属性的方法，可以指定多个背景图像，并且实现了在一个元素中显示多个背景图像的功能。

21.6 实战案例

本节将通过多个案例练习背景和边框等相关样式的设计技法。

21.6.1 设计椭圆图形

在定义 border-radius 属性时，如果受影响的角的两个相邻边宽度不同，那么这个圆角将会从宽的一边圆滑过渡到窄的一边，即偏向宽边的圆弧略大，而偏向窄边的圆弧略小；如果两条边宽度相同，那么这个圆角两个相邻边呈对称圆弧显示，即相交 45°的对称线上；如果一条边宽度是相邻另一条边宽度的两倍，那么两边圆弧线交于靠近窄边的 30°角线上。

圆角是不允许彼此重叠的，所以当相邻两个圆角的半径之和大于元素的宽或高时，浏览器在解析时会强制缩小一个或多个圆角半径。

【示例】　下面代码定义 div 元素显示为圆形，演示效果如图 21.27 所示。

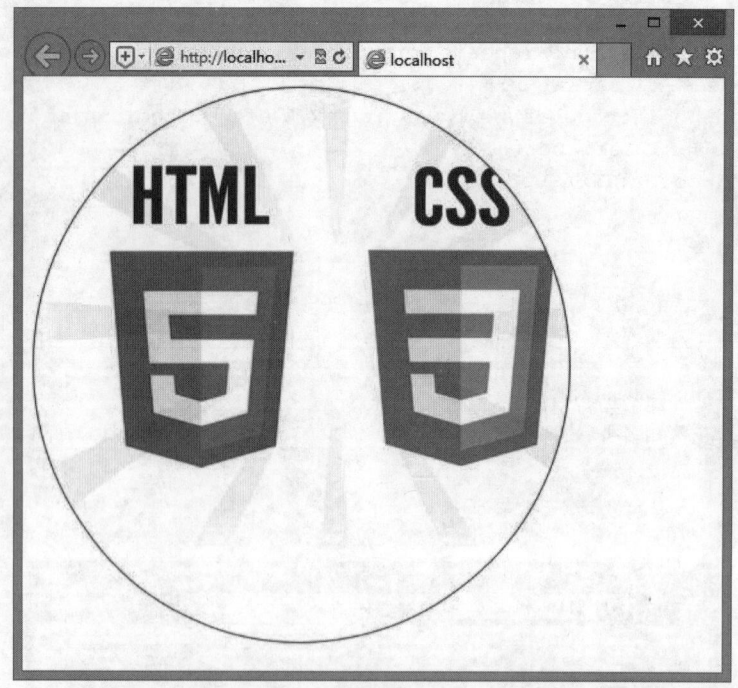

图 21.27　定义圆形显示的元素效果

```
<!doctype html>
<html>
<head>
<meta charset="utf-8">
<style type="text/css">
```

```
div {
    height:500px;
    width:500px;
    background:url(images/1.jpg) no-repeat;
    border:1px solid red;
    -moz-border-radius:250px;
    -WebKit-border-radius:250px;
    border-radius:250px;}
</style>
</head>
<body>
<div></div>
</body>
</html>
```

在上面示例中，即使 border 属性值为 none，则也会呈现圆形效果。如果 background-clip 属性值为 padding-box，那么背景会被曲线的圆角内边裁剪。如果 background-clip 属性值为 border-box，那么背景会被圆角外边裁剪。border 和 padding 属性定义的区域也一样会被曲线裁剪。另外，所有边框样式（如 solid、dotted、inset 等）都遵循边框圆角的曲线，即使是定义了 border-image 属性，那么曲线以外的边框背景都会被裁剪掉。

21.6.2 设计图标

本例通过 CSS3 径向渐变制作圆形按钮。首先使用 radial-gradient 属性定义网页背景，以及按钮被激活状态的径向渐变效果；使用 background-image 属性定义多重背景效果，其中一个为浅灰色亮面，另一个是深陷的暗点；使用 background-position 属性把这两个绘制的背景图像叠加在一起；使用 background-size 属性定义多重背景显示大小为 16px*16px；然后按默认状态平铺显示，即可设计如图 21.28 所示的效果。

扫一扫，看视频

图 21.28 定义网页麻点背景效果

使用@font-face 命令导入外部字体 font/icomoon.eot，定义字体图形效果。

使用 radial-gradient 属性为按钮标签定义径向渐变，设计立体按钮效果；使用 border-radius: 50%;声明定义按钮以圆形显示；使用 box-shadow 属性为按钮添加投影效果。

使用 text-shadow 属性为按钮文本定义阴影效果。当光标经过按钮时，使用 text-shadow 属性设计文本发亮显示。

当按钮被激活时，使用 box-shadow 属性定义按钮内阴影，增亮按钮效果；使用 radial-gradient 设计环形径向渐变效果，为按钮添加晕边效果。示例效果如图 21.29 所示。

图 21.29　设计径向渐变按钮效果

完整示例代码如下。

```html
<!DOCTYPE HTML>
<html>
<head>
<meta charset="utf-8">
<style type="text/css">
body {
    background-color: #282828;
    background-image: -WebKit-radial-gradient(black 15%, transparent 16%), -WebKit-radial-gradient(black 15%, transparent 16%), -WebKit-radial-gradient(rgba(255, 255, 255, 0.1) 15%, transparent 20%), -WebKit-radial-gradient(rgba(255, 255, 255, 0.1) 15%, transparent 20%);
    background-image: radial-gradient(black 15%, transparent 16%), radial-gradient(black 15%, transparent 16%), radial-gradient(rgba(255, 255, 255, 0.1) 15%, transparent 20%), radial-gradient(rgba(255, 255, 255, 0.1) 15%, transparent 20%);
    background-position: 0 0px, 8px 8px, 0 1px, 8px 9px;
    background-size: 16px 16px;
}
@font-face {
    font-family: 'icomoon';
    src: url('font/icomoon.eot');
    src: url('font/icomoon.eot?#iefix') format('embedded-opentype'), url('font/icomoon.svg#icomoon') format('svg'), url('font/icomoon.woff') format('woff'), url('font/icomoon.ttf') format('truetype');
    font-weight: normal;
    font-style: normal;}
.controls_button {width: 500px; margin: 40px auto;}
.button {
    width: 70px; height: 70px; margin-right: 90px;
    font-size: 0; border: none;
    border-radius: 50%;
    box-shadow: 0 1px 5px rgba(255,255,255,.5) inset, 0 -2px 5px rgba(0,0,0,.3) inset, 0 3px 8px rgba(0,0,0,.8);
    background: -WebKit-radial-gradient( circle at top center, #f28fb8, #e982ad, #ec568c);
    background: radial-gradient(circle at top center, #f28fb8, #e982ad, #ec568c);}
.button:nth-child(3) { margin-right: 0; }
.button:after {
    font-family: 'icomoon';
    speak: none;
    font-weight: normal;
    -WebKit-font-smoothing: antialiased;
```

```
    font-size: 36px;
    content: "\21";
    color: #dd5183;
    text-shadow: 0 3px 10px #f1a2c1, 0 -3px 10px #f1a2c1;}
.button:nth-child(2):after { content: "\22"; }
.button:nth-child(3):after { content: "\23"; }
.button:hover:after { color: #fff; text-shadow: 0 1px 20px #fccdda, 1px 0 14px #fccdda;}
.button:active {
    box-shadow: 0 2px 7px rgba(0,0,0,.5) inset, 0 -3px 10px rgba(0,0,0,.1) inset, 0 1px 3px rgba(255,255,255,.5);
    background: -WebKit-radial-gradient(circle at top center, #f28fb8, #e982ad, #ec568c);
    background: radial-gradient(circle at top center, #f28fb8, #e982ad, #ec568c);}
</style>
</head>
<body>
<div class="controls_button">
    <button type="button" class="button">Chrome</button>
    <button type="button" class="button">Firefox</button>
    <button type="button" class="button">IE</button>
</div>
</body>
</html>
```

21.6.3 设计边框

本例使用 CSS3 多背景设计花边框，使用 background-origin 定义仅在内容区域显示背景，使用 background-clip 属性定义背景从边框区域向外裁剪，如图 21.30 所示。

图 21.30 设计花边框效果

完整示例代码如下。
```
<!DOCTYPE HTML>
<html>
<head>
<meta charset="UTF-8">
<style type="text/css">
.demo {
    width: 400px; padding: 30px 30px; border: 20px solid rgba(104, 104, 142,0.5);
    border-radius: 10px;
```

```
        color: #f36; font-size: 80px; font-family:"隶书";line-height: 1.5; text-align:
center;}
.multipleBg {
    background: url("images/bg-tl.png") no-repeat left top, url("images/bg-tr.png")
no-repeat right top, url("images/bg-bl.png") no-repeat left bottom, url("images/
bg-br.png") no-repeat right bottom, url("images/bg-repeat.png") repeat left top;
     /*改变背景图片的position起始点，4朵花都是从border边缘处开始，而平铺背景是从paddin内
边缘开始*/
    -WebKit-background-origin: border-box, border-box, border-box, border-box,
padding- box;
    -moz-background-origin: border-box, border-box, border-box, border-box, padding-
box;
    -o-background-origin: border-box, border-box, border-box, border-box, padding-box;
    background-origin: border-box, border-box, border-box, border-box, padding-box;
    /*控制背景图片的显示区域，所有背景图片超过border外边缘都将被剪切掉*/
    -moz-background-clip: border-box;
    -WebKit-background-clip: border-box;
    -o-background-clip: border-box;
    background-clip: border-box;}
</style>
</head>
<body>
<div class="demo multipleBg">恭喜发财</div>
</body>
</html>
```

21.6.4 设计窗口

下面利用 CSS3 新增的边框和背景样式来模拟 Windows 7 界面效果。本例综合应用了 box-shadow、border-radius、text-shadow、border-color、border-image 等属性，同时还用到了渐变设计属性。整个案例的演示效果如图 21.31 所示。

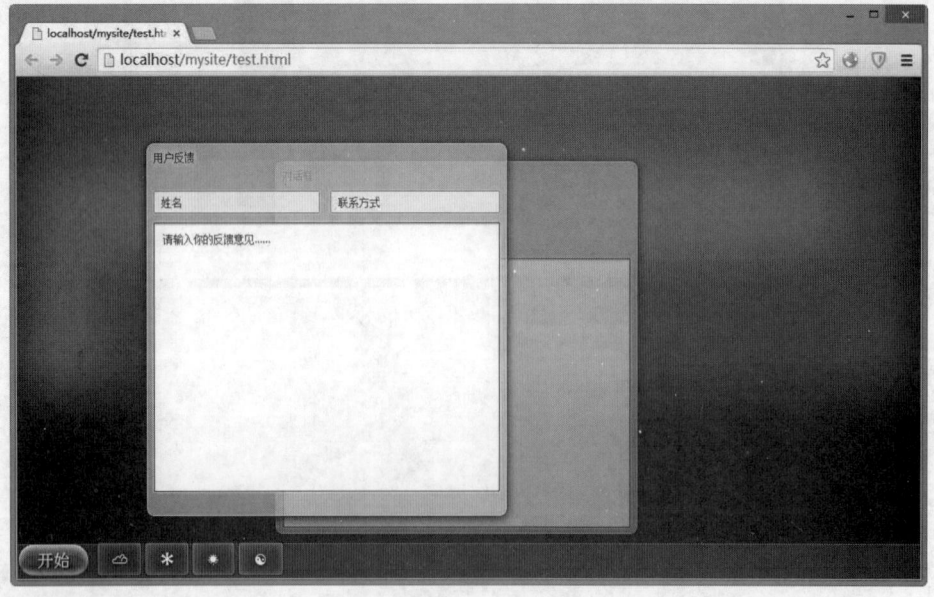

图 21.31　设计 Windows 7 界面效果

【操作步骤】
第1步，设计页面结构。整个UI界面的结构比较简单，说明如下。
```html
<div id="desktop">
    <div id="bgWindow" class="window secondary">
        <span>对话框</span>
        <div class="content"></div>
    </div>
    <div id="frontWindow" class="window">
        <span>用户反馈</span>
        <div id="winInput"><input type="text" value="姓名"><input type="text" value="联系方式"></div>
        <div id="winContent" class="content">请输入你的反馈意见……</div>
    </div>
    <div id="startmenu">
        <button id="winflag">开始</button>
        <span id="toolBtn"><!--任务栏图标-->
            <button class="application">♣</button>
            <button class="application">✱</button>
            <button class="application">☀</button>
            <button class="application">☻</button>
        </span>
    </div>
</div>
```
第2步，设计桌面效果。在文档样式表中，先定制页面样式，然后设置桌面显示背景。样式代码如下。
```css
html,body { /*页面样式定制，清除边距，显式定义高度*/
    padding:0;
    margin:0;
    height:100%;}
#desktop { /*定制桌面背景效果*/
    background: #2c609b;
    height:100%; /*满窗口显示*/
    font: 12px "Segoe UI", Tahoma, sans-serif;
    position: relative; /*定义包含框，为后面的桌面定位元素提供参考*/
    /*定义桌面内阴影，使用一组3个内阴影设计梦幻效果*/
    -moz-box-shadow: inset 0 -200px 100px #032b5c,
        inset -100px 100px 100px #2073b5,
        inset 100px 200px 100px #1f9bb1;
    -WebKit-box-shadow: inset 0 -200px 100px #032b5c,
        inset -100px 100px 100px #2073b5,
        inset 100px 200px 100px #1f9bb1;
    box-shadow: inset 0 -200px 100px #032b5c,
        inset -100px 100px 100px #2073b5,
        inset 100px 200px 100px #1f9bb1;
    overflow: hidden; /*隐藏超出的内容*/}
```
第3步，设计"开始"菜单和任务栏。"开始"菜单和任务栏主要用到了圆角样式和盒子阴影；在设计任务栏中的图标时，还用到了渐变效果（该技术将在后面章节中进行详细说明）。该部分的样式代码如下。
```css
#startmenu { /*设置任务栏效果*/
    /*固定显示在页面底部*/
    position: absolute;
```

```css
    bottom: 0;
    /*固定大小*/
    height: 40px;
    width: 100%;
    background: rgba(178, 215, 255, 0.25);  /*增加半透明效果*/
    /*为任务栏设计顶部外阴影,以及在内部添加两道阴影效果*/
    -WebKit-box-shadow: 0 -2px 20px rgba(0, 0, 0, 0.25);
    -moz-box-shadow: 0 -2px 20px rgba(0, 0, 0, 0.25),
        inset 0 1px #042754,
        inset 0 2px #5785b0;
    box-shadow: 0 -2px 20px rgba(0, 0, 0, 0.25),
        inset 0 1px #042754,
        inset 0 2px #5785b0;
    overflow: hidden;}
#startmenu button {
    font-size: 1.6em;
    color: #fff;
    text-shadow: 1px 2px 2px #00294b;  /*为按钮文字增加阴影效果*/}
#startmenu #winflag {  /*设计"开始"按钮样式*/
    float: left;
    margin: 2px;
    height: 34px;
    width: 80px;
    margin-right: 10px;
    border: none;
    background: #034a76;
    /*设计"开始"按钮圆角显示*/
    -moz-border-radius: 40px;
    -WebKit-border-radius: 40px;
    border-radius: 40px;
    /*设计"开始"按钮内外阴影特效*/
    -moz-box-shadow: 0 0 1px #fff,
        0 0 3px #000,
        0 0 3px #000,
        inset 0 1px #fff,
        inset 0 12px rgba(255, 255, 255, 0.15),
        inset 0 4px 10px #cef,
        inset 0 22px 5px #0773b4,
        inset 0 -5px 10px #0df;
    -WebKit-box-shadow: 0 0 1px #fff,
        0 0 3px #000,
        0 0 3px #000;
    box-shadow: 0 0 1px #fff,
        0 0 3px #000,
        0 0 3px #000,
        inset 0 1px #fff,
        inset 0 12px rgba(255, 255, 255, 0.15),
        inset 0 4px 10px #cef,
        inset 0 22px 5px #0773b4,
        inset 0 -5px 10px #0df;}
```

```css
#startmenu .application {    /*设计任务栏图标样式*/
    position: relative;
    bottom: 1px;
    height: 38px;
    width: 52px;
    background: rgba(14, 59, 103, 0.25);
    border: 1px solid rgba(0, 0, 0, 0.8);
    /*设计渐变特效*/
    -o-transition: .3s all;
    -WebKit-transition: .3s all;
    -moz-transition: .3s all;
    /*设计任务栏图标圆角显示*/
    -moz-border-radius: 4px;
    -WebKit-border-radius: 4px;
    border-radius: 4px;
    /*设计任务栏图标内外阴影特效*/
    -moz-box-shadow: inset 0 0 1px #fff,
        inset 4px 4px 20px rgba(255, 255, 255, 0.33),
        inset -2px -2px 10px rgba(255, 255, 255, 0.25);
    box-shadow: inset 0 0 1px #fff,
        inset 4px 4px 20px rgba(255, 255, 255, 0.33),
        inset -2px -2px 10px rgba(255, 255, 255, 0.25);}
/*设计光标经过时,图标显示为半透明的色彩变化效果*/
#startmenu .application:hover { background-color: rgba(255, 255, 255, 0.25); }
```

第 4 步,设计窗口效果。窗口 UI 主要涉及到圆角和半透明效果设计,样式代码如下。

```css
/*设计窗口外框效果*/
.window {
    /*定位窗体大小和位置*/
    position: absolute;
    left: 150px;
    top: 75px;
    width: 400px;
    height: 400px;
    padding: 7px;
    /*设计半透明度的边框和背景效果*/
    border: 1px solid rgba(255, 255, 255, 0.6);
    background: rgba(178, 215, 255, 0.75);
    /*设计窗体外框圆角显示*/
    -WebKit-border-radius: 8px;
    -moz-border-radius: 8px;
    border-radius: 8px;
    /*设计窗体外框的外阴影特效*/
    -moz-box-shadow: 0 2px 16px #000,
        0 0 1px #000,
        0 0 1px #000;
    -WebKit-box-shadow: 0 2px 16px #000,
        0 0 1px #000,
        0 0 1px #000;
```

```css
    box-shadow: 0 2px 16px #000,
        0 0 1px #000,
        0 0 1px #000;
    /*设计晕边效果*/
    text-shadow: 0 0 15px #fff, 0 0 15px #fff;}
.window span { display: block; }
.window input { /*文本输入框样式*/
    /*设计文本输入框圆角显示*/
    -WebKit-border-radius: 2px;
    -moz-border-radius: 2px;
    /*设计文本输入框的内外阴影特效*/
    -moz-box-shadow: 0 0 2px #fff,
        0 0 1px #fff,
        inset 0 0 3px #fff;
    -WebKit-box-shadow: 0 0 2px #fff,
        0 0 1px #fff;
    box-shadow: 0 0 2px #fff,
        0 0 1px #fff,
        inset 0 0 3px #fff}
.window input + input { margin-left: 12px; }
.window.secondary { /*定位第2个窗体位置和不透明度*/
    left: 300px;
    top: 125px;
    opacity: 0.66;}
.window.secondary span { margin-bottom: 85px; }
/*设计窗口内文本区域样式*/
.window .content {
    padding: 10px;
    height: 279px;
    background: #fff;
    border: 1px solid #000;
    /*设计文本区域圆角显示*/
    -WebKit-border-radius: 2px;
    -moz-border-radius: 2px;
    border-radius: 2px;
    /*设计文本区域的内外阴影特效*/
    -moz-box-shadow: 0 0 5px #fff,
        0 0 1px #fff,
        inset 0 1px 2px #aaa;
    -WebKit-box-shadow: 0 0 5px #fff,
        0 0 1px #fff;
    box-shadow: 0 0 5px #fff,
        0 0 1px #fff,
        inset 0 1px 2px #aaa;
    text-shadow: none; /*取消文本阴影*/}
```

第 22 章 CSS3 盒模型

盒模型是 CSS 的基础，它规定了网页元素的显示方式，以及如何控制元素间的位置关系。本章将重点介绍 CSS3 对盒模型功能增强，为学习和使用 CSS 进行网页设计奠定扎实的基础。

【学习重点】
- 设计边框样式。
- 设计边界样式。
- 设计补白样式。
- 了解 CSS3 盒模型。

22.1 CSS3 盒模型基础

CSS3 规范新增了 UI 模块（User-interface 样式模块），用它来控制与用户界面相关效果的呈现方式，详细资料请参阅 http://www.w3.org/TR/css3-ui/。该模块改善了传统盒模型结构，增强了盒子构成要素的功能，本节将对这些新增的属性和功能进行详细介绍。

22.1.1 定义显示方式

在 IE 5.x 以及 Quirks（怪异）模式的 IE6、IE7 浏览器中，border 和 padding 都包含在 width 或 height 之内。这为设计师平添了不少麻烦。而在符合标准的浏览器中，width 和 height 仅仅包含 content，剔除了 border 和 padding 区域。

针对上述问题，CSS3 对盒模型进行了改善，定义了 box-sizing 属性，该属性能够事先定义盒模型的尺寸解析方式。box-sizing 属性的基本语法如下：

```
box-sizing:content-box | border-box | inherit;
```

box-sizing 属性初始值为 content-box，适用于所有能够定义宽和高的元素。取值简单说明如下：

- content-box：该属性值将维持 CSS 2.1 盒模型的组成模式，即元素 width/height=border+padding+content。
- border-box：该属性值将重新定义 CSS 2.1 盒模型组成模式，即元素 width/height=content。此时浏览器对盒模型的解释与 IE6 解析相同。

IE 怪异模式对于盒模型的解释固然不符合 W3C 的规范，但是这种解析方法也有它的好处：无论如何改动元素边框或者补白大小，都不会影响元素总尺寸发生变化，也就不会打乱页面整体布局。而在标准浏览器下，如果要改变一下 border 或者 padding 的值，就不得不重新计算元素的尺寸，从而影响整个页面的布局。虽然 IE 怪异模式不符合标准，但是这种做法还是值得设计师学习。CSS3 重新拾起 IE 浏览器丢弃的陋习，看来还是有其存在价值。

目前，WebKit 引擎支持-WebKit-box-sizing 私有属性，Mozilla Gecko 引擎支持-moz-box-sizing 私有属性，Presto 引擎和 IE 浏览器直接支持该属性。

22.1.2 可控大小

为了增强用户体验，CSS3 增加了很多新的属性，其中一个重要的属性就是 resize，它允许用户通过

扫一扫，看视频

拖动的方式改变元素的尺寸。到目前为止，主要用于可以使用 overflow 属性的任何容器元素中。

在此之前，设计师要实现相同的 UI 效果，需要借助 JavaScript 编写大量的脚本，费时费力，且执行效率也很低。

resize 属性的基本语法如下：

```
resize:none | both | horizontal | vertical | inherit;
```

resize 属性初始值为 none，适用于所有 overflow 属性不为 visible 的元素。取值简单说明如下。

- none：浏览器不提供尺寸调整机制，用户不能调节元素的尺寸。
- both：浏览器提供双向尺寸调整机制，允许用户调节元素的宽度和高度。
- horizontal：浏览器提供单向水平尺寸调整机制，允许用户调节元素的宽度。
- vertical：浏览器提供单向垂直尺寸的调整机制，允许用户调节元素的高度。
- inherit：默认继承。

目前除了 IE 浏览器外，其他最新版本主流浏览器都允许元素的缩放，但尚未完全支持，部分仅允许双向调整。CSS3 允许将该属性应用到任意元素，这将使网页缩放功能拥有跨浏览器的支持。

【示例】 在本例中将演示如何使用 resize 属性设计可以自由调整大小的图片，效果如图 22.1 所示。

```html
<!doctype html>
<html>
<head>
<meta charset="utf-8">
<style type="text/css">
#resize {
    /*以背景方式显示图像，这样可以更轻松地控制缩放操作*/
    background:url(iamges/1.jpg) no-repeat center;
    /*设计背景图像仅在内容区域显示，留出补白区域*/
    -moz-background-clip:content;
    -WebKit-background-clip:content;
    background-clip:content;
    /*设计元素最小和最大显示尺寸，用户只能在该范围内自由调整*/
    width:200px;
    height:120px;
    max-width:800px;
    max-height:600px;
    padding:6px;
    border: 1px solid red;
    /*必须同时定义 overflow 和 resize,否则 resize 属性声明无效,元素默认溢出显示为 visible*/
    resize: both;
    overflow: auto;}
</style>
</head>
<body>
<div id="resize"></div>
</body>
</html>
```

（a）默认大小　　　　　　　　　　　　　　（b）鼠标拖动放大

图 22.1　调节元素尺寸

22.1.3　内容溢出

overflow 是 CSS 2.1 规范中的特性，而 overflow-x 和 overflow-y 属性则是 CSS3 基础盒模型（http://www.w3.org/TR/css3-box/）草案中新加入的特性。overflow 属性定义了当一个块级元素的内容溢出了元素的框（它作为内容的包含块）时，是否剪切显示。overflow-x 属性定义了对左右边（水平方向）的剪切，而 overflow-y 属性定义了对上下边（垂直方向）的剪切。

overflow-x 和 overflow-y 属性的基本语法如下：

```
overflow-x:visible | hidden | scroll | auto | no-display | no-content;
overflow-y:visible | hidden | scroll | auto | no-display | no-content;
```

overflow-x 和 overflow-y 属性的初始值为 visible，适用于非替换的块元素，或者非替换的行内块元素。取值简单说明如下。

- visible：不剪切内容，也不添加滚动条。该属性值为默认值，元素将被剪切为包含对象的窗口大小，且 clip 属性设置将失效。
- auto：在需要时剪切内容并添加滚动条。该属性为 body 和 textarea 元素的默认值。
- hidden：不显示超出元素尺寸的内容。
- scroll：当内容超出元素尺寸，则 overflow-x 显示为横向滚动条，而 overflow-y 显示为纵向滚动条。
- no-display：当内容超出元素尺寸，则不显示元素，此时类似添加了 display:none 声明。该属性值是最新添加的，仅作为交流。
- no-content：当内容超出元素尺寸，则不显示内容，此时类似添加了 visibility:hidden 声明。该属性值是最新添加的，仅作为交流。

目前，所有浏览器都能够正确解析该属性，但是部分浏览器在解析时会存在一些细节差异。

> **提示：**
>
> 根据 CSS3 基础盒模型草案规范，overflow-x 和 overflow-y 的计算值与所设置的值应该相等，除非这一对值不合理。如果其中一个属性值被设置成了 scroll 或 auto，而另一个属性值为 visible，那么 visible 会被设置成 auto。如果 overflow-x 和 overflow-y 属性值相同，则 overflow 的计算值与前两者的指定值相同。否则，它的值是一个 overflow-x 和 overflow-y 的计算值对。关于 overflow 的详细资料，请参阅 CSS 2.1 规范（http://www.w3.org/TR/CSS2/visufx.html#overflow）；关于 overflow-x 和 overflow-y 的详细资料，请参阅 CSS3 基础盒模型草案（http://www.w3.org/TR/css3-box/#overflow）。

当 overflow-x 或 overflow-y 中的一个属性值为 hidden，另一个属性值为 visible 时，该元素最终渲染使用的 overflow-y 或 overflow-x 属性值不同。IE9 及其以下浏览器使用 hidden，其他浏览器使用 auto。造成的影响：此问题可能造成页面内容显示不完全，或在不同浏览器下最终显示效果不一致。

CSS3 草案中并没有说明，当 overflow-x 和 overflow-y 中的一个属性值为 hidden，另一个属性值为 visible 时，该 visible 值应该设置为什么，各浏览器有自己的实现。

【示例】 本例演示了当为 overflow-x 和 overflow-y 设置不同值后的效果，如图 22.2 所示。

```html
<!doctype html>
<html>
<head>
<meta charset="utf-8">
<style type="text/css">
#cont1 div, #cont3 div, #cont5 div {width:300px; height:200px;}
#cont2 div, #cont4 div, #cont6 div {width:100px; height:50px;}
.cont {
    float:left;
    margin:4px;
    overflow-y:visible;
    padding:10px;
    width:200px;
    height:100px;}
.cont, .cont div { border : solid 2px red; }
</style>
</head>
<body>
<div id="cont1" class="cont" style="overflow-x:scroll; ">
    <div>style="overflow-x:scroll; "</div>
</div>
<div id="cont2" class="cont" style="overflow-x:scroll; ">
    <div>style="overflow-x:scroll; "</div>
</div>
<div id="cont3" class="cont" style="overflow-x:auto; ">
    <div>style="overflow-x:auto; "</div>
</div>
<div id="cont4" class="cont" style="overflow-x:auto; ">
    <div>style="overflow-x:auto; "</div>
</div>
<div id="cont5" class="cont" style="overflow-x:hidden; ">
    <div>style="overflow-x:hidden; "</div>
</div>
<div id="cont6" class="cont" style="overflow-x:hidden; ">
    <div>style="overflow-x:hidden; "</div>
</div></body>
</html>
```

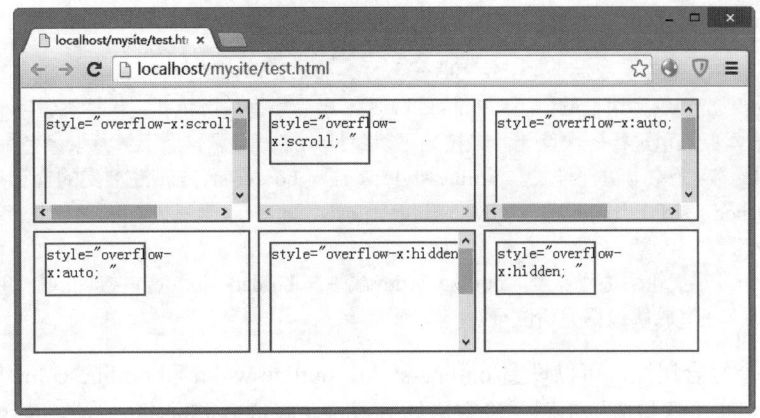

图 22.2　设置 overflow 演示效果

对于 overflow-x 和 overflow-y 的组合渲染，所有浏览器均依照规范处理。但是当 overflow-x:hidden 且 overflow-y:visible 时，IE9 及其以下版本浏览器将 overflow-y 渲染为 hidden，其他浏览器则渲染为 auto。也就是说，在 IE 浏览器中所有容器的 overflow-y 计算值都为 visible，而其他浏览器中其值却为 auto。

要避免不同浏览器在解析上的差异，在使用时应该同时设置 overflow-x 和 overflow-y 的属性值，不要出现其中一个值为 hidden，而另一个值为 visible 的情况。另外，还要避免编写依赖指定值为 visible 的 overflow-x 和 overflow-y 属性的计算值的代码。

22.1.4　定义轮廓

轮廓线与边框线是不同的：轮廓线不占用布局空间，且不一定是矩形；轮廓线属于动态样式，只有当对象获取焦点或者被激活时才会呈现出来。

使用 outline 属性可以定义块元素的轮廓线。该属性在 CSS 2.1 规范中已被明确定义，但是并未得到各主流浏览器的广泛支持。CSS3 增强了该特性。

在元素周围绘制一条轮廓线，可以起到突出元素的作用。例如，可以在原本没有边框的 radio 单选按钮外围加上一条轮廓线，使其在页面上显得更加突出；也可以在一组 radio 单选按钮中只对某个单选按钮加上轮廓线，使其区别于别的单选按钮。

outline 属性的基本语法如下：

```
outline:[outline-color] || [outline-style] || [outline-width] || [outlineoffset]|
inherit
```

outline 属性初始值根据具体的元素而定，适用于所有元素。取值简单说明如下。

- <outline-color>：定义轮廓边框颜色。
- <outline-style>：定义轮廓边框样式。
- <outline-width>：定义轮廓边框宽度。
- <outline-offset>：定义轮廓边框偏移位置。
- inherit：默认继承。

扫一扫，看视频

📢 注意：

outline 属性创建的轮廓线是画在一个框"上面"，也就是说，轮廓线总是在顶上，不会影响该框或任何其他框的尺寸。因此，显示或不显示轮廓线不会影响文档流，也不会破坏网页布局。

轮廓线可能是非矩形的。例如，如果元素被分割在多行，那么轮廓线就至少是能包含该元素所有框的外轮廓。和边框不同的是，外轮廓在线框的起讫端都不是开放的，它总是完全闭合的。

◀)) 提示:

CSS3 在 outline 属性的基础上派生了 4 个轮廓线子属性,简单说明如下。
- outline-color:定义轮廓边框颜色。outline-color 属性接受所有的颜色,还包括关键字 invert。invert 可以在屏幕上对像素点颜色进行一次反转。该技巧可以保证焦点框可见,而不管背景颜色是什么。
- outline-style:定义轮廓边框样式。outline-style 属性与 border-style 属性接受的值和用法相同,如 none、dotted、dashed、solid、double、groove、ridge、inset、outset。但是,hidden 属性值并不是一个合法的外轮廓样式。
- outline-width:定义轮廓边框宽度。outline-width 属性与 border-width 属性接受的值和用法相同。
- outline-offset:定义轮廓边框偏移位置。

outline 属性是个复合属性,可以设置 outline-style、outline-width 和 outline-color 属性值。注意,轮廓线在各边都是一样的,这与边框不同,没有诸如 outline-top 或 outline-left 之类的属性。CSS 不支持定义多个互相覆盖的轮廓线。

焦点是文档中用户交互的主题(如输入文本、选择一个按钮等),图形化的用户界面可以使用元素周围的轮廓线来告诉用户页面上哪个元素获得了焦点。这些轮廓线是不同于任何边框样式的,切换轮廓线的显示和不显示都不会使文档流发生变化。浏览器如果支持交互媒介组,则必须跟踪焦点在何处,而且必须显示焦点。这个可以通过动态轮廓线和:focus 伪类的联合应用类完成。

【示例】 在一个元素获得焦点时在周围画一个粗实线外轮廓,而在它活动时也画一个不同色的粗实线外轮廓,从而提高用户交互效果,效果如图 22.3 所示。

```
<!doctype html>
<html>
<head>
<meta charset="utf-8">
<style type="text/css">
/*统一页面字体和大小*/
body {
    font-family:"Lucida Grande", "Lucida Sans Unicode", Verdana, Arial, Helvetica, sans-serif;
    font-size:12px;}
/*清除常用元素的边界、补白、边框默认样式*/
p, h1, form, button { border:0; margin:0; padding:0;}
/*定义一个强制换行显示类*/
.spacer { clear:both; height:1px;}
/*定义表单外框样式*/
.myform {margin:0 auto; width:400px; padding:14px;}
/*定制当前表单样式*/
#stylized { border:solid 2px #b7ddf2; background:#ebf4fb;}
/*设计表单内 div 和 p 通用样式效果*/
#stylized h1 {font-size:14px; font-weight:bold;margin-bottom:8px;}
#stylized p {
    font-size:11px; color:#666666;
    margin-bottom:20px; padding-bottom:10px;
    border-bottom:solid 1px #b7ddf2;}
#stylized label {/*定义表单标签样式*/
    display:block; width:140px;
    font-weight:bold; text-align:right;
    float:left;}
/*定义小字体样式类*/
```

```css
#stylized .small {
    color:#666666; font-size:11px; font-weight:normal; text-align:right;
    display:block; width:140px;}
/*统一输入文本框样式*/
#stylized input {
    float:left;
    font-size:12px;
    padding:4px 2px; margin:2px 0 20px 10px;
    border:solid 1px #aacfe4; width:200px;}
/*定义图形化按钮样式*/
#stylized button {
    clear:both;
    margin-left:150px;
    width:125px; height:31px;
    background:#666666 url(images/button.png) no-repeat;
    text-align:center; line-height:31px; color:#FFFFFF; font-size:11px; font-weight:bold;}
/*设计表单内文本框和按钮在被激活和获取焦点状态下时,轮廓线的宽、样式和颜色*/
input:focus, button:focus { outline: thick solid #b7ddf2 }
input:active, button:active  { outline: thick solid #aaa }
</style>
</head>
<body>
<div id="stylized" class="myform">
    <form id="form1" name="form1" method="post" action="">
        <h1>登录</h1>
        <p>请准确填写个人信息...</p>
        <label>Name <span class="small">姓名</span> </label>
        <input type="text" name="textfield" id="textfield" />
        <label>Email <span class="small">电子邮箱</span> </label>
        <input type="text" name="textfield" id="textfield" />
        <label>Password <span class="small">密码</span> </label>
        <input type="text" name="textfield" id="textfield" />
        <button type="submit">登 录</button>
        <div class="spacer"></div>
    </form>
</div>
</body>
</html>
```

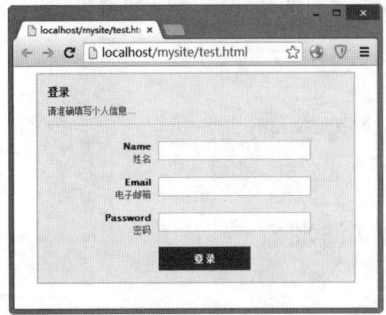
（a）默认状态

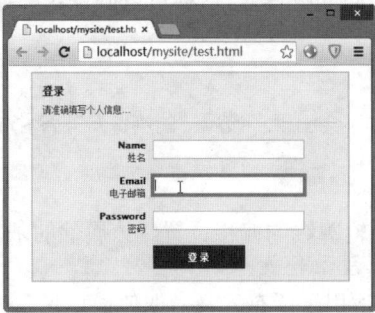
（b）激活状态

（c）获取焦点状态

图 22.3　设计文本框的轮廓线

22.1.5 设置轮廓样式

CSS3 为轮廓定义了很多属性，借助这些属性可以设置丰富多样的轮廓线样式。

1. 设置宽度

outline-width 属性可以单独设置轮廓线的宽度。该属性的基本语法如下：

```
outline-width:thin | medium | thick | <length> | inherit;
```

outline-width 属性初始值为 medium，适用于所有元素。取值简单说明如下。

- thin：定义细轮廓。
- medium：定义中等的轮廓。
- thick：定义粗的轮廓。
- <length>：定义轮廓粗细的值。
- inherit：默认继承。

注意：

outline-width 属性设置的是元素整个轮廓的宽度，只有当轮廓样式不是 none 时，该属性才会起作用。如果样式为 none，宽度实际上会重置为 0。不允许设置负值。

2. 设置样式

outline-style 属性可以设置轮廓线的样式。该属性的基本语法如下：

```
outline-style:auto | <border-style> | inherit;
```

outline-style 属性初始值为 none，适用于所有元素。取值简单说明如下。

- auto：根据浏览器自动设置。
- <border-style>：沿用边框样式，包括 none、dotted、dashed、solid、double、groove、ridge、inset、outset。详细说明请参阅 CSS 2.1 中有关 border-style 属性值。
- inherit：默认继承。

该属性的浏览器兼容性与 outline-width 属性相同。

3. 设置颜色

outline-color 属性可以单独设置轮廓线的颜色。该属性的基本语法如下：

```
outline-color:<color> | invert | inherit;
```

outline-color 属性初始值为 invert，适用于所有元素。取值简单说明如下。

- <color>：可以是颜色名，如 red；函数值，如 rgb(255,0,0)；或者十六进制值，如#ff0000。
- inherit：执行颜色反转（逆向的颜色）。这样可以确保轮廓线在不同的背景颜色中都是可见的。
- inherit：默认继承。

注意：

轮廓的样式不能是 none，否则轮廓不会出现。该属性的浏览器兼容性与 outline-width 属性相同。

4. 设置偏移

outline-offset 属性可以单独设置轮廓线的偏移位置。该属性的基本语法如下：

```
outline-offset:<length> | inherit;
```

outline-offset 属性初始值为 0，适用于所有元素。取值简单说明如下。

- <length>：定义轮廓距离容器的值。
- inherit：默认继承。

该属性的浏览器兼容性与 outline-width 属性相同。

【示例 1】 在上节示例的基础上，通过 outline-offset 属性放大轮廓线，使其看起来更大方，演示效果如图 22.4 所示。

```html
<!doctype html>
<html>
<head>
<meta charset="utf-8">
<style type="text/css">
/*统一页面字体和大小*/
body {
    font-family:"Lucida Grande", "Lucida Sans Unicode", Verdana, Arial, Helvetica, sans-serif;
    font-size:12px;}
/*清除常用元素的边界、补白、边框默认样式*/
p, h1, form, button { border:0; margin:0;padding:0;}
/*定义一个强制换行显示类*/
.spacer {clear:both; height:1px;}
/*定义表单外框样式*/
.myform { margin:0 auto; width:400px; padding:14px;}
/*定制当前表单样式*/
#stylized {border:solid 2px #b7ddf2; background:#ebf4fb;}
/*设计表单内 div 和 p 通用样式效果*/
#stylized h1 {font-size:14px; font-weight:bold; margin-bottom:8px;}
#stylized p {
    font-size:11px; color:#666666;
    margin-bottom:20px; padding-bottom:10px;
    border-bottom:solid 1px #b7ddf2;}
#stylized label {/*定义表单标签样式*/
    display:block; float:left;
    font-weight:bold; text-align:right;
    width:140px;}
/*定义小字体样式类*/
#stylized .small {
    color:#666666; font-size:11px; font-weight:normal; text-align:right;
    display:block; width:140px;}
/*统一输入文本框样式*/
#stylized input {
    float:left; width:200px;
    font-size:12px;
    padding:4px 2px; margin:2px 0 20px 10px;
    border:solid 1px #aacfe4;}
/*定义图形化按钮样式*/
#stylized button {
    clear:both;
    margin-left:150px;
    width:125px; height:31px;
    background:#666666 url(images/button.png) no-repeat;
    text-align:center; line-height:31px; color:#FFFFFF; font-size:11px; font-weight:bold;}
/*设计表单内文本框和按钮在被激活和获取焦点状态下时，轮廓线的宽、样式和颜色*/
input:focus, button:focus { outline: thick solid #b7ddf2 }
input:active, button:active { outline: thick solid #aaa }
```

```
/*通过outlineoffset属性放大轮廓线*/
input:active, button:active { outline-offset: 4px; }
input:focus, button:focus { outline-offset: 4px; }
</style>
</head>
<body>
<div id="stylized" class="myform">
    <form id="form1" name="form1" method="post" action="">
        <h1>登录</h1>
        <p>请准确填写个人信息...</p>
        <label>Name <span class="small">姓名</span> </label>
        <input type="text" name="textfield" id="textfield" />
        <label>Email <span class="small">电子邮箱</span> </label>
        <input type="text" name="textfield" id="textfield" />
        <label>Password <span class="small">密码</span> </label>
        <input type="text" name="textfield" id="textfield" />
        <button type="submit">登 录</button>
        <div class="spacer"></div>
    </form>
</div>
</body>
</html>
```

　　　　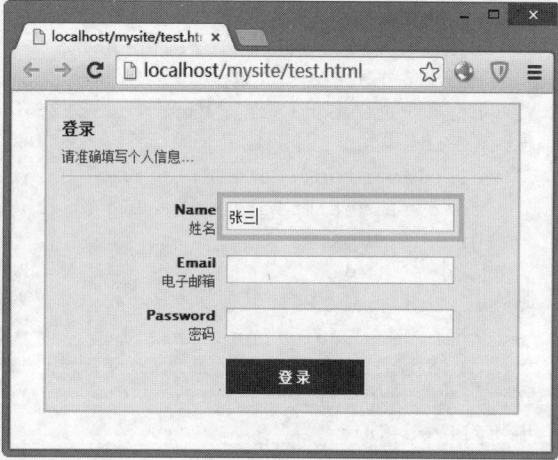

　　　　(a) 激活状态　　　　　　　　　　　　　(b) 获取焦点状态

图 22.4　放大激活和焦点提示框

提示：
　　轮廓线可以与边框线混用，在特定情况下，可以使用轮廓线设计边框样式。它具有两个优点：
- 轮廓不占空间，即不会增加额外的 width 或者 height。
- 轮廓有可能是非矩形的。

【示例2】　本例为段落文本中部分文字定义轮廓线，演示效果如图 22.5 所示。
```
<!doctype html>
<html>
<head>
<style type="text/css">
```

```
    .outline {
        outline: red solid 2px;}
</style>
<meta charset="utf-8">
</head>
<body>
<p><b>注释:</b>只有在规定了 !DOCTYPE 时,<span class="outline">Internet Explorer 8 (以
及更高版本) </span>才支持 outline 属性。</p>
</body>
</html>
```

图 22.5　轮廓边框效果

22.2　实 战 案 例

本节将通过多个案例练习 CSS 盒模型相关组成要素的具体应用。

22.2.1　边界的应用

扫一扫,看视频

1. 网页居中

auto 是一个自动计算的值,这个值一般为 0,也可以为其他值,这主要由具体浏览器来确定。

【示例 1】　auto 有一个重要的作用,就是用来实现元素居中显示。本例演示了如何设计页面居中显示,效果如图 22.6 所示(test.html)。

```
<!doctype html>
<html>
<head>
<meta charset="utf-8">
<style type="text/css">
body { text-align:center; }            /*在 IE 浏览器下实现居中显示*/
div#page {
    margin:5px auto;                   /*在非 IE 浏览器下实现居中显示*/
    width:910px;
    height:363px;
    border:solid red 1px;}
</style>
</head>
<body>
<div id="page">模拟页面</div>
</body>
</html>
```

图 22.6 居中显示效果

要实现 CSS 平行居中，首先应在父元素中定义 text-align:center;。这一规则在早期版本 IE 浏览器中可以实现父元素内的所有内容，包括文本、行内元素和块状元素居中显示；但在其他浏览器中只能实现文本、行内元素居中显示。要在标准浏览器中实现块状元素居中显示，解决方法就是为显示元素定义 margin-right:auto;margin-left:auto;属性。

如果想用这种方法使整个页面居中，建议不要把所有模块都套在一个 div 元素里，可以根据上面示例 CSS 布局代码定义，然后为每个模块的包含框元素 div 定义 margin-right:auto;margin-left:auto;，就可以实现该元素居中显示。

在实际使用中，可能希望页面布局居中显示，但内部文本左对齐，这时就需要为子元素定义 text-align:left;属性，使其内部文本向左对齐；否则文本也会居中显示，显然这不是所希望的结果。

2. 设计弹性页面

边界可以设置为百分比，百分比的取值是根据父元素宽度来计算的。使用百分比的好处是，能够使页面自适应窗口大小，并能及时调整边界宽度。从这点考虑，选用百分比具有更大的灵活性和更多的使用技巧。但是，如果父元素的宽度发生变化，则边界宽度也会随之变化，整个版面可能会混乱，因此在综合布局时要慎重选择。不过在结构单纯、内容单一的布局中，适当使用会使页面更具人性化和多变效果。

【示例 2】 本例通过 margin 取值百分比定义弹性布局页面，效果如图 22.7 所示（test1.html）。

```
<!doctype html>
<html>
<head>
<meta charset="utf-8">
<style type="text/css">
#box {/*定义文本框属性*/
    margin:2%;                          /*边界为body宽度的2%*/
    padding:2%;                         /*补白为body宽度的2%*/
    background:#CCCC33;}
#box #content {                         /*定义文本框内文本段的属性*/
    margin:4%;                          /*边界为文本框宽度的4%*/
    line-height:1.8em;                  /*定义行高为字体高度的1.8倍*/
    font-size:12px;                     /*定义字体大小*/
    color:#003333;                      /*定义字体颜色*/}
#box .center {/*居中加粗文本*/
```

```
        margin:4%;                      /*边界为文本框宽度的4%*/
        text-align:center;              /*文本居中显示*/
        font-weight:bold;               /*定义标题为粗体*/}
    </style>
</head>
<body>
<div id="box">
    <h1>W3C 发布 HTML5 的正式推荐标准</h1>
    <p id="content">……</p>
</div>
</body>
</html>
```

 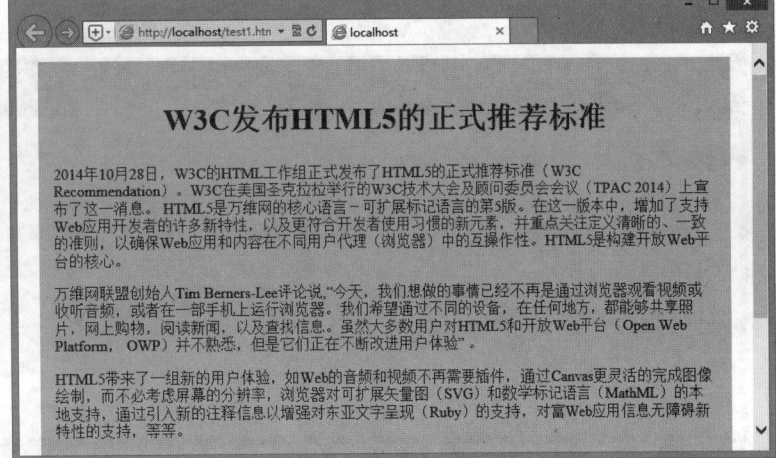

图 22.7 弹性布局效果

在上面示例中,把所有边界都设置为百分比,这样当窗口发生变化时,显示内容也比较得体地成比例变化。不至于当窗口很小时,段落文本所占区域比例很大;当窗口很大时,段落文本所占区域比例又显小气。边界的随机应变使页面更灵活。

3. 调整栏目显示顺序

边界可以取负值,负值边界会给设计带来更多创意,在网页布局中经常应用该技巧。

【示例 3】 本例模拟一个页面栏目,该栏目包括左、右两个分栏,显示效果如图 22.8 所示(test2.html)。

```
<!doctype html>
<html>
<head>
<meta charset="utf-8">
<style type="text/css">
#wrap {/*设置栏目包含框样式*/
    width: 997px;                       /*固定栏目总宽度*/
    margin: 12px auto;                  /*定义栏目居中显示*/}
#box1, #box2 {/*设置左右模块共同属性*/
    float: left;                        /*向左浮动*/
}
#box1 {/*定义左侧模块*/
    width: 408px;                       /*固定宽度*/
```

```
}
#box2 {/*定义右侧模块*/
    width: 589px;                               /*固定宽度*/
}
</style>
</head>
<body>
<div id="wrap">
    <div id="top"><h1>标题栏</h1>
    <div id="box1"><h2>左栏</h2></div>
    <div id="box2"><h2>右栏</h2></div>
</div>
</body>
</html>
```

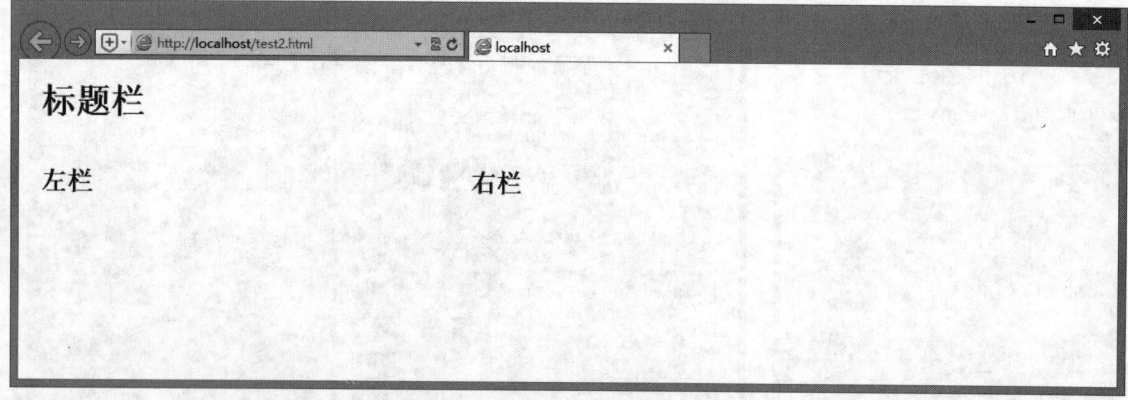

图 22.8　默认布局效果

这是一个很普通的两栏布局示意图，如果想把左、右两栏位置互换一下。

但是，当页面很复杂时，各种标签相互嵌套，代码成百上千行，这个看似简单的位置调换，可能需要牵一发动全身，麻烦不说，甚至会破坏布局。

其实，只需要在 CSS 样式表中添加如下 2 个样式即可，演示效果如图 22.9 所示（test3.html）。

```
#box1 {
    margin-left:589px; /*左栏左边界取正值，值为左右栏总宽度的和*/}
#box2 {
    margin-left:-997px; /*右栏左边界取负值，值为左右栏总宽度的和*/}
```

图 22.9　百分比取负值布局效果

在浮动布局时，当窗口缩小到一定宽度，如小于或等于左右模块宽度总和时，右边模块就会错行。通过边界取负值能够很好地解决这个问题，且各种浏览器都能够支持。

【示例 4】 可以使用边界取负值来对段落文本的行距进行一些补偿和修整。本例通过 margin 取负值来调整列表项目之间的行距，效果对比如图 22.10 所示（test4.html）。

```
<!doctype html>
<html>
<head>
<meta charset="utf-8">
<style type="text/css">
ul {
    margin: 20px;
    font-size: 16px;}
li { margin-top: -2px;} /*压缩列表项之间的空隙*/
</style>
</head>
<body>
<ul>
    <li>人生得意须尽欢，</li>
    <li>莫使金樽空对月！</li>
    <li>天生我材必有用，</li>
    <li>千金散尽还复来。</li>
</ul>
</body>
</html>
```

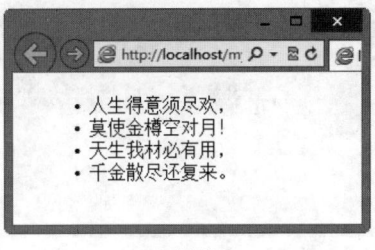
（a）压缩前

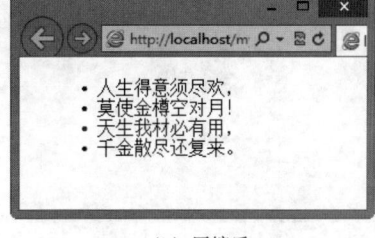
（b）压缩后

图 22.10　压缩前后效果对比

负边界对文本编排有影响，会间接缩短行距，影响段落的显示效果。另外，还可通过边界与补白的取负配合实现栏目背景色自动向下延伸，利用边界取负实现动态导航效果，通过边界取负隐藏不需要的内容等。

22.2.2　补白的应用

与边界不同，补白取值不可以为负。补白和边界一样都是透明的，当设置元素的背景色或边框后，才能感觉到补白的存在。

【示例 1】 本例设计导航列表项目并列显示，然后通过补白调整列表项目的显示大小，效果如图 22.11 所示。

```
<!doctype html>
<html>
<head>
<meta charset="utf-8">
<style type="text/css">
ul {/*清除列表样式*/
```

扫一扫，看视频

```
    margin: 0;                          /*清除 IE 列表缩进*/
    padding: 0;                         /*清除非 IE 列表缩进*/
    list-style-type: none;}             /*清除列表样式*/
#nav {width: 100%;height: 32px;}        /*定义列表框宽和高*/
#nav li {/*定义列表项样式*/
    float: left;                        /*浮动列表项*/
    width: 9%;                          /*定义百分比宽度*/
    padding: 0 5%;                      /*定义百分比补白*/
    margin: 0 2px;                      /*定义列表项间隔*/
    background: #def;                   /*定义列表项背景色*/
    font-size: 16px;
    line-height: 32px;                  /*垂直居中*/
    text-align: center;}                /*平行居中*/
</style>
</head>
<body>
<ul id="nav">
    <li>美 丽 说</li>
    <li>聚美优品</li>
    <li>唯 品 会</li>
    <li>蘑 菇 街</li>
    <li>1 号 店</li>
</ul>
</body>
</html>
```

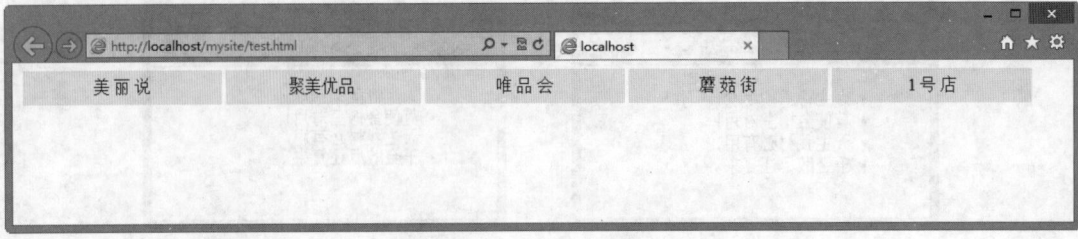

图 22.11　IE 下预览效果

22.2.3　边框应用

扫一扫，看视频

在网页中很多修饰性线条都是由边框定义的。边框可以用于修饰，也可以用于分隔版块、对象。灵活使用 border 属性可以设计很多漂亮的效果。

【示例 1】　本例分别为元素的各个边框定义不同的颜色，演示效果如图 22.12 所示。

```
<!doctype html>
<html>
<head>
<meta charset="utf-8">
<style type="text/css">
#box {/*定义边框的颜色*/
    height: 164px;                      /*定义盒的高度*/
    width: 240px;                       /*定义盒的宽度*/
    padding: 2px;                       /*定义内补白*/
    font-size: 16px;                    /*定义字体大小*/
    color: #FF0000;                     /*定义字体显示颜色*/
```

```
        border-style: solid;                    /*定义边框为实线显示*/
        border-width: 50px;                     /*定义边框的宽度*/
        border-top-color: #aaa;                 /*定义顶边框颜色为十六进制值*/
        border-right-color: gray;               /*定义右边框颜色为名称值*/
        border-bottom-color: rgb(120,50,20);    /*定义底边框颜色为RGB值*/
        border-left-color:auto;                 /*定义左边框颜色将继承字体颜色*/}
</style>
</head>
<body>
<div id="box"><img src="images/1.jpg" width="240" height="164" alt=""/></div>
</body>
</html>
```

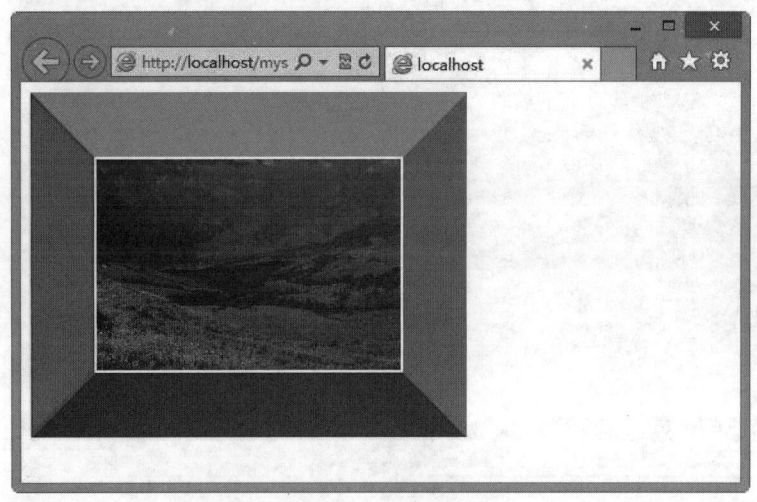

图 22.12　定义边框颜色

【示例 2】　本例使用边框样式设计列表框样式，定义每个项目显示下划线，预览效果如图 22.13 所示。

```
<!doctype html>
<html>
<head>
<meta charset="utf-8">
<style type="text/css">
#box {/*<定义信纸的外框>*/
    width: 500px;
    height: 400px;
    padding: 8px 24px;
    margin: 6px;
    border-style: outset;                /*定义信纸边框为3D凸边效果*/
    border-width: 4px;                   /*定义信纸边框宽度*/
    border-color: #aaa;                  /*定义信纸边框颜色*/
    font-size: 14px;
    color: #D02090;
    list-style-position: inside;         /*定义列表符号在内部显示*/}
#box h2 {/*<定义标题格式>*/
    padding-bottom: 12px;
    border-bottom-style: double;         /*定义标题底边框为双线显示*/
    border-bottom-width: 6px;            /*定义标题底边框宽度*/
    border-bottom-color: #999;           /*定义标题底边框颜色*/
```

```
        text-align: center;
        color: #000000;}
#box li {
        padding: 6px 0;                       /*增加列表项之间的间距*/
        border-bottom-style: dotted;          /*定义列表项底边框为点线显示*/
        border-bottom-width: 1px;             /*定义列表项底边框宽度*/
        border-bottom-color: #66CC66;         /*定义列表项底边框颜色*/}
</style>
</head>
<body>
<ol id="box">
    <h2>边框样式应用</h2>
    <li>none: 默认值, 无边框, 不受任何指定的border-width值的影响。</li>
    <li>hidden: 隐藏边框, IE不支持。</li>
    <li>dotted: 定义点线。</li>
    <li>dashed: 定义虚线。</li>
    <li>solid: 定义实线。</li>
    <li>double: 定义双线边框, 两条线及其间隔宽度之和等于指定的border-width值。</li>
    <li>groove: 根据border-color值定义D凹槽。</li>
    <li>ridge: 根据border-color值定义D凸槽。</li>
    <li>inset: 根据border-color值定义D凹边。</li>
    <li>outset: 根据border-color值定义D凸边。</li>
</ol>
</body>
</html>
```

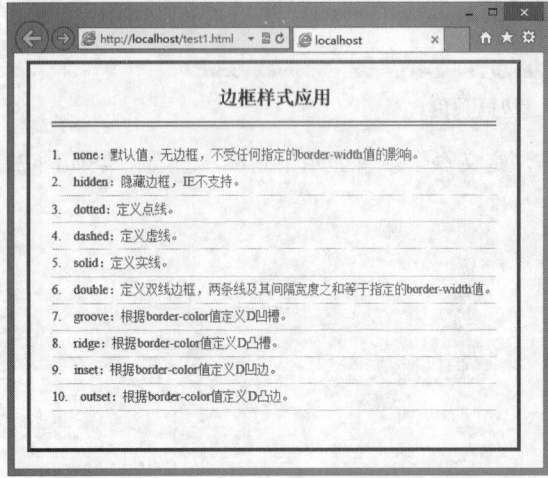
（a）IE 预览效果

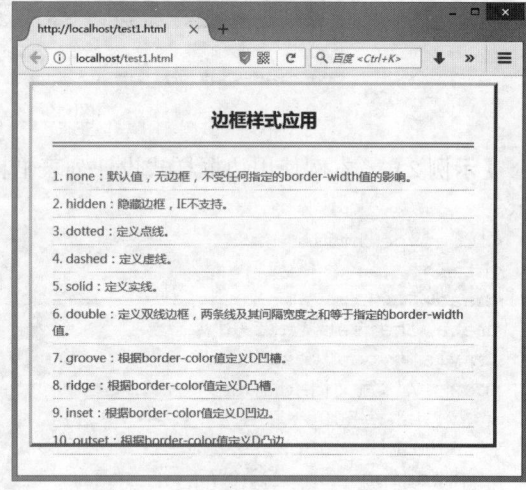
（b）Firefox 预览效果

图 22.13　边框样式比较

在 IE 和 Firefox 浏览器中分别进行预览,则效果存在细微区别,说明不同浏览器在解析相同的样式代码时显示效果也不完全相同。

提示:

当同时定义边框样式、宽度和颜色时,分别输入代码有点繁琐,这时可以合并样式,且属性值顺序可以任意排列。

```
/*[边框样式代码简写]*/
#box { border:outset 4px #aaa;}                        /*定义信纸边框样式*/
#box h2 {border-bottom: 6px #999 double;}              /*定义标题底边框样式*/
#box li {border-bottom: #66CC66 dotted 1px;}           /*定义列表项底边框样式*/
```

22.2.4 设计模板页

在网页设计中,我们经常需要制作类似图 22.14 所示的布局效果(test.html)。

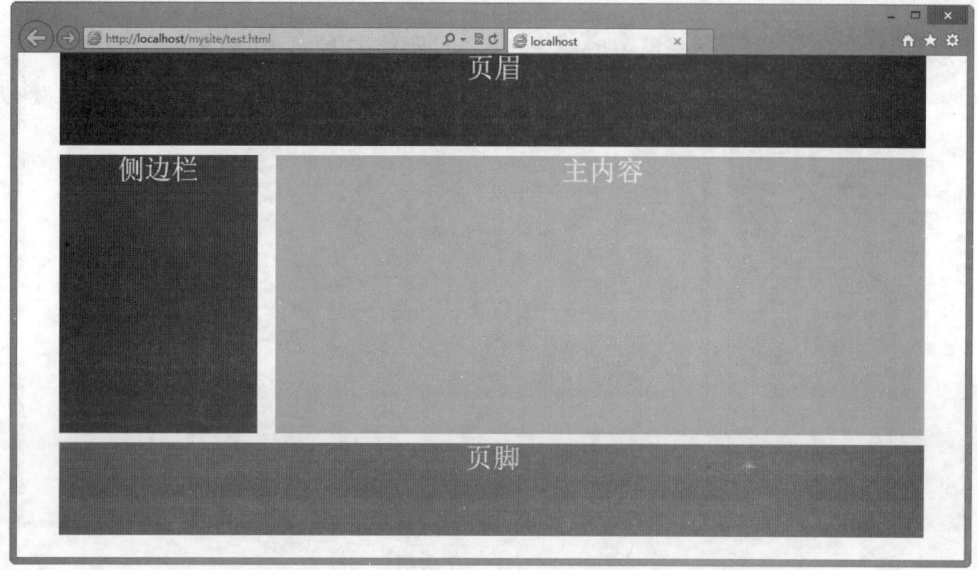

图 22.14　设计 3 行 2 列结构页面

如图 22.14 所示是一个 3 行 2 列的页面结构,当然也可以制作 3 行 3 列结构,不管哪种形式,实现的方法都比较简单,使用 float 即可快速实现。考虑到浮动布局特性,设计之前,用户应该计算好每行的总宽度,以及各列宽度,避免出现错行或者溢出现象。

但是,在复杂的页面设计中,用户可能会在设计好的页面中添加边框、补白、边界等样式,此时就会破坏整个页面结构,出现如图 22.15 所示的效果(test1.html)。

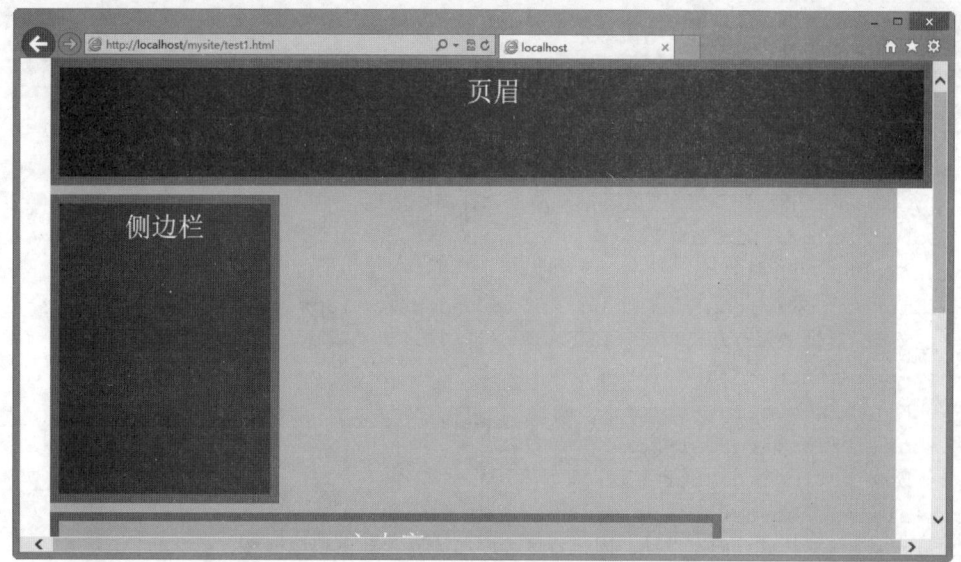

图 22.15　浮动错行和溢出问题

出现类似问题的根本原因是,用户在修改布局前后,没有考虑到 CSS 盒模型对布局的影响。如果不怕麻烦,可以调整 CSS 样式代码,修改每行每列的宽度,确保每行总宽度不大于包含框的宽度。当然,我们也可以通过 box-sizing 属性快速改善这种布局，为每个栏目框定义 box-sizing: border-box;即可，改善后的布局效果如图 22.16 所示（test2.html）。

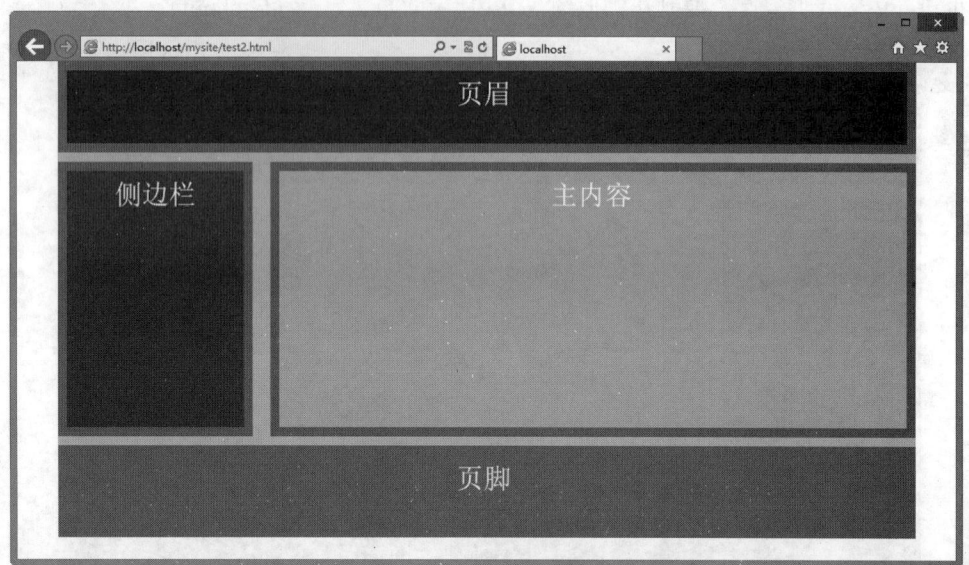

图 22.16　改善浮动布局错行问题

示例完整代码如下。

```
<!DOCTYPE HTML>
<html>
<head>
<meta charset="UTF-8">
<style type="text/css">
* {margin: 0; padding: 0;}
.wrapper {/*页面包含框样式：固定宽度、居中显示*/
    width: 960px;
    margin-left: auto; margin-right: auto;
    color: #fff; font-size: 30px; text-align: center;
    background: #ccc;}
#header {/*标题栏样式：100%宽度、增加边界、补白和边框*/
    height: 100px; width: 100%;
    background: #38382e;
    margin-bottom: 10px; padding: 10px; border: 10px solid red;
    /*定义怪异盒模型解析方式*/
    -moz-box-sizing: border-box;
    -WebKit-box-sizing: border-box;
    -o-box-sizing: border-box;
    -ms-box-sizing: border-box;
    box-sizing: border-box;}
.sidebar {/*侧栏样式：向左浮动，固定宽度、增加边界、补白和边框*/
    float: left;
    width: 220px; height: 300px;
    margin-right: 20px; margin-bottom: 10px; padding: 10px; border: 10px solid red;
    background: #5d33cf;
```

```css
    /*定义怪异盒模型解析方式*/
    -moz-box-sizing: border-box;
    -WebKit-box-sizing: border-box;
    -o-box-sizing: border-box;
    -ms-box-sizing: border-box;
    box-sizing: border-box;}
.content {/*侧栏样式：向左浮动，固定宽度、增加边界、补白和边框*/
    float: left;
    width: 720px; height: 300px;
    background: #c8ca30;
    margin-bottom: 10px; border: 10px solid red; padding: 10px;
    /*定义怪异盒模型解析方式*/
    -moz-box-sizing: border-box;
    -WebKit-box-sizing: border-box;
    -o-box-sizing: border-box;
    -ms-box-sizing: border-box;
    box-sizing: border-box;}
#footer {/*侧栏样式：100%宽度、增加边界、补白和边框*/
    background: #cc4ad5; text-align: center;
    height: 100px; width: 100%;
    clear: both;
    border: 10px solid red; padding: 10px;
    /*定义怪异盒模型解析方式*/
    -moz-box-sizing: border-box;
    -WebKit-box-sizing: border-box;
    -o-box-sizing: border-box;
    -ms-box-sizing: border-box;
    box-sizing: border-box;}
</style>
</head>
<body>
<div class="wrapper">
    <div id="header">页眉</div>
    <div class="sidebar">侧边栏</div>
    <div class="content">主内容</div>
    <div id="footer">页脚</div>
</div>
</body>
</html>
```

第 23 章 CSS3 新布局模型

CSS3 新增了一些布局模式，使用这些新的布局方法，除了可以修改 CSS2 布局存在的问题之外，还可以灵活设计页面版式。本章将详细讲解多列布局和弹性盒布局这两种排版模式。

【学习重点】
- 设计多列布局。
- 设计盒布局。
- 设计弹性盒布局。

23.1 多列布局

CSS3 的 Multiple Columns（http://www.w3.org/TR/css3-multicol/）可以设计多列布局，将内容按指定的列数排列，适合纯文本版式设计。

columns 是 CSS3 多列布局特性的基本属性，该属性可以同时定义多列的数目和每列的宽度。columns 属性的基本语法如下：

```
columns:column-width> || <column-count>;
```

columns 属性初始值根据元素个别属性而定，它适用于不可替换的块元素、行内块元素、单元格，但是表格元素除外。取值简单说明如下。

- \<column-width\>：定义每列的宽度。
- \<column-count\>：定义列数。

📢 提示：

WebKit 引擎支持-WebKit-columns 私有属性，Mozilla Gecko 引擎支持-moz-columns 私有属性。最新版本浏览器都支持 columns 属性。

扫一扫，看视频

23.1.1 定义列宽

column-width 属性可以定义单列显示的宽度。该属性可以与其他多列布局属性配合使用，也可以单独使用。column-width 属性的基本语法如下：

```
column-width:<length> | auto;
```

column-width 属性初始值为 auto，适用于不可替换的块元素、行内块元素、单元格，但是表格元素除外。取值简单说明如下。

- \<length\>：由浮点数字和单位标识符组成的长度值。不可为负值。
- auto：根据浏览器计算值自动设置。

📢 提示：

WebKit 引擎支持-WebKit-column-width 私有属性，Mozilla Gecko 引擎支持-moz-column-width 私有属性，Presto 引擎和最新版本 IE 浏览器支持 column-width 属性。

column-width 可以与其他多列布局属性配合使用，设计指定固定列数、列宽的布局效果；也可以单独使用，限制模块的单列宽度，当超出宽度时，则会自动以多列进行显示。

【示例】 下面示例演示 column-width 属性在多列布局中的应用。设计 body 元素的列宽为 300 像素，如果网页内容能够在单列内显示，则会以单列显示；如果窗口足够宽，且内容很多，则会在多列中进行显示。演示效果如图 23.1 所示，根据窗口宽度自动调整为两栏显示，列宽显示为 300 像素。

```html
<!doctype html>
<html>
<head>
<meta charset="utf-8">
<style type="text/css">
/*定义网页列宽为 300 像素，则网页中每个栏目的最大宽度为 300 像素*/
body {
    -WebKit-column-width:300px;
    -moz-column-width:300px;
    column-width:300px;
}
h1 {color: #333333; padding: 5px 8px;font-size: 20px;text-align: center; padding: 12px;}
h2 {font-size: 16px; text-align: center;}
p {color: #333333; font-size: 14px; line-height: 180%; text-indent: 2em;}
</style>
</head>
<body>
<h1>W3C 发布 HTML5 的正式推荐标准</h1>
<h2>W3C 中国</h2>
……
</body>
</html>
```

图 23.1　浏览器根据窗口宽度变化调整栏目的数量

23.1.2　定义列数

column-count 属性可以定义显示的列数。该属性的基本语法如下：

```
column-count:<integer> | auto;
```

column-count 属性初始值为 auto，适用于不可替换的块元素、行内块元素、单元格，但是表格元素除外。取值简单说明如下。

- <integer>：定义栏目的列数，取值为大于 0 的整数。如果 column-width 和 column-count 属性没有明确值，则该值为最大列数。
- auto：根据浏览器计算值自动设置。

提示：
WebKit 引擎支持-WebKit-column-count 私有属性，Mozilla Gecko 引擎支持-moz-column-count 私有属性，Presto 引擎和最新版本 IE 浏览器支持 column-count 属性。

【示例】 在上面示例的基础上，如果定义网页列数为 3，则不管浏览器窗口怎么调整，页面内容总是遵循 3 列布局。演示效果如图 23.2 所示。

```
<style type="text/css">
/*定义网页列数为3，这样整个页面总是显示为3列*/
body {
    -WebKit-column-count:3;
    -moz-column-count:3;
    column-count:3;
}
</style>
```

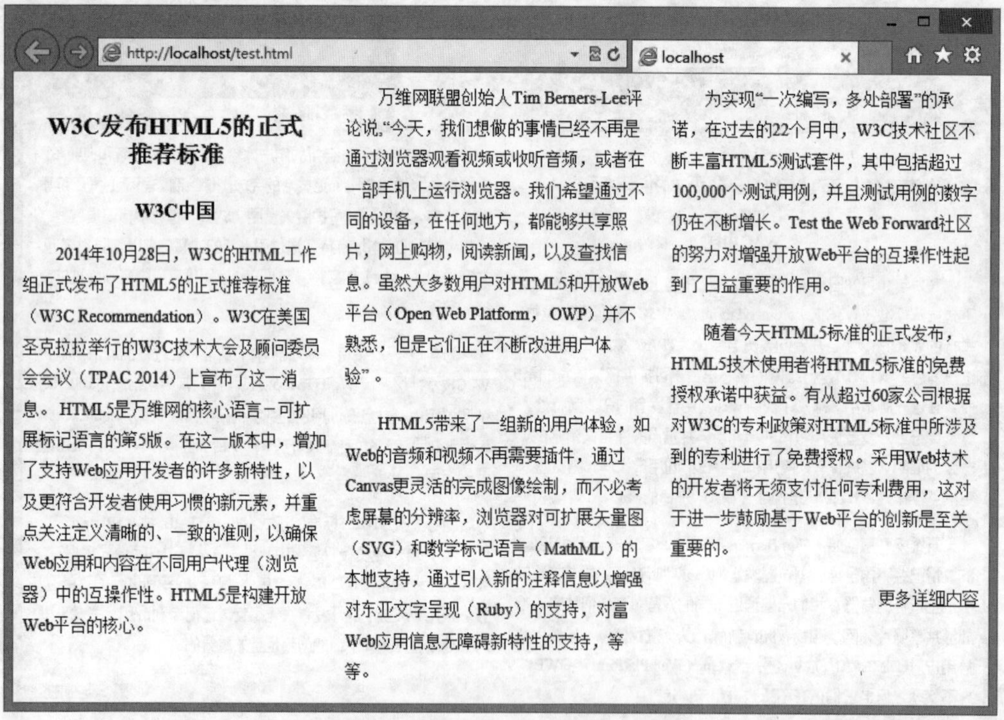

图 23.2 根据窗口宽度自动调整列宽，但是整个页面总是显示为 3 列

23.1.3 定义列间距

column-gap 属性可以定义两栏之间的间距。该属性的基本语法如下：

```
column-gap:normal | <length>;
```

column-gap 属性初始值为 normal，适用于多列布局元素。取值简单说明如下。

- normal：根据浏览器默认设置进行解析，一般为 1em。
- <length>：由浮点数字和单位标识符组成的长度值。不可为负值。

提示：

WebKit 引擎支持-WebKit-column-gap 私有属性，Mozilla Gecko 引擎支持-moz-column-gap 私有属性，Presto 引擎和最新版本 IE 浏览器支持 column-gap 属性。

【示例】 在上面示例的基础上，配合使用 column-gap 和 line-height 属性，把文档版面设计得疏朗大方，以方便阅读。其中列间距为 3em，行高为 2.5em。演示效果如图 23.3 所示，页面内文字内容看起来更明晰。

```
<style type="text/css">
body {
    /*定义页面内容显示为 3 列*/
    -WebKit-column-count: 3;
    -moz-column-count: 3;
    column-count: 3;
    /*定义列间距为 3em，默认为 1em*/
    -WebKit-column-gap: 3em;
    -moz-column-gap: 3em;
    column-gap: 3em;
    line-height: 2.5em; /* 定义页面文本行高 */
}
</style>
```

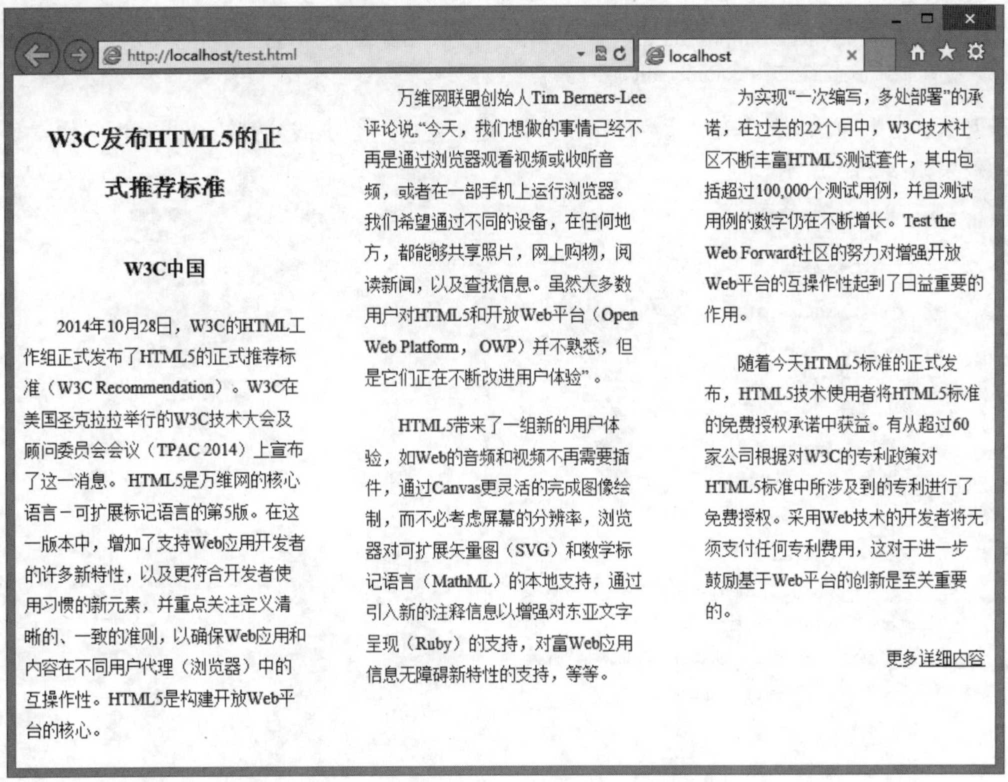

图 23.3 设计疏朗的页面布局

23.1.4 定义列边框

为列边框设计样式,能够有效区分各个栏目列之间的关系,便于更清晰地阅读。column-rule 属性可以定义每列之间边框的宽度、样式和颜色。该属性的基本语法如下:

```
column-rule:<length> | <style> | <color> | <transparent>;
```

column-rule 属性初始值根据个别属性而定,适用于多列布局元素。取值简单说明如下。

- <length>:由浮点数字和单位标识符组成的长度值,不可为负值。功能与 column-rule-width 属性相同。
- <style>:定义列边框样式。功能与 column-rule-style 属性相同。
- <color>:定义列边框的颜色。功能与 column-rule-color 属性相同。
- <transparent>:设置边框透明显示。

CSS3 在 column-rule 属性的基础上派生了 3 个列边框属性。

- column-rule-color:定义列边框颜色。column-rule-color 属性接受所有的颜色。WebKit 引擎支持 -WebKit-column-rule-color 私有属性,Mozilla Gecko 引擎支持-moz-columnrule-color 私有属性。
- column-rule-width:定义列边框宽度。column-rule-width 属性接受任意浮点数,但不可为负值。WebKit 引擎支持-WebKit-column-rule-width 私有属性,Mozilla Gecko 引擎支持-moz-column-rule-width 私有属性。
- column-rule-style:定义列边框样式。column-rule-width 属性值与 border-style 属性值相同,包括 none、hidden、dotted、dashed、solid、double、groove、ridge、inset、outset。WebKit 引擎支持 -WebKit-column-rule-style 私有属性,Mozilla Gecko 引擎支持-moz-column-rule-style 私有属性。

◀)) 提示:

WebKit 引擎支持-WebKit-column-rule 私有属性,Mozilla Gecko 引擎支持-moz-column-rule 私有属性,Presto 引擎和最新版本 IE 浏览器支持 column-rule 属性。

【示例】 在上面示例的基础上,为每列之间的边框定义一个虚线分割线,线宽为 2 像素,灰色显示,演示效果如图 23.4 所示。

```
<style type="text/css">
body {
    /*定义页面内容显示为3列*/
    -WebKit-column-count: 3;
    -moz-column-count: 3;
    column-count: 3;
    /*定义列间距为3em,默认为1em*/
    -WebKit-column-gap: 3em;
    -moz-column-gap: 3em;
    column-gap: 3em;
    line-height: 2.5em;
    /*定义列边框为2像素宽的灰色虚线*/
    -WebKit-column-rule: dashed 2px gray;
    -moz-column-rule: dashed 2px gray;
    column-rule: dashed 2px gray;
}
</style>
```

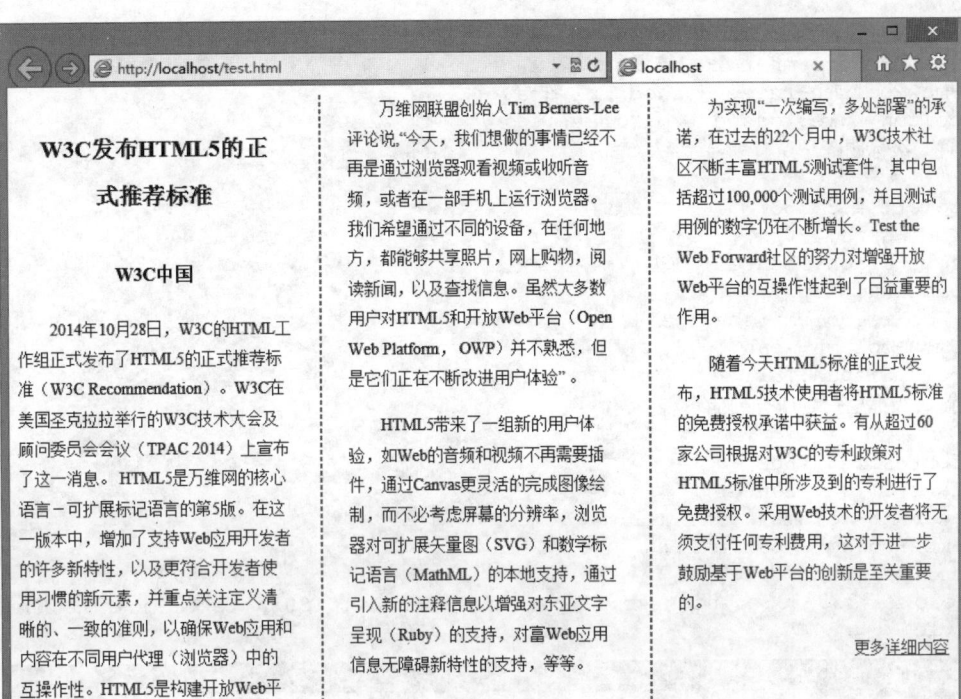

图 23.4　设计列边框效果

23.1.5　定义跨列显示

在纸质报刊杂志中，经常会看到文章标题跨列居中显示。column-span 属性可以定义跨列显示，也可以设置单列显示。该属性的基本语法如下：

```
column-span:none | all;
```

column-span 属性初始值为 none，适用于静态的、非浮动元素。取值简单说明如下：

- none：只在本栏中显示。
- all：将横跨所有列。

◁)) 提示：

WebKit 引擎支持-WebKit-column-span 私有属性，Mozilla Gecko 引擎、Presto 引擎和最新版本 IE 浏览器支持 column-span 属性。

扫一扫，看视频

【示例】　在上面示例的基础上，使用 column-span 属性定义一级和二级标题跨列显示，演示效果如图 23.5 所示。

```
<style type="text/css">
body {
    /*定义页面内容显示为 3 列*/
    -WebKit-column-count: 3;
    -moz-column-count: 3;
    column-count: 3;
    /*定义列间距为 3em，默认为 1em*/
    -WebKit-column-gap: 3em;
    -moz-column-gap: 3em;
    column-gap: 3em;
    line-height: 2.5em;
```

```css
/*定义列边框为2像素宽的灰色虚线*/
-WebKit-column-rule: dashed 2px gray;
-moz-column-rule: dashed 2px gray;
column-rule: dashed 2px gray;}
/*设置一级标题跨越所有列显示*/
h1 {
    color: #333333;
    font-size: 20px;
    text-align: center;
    padding: 12px;
    -WebKit-column-span: all;
    -moz-column-span: all;
    column-span: all;}
/*设置二级标题跨越所有列显示*/
h2 {
    font-size: 16px;
    text-align: center;
    -WebKit-column-span: all;
    -moz-column-span: all;
    column-span: all;}
p {color: #333333; font-size: 14px; line-height: 180%; text-indent: 2em;}
</style>
```

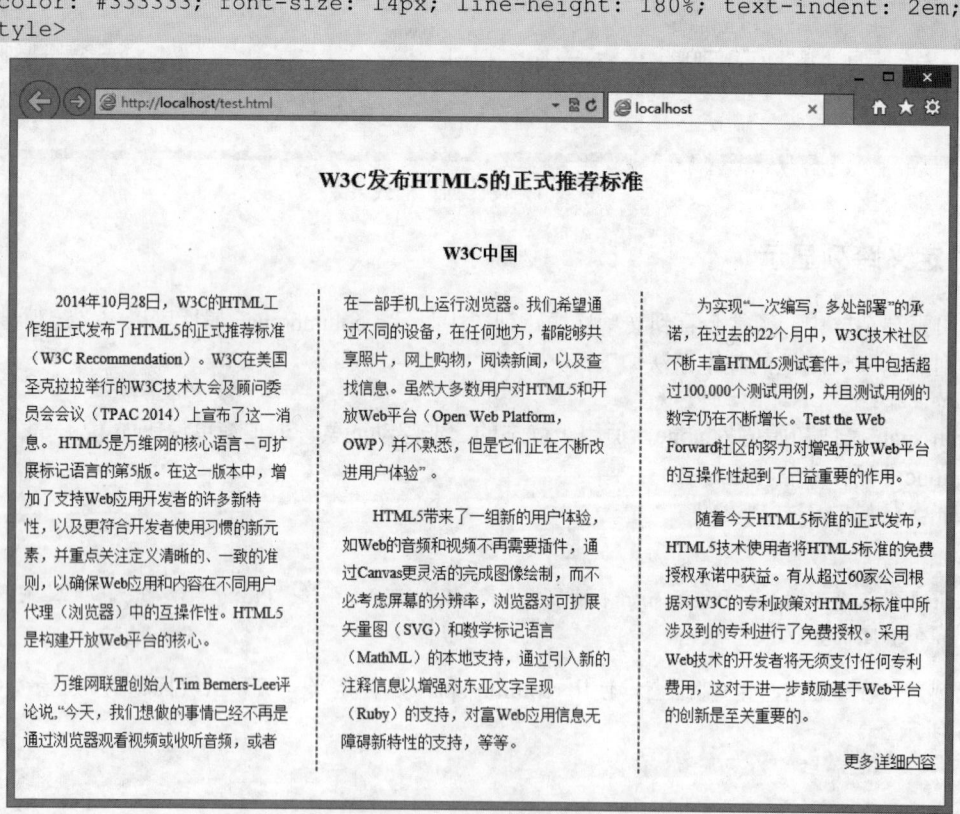

图 23.5　设计标题跨列显示效果

23.1.6　定义列高度

column-fill 属性可以定义栏目的高度是否统一。该属性的基本语法如下：

```
column-fill:auto | balance;
```

column-fill 属性初始值为 balance，适用于多列布局元素。取值简单说明如下。

- auto：各列的高度随其内容的变化而自动变化。
- balance 各列的高度将会根据内容最多的那一列的高度进行统一。

提示：

WebKit 引擎支持-WebKit-column-fill 私有属性，Mozilla Gecko 引擎、Presto 引擎（包括 Opera 浏览器等）和最新版本 IE 浏览器支持 column-fill 属性。

【示例】 在上面示例的基础上，使用 column-fill 属性定义每列高度一致，演示效果如图 23.6 所示。

```css
<style type="text/css">
body {
    /*定义页面内容显示为 3 列*/
    -WebKit-column-count: 3;
    -moz-column-count: 3;
    column-count: 3;
    /*定义列间距为 3em，默认为 1em*/
    -WebKit-column-gap: 3em;
    -moz-column-gap: 3em;
    column-gap: 3em;
    line-height: 2.5em;
    /*定义列边框为 2 像素宽的灰色虚线*/
    -WebKit-column-rule: dashed 2px gray;
    -moz-column-rule: dashed 2px gray;
    column-rule: dashed 2px gray;
    /*设置各列高度自动调整*/
    -WebKit-column-fill: auto;
    -moz-column-fill: auto;
    column-fill: auto;}
</style>
```

图 23.6　设计每列显示高度一致

23.2 盒布局模型

CSS3 引入了新的盒模型——Box 模型，用于定义一个盒子在其他盒子中的分布方式以及如何处理可用的空间。使用该模型可以很轻松地创建自适应浏览器窗口的流动布局或自适应字体大小的弹性布局。

启动弹性盒模型，只需设置拥有子盒子的盒子的 display 属性值为 box（或 inline-box）即可。

```
display: box;
```

盒布局由两部分构成：父容器和子容器。父容器通过 display:box;启动盒布局功能，并使用如下属性定义子容器的显示属性；子容器通过 box-flex 属性定义布局宽度，指定如何对父容器的宽度进行分配。

- box-orient：定义父容器中子容器的排列方式，是水平还是垂直。取值包括 horizontal、vertical、inline-axis、block-axis、inherit。
- box-direction：定义父容器中子容器的排列顺序，取值包括 normal、reverse、inherit。
- box-align：父容器中子容器的垂直对齐方式，取值包括 start、end、center、baseline、stretch。
- box-pack：父容器中子容器的水平对齐方式，取值包括 start、end、center、justify。

23.2.1 定义宽度

使用盒布局时只要使用 box-flex 属性，就可以把默认布局变为盒布局了。WebKit 引擎支持-WebKit-box-flex 私有属性，Mozilla Gecko 引擎支持-moz-box-flex 私有属性，Presto 引擎（包括 Opera 浏览器等）支持 box 属性，IE 暂时不支持该属性。

默认情况下，盒子并不具有弹性；如果 box-flex 的属性值至少为 1 时，则变得富有弹性。如果盒子不具有弹性，它将尽可能地宽，使其内容可见，且没有任何溢出，其大小由 width 和 height 属性值，或者 min-height、min-width、max-width、max-height 属性值来决定。

如果盒子是弹性的，其大小将按下面的方式计算。

- 具体的大小声明（width、height、min-width、min-height、max-width、max-height）。
- 父盒子的大小和所有余下的可利用的内部空间。

如果盒子没有任何大小声明，那么其大小将完全取决于父盒子的大小，即子盒子的大小等于父盒子的大小乘以其 box-flex 在所有子盒子 box-flex 总和中的百分比。用公式表示为：

```
子盒子的大小=父盒子的大小*子盒子的 box-flex/所有子盒子的 box-flex 值的和
```

如果一个或更多的盒子有一个具体的大小声明，那么其大小将计算其中，余下的弹性盒子将按照上面的原则分享剩下的可利用空间。

【示例】 下面示例在样式代码中添加 box-flex 属性，在样式代码中使用盒布局，并将表示左侧边栏与右侧边栏的两个 div 元素的宽度保留为 200px，在表示中间内容的 div 元素的样式代码中去除原来的指定宽度为 300px 的样式代码，加入 box-flex 属性。详细代码如下所示。演示效果如图 23.7 所示，当调整窗口宽度时，中间列的宽度会自适应显示，使整个页面总是满窗口显示。

```
<!doctype html>
<html>
<head>
<meta charset="utf-8">
<style type="text/css">
#container{
    /*定义盒布局样式*/
    display: -moz-box;
    display: -WebKit-box;}
#left-sidebar{
    width: 200px;
```

```
        padding: 20px;
        background-color: orange;}
#contents{
        /*定义中间列宽度为自适应显示*/
        -moz-box-flex:1;
        -WebKit-box-flex:1;
        padding: 20px;
        background-color: yellow;}
#right-sidebar{
        width: 200px;
        padding: 20px;
        background-color: limegreen;}
#left-sidebar, #contents, #right-sidebar{
        /*定义盒样式*/
        -moz-box-sizing: border-box;
        -WebKit-box-sizing: border-box;}
</style>
</head>
<body>
<div id="container">
    <div id="left-sidebar">
        <h2>站内导航</h2>
        <ul>
            ……
        </ul>
    </div>
    <div id="contents">
        <h2>W3C 发表 HTML5 的正式推荐标准</h2>
        ……
    </div>
    <div id="right-sidebar">
        <h2>友情链接</h2>
        <ul>
            ……
        </ul>
    </div>
</div>
</body>
</html>
```

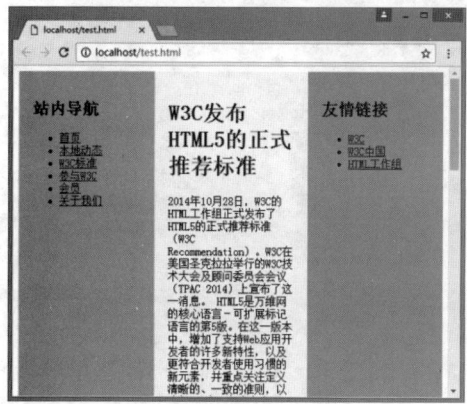

(a)盒布局窗口变窄

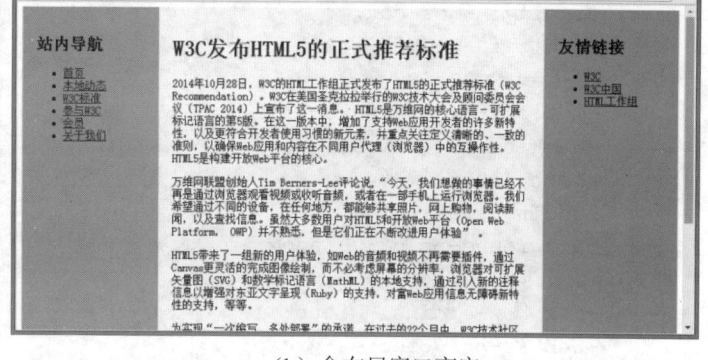

(b)盒布局窗口变宽

图 23.7 定义自适应宽度

23.2.2 定义顺序

在盒布局中，使用 box-ordinal-group 属性可以改变各元素的显示顺序。该属性使用一个表示序号的整数属性值，浏览器在显示的时候根据该序号从小到大来显示这些元素。

> **提示：**
> 如果使用 Firefox 浏览器，需要使用-moz- box-ordinal-group 私有属性；如果使用 Safari 浏览器或 Chrome 浏览器，则需要使用-WebKit-box-ordinal-group 私有属性；Presto 引擎（包括 Opera 浏览器等）支持 box 属性；IE 暂时不支持该属性。

【示例】 继续针对上面示例，可以将其中的样式代码修改为如下所示的样式代码，在代表左侧边栏、中间内容、右侧边栏的 div 元素中都加入一个 box-ordinal-group 属性，并在该属性中指定显示时的序号。这里将中间内容的序号指定为 1，右侧边栏的序号指定为 2，左侧边栏的序号指定为 3，则可以发现 3 列栏目的显示顺序发生了变化，演示效果如图 23.8 所示。

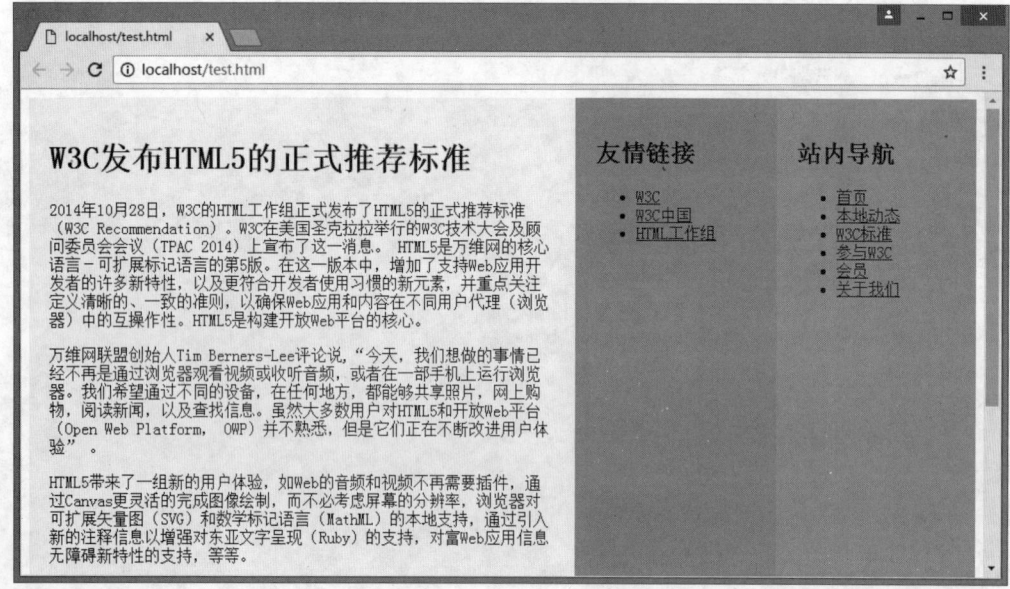

图 23.8　定义列显示顺序

```
<style type="text/css">
#container{
    display: -moz-box;
    display: -WebKit-box;}
#left-sidebar{
    -moz-box-ordinal-group: 3;
    -WebKit-box-ordinal-group: 3;
    width: 200px;
    padding: 20px;
    background-color: orange;}
#contents{
    -moz-box-ordinal-group: 1;
    -WebKit-box-ordinal-group: 1;
    -moz-box-flex:1;
    -WebKit-box-flex:1;
```

```
    padding: 20px;
    background-color: yellow;}
#right-sidebar{
    -moz-box-ordinal-group: 2;
    -WebKit-box-ordinal-group: 2;
    width: 200px;
    padding: 20px;
    background-color: limegreen;}
#left-sidebar, #contents, #right-sidebar{
    -moz-box-sizing: border-box;
    -WebKit-box-sizing: border-box;}
</style>
```

从上面示例的演示效果可以看出，虽然没有改变 HTML5 的页面代码，但是通过应用盒布局，使用 -box-ordinal-group 属性，同样可以改变元素的显示顺序，这样可以提高页面布局的工作效率。

23.2.3 定义方向

使用盒布局的时候，可以很轻松地将多个元素的排列方向从水平方向修改为垂直方向，或者从垂直方向修改为水平方向。在 CSS3 中，使用 box-orient 来指定多个元素的排列方向。在样式代码中，如果使用 Firefox 浏览器，则需要使用-moz-box-orient 私有属性；如果使用 Safari 浏览器或 Chrome 浏览器，则需要使用-WebKit-box-orient 私有属性；Presto 引擎（包括 Opera 浏览器等）支持 box 属性；IE 暂时不支持该属性。

扫一扫，看视频

【示例】　针对上面示例，可以将样式代码修改为如下所示的样式代码，在<div id="container">标签样式中加入 box-orient 属性，并设定属性值为 vertical，即定义内容以垂直方向排列，则代表左侧边栏、中间内容、右侧边栏的 3 个 div 元素的排列方向将从水平方向改变为垂直方向，演示效果如图 23.9 所示。

```
<style type="text/css">
#container{
    display: -moz-box;
    display: -WebKit-box;
    -moz-box-orient: vertical;
    -WebKit-box-orient: vertical;}
#left-sidebar{
    -moz-box-ordinal-group: 3;
    -WebKit-box-ordinal-group: 3;
    width: 200px;
    padding: 20px;
    background-color: orange;}
#contents{
    -moz-box-ordinal-group: 1;
    -WebKit-box-ordinal-group: 1;
    -moz-box-flex:1;
    -WebKit-box-flex:1;
    padding: 20px;
    background-color: yellow;}
#right-sidebar{
    -moz-box-ordinal-group: 2;
    -WebKit-box-ordinal-group: 2;
    width: 200px;
    padding: 20px;
```

```
    background-color: limegreen;}
#left-sidebar, #contents, #right-sidebar{
    -moz-box-sizing: border-box;
    -WebKit-box-sizing: border-box;}
</style>
```

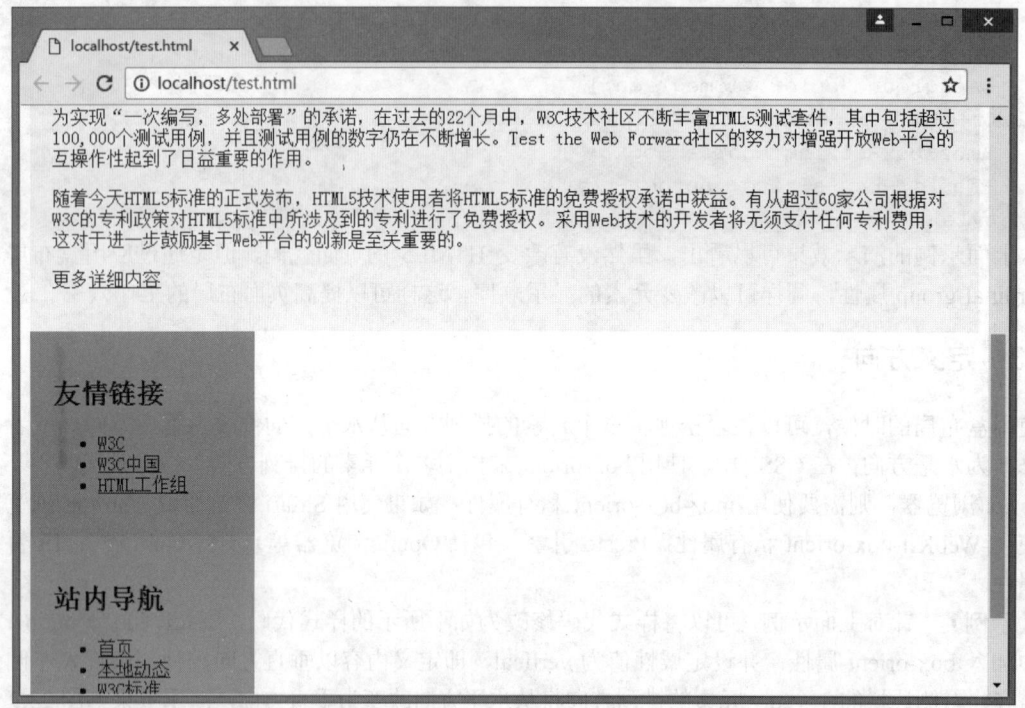

图 23.9 定义列显示方向

23.2.4 自定义自适应

使用盒布局时,元素大小(包括宽和高)具有自适应性,即元素的宽度与高度可以根据排列方向的改变而改变。

【示例1】 在本例中定义一个容器元素,其中包含 3 个 div 子元素。在此只对容器元素指定了宽度和高度。如果在浏览器中预览,则可以看到当排列方向被指定为水平方向时,3 个元素的宽度为元素中内容的宽度,高度自动变为容器的高度;当排列方向被指定为垂直方向时,3 个元素的高度为元素中内容的高度,宽度自动变为容器的宽度。

```
<!doctype html>
<html>
<head>
<meta charset="utf-8">
<style type="text/css">
#container {
    display: -moz-box;
    display: -WebKit-box;
    border: solid 1px red;
    -moz-box-orient: horizontal;
    -WebKit-box-orient: horizontal;
    width: 800px;
    height: 200px;}
```

```
#text-a { background-color: orange; }
#text-b { background-color: yellow; }
#text-c { background-color: limegreen; }
#text-a, #text-b, #text-c {
    -moz-box-sizing: border-box;
    -WebKit-box-sizing: border-box;
    font-size: 1.5em;
    font-weight: bold;
    width:200px;}
</style>
</head>
<body>
<div id="container">
    <div id="text-a">列 1</div>
    <div id="text-b">列 2</div>
    <div id="text-c">列 3</div>
</div>
</body>
</html>
```

在上面的代码中,定义元素的排列方向为水平方向,则运行结果如图 23.10 所示。

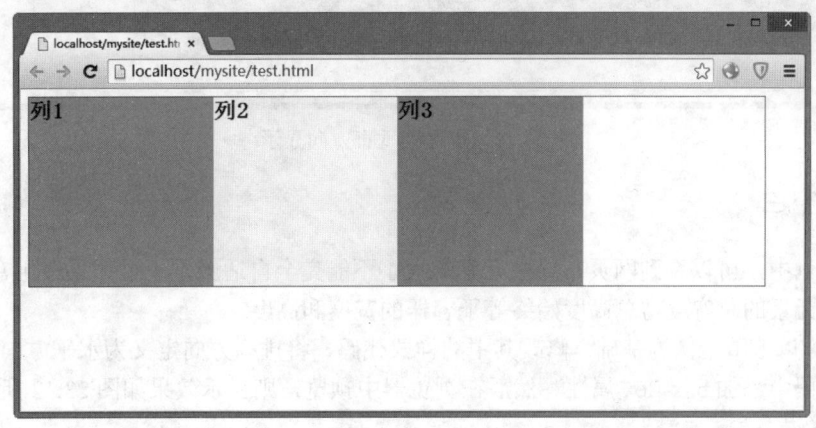

图 23.10 定义列水平方向显示

【示例 2】 针对上面的示例,不修改其他代码,如果只在容器元素的样式代码中把排列方向改变为垂直方向,删除 3 列样式中的宽度定义代码,添加固定高度声明,其中修改的样式代码如下所示,则在浏览器中的预览效果如图 23.11 所示。

```
<style type="text/css">
#container {
    display: -moz-box;
    display: -WebKit-box;
    border: solid 1px red;
    -moz-box-orient: vertical;
    -WebKit-box-orient: vertical;
    width: 800px;
    height: 500px;}
#text-a { background-color: orange; }
#text-b { background-color: yellow; }
#text-c { background-color: limegreen; }
#text-a, #text-b, #text-c {
```

```
   -moz-box-sizing: border-box;
   -WebKit-box-sizing: border-box;
   font-size: 1.5em;
   font-weight: bold;
   height:150px;}
</style>
```

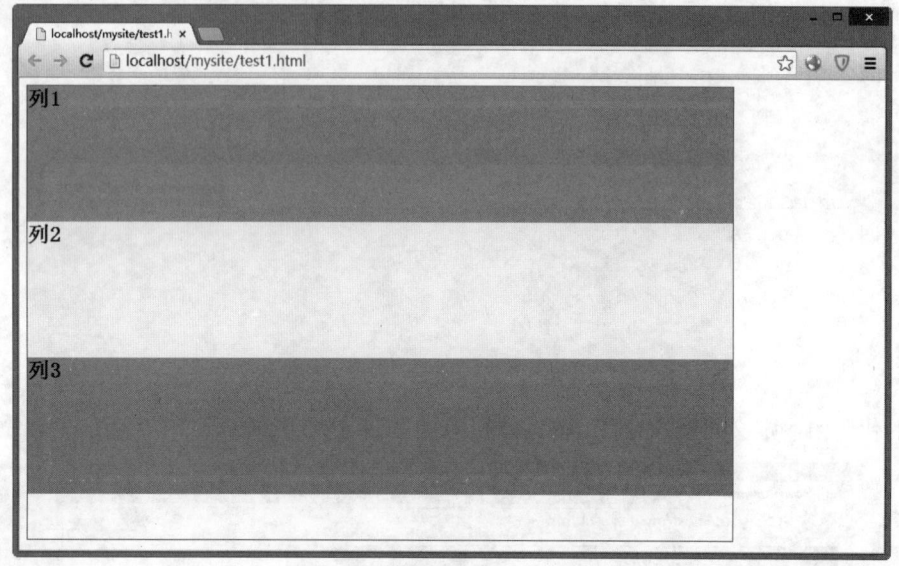

图 23.11　定义列垂直方向显示

23.2.5　消除空白

在上一节示例中，可以看到网页布局中元素的大小不能完全自适应，不过如果改用盒布局，就可以解决参与布局的元素的总宽度与总高度始终等于容器的宽度和高度。

【示例 1】　以上节示例为基础，修改其中的样式代码，将排列方向定义为水平方向，在每一个 div 子元素的样式代码中添加 box-flex 属性。然后在浏览器中预览，则显示效果如图 23.12 所示。

```
<style type="text/css">
#container {
   display: -moz-box;
   display: -WebKit-box;
   border: solid 1px red;
   -moz-box-orient: horizontal;
   -WebKit-box-orient: horizontal;
   width: 800px;
   height: 400px;}
#text-a { background-color: orange; width:200px; }
#text-b {
   background-color: yellow;
   -moz-box-flex: 1;
   -WebKit-box-flex: 1;}
#text-c { background-color: limegreen;  width:160px; }
#text-a, #text-b, #text-c {
   -moz-box-sizing: border-box;
   -WebKit-box-sizing: border-box;
```

```
    font-size: 1.5em;
    font-weight: bold;}
</style>
```

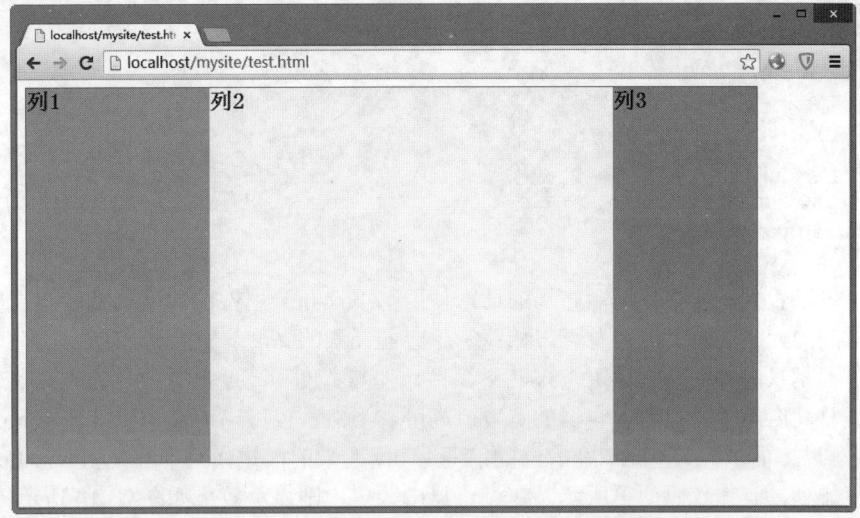

图 23.12　定义包含的元素能够同时自适应宽度和高度

【示例 2】　如果修改<div id="container">容器的样式代码，把排列方向修改为垂直方向，然后重新运行该示例，演示效果如图 23.13 所示。

图 23.13　把排列方向修改为垂直方向

```
<style type="text/css">
#container {
    display: -moz-box;
    display: -WebKit-box;
    border: solid 1px red;
    -moz-box-orient: vertical;
    -WebKit-box-orient: vertical;
    width: 800px;
    height: 400px;}
```

```
#text-a { background-color: orange; height:100px; }
#text-b {
   background-color: yellow;
   -moz-box-flex: 1;
   -WebKit-box-flex: 1;}
#text-c { background-color: limegreen;  height:60px; }
#text-a, #text-b, #text-c {
   -moz-box-sizing: border-box;
   -WebKit-box-sizing: border-box;
   font-size: 1.5em;
   font-weight: bold;}
</style>
```

从图 23.13 可以看到，如果使用盒布局的话，使用了 box-flex 属性的元素的宽度与高度总会自动扩大，使得参与排列的元素的总宽度与总高度始终等于容器元素的高度与宽度。

上面的示例都是只对一个元素使用 box-flex 属性，使其宽度和高度自适应，让浏览器或容器中所有元素的总宽度或总高度等于浏览器或容器的宽度或高度。当然，也可以为多个元素使用 box-flex 属性。

【示例3】 以上面示例为基础，在容器的前两个 div 元素的样式代码中都使用 box-flex 属性，元素排列方向为垂直排列，具体代码如下所示。在浏览器中预览，则显示效果如图 23.14 所示。

图 23.14　为多个子元素定义弹性布局样式

```
<style type="text/css">
#container {
   display: -moz-box;
   display: -WebKit-box;
   border: solid 1px red;
   -moz-box-orient: vertical;
   -WebKit-box-orient: vertical;
   width: 800px;
   height: 400px;}
#text-a {
   background-color: orange;
   -moz-box-flex: 1;
   -WebKit-box-flex: 1;}
```

```
#text-b {
   background-color: yellow;
   -moz-box-flex: 1;
   -WebKit-box-flex: 1;}
#text-c { background-color: limegreen; }
#text-a, #text-b, #text-c {
   -moz-box-sizing: border-box;
   -WebKit-box-sizing: border-box;
   font-size: 1.5em;
   font-weight: bold;}
</style>
```

从运行结果中可以看出,前两个 div 元素的高度都自动扩大了,而且扩大后前两个 div 元素的高度保持相等,而第 3 个 div 元素的高度仍保持为元素内容的高度。如果 3 个 div 元素的样式中都使用 box-flex 属性,则每个 div 元素的高度就等于容器的高度除以 3 了。

到现在为止,在样式中所使用的 box-flex 属性的值都是 1,如果某个 div 元素的 box-flex 属性值大于 1,页面显示会自动成倍扩展,相当于 box-flex 属性定义了元素的自适应大小所需要的份额。如果 a 元素的 box-flex 属性值为 1,而 b 元素的 box-flex 属性值为 3,则 a 元素的宽(或者高度)应该是容器宽度的 1/4,b 元素的宽度(或者高度)为 3/4。

扫一扫,看视频

23.2.6 定义对齐方式

在盒布局中,可以使用 box-pack 属性及 box-align 属性来指定元素中文字、图像及子元素水平方向或垂直方向的对齐方式。在 Firefox 浏览器中,需要使用-moz-box-pack 和-moz-box-align 私有属性;在 Safari 浏览器或 Chrome 浏览器中需要使用-WebKit-pack 和-WebKit-align 私有属性;Presto 引擎(包括 Opera 浏览器等)支持 box 属性;IE 暂时不支持该属性。

box-pack 和 box-align 属性取值说明如下。

- start:排列方式 horizontal。针对 box-pack 属性,表示左对齐,文字、图像或子元素被放置在元素最左边显示;针对 box-align 属性,表示顶部对齐,文字、图像或子元素被放置在元素最顶部显示。
- center:排列方式 horizontal。针对 box-pack 属性,表示中对齐,文字、图像或子元素被放置在元素中部显示;针对 box-align 属性,表示中部对齐,文字、图像或子元素被放置在元素中部显示。
- end:排列方式 horizontal。针对 box-pack 属性,表示右对齐,文字、图像或子元素被放置在元素最右边显示;针对 box-align 属性,表示底部对齐,文字、图像或子元素被放置在元素最底部显示。
- start:排列方式 vertical。针对 box-align 属性,表示左对齐,文字、图像或子元素被放置在元素最左边显示;针对 box-pack 属性,表示顶部对齐,文字、图像或子元素被放置在元素最顶部显示。
- center:排列方式 vertical。针对 box-align 属性,表示中对齐,文字、图像或子元素被放置在元素中部显示;针对 box-pack 属性,表示中部对齐,文字、图像或子元素被放置在元素中部显示。
- end:排列方式 vertical。针对 box-align 属性,表示右对齐,文字、图像或子元素被放置在元素最右边显示;针对 box-pack 属性,表示底部对齐,文字、图像或子元素被放置在元素最底部显示。

CSS3 版本以前，如果定义文字水平居中，只要使用 text-align 属性就可以了；但是如果要让文字垂直居中，由于 div 元素是不能使用 vertical-align 属性的，所以也就很难做到了。在 CSS3 中，只要让 div 元素使用 box-align 属性（排列方向默认为 horizontal），文字就可以垂直居中了。

【示例】 在本例中有一个 div 元素，其中包含多个 div 子元素，子元素中有一些文字，使用 box-pack 属性及 box-align 属性让文字位于 div 容器的正中央。具体实现代码如下，预览效果如图 23.15 所示。

```
<style type="text/css">
div#container {
    display: -moz-box;
    display: -WebKit-box;
    -moz-box-align: center;
    -WebKit-box-align: center;
    -moz-box-pack: center;
    -WebKit-box-pack: center;
    width: 300px;
    height: 200px;
    background-color: pink;}
#text-a { background-color: orange; }
#text-b { background-color: yellow; }
#text-c { background-color: limegreen; }
</style>
```

图 23.15 定义文本正中央显示

在 CSS3 之前，还有一种比较难处理的情况，就是如何让图像位于元素正中央。使用了 box-pack 和 box-align 属性，同样也使该问题很容易就得到了解决。

23.3 弹性盒布局

弹性盒布局是 CSS3 升级后的新布局模型。CSS3 盒布局模型 Flexbox 规范时间表如下：
- 2009 年 7 月，工作草案（display: box;）。
- 2011 年 3 月，工作草案（display: flexbox;）。
- 2011 年 11 月，工作草案（display: flexbox;）。
- 2012 年 3 月，工作草案（display: flexbox;）。
- 2012 年 6 月，工作草案（display: flex;）。

- 2012 年 9 月，候选推荐（display: flex;）。

23.3.1 定义弹性盒

Flexbox 由伸缩容器和伸缩项目组成。通过设置元素的 display 属性为 flex 或 inline-flex，可以得到一个伸缩容器。设置为 flex 的容器被渲染为一个块级元素，而设置为 inline-flex 的容器则渲染为一个行内元素。具体语法如下：

```
display: flex | inline-flex;
```

上面的语法定义了伸缩容器，属性值决定容器是行内显示，还是块显示；其所有子元素将变成 flex 文档流，被称为伸缩项目。

此时，CSS 的 columns 属性在伸缩容器上没有效果，同时 float、clear 和 vertical-align 属性在伸缩项目上也没有效果。

【示例】 本例设计一个伸缩容器，其中包含 4 个伸缩项目，演示效果如图 23.16 所示。

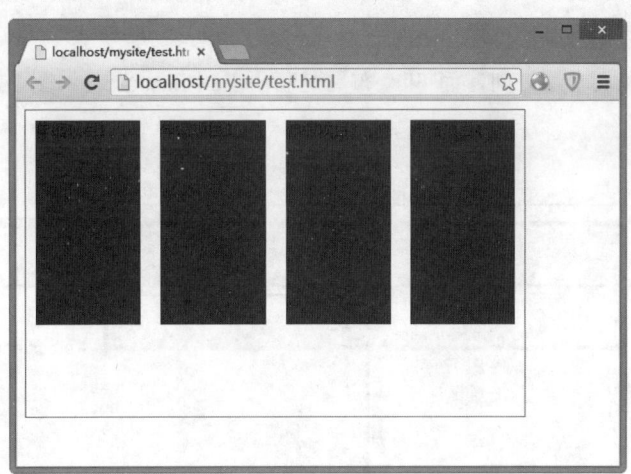

图 23.16 定义伸缩盒布局

```
<!doctype html>
<html>
<head>
<meta charset="utf-8">
<style type="text/css">
.flex-container {
    display: -WebKit-flex;
    display: flex;
    width: 500px;
    height: 300px;
    border: solid 1px red;}
.flex-item {
    background-color: blue;
    width: 200px;
    height: 200px;
    margin: 10px;}
</style>
</head>
```

```html
<body>
<div class="flex-container">
    <div class="flex-item">伸缩项目 1</div>
    <div class="flex-item">伸缩项目 2</div>
    <div class="flex-item">伸缩项目 3</div>
    <div class="flex-item">伸缩项目 4</div>
</div>
</body>
</html>
```

> 知识：
> 伸缩容器中的每一个子元素都是一个伸缩项目，伸缩项目可以是任意数量的，伸缩容器外和伸缩项目内的一切元素都不受影响。伸缩项目沿着伸缩容器内的一个伸缩行定位，通常每个伸缩容器只有一个伸缩行。在上面示例中，可以看到 4 个项目沿着一个水平伸缩行从左至右显示。在默认情况下，伸缩行和文本方向一致——从左至右，从上到下。

常规布局是基于块和文本流方向，而 Flex 布局是基于 flex-flow 流。如图 23.17 所示是 W3C 规范对 Flex 布局的解释。

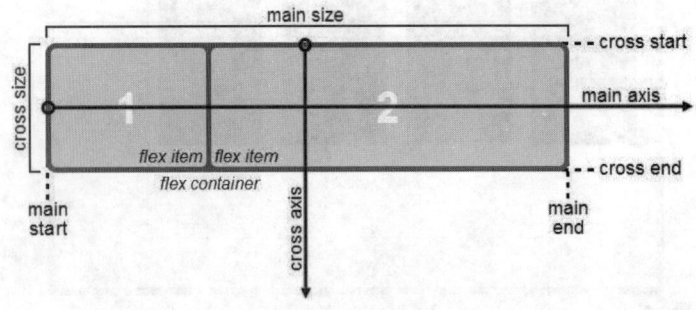

图 23.17　Flex 布局模式

基本上，伸缩项目是沿着主轴（main axis），从主轴起点（main-start）到主轴终点（main-end）；或者沿着侧轴（cross axis），从侧轴起点（cross-start）到侧轴终点（cross-end）排列。

- 主轴（main axis）：伸缩容器的主轴，伸缩项目主要沿着这条轴进行排列布局。注意，它不一定是水平的，这主要取决于 justify-content 属性设置。
- 主轴起点（main-start）和主轴终点（main-end）：伸缩项目放置在伸缩容器内从主轴起点（main-start）向主轴终点（main-start）方向。
- 主轴尺寸（main size）：伸缩项目在主轴方向的宽度或高度就是主轴的尺寸。伸缩项目主要的大小属性要么是宽度，要么是高度属性，由哪一个对着主轴方向决定。
- 侧轴（cross axis）：垂直于主轴，其方向主要取决于主轴方向。
- 侧轴起点（cross-start）和侧轴终点（cross-end）：伸缩行的配置从容器的侧轴起点边开始，在侧轴终点边结束。
- 侧轴尺寸（cross size）：伸缩项目在侧轴方向的宽度或高度就是其侧轴长度。伸缩项目的侧轴长度属性是 width 或 height 属性，由哪一个对着侧轴方向决定。

23.3.2　定义伸缩方向

使用 flex-direction 属性可以定义伸缩方向。该属性适用于伸缩容器，也就是伸缩项目的父元素。

flex-direction 属性主要用来创建主轴，从而定义伸缩项目在伸缩容器内的放置方向。具体语法如下：

```
flex-direction: row | row-reverse | column | column-reverse
```

取值说明如下。
- row：默认值，在 ltr 排版方式下从左向右排列；在 rtl 排版方式下从右向左排列。
- row-reverse：与 row 排列方向相反，在 ltr 排版方式下从右向左排列；在 rtl 排版方式下从左向右排列。
- column：类似于 row，不过是从上到下排列。
- column-reverse：类似于 row-reverse，不过是从下到上排列。

主轴起点与主轴终点方向分别等同于当前书写模式的开始与结束方向。其中 ltr 所指文本书写方式是 left-to-right，也就是从左向右书写；而 rtl 刚好与 ltr 方式相反，其书写方式是 right-to-left，也就是从右向左书写。

【示例】 本例将在上节示例基础上设计一个伸缩容器，其中包含四个伸缩项目，然后定义伸缩项目从上往下排列，演示效果如图 23.18 所示。

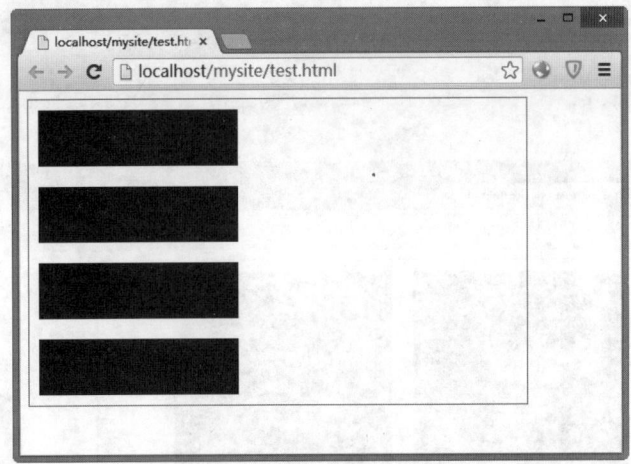

图 23.18 定义伸缩项目从上往下布局

```
<style type="text/css">
.flex-container {
    display: -WebKit-flex;
    display: flex;
    -WebKit-flex-direction: column;
    flex-direction: column;
    width: 500px;height: 300px;border: solid 1px red;}
.flex-item {
    background-color: blue; width: 200px; height: 200px; margin: 10px;}
</style>
```

23.3.3 定义行数

flex-wrap 属性主要用来定义伸缩容器里是单行还是多行显示，侧轴的方向决定了新行堆放的方向。该属性适用于伸缩容器，也就是伸缩项目的父元素。具体语法格式如下：

```
flex-wrap: nowrap | wrap | wrap-reverse
```

取值说明如下。

- nowrap：默认值，伸缩容器单行显示。在 ltr 排版方式下，伸缩项目从左到右排列；在 rtl 排版方式下，伸缩项目从右向左排列。
- wrap：伸缩容器多行显示。在 ltr 排版方式下，伸缩项目从左到右排列；在 rtl 排版方式下，伸缩项目从右向左排列。
- wrap-reverse：伸缩容器多行显示。与 wrap 相反，在 ltr 排版方式下，伸缩项目从右向左排列；在 rtl 排版方式下，伸缩项目从左到右排列。

【示例】 本例将在上面示例基础上设计一个伸缩容器，其中包含 4 个伸缩项目，然后定义伸缩项目多行排列，演示效果如图 23.19 所示。

```
<style type="text/css">
.flex-container {
    display: -WebKit-flex;
    display: flex;
    -WebKit-flex-wrap: wrap;
    flex-wrap: wrap;
    width: 500px; height: 300px;border: solid 1px red;}
.flex-item {
    background-color: blue; width: 200px; height: 200px; margin: 10px;}
</style>
```

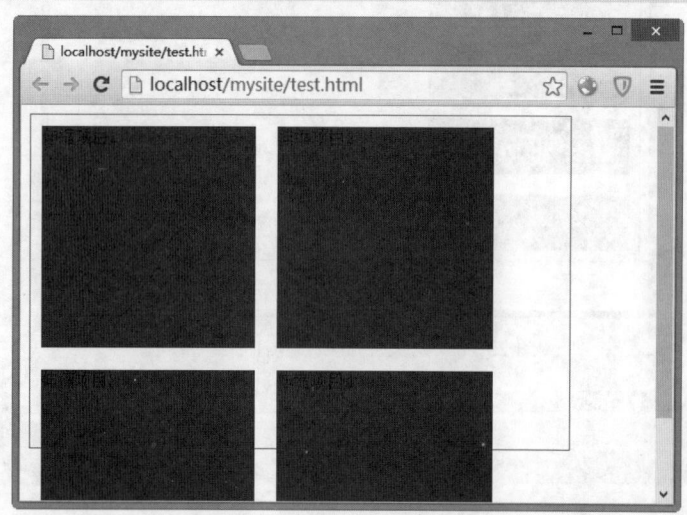

图 23.19 定义伸缩项目多行布局

📖 拓展：

flex-flow 属性是 flex-direction 和 flex-wrap 属性的复合属性，适用于伸缩容器。该属性可以同时定义伸缩容器的主轴和侧轴，其默认值为 row nowrap。具体语法如下：
flex-flow: <'flex-direction'> || <'flex-wrap'>

23.3.4 定义对齐方式

1. 主轴对齐

justify-content 属性用来定义伸缩项目沿着主轴的对齐方式。该属性适用于伸缩容器。当一行上的所有伸缩项目都不能伸缩或可伸缩但是已经达到其最大长度时，这一属性才会对多余的空间进行分配。当项目溢出某一行时，这一属性也会在项目的对齐上施加一些控制。具体语法如下：

```
justify-content: flex-start | flex-end | center | space-between | space-around
```
取值说明如下,示意如图 23.20 所示。

- flex-star:默认值,伸缩项目向一行的起始位置靠齐。
- flex-end:伸缩项目向一行的结束位置靠齐。
- center:伸缩项目向一行的中间位置靠齐。
- space-between:伸缩项目会平均地分布在行里。第 1 个伸缩项目在一行中的开始位置,最后一个伸缩项目在一行中的终点位置。
- space-around:伸缩项目会平均地分布在行里,两端保留一半的空间。

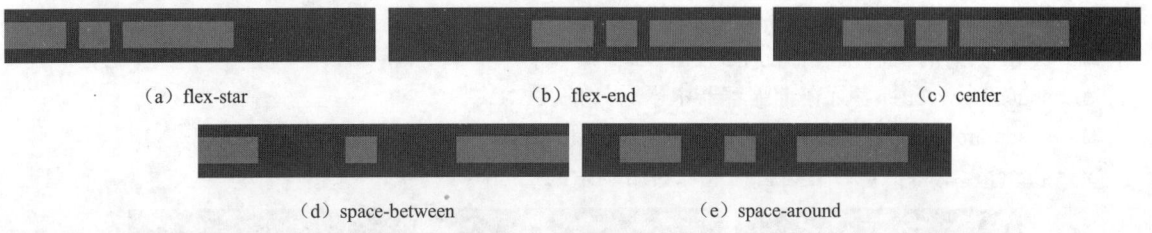

图 23.20 主轴对齐示意图

2. 侧轴对齐

align-items 属性主要用来定义伸缩项目在伸缩容器中当前行的侧轴上的对齐方式。该属性适用于伸缩容器,类似于侧轴(垂直于主轴)的 justify-content 属性。具体语法如下:

```
align-items: flex-start | flex-end | center | baseline | stretch
```
取值说明如下,示意如图 23.21 所示。

- flex-start:伸缩项目在侧轴起点边的外边距紧靠住该行在侧轴起始的边。
- flex-end:伸缩项目在侧轴终点边的外边距紧靠住该行在侧轴终点的边。
- center:伸缩项目的外边距盒在该行的侧轴上居中放置。
- baseline:伸缩项目根据它们的基线对齐。
- stretch:默认值,伸缩项目拉伸填充整个伸缩容器。此值会使项目的外边距盒的尺寸在遵照 min/max-width/height 属性的限制下尽可能接近所在行的尺寸。

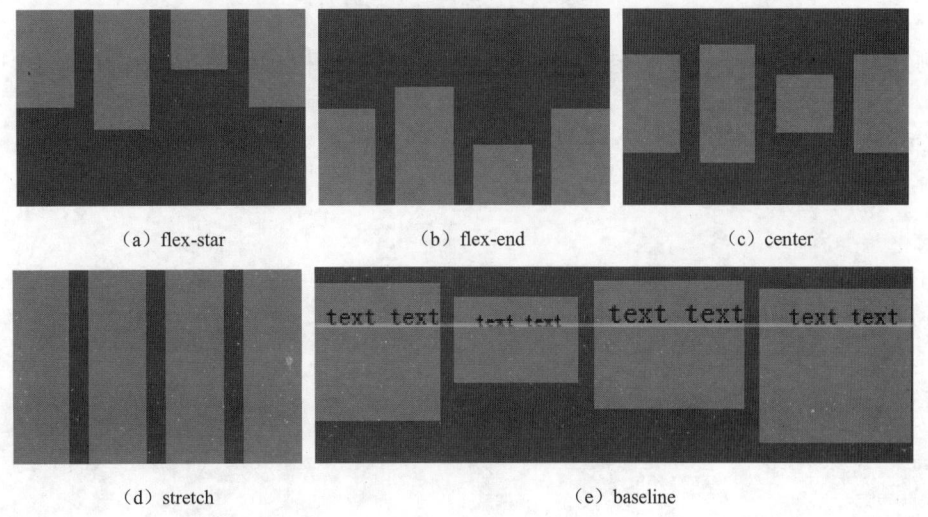

图 23.21 侧轴对齐示意图

3. 伸缩行对齐

align-content 属性主要用来调整伸缩行在伸缩容器里的对齐方式，该属性适用于伸缩容器。类似于伸缩项目在主轴上使用 justify-content 属性一样，但本属性在只有一行的伸缩容器上没有效果。具体语法如下：

```
align-content: flex-start | flex-end | center | space-between | space-around | stretch
```

取值说明如下，示意如图 23.22 所示。

- flex-start：各行向伸缩容器的起点位置堆叠。
- flex-end：各行向伸缩容器的结束位置堆叠。
- center：各行向伸缩容器的中间位置堆叠。
- space-between：各行在伸缩容器中平均分布。
- space-around：各行在伸缩容器中平均分布，在两边各有一半的空间。
- stretch：默认值，各行将会伸展以占用剩余的空间。

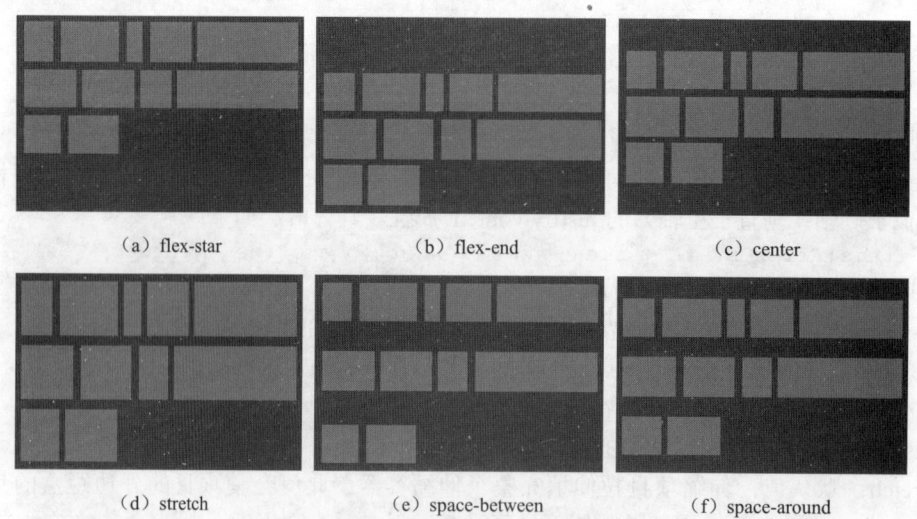

图 23.22 伸缩行对齐示意图

【示例】　以上面示例为基础，定义伸缩行在伸缩容器中居中显示，演示效果如图 23.23 所示。

```
<style type="text/css">
.flex-container {
    display: -WebKit-flex;
    display: flex;
    -WebKit-flex-wrap: wrap;
    flex-wrap: wrap;
    -WebKit-align-content: center;
    align-content: center;
    width: 500px; height: 300px;border: solid 1px red;}
.flex-item {
    background-color: blue; width: 200px; height: 200px; margin: 10px;}
</style>
```

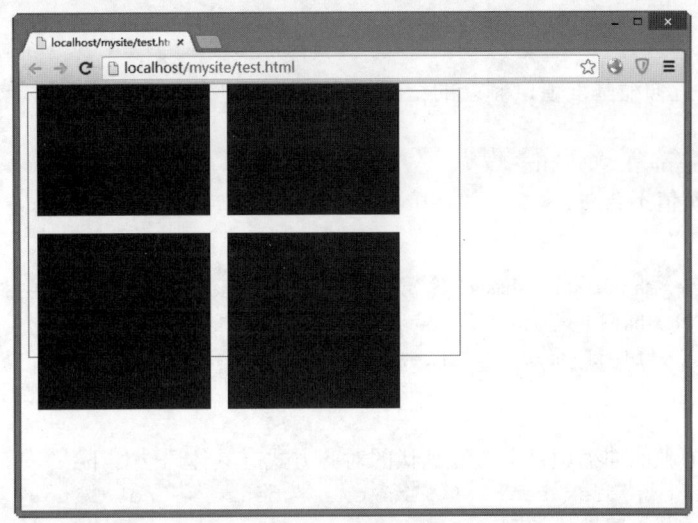

图 23.23　定义伸缩行居中对齐

23.3.5　定义伸缩项目

一个伸缩项目就是一个伸缩容器的子元素。伸缩容器中的文本也被视为一个伸缩项目。伸缩项目中的内容与普通文本流一样。例如，当一个伸缩项目被设置为浮动，用户依然可以在这个伸缩项目中放置一个浮动元素。

伸缩项目都有一个主轴长度（Main Size）和一个侧轴长度（Cross Size）。主轴长度是伸缩项目在主轴上的尺寸，侧轴长度是伸缩项目在侧轴上的尺寸。一个伸缩项目的宽或高取决于伸缩容器的轴，可能就是它的主轴长度或侧轴长度。

下面的属性可以调整伸缩项目的行为。

1. 显示位置

默认情况下，伸缩项目是按照文档流出现的先后顺序排列的。然而，order 属性可以控制伸缩项目在其伸缩容器中出现的顺序。该属性适用于伸缩项目。具体语法如下：

```
order: <integer>
```

2. 扩展空间

flex-grow 属性可以根据需要定义伸缩项目的扩展能力。该属性适用于伸缩项目。它接受一个不带单位的值作为一个比例，主要决定伸缩容器剩余空间按比例应扩展多少空间。具体语法如下：

```
flex-grow: <number>
```

默认值为 0，负值同样生效。

如果所有伸缩项目的 flex-grow 属性值设置为 1，那么每个伸缩项目将占用大小相等的剩余空间。如果将其中一个伸缩项目的 flex-grow 属性值设置为 2，那么这个伸缩项目所占的剩余空间是其他伸缩项目所占剩余空间的两倍。

3. 收缩空间

与 flex-grow 功能相反，flex-shrink 属性可以根据需要定义伸缩项目收缩的能力。该属性适用于伸缩项目。具体语法如下：

```
flex-shrink: <number>
```

默认值为 1，负值同样生效。

4. 伸缩比率

flex-basis 用来设置伸缩基准值，剩余的空间按比率进行伸缩。该属性适用于伸缩项目。具体语法如下：

```
flex-basis: <length> | auto
```

默认值为 auto，负值不合法。

拓展：

flex 是 flex-grow、flex-shrink 和 flex-basis 3 个属性的复合属性，该属性适用于伸缩项目。其中第 2 个和第 3 个参数（flex-shrink、flex-basis）是可选参数。默认值为 "0 1 auto"。具体语法如下：

```
flex: none | [ <'flex-grow'> <'flex-shrink'>? || <'flex-basis'> ]
```

5. 对齐方式

align-self 用来在单独的伸缩项目上覆写默认的对齐方式。具体语法如下：

```
align-self: auto | flex-start | flex-end | center | baseline | stretch
```

属性值与 align-items 的属性值相同。

【示例 1】 以上面示例为基础，定义伸缩项目在当前位置向右错移一个位置，其中第 1 个项目位于第 2 个项目的位置，第 2 个项目位于第 3 个项目的位置，最后一个项目移到第 1 个项目的位置上，演示效果如图 23.24 所示。

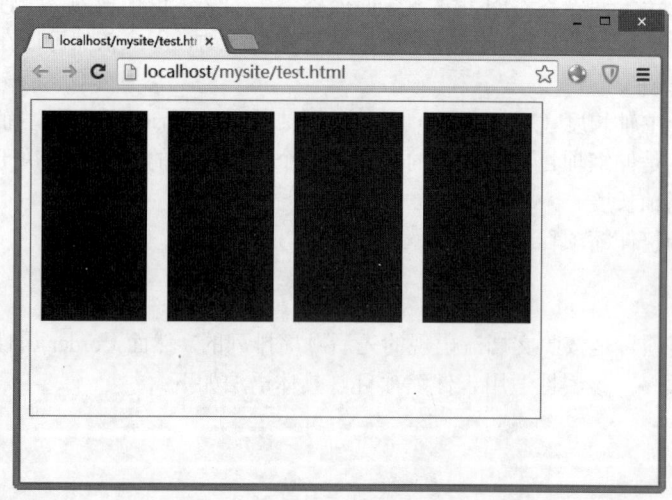

图 23.24　定义伸缩项目错位显示

```
<style type="text/css">
.flex-container {
   display: -WebKit-flex;
   display: flex;
   width: 500px; height: 300px;border: solid 1px red;}
.flex-item {
   background-color: blue; width: 200px; height: 200px; margin: 10px;}
.flex-item:nth-child(0){
   -WebKit-order: 4;
   order: 4; }
.flex-item:nth-child(1){
   -WebKit-order: 1;
   order: 1; }
.flex-item:nth-child(2){
```

```
   -WebKit-order: 2;
   order: 2; }
.flex-item:nth-child(3){
   -WebKit-order: 3;
   order: 3; }
</style>
</head>
```

📖 **拓展：**

margin: auto;在伸缩盒中具有强大的功能，一个"auto"的 margin 会合并剩余的空间，把伸缩项目挤到其他位置。

【示例 2】 本例利用 margin-right: auto; 定义包含的项目居中显示，效果如图 23.25 所示。

```
<!doctype html>
<html>
<head>
<meta charset="utf-8">
<style type="text/css">
.flex-container {
   display: -WebKit-flex;
   display: flex;
   width: 500px; height: 300px; border: solid 1px red;}
.flex-item {
   background-color: blue; width: 200px; height: 200px;
   margin: auto;}
</style>
</head>
<body>
<div class="flex-container">
   <div class="flex-item">伸缩项目</div>
</div>
</body>
</html>
```

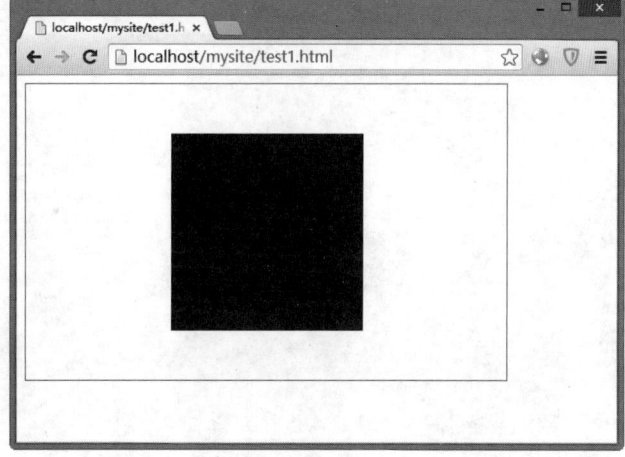

图 23.25 定义伸缩项目居中显示

23.4 实战案例

本节将通过多个案例演示 CSS3 布局的多样性和灵活性,通过实战提升用户使用新技术的水平。

23.4.1 设计伸缩菜单

本例设计一个置顶导航栏,导航栏能够响应设备类型,并根据设备显示不同的伸缩盒布局效果。在小屏设备上,从上到下显示;在默认状态下,从左到右显示,右对齐盒子;当设备小于 800 像素时,设计导航项目分散对齐显示。示例预览效果如图 23.26 所示。

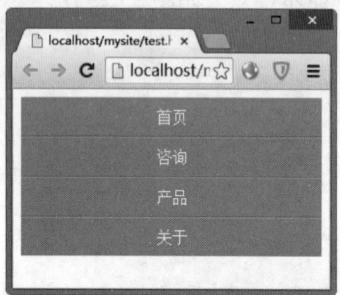

(a)小于 600 像素屏幕

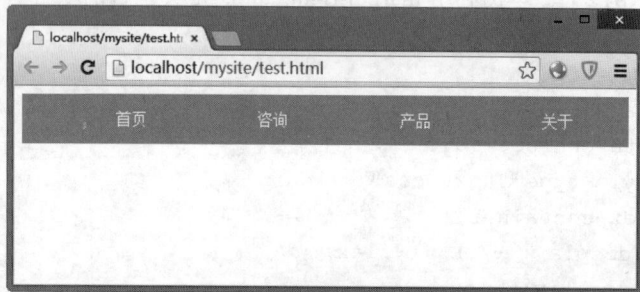

(b)介于 600~800 像素之间屏幕

(c)大于 800 像素屏幕

图 23.26 设计伸缩盒导航栏

完整代码如下。

```
<!doctype html>
<html>
<head>
<meta charset="utf-8">
<style type="text/css">
/*默认伸缩布局*/
.navigation {
    list-style: none;
    margin: 0;
    background: deepskyblue;
    display: -WebKit-box;
    display: -moz-box;
    display: -ms-flexbox;
```

```
        display: -WebKit-flex;
        display: flex;
        -WebKit-flex-flow: row wrap;
        /*所有列面向主轴终点位置靠齐*/
        justify-content: flex-end;}
.navigation a {
        text-decoration: none;
        display: block;
        padding: 1em;
        color: white;}
.navigation a:hover { background: blue; }
/*在小于 800 像素设备下伸缩布局*/
@media all and (max-width: 800px) {
        ./*在中等屏幕中，导航项目居中显示，并且剩余空间平均分布在列表之间*/
        .navigation { justify-content: space-around; }}
/*在小于 600 像素设备下伸缩布局*/
@media all and (max-width: 600px) {
        .navigation { /*在小屏幕下，没有足够空间行排列，可以换成列排列*/
        -WebKit-flex-flow: column wrap;
        flex-flow: column wrap;
        padding: 0;}
        .navigation a {
        text-align: center;
        padding: 10px;
        border-top: 1px solid rgba(255,255,255,0.3);
        border-bottom: 1px solid rgba(0,0,0,0.1);}
        .navigation li:last-of-type a { border-bottom: none; }
}
</style>
</head>
<body>
<ul class="navigation">
        <li><a href="#">首页</a></li>
        <li><a href="#">咨询</a></li>
        <li><a href="#">产品</a></li>
        <li><a href="#">关于</a></li>
</ul>
</body>
</html>
```

23.4.2 设计伸缩页

本例设计一个更灵活的伸缩项目，定义 3 行 3 列布局页面。考虑到移动先行，这里设计大屏幕下 3 列布局，中屏幕下 2 列布局，小屏幕下单列布局，同时灵活定义每个栏目的显示顺序，摆脱文档顺序束缚。示例预览效果如图 23.27 所示。

扫一扫，看视频

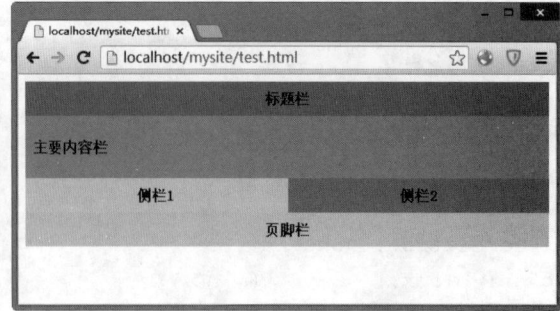

（a）小于 600 像素屏幕　　　　　（b）介于 600~800 像素之间屏幕

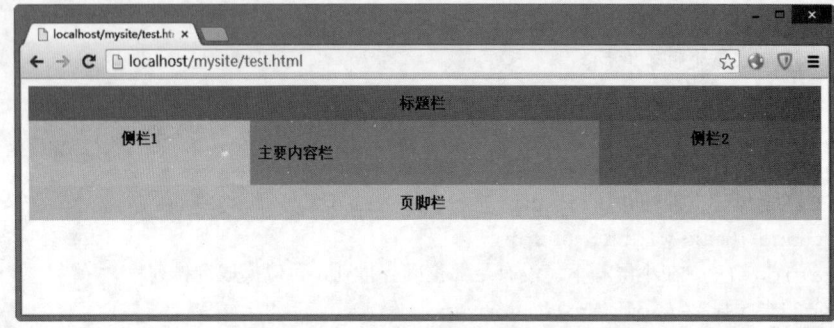

（c）大于 800 像素屏幕

图 23.27　设计自适应伸缩页

完整代码如下。

```
<!doctype html>
<html>
<head>
<meta charset="utf-8">
<style type="text/css">
.wrapper {
    display: -WebKit-box;
    display: -moz-box;
    display: -ms-flexbox;
    display: -WebKit-flex;
    display: flex;
    -WebKit-flex-flow: row wrap;
    flex-flow: row wrap;
    font-weight: bold;
    text-align: center;}
/*设置所有标签宽度为100%*/
.wrapper > * {
    padding: 10px;
    flex: 1 100%;}
.header { background: tomato; }
.footer { background: lightgreen; }
.main {
    text-align: left;
    background: deepskyblue;}
.aside-1 { background: gold; }
```

```css
.aside-2 { background: hotpink; }
/*中屏设备*/
@media all and (min-width: 600px) {
    /*两个边栏在同一行*/
    .aside { flex: 1 auto; }
}
/*利用文档流顺序，考虑移动端先行
 * 本例各个栏目的顺序：
 * 1. header
 * 2. nav
 * 3. main
 * 4. aside
 * 5. footer
 */
/*大屏设备*/
@media all and (min-width: 800px) {
    /*  设置左边栏在主内容左边
     * 设置主内容区域宽度是其他两个侧边栏宽度的两倍
     */
    .main { flex: 2 0px; }
    .aside-1 { order: 1; }
    .main { order: 2; }
    .aside-2 { order: 3; }
    .footer { order: 4; }
}
</style>
</head>
<body>
<div class="wrapper">
    <header class="header">标题栏</header>
    <article class="main">
        <p>主要内容栏</p>
    </article>
    <aside class="aside aside-1">侧栏 1</aside>
    <aside class="aside aside-2">侧栏 2</aside>
    <footer class="footer">页脚栏</footer>
</div>
</body>
</html>
```

23.4.3 设计可兼容多列模板

CSS3 盒布局是在不断发展中，并不断升级，大致经历了 3 个阶段，未来可能还会变：

- 2009 年版本（老版本）：display:box。
- 2011 年版本（中间版本）：display:flexbox。
- 最新版本：display:flex。

各主流设备支持情况说明如下，其中新版本浏览器都能够延续支持老版本浏览器支持的功能。

IE 10+	支持最新版
Chrome 21+	支持 2011 版
Chrome 20-	支持 2009 版

扫一扫，看视频

Safari 3.1+   支持 2009 版
Firefox 22+   支持最新版
Firefox 2-21   支持 2009 版
Opera 12.1+   支持 2011 版
Android 2.1+   支持 2009 版
iOS 3.2+   支持 2009 版

如果把 Flexbox 新语法、旧语法和中间过渡语法混合在一起使用，就可以让浏览器得到完美的展示。尤其是控制网格顺序。

下面示例演示如何灵活使用不同版本盒布局，设计一个兼容不同设备和浏览器的弹性页面，演示效果如图 23.28 所示。

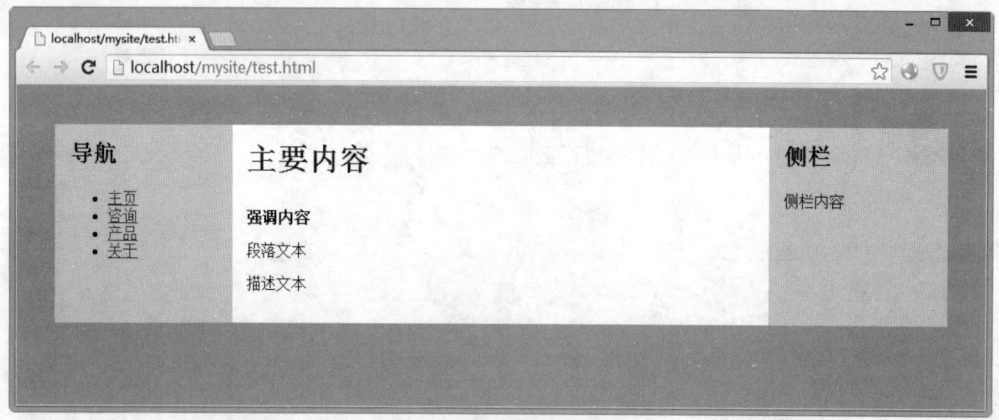

图 23.28　定义混合伸缩盒布局

完整代码如下。

```
<!doctype html>
<html>
<head>
<meta charset="utf-8">
<style type="text/css">
.page-wrap {
    display: -WebKit-box;          /*2009 版 - iOS 6-, Safari 3.1-6*/
    display: -moz-box;             /*2009 版 - Firefox 19- (存在缺陷)*/
    display: -ms-flexbox;          /*2011 版 - IE 10*/
    display: -WebKit-flex;         /*最新版 - Chrome*/
    display: flex;                 /*最新版 - Opera 12.1, Firefox 20+*/
}
.main-content {
    -WebKit-box-ordinal-group: 2;  /*2009 版 - iOS 6-, Safari 3.1-6*/
    -moz-box-ordinal-group: 2;     /*2009 版 - Firefox 19-*/
    -ms-flex-order: 2;             /*2011 版 - IE 10*/
    -WebKit-order: 2;              /*最新版 - Chrome*/
    order: 2;                      /*最新版 - Opera 12.1, Firefox 20+*/
    width: 60%;                    /*不会自动伸缩，其他列将占据空间*/
    -moz-box-flex: 1;              /*如果没有该声明，主内容（60%）会伸展到最宽的段落，就像是段落设置了 white-space:nowrap*/
    background: white;
}
```

```css
.main-nav {
    -WebKit-box-ordinal-group: 1;     /*2009版 - iOS 6-, Safari 3.1-6*/
    -moz-box-ordinal-group: 1;        /*2009版 - Firefox 19-*/
    -ms-flex-order: 1;                /*2011版 - IE 10*/
    -WebKit-order: 1;                 /*最新版 - Chrome*/
    order: 1;                         /*最新版 - Opera 12.1, Firefox 20+*/
    -WebKit-box-flex: 1;              /*2009版 - iOS 6-, Safari 3.1-6*/
    -moz-box-flex: 1;                 /*2009版 - Firefox 19-*/
    width: 20%;                       /*2009版语法，否则将崩溃*/
    -WebKit-flex: 1;                  /*Chrome*/
    -ms-flex: 1;                      /*IE 10*/
    flex: 1;                          /*最新版 - Opera 12.1, Firefox 20+*/
    background: #ccc;
}
.main-sidebar {
    -WebKit-box-ordinal-group: 3;     /*2009版 - iOS 6-, Safari 3.1-6*/
    -moz-box-ordinal-group: 3;        /*2009版 - Firefox 19-*/
    -ms-flex-order: 3;                /*2011版 - IE 10*/
    -WebKit-order: 3;                 /*最新版 - Chrome*/
    order: 3;                         /*最新版- Opera 12.1, Firefox 20+*/
    -WebKit-box-flex: 1;              /*2009版 - iOS 6-, Safari 3.1-6*/
    -moz-box-flex: 1;                 /*Firefox 19-*/
    width: 20%;                       /*2009版，否则将崩溃.*/
    -ms-flex: 1;                      /*2011版 - IE 10*/
    -WebKit-flex: 1;                  /*最新版 - Chrome*/
    flex: 1;                          /*最新版 - Opera 12.1, Firefox 20+*/
    background: #ccc;
}
.main-content, .main-sidebar, .main-nav { padding: 1em; }
body {padding: 2em; background: #79a693;}
* {
    -WebKit-box-sizing: border-box;
    -moz-box-sizing: border-box;
    box-sizing: border-box;}
h1, h2 {
    font: bold 2em Sans-Serif;
    margin: 0 0 1em 0;}
h2 { font-size: 1.5em; }
p { margin: 0 0 1em 0; }
</style>
</head>
<body>
<div class="page-wrap">
    <section class="main-content">
        <h1>主要内容</h1>
        <p><strong>强调内容</strong></p>
        <p>段落文本</p>
        <p>描述文本</p>
    </section>
    <nav class="main-nav">
        <h2>导航</h2>
        <ul>
            <li><a href="#">主页</a></li>
```

```html
            <li><a href="#">咨询</a></li>
            <li><a href="#">产品</a></li>
            <li><a href="#">关于</a></li>
        </ul>
    </nav>
    <aside class="main-sidebar">
        <h2>侧栏</h2>
        <p>侧栏内容</p>
    </aside>
</div>
</body>
</html>
```

页面被包裹在类名为 page-wrap 的容器中，该容器包含 3 个子模块。现在将容器定义为伸缩容器，此时每个子模块自动变成了伸缩项目。

```html
<div class="page-wrap">
    <section class="main-content"> </section>
    <nav class="main-nav"></nav>
    <aside class="main-sidebar"></aside>
</div>
```

本例设计各列在一个伸缩容器中显示上下文，只有这样这些元素才能直接成为伸缩项目，它们之前是什么没有关系，只要现在是伸缩项目即可。

本例把 Flexbox 旧的语法、中间过渡语法和最新的语法混在一起使用，它们的顺序很重要。display 属性本身并不添加任何浏览器前缀，用户需要确保老语法不要覆盖新语法，让浏览器同时支持。

```css
.page-wrap {
    display: -WebKit-box;           /*2009版 - iOS 6-, Safari 3.1-6*/
    display: -moz-box;              /*2009版 - Firefox 19- (存在缺陷)*/
    display: -ms-flexbox;           /*2011版 - IE 10*/
    display: -WebKit-flex;          /*最新版 - Chrome*/
    display: flex;                  /*最新版 - Opera 12.1, Firefox 20+*/
}
```

整个页面包含 3 列，设计一个 20%、60%、20%网页布局。第 1 步，设置主内容区域宽度为 60%；第 2 步设置侧边栏来填补剩余的空间。同样把新旧语法混在一起使用。

```css
.main-content {
    -WebKit-box-ordinal-group: 2;   /*2009版 - iOS 6-, Safari 3.1-6*/
    -moz-box-ordinal-group: 2;      /*2009版 - Firefox 19-*/
    -ms-flex-order: 2;              /*2011版 - IE 10*/
    -WebKit-order: 2;               /*最新版 - Chrome*/
    order: 2;                       /*最新版 - Opera 12.1, Firefox 20+*/
    width: 60%;                     /*不会自动伸缩,其他列将占据空间*/
    -moz-box-flex: 1;               /*如果没有该声明,Firefox 19-将溢出 h,覆盖宽度*/
    background: white;
}
```

在新语法中，没有必要给边栏设置宽度，因为它们同样会使用 20%比例填充剩余的 40%空间。但是，如果不显式设置宽度，在老的语法下会直接崩溃。

完成初步布局之后，需要重新排列顺序。这里设计主内容排列在中间，但在源码之中，它是排列在第 1 的位置。使用 Flexbox 可以非常容易实现，但是用户需要把 Flexbox 中不同的语法混在一起使用。

```css
.main-content {
    -WebKit-box-ordinal-group: 2;
```

```
    -moz-box-ordinal-group: 2;
    -ms-flex-order: 2;
    -WebKit-order: 2;
    order: 2;}
.main-nav {
    -WebKit-box-ordinal-group: 1;
    -moz-box-ordinal-group: 1;
    -ms-flex-order: 1;
    -WebKit-order: 1;
    order: 1;}
.main-sidebar {
    -WebKit-box-ordinal-group: 3;
    -moz-box-ordinal-group: 3;
    -ms-flex-order: 3;
    -WebKit-order: 3;
    order: 3;}
```

本例将 Flexbox 多版本混合在一起使用,可以得到以下浏览器的支持。

- Chrome。
- Firefox。
- Safari。
- Opera 12.1+。
- IE 10+。
- iOS any。
- Android。

23.4.4 设计 HTML5 应用模板

本例使用 HTML5 标签设计一个规范的应用文档页面结构,然后借助 Flexbox 定义伸缩盒布局,让页面呈现 3 行 3 列布局样式,同时能够根据窗口自适应调整各自空间,以满屏显示,效果如图 23.29 所示。

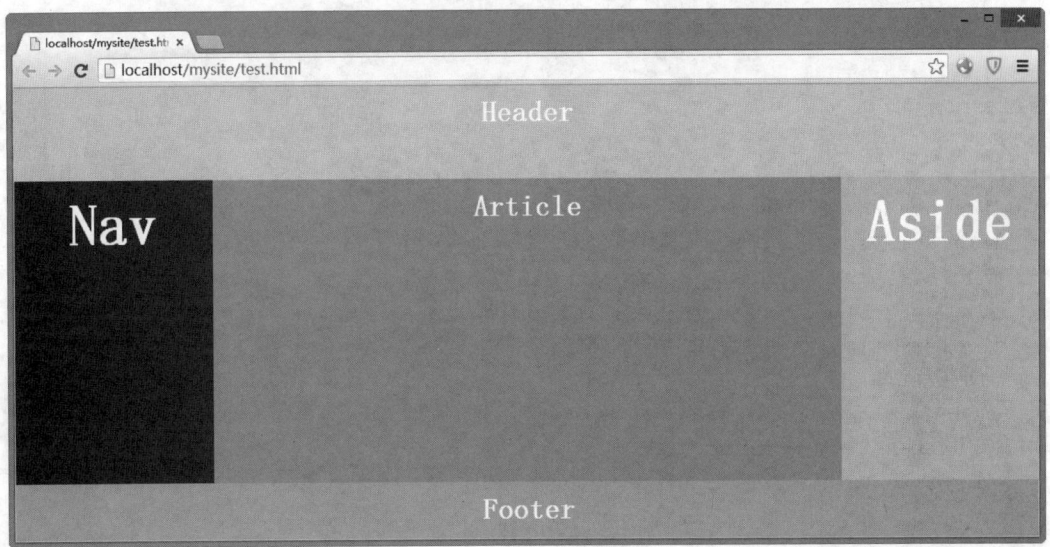

图 23.29　HTML5 应用文档

页面完整代码如下。

```html
<!DOCTYPE HTML>
<html lang="en-US">
<head>
<meta charset="UTF-8">
<style type="text/css" media="screen">
/*基本样式*/
 {margin: 0; padding: 0;
    -moz-box-sizing: border-box;
    -WebKit-box-sizing: border-box;
    box-sizing: border-box;}
html, body {height: 100%; color: #fff;}
body { min-width: 100%; }
header, section, nav, aside, footer { display: block; text-align:center; font-size: 2em; font-weight:bold; }
/*页眉框样式：限高、限宽*/
header {
    background-color: hsla(200,10%,70%,.5);
    min-height: 100px; padding: 10px 20px;
    min-width: 100%;}
/*主体区域框样式：满宽显示*/
section {min-width: 100%;}
/*导航框样式：固定宽度*/
nav {background-color: hsla(300,60%,20%,.9);padding: 1%;width: 220px;}
/*文档栏样式*/
article {background-color: hsla(120,50%,50%,.9); padding: 1%;}
/*侧边栏样式：弹性宽度*/
aside {background-color: hsla(20,80%,80%,.9); padding: 1%;width: 220px;}
/*页脚样式：限高、限宽*/
footer {
    background-color: hsla(250,50%,80%,.9);
    min-height: 60px; padding: 1%;
    min-width: 100%;}
/*flexbox 样式*/
body {
    /*设置 body 为伸缩容器*/
    display: -WebKit-box;/*老版本：iOS 6-, Safari 3.1-6*/
    display: -moz-box;/*老版本：Firefox 19-*/
    display: -ms-flexbox;/*混合版本：IE10*/
    display: -WebKit-flex;/*新版本：Chrome*/
    display: flex;/*标准规范：Opera 12.1, Firefox 20+*/
    /*伸缩项目换行*/
    -moz-box-orient: vertical;
    -WebKit-box-orient: vertical;
    -moz-box-direction: normal;
    -moz-box-direction: normal;
    -moz-box-lines: multiple;
    -WebKit-box-lines: multiple;
```

```css
    -WebKit-flex-flow: column wrap;
    -ms-flex-flow: column wrap;
    flex-flow: column wrap;}
/*实现stick footer效果*/
section {
    display: -moz-box;
    display: -WebKit-box;
    display: -ms-flexbox;
    display: -WebKit-flex;
    display: flex;
    -WebKit-box-flex: 1;
    -moz-box-flex: 1;
    -ms-flex: 1;
    -WebKit-flex: 1;
    flex: 1;
    -moz-box-orient: horizontal;
    -WebKit-box-orient: horizontal;
    -moz-box-direction: normal;
    -WebKit-box-direction: normal;
    -moz-box-lines: multiple;
    -WebKit-box-lines: multiple;
    -ms-flex-flow: row wrap;
    -WebKit-flex-flow: row wrap;
    flex-flow: row wrap;
    -moz-box-align: stretch;
    -WebKit-box-align: stretch;
    -ms-flex-align: stretch;
    -WebKit-align-items: stretch;
    align-items: stretch;}
/*文章区域伸缩样式*/
article {
    -moz-box-flex: 1;
    -WebKit-box-flex: 1;
    -ms-flex: 1;
    -WebKit-flex: 1;
    flex: 1;
    -moz-box-ordinal-group: 2;
    -WebKit-box-ordinal-group: 2;
    -ms-flex-order: 2;
    -WebKit-order: 2;
    order: 2;}
/*侧边栏伸缩样式*/
aside {
    -moz-box-ordinal-group: 3;
    -WebKit-box-ordinal-group: 3;
    -ms-flex-order: 3;
    -WebKit-order: 3;
    order: 3;}
```

```html
</style>
</head>
<body>
<header>Header</header>
<section>
    <article>Article</article>
    <nav>Nav</nav>
    <aside>Aside</aside>
</section>
<footer>Footer</footer>
</body>
</html>
```

第 24 章 CSS3 变形和动画

CSS3 新增了 transition 和 animation 两种动画功能，这两种功能都可以通过改变 CSS 中的属性值来产生动画效果。本章将对 transform、transition 和 animation 功能进行详细的介绍，并结合大量实例练习如何在页面中应用这些动画。

【学习重点】
- 设计变形动画。
- 设计过渡样式。
- 设计关键帧动画。
- 能够灵活使用 CSS3 动画设计页面特效。

24.1 CSS3 变形

2009 年 3 月 W3C 组织正式发布 3D 变形标准草案（http://www.w3.org/TR/css3-3dtransforms/）。同年 12 月 W3C 在 3D 草案的基础上，又发布了 2D 变形标准草案（http://www.w3.org/TR/css3-2d-transforms/）。两个草案核心内容基本相似，但是针对的主体不同，一个是 3D，另一个是 2D。

CSS 2D transform 获得了各主流浏览器的支持，而 CSS3D transform 的情况则不尽人意，仅在 Firefox、Chrome、Safari 4.0+等最新版本浏览器中获得了支持。

transform 属性可以旋转、缩放、倾斜和移动元素。基本语法如下：

```
transform:none | <transform-function> [ <transform-function> ]*;
```

transform 属性的初始值是 none，适用于块元素和行内元素。取值简单说明如下。

<transform-function>：设置变形函数。可以是一个或多个变形函数列表。transform-function 函数包括 matrix()、translate()、scale()、scaleX()、scaleY()、rotate()、skewX()、skewY()、skew()等。关于这些常用变形函数的功能简单说明如下。

- matrix()：定义矩阵变换，即基于 X 和 Y 坐标重新定位元素的位置。
- translate()：移动元素对象，即基于 X 和 Y 坐标重新定位元素。
- scale()：缩放元素对象，可以使任意元素对象的尺寸发生变化，取值包括正数和负数，以及小数。
- rotate()：旋转元素对象，取值为一个度数值。
- skew()：倾斜元素对象，取值为一个度数值。

对于早期版本浏览器，WebKit 引擎支持-WebKit-transform 私有属性，Mozilla Gecko 引擎支持-moz-transform 私有属性，Presto 引擎支持-o-transform 私有属性，IE9 支持-ms-transform 私有属性，目前大部分最新浏览器都支持 transform 标准属性。

24.1.1 2D 旋转

rotate()函数能够旋转指定的元素对象。它主要在二维空间内进行操作。该函数接受一个角度参数值，用来指定旋转的幅度。元素对象可以是内联元素和块级元素。语法格式如下：

```
rotate(<angle>)
```

参数 angle 表示角度值，取值单位可以是：度，如 90deg（90 度，一圈 360 度）；梯度，如 100grad

扫一扫，看视频

（相当于90度，360度等于400grad）；弧度，如1.57rad（约等于90度，360度等于2π）；圈，如0.25turn（等于90度，360度等于1turn）。

【示例】 在本例中演示了div元素在光标经过时如何逆时针旋转90度，效果如图24.1所示。

```html
<!doctype html>
<html>
<head>
<meta charset="utf-8">
<style type="text/css">
div {
   margin:10px auto;
   width: 300px;
   height: 300px;
   background:url(images/face.png) center;}
div:hover {
   /*定义动画的状态*/
   -WebKit-transform: rotate(-90deg);
   -moz-transform: rotate(-90deg);
   -o-transform: rotate(-90deg);
   transform: rotate(-90deg);
   filter: progid:DXImageTransform.Microsoft.BasicImage(rotation=3);} /*兼容早期IE*/
</style>
</head>
<body>
<div></div>
</body>
</html>
```

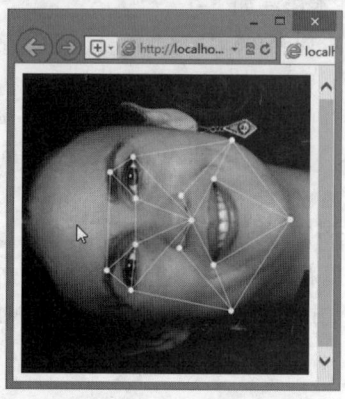
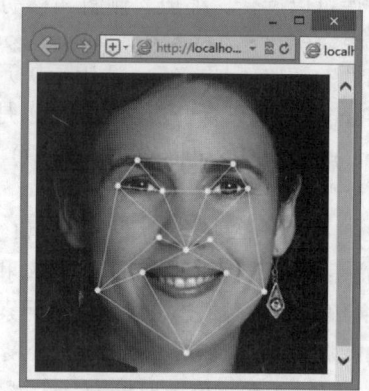

(a) 默认状态　　　　　　　　　　(b) 光标经过时被旋转

图24.1 定义旋转动画效果

📢 提示：

IE浏览器在怪异模式下不支持filter属性，应该使用IE私有属性进行定义，即-ms-filter，而不是filter。例如，在上面示例中可以添加这样一个声明：

```
-ms-filter: progid:DXImageTransform.Microsoft.BasicImage(rotation=3);
```

24.1.2　2D缩放

scale()函数能够缩放元素大小。该函数包含两个参数值，分别用来定义宽和高缩放比例。语法格式如下：

```
scale(<number>[, <number>])
```

<number>参数值可以是正数、负数和小数。正数值基于指定的宽度和高度缩放元素；负数值不会缩小元素，而是翻转元素（如文字被反转），然后再缩放元素。使用小于 1 的小数（如 0.5）可以缩小元素。如果第 2 个参数省略，则第 2 个参数等于第 1 个参数值。

【示例】 下面示例设计在导航菜单中添加缩放功能，让导航菜单更好用，演示效果如图 24.2 所示。

图 24.2 缩放动画效果

◀》注意：

当为 scale()函数传递不同参数值时，缩放动画效果是不同的。

```
<!doctype html>
<html>
<head>
<meta charset="utf-8">
<style type="text/css">
.test ul { list-style: none; }
.test li { float: left; width: 140px; background: #CCC; margin-left: 3px; line-height: 30px; }
.test a { display: block; text-align: center; height: 30px; }
.test a:link { color: #666; background: url(images/icon1.jpg) #CCC no-repeat 5px 12px; text-decoration: none; }
.test a:visited { color: #666; text-decoration: underline; }
.test a:hover {
    color:#FFF;
    font-weight:bold;
    text-decoration:none;
    background:url(images/icon2.jpg) #F00 no-repeat 5px 12px;
    /*设置 a 元素在光标经过时放大 2 倍尺寸进行显示*/
    -WebKit-transform: scale(1.2);
    -moz-transform: scale(1.2);
    -o-transform: scale(1.2);;
    transform: scale(1.2);} ;
</style>
</head>
<body>
<div class="test">
    <ul>
        <li><a href="">W3C</a></li>
        <li><a href="">W3C 中国</a></li>
        <li><a href="">HTML 工作组</a></li>
    </ul>
</div>
</body>
</html>
```

24.1.3 2D移动

translate()函数能够重新定位元素的坐标。该函数包含两个参数值,分别用来定义 x 轴和 y 轴坐标。语法格式如下:

```
translate(<translation-value>[, <translation-value>])
```

<translation-value>参数表示坐标值,第 1 个参数表示相对于原位置的 x 轴偏移距离,第 2 个参数表示相对于原位置的 y 轴偏移距离。如果省略了第 2 个参数,则第 2 个参数默认值为 0。

【示例】 缩放对象是相当有意义的功能,使用它可以渐进增强:hover 可用性。本示例将在上节示例的基础上为导航菜单添加定位功能,让导航菜单更富动感,演示效果如图 24.3 所示。

```
<style type="text/css">
.test ul { list-style: none; }
.test li { float: left; width: 140px; background: #CCC; margin-left: 3px; line-height: 30px; }
.test a { display: block; text-align: center; height: 30px; }
.test a:link { color: #666; background: url(images/icon1.jpg) #CCC no-repeat 5px 12px; text-decoration: none; }
.test a:visited { color: #666; text-decoration: underline; }
.test a:hover {
    color:#FFF;
    font-weight:bold;
    text-decoration:none;
    background:url(images/icon2.jpg) #F00 no-repeat 5px 12px;
    /*设置a元素在光标经过时向右下角位置偏移4像素*/
    -moz-transform: translate(4px, 4px);
    -WebKit-transform: translate(4px, 4px);
    -o-transform: translate(4px, 4px);
    transform: translate(4px, 4px);}
</style>
```

图 24.3 移动动画效果

提示:

当为 translate()函数传递一个参数值时,表示水平偏移;如果垂直偏移,则应设置第 1 个参数值为 0,第 2 个参数值为垂直偏移值。如果设置为负值,则表示反向偏移,但是参考距离不同。

24.1.4 2D倾斜

skew()函数能够让元素倾斜显示。该函数包含两个参数值,分别用来定义 x 轴和 y 轴坐标倾斜的角度。语法格式如下:

```
skew(<angle> [, <angle>])
```

<angle>参数表示角度值,第 1 个参数表示相对于 x 轴进行倾斜,第 2 个参数表示相对于 y 轴进行倾斜。如果省略了第 2 个参数,则第 2 个参数默认值为 0。

skew()也是一个很有用的变形函数，它可以将一个对象围绕着 x 和 y 轴按照一定的角度倾斜。这与 rotate()函数的旋转不同，rotate()函数只是旋转，而不会改变元素的形状；skew()函数则会改变元素的形状。

【示例】 在本例中为导航菜单添加倾斜变形功能，让导航菜单更富情趣，演示效果如图 24.4 所示。

```
<style type="text/css">
.test ul { list-style: none; }
.test li { float: left; width: 140px; background: #CCC; margin-left: 3px; line-height: 30px; }
.test a { display: block; text-align: center; height: 30px; }
.test a:link { color: #666; background: url(images/icon1.jpg) #CCC no-repeat 5px 12px; text-decoration: none; }
.test a:visited { color: #666; text-decoration: underline; }
.test a:hover {
    color:#FFF;
    font-weight:bold;
    text-decoration:none;
    background:url(images/icon2.jpg) #F00 no-repeat 5px 12px;
    /*设置a元素在光标经过时向左下角位置倾斜*/
    -moz-transform: skew(30deg, -10deg);
    -WebKit-transform: skew(30deg, -10deg);
    -o-transform: skew(30deg, -10deg);
    transform: skew(30deg, -10deg);}
</style>
```

图 24.4 倾斜动画效果

24.1.5 2D 矩阵

matrix()是矩阵函数，调用该函数可以非常灵活地实现各种变形效果，如倾斜（skew）、缩放（scale）、旋转（rotate）以及位移（translate）。matrix()函数的语法格式如下：

```
matrix(<number>, <number>, <number>, <number>, <number>, <number>)
```

其中，第 1 个参数控制 x 轴缩放，第 2 个参数控制 x 轴倾斜，第 3 个参数控制 y 轴倾斜，第 4 个参数控制 y 轴缩放，第 5 个参数控制 x 轴移动，第 6 个参数控制 y 轴移动。配合使用前面 4 个参数，可以实现旋转效果。

【示例】 在本例中利用 matrix()函数的矩阵变形设计特殊变形效果，为导航菜单添加动态变形效果，如图 24.5 所示。

```
<style type="text/css">
.test ul { list-style: none; }
.test li { float: left; width: 140px; background: #CCC; margin-left: 3px; line-height: 30px; }
.test a { display: block; text-align: center; height: 30px; }
.test a:link { color: #666; background: url(images/icon1.jpg) #CCC no-repeat 5px 12px; text-decoration: none; }
.test a:visited { color: #666; text-decoration: underline; }
.test a:hover {
```

```
    color:#FFF;
    font-weight:bold;
    text-decoration:none;
    background:url(images/icon2.jpg) #F00 no-repeat 5px 12px;
    /*设置a元素在光标经过时矩阵变形*/
    -moz-transform: matrix(1, 0.4, 0, 1, 0, 0);
    -WebKit-transform: matrix(1, 0.4, 0, 1, 0, 0);
    -o-transform: matrix(1, 0.4, 0, 1, 0, 0);
    transform: matrix(1, 0.4, 0, 1, 0, 0);
}
</style>
```

图 24.5 变形动画效果

在实战中，可能不需要某种变形操作，而是需要同时使用多种变形，以设计复杂的变形效果。为了方便代码编写，CSS3 支持缩写形式。

例如：

```
div {
    -moz-transform: translate(80, 80);
    -WebKit-transform: translate(80, 80);
    -o-transform: translate(80, 80);
    -moz-transform: rotate(45deg);
    -WebKit-transform: rotate(45deg);
    -o-transform: rotate(45deg);
    -moz-transform: scale(1.5, 1.5);
    -WebKit-transform: scale(1.5, 1.5);
    -o-transform: scale(1.5, 1.5);
}
```

对于上面的样式，可以缩写为：

```
div {
    -moz-transform: translate(80, 80) rotate(45deg) scale(1.5, 1.5);
    -WebKit-transform: translate(80, 80) rotate(45deg) scale(1.5, 1.5);
    -o-transform: translate(80, 80) rotate(45deg) scale(1.5, 1.5);
}
```

24.1.6 定义变形原点

CSS 变形的原点默认为对象的中心点，如果要改变这个中心点，可以使用 transform-origin 属性进行定义。transform-origin 属性的基本语法如下：

```
transform-origin:[ [ <percentage> | <length> | left | center | right ] [ <percentage>|
<length> | top | center | bottom ]? ] | [ [ left | center | right ] || [ top | center
| bottom ] ]
```

transform-origin 属性的初始值为 50% 50%，适用于块状元素和内联元素。transform-origin 接受两个参数，它们可以是百分比、em、px 等具体的值，也可以是 left、center、right 或者 top、middle、bottom 等描述性关键字。

【示例】 通过改变变形对象的原点，可以实现不同的变形效果。在本例中分别以图像的 4 个角点为原点来旋转图像，演示效果如图 24.6 所示。

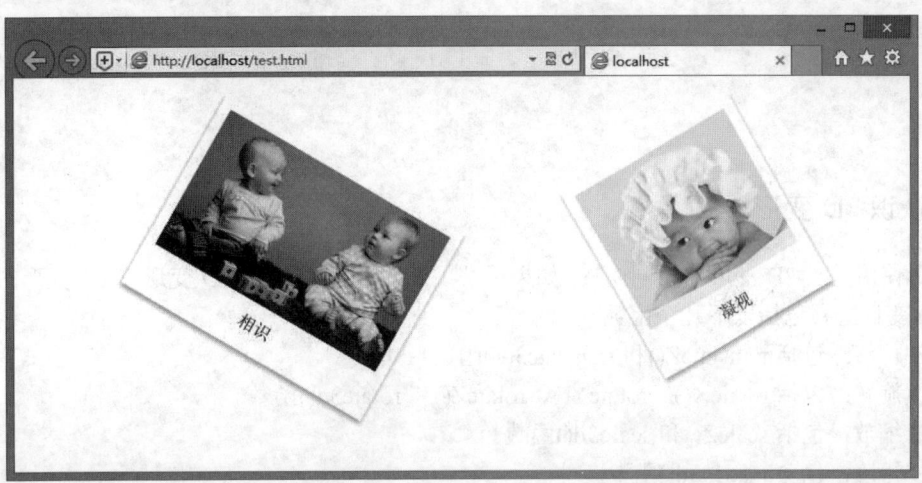

图 24.6 自定义图片旋转

```
<!doctype html>
<html>
<head>
<meta charset="utf-8">
<style type="text/css">
ul.polaroids { margin-left:120px; }
ul.polaroids li { display: inline; }
ul.polaroids a {
    background: #fff;
    display: inline;
    float: left;
    margin: 0 0 27px 30px;
    width: auto;
    padding: 10px 10px 15px;
    text-align: center;
    text-decoration: none;
    color: #333;
    box-shadow: 0 3px 6px rgba(0, 0, 0, .25);}
ul.polaroids img {display: block;height: 140px;margin-bottom: 12px;}
ul.polaroids a:after { content: attr(title); }
/*变形第 1 个对象*/
ul.polaroids li:nth-child(1) a {
    /*以左上角为原点*/
    transform-origin: 0 0;
    /*顺时针旋转 30 度*/
    transform: rotate(30deg);}
/*变形第 2 个对象*/
ul.polaroids li:nth-child(2) a {
    /*以右上角为原点*/
    transform-origin: top right;
    /*逆时针旋转 30 度*/
    transform: rotate(-30deg); }
</style>
```

```
</head>
<body>
<ul class="polaroids">
    <li> <a href="1" title="相识"> <img src="images/11.jpg" /> </a> </li>
    <li> <a href="2" title="凝视"> <img src="images/22.jpg" /> </a> </li>
</ul>
</body>
</html>
```

24.1.7　认识 3D 变形

3D 变形使用基于 2D 变形的相同属性,如果了解了 2D 变形,会发现 3D 变形与 2D 变形的功能类似。CSS3 的 3D 变形主要包括以下几个函数。

- 3D 位移:包括 translateZ()和 translate3d()函数。
- 3D 旋转:包括 rotateX()、rotateY()、rotateZ()和 rotate3d()函数。
- 3D 缩放:包括 scaleZ()和 scale3d()函数。
- 3D 矩阵:包含 matrix3d()函数。

考虑到浏览器兼容性,3D 变形在实际应用时应添加私有属性,并且个别属性在某些主流浏览器中并未得到很好的支持。简单说明如下。

- 在 IE 10+中,3D 变形部分属性未得到很好的支持。
- Firefox 10.0~Firefox 15.0 版本的浏览器,在使用 3D 变形时需要添加私有属性-moz-,但从 Firefox 16.0+版本开始无需添加浏览器私有属性。
- 在 Chrome 12.0+版本浏览器中使用 3D 变形时需要添加私有属性-WebKit-。
- 在 Safari 4.0+版本浏览器中使用 3D 变形时需要添加私有属性-WebKit-。
- Opera 浏览器直到 Opera 15.0+版本才开始支持 3D 变形,使用时需要添加私有属性-WebKit-。
- 移动设备中 iOS Safari 3.2+、Android Browser 3.0+、Blackberry Browser 7.0+、Opera Mobile 24.0+、Chrome for Android 25.0+都支持 3D 变形,但在使用时需要添加私有属性-WebKit-;Firefox for Android 19.0+支持 3D 变形,且无需添加浏览器私有属性。

24.1.8　3D 位移

在 CSS3 中,3D 位移主要包括两个函数 translate3d()和 translateZ()。

1. translate3d()函数

translate3d()函数使一个元素在三维空间移动。这种变形的特点是,使用三维向量的坐标定义元素在每个方向移动多少。基本语法如下:

```
translate3d(tx,ty,tz)
```

属性取值说明如下。

- tx:代表横向坐标位移向量的长度。
- ty:代表纵向坐标位移向量的长度。
- tz:代表 Z 轴位移向量的长度。此值不能是一个百分比值,如果取值为百分比值,将被认为无效。

【示例 1】　本例设计图片在 3D 空间中位移,设计一种错位效果,如图 24.7 所示。

图 24.7　定义 3D 位移效果

```
<!doctype html>
<html>
<head>
<meta charset="utf-8">
<style type="text/css">
.stage {
    width: 300px;
    height: 300px;
    float: left;
    margin: 15px;
    position: relative;
    background:#2C7EE1;
    perspective: 1200px;}
.container {
    position: absolute;
    top: 50%;
    left: 50%;
    transform-style: preserve-3d;}
.container img {
    position: absolute;
    margin-left: -80px;
    margin-top: -100px;}
.container img:nth-child(1) {z-index: 1; opacity: .6;}
.s1 img:nth-child(2) {z-index: 2;
    transform: translate3d(30px, 30px, 200px);}
</style>
</head>
<body>
<div class="stage s1">
    <div class="container"> <img src="images/1.jpg" alt="" width="100" /> <img src="images/1.jpg" alt="" width="100" /> </div>
</div>
</body>
</html>
```

从图 24.7 可以看出，当 z 轴值越大时，元素离观看者更近，在视觉上元素就变得更大；反之其值越小时，元素也离观看者更远，在视觉上元素就变得更小。

2. translateZ()函数

translateZ()函数的功能是让元素在 3D 空间沿 Z 轴进行位移。基本语法如下：

```
translate(t)
```

参数值 t 指的是 Z 轴的向量位移长度。

使用 translateZ()函数可以让元素在 Z 轴进行位移。当其值为负值时，元素在 Z 轴越移越远，导致元素变得较小。反之，当其值为正值时，元素在 Z 轴越移越近，导致元素变得较大。

【示例 2】 在例 1 的基础上，稍加变化，将 translate3d()函数换成 translateZ()函数。其中修改的样式代码如下，效果如图 24.8 所示。

```
.s1 img:nth-child(2){
    z-index: 2;
    opacity: .6;
    transform: translateZ(200px);
}
```

translateZ()函数仅让元素在 Z 轴进行位移,当其值越大时,元素离浏览者越近,在视觉上元素放大,反之元素缩小。

📢 提示:

> translateZ()函数在实际使用中等效于 translate3d(0,0,tz)。仅从视觉效果上看,translateZ()和 translate3d(0,0,tz)函数功能非常类似于二维空间的 scale()缩放函数,但实际上完全不同。translateZ()和 translate3d(0,0,tz)变形是发生在 Z 轴上,而不是 X 轴和 Y 轴。当使用 3D 变形,能够在一 Z 轴上移动一个元素确实有很大的好处,比如说在创建一个 3D 立方体的盒子之时。

扫一扫,看视频

24.1.9 3D 缩放

CSS3 3D 变形中的缩放主要包括 scaleZ()和 scale3d()两个函数。当 scale3d()中 X 轴和 Y 轴同时为 1,即 scale3d(1,1,sz),其效果等同于 scaleZ(sz)。通过使用 3D 缩放函数,可以让元素在 Z 轴上按比例缩放。默认值为 1;当值大于 1 时,元素放大;反之小于 1 大于 0.01 时,元素缩小。其基本语法如下:

```
scale3d(sx,sy,sz)
```

取值说明如下。

➢ sx:横向缩放比例。
➢ sy:纵向缩放比例。
➢ sz:Z 轴缩放比例。

```
scaleZ(s)
```

参数值 s 指定元素每个点在 Z 轴的比例。

scaleZ(-1)定义了一个原点在 Z 轴的对称点(按照元素的变换原点)。

scaleZ()和 scale3d()函数单独使用时没有任何效果,需要配合其他的变形函数一起使用才会有效果。

【示例】 以上面示例为基础,为了能看到 scaleZ()函数的效果,添加了一个 rotateX (45deg)功能,演示效果如图 24.9 所示。

```
.s1 img:nth-child(2){
    z-index: 2;
    transform: scaleZ(5) rotateX(45deg);
}
```

图 24.8 定义 3D 位移效果

图 24.9 定义 3D 缩放效果

24.1.10 3D 旋转

扫一扫，看视频

CSS3 新增了 3 个旋转函数：rotateX()、rotateY()和 rotateZ()。简单说明如下。

（1）rotateX()函数

rotateX()函数指定一个元素围绕 X 轴旋转，旋转的量被定义为指定的角度；如果值为正值，元素围绕 X 轴顺时针旋转；反之，如果值为负值，元素围绕 X 轴逆时针旋转。其基本语法如下：

```
rotateX(a)
```

其中 a 指的是一个旋转角度值，其值可以是正值，也可以是负值。

（2）rotateY()

rotateY()函数指定一个元素围绕 Y 轴旋转，旋转的量被定义为指定的角度；如果值为正值，元素围绕 Y 轴顺时针旋转；反之，如果值为负值，元素围绕 Y 轴逆时针旋转。其基本语法如下：

```
rotateY(a)
```

其中 a 指的是一个旋转角度值，其值可以是正值，也可以是负值。

（3）rotateZ()函数

rotateZ()函数和其他两个函数的功能是一样的，区别在于 rotateZ()函数指定一个元素围绕 Z 轴旋转。其基本语法如下：

```
rotateZ(a)
```

rotateZ()函数指定元素围绕 Z 轴旋转，如果仅从视觉角度上看，rotateZ()函数让元素顺时针或逆时针旋转，与 rotate()效果等同，但它不是在 2D 平面的旋转。

📖 **拓展：**

在三维空间里，除了 rotateX()、rotateY()和 rotateZ()函数可以让一个元素在三维空间中旋转之外，还有一个 rotate3d()函数。在 3D 空间，旋转由一个[x,y,z]向量并经过元素原点定义。其基本语法如下：

```
rotate3d(x,y,z,a)
```

rotate3d()中取值说明如下。

- ➤ x：一个 0～1 之间的数值，主要用来描述元素围绕 X 轴旋转的矢量值。
- ➤ y：一个 0～1 之间的数值，主要用来描述元素围绕 Y 轴旋转的矢量值。
- ➤ z：一个 0～1 之间的数值，主要用来描述元素围绕 Z 轴旋转的矢量值。
- ➤ a：一个角度值，主要用来指定元素在 3D 空间旋转的角度。如果其值为正值，元素顺时针旋转，反之元素逆时针旋转。

rotate3d()函数与前面介绍的 3 个旋转函数等效，比较说明如下。

- ➤ rotateX(a)函数功能等同于 rotate3d(1,0,0,a)。
- ➤ rotateY(a)函数功能等同于 rotate3d(0,1,0,a)。
- ➤ rotateZ(a)函数功能等同于 rotate3d(0,0,1,a)。

【示例 1】　以上面示例为基础，修改.s1 img:nth-child(2)选择器的样式，设计第 2 张图片沿 X 轴旋转 45 度，演示效果如图 24.10 所示（test.html）。

```
.s1 img:nth-child(2){
   z-index: 2;
   transform:rotateX(45deg);
}
```

【示例 2】　如果修改.s1 img:nth-child(2)选择器的样式，设计第 2 张图片沿 Y 轴旋转 45 度，演示效果如图 24.11 所示（test1.html）。

```
.s1 img:nth-child(2){
   z-index: 2;
```

```
    transform:rotateY(45deg);
}
```

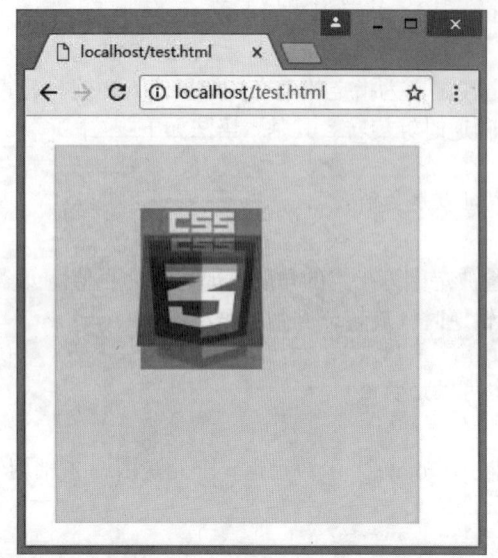

图 24.10 定义沿 X 轴旋转

图 24.11 定义沿 Y 轴旋转

【示例3】 如果修改.s1 img:nth-child(2)选择器的样式,设计第 2 张图片沿 Z 轴旋转 45 度,演示效果如图 24.12 所示(test2.html)。

```
.s1 img:nth-child(2){
    z-index: 2;
    transform:rotate Z(45deg);
}
```

【示例4】 如果修改.s1 img:nth-child(2)选择器的样式,设计第 2 张图片沿 X、Y 和 Z 轴同时旋转,演示效果如图 24.13 所示(test3.html)。

图 24.12 定义沿 Z 轴旋转

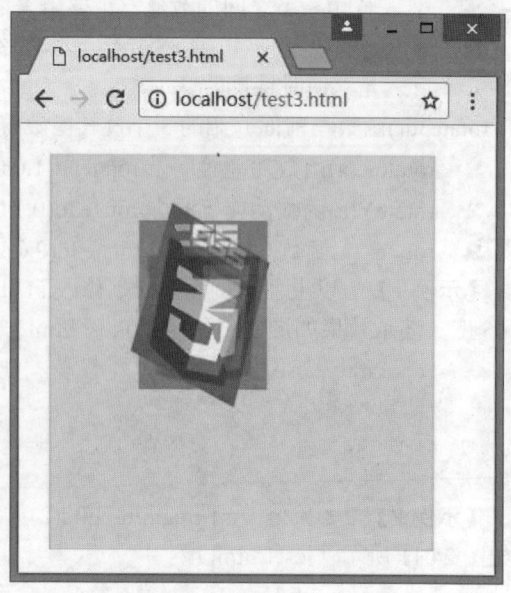

图 24.13 定义 3D 旋转

```
.s1 img:nth-child(2){
   z-index: 2;
   transform:rotate3d(.6,1,.6,45deg);
}
```

24.2 过渡样式

CSS transition 是一种样式过渡功能模块，过渡可以与变形同时使用。例如，触发:hover 或者:focus 事件后创建动画过程，如淡出背景色、滑动一个元素以及让一个对象旋转，都可以通过 CSS 转换实现。

transition 是一个复合属性，可以同时定义 transition-property、transition-duration、transition-timing-function、transition-delay 子属性值。

transition 属性基本语法如下，其初始值根据各个子属性的默认值而定。

```
transition:[<'transition-property'> || <'transition-duration'> ||<'transition-timing-function'> || <'transition-delay'>][,[<'transition-property'> || <'transition-duration'> ||<'transition-timing-function'> || <'transition-delay'>]]*
```

整体而言，CSS3 过渡获得了所有浏览器的支持，包括支持带有前缀或不带前缀的过渡。最新版本浏览器（IE 10+、Firefox 16+和 Opera 12.5+）均支持不带前缀的过渡，而旧版浏览器则支持带有前缀的过渡。例如，WebKit 引擎支持-WebKit-transition 私有属性，Mozilla Gecko 引擎支持-moz-transition 私有属性，Presto 引擎支持-o-transition 私有属性，IE6~IE9 浏览器暂时不支持 transition 属性，IE10 支持 transition 属性。

24.2.1 定义过渡

transition-property 属性用来定义过渡动画的 CSS 属性名称，如 background-color 属性。该属性的基本语法如下。

```
transition-property:none | all | [ <IDENT> ] [',' <IDENT> ]*;
```

transition-property 属性初始值为 all，适用于所有元素，以及:before 和:after 伪元素。取值简单说明如下。

- none：表示没有元素。
- all：表示针对所有元素。
- IDENT：指定 CSS 属性列表。几乎所有色彩、大小或位置等相关的 CSS 属性，包括许多新增的 CSS3 属性，都可以应用过渡动画，如 CSS3 变形中的放大、缩小、旋转、斜切、渐变等。

【示例】 在本例中，指定动画的属性为背景色。这样当光标经过 p 对象时，会自动从浅红色背景过渡到天蓝色背景，演示效果如图 24.14 所示。

```
<!doctype html>
<html>
<head>
<meta charset="utf-8">
<style type="text/css">
p { background-color:#F4A9AB; }
p:hover {
    background-color:#B0E8FC;
    /*指定动画过渡的 CSS 属性*/
    transition-property: background-color;}
</style>
</head>
```

```html
<body>
<p>白日依山尽，黄河入海流。<br>
<p>欲穷千里目，更上一层楼。<br>
</body>
</html>
```

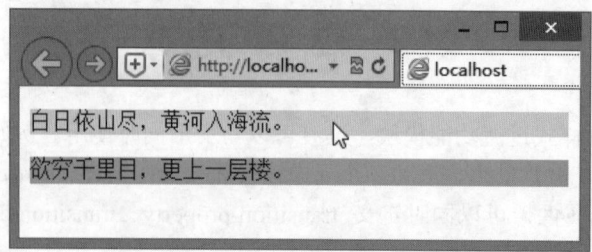

图 24.14 简单的背景色切换动画

24.2.2 定义过渡时间

transition-duration 属性用来定义转换动画的时间长度，即设置从旧属性转换到新属性花费的时间，单位为秒。该属性的基本语法如下：

```
transition-duration:<time> [, <time>]*;
```

transition-duration 属性初始值为 0，适用于所有元素，以及:before 和:after 伪元素。在默认情况下，动画过渡时间为 0 秒，所以当指定元素动画时，会看不到过渡的过程，直接看到结果。

【示例】 在本例中，设置动画过渡时间为 2 秒，则当光标移过 p 对象时，会看到背景色从粉红色逐渐过渡到天蓝色，演示效果如图 24.15 所示。

```
p:hover {
    background-color:#B0E8FC;
    /*指定动画过渡的CSS属性*/
    transition-property: background-color;
    /*指定动画过渡的时间*/
    transition-duration:2s;
}
```

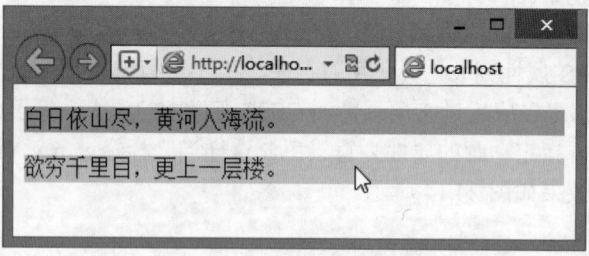

图 24.15 设置动画时间

24.2.3 定义延迟

transition-delay 属性用来定义过渡动画的延迟时间。该属性的基本语法如下：

```
transition-delay:<time> [, <time>]*;
```

transition-delay 属性初始值为 0，适用于所有元素，以及:before 和:after 伪元素。延迟时间可以为正整数、负整数和 0。非零的时候必须设置单位是 s（秒）或者 ms（毫秒）；为负数的时候，过渡的动作会从该时间点开始显示，之前的动作被截断；为正数的时候，过渡的动作会延迟触发。

【示例】 在本例中，设置过渡动画延迟 2 秒钟执行，则当光标移过 div 对象时，会看不到任何变化，过了2秒钟之后，才发现背景色从粉红色逐渐过渡到天蓝色，演示效果如图24.16所示。

```
p:hover {
    background-color:#B0E8FC;
    /*指定动画过渡的CSS属性*/
    transition-property: background-color;
    /*指定动画过渡的时间*/
    transition-duration:2s;
     /*指定动画延迟触发*/
    transition-delay:2s;}
```

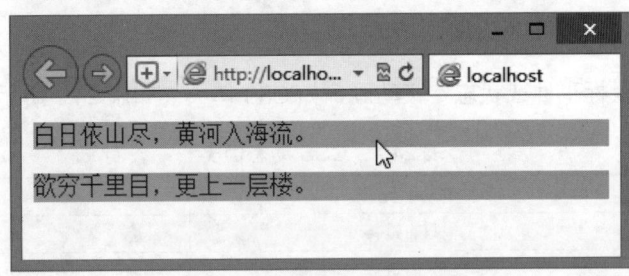

图 24.16 设置动画延迟时间

24.2.4 定义效果

扫一扫，看视频

transition-timing-function 属性用来定义过渡动画的效果。该属性的基本语法如下：

```
transition-timing-function:ease | linear | ease-in | ease-out | ease-in-out | cubicbezier(<number>, <number>, <number>, <number>) [, ease | linear | ease-in | ease-out | ease-in-out | cubic-bezier(<number>, <number>,<number>, <number>)]*
```

transition-timing-function 属性初始值为 ease，适用于所有元素，以及:before 和:after 伪元素。取值简单说明如下。

- ease：平滑过渡，等同于 cubic-bezier(0.25, 0.1, 0.25, 1.0)函数，即立方贝塞尔。
- linear：线性过渡，等同于 cubic-bezier(0.0, 0.0, 1.0, 1.0)函数。
- ease-in：由慢到快，等同于 cubic-bezier(0.42, 0, 1.0, 1.0)函数。
- ease-out：由快到慢，等同于 cubic-bezier(0, 0, 0.58, 1.0)函数。
- ease-in-out：由慢到快再到慢，等同于 cubic-bezier(0.42, 0, 0.58, 1.0)函数。
- cubic-bezier：特殊的立方贝塞尔曲线效果。

【示例】 在本例中，为了使动画渐变过程更加富有立体感，可以设置过渡效果为线性效果。代码如下，演示效果如图24.17所示。

```
p:hover {
    background-color:#B0E8FC;
    /*指定动画过渡的CSS属性*/
    transition-property:background-color;
    /*指定动画过渡的时间*/
    transition-duration:5s;
    /*指定动画过渡为线性效果*/
    transition-timing-function: linear;}
</style>
```

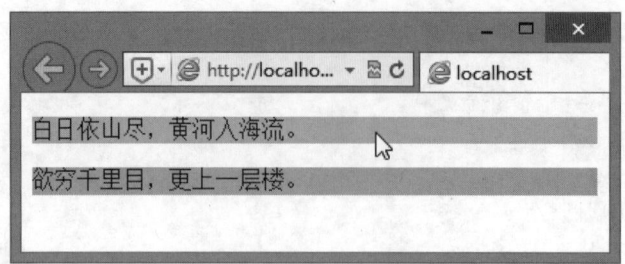

图 24.17 定义线性动画效果

24.2.5 触发时机

CSS3 动画一般通过鼠标事件或状态定义动画,如 CSS 伪类(如表 24.1 所示)和 JavaScript 事件。

表 24.1 CSS 动态伪类

动态伪类	作用元素	说明
:link	只有链接	未访问的链接
:visited	只有链接	访问过的链接
:hover	所有元素	光标经过元素
:active	所有元素	鼠标单击元素
:focus	所有可被选中的元素	元素被选中

JavaScript 事件包括 click、focus、mousemove、mouseover、mouseout 等。

1. :hover

最常用的过渡触发方法是使用:hover 伪类。

【示例 1】 本例设计当光标悬停在.example 元素上时,该元素的背景色会在经过 1 秒钟的初始延迟后,于 2 秒钟内动态地从绿色变为蓝色。

```
.example {
    background-color: green;
    transition: background-color  2s ease-in 1s;
}
.example:hover { background-color: blue }
```

2. :active

:active 伪类表示用户单击某个元素并按住鼠标按键时显示的状态。

【示例 2】 本例设计当用户单击并按住.example 元素时,发生宽度属性过渡,因此该元素保持活动状态。

```
.example {
    width: 200px;
    height: 200px;
    transition: width  2s ease-in;
}
.example:active { width: 400px; }
```

3. :focus

:focus 伪类通常会在元素接收键盘响应时出现。

【示例 3】 本例设计当页面中的输入框获取焦点时,输入框的宽度会逐步变宽。

```css
input {
    width: 200px;
    transition: width 2s ease-in;
}
input:focus { width: 250px; }
```

配合使用:hover 伪类与:focus，能够丰富鼠标用户和键盘用户的体验。

4. :checked

:checked 伪类在发生指定状况时触发过渡。

【示例 4】　本例设计当复选框被选中时发生过渡动画。

```css
input[type="checkbox"] {
    transition: width 1s ease;
}
input[type="checkbox"]:checked {
    width: 30px;
}
```

5. 媒体查询

触发元素状态变化的另一种方法是使用 CSS3 媒体查询（关于媒体查询参见第 19 章）。

【示例 5】　本例设计 .example 元素的宽度和高度为 200px×200px，如果用户将窗口大小调整到 960px 或以下，则该元素将过渡为更小的尺寸 100px×100px。当窗口超过 960px 的阈值后，将会发生过渡。

```css
.example {
    width: 200px;
    height: 200px;
    transition: width 2s ease, height 2s ease;
}
@media only screen and (max-width : 960px) {
    .example {
        width: 100px;
        height: 100px;
    }
}
```

如果网页加载时用户的窗口大小是 960px 或以下，浏览器会在该部分应用这些样式，但是由于不会出现状态变化，因此不会发生过渡。

实际上，用户可以通过在某种程度上更改元素 CSS 的任何事件触发过渡。因此，只要更改的属性是动画属性，就会发生过渡。

6. JavaScript 事件

【示例 6】　本例可以使用纯粹的 CSS 伪类触发过渡，但为了方便用户理解，这里通过 JavaScript 触发过渡（jQuery 脚本）。设计一个标签包含 box 类和 button 元素 ID，则每次用户单击#button 元素时，此脚本都会将 style-change 类切换为 box。

```javascript
$(function() {
    $("#button").click(function() {
        $(".box").toggleClass("style-change");
    });
});
```

用户可以在 style-change 类中添加过渡，这样每次添加或删除类时，都会在两个声明块中指定的值之间来回进行宽度和高度过渡。

```
.box {
    width: 200px;
    height: 200px;
    transition: width 2s ease, height 2s ease;
}
.style-change {
    width: 300px;
    height: 300px;
}
```

上面示例演示了样式发生变化会导致过渡动画，也可以通过任意数量的方法触发这些更改，包括通过 JavaScript 脚本动态更改。从执行效率来看，事件通常应当通过 JavaScript 触发，简单动画或过渡则应使用 CSS 触发。当然，这只是一般性的指导原则，不一定是最佳选择，具体应视条件而定。

24.3 关键帧动画

W3C 在 2009 年 3 月发布了 CSS Animations Module Level 3 草案，在这个草案中描述了 CSS 动画的基本实现方法和属性。

animation 属性是一个复合属性，它包含了 animation-name、animation-duration、animation-timing-function、animation-delay、animation-iteration-count、animation-direction 子属性值。

```
animation:[<animation-name> || <animation-duration> || <animation-timing-function>||
<animation-delay> || <animation-iteration-count> ||<animation-direction>] [, [<anima-
tion-name> || <animation-duration>|| <animation-timing-function> || <animation-
delay> || <animation-iteration-count> || <animation-direction>] ]*;
```

animation 属性，适用于所有块状元素和内联元素，其初始值根据各个子属性的默认值而定。目前最新版本的主流浏览器都支持 CSS 帧动画，如 IE 10+、Firefox 和 Opera 均支持不带前缀的动画，而旧版浏览器则支持带有前缀的动画。例如，WebKit 引擎支持-WebKit-animation 属性，Mozilla Gecko 引擎支持-moz-animation 私有属性，Presto 引擎支持-o-animation 私有属性，IE6~IE9 浏览器不支持 animation 属性。

24.3.1 定义关键帧

CSS3 引入了@keyframes 规则，通过@keyframes 规则，用户能够创建动画。创建动画的原理是，将一套 CSS 样式逐渐变化为另一套样式。

在动画过程中，用户能够多次改变这套 CSS 样式。以百分比来规定改变发生的时间，或者通过关键词 from 和 to（等价于 0%和 100%）。其中 0%是动画开始的时间，100%是动画结束的时间。为了获得最佳浏览器支持，设计关键帧动画时，用户应该始终定义 0%和 100%选择器。最后，使用动画属性控制动画行为和外观，同时将动画与选择器绑定。

@keyframes 规则的基本语法如下：

```
@keyframes animationname {keyframes-selector {css-styles;}}
```

其中参数说明如下。

- animationname：定义动画的名称。
- keyframes-selector：表示动画时长的百分比。合法的值包括：0~100%、from（等价于 0%）、to（等价于 100%）。
- css-styles：表示一个或多个合法的 CSS 样式属性。

最新浏览器都支持 @keyframes 规则。考虑到兼容性，可以添加私有属性兼容不同版本的浏览器。

Firefox 支持替代的@-moz-keyframes 规则,Opera 支持替代的@-o-keyframes 规则,Safari 和 Chrome 支持替代的@-WebKit-keyframes 规则,IE 支持替代的@-ms-keyframes 规则。

【示例】 定义关键帧之后,还需要使用 animation 激活动画。下面定义一个弹跳的小球和一个滑动的滑块,演示效果如图 24.18 所示。

```
<!DOCTYPE html>
<html>
<head>
<meta charset="utf-8" />
<style>
#sport{position:relative;width:500px;height:400px;border:1px solid #ddd;}
/*定义滑块样式,以及激活滑块滑动关键帧动画*/
#staff{position:absolute;z-index:3;bottom:10px;left:10px;overflow:hidden;width:
180px;height:8px;border-radius:3px;background:#ddd;line-height:20;
    animation:staff 3s linear;
}
/*定义小球样式,以及激活小球弹跳运动关键帧动画*/
#ball{position:absolute;z-index:3;bottom:20px;left:90px;overflow:hidden;width:
30px;height:30px;border-radius:15px;box-shadow:0 0 10px rgba(204,102,0,.8);background:
#F6D66E;background:-moz-linear-gradient(top,#fff,#F6D66E);background:-WebKit-li
near-gradient(top,#fff,#F6D66E);background:-o-linear-gradient(top,#fff,#F6D66E)
;background:-ms-linear-gradient(top,#fff,#F6D66E);background:linear-gradient(to
p,#fff,#F6D66E);line-height:20;
    animation:ball 3s linear;
}
/*定义小球动画的关键帧*/
@keyframes ball{/*兼容标准模式*/
    0%{transform:translate(0,0);}
    5%{transform:translate(-90px,-100px);}
    18%{transform:translate(0,-350px);}
    35%{transform:translate(200px,0);}
    46%{transform:translate(380px,-160px);}
    60%{transform:translate(250px,-350px);}
    78%{transform:translate(60px,0);}
    100%{transform:translate(0,0);}
}
/*定义滑块动画的关键帧*/
@keyframes staff{/*兼容标准模式*/
    0%{transform:translate(0,0);}
    6%{transform:translate(260px,0);}
    20%{transform:translate(300px,0);}
    30%{transform:translate(300px,0);}
    40%{transform:translate(200px,0);}
    65%{transform:translate(40px,0);}
    79%{transform:translate(0,0);}
    100%{transform:translate(0,0);}
}
</style>
</head>
```

```
<body>
<div id="sport">
    <span id="ball">弹球</span>
    <span id="staff">滑块</span>
</div>
</body>
</html>
```

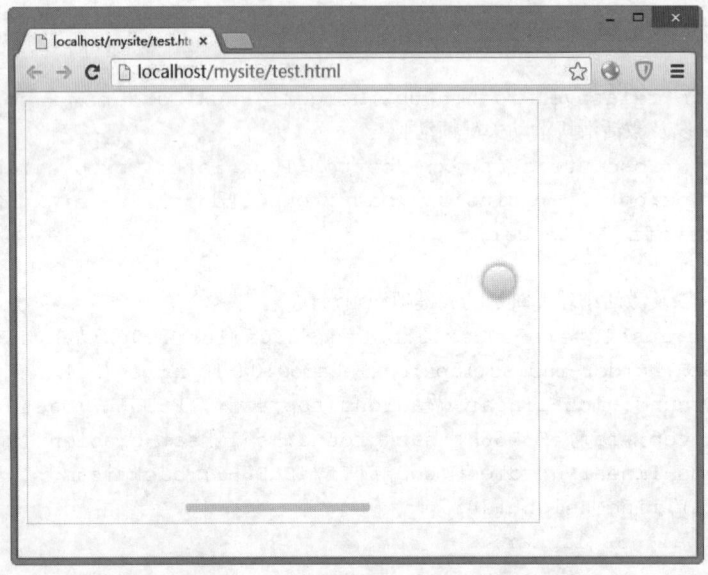

图 24.18　设计弹跳的小球和滑动的滑块

24.3.2　定义动画名称

animation-name 属性用于定义 CSS 动画的名称。该属性的基本语法如下：
```
animation-name:none | IDENT [, none | IDENT ]*;
```
animation-name 属性初始值为 none，适用于所有块状元素和内联元素。animation-name 属性定义了一个适用的动画列表，其中每个名称都是用来选择动画关键帧，提供动画的属性值。如果名称不符合任何一个定义的关键帧，则该动画将不执行。此外，如果动画的名称是 none，那么就不会有动画。这可以用于覆盖任何动画。

24.3.3　定义播放时间

animation-duration 属性用于定义 CSS 动画的播放时间。该属性的基本语法如下：
```
animation-duration:<time> [, <time>]*;
```
animation-duration 属性初始值为 0，适用于所有块状元素和内联元素。该属性定义动画播放的时间，在默认情况下该属性值为 0，这意味着没有动画效果。当属性值为负值时，则被视为 0。

24.3.4　定义播放方式

animation-timing-function 属性用于定义 CSS 动画的播放方式。该属性的基本语法如下：
```
animation-timing-function:ease | linear | ease-in | ease-out | ease-in-out |
cubicbezier(<number>, <number>, number>, <number>) [, ease | linear |ease-in |
ease-out | ease-in-out | cubic-bezier(<number>, <number>,<number>, <number>)]*
```

animation-timing-function 属性初始值为 ease，适用于所有块状元素和内联元素。关于取值，可以参阅 transition-timing-function 属性取值说明。

24.3.5 定义播放延迟

animation-delay 属性用于定义 CSS 动画延迟播放的时间，可以是延迟或者提前等。该属性的基本语法如下：

```
animation-delay:<time> [, <time>]*;
```

animation-delay 属性初始值为 0，适用于所有块状元素和内联元素。该属性定义动画的延迟播放时间。它允许一个动画开始执行一段时间后才被应用。当动画延迟时间为 0，即默认动画延迟时间，则意味着动画将尽快执行，否则该值指定将延迟执行的时间。

24.3.6 定义播放次数

animation-iteration-count 属性用于定义 CSS 动画的播放次数。该属性的基本语法如下：

```
animation-iteration-count:infinite | <number> [, infinite | <number>]*;
```

nimation-iteration-count 属性初始值为 1，适用于所有块状元素和内联元素。该属性定义动画的循环播放次数。默认值为 1，这意味着动画将从开始到结束播放一次。infinite 表示无限次，即 CSS 动画永远重复。如果取值为非整数，将导致动画播放一部分就停止。如果取值为负值，则将导致反向播放动画在交替周期内。

24.3.7 定义播放方向

animation-direction 属性用于定义 CSS 动画的播放方向。该属性的基本语法如下：

```
animation-direction:normal | alternate [, normal | alternate]*;
```

animation-direction 属性初始值为 normal，适用于所有块状元素和内联元素。该属性定义动画播放的方向。取值包括两个，默认为 normal。当为默认值时，动画的每次循环都向前播放。另一个值是 alternate，设置该值则表示第偶数次向前播放，第奇数次向反方向播放。

24.3.8 定义播放状态

animation-play-state 属性用于定义动画正在运行，还是暂停。该属性的基本语法如下：

```
animation-play-state: paused|running;
```

animation-play-state 属性初始值为 running。其中 paused 定义动画已暂停，running 定义动画正在播放。

可以在 JavaScript 中使用该属性，这样就能在播放过程中暂停动画。在 Javascript 脚本中的用法如下：

```
object.style.animationPlayState="paused"
```

24.3.9 定义播放外状态

animation-fill-mode 属性用于定义动画外状态。该属性的基本语法如下：

```
animation-fill-mode: none | forwards | backwards | both [ , none | forwards | backwards | both ]*
```

animation-fill-mode 属性初始值为 none，适用于所有元素，包含伪对象:after 和:before。如果提供多个属性值，以逗号进行分隔。对应的脚本属性为 animationFillMode。取值说明如下：

扫一扫，看视频

- none：不设置对象动画之外的状态。
- forwards：设置对象状态为动画结束时的状态。
- backwards：设置对象状态为动画开始时的状态。
- both：设置对象状态为动画结束或开始时的状态。

【示例】 下面设计一个小球，并定义它水平向左运动，动画结束之后，再返回起始点位置，效果如图 24.19 所示。

```html
<!DOCTYPE html>
<html>
<head>
<meta charset="utf-8" />
<style>
/*定义小球*/
span{display:block;width:80px;height:80px;padding:10px;border-radius:50px;box-shadow:0 0 10px rgba(204,102,0,.8);background:linear-gradient(top,#fff,#F6D66E);}
/*启动运动的小球，并定义动画结束后返回*/
.backwards span{
    animation:animations3 1s ease backwards;
}
/*定义小球水平运动关键帧*/
@keyframes animations3{
    0%{transform:translate(0,0);}
    100%{transform:translate(400px);}
}
</style>
</head>
<body>
<div class="backwards">
    <span></span>
</div>
</ul>
</body>
</html>
```

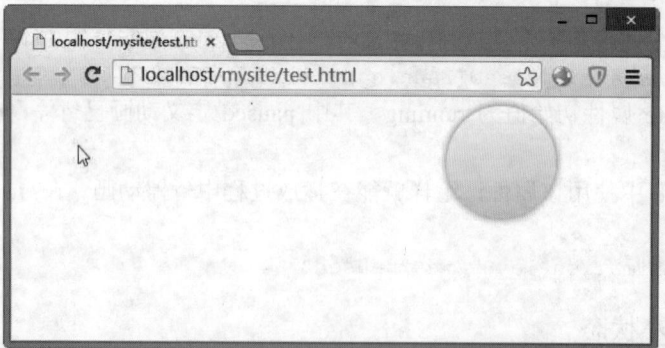

图 24.19 设计运动小球最后返回起始点位置

24.4 实战案例

本节将通过几个综合案例帮助读者快速掌握 CSS3 动画设计技法。

24.4.1 设计图片特效

本例将使用 CSS3 阴影、透明效果,以及变形动画,让图片随意显示,当光标移动到图片上时,会自动放大并垂直摆放,演示效果如图 24.20 所示。

(a)默认状态

(b)光标经过

图 24.20 设计涂鸦墙效果

示例完整代码如下。

```
<!doctype html>
<html>
<head>
<meta charset="utf-8">
<style type="text/css">
ul.polaroids li { display: inline; }
ul.polaroids a {
   background: #fff;
   display: inline;
   float: left;
   margin: 0 0 27px 30px;
   width: auto;
   padding: 10px 10px 15px;
   text-align: center;
   font-family: "Marker Felt", sans-serif;
   text-decoration: none;
   color: #333;
   font-size: 18px;
   /*为图片外框设计阴影效果*/
   box-shadow: 0 3px 6px rgba(0, 0, 0, .25);
   /*顺时针旋转2度*/
   transform: rotate(-2deg);
   transition: transform .15s linear;
ul.polaroids img {display: block; height: 100px; margin-bottom: 12px;}
ul.polaroids a:after { content: attr(title); }
```

```css
ul.polaroids li:nth-child(even) a {
    /*逆时针旋转5度*/
    transform: rotate(5deg);}
ul.polaroids li:nth-child(2n) a {
    position: relative;
    top: -5px;
    /*不选择对象*/
    transform: none;}
ul.polaroids li:nth-child(3n) a {
    position: relative;
    right: 5px;
    /*顺时针旋转10度*/
    transform: rotate(-10deg);}
ul.polaroids li a:hover {
    /*放大对象1.25倍*/
    transform: scale(1.25);
    box-shadow: 0 3px 6px rgba(0, 0, 0, .5);
    position: relative;
    z-index: 5;}
</style>
</head>
<body>
<ul class="polaroids">
    <li> <a href="1" title="相识"> <img src="images/11.jpg" alt="相识" /> </a> </li>
    <li> <a href="2" title="凝视"> <img src="images/22.jpg" alt="凝视" /> </a> </li>
    <li> <a href="3" title="甜睡"> <img src="images/33.jpg" alt="甜睡" /> </a> </li>
</li>
</ul>
</body>
</html>
```

扫一扫，看视频

24.4.2 设计变形对象

使用 transition 功能可以同时对多个属性值进行平滑过渡，实现复杂的变形效果。

【示例1】 在本例中有多个 li 元素，元素的背景色为黄色，字体为黑色。通过 hover 属性指定当鼠标指针停留在 li 元素上时的背景色为深蓝色，字体为白色，宽度为 98%。通过 transitions 属性指定当鼠标指针移动到 li 元素上时在 1 秒钟内完成这几个属性值的平滑过渡，预览效果如图 24.21 所示。

```html
<!doctype html>
<html>
<head>
<meta charset="utf-8">
<style type="text/css">
li {
    background-color: #ffff00;
    color: #000000;
    line-height: 1.6em;
    transition: background-color 1s linear, color 1s linear, width 1s linear;}
li:hover {
    background-color: #003366;
    color: #ffffff;
    width: 98%;
```

```
        line-height: 1.6em;}
</style>
</head>
<body>
<ul>
    <li><a href="">W3C</li>
    <li><a href="">W3C 中国</li>
    <li><a href="">HTML 工作组</li>
</ul>
</body>
</html>
</html>
```

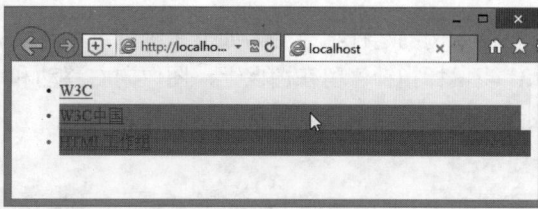

(a) 默认效果　　　　　　　　　　　　　　　　　(b) 光标经过时动画效果

图 24.21　定义复杂变形

另外，可以通过改变元素的位置属性值、实现变形处理的 transform 属性值来让元素实现移动、旋转等动画效果。

【示例 2】　本例使用 transition 功能实现元素的移动与旋转动画。该示例中有一个 div 元素，当鼠标指针停留在 div 元素上的，div 元素的属性值不断发生变化。在示例样式中调用了变形函数 rotate()，以便设计出更加细腻的变形效果。预览效果如图 24.22 所示。

```
<!doctype html>
<html>
<head>
<meta charset="utf-8">
<style type="text/css">
img {
    position: absolute;
    top: 40px;
    left: 0;
    height:200px;
    transform: rotate(0deg);
    transition: left 1s linear, -o-transform 1s linear;}
div:hover img {
    position: absolute;
    left: 500px;
    transform: rotate(3000deg);}
</style>
</head>
<body>
<div> <img src="images/bg.jpg" alt="*" title="" /> </div>
</body>
</html>
```

（a）默认效果

（b）鼠标经过时动画效果

图 24.22　定义复杂移动变形

上面示例的运行结果分为如下 3 种情况：当鼠标指针没有停留在图像上时，页面效果如图 24.22（a）所示；当鼠标指针停留在图像上，图像向右移动和旋转，页面效果如图 24.22（b）所示；当鼠标指针移开图像，图像会自动恢复默认显示效果。

📢 提示：

使用 transitions 功能实现动画的缺点是只能指定属性的开始值与终点值，然后在这两个属性值之间实现平滑过渡，不能实现更为复杂的动画效果。

扫一扫，看视频

24.4.3　设计 3D 盒子

在 CSS3 中，不管是 2D 变形，还是 3D 变形，都可以定义多重变形。多重变形之间使用空格分隔。具体语法如下：

```
transform: <transform-function>  <transform-function> *
```

其中 transfrom-function 是指 CSS3 中的任何变形函数。

【示例 1】　本例使用 2D 多重变形制作一个正方体，然后设计它在光标经过时沿 Y 轴旋转，演示效果如图 24.23 所示。

```
<!doctype html>
<html>
<head>
<meta charset="utf-8">
<style type="text/css">
/*定义关键帧动画*/
@keyframes spin{/*标准模式*/
    0%{transform:rotateY(0deg)}
    100%{transform:rotateY(360deg)}
}
/*定义盒子所在画布框的样式*/
.stage {
    width: 300px; height: 300px; float: left; margin: 15px; position: relative;
    perspective: 1200px;
}
/*定义盒子包含框样式*/
.container {
    position: relative; height: 230px; width: 100px; top: 50%; left: 50%; margin: -100px 0 0 -50px;
    transform-style: preserve-3d;
}
```

```css
/*定义光标经过盒子时,触发线性变形动画,动画时间5秒,持续播放*/
.container:hover{
    animation:spin 5s linear infinite;
}
/*定义每面文本样式*/
.side { font-size: 20px; font-weight: bold; height: 100px; line-height: 100px; color:
#fff; position: absolute; text-align: center; text-shadow: 0 -1px 0 rgba(0,0,0,0.2);
text-transform: uppercase; width: 100px; }
.top {/*顶部面背景和2D变形样式*/
    background: red;
    transform: rotate(-45deg) skew(15deg, 15deg);}
.left {/*左侧面背景和2D变形样式*/
    background: blue;
    transform: rotate(15deg) skew(15deg, 15deg) translate(-50%, 100%);}
.right {/*右侧面背景和2D变形样式*/
    background: green;
    transform: rotate(-15deg) skew(-15deg, -15deg) translate(50%, 100%);}
</style>
<title></title>
</head>
<body>
<div class="stage s1">
    <div class="container">
        <div class="side top">Top</div>
        <div class="side left">Left</div>
        <div class="side right">Right</div>
    </div>
</div>
</body>
</html>
```

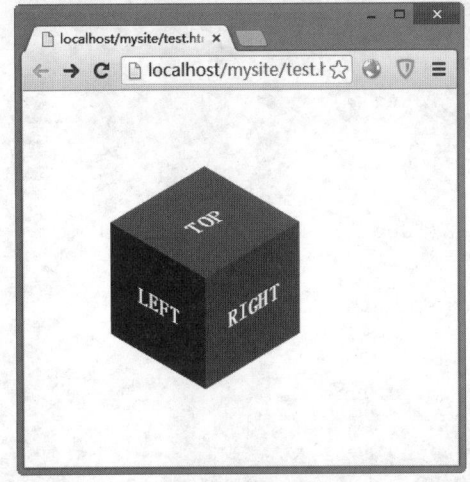
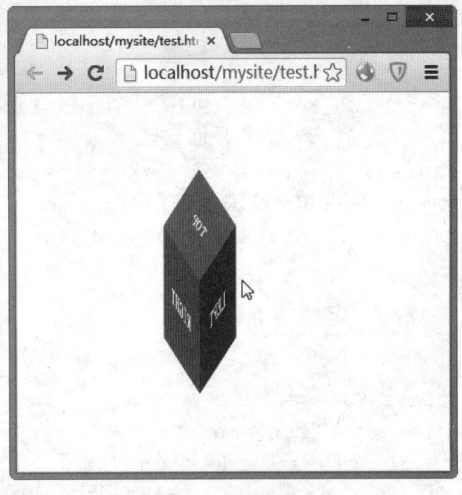

（a）默认状态　　　　　　　　　　（b）旋转状态

图 24.23　设计 2D 变形盒子

【示例 2】　本例使用 3D 多重变形制作一个正方体,然后设计它在光标经过时沿 Y 轴旋转,演示效果如图 24.24 所示。

```html
<!doctype html>
<html>
<head>
<meta charset="utf-8">
<style type="text/css">
/*定义关键帧动画*/
@keyframes spin {
    0% {transform:rotateY(0deg)}
    100% {transform:rotateY(360deg)}
}
/*定义画布样式*/
.stage { width: 300px; height: 300px; margin: 15px auto; position: relative; perspective: 300px; }
/*定义盒子包含框样式*/
.container { top: 50%; left: 50%; margin: -100px 0 0 -100px; position: absolute; transform: translateZ(-100px); transform-style: preserve-3d; }
/*定义光标经过时触发盒子旋转动画*/
.container:hover {
    animation: spin 5s linear infinite;
}
/*定义盒子六面基本样式*/
.side { background: rgba(255,0,0,0.3);border: 1px solid red; font-size: 60px; font-weight: bold; color: #fff; height: 196px; line-height: 196px; position: absolute; text-align: center; text-shadow: 0 -1px 0 rgba(0,0,0,0.2); text-transform: uppercase; width: 196px; }
.front {/*使用 3D 变形制作前面*/
    transform: translateZ(100px);}
.back {/*使用 3D 变形制作后面*/
    transform: rotateX(180deg) translateZ(100px);}
.left {/*使用 3D 变形制作左面*/
    transform: rotateY(-90deg) translateZ(100px);}
.right {/*使用 3D 变形制作右面*/
    transform: rotateY(90deg) translateZ(100px);}
.top {/*使用 3D 变形制作顶面*/
    transform: rotateX(90deg) translateZ(100px);}
.bottom {/*使用 3D 变形制作底面*/
    transform: rotateX(-90deg) translateZ(100px);}
</style>
<title></title>
</head>
<body>
<div class="stage">
    <div class="container">
        <div class="side front">前面</div>
        <div class="side back">背面</div>
        <div class="side left">左面</div>
        <div class="side right">右面</div>
        <div class="side top">顶面</div>
        <div class="side bottom">底面</div>
```

```
            </div>
        </div>
    </body>
</html>
```

(a)默认状态 (b)旋转状态

图 24.24 设计 3D 变形盒子

24.4.4 设计动态广告

本例设计当光标移动到产品图像上时,产品信息滑动出来。在默认状态下只显示产品图像,而产品信息隐藏不可见。当用户将光标移动到产品图像上时,产品图像慢慢往上旋转使产品信息展示出来,而产品图像慢慢隐藏起来,看起来就像是一个旋转的立方体。演示效果如图 24.25 所示。

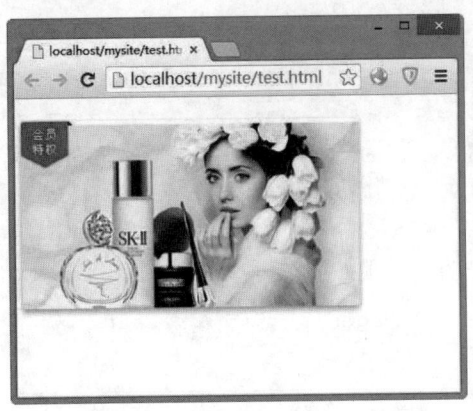

(a)默认状态 (b)翻转状态

图 24.25 设计 3D 翻转广告牌

示例完整代码如下。

```
<!DOCTYPE HTML>
<html>
<head>
<meta charset="UTF-8">
<style type="text/css">
```

```css
/*定义包含框样式*/
.wrapper {
    display: inline-block; width: 345px; height: 186px; margin: 1em auto; cursor: pointer; position: relative;
    /*定义3D元素距视图的距离*/
    perspective: 4000px;}
/*定义旋转元素样式：3D动画，动画时间0.6秒*/
.item {
    height: 186px;
    transform-style: preserve-3d;
    transition: transform .6s;}
/*定义光标经过时触发动画，并定义旋转形式*/
.item:hover {
    transform: translateZ(-50px) rotateX(95deg);
}
.item:hover img {box-shadow: none; border-radius: 15px;}
.item:hover .information { box-shadow: 0px 3px 8px rgba(0,0,0,0.3); border-radius: 15px;}
/*定义广告图的动画形式和样式*/
.item>img {
    display: block; position: absolute; top: 0; border-radius: 3px;box-shadow: 0px 3px 8px rgba(0,0,0,0.3);
    transform: translateZ(50px);
    transition: all .6s;}
/*定义广告文字的动画形式和样式*/
.item .information {
    position: absolute; top: 0; height: 186px; width: 345px; border-radius: 15px;
    transform: rotateX(-90deg) translateZ(50px);
    transition: all .6s;}
</style>
</head>
<body>
<div class="wrapper">
    <div class="item">
        <img src="images/1.png" />
        <span class="information"><img src="images/2.png" /></span>
    </div>
</div>
</body>
</html>
```

扫一扫，看视频

24.4.5 设计翻转动画

本案例将借助 animation 属性来设计自动翻转的动画效果，模拟在 2D 平面中实现 3D 翻转，如图 24.26 所示。在这个动画中，图片在 y 轴上逐渐压缩，然后逐渐倒转图片。

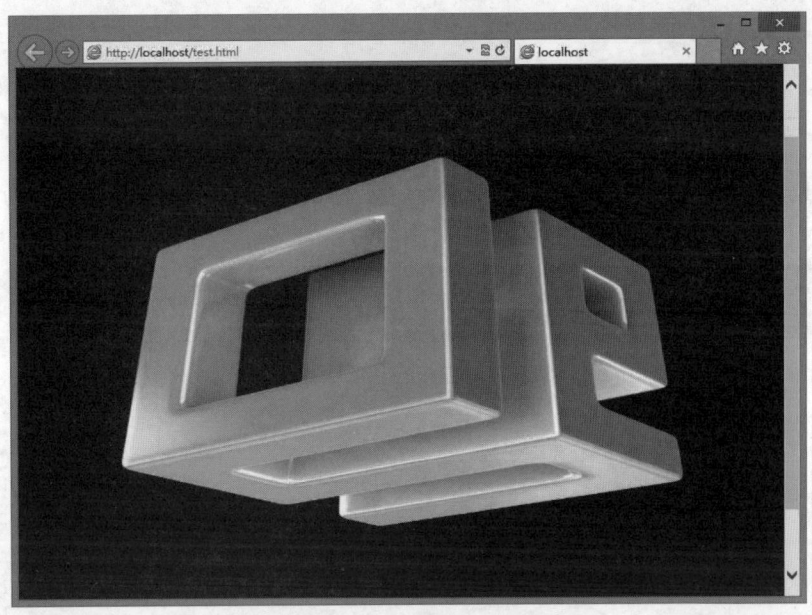

图 24.26 立体翻转动画效果

示例完整代码如下。

```html
<!doctype html>
<html>
<head>
<meta charset="utf-8">
<style type="text/css">
div {
    margin: 0 auto;
    width: 540px;
    height: 405px;
    background:url(images/moto1.gif) center no-repeat;
    /*定义 3D 空间*/
    transform-style: preserve-3d;
    /*设计沿 x 轴旋转、20 秒线性过渡动画、无限次播放*/
    animation-name: x-spin; /*定义动画名称为 x-spin*/
    animation-duration: 20s; /*定义动画时间为 20 秒*/
    animation-iteration-count: infinite; /*定义动画播放次数为无穷次*/
    animation-timing-function: linear; /*定义动画过渡为线性转换*/}
/*调用动画*/
@keyframes x-spin { /*引用 x-spin 动画*/
    0% { /*设置第 1 个关键帧为开始位置*/
        transform: rotateX(0deg); /*沿 x 轴开始旋转*/ }
    50% { /*设置第 2 个关键帧为中间位置*/
        transform: rotateX(180deg); /*沿 x 轴旋转 180 度*/ }
    100% { /*设置第 3 个关键帧为结束位置*/
        transform: rotateX(360deg); /*沿 x 轴旋转 360 度*/ }
}
</style>
</head>
<body>
<div></div>
```

```
        </body>
</html>
```

24.4.6 设计运动动画

本案例将借助 animation 属性来设计旋转、变色、移动的文字,定义动画持续时间为 5 秒,在 5 秒内完成旋转、移动和背景色渐变效果,如图 24.27 所示。

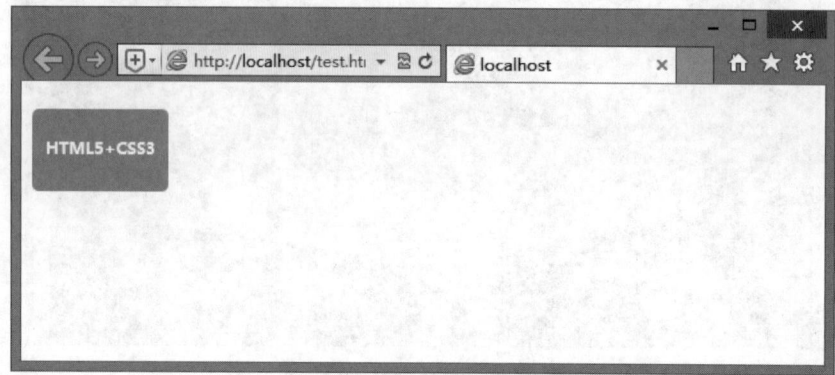

图 24.27 设计滑动的文字效果

示例完整代码如下。

```
<!doctype html>
<html>
<head>
<meta charset="utf-8">
<style type="text/css">
#animated_div{
    float:left;
    height:40px;
    background:#92B901;
    color:#ffffff;
    position:relative;
    font-weight:bold;
    font:bold 12px '微软雅黑', Verdana, Arial, Helvetica, sans-serif;
    padding:20px 10px 0px 10px;
    /*定义动画对象、时间和播放方式*/
    animation:animated_div 5s 1;
    /*定义圆角*/
    border-radius:5px;
/*标准模式*/
@keyframes animated_div{
    0%      {transform: rotate(0deg);left:0px;}    /*起始帧*/
    25%     {transform: rotate(20deg);left:0px;}   /*25%时间帧*/
    50%     {transform: rotate(0deg);left:500px;}  /*50%时间帧*/
    55%     {transform: rotate(0deg);left:500px;}  /*55%时间帧*/
    70%     {transform: rotate(0deg);left:500px;background:#1ec7e6;}  /*75%时间帧*/
    100%    {transform: rotate(-360deg);left:0px;}  /*结束时间帧*/
}
```

```
</style>
</head>
<body>
<div>
<p id="animated_div">设计滑动的文字</p>
</div>
</body>
</html>
```

24.4.7 设计折叠面板

本例通过 CSS3 的目标伪类（:target）来实现这种效果，其中没有用到 JavaScript 脚本，而是使用过渡属性来设计。折叠动画效果如图 24.28 所示。

扫一扫，看视频

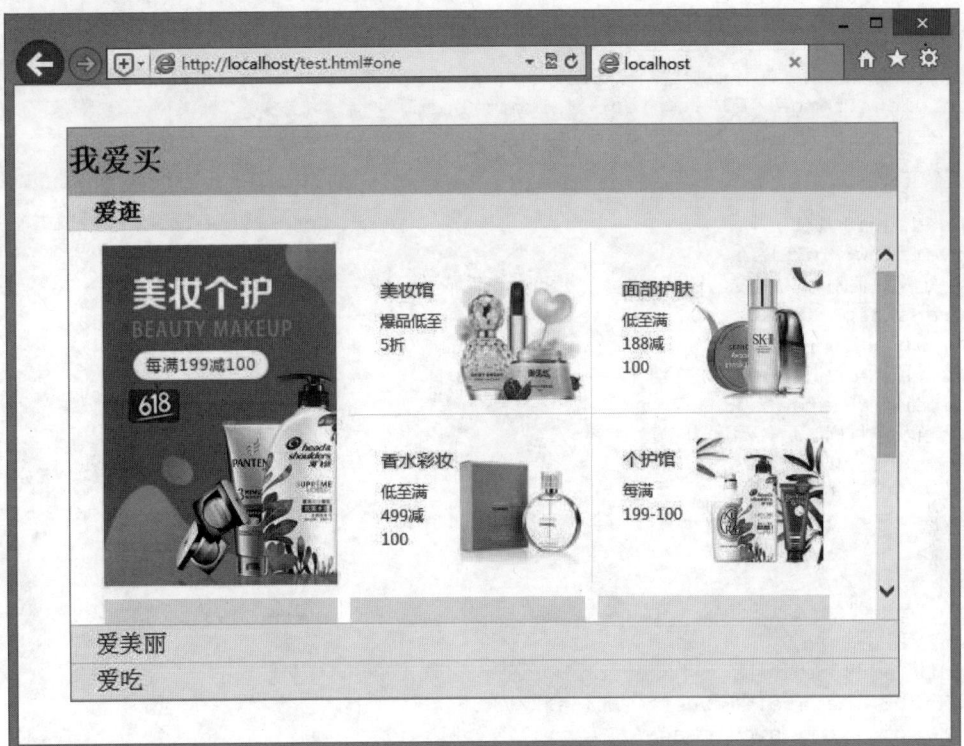

图 24.28 设计可折叠面板

示例完整代码如下。
```
<!doctype html>
<html>
<head>
<meta charset="utf-8">
<style type="text/css">
/*定义折叠面板外框样式*/
.accordion {
    background: #eee;
    border: 1px solid #999;
    margin: 2em;}
/*定义折叠面板标题栏样式*/
.accordion h2 {
```

```css
    margin: 0;
    padding: 12px 0;
    background:#CCC}
/*定义折叠面板内容框样式*/
.accordion .section {
    border-bottom: 1px solid #ccc;
    background: #fff;}
/*定义折叠面板选项标题栏样式*/
.accordion h3 {
    margin:0;
    padding:0;
    background: #eee;
    padding:3px 1em;}
/*定义折叠面板选项标题栏超链接样式*/
.accordion h3 a {
    font-weight: normal;
    text-decoration:none;}
/*当获得目标焦点时，粗体显示选项标题栏文字*/
.accordion :target h3 a { font-weight: bold; }
/*选项栏标题对应的选项子框样式*/
.accordion h3 + div {
    height: 0;
    padding:0 1em;
    overflow: hidden;
    /*定义过渡对象为高度，过渡时间为0.3秒，渐显显示*/
    transition: height 0.3s ease-in;}
.accordion h3 + div img { margin:4px; }
/*当获得目标焦点时，子选项内容框样式*/
.accordion :target h3 + div {
    /*当获取目标之后，高度为300像素*/
    height:300px;
    overflow:auto;}
</style>
</head>
<body>
<div class="accordion">
    <h2>我爱买</h2>
    <div id="one" class="section">
        <h3> <a href="#one">爱逛</a> </h3>
        <div><img src="images/11.png"></div>
    </div>
    <div id="two" class="section">
        <h3> <a href="#two">爱美丽</a> </h3>
        <div><img src="images/22.png"></div>
    </div>
    <div id="three" class="section">
        <h3> <a href="#three">爱吃</a> </h3>
        <div><img src="images/33.png"></div>
    </div>
</div>
</body>
</html>
```

第 25 章　CSS3 媒体查询

CSS3 媒体查询的设计理念就是响应式 Web 设计，响应式设计的追求，就是一个网站能够兼容多个终端，而不是为每个终端做一个特定的设计版本，这样也就无须为不断更新的设备、分辨率进行专门的设计。

【学习重点】
- 了解 CSS3 设备类型。
- 正确使用媒体查询规则。
- 设计响应式页面。

25.1　媒体查询基础

CSS 2.1 中定义了各种媒体类型，包括显示器、便携设备、电视机等。CSS3 增加了 Media Queries 模块，该模块中允许添加媒体查询（Media Query）表达式，用以指定媒体类型，然后根据媒体类型来选择应该使用的样式。

25.1.1　认识 Media Queries

CSS 2.1 支持定义设备类型，允许为不同样式表（包括内部样式表和外部样式表）设置不同的设备类型，如打印机样式表文件、手机样式表文件、计算机样式表文件等，具体说明如表 25.1 所示。

（1）设置外部样式表文件的设备类型：
```
<link href="csss.css" rel="stylesheet" type="text/css" media="handheld" />
```
（2）设置内部样式表文件的设备类型：
```
<style type="text/css" media="screen">
...
</style>
```

表 25.1　CSS 设备类型

类　型	支持的浏览器	说　明
aural	Opera	用于语音和音乐合成器（CSS3 不推荐使用）
braille	Opera	用于触觉反馈设备
handheld	Chrome，Safari，Opera	用于小型或手持设备
print	所有浏览器	用于打印机
projection	Opera	用于投影图像，如幻灯片
screen	所有浏览器	用于计算机显示器
tty	Opera	用于使用固定间距字符格的设备，如电传打字机和终端
tv	Opera	用于电视类设备
embossed	Opera	用于凸点字符（盲文）印刷设备
speech	Opera	用于语音
all	所有浏览器	用于所有媒体设备

W3C 于 2010 年 7 月推出 Media Queries 标准模块，媒体查询比 CSS2 的 Media Type（媒体类型）更加实用，它可以帮助用户获取以下数据。
- 浏览器窗口的宽和高。
- 设备的宽和高。
- 设备的手持方向，横向还是竖向。
- 分辨率。

Media Queries 允许添加表达式用以确定媒体的情况，以此来应用不同的样式表。它允许在不改变内容的情况下，改变页面的布局以精确适应不同的设备，从而改善用户体验。这种设计灵感来源于 IE 的条件语句，不过 Media Queries 的功能更加强大。

```
<!--[if IE]>
CSS 样式、Javascript 脚本、HTML 结构
<![endif]-->
```

如果用户有一个支持 Media Queries 的设备，就可以为该设备编写专门的 CSS，让网站适应这个设备的屏幕显示。所以 Media Queries 和 CSS 优化没有关系，甚至是矛盾的。

25.1.2 使用@media 规则

CSS3 使用@media 规则定义媒体查询，其简化语法格式如下：

```
@media [only | not]? <media_type> [and <expression>]* | <expression> [and <expression>]*{
    /* CSS 样式列表 */
}
```

参数简单说明如下。
- <media_type>：指定设备类型。CSS 设备类型参考表 25.1。
- <expression>：指定媒体查询使用的媒体特性。放置在一对圆括号中，如（min-width:400px）。完整的特性说明如表 25.2 所示。
- 逻辑关键字，如 and（逻辑与）、not（排除某种设备）、only（限定某种设备）等。

表 25.2 Media Queries 媒体特性

媒 体 特 性	值	可用媒体类型	接受 min/max
width	length	visual、tactile	yes
height	length	visual、tactile	yes
device-width	length	visual、tactile	yes
device-height	length	visual、tactile	yes
orientation	portrait | landscape	bitmap	no
aspect-ratio	ratio	bitmap	yes
device-aspectratio-ratio	ratio	bitmap	yes
color	integer	visual	yes
color-index	integer	visual	yes
monochrome	integer	visual	yes
resolution	resolution	bitmap	yes
scan	progressive |interlace	tv	no
grid	integer	visual、tactile	no

媒体特性共13种，类似CSS属性的集合，但与CSS属性不同的是，媒体特性只接受单个的逻辑表达式作为其值，或者没有值；并且其中的大部分接受min/max的前缀，用来表示大于等于/小于等于的逻辑，以此避免使用<和>这些字符。

在代码的开头必须书写@media，然后指定设备类型，接着指定设备特性。设备特性的书写方式与样式的书写方式很相似，分为两个部分，由冒号分隔，冒号前书写设备的某种特性，冒号后书写该特性的具体值。

例如，下面语句指定了当设备窗口宽度小于640px时所使用的样式。

```
@media screen and (max-width: 639px) {
    /*样式代码*/
}
```

可以使用多个媒体查询将同一个样式应用于不同的设备类型和设备特性中，媒体查询之间通过逗号分隔，类似于选择器分组。

```
@media handheld and (min-width:360px),screen and (min-width:480px) {
    /*样式代码*/
}
```

可以在表达式中加上not、only和and等逻辑关键字。

```
//下面样式代码将被应用在除便携设备之外的其他设备或非彩色便携设备中
@media not handheld and (color) {
    /*样式代码*/
}
//下面样式代码将被应用在所有非彩色设备中
@media all and (not color) {
    /*样式代码*/
}
```

only关键字能够让那些不支持Media Queries，但是能够读取Media Type的设备的浏览器将表达式中的样式隐藏起来。例如：

```
@media only screen and (color) {
    /*样式代码*/
}
```

对于支持Media Queries的设备来说，将能够正确地应用样式，就仿佛only不存在一样。对于不支持Media Queries但能够读取Media Type的设备（如IE8只支持@media screen）来说，由于先读取到的是only而不是screen，将忽略这个样式。

提示：

媒体查询也可以被用在@import规则和<link>标签中。例如：
```
@import url(example.css) screen and (width:800px);
<link media="screen and (width:800px)" rel="stylesheet" href="example.css" />
```

25.2 实 战 案 例

本节将通过几个案例帮助读者尽快掌握CSS3响应式页面设计技巧。

25.2.1 跟踪浏览器窗口变化

下面示例演示如何正确使用@media规则跟踪浏览器窗口变化。示例代码如下，演示效果如图25.1所示。

扫一扫，看视频

```html
<!doctype html>
<html>
<head>
<meta charset="utf-8">
<style type="text/css">
.wrapper {
    padding: 5px 10px; margin: 40px; border: solid 1px #999;
    text-align:center; color:#999;}
.viewing-area span {color: #666; display: none;}
/*max-width: 如果视图窗口的宽度小于 600 像素，则醒目显示，并显示提示性的文字*/
@media screen and (max-width: 600px) {
    .one {
        background: red;
        border: solid 1px #000;
        color:#fff;     }
    span.lt600 {display: inline-block; }
}
/*min-width: 如果视图窗口的宽度大于 900 像素，则醒目显示，并显示提示性的文字*/
@media screen and (min-width: 900px) {
    .two {
        background: red;
        border: solid 1px #000;
        color:#fff; }
    span.gt900 {display: inline-block; }
}
/*min-width & max-width: 如果视图窗口的宽度小于 600 像素，则醒目显示，并显示提示性的文字*/
@media screen and (min-width: 600px) and (max-width: 900px) {
    .three {
        background: red;
        border: solid 1px #000;
        color:#fff; }
    span.bt600-900 { display: inline-block; }
}
/*max device width: 下面样式应用于 IE iPhone 设备，且设备最大宽度为 480 像素*/
@media screen and (max-device-width: 480px) {
    .iphone {background: #ccc; }
}
</style>
</head>
<div class="wrapper one">窗口宽度小于 600 像素</div>
<div class="wrapper two">窗口宽度大于 900 像素</div>
<div class="wrapper three">窗口宽度介于 600 像素到 900 像素之间</div>
<div class="wrapper iphone">IE iPhone 设备，最大宽度为 480 像素。</div>
<p class="viewing-area">
    <strong>当前视图宽度:</strong>
    <span class="lt600">小于 600px</span>
    <span class="bt600-900">在 600 - 900px 之间</span>
    <span class="gt900">大于 900px</span>
```

```
</p>
<body>
</body>
</html>
```

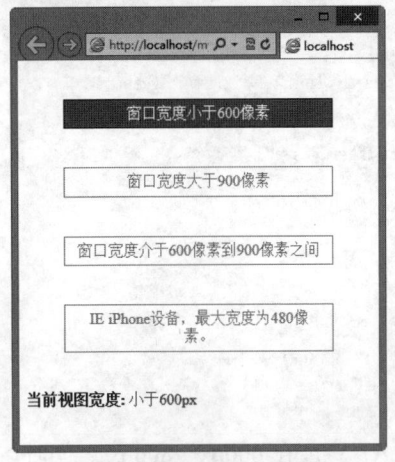
(a) 窗口宽度小于 600px

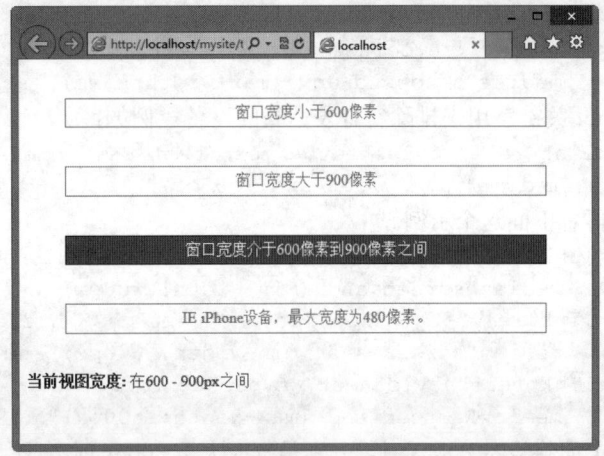
(b) 窗口宽度介于 600-900px 之间

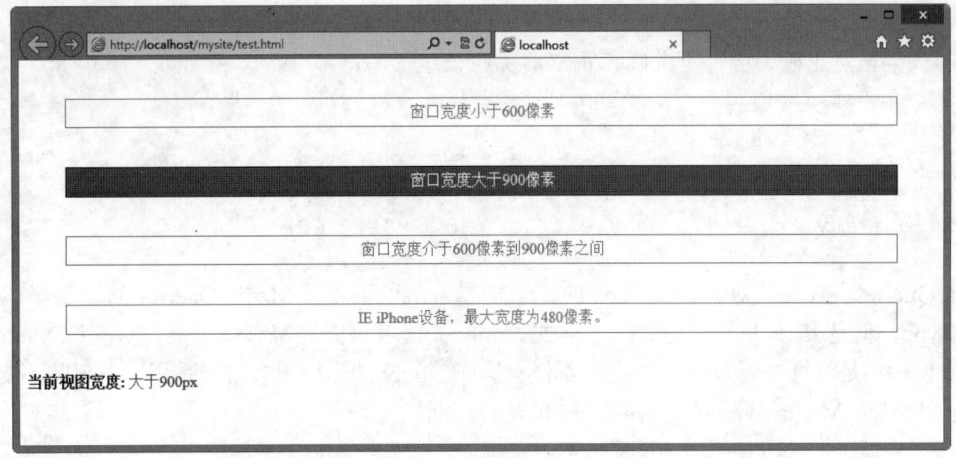
(c) 窗口宽度大于 900px

图 25.1 使用 @media 规则

📢 注意:

从上面的示例可以看到,如果直接在网页内部样式表中使用移动设备样式很方便,但对于网站来说,这种做就显得非常麻烦。这时可以使用 Media Queries 链接外部 CSS 样式表文件,以便在独立的样式表文件中为不同设备编写 CSS 代码。具体用法如下:

```
<link rel="stylesheet" type="text/css" href="small-device.css"
    media="only screen and (max-device-width: 480px)" />
```

通过在<link>标签中设置 media 属性,添加 Media Queries 规则,此时 media 属性值的语法格式遵循 @media 规则的用法。media 属性类似于标签的 style 属性,即在标签内添加样式属性。

一个 Media Query 语句包含一种媒体类型,如果媒体类型没有指定,那么就是默认类型 all。例如:

```
<link rel="stylesheet" type="text/css" href="example.css"
    media="(max-width: 600px)">
```

一个 Media Query 包含 0 到多个表达式，表达式又包含 0 到多个关键字，以及一种媒体特性。例如：
```
<link rel="stylesheet" type="text/css" href="example.css"
    media="handheld and (min-width:20em) and (max-width:50em)">
```
逗号（,）被用来表示并列、或者。例如，下面的代码表示该 CSS 样式表被应用于宽度小于 20em 的手持设备，或者宽度小于 30em 的屏幕设备中。
```
<link rel="stylesheet" type="text/css" href="example.css"
    media="handheld and (max-width:20em), screen and (max-width:30em)">
```
not 关键字用来排除符合表达式的设备。例如：
```
<link rel="stylesheet" type="text/css" href="example.css"
    media="not screen and (color)">
```
再看下面这个示例。
```
<link rel="stylesheet" type="text/css" href="styleA.css"
    media="screen and (min-width: 800px)">
<link rel="stylesheet" type="text/css" href="styleB.css"
    media="screen and (min-width: 600px) and (max-width: 800px)">
<link rel="stylesheet" type="text/css" href="styleC.css"
    media="screen and (max-width: 600px)">
```
上面将设备分成 3 种，分别是宽度大于 800px 时，应用 styleA；宽度在 600px～800px 之间时，应用 styleB；以及宽度小于 600px 时，应用 styleC。当宽度正好等于 800px 时应用 styleB，因为前两条表达式都成立，后者覆盖了前者。

上面的代码虽然正确，但是不准确。正常情况应该这样写：
```
<link rel="stylesheet" type="text/css" href="styleA.css"
    media="screen">
<link rel="stylesheet" type="text/css" href="styleB.css"
    media="screen and (max-width: 800px)">
<link rel="stylesheet" type="text/css" href="styleC.css"
    media="screen and (max-width: 600px)">
```
Media Queries 是 CSS3 对 Media Type 的一个扩展，所以不支持 Media Queries 的浏览器，仍然要识别 Media Type，但是 IE 只是简单地忽略了样式。only 关键字可能显得有些多余，对支持 Media Queries 的浏览器来说确实是这样，因为加不加 only 都没有影响。only 的作用很多时候是用来对那些不支持 Media Queries 但能够读取 Media Type 的设备隐藏样式表的。例如：
```
<link rel="stylesheet" type="text/css" href="example.css"
    media="only screen and (color)">
```
支持 Media Queries 的设备，正确应用样式；不支持 Media Queries，但正确读取 Media Type 的设备，由于先读取到 only 而不是 screen，将忽略这个样式；而不支持 Media Queries 的 IE 不论是否有 only，都忽略样式。

要在不同设备上测试 Media Queries 并非易事，用户需要准备各种设备，还要将代码上传到某个主机进行访问测试。读者可以访问 http://protofluid.com/，该网站提供在线测试服务，允许提供要测试的网站 URL，或者本机上的 URL，然后模拟 iPhone 等移动设备显示网页设计；用户也可以填写自己的窗口尺寸，来模拟特定的设备。

扫一扫，看视频

25.2.2 设计响应式页面

本例设计根据不同的窗口尺寸来选择使用不同的样式。该示例中有 3 个 div 元素，当浏览器的窗口尺寸不同时，页面会根据当前窗口的大小选择使用不同的样式。当窗口宽度在 1000px 以上时，将 3 个 div 元素分为 3 栏并列显示；当窗口宽度在 640px 以上、999px 以下时，3 个 div 元素分两栏显示；当窗口宽度在 639px 以下时，3 个 div 元素从上往下排列显示。

```html
<!doctype html>
<html>
<head>
<meta charset="utf-8">
<style type="text/css">
body { margin: 20px 0; }
#container {width: 960px; margin: auto;}
#wrapper {width: 740px; float: left;}
.height {
    line-height: 600px; text-align: center; font-weight: bold; font-size: 2em;
    margin: 0 0 20px 0;}
#main {
    width: 520px; background: yellow; /*黄色*/
    float: right;}
#sub01 {
    width: 200px; background: orange; /*橙色*/
    float: left;}
#sub02 {
    width: 200px; background: green; /*绿色*/
    float: right;}
/*窗口宽度在 1000px 以上*/
@media screen and (min-width: 1000px) {
    /*3 栏显示*/
    #container { width: 1000px; }
    #wrapper {width: 780px; float: left;}
    #main {width: 560px; float: right;}
    #sub01 {width: 200px; float: left;}
    #sub02 {width: 200px; float: right;}
}
/*窗口宽度在 640px 以上、999px 以下*/
@media screen and (min-width: 640px) and (max-width: 999px) {
    /*2 栏显示*/
    #container { width: 640px; }
    #wrapper { width: 640px; float: none;}
    .height { line-height: 300px; }
    #main {width: 420px; float: right;}
    #sub01 {width: 200px; float: left;}
    #sub02 {width: 100%; float: none; clear: both; line-height: 150px;}
}
/*窗口宽度在 639px 以下*/
@media screen and (max-width: 639px) {
    /*1 栏显示*/
    #container { width: 100%; }
    #wrapper { width: 100%; float: none;}
    body { margin: 20px; }
    .height { line-height: 300px; }
    #main { width: 100%; float: none;}
    #sub01 {width: 100%;float: none; line-height: 100px;}
    #sub02 { width: 100%; float: none; line-height: 100px;}
}
```

```
</style>
</head>
<body>
<div id="container">
    <div id="wrapper">
        <div id="main" class="height">主栏目</div>
        <div id="sub01" class="height">次要栏目</div>
    </div>
    <div id="sub02" class="height">辅助栏目</div>
</div>
</body>
</html>
```

当窗口宽度在 1000px 以上时,将 3 个 div 元素分为 3 栏并列显示,则预览效果如图 25.2 所示。

图 25.2　窗口宽度在 1000px 以上时页面显示效果

当窗口宽度在 640px 以上、999px 以下时,3 个 div 元素分两栏显示,则预览效果如图 25.3 所示。

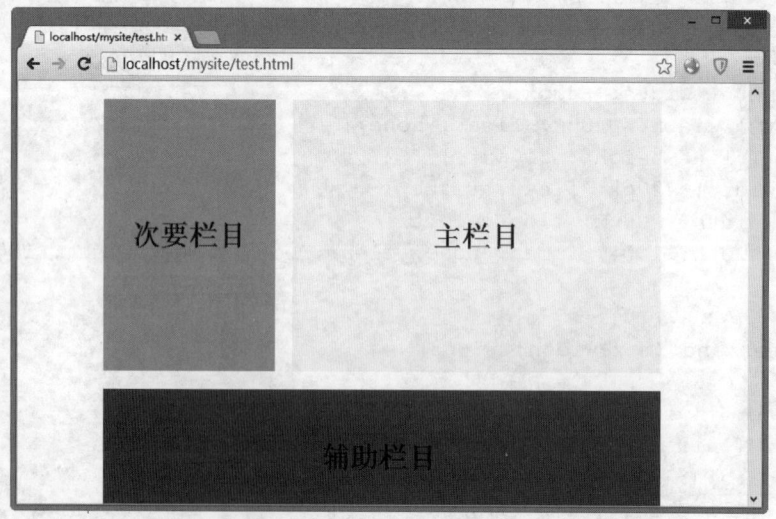

图 25.3　窗口宽度在 640px 以上、999px 以下时页面显示效果

当窗口宽度在 639px 以下时,3 个 div 元素从上往下排列显示,则预览效果如图 25.4 所示。

第25章 CSS3 媒体查询

图 25.4 窗口宽度在 639px 以下时页面显示效果

🔊 提示：

> 在 iPhone 和 iPod touch 中使用的 Safari 浏览器也对 CSS3 的媒体查询表达式提供了支持。iPhone 的分辨率是 320px×480px，所以示例页面中的 3 个 div 元素本来应该是从上往下排列显示的，但是真正运行的时候，浏览器中显示结果却为两栏显示。

这是因为在 iPhone 中使用的 Safari 浏览器在进行页面显示时是将窗口宽度作为 980px 进行显示的。因为现在的网页大多是按照宽度为 800px 左右的标准进行制作的，所以 Safari 浏览器如果按照 980px 的宽度来显示，就可以正常显示绝大多数的网页了。

因此，即使在页面中已经写好了页面在小尺寸窗口中运行时的样式，iPhone 中的 Safari 浏览器也不会使用这个样式，而是选择窗口宽度为 980px 时所使用的样式。在这种情况下，可以利用<meta>标签在页面中指定 Safari 浏览器在处理本页面时按照多少像素的窗口宽度来进行。指定方法如下：

```
<meta name="viewport" conten="width=600px" />
```

这样在 iPhone 中重新运行该示例，Safari 浏览器就会将窗口宽度作为 600px 来处理，将 3 个 div 元素从上往下并排显示。因此，如果在页面中已经准备好了在小尺寸的窗口中使用的样式，并且有可能在 iPhone 或 iPod touch 中被打开时，不要忘了加入<meta>标签并在标签中写入指定的窗口宽度。

25.2.3 设计自适应页面

由于网页需要根据屏幕宽度自动调整布局，这就要求不能使用绝对宽度的布局，也不能使用具有绝对宽度的元素。具体地说，CSS 代码不能指定像素宽度。

```
width: 940 px;
```

只能指定百分比宽度：

```
width: 100%;
```

或者

```
width:auto;
```

网页字体大小也不能使用绝对大小（px），而只能使用相对大小（em）。例如：

```
body {
    font: normal 100% Helvetica, Arial, sans-serif;}
```

上面的代码定义字体大小是页面默认大小的 100%，即 16 像素。

```
h1 {
    font-size: 1.5em;}
```

扫一扫，看视频

然后，定义一级标题的大小是默认字体大小的 1.5 倍，即 24 像素（24/16=1.5）。

```
small {
    font-size: 0.875em;}
```

定义 small 元素的字体大小是默认字体大小的 0.875 倍，即 14 像素（14/16=0.875）。

流体布局（http://alistapart.com/article/fluidgrids）是响应式设计中的一个重要方面，它要求页面中各个区块的位置都是浮动的，不是固定不变的。

```
.main {
    float: right;
    width: 70%;}
.leftBar {
    float: left;
    width: 25%;}
```

Float 的优势是如果宽度太小，并列显示不下两个元素，后面的元素会自动换到前面元素的下方显示，而不会出现水平方向 overflow（溢出），避免了水平滚动条的出现。另外，应该尽量减少绝对定位（position: absolute）的使用。

在响应式网页设计中，除了图片方面，还应考虑页面布局结构的响应式调整。一般可以使用独立的样式表，或者使用 CSS Media Query 技术。例如，可以使用一个默认主样式表来定义页面的主要结构元素，如#wrapper、#content、#sidebar、#nav 等的默认布局方式，以及一些全局性的样式方案。

然后可以监测页面布局随着不同的浏览环境而产生的变化，如果它们变得过窄、过短、过宽、过长，则通过一个子级样式表来继承主样式表的设定，并专门针对某些布局结构进行样式覆盖。

【示例 1】 下面的代码可以放在默认主样式表 style.css 中。

```
html, body {}
h1, h2, h3 {}
p, blockquote, pre, code, ol, ul {}
/* 结构布局元素 */
#wrapper {
    width: 80%;
    margin: 0 auto;
    background: #fff;
    padding: 20px;}
#content {
    width: 54%;
    float: left;
    margin-right: 3%;}
#sidebar-left {
    width: 20%;
    float: left;
    margin-right: 3%;}
#sidebar-right {
    width: 20%;
    float: left;}
```

下面的代码可以放在子级样式表 mobile.css 中，专门针对移动设备进行样式覆盖。

```
#wrapper {width: 90%;}
#content {width: 100%;}
#sidebar-left {
    width: 100%;
    clear: both;
    border-top: 1px solid #ccc;
```

```
    margin-top: 20px;}
#sidebar-right {
    width: 100%;
    clear: both;
    border-top: 1px solid #ccc;
    margin-top: 20px;}
```

CSS3 支持在 CSS2.1 中定义的媒体类型，同时添加了很多涉及媒体类型的功能属性，包括 max-width（最大宽度）、device-width（设备宽度）、orientation（屏幕定向：横屏或竖屏）和 color。在 CSS3 发布之后，新上市的 iPad、Android 相关设备都可以完美地支持这些属性。所以，可以通过 Media Query 为新设备设置独特的样式，而忽略那些不支持 CSS3 的台式机中的旧浏览器。

【示例 2】 下面的代码定义了如果页面通过屏幕呈现（非打印一类），并且屏幕宽度不超过 480px，则加载 shetland.css 样式表。

```
<link rel="stylesheet" type="text/css" media="screen and (max-device-width: 480px)" href="shetland.css" />
```

用户可以创建多个样式表，以适应不同设备类型的宽度范围。当然，更有效率的做法是：将多个 Media Queries 整合在一个样式表文件中。

```
@media only screen and (min-device-width : 320px) and (max-device-width : 480px) {
    /* Styles */
}
@media only screen and (min-width : 321px) {
    /* Styles */
}
@media only screen and (max-width : 320px) {
    /* Styles */
}
```

上面的代码可以兼容各种主流设备。这样整合多个 Media Queries 于一个样式表文件的方式，与通过 Media Queries 调用不同样式表是不同的。

上面的代码得到了 CSS2.1 和 CSS3 的支持。此外，也可以使用 CSS3 专有的 Media Queries 功能来创建响应式 Web 设计。通过 min-width 可以设置在浏览器窗口或设备屏幕宽度高于这个值的情况下，为页面指定一个特定的样式表，而 max-width 属性则反之。

【示例 3】 使用多个 Media Queries 整合在单一样式表中，这样做更加高效，减少了请求数量。

```
@media screen and (min-width: 600px) {
    .hereIsMyClass {
        width: 30%;
        float: right;
    }
}
```

上面代码中定义的样式类只有在浏览器或屏幕宽度超过 600px 时才会有效。

```
@media screen and (max-width: 600px) {
    .aClassforSmallScreens {
        clear: both;
        font-size: 1.3em;
    }
}
```

而这段代码的作用则相反，该样式类只有在浏览器或屏幕宽度小于 600px 时才会有效。

因此，使用 min-width 和 max-width 可以同时判断设备屏幕尺寸与浏览器实际宽度。如果希望通过 Media Queries 作用于某种特定的设备，而忽略其上运行的浏览器是否由于没有最大化，而在尺寸上与设备屏幕尺寸产生不一致的情况，可以使用 min-device-width 与 max-device-width 属性来判断设备本身的屏幕尺寸。

```
@media screen and (max-device-width: 480px) {
    .classForiPhoneDisplay {font-size: 1.2em; }
}
@media screen and (min-device-width: 768px) {
    .minimumiPadWidth {
        clear: both;
        margin-bottom: 2px solid #ccc;
    }
}
```

【示例 4】 还有一些其他方法，可以有效使用 Media Queries 锁定某些指定的设备。对于 iPad 来说，orientation 属性很有用，其值可以是 landscape（横屏）或 portrait（竖屏）。

```
@media screen and (orientation: landscape) {
    .iPadLandscape {
        width: 30%;
        float: right;
    }
}
@media screen and (orientation: portrait) {
    .iPadPortrait {clear: both;}
}
```

不幸的是，这个属性目前确实只在 iPad 上有效。对于其他可以转屏的设备（如 iPhone），可以使用 min-device-width 和 max-device-width 来变通实现。

下面将上述属性组合使用，来锁定某个屏幕尺寸范围。

```
@media screen and (min-width: 800px) and (max-width: 1200px) {
    .classForaMediumScreen {
        background: #cc0000;
        width: 30%;
        float: right;
    }
}
```

上面的代码可以作用于浏览器窗口或屏幕宽度在 800px～1200px 之间的所有设备。

其实，用户仍然可以选择使用多个样式表的方式来实现 Media Queries。如果从资源的组织和维护的角度出发，这样做更高效。

```
<link rel="stylesheet" media="screen and (max-width: 600px)" href="small.css" />
<link rel="stylesheet" media="screen and (min-width: 600px)" href="large.css" />
<link rel="stylesheet" media="print" href="print.css" />
```

读者可以根据实际情况决定使用 Media Queries 的方式。例如，对于 iPad，可以将多个 Media Queries 直接写在一个样式表中。因为 iPad 用户随时有可能切换屏幕定向，这种情况下，要保证页面在极短的时间内响应屏幕尺寸的调整，必须选择效率最高的方式。

Media Queries 不是绝对唯一的解决方法，它只是一种以纯 CSS 方式实现响应式 Web 设计思路的手段。另外，还可以使用 JavaScript 来实现响应式设计。特别是当某些旧设备无法完美支持 CSS3 的 Media Queries 时，它可以作为后备支援。可以使用专业的 JavaScript 库来帮助支持旧浏览器（如 IE 5+、Firefox 1+、Safari2 等）支持 CSS3 的 Media Queries。使用方法很简单，下载 css3-mediaqueries.js（http://code.google.com/p/css3-mediaqueries-js/），然后在页面中调用它即可。

所有主流浏览器都支持 Media Queries，包括 IE9；对于老式浏览器（主要是 IE6、IE7、IE8），则可以考虑使用 css3-mediaqueries.js。

```
<!--[if lt IE 9]>
<script src="http://css3-mediaqueries-js.googlecode.com/svn/trunk/css3-mediaqueries.js"></script>
<![endif]-->
```

【示例 5】 下面的代码演示了如何使用简单的几行 jQuery 代码来检测浏览器宽度，并为不同的情况调用不同的样式表。

```
<script type="text/javascript" src="http://ajax.googleapis.com/ajax/libs/jquery/1.9.1/jquery.min.js"></script>
<script type="text/javascript">
$(document).ready(function(){
    $(window).bind("resize", resizeWindow);
    function resizeWindow(e){
        var newWindowWidth = $(window).width();
        if(newWindowWidth < 600){
            $("link[rel=stylesheet]").attr({href : "mobile.css"});
        }
        else if(newWindowWidth > 600){
            $("link[rel=stylesheet]").attr({href : "style.css"});
        }
    }
});
</script>
```

类似这样的解决方案还有很多，借助 JavaScript，则可以实现更多的变化。

25.2.4 智能隐藏和显示栏目

下面示例通过简单的几步设计一个初步响应式页面。

第 1 步，通过 Dreamweaver 新建一个 HTML5 文档，在头部区域定义 Meta 标签。大多数移动浏览器将 HTML 页面放大为宽的视图（viewport）以符合屏幕分辨率。这里可以使用视图的 Meta 标签来进行重置，让浏览器使用设备的宽度作为视图宽度并禁止初始的缩放。

```
<!doctype html>
<html>
<head>
<meta charset="utf-8">
<title></title>
<!-- viewport meta to reset iPhone inital scale -->
<meta name="viewport" content="width=device-width, initial-scale=1.0">
</head>
<body>
</body>
</html>
```

第 2 步，IE8 或者更早的浏览器并不支持 Media Query。可以使用 media-queries.js 或者 respond.js 来为 IE 添加 Media Query 支持。

```
<!-- css3-mediaqueries.js for IE8 or older -->
<!--[if lt IE 9]>
    <script src="http://css3-mediaqueries-js.googlecode.com/svn/trunk/css3-mediaqueries.js"></script>
<![endif]-->
```

第 3 步，设计页面 HTML 结构。整个页面基本布局包括头部、内容、侧边栏和页脚。头部为固定高度 180 像素，内容容器宽度是 600 像素，而侧边栏宽度是 300 像素。线框图如图 25.5 所示。

```html
<!doctype html>
<html>
<head>
<meta charset="utf-8">
<title></title>
<!-- viewport meta to reset iPhone inital scale -->
<meta name="viewport" content="width=device-width, initial-scale=1.0">
<!-- css3-mediaqueries.js for IE8 or older -->
<!--[if lt IE 9]>
    <script src="http://css3-mediaqueries-js.googlecode.com/svn/trunk/css3-mediaqueries.js"></script>
<![endif]-->
</head>
<body>
<div id="pagewrap">
    <div id="header">
        <h1>Header</h1>
        <p>Tutorial by <a href="#">Myself</a> (read <a href="#">related article</a>)</p>
    </div>
    <div id="content">
        <h2>Content</h2>
        <p>text</p>
    </div>
    <div id="sidebar">
        <h3>Sidebar</h3>
        <p>text</p>
    </div>
    <div id="footer">
        <h4>Footer</h4>
    </div>
</div>
</body>
</html>
```

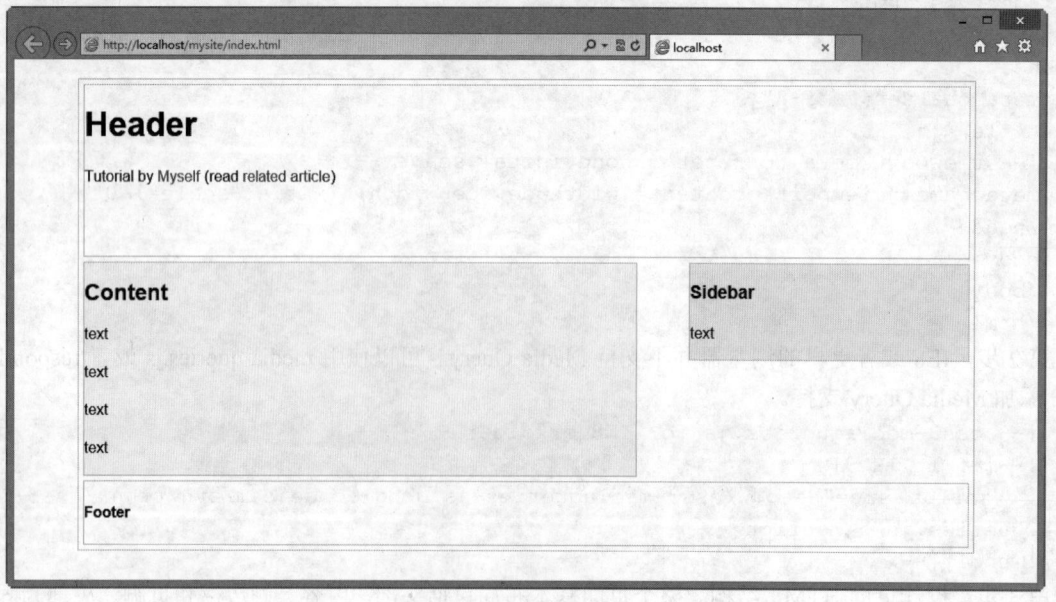

图 25.5　设计页面结构

第 4 步，使用 Media Queries。CSS3 Media Queriesl 媒介查询是响应式设计的核心，它根据条件告诉浏览器如何为指定视图宽度渲染页面。

当视图宽度小于等于 980 像素时，如下规则将会生效。基本上，会将所有的容器宽度从像素值设置为百分比以使得容器大小自适应。

```css
/*当窗口视图小于等于 980 像素时响应下面的样式*/
@media screen and (max-width: 980px) {
    #pagewrap {
        width: 94%;
    }
    #content {
        width: 65%;
    }
    #sidebar {
        width: 30%;
    }
}
```

第 5 步，为小于等于 700 像素的视图指定#content 和#sidebar 的宽度为自适应并且清除浮动，使得这些容器按全宽度显示。

```css
/*当窗口视图小于等于 700 像素时响应下面的样式*/
@media screen and (max-width: 700px) {
    #content {
        width: auto;
        float: none;
    }
    #sidebar {
        width: auto;
        float: none;
    }
}
```

第 6 步，对于小于等于 480 像素（手机屏幕）的情况，将#header 元素的高度设置为自适应，将 h1 的字体大小修改为 24 像素并隐藏侧边栏。

```css
/*当窗口视图小于等于 480 像素时响应下面的样式*/
@media screen and (max-width: 480px) {
    #header {
        height: auto;
    }
    h1 {
        font-size: 24px;
    }
    #sidebar {
        display: none;
    }
}
```

第 7 步，可以根据个人爱好添加足够多的媒介查询。上面 3 段样式代码仅仅展示了 3 个媒介查询。媒介查询的目的在于为指定的视图宽度指定不同的 CSS 规则，来实现不同的布局。演示效果如图 25.6 所示。

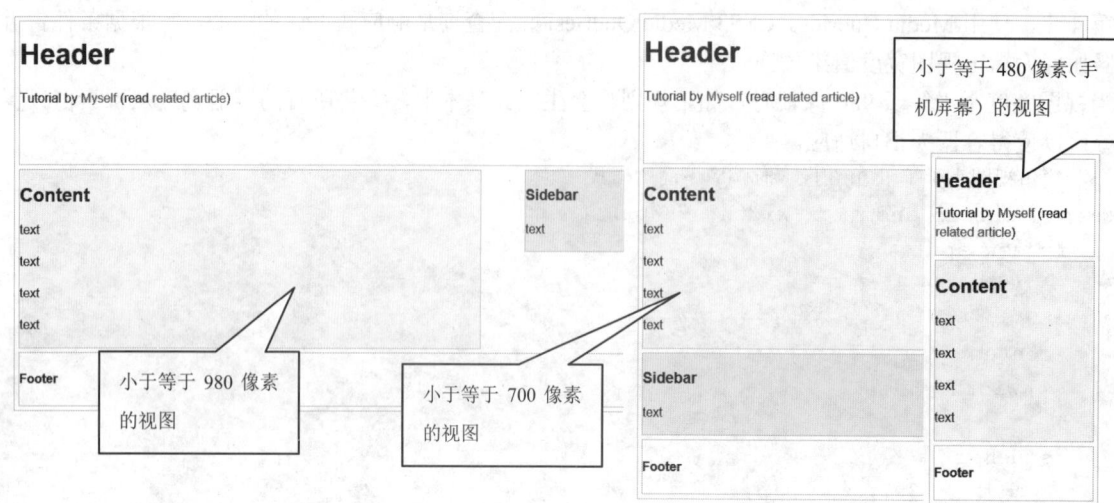

图 25.6　设计不同宽度下的视图效果

25.2.5　设计自适应手机网页

在下面的示例中将页面父级容器宽度设置为固定的 980px。对于桌面浏览环境，该宽度适用于任何宽度大于 1024px 的设备分辨率。通过 Media Query 来监测那些宽度小于 980px 的设备分辨率，并将页面的宽度设置由固定方式改为液态版式，布局元素的宽度随着浏览器窗口的尺寸变化进行调整。当可视部分的宽度进一步减小到 650px 以下时，主要内容部分的容器宽度会增大至全屏，而侧边栏将被置于主内容部分的下方，整个页面变为单栏布局。演示效果如图 25.7 所示。

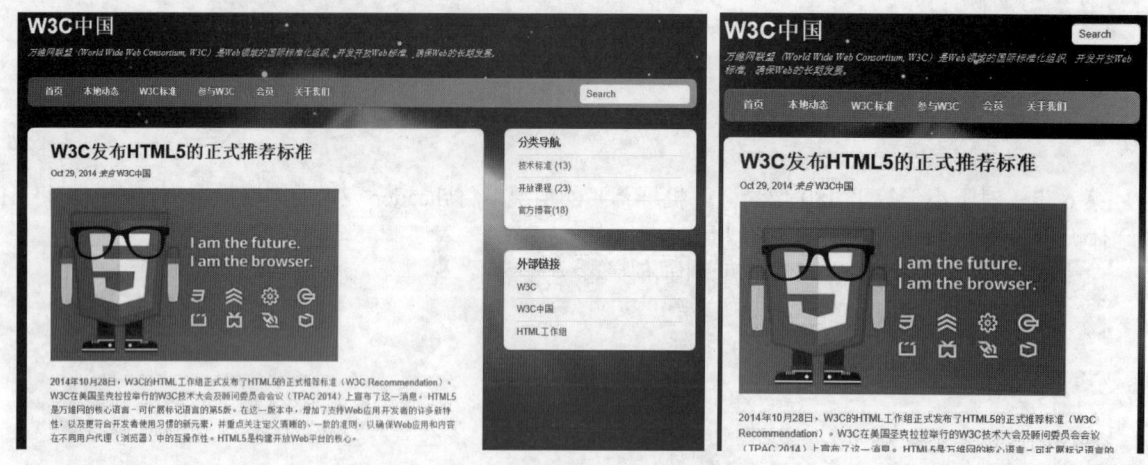

图 25.7　设计不同宽度下的视图效果

【操作步骤】

第 1 步，新建 HTML5 类型文档，编写 HTML 代码。使用 HTML5 标签来更加语义化地实现这些结构，包括页头、主要内容部分、侧边栏和页脚。

```
<!doctype html>
<html>
<head>
<meta charset="utf-8">
<title>无标题文档</title>
```

```html
</head>
<body>
<div id="pagewrap">
    <header id="header">
        <hgroup>
            <h1 id="site-logo">Demo</h1>
            <h2 id="site-description">Site Description</h2>
        </hgroup>
        <nav>
            <ul id="main-nav">
                <li><a href="#">Home</a></li>
            </ul>
        </nav>
        <form id="searchform">
            <input type="search">
        </form>
    </header>
    <div id="content">
        <article class="post"> blog post </article>
    </div>
    <aside id="sidebar">
        <section class="widget"> widget </section>
    </aside>
    <footer id="footer"> footer </footer>
</div>
</body>
</htm
```

第 2 步，IE 是永恒的话题，对于 HTML5 标签，IE9 之前的版本无法提供支持。目前的最佳解决方案仍是通过 html5.js 来帮助这些旧版本的 IE 浏览器创建 HTML5 元素节点。因此，这里添加如下兼容技法，调用该 JS 文件。

```html
<!--[if lt IE 9]>
<script src="http://html5shim.googlecode.com/svn/trunk/html5.js"></script>
<![endif]-->
```

第 3 步，设计 HTML5 块级元素样式。首先仍是浏览器兼容问题，虽然经过上一步的努力已经可以在低版本的 IE 中创建 HTML5 元素节点，但还是需要在样式方面做些工作，将这些新元素声明为块级样式。

```css
article, aside, details, figcaption, figure, footer, header, hgroup, menu, nav, section {
    display: block; }
```

第 4 步，设计主要结构的 CSS 样式。这里将忽略细节样式设计，将注意力集中在整体布局上。整体设计：在默认情况下页面容器的固定宽度为 980 像素；页头部分（header）的固定高度为 160 像素；主要内容部分（content）的宽度为 600 像素，左浮动；侧边栏（sidebar）右浮动，宽度为 280 像素。

```css
<style type="text/css">
#pagewrap {
    width: 980px;
    margin: 0 auto;}
#header { height: 160px; }
#content {
    width: 600px;
    float: left;}
#sidebar {
```

```
    width: 280px;
    float: right;}
#footer { clear: both; }
</style>
```

第 5 步，至此，初步完成了页面结构的 HTML 和默认结构样式。当然，具体页面细节样式就不再繁述了，读者可以参考本节示例源代码。

此时预览页面效果，由于还没有做任何 Media Query 方面的工作，页面还不能随着浏览器尺寸的变化而改变布局。在页面中调用 css3-mediaqueries.js 文件，解决 IE8 及其以前版本不支持 CSS3 Media Queries 的问题。

```
<!--[if lt IE 9]>
    <script src="http://css3-mediaqueries-js.googlecode.com/svn/trunk/css3-med-
iaqueries.js"></script>
<![endif]-->
```

第 6 步，创建 CSS 样式表，并在页面中调用：

```
<link href="media-queries.css" rel="stylesheet" type="text/css">
```

第 7 步，借助 Media Queries 技术设计响应式布局。

当浏览器可视部分宽度大于 650px 小于 980px 时（液态布局），将 pagewrap 的宽度设置为 95%，将 content 的宽度设置为 60%，将 sidebar 的宽度设置为 30%。

```
@media screen and (max-width: 980px) {
    #pagewrap { width: 95%; }
    #content {
        width: 60%;
        padding: 3% 4%;
    }
    #sidebar { width: 30%; }
    #sidebar .widget {
        padding: 8% 7%;
        margin-bottom: 10px;
    }
}
```

第 8 步，当浏览器可视部分宽度小于 650px 时（单栏布局），将 header 的高度设置为 auto；将 searchform 绝对定位在 top: 5px 的位置；将 main-nav、site-logo、site-description 的定位设置为 static；将 content 的宽度设置为 auto（主要内容部分的宽度将扩展至满屏），并取消 float 设置；将 sidebar 的宽度设置为 100%，并取消 float 设置。

```
@media screen and (max-width: 650px) {
    #header { height: auto; }
    #searchform {
        position: absolute;
        top: 5px;
        right: 0;
    }
    #main-nav { position: static; }
    #site-logo {
        margin: 15px 100px 5px 0;
        position: static;
    }
    #site-description {
        margin: 0 0 15px;
        position: static;
```

```
    }
    #content {
        width: auto;
        float: none;
        margin: 20px 0;
    }
    #sidebar {
        width: 100%;
        float: none;
        margin: 0;
    }
}
```

第 9 步，当浏览器可视部分宽度小于 480px 时（480px 也就是 iPhone 横屏时的宽度），禁用 HTML 节点的字号自动调整。默认情况下，iPhone 会将过小的字号放大。这里可以通过-WebKit-text-size-adjust 属性进行调整。将 main-nav 中的字号设置为 90%。

```
@media screen and (max-width: 480px) {
    html {-WebKit-text-size-adjust: none;}
    #main-nav a {
        font-size: 90%;
        padding: 10px 8px;
    }
}
```

第 10 步，设计弹性图片。为图片设置 max-width: 100%和 height: auto，实现其弹性化。对于 IE，仍然需要一点额外的工作。

```
img {
    max-width: 100%;
    height: auto;
    width: auto\9; /* ie8 */}
```

第 11 步，设计弹性内嵌视频。对于视频也需要进行 max-width: 100%的设置，但是 Safari 对 embed 属性的支持不是很好，所以以 width: 100%来代替。

```
.video embed, .video object, .video iframe {
    width: 100%;
    height: auto;
    min-height: 300px;}
```

第 12 步，iPhone 中的初始化缩放。在默认情况下，iPhone 中的 Safari 浏览器会对页面进行自动缩放，以适应屏幕尺寸。这里可以使用以下的 meta 设置，将设备的默认宽度作为页面在 Safari 中的可视部分宽度，并禁止初始化缩放。

```
<meta name="viewport" content="width=device-width; initial-scale=1.0">
```